Analyse der Metalle

Zweiter Band

Analyse der Metalle

Herausgegeben vom

Chemikerausschuß
der Gesellschaft Deutscher Metallhütten- und Bergleute e.V.

Zweiter Band

Betriebsanalysen

Zweite neubearbeitete Auflage

Mit 227 Abbildungen

Erster Teil

Springer-Verlag Berlin Heidelberg GmbH
1961

ISBN 978-3-642-85580-1 ISBN 978-3-642-85579-5 (eBook)
DOI 10.1007/978-3-642-85579-5

Ursprünglich erschienen bei Springer-Verlag OHG., Berlin / Göttingen / Heidelberg 1961
Softcover reprint of the hardcover 2nd edition 1961

Vorwort zur zweiten Auflage

Die erste Auflage des Bandes „Betriebsanalysen" hat in den Reihen der Technik und auch der Wissenschaft so guten Anklang gefunden, daß die verhältnismäßig große Auflage innerhalb von knapp 6 Jahren vergriffen war.

Es war zunächst beabsichtigt, nur einen wenig veränderten Neudruck der ersten Auflage herauszugeben. Bei der kritischen Durchsicht des Bandes stellte sich dann aber doch heraus, daß der Wandel bzw. Fortschritt der analytischen Methodik gerade in den Betriebslaboratorien in der seit der Herausgabe der ersten Auflage vergangenen Zeit so bedeutend ist, daß sich zum Teil eine vollständige Umarbeitung nicht umgehen ließ. Dieser Fortschritt betrifft einerseits die physikalischen Meßmethoden, andererseits eine Reihe von Metallen, wie Titan, Zirkonium, Uran und Germanium, deren Verwendung in der Technik in den vergangenen Jahren wachsende Bedeutung gewonnen hat und deren analytische Methoden weitgehend verfeinert worden sind. Es mußte also eine Reihe älterer, aufwendiger Methoden durch neue, bessere ersetzt und eine ganze Anzahl von Verfahren zur Analyse neu gebracht werden.

Die Anordnung des Buches wurde genau so gelassen, wie sie bei der ersten Auflage war.

Zum Schluß möchten wir noch aller unserer Mitarbeiter im Chemikerausschuß gedenken, die während des Erscheinens der ersten Auflage und in der Zwischenzeit verstorben sind. Es sind dies:

ARNOLD	Oberhausen	Frl. KUNZ	Stuttgart
BLUMENTHAL	Berlin	MENZEL	Frankfurt (Main)
BRÜGGEMANN	Krefeld	SCHLEICHER	Aachen
ILLIG	Oker	STENGEL	Dortmund
JAECKEL	Lünen	WAGENMANN	Eisleben
JANSSEN	Duisburg-Hamborn		

Mai 1961

Chemikerausschuß
der Gesellschaft Deutscher Metallhütten- und Bergleute e. V.

ENSSLIN AHRENS

Verzeichnis der Mitarbeiter an der zweiten Auflage

Achenbach, K., Chemiker, Anorg. Labor. Frankfurt a. M., der DEGUSSA
Ahrens, R., Dipl.-Ing., Laboratoriumsleiter i. R., Duisburg
Allendörfer, A., Betriebsleiter, DEGUSSA, Wolfgang bei Hanau a. M.

Bechtel, H., Dr. rer. nat., Hans-Heinrich-Hütte GmbH, Frankfurt a. M.
Becker, Th., Dr. phil., Leiter des Analyt. Labor. der Metallgesellschaft AG, Frankfurt a. M.
Bednara, M., Chefchemiker i. R., Osnabrücker Kupfer- und Drahtwerk, Osnabrück
Bensch, H., Dr., Laboratoriumsleiter, Vereinigte Aluminiumwerke AG, Erftwerk, Grevenbroich/Niederrhein
Bertram, R., Dipl.-Phys., Phys.-Chem. Institut der Bergakademie Clausthal, Clausthal-Zellerfeld
Böltz, G., Dipl.-Chem., Fürstl. Hohenzollernsche Hüttenverwaltung, Laucherthal (Hohenzollern)
Borkenstein, W., Dr., Laboratoriumsleiter, Norddeutsche Affinerie, Hamburg
Bulian, W., Dr., Wintershall AG, Erdölwerke Niedersachsen, Barnstorf, Bezirk Bremen

Cruse, K., Prof. Dr., Phys.-Chem. Institut der Bergakademie Clausthal, Clausthal-Zellerfeld

Darius, G., Dr.-Ing., Chefchemiker, Stolberger Zink AG, Stolberg
Dickens, P., Dr. phil., Chefchemiker, Mannesmann-Hüttenwerke AG, Duisburg-Huckingen
Dreyer, H., Laboratoriumsleiter, Unterharzer Berg- und Hüttenwerke GmbH., Hauptlabor, Oker

Eberius, E., Dr. phil., Laboratoriumsleiter, AG für Zinkindustrie vormals W. Grillo, Duisburg-Hamborn
Eisen, J., Dipl.-Chem., Laboratoriumsleiter, Osnabrücker Kupfer- und Drahtwerk, Osnabrück
Engelhardt, A., Dr.-Ing., Laboratoriumsleiter, Vereinigte Deutsche Nickelwerke AG., Schwerte (Ruhr)
Engels, J., Laboratoriumsleiter, Ges. f. Elektrometallurgie mbH., Elektrowerk Weisweiler, Weisweiler über Eschweiler
Ensslin, F., Dr. phil., Chefchemiker, Unterharzer Berg- und Hüttenwerke GmbH., Goslar

Faller, F., Dr. rer. nat., stellvertr. Leiter der Forschung, Vereinigte Leichtmetallwerke GmbH., Bonn
Fink, H. P., Dr. rer. nat., Werksphysiker, Duisburger Kupferhütte, Duisburg
Fischer, J., Prof. Dr.-Ing., Johann-Wolfgang-von-Goethe-Univ., Frankfurt a. M., und Leiter des Chem. u. Analyt. Laboratoriums der Metallgesellschaft AG, Frankfurt a. M.
Fresenius, W., Dr. rer. nat., Chemisches Laboratorium Fresenius, Wiesbaden
Frick, C., Reg.-Rat. a. D., Dr.-Ing., Leiter der Metallurgischen Abteilung der Hessischen Berg- u. Hüttenwerke AG, Wetzlar

Gill, H., Hüttenwerk Kayser GmbH., Lünen (Westf.)
Groebl, H., Chem.-Ing., Eckart-Werke, Fürth/Bayern
Grube, H., Dr.-Ing., W. C. Heraeus GmbH., Platinschmelze, Hanau a. M.
Gubin, A., Dipl.-Ing., Ruhrchemie AG, Oberhausen Holten

Hackstein, K. G., Dr. rer. nat., DEGUSSA, Wolfgang bei Hanau a. M.
Henjes, R., Obering., Mobiloil AG, Rohölabteilung, Celle
Hesse, E., Dr.-Ing., Laboratoriumsleiter, Dr. L. C. Marquart AG, Beuel (Rhein)
Hoffmann, W., Laboratoriumsleiter, Busch-Jaeger Dürener Metallwerke AG, Düren (Rhld.)

Ipawitz, H., Dr.-Ing., Leiter des Chem. Labor. der Vacuumschmelze AG., Hanau a. M.

Johannsen, W., Laboratoriumsleiter, Metallhütte Mark AG, Hamburg-Wilhelmsburg

Kilian, W., Dipl.-Ing., Laborleiter und Forschungschemiker, Sachtleben AG, Homberg/Niederrhein
Koch, W., Prof. Dr. phil., Wissenschaftl. Mitarbeiter, Max-Planck-Institut für Eisenforschung, Düsseldorf
Kraft, G., Dr. rer. nat., Metallgesellschaft AG., Frankfurt a. M.
Kreißel, W., Laboratoriumsleiter, Vereinigte Deutsche Metallwerke AG., Duisburg
Kropp, R., Dr. phil. nat., Institut für anorg. Chemie der Johann-Wolfgang-von-Goethe-Univ., Frankfurt a. M.

Lechner, K., Dr.-Ing., Chem. Hauptlabor. d. Deutschen Edelstahlwerke, Krefeld
Leicht, E., Frau Dr. phil. nat., Inst. f. anorg. Chemie der Johann-Wolfgang-von-Goethe-Univ., Frankfurt a. M.
Lohmann, H., Dr. phil., Leiter des Zentrallabor., VEB Mansfeld Hüttenkombinat Eisleben, Eisleben

Masuch, B., Chem.-Ing., Laboratoriumsleiter, Telefunken GmbH, Röhrenwerk, Berlin
Meier-Ewert, H., Laboratoriumsleiter, DEGUSSA, Rheinfelden (Baden)
Michaelis, H., Dr.-Ing., Laboratoriumsleiter, „Berzelius" Metallhütten-G. m. b. H., Duisburg-Wanheim
Milde, E., Dr. phil., Laboratoriumsleiter i. R., Neckargemünd
Müller, O., Ing. chem., Laboratoriumsleiter, Gebr. Borchers AG, Goslar

Ploum, H., Dr. phil., Wissenschaftl. Mitarbeiter, Max-Planck-Institut für Eisenforschung, Düsseldorf
Pohl, H., Dr.-Ing., Wissenschaftl. Mitabeiter, BAM, Berlin-Dahlem

Radmacher, W., Dr. phil., Direktor des Brennstoffchemischen Inst. der Ruhrkohlenberatung GmbH., Essen
Richter, H., Chemiker, „Berzelius" Metallhütten-G. m. b. H., Duisburg-Wanheim
Richter, K., Dr. phil., Schriftwalter des Chemikerausschusses der GDMB, Goslar
Rösner, O., Dr.-Ing., Unterharzer Berg- und Hüttenwerke GmbH, Bleihütte Oker
Rolf, E., Dr.-Ing., Leiter des Edelmetall-Labor., DEGUSSA, Frankfurt a. M.
Rothmann, H., Dr. phil. nat., Abteilungsleiter der Ges. f. Elektrometallurgie m. b. H., Nürnberg
Ruf, E., Dr. Th. Goldschmidt AG, Chemische Fabriken, Essen

Schloßer, F., Dr. Oberreg.-Rat a. D., BAM, Berlin-Dahlem
Schmidt, W., Dr. phil. nat., Metallgesellschaft AG, Frankfurt a. M.
Steuer, E., Dr.-Ing., Leiter des Hauptlabor. der VAW-Lippewerk, Lünen (Westf.)

Urbasch, St., vereid. Handelschemiker, Duisburg-Großenbaum

Völkel, W., Dr., Betriebsleiter, DEGUSSA, Frankfurt a. M.
von Vogel, H. U., Oberreg.-Rat, Dr.-Ing., BAM, Berlin-Dahlem
Vogt, C., Laboratoriumsleiter i. R., Altena (Westf.)

Werner, O., Oberreg.-Rat, Dr., BAM, Berlin-Dahlem
Wernet, J., Dr. rer. nat., Laboratoriumsleiter, Knapsack-Griesheim AG, Knapsack bei Köln
Wiederholt, W., Dr. phil., Oberreg.-Rat., BAM, Berlin-Dahlem
Wirtz, H., Chefmetallurg, Gesellschaft für Elektrometallurgie m. b. H., Elektrowerk Weisweiler

Zartmann, A., Dr., Laboratoriumsleiter, Karl Schmidt GmbH, Neckarsulm
Zimmermann, M., Dr., Farbenfabriken Bayer, Leverkusen
Zinn-Informationsbüro, Vertreter Dr.-Ing. B. Keysselitz, Düsseldorf

Vorwort zur ersten Auflage

Der vorliegende Band II „Betriebsanalysen“ des Gemeinschaftswerkes „Analyse der Metalle“ ist eine Sammlung von analytischen Verfahren, wie sie gegenwärtig in den Laboratorien der deutschen Metallindustrie durchgeführt werden. Er enthält also sowohl Methoden, die in Laboratorien mit modernster Ausrüstung in Gebrauch sind, als auch solche, die aus einfacher eingerichteten Laboratorien stammen. Neben einer Anzahl alter, bewährter Verfahren haben wir viele neuere angeführt, soweit sie sich für die Metallindustrie als brauchbar erwiesen haben.

Ebenso wie bei den vor längerer Zeit vom Chemikerausschuß herausgegebenen „Ausgewählten Methoden“ beruht der Inhalt von Band I „Schiedsverfahren“ auf den analytischen Erfahrungen der Hüttenwerke, Handelslaboratorien und wissenschaftlicher Institute. Da die hierbei entwickelten Methoden in der Hauptsache der Wertbestimmung von metallhaltigen Stoffen, vor allem für den Ein- und Verkauf dienten, war bei der Durchführung die *Genauigkeit* der allein maßgebende Faktor, während die *Zeit* eine untergeordnete Rolle spielte. Anders verhält es sich bei den vorliegenden „Betriebsanalysen“. Hier müssen in den meisten Fällen *schnelle* Ergebnisse erzielt werden, aus denen der Betrieb auf die Richtigkeit der eingeschlagenen Gewinnungswege und der Zusammensetzung der gewonnenen Produkte schließen kann. Daher haben wir für die Beschreibung der *hauptsächlichsten* analytischen Verfahren ein Schema gewählt, das *Grundlage, Anwendungsbereich und Bedeutung, Genauigkeit, Dauer, Ausführung, Fehlerquellen* und *Literatur* enthaltend, unter anderem erkennen läßt, mit welcher *Genauigkeit* man rechnen kann. Für letztere haben wir 3 Stufen vorgesehen (s. Erläuterungen, S. X). Die *Zeitdauer* ist nach der in den Laboratorien festgestellten Erprobung angegeben. Weiter sind die *Fehlerquellen* von Bedeutung, damit sie entweder ganz ausgeschaltet werden, oder bei der Bewertung der Ergebnisse Berücksichtigung finden können. *Literaturhinweise* werden nur dort gegeben, wo das Studium der Originalarbeiten von besonderem Nutzen sein dürfte.

Der größere Teil des Buches beschäftigt sich mit den analytischen Methoden für die einzelnen Elemente; letztere sind in alphabetischer Anordnung aufgeführt, da diese ein rascheres Auffinden der Methoden begünstigt. Bei jedem Element wird zunächst kurz über das *Vorkommen* gesprochen und eine Anzahl typischer *Nachweisreaktionen* angegeben. Dann behandelt man — möglichst folgend dem Gewinnungsverfahren des Elements — die Analyse seiner Erze (Mineralien), der hauptsächlichsten Hilfsstoffe, der anfallenden Zwischen-, Neben- und Endprodukte und schließlich des Roh- bzw. Reinmetalls. Daran schließt sich die Untersuchung der Legierungen, Oxyde und Salze. — Um Lücken zu vermeiden, ließ es sich nicht umgehen, teilweise auf Band I zurückzugreifen, dessen Methoden sich ja auch aus den Erfahrungen der Betriebe heraus entwickelt haben. Diese Methoden werden bisweilen unverändert, zum Teil etwas umgewandelt oder erläutert gebracht.

Auf die Kapitel über die Untersuchung der Elemente folgen weitere über Analysen von Stoffen, die mit der Metallurgie in Zusammenhang stehen, wie Feuerfeste Materialien, Brennstoffe, Wässer, Abwässer, Industrielle Gase usw. Hier hat man hauptsächlich Verfahren berücksichtigt, die entweder im eigenen Betrieb entwickelt, oder in Normen festgelegt worden sind.

Daran schließen sich Kapitel über physikalisch-chemische Verfahren, die in Band I gar nicht oder nur in geringem Umfang angeführt wurden, so z. B. Spektrochemische Analyse, Potentiometrie, Polarographie und die immer häufiger zur Anwendung kommende Photometrie. Während der Abschnitt „Spektrochemische Analyse" die speziellen Arbeitsvorschriften mit einschließt, sind bei den übrigen, obengenannten Abschnitten nur die theoretischen Grundlagen kurz behandelt, die ausführlichen Arbeitsmethoden dagegen bei den einzelnen Elementen zu finden. Den Schluß bilden Kapitel über die bei Metallanalysen notwendigen Lösungen und Indicatoren, ferner über genormten Metalle und Metallegierungen.

Die sich in der hohen Seitenzahl des Buches ausdrückende Fülle des Stoffes erforderte zu ihrer Bearbeitung die angestrengte Tätigkeit aller Mitarbeiter. Dafür gebührt ihnen sowie den Firmen und Behörden, insbesondere dem Materialprüfungsamt Berlin-Dahlem, welche die Mitarbeit und die Teilnahme ihrer Herren an den notwendigen Sitzungen und Tagungen ermöglichten, besonderer Dank. Dieser soll sich auch auf die mitarbeitenden Mitglieder der Chemikerausschüsse des Vereins Deutscher Eisenhüttenleute und des Deutschen Kohlenverkaufs erstrecken. Besonders gedankt sei Herrn Bergrat a. D. Dr.-Ing. e. h. P. F. Hast, dem Förderer und Freund des Chemikerausschusses, für seine vielen Anregungen und die finanzielle Unterstützung.

Unvergessen bleiben die großen Verdienste der verstorbenen Mitglieder unseres Ausschusses, der Herren Blumenthal, Buttig, Eckert, R. Fresenius, Gottschall, Haufe, Höpfner, Jaeckel, Jüstel, Moser, Orlik, Rauch, Richter, Steinhäuser, Toussaint und Weiss.

Juli 1953

Chemikerausschuß der Gesellschaft Deutscher Metallhütten- und Bergleute e.V.

Proske Blumenthal † Ensslin

Verzeichnis der Mitarbeiter an der ersten Auflage

Achenbach, K., Chemiker, Deutsche Gold- und Silber-Scheideanstalt vormals Roessler, Frankfurt a. M., Weißfrauenstr. 9
Ahrens, R., Dipl.-Ing., Laboratoriumsleiter, Duisburger Kupferhütte, Duisburg
Allendörfer, A., Betriebsleiter, Degussa, Frankfurt a. M.
Arnold, H., Dr.-Ing., Zinkweiß-Forschungsgesellschaft m. b. H., Oberhausen/Rhld.
Balz, G., Dr.-Ing., Chemiker, Robert Bosch GmbH., Stuttgart-W.
Baronowsky, K., Dr., Laboratoriumsleiter, Metallwerke Unterweser AG, Friedrich-August-Hütte (Old.)

Bauer, R., Ing.-Chem., Gießereileiter, Dürener Metallwerke AG, Düren/Rhld.
Bechtel, H., Dipl.-Chem., Chem. Institut, Joh. Wolfgang Goethe-Universität, Frankfurt a. M.
Becker, Th., Dr., Laboratoriumsleiter, Metallgesellschaft AG, Frankfurt a. M.
Bednara, M., Chefchemiker, Osnabrücker Kupfer- und Drahtwerk, Osnabrück
Bender, K., Laboratoriumsleiter im analytischen Laboratorium der Degussa, Frankfurt a. M., Gutleutstraße 215
Blumenthal, H., Prof. Dr., Abteilungsleiter i. R. (Materialprüfungsamt Berlin-Dahlem)
Böhm, W., Chemiker, wissenschaftl. Mitarbeiter, Materialprüfungsamt Berlin-Dahlem
Borkenstein, W., Dr., Laboratoriumsleiter, Norddeutsche Affinerie, Hamburg
Boy, C., Laboratoriumsleiter i. R. (Chem. Fabrik Dr. L. C. Marquart AG, Beuel a. Rh.)
Bubam, W., Dr., wissenschaftl. Mitarbeiter, Materialprüfungsamt Berlin-Dahlem
Bulian, W., Dr., Abteilungsleiter, Wintershall AG, Erdölwerke Nienhagen, Kreis Celle

Darius, G., Dr.-Ing., Laboratoriumsleiter, Stolberger Zink AG für Bergbau und Hüttenbetriebe, Abt. Münsterbusch
Dickens, P., Dr., Chefchemiker, Oberingenieur, Mannesmann-Hüttenwerke AG, Duisburg-Huckingen
Dreyer, H., Laboratoriumsleiter, Unterharzer Berg- und Hüttenwerke GmbH, Goslar/Harz

Eberius, E., Dr., Laboratoriumsvorstand, AG für Zink-Industrie vormals Wilhelm Grillo, Duisburg-Hamborn
Eisen, J., Dipl.-Chem., Laboratoriumsleiter, Dürener Metallwerke AG, Düren/Rhld.
Ensslin, F., Dr., Chefchemiker, Unterharzer Berg- und Hüttenwerke GmbH, Goslar/Harz

Faller, Fr. E., Dr., Laboratoriumsleiter, Vereinigte Leichtmetall-Werke GmbH, Hannover
Fink, H. P., Dr., Physiker, Duisburger Kupferhütte, Duisburg
Fischer, J., Prof. Dr.-Ing., apl. Professor der Joh. Wolfgang Goethe-Universität Frankfurt a. M., Leiter der Analytischen Versuchs- und Beratungsstelle der Metallgesellschaft AG, Frankfurt a. M.
Fresenius, W., Dr., Dipl.-Chem., Handelschemiker, Inhaber des Chemischen Laboratoriums Fresenius, Wiesbaden

Grube, H. & L., Dr.-Ing., Chemiker, W. C. Heraeus GmbH, Platinschmelze, Hanau a. M.

Haarmann, R., Dr.-Ing., Betriebsleiter, Rheinische Röhrenwerke AG, Mülheim/Ruhr
Haupt, G., Dr., Leiter, Höhere Privatschule, Bad Harzburg
Henjes, R., Obering., Erdölbetrieb Reitbrook, Kons. Preussag-Vacuum, Hamburg
Hoffmann, W., Chemotechniker, Laboratoriumsleiter, Degussa, Frankfurt a. M.
Hofmann, W., Prof. Dr., Direktor des Instituts für Werkstoffkunde und Schweißtechnik, Techn. Hochschule Braunschweig

Ihwe, E., Dr.-Ing., Chemiker, Th. Goldschmidt AG, Essen/Ruhr
Ipawitz, H., Dr.Ing., Leiter des chem. Laboratoriums, Vacuumschmelze AG, Hanau a. M.

Jaeckel, K., Ing.-Chem., Laboratoriumsleiter, Hüttenwerk Kayser GmbH. Lünen in Westf.
Janssen, R. & L., Dr., Chemiker i. R. (AG für Zink-Industrie vormals Wilhelm Grillo, Duisburg-Hamborn)
Johannsen, W., Laboratoriumsleiter, Metallhütte Mark AG, Hamburg-Wilhelmsburg

Kaiser, H., Dr., Privatdozent für Physik, Institutsdirektor, Institut für Spektrochemie und angewandte Spektroskopie, Dortmund-Aplerbeck
v. Kalckreuth, R., Ing.-Chem., Laboratoriumsleiter, Ardie-Werk AG, Nürnberg
Kahno, H., Dipl.Ing., Hannover
Keil, A., Dr., Leiter des Forschungslaboratoriums, Platinschmelze Dr. E. Dürrwächter, Pforzheim
Kerl, A., Leiter des Edelmetall-Laboratoriums i. R. (Degussa, Frankfurt a. M.)
Keßler, H., Dr., Laboratoriumsleiter, Degussa, Werk Knapsack Krs. Köln
Kilian, W., Dipl.-Ing., Laboratoriumsleiter, Sachtleben AG für Bergbau und chemische Industrie, Homberg (Nrh.)
Klinger, P., Dr., Chefchemiker i. R., Essen/Ruhr
Klockmann, R., Dipl.-Chem., Dr., Riedel-de Haën AG, Seelze (Hann.)
Koch, W., Dr., wissenschaftlicher Mitarbeiter, Max-Planck-Institut für Eisenforschung, Düsseldorf
Koehler, W., Dr., Physiker, Degussa, Hanau a. M.

Lange, W., Dr.-Ing., Deutscher Kohlenverkauf (DKV), Essen/Ruhr
Laqua, K., Dr., Staatl. Materialprüfungsamt Dortmund, Abtlg. Spektrochemie
Leutwein, F., Prof. Dr., Mineralogisches Institut der Bergakademie, Freiberg (Sa.)
Liebe, H.-P., Dipl.-Ing., Ingenieur der Forschungsstelle, Vereinigte Leichtmetall-Werke GmbH, Bonn a. Rh.
List, H., Dr.-Ing., Chemiker, Vereinigung der Großkesselbesitzer, Essen/Ruhr

Maassen, G., Dr., Dipl.-Chem., stellvertr. Laboratoriumsleiter, Norddeutsche Affinerie, Hamburg
Masuch, B., Chem.-Ing., Leiter des chemischen Laboratoriums des Röhrenwerkes der Telefunken-Gesellschaft für drahtlose Telegraphie mbH, Berlin
Meier-Ewert, H., Laboratoriumsleiter, Degussa, Rheinfelden/Baden
Mertens, A., Chemiker, Laboratoriumsleiter, Zinnwerke Wilhelmsburg GmbH, Hamburg-Wilhelmsburg
Meyer, K., Dr., Laboratoriumsleiter, Bleihütte, Binsfeldhammer, Stolberger Zink AG für Bergbau und Hüttenbetrieb, Aachen
Milde, E., Dr., Laboratoriumsleiter, Chemische Industrie AG, Bochum
Müller, O., Ing. Chem., Laboratoriumsleiter, Gebr. Borchers AG, H. C. Starck AG, Goslar/Harz

Ockhardt, H., Analytiker, W. C. Heraeus GmbH, Platinschmelze, Hanau a. M.

Pickhart, P., Dr., Betriebschemiker, Degussa, Hanau a. M.
Ploum, H., Dr., wissenschaftl. Mitarbeiter, Max-Planck-Institut für Eisenforschung, Düsseldorf
Pohl, H., Dipl.-Ing., wissenschaftl. Mitarbeiter, Materialprüfungsamt Berlin-Dahlem
Proske, O., Dr.-Ing., Berlin-Hermsdorf

Radmacher, W., Dr., Prokurist und Leiter der chem. Abteilung, Deutscher Kohlenverkauf (DKV), Essen/Ruhr
Raub, E., Prof. Dr., Institutsleiter, Forschungsinstitut und Probieramt für Edelmetalle, Schwäbisch Gmünd
Rodewald, B., Dr., Leiter des analytischen Laboratoriums der Th. Goldschmidt AG, Essen/Ruhr
Rösner, Dr., Laboratoriumsleiter, Düsseldorf
Rolf, E., Dr., Dipl.-Ing., Leiter des Edelmetall-Laboratoriums, Degussa, Frankfurt a. M.
Ruthardt, K., Dr., Direktor, W. C. Heraeus GmbH, Hanau a. M.

Sander, P., Prof. Dr., Wissenschaftl. Rat, Bundesanstalt für Gewässerkunde, Bielefeld
Savelsberg, W., Dr.-Ing. habil., Fachschul-Oberlehrer an der Staatl. Fachschule für die Metall-Industrie, Iserlohn (Westf.)
Schaarwächter, C., Dr., Inhaber des Laboratoriums für Rostschutz und Oberflächentechnik, Düsseldorf
Schleicher, A., Prof. Dr.-Ing., Rhein. Westf. Technische Hochschule, Aachen
Schloßer, F., Dr., Dipl.-Ing., wissenschaftl. Mitarbeiter, Materialprüfungsamt Berlin-Dahlem
Schönlau, L., Abteilungsleiter des metallanalytischen Laboratoriums, Siemens-Schuckertwerke AG, Kabelwerk Berlin-Siemensstadt

Sieger, H., Dr., Laboratoriumsleiter i. R. (Degussa, Frankfurt a. M.)
Steuer, E., Dr.-Ing., Leiter des Hauptlaboratoriums, Vereinigte Aluminiumwerke AG, Lippewerk/Lünen in Westf.
Szczesny, E., Chem.-Techn., Laboratoriumsleiter, Vereinigte Leichtmetall-Werke GmbH, Bonn

Tillmann, P., Dr., Leiter der wissenschaftl. Abteilung, Titangesellschaft mbH, Leverkusen-Bayerwerk

Urbasch, St., Handelchemiker, Inhaber des Chem. Laboratoriums für die Bergwerks-, Metall- und gesamte anorganisch-chemische Industrie, Duisburg-Großenbaum

Völkel, W., Dr., Betriebsleiter, Degussa, Frankfurt a. M., Gutleutstraße 125
v. Vogel, H. U., Dr.-Ing., Abteilungsleiter, Materialprüfungsamt Berlin-Dahlem
Vogt, C., Chem.-Techn. Leiter des chem. Laboratoriums, Vereinigte Deutsche Metallwerke AG, Zweigniederlassung Basse & Selve, Altena in Westf.
Vollrath, K., Dr., Leiter des chem. Laboratoriums der Vereinigten Aluminium-Werke AG, Erftwerk, Grevenbroich

Waehlert, M., Dr.-Ing., Nickel-Informations-Büro, Frankfurt a. M.
Wagenmann, K., Dr.-Ing., Direktor des Mansfelder Kombinats Wilhelm Pieck, Eisleben
Weber, F., Dr., Geschäftsführer, Verein Deutscher Bleifarbenfabrikanten e. V., Bonn
Werner, O., Dr., Abteilungsleiter, Materialprüfungsamt Berlin-Dahlem
Wernet, J., Dr., Dipl.Chem., Privatdozent, Chemisches Laboratorium der Universität Freiburg
Wiederholt, W., Dr., Abteilungsleiter, Materialprüfungsamt Berlin-Dahlem
Willems, F., Laboratoriumsleiter, Allgemeine Elektrizitäts-Gesellschaft, Fabriken Brunnenstr., Berlin N 31
Winterstein, Chr., Dr., Leiter des Staatshüttenlaboratoriums, Hamburg 1
Wirtz, H., Chemiker und Abteilungsleiter, Gesellschaft für Elektrometallurgie mbH, Elektrowerk Weisweiler über Eschweiler

Zartmann, A., Chem.-analytisches Laboratorium Karl Schmidt GmbH, Neckarsulm
Zettler, H., Dr., Chemiker, Inst. f. anorg. Chem., Joh. Wolfgang Goethe-Universität, Frankfurt a. M.
Zimmermann, M., Dr., Chemiker, Farbenfabrik Bayer, Leverkusen-Bayerwerk

Inhaltsverzeichnis

Erster Teil

Zweiter Teil

Erläuterungen

Es seien hier einige Erläuterungen angeführt, welche dem Verständnis des Inhalts dieses Bandes dienen sollen.

1. *Genauigkeit:* Die für die Genauigkeit einer Analysenmethode festgelegten 3 Stufen sind folgende:

1 gibt an, daß das Verfahren entweder selbst als Schiedsanalyse üblich ist oder in seiner Genauigkeit den Forderungen einer Schiedsanalyse gleichkommt.

2 bekundet, daß eine für Betriebsanforderungen hinreichende Genauigkeit mindestens erreicht wird.

3 läßt erkennen, daß bei der Analyse nur Näherungswerte, verwendbar zu Schätzungen, erreicht werden können.

2. *Abkürzungen:*

A . . . . Ampère
Gew.-% . . . . Gewichtsprozent
Kap. . . . . . Kapitel
konz. . . . . . konzentriert
konz. Ammoniak = (0,91)
— Bromwasserstoffsäure = (1,49)
— Perchlorsäure = (1,67)
— Phosphorsäure = (1,7)
— Salpetersäure = (1,40)
— Salzsäure = (1,19)
— Schwefelsäure = (1,84)
min . . . . . . Minute
n . . . . normal

proz. . . . . . prozentig
s. . . . . siehe
S. . . . . Seite
sec . . . . . . Sekunde
spez. Gew. . . . spezifisches Gewicht
Std. . . . . . . Stunde
techn. . . . . . technisch
Temp. . . . . Temperatur — sie ist stets in Grad Celsius angegeben
V . . . . Volt
verd. . . . . . verdünnt
Vol.-% . . . . Volumprozent
vol.-proz. . . . volumprozentig

3. *Nomenklatur:*

Die anorganischen Verbindungen werden nach den „Richtsätzen der internationalen Kommission für Reform der Nomenklatur anorganischer Verbindungen“ [Ber. dtsch. chem. Ges. Bd. 73 (1940), S. 53ff.] benannt, z. B.

Ammoniumperoxydisulfat	früher	Ammoniumpersulfat
Eisen(II)-sulfat	„	Ferrosulfat
Kaliumcyanoferrat(II)	„	Ferrocyankalium
Kaliumcyanoferrat(III)	„	Ferricyankalium
Kaliumhydrogensulfat	„	Kaliumbisulfat
Natriumhydrogencarbonat	„	Natriumbicarbonat
Eisen(II)-salz	„	Ferrosalz

u. a. m.

Internationale Atomgewichte 1955

Element	Symbol	Atom-nummer	Atom-gewicht	Element	Symbol	Atom-nummer	Atom-gewicht
Actinium	Ac	89	227	Neodym	Nd	60	144,27
Aluminium	Al	13	26,98	Neon	Ne	10	20,183
Americium	Am	95	[243]	Neptunium	Np	93	[237]
Antimon	Sb	51	121,76	Nickel	Ni	28	58,71
Argon	Ar	18	39,944	Niob	Nb	41	92,91
Arsen	As	33	74,91	Osmium	Os	76	190,2
Astat	At	85	[210]	Palladium	Pd	46	106,4
Barium	Ba	56	137,36	Phosphor	P	15	30,975
Berkelium	Bk	97	[249]	Platin	Pt	78	195,09
Beryllium	Be	4	9,013	Plutonium	Pu	94	[242]
Blei	Pb	82	207,21	Polonium	Po	84	210
Bor	B	5	10,82	Praseodym	Pr	59	140,92
Brom	Br	35	79,916	Promethium	Pm	61	[145]
Cadmium	Cd	48	112,41	Protactinium	Pa	91	231
Caesium	Cs	55	132,91	Quecksilber	Hg	80	200,61
Calcium	Ca	20	40,08	Radium	Ra	88	226,05
Californium	Cf	98	[249]	Radon	Rn	86	222
Cer	Ce	58	140,13	Rhenium	Re	75	186,22
Chlor	Cl	17	35,457	Rhodium	Rh	45	102,91
Chrom	Cr	24	52,01	Rubidium	Rb	37	85,48
Curium	Cm	96	[245]	Ruthenium	Ru	44	101,1
Dysprosium	Dy	66	162,51	Samarium	Sm	62	150,35
Eisen	Fe	26	55,85	Sauerstoff[2]	O	8	**16**
Erbium	Er	68	167,27	Scandium	Sc	21	44,96
Europium	Eu	63	152,0	Schwefel	S	16	32,066
Fluor	F	9	19,00	Selen	Se	34	78,96
Francium	Fr	87	[223]	Silber	Ag	47	107,880
Gadolinium	Gd	64	157,26	Silicium	Si	14	28,09
Gallium	Ga	31	69,72	Stickstoff	N	7	14,008
Germanium	Ge	32	72,60	Strontium	Sr	38	87,63
Gold	Au	79	197,0	Tantal	Ta	73	180,95
Hafnium	Hf	72	178,50	Technetium	Tc	43	[99]
Helium	He	2	4,003	Tellur	Te	52	127,61
Holmium	Ho	67	164,94	Terbium	Tb	65	158,93
Indium	In	49	114,82	Thallium	Tl	81	204,39
Iridium	Ir	77	192,2	Thorium	Th	90	232,05
Jod	J	53	126,91	Thulium	Tm	69	168,94
Kalium	K	19	39,100	Titan	Ti	22	47,90
Kobalt	Co	27	58,94	Uran	U	92	238,07
Kohlenstoff	C	6	12,011	Vanadin	V	23	50,95
Krypton	Kr	36	83,80	Wasserstoff	H	1	1,0080
Kupfer	Cu	29	63,54	Wismut	Bi	83	209,00
Lanthan	La	57	138,92	Wolfram	W	74	183,86
Lithium	Li	3	6,940	Xenon	Xe	54	131,30
Lutetium[1]	Lu	71	174,99	Ytterbium	Yb	70	173,04
Magnesium	Mg	12	24,32	Yttrium	Y	39	88,92
Mangan	Mn	25	54,94	Zink	Zn	30	65,38
Mendelevium	Mv	101	[256]	Zinn	Sn	50	118,70
Molybdän	Mo	42	95,95	Zirkonium	Zr	40	91,22
Natrium	Na	11	22,991				

Die Atomgewichte in eckigen Klammern [] entsprechen den Massengewichten der stabilsten bekannten Isotopen.

[1] Auch Cassiopeium (Cp) genannt.

[2] Der gewöhnliche Sauerstoff (99,76% ^{16}O; 0,04% ^{17}O; 0,2% ^{18}O) ist die Grundlage der *chemischen* Atomgewichte. Die massenspektrokopisch ermittelten *physikalischen* Atomgewichte beziehen sich auf $^{16}O = 16{,}00000$. Teilt man diese Werte durch 1,000272, so erhält man die üblichen Atomgewichte.

Kapitel 1

Aluminium*

Inhalt

---

*	1. Auflage	2. Auflage
Bearbeiter:	**Eisen, Steuer**	**Steuer, Faller**
Mitarbeiter:	**Bauer, Faller, Liebe, Sczesny, v. Vogel, Vollrath, Zartmann**	**Bensch, Eisen, Groebl, Hoffmann, Pohl, Zartmann**

A. Vorkommen

Das Aluminium kommt in der Natur ausschließlich in Verbindung mit anderen Elementen vor. Es ist weit verbreitet und steht hinsichtlich seines mengenmäßigen Auftreten- in der Erdrinde mit 8% an dritter Stelle, also gleich hinter Sauerstoff und Silicium. Die bekanntesten aluminiumhaltigen Mineralien sind die *Feldspate* mit ihren Verwitterungsprodukten *Ton* und *Kaolin*. Das Aluminiumoxyd tritt in kristallisierter Form als *Korund*, *Rubin* und *Saphir* auf; als mehr oder weniger verunreinigtes Hydrat kommt es als *Diaspor*, *Hydrargillit* oder *Böhmit* vor. Der *Bauxit*, so benannt nach der Fundstätte „*Les Beaux*" in Frankreich, enthält das Aluminium hauptsächlich in Form von Böhmit und ist der wichtigste Rohstoff für die Aluminiumerzeugung; sein Gehalt an Aluminiumoxyd schwankt zwischen 50 und 65%.

Die ergiebigsten europäischen Vorkommen des Bauxits liegen in Frankreich, Ungarn, Jugoslawien, Italien, Griechenland und Rumänien. Von außereuropäischen Lagerstätten sind als die bedeutendsten die von USA, Brasilien, Australien, Guayana, Indien, Indonesien, Afrika u. a. zu nennen. Die Sowjetunion bestreitet ihren Rohstoffbedarf für die Aluminiumerzeugung aus eigenen Vorkommen.

B. Qualitativer Nachweis

Da alle Reaktionen für den Aluminiumnachweis mehr oder weniger durch andere Elemente gestört werden, empfiehlt sich zum sicheren Erkennen grundsätzlich die Abtrennung des Aluminiums durch den qualitativen Trennungsgang. Als Nachweisreaktionen sind die mittels *Alizarinpapier* und die durch Bildung von *Thénardsblau* geeignet.

Will man die Alizarinprobe ausführen, so tränkt man zunächst quantitatives Filtrierpapier mit einer gesättigten Lösung von Alizarin in Alkohol und trocknet es. Dann bringt man 1 Tropfen der nötigenfalls angesäuerten Probelösung auf das so vorbereitete Reagenzpapier und hält es über Ammoniak. Bei Anwesenheit größerer Aluminiummengen wird die befeuchtete Stelle sofort himbeerrot, bei wenig Aluminium violett und erst nach dem Trocknen im Trockenschrank durch den dabei eintretenden Zerfall des violett gefärbten Ammoniumalizarinats rot. (Nachweisgrenze: 0,15 mg Aluminium.) Eisen, Chrom, Uran, Mangan, Kobalt, Nickel, Zirkonium und Thorium geben ebenfalls farbige Alizarinlacke und können daher stören. Deshalb tüpfelt man in ihrer Gegenwart auf Papier, das mit Kaliumcyanoferrat(II)-Lösung imprägniert wurde; dadurch werden die übrigen Kationen der Ammoniumsulfidgruppe gefällt, während sich das lösliche Aluminiumion in der äußeren Zone, wie angegeben, nachweisen läßt.

Zur Ausführung der *Thénardsblaureaktion* glüht man die Aluminiumverbindung auf der Kohle vor dem Lötrohr, befeuchtet sie darauf mit etwas Kobalt(II)-nitratlösung, glüht sie weiter und erhält so eine ungeschmolzene, tief himmelblaue Masse von Thénardsblau ($CoO \cdot Al_2O_3$). Die Reaktion ist nur dann einigermaßen zuverlässig, wenn die blaue Masse unschmelzbar oder schwer schmelzbar ist. Vollständig entscheidend kann sie niemals sein, weil auch einige andere schwer oder gar nicht schmelzbare, aluminiumfreie Verbindungen, wie z. B. die neutralen Phosphate der alkalischen Erden, beim Glühen mit Kobalt(II)-nitratlösung sich blau färben. Der Nachweis wird außerdem durch Eisen gestört. Bei sehr starkem Glühen und einem beträchtlichen Kobaltüberschuß kann gelegentlich eine grüne Verbindung ($7\,CoO \cdot 5\,Al_2O_3$) entstehen.

C. Analytische Untersuchungen bei der Erzeugung von reinem Aluminiumoxyd aus Bauxit

Das im Bauxit mit etwa 50 bis 65% vorliegende Aluminiumoxyd mit verschiedenem Wassergehalt kann mittels Natronlauge unter Druck zu löslichem Natriumaluminat umgesetzt werden. Als unlöslicher Rückstand verbleiben im wesentlichen Eisen- und Titanverbindungen sowie Siliciumdioxyd neben einem gewissen Prozentsatz an Aluminiumoxyd zurück. Man bezeichnet diesen Rückstand als Rotschlamm. Nach seiner Abtrennung durch Absitzenlassen und Filtrieren wird die Aluminatlösung in großen Behältern gerührt, bis sich das Aluminiumoxydhydrat durch Hydrolyse — der Vorgang wird durch Zugeben von sog. „Impfhydrat" beschleunigt — ausgeschieden hat. Man filtriert es darauf mittels Trommelfiltern ab, wäscht aus und calciniert es in Drehrohröfen bei 1200 bis 1300°. Die Lauge wird für neue Aufschlüsse wieder eingedickt und gereinigt. Hierbei fällt das sog. „Vanadinsalz" an.

Das Haupterzeugnis des gesamten Prozesses ist das totgeglühte Aluminiumoxyd. Aus ihm wird durch Schmelzflußelektrolyse das Aluminium als Metall gewonnen.

Die analytischen Untersuchungen bei der Herstellung des Aluminiumoxyds erstrecken sich zunächst auf das Ausgangsmaterial, den Bauxit. Bevor dessen Analyse behandelt wird, soll zunächst ein Überblick über die Verfahren zur Bestimmung des Aluminiums gegeben werden.

I. Die Verfahren zur Bestimmung des Aluminiums

Man bestimmt das Aluminium hauptsächlich als Oxyd nach Fällung mit Ammoniak oder Kohlendioxyd bzw. als Phosphat oder als Oxychinolat. In den folgenden Ausführungen werden die Arbeitsbedingungen für die Aluminiumbestimmungen aus reinen Lösungen beschrieben. Abtrennungen störender Elemente werden in den gesonderten Vorschriften der einzelnen Materialien behandelt.

1. Die Bestimmung als Aluminiumoxyd

a) Fällung mit Ammoniak

Grundlage. Das Aluminium wird aus salz- oder schwefelsaurer Lösung in der Siedehitze mit Ammoniak als Aluminiumhydroxyd gefällt. Der isolierte Niederschlag wird vorgetrocknet und nach dem Veraschen des Filters bei 1200° bis zur Gewichtskonstanz geglüht.

Das Verfahren findet in der Erzanalyse bzw. bei anderen aluminiumhaltigen Materialien vielfach Anwendung. Die jeweiligen Begleitelemente müssen entsprechend Berücksichtigung finden. Aluminiumgehalte von Zehntelprozenten bis zu mehr als 30% können damit bestimmt werden.

Genauigkeit. 1.

Dauer. 4 Std.

Ausführung. Die etwa 0,1 bis 0,2 g Aluminiumoxyd enthaltende salz- oder schwefelsaure Lösung wird bei einem Volumen von 200 bis 300 ml mit 50 ml Ammoniumnitratlösung (100 g/l) versetzt und zum Sieden erhitzt. Nach Zugabe von einigen Tropfen 0,2proz. Methylrotlösung versetzt man die Lösung mit Ammoniak (1 + 3), bis der Indicator deutlich nach Gelb umschlägt. Die Ammoniaklösung muß frei von Kohlendioxyd sein, um das Mitfallen von Calcium zu verhindern. Man erhitzt etwa 1 min zum Sieden. Die Lösung soll hiernach noch schwach nach Ammoniak riechen. Nach kurzem Absitzenlassen wird der Niederschlag auf ein Filter (Type Sch. u. Sch. Nr. 589/2) abfiltriert, sorgfältig mit heißem Wasser, das im Liter 20 g Ammoniumnitrat enthält und nach Zugabe von Methylrot mit

Ammoniak bis zur Gelbfärbung versetzt wurde, ausgewaschen. Das Filter mit dem Niederschlag wird im gewogenen Platintiegel im Trockenschrank bei 105° vorgetrocknet (etwa 1 Std.), vorsichtig auf dem Brenner verascht und im elektrischen Tiegelofen 1 Std. bei 1200° zu Aluminiumoxyd geglüht. Das Glühen ist bis zur Gewichtskonstanz zu wiederholen. Der Umrechnungsfaktor von Al_2O_3 auf Al beträgt 0,5291.

Fehlerquellen. Das Verfahren führt infolge der hohen Adsorptionskraft des Aluminiumhydroxyds gegenüber Salzen leicht zu Überbefunden. Bei Fällungen neben Begleitelementen ist deshalb eine Umfällung nicht zu umgehen.

Eine Überdosierung des Ammoniakzusatzes kann andererseits auch den Verlust von Aluminium verursachen.

Literatur. Handbuch der analytischen Chemie. III. Teil, Bd. III, S. 125—127. Berlin: Springer 1942.

b) Fällung mit Kohlendioxyd

Grundlage. Das Aluminium wird aus Aluminatlösungen durch Einleiten von Kohlendioxyd als Aluminiumhydroxyd gefällt, das bei 1200° zu Aluminiumoxyd geglüht wird.

Anwendungsbereich und Bedeutung. Das Verfahren dient zur Bestimmung des Aluminiums in Aluminatlösungen.

Genauigkeit. 1.

Dauer. 4 bis 5 Std.

Ausführung. Eine 0,15 bis 0,3 g Aluminiumoxyd enthaltende Menge Aluminatlösung wird in einem 250 ml-Becherglas auf 150 ml verdünnt. Nach Hinzufügen von einigen Tropfen Phenolphthalein leitet man langsam Kohlendioxyd ein, so daß das Phenolphthalein nach etwa 15 bis 20 min entfärbt ist. Nachdem noch weitere 30 min Kohlendioxyd eingeleitet wurde, läßt man etwa 5 min absitzen und filtriert dann den Niederschlag auf ein mit Filterschleim gedichtetes Filter (Type Sch. u. Sch. Nr. 589/2) ab. Nach dem Waschen mit kaltem Wasser bis zur Alkalifreiheit wird er im Trockenschrank vorgetrocknet, das Filter auf dem Brenner vorsichtig verascht und der Rückstand im elektrischen Tiegelofen 1 Std. bei 1200° geglüht und als Aluminiumoxyd gewogen. Durch nochmaliges Glühen wird auf Gewichtskonstanz geprüft.

Literatur. Handbuch der analytischen Chemie. III. Teil, Bd. III, S. 203. Berlin: Springer 1942.

2. Die Bestimmung als Aluminiumphosphat

Grundlage. In schwach salzsaurer Lösung wird nach Zugabe von Essigsäure und Reduktion etwa vorhandenen Eisens das Aluminium mit Diammoniumhydrogenphosphatlösung aus siedender Lösung gefällt. Das Aluminiumphosphat wird bei 1200° bis zur Gewichtskonstanz geglüht.

Anwendungsbereich und Bedeutung. Das Verfahren dient zur Aluminiumbestimmung bei Materialien mit höheren Phosphorgehalten; auch Aluminiumbestimmungen in Aluminiumlegierungen lassen sich damit ausführen. Eisen, Mangan, Calcium, Magnesium stören nicht; Zink muß abwesend sein.

Genauigkeit. 1.

Dauer. 3 bis 4 Std.

Ausführung. Die salz- bzw. schwefelsaure Aluminiumlösung, die etwa 0,02 bis 0,025 g Aluminium enthalten soll, wird in der Kälte mit Ammoniak (1 + 3) gegen Methylrot als Indicator neutralisiert und mit 4 ml Salzsäure (1 + 1) versetzt. Nach dem Verdünnen auf 500 ml werden 20 ml Ammoniumthiosulfatlösung (100 g auf 350 ml Wasser) sowie 15 ml 80proz. Essigsäure und 20 ml Diammoniumhydrogenphosphatlösung (100 g/l) zugegeben. Man kocht 15 min, läßt den Niederschlag absitzen, filtriert ihn auf ein Filter (Type Sch. u. Sch. Nr. 589/2) ab und wäscht ihn gründlich mit heißem Wasser aus. Filter und Niederschlag läßt man in einem gewogenen Porzellantiegel langsam trocknen. Über einem Bunsenbrenner wird das Filter vorsichtig restlos verascht und der Niederschlag in einem elektrisch beheizten Tiegelofen zunächst bei 1100°, später 1 Std. bei 1200° zu Aluminiumphosphat geglüht. Das Glühen ist zur Prüfung auf Gewichtskonstanz zu wiederholen. Der Umrechnungsfaktor von $AlPO_4$ auf Al beträgt 0,2211.

Literatur. Handbuch der analytischen Chemie. III. Teil, Bd. III, S. 223. Berlin: Springer 1942.

3. Die Bestimmung als Aluminiumoxychinolat

Grundlage. Das Aluminium wird aus Weinsäure und Ammoniumchlorid enthaltender, ammoniakalischer Lösung mit essigsaurer Oxinlösung gefällt. Das in einem Glasfiltertiegel gesammelte Aluminiumoxychinolat wird bei 130° getrocknet.

Anwendungsbereich und Bedeutung. Das Verfahren ist zur Bestimmung von einigen Zehntelprozenten bis zu mehr als 30% Aluminium geeignet. Phosphate stören nicht; Magnesium wird mitgefällt.

Genauigkeit. 1.

Dauer. 3 Std.

Ausführung. Die Aluminiumchlorid- oder -sulfatlösung, die etwa 0,05 g Aluminium enthalten soll, wird mit 2,5 g Weinsäure und 1 bis 2 g Ammoniumchlorid versetzt, mit Ammoniak neutralisiert, auf 400 ml verdünnt und auf 70° erhitzt. Nun gibt man 25 ml 6proz. essigsaure Oxinlösung hinzu, weiter 0,5 bis 1 ml konz. Ammoniak je 100 ml Analysenlösung, rührt kräftig um und läßt $^1/_2$ Std. auf dem Wasserbad absitzen. Der Niederschlag wird auf einen Glasfiltertiegel (1 G 4) abfiltriert und mit warmem Wasser (50°) gründlich gewaschen, bis das Filtrat farblos ist. Man trocknet ihn im Trockenschrank bei 130° bis zum konstanten Gewicht und wägt ihn als Aluminiumoxychinolat $Al(C_9H_6ON)_3$. Der Umrechnungsfaktor von $Al(C_9H_6ON)_3$ auf Al beträgt 0,05871.

Essigsaure Oxinlösung: 6 g 8-Hydroxychinolin werden mit 12 ml Eisessig unter Erwärmen gelöst. Man verdünnt mit Wasser auf 100 ml.

Literatur. Berg, R.: Handbuch der analytischen Chemie. III. Teil, Bd. III, S. 262. Berlin: Springer 1942. — Prodinger, W.: Organische Fällungsmittel in der quantitativen Analyse. S. 106. Stuttgart: F. Enke 1954.

4. Weitere Verfahren für die Aluminiumbestimmung

a) Fällungsverfahren

Grundlage. Die Fällung des Aluminiums kann auch mit Ammoniumbenzoat durchgeführt werden. Sie erfolgt aus schwach saurer Lösung bei p_H 4 in Gegenwart von Ammoniumacetat. Das Aluminiumbenzoat wird zu Aluminiumoxyd geglüht.

Ausführung. Die 1 bis 100 mg Aluminium enthaltende Lösung wird mit Schwefelsäure eben angesäuert, mit 2 g Ammoniumsulfat versetzt und durch vorsichtiges Zugeben von Ammoniak auf einen p_H-Wert von 1 bis 2 gebracht. Darauf setzt man 20 ml Ammoniumacetatlösung (100 g/l), 20 ml 10proz. Benzoatlösung sowie als Indicator 2 ml Bromphenolblaulösung hinzu, erhitzt die Lösung auf 80°, um die zunächst ausgefallene Benzoesäure aufzulösen, und läßt nun aus einer Bürette so lange Ammoniak (1 + 4) zutropfen, bis der Indicator von Gelb nach Rotviolett umschlägt. Der p_H-Wert beträgt jetzt etwa 4. Dann wird 2 bis 3 min gekocht, der p_H-Wert geprüft und die Fällung 1 Std. warm gestellt. Man filtriert den Niederschlag ab und wäscht ihn dreimal mit heißem Wasser aus, das im Liter 20 ml Eisessig und 10 g Ammoniumbenzoat enthält.

Bei Anwesenheit großer Mengen Zink muß der Niederschlag umgefällt werden. Dazu löst man ihn in Salzsäure (1 + 1), verdünnt mit 100 ml Wasser, kocht auf und filtriert vom Filterschleim ab. Mit dem salzsauren Filtrat wird auf die gleiche

Weise verfahren wie zu Beginn mit der schwefelsauren Lösung. Der nun erhaltene Niederschlag wird 8mal mit dem Waschwasser obiger Zusammensetzung ausgewaschen, vorgetrocknet, vorsichtig verascht und bei 1200° zu Aluminiumoxyd geglüht.

Literatur. Handbuch der analytischen Chemie. III. Teil, Bd. III, S. 172. Berlin: Springer 1942.

b) Photometrische Bestimmung

Photometrisch kann das Aluminium mit Eriochromcyanin [*1* bis *3*] bestimmt werden. Vgl. Bestimmung von Al_2O_3 in Reinaluminium, S. 85.

Auch Aurintricarbonsäure [*4*] (Aluminon) bzw. Oxychinolin [*5*] werden zur photometrischen Bestimmung kleiner Aluminiumgehalte verwendet.

Literatur. [*1*] Radmacher, W., u. W. Schmitz: Brennstoff-Chem. Bd. 38 (1957) S. 226.
[*2*] Ginsberg, H.: Leichtmetallanalyse. S. 69. Berlin: W. de Gruyter 1955.
[*3*] Handbuch der analytischen Chemie. III. Teil, Bd. III, S. 310—315. Berlin: Springer 1942.
[*4*] Ginsberg, H.: Leichtmetallanalyse. S. 244. Berlin: W. de Gruyter 1955.
[*5*] Verfahren der Vereinigten Aluminiumwerke AG.

II. Die Untersuchung des Bauxits

Die für die Betriebsanalyse verwendeten Methoden bei der Analyse des Bauxits entsprechen etwa den bei Schiedsanalysen gültigen Verfahren. Diese Angaben beziehen sich auf alle Bestimmungen im Rahmen einer Bauxitanalyse, deren Ziel die Ermittlung des Al_2O_3-Gehaltes ist. Zusätzlich wird eine Vorschrift zur Kontrolle des Produktionsablaufes gebracht, die mehr den Charakter einer Schnellmethode mit entsprechend geringerer Genauigkeit hat.

Genauigkeit. 1.

Dauer einer Bauxit-Vollanalyse. 3 bis 4 Tage.

1. Die Zubereitung der eingelieferten Probe

Die dem Laboratorium übergebene Probe von etwa 350 g soll eine Feinheit von 400 Maschen/cm² = DIN 20 haben, um einen guten Durchschnitt zu garantieren. Man mischt diese Probe durch fünfmaliges „Über-den-Kegel-Häufeln" sorgfältig durch, breitet sie aus und entnimmt ihr mit einem kleinen Löffel in diagonaler und kreuzförmiger Folge die für die Analyse erforderliche Menge von 30 bis 40 g. Diese wird in der Achatschale fein gerieben, bis alles ohne den geringsten Rückstand durch ein Sieb (DIN 70 = 4900 Maschen/cm²) gegangen ist. Zur Analyse wird die Probe bei 105° mindestens 3 bis 4 Std. in einem Wägegläschen mit eingeschliffenem Stopfen getrocknet. Nach dem Erkalten im Exsiccator ist sie analysenfertig, muß aber stets sorgfältig verschlossen gehalten und gegebenenfalls nach Entnahme mehrerer Einwaagen oder nach längerem Stehenlassen an der Luft wieder nachgetrocknet werden, da sie merkbar Feuchtigkeit aufnimmt.

Soll eine Bestimmung des Zinkgehaltes durchgeführt werden, so darf man das Material nicht durch Bronze- oder Messingsiebe absieben. Man reibt dann etwa 50g des gemahlenen Gutes in der Achatschale möglichst fein, siebt davon probeweise einen kleinen Anteil durch das Sieb DIN 70, um die Kornfeinheit zu prüfen, und verwirft ihn. Andernfalls besteht die Gefahr, daß sich der Zinkgehalt durch Abrieb aus dem Siebgewebe erhöht.

2. Die Bestimmung der Feuchtigkeit

Die Probe für die Feuchtigkeit im Gewicht von etwa 300 bis 400 g wird im Laboratorium nach dem Öffnen der versiegelten Probeflasche sofort in etwa zwei gleiche Teile auf einer empfindlichen technischen Waage mit einer Genauigkeit von 2 Dezimalstellen abgewogen und 12 Std. bei 110° im Trockenschrank getrocknet

Nach dem Erkalten im Exsiccator wird wieder gewogen. Zur Kontrolle wird die Probe nochmals 3 bis 4 Std. bei 110° nachgetrocknet. Aus dem Gewichtsverlust errechnet sich unter Berücksichtigung der Einwaage der prozentuale Gehalt an Feuchtigkeit.

3. Die Bestimmung des Glühverlustes

Zur Bestimmung des Glühverlustes wird 1,0000 g des Probegutes in einen gewogenen Platintiegel eingewogen. Man glüht die Probe im elektrischen Ofen (unter langsamem Anheizen) 1 Std. bei 1200°, läßt sie 20 min im Exsiccator abkühlen und wägt. Zur Feststellung der Gewichtskonstanz wird nochmals $^1/_2$ Std. bei 1200° geglüht und erneut gewogen. Aus dem Gewichtsverlust errechnet sich unter Berücksichtigung der Einwaage der prozentuale Gehalt an Glühverlust. Der Glührückstand wird nach einem alkalischen Sinteraufschluß zur Bestimmung von Mangan, Chrom, Vanadin und Phosphor verwendet, da diese Probe frei von störenden organischen Substanzen ist.

4. Aufschlüsse

Viele Bauxitsorten lassen sich durch Behandlung mit Säuren aufschließen; manche jedoch, z. B. die griechischen, erfordern einen Schmelzaufschluß mit Natriumhydroxyd im Nickeltiegel. Der alkalische Sinteraufschluß wird bei der Bauxitanalyse nur noch für die Bestimmung von Mangan, Chrom, Vanadin und Phosphor verwendet, da bei den Hauptbestimmungen das durch den Sinteraufschluß aufgenommene Platin stört.

a) Säureaufschluß

1,0000 g Bauxit wird in einem 400 ml-Becherglas mit 30 ml Königswasser und 15 ml Schwefelsäure (1 + 1) versetzt und auf dem Sandbad bis zur Trockne abgeraucht. Nach dem Erkalten werden 10 ml Salzsäure (1,19) zugesetzt. Man läßt die Säure 15 min bei Zimmertemperatur einwirken, gibt dann 200 ml siedendheißes Wasser hinzu und erwärmt auf dem Sandbad bis zur vollständigen Lösung der Sulfate. Das unlösliche Siliciumdioxyd wird auf ein Filter (Type Sch. u. Sch. Nr. 589/2) abfiltriert und mit heißem Wasser säurefrei gewaschen.

b) Alkalischer Schmelzaufschluß

In einem Nickeltiegel von 100 ml Inhalt werden 10 g reinstes Natriumhydroxyd in Plätzchenform mit kleiner Flamme zum Schmelzen gebracht. Nach dem Erstarren der Schmelze gibt man 2,0000 g Bauxit darauf, bedeckt den Tiegel und erwärmt ihn vorsichtig mit kleiner Flamme, um ein Verstäuben der Probe zu vermeiden. Sobald sich das Bauxitpulver mit dem geschmolzenen Ätznatron vermischt hat, erhitzt man allmählich stärker, bis die Schmelze durchscheinend wird. Nach etwa 30 min ist der Aufschluß beendet. Man läßt nun die dünnflüssige Schmelze unter Schwenken des Tiegels in dünner Schicht erkalten, stellt den Tiegel zur Sicherheit in eine kleine Porzellanschale und fügt etwas warmes Wasser hinzu. Nach kurzer Zeit kann man die zersetzte Schmelze in ein 600 ml-Becherglas überspülen. Dann fügt man langsam 65 ml Schwefelsäure (2,5 + 1) hinzu, von denen man einen Teil zum Lösen der letzten Reste im Nickeltiegel benutzt. Man erhält — gegebenenfalls durch Zusatz von etwas konz. Salzsäure — eine klare Lösung der Schmelze. Diese Lösung dampft man auf dem Sandbad bis zum Rauchen der Schwefelsäure ein und läßt noch 15 min rauchen, um das Siliciumdioxyd unlöslich zu machen. Bei dieser Konzentration der Schwefelsäure ist ein Ausscheiden von Titandioxyd praktisch nicht möglich. Nach dem Erkalten wird der Sulfatbrei mit 300 ml heißem Wasser versetzt und auf einer mäßig heißen Platte oder dem Sandbad unter öfterem Umrühren bis zur vollkommenen Lösung der Sulfate (Vorsicht: Siedeverzug!)

erhitzt. Das unlösliche Siliciumdioxyd wird auf ein Filter (Type Sch. u. Sch. Nr. 589/2) abfiltriert und säurefrei gewaschen.

c) Alkalischer Sinteraufschluß

Der bei 1200° geglühte Bauxit der Glühverlustbestimmung wird im Platintiegel mit der dreifachen Menge Natriumcarbonat gut gemischt und bei 1000° 15 min gesintert. In einem 400 ml-Becherglas werden zu dem Schmelzkuchen 100 ml Wasser und 10 ml 25proz. Natronlauge gegeben. Man kocht dann etwa 15 min., bis der Schmelzkuchen zerfallen ist. Lösung und Rückstand werden zur Bestimmung von Mangan, Chrom, Vanadin und Phosphor verwendet.

5. Bestimmung des Siliciums als Siliciumdioxyd

Das nach dem Säureaufschluß oder alkalischen Schmelzaufschluß isolierte Siliciumdioxyd wird im Platintiegel vorsichtig getrocknet und das Filter auf dem Brenner vollkommen verascht; danach wird bei 1100° geglüht und nach dem Erkalten gewogen. Anschließend befeuchtet man den Tiegelinhalt mit 2 bis 3 Tropfen Schwefelsäure (1 + 1), gibt etwa 5 ml Flußsäure hinzu und verflüchtigt das Siliciumdioxyd durch Abrauchen bis zur Trockne. Es wird wiederum bei 1100° geglüht und nach dem Erkalten gewogen.

Der Gewichtsunterschied der beiden Wägungen ergibt das Gewicht des Siliciumdioxyds.

Der im Platintiegel verbliebene Rückstand wird mit wenig Kaliumhydrogensulfat aufgeschlossen und die Schmelze mit Wasser und 2 Tropfen Schwefelsäure (1 + 1) gelöst. Man spült in ein 100 ml-Becherglas über und fällt mit Schwefelwasserstoff etwa beim Aufschluß gelöstes Platin. Nach Absitzenlassen wird durch ein kleines Filter filtriert und mit schwefelwasserstoffhaltigem Wasser gewaschen. Man verkocht im Filtrat den Schwefelwasserstoff und gibt die Lösung zum Filtrat des Siliciumdioxyds, das nun im Meßkolben auf 500 ml aufgefüllt wird.

Der *Aluminiumoxydgehalt* des Bauxits kann einmal durch Errechnung der Differenz der Summe aller Verunreinigungen gegen 100% oder als Differenz der Summe von Fe_2O_3, TiO_2 und P_2O_5 gegen die Gesamtfällung ermittelt werden. Zur Verringerung des Aufwandes wird in der Praxis gelegentlich die Summe der geringen Verunreinigungen erfahrungsgemäß mit 0,3 bis 0,5% festgelegt und der Al_2O_3-Gehalt aus der Differenz der Summe von Glühverlust, SiO_2, Fe_2O_3, TiO_2 und CaO gegen 99,7 bis 99,5 ermittelt.

Eine direkte Aluminiumoxydbestimmung im Bauxit nach Schwarz von Bergkampf wird am Schluß des Abschnitts „Bauxitanalyse" beschrieben.

6. Die Bestimmung der Gesamtoxyde

Grundlage. Nach Abtrennung des Siliciumdioxyds werden im Filtrat mit Ammoniak, Aluminium, Eisen, Titan, Phosphor, Chrom, Vanadin und Mangan gemeinsam gefällt und als Oxyde bestimmt.

Ausführung. Zu aliquoten Teilen — entsprechend 0,4 g Einwaage — des salz- oder schwefelsauren Filtrats der Siliciumdioxydbestimmung werden 50 ml Ammoniumnitratlösung (100 g/l) gegeben. Man erhitzt die Lösung zum Sieden, gibt einige Tropfen 0,2proz. Methylrotlösung und verdünntes kohlendioxydfreies Ammoniak zu, bis der Indicator deutlich nach Gelb umschlägt und kocht kurz auf. Die Lösung soll hiernach noch schwach nach Ammoniak riechen. Sobald sich der Niederschlag abgesetzt hat, wird er noch warm auf ein Filter (Type Sch. u. Sch. Nr. 589/2) abfiltriert und zweimal mit heißem Waschwasser, das 2% Ammoniumnitrat und einige Tropfen Ammoniak enthält, ausgewaschen. Man spritzt die Hydroxyde in das Becherglas zurück, löst sie mit 10 ml Salzsäure (1 + 1) und wiederholt die Fällung.

Durch dasselbe Filter wird filtriert und nun der Niederschlag mit dem Waschwasser chlorid- bzw. sulfatfrei ausgewaschen. Man trocknet das Filter mit dem Niederschlag im Trockenschrank bei 105° eine Stunde vor, verascht dann vorsichtig im gewogenen Platintiegel über dem Brenner und glüht eine Stunde bei 1100° im elektrischen Tiegelofen. Nach einer Abkühlungszeit von 20 min wird gewogen. Es ist notwendig, durch nochmaliges Glühen bei der gleichen Temperatur auf Gewichtskonstanz zu prüfen. Die Auswaage entspricht der Summe von Al_2O_3, Fe_2O_3, TiO_2, P_2O_5, Cr_2O_3, V_2O_5 und Mn_2O_3.

7. Die Bestimmung von Calcium

a) Im Anschluß an die Bestimmung der Gesamtfällung

Grundlage. Bei Bauxiten, die für die Errechnung des Aluminiumoxydgehaltes eine Gesamtfällung erfordern, werden zur Calciumbestimmung die vereinigten Filtrate von zwei bzw. drei parallel durchgeführten Gesamtfällungen verwendet.

Ausführung. Man dampft die vereinigten Filtrate der Gesamtfällung auf etwa 100 ml ein und gibt in der Siedehitze 10 ml gesättigte Ammoniumoxalatlösung und Ammoniak zu, bis die Lösung deutlich nach Ammoniak riecht. Nach Stehenlassen über Nacht wird der Niederschlag auf ein Filter (Type Sch.u. Sch. Nr. 589/2) mit Filterschleim abfiltriert und mit heißem, ammoniumoxalathaltigem Wasser ausgewaschen. Man verascht das Filter mit dem Niederschlag im Platintiegel und glüht bei 1100° zu CaO.

Bisweilen kann das Calciumoxyd noch geringe Mengen Aluminiumoxyd enthalten. Um diese zu berücksichtigen, wird das gewogene Calciumoxyd in wenig Salzsäure und Wasser gelöst, nach Zugabe von 5 ml Ammoniumnitratlösung mit verdünntem, kohlensäurefreiem Ammoniak der Aluminiumoxydrest gefällt, auf ein kleines Filter abfiltriert und ausgewaschen. Filter und Niederschlag werden in demselben Platintiegel verascht, geglüht und gewogen. Das Gewicht des Aluminiumoxyds wird einserseits zur Hauptmenge der Gesamtoxyde hinzugerechnet, andererseits von der Calciumoxydauswaage abgezogen.

b) In gesonderter Einwaage

Grundlage. Bei säurelöslichen Bauxiten, deren Al_2O_3-Gehalt als Differenz der Summe aller Verunreinigungen gegen 100% errechnet und demzufolge keine Gesamtfällung gemacht wird, bestimmt man das Calcium in einer gesonderten Einwaage nach Auskochen des Bauxits mit Salzsäure.

Ausführung. 2,0000 g Bauxit werden in einem 250 ml-Becherglas mit 25 ml Salzsäure (1,19) und etwa 30 ml Wasser 30 min bei schwachem Sieden gehalten, dann auf 100 ml verdünnt und in der Siedehitze mit kohlensäurefreiem Ammoniak, gelöstes Silicium, Aluminium, Eisen und Titan gefällt. Man filtriert durch eine Nutsche von 9 cm Durchmesser ab und wäscht mit heißem Wasser aus. Der Hydroxydniederschlag wird in verdünnter Salzsäure (1 + 1) durch Kochen gelöst und die Fällung mit kohlendioxydfreiem Ammoniak wiederholt. Nach Einengen der vereinigten Filtrate auf etwa 80 ml werden nochmals einige Tropfen kohlendioxydfreies Ammoniak zugegeben, um gegebenenfalls Reste der Metalle zu fällen. Man kocht auf, filtriert und wäscht mit heißem Wasser. Man dampft das Filtrat auf etwa 100 ml ein, gibt 20 ml gesättigte Ammoniumoxalatlösung und Ammoniak in der Siedehitze zu, bis die Lösung deutlich nach Ammoniak riecht. Nach 6stündigem Stehen bei 60° oder über Nacht bei Zimmertemperatur wird filtriert und mit heißem ammoniumoxalat- und ammoniakhaltigem Wasser gut ausgewaschen. Man verascht das Filter mit dem Niederschlag und glüht zu Calciumoxyd bei 1100° bis zur Gewichtskonstanz.

8. Die Bestimmung des Eisens nach Zimmermann-Reinhardt

Grundlage. Für die Eisenbestimmung im Bauxit wird bei säurelöslichen Bauxiten eine gesonderte Probe von 1,5000 g nach den Ausführungen S. 10 aufgeschlossen. Nach Abtrennung des Siliciumdioxyds bestimmt man das Eisen maßanalytisch nach ZIMMERMANN-REINHARDT. Bei Bauxiten, die einen alkalischen Schmelzaufschluß erfordern, wird die Bestimmung in einem aliquoten Teil des Filtrats der Siliciumdioxydbestimmung des Aufschlusses von 2,0000 g Bauxit ausgeführt.

Ausführung. Das 1,5 bzw. 0,8 oder 1,6 g Bauxit enthaltende Filtrat der Siliciumdioxydbestimmung, das 20 ml Salzsäure (1,19) enthalten soll, wird im 1 l-ERLENMEYER-Kolben zum Sieden erhitzt. Unter Umschwenken reduziert man durch tropfenweisen Zusatz von Zinn(II)-chloridlösung, bis die Lösung eben entfärbt ist, und setzt 1 bis 2 Tropfen im Überschuß zu. Nach dem Abkühlen wird die Lösung unter Umschwenken mit 20 ml Quecksilber(II)-chloridlösung versetzt. Man spült in eine große Porzellanschale über, in der sich eine Mischung von 500 ml Wasser und 40 ml Mangansulfatlösung befindet, die mit Kaliumpermanganatlösung austitriert wurde. Der Kolben wird ebenfalls mit austitriertem Wasser nachgespült, so daß die Flüssigkeitsmenge in der Schale etwa 2 l beträgt. Nun titriert man mit Kaliumpermangantlösung bis zur schwachen Rosafärbung. Aus dem Verbrauch der Kaliumpermangantlösung errechnet sich unter Berücksichtigung des Faktors der Lösung und der Bauxiteinwaage der Gehalt an Fe_2O_3. Der Titer der Kaliumpermanganatlösung wird mit Natriumoxalat bestimmt, von welchem man so viel verwendet, daß der Verbrauch an Kaliumpermanganatlösung etwa dem bei der Eisentitration entspricht. Man wägt die entsprechende Menge von bei 105° getrocknetem Natriumoxalat nach SÖRENSEN ein, löst in 200 ml Wasser unter Zusatz von 20 ml schwefeldioxydfreier Schwefelsäure (1 + 1) und titriert, nachdem die Lösung auf 70° erwärmt wurde. Die Bestimmung kann auch mit Fixanallösung vorgenommen werden.

Lösungen. *Kaliumpermanganatlösung:* etwa 0,1 n.

Mangansulfatlösung: 67 g Mangansulfat ($MnSO_4 \cdot 4H_2O$) werden in 500 bis 600 ml Wasser gelöst. Nach Zugabe von 138 ml Phosphorsäure (1,7) und 130 ml Schwefelsäure (1,84) wird mit Wasser auf 1 l verdünnt.

Quecksilber(II)-chloridlösung: Gesättigte Lösung (etwa 50 g/l).

Zinn(II)-chloridlösung: 12,5 g Zinn(II)-chlorid ($SnCl_2 \cdot 2H_2O$) werden in 10 ml Salzsäure (1,19) gelöst und mit Wasser zu 100 ml aufgefüllt.

9. Die photometrische Bestimmung des Titans nach Weller

Grundlage. In schwefelsaurer Lösung wird das Titansulfat mit Wasserstoffperoxyd zu einer gelb gefärbten Peroxoverbindung oxydiert. Durch Zugabe von Phosphorsäure wird die Gelbfärbung der anwesenden Eisensalze beseitigt. Das Extinktionsmaximum liegt bei 420 bis 430 mμ.

Ausführung. Einen 0,1 g Einwaage entsprechenden aliquoten Teil vom Filtrat des Siliciumdioxyds versetzt man im 200 ml-Meßkolben mit 20 ml Phosphorsäure (1,7), 20 ml Schwefelsäure (1 + 1) sowie 10 ml 3proz. Wasserstoffperoxydlösung und verdünnt nach dem Abkühlen mit Wasser auf 200 ml. Man mißt die Extinktion mit dem Spektralphotometer bei 420 bis 430 mμ, mit dem Spektrallampenphotometer bei 405 mμ sofort in einer 4 cm-Küvette gegen eine Blindlösung, die aus einer 0,1 g Einwaage entsprechenden Menge des Siliciumdioxydfiltrats in gleicher Weise, jedoch ohne Wasserstoffperoxydzusatz angesetzt wurde. Den Gehalt der Probe an TiO_2 errechnet man mit Hilfe einer Eichkurve.

Titanstandardlösung (1 ml = 100 μg TiO_2): 0,1000 g bei 1100° geglühtes Titan(IV)-oxyd wird im Platintiegel mit Kaliumhydrogensulfat aufgeschlossen. Man löst die Schmelze in 500 ml Schwefelsäure (1 + 16) und füllt die Lösung auf 1 l auf. Das Schmelzen muß bei aufgelegtem Deckel und anfangs kleiner Flamme bis zum klaren Fluß erfolgen.

10. Photometrische Bestimmung von Mangan, Chrom, Vanadin und Phosphor

Für die Bestimmung obiger Elemente wird der Sinteraufschluß der Glühverlustprobe von 1,0000 g Bauxit verwendet. Die Analysenlösung ist somit frei von organischer Substanz, die besonders die Chrombestimmung beeinträchtigt. Der Sinteraufschluß wird vorgenommen, wie auf S. 11 angegeben, der Schmelzkuchen mit etwa 100 ml Wasser und 10 ml 25proz. Natronlauge ungefähr 15 min gekocht, bis er zerfallen ist. Man gibt etwa 1 g Natriumperoxyd hinzu, kocht auf und läßt über Nacht stehen. Es wird dann durch ein mit warmer 10proz. Natronlauge gewaschenes Filter (Type Sch. u. Sch. Nr. 589/5) in einen 200 ml-Meßkolben filtriert, mit heißem Wasser ausgewaschen und die Lösung nach dem Abkühlen aufgefüllt.

Im Rückstand wird Mangan, im Filtrat werden Chrom, Vanadin und Phosphor bestimmt.

a) Photometrische Manganbestimmung als Permanganat

Grundlage. Zur Manganbestimmung verwendet man den Rückstand des alkalischen Sinteraufschlusses. In salpetersaurer Lösung wird unter Verwendung von Silbernitrat als Katalysator mit Ammoniumperoxydisulfat das Mangan zu Permanganat oxydiert und die Färbung gemessen. Das Extinktionsmaximum liegt bei 525 mμ.

Ausführung. Das Filter mit dem Rückstand wird in das Becherglas zurückgegeben und mit wenig Wasser und 15 ml Salpetersäure (1,40) erhitzt. Man filtriert auf ein Filter (Type Sch. u. Sch. Nr. 589/2) vom Filterbrei ab und wäscht mit heißem Wasser aus. Das Filter mit dem Filterbrei wird im Platintiegel verascht, der Rückstand mit Flußsäure und einigen Tropfen Schwefelsäure abgeraucht. Der Abrauchrückstand wird mit einigen Körnchen Kaliumhydrogensulfat aufgeschlossen, in wenig Wasser gelöst und zum Filtrat gegeben. In der Siedehitze wird mit kohlensäurefreiem Ammoniak gefällt, der Hydroxydniederschlag in 10 ml Salpetersäure (1 + 1) gelöst und die Fällung wiederholt.

Der Hydroxydrückstand wird in 30 ml 3n-Salpetersäure gelöst und die Lösung im 200 ml-Meßkolben aufgefüllt. Zu 100 ml = 0,5 g Einwaage gibt man 2,5 ml Phosphorsäure (1 + 3) und 1 ml Silbernitratlösung (s. unten) hinzu und erhitzt zum Sieden. Man versetzt mit etwa 1 g festem Ammoniumperoxydisulfat, erhitzt weiter bei aufgelegtem Uhrglas, bis die Farbentwicklung einsetzt, und läßt dann noch 1 bis $1^1/_2$ min auf der Sparflamme vorsichtig sieden. Zur vollständigen Farbentwicklung wird die Lösung noch 5 bis 10 min auf einem siedenden Wasserbad stehengelassen. Nach Abkühlen auf Zimmertemperatur unter fließendem Wasser überführt man die Lösung in einen 200 ml-Meßkolben und füllt auf. Die Extinktion wird mit dem Spektralphotometer bei 525 mμ, mit dem Spektrallampenphotometer bei 546 mμ in der 4 cm-Küvette gemessen. Man bestimmt den Blindwert in Gegenwart von manganfreien Eisen- und Titansalzen entsprechend ihrem Gehalt im Bauxit. Unter Berücksichtigung des Blindwertes wird der Mn_2O_3-Gehalt einer Eichkurve entnommen.

Silbernitratlösung: 0,017 g Silbernitrat werden in 100 ml Wasser gelöst. Die Lösung wird in einer braunen Flasche aufbewahrt.

Manganstandardlösung (1 ml = 50 μg Mn_2O_3): 0,1001 g Kaliumpermanganat werden in etwa 100 ml Wasser und 5 ml Schwefelsäure (1 + 1) gelöst. Man gibt festes Natriumhydrogensulfit in kleinen Anteilen hinzu, bis das Permanganat vollständig reduziert ist, verkocht das überschüssige Schwefeldioxyd, kühlt ab und füllt auf 1 l auf.

b) Photometrische Chrombestimmung als Chromat

Grundlage. Man photometriert die gelbe Eigenfärbung des Chromations in alkalischer Lösung, deren Extinktionsmaximum bei 370 mμ liegt.

Ausführung. Das in der alkalischen Lösung entwickelte Chromat wird in der 4 cm-Küvette mit dem Spektrallampenphotometer bei 405 mμ gegen Wasser gemessen. Die gefundenen Extinktionen werden nach einer Eichkurve ausgewertet. Die Extinktion einer Blindlösung der Reagenzien wird nach dem gleichen Arbeitsgang ermittelt und in Abzug gebracht.

Chromstandardlösung (1 ml = 100 μg Chrom(III)-oxyd): 0,255 g bei 130° getrocknetes Kaliumchromat (K_2CrO_4) und 3 bis 4 g Natriumcarbonat werden mit Wasser zu 1 l gelöst.

c) Photometrische Vanadinbestimmung mit Phosphorwolframsäure

Grundlage. Vanadin ergibt mit Phosphorwolframsäure in saurer Lösung eine intensiv gelb gefärbte Verbindung, deren Extinktionsmaximum bei 360 mμ liegt. Die Messung erfolgt bei 436 mμ.

Ausführung. 100 ml des alkalischen Filtrats werden im Becherglas mit 15 ml Salpetersäure (1,40) angesäuert und auf dem Sandbad zur Trockne eingedampft. Nach Lösen der Nitrate mit 15 ml Salpetersäure (1 + 1) und heißem Wasser wird etwa ausgeschiedenes Siliciumdioxyd abfiltriert und mit heißem Wasser ausgewaschen. Das Filtrat engt man auf ungefähr 40 ml ein, gibt zu der klaren und farblosen Lösung 1,5 ml 0,5 m-Natriumwolframatlösung und 1 ml Phosphorsäure (1,7) hinzu und kocht, bis die Lösung klar ist. Nach dem Abkühlen wird im 100 ml-Meßkolben aufgefüllt und nach 30 min in der 4 cm-Küvette mit dem Spektralphotometer oder Spektrallampenphotometer bei 436 mμ gegen Wasser gemessen. Die erhaltenen Extinktionen werden nach einer Eichkurve ausgewertet. Ein Blindwert der Reagenzien wird in Abzug gebracht.

Vanadinstandardlösung (1 ml = 50 μg Vanadin(V)-oxyd): 50,0 mg Vanadin(V)-oxyd werden in 5 ml 25proz. Natronlauge und 20 ml Wasser gelöst. Nach Zugabe von 10 ml Salpetersäure (1,40) füllt man mit Wasser auf 1 l auf.

Natriumwolframatlösung, 0,5 m: 16,5 g Natriumwolframat ($Na_2WO_4 \cdot 2H_2O$) werden in Wasser gelöst und die Lösung zu 100 ml aufgefüllt.

d) Die photometrische Bestimmung des Phosphors als Molybdänblau

Grundlage. Im Filtrat des gelösten Aufschlusses wird in schwefelsaurer Lösung mit Ammoniummolybdat und Ascorbinsäure als Reduktionsmittel bei 75 bis 85° der Phosphor-Molybdänblau-Komplex entwickelt. Das Extinktionsmaximum liegt bei 820 mμ. Ein etwa mitgefärbter Anteil des vorhandenen Siliciumdioxyds wird in einem aliquoten Teil der gefärbten Lösung bestimmt und in Abzug gebracht.

Ausführung. 20 ml des alkalischen Filtrats = 0,1 g Einwaage werden mit Schwefelsäure (1 + 1) in geringem Überschuß angesäuert. Durch tropfenweisen Zusatz von Ammoniak (0,91) stellt man einen p_H-Wert von 1,5 ein. Nach Überführen der Lösung in einen 100 ml-Meßkolben werden 8,4 ml 8n-Schwefelsäure, 10 ml 1,44proz. Ammoniummolybdatlösung und 2 ml 2,5proz. Ascorbinsäurelösung zugegeben, wobei nach jeder Zugabe gut umzuschütteln ist. Die Ascorbinsäurelösung ist täglich frisch anzusetzen. Dann stellt man den Kolben zur Farbentwicklung 30 min in ein Wasserbad von 75 bis 85°. Nach dem Abkühlen wird mit Wasser aufgefüllt und in einer 2 cm-Küvette mit dem Spektrallampenphotometer bei

691 mμ, mit dem Spektralphotometer bei 820 mμ gegen Wasser gemessen. Ein Blindwert der Reagenzien wird gleichzeitig bestimmt und abgezogen.

Zur Ermittlung des mitgefärbten Anteils des löslichen Siliciumdioxyds werden 50 ml der gefärbten Lösung in einem 100 ml-Meßkolben mit 12,5 ml 8n-Schwefelsäure versetzt. Unter Umschwenken fügt man etwa 0,1n-Kaliumpermanganatlösung hinzu, bis die Lösung deutlich rotviolett gefärbt ist, und anschließend sofort 2 ml Ascorbinsäurelösung. Die Lösung wird 20 min in ein Wasserbad von 75 bis 85° gestellt, danach abgekühlt, aufgefüllt und gemessen. Die gemessene Extinktion ist in diesem Fall mit 2 zu multiplizieren, um die Extinktion zu erhalten, die dem löslichen Siliciumdioxyd entspricht, das bei der ersten Farbentwicklung und Messung gestört hat. Die Differenz zwischen der ersten Messung und dem zweifachen Wert der zweiten Messung entspricht der Extinktion des vorhandenen Phosphors. Der Gehalt an P_2O_5 wird einer Eichkurve entnommen.

Phosphorstandardlösung (1 ml = 10 μg P_2O_5): 0,9586 g Kaliumdihydrogenphosphat, das 48 Std. im Exsiccator über konz. Schwefelsäure getrocknet wurde, wird in Wasser gelöst, mit 25 ml Schwefelsäure (1 + 1) versetzt und mit Wasser auf 1 l aufgefüllt. 20 ml dieser Stammlösung werden mit Wasser auf 1 l verdünnt.

Bemerkung. Die Abscheidung des Siliciumdioxyds durch Abrauchen der schwefelsauren Lösung bis zur Trockne ist nicht empfehlenswert, da hierbei durch Bildung von Polyphosphaten Verluste eintreten können. Der Fehler ist nur durch längeres Kochen zu beheben. Es ist deshalb zeitlich günstiger, den gefärbten Anteil an Siliciumdioxyd zu bestimmen und in Abzug zu bringen.

Literatur. FERRARI, C., u. P. LUGO: Über die photometrische Mikrobestimmung von gleichzeitig in einer Lösung vorhandener Phosphorsäure und Kieselsäure. Ann. Sperimentaz agrar. Bd. 7 (1953) S. 369—384.

11. Zinkbestimmung

Zur Bestimmung des Zinks wird das Ausdampfverfahren nach W. GEILMANN [1] angewendet. In einem Quarzrohr wird durch Erhitzen des Bauxits auf 1050 bis 1100° im Wasserstoffstrom Zink ausgetrieben und in einer Vorlage mit Salzsäure aufgefangen. Die Endbestimmung erfolgt entweder maßanalytisch nach Fällung als Zink-Quecksilber(II)-thiocyanat oder polarographisch.

Ausführung. 5,00 g Bauxit werden mit 0,3 bis 0,4 g feinster Spektralkohle innig vermischt und in einem Quarzschiffchen gleichmäßig verteilt. Das beschickte Schiffchen wird in ein trockenes, *alkalifreies* Quarzrohr eingeführt. Das Quarzrohr hat eine lichte Weite von 28 mm, einen äußeren Durchmesser von 30 mm, eine Länge von 550 mm und wird an einem Ende durch einen Quarzschliffstopfen verschlossen, der einen Rohransatz zum Einleiten von Wasserstoff hat. Das andere Ende verjüngt sich und reicht in die Vorlage. Das Schiffchen mit dem Probegut muß so in das Quarzrohr eingeführt werden, daß es in der Mitte des Ofens zu stehen kommt. Nun wird der Diffusionskörper in das Rohr eingeschoben und das Rohr mit dem Schliffstopfen verschlossen. Die Vorlage wird mit 80 ml Salzsäure (1 + 1) beschickt. Aus einer Stahlflasche wird Wasserstoff, der eine Waschflasche mit konz. Schwefelsäure passiert hat, durch die Apparatur geleitet. Nach Durchleiten von Wasserstoff während mindestens 5 min zum Vertreiben der Luft (Vorsicht, Bildung von Knallgas!) wird der Röhrenofen langsam angeheizt, so daß in etwa 20 bis 30 min die Temperatur von 1050 bis 1100° erreicht ist. Diese Temperatur ist 1 Std. zu halten. Dann schaltet man die Heizung ab und läßt im Wasserstoffstrom erkalten.

Ein Teil des ausgedampften Zinks kondensiert an der Wandung des Quarzrohres. Dieser Metallspiegel wird nach Erkalten des Rohres durch Ausspülen mit der Salzsäure aus der Vorlage gelöst, die nach Zugabe von 1 bis 2 ml 3proz. Wasserstoff-

[1] GEILMANN, W., u. R. NEEB: Abtrennung geringer Zinkmengen durch Verdampfung im Wasserstoffstrom. Angew. Chem. Bd. 67 (1955) S. 26—31.

peroxyd zum Sieden erhitzt wurde. Man läßt die Säure durch das Rohr in ein 400 ml-Becherglas laufen und wäscht mit Wasser nach.

a) Maßanalytische Endbestimmung nach Fällung als Zink-Quecksilber(II)-thiocyanat

Die salzsaure Zinklösung wird nach Zugabe von 5 ml Schwefelsäure und 0,5 g Kaliumsulfat (um ein Ausfallen von basischem Zinksulfat zu vermeiden) bis zur Kristallisation eingedampft. Nach dem Erkalten fällt man das Zink mit 80 ml Fällungslösung, die man in einem Guß zugibt. — Die Fällungslösung hat folgende Zusammensetzung: 25 ml Quecksilber(II)-chlorid-Ammoniumthiocyanatlösung (27 g $HgCl_2$ + 30 g NH_4CNS im Liter), 3 ml Phosphorsäure (1,7) und 4 Tropfen 3proz. Wasserstoffperoxyd werden mit Wasser auf 80 ml verdünnt. Man schwenkt gut um und rührt noch eine halbe Stunde mit dem Rührwerk. Nach Absetzen des Niederschlages filtriert man durch einen Jenaer Glasfiltertiegel 1 G 4 ab und wäscht vier- bis fünfmal mit möglichst wenig 2proz. Quecksilber(II)-chlorid-Ammoniumthiocyanatlösung aus. Der Tiegel wird gut trocken gesaugt und mit 2 bis 3 ml absolutem Alkohol nachgewaschen. Das Filtrat wird verworfen. Den Niederschlag löst man mit 80 ml Salzsäure (1 + 1) in die gereinigte Saugflasche und wäscht mit Wasser gut nach. Die Lösung gibt man in eine 200 ml-Stöpselflasche, fügt 5 ml Chloroform hinzu und titriert unter kräftigem Umschwenken mit Kaliumjodatlösung bis zum Verschwinden der zunächst auftretenden Violettfärbung des Chloroforms.

Die Kaliumjodatlösung enthält 3,156 g bei 110 bis 120° getrocknetes Kaliumjodat/l. 1 ml dieser Lösung entspricht 0,2 mg ZnO.

b) Polarographische Endbestimmung

Die salzsaure Zinklösung wird im Meßkolben auf 200 ml aufgefüllt. Einen 60 bis 400 µg ZnO enthaltenden aliquoten Teil engt man auf 3 ml ein, um die der Eichkurve entsprechende Salzsäurekonzentration zu erhalten. Nach Verdünnen auf 15 ml wird eine Spatelspitze Natriumsulfit zugesetzt und aufgekocht, die abgekühlte Lösung mit wenig Wasser in einen 25 ml-Meßkolben übergespült und mit 5 ml Grundlösung versetzt.

Nach Auffüllen bis fast zur Marke kühlt man im Wasserbad ab, dessen Temperatur möglichst bei Zimmertemperatur liegt und mit der Temperatur übereinstimmt, die bei der Aufstellung der Eichkurve vorlag. Wenn der Temperaturausgleich erfolgt ist, wird zur Marke aufgefüllt. Man gibt die temperierte Analysenlösung in die Meßzelle des Polarographen und leitet 5 min einen schwachen Stickstoffstrom durch.

Das Polarogramm wird innerhalb eines Spannungsbereiches von —1,1 bis —1,6 Volt aufgenommen. Die Tropfgeschwindigkeit soll etwa 1 Tropfen in 2 sek betragen. Die Galvanometerempfindlichkeit wird dabei so gewählt, daß die Stufenhöhen 15 bis 60 mm betragen.

Bei Benutzung eines Polarographen Type PO 3h von Radiometer Kopenhagen erfolgt die Messung unter folgenden Bedingungen:

Abscheidungspotential	—1,3 Volt
Tropfzeit	2,2 sek/Tropfen
Verstärkerempfindlichkeit	100%
Dämpfung	8
Kompensationsstrom (C)	2 nur bei Galvanometerempfindlichkeit von 1 : 20
	0 bei Galvanometerempfindlichkeit von 1 : 30
	0 bei Galvanometerempfindlichkeit von 1 : 50

Galvanometerempfindlichkeit

1: 20	bei Gehalten von 10 bis 50 μg ZnO/25 ml
1: 30	bei Gehalten von 40 bis 125 μg ZnO/25 ml
1: 50	bei Gehalten von 125 bis 225 μg ZnO/25 ml
1:100	bei Gehalten von 225 bis 400 μg ZnO/25 ml

Grundlösung. a) 0,05 g Gelatine werden in 10 ml Wasser gelöst.

b) 2 g Zitronensäure und 10 g Natriumsulfit ($Na_2SO_3 \cdot 7\,H_2O$) werden in 30 ml Wasser gelöst und mit 50 ml Ammoniak (0,91) versetzt. Man gibt die Lösung a) in die Lösung b) und füllt mit Wasser auf 100 ml auf. Die Grundlösung muß täglich frisch bereitet werden.

Aufstellung der Eichkurve. Für jede Galvanometerempfindlichkeit muß eine Eichkurve aufgestellt werden. Man gibt in 50 ml-Bechergläser wechselnde Mengen einer Zinkstandardlösung und 20 ml Salzsäure [66,7 ml Salzsäure (1.19)/l], engt auf 15 ml ein, setzt eine Spatelspitze Natriumsulfit zu und verfährt weiter, wie bei der Analyse angegeben.

12. Die Bestimmung des Fluors

Grundlage. Die Abtrennung des Fluors erfolgt nach der von WILLARD und WINTER angegebenen Methode. Sie beruht auf der Flüchtigkeit des Fluors aus stark saurer Lösung im Wasserdampfstrom. Nach Kondensation desselben wird das Fluor im Destillat photometrisch bestimmt. Die photometrische Methode benutzt die ausbleichende Wirkung durch Fluorid, die bei der Ausbildung des roten Zirkonpurpurinsulfosäurelackes auftritt. Das Extinktionsmaximum des Zirkonpurpurinsulfosäurelackes, gegen eine Lösung des purpurinsulfosauren Natriums gemessen, liegt bei 540 bis 546 mμ.

Genauigkeit. 1.

Dauer. 5 bis 6 Std.

Ausführung. Bei schwer aufschließbaren Bauxiten werden 100 bis 200 mg im bedeckten Nickeltiegel mit 2 g Natriumhydroxyd bei mäßiger Temperatur aufgeschlossen. Nach dem Aufschluß erhitzt man kurze Zeit auf schwache Rotglut. Man läßt abkühlen und löst die erstarrte Schmelze in 5 bis 10 ml Wasser. Die Lösung wird mit 5 ml Wasser in den Destillationskolben der unten beschriebenen Apparatur übergespült. Man gibt unter Kühlen langsam 15 ml Schwefelsäure (1,84) zu, von der einige ml zum Nachspülen des Aufschlußtiegels benutzt werden. Nun wird destilliert, wie unten beschrieben.

Von leicht säurelöslichem Bauxit werden 100 bis 200 mg (die 10 bis 80 μg Fluor enthalten sollen) in den Destillationskolben gebracht und mit 10 ml Wasser und 15 ml Schwefelsäure (1,84) versetzt. Nun wird auf 160 bis 170° erhitzt und bei dieser Temperatur ein Wasserdampfstrom von 2,5 bis 3 ml H_2O/min während 1 Std. eingeleitet. Das Destillat soll etwa 200 ml betragen. Das Auffangen des Destillates erfolgt in einem 250 ml-ERLENMEYER-Kolben, der mit so viel Wasser gefüllt ist, daß die Öffnung des Kühlers gerade verschlossen bleibt. Die Vorlage wird mit einigen Tropfen 0,2 n-Natronlauge und 2 Tropfen Phenolphthalein als Indicator versetzt und ist während der Destillationsdauer alkalisch zu halten. Man engt das gesamte Destillat in einer Platinschale möglichst mittels Oberflächenerhitzer auf etwa 10 ml ein, wobei darauf zu achten ist, daß die Reaktion immer phenolphthaleinalkalisch bleibt und die Flüssigkeit nicht zum Sieden kommt.

Als Blindwert muß das in den Reagenzien enthaltene Fluorid gesondert ermittelt werden. Dazu wird der gesamte Analysengang ohne Bauxit durchgeführt.

Apparatur. Die Destillation wird in einer Apparatur aus Jenaer Geräteglas ausgeführt (s. Abb. 1). Der Destillationskolben von 100 ml Inhalt wird mit einem Dampfentwickler verbunden, wobei das Einleitungsrohr für den Wasserdampf bis dicht an den Boden des Destillationskolbens reicht. Das für die Temperaturkontrolle notwendige Thermometer muß in die Destillationsflüssigkeit tauchen. Die Länge des LIEBIG-Kühlers soll etwa 30 cm betragen. Der Destillationskolben wird zweckmäßig mittels Pilzheizhaube erhitzt.

Das auf 10 ml eingeengte Destillat wird nach dem Erkalten mit 5 ml 0,6 m-Natriumsulfatlösung und einem Tropfen 0,1proz. Bromphenolblau versetzt. Man gibt tropfenweise 0,2 n-Schwefelsäure bis zum Umschlag des Indicators hinzu. Dabei ist erforderlich, daß zur Einstellung eines reproduzierbaren p_H-Wertes bei allen Bestimmungen auf denselben Farbton titriert wird. Zur Lösung werden dann 5,5 ml 0,2 n-Schwefelsäure und 2 ml purpurinsulfosaures Natrium (s. unten) zugesetzt. Unter stetem Rühren erfolgt darauf Zugabe von 1,00 ml Zirkonlösung (s. unten). Die Lösung wird in einen 50 ml-Meßkolben übergeführt und mit Wasser zur Marke aufgefüllt. Nach genau 30 min — bezogen auf die Zirkoniumzugabe — wird die Extinktion der Lösung in der 4 cm-Küvette mit dem Spektralphotometer oder Spektrallampenphotometer bei 546 mμ gegen eine Vergleichslösung gleichen Gehaltes an Natriumsulfat, Schwefelsäure und purpurinsulfosaurem Natrium gemessen. Der Fluorgehalt wird einer Eichkurve entnommen und der Blindwert der Reagenzien in Abzug gebracht. Übersteigt der Fluorgehalt im Destillat 100 μg, so muß zunächst aufgefüllt und dann ein aliquoter Teil genommen werden.

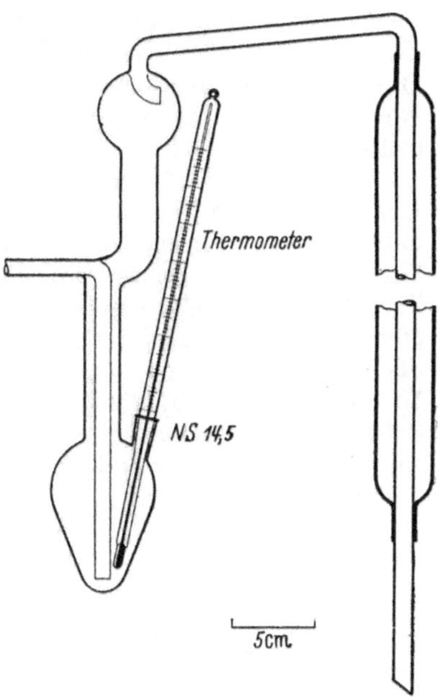

Abb. 1. Apparatur zur Destillation des Fluors im Wasserdampfstrom

Lösungen. *0,6 m-Natriumsulfatlösung:* 96,6 g $Na_2SO_4 \cdot 10H_2O$ auf 500 ml.

Purpurinsulfosaures Natrium. 0,001 m (1,79 mg/500 ml). Darstellung der Purpurin-3-sulfosäure und ihres Natriumsalzes:

1 Gewichtsteil Purpurin wird mit 2 Gewichtsteilen rauchender Schwefelsäure (20 bis 25% SO_3) etwa 6 Std. im Rundkolben mit Rückflußkühler auf 150° erhitzt. Das erkaltete Reaktionsprodukt wird in Wasser eingegossen. Die gebildete Purpurin-3-sulfosäure geht in Lösung, während das nicht sulfurierte Purpurin und andere Nebenprodukte einen unlöslichen Rückstand bilden, der abgenutscht wird. Aus der erhaltenen klaren Lösung (gegebenenfalls nach Einengen) wird das Natriumsalz der Purpurin-3-sulfosäure durch Zugabe von Natriumchlorid ausgesalzen. Der ausgefallene flockige Niederschlag wird abgenutscht und vorsichtig getrocknet. Das erhaltene Produkt ist zwar natriumchloridhaltig, jedoch ist es unnötig, eine Reinigung des Salzes vorzunehmen, da die Beimengungen von Natriumchlorid die photometrische Fluorbestimmung nicht stören.

Zirkoniumlösung: 1 ml = 125 μg Zr in 0,4 n-Schwefelsäure. Man löst 444 mg $ZrOCl_2 \cdot 8\,H_2O$ in 10 ml Schwefelsäure (1,84) und erwärmt zum Vertreiben der Salzsäure. Die Lösung wird auf 100 ml aufgefüllt. 10 ml dieser Lösung werden abpipettiert und auf 100 ml verdünnt.

Natriumfluoridlösung: 1 ml = 10 μg F. Man löst 221 mg NaF in Wasser und füllt auf 100 ml auf. 10 ml dieser Lösung werden abpipettiert, auf 1 l verdünnt und in einer Polyäthylenflasche aufbewahrt.

Aufstellung der Eichkurve. Aliquote Teile der Fluoridlösung, entsprechend 10 bis 100 μg F, werden mit 5 ml Natriumsulfatlösung und einem Tropfen Bromphenolblau versetzt. Dann gibt man tropfenweise 0,2 n-Schwefelsäure bis zum Umschlag des Indicators hinzu und arbeitet, wie bei der Analyse angegeben, weiter.

Literatur. WILLARD, H. H., u. O. B. WINTER: Ind. Engng. Chem., analyt. Edit. Bd. 5 (1933) S. 7. — BIELFELDT, K.: Dissertation Mainz 1954.

13. Die Bestimmung des Schwefels

Zur Bestimmung des Schwefels kann ebenfalls die bei der Zinkbestimmung auf S. 16 beschriebene Apparatur nach W. GEILMANN angewendet werden. Der durch die Reduktion entstehende Schwefelwasserstoff wird in einer Vorlage mit Cadmiumacetat aufgefangen und anschließend jodometrisch bestimmt. Das Ausdampfen von Zink und die Verflüchtigung des Schwefels können gemeinsam erfolgen. An das Quarzrohr wird eine Gaswaschflasche mit Salzsäure zur Aufnahme von Zink und eine zweite Waschflasche mit Cadmiumacetatlösung zum Auffangen des Schwefelwasserstoffes angeschlossen.

Ausführung. 5,00 g Bauxit werden mit 0,3 bis 0,4 g feinster Spektralkohle (z. B. Qualität RW—A, Fa. Ringsdorf) in der auf S. 16 beschriebenen Apparatur und unter den dort angegebenen Bedingungen im Wasserstoffstrom erhitzt. Als erste Vorlage dient eine Gaswaschflasche mit 80 ml Salzsäure (1 + 1) zur Aufnahme von Zink. Eine zweite Gaswaschflasche wird mit 40 ml 5proz. Cadmiumacetatlösung und 60 ml Wasser zum Auffangen des Schwefelwasserstoffes beschickt. Nach Beendigung des Ausdampfens gibt man zu der Cadmiumacetatlösung je nach dem Sulfidgehalt 10 bis 20 ml 0,1 n-Jodlösung hinzu, läßt kurze Zeit einwirken, versetzt mit 5 ml Salzsäure (1 + 1) und titriert den Überschuß an Jodlösung mit 0,1 n-Natriumthiosulfatlösung gegen Stärkelösung als Indicator zurück.

1 ml verbrauchte 0,1 n-Jodlösung entspricht 1,603 mg Schwefel.

III. Schnellanalyse des Bauxits

Grundlage. Man führt die Bestimmung des Glühverlustes sowie der Oxyde von Silicium, Eisen und Titan durch. Der Aluminiumoxydgehalt ergibt sich als Differenz der Summe der genannten Bestimmungen gegen 100%. Der für den Aluminiumoxydgehalt ermittelte Wert ist nur bedingt genau.

Anwendungsbereich und Bedeutung. Das Verfahren dient zur raschen Orientierung über die Qualität eines Bauxits.

Genauigkeit. 3.

Dauer. 1 Arbeitstag.

Ausführung. 1,000 g zubereiteter Bauxit wird mit 0,6 bis 0,8 g feingepulvertem Natriumcarbonat und 0,1 bis 0,2 g Natriumnitrat in einem Platintiegel sehr gut gemischt und 5 bis 10 min bei 900 bis 1000° geglüht. Der dabei entstandene Sinterkuchen fällt beim Umkippen des Tiegels leicht heraus, wird in einem 400 ml-Becherglas mit etwa 10 ml Wasser angefeuchtet und vorsichtig mit 10 ml Schwefelsäure (1,84) versetzt. Dabei geht der Aufschluß in Lösung. Man dampft bis zum beginnenden Rauchen ein, nimmt nach dem Erkalten mit wenig Wasser auf und erwärmt bis zum vollständigen Lösen der Sulfate. Der Rückstand wird abfiltriert, gewaschen, geglüht, gewogen, das *Siliciumdioxyd* wie üblich verflüchtigt und als Differenz bestimmt. Der Abrauchrückstand wird nicht berücksichtigt. Das Filtrat füllt man im Meßkolben auf und bestimmt in aliquoten Teilen *Eisen* und *Titan* (s. S. 13 ff.).

Die Bestimmung des Glühverlustes erfolgt, wie auf S. 10 angegeben. Der Aluminiumoxydgehalt wird aus der Differenz der Summe der 4 Bestimmungen Glühverlust, SiO_2, Fe_2O_3, TiO_2 zu Hundert errechnet.

Literatur. Aus den Analysenvorschriften eines Betriebes.

IV. Bauxitanalyse mit unmittelbarer Aluminiumoxydbestimmung

Während bei den Verfahren unter II. und III. die Aluminiumbestimmung als Differenzmethode ausgeführt wird, kann nach SCHWARZ VON BERGKAMPF auch eine unmittelbare Bestimmung erfolgen.

Nach Aufschluß des Bauxits und Abtrennung des Siliciumdioxyds nach S. 10 ff. werden das Eisen und etwa vorhandenes Mangan als Sulfide und Titan durch Fällung mit Kupferron abgetrennt. Das Aluminium wird als Aluminiumoxychinolat gefällt. Der Niederschlag ist frei von Phosphorsäure.

Ausführung. Von dem im Meßkolben aufgefüllten Filtrat des Siliciumdioxyds wird ein 0,4 g Bauxit entsprechender aliquoter Teil mit 2,5 g Weinsäure und 2 ml Schwefelsäure (1 + 1) versetzt und auf 70° erwärmt. Man leitet 10 min Schwefelwasserstoff ein, gibt 30 ml Ammoniak (0,91) hinzu und setzt das Einleiten von Schwefelwasserstoff unter schwachem Druck fort, bis der Niederschlag sich klar absetzt (etwa 30 min). Der Sulfidniederschlag wird auf ein Filter (Type Sch. u. Sch. Nr. 589/2) abfiltriert, mit Wasser, das 5% Ammoniumsulfid und 2% Ammoniak enthält, ausgewaschen und kann nach dem Trocknen und Veraschen des Filters im gewogenen Porzellantiegel $^1/_2$ Std. bei 800 bis 850° (nicht höher!) geglüht werden. Die Auswaage ergibt den Fe_2O_3-Gehalt. Bei Anwesenheit eines größeren Mangangehaltes kann das Eisen(III)-oxyd durch anschließende Titration ermittelt werden.

Das Filtrat der Eisenfällung (etwa 400 ml) wird im fließenden Wasser weitgehend abgekühlt und dabei vorsichtig mit 40 ml Schwefelsäure (1 + 1) versetzt, nachdem man einige Tropfen Mercks Universalindicator hinzugegeben hat. Dieser soll nach Zusatz der ersten 10 ml Säure bereits nach sauer umschlagen. Nun fällt man das Titan mit 10 ml 6proz. wäßriger Kupferronlösung unter starkem Rühren aus. Dabei wird auch ein großer Teil des ausgeschiedenen Schwefels mit niedergeschlagen; ein kolloid verteilter Rest stört die folgende Filtration nicht. Man filtriert auf ein Filter (Type Sch. u. Sch. Nr. 589/2) ab und wäscht den Niederschlag mit Salzsäure (1 + 9) aus. Das Filter mit dem Niederschlag wird im gewogenen Porzellantiegel verascht und 30 min bei 1100° zu Titandioxyd geglüht.

Das etwa 700 ml betragende Filtrat erhitzt man nach Zugabe von 100 ml Ammoniak (0,91) — es muß vollkommen klar sein — auf 70°. Es werden 50 ml Oxinlösung unter kräftigem Rühren hinzugegeben. Man läßt den Niederschlag $^1/_2$ Std. auf dem Wasserbad absitzen, filtriert ihn auf einen gewogenen Glasfiltertiegel 1 G 4 ab und wäscht ihn mit 50° warmem Wasser gut aus. Er wird im Trockenschrank bei 130° bis zur Gewichtskonstanz — am besten über Nacht — getrocknet und als $Al(C_9H_6ON_3)$ ausgewogen.

Faktor für die Berechnung auf Al_2O_3 = 0,111.

Essigsaure Oxinlösung: 6 g 8-Hydroxychinolin werden mit 12 ml Eisessig unter Erwärmen gelöst. Man verdünnt mit Wasser auf 100 ml.

Die Fällung des Eisens, Titans und Aluminiums muß im Filtrat des Siliciumdioxyds durchgehend in einem Tage erfolgen; beim Stehenlassen der Kupferronlösung treten lästige Verharzungen auf.

V. Analysen bei den Aufschlußverfahren für Bauxit

Die unter diesem Abschnitt aufgeführten Vorschriften dienen der Ermittlung einer Reihe von Werten, die zur Kontrolle des Produktionsverlaufes notwendig sind. Es sind darum z. T. ganz einfache, schnell durchzuführende Analysen.

1. Nach dem Sintern mit Kalk-Soda

Das Sintern erfolgt in großen Drehöfen und wird heute gegenüber dem allgemein üblichen BAYER-Verfahren nur noch bei ganz besonders schwer aufschließbaren Bauxiten bzw. aus betriebswirtschaftlichen Gründen angewendet.

a) Analyse des Sinters

Als „Sinter" wird die feste Masse bezeichnet, die bei der Durchführung des Sinterverfahrens entstanden ist.

Zur Betriebskontrolle des Sinters dienen Schnellmethoden, d. h. vielfach Titrationen.

Zubereitung. Die gesamte stückige Probe wird in einem Prozellanmörser fein gerieben und dabei gleichzeitig gemischt. Die Korngröße der Probe soll etwa der der Ausgangsmaterialien — Bauxit und Soda — entsprechen.

α) *Die Bestimmung des löslichen Alkalis und des löslichen Aluminiumoxyds*

5 g des Sinters werden im 600 ml-Becherglas mit etwa 300 ml Wasser unter Zusatz von 50 ml n/2-Natronlauge 10 min gekocht. Man kühlt ab, füllt im 500 ml-Meßkolben auf und filtriert. Im Filtrat bestimmt man:

Das Gesamtalkali. 50 ml des Filtrats = 0,5 g Einwaage werden mit n/2-Salzsäure im Überschuß versetzt. Man verdünnt mit heißem Wasser auf etwa 250 ml, kocht 10 min, kühlt ab und titriert nach Zugabe von Bromthymolblau als Indicator mit n/2-Natronlauge zurück. Für den Anteil von 5 ml der zuerst zugesetzten n/2-Natronlauge müssen entsprechend 5 ml n/2-Salzsäure vom Gesamtverbrauch abgesetzt werden. 1 ml n/2-Salzsäure = 15,5 mg Na_2O.

Das freie Alkali. 50 ml des Filtrats = 0,5 g Einwaage werden in einem ERLENMEYER-Kolben mit kaltem Wasser auf etwa 200 ml verdünnt und mit 5 ml 10proz. Bariumchloridlösung versetzt. Dann titriert man bei Zimmertemperatur mit n/2-Salzsäure und Bromthymolblau als Indicator. Das Zufließenlassen der Säure muß in rascher Tropfenfolge ohne Unterbrechung und unter dauerndem Schütteln des Kolbens geschehen. Sobald die blaue Färbung verschwunden ist, gilt die Titration als beendet. Schon nach kurzer Zeit wird die Lösung durch Zersetzung der Carbonate wieder blau (alkalisch). Gelingt die Titration nicht sofort, so kann nachtitriert werden; man muß dann eine neue Probe verwenden. Auch hier werden 5 ml n/2-Salzsäure vom Gesamtverbrauch abgesetzt (s. oben).

1 ml n/2-Salzsäure entspricht 15,5 mg Na_2O.

Das lösliche Aluminiumoxyd. 20 ml des Filtrats = 0,2 g Einwaage werden im 600 ml-Becherglas mit Salzsäure und einigen Tropfen Salpetersäure versetzt und mit heißem Wasser auf etwa 350 ml verdünnt. Nun macht man mit Ammoniak alkalisch, kocht auf und filtriert noch heiß durch ein Filter (Type Sch. u. Sch. Nr. 589/2). Filter und Niaderschlag werden mit 2proz. Ammoniumnitratlösung ausgewaschen, im Platintiegel verascht und bei 1100 bis 1200° bis zum konstanten Gewicht geglüht. Die Auswaage entspricht dem löslichen Aluminiumoxyd.

Verhältnis von Na_2O zu Al_2O_3

$$= \frac{\text{freies Alkali} \cdot 1{,}645}{\text{lösliches } Al_2O_3} = X$$

$$\left(1{,}645 = \frac{\text{Molgew.} \cdot Al_2O_3}{\text{Molgew.} \cdot Na_2O}\right)$$

β) *Die Bestimmung des in Salzsäure unlöslichen Anteils*

2 g des Sinters werden im 600 ml-Becherglas erst mit 100 ml Salzsäure (1 + 1), dann mit 100 ml Wasser versetzt. Man erhitzt zum Sieden, kocht genau 30 min und

filtriert den unlöslichen Rückstand ab. Nach dem Auswaschen mit heißem Wasser wird er im Platintiegel geglüht und gewogen.

γ) Die Bestimmung des Sulfats (SO_3)

Das salzsaure Filtrat der Bestimmung des unlöslichen Anteils β) wird mit 25 ml Ammoniumchloridlösung (100 g/l) versetzt. Man fällt mit Ammoniak, filtriert die Hydroxyde ab und wäscht mit Wasser aus, das 2% Ammoniumchlorid enthält. Das Filtrat wird gegen Methylorange mit Salzsäure (1 + 2) schwach sauer gemacht und auf etwa 400 ml eingeengt. Dann werden die Sulfate in der Siedehitze mit heißer 10proz. Bariumchloridlösung gefällt. Nach Stehenlassen über Nacht filtriert man das Bariumsulfat auf ein Filter (Type Sch. u. Sch. Nr. 589/3) ab, wäscht mit heißem Wasser aus und glüht nach Veraschen des Filters im Porzellantiegel bei 900°. Der Umrechnungsfaktor von $BaSO_4$ auf SO_3 ist 0,3430.

b) Die Analyse des Rotschlammes vom Kalk-Soda-Sinterverfahren

Alle Einzelbestimmungen werden in gleicher Weise ausgeführt, wie beim „Rotschlamm vom BAYER-Verfahren", S. 36ff., beschrieben, nur die Sulfatbestimmung unterbleibt, da hier kein Natriumsulfat vorhanden ist.

2. Nach dem Sintern mit Alkalisulfat und Kohle

a) Analyse des Sinters

α) Die Bestimmung des in Salzsäure unlöslichen Anteils

Die Bestimmung erfolgt wie auf S. 22 angegeben.

β) Die Bestimmung des Sulfats (Na_2SO_4)

0,5 g des Sulfatsinters werden mit Wasser und 5 ml 3proz. Wasserstoffperoxydlösung aufgekocht. Nach dem Ansäuern mit Salzsäure macht man die Lösung ammoniakalisch, filtriert den Hydroxydniederschlag ab und wäscht ihn aus. Nach Ansäuern des Filtrats mit Salzsäure wird die Fällung und Bestimmung als Bariumsulfat ausgeführt, wie oben angegeben. Der Umrechnungsfaktor von $BaSO_4$ auf $Na_2SO_4 = 0,6086$.

γ) Die Bestimmung des löslichen Alkalis, des löslichen Aluminiumoxyds sowie des Verbrauches an n/10-Kaliumpermanganatlösung

5 g des Sulfatsinters werden mit 50 ml n/2-Natronlauge und 350 ml Wasser 10 min gekocht. Dann kühlt man ab, füllt das Ganze im 500 ml-Meßkolben auf und filtriert. Im Filtrat werden das Gesamtalkali, das freie Alkali und das gelöste Aluminiumoxyd wie beim Sinter des Kalk-Soda-Verfahrens, S. 22, bestimmt. Auch beim Sulfatsinter interessiert das Verhältnis von Na_2O zu Al_2O_3

$$= \frac{\text{freies Alkali} \cdot 1{,}645}{\text{lösliches } Al_2O_3} = X$$

Vor der Bestimmung des Verbrauches an n/10-Kaliumpermanganatlösung führt man zunächst eine Vorprobe aus. Man pipettiert dafür von obigem Filtrat 100 ml ab, säuert sie mit Schwefelsäure (1 + 1) an und titriert bei Zimmertemperatur mit n/10-Kaliumpermanganatlösung. Hat man hierbei z. B. 60 ml verbraucht, so gibt man bei der nun folgenden Hauptbestimmung zu 100 ml des Filtrats die vorher ermittelte Menge an n/10-Kaliumpermanganatlösung hinzu, z. B. 60 ml, säuert erst jetzt mit Schwefelsäure an und titriert dann sofort bis zum Endpunkt weiter.

Angenommen, es wären insgesamt 64,0 ml verbraucht worden, so gilt diese Zahl als Verbrauch an n/10-Kaliumpermanganatlösung für 1 g Sulfatsinter und als Maßzahl für vorhandene organische Substanz.

b) Die Untersuchung des Rotschlammes vom Sinterverfahren mit Alkalisulfat und Kohle

Den Betrieb interessieren zunächst die Bestimmungen der Feuchtigkeit, des Eisens und Calciums.

α) Die Bestimmung der Feuchtigkeit

25 g des feuchten Schlammes werden im Trockenschrank bei 105° bis zur Gewichtskonstanz (am besten über Nacht) getrocknet. Aus dem Gewichtsverlust errechnet sich die Feuchtigkeit. Das getrocknete Material wird auf eine Feinheit von 4900 Maschen (DIN 70) aufbereitet.

β) Die Bestimmung des Eisens

Man verwendet hierfür 1 g des getrockneten Schlammes, löst in Salzsäure (2 + 1) und verfährt weiter, wie beim Rotschlamm, S. 37, beschrieben, jedoch ohne vorher das Siliciumdioxyd abzuscheiden. Zur Titration mit n/10-Kaliumpermanganatlösung benötigt man eine 75 ml-Bürette. 1 ml n/10-Kaliumpermanganatlösung = 7,984 mg Fe_2O_3.

γ) Die Bestimmung des Calciums

Dafür werden 0,5 g des getrockneten Schlammes mit Salzsäure aufgeschlossen. Man kocht die Lösung, bis sie klar geworden ist, fällt die Hydroxyde, ohne zuvor das Siliciumdioxyd abzuscheiden, mit Ammoniak, filtriert den Niederschlag ab und wäscht ihn aus. Er wird in Salzsäure gelöst und die Fällung mit Ammoniak wiederholt. Nach Einengen der vereinigten Filtrate setzt man die Bestimmung fort, wie auf S. 12 bei der Bauxitanalyse beschrieben.

δ) Die Gesamtanalyse

Eine Gesamtanalyse wird ebenso, wie beim „Bayer-Rotschlamm", S. 37ff., beschrieben, ausgeführt.

3. Die Analyse des Chromschlammes

Beim Sinteraufschluß geht auch das im Bauxit vorhandene Chrom in Lösung und muß durch gelegentliche Natriumsulfidbehandlung der Laugen abgeschieden werden. Es fällt dabei der sog. „Chromschlamm" an.

Zur Qualitätsbestimmung sind Untersuchungen auf Feuchtigkeit, Glühverlust, Chrom, Silicium, Eisen, Aluminium, Sulfat und Alkali erforderlich. Die Angabe erfolgt als Oxyde.

Die Dauer einer Gesamtanalyse beträgt etwa 3 Tage.

Die bei 105° getrocknete Probe von der Feuchtigkeitsbestimmung muß so fein gerieben werden, daß alles durch ein Sieb (DIN 70) geht.

Der Aufschluß des Probematerials erfolgt entweder durch eine alkalische oxydierende Schmelze oder durch Lösen in Salzsäure.

a) Die Bestimmung der Feuchtigkeit

Nach sorgfältigem Durchmischen des Probematerials in einer Schale wägt man davon 100 g ein und trocknet bei 105° bis zur Gewichtskonstanz. Gewichtsverlust = % Feuchtigkeit.

b) Die Bestimmung des Glühverlustes

Etwa 1 g des getrockneten Materials wird in einen unglasierten Porzellantiegel genau eingewogen und im elektrisch beheizten Tiegelofen nach langsamer Temperatursteigerung 1 Std. bei 1200° geglüht. Die Gewichtsdifferenz entspricht dem Glühverlust.

c) Die Bestimmung des Chroms

Die Bestimmung kann nach einem alkalisch oxydierenden Schmelzaufschluß oder nach dem Lösen in Säure und der Oxydation des 3wertigen Chroms zum 6wertigen erfolgen.

α) *Nach dem Schmelzen*

Grundlage. Die durch alkalisch oxydierendes Schmelzen erhaltene Chromatlösung wird nach Abtrennung des Eisens angesäuert und mit Kaliumjodidlösung versetzt. Das dabei frei gewordene Jod bestimmt man durch Titration mit n/10-Natriumthiosulfatlösung.

Genauigkeit. 1.

Ausführung. 0,5 g des getrockneten Schlammes werden im Eisentiegel mit 7 g Natriumhydroxyd und 3 g Natriumperoxyd aufgeschlossen. Man erhitzt zunächst das Natriumhydroxyd bis zum Fließen, läßt es erkalten und gibt das Natriumperoxyd und die Probe hinzu. Der bedeckte Tiegel wird vorsichtig erhitzt, dann über einem starken Bunsenbrenner 15 min bei Rotglut gehalten. Die erkaltete Schmelze löst man in heißem Wasser, kocht die Lösung unter Zusatz von 10 ml 3proz. Wasserstoffperoxydlösung und filtriert das Eisenhydroxyd ab. Der Niederschlag wird mit heißem Wasser ausgewaschen, das 5 ml 25proz. Natronlauge/l enthält. Dem Filtrat setzt man noch 10 ml 25proz. Natronlauge hinzu, kocht es 15 min unter Durchleiten von Kohlendioxyd zur völligen Zersetzung des Natriumperoxyds, läßt es abkühlen und füllt es in einen 500 ml-Meßkolben zur Marke auf. Wasserstoffperoxyd würde in saurer Lösung durch Reduktion von Chromat stören. 100 ml = 0,1 g Einwaage werden mit Salzsäure eben angesäuert und mit weiteren 10 ml Salzsäure (1 + 1) im Überschuß versetzt. Nach Zugabe von 2 g Kaliumjodid titriert man das frei gewordene Jod mit n/10-Natriumthiosulfatlösung unter Zusatz von Stärkelösung (5 g/l) als Indicator. 1 ml n/10-Natriumthiosulfatlösung entspricht 2,533 mg Cr_2O_3.

Lösungen. *n/10-Natriumthiosulfatlösung:* 24,819 g Natriumthiosulfat ($Na_2S_2O_3 \cdot 5H_2O$) werden mit Wasser zu 1 l gelöst. Die Lösung wird entweder mit n/10-Jodlösung oder mittels n/10-Kaliumpermanganatlösung unter Zugabe von Salzsäure und etwa Kaliumjodid eingestellt.

n/10-Jodlösung: 20 bis 25 g jodatfreies Kaliumjodid werden im 1 l-Meßkolben in möglichst wenig Wasser gelöst. Zu dieser Lösung gibt man 12,693 g Jod und schüttelt so lange, bis alles Jod gelöst ist; dann füllt man zur Marke auf.

Hinweis. In schwefelsaurer Lösung des alkalischen Aufschlusses kann die Bestimmung des Chroms auch potentiometrisch mit Eisen(II)-sulfat erfolgen, s. Abschnitt β).

β) *Nach dem Aufschluß mit Säure*

Grundlage. Das Chrom(III)-oxyd wird durch Behandlung mit Salpetersäure und Kaliumchlorat in Chromat übergeführt. Dieses wird in schwefelsaurer Lösung mit einer eingestellten Eisen(II)-sulfatlösung potentiometrisch auf Sprung titriert.

Genauigkeit. 2.

Ausführung. 50 ml des Filtrats von der Siliciumdioxydbestimmung (s. Abschnitt d) = 0,5 g Einwaage werden im Becherglas auf dem Sandbad zur Trockne eingedampft. Die Salze nimmt man mit Salpetersäure auf und wiederholt das Eindampfen. Dann setzt man zu dem trockenen Salzgemisch 20 ml Salpetersäure (1 + 1) hinzu, löst und fügt nach einigen min zu der Lösung 1 g Kaliumchlorat. Nach dem Verdünnen mit 30 ml Wasser wird die Lösung auf dem Sandbad langsam eingedampft, wobei das 3wertige Chrom zu 6wertigem oxydiert und das Kaliumchlorat zersetzt wird. Letzteres muß restlos zerstört werden. Darauf löst man die orangeroten Kristalle in 200 ml Wasser, setzt zu der Lösung 10 ml Schwefelsäure

(1 + 1) zu und titriert sofort mit einer eingestellten Eisen(II)-sulfatlösung. Der Endpunkt der Reduktion wird potentiometrisch ermittelt. Verbrauchte ml Eisen(II)-sulfatlösung · Faktor = g Cr_2O_3/0,5 g Einwaage.

Eisen(II)-sulfatlösung: Man löst 74 g $FeSO_4 \cdot 7\,H_2O$ in Wasser, gibt 30 ml Schwefelsäure (1,84) zu und füllt die Lösung zu 1000 ml auf. Zur Titerstellung verwendet man reinstes, bei 110° getrocknetes Kaliumbichromat, von dem man genau 0,5 g einwägt. Die Einwaage wird in 200 ml Wasser gelöst und wie die Analysenprobe titriert.

d) Die Bestimmung des Siliciums als Siliciumdioxyd

5 g des getrockneten Schlammes werden in einem 400 ml-Becherglas mit 30 ml Wasser angefeuchtet, dann mit 100 ml Salzsäure (1 + 1) versetzt und bei aufgelegtem Uhrglas durch Erwärmen auf dem Sandbad gelöst. Man engt die Lösung auf 50 ml ein, läßt sie auf 60° abkühlen, setzt 10 ml frisch bereitete 1proz. Gelatinelösung hinzu, rührt kräftig um und verdünnt mit 50 ml heißem Wasser. Nach 15 min wird das Siliciumdioxyd auf ein Filter (Type Sch. u. Sch. Nr. 589/2) abfiltriert und mit heißem Wasser gewaschen, dem auf 1 l 5 ml Gelatinelösung und 10 ml Salzsäure (1 + 1) zugesetzt worden sind. Man verascht das Filter im Platintiegel, glüht den Rückstand bei 1000° und wägt. Der Tiegelinhalt wird mit einigen Tropfen Salpetersäure (1 + 1) befeuchtet und durch Abrauchen mit 5 ml Flußsäure das Siliciumdioxyd verflüchtigt. Man zerstört die Nitrate durch vorsichtiges Erhitzen, glüht danach wieder bei 1000° und wägt. Die Differenz der beiden Wägungen entspricht dem Gewicht des Siliciumdioxyds.

Der im Tiegel verbliebene Abrauchrückstand wird mit wenig Natriumcarbonat aufgeschlossen, die Schmelze mit wenig Wasser und Salzsäure gelöst und die Lösung zum Hauptfiltrat gegeben. Die vereinigten Lösungen werden im 500 ml-Meßkolben aufgefüllt.

e) Die Bestimmung des Eisens und Aluminiums

Grundlage. Das Chrom(III)-salz wird in alkalischer Lösung zu Chromat oxydiert. Nach Ansäuern der Lösung werden durch doppelte Ammoniakfällung Eisen und Aluminium als Hydroxyde vom Chromat getrennt. Die Hydroxyde löst man in Salzsäure und trennt das Eisen vom Aluminium durch Fällung mit Ammoniumsulfid. Die Endbestimmung des Eisens erfolgt maßanalytisch mit Titantrichloridlösung. Das Aluminium wird im Filtrat der Eisenfällung als Oxychinolat gefällt und bestimmt.

Genauigkeit. 2.

Ausführung. Von dem Filtrat der Siliciumdioxydbestimmung werden 100 ml = 1 g Einwaage mit Natronlauge alkalisch gemacht. Nach dem Oxydieren des Chrom(III) mittels Bromwasser zu Chrom(IV) säuert man die Lösung mit Salpetersäure wieder an und fällt Eisen und Aluminium in der Hitze mit Ammoniak in geringem Überschuß, während das Chromat in Lösung bleibt. Der Niederschlag wird abfiltriert, vom Filter in das Becherglas zurückgespritzt, mit wenig Salpetersäure gelöst und die Fällung unter Bromzusatz wiederholt; die Hydroxyde wäscht man mit heißer 2proz. Ammoniumnitratlösung aus. Sie werden in 10 ml Salzsäure (1 + 1) gelöst. Nach Zugabe von 2,5 g Weinsäure und 2 ml Schwefelsäure (1 + 1) erwärmt man auf 70°, leitet 10 min Schwefelwasserstoff ein, macht mit 30 ml Ammoniak (0,91) ammoniakalisch und setzt das Einleiten von Schwefelwasserstoff unter schwachem Druck fort, bis der Eisensulfidniederschlag sich absetzt. Er wird abfiltriert, mit ammoniumsulfidhaltigem Wasser ausgewaschen und mit Schwefelsäure (1 + 3) vom Filter gelöst, das nachträglich gut auszuwaschen ist. Die schwefelsaure Eisenlösung wird mit 3proz. Wasserstoffperoxyd oxydiert, dessen Überschuß durch längeres Kochen restlos zerstört werden muß. Dann rötet man die Lösung mit n/10-Kaliumpermanganatlösung eben an, setzt 10 ml einer 20proz. Kaliumthiocyanatlösung zu und titriert bei 35° mit einer n/50-Titan(III)-chloridlösung, zuletzt langsam, auf Farblos. Um die Oxydation durch Luftsauerstoff auszuschalten, wird die Titration zweckmäßig in einem ERLENMEYER-Kolben unter Zusatz von Natriumhydrogencarbonat vorgenommen (s. S. 65).

Herstellung, Aufbewahrung und Einstellung der Titan(III)-chloridlösung s. S. 65.

Zur Aluminiumbestimmung wird das Filtrat von der Eisensulfidfällung mit 10 ml Schwefelsäure (1 + 1) versetzt und der Schwefelwasserstoff verkocht. Man verdünnt die Lösung auf etwa 700 ml, setzt 50 ml Ammoniak (0,91) hinzu und erhitzt auf 70°. Dabei muß die Lösung vollkommen klar werden. Mit 50 ml 6proz. essigsaurer Oxinlösung wird das Aluminium als Oxychinolat gefällt und wie bei der Bauxitanalyse (S. 8 angegeben) bestimmt. Umrechnungsfaktor von $Al(C_9H_6NO)_3$ zu $Al_2O_3 = 0{,}111$.

f) Die Bestimmung des Sulfats (SO_3)

100 ml des bei der Siliciumdioxydbestimmung erhaltenen Filtrats (= 1 g Einwaage) werden zur Reduktion des Chromats mit etwas Alkohol versetzt und in der Siedehitze die Hydroxyde mit Ammoniak gefällt. Nach Abfiltrieren und Auswaschen des Niederschlages säuert man das Filtrat mit Salzsäure gegen Methylorange schwach an, erhitzt zum Sieden und fällt das Sulfat mit heißer 10proz. Bariumchloridlösung. Nach mehrstündigem Stehen wird auf ein Filter (z. B. Sch. u. Sch. Nr. 589/3) abfiltriert und der Niederschlag mit heißem Wasser sorgfältig ausgewaschen. Nach dem Veraschen des Filters wird das Bariumsulfat bei 900° geglüht. Der Umrechnungsfaktor von $BaSO_4$ auf SO_3 beträgt 0,3430.

g) Die Bestimmung der Gesamtalkalien

Grundlage. Aus salzsaurer Lösung werden die 3wertigen Elemente durch Ammoniakfällung entfernt und im Filtrat nach Abrauchen der Ammoniumsalze die Alkalien als Sulfate bestimmt.

Genauigkeit. 3.

Ausführung. 1 g des getrockneten Schlammes wird mit 30 ml Salzsäure (1,19) gekocht. Zur Reduktion etwa vorhandener Chromate gibt man etwas Alkohol zu und fällt in der heißen Lösung, ohne Berücksichtigung eines unlöslichen Rückstandes, die Hydroxyde mit Ammoniak. Nach kurzem Absitzenlassen wird der Niederschlag abfiltriert und sorgfältig mit heißem Wasser ausgewaschen. Das Filtrat enthält das gesamte Alkali; es wird in einer gewogenen Platinschale eingedampft. Nach Abrauchen der Ammoniumsalze glüht man den Rückstand vorsichtig über einem Bunsenbrenner. Darauf wird er mit einigen Tropfen Schwefelsäure (1 + 1) und etwas heißem Wasser gelöst. Aus der Lösung fällt man die Reste der Hydroxyde mit Ammoniak, filtriert sie ab und dampft das Filtrat wiederum in der Platinschale ein. Nachdem die Ammoniumsalze abgeraucht sind, wird der Rückstand geglüht und gewogen. Der Umrechnungsfaktor von Na_2SO_4 auf Na_2O beträgt 0,4364.

Die Auswaage kann gegebenenfalls Calcium- und Magnesiumsulfat enthalten. Eine flammenspektrometrische Kontrolle erhöht die Genauigkeit.

Die Reduktion des Chromats mit Alkohol muß vollständig sein, sonst wird das Chrom mit Ammoniak nicht gefällt.

Literatur. Ein Betriebsverfahren.

h) Die Bestimmung des wasserlöslichen Alkalis und Aluminiumoxyds

50 g des getrockneten Schlammes werden im Becherglas mit Wasser angeschlämmt und mit weiteren 300 ml Wasser 10 min gekocht. Nach dem Abkühlen wird die Lösung mit dem Unlöslichen in einem 500 ml-Meßkolben aufgefüllt. Man filtriert durch ein Faltenfilter und bestimmt in aliquoten Teilen das Alkali und Aluminiumoxyd durch Titration.

Lösliches Alkali. 25 oder 50 ml des Filtrats = 2,5 oder 5 g Einwaage werden unter Zugabe von Bromthymolblau als Indicator mit n/2-Salzsäure angesäuert, 5 min gekocht, abgekühlt und mit n/2-Natronlauge bis zum Farbumschlag nach Blau zurücktitriert. Die verbrauchten ml n/2-Salzsäure (= a) entsprechen der Menge an löslichem Alkali. 1 ml n/2-Salzsäure = 15,5 mg Na_2O.

Lösliches Aluminiumoxyd. 25 oder 50 ml des Filtrats = 2,5 oder 5 g Einwaage werden gegen Phenolphthalein als Indicator mit n/2-Salzsäure angesäuert und zum Sieden erhitzt. Dann gibt man 10 ml Kaliumfluoridlösung hinzu und kocht genau 10 min. Sofort anschließend wird mit n/2-Natronlauge titriert. Die vorgelegten ml n/2-Salzsäure, abzüglich der titrierten ml n/2-Natronlauge, ergeben die verbrauchten ml n/2-Salzsäure = b.

$$\frac{(b - a) \cdot 0{,}0085 \cdot 100}{\text{Einwaage}} = \%\ \text{lösliches}\ Al_2O_3$$

Kaliumfluoridlösung: 300 g Kaliumfluorid werden in Wasser zu 1 l gelöst. Die Lösung wird filtriert und nach Zugabe von Phenolphthalein mit n/2-Salzsäure neutralisiert. Der Neutralpunkt ist nicht beständig. Die Lösung wird in kurzer Zeit alkalisch und daher nur in einer dem Verbrauch entsprechenden Menge angesetzt.

Literatur. Handbuch der analytischen Chemie, III. Teil, Bd. III, S. 243. Berlin: Springer 1942.

4. Die Untersuchung der für den Betriebsaufschluß erforderlichen Soda

Die für den Bauxitaufschluß erforderliche Soda (Feinsoda, zurückgewonnene und calcinierte Soda) wird nach folgenden, kurz wiedergegebenen Verfahren geprüft.

a) Feinsoda

α) *Die Bestimmung des Wassers*

10 g Feinsoda werden in einer Porzellanschale im Trockenschrank bei 105° bis zur Gewichtskonstanz getrocknet. Der Gewichtsverlust entspricht der Menge des Kristallwassers.

β) *Die Bestimmung des Gehaltes an Natriumcarbonat*

20 g Feinsoda werden in Wasser gelöst. Nach dem Auffüllen der Lösung auf 500 ml entnimmt man 50 ml der Lösung, gibt 1 bis 2 Tropfen Methylorangelösung hinzu und titriert die Abmessung kalt mit n/2-Salzsäure. 1 ml n/2-Salzsäure entspricht 26,5 mg Na_2CO_3.

γ) *Die Bestimmung des Sulfats und Aluminiumoxyds*

25 g Feinsoda löst man in Wasser, oxydiert die Lösung mit Wasserstoffperoxyd und säuert mit Salzsäure an. Mit Ammoniak wird das Aluminium gefällt, das Hydroxyd abfiltriert, ausgewaschen und als Oxyd bestimmt. Das Filtrat macht man gegen Methylorange schwach salzsauer, kocht auf und fällt das Sulfat mit heißer 10proz. Bariumchloridlösung. Nach mindestens 6stündigem Stehen wird durch ein Filter (Type Sch. u. Sch. Nr. 589/3) filtriert und der Niederschlag sorgfältig mit heißem Wasser ausgewaschen. Nach dem Veraschen des Filters im Porzellantiegel glüht man das Bariumsulfat bei 900°. Der Umrechnungsfaktor von $BaSO_4$ auf SO_3 ist 0,3430.

b) Wiedergewonnene Soda

α) *Die Bestimmung des Wassers*

erfolgt wie bei Feinsoda angegeben.

β) *Die Bestimmung des Gehaltes an Natriumcarbonat*

wird ebenfalls wie bei Feinsoda ausgeführt.

γ) Die Bestimmung des freien Alkalis (NaOH)

25 ml = 1 g Einwaage werden abpipettiert, in einem ERLENMEYER-Kolben auf 200 ml verdünnt, mit 10 ml 10proz. Bariumchloridlösung versetzt und mit Bromthymolblau als Indicator mit n/2-Salzsäure von Blau auf Blaugrün titriert.

1 ml n/2-Salzsäure = 20,00 mg NaOH.

c) Calcinierte Soda

α) Die Bestimmung des Glühverlustes

Etwa 10 g Soda werden in einem gewogenen Porzellantiegel genau gewogen und 1 Std. auf 350° erhitzt. Die Gewichtsdifferenz entspricht dem Glühverlust.

β) Die Bestimmungen des Natriumcarbonatgehaltes, des Aluminiumoxyds und des Sulfats

sind aus dem Abschnitt a) ersichtlich.

VI. Die Analyse der Laugen

In den bei der Erzeugung des Aluminiumoxyds anfallenden Laugen verschiedener Konzentrationen werden zur täglichen Kontrolle nur einzelne der aufgeführten Bestimmungen ausgeführt. Eine Gesamtanalyse erstreckt sich dagegen auf folgende Komponenten: Dichte, Gesamt-Alkali, freies Alkali, Aluminium, Silicium, Eisen, Titan, Chrom, Vanadin, Phosphor, Zink und organischer Kohlenstoff.

1. Die Bestimmung der Dichte

Die Konzentration der Lauge wird mit dem Aräometer unter Berücksichtigung der Temperatur der Lauge gemessen. Die Umrechnung auf eine Temperatur von 15° kann z. B. nach der Dichtetabelle 322211 des „Taschenbuches für Chemiker und Physiker“ von D'ANS-LAX, Berlin: Springer 1949, bzw. nach den Dichtetabellen des Chemikerkalenders, Berlin: Springer 1956, vorgenommen werden.

2. Die Bestimmung des Gesamtalkalis, des freien Alkalis und des Aluminiumoxyds

Zur Ausführung dieser Bestimmungen verdünnt man die Lösung auf das Zehnfache. 25 ml abgekühlter Lauge werden in einen 250 ml-Meßkolben pipettiert. Da die Lauge sehr dickflüssig ist, wird die Pipette — um Zeit zu sparen — in den Betriebslaboratorien mit Wasser nachgespült. Der Kolben wird bis zur Marke aufgefüllt und gut durchgeschüttelt.

a) Bestimmung des Gesamtalkalis

20 ml der Lösung = 2 ml Lauge werden in einen Weithals-ERLENMEYER-Kolben pipettiert, auf 200 ml verdünnt und mit 5 Tropfen Bromthymolblau-Indicatorlösung versetzt. Nun läßt man n/2-Salzsäure bis zur Entfärbung zufließen, fügt noch genau 2 oder 3 ml n/2-Salzsäure im Überschuß hinzu und kocht 5 min. Nach dem Abkühlen titriert man mit n/2-Natronlauge bis zur kräftigen Blaufärbung. Die vorgelegten ml n/2-Salzsäure, abzüglich der zurücktitrierten ml n/2-Natronlauge, ergeben die zur Neutralisation des vorliegenden Gesamtalkalis verbrauchten ml n/2-Salzsäure = a.

$$\frac{a \text{ ml n/2-Salzsäure} \cdot 0{,}0155 \cdot 1000}{2} = \text{g } Na_2O/l$$

b) Bestimmung des freien Alkalis als Na_2O ohne Carbonat

20 ml Lösung = 2 ml Lauge werden in einen ERLENMEYER-Kolben pipettiert, auf 200 ml verdünnt, mit 10 ml 10proz. Bariumchloridlösung versetzt und nach Zugabe von Bromthymolblau als Indicator mit n/2-Salzsäure von Blau auf Blaugrün titriert. Die Titration erfolgt in der *kalten* Lösung. Die Salzsäure muß in schneller Tropfenfolge zufließen, und zwar ohne Unterbrechung bis zum Umschlagspunkt. Anzahl der verbrauchten ml = *d*.

$$\frac{d \text{ ml n/2-Salzsäure} \cdot 0{,}0155 \cdot 1000}{2} = \text{g } Na_2O/l$$

c) Bestimmung des Aluminiumoxyds

α) Maßanalytische Bestimmung

20 ml Lösung = 2 ml Lauge werden in einen Weithals-ERLENMEYER-Kolben pipettiert, mit n/2-Salzsäure im Überschuß versetzt, möglichst genau auf 300 ml verdünnt und gekocht. Bei Beginn des Kochens fügt man 10 ml Kaliumfluoridlösung (s. S. 28) zu und läßt genau 10 min kochen. Dann titriert man sofort mit n/2-Natronlauge und Phenolphthalein als Indicator. Die vorgelegten ml n/2-Salzsäure, abzüglich der titrierten ml n/2-Natronlauge, ergeben die verbrauchten ml n/2-Salzsäure = *b*.

Dann ist

$$\frac{(b - a) \text{ ml} \cdot 0{,}0085 \cdot 1000}{2} = \text{g } Al_2O_3/l$$

Verhältnis von Na_2O zu Al_2O_3

$$= \frac{a \cdot 3}{(b - a)} = X \quad \text{oder} \quad \frac{Na_2O \cdot 1{,}645}{Al_2O_3} = X$$

Dieses — aus den Gehalten von Na_2O und Al_2O_3 — errechnete Molverhältnis gibt dem Betrieb Aufschluß über den Sättigungsgrad der Lauge an Aluminiumoxyd.

β) Gewichtsanalytische Bestimmung (Ausfällen mit Kohlendioxyd)

20 ml Lösung = 2 ml Lauge werden in ein 250 ml-Becherglas pipettiert und auf etwa 150 ml verdünnt. Nach Hinzufügen von 3 Tropfen Phenolphthalein leitet man 50 min Kohlendioxyd ein (die ersten 10 min langsam), läßt etwa 5 min absitzen und filtriert sodann den Niederschlag auf ein mit Filterschleim gedichtetes Filter (Type Sch. u. Sch. Nr. 589/2) ab. Nachdem man ihn mit kaltem Wasser alkalifrei ausgewaschen hat, wird er getrocknet, das Filter verascht, der Rückstand 1 Std. bei 1200° geglüht und als Al_2O_3 gewogen.

3. Gewichtsanalytische Bestimmung des Siliciums

50 ml Lauge werden im 400 ml-Becherglas mit 60 ml Schwefelsäure (1 + 1) angesäuert und klar gekocht. Darauf wird zur Ausflockung des Siliciumdioxyds auf etwa 50 ml eingedampft. Nach dem Abkühlen auf etwa 60° werden 10 ml Gelatinelösung und 50 ml heißes Wasser zugesetzt. Die Gelatinelösung ist 1proz. und enthält einen Zusatz von 5 Tropfen Schwefelsäure auf 500 ml. Man rührt kräftig durch, läßt 10 min absitzen, filtriert durch ein Filter (Type Sch. u. Sch. Nr. 589/2) mit Filterschleim und wäscht den Niederschlag mit heißem Wasser aus, das im Liter 5 ml Gelatinelösung und 10 ml Salzsäure (1 + 1) enthalten soll. Filter und Niederschlag werden im Platintiegel vorgetrocknet, verascht, bei 1100° geglüht und gewogen. Man feuchtet den Glührückstand mit einigen Tropfen Schwefelsäure (1 + 1) an, gibt 1 bis 2 ml konz. Flußsäure zu, raucht zur Trockne

ab, glüht wieder bei 1100° und wägt. Die Gewichtsdifferenz entspricht dem Siliciumdioxyd.

Bei sehr konzentrierten Laugen — wie sie z. B. beim Kalk-Soda-Verfahren anfallen (KS-Lauge) — können nur 25 ml angesetzt werden, da bei 50 ml Lauge das Einengen der schwefelsauren Lösung auf 50 ml wegen Salzausscheidungen nicht möglich ist.

4. Photometrische Eisenbestimmung mit o-Phenanthrolin nach Abtrennung durch Elektrolyse aus alkalischer Lösung

Grundlage. In den stark alkalischen Bayer- bzw. KS-Laugen bleibt nach der mechanischen Reinigung eine geringe Menge Eisen gelöst. Beim Ausrühren des Aluminiumhydroxyds fällt es jedoch mit aus. Seine Bestimmung ist aus diesem Grunde notwendig. Um hierbei Störungen durch organische Substanz bei der photometrischen Bestimmung auszuschalten, wird das Eisen aus alkalischer Lösung zunächst elektrolytisch abgeschieden. Zugesetztes Zink dient als Sammler für die geringen Eisenmengen. Nach Ablösen des Zink- und Eisenniederschlages — der außerdem noch Chrom und Vanadin enthält — wird in dieser Lösung das Eisen photometrisch mit o-Phenanthrolin bestimmt. Das Extinktionsmaximum des Eisen(II)-o-Phenanthrolinkomplexes liegt bei 500 mμ.

Anwendungsbereich und Bedeutung. Nach dieser Methode können die in der Lauge vorkommenden geringen Eisengehalte erfaßt werden.

Genauigkeit. 1.

Dauer. 5 bis 6 Std.

Ausführung. 50 ml Lauge werden in einem 400 ml-Becherglas mit 15 ml 4proz. Zinksulfatlösung versetzt und nach 5 min mit 250 ml Wasser von 60 bis 70° verdünnt. Nach Einrühren einer Spatelspitze (etwa 10 bis 12 Körnchen) Natriumperoxyd werden auf einer verkupferten Platinnetzelektrode Zink, Eisen, Chrom und Vanadin elektrolytisch abgeschieden. Elektrolysendauer: unter Rühren 1 Std. bei 2,8 A und anschließend 30 min bei 3,0 bis 3,2 A. Nach beendeter Elektrolyse nimmt man die abgespülte Elektrode ohne den Strom zu unterbrechen ab, löst Zink und Eisen mit 20 ml Salzsäure (1 + 1) von der Elektrode und spült diese mit heißem Wasser gut ab.

Da die Lauge mitunter etwas feinverteilte eisenhaltige Festmasse enthält, wird das Elektrolysat durch ein Filter (Type Sch. u. Sch. Nr. 589/3) mit Filterschleim filtriert und 4mal mit warmem Wasser gewaschen. Filter und Rückstand werden im Platintiegel auf dem Brenner verascht und mit wenig Kaliumhydrogensulfat aufgeschlossen. Die in heißem Wasser gelöste Schmelze gibt man zu der salzsauren Lösung der elektrolytisch abgeschiedenen Metalle. Die saure Lösung wird mit 5 ml 30proz. Wasserstoffperoxyd oxydiert und das überschüssige Wasserstoffperoxyd verkocht. Man fällt nun in der Hitze mit einem Gemisch von konz. Ammoniak und 3proz. Wasserstoffperoxyd (2 + 1) das Eisen als Hydroxyd aus. Die Fällung bleibt 2 Std. auf dem Wasserbad stehen. Die Absetzzeit kann durch Zugabe von 5 ml Stärkelösung (100 mg/100 ml) auf 1 Std. verkürzt werden. Der Eisenhydroxydniederschlag wird auf ein Filter (z. B. Type Sch. u. Sch. Nr. 589/2) abfiltriert und mit heißem Wasser ausgewaschen. Man gibt das Filter mit dem Niederschlag in das Becherglas zurück und löst mit 4 ml Salzsäure (1 + 1) und wenig Wasser. Die salzsaure Lösung wird durch ein Filter (z. B. Type Sch. u. Sch. Nr. 589/2) in einen 200 ml-Meßkolben filtriert, mit heißem Wasser säurefrei gewaschen und nach dem Erkalten aufgefüllt.

Das filtrierte Elektrolysat kann durch Zusatz von 10proz. Natriumsulfidlösung auf Vollständigkeit der Eisenabtrennung geprüft werden. Ein eventueller Sulfidniederschlag wird in Salzsäure (1 + 1) gelöst und nach erfolgter Oxydation und

Ammoniakfällung das Eisen in salzsaurer Lösung des Hydroxydniederschlages mit o-Phenanthrolin bestimmt.

40 ml der auf 200 ml aufgefüllten Lösung (= 10 ml Lauge) werden in einem 100 ml-Meßkolben mit 2 ml 1proz. Hydroxylaminhydrochloridlösung und 10 ml 0,2proz. o-Phenanthrolinlösung versetzt und mit 2molarer Natriumacetatlösung auf einen p_H-Wert von $3{,}0 \pm 0{,}5$ gebracht (Kontrolle mit Indicatorpapier geeigneter Empfindlichkeit oder p_H-Meßinstrument). Man füllt auf und mißt nach 30 min die Extinktion mit dem Spektralphotometer bei 500 mμ, mit dem Spektrallampenphotometer bei 436 mμ in einer 2- bzw. 4 cm-Küvette gegen Wasser. Ein Blindwert der Reagenzien ist in Abzug zu bringen. Der Gehalt an Fe_2O_3 wird mit Hilfe einer Eichkurve errechnet.

Eisenstandardlösung (1 ml = 10 μg Fe_2O_3): 0,491 g Ammonium-Eisen(II)-sulfat (MOHRsches Salz) werden in Wasser und 5 ml Schwefelsäure (1 + 1) zu 1 l gelöst. Zur Herstellung der Standardlösung wird diese Stammlösung auf das Zehnfache verdünnt.

Literatur. Betriebsverfahren der Vereinigten Aluminium-Werke AG.

5. Photometrische Bestimmung des Phosphors als Phosphormolybdänblau

Grundlage. Nach dem Ansäuern der Lauge mit Schwefelsäure und Zerstören der organischen Substanz durch Kochen mit Wasserstoffperoxyd und Verkochen des Peroxydrestes wird mit Ammoniummolybdat und Ascorbinsäure als Reduktionsmittel bei 75 bis 85° der Phosphor-Molybdänblaukomplex entwickelt. Das Extinktionsmaximum liegt bei 820 mμ. Ein etwa mitgefärbter Anteil des vorhandenen Siliciumdioxyds wird in einem aliquoten Teil der gefärbten Lösung bestimmt und in Abzug gebracht.

Genauigkeit. 1.

Ausführung. 10 ml Lauge (bei Dicklauge 5 ml) werden mit 20 nl Schwefelsäure (1 + 1) angesäuert, auf 200 ml verdünnt und mit 10 ml 3proz. Wasserstoffperoxyd etwa $^1/_2$ Std. zur Zerstörung der organischen Substanz und des restlichen Peroxyds gekocht. Man filtriert und füllt dann die Lösung in einem 1 l-Meßkolben auf. 10 ml dieser Lösung = 0,1 ml Lauge werden in einem 100 ml-Meßkolben auf 40 ml verdünnt. Durch tropfenweisen Zusatz von Ammoniak stellt man einen p_H-Wert von 1,5 ein und arbeitet weiter, wie bei der Bauxitanalyse, S. 15ff., angegeben.

6. Photometrische Vanadinbestimmung mit Phosphorwolframsäure

Grundlage. Vanadin ergibt mit Phosphorwolframsäure in saurer Lösung eine intensiv gelb gefärbte Verbindung, deren Extinktionsmaximum bei 360 mμ liegt. Die Messung erfolgt bei 405 mμ. 3wertiges Eisen wird durch Zusatz von Phosphorsäure maskiert.

Genauigkeit. 2.

Ausführung. 10 ml Lauge (bei Dicklauge 5 ml) werden mit 15 ml Salpetersäure (1,40) angesäuert und zur Trockne abgeraucht. Nach Zugabe von 15 ml Salpetersäure (1 + 1) und 100 ml heißem Wasser wird bis zur klaren Lösung der Nitrate erhitzt, etwa abgeschiedenes Siliciumdioxyd abfiltriert und die Lösung in einem 1 l-Meßkolben aufgefüllt.

50 ml der salpetersauren Lösung = 0,5 ml Lauge werden im 100 ml-Meßkolben mit 7 ml Salpetersäure (1 + 1), 1 ml Phosphorsäure (1,7) und nach Umschwenken mit 1,5 ml 0,5 m-Natriumwolframatlösung versetzt. Die Lösung wird kurz aufgekocht, auf Zimmertemperatur abgekühlt und aufgefüllt. Nach 30 min erfolgt die Messung nach den bei der Vanadinbestimmung im Bauxit, S. 15, angegebenen Bedingungen.

Vanadinstandardlösung (1 ml = 100 μg V_2O_5): 0,1000 g bei 250° getrocknetes Vanadin(V)-oxyd wird in 20 ml Wasser und 5 ml 25proz. Natronlauge gelöst, mit 10 ml Salpetersäure (1,40) umgesetzt und auf 1 l aufgefüllt.

7. Bestimmung von Chrom und Titan

Grundlage. Nach Zerstörung der organischen Substanz in der Lauge wird nach Oxydation und Fällung der Hydroxyde von Eisen und Titan mit Natronlauge im Filtrat das Chrom als Chromat photometrisch gemessen. Im Hydroxydniederschlag bestimmt man nach Umfällung mit Ammoniak das Titan in salzsaurer Lösung photometrisch mit Sulfosalicylsäure.

Dauer. $1^1/_2$ Arbeitstage.

a) Photometrische Chrombestimmung als Chromat

Ausführung. 100 ml Lauge werden mit 100 ml Schwefelsäure (1 + 1) umgesetzt und klar gekocht. Man filtriert den unlöslichen, auch organische Substanz enthaltenden Rückstand ab, verascht Filter und Rückstand und schließt die Asche durch Schmelzen mit wenig Kaliumhydrogensulfat auf. Die in Wasser gelöste Schmelze wird zum Filtrat gegeben, dieses zum Sieden erhitzt, mit 30proz. Wasserstoffperoxyd versetzt und gekocht, bis nach der Zerstörung des Peroxyds die Lösung statt gelb nun grün ist. Nun macht man mit 25proz. Natronlauge alkalisch, bis ausfallendes Aluminiumhydroxyd wieder gelöst ist. Mit 1 ml 3proz. Wasserstoffperoxyd wird nochmals oxydiert und mit etwas Filterschleim als Spurenfänger aufgekocht. Nach dem Stehenlassen über Nacht wird durch ein mit warmer 5proz. Natronlauge gewaschenes Filter (mittelhart) in einen 1 l-Meßkolben filtriert. Man wäscht Filter und Niederschlag mit heißem Wasser aus. Nach Abkühlen und Auffüllen der Lösung wird die Extinktion der gelben Chromatfarbe mit dem Spektralphotometer bei 370 mμ, mit dem Spektrallampenphotometer bei 405 mμ in der 4 cm-Küvette gegen Wasser gemessen. Ein Blindwert der Reagenzien ist in Abzug zu bringen. Der Gehalt an Cr_2O_3 wird einer Eichkurve entnommen.

Chromstandardlösung (1 ml = 100 μg Cr_2O_3): s. Chrombestimmung der Bauxitanalyse, S. 15.

b) Photometrische Bestimmung des Titans mit Sulfosalicylsäure

Ausführung. Zur Bestimmung des Titans wird das Filter mit der natronalkalischen Hydroxydfällung im Fällungsglas mit 20 ml Salzsäure (1 + 1) erwärmt. Nach dem Lösen der Hydroxyde filtriert man die Lösung vom Filterbrei ab und engt sie auf 20 bis 30 ml ein. Nun werden die Hydroxyde mit Ammoniak (1 + 1) heiß gefällt. Man läßt mindestens 6 Std. stehen — am besten über Nacht —, filtriert auf ein Filter (mittelweich) ab und wäscht mit heißem Wasser aus. Die Hydroxyde werden mit 4 ml Salzsäure (1 + 1) und 15 ml Wasser gelöst und vom Filterbrei in einen 100 ml-Meßkolben filtriert und das Filtrat aufgefüllt. 50 ml dieser Lösung versetzt man in einem 100 ml-Meßkolben mit 5 ml 40proz. Sulfosalicylsäurelösung, 20 ml Pufferlösung und 2 ml 4proz. Thioglykolsäure in 2 Anteilen. Mit Ammoniak wird ein p_H-Wert von 2,6 bis 3,0 eingestellt und die Lösung aufgefüllt. Nach 30 min wird der zur Messung benötigte Teil der gefärbten Lösung durch ein trockenes Filter (hart) in ein trockenes Becherglas filtriert, wobei man den ersten Anteil verwirft. Mit einem Spektralphotometer wird bei 380 mμ, mit einem Spektrallampenphotometer bei 405 mμ in einer 4 cm-Küvette gemessen. Ein Blindwert der Reagenzien ist in Abzug zu bringen. Der Gehalt an TiO_2 wird an Hand einer Eichkurve ermittelt.

Titanstandardlösung (1 ml = 10 μg TiO_2): 0,1000 g bei 1100° geglühtes Titan(IV)-oxyd wird im bedeckten Platintiegel mit Kaliumhydrogensulfat aufgeschlossen. Man löst die Schmelze in 500 ml Schwefelsäure (1 + 16) und füllt mit Wasser zu 1 l auf. Ein aliquoter Teil dieser Stammlösung wird auf das Zehnfache verdünnt.

Pufferlösung: 6,45 g Natriumacetat werden mit 10,5 ml Eisessig zu 1 l gelöst.

8. Die polarographische Bestimmung des Zinks

Grundlage. Nach Ansäuern der Lauge mit Schwefelsäure und Oxydation mit Wasserstoffperoxyd wird in Gegenwart von Zitronensäure bei einem p_H-Wert von 9 bis 11 das Zink mit Natrium-Pyrrolidindithiocarbaminat gefällt und der Komplex mit Kohlenstofftetrachlorid extrahiert. Nach Rückschütteln des Zinks aus dem Extrakt mit Salzsäure in die wäßrige Phase bestimmt man es darin polarographisch.

Genauigkeit. 1.

Ausführung. Bei Gehalten unter 0,005 g ZnO/l werden 20 ml, bei Gehalten über 0,005 g ZnO/l werden 10 ml Originallauge in einem 400 ml-Becherglas mit Schwefelsäure (1 + 1) schwach sauer gemacht. Man verdünnt auf etwa 150 ml, gibt 10 ml 3proz. Wasserstoffperoxyd zu und läßt 5 bis 10 min stark kochen, um den Überschuß an Wasserstoffperoxyd größtenteils zu zerstören. Nach Zugabe von Zitronensäure (etwa 4 g je g Al_2O_3) wird mit Ammoniak ein p_H-Wert von 9 bis 11 eingestellt. In die 60 bis 70° heiße Lösung gibt man 15 ml 5proz. Na-Pyrrolidindithiocarbaminatlösung hinzu, rührt gut um und kühlt auf Zimmertemperatur ab. Die Lösung wird in einen 250 ml-Scheidetrichter übergespült und mit 15 ml Kohlenstofftetrachlorid 2 min stark geschüttelt. Nach der Trennung der Schichten läßt man die organische Phase in einen 100 ml-Scheidetrichter ab. Die wäßrige Phase wird wieder mit 15 ml Kohlenstofftetrachlorid extrahiert. Nach Ablassen der organischen Phase zum ersten Anteil extrahiert man zum drittenmal mit 15 ml Kohlenstofftetrachlorid unter Zugabe von 5 ml Na-Pyrrolidindithiocarbaminatlösung. Die vereinigten Extrakte werden mit 10 ml Salzsäure (66,7 ml konz. HCl/l) 2 min stark geschüttelt. Die organische Phase läßt man in einen zweiten Scheidetrichter ab und schüttelt sie nochmals mit 10 ml Salzsäure. Sie wird anschließend verworfen. Die wäßrigen Phasen werden in einem 50 ml-Becherglas vereinigt und auf 15 ml eingedampft. Man gibt eine Spatelspitze Natriumsulfit zu, kocht auf und spült die Lösung mit wenig Wasser in einen 25 ml-Meßkolben. Nach Zugabe von 2 ml Grundlösung wird im geschlossenen Kolben auf die beim Aufstellen der Eichkurve gewählte Temperatur abgekühlt und aufgefüllt. Mit einem Polarographen geeigneter Empfindlichkeit nimmt man das Polarogramm nach den bei der Zinkbestimmung im Bauxit, S. 17ff., angegebenen Bedingungen auf. Die Auswertung erfolgt nach einer Eichkurve und die Angabe des Wertes als ZnO. Ein Blindwert der Reagenzien ist nach dem gleichen Arbeitsgang zu ermitteln und zu berücksichtigen.

Hinweis. Es ist auf einwandfreie Qualität des Natrium-Pyrrolidindithiocarbaminats zu achten.

9. Gasvolumetrische Bestimmung der organischen Substanz

Grundlage. Die Methode beruht auf der Oxydation der organischen Substanz mit Chromschwefelsäure in Gegenwart von Quecksilbersulfat als Katalysator. Das hierbei entstehende Kohlendioxyd wird in einer vereinfachten Gasanalysenapparatur mit einem Meßgerät von großem Fassungsvermögen aufgefangen. Das gemessene Volumen an CO_2 entspricht dem an organische Substanz gebundenen Kohlenstoff. Der ermittelte Wert gilt als Richtzahl und Ersatz für die sonst übliche Bestimmung des Verbrauches an Kaliumpermanganat.

Genauigkeit. 2.

Ausführung. In den Kolben der Apparatur (s. Abb. 2) werden 10 ml Lauge und 55 ml Schwefelsäure (1 + 3) gegeben. Nun erhitzt man vorsichtig und läßt 15 min kochen, um das Kohlendioxyd, das aus dem Natriumcarbonatgehalt der Lauge entstanden ist, zu vertreiben. Danach werden 0,5 g Quecksilbersulfat in den Kolben gegeben und dieser mit einem Schliffstopfen mit Tropftrichter verschlossen. Man verbindet den Kolben mit dem Kühler und dem Meßgerät, das bis zur Marke mit gesättigter, kohlendioxydfreier Kochsalzlösung gefüllt ist, sowie mit der Waschflasche mit Kalilauge. Der Hahn am Meßgerät und der über der Waschflasche werden geöffnet. Man füllt in den Tropftrichter 50 ml Chromschwefelsäure und läßt diese tropfenweise in den Kolben fließen. Dann schließt man den Hahn am Tropftrichter. Der Hahn vom Kolben zur Meßbürette wird geöffnet und der Hahn der Waschflasche geschlossen. Man erhitzt den Kolben vorsichtig und hält die Analysenlösung 90 min im leichten Sieden. Nach Abkühlen der Lösung läßt man aus dem Tropftrichter warmes, destilliertes, kohlendioxydfreies Wasser in den Kolben und

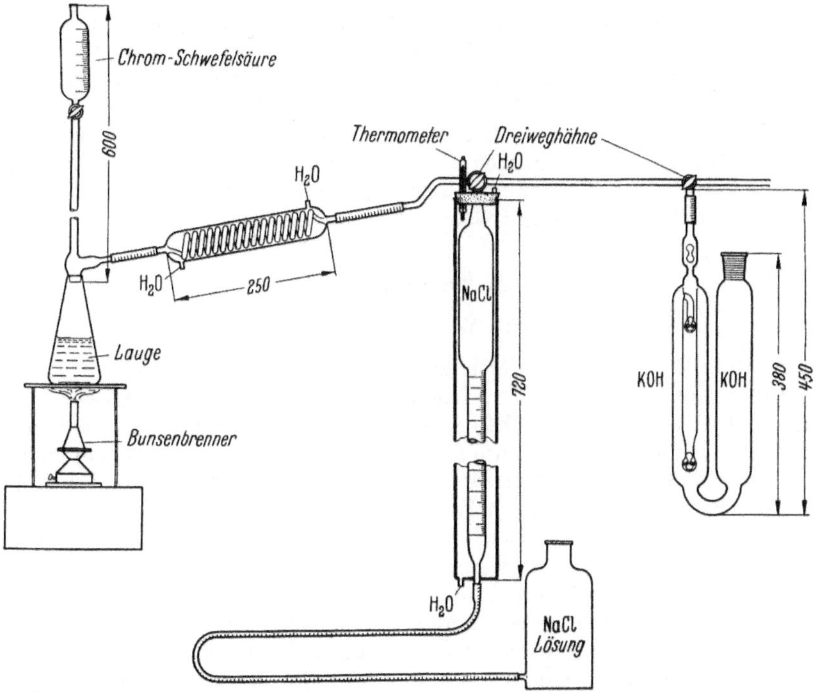

Abb. 2. Apparatur zur gasvolumetrischen Bestimmung der organischen Substanz in Aluminatlaugen

den Kühler fließen, bis diese gefüllt sind, und verdrängt so das Gas aus Kolben und Kühler. Dabei muß man darauf achten, daß der Flüssigkeitsspiegel im Meßgerät nicht unter Null sinkt. Man schließt den Hahn am Meßgefäß, liest die Temperatur ab und mißt das Volumen V. Dann absorbiert man das Kohlendioxyd in der Kalilauge. Nach restloser Absorption schließt man die Hähne, beachtet die Temperatur und mißt das Restvolumen V_1. Unter Berücksichtigung der Temperatur ergibt $V - V_1 = \text{Volumen } CO_2 = V_2$.

Chromschwefelsäure: 40 g Chromsäureanhydrid werden in 1 l Schwefelsäure (1,84) gelöst.

Berechnung.

$$V_0 = \frac{V_2 (P_1 - P_L) \cdot 273}{P_0 \cdot T} = \text{ml } CO_2 = a$$

$$\frac{a \cdot 44 \cdot 0{,}2729 \cdot 1000}{22400 \cdot \text{angewandte ml Lauge}} = \text{g C/l}$$

V_2 = gemessenes Volumen CO_2
V_0 = V_2, umgerechnet auf Normalbedingungen
P_0 = Normaldruck
P_1 = vorliegender Druck
P_L = Druckkorrektur

T = absolute Temperatur = $273 + t$
t = vorliegende Temperatur (° C)
22,4 l CO_2 = 44 g CO_2
Faktor CO_2 zu C = 0,2729

VII. Die Analyse des Rotschlammes vom Bayer-Verfahren

Beim Aufschluß des Bauxits nach dem BAYER-Verfahren bzw. beim Lösen des Sinters vom Schmelzverfahren bleiben die Hauptmenge des Eisens und Titans sowie der unlösliche Teil des Aluminiumoxyds, des Siliciumdioxyds und andere schwer lösliche Verbindungen als „Rotschlamm" zurück. Er wird von der Lauge durch Absitzenlassen und Filtration getrennt. Zur laufenden Kontrolle des Betriebes untersucht man den sowohl vom KELLY-Filter als auch aus den Autoklaven stammenden Rotschlamm täglich. Bei der Tagesanalyse wird nur der Gehalt an Feuchtigkeit, wasserlöslichem Alkali, wasserlöslichem Aluminiumoxyd, Siliciumdioxyd, Gesamtaluminiumoxyd und Eisenoxyd bestimmt. Eine Gesamtanalyse erfolgt im Monatsdurchschnitt. Die Bestimmungen von Feuchtigkeit, löslichem Alkali und löslichem Aluminiumoxyd werden im angelieferten nassen Schlamm durchgeführt, während alle anderen Komponenten im gewaschenen und bei 105° getrockneten Schlamm bestimmt werden.

1. Tagesanalyse

a) Waschvorschrift

Die gesamte Probe wird sorgfältig gemischt, dann entnimmt man ihr etwa 100 g und verrührt diese mit 2 l heißem Wasser, dem 20 g Kochsalz zugesetzt wurden. Nach dem Absitzen des Unlöslichen wird die Waschflüssigkeit abgegossen und der im Becherglas verbliebene Schlamm noch zweimal mit je 2 l Wasser und 20 g Kochsalz dekantiert. Schließlich filtriert man ihn auf eine mit einem Filter (weich) belegte Nutsche ab, wäscht ihn mit Wasser chloridfrei aus und trocknet den Filterkuchen samt Filter 5 bis 6 Std. bei 105° im Trockenschrank. Hierauf wird das Filter abgezogen, die Masse restlos fein gerieben (Sieb DIN 70) und durchgemischt. Die Probe wird nochmals 2 Std. getrocknet.

5 g dieser gewaschenen, getrockneten und zubereiteten Probe werden in einer Flasche für den Monatsdurchschnitt aufbewahrt; der Rest wird zur Analyse verwendet. 30 g des nassen Schlammes sind ebenfalls für einen Monatsdurchschnitt zurückzustellen.

b) Die Bestimmung der Feuchtigkeit

25 g des sorgfältig gemischten nassen Schlammes werden über Nacht bei 105° getrocknet. Aus dem Gewichtsverlust errechnet sich der Feuchtigkeitsgehalt der Probe.

c) Die Bestimmung des löslichen Alkalis

25 g nasser Schlamm werden in einem breiten 600 ml-Becherglas mit 300 ml Wasser verrührt und 10 min gekocht. Nun fügt man etwa 1 g Kochsalz hinzu. Hierdurch wird verhindert, daß der Niederschlag beim Filtrieren kolloidal durchläuft. Man füllt nach dem Abkühlen die Lösung mit dem Niederschlag in einem 500 ml-Meßkolben auf, filtriert durch ein Faltenfilter und versetzt 200 ml des Filtrats = 10 g Einwaage in einem 500 ml-ERLENMEYER-Kolben mit einer abgemessenen Menge n/10-Salzsäure im Überschuß (= a ml). Nach 5 min langem Kochen wird abgekühlt und nach Zusatz von Bromthymolblau als Indicator mit n/10-Natronlauge zurücktitriert (= b ml).

1 ml n/10-Salzsäure = 3,1 mg Na_2O.

$$a - b = c$$

$$\frac{c \text{ ml} \cdot 0{,}0031 \cdot 10 \cdot 100}{100 - \%\ \text{Trockenverlust bei } 105^\circ} = \%\ \text{lösliches } Na_2O \text{ (auf Trockensubstanz bezogen)}$$

d) Die Bestimmung des löslichen Aluminiumoxyds

200 ml des obigen Filtrats = 10 g Einwaage werden nach Zusatz von Phenolphthalein als Indicator mit n/10-Salzsäure angesäuert und zum Sieden erhitzt. Bei beginnendem Sieden gibt man 10 ml 30proz. Kaliumfluoridlösung (s. S. 28) hinzu, kocht genau 10 min und titriert die heiße Lösung sofort mit n/10-Natronlauge. Die vorgelegten ml n/10-Salzsäure, abzüglich der titrierten ml n/10-Natronlauge, ergeben die verbrauchten ml n/10-Salzsäure = *d*.

$$d - c = e$$

$$\frac{e \text{ ml} \cdot 0{,}0017 \cdot 10 \cdot 100}{100 - \% \text{ Trockenverlust bei } 105^\circ} = \% \text{ lösliches } Al_2O_3 \text{ (auf Trockensubstanz bezogen)}$$

Für die restlichen Bestimmungen wird der angelieferte Schlamm gewaschen und bei 105° getrocknet.

e) Die Bestimmung des Siliciums als Siliciumdioxyd

2 g des getrockneten Schlammes werden in einem Platintiegel mit 2 g Natriumcarbonat bei 1000° 5 min gesintert. Der Sinterkuchen wird in einem 400 ml-Becherglas mit 30 ml konz. Salzsäure gelöst. Man setzt 10 ml Salpetersäure (1,40) und 20 ml Schwefelsäure (1 + 1) zu und raucht zur Trockne ab. Nach dem Abkühlen werden die Sulfate mit 20 ml Salzsäure (1,19) befeuchtet und 10 min bei Zimmertemperatur stehengelassen. Nach Zugabe von 200 ml heißem Wasser wird auf dem Sandbad erwärmt, bis die Sulfate gelöst sind. Das ausgeschiedene Siliciumdioxyd filtriert man ab und bestimmt es, wie bei der Bauxitanalyse, S. 11, angegeben.

f) Die Bestimmung des Eisens, Titans und Aluminiumoxyds

Der nach dem Abrauchen des Siliciumdioxyds verbliebene Rückstand wird mit wenig Kaliumhydrogensulfat aufgeschlossen und die Schmelze mit etwas Wasser und einigen Tropfen Salzsäure (1 + 1) gelöst. Die Hydroxyde werden mit Ammoniak in geringem Überschuß gefällt, abfiltriert, mit heißem Wasser gewaschen und mit wenig Salzsäure (1 + 1) vom Filter gelöst. Man gibt die Lösung zum Filtrat des Siliciumdioxyds und füllt dieses auf 500 ml auf.

α) *Eisen*

In 200 ml des obigen Filtrats = 0,8 g Einwaage wird das Eisen nach ZIMMERMANN-REINHARDT bestimmt, wie bei der Bauxitanalyse, S. 13ff., angegeben.

β) *Titan*

25 ml = 0,1 g Einwaage werden zur Titanbestimmung nach WELLER (s. S. 13ff.) verwendet.

γ) *Aluminiumoxyd* (*aus der Gesamtfällung*)

In 50 ml = 0,2 g Einwaage wird die Gesamtfällung ausgeführt, wie auf S. 11 angegeben. Der Prozentgehalt an Al_2O_3 wird aus dem Prozentgehalt der Gesamtfällung durch Abzug der Summe von % Fe_2O_3 + TiO_2 berechnet. Andere Nebenbestandteile werden nicht berücksichtigt.

2. Gesamtanalyse des Rotschlammes

Die Gesamtanalyse des Rotschlammes umfaßt außer den bei der Tagesanalyse angeführten Bestimmungen von Feuchtigkeit, löslichem Alkali und löslichem Aluminiumoxyd im nassen Schlamm noch folgende Bestimmungen im gewaschenen, bei 105° getrockneten und auf 4900 Maschen (DIN 70) zubereiteten Material: Glühverlust, Silicium, Eisen, Titan, Aluminium, Calcium, Magnesium, Phosphor, Chrom, Vanadin, Gesamtalkalien und Sulfat.

Die zuletzt genannten Bestimmungen werden auch im gesammelten, gut gemischten und nochmals getrockneten Monatsdurchschnitt ausgeführt.

a) Die Bestimmung des Glühverlustes

1,0000 g Rotschlamm wird im unglasierten Porzellantiegel im elektrisch beheizten Glühofen nach langsamem Anheizen 1 Std. bei 1200° geglüht und nach dem Abkühlen gewogen. Die Differenz ergibt den Glühverlust.

b) Aufschluß

Der Aufschluß des Rotschlammes erfolgt mit Säure oder durch Ätznatron, wie bei der Bauxitanalyse, S. 10ff., angegeben. Er kann auch durch Sintern, wie bei der Tagesanalyse des Rotschlammes (s. S. 37) beschrieben, ausgeführt werden.

c) Die Bestimmungen von Silicium, Eisen, Titan, Chrom, Vanadin, Phosphor, Calcium und der Gesamtfällung

werden nach dem gleichen Analysengang wie bei der Bauxitanalyse, S. 11ff., ausgeführt. Der Prozentgehalt an Al_2O_3 wird aus dem Prozentgehalt der Gesamtfällung durch Abzug der Summe von % $Fe_2O_3 + TiO_2$ berechnet. Magnesium fällt man im Filtrat der Calciumbestimmung mit Ammoniumphosphat und glüht den Niederschlag zu $Mg_2P_2O_7$.

d) Die Bestimmung der Gesamtalkalien

2,0000 g Rotschlamm werden mit 60 ml Salzsäure (1,19), 20 ml Salpetersäure (1,40) und 12 ml Schwefelsäure (1 + 1) versetzt und zur Trockne abgeraucht. Nach Anfeuchten mit 10 ml Salzsäure (1,19) gibt man nach 10 min etwa 200 ml heißes Wasser hinzu und erwärmt auf dem Sandbad bis zur Lösung der Sulfate. Die Lösung mitsamt dem Rückstand wird in einen 500 ml-Meßkolben gespült. Man macht ammoniakalisch, setzt einige ml 5proz. Ammoniumcarbonat- und 5proz. Ammoniumoxalatlösung hinzu, kocht auf und füllt nach dem Abkühlen zur Marke auf. 250 ml der Lösung werden abfiltriert und in einer Platinschale zur Trockne abgedampft (zweckmäßig mittels eines Oberflächenerhitzers), Nach vorsichtigem Abrauchen der Ammoniumsalze nimmt man den Rückstand mit einigen Tropfen Schwefelsäure (1 + 1) und mit wenig heißem Wasser auf und fällt den Rest der Hydroxyde mit Ammoniak. Sie werden nach kurzem Absitzenlassen abfiltriert. Das Filtrat fängt man in einer gewogenen Platinschale auf, dampft es wieder zur Trockne, verjagt die Ammoniumsalze und glüht den Rückstand bei 600 bis 800° bis zur Gewichtskonstanz.

Die gewogenen Sulfate werden in 50 bis 80 ml Wasser gelöst. Sie enthalten als Verunreinigung das Magnesium. Es wird als Pyrophosphat bestimmt und als Sulfat berechnet und von der obigen Summe der Sulfate abgesetzt. Die Differenz (Na_2SO_4) wird dann auf Na_2O berechnet. Der Faktor ist 0,4364.

e) Die Bestimmung des Sulfats

1,0000 g Rotschlamm wird im Platintiegel mit 6 g Natriumcarbonat und etwas Natriumperoxyd aufgeschlossen. Die erhaltene Schmelze laugt man mit 100 ml Wasser aus und kocht auf. Der Rückstand wird abfiltriert und mit 150 bis 200 ml heißem Wasser, dem etwas Soda zugesetzt ist, ausgewaschen. Das Filtrat wird mit Salzsäure (1 + 2) angesäuert und 3mal mit Salzsäure zur Trockne eingedampft. Die trockenen Salze feuchtet man mit Salzsäure an, nimmt sie mit etwa 200 ml heißem Wasser auf und kocht bis zur Lösung der Chloride. Dann gibt man, ohne die Kieselsäure abzufiltrieren, 25 ml 10proz. Ammoniumchloridlösung hinzu und fällt mit Ammoniak. Der Niederschlag der Hydroxyde wird auf ein Filter (mittelweich) abfiltriert und mit heißem Wasser ausgewaschen. Nach dem Ansäuern des Filtrats mit Salzsäure wird die Fällung und Bestimmung als Bariumsulfat durchgeführt, wie auf S. 23 angegeben. Der Umrechnungsfaktor von $BaSO_4$ auf SO_3 ist 0,3430.

VIII. Die Analyse des Vanadinrohsalzes

Das im Bauxit vorhandene Vanadin reichert sich allmählich in den Laugen an und muß daraus von Zeit zu Zeit abgeschieden werden. Die Abscheidung des sog. Vanadinrohsalzes erfolgt aus Laugen mittlerer Konzentration durch Abkühlung. Es enthält etwa 4 bis 6% Vanadin. Bestimmt werden Vanadin, Gesamtalkali, Phosphor und Arsen. Für den Verkauf ist der Vanadingehalt allein maßgebend. Die Bestimmungen erfolgen in der feuchten Probe. Beim Trocknen des Vanadinrohsalzes kann nach anfänglicher Gewichtsabnahme wieder Gewichtszunahme bis zu einigen Prozenten eintreten, und zwar dadurch, daß das Salz Kohlendioxyd aufnimmt oder die Vanadinverbindungen oxydiert werden.

Die Einwaage hat sofort nach der Probenahme zu erfolgen, andernfalls muß die Probe in einer Flasche mit luftdicht abschließendem Glasstopfen bis zur Untersuchung aufbewahrt werden.

1. Die Bestimmung des Vanadins

Grundlage. In schwefelsaurer Lösung wird in Gegenwart von Phosphorsäure das 5wertige Vanadin mit Eisen(II)-sulfat zur 4wertigen Stufe reduziert. Nach Oxydation des überschüssigen Eisen(II)-sulfats mit Ammoniumperoxydisulfat titriert man das reduzierte Vanadin mit Kaliumpermanganat im Überschuß. Dieser wird mit Arsentrioxyd zurücktitriert und von dem Kaliumpermanganatverbrauch abgezogen.

Genauigkeit. 1.

Dauer. 2 Std. (ohne Lösen des Salzes).

Vorbereitung der Analysenlösung. Das Vanadinrohsalz darf nicht der Luft ausgesetzt, kann also auch nicht aufbereitet werden. Man verwendet deshalb eine größere Einwaage.

100 g werden in einem 1 l-Becherglas mit 200 ml Wasser übergossen und unter Umrühren vorsichtig mit 100 ml Schwefelsäure (1 + 1) versetzt. Nach weiterer Zugabe von 50 ml konz. Schwefelsäure kocht man, bis alles Lösliche gelöst ist, kühlt ab und füllt in einem 1 l-Meßkolben auf. Verbleibt beim Lösen ein größerer Rückstand — was in der Hauptsache beim Rohsalz aus ungarischen Bauxiten zutrifft —, so ist dieser wegen der sonst wesentlich ins Gewicht fallenden Verminderung des Flüssigkeitsvolumens vor dem Auffüllen abzunutschen. Beim ungarischen Bauxit ist der abgenutschte Rückstand noch vanadinhaltig. Er muß deshalb in einer Porzellanschale mit Schwefelsäure bis zum beginnenden Rauchen erhitzt und nach dem Aufnehmen mit Wasser nochmals abgenutscht werden. Beide Lösungen werden zusammen auf 1 l aufgefüllt.

Ausführung. 50 ml der schwefelsauren Lösung = 5 g Einwaage werden mit 20 ml Schwefelsäure (1 + 1), 5 ml Phosphorsäure (1,7) und 20 ml Salpetersäure (1,40) bis zum Rauchen der Schwefelsäure erhitzt. Man läßt 20 min rauchen, nimmt nach Abkühlen mit etwa 250 ml Wasser auf und erwärmt bis zur klaren Lösung der Sulfate. Zur Reduktion des Vanadins werden zu der auf 20° abgekühlten Lösung 20 ml Eisen(II)-sulfatlösung (91,5 g $FeSO_4 \cdot 7H_2O$ + 50 ml konz. H_2SO_4/1 l) zugesetzt und nach 10 min 10 ml täglich frisch angesetzte Ammoniumperoxydisulfatlösung (200g/l) zur Oxydation des überschüssigen Eisen(II)-sulfats. Nach Umschütteln und einer Wartezeit von 1 min wird das reduzierte Vanadin mit n/10-Kaliumpermanganatlösung bis zur bleibenden deutlichen Rotfärbung titriert. Nach $^1/_2$ min wird der geringe Überschuß an Permanganat mit eingestellter Arsen(III)-oxydlösung zurücktitriert, bis ein weiterer Zusatz den aufgetretenen reingelben Farbton nicht mehr ändert. Der so ermittelte Überschuß (er soll nicht mehr als 0,5 ml betragen) ist von dem Verbrauch an Kaliumpermanganatlösung abzusetzen. 1 ml n/10-$KMnO_4$ = 5,095 mg V.

Arsen(III)-oxydlösung: 1,63 g reinstes getrocknetes Arsen(III)-oxyd werden mit 1 g Natriumhydroxyd und Wasser unter Erwärmen gelöst, mit 1 ml Schwefelsäure (1,84) versetzt und auf 1 l aufgefüllt. Die Einstellung auf Kaliumpermanganat erfolgt, indem man zu einer genau austitrierten Vanadinprobe nochmals 0,5 ml n/10-Kaliumpermanganatlösung zusetzt und mit der Arsen(III)-oxydlösung zurücktitriert.

Hinweis. Die Bestimmung des Vanadins kann nach Abtrennung des Arsens als Sulfid auch potentiometrisch erfolgen.

Die Bedingungen hierfür s. diesen Band, S. 854, Kapitel Vanadin.

Literatur. Analyse der Metalle Bd. I, Schiedsverfahren, 2. Aufl. S. 382/83. Berlin/Göttingen/Heidelberg: Springer 1949.

2. Die Bestimmung der Gesamtalkalien, des Phosphors und Arsens

Zur Ausführung dieser Bestimmungen bereitet man eine Lösung von 50 g Vanadinrohsalz in etwa 400 ml Wasser, kocht sie auf und füllt sie nach dem Abkühlen in einem 500 ml-Meßkolben auf.

a) Gesamtalkali

Grundlage. Nach der Abtrennung von Vanadin, Phosphor, Arsen sowie der Hydroxyde und Erdalkalien wird das Alkali gewichtsanalytisch als Sulfat bestimmt und als Na_2O berechnet.

Genauigkeit. 2.

Dauer. 2 Arbeitstage.

Ausführung. 50 ml der obigen Lösung = 5 g Einwaage verdünnt man in einem Becherglas auf 200 ml, macht sie mit Essigsäure eben sauer und fällt in der Hitze mit Bleiacetatlösung im Überschuß das Vanadat, Phosphat und Arsenat aus. Man läßt die Fällung 3 bis 5 Std. absitzen, filtriert sie auf ein Filter mit Filterschleim ab und wäscht mit Wasser aus. Das Filtrat wird auf 50 ml eingeengt und darin das überschüssige Blei mit Schwefelwasserstoff als Bleisulfid gefällt. Das vom Blei und auch vom Schwefelwasserstoff befreite Filtrat füllt man auf 250 ml auf, entnimmt hiervon 25 ml = 0,5 g Einwaage und fällt mit Ammoniak, Ammoniumcarbonat und Ammoniumoxalat die Hydroxyde und Erdalkalien aus. Nach einigen Std. wird der Niederschlag abfiltriert und mit Wasser ausgewaschen. Das Filtrat dampft man nach Zugabe von 5 Tropfen Schwefelsäure in einer gewogenen Platinschale, z. B. unter einem Oberflächenerhitzer, zur Trockne. Nach dem Verjagen der Ammoniumsalze wird das Natriumsulfat geglüht und gewogen. Zur Prüfung auf Reinheit löst man das Sulfat in wenig Wasser und 5 Tropfen Schwefelsäure und versetzt die Lösung mit Ammoniak bis zur alkalischen Reaktion. Ein etwa ausgefallener Niederschlag wird abfiltriert, geglüht, gewogen und von der ersten Auswaage abgezogen.

Umrechnungsfaktor von Na_2SO_4 zu Na_2O = 0,4364.

b) Bestimmung des Phosphors

Grundlage. Nach Abtrennung des Phosphors von Vanadin und Arsen durch eine mehrmalige Ammoniakfällung in Gegenwart von Aluminium und Lösen der Fällung in Salpetersäure wird der Phosphor mit Ammoniummolybdat gefällt. In dem Molybdatniederschlag bestimmt man den Phosphorgehalt durch Titration mit n/2-Natronlauge und n/2-Schwefelsäure.

Genauigkeit. 2.

Dauer. $1^1/_2$ Tage.

Ausführung. 50 ml der wäßrigen Lösung = 5 g Einwaage werden in einem 250 ml-Meßkolben aufgefüllt. Ein 0,2 bis 0,5 g Einwaage entsprechender Teil wird in einem 400 ml-Becherglas mit Salpetersäure angesäuert, auf 200 ml verdünnt und einige min gekocht. Nach Zugabe von etwas reiner Aluminiumsulfatlösung zur quantitativen Bindung des vorhandenen Phosphors fällt man mit Ammoniak im Überschuß, kocht auf und filtriert nach 5 min. Der Niederschlag wird 3mal ausgewaschen, in das Fällungsglas zurückgespritzt und mit 50 ml Salpetersäure (1 + 1) gelöst. Zur Abtrennung des Vanadins wiederholt man das Fällen und Lösen noch 2mal. Man stumpft die salpetersaure Lösung mit Ammoniak ab und fällt bei 30 bis 45° mit Ammoniummolybdatlösung das Phosphorammoniummolybdat. Die Lösung wird 15 min gerührt, der Niederschlag nach 15 min Stehenlassen abfiltriert, mit 10proz. Ammoniak gelöst und durch Zugabe von 1 ml Fällungslösung und Salpetersäure nochmals gefällt. Nach dem Absetzen des Niederschlages filtriert man auf ein mit Filterschleim gedichtetes Filter (mittelhart) und wäscht den Niederschlag mit 1proz. Kaliumnitratlösung aus, bis er samt dem Filter säurefrei ist. Das Filter mit dem Niederschlag wird nun in das gleichfalls säurefrei gespülte Fällungsglas zurückgegeben und in 200 ml Wasser mit einem Glasstab zerrührt. Dann fügt man aus einer Bürette so viel n/2-Natronlauge zu, bis alles Phosphorammoniummolybdat gelöst und ein Überschuß von mindestens 5 ml vorhanden ist. Der Überschuß wird mit n/2-Schwefelsäure und Phenolphthalein als Indicator zurücktitriert. 1 ml n/2-Natronlauge = 1,544 mg P_2O_5.

Zur Herstellung der *Fällungslösung* werden 60 g Ammoniummolybdat in 200 ml Wasser gelöst. Die Lösung versetzt man mit 40 ml Ammoniak (0,91), filtriert sie — wenn nötig — und gibt sie langsam unter Rühren in eine Mischung von 200 ml Salpetersäure (1,40) und 300 ml Wasser. Nach 24stündigem Absitzenlassen wird nochmals filtriert.

Hinweis. Für die Berechnung des Gehaltes an P_2O_5 über den NaOH-Verbrauch ist die exakte Einhaltung der Arbeitsbedingungen erforderlich.

Literatur. HILLEBRAND, W. F., u. E. F. LUNDELL: Applied Inorganic Analysis S. 708.

c) Die Bestimmung des Arsens

Grundlage. Arsen wird in Gegenwart von Hydrazinsulfat als Reduktionsmittel und Kaliumbromid als Katalysator aus sehr stark salzsaurer Lösung in einem Strom von Kohlendioxyd oder Stickstoff bei 130° als Arsen(III)-chlorid abdestilliert. Nach Oxydation des Destillates mit Salpetersäure und Abdampfen der Salpetersäure wird das Arsen in schwefelsaurer Lösung photometrisch nach der Molybdänblau-Methode bestimmt.

Genauigkeit. 2.

Dauer. 3 Std.

Ausführung. 10 ml der wäßrigen Lösung = 1 g Einwaage werden im Destillationskolben mit 30 ml Salzsäure (1,19), 1 g Kaliumbromid und einer Lösung von 0,6 g Hydrazinsulfat in 10 ml Salzsäure (1,19) versetzt; das Arsen wird unter Durchleiten von Kohlendioxyd bei 110 bis 130° als Arsen(III)-chlorid überdestilliert. Bei einem hohen Arsengehalt kann man nochmals 30 ml Salzsäure zugeben und diese ebenfalls überdestillieren. Die vereinigten Destillate werden in einem 1 l-Meßkolben mit Wasser aufgefüllt. Zu 20 ml dieser Lösung = 0,02 g Einwaage gibt man 10 ml Salpetersäure (1,40) zur Oxydation des Arsens und dampft zur Trockne ein. $^1/_2$ bis 1 Std. wird auf 130° (nicht höher als 140°) zur Entfernung der Salpetersäure erhitzt. Den Rückstand nimmt man mit 220 ml Reagenzlösung auf und spült die Lösung mit Reagenzlösung in einen 250 ml-Meßkolben über. Er bleibt 30 min in einem 75 bis 85° warmem Wasserbad zur Farbentwicklung stehen und wird dann nach Abkühlen mit Reagenzlösung zur Marke aufgefüllt. Die Endlösung soll nicht mehr als 3 μg As/ml enthalten. Die Extinktion wird mit einem Spektralphotometer bei 840 mμ oder mit einem Spektrallampenphotometer bei 691 mμ in der 2- bzw. 4 cm-Küvette gemessen. Ein Blindwert der Reagenzien ist zu bestimmen und zu berücksichtigen.

Der Gehalt an As_2O_3 wird einer Eichkurve entnommen.

Reagenzlösung. Lösung I: 10 g Ammoniummolybdat werden in 5 n-Schwefelsäure zu 1 l gelöst.

Lösung II: 0,15 g Hydrazinsulfat in 100 ml Wasser lösen.

100 ml der Lösung I werden in einem 1 l-Meßkolben auf 900 ml mit Wasser verdünnt, dann 10 ml der Lösung II zugesetzt und auf 1 l aufgefüllt. Diese Mischlösung ist täglich frisch zu bereiten.

Arsenstandardlösung (1 ml = 20 µg As_2O_3): 0,1000 g Arsen(III)-oxyd wird in 2 ml 1 n-Natronlauge gelöst, die Lösung mit Wasser verdünnt, mit 1 n-Salzsäure neutralisiert und in einem 100 ml-Meßkolben aufgefüllt. Von dieser Stammlösung werden 20 ml auf 1 l verdünnt.

Literatur. BILTZ, H., u. W. BILTZ: Ausführung quantitativer Analysen S. 349. Zürich: S. Hirzel 1949. — SANDELL, E. B.: Colorimetric Determination of Traces of Metals S. 182. New York: Interscience Publishers 1950.

IX. Die Analyse des calcinierten, reinen Aluminiumoxyds und des Aluminiumoxydhydrats

1. Die Analyse des calcinierten Aluminiumoxyds

Die Reinheit des Aluminiums hängt zu einem wesentlichen Teil von der Reinheit des zu seiner Herstellung verwendeten Aluminiumoxyds ab. Die Verunreinigungen im technisch hergestellten Aluminiumoxyd sind heute so gering, daß bei der Analyse überwiegend empfindliche photometrische Methoden zur Anwendung kommen und hierbei besonderes Augenmerk auf die Reinheit der Reagenzien zu richten ist.

Dauer einer Gesamtanalyse. Etwa 1 Arbeitstag.

a) Zubereitung der Probe

Eine Durchschnittsprobe (etwa 5 kg) wird so weit zerkleinert, daß sie restlos durch ein Sieb von 400 Maschen/cm² (DIN 20) geht. Nach sorgfältigem Durchmischen füllt man davon je eine Probe in eine 100 ml- und eine 500 ml-Flasche ab. Die kleinere Probe wird auf eine Siebfeinheit von 4900 Maschen/cm² (DIN 70) gerieben und gut gemischt; sie dient zur Analyse. Der Inhalt der großen Flasche wird für den Monatsdurchschnitt aufbewahrt. Es ist darauf zu achten, daß das Material des Siebgewebes kein Zink enthält, da durch Abrieb der Zinkgehalt der Probe verfälscht wird. Gegebenenfalls wird für die Zinkbestimmung eine gesonderte Probe nur feingerieben. Sie bedingt dann auch einen besonderen Aufschluß.

Die Proben für die Betriebskontrolle brauchen nicht bei 105° getrocknet zu werden, da ihr Feuchtigkeitsgehalt sehr gering ist — wohl aber die für den Verkauf oder Versand bestimmten Proben.

b) Bestimmung des Glühverlustes

1,0000 g des zubereiteten Aluminiumoxyds wird im Platintiegel bei 1200° im elektrischen Tiegelofen 1 Std. geglüht. Die Gewichtsabnahme entspricht dem Glühverlust.

c) Aufschlüsse

α) *Für die Silicium-, Eisen-, Titan- und Zinkbestimmung*

5,0000 g Aluminiumoxyd, 5,0 g Borsäure nach SÖRENSEN (die Verwendung von Borax ist wegen der gelegentlich auftretenden Verunreinigungen an Eisen nicht zu empfehlen) und 10,0 g Natriumcarbonat werden nach intensivem Mischen im Wägegläschen in einer Platinschale im elektrischen Ofen bei 1100° 10 min geschmolzen. Die erkaltete Schmelze wird mit 50 bis 60 ml Wasser unter Erwärmen gelöst und in einen 500 ml-Meßkolben übergeführt, in dem sich 72 ml 8 n-Schwefelsäure (1,233) befinden. Nach kräftigem Umschwenken erhitzt man, bis die Lösung vollkommen klar ist, und füllt nach dem Abkühlen mit Wasser auf.

β) *Für die Phosphorbestimmung*

2,0000 g Aluminiumoxyd, 2,0 g Borsäure und 4,0 g Natriumcarbonat werden, wie unter α) beschrieben, geschmolzen, die Schmelze mit Wasser und 29 ml 8 n-Schwefelsäure gelöst und in einem 100 ml-Meßkolben auf 70 ml verdünnt.

d) Photometrische Siliciumbestimmung als Silicomolybdänblau

Grundlage. Bei p_H 1,5 wird mit Ammoniummolybdat die gelbe Silicomolybdänsäure entwickelt und diese mit Hydrazinsulfat zu Silicomolybdänblau reduziert. Das Extinktionsmaximum liegt bei 815 mμ. Die Färbung ist zumindest einige Std. haltbar.

Genauigkeit. 1.

Ausführung. 50 ml (= 0,5 g Einwaage) der schwefelsauren Aufschlußlösung werden in einem 100 ml-Meßkolben mit Schwefelsäure bzw. Ammoniak auf den p_H-Wert 1,5 ± 0,2 gebracht und mit 10 ml 1,44proz. Ammoniummolybdatlösung versetzt. Nach 15 min gibt man 23,4 ml 8 n-Schwefelsäure (1,233) und sofort 0,5 ml 1proz. Hydrazinsulfatlösung zu. Die Hydrazinsulfatlösung ist täglich frisch anzusetzen. Es wird umgeschüttelt und in einem Wasserbad von 75 bis 85° 30 min erhitzt, abgekühlt und aufgefüllt. Man mißt die Extinktion mit dem Spektralphotometer bei 815 mμ in der 2 cm-Küvette, mit dem Spektrallampenphotometer bei 691 mμ in der 4 cm-Küvette gegen Wasser. Ein Blindwert mit SiO_2-freiem Aluminiumoxyd, das wie die Analysenprobe aufgeschlossen und behandelt wurde, wird in Abzug gebracht. Ein Zusatz von SiO_2-freiem Aluminiumoxyd ist erforderlich, da beim Schmelzen der Aufschlußmittel ohne Zusatz infolge der erhöhten Alkalität Platin in Lösung geht, das die photometrische Bestimmung stört. Der Gehalt an Siliciumdioxyd wird an Hand einer Eichkurve berechnet.

Aufstellung der Eichkurve. 5,0 g SiO_2-freies Aluminiumoxyd werden mit 5,0 g Borsäure und 10,0 g Natriumcarbonat wie die Analysenprobe aufgeschlossen, gelöst, mit 72 ml Schwefelsäure umgesetzt und auf 500 ml aufgefüllt. In 100 ml-Meßkolben werden zu 50 ml dieser Lösung 20 bis 100 μg SiO_2-enthaltende aliquote Teile der Standardlösung zugesetzt und die Lösungen nach obiger Vorschrift behandelt. Ein Blindwert aus 50 ml Lösung ohne SiO_2-Zusatz wird in Abzug gebracht.

SiO_2-freies Aluminiumoxyd: 20 g Aluminiumoxyd werden in einer Platinschale mit 100 ml Wasser, 50 ml Salpetersäure (1 + 1) und etwa 5 ml Flußsäure 40 min über kleiner Flamme erhitzt. Man dekantiert und wiederholt diesen Arbeitsgang 3mal. Danach wird abgesaugt, mit 2 bis 3 l heißem Wasser gewaschen, getrocknet und bei 1200° calciniert. Ist die Extinktion des Blindwertes des SiO_2-freien Aluminiumoxyds höher als 0,10 bis 0,12, so wird das Reinigen wiederholt.

SiO_2-Standardlösung (1 ml = 20 μg SiO_2): Etwa 0,1 g geglühtes Siliciumdioxyd wird genau eingewogen und mit der 5fachen Menge Natrium-Kaliumcarbonat im Platintiegel aufgeschlossen. Nach Lösen der Schmelze mit Wasser füllt man zu 1 l auf. In Polyäthylenflaschen ist die Lösung mehrere Wochen haltbar. Von dieser Stammlösung verdünnt man einen 10 mg Siliciumdioxyd enthaltenden aliquoten Teil zur Herstellung der Standardlösung (1 ml = 20 μg SiO_2) mit Wasser auf 500 ml.

e) Photometrische Eisenbestimmung mit o-Phenanthrolin

Grundlage. 3wertiges Eisen wird in schwefelsaurer, natriumacetathaltiger Lösung bei p_H 3,0 bis 3,5 mit Hydroxylaminhydrochlorid reduziert. Nach Zugabe von o-Phenanthrolin entsteht ein rot gefärbter Eisen(II)-o-Phenanthrolinkomplex, dessen Extinktionsmaximum bei 500 mμ liegt. Bei Verwendung eines Spektrallampenphotometers wird bei 436 mμ gemessen. Die Färbung ist zumindest einige Std. haltbar.

Genauigkeit. 1.

Ausführung. 30 ml (= 0,3 g Einwaage) der schwefelsauren Aufschlußlösung werden im 50 ml-Meßkolben mit 1 ml 1proz. Hydroxylaminhydrochloridlösung (die Lösung ist täglich frisch anzusetzen) und 2 ml 0,2proz. o-Phenanthrolinlösung versetzt. Mit 2 m-Natriumacetatlösung (272 g/l) wird ein p_H-Wert von 3,0 bis 3,5 eingestellt. Man füllt mit Wasser auf und mißt die Extinktion nach 30 min mit dem Spektrallampenphotometer bei 436 mμ in der 4 cm-Küvette gegen Wasser. Die Bestimmung des Blindwertes der Reagenzien erfolgt nach der gleichen Arbeitsweise. Der Gehalt an Fe_2O_3 wird einer Eichkurve entnommen.

Aufstellung der Eichkurve. 3,0 g Borsäure und 6,0 g Natriumcarbonat werden in der Platinschale im elektrischen Ofen bei 1100° 10 min geschmolzen. Die gelöste Schmelze wird mit 50 bis 60 ml Wasser unter Erwärmen gelöst und in einen 200 ml-Meßkolben übergeführt, in dem sich 29 ml Schwefelsäure befinden. Die klare Lösung wird aufgefüllt. Zu je 20 ml werden in 50 ml-Meßkolben 0 bis 100 μg Fe_2O_3 enthaltende aliquote Teile der Standardlösung zugesetzt und nach obiger Vorschrift behandelt.

Eisenstandardlösung (1 ml = 10 μg Fe_2O_3): 0,491 g Ammonium-Eisen(II)-sulfat wird in Wasser und 5 ml Schwefelsäure (1 + 1) zu 1 l gelöst. Zur Herstellung der Standardlösung wird diese Stammlösung mit Wasser auf das Zehnfache verdünnt.

f) Photometrische Titanbestimmung mit Sulfosalicylsäure

Grundlage. 4wertiges Titan gibt mit Sulfosalicylsäure bei einem p_H-Wert von 2,6 bis 2,8 eine intensiv hellgelbe Färbung, die mindestens 3 Std. beständig ist. Ihre Extinktion steigt mit abnehmender Wellenlänge ab 380 mμ steil an, ohne im sichtbaren Gebiet ihr Maximum zu erreichen. Die Störung durch Eisen(III)-sulfosalicylat wird durch Reduktion des Eisens mit Thioglykolsäure beseitigt.

Genauigkeit. 1.

Ausführung. 50 ml (= 0,5 g Einwaage) der schwefelsauren Aufschlußlösung werden im 100 ml-Meßkolben mit 15 ml 40proz. Sulfosalicylsäure versetzt. Man setzt 2 ml 4proz. Thioglykolsäure in 2 Anteilen zu und stellt mit Ammoniak (0,91) einen p_H-Wert von 2,6 bis 2,8 ein. Es wird aufgefüllt und der zur photometrischen Messung benötigte Lösungsanteil durch ein kleines trockenes Filter (mittelhart) filtriert. Die Extinktion wird frühestens 20 min nach Zugabe der Sulfosalicylsäure mit dem Spektralphotometer bei 380 mμ oder dem Spektrallampenphotometer bei 405 mμ in einer 10 cm-Küvette gegen eine gleichbehandelte Blindprobe aus titanfreiem Aluminiumoxyd gemessen. Der Gehalt an Titandioxyd wird an Hand einer Eichkurve errechnet.

Aufstellung der Eichkurve. 5,000 g titanfreies Aluminiumoxyd werden mit 5,0 g Borsäure und 10,0 g Natriumcarbonat wie die Analysenprobe aufgeschlossen. Die Lösung der Schmelze wird mit 72 ml Schwefelsäure umgesetzt und auf 500 ml aufgefüllt. In 100 ml-Meßkolben werden zu 50 ml der Aufschlußlösung 0 bis 50 μg Titandioxyd enthaltende aliquote Teile der Standardlösung zugesetzt und nach obiger Vorschrift behandelt.

Titanfreies Aluminiumoxyd: 20 g Reinstaluminium werden in einer Silberschale mit 25 g Natriumhydroxyd und 50 ml Wasser gelöst. Nach Verdünnen auf 200 ml und Zusatz von etwa 10 mg Fe als Eisen(III)-chlorid- oder Ammonium-Eisen(II)-sulfatlösung, als Spurenfänger wird filtriert, das Filtrat auf 2,5 l verdünnt und durch Einleiten von Kohlendioxyd das Aluminiumhydroxyd ausgefällt. Der Niederschlag wird mehrmals mit Wasser dekantiert, unter Verwendung eines BÜCHNER-Trichters abfiltriert, mit heißem Wasser alkalifrei gewaschen, mit Alkohol und Äther nachgewaschen und bei 1200° calciniert.

Titanstandardlösung (1 ml = 20 µg TiO_2): Etwa 0,1 g bei 1100° geglühtes Titan(IV)-oxyd wird genau eingewogen und im Platintiegel mit Kaliumpyrosulfat aufgeschlossen. Man löst die Schmelze in 500 ml Schwefelsäure (1 + 16) und füllt mit Wasser zu 1 l auf. Von dieser Stammlösung verdünnt man einen 10 mg Titandioxyd enthaltenden aliquoten Teil zur Herstellung der Standardlösung mit Wasser auf 500 ml.

g) Die Bestimmung des Zinks

α) *Polarographisch nach Extraktion als Zink-Dithizonat*

Grundlage. In schwefelsaurer Lösung des alkalischen Aufschlusses wird in Gegenwart von Zitronensäure bei einem p_H-Wert von etwa 7 das Zink als Zinkdithizonat mit Chloroform extrahiert. Nach Rückführung des Zinks mit Salzsäure in die wäßrige Phase wird in ammoniakalischer, zitrathaltiger Lösung polarographiert.

Genauigkeit. 1.

Ausführung. 50 ml (= 0,5 g Einwaage) der schwefelsauren Aufschlußlösung werden mit einer Spatelspitze Hydroxylaminhydrochlorid, 7,5 ml 40proz. Zitronensäurelösung, 3 bis 5 Tropfen Bromthymolblau-Indicator (s. unten) und zinkfreiem Ammoniak (s. unten) bis zur Blaufärbung versetzt. Nach Überspülen der Lösung in einen 100 ml-Scheidetrichter wird 2 min mit 10 ml Dithizonlösung (s. unten) geschüttelt. Man läßt den Extrakt in einen 50 ml-Scheidetrichter ab, wäscht Hahn und Auslauf mit wenig reinem Chloroform und wiederholt die Extraktion mit 10 ml Dithizonlösung. Anschließend wird einmal mit 5 ml reinem Chloroform extrahiert. Die in dem 50 ml-Scheidetrichter vereinigten Extrakte werden nun mit 10 ml Salzsäure (1 + 119) 2 min geschüttelt. Die organische Phase läßt man in einen zweiten 50 ml-Scheidetrichter ab, wiederholt die Extraktion mit 10 ml Salzsäure und engt die vereinigten salzsauren Lösungen in einem 100 ml-Becherglas auf 10 ml ein. Nach Zugabe einer Spatelspitze Natriumsulfit wird die Lösung aufgekocht, nach Abkühlen mit wenig Wasser in einen 25 ml-Meßkolben übergespült und mit 7 ml Grundlösung versetzt. Man kühlt im Wasserbad auf die beim Aufstellen der Eichkurve gewählte Temperatur ab und füllt bis zur Marke auf. Die Meßzelle des Polarographen wird mit der Lösung gefüllt und das Polarogramm nach den auf S. 17f. angegebenen Bedingungen aufgenommen.

Ein Blindwert der Reagenzien ist nach dem gleichen Arbeitsgang zu ermitteln und zu berücksichtigen.

Lösungen. *Ammoniak, konz.:* Hergestellt durch Einleiten von Ammoniakgas aus einer Stahlflasche in Wasser. Die Lösung ist in einer Polyäthylenflasche aufzubewahren.

Bromthymolblau-Indicatorlösung: 0,1 g in 100 ml Methanol lösen.

Dithizonlösung: 0,1 g Diphenylthiocarbazon (Dithizon) wird in 100 ml Chloroform gelöst. Die Lösung ist in einer braunen Flasche im Kühlschrank aufzubewahren.

Grundlösung: a) 0,05 g Gelatine in 10 ml Wasser lösen.

b) 2 g Zitronensäure und 10 g Natriumsulfit ($Na_2SO_3 \cdot 7\,H_2O$) werden in 30 ml Wasser gelöst und mit 50 ml Ammoniak (0,91) versetzt. Man gibt die Lösung a) in die Lösung b) und füllt zu 100 ml auf. Die Grundlösung muß täglich frisch bereitet werden.

Zinkstandardlösung (1 ml = 10 µg ZnO): 1 Zinkgranalie (etwa 400 bis 600 mg) wird genau eingewogen und in einem 1 l-Meßkolben mit 20 ml Salzsäure (1,19) gelöst. Nach Auffüllen mit Wasser verdünnt man einen 5,0 mg ZnO enthaltenden aliquoten Teil dieser Stammlösung mit Wasser auf 500 ml.

β) *Polarographisch oder maßanalytisch nach Abtrennung durch Verdampfung im Wasserstoffstrom*

Zur Abtrennung des Zinks kann nach W. Geilmann und R. Neeb auch das Ausdampfverfahren angewendet werden. Die für die Aluminiumoxydanalyse gültigen besonderen Bedingungen sind der Originalarbeit zu entnehmen.

Die Bestimmung des Zinks erfolgt üblicherweise polarographisch. Bei höheren Zinkgehalten kann auch nach der Fällung als Zink-Quecksilber(II)-thiocyanat titrimetrisch gearbeitet werden (s. S. 16/17).

Literatur. Geilmann, W., u. R. Neeb: Abtrennung geringer Zinkmengen durch Verdampfung im Wasserstoffstrom. Angew. Chem. Bd. 67 (1955) S. 26—31.

h) Photometrische Phosphorbestimmung als Phosphormolybdänblau

Grundlage. In der schwefelsauren Aufschlußlösung des Aluminiumoxyds wird mit Ammoniummolybdatlösung und Ascorbinsäure als Reduktionsmittel das Phosphormolybdänblau entwickelt und die Extinktion gemessen. Das Extinktionsmaximum liegt bei 815 mμ.

Genauigkeit. 1.

Ausführung. Die schwefelsaure Lösung des Aufschlusses B (2 g Aluminiumoxyd) wird im 100 ml-Meßkolben mit Ammoniak bzw. Schwefelsäure auf den p_H-Wert 1,5 gebracht. Nach Zugabe von 8,4 ml 8 n-Schwefelsäure wird mit 10 ml 1,44proz. Ammoniummolybdatlösung und 2 ml 2,5proz. Ascorbinsäurelösung (die Lösung ist täglich frisch anzusetzen) versetzt, wobei man nach jeder Zugabe gut umschwenkt. Man stellt den Kolben 30 min in ein Wasserbad von 75 bis 85°. Nach Abkühlen und Auffüllen wird mit einem Spektrallampenphotometer bei 691 mμ, mit einem Spektralphotometer bei 815 mμ in einer 4 cm-Küvette gegen Wasser gemessen. Ein Blindwert der Reagenzien wird nach der gleichen Vorschrift angesetzt und in Abzug gebracht. Der Phosphorgehalt wird an Hand einer Eichkurve ermittelt.

Aufstellung der Eichkurve. 0 bis 100 μg P_2O_5 enthaltende aliquote Teile der Phosphorstandardlösung werden in 100 ml-Meßkolben mit 60 ml Wasser und nach Einstellen des p_H-Wertes von 1,5 mit 8,4 ml 8 n-Schwefelsäure versetzt und wie die Analysenlösung behandelt.

Phosphorstandardlösung (1 ml = 10 μg P_2O_5): 0,9586 g Kaliumdihydrogenphosphat (48 Std. im Exsiccator über konz. Schwefelsäure getrocknet) wird in Wasser gelöst, mit 25 ml Schwefelsäure (1 + 1) versetzt und mit Wasser zu 1 l verdünnt. 20 ml dieser Stammlösung werden mit Wasser zu 1 l verdünnt.

i) Photometrische Vanadinbestimmung als Phosphorwolframvanadinsäure

Grundlage. Vanadin läßt sich durch Auskochen von Aluminiumoxyd mit verdünnter Salpetersäure zu etwa 50 bis 60% in Lösung bringen. In dieser sauren Lösung wird das Vanadin photometrisch als Phosphorwolframvanadinsäure bestimmt. Das Extinktionsmaximum liegt bei 360 mμ, die Messung wird aber bei 436 mμ durchgeführt.

Für die Produktionskontrolle genügt dieses Verfahren unter Berücksichtigung des Fehlers, sofern es sich nur um die Feststellung von Schwankungen des Vanadinspiegels handelt.

Genauigkeit. 3 (unter Berücksichtigung der nicht vollständigen Löslichkeit des Vanadins durch Auskochen mit Salpetersäure).

Ausführung. 20,0 g zubereitetes Aluminiumoxyd werden mit 60 ml heißem Wasser und 30 ml Salpetersäure (1,40) 15 min unter Rühren gekocht (Magnetrührwerk). Es wird in einen 200 ml-Meßkolben übergespült, abgekühlt und aufgefüllt. Man filtriert durch ein trockenes Faltenfilter (Type Sch. u. Sch. Nr. 589/5) in ein trockenes Becherglas und engt von dem Filtrat 50 ml in einem 100 ml-Becherglas auf etwa 40 ml ein. Nach dem Abkühlen werden 1 ml konz. Phosphorsäure und 1,5 ml 0,5 m-Natriumwolframatlösung (16,5 g $Na_2WO_4 \cdot 2H_2O$/100 ml) zugesetzt. Die Lösung wird aufgekocht, in einen 50 ml-Meßkolben übergespült, abgekühlt und aufgefüllt. Nach 30 min wird die Extinktion im Spektrallampenphotometer oder im Spektralphotometer bei 436 mμ gegen Wasser in der 4 cm-Küvette gemessen. Die Extinktion des Blindwertes der Reagenzien ist in Abzug zu bringen. Der Gehalt an

V_2O_5 wird einer Eichkurve entnommen. Zu beachten ist, daß durch das Auffüllen bei Anwesenheit von 20 g Aluminiumoxyd, die 5 ml Volumen einnehmen, die Einwaage (50 ml des Filtrats) nicht 5,0 g, sondern 5,13 g entspricht.

Ansatz der Vanadinstandardlösung s. Vanadinbestimmung im Bauxit, S. 15.

k) Die Bestimmung des Calciums

Grundlage. Aus der natronalkalischen Lösung des Aufschlusses werden unter Zusatz von Oxalat Eisen, Titan und Calcium abgetrennt. Der Niederschlag wird in Salzsäure gelöst. Durch Ammoniakfällung werden Eisen, Titan und gegebenenfalls Reste von Aluminium abgeschieden; im Filtrat wird das Calcium als Oxalat gefällt.

Ausführung. 5 g Aluminiumoxyd werden, wie auf S. 42 angegeben, mit Natriumcarbonat und Borsäure aufgeschlossen. Die Schmelze wird in einem 600 ml-Becherglas mit heißem Wasser gelöst und mit 10 ml Schwefelsäure übersäuert. Nach Erhitzen der Lösung versetzt man sie mit 20proz. Natronlauge, bis das ausfallende Aluminiumhydroxyd in Lösung gegangen ist. Dann werden 10 ml gesättigte Natriumoxalatlösung, 15 ml 3proz. Wasserstoffperoxyd und 2 ml 10proz. Eisen(III)-chloridlösung zugesetzt. Man erhitzt kurze Zeit zum Sieden und läßt über Nacht absitzen. Der Niederschlag wird auf ein Filter (hart) abfiltriert, mit heißem Wasser ausgewaschen und mit verdünnter Salpetersäure in das Fällungsglas zurückgelöst. Man läßt die salpetersaure Lösung zur Zerstörung der Oxalsäure 5 min kochen und fällt danach in Gegenwart von Ammoniumsalzen in der Siedehitze mit kohlensäurefreiem Ammoniak Eisen, Titan und restliches Aluminium. Nach kurzem Absitzen werden die Hydroxyde abfiltriert und mit heißem ammoniumnitrathaltigem Wasser ausgewaschen. Im Filtrat fällt man mit Ammoniumoxalat das Calcium als Oxalat. Der Niederschlag wird in einem gewogenen Filtertiegel A 2 gesammelt, mit ammoniumoxalathaltigem Wasser, dann mit wenig heißem Wasser und zuletzt 3mal mit trockenem Aceton (oder mit Alkohol und Äther) gewaschen. Man trocknet den Niederschlag etwa 1 Std. bei 110° im Trockenschrank und wägt als $CaC_2O_4 \cdot H_2O$.

Der Umrechnungsfaktor auf CaO ist 0,3838.

Hinweis. Der Calciumoxalatniederschlag kann bei entsprechender Menge auch nach dem Auswaschen mit Wasser in verdünnter Schwefelsäure gelöst und mit Kaliumpermanganat titriert werden.

l) Flammenspektrometrische Bestimmung des säurelöslichen Alkalis

Grundlage. Nach Abrauchen des Aluminiumoxyds mit konz. Schwefelsäure und Fällen etwa gelösten Aluminiumoxyds mit Ammoniak wird im angesäuerten Filtrat der Na_2O-Gehalt flammenphotometrisch ermittelt.

Genauigkeit. 2. (Es werden nur etwa 97% des vorhandenen Alkalis erfaßt.)

Ausführung. 1 g des zubereiteten Aluminiumoxyds wird in einem 250 ml-Becherglas mit 10 ml Schwefelsäure (1,84) auf dem Sandbad bis zum Rauchen der Schwefelsäure erhitzt und 20 min abgeraucht. Nach dem Erkalten wird mit 100 ml Wasser aufgenommen, zum Sieden erhitzt und nach Zusatz von Methylrot mit Ammoniak (0,91) bis eben zum Umschlag des Indicators neutralisiert, um etwa in Lösung gegangenes Aluminiumoxyd wieder auszufällen. Die abgekühlte Lösung wird mit dem Rückstand in einen 250 ml-Meßkolben übergeführt und aufgefüllt. Man filtriert durch ein trockenes Faltenfilter, pipettiert 100 ml in einen 200 ml-Meßkolben, säuert mit 5,0 ml Salzsäure (1 + 19) an und füllt auf. Diese Lösung wird mit einem Flammenphotometer geeigneter Empfindlichkeit, wie im Kapitel „Spektrochemische Analyse" beschrieben, gleichzeitig mit den zur Aufstellung der Eichkurve hergestellten Vergleichslösungen photometriert. Der Gehalt an Na_2O wird einer Eichkurve entnommen.

Aufstellung der Eichkurve. In 250 ml-Bechergläser werden aliquote Teile der Natriumstandardlösung gegeben, deren Na_2O-Gehalte um nicht mehr als $\pm 25\%$ von dem Gehalt der zu analysierenden Probe abweichen sollen, und demselben Arbeitsgang wie die Proben unterworfen. Die Vergleichslösung mit dem höchsten Na_2O-Gehalt dient zur Einstellung des Flammenphotometers auf 100% Durchlässigkeit. Den mit einer nach demselben Arbeitsgang hergestellten Blindlösung gemessenen Galvanometerausschlag setzt man als Korrektur für Flammenuntergrund und Na_2O-Gehalt der Reagenzien ab.

Natriumstandardlösung (1 ml = 500 μg Na_2O): Etwa 1,5 g Natriumchlorid werden im Porzellantiegel mit dem Bunsenbrenner vorsichtig so lange erhitzt, bis kein Dekrepitieren des Salzes mehr wahrnehmbar ist. Dabei darf die Temperatur den Schmelzpunkt des Salzes (800°) nicht erreichen. 0,943 g des getrockneten Natriumchlorids wird mit Wasser zu 1 l gelöst.

m) Die Bestimmung des Schwefels

Grundlage. Der Schwefel im Aluminiumoxyd wird nach Auskochen mit ammoniak- und wasserstoffperoxydhaltigem Wasser im Filtrat als Bariumsulfat gefällt und bestimmt.

Genauigkeit. 3.

Ausführung. 50 g zubereitetes Aluminiumoxyd werden unter Zugabe von 1 ml 25proz. Ammoniak und einigen Tropfen 3proz. Wasserstoffperoxyd in 100 ml Wasser aufgeschlämmt und 15 min gekocht. Anschließend wird durch eine Nutsche und ein Filter (hart) filtriert und mit Wasser ausgewaschen. Das Filtrat säuert man gegen Methylorange mit Salzsäure schwach an, kocht auf und filtriert durch ein Filter (mittelhart). Das hierbei anfallende Filtrat wird zum Sieden erhitzt und der Schwefel mit heißer, 10proz. Bariumchloridlösung als Bariumsulfat gefällt, wie auf S. 23 angegeben.

Literatur. Methode eines Korundwerkes.

n) Die Bestimmung des Schüttgewichtes

Das Aluminiumoxyd wird im Anlieferungszustand in einen 1000 ml-Stampfzylinder lose hineingeschüttet. Nach Herstellung einer möglichst ebenen Oberfläche liest man das Volumen in ml ab (a ml). Darauf wird der Zylinder von Hand auf dem Tisch so lange aufgestampft, bis sich das Aluminiumoxyd nicht weiter setzt. Das dann festgestellte Volumen ist „b ml". Darauf wird der Zylinder vollständig entleert und das Gesamtgewicht (g) des Aluminiumoxyds festgestellt.

$$\frac{\text{g}}{a\ \text{ml}} = \text{Schüttgewicht lose}; \qquad \frac{\text{g}}{b\ \text{ml}} = \text{Schüttgewicht gerüttelt}$$

o) Bestimmung der Benzolsenkung

1 g Aluminiumoxyd wird in einem Schüttelzylinder von 100 ml Inhalt mit Benzol zu 100 ml aufgefüllt. Man schüttelt den Zylinder 1 min kräftig und stellt ihn sofort auf eine glatte waagerechte Unterlage. Nach 30 und 60 sek wird die Schichthöhe des Aluminiumoxyds abgelesen.

Die so ermittelten Zahlen geben einen Anhaltspunkt für das Verhalten des Aluminiumdioxyds bei der Elektrolyse.

2. Das Aluminiumoxydhydrat

Die Gesamtanalyse des Oxydhydrats umfaßt üblicherweise die Bestimmung von Feuchtigkeit, Glühverlust, Silicium, Eisen, Titan, Vanadin, Phosphor, Zink und Natrium. Dabei wird für die Feuchtigkeits-, Phosphor- und Zinkbestimmung vom feuchten Material ausgegangen und bei der Glühverlustbestimmung von der bei 105° getrockneten Substanz. Für die restlichen Bestimmungen wird das Oxydhydrat bei 1200° calciniert und wie zur Aluminiumoxydanalyse aufgeschlossen. Die Bestimmungen werden, wie dort angegeben, ausgeführt.

a) Die Bestimmung der Feuchtigkeit

20 g Aluminiumoxydhydrat werden in einem gewogenen Wägegläschen bei 105° bis zur Gewichtskonstanz — am besten über Nacht — getrocknet. Der Gewichtsverlust entspricht dem Feuchtigkeitsgehalt der Einwaage.

b) Die Bestimmung des Glühverlustes

1 g der bei 105° getrockneten Probe wird in einem gewogenen unglasierten Porzellantiegel oder im Platintiegel vorsichtig vorgewärmt und nach langsam gesteigerter Temperatur schließlich bei 1200° im elektrisch geheizten Tiegelofen 1 Std. geglüht. Der Gewichtsverlust ist der Glühverlust des bei 105° getrockneten Materials.

Feuchtigkeitsgehalt und Glühverlust ergeben den Gesamtglühverlust bei 1200°.

c) Bestimmung des Phosphors

40 g feuchtes Aluminiumoxydhydrat werden mit 30 ml Salpetersäure (1,40) und 60 ml Wasser 15 min unter Rühren gekocht. Man filtriert ab, wäscht mit Wasser aus, engt das Filtrat ein und fällt nach Abstumpfen der Lösung mit Ammoniak den Phosphor mit Ammoniummolybdat, wie auf S. 490 angegeben, und bestimmt bei einem deutlichen Niederschlag den Gehalt maßanalytisch.

Diese Art der Bestimmung gibt lediglich eine Orientierung über die Größenordnung des Phosphorgehaltes. Sie reicht zur Betriebskontrolle im allgemeinen aus.

d) Bestimmung des Zinks

α) Nach Abtrennung durch Extraktion als Zink-Dithizonat

10 g feuchtes Aluminiumoxydhydrat werden mit 35 ml Schwefelsäure (1 + 1) gelöst und in einem Meßkolben auf 200 ml aufgefüllt. Aus 20 ml dieser schwefelsauren Lösung = 1 g Einwaage wird das Zink, wie bei der Aluminiumoxydanalyse, S. 45ff., angegeben, durch Extraktion abgetrennt und polarographisch bestimmt.

β) Nach Abtrennung durch Ausdampfen im Wasserstoffstrom

Das Zink kann auch nach Entwässerung des Aluminiumoxydhydrats durch Verglühen bei 600° an der Luft wie bei der Zinkbestimmung im Aluminiumoxyd durch Ausdampfen isoliert werden. Auf die auf S. 46 bei der Zinkbestimmung im Aluminiumoxyd angeführte Originalarbeit wird Bezug genommen.

e) Bestimmung von Silicium, Eisen, Titan, Vanadin und Natrium

Für diese Bestimmungen wird das Aluminiumoxydhydrat bei 1200° calciniert und wie zur Aluminiumoxydanalyse aufgeschlossen. Die Bestimmungen werden, wie dort angegeben, ausgeführt (S. 43, 44, 47ff.).

X. Aluminiumsulfat

Im handelsüblichen Aluminiumsulfat werden zur Feststellung seiner Qualität und im Hinblick auf seine Verwendung in der pharmazeutischen Industrie folgende Bestimmungen durchgeführt:

1. Die Bestimmung des unlöslichen Anteils

Grundlage. Der beim Lösen des Aluminiumsulfats in Wasser verbleibende Rückstand gilt als „Unlösliches“ und wird in Prozent angegeben.

Ausführung. 10 g Aluminiumsulfat werden in einem Messingmörser auf 2 bis 4 mm Korngröße zerstoßen und in einem 250 ml-Becherglas mit ungefähr 150 ml heißem Wasser etwa 5 min schwach aufgekocht. Man läßt das „Unlösliche" absitzen und filtriert durch ein Filter (Type Sch. u. Sch. Nr. 589/3) in einen 1000 ml-Meßkolben. Das Filter wird mit heißem Wasser gut ausgewaschen, noch feucht in einen gewogenen Platintiegel gebracht und nach dem Vortrocknen 10 min im elektrisch beheizten Ofen geglüht. Nach dem Erkalten im Exsiccator wird zurückgewogen. Die Gewichtsdifferenz entspricht dem unlöslichen Anteil.

2. Die Bestimmung des Aluminiumoxydgehaltes

Grundlage. Durch eine Ammoniakfällung wird im Filtrat des Unlöslichen das dem Aluminiumsulfat entsprechende Aluminium als Oxyd ermittelt.

Ausführung. Das Filtrat vom Unlöslichen wird gekühlt, mit Wasser auf 1 l aufgefüllt und gut durchgeschüttelt. Hiervon werden mit einer Pipette 50 ml entnommen und in einem 250 ml-Becherglas mit etwa 100 ml Wasser verdünnt. Nach Zugabe von 5 ml Salzsäure (1 + 1) und einigen Tropfen Lackmusindicator wird zum Sieden erhitzt und mit CO_2-freiem Ammoniak das Aluminium als Hydroxyd gefällt. Der Ammoniakzusatz darf nur bis zum schwach wahrnehmbaren Geruch bzw. eben bleibender Blaufärbung erfolgen. Nach dem Absitzen des Niederschlages wird durch ein Filter (Type Sch. u. Sch. Nr. 589/2) abfiltriert und der Niederschlag mit heißem Wasser, dem 2% Ammoniumnitrat und 2 Tropfen verdünntes Ammoniak zugesetzt wurden, gründlich ausgewaschen. Das Filter mit dem Niederschlag wird im gewogenen Platintiegel vorgetrocknet, verascht und im elektrisch beheizten Ofen 15 min bei 1200° zu Al_2O_3 geglüht.

3. Die Bestimmung der sauren bzw. alkalischen Reaktion

Grundlage. Durch Titration der wäßrigen Lösung des Aluminiumsulfats mit 1 n-Salzsäure bzw. Natronlauge werden Alkali- bzw. Säureüberschuß ermittelt.

Ausführung. 400 ml des Filtrats vom „Unlöslichen" (1.) werden in einer Porzellankasserolle mit 3 Tropfen Methylorangelösung (1 g Methylorange auf 1000 ml Wasser) versetzt und je nach Reaktion (sauer oder basisch) mit 1 n-Salzsäure oder 1 n-Natronlauge titriert. Als Umschlagpunkt wird die Färbung genommen, die bei Auflösung von 4 g neutralem, umkristallisiertem Kalialaun in 400 ml Wasser nach dem Versetzen mit 3 Tropfen Methylorangelösung entsteht.

Da 1 ml 1 n-Salzsäure bzw. Natronlauge = 0,04 g SO_3 entspricht, geben bei 4 g Einwaage die verbrauchten (x) ml 1 n-Salzsäure die Prozente basische, (y) ml 1 n-Natronlauge die Prozente saure Reaktion an. Die Reaktionen werden in % SO_3 ausgedrückt. Auf Grund der Einwaage ist die Anzahl verbrauchte ml gleich dem Prozentgehalt an SO_3.

4. Die Bestimmung des Eisens

Photometrisch mit o-Phenanthrolin.

Grundlage. Nach dem Lösen der Probe in verdünnter Schwefelsäure wird das Eisen mit Hydroxylaminhydrochlorid reduziert und bei p_H 3,0 ± 0,5 mit o-Phenanthrolin in den rot gefärbten Eisen(II)-o-Phenanthrolinkomplex übergeführt. Das Extinktionsmaximum liegt bei etwa 500 mμ. Mit Spektrallampenphotometern wird bei 436 mμ gemessen.

Ausführung. 5 g Aluminiumsulfat werden in 50 ml Wasser und 2 ml Schwefelsäure (1 + 1) unter Erwärmen gelöst. Man filtriert durch ein Filter (Type Sch. u. Sch. Nr. 589/5) in einen 250 ml-Meßkolben und wäscht mit heißem Wasser aus. Das Filter mit dem unlöslichen Rückstand wird im Platintiegel verascht und mit wenig Kaliumhydrogensulfat aufgeschlossen. Man löst die Schmelze mit wenig Wasser und gibt die Lösung zum Filtrat in den Meßkolben. Nach dem Auffüllen zur Marke werden 25 ml = 0,5 g Einwaage im 50 ml-Meßkolben mit 1 ml 1proz.

Hydroxylaminhydrochloridlösung und 2 ml 0,2proz. o-Phenanthrolinlösung versetzt. Mit 2 m-Natriumacetatlösung wird der p_H-Wert 3,0 bis 3,5 eingestellt und die Lösung zur Marke aufgefüllt. Nach 30 min mißt man die Extinktion mit einem Spektralphotometer bei 500 mμ oder mit einem Spektrallampenphotometer bei 436 mμ in der 4 cm-Küvette gegen Wasser. Der gleichzeitig nach demselben Arbeitsgang ermittelte Blindwert ist in Abzug zu bringen. Der Gehalt an Fe_2O_3 wird einer Eichkurve entnommen.

Eisenstandardlösung (1 ml = 10 μg Fe_2O_3) : 0,491 g Ammonium-Eisen(II)-sulfat werden in Wasser und 5 ml Schwefelsäure (1 + 1) zu 1 l gelöst. Ein aliquoter Teil dieser Stammlösung wird 1 : 10 verdünnt.

5. Bestimmung des Arsens

Colorimetrisches Verfahren nach GUTZEIT.

Grundlage. Arsenverbindungen entwickeln mit Zink in saurer Lösung Arsenwasserstoff, der mit Quecksilber(II)-chlorid- oder -bromidpapier unter Bildung von braunen bis zitronengelben Verbindungen reagiert (s. diesen Band, S. 125, Kapitel Arsen).

Ausführung. 5 bis 10 g Substanz (je nach As-Gehalt) werden im Entwicklungsgefäß mit 20 ml Schwefelsäure (1,210 bis 1,215), 130 ml Wasser, einigen Tropfen 10proz. Kupfersulfatlösung und 10 g Zinkgranalien versetzt und das Gefäß sofort verschlossen. Parallel dazu werden Vergleichsversuche mit Arsenlösungen bestimmten Arsengehaltes angesetzt. Man stellt die Entwicklungsgefäße etwa $1^1/_2$ Std. in ein Wasserbad von 30 bis 40°. Die erhaltenen Farbflecke auf dem Papier werden miteinander verglichen.

D. Die Gewinnung des Aluminiums

Die große Neigung des Aluminiums, sich mit Sauerstoff zu Oxyd zu verbinden, erfordert einen erheblichen Energieaufwand, um aus dem reinen Aluminiumoxyd Metall herzustellen. Man verwendet hierzu Elektrolyseöfen, in denen an der Kathode, d. h. in einer mit Graphit ausgekleideten Wanne, das metallische Aluminium anfällt, während die Kohlenstoffanode sich infolge der Umsetzung mit dem Sauerstoff laufend verbraucht. Je Tonne Aluminium sind etwa 17000 kWh für die Reduktion des Oxyds nötig.

Die modernsten Elektrolyseöfen sind nach dem Prinzip „SÖDERBERG" bzw. mit vorgebrannten Elektroden nach dem Erftwerk-Verfahren gebaut. Bei den SÖDERBERG-Öfen wird die abbrennende Anode laufend durch Nachfüllen eines zähflüssigen Gemisches von gemahlenem Koks verschiedener Körnungen und Pech, der sog. SÖDERBERG-Masse, ergänzt. Sie verbackt in der Heißzone des Ofens. Beim Erftwerk-Verfahren werden die vorgebrannten Anodenblöcke jeweils miteinander verklebt, wodurch in der Hitze ebenfalls eine feste Bindung entsteht.

Da Aluminiumoxyd erst über 2000° schmilzt und in diesem Zustand auch nicht dissoziiert, löst man es in geschmolzenem Kryolith und Aluminiumfluorid. Die Temperatur der Schmelze beträgt dann annähernd 1000°. Die laufende Zugabe des Aluminiumoxyds, dessen Anteil in der Schmelze zwischen 1 und 10% schwankt, und die gelegentliche Einbringung der Schmelzmittel erfolgen durch besonders gebaute Chargierwagen.

Das an der Kathode abgeschiedene Aluminium sammelt sich infolge des höheren spezifischen Gewichtes gegenüber der Schmelze auf dem Boden der Wanne. Es wird hieraus in fahrbare Behälter abgesaugt und in der Gießerei unmittelbar oder nach dem Umschmelzen in Masseln bzw. Barren vergossen oder auf Legierungen verarbeitet.

E. Bestimmungsverfahren bei der Untersuchung des Aluminiums und seiner Legierungen

Die nachstehend beschriebenen Bestimmungsverfahren betreffen Elemente, die entweder im Aluminium selbst als Beimengungen enthalten oder als Legierungsbestandteile zugesetzt worden sind. Sie sind ebenfalls anwendbar auf Aluminium bzw. Aluminiumlegierungen, die durch Umschmelzen von Altmaterial gewonnen werden.

Für die Analyse des Rohaluminiums, des Rein- und Reinstaluminiums sowie deren Legierungen sind im folgenden Abschnitt Verfahren angegeben, die, alphabetisch nach den zu bestimmenden Elementen geordnet, jeweils auch die Art des Materials berücksichtigen. Hierbei sind eine Reihe der heute gebräuchlichen Methoden aus dem Buche „Leichtmetallanalyse" von H. GINSBERG, 3. Aufl. Berlin: de Gruyter 1955, zum Teil in etwas veränderter Form übernommen. Der Verfasser hat entgegenkommenderweise hierzu sein Einverständnis gegeben.

Zur besseren Übersicht wird bei der Angabe der Vorschriften unter Bezug auf die Art des Materials, für welches sie üblicherweise in Frage kommen, folgendes Schema angewendet:

Reinstaluminium	= A
Roh- bzw. Reinaluminium	= B
Legierungen auf Basis Reinstaluminium Legierungen auf Basis Reinaluminium	= C

Mit dieser Unterteilung ist der Begriff „Anwendungsbereich und Bedeutung" in den meisten Fällen umrissen. Zusätzliche Ergänzungen, z. B. für Vorlegierungen, werden nur in besonderen Fällen gegeben.

I. Die Bestimmung des Antimons

A = —
B = —
C = Maßanalytisch nach Abtrennung als Sulfid.

Grundlage. Antimon wird aus schwach saurer Lösung als Sulfid gefällt und mit Natriumsulfid aus dem Niederschlag der Sulfide gelöst. Man setzt durch Erhitzen mit konz. Schwefelsäure zu Antimon(III)-sulfat um und titriert dieses mit Kaliumbromat. Diese Methode ist für Gehalte von 0,01 bis 5% Antimon anwendbar.

Genauigkeit. 1.

Dauer. 4 Std., reine Arbeitszeit 2 Std.

Ausführung. Bei Antimongehalten bis zu 1% werden 5 g, bei Gehalten über 1% 2 g Einwaage in einem 600 ml-Becherglas in 100 bzw. 50 ml Salzsäure (1 + 1) gelöst. Ungelöste Legierungsbestandteile bringt man mit 2 ml 3proz. Wasserstoffperoxyd in Lösung. Überschüssiges Wasserstoffperoxyd wird verkocht und die Lösung mit heißem Wasser auf 400 ml verdünnt. Man leitet $^1/_2$ Std. Schwefelwasserstoffgas ein, filtriert den Sulfidniederschlag ab und wäscht ihn 4mal mit schwefelwasserstoffhaltigem Wasser aus. Er wird in das benutzte Becherglas zurückgespritzt und mit 20 ml 10proz. Natriumsulfidlösung 5 min auf 70 bis 80° erhitzt. Nun filtriert man durch das zuvor benutzte Filter in einen 500 ml-ERLENMEYER-Kolben und wäscht 5mal mit 2proz. Natriumsulfidlösung nach. Das Filtrat wird mit 60 ml Schwefelsäure (1 + 1) versetzt und über starker Bunsenbrennerflamme bis zum kräftigen Rauchen der Schwefelsäure erhitzt. Nach dem Erkalten verdünnt man die Lösung vorsichtig mit 200 ml Wasser, gibt 30 ml Salzsäure (1 + 1) zu und erhitzt auf 70°. Bei dieser Temperatur wird mit 0,1 n-Kaliumbromatlösung gegen 0,2proz. Methylorangelösung als Indicator bis zur Entfärbung titriert. 1 ml 0,1 n-Kaliumbromatlösung entspricht 6,088 mg Sb.

II. Die Bestimmung des Berylliums

A = 1. Fluorometrisch mit Morin.
B = 1. Desgl.
C = 1. Desgl.
2. In Be-Vorlegierungen gewichtsanalytisch als Oxyd.

1. Fluorometrische Bestimmung mit Morin

Grundlage. Morin bildet mit zahlreichen Kationen fluoreszierende Verbindungen. In natronalkalischer Lösung ergeben außer Beryllium auch Calcium, Zink, Lithium sowie Scandium und einige seltene Erden mit Morin eine derartige Fluoreszenz, doch kann diese teilweise erheblich schwächere Strahlungsintensität durch geeignete Komplexbildner gelöscht oder so weit unterdrückt werden, daß die Reaktion für Beryllium spezifisch wird und durch Messung der gelbgrünen Fluoreszenz die quantitative Bestimmung geringster Berylliummengen erlaubt. In natronalkalischer Lösung auftretende Oxydhydratniederschläge müssen vor der Zugabe von Morin abfiltriert werden.

Genauigkeit. 1.

Dauer. 3 bis 4 Std.

Ausführung. 0,5 g Späne bei Gehalten von 0,002 bis 0,005% Be bzw. 1 g Späne bei Gehalten $<$0,002% Be werden in einem 250 ml-Becherglas mit 5 ml Wasser befeuchtet und mit 20 ml Salzsäure (1 + 1), die mit einer Vollpipette abgemessen wurden, versetzt. Nachdem die Probe nahezu vollständig gelöst ist, setzt man 25 ml 25proz. Natronlauge — ebenfalls mit einer Vollpipette abgemessen — hinzu und erhitzt zum Sieden, wobei letzte Reste des Metalls in Lösung gehen. Die Lösung wird nach Abkühlen auf Zimmertemperatur mit dem Oxydhydratniederschlag in einen 100 ml-Meßkolben übergespült und aufgefüllt. Man filtriert durch ein trockenes Filter (Type Sch. u. Sch. Nr. 589/5), Durchmesser 7 cm, in ein trockenes 50 ml-Becherglas und pipettiert 10 ml des farblosen klaren Filtrats in einen 25 ml-Meßkolben ab. Nach Zusatz von 2,0 ml Komplexonlösung (s. S. 54) wird auf etwa 20 ml verdünnt, 0,50 ml Morinlösung (s. S. 54) zugefügt, zur Marke aufgefüllt und umgeschüttelt. 10, spätestens 45 min nach dem Morinzusatz ermittelt man die Intensität der Fluoreszenzstrahlung mit einem lichtelektrischen Photometer mit Zusatzeinrichtung für Fluorometrie unter Verwendung eines für Licht der Wellenlängen 300 bis 400 mμ durchlässigen Filters im Primärstrahl und eines UV-Strahlung absorbierenden Glasfilters im Sekundärstrahl. Als Vergleich dient die Fluoreszenzstrahlung eines grün fluoreszierenden Glasstandards.

Der zur Messung in die Küvette gefüllte Anteil der Probenlösung darf erst unmittelbar vor der Messung dem kurzwelligen Primärstrahl ausgesetzt werden. Auch dann beobachtet man bisweilen nach wiederholten Messungen eine deutliche Intensitätsminderung, so daß dann nur aus den ersten zwei oder drei Messungen einer Küvettenfüllung das Mittel gebildet werden darf. Mit neu eingefüllten Anteilen der Probenlösung läßt sich das Ergebnis der ersten Messung bestätigen. Von dem gemessenen Galvanometerausschlag ist der aus einer gleich großen Einwaage eines berylliumfreien Metalls desselben Typs ermittelte Blindwert abzusetzen.

Aufstellung der Eichkurve. Die Eichkurve wird mit einem berylliumfreien Metall desselben Typs nach dem Analysengang aufgestellt, um übereinstimmende Alkalität der fluoreszierenden Lösungen zu erzielen und Fehler durch Adsorptionswirkung größerer Oxydhydratmengen auszuschalten. Zu den Einwaagen, deren Gewicht mit der Einwaage der Analysenprobe übereinstimmen muß, gibt man aliquote Teile der Berylliumstandardlösung, entsprechend 5 bis 25 µg Be, und führt die Bestimmung nach der beschriebenen Arbeitsweise durch. Die gemessenen Galvanometerausschläge ergeben nach Abzug des Blindwertes als Funktion der Berylliumkonzentration eine Gerade.

Morinlösung: 0,050 g Morin werden in 100 ml Aceton gelöst. Die in einer braunen Flasche aufbewahrte Lösung ist wenigstens 8 Wochen haltbar, muß aber mindestens 2 Tage vor Gebrauch angesetzt werden.

Komplexon(II)-Lösung: 5 g Äthylendiamintetraessigsäure werden in etwa 200 ml Wasser aufgeschlämmt. Man fügt so viel festes Natriumhydroxyd in kleinen Anteilen hinzu, bis das Reagenz vollständig gelöst ist, stellt mit Salzsäure (1,19) einen p_H-Wert 5 bis 6 ein, spült in einem 250 ml-Meßkolben über und füllt zur Marke auf.

Berylliumstandardlösung (1 ml = 5 µg Be): 0,0982 g Berylliumsulfat, $BeSO_4 \cdot 4H_2O$ werden im Meßkolben zu 1 l gelöst.

Literatur. GINSBERG, H.: Leichtmetallanalyse, 3. Aufl. (1955) S. 71—74.

2. Gewichtsanalytische Bestimmung des Berylliums als Oxyd

Grundlage. Nach Entfernung des störenden Kupfers mittels Elektrolyse werden Aluminium und die übrigen Störelemente durch das Dinatriumsalz der Äthylendiamintetraessigsäure (Komplexon III) gebunden. Mit Ammoniak wird das Beryllium als Oxydhydrat gefällt und zu Oxyd geglüht.

Genauigkeit. 1 bis 2.

Dauer. 4 Std.

Ausführung. Bei Gehalten von 1 bis 10% Beryllium werden 0,5 g Späne in 20 ml Salzsäure (1 + 1), bei niedrigeren Gehalten 2 g Späne in 30 ml Salzsäure (1 + 1) gelöst. Die Lösung wird auf die Hälfte des ursprünglichen Volumens eingeengt und danach mit Wasser auf 50 ml verdünnt. Man neutralisiert die Lösung mit konz. Ammoniak, gibt 2 ml Schwefelsäure (1 + 1) hinzu, verdünnt auf 250 ml und entfernt das Kupfer durch Elektrolyse. Das entkupferte Elektrolysat wird zum Sieden erhitzt und mit 2 ml Salpetersäure (1,40) 3 min gekocht, um das Eisen zu oxydieren. Hierauf kühlt man ab und versetzt mit 80 ml 10proz. Komplexonlösung (bei 2 g Einwaage werden 200 ml Komplexonlösung hinzugegeben). Nun wird Ammoniak zugesetzt, bis das Berylliumoxydhydrat ausfällt. Nach Zugabe von 5 ml Ammoniak im Überschuß läßt man den Niederschlag 2 bis 3 Std. absitzen, filtriert durch ein Filter (Type Sch. u. Sch. Nr. 589/2) und wäscht mit ammoniakalischem, 2% Ammoniumnitrat enthaltendem Wasser gut aus. Der Niederschlag wird mit 20 ml Salzsäure (1 + 1) in dasselbe Becherglas zurückgelöst, die Lösung mit 30 ml Komplexonlösung versetzt und die Fällung mit Ammoniak wiederholt. Man gibt das Filter mit dem Niederschlag in einen gewogenen Platintiegel, verascht, glüht bei 1200° und wägt nach dem Abkühlen im Exsiccator aus. Der Umrechnungsfaktor von BeO zu Be ist 0,3605.

Hinweis. Bei Vorliegen größerer Siliciumgehalte muß eine Abscheidung des Siliciumdioxyds durch Abrauchen mit Schwefelsäure erfolgen. Das Siliciumdioxyd wird abfiltriert, nach Veraschen des Filters mit Schwefelsäure-Flußsäure abgeraucht, der Abrauchrückstand mit wenig Kaliumhydrogensulfat aufgeschlossen und die Lösung der Schmelze zum Filtrat gegeben.

III. Die Bestimmung des Bleies

A = —
B = 1. Polarographische Bestimmung.
2. Indirekte photometrische Bestimmung mit Natriumdiäthyldithiocarbaminat.
C = 1. Polarographische Bestimmung.
3. Elektrolytische Bestimmung.

1. Polarographische Bestimmung

Grundlage. Nach Abtrennung und Anreicherung des Bleies durch Extraktion mit Dithizon in Chloroform aus zitrathaltiger, schwach ammoniakalischer Lösung wird mit etwa 0,05 n-Salzsäure das Blei aus der Chloroformphase zurückgeschüttelt. Das Polarogramm nimmt man in natronalkalischer tartrathaltiger Lösung auf, nachdem gelöster Sauerstoff und etwa mitgerissenes Eisen durch Hydroxylamin reduziert wurden.

Anwendungsbereich und Bedeutung. Mit einem Polarographen geeigneter Empfindlichkeit können auf diese Weise Bleikonzentrationen von 1 µg Pb/ml an aufwärts bestimmt werden.

Genauigkeit. 1.

Dauer. 2 bis 3 Std.

Ausführung. 5 g Späne werden im bedeckten 500 ml-Becherglas oder bequemer im Lösekolben (s. S. 49) in 100 ml Salzsäure (1 + 1) gelöst und mit 3proz. Wasserstoffperoxyd zur Lösung des Metallschwammes oxydiert. Nach Verkochen des überschüssigen Wasserstoffperoxyds und Zugabe von 50 ml Zitronensäurelösung (500 g/l) stellt man mit Ammoniak (0,91) einen p_H-Wert von 9 bis 10 ein. Die Lösung wird auf etwa 250 ml verdünnt, abgekühlt und in einen 500 ml-Scheidetrichter übergeführt. Man extrahiert zunächst mit 10, dann mit je 5 ml Dithizonlösung (0,15 g/100 ml Chloroform), bis die Chloroformphase reingrün bleibt (Schütteldauer je 1 min). Die vereinigten Chloroformphasen werden in einem 100 ml-Scheidetrichter einmal mit 10 ml und dreimal mit je 5 ml Salzsäure (1 + 199) je 1 min geschüttelt. Im 100 ml-Becherglas engt man die vereinigten wäßrigen Phasen auf etwa 10 ml ein, fügt 2 ml Weinsäure (100 g/l), 5 ml 25proz. Natronlauge und 0,2 g Hydroxylaminhydrochlorid zu und kocht 5 min. Die Lösung wird auf Zimmertemperatur abgekühlt, in einen mit 1 ml Gelatinelösung beschickten 25 ml-Meßkolben übergespült und mit Wasser aufgefüllt. Nach dem Temperaturausgleich in einem Wasserbad von der beim Aufstellen der Eichkurve angewandten Temperatur wird bei einer Spannung von −0,3 bis −1,0 V gegen die gesättigte Kalomelelektrode polarographiert. Der Blindwert der Reagenzien ist auf die gleiche Weise zu ermitteln und abzuziehen.

Aufstellung der Eichkurve. In 100 ml-Bechergläser gibt man 30 bis 200 µg Blei enthaltende aliquote Teile der Bleistandardlösung und engt, ohne zu rösten, zur Trockne ein. Man nimmt mit etwa 10 ml heißem Wasser auf und bereitet die Lösung für die polarographische Messung, entsprechend der unter Ausführung gegebenen Arbeitsweise, vor, beginnend mit dem Zusatz von Weinsäure, Natronlauge und Hydroxylaminhydrochlorid. Die zur Aufnahme des Polarogramms gewählten Versuchsbedingungen sind bei allen späteren Analysen genau einzuhalten.

Gelatinelösung: 0,5 g Gelatine werden täglich frisch in etwa 20 ml Wasser unter Erwärmen gelöst und nach dem Abkühlen auf etwa 100 ml aufgefüllt.

Bleistandardlösung (1 ml = 10 µg Pb): 0,1598 g bei 105° getrocknetes Bleinitrat werden in 10 ml Salpetersäure (1 + 1) gelöst und auf 1 l aufgefüllt. Diese Stammlösung wird 1 : 10 verdünnt.

Hinweis. Diese Vorschrift gilt auch für Legierungen, sofern diese störendes Wismut und Thallium nicht enthalten. Je nach Bleigehalt wird ein 30 bis 200 μg Blei enthaltender aliquoter Teil der auf 250 ml aufzufüllenden salzsauren Lösung des Metalls für die Extraktion entnommen.

Falls hohe Si-Gehalte die Extraktion stören, muß die Hauptmenge Silicium aus der salzsauren Lösung abgeschieden werden.

2. Indirekte photometrische Bestimmung mit Natriumdiäthyldithiocarbaminat

Grundlage. Aus cyanid- und tartrathaltiger Lösung wird die Bleidiäthyldithiocarbaminatverbindung mit Chloroform extrahiert. Das farblose Bleisalz des Chloroformauszuges wird durch Schütteln des Auszuges mit Kupfersulfatlösung in das gelbbraun gefärbte Kupferdiäthyldithiocarbaminat übergeführt und photometriert. In Anwesenheit von Cyanid und Tartrat ist die Methode für Blei, Wismut und Thallium spezifisch, da sämtliche anderen Metalle maskiert werden. Da nach bisherigen Erfahrungen im Reinaluminium Wismut und Thallium nicht zu erwarten sind, kann dieses Verfahren für die Bleibestimmung im Aluminium angewendet werden.

Genauigkeit. 1.

Dauer. 1 Std.

Ausführung. 1 g Späne wird in einem 250 ml-Becherglas in 10 ml 25proz. Natronlauge gelöst. Nach Zugabe von 10 ml 10proz. Kaliumnatriumtartratlösung wird bis zum Lösen der Hydroxyde erwärmt. Man kühlt die Lösung ab, gibt 10 ml 10proz. Kaliumcyanidlösung und 2 ml 1proz. Natriumdiäthyldithiocarbaminatlösung hinzu und spült die Lösung in einen 100 ml-Scheidetrichter. Mit 10 ml Chloroform wird 2 min geschüttelt, die farblose Chloroformschicht dann mit dem gelösten Bleidiäthyldithiocarbaminat durch ein trockenes 5 cm-Filter (Type Sch. u. Sch. Nr. 589/2) in einen 25 ml-Scheidetrichter filtriert. Man schüttelt die wäßrige Schicht nochmals mit etwa 5 ml Chloroform 1 min lang, filtriert die organische Schicht ebenfalls in den 25 ml-Scheidetrichter und wäscht das Filter mit etwa 5 ml Chloroform nach. Zu dem Extrakt werden 2 ml 5proz. Kupfersulfatlösung gegeben und 1 bis 2 min geschüttelt. Dabei wird das farblose Bleidiäthyldithiocarbaminat in die gelbbraune Kupferverbindung umgesetzt. Die Chloroformschicht filtriert man durch ein trockenes 5 cm-Filter in einen trockenen 25 ml-Meßkolben und wäscht die wäßrige Schicht mit einigen ml Chloroform. Das Filter wird mit Chloroform gewaschen und der Kolben zur Marke aufgefüllt. Man mißt die Extinktion mit einem Spektralphotometer oder Spektrallampenphotometer bei 436 mμ in einer 4 cm-Küvette gegen Chloroform. Ein Blindwert der Reagenzien ist zu bestimmen und in Abzug zu bringen. Der Bleigehalt wird einer Eichkurve entnommen, die nach dem gleichen Analysengang aufgestellt wurde.

3. Elektrolytische Bestimmung

Grundlage. Das Blei wird aus salpetersaurer Lösung, deren Säurekonzentration genau einzuhalten ist, elektrolytisch als Bleidioxyd abgeschieden. Antimon, Wismut und Silber müssen abwesend sein oder vor der Elektrolyse abgeschieden werden. Der Mangangehalt darf 1% nicht überschreiten.

Genauigkeit. 1.

Dauer. 3 bis 4 Std.

Ausführung. 1 g Späne bei Gehalten von 0,5 bis 5% Blei, 2 g Späne bei 0,1 bis 0,5% Blei werden in einem 400 ml-Becherglas mit 10 bzw. 20 ml 25proz. Natronlauge gelöst. Die erkaltete Lösung wird auf 200 ml verdünnt und mit 30 bzw. 50 ml Salpetersäure (1 + 1) umgesetzt. Nach kräftigem Umrühren mit einem Glasstab erhitzt man bis zum Klarwerden der Lösung und filtriert gegebenenfalls ausgeschiedenes Siliciumdioxyd oder Zinndioxyd ab. Bei kupferfreien Legierungen werden 2 ml 2proz. Kupfernitratlösung zugegeben. Nach Abkühlen elektrolysiert man unter Rühren bei 1 Ampere je dm^2 Elektrodenoberfläche. Innerhalb 50 bis 60 min ist das gesamte Blei anodisch als Bleidioxyd abgeschieden. Ist die Lösung infolge höheren Mangangehaltes violett oder braun gefärbt, so wird der Niederschlag gelöst und die Elektrolyse wiederholt. Ohne den Strom zu unterbrechen, ersetzt man das zur Elektrolyse benutzte Becherglas durch ein solches von 250 ml, welches 20 ml Salpetersäure (1 + 1), 20 ml Kupfernitratlösung und 100 ml Wasser enthält. Besitzt die Elektrolyseapparatur eine Vorrichtung zum Umpolen, so wechselt man für 5 sek die Stromrichtung oder unterbricht andernfalls den Strom und löst das Gemisch von PbO_2 und MnO_2 durch Zusatz von einigen Tropfen 3proz. Wasserstoffperoxyd. Hierauf elektrolysiert man nochmals, wie bereits beschrieben. Nun wird der Elektrolysebecher durch ein mit Wasser gefülltes Becherglas ohne Stromunterbrechung ersetzt. Man spült die Anode mehrmals mit Wasser und trocknet sie vorsichtig bei 180° im Trockenschrank.

Der Umrechnungsfaktor von PbO_2 auf Pb ist 0,8662.

IV. Die Bestimmung des Bors

A = —
B = 1. Photometrische Bestimmung mit Karminsäure.
2. Photometrische Bestimmung mit 1,1'-Dianthrimid.
C = 1. Photometrische Bestimmung mit Karminsäure.

1. Photometrische Bestimmung mit Karminsäure

Grundlage. Das Verfahren beruht auf der Farbänderung der Karminsäure in konz. Schwefelsäure von Hellrot nach Blauviolett in Gegenwart von Bor. Das zur Messung benutzte Extinktionsmaximum des Borkarminsäurekomplexes liegt bei 605 mμ.

Genauigkeit. 1.

Dauer. 2 Std.

a) Für Gehalte $< 0{,}03\,\%$ Bor

Ausführung. 2 g Späne werden in einer bedeckten Nickelschale mit 10 ml 25proz. Natronlauge und 20 ml Wasser unter Kühlen gelöst. Während des Lösens gibt man insgesamt 3 Spatelspitzen Natriumperoxyd zu und stellt gegen Ende der Reaktion die Schale an den Rand einer Heizplatte, bis alle Späne gelöst sind. Man spült die Lösung in einen Polyäthylenbecher und setzt mit 40 ml Schwefelsäure (1 + 1) unter Schütteln und gutem Kühlen um. Nach Überführen in einen 100 ml-Meßkolben und gelindem Erwärmen, bis die Lösung klar ist, wird abgekühlt und zur Marke aufgefüllt. 3 ml der Lösung = 0,06 g Einwaage werden in ein trockenes 30 ml-Wägegläschen mit Schliffdeckel abpipettiert. Man gibt hierzu 20 ml der Karminsäurelösung (0,01 g Karminsäure + 100 ml Schwefelsäure, 1,84). Das Wägegläschen wird sofort fest verschlossen, gut gekühlt und geschüttelt. Nach einstündiger Wartezeit bei Zimmertemperatur überführt man in eine trockene 2 cm-Küvette und mißt mit dem Spektralphotometer bei 605 mμ, mit dem Spektrallampenphotometer bei 578 mμ gegen gleichbehandelte borfreie Reinstaluminiumspäne. Die Küvetten sind dabei geschlossen zu halten.

Aufstellung der Eichkurve. Zu 2 g borfreien Reinstaluminiumspänen gibt man 1 bis 25 ml der Borstandardlösung, entsprechend 25 bis 625 μg Bor, und führt die Analyse nach obiger Vorschrift durch.

Borstandardlösung (1 ml = 25 μg Bor): 0,1429 g Borsäure werden mit Wasser zu 1 l gelöst.

Hinweis. Bei hohen Siliciumgehalten muß die schwefelsaure Lösung zur Abscheidung der Hauptmenge Silicium im Quarzbecherglas bis zum beginnenden Rauchen eingedampft werden. Man nimmt mit Wasser auf, erwärmt zum Lösen der Salze und füllt in einem 100 ml-Quarzmeßkolben auf. Durch partielles Filtrieren wird von dem ausgeschiedenen Siliciumdioxyd abgetrennt.

b) Für Gehalte von 0,03 bis 0,06 % Bor.

Ausführung. 2 g Späne werden behandelt, wie unter a) angegeben, jedoch unter Verwendung einer stärkeren Karminsäurelösung (0,02 g Karminsäure + 100 ml Schwefelsäure, 1,84). Die Messung erfolgt in der 1 cm-Küvette.

Aufstellung der Eichkurve. Zu 2 g borfreien Reinstaluminiumspänen gibt man 1 bis 5 ml der Borstandardlösung, entsprechend 0,25 bis 1,25 mg Bor, und verfährt weiter, wie oben beschrieben.

Borstandardlösung (1 ml = 250 µg Bor): 1,429 Borsäure werden mit Wasser zu 1 l gelöst.

2. Photometrische Bestimmung mit 1,1'-Dianthrimid

Grundlage. In konzentrierter schwefelsaurer Lösung wird bei 90° mit 1,1'-Dianthrimid während 3 Std. die grün gefärbte Bor-1,1'-Dianthrimidverbindung entwickelt. Das Extinktionsmaximum liegt bei 635 mµ.

Anwendungsbereich und Bedeutung. Die Vorschrift erlaubt die Erfassung von 0,001% Bor mit guter Genauigkeit; Gehalte unter diesem Wert können noch abgeschätzt werden. Die Verwendung von Quarz ist wegen des Borgehaltes von Glas erforderlich.

Ausführung. 1 g Späne wird in einem 250 ml-Quarzbecherglas in 10 ml 25proz. Natronlauge und 10 ml Wasser gelöst. Während des Lösens werden insgesamt 2 bis 3 Spatelspitzen Natriumperoxyd zugegeben. Nach beendetem Lösen setzt man 30 ml Schwefelsäure (1 + 1) unter Rühren zu und erwärmt, bis die Lösung klar ist. Sie wird in einen 100 ml- Quarzmeßkolben übergeführt und aufgefüllt. 5 ml = 50 mg Einwaage werden in ein 25 ml-Quarzbecherglas abpipettiert und mit 10 ml konz. Schwefelsäure versetzt. Man erhitzt bis zum Auftreten von SO_3-Nebeln und läßt 2 min zur Zerstörung von überschüssigem Peroxyd stark rauchen. In einem Trockenschrank wird die Probe bei 90° ± 3° während 30 min auf diese Temperatur abgekühlt. Man gibt nun 5 ml 1,1'-Dianthrimid-Arbeitslösung (s. unten) hinzu und beläßt noch weitere 3 Std. im Trockenschrank. Nun wird die Lösung in einen 25 ml-Quarzmeßkolben übergeführt, abgekühlt und mit Schwefelsäure (1,84) aufgefüllt. Man mißt die Extinktion mit einem Spektralphotometer bei 635 mµ oder mit einem Spektrallampenphotometer bei 578 mµ in einer 2 cm-Küvette gegen eine gleichbehandelte Blindprobe.

Mit der Bestimmung ist immer gleichzeitig eine Eichkurve anzusetzen.

Aufstellung der Eichkurve. In 250 ml-Quarzbechergläsern werden 10 ml 25proz. Natronlauge, 10 ml Wasser und 2 bis 3 Spatelspitzen Natriumperoxyd mit 30 ml Schwefelsäure (1 + 1) angesäuert und 0 bis 120 µg Bor enthaltende aliquote Teile der Borstandardlösung zugesetzt. Die klaren Lösungen werden in 100 ml-Quarzmeßkolben übergeführt und aufgefüllt. Je 5 ml der Lösungen, enthaltend 0 bis 6 µg Bor, werden in 25 ml-Quarzbechergläsern mit 10 ml Schwefelsäure (1,84) versetzt und gleichzeitig mit den Analysenproben, wie oben beschrieben, behandelt.

Vorratslösung von 1,1'-Dianthrimid: 400 mg 1,1'-Dianthrimid werden in 100 ml Schwefelsäure (1,84) gelöst. Die Lösung ist im Kühlschrank mehrere Monate haltbar.

Arbeitslösung von 1,1'-Dianthrimid: Die Vorratslösung wird mit Schwefelsäure (1,84) im Verhältnis 1 + 4 verdünnt. Diese Lösung soll täglich frisch bereitet werden.

Borstandardlösung (1 ml = 10 μg Bor): 0,5715 g Borsäure werden mit Wasser zu 1 l gelöst. Diese Stammlösung wird auf das Zehnfache verdünnt.

Bemerkungen. Der zur Analyse verwendete 25 ml-Meßkolben, die Pipette zur Abnahme der Dianthrimidlösung und die Küvette müssen vollkommen trocken sein, da der Wassergehalt der Schwefelsäure Einfluß auf die Farbentwicklung hat.

Die Temperatur und die 3stündige Erhitzung der Probe nach der Dianthrimidzugabe müssen genau eingehalten werden, da die Entwicklung der Bor-1,1'-Dianthrimidfärbung bei 90° erst nach dieser Zeit abgeschlossen ist. Bei 85° dauert es 5 Std., bei 95° wird die Färbung zerstört.

Bei hohen Siliciumgehalten gilt der bei der Methode mit Karminsäure gegebene Hinweis.

V. Die Bestimmung des Cadmiums

A = —
B = —
C = 1. Elektrolytische Bestimmung.

Elektrolytische Bestimmung

Grundlage. Cadmium kann aus schwach schwefelsaurer Lösung elektrolytisch abgeschieden werden. Störende Legierungspartner, wie Kupfer, Blei, Wismut und Zinn, werden zuvor elektrolytisch entfernt.

Genauigkeit. 1.

Dauer. 4 Std.

Ausführung. 1 g Späne wird in einem 250 ml-Becherglas in 10 ml 25proz. Natronlauge gelöst. Man verdünnt mit Wasser auf etwa 30 ml und filtriert den Niederschlag ab. Nach 3maligem Nachwaschen mit heißem Wasser wird der Filterrückstand mit 15 ml warmer Salpetersäure (1 + 1) in das Becherglas gelöst. Man verdünnt die Lösung mit kaltem Wasser auf 200 ml und elektrolysiert unter Anwendung von Fischer-Doppelnetzelektroden 1 Std. bei 2,2 bis 2,5 Volt. Es muß hierbei gut gerührt werden. Kupfer, Wismut und Zinn scheiden sich kathodisch, Blei anodisch ab. Das Elektrolysat wird mit 10 ml Schwefelsäure (1 + 1) bis zum starken Rauchen eingedampft. Nach dem Abkühlen nimmt man mit 100 ml Wasser auf, filtriert gegebenenfalls und bringt das Volumen in einem 250 ml-Becherglas auf 200 ml. Nach Zugabe von 5 g Kaliumhydrogensulfat wird bei Zimmertemperatur bei 0,7 bis 1,5 A und 2,7 V 1 Std. elektrolysiert. Zum Waschen der Elektrode ersetzt man den Elektrolysebecher durch einen Becher mit Wasser. Die Kathode wird abgenommen, 15 min bei 110° getrocknet und gewogen.

VI. Die Bestimmung des Calciums

A = —
B = 1. Gewichtsanalytische Bestimmung als Calciumoxalat.
2. Flammenspektrometrische Bestimmung.
C = 1. Gewichtsanalytische Bestimmung als Calciumoxalat.

1. Gewichtsanalytische Bestimmung als Calciumoxalat

Grundlage. Nach Anreicherung und gleichzeitiger Abtrennung des Calciums vom Aluminium durch Hydroxydfällung mit Natronlauge in Gegenwart von Natriumoxalat wird das Calcium aus essigsaurer Lösung als Oxalat gefällt und bestimmt. Zur Kontrolle des erhaltenen Wertes wird anschließend in schwefelsaurer Lösung das Oxalat-Ion mit Kaliumpermanganatlösung titriert.

Genauigkeit. 1 bis 2.

Dauer. 1 bis $1^1/_2$ Tag.

Ausführung. 25 g Späne werden durch anteilweises Eintragen in 250 ml 25proz. Natronlauge gelöst. Die Lösung wird auf 700 bis 800 ml verdünnt und nach Zugabe von 5 ml gesättigter Natriumoxalatlösung kurz aufgekocht. Nach mindestens 2stündigem Absitzen filtriert man durch ein Filter (Type Sch. u. Sch. Nr. 589/2) und wäscht mehrmals mit heißem Wasser aus. Da Eisenhydroxyd zugegen, ist ein Verlust an Calcium nicht zu befürchten. Der Niederschlag wird in einer Mischung von 15 ml Salzsäure (1,19), 5 ml 3proz. Wasserstoffperoxyd und 85 ml Wasser gelöst. Die klare Lösung stumpft man mit kohlendioxydfreiem Ammoniak auf p_H 2 bis 4 ab und fügt 2 ml Eisessig und dann festes Natriumacetat zu, bis der p_H-Wert $4 \pm 0{,}5$ erreicht ist. Zur Fällung des Calciumoxalats gibt man zu der auf 70° erhitzten Lösung heiße gesättigte Ammoniumoxalatlösung zu, bis die rötliche Färbung des Eisenacetats in die grüngelbe des Eisenoxalats umschlägt. Nach Stehen über Nacht filtriert man durch einen bei 110° getrockneten und gewogenen Porzellanfiltertiegel A 2. Man wäscht einige Male mit kaltem oxalathaltigem Waschwasser (2 g Ammoniumoxalat und 1 g Oxalsäure in 1 l Wasser) und dann mit 1 bis 2 ml kaltem Wasser aus. Der Niederschlag wird bei 110° getrocknet und als $CaC_2O_4 \cdot H_2O$ ausgewogen. Der Umrechnungsfaktor auf Ca ist 0,2743.

Zur maßanalytischen Kontrolle löst man den Niederschlag in 50 ml heißer Schwefelsäure (1 + 5), verdünnt auf etwa 100 ml und titriert die 70 bis 80° heiße Lösung mit 0,02 n-Kaliumpermanganatlösung. 1 ml 0,02 n-Kaliumpermanganatlösung = 0,401 mg Ca.

2. Flammenspektrometrische Bestimmung

Grundlage. Aus salzsaurer Lösung wird das Aluminium mit Äther-Salzsäure als Aluminiumchlorid abgetrennt. Nach der Ammoniakfällung und dem Abrauchen der Ammoniumsalze wird unter Zusatz einer bestimmten Menge Aluminium (s. Bemerkung 2) das Calcium flammenspektrometrisch bestimmt.

Genauigkeit. 1 bis 2.

Dauer. 4 Std.

Ausführung. 5 g Späne werden in einem Quarzbecherglas in 200 ml Salzsäure (1 + 1) gelöst und nach dem Abkühlen in einem 250 ml-Meßkolben aufgefüllt. 50 ml = 1 g Einwaage werden in einem 250 ml-Quarzbecherglas bis zur beginnenden Kristallisation eingedampft, stark gekühlt, mit 70 ml Äther-Salzsäure (s. S. 61) versetzt und etwa 10 min unter Rühren im Eisbad (Eis + Kochsalz) gekühlt. Man läßt in diesem während etwa 20 min klar absitzen und filtriert durch einen 1 G 3-Glasfiltertiegel. Das Aluminiumchlorid-6-Hydrat wird unter Aufrühren mit etwa 50 ml stark gekühlter Äther-Salzsäure ausgewaschen. Nach Eindampfen des Filtrats bis fast zur Trockne wird das Eisen mit Bromwasser oxydiert, $^1/_2$ Nickellöffel Ammoniumchlorid zugegeben und mit Ammoniak (1 + 1) bis zum Umschlag von Methylrot versetzt. Nach Aufkochen und 15 min Absitzzeit wird durch ein Filter von 7 cm Durchmesser (Type Sch. u. Sch. Nr. 589/2) in ein Quarzbecherglas filtriert. Filter und Hydroxydfällung werden mit etwa 30 ml schwach ammoniakalischer 2proz. Ammoniumnitratlösung ausgewaschen. Man dampft Filtrat und Waschwasser in einer Platinschale ein und raucht die Ammoniumsalze ab. Der Rückstand wird mit 1 ml konz. Salzsäure aufgenommen, nach Zusatz von 2 ml Aluminiumchloridlösung (1 ml = 400 µg Al) kurz erwärmt und die Lösung in einen 10 ml-Meßkolben filtriert. Man füllt zur Marke auf und bestimmt das Calcium flammenspektrometrisch, wie bei der Aufstellung der Eichkurve beschrieben ist. Der Meßwert einer Blindprobe, die dem gesamten Analysengang unterworfen wurde, ist zu berücksichtigen.

Aufstellung der Eichkurve. 10 bis 100 µg Calcium enthaltende aliquote Teile einer Calciumstandardlösung werden in 10 ml-Meßkolben mit 1 ml konz. Salzsäure und 2 ml Aluminiumchloridlösung (1 ml = 400 µg Al) versetzt und aufgefüllt. Die flammenspektrometrische Messung erfolgt z. B. mit einem BECKMANN-DU-Flammenphotometer bei 554 mμ und 0,1 mm Spaltbreite unter Verwendung eines Sekundärelektronenvervielfachers. Als Brenngas wird ein Wasserstoff-Sauerstoff-Gemisch benutzt. Der günstigste Gasdruck beträgt etwa 4 lb/sq in (etwa 0,3 atü) Wasserstoff und 10 lb/sq in (etwa 0,7 atü) Sauerstoff und muß für jeden Brenner einzeln ermittelt werden. Die Eichlösung mit der höchsten Calciumkonzentration dient zur Einstellung von 100% Durchlässigkeit. Von den für die einzelnen Lösungen ermittelten Durchlässigkeiten ist die Durchlässigkeit einer Blindprobe — 1 ml konz. Salzsäure, 2 ml Aluminiumlösung (1 ml = 400 μg Al), mit Wasser auf 10 ml verdünnt — abzuziehen. Man stellt die erhaltenen Werte als Funktion der Calciumkonzentration graphisch dar.

Lösungen. *Salzsäure*, hergestellt durch Einleiten von Chlorwasserstoff in doppelt destilliertes bzw. vollentsalztes Wasser.

Äther-Salzsäure-Gemisch: Salzsäure (1,19) + Äther im Verhältnis 1 + 1 gemischt und mit Chlorwasserstoff gesättigt.

Ammoniaklösung: Hergestellt durch Einleiten von Ammoniak in doppelt destilliertes bzw. vollentsalztes Wasser.

Calciumstandardlösung (1 ml = 100 μg Ca): 0,2500 g Calciumcarbonat werden in Salzsäure gelöst, aufgekocht und auf 1000 ml aufgefüllt.

Bemerkungen. 1. Calcium emittiert bei 423 und 622 mμ erheblich stärker als bei 554/mμ. Trotzdem wird bei dieser Wellenlänge gemessen, da hier der störende Einfluß der unvermeidlichen Begleitelemente geringer ist.

2. Bereits wenige μg Al üben einen starken Einfluß auf die Emission des Calciums aus. Diese Schwächung der Emission nimmt bei steigendem Zusatz von Aluminium zwar zu, ist jedoch anfänglich wesentlich stärker. Durch den Zusatz von einigen hundert μg Al wird dieses Gebiet der starken Verminderung der Emission überdeckt. Man verzichtet durch diese Maßnahme allerdings auf etwa die Hälfte des eigentlichen Meßwertes, hat dafür aber die Sicherheit, daß unvermeidliche Spuren Al keine größeren Fehler verursachen.

3. Nur bei Verwendung von Quarzgefäßen sind zuverlässige Werte zu erhalten.

VII. Die Bestimmung des Chroms

A = –
B = —
C = 1. Photometrische Bestimmung als Chromat.
2. Maßanalytische Bestimmung mit Eisen(II)-sulfat.

1. Photometrische Bestimmung als Chromat

Grundlage. Das Chrom wird in Gegenwart von Silbernitrat mittels Ammoniumperoxydisulfat oxydiert, die entstehende Permangansäure durch Salzsäure zerstört und die gelbe Farbe des Chromats photometrisch bestimmt. Das Extinktionsmaximum liegt bei 359 mμ. Die Messung erfolgt mit einem Spektrallampenphotometer jedoch bei 436 mμ. Eisen und Mangangehalte bis zu 1% stören hier nicht.

Mit dieser Methode können Gehalte von mehr als 0,03% Chrom bestimmt werden.

Genauigkeit. 1.

Dauer. 40 min.

Ausführung. 1 g Späne wird in einem mit Uhrglas bedeckten 400 ml-Becherglas in 10 ml 25proz. Natronlauge gelöst, mit 30 ml Schwefelsäure (1 + 1) umgesetzt und danach 3 min mit Reinaluminiumblöckchen oder -blech, dessen Oberfläche mindestens 10 cm^2 betragen muß, gekocht. Der etwa ausgeschiedene Kupfer-

lösung erforderlich. Küvette = 2 cm; Eichkurve für den Bereich von 25 bis 250 µg Fe/100 ml.

Eisenstandardlösung (1 ml = 50 µg Fe): 0,3511 g Ammonium-Eisen(II)-sulfat wird in Wasser und einigen Tropfen Schwefelsäure gelöst und auf 1 l aufgefüllt.

2. Maßanalytische Schnellbestimmung nach Marguerittе

Grundlage. Beim Lösen des Metalls in Natronlauge bleibt feinst verteiltes Eisen zurück, das durch Ansäuern mit Schwefelsäure zu Eisen(II)-sulfat gelöst und dann mit Kaliumpermanganat titriert wird. Diese Methode eignet sich zur Schnellbestimmung für Eisengehalte von 0,05 bis etwa 1%, wenn andere oxydierbare Metalle nicht bzw. nur in Spuren anwesend sind.

Genauigkeit. 2.

Dauer. 30 min.

Ausführung. 2 g möglichst feine Frässpäne werden in einem mit einem Uhrglas bedeckten 500 ml-ERLENMEYER-Kolben mit 30 ml 25proz. Natronlauge gelöst. Zur Einleitung der Reaktion kann man etwas erwärmen. Nach dem Abkühlen gibt man in einem Guß 45 ml Schwefelsäure (1 + 1) hinzu und schwenkt kräftig um, damit sich das ausfallende Aluminiumhydroxyd schnell löst. Die klare Lösung wird mit etwa 200 ml kaltem Wasser verdünnt und sofort mit Kaliumpermanganatlösung bis zur bleibenden schwachen Rosafärbung titriert. Mit einigen Tropfen Ferroinlösung als Indicator ist der Endpunkt besonders bei künstlichem Licht wesentlich schärfer zu erfassen. 1 ml der Kaliumpermanganatlösung soll 1 mg Fe entsprechen. Für den Permanganatverbrauch durch Natronlauge, Schwefelsäure und Wasser ist von jedem Bearbeiter in einer Blindprobe ein subjektiver Korrekturwert zu ermitteln und zu berücksichtigen.

Bemerkung. Die leichte Oxydierbarkeit des Eisens im alkalischen Medium, die bei Anwesenheit von Mangan besonders groß ist, erfordert ein rasches Arbeiten. Kupfer, Kobalt und Nickel wirken als Sauerstoffüberträger. Sind neben Eisen andere Kationen vorhanden, die unter den gegebenen Bedingungen durch Kaliumpermanganat oxydiert werden, so ergibt das einen Mehrverbrauch an Maßflüssigkeit; das gleiche ist bei Anwesenheit organischer Substanzen oder von Carbiden zu befürchten.

3. Maßanalytische Bestimmung mit Titan(III)-chlorid

Grundlage. Das im Gange der Analyse anfallende 3wertige Eisen wird durch Reduktion mit Titan(III)-chlorid maßanalytisch bestimmt. Andere reduzierbare Stoffe, z. B. Kupfer, müssen vorher abgetrennt sein. Bei Hüttenaluminium entfällt diese Notwendigkeit.

Genauigkeit. 1.

Dauer. 30 min.

a) In Roh- und Reinaluminium

Ausführung. 2 g Späne werden in einem 500 ml-ERLENMEYER-Kolben in 30 ml 25proz. Natronlauge gelöst, zuletzt unter Erwärmen. Man versetzt dann die Lösung mit 45 ml Schwefelsäure (1 + 1), schwenkt kräftig um und erwärmt, bis die Lösung klar ist. Nach dem Verdünnen mit kaltem Wasser auf etwa 200 ml wird mit etwa 0,1 n-Kaliumpermanganatlösung bis zur schwachen Rosafärbung oxydiert. Nach Zugabe von 10 ml Kaliumthiocyanatlösung (200 g/l) wird die etwa 35° warme Lösung mit etwa 0,02 n-Titan(III)-chloridlösung auf Farblos titriert, wobei gegen Ende der Titration der Zulauf der Lösung verlangsamt werden muß. Der Faktor der Lösung muß täglich kontrolliert werden.

Bemerkung. Man kann die Bestimmung auch im Filtrat von der Siliciumbestimmung nach OTIS-HANDY oder REGELSBERGER-WEISS vornehmen.

Titan(III)-chloridlösung, etwa 0,02 n: Titan(III)-chloridlösungen sind sehr sauerstoffempfindlich und müssen deshalb stets unter Kohlendioxyd oder Wasserstoffatmosphäre stehen. Eine zweckdienliche Titrationsapparatur ist in Abb. 3 skizziert.

5 l einer etwa 0,02 n-Maßlösung bereitet man wie folgt: 90 bis 100 ml der handelsüblichen 15proz. Titan(III)-chloridlösung werden zusammen mit etwa 200 ml Salzsäure (1,19) in eine 5 l-Flasche aus braunem Glas gebracht. Dann füllt man mit frisch gekochtem destilliertem Wasser von etwa 50° auf ungefähr 5 l auf und verschließt zum Umschwenken mit dem Schliffaufsatz. Danach stellt man die Flasche auf einen erhöhten Platz. Man schließt den KIPP-Apparat zur Kohlensäure- oder Wasserstoffentwicklung an und läßt bei geöffneten Hähnen *A* und *C* während des Abkühlens einen langsamen Gasstrom durch Flasche und Bürette hindurchgehen. Das Ablaufrohr am Bürettenaufsatz wird durch einen Gummischlauch mit einem Glasrohr verbunden, das in ein Auffanggefäß führt. Die Gummiverbindung wird durch einen Quetschhahn abgeschlossen, der später beim Gebrauch von Zeit zu Zeit zum Entfernen der angesammelten Flüssigkeit geöffnet wird. Dann schließt man den Hahn *A*, verstärkt den Gasdruck und öffnet Hahn *B*. Kommt es jetzt nicht sogleich zum Ablauf, so braucht man nur bei *C* einen geringen Unterdruck anzuwenden. Wenn dann bei *B* und *C* geschlossen und bei *A* geöffnet wird, ist die Bürette titrierbereit. Für die Verbindungen bei *S* wähle man Igelitschlauch statt Gummi.

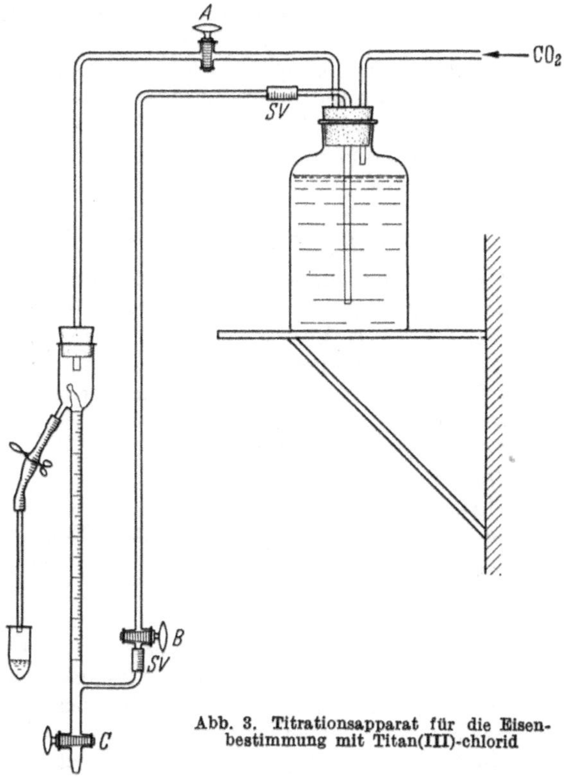

Abb. 3. Titrationsapparat für die Eisenbestimmung mit Titan(III)-chlorid

Zur Einstellung der Lösung benutzt man eine aus Eisen(III)-oxyd nach BRANDT bereitete 0,02 n-Eisen(III)-chloridlösung. Um 2 l dieser Lösung herzustellen, erwärmt man 3,194 g des zuvor bei 110 bis 130° getrockneten Oxyds mit 100 ml Salzsäure (1,19), führt nach vollständigem Lösen und Abkühlen in einen 2 l-Meßkolben über und füllt mit Wasser zur Marke auf. Man versetzt 20 ml dieser Lösung, die genau 0,02234 g Eisen enthält, mit 20 ml Schwefelsäure (1 + 1) sowie 10 ml Kalium- oder Ammoniumthiocyanatlösung (200 g/l) und verdünnt auf etwa 200 ml. Darauf titriert man, zuletzt langsam, auf Farblos. Durch Erwärmen der Lösung vor der Titration auf etwa 35° wird der Reaktionsablauf beschleunigt und die Gefahr des Übertitrierens verringert. Um eine Oxydation durch den Luftsauerstoff während der Titration zu unterdrücken, sind alle Bestimmungen mit Titan(III)-chloridlösung im ERLENMEYER-Kolben auszuführen. Zweckmäßig ist es, unmittelbar vor der Titration etwa 200 mg festes Natriumhydrogencarbonat in den Kolben zu geben, um eine Kohlendioxydatmosphäre zu schaffen. Der Titer der Maßlösung errechnet sich wie folgt:

$$\frac{0{,}02234}{\text{verbrauchte ml}} = \text{g Eisen/ml} = \text{Titer der Lösung}$$

Eine tägliche Kontrolle des Titers ist erforderlich. Die für die Einstellung der Lösung gewählte Arbeitstechnik ist bei sämtlichen Titrationen genau einzuhalten.

b) In Legierungen

Grundlage. Die Bestimmung wird genau so durchgeführt, wie für Reinaluminium angegeben. Sind störende Legierungsbestandteile bzw. Verunreinigungen vorhanden, wie Chrom, Carbide und andere, so muß eine Fällung mit Natronlauge oder Ammoniak vorgenommen werden. Weist die Legierung Kupfer auf, so kann dieses mit einem Reduktor, mit Schwefelwasserstoff oder auch durch Elektrolyse entfernt werden. Wird das Kupfer elektrolytisch abgeschieden, so ist danach die Analysenlösung noch 3 min mit Reinstaluminiumband zu kochen, um etwa gebildete Peroxydischwefelsäure zu zerstören.

4. Maßanalytische Bestimmung mit Kaliumpermanganat (Reduktormethode)

Grundlage. Durch Lösen des Metalls in Schwefelsäure wird die Hauptmenge des störenden Kupfers metallisch abgeschieden und kann durch Filtration entfernt werden. In dieser Lösung wird das Eisen mittels eines Cadmiumreduktors in die 2wertige Form übergeführt. Dabei werden noch gelöste Kupfermengen abgeschieden. Das 2wertige Eisen wird mit Kaliumpermanganatlösung titriert. Störend wirken Titan, Chrom und Vanadin.

Genauigkeit. 2.

Dauer. $1^1/_2$ Std.

Ausführung. 2 g Späne werden in einem 400 ml-Becherglas in 50 ml Schwefelsäure (1 + 1) unter Erwärmen gelöst. Nach Verdünnen der Lösung auf 250 ml filtriert man den Metallschwamm ab und wäscht das Filter (Type Sch. u. Sch. Nr. 589/2) mehrmals mit heißem Wasser aus. Das etwa 80° heiße Filtrat läßt man durch einen Cadmiumreduktor laufen und wäscht diesen 2mal mit je 25 ml heißem Wasser nach. Die in der Saugflasche aufgefangene Lösung kühlt man auf 30° ab und titriert mit Kaliumpermanganatlösung (1 ml = 1 mg Fe).

Herstellung des Reduktors. Ein 30 cm langes und 15 mm weites Reduktionsrohr reicht mit einem etwa 6 cm langen und 4 mm weiten Verlängerungsstück durch den Stopfen einer Saugflasche. An der tiefsten Stelle des Reduktionsrohres befindet sich ein Abstellhahn und darüber eine Schicht Glaswolle. Man füllt das Rohr mit dem amalgamierten Cadmium bis etwa 5 cm unterhalb des oberen Randes und schließt mit etwas Glaswolle ab. Etwa noch zu Metall reduziertes Kupfer aus der Analysenlösung sammelt sich dann auf der Glaswolle und kann leicht entfernt werden. Das Rohr wird mit Wasser vollgefüllt aufbewahrt.

Die Beschickung des Rohres wird folgendermaßen hergestellt: Man gibt 200 g grob gepulvertes Cadmium in eine Porzellanschale und versetzt mit 150 ml Schwefelsäure (1 + 16) und 5 g metallischem Quecksilber. Die Masse wird gut verrieben und mehrmals mit verdünnter Schwefelsäure und anschließend mit destilliertem Wasser gewaschen. Man gibt etwa das gleiche Volumen Glasperlen (5 mm Durchmesser) hinzu. Die Glasperlen verhindern ein Zusetzen des Rohres.

5. Photometrische Bestimmung mit Sulfosalicylsäure

Grundlage. 3wertiges Eisen bildet mit Sulfosalicylsäure bei dem p_H-Wert 3,5 bis 4,0 einen rot gefärbten Komplex. Das Extinktionsmaximum des Eisensulfosalicylats liegt bei 495 mμ.

Genauigkeit. 1.

Dauer. 1 Std.

Ausführung. 0,5 g Späne werden in einem 200 ml-Meßkolben mit 20 ml Salzsäure (1 + 1) gelöst. Durch Zusatz von einigen Körnchen Kaliumchlorat bringt man den Metallschwamm in Lösung und dampft die Lösung bis zur Sirupkonsistenz ein. Das Eindampfen darf nicht bis zum Trockenwerden der Salze durchgeführt werden, da dann eine solche Probe unbrauchbar ist. Man kühlt rasch ab, nimmt mit 20 ml Wasser auf und stellt mit Salzsäure (1 + 5) bzw. Ammoniak (1 + 3) den p_H-Wert 3,5 bis 4,0 ein. Zu der Lösung werden sofort 10 Tropfen 3proz. Wasserstoffperoxyd und 5 ml Sulfosalicylsäurelösung (s. unten) zugegeben. Man füllt zur Marke auf und filtriert den zur Messung benötigten Anteil durch ein Filter (Type Sch. u. Sch. Nr. 589/2) in ein trockenes Becherglas, wobei die ersten 20 ml zu verwerfen sind. In einer 1 cm-Küvette wird mit einem Spektralphotometer bei 495/mμ oder einem Spektrallampenphotometer bei 546 mμ gegen Wasser gemessen.

Aufstellung der Eichkurve. 5 g Reinstaluminiumspäne werden in 120 ml Salzsäure (1 + 1) nach Zusatz von 0,2 g Kupfer(II)-chlorid unter Erwärmen gelöst. Man filtriert den abgeschiedenen Kupferschwamm ab und füllt das Filtrat in einem 250 ml-Meßkolben auf. Zu je 25 ml dieser Lösung werden in einem 200 ml-Meßkolben 1 bis 10 ml der Eisenstandardlösung, entsprechend 0,5 bis 5 mg Eisen, zugegeben und, wie oben beschrieben, behandelt. Die Messung erfolgt gegen Wasser.

Sulfosalicylsäurelösung: 200 g Sulfosalicylsäure werden mit 500 ml Wasser gelöst und die Lösung mit Ammoniak auf einen p_H-Wert von 3,5 eingestellt. Man füllt auf 1 l auf.

Eisenstandardlösung (1 ml = 500 μg Fe): Man löst 0,715 g Eisen(III)-oxyd nach Brandt in 25 ml Salzsäure (1 + 1) und füllt die Lösung auf 1 l auf.

Hinweis. Liegen gleichzeitig hohe Eisen- und Siliciumgehalte vor, so ist die Oxydation mit Kaliumchlorat nicht vollständig, und die Genauigkeit 1 wird unter den genannten Bedingungen nicht erreicht.

6. Photometrische Bestimmung mit Ammoniumzitrat

Grundlage. Eisen(III)-Ionen absorbieren in ammoniakalischer Lösung in Gegenwart von Ammoniumzitrat besonders stark im beginnenden Ultraviolett. Das Extinktionsmaximum liegt bei 366 mμ. Die Extinktion ist weitgehend unabhängig von der Ammoniakkonzentration, dagegen abhängig vom Gehalt der Lösung an Ammoniumzitrat.

Werden hohe Kupfergehalte nach der Tetraminmethode bestimmt, so läßt sich die Eisenbestimmung nach der Zitratmethode durchführen, indem man einen Teil der Lösung in der 1 cm-Küvette bei 366 mμ mißt.

Genauigkeit. 2.

Dauer. 1 Std.

Ausführung. 1 g Späne wird in einem 250 ml-Becherglas in 40 ml Salzsäure (1 + 1) gelöst. Nach Beendigung des Lösevorganges versetzt man mit einigen Körnchen Kaliumchlorat und erwärmt, bis vorhandenes Kupfer gelöst ist. Man vertreibt das Chlor durch Kochen und filtriert die Lösung durch ein Filter (Type Sch. u. Sch. Nr. 589/5) in einen 200 ml-Meßkolben. Nach dem Kühlen versetzt man mit 20 ml 50proz. Zitronensäurelösung und macht mit 100 ml Ammoniak (1 + 1) stark ammoniakalisch. Die Lösung wird abgekühlt und zur Marke aufgefüllt. Man mißt mit einem Spektralphotometer oder einem Spektrallampenphotometer bei 366 mμ in der 1 cm-Küvette gegen Wasser.

Aufstellung der Eichkurve. Zu 1 g Reinstaluminiumspänen werden 1 bis 15 ml der Eisenstandardlösung, entsprechend 0,5 bis 7,5 mg Eisen, gegeben, dann wird nach Vorschrift weitergearbeitet. Soll die Eichkurve ausschließlich für einen besonderen Legierungstyp verwendet werden, so gibt man außerdem die entsprechenden Legierungsbestandteile in der vorkommenden Größenordnung zu den Reinstaluminiumspänen zu.

Eisenstandardlösung (1 ml = 500 μg Fe): Siehe oben.

Bemerkungen. Chromgehalte über 1% und Nickelgehalte über 2% führen zu Überbefunden von mehr als 0,01%. Kupfergehalte von 4% ergeben einen Überbefund von etwa 0,01%. Bekannte höhere Gehalte können durch eine Ausgleichsrechnung oder bereits bei Aufstellung der Eichkurve berücksichtigt werden.

Die Methode ist erprobt bei Si-Gehalten bis 1,5%.

IX. Die Bestimmung des Galliums

A = —

B = 1. Gewichtsanalytische Bestimmung mit Camphersäure.
2. Gewichtsanalytische Bestimmung mit 5,7-Dibrom-8-Hydroxychinolin.

1. Gewichtsanalytische Bestimmung mit Camphersäure

Grundlage. Nach Ausfällung der Hauptmenge des Aluminiums als Chlorid wird im Filtrat das Gallium durch Extraktion mit Äther von den restlichen Begleitelementen abgetrennt und schließlich mit Camphersäure als camphersaures Gallium gefällt und zu Galliumoxyd geglüht.

Genauigkeit. 1 bis 2.

Dauer. Mit Wartezeit 3 bis 4 Tage.

Ausführung. 30 bis 50 g Späne werden in 300 bis 500 ml Salzsäure (1,19) im Lösekolben (s. unten) gelöst. Das Lösen wird durch anteilweises Eintragen von Metall und Säure vorgenommen. Nach dem Einengen der Lösung im Becherglas auf dem Wasserbad bis zur beginnenden Kristallisation leitet man unter Kühlen Salzsäuregas bis zur Sättigung ein. Das ausgeschiedene Aluminiumchlorid wird unter Verwendung einer Glasfilternutsche (17 G 3) abfiltriert und mit wenig stark gekühlter, mit Salzsäuregas gesättigter Salzsäure ausgewaschen. Im eingeengten Filtrat wird nochmals Salzsäuregas eingeleitet und das abgeschiedene Aluminiumchlorid abfiltriert. Dieses muß in Wasser gelöst und die Fällung ein zweites und danach ein drittes Mal vorgenommen werden, um das Gallium weitgehendst abzutrennen. Die Filtrate werden eingeengt und auf dem Wasserbad zur Trockne eingedampft. Der Rückstand wird mit 50 bis 75 ml 5,6 n-Salzsäure aufgenommen. Bei starker Siliciumdioxydabscheidung wird zweckmäßig filtriert. Man führt die Lösung in einen 500 ml-Scheidetrichter über, setzt 15proz. Titan(III)-chloridlösung bis zur bleibenden Violettfärbung hinzu und schüttelt mit dem doppelten Volumen (100 bis 150 ml) Äther, gesättigt mit 5,6 n-Salzsäure, etwa 5 min. Nach der Trennung der Schichten läßt man die wäßrige Schicht in einen zweiten 500 ml-Scheidetrichter und den Äther in ein Becherglas oder einen dritten Scheidetrichter abfließen. Es ist besonders darauf zu achten, daß bei dem Äther kein Tropfen der wäßrigen Lösung verbleibt. Nun wird die wäßrige Schicht noch 2mal mit je 50 ml Äther geschüttelt. Die vereinigten Ätherauszüge werden mit 100 ml 5,6 n-Salzsäure gewaschen. Diese Salzsäure wäscht man nochmals mit 50 ml Äther, der dann zur Hauptmenge gegeben wird. Zur Ätherlösung wird 1 ml etwa 5proz. Natriumsulfitlösung zugesetzt und der Äther in einer Platinschale auf dem Wasserbad verdampft. Will man den Äther zurückgewinnen, so destilliert man zunächst die Hauptmenge in einem Kolben bis auf einige ml ab, spült dann den Rest mit etwas Äther bzw. Wasser in eine Platinschale und dampft auf dem Wasserbad zur Trockne. Der Rückstand wird mit 3 Tropfen Salzsäure und 50 ml Wasser aufgenommen und die Lösung — falls die Probe Zinn enthält — im Becherglas nach schwachem Erwärmen mit Schwefelwasserstoff gesättigt. Man filtriert das Zinnsulfid ab, verkocht im Filtrat den Schwefelwasserstoff, spült die Lösung in eine Platinschale und fällt nach Zugabe von 3 Tropfen 2proz. Magnesiumchloridlösung, als Spurenfänger, und 3 Tropfen Wasserstoffperoxyd mit festem Natriumhydroxyd das Titan und Eisen samt dem Magnesium aus. Nach Stehen über Nacht wird durch ein mit Filterschleim gedichtetes

Filter, Durchmesser 9 cm (Type Sch. u. Sch. Nr. 589/3), filtriert, das Filtrat mit Salzsäure angesäuert und in einer Platinschale auf dem Wasserbad zur Trockne eingedampft. Den Rückstand nimmt man mit 100 ml 2proz. Ammoniumnitratlösung auf und spült die Lösung mit wenig Ammoniumnitratlösung in ein 250 ml-Becherglas. Mit verdünntem Ammoniak wird der p_H-Wert auf 4,0 bis 4,3 eingestellt. Man gibt dann 2 g feste Camphersäure zu und erhitzt auf dem Wasserbad unter kräftigem Rühren. Mit steigender Temperatur tritt nach etwa 10 min die Fällung des Galliums ein. Man filtriert noch heiß durch ein Filter, Durchmesser 9 cm (Type Sch. u. Sch. Nr. 589/3), und wäscht den Niederschlag mit warmer 2proz. Ammoniumnitratlösung mit Hilfe einer kleinen Spritzflasche alkali- und chlorfrei. Es soll jedoch möglichst wenig Waschwasser verwendet werden. Das Filter mit dem Niederschlag, der sich möglichst in der unteren Hälfte des Filters befinden soll, wird bei 105° getrocknet. Nun überführt man mit Hilfe eines dünnen Spatels und unter leichtem Klopfen des Filters den Niederschlag in einen gewogenen Porzellantiegel, der zur Vermeidung von Verlusten durch Verstäuben auf einem großen Uhrglas steht. Zunächst wird diese Hauptmenge des Niederschlages unter Einleiten von Sauerstoff mit kleiner Flamme vorsichtig verascht. Anschließend gibt man das Filter in den Tiegel und verbrennt es in gleicher Weise. Der Gesamtrückstand wird im elektrischen Ofen $^1/_2$ Std. bei 1000° geglüht. Bei höherer Temperatur tritt leicht ein Verschmelzen des Gallium(III)-oxyds mit der Glasur des Tiegels ein. Da das Gallium(III)-oxyd hygroskopisch ist, muß die Wägung möglichst schnell oder besser im Wägegläschen erfolgen. Der Umrechnungsfaktor von Ga_2O_3 zu Ga ist 0,744.

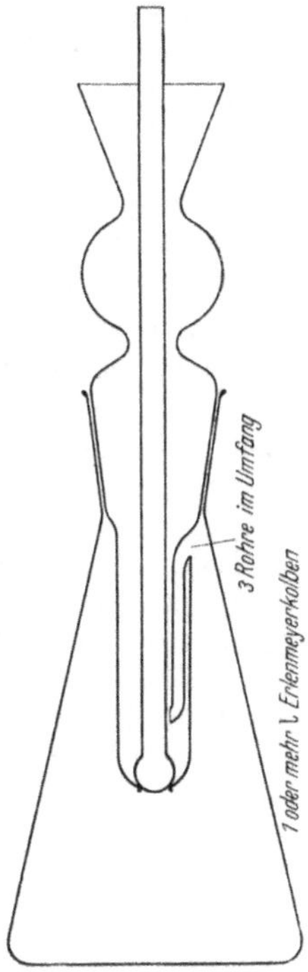

Abb. 4. Lösekolben[1] für die Galliumbestimmung

Bemerkungen. Beim Lösen der Probe im Becherglas oder offenen Kolben entstehen Verluste durch flüchtiges Galliumchlorid. Bei dem Lösekolben (s. Abb. 4) handelt es sich um einen ERLENMEYER-Kolben mit Schliff und einen besonders gebauten Einsatz, der es gestattet, die beim Lösen des Metalls entweichenden Dämpfe zu waschen.

Da das Gallium(III)-chlorid schon bei etwa 200° flüchtig ist, darf auch das Eindampfen der Lösung zur Trockne nur auf dem Wasserbad erfolgen.

Die Lösungen werden in Platinschalen weiterbehandelt, da sich aus Glasgefäßen, besonders beim Stehen alkalischer Lösungen über Nacht, beachtliche Mengen von Siliciumdioxyd herauslösen, die dann beim Ausflocken Gallium absorbieren oder beim Fällen des Galliums mit Camphersäure mitfallen können. Eisen und Zinn stören, da sie ebenfalls mit Camphersäure gefällt werden, falls sie in die ätherische Lösung gelangen.

Das Glühen des Gallium(III)-oxyds darf nicht im Platintiegel vorgenommen werden.

Literatur. Handbuch der analytischen Chemie, Bd. IIIE, S. 544, 559 u. 570. — ATO, S.: Sci. Pap. Ind. Tokyo Bd. 12 (1929) S. 3a, 225; Bd. 14 (1930) S. 36; Bd. 15 (1931) S. 289; Bd. 24 (1934) S. 277.

2. Gewichtsanalytische Schnellbestimmung mit 5,7-Dibrom-8-Hydroxychinolin (Bromoxin)

Grundlage. Das Gallium wird in schwach salzsaurer Lösung mit 5,7-Dibrom-8-Hydroxychinolin als $Ga(C_9H_4Br_2NO)_3$ gefällt und bestimmt. Trotz der Möglichkeit, diese Fällung neben großen Mengen Aluminium auszuführen, muß das Gallium

[1] Zu beziehen durch Fa. Ströhlein, Düsseldorf.

zur Abtrennung störender Begleitelemente (Eisen, Titan, Kupfer und Vanadin) mit Äther aus salzsaurer Lösung extrahiert werden.

Genauigkeit. 2.

Dauer. $1^1/_2$ Tage.

Ausführung. 5 g Späne werden mit 45 ml Salzsäure (1,19) und Wasser im Lösekolben (s. S. 69) gelöst. Man engt die Lösung auf dem Wasserbad so weit ein, daß ihr Volumen nach Zugabe von 70 ml Salzsäure (1,19) 150 ml beträgt; sie ist dann etwa 5,6 n an Salzsäure. Nach dem Abkühlen wird im Scheidetrichter mit einigen Tropfen 15proz. Titan(III)-chloridlösung reduziert, bis die Lösung deutlich violett gefärbt ist.

Nach Zugabe von 300 ml mit 5,6 n-Salzsäure gesättigtem Äther wird 5 min kräftig geschüttelt und die wäßrige Phase in einen zweiten Scheidetrichter abgelassen. Die Extraktion wiederholt man noch 2mal mit je 50 ml Äther. Mit 100 ml 5,6 n-Salzsäure werden dann die vereinigten Ätherauszüge im Scheidetrichter gewaschen. Die hier anfallende wäßrige Phase extrahiert man wieder mit 50 ml Äther. Die vereinigten ätherischen Lösungen werden bis auf ein kleines Volumen eingeengt; dabei kann der Äther zweckmäßig aufgefangen und für weitere Extraktionen (nach Sättigen mit 5,6 n-Salzsäure) verwendet werden. Man spült die im Destillationskolben belassene restliche Ätherlösung in eine Platinschale und dampft nach Zugabe von 1 ml 5proz. Natriumsulfitlösung auf dem Wasserbad zur Trockne ein. Der Rückstand wird mit einigen Tropfen Salzsäure und wenig Wasser aufgenommen. In der Platinschale fällt man restliches Eisen und Titan durch Zugabe von festem Natriumhydroxyd und Oxydation mit Wasserstoffperoxyd. Nach Stehenlassen über Nacht wird durch ein mit Filterschleim gedichtetes Filter, Durchmesser 9 cm (Type Sch. u. Sch. Nr. 589/3), filtriert und mit heißem Wasser ausgewaschen. Man verdünnt das Filtrat auf 100 ml, stellt mit Salzsäure den p_H-Wert 3,0 bis 3,2 ein und gibt 0,6 ml 5,6 n-Salzsäure und 30 ml Aceton hinzu. Nach Erhitzen dieser Lösung auf dem Wasserbad zum Sieden werden 5 ml warme Bromoxinlösung (s. unten) zugegeben.

Man kocht auf und läßt 15 bis 20 min auf dem Wasserbad bei 50 bis 60° stehen. Durch einen gewogenen Glasfiltertiegel 1 G 4 wird heiß filtriert, mit heißer Acetonwaschlösung (s. unten) und anschließend mit heißem Wasser gewaschen und im Trockenschrank bei 140° getrocknet.

Der Umrechnungsfaktor von $Ga(C_9H_4Br_2NO)_3$ auf Ga ist 0,0715.

Fällungslösung: 0,3 g 5,7-Dibrom-8-Hydroxychinolin + 100 ml Aceton. 100 ml dieser Lösung fällen max. 20 mg Gallium.

Waschlösung: 0,04 n an Salzsäure, 20vol.-proz. an Aceton.

X. Die Bestimmung des Kobalts

A = —
B = —
C = 1. Photometrische Bestimmung mit Nitroso-R-Salz.

Photometrische Bestimmung mit Nitroso-R-Salz

Grundlage. In mit Natriumacetat gepufferter Lösung vom p_H-Wert 5,0 ± 0,2 wird in der Siedehitze mit Nitroso-R-Salz der rot gefärbte Kobaltkomplex gebildet. Anschließend werden durch Kochen mit Salpetersäure die Komplexe anderer Elemente zerstört und gleichzeitig die anwesende Phosphorsäure maskiert. Die Messung erfolgt bei 546 mμ.

Genauigkeit. 1.

Dauer. Etwa 3 Std. für 3 bis 6 Proben.

Ausführung. 0,5 bis 1 g Späne werden im 250 ml-Becherglas mit etwa 20 ml Salzsäure (1,19) und etwas Salpetersäure (1,40) gelöst und danach in einem 250 ml-

Meßkolben aufgefüllt. Liegen hohe Siliciumgehalte vor, so muß der unlösliche Rückstand mit Flußsäure-Salpetersäure aufgeschlossen, mit Schwefelsäure abgeraucht und der Abrauchrückstand mit wenig Kaliumhydrogensulfat aufgeschlossen und mit dem Filtrat vereinigt werden. Je nach dem Kobaltgehalt werden 25 bis 100 mg der Einwaage abpipettiert, in einem 250 ml-Becherglas mit 10 ml Phosphor-Schwefelsäure (s. unten) versetzt und bis zum kräftigen Rauchen erhitzt. Nach dem Abkühlen nimmt man mit etwa 50 ml Wasser auf und setzt 50 ml 50proz. Natriumacetatlösung hinzu. Der p_H-Wert der Lösung soll jetzt 5,0 $\pm$ 0,2 betragen (gegebenenfalls Korrektur durch Zugabe von Natriumacetatlösung oder Phosphor-Schwefelsäure). Nach Zugabe von 50 ml 1proz. Nitroso-R-Salzlösung wird zum Sieden erhitzt und mindestens 1 min, jedoch nicht länger als 2 min, gekocht. Man fügt nun 25 ml verdünnte Salpetersäure (1 + 1) hinzu und kocht nochmals 1 min. Nach dem Abkühlen wird in einen 200 ml-Meßkolben übergespült und zur Marke aufgefüllt. Die Messung erfolgt bei 546 mμ in der 4 cm-Küvette gegen Wasser. Ein Chemikalien-Blindansatz durchläuft den gleichen Arbeitsgang und ist zu berücksichtigen. Der Kobaltgehalt wird einer Eichkurve entnommen.

Aufstellung der Eichkurve. In 250 ml-Bechergläsern werden 0 bis 500 μg Co enthaltende aliquote Teile der Kobaltstandardlösung mit 10 ml Phosphor-Schwefelsäure bis zum Rauchen erhitzt. Nach dem Abkühlen wird mit 50 ml Wasser verdünnt, mit 50 ml 50proz. Natriumacetatlösung auf p_H 5,0 gebracht und, wie im Analysengang beschrieben, weitergearbeitet. Eine Aluminiumzugabe ist nicht erforderlich, da Aluminium keinen Einfluß auf die Extinktion hat.

Phosphor-Schwefelsäure: 150 ml Schwefelsäure (1,84) und 150 ml Phosphorsäure (1,70) werden mit 700 ml Wasser verdünnt.

Kobaltstandardlösung (1 ml = 100 μg Co): 2,6292 g $CoSO_4$ werden zu 1 l gelöst. 100 ml dieser Stammlösung werden auf 1 l verdünnt.

Bemerkungen. Sollten nach Einstellung des p_H-Wertes auf 5,0 Trübungen auftreten, so wird ohne Rücksicht hierauf weitergearbeitet. Sollte die Lösung auch nach dem Zusatz der Salpetersäure und dem Kochen nicht klar werden, so muß die Meßlösung partiell filtriert werden (Filter Type Sch. u. Sch. Nr. 589/3).

Die in Aluminiumlegierungen vorkommenden Legierungsbestandteile stören im allgemeinen nicht. Es haben z. B. keinen Einfluß: 200 mg Cu, 50 mg Ni und je 1,5 mg Fe, W, Mo, V, Cr.

Literatur. GUERIN, B. D.: Analyst Bd. 81 (1956) S. 409—416, nachgearbeitet in der Bundesanstalt für Materialprüfung, Fachgruppe Anorganische Chemie, Labor für physikochemische Untersuchungsverfahren.

XI. Die Bestimmung des Kupfers

A = 1. Photometrische Bestimmung mit Bleidiäthyldithiocarbaminat.
B = 1. Desgl.
C = 2. Elektrolytische Bestimmung.
3. Maßanalytische Bestimmung mit Thiocyanat-Jodidlösung.
4. Photometrische Bestimmung mit Ammoniak.

1. Photometrische Bestimmung mit Bleidiäthyldithiocarbaminat

Grundlage. In schwach salpetersaurer Lösung wird bei einem p_H-Wert von 3,0 bis 3,5 mit Bleidiäthyldithiocarbaminat der Kupferdiäthyldithiocarbaminatkomplex entwickelt und mit Chloroform extrahiert. Das Extinktionsmaximum des Extraktes liegt bei 436 mμ.

Genauigkeit. 1.

Dauer. 30 min.

Ausführung. 1 g Späne wird in einem ERLENMEYER-Kolben in 7 ml 25proz. Natronlauge gelöst. Die Lösung wird mit 20 ml Salpetersäure (1,40) umgesetzt, klargekocht und im 100 ml-Meßkolben aufgefüllt. 25 ml davon = 0,25 g Einwaage werden in einem 250 ml-Scheidetrichter mit 50 ml Wasser und 5 ml 25proz. Weinsäurelösung versetzt. Dann stellt man mit Ammoniak einen p_H-Wert von 3,0 bis 3,5 ein, gibt 15 ml Reagenzlösung zu und schüttelt 1 min kräftig. Die Chloroformschicht wird durch ein kleines Wattefilter in einen trockenen 50 ml-Meßkolben filtriert. Die Extraktion wiederholt man mit 10 ml Reagenzlösung zur Kontrolle der Vollständigkeit der Extraktion und um letzte Reste des ersten Extraktes von der wäßrigen Schicht zu trennen. Man filtriert durch dasselbe Filter. Mit Reagenzlösung wird das Filter nochmals ausgewaschen und der Extrakt auf 50 ml aufgefüllt. Man mißt die Extinktion mit dem Spektralphotometer oder dem Spektrallampenphotometer bei 436 mμ in einer mit Schliffstopfen verschlossenen 5 cm-Küvette gegen den in gleicher Weise hergestellten Blindwert der Reagenzien.

Bei kleineren Gehalten kann man die gesamte Einwaage für die Extraktion verwenden. Es wird dann auf 150 ml verdünnt, mit 20 ml Weinsäurelösung versetzt und weiter wie oben verfahren.

Aufstellung der Eichkurve. Man gibt 1 bis 25 ml der Kupferstandardlösung, entsprechend 2 bis 50 μg Kupfer, in einen Scheidetrichter, verdünnt mit Wasser auf 75 ml, gibt 5 ml 25proz. Weinsäurelösung hinzu und stellt mit Ammoniak einen p_H-Wert von 3,0 bis 3,5 ein. Dann verfährt man weiter, wie oben angegeben.

Lösungen. *Reagenzlösung:* Man löst 0,1 g Bleiacetat in etwa 25 ml Wasser, gibt 5 ml 10proz. Kaliumnatriumtartratlösung zu und macht mit Kalilauge alkalisch. Dann werden 5 ml 10proz. Kaliumcyanidlösung und 0,125 g Natriumdiäthyldithiocarbaminat, das man zuvor in etwa 25 ml Wasser gelöst hat, hinzugefügt. Man schüttelt in einem 500 ml-Scheidetrichter mit 250 ml Chloroform, trennt die Chloroformschicht ab und schüttelt diese anschließend mit doppelt destilliertem Wasser 2mal aus. Die organische Schicht wird durch ein trockenes Filter (Type Sch. u. Sch. Nr. 589/2) in einen trockenen 1 l-Meßkolben filtriert und mit Chloroform auf 1 l aufgefüllt. Man bewahrt die Lösung in einer braunen Flasche auf.

Ammoniak: Da das käufliche Ammoniak meist kupferhaltig ist, stellt man das reine Reagenz am besten durch Einleiten von gasförmigem Ammoniak in destilliertes Wasser her.

Kupferstandardlösung (1 ml = 2 μg Cu): 0,1000 g reinstes Elektrolytkupfer wird in 10 ml Salpetersäure (1 + 1) gelöst und auf 1 l aufgefüllt. Diese Stammlösung wird 1 : 50 verdünnt.

2. Elektrolytische Bestimmung

Grundlage. Das Kupfer wird aus schwefelsaurer Lösung auf einer Platindrahtnetzelektrode elektrolytisch abgeschieden. Im Elektrolysat kann photometrisch auf Vollständigkeit der Abscheidung geprüft werden.

Genauigkeit. 1.

Dauer. 3 Std.

Ausführung. 2 g Späne werden mit 40 ml Mischsäure [700 ml Schwefelsäure (1 + 1) und 300 ml Salpetersäure, 1,40] unter anteilweisem Zufügen von 15 ml Salzsäure (1,19) gelöst und bis zum Rauchen der Schwefelsäure eingeengt. Nach Abkühlen verdünnt man mit 100 ml Wasser und filtriert abgeschiedenes Siliciumdioxyd sowie Bleisulfat ab. Das Filtrat wird in einem 250 ml-Becherglas auf etwa 200 ml verdünnt, auf 70° erhitzt und das Kupfer bei 2 V und 2 A unter Rühren auf einer gewogenen Platindrahtnetzelektrode mit einer Oberfläche von etwa 50 cm^2 abgeschieden. Nach 20 min gibt man etwas heißes Wasser hinzu, um den Flüssigkeitsspiegel zu heben und an einem noch nicht verkupferten Streifen der Elektrode auf Vollständigkeit der Abscheidung zu prüfen. Hat sich nach 5 min auf diesem Streifen noch kein Kupfer abgeschieden, so ist die Elektrolyse beendet. Ohne den Strom zu unterbrechen, wechselt man das Becherglas gegen ein solches mit kaltem Wasser aus, nimmt die Kathode ab, spült sie kurz in Alkohol, trocknet sie 15 min im Trockenschrank bei 105° und wägt.

Da das Kupfer bei einer mit Gleichrichter arbeitenden Schnellelektrolyseeinrichtung nie vollständig abgeschieden wird, empfiehlt es sich, für anspruchsvolle Bestimmungen im Elektrolysat den Kupferrest photometrisch zu bestimmen.

Bemerkung. Die Methode ist auch für Vorlegierungen gültig. Die Lösung wird vor der Elektrolyse aufgefüllt und dem Kupfergehalt entsprechend abgeteilt.

3. Maßanalytische Bestimmung mit Thiocyanat-Jodlösung

Grundlage. In stark schwefelsaurer Lösung wird Kupfer mit einer Thiocyanat-Jodidlösung versetzt und das frei werdende Jod mit Thiosulfatlösung titriert. Störendes 3wertiges Eisen wird vorher mittels Hydrazinsulfat zu nicht störendem 2wertigem Eisen reduziert.

Genauigkeit. 1 bis 2.

Dauer. 50 min.

Ausführung. 1 g Späne wird in einem 300 ml-Erlenmeyer-Kolben in 10 ml 25proz. Natronlauge gelöst. In die noch heiße Lösung gibt man unter kräftigem Umschwenken des Kolbens eine Mischung von 45 ml Schwefelsäure (1 + 1) und 5 ml 3proz. Wasserstoffperoxyd und kocht kurz auf, bis die Lösung klar ist. Nun werden 50 ml Wasser hinzugefügt, und durch 5 min langes Kochen wird das überschüssige Wasserstoffperoxyd zerstört. Nach Zufügen von 10 ml gesättigter Hydrazinsulfatlösung reduziert man das Eisen durch 10 min langes gelindes Kochen. Das Flüssigkeitsvolumen beträgt nunmehr etwa 50 bis 70 ml. Nach schnellem Abkühlen im fließenden Wasser auf Zimmertemperatur wird mit 10 ml Thiocyanat-Jodidlösung (s. unten) versetzt und sofort mit 0,05 n-Natriumthiosulfatlösung (der Faktor muß täglich bestimmt werden) so weit titriert, bis eine Farbänderung von Grünschwarz nach Braun erfolgt. Erst dann werden 5 ml 2,5proz. frisch angesetzte Stärkelösung hinzugefügt. Man titriert tropfenweise weiter, bis die Lösung ein fliederfarbenes Aussehen besitzt und die Zugabe von 1 Tropfen Natriumthiosulfatlösung keine Änderung der Endfarbe bewirkt.

Der Prozentgehalt an Kupfer läßt sich folgendermaßen berechnen:

Es wird ein Standardmuster mit genau ermitteltem Kupfergehalt nach obigem Verfahren titriert und der Verbrauch an Natriumthiosulfatlösung ermittelt.

$$\frac{a \cdot c}{b} = \%\,\mathrm{Cu}$$

a = Prozentgehalt der Standardprobe an Kupfer.
b = Verbrauchte ml für die Standardprobe.
c = Verbrauchte ml für die zu untersuchende Probe.

Thiocyanat-Jodidlösung: 50 g Kaliumthiocyanat und 6 g Kaliumjodid werden mit Wasser zu 1 l gelöst.

4. Photometrische Bestimmung mit Ammoniak

Grundlage. Kupfer wird in Gegenwart aller durch Zitronensäure in Lösung gehaltenen Metalle als tiefblauer Tetraminkomplex bestimmt. Das Extinktionsmaximum des Kupfertetraminkomplexes liegt bei etwa 600 mμ. Die Extinktion ist bei Messungen über 580 mμ stark abhängig von der Ammoniakkonzentration. Unterhalb 580 mμ übt die Ammoniakkonzentration keinen nennenswerten Einfluß mehr aus; dafür aber verstärkt sich der Einfluß von Nickel und Chrom. Über 600 mμ stören Nickel und Chrom kaum. Entweder mißt man bei 620 mμ und hält die Ammoniakkonzentration konstant, oder aber man mißt bei etwa 570 mμ; dann muß man sicher sein, daß Nickel und Chrom unter 0,5% vorliegen.

Mit dieser Kupferbestimmung läßt sich eine Eisenbestimmung verbinden, wenn ein Gerät zur Verfügung steht, welches eine photometrische Messung bei 366 mμ gestattet (s. S. 67).

Genauigkeit. 1.

Dauer. 30 min.

Ausführung. 1 g Späne wird in einem 250 ml-Becherglas in 40 ml Salzsäure (1 + 1) gelöst. Nach Beendigung der Gasentwicklung versetzt man mit etwas Kaliumchlorat, erwärmt, bis alles Kupfer in Lösung gegangen ist, und vertreibt das Chlor durch Kochen. Durch ein Filter (Type Sch. u. Sch. Nr. 589/5) wird in einen 200 ml-Meßkolben filtriert. Nach dem Abkühlen versetzt man mit 20 ml 50proz. Zitronensäurelösung und fügt 100 ml Ammoniak (1 + 1) hinzu. Nun wird auf Zimmertemperatur abgekühlt und aufgefüllt. Man mißt mit einem Spektralphotometer bei 570 mμ oder einem Spektrallampenphotometer bei 578 mμ in einer 4 oder 5 cm-Küvette gegen Wasser.

Aufstellung der Eichkurve. Zu je 1 g Reinstaluminiumspänen gibt man 2 bis 25 ml der Kupferstandardlösung, entsprechend 5 bis 62,5 mg Kupfer, und 40 ml Salzsäure (1 + 1) zum Lösen. Durch Zugabe von etwas Kaliumchlorat wird der Lösevorgang beschleunigt. Man verfährt dann weiter, wie oben angegeben, und mißt gegen Wasser.

Kupferstandardlösung (1 ml = 2,5 mg Kupfer): 2,5 g reinstes Elektrolytkupfer werden in 50 ml Salpetersäure (1 + 1) gelöst. Die Lösung wird nach dem Verkochen der Stickoxyde auf 1 l aufgefüllt.

Bemerkung. Die Methode ist brauchbar für alle Legierungen, die keine größeren Mengen Kobalt, Nickel, Chrom enthalten, da solche sowie Siliciumgehalte über 1,5% zu hohe Befunde verursachen.

XII. Die Bestimmung des Magnesiums

A = 1. Photometrische Bestimmung mit Eriochromschwarz T.
B = 1. Desgl.
C = 2. Gewichtsanalytische Bestimmung als Phosphat.
3. Maßanalytische Bestimmung mit Komplexon.
4. Schnellbestimmung mit 8-Hydroxychinolin.

1. Photometrische Bestimmung mit Eriochromschwarz T

Grundlage. Magnesium bildet mit Eriochromschwarz T in gepufferter, ammoniakalischer Lösung bei einem p_H-Wert 10,6 einen rot gefärbten Komplex, dessen Extinktionsmaximum bei 560 mμ liegt. Das Magnesium wird durch eine Natronlauge-Vortrennung von Aluminium und Zink und durch eine kombinierte Oxin-Carbaminat-Chloroform-Extraktion von den anderen Begleitelementen abgetrennt.

Genauigkeit. 1.

Dauer. 16 bis 18 Std., einschließlich Wartezeit.

Ausführung. 1 bis 5 g Späne (je nach dem Mg-Gehalt) werden mit 15 bis 75 ml 25proz. Natronlauge im 250 bis 400 ml-Polyäthylenbecher gelöst. Man verdünnt die Lösung mit 150 ml bidestilliertem Wasser, gibt 1 ml Eisen(III)-chloridlösung (etwa 2 mg Fe/ml) hinzu, rührt gut um und läßt 12 bis 15 Std. (am besten über Nacht) stehen. Danach wird filtriert und heiß ausgewaschen. In das Fällungsgefäß gibt man 5 ml Salzsäure (1,12), einige Tropfen 30proz. Wasserstoffperoxyd und 10 ml Wasser und löst damit den Niederschlag aus dem Filter in ein 250 ml-Becherglas. — Gleichzeitig muß die gleiche Menge Säure für den Blindansatz abgenommen werden, der dann den weiteren Arbeitsgang mit durchläuft. — Die saure Lösung wird zur Trockne eingedampft. Nun nimmt man mit 1 ml Salzsäure (2 + 1) und 5 ml Wasser auf, verdünnt auf 150 ml und stellt mit Natriumacetatlösung (500 g/l) den p_H-Wert auf 4,9 ± 0,2 ein.

Man fügt darauf 5 bis 10 ml 4proz. methylalkoholische 8-Hydroxychinolinlösung zu und läßt etwa 30 min bei 60 bis 80° auf dem Wasserbad stehen. Anschließend wird heiß durch ein Filter, Durchmesser 9 cm (Type Sch. u. Sch. Nr. 589/2), in einen 300 ml-Erlenmeyer-Kolben filtriert und heiß gut ausgewaschen. Das abgekühlte Filtrat spült man in einen 500 ml-Scheidetrichter, gibt 20 ml 1proz. Natriumdiäthyldithiocarbaminatlösung hinzu und schüttelt etwa 1 min auf der Schüttelmaschine. Nach Zugabe von 20 ml Chloroform schüttelt man noch 2 min und läßt die Chloroformphase bis auf 1 ml vorsichtig ab. Dieser Vorgang wird 2mal mit je 10 ml Carbaminatlösung und je 20 ml Chloroform wiederholt. Danach extrahiert man noch 5mal mit je 10 ml Chloroform (Rückgewinnung des Chloroforms s. unten). Die wäßrige Phase wird quantitativ in ein 600 ml-Becherglas gespült, mit 30 ml Pufferlösung vom p_H-Wert 11,4 (s. unten) und 5 ml 10proz. Kaliumcyanidlösung versetzt und der p_H-Wert auf 10,6 ± 0,1 eingestellt. Das Volumen soll etwa 400 bis 430 ml betragen. Man spült in einen 500 ml-Meßkolben über, gibt aus einer geeichten Vollpipette 20 ml 0,05proz. Reagenzlösung (s. unten) zu, füllt zur Marke auf und mischt gut durch. Die blaurote bis rote Färbung wird innerhalb von 30 min gegen einen mehr blau gefärbten Chemikalienblindansatz bei 546 mμ in der 4 cm-Küvette gemessen. Den Gehalt an Magnesium entnimmt man einer Eichkurve.

Bei Magnesiumgehalten von 0,005 bis 0,5% kann auch direkt in Salzsäure gelöst und mit einem entsprechenden aliquoten Teil (max. 0,2 g Al) die 8-Hydroxychinolinfällung und der weitere Arbeitsgang durchgeführt werden.

Aufstellung der Eichkurve. In 600 ml-Bechergläsern werden 25 bis 150 μg Magnesium enthaltende aliquote Teile der Magnesiumstandardlösung mit 1 ml Salzsäure (1,12) versetzt und auf 150 ml verdünnt. Mit 50proz. Natriumacetatlösung stellt man auf den p_H-Wert 4,9 ein und nach Verdünnen auf etwa 400 ml mit Ammoniumchloridpufferlösung und Kaliumcyanidlösung auf den p_H-Wert 10,6. Danach wird mit Reagenzlösung versetzt und, wie oben beschrieben, photometriert.

Ammoniumchlorid-Ammoniak-Pufferlösung (p_H-Wert = 11,4 ± 0,1): 450 ml 25proz. Ammoniak, mit doppelt destilliertem Wasser angesetzt, und 10 g Ammoniumchlorid werden mit doppelt destilliertem Wasser auf 500 ml aufgefüllt.

Eriochromschwarz T-Reagenzlösung, 0,05proz.: 0,25 g Eriochromschwarz T wird mit Methanol zu 500 ml gelöst. Diese Lösung ist gut verschlossen 2 bis 3 Monate haltbar.

Magnesiumstandardlösung (1 ml = 25 μg Mg): 25,0 mg reinstes Magnesium (99,97%) werden in 10 ml Salzsäure (2 + 1) gelöst und mit Wasser auf 1 l aufgefüllt.

Rückgewinnung des Chloroforms: Die Chloroformextrakte werden gesammelt und nach Schütteln mit Natronlauge und Wasser destilliert.

Literatur. Pohl, H.: Eine photometrische Magnesiumbestimmung mit Eriochromschwarz T in Aluminium und seinen Legierungen. Aluminium Bd. 33 (1957) S. 260—263.

2. Gewichtsanalytische Bestimmung als Magnesiumpyrophosphat

a) in Anlehnung an H. Blumenthal

Grundlage. Nach natronalkalischer Abtrennung des Aluminiums werden Eisen, Titan und Reste von Aluminium durch Weinsäure in Lösung gehalten und das Magnesium sowie der größte Teil des Mangans gemeinsam als Phosphate gefällt. Aus dem Gemisch beider Phosphate wird das mitgefällte Mangan maßanalytisch ermittelt und nach Umrechnung auf Manganpyrophosphat abgezogen. Blei und Zinn müssen durch Fällung mit Schwefelwasserstoff aus schwach saurer Lösung entfernt werden. Die Methode findet Anwendung bei Gehalten über 0,1% Mg.

Genauigkeit. 2.

Dauer. 3 Std.

Ausführung. Bei Gehalten von

0,1 bis 1% werden 2 g Einwaage in 20 ml 25proz. Natronlauge,
1 bis 3% werden 1 g Einwaage in 10 ml 25proz. Natronlauge,
3 bis 10% werden 0,5 g Einwaage in 10 ml 25proz. Natronlauge

in einem 400 ml-Becherglas gelöst. Nach dem Lösen wird mit heißem Wasser auf 150 ml verdünnt und aufgekocht. Man setzt 1 ml 3proz. Hydrazinsulfatlösung hinzu, um die Oxydation von Mangan zu verhindern. Der Niederschlag wird abfiltriert und 5mal mit heißem Wasser ausgewaschen. Hierauf löst man ihn mit 30 ml heißer Salpetersäure (1 + 1) in das schon zum Lösen benutzte Becherglas zurück. Die Lösung wird mit 30 ml Weinsäure-Ammoniumphosphatlösung (s. unten) und mit 70 ml Ammoniak (0,91) versetzt. Man erhitzt zum Sieden und rührt 2 min intensiv, am besten mit einem Rührwerk. Nach Abkühlen auf etwa 15° wird durch ein Filter (Type Sch. u. Sch. Nr. 589/2) filtriert und 4mal mit Ammoniak (1 + 9) ausgewaschen. Im gewogenen Porzellantiegel wird nach dem Vortrocknen das Filter im Sauerstoffstrom verascht, und die Phosphate werden 10 min bei 900° geglüht. Nach dem Auswägen des aus Magnesium- und Manganpyrophosphat bestehenden Rückstandes wird dieser in einen 750 ml-ERLENMEYER-Kolben gebracht und nach Zusatz von 20 ml Salzsäure (1 + 1) durch Kochen gelöst. Man verdünnt auf 200 ml und fügt 5 ml 20proz. Eisen(III)-chloridlösung und etwas Zinkoxydaufschlämmung zu, bis diese in kleinem Überschuß vorhanden ist. Mit Kaliumpermanganatlösung (1 ml = 0,6 mg Mn) titriert man bis zur Rosafärbung, wie dies nach VOLHARD-WOLFF, S. 80, beschrieben ist.

$$\frac{(a - b) \cdot 0{,}2185 \cdot 100}{\text{Einwaage}} = \%\ \text{Mg}$$

a = g Magnesium- und Manganpyrophosphat.
b = g Manganpyrophospat ermittelt durch Titration.

Weinsäure-Ammoniumphosphatlösung, bestehend aus 250 ml 50proz. Weinsäurelösung, 500 ml 10proz. Diammoniumhydrogenphosphatlösung und 100 ml Salpetersäure (1,40).

Bemerkung. Die Praxis hat gezeigt, daß die von BLUMENTHAL angegebene Arbeitsweise bei höheren Magnesiumgehalten zu Überbefunden führt. Bei einem Gehalt von 7 bis 9% Mg können die Werte z. B. etwa 0,2% höher liegen.

b) in Anlehnung an Winkler

Grundlage. Nach natronalkalischer Abtrennung des Aluminiums wird der Hydroxydniederschlag in Schwefelsäure gelöst, das durch Abrauchen abgeschiedene Siliciumdioxyd und Bleisulfat werden abfiltriert und Eisen, Mangan, Titan und restliches Aluminium durch doppelte Bromwasser-Ammoniakfällung abgetrennt. Im Filtrat erfolgt die Fällung des Magnesiums als Phosphat.

Genauigkeit. 1.

Dauer. 4 bis 5 Std.

Ausführung. Je nach Gehalt an Magnesium werden 2,5 bis 5 g Metall im ERLENMEYER-Kolben mit 50 ml Natronlauge (1 + 3) je g Aluminium ohne zusätzliches Erwärmen gelöst, 1 bis 2 ml 3proz. Wasserstoffperoxyd zugesetzt und mit 100 ml heißem Wasser je 50 ml Natronlauge verdünnt. Es wird sofort filtriert, das Filter mit dem Niederschlag mit heißem Wasser ausgewaschen, der Niederschlag mit 20 ml Salpetersäure (1 + 1) und 5 ml Schwefelsäure (1 + 1) gelöst und erhitzt, bis der größte Teil der Schwefelsäure abgeraucht ist. Nach dem Abkühlen verdünnt man mit Wasser, kocht auf zum Lösen der Sulfate (gegebenenfalls einige Tropfen Salzsäure zusetzen), kühlt ab und filtriert durch ein gedichtetes Filter in einen 250 ml-Meßkolben und wäscht mit schwefelsäurehaltigem Wasser (2 ml/100 ml

Wasser) aus. Einen 10 bis 50 mg Magnesium enthaltenden aliquoten Teil neutralil siert man mit Ammoniak (0,91), fügt 10 Tropfen im Überschuß hinzu sowie 10 m-Bromwasser, kocht 10 min und filtriert heiß. Der Niederschlag wird in das Becherglas zurückgespritzt, mit 10 ml Salzsäure (1 + 1) unter Erwärmen gelöst (falls viel Mangan vorhanden, wird etwas Bromwasser zugesetzt) und die Fällung wiederholt. Die vereinigten Filtrate werden nach schwachem Ansäuern auf 100 ml eingeengt, mit 2 bis 3 ml 35proz. Weinsäurelösung versetzt, zum Sieden erhitzt und 10 ml Ammoniak (1 + 1) zugegeben. Mit 10 ml 10proz. Natriumhydrogenphosphatlösung, aus einer Bürette in dünnem Strahl zugegeben, wird das Magnesium gefällt. Man schüttelt oder rührt, bis sich ein grobkristalliner Niederschlag gebildet hat, läßt 10 min absitzen, filtriert durch einen gewogenen Porzellanfiltertiegel 1 A 2 und wäscht mit Ammoniakwaschwasser (1 + 9) aus. Nach vollständigem Absaugen wird mit 5 ml Äthylalkohol nachgewaschen und 15 min lang ein mit Calciumchlorid getrockneter Luftstrom übergesaugt. Anschließend kann sofort gewogen werden. Der Leertiegel wird ebenso behandelt.

Der Umrechnungsfaktor von $MgNH_4PO_4 \cdot 6H_2O$ auf Mg ist 0,0991.

Literatur. „Die chemische Analyse" Bd. 29 (1931) S. 93 u. 97.

3. Maßanalytische Bestimmung mit Komplexon

Grundlage. Die Abtrennung des Magnesiums von der Hauptmenge des Aluminiums erfolgt durch Natronlauge. Mit Thioacetamid werden in ammoniakalischer Lösung alle in Betracht kommenden Störelemente als Sulfide bzw. Oxydhydrate ausgefällt. Im Filtrat erfolgt die Titration des Magnesiums mit Komplexon(III) gegen Eriochromschwarz T als Indicator. Die Einwaage muß klein gehalten werden, da sonst die Trennungen unscharf werden. Die Methode ist anwendbar bei Gehalten von 0,1 bis 10% Magnesium.

Genauigkeit. 1 bis 2.

Dauer. 50 min.

Ausführung. Man löst 0,5 g Späne in 10 ml 25proz. Natronlauge (bei manganarmen Al-Mg-Legierungen unter Zusatz von 10 mg Mangansulfat), verdünnt mit heißem Wasser auf 100 ml, kocht 1 min und filtriert durch ein Filter (Type Sch. u. Sch. Nr. 589/2). Nach 4maligem Auswaschen des Filterrückstandes mit heißem Wasser löst man diesen mit 20 ml heißer Salzsäure (1 + 1) in das zum Lösen benutzte Becherglas zurück. Bei höheren Kupfergehalten bleibt die Hauptmenge an Kupfer im Filter zurück. Nach 3maligem Auswaschen des Filters mit heißem Wasser gibt man zu dem Filtrat 2 Tropfen Methylrotlösung und versetzt tropfenweise mit Ammoniak (0,91) bis zum p_H-Wert 7,3. Nun werden 15 ml 5proz. Thioacetamidlösung zugegeben. Man läßt die Fällung 5 min auf der Heizplatte stehen und filtriert dann durch ein Filter (Type Sch. u. Sch. Nr. 589/2) in einen 300 ml-Erlenmeyer-Kolben. Nach 2maligem Waschen mit heißem Wasser und Zugabe von 5 ml Ammoniak (0,91) zum Filtrat wird bei 60 bis 70° mit Komplexon(III)-Maßlösung (s. unten) gegen Eriochromschwarz T als Indicator bis zum Umschlag von Rot nach Blau titriert.

Komplexon(III)-Maßlösung (1 ml = 1,0 mg Magnesium): 15,31 g Dinatriumsalz der Äthylendiamintetraessigsäure [Komplexon(III)] werden in 1 l Wasser gelöst. Die Maßlösung ist gegen eine Probe mit bekanntem Magnesiumgehalt einzustellen.

Eriochromschwarz T: 1 g des festen Indicators wird mit 200 g Kochsalz in der Reibschale innig verrieben und trocken aufbewahrt.

4. Schnellbestimmung des Magnesiums mit 8-Hydroxychinolin (Oxin)

(Nach J. Eisen)

Grundlage. Nach der Abtrennung des Aluminiums durch Natronlauge werden die Legierungselemente außer Magnesium bei einem durch Ammoniumacetatpuffer stabilisierten p_H-Wert von 6,8 mittels 8-Hydroxychinolin (Oxin) gefällt und entfernt. Das Magnesium fällt man im ammoniakalischen Filtrat als Oxychinolat und bestimmt es maßanalytisch.

Anwendungsbereich und Bedeutung. Das Verfahren ist anzuwenden bei Magnesiumgehalten über 0,2% und eignet sich infolge seiner raschen Durchführbarkeit besonders für die Gußkontrolle.

Genauigkeit. 2.

Dauer. 20 min, bei höheren Magnesiumgehalten 30 min.

Ausführung. Man löst in einem 500 ml-Weithalskolben 1 g Späne mit 15 ml Natronlauge (1 + 3), spritzt gegen Ende der Reaktion die Glaswandung mit wenig heißem Wasser ab und erwärmt etwas, bis vollständige Lösung eingetreten ist. Dann wird die Lösung mit heißem Wasser auf 150 ml verdünnt, durch ein Filter (Type Sch. u. Sch. Nr. 589/2) von 12,5 cm Durchmesser filtriert und der Rückstand 3mal ausgewaschen. Man zieht ihn anschließend durch sorgfältiges Übergießen mit 20 ml heißer Schwefelsäure (1 + 19) aus und fängt die Lösung in dem vorher verwendeten Weithalskolben auf. Nachdem man 3mal mit nicht zuviel heißem Wasser ausgewaschen hat, verdünnt man die Lösung mit kaltem Wasser auf 150 ml, gibt 5 Tropfen einer 0,2proz. Lösung von Methylrot in Methanol hinzu und läßt aus einer Bürette 8 ml Ammoniak (1 + 3) auf einmal und dann unter kräftigem Schütteln des Gefäßes weiter tropfenweise bis zum Umschlag auf Reingelb zufließen. Die Neutralisation muß auf den Tropfen genau erfolgen, da ein Ammoniaküberschuß Minderbefunde verursacht. — Bei Aluminium-Magnesium-Legierungen tritt der Umschlag schon bei Zugabe von weniger Ammoniak ein; in diesem Falle muß die Ammoniakmenge besonders vorsichtig zugegeben werden. — Darauf fügt man 5 ml Ammoniumacetatpufferlösung (s. unten) und 10 ml einer 5proz. Lösung von Oxin in Methanol hinzu. Nach jedem Zusatz ist kräftig umzuschütteln, auch bei dem nun folgenden Erhitzen bis zum Sieden. Von Beginn der Neutralisation bis zum Kochen der Lösung ist ohne Verzug zu arbeiten, da sonst Magnesiumverluste eintreten. Man filtriert nun die heiße Lösung durch ein Filter (Type Sch. u. Sch. Nr. 589/2) in einen 500 ml-Erlenmeyer-Kolben und wäscht 5mal mit heißem Wasser nach. Zum Filtrat gibt man bei unbekanntem Magnesiumgehalt 30 ml Oxinlösung hinzu, wobei die erhaltenen Ergebnisse dann allerdings bis 7% des Wertes zu hoch sein können. Sonst rechnet man bei Magnesiumgehalten

bis 1,5%	mit einem Zusatz von	2 ml Oxinlösung,
von 1,5 bis 2,5%	mit einem Zusatz von	5 ml Oxinlösung,
von 2,5 bis 4,5%	mit einem Zusatz von	12 ml Oxinlösung,
von 4,5 bis 7,5%	mit einem Zusatz von	22 ml Oxinlösung.

Dann schüttelt man um, erhitzt bis zum beginnenden Sieden, versetzt die Lösung mit 13 ml Ammoniak (0,91), kocht auf, filtriert den Niederschlag auf ein Filter (Type Sch. u. Sch. Nr. 589/2) ab und wäscht mit heißem Wasser aus.

Bei Magnesiumgehalten unter 1,5% setzt man den Trichter mit dem Filter auf einen 500 ml-Erlenmeyer-Kolben und löst den Niederschlag durch Übergießen mit 50 ml Salzsäure (1 + 1) in mehreren Anteilen. Dann wird mit kaltem Wasser nachgewaschen. Nachdem man die Lösung mit kaltem Wasser auf 200 ml verdünnt hat, titriert man mit 0,1 n-Bromat-Bromid-Lösung bis zum deutlich wahrnehmbaren Geruch nach freiem Brom.

Bei höheren Magnesiumgehalten löst man den Niederschlag in einen 200 ml-Meßkolben, füllt die Lösung zur Marke auf und pipettiert bei Gehalten bis zu 3% 100 ml, bei höheren 50 ml in einen 500 ml-Erlenmeyer-Kolben ab. Nach Zusatz von 50 ml Salzsäure (1 + 1) titriert man, wie vorhin angegeben (Verbrauch a ml). Darauf setzt man 5 ml 10proz. Kaliumjodidlösung hinzu und titriert das überschüssige Brom mit 0,1 n-Natriumthiosulfatlösung und Stärke als Indicator zurück (Verbrauch b ml).

$$\frac{(a - b) \cdot 0{,}000304 \cdot 100}{\text{Einwaage}} = \% \text{ Mg}$$

Ammoniumacetatpufferlösung: (400 g/l) Ammoniumacetatlösung wird mit Essigsäure und Ammoniak gegen Lyphanpapier L 669 auf einen p_H-Wert von 6,9 neutralisiert. Elektrometrisch mit der Chinhydronelektrode gemessen, zeigt die richtig eingestellte Lösung kurz nach Zugabe des Chinhydrons den p_H-Wert 7,0 bis 7,05. Mit dieser Pufferlösung wird die Arbeitsvorschrift mehrfach an einer Legierung mit einem Mangangehalt von etwa 1% und einem bekannten Magnesiumgehalt zwischen 0,5 und 1,5% durchgeführt. Wenn die Resultate regelmäßig zu hoch ausfallen, muß der Puffer etwas zum alkalischen Gebiet, wenn zu niedrig, nach dem sauren Gebiet hin korrigiert werden. Zweckmäßig stellt man gleich mehrere Liter Pufferlösung auf Vorrat ein, damit diese Arbeit nur selten erforderlich ist.

Fehlerquellen. Die in der Ausführungsvorschrift angegebenen Arbeitsbedingungen sowie die Lösungsmengen und -konzentrationen müssen genau eingehalten werden. Dies gilt besonders für die Neutralisation, den Puffer, die Oxinmengen und die Reihenfolge der einzelnen Operationen. (Nähere Begründung s. Literatur.)

Bei der Oxintitration ist die vorgelegte Bromatmenge nicht zu knapp zu bemessen, da eine unvollständig bromierte Probe verworfen werden muß. Der Verbrauch an Natriumthiosulfatlösung soll mindestens 4 ml betragen.

Literatur. J. Eisen, Z. Metall Bd. 5 (1951) S. 436.

XIII. Die Bestimmung des Mangans

A = —

B = 1. Photometrische Bestimmung mit Ammoniumperoxydisulfat.

C = 1. Desgl.

2. Maßanalytische Bestimmung nach VOLHARD-WOLFF.

3. Potentiometrische Bestimmung.

1. Photometrische Bestimmung mit Ammoniumperoxydisulfat

Grundlage. Das Mangan wird in phosphorsäurehaltiger salpetersaurer Lösung, die frei von oxydierbaren Substanzen, wie 2wertigem Eisen, Chlorid, Bromid und Oxalat, ist, mit Ammoniumperoxydisulfat und Silbernitrat als Katalysator zu Permanganat oxydiert. Das Extinktionsmaximum des Permanganats liegt bei 525 mμ. Um Störungen durch Eisen, Kobalt und Nickel auszuschalten, mißt man die Extinktion gegen einen mit Wasserstoffperoxyd reduzierten Teil der Analysenlösung. Der Chromgehalt darf 2 μg Chrom/ml nicht überschreiten.

Genauigkeit. 1.

Dauer. $^1/_2$ Std.

Ausführung. Bei Gehalten von 0,002 bis 0,02% Mn wird 1 g Späne, bei Gehalten von 0,02 bis 0,2% 0,1 g Späne in einem 250 ml-Becherglas mit 1 ml Quecksilber(I)-nitratlösung (s. unten) befeuchtet und 2 ml Salpetersäure (1 + 2) je 0,1 g Einwaage und 10 ml Salpetersäure (1 + 2) im Überschuß hinzugefügt. Nach vorsichtigem Erwärmen bis zum Beginn der Reaktion wird in fließendem Wasser gekühlt, um die stürmisch verlaufende Reaktion zu dämpfen. Gegen Ende des Lösevorganges erhitzt man, bis alles Metall gelöst ist, und verkocht die nitrosen Gase. Man verdünnt die Lösung auf 30 bis 35 ml, gibt 2,5 ml Phosphorsäure (1 + 3) und 1 ml Silbernitratlösung (0,017 g $AgNO_3$/100 ml) hinzu und erhitzt bis zum Sieden. Nach Zugabe von 1 g Ammoniumperoxydisulfat wird bei aufgelegtem Uhrglas weiter erhitzt, bis die Farbentwicklung einsetzt. Man läßt nun noch 1 bis $1^1/_2$ min auf der Sparflamme vorsichtig sieden. Zur vollständigen Farbentwicklung wird die Lösung noch 5 bis 10 min auf einem siedenden Wasserbad stehengelassen, danach im fließenden Wasser auf Zimmertemperatur abgekühlt und in einem 50 ml-Meßkolben aufgefüllt. Ist die Intensität der Färbung so groß, daß die Extinktion voraussichtlich 0,8 überschreiten wird, so arbeitet man mit kleineren Küvetten. Die Extinktionsmessung erfolgt mit einem Spektralphotometer bei 525 mμ, mit dem Spektrallampenphotometer bei 546 mμ in der 4 cm-Küvette. Nachdem man die eine Küvette mit der Probelösung gefüllt hat, gibt man zu der restlichen Lösung im Meßkolben 5 Tropfen 3proz. Wasserstoffperoxyd. 10 bis 20 sek nach dem Umschwenken ist die Permanganatfärbung zerstört. Diese entfärbte Probelösung dient als Vergleichslösung in der zweiten Küvette. Der Blindwert der Reagenzien wird gesondert bestimmt und von der ermittelten Extinktion abgezogen. Der Mangangehalt wird einer Eichkurve entnommen.

Aufstellung der Eichkurve. Aliquote Teile der Manganstandardlösung, entsprechend 10 bis 200 μg Mangan, werden in 250 ml-Bechergläsern mit 10 ml Salpetersäure (1 + 2) versetzt und wie die Analysenlösung behandelt.

Quecksilber(I)-nitratlösung: 1 g des Salzes wird in 5 ml Salpetersäure (1 + 2) unter gelindem Erwärmen gelöst und mit 95 ml Wasser verdünnt.

Manganstandardlösung (1 ml = 10 μg Mangan): 0,2877 g Kaliumpermanganat wird in etwa 100 ml Wasser und 5 ml Schwefelsäure (1 + 1) gelöst. Man gibt festes Natriumhydrogensulfit in kleinen Anteilen hinzu, bis das Permanganat vollständig reduziert ist, verkocht das überschüssige Schwefeldioxyd, kühlt ab und füllt auf 1 l auf. Diese Stammlösung wird 1 : 10 verdünnt.

Bemerkung. Bei Siliciumgehalten über 0,5% werden 2 g Späne in 40 ml Salpetersäure (1 + 2) unter Zusatz von 1 ml Quecksilber(I)-nitratlösung gelöst. Man füllt die Lösung auf 100 ml auf und filtriert partiell. Zu einem 20 bis 200 μg Mn enthaltenden aliquoten Teil werden 10 ml Salpetersäure im Überschuß hinzugefügt und, wie unter Ausführung angegeben, weitergearbeitet.

2. Maßanalytische Bestimmung nach Volhard-Wolff

Grundlage. Durch Lösen der Späne in Natronlauge wird Mangan von der Hauptmenge Aluminium, Zink, Silicium und gegebenenfalls Chrom und Vanadin abgetrennt. In der salzsauren Lösung des Rückstandes titriert man das Mangan nach Oxydation des Eisens und Zugabe von Zinkoxyd im Überschuß mit Kaliumpermanganatlösung, wobei 2wertiges Mangan zu 4wertigem oxydiert wird.

Genauigkeit. 1.

Dauer. 1 Std.

Ausführung. 2 g Späne (bei Gehalten über 2% Mn entsprechend weniger) werden in einem 400 ml-Becherglas in 20 ml 25proz. Natronlauge gelöst. Nach Zugabe von 3 Tropfen 3proz. Wasserstoffperoxyd wird aufgekocht und mit 100 ml heißem Wasser verdünnt. Man filtriert durch ein Filter (Type Sch. u. Sch. Nr. 589/2) und wäscht den Niederschlag 3mal mit heißem Wasser aus. Der Niederschlag wird mit 20 ml Salzsäure (1 + 1) unter Zusatz von 3 Tropfen 3proz. Wasserstoffperoxyd in einen 750 ml-Erlenmeyer-Kolben gelöst und der Überschuß an Wasserstoffperoxyd verkocht. Man gibt 5 ml 20proz. Eisen(III)-chloridlösung zu und neutralisiert durch Zugabe von Zinkoxydaufschlämmung, bis ein Überschuß von Zinkoxyd ungelöst bleibt. Nach dem Verdünnen mit heißem Wasser auf etwa 500 ml wird bis zum Sieden erhitzt und mit Kaliumpermanganatlösung (s. unten) bis zur schwachen Rosafärbung titriert.

Kaliumpermanganatlösung (1 ml = 0,6 mg Mangan): 1,14 g Kaliumpermanganat werden zu 1 l gelöst. Der Faktor muß an Hand eines Standardmusters bestimmt werden.

Bemerkungen. Das Zinkoxyd soll indifferent gegen Kaliumpermanganat sein. Durch Blindprobe muß gegebenenfalls der Blindwert der Chemikalien ermittelt und in Abzug gebracht werden. Ein erhöhter Eisengehalt der Lösung ist erwünscht, da sich dann die ausfallenden Manganoxydhydrate leichter und besser absetzen. Das Titrieren in der heißen Lösung soll rasch erfolgen. Es ist zweckmäßig, eine Vorprobe zu titrieren.

3. Potentiometrische Bestimmung

Grundlage. Mangan(II)-Ionen werden in neutraler, pyrophosphathaltiger Lösung von Permanganationen zu einem 3wertigen Manganpyrophosphat-Komplex oxydiert, wobei der Endpunkt dieser Reaktion potentiometrisch ermittelt wird. Die in den üblichen Gehalten vorkommenden Begleitelemente sind ohne Einfluß auf die Bestimmung. Übersteigt der Gehalt an Kupfer 100 mg, so muß dieses entfernt werden.

Genauigkeit. 1.

Dauer. 1 Std.

Ausführung. 1 g Späne wird in einem 250 ml-Becherglas mit 20 ml Salzsäure (1,19) gelöst, mit 5 bis 10 Tropfen 30proz. Wasserstoffperoxyd oxydiert, mit 5 ml Schwefelsäure (1 + 1) versetzt und bis zum beginnenden Rauchen der Schwefelsäure eingedampft. Nach dem Abkühlen wird mit 60 bis 70 ml Wasser aufgenommen und die Lösung mit dem abgeschiedenen Siliciumdioxyd bzw. Silicium in ein 400 ml-Becherglas übergespült, in dem man vorher 40 g Natriumpyrophosphat ($Na_4P_2O_7 \cdot 10H_2O$, chemisch rein, Erg.-Bd. 6) in etwa 120 ml Wasser durch gelindes Erwärmen gelöst hat. Anschließend stellt man durch Zugabe von 20proz. Natronlauge bzw. Schwefelsäure (1 + 4) am p_H-Meßgerät auf den p_H-Wert 6,5 ± 0,5 ein. Jetzt wird die etwa 25 bis 30° warme Lösung mit eingestellter Kaliumpermanganatlösung (0,500 g/l — s. unten) sofort am Potentiometer mit einer ausgeglühten Platin-Umschlagselektrode und einer Kalomel-Bezugselektrode unter Rühren titriert.

Einstellung der Kaliumpermanganatlösung. In einem 250 ml-Becherglas versetzt man eine dem Permanganatverbrauch bei der Probetitration entsprechende Menge Natriumoxalatlösung (s. unten) mit 15 ml Schwefelsäure (1 + 1). Die Lösung wird auf etwa 150 ml verdünnt, auf 70 bis 80° erwärmt und mit der einzustellenden Permanganatlösung potentiometrisch titriert.

Kaliumpermanganatlösung: 0,50 g $KMnO_4$ wird in ausgekochtem destilliertem Wasser gelöst, die Lösung wird aufgekocht, abgekühlt, auf 1 l aufgefüllt und filtriert. 1 ml dieser Lösung zeigt theoretisch 0,6952 mg Mangan an.

Natriumoxalatlösung: 0,8480 g $Na_2C_2O_4$ wird in ausgekochtem destilliertem Wasser gelöst und auf 1 l aufgefüllt. Die Lösung ist in einer Polyäthylenflasche etwa 1 Woche haltbar.

Bemerkungen. Es ist zweckmäßig, nach jeder dritten Titration die Platinelektrode vorsichtig auszuglühen, weil dann die Anzeige ruhiger und die Ausschläge größer werden. Die Titration soll bei 20 bis 30° erfolgen, und die zur Titration fertig vorbereiteten neutralen, pyrophosphathaltigen Lösungen sollen *nicht* längere Zeit bei Raumtemperatur oder gar in der Wärme stehen. Bei hohen Mangangehalten werden geringe Manganmengen bereits durch Luftsauerstoff oxydiert, und man erhält Minderbefunde.

Literatur. Pohl, H.: Aluminium Bd. 12 (1958) S. 710/71.

XIV. Die Bestimmung des Natriums

A = —
B = 1. Gewichtsanalytisch mit Zinkuranylacetat.
2. Flammenspektrometrisch.
C = —

1. Gewichtsanalytische Bestimmung mit Zinkuranylacetat

Grundlage. Das Natrium wird aus salzsaurer Lösung in Gegenwart des Aluminiums als Natriumzinkuranylacetat [$NaZn(UO_2)_3(CH_3COO)_9 \cdot 6H_2O$] ausgefällt. Die Analyse muß in Quarzgefäßen durchgeführt werden. Durch den Verzicht auf Abtrennung des Aluminiums durch Aussalzen (wie bei der Schiedsmethode) kann bei verkürzter Wartezeit das Verfahren als Schnellmethode angewendet werden.

Genauigkeit. 1 bis 2.

Dauer. 4 bis 5 Std. ohne Wartezeit.

Ausführung. 1 g Späne wird in einem bedeckten Quarzbecherglas in 30 ml Salzsäure (s. unten) gelöst. Man engt bis zur beginnenden Kristallisation ein, nimmt mit heißem Wasser auf und filtriert das Siliciumdioxyd ab. Der Niederschlag wird 3- bis 4mal mit heißem Wasser gewaschen. Man engt das Filtrat möglichst weit ein, doch dürfen sich nach dem Erkalten noch keine Kristalle abscheiden. Nach Zugabe von 90 ml Zinkuranylacetatlösung (s. unten) wird zur Abscheidung des Natriumzinkuranylacetats 1 Std. gerührt. Man läßt die Fällung 1 bis 2 Std. — wenn möglich über Nacht — im Dunkeln stehen. Danach wird durch einen gewogenen Glasfiltertiegel (1 G 4) filtriert. Zur quantitativen Überführung des Niederschlages aus dem Quarzbecher in den Filtertiegel benutzt man das Filtrat. Der Quarzbecher und Niederschlag werden mit der alkoholischen Waschlösung (s. unten) gewaschen. Zuletzt saugt man scharf ab, wäscht mit einigen Tropfen Äther und saugt trocken. Anschließend trocknet man 20 min im Trockenschrank bei 90° und wägt als $NaZn(UO_2)_3 \cdot (CH_3COO)_9 \cdot 6H_2O$ aus. Der Umrechnungsfaktor für Natrium ist 0,01495.

Lösungen. *Salzsäure* (etwa 1 + 1): Man leitet in doppelt destilliertes Wasser (in einem Quarzgefäß!) unter Kühlen Chlorwasserstoff bis zur Sättigung ein und verdünnt mit doppelt destilliertem Wasser auf das doppelte Volumen.

Zinkuranylacetatlösung: 10 g krist. Uranylacetat löst man in 6 ml Eisessig und 65 ml Wasser. 30 g Zinkacetat werden in 3 ml 30proz. Essigsäure und 65 ml Wasser gelöst. Beide Lösungen werden zusammengegossen und nach Stehenlassen über Nacht filtriert. 10 ml dieser Lösung fällen etwa 8 mg Natrium.

Alkoholische Waschlösung: 50 mg Natriumchlorid werden in 20 ml Wasser gelöst und das Natrium mit 50 ml Zinkuranylacetatlösung gefällt. Nach einigen Std. filtriert man durch einen Glasfiltertiegel (1 G 4), wäscht den Niederschlag mit 96proz. Alkohol und anschließend mit wenig Äther. Dieser Niederschlag wird in ein Gefäß mit 96proz. Alkohol gegeben und während eines Tages etwa stündlich gut durchgeschüttelt. Man läßt absitzen und dekantiert die zur Analyse erforderliche Menge des gesättigten Alkohols in eine kleine Spritzflasche, deren Steigrohr mit einem Wattebausch verschlossen ist, um Reste des Niederschlages zurückzuhalten.

2. Flammenspektrometrische Bestimmung

Grundlage. Natriumgehalte von einigen tausendstel Prozenten, wie sie im Reinaluminium vorliegen, lassen sich schnell in der salzsauren Lösung des Aluminiums flammenspektrometrisch bestimmen. Für alle Arbeiten sind Quarzgefäße und doppelt destilliertes Wasser zu verwenden.

Genauigkeit. 2.

Dauer. $^1/_2$ Std.

Ausführung. 1 g Späne wird in einem 250 ml-Quarzbecherglas in 15 ml Salzsäure (1,19) gelöst und in einem 100 ml-Quarzmeßkolben aufgefüllt. Gleichlaufend werden 3mal 1 g Reinstaluminium auf dieselbe Weise gelöst. Die Kolben werden, nach Zusatz bestimmter Mengen Natriumstandardlösung (s. unten) zu zwei Proben, ebenfalls aufgefüllt. Die Probe ohne Zusatz dient als Blindlösung. Die Menge des zugesetzten Natriums wird so gewählt, daß der Galvanometerausschlag der Analysenprobe zwischen den Ausschlägen der Vergleichsproben liegt. Die Ausschläge bei der Messung der Blindlösung und der Vergleichsproben ergeben eine Gerade, die parallel durch Null verschoben wird, um den Fehler, der durch den Natriumgehalt der Reinstaluminiumprobe entsteht, auszuschalten.

Natriumstandardlösung (1 ml = 5 mg Na): 1,271 g getrocknetes Natriumchlorid (s. S. 48) werden in Wasser gelöst und auf 1 l aufgefüllt. Ein aliquoter Teil dieser Stammlösung wird vor dem Gebrauch 1 : 100 verdünnt.

XV. Die Bestimmung des Nickels

C = 1. Photometrische Bestimmung mit Diacetyldioxim und Extraktion.
2. Gewichtsanalytische Bestimmung mit Diacetyldioxim.

1. Photometrische Bestimmung mit Diacetyldioxim und Extraktion

Grundlage. Nickel reagiert in schwach alkalischer Lösung mit Diacetyldioxim unter Bildung eines rot gefärbten Komplexes, der mit Chloroform extrahierbar ist. Störende Begleitelemente werden durch besondere Zusätze getarnt. Der isolierte Nickelkomplex wird durch Peroxydisulfat in einen wasserlöslichen rot gefärbten Nickel(IV)-Diacetyldioximkomplex umgewandelt und dieser gemessen. Das Extinktionsmaximum liegt bei 470 mμ. Die Farbe ist mindestens 24 Std. beständig.

Genauigkeit. 1.

Dauer. Bei 2 bis 4 Proben mit Blindwert etwa 90 min.

Ausführung. Bei Nickelgehalten von 0,01 bis 2% löst man 0,1 bis 1 g feingespantes Metall in 5 bis 20 ml Salzsäure (1,19) und etwas 30proz. Wasserstoffperoxyd oder in Salzsäure-Salpetersäure. Elementares Silicium wird abfiltriert, verascht, mit Salpetersäure-Flußsäure aufgeschlossen und letztere mit Salpetersäure vertrieben. Die Nitrate werden mit Wasser aufgenommen und zum Hauptfiltrat hinzugefügt, das nun auf 200 ml aufgefüllt wird. Zu einem 10 bis 200 μg Nickel enthaltenden aliquoten Teil der Lösung gibt man in einem 250 ml-Becherglas nacheinander unter Umschütteln folgende Reagenzien:

40 ml 20proz. Kalium-Natriumtartratlösung,
10 ml Natriumacetat-Pufferlösung (s. unten),
5 ml 10proz. Hydroxylaminhydrochloridlösung,
10 ml 1proz. Natriumdiacetyldioximlösung.

Nach Verdünnen mit Wasser auf etwa 125 ml und Einstellen des p_H-Wertes mit 20proz. Natronlauge auf 6,5 ± 0,5 wird die Lösung in einen 250 ml-Scheidetrichter übergespült. Man extrahiert den Nickelkomplex einmal mit 20 ml und einmal mit 10 ml Chloroform je 3 min durch schnelles Durchmischen mittels Elektrorührer oder Schütteln mit der Schüttelmaschine (mindestens 200 Imp./min). Die Chloroformextrakte werden in einen zweiten Scheidetrichter abgelassen und etwa 2 bis 3 min mit 20 ml Ammoniak (1 + 99) gewaschen. Die organische Phase wird wieder in einen Scheidetrichter abgelassen und die Waschlösung mit 5 ml Chloroform geschüttelt. Man versetzt die vereinigten Chloroformextrakte mit 5 ml 1proz. Natriumdiacetyldioximlösung, 1 ml frisch bereiteter 15proz. Ammoniumperoxydisulfatlösung und 3 ml 20proz. Natronlauge und schüttelt 5 min kräftig. Nach Abtrennen des Chloroforms wird die rot gefärbte Lösung in einem 50 ml-Meßkolben mit Wasser aufgefüllt und je nach Farbtiefe in der 1-, 2- oder 4 cm-Küvette mit dem Spektralphotometer bei 470 mμ, mit dem Spektrallampenphotometer bei

436 mμ gegen Wasser gemessen. Ein Blindwert aller verwendeten Reagenzien wird nach dem gleichen Analysengang ermittelt und berücksichtigt.

Aufstellung der Eichkurve. Mit 0 bis 200 μg Nickel enthaltenden aliquoten Teilen der Nickelstandardlösung (s. unten) wird nach obiger Vorschrift *ohne Zusatz* von Aluminium die Eichkurve aufgestellt. Die Probe mit 0 μg Nickel entspricht dem Blindwert.

Nickelstandardlösung (1 ml = 50 μg Nickel): 1,00 g Nickelmetall, red., Co-frei, wird in Salpetersäure gelöst und die Lösung nach Verkochen der Stickoxyde auf 1000 ml aufgefüllt. Ein aliquoter Teil dieser Stammlösung wird 1 : 20 verdünnt.

Natriumacetat-Pufferlösung (p_H 6,5): Natriumacetatlösung (300 g/l) wird mit 30proz. Essigsäure auf p_H 6,5 eingestellt.

Bemerkung. Aluminium und Eisen werden durch Tartrat maskiert. Der Mangan- und Kupfereinfluß wird durch die Zugabe von Hydroxylaminhydrochlorid beseitigt. Sind mehr als 5 mg Kupfer anwesend, so werden noch 10 ml 50proz. Natriumthiosulfatlösung zugesetzt.

Das gebrauchte Chloroform kann zur Wiederverwendung nach Schütteln in einem großen Scheidetrichter mit 30 bis 40 ml 10proz. Natronlauge und mehrmaligem Waschen mit Wasser über Calciumchlorid oder Natriumsulfat destilliert werden.

Literatur. Nach Angaben von BAM, Berlin.

2. Gewichtsanalytische Bestimmung mit Diacetyldioxim

Grundlage. Das Nickel wird nach Abtrennung von Silicium und Kupfer in ammoniakalischer Lösung unter Zusatz von Weinsäure als Nickeldiacetyldioxim gefällt und bestimmt.

Genauigkeit. 1.

Dauer. 3 bis 4 Std. (nach Abtrennung von Silicium und Kupfer).

Ausführung. 2 g Späne werden in einem 400 ml-Becherglas mit 40 ml Mischsäure (s. unten) und anteilweisem Zusatz von 15 ml Salzsäure (1,19) gelöst. Man dampft bis zum kräftigen Rauchen der Schwefelsäure ein. Nach Erkalten wird mit 200 ml heißem Wasser aufgenommen, gekocht bis zum klaren Lösen der Sulfate und das abgeschiedene Siliciumdioxyd abfiltriert. Im Filtrat wird das Kupfer elektrolytisch abgeschieden (s. S. 72). Das Elektrolysat versetzt man mit 80 ml 10proz. Weinsäurelösung und neutralisiert nach Zugabe von Methylorange mit konz. Ammoniak bis zum Farbumschlag. Nach Zugabe von 20 ml 1proz. alkoholischer Diacetyldioximlösung wird auf 70° erhitzt und 1 ml Ammoniak (0,91) hinzugefügt. Man beläßt 2 bis 3 Std. bei 70°, filtriert durch einen gewogenen Glasfiltertiegel 1 G 4 und wäscht den Niederschlag 5mal mit Wasser von 70°. Er wird im Trockenschrank 1 Std. bei 110 bis 120° getrocknet und nach dem Erkalten als $NiC_8H_{14}N_4O_4$ ausgewogen. Auf Gewichtskonstanz ist zu prüfen. Der Umrechnungsfaktor auf Ni ist 0,2032.

Mischsäure: 700 ml Schwefelsäure (1 + 1) und 300 ml Salpetersäure (1,40) werden gemischt.

Bemerkungen. Für Nickelgehalte $>$ 0,3% wählt man entsprechend kleinere Einwaagen. Gehalte $<$ 0,05% werden photometrisch ermittelt.

Für Vorlegierungen gilt die gewichtsanalytische Bestimmung mit Diacetyldioxim bei folgender Änderung:

1 g Späne wird in 20 ml Natronlauge (250 g/l) gelöst, der Löserückstand abfiltriert und mit heißem Wasser ausgewaschen. Den Filterinhalt löst man in 30 ml Salpetersäure (1 + 1) und füllt die Lösung auf 1 l auf. Hiervon werden 200 ml entnommen, 30 ml 10proz. Weinsäurelösung zugegeben, ammoniakalisch gemacht und mit 20 ml Fällungslösung das Nickel gefällt. Im übrigen verfährt man, wie unter 2. angegeben.

XVI. Die Bestimmung des Sauerstoffs (Oxydgehaltes)

A = Brom-Methanol-Methode.
B = Desgl.
C = Desgl. bei Siliciumgehalten $<1\%$.

Brom-Methanol-Methode nach O. Werner, Fischer-Bechtel

Grundlage. Brom in alkoholischer Lösung löst metallisches Aluminium, während Aluminiumoxyd nicht angegriffen wird. Im unlöslichen Rückstand wird nach Aufschluß mit Kaliumhydrogensulfat das Aluminiumoxyd mit Eriochromcyanin R photometrisch bestimmt. Das Extinktionsmaximum des Aluminium-Eriochromcyanin-Komplexes liegt bei 530 mμ.

Da die Methode auch das als feine Haut die Oberfläche des Metalls bedeckende Oxyd erfaßt, wird die oberflächliche Oxydhaut eines Spektralstäbchens oder eines Blechstreifens unmittelbar vor der Analyse durch Beizen mit einem Salpetersäure-Flußsäure-Gemisch oder mit Natronlauge entfernt. Die Oxydhaut kann auch mechanisch durch Fräsen entfernt werden.

Genauigkeit. 2.

Dauer. 3 bis 4 Std.

Ausführung. Etwa 1 g Aluminium wird als Stäbchen oder Blechstreifen in einer Lösung von konz. Flußsäure und Salpetersäure (1,40) $(1 + 1)$ 5 min gebeizt. Die Probe wird mit Wasser gut abgespült, mit Methylalkohol nachgewaschen und im Trockenschrank bei 105° 5 min getrocknet. Nach dem Erkalten im Wägegläschen wird die Probe genau gewogen und sofort gelöst.

Die gebeizte Probe wird im 400 ml-Becherglas für je 1 g Aluminium mit 60 ml Methylalkohol (0,789 bis 0,792) versetzt. 6 ml Brom werden anteilweise zugegeben, wobei sich das Metall unter Gasentwicklung löst. Bei zu starker Gasentwicklung kühlt man; zu langsames Lösen wird durch Erwärmen beschleunigt. Nach beendeter Umsetzung wird die Lösung durch ein mit Methylalkohol befeuchtetes Filter (Type Sch. u. Sch. Nr. 589/2), 9 cm Durchmesser, filtriert. Das Filter wäscht man mit Methylalkohol aus, bis es farblos erscheint. Durch anschließendes 5 maliges Füllen des Filters mit kalter 0,1 n-Salzsäure wird das vom Filter aus der Brom-Methanol-Lösung absorbierte Aluminium entfernt. Man spült mit kaltem Wasser nach und verascht das Filter mit dem Niederschlag im Platintiegel. Nach Zugabe von 4 ml konz. Flußsäure, 4 Tropfen Salpetersäure (1,40) und 4 Tropfen Schwefelsäure $(1 + 1)$ wird durch Abrauchen das Silicium verflüchtigt und der Rückstand geglüht.

Der Rückstand wird mit 0,5 g Kaliumhydrogensulfat im bedeckten Tiegel aufgeschlossen, die Schmelze mit wenig heißem Wasser im Tiegel gelöst und in einen 50 ml-Meßkolben übergespült. Zu dieser Lösung werden 5 ml der Lösung von thioglykolsaurem Natrium (s. unten), aus einer Bürette genau 5,0 ml Eriochromcyanin-R-Lösung (s. unten) und schließlich 5 ml Pufferlösung (s. unten) zugesetzt, wobei nach jeder Zugabe umzuschütteln ist. Mit Wasser wird zur Marke aufgefüllt und nach 15 min in der 1 cm-Küvette mit einem Spektralphotometer bei 530 mμ oder mit einem Spektrallampenphotometer bei 546 mμ gegen eine Blindlösung gemessen. Zur Blindprobe werden alle zu einer Analyse notwendigen Reagenzien dem gleichen Analysengang unterworfen. Es ist zweckmäßig, zwei Blindwerte anzusetzen. Der Al_2O_3-Gehalt wird einer Eichkurve entnommen.

Aufstellung der Eichkurve. 5 g Kaliumhydrogensulfat werden im Platintiegel geschmolzen. Die Schmelze wird in Wasser gelöst und im 200 ml-Meßkolben aufgefüllt. Zu je 20 ml werden in 50 ml-Meßkolben 0 bis 10 ml der Aluminiumoxydstandardlösung, entsprechend 0 bis 50 μg Al_2O_3, gegeben und wie die Analysenlösung behandelt.

Lösungen. *Thioglykolsaures Natrium*, 1,5proz. Lösung: 1,5 g thioglykolsaures Natrium werden in 20 bis 30 ml Wasser gelöst und 50 ml Äthylalkohol zugesetzt. Die Lösung wird mit Wasser auf 100 ml aufgefüllt und ist 3 Tage haltbar.

Eriochromcyanin-R-Lösung, 0,075proz.: 0,75 g Eriochromcyanin R wird in 200 ml Wasser gelöst, je 25 g Natriumchlorid und Ammoniumnitrat und 2 ml Salpetersäure (1,40) zugesetzt. Die Lösung wird auf 1 l aufgefüllt.

Pufferlösung: 320 g Ammoniumacetat und 5 ml Eisessig auf 1 l.

Aluminiumoxydstandardlösung (1 ml = 5 µg Al_2O_3): 0,2646 g Reinstaluminium werden mit 1 g festem Natriumhydroxyd unter Zusatz von etwa 20 ml Wasser in einer bedeckten Platinschale gelöst; anschließend überführt man die Lösung in einen 1 l-Meßkolben, der 30 ml Salzsäure (1 + 1) enthält. Die klare Lösung wird nach Erkalten aufgefüllt. Ein aliquoter Teil dieser Stammlösung wird 1 : 100 verdünnt.

XVII. Die Bestimmung des Siliciums

A = 1. Photometrische Bestimmung als Silicomolybdänsäure.
B = 2. Photometrische Bestimmung als Silicomolybdänsäure.
3. Gewichtsanalytische Bestimmung als Siliciumdioxyd (Methode Neuhausen).
4. Gewichtsanalytische Bestimmung nach Otis-Handy.
5. Gewichtsanalytische Bestimmung nach Regelsberger-Weiss.
C = 5. Gewichtsanalytische Bestimmung nach Regelsberger-Weiss.
6. Gewichtsanalytische Bestimmung mit Perchlorsäure als Schnellmethode.

1. Photometrische Bestimmung als Silicomolybdänsäure

Grundlage. Nach Lösen des Metalls in Salpetersäure und Salzsäure wird das Silicium bei einem p_H-Wert von 1,0 ± 0,2 mit Ammoniummolybdat in die gelb gefärbte Silicomolybdänsäure übergeführt. Das Extinktionsmaximum der Silicomolybdänsäure liegt bei 350 mµ. Die Messung erfolgt jedoch bei 400 bzw. 405 mµ.

Genauigkeit. 2 bis 1.

Dauer. 2 Std.

Ausführung. 1 g Späne wird in 15 ml 6 n-Salpetersäure und 15 ml 6 n-Salzsäure in einem mit einem Uhrglas bedeckten 250 ml-Becherglas G 20 (hohe Form) gelöst. Sobald die Späne gelöst sind, engt man auf ein Volumen von 15 ml ein. Hierzu befindet sich auf dem Becherglas eine Strichmarke, die genau eingehalten werden muß (p_H-Wert). Die Lösung wird dann mit doppelt destilliertem Wasser in einen 100 ml-Meßkolben übergespült und auf etwa 80 ml verdünnt. Der p_H-Wert muß jetzt 1,0 ± 0,2 sein. Man gibt 5 ml klar filtrierte 10proz. Ammoniummolybdatlösung hinzu, füllt mit doppelt destilliertem Wasser zur Marke auf und schüttelt gut durch. Nach einer Wartezeit von 10 min wird mit einem Spektralphotometer bei 400 mµ, mit einem Spektrallampenphotometer bei 405 mµ in einer 4 cm-Küvette gegen die gleichbehandelte Lösung von Reinstaluminiumspänen mit bekanntem Siliciumgehalt gemessen. Der Siliciumgehalt der Reinstaluminiumspäne muß zu dem der Eichkurve entnommenen Wert zugezählt werden.

Aufstellung der Eichkurve. Zu je 1 g Reinstaluminiumspänen werden 10 bis 200 µg Silicium enthaltende aliquote Teile der Siliciumstandardlösung zugesetzt und, wie oben angegeben, verfahren. Man mißt gegen eine gleiche Reinstaluminiumprobe ohne Siliciumzusatz.

Siliciumstandardlösung (1 ml = 10 µg Silicium): 0,214 g reinstes geglühtes Siliciumdioxyd werden mit der 5fachen Menge Natrium-Kaliumcarbonat im Platintiegel aufgeschlossen. Die erkaltete Schmelze wird in einem Polyäthylenbecher mit Wasser aus dem Tiegel herausgelöst und die Lösung in einem 1 l-Meßkolben aufgefüllt. Ein aliquoter Teil dieser Stammlösung wird 1 : 10 verdünnt und zur Aufstellung der Eichkurve ohne längere Verweilzeit in Glasgeräten sofort benutzt.

Alle Reagenzlösungen sind in Polyäthylengefäßen anzusetzen und aufzubewahren.

2. Photometrische Bestimmung als Silicomolybdänsäure

Grundlage. Nach Lösen des Metalls in Natronlauge und Umsetzen mit Salpetersäure wird mit Ammoniummolybdat das Silicium bei dem p_H-Wert 1,0 in die gelb gefärbte Silicomolybdänsäure übergeführt und deren Extinktion gemessen. Das Extinktionsmaximum liegt bei 350 mμ, doch ist es zweckmäßig, bei 400 mμ auch mit dem Spektralphotometer zu messen.

Genauigkeit. 1.

Dauer. 1 Std.

Ausführung. 0,5 g Späne werden im bedeckten Nickeltiegel in 10 ml Natronlauge (300 g/l) gelöst. Hierauf verdünnt man mit heißem Wasser und filtriert zur Abtrennung störender Begleitelemente, vornehmlich des Eisens, durch ein dichtes kieselsäurefreies Filter unter Verwendung eines Polyäthylentrichters in ein 250 ml-Becherglas, in welchem 20 ml Salpetersäure (1,40) vorgelegt wurden. Der Niederschlag wird mehrmals mit heißem Wasser ausgewaschen. Das Filtrat wird klargekocht, falls sein Volumen 100 ml überschreitet, eingeengt und nach Abkühlen in einem Meßkolben zu 100 ml aufgefüllt. Hiervon werden 25 ml in einen zweiten 100 ml-Meßkolben abpipettiert, auf etwa 80 ml aufgefüllt und mit 10 ml 10proz. Ammoniummolybdatlösung versetzt. Man überzeugt sich mit Indicatorpapier geeigneter Empfindlichkeit oder einem p_H-Meßinstrument mit Glaselektrode davon, daß der p_H-Wert bei $1 \pm 0{,}2$ liegt. Gegebenenfalls wird er mit Salpetersäure (1,40) bzw. mit Natriumacetatlösung (500 g/l) korrigiert. Nach 5 min wird gegen den gleichzeitig hergestellten Blindwert aus Reinstaluminiumspänen bekannten Siliciumgehaltes bei 405 mμ mit dem Spektrallampenphotometer, bei 400 mμ mit dem Spektralphotometer gemessen, und zwar

bei Gehalten	von 0,01	bis	0,3%	in	4 cm-Küvetten,
	von 0,3	bis	0,6%	in	2 cm-Küvetten,
	über		0,6%	in	1 cm-Küvetten.

Zur Herstellung des Blindwertes wägt man 0,5 g Reinstaluminiumspäne bekannten Siliciumgehaltes ein und behandelt sie gleichzeitig wie die Analyse. Den Siliciumgehalt der verwendeten Reinstaluminiumspäne muß man zu dem aus der Eichkurve entnommenen Wert zuzählen. Bei Verwendung eines siliciumarmen Aluminiums 99,99 bewegt sich die Korrektur in der Größenordnung von 0,002% und kann daher vernachlässigt werden.

Aufstellung der Eichkurve. Zu je 0,5 g Reinstaluminiumspänen werden 0 bis 1,5 mg Silicium enthaltende aliquote Teile der Standardlösung zugesetzt und nach obiger Vorschrift analysiert. Die Messung erfolgt gegen den Blindwert (0 ml Standardlösung).

Silicium-Standardlösung (1 ml = 50 μg Silicium): 0,1070 g frisch geglühtes und im Exsiccator erkaltetes Siliciumdioxyd werden im Platintiegel mit der 5fachen Menge Natrium-Kaliumcarbonat aufgeschlossen. Die Schmelze wird in einem Polyäthylenbecher mit Wasser gelöst, die Lösung in einem 1 l-Meßkolben aufgefüllt und in einer Polyäthylenflasche aufbewahrt.

Alle Reagenzien sind in Polyäthylengefäßen anzusetzen und aufzubewahren.

3. Gewichtsanalyetische Bestimmung, Schnellmethode Neuhausen

Grundlage. Das Metall wird durch längeres Kochen mit Schwefelsäure am Rückflußkühler gelöst und das Silicium als Siliciumdioxyd abgeschieden. Die Methode eignet sich für Siliciumgehalte von 0,05 bis 0,7%. Das Filtrat kann unmittelbar zur Eisenbestimmung verwendet werden.

Genauigkeit. 2 bis 3.

Dauer. 2 Std.

Ausführung. 2 g feine Späne werden in einem 500 ml-ERLENMEYER-Kolben mit 70 ml Schwefelsäure (2,5 + 1) durch etwa halbstündiges schwaches Kochen am Rückflußkühler gelöst. Man läßt einige Minuten abkühlen und verdünnt mit Wasser auf 150 bis 200 ml. Das ausgeschiedene Siliciumdioxyd wird auf ein Filter, Durchmesser 11 cm (Type Sch. u. Sch. Nr. 597), abfiltriert und mit heißem Wasser 8- bis 10mal ausgewaschen. Man verascht im Porzellantiegel, glüht bei 950° und wägt als Siliciumdioxyd aus. Der Umrechnungsfaktor auf Silicium ist 0,4672.

4. Gewichtsanalytische Bestimmung, Methode Otis-Handy

Grundlage. Das Metall wird in starken Säuren gelöst und durch Abrauchen das Silicium als unlösliches Siliciumdioxyd abgeschieden. Die Methode ist anwendbar bei Gehalten von 0,1 bis 0,7% Silicium.

Genauigkeit. 2.

Dauer. 2 Std.

Ausführung. 2 g Späne löst man im bedeckten 600 ml-Becherglas, hohe Form, mit 40 ml Mischsäure (s. unten) unter anteilweiser Zugabe von 15 ml Salzsäure (1,19). Nach beendetem Lösen wird bis zum starken Rauchen der Schwefelsäure und Festwerden der Sulfate eingedampft. Der erkaltete Sulfatbrei wird mit etwa 200 ml heißem Wasser aufgenommen. Man erhitzt, bis das Aluminiumsulfat klar gelöst ist, filtriert durch ein Filter (Type Sch. u. Sch. Nr. 589/2) mit Filterschleim und wäscht 8- bis 10mal mit heißem Wasser aus. Im Porzellantiegel wird verascht, bei 950° geglüht und als Siliciumdioxyd ausgewogen.

Der Umrechnungsfaktor auf Silicium ist 0,4672.

Für genaue Analysen, vor allem auch, wenn der Rückstand auf dem Filter durch graphitisches Silicium dunkel gefärbt ist, verascht man im Platintiegel, glüht bei etwa 600° und wägt. Danach wird mit einigen Tropfen Schwefelsäure (1 + 1) und 1 bis 2 ml konz. Flußsäure abgeraucht, wieder bei 600° geglüht und gewogen. Die Differenz entspricht dem vorhandenen Siliciumdioxyd. Hierauf wiederholt man das Abrauchen mit 1 bis 2 ml Flußsäure und einigen Tropfen Salpetersäure (1,40), glüht und wägt wieder. Die Differenz der letzten Wägungen entspricht dem Silicium, das mit dem auf Si umgerechneten Siliciumdioxyd zusammen den Gesamtgehalt an Silicium ergibt.

Mischsäure: 7 Teile Schwefelsäure (1 + 1) und 3 Teile Salpetersäure (1,40).

5. Gewichtsanalytische Bestimmung, Methode Regelsberger-Weiß

Grundlage. Durch Lösen der Probe in Natronlauge werden das gesamte Silicium und die Silicide gelöst. Nach Einengen der Lösung wird durch Zusatz von Gelatine das Siliciumdioxyd abgeschieden. Es fällt so rein an, daß auf das Verflüchtigen als Siliciumtetrafluorid verzichtet werden kann. Die Methode ist für alle Siliciumgehalte über 0,1% anwendbar.

Genauigkeit. 1.

Dauer. $1^1/_2$ Std.

Ausführung. 2 g Späne werden in einer bedeckten Nickelschale mit 7 g Natriumhydroxyd und 10 ml Wasser, dann anteilweise mit weiteren insgesamt 50 ml Wasser versetzt. Man kocht, bis das gesamte graphitische Silicium aufgeschlossen ist. Die Lösung gibt man in ein Becherglas, das 60 ml Schwefelsäure (1 + 1) oder 120 ml Salzsäure (1 + 1) enthält, setzt 10 ml 3proz. Wasserstoffperoxyd hinzu und spült Nickelschale und -deckel sorgfältig aus. Nach Auflegen eines Uhrglases wird etwa 20 min bis zum Ausflocken des Siliciumdioxyds gekocht, wobei das Endvolumen etwa 50 ml betragen soll. Man kühlt auf etwa 60° ab, gibt 10 ml 1proz. frisch bereitete Gelatinelösung und 50 ml heißes Wasser hinzu und rührt rasch kräftig durch. Nach 10 min wird durch ein Filter (Type Sch. u. Sch. Nr. 589/2) filtriert und 8- bis 10mal mit heißem Wasser ausgewaschen. Das Waschwasser soll im Liter 5 ml der Gelatinelösung und 10 ml Salzsäure (1 + 1) enthalten. Filter und Niederschlag werden im gewogenen Porzellantiegel vorgetrocknet, noch feucht verascht und bei 950° geglüht. Nach dem Abkühlen wird das Siliciumdioxyd ausgewogen. Der Umrechnungsfaktor auf Silicium ist 0,4672.

Bei Siliciumgehalten von

1 bis 5% wird 1 g Einwaage mit 5 g Natriumhydroxyd,

5 bis 20% wird 0,5 g Einwaage mit 4 g Natriumhydroxyd gelöst.

6. Gewichtsanalytische Bestimmung mit Perchlorsäure als Schnellmethode

Grundlage. Das Metall wird nach REGELSBERGER in der Nickelschale gelöst und nach Umsetzen mit Perchlorsäure das Siliciumdioxyd durch Eindampfen abgeschieden.

Genauigkeit. 1 bis 2.

Dauer. 30 bis 40 min.

Ausführung. Je nach Siliciumgehalt werden 0,5 bis 1 g Späne in einem Nickeltiegel (Höhe und Durchmesser je 60 mm) bei aufgelegtem Deckel mit 3 g Natriumhydroxyd (etwa 20 Plätzchen) und 10 ml Wasser gelöst. Man kocht die Lösung 1 bis 2 min und spült sie dann in einen 300 ml-ERLENMEYER-Kolben, der mit 40 ml Perchlorsäure (1,54) beschickt ist. Der Nickeltiegel ist mit einem Gummiwischer gut auszuwischen. Der Kolben wird nun an die Destilliervorrichtung angeschlossen und die Lösung eingedampft, bis Dämpfe von 200° übergehen. (Mit Thermostift 200 am oberen Teil des Kolbens prüfen!) Nach Trennung des Kolbens vom Destillieraufsatz verdünnt man *vorsichtig* mit etwa 100 ml Wasser und filtriert nach dem Lösen der Salze über ein doppeltes Filter (z. B. Sch. u. Sch. Nr. 589/2) oder über einen gewogenen Platinsiebtiegel mit Filterbreischicht. Nach dem Auswaschen des Kolbens wäscht man Filter oder Filterbreischicht mit heißem Wasser bis zur Perchlorsäurefreiheit aus und verascht das Filter im Porzellantiegel oder die Filterschicht im Platinsiebtiegel. Bei Schnellanalysen verbrennt man die Filtermasse zweckmäßig im Sauerstoffstrom (5 Blasen je sek). Nach dem Glühen wird das verbleibende Siliciumdioxyd gewogen. Der Umrechnungsfaktor auf Si ist 0,4672.

Die Destillationsvorrichtung (Abb. 5) hat den Zweck, die Perchlorsäuredämpfe auf einfache Weise unschädlich zu machen.

Man setzt auf den ERLENMEYER-Kolben ein Rohr von einer dem Kolbenhals entsprechenden Weite. Eine kugelige Aufbauchung an der Ansatzstelle gibt einen genügend dichten Abschluß, da wegen der annähernd gleichen Weite von Rohr und Kolbenhals keine Stauungen auftreten. Das absteigende Ende des Destillierrohres steckt lose in einem etwas weiteren Metallrohr, das von außen mit Kühlwasser berieselt wird. Das untere Ende des Metallrohres endet im Abflußbecken.

Die Veraschungseinrichtung (Abb. 6) besteht aus einer Waschflasche zum Blasenzählen, einem Einleitungsröhrchen aus Pythagorasmasse mit seitlicher Öffnung, die den Sauerstoffstrom gegen die Tiegelwand leitet, damit ein Wegblasen des Niederschlages vermieden wird, und einem Brenner oder Tiegelofen.

Fehler- bzw. Gefahrenquellen. Perchlorsäure darf nicht mit organischen Substanzen in Berührung kommen, da sonst Explosionen auftreten können. Deshalb arbeitet man am zweckmäßigsten auf Fliesentischen. Ein Verschütten von Perchlorsäure ist zu vermeiden, andernfalls muß man sie sofort mit Wasser abspülen.

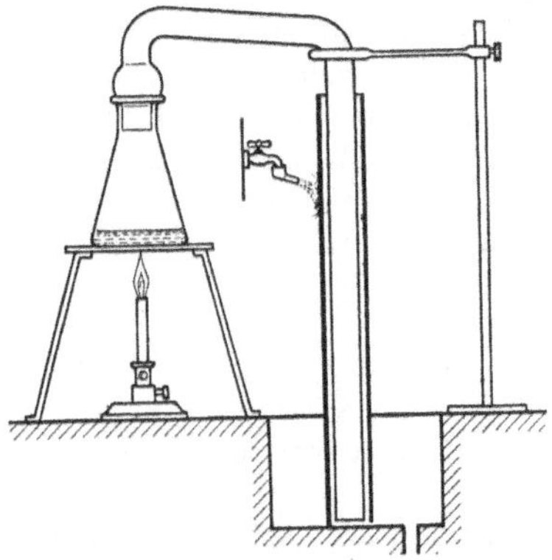

Abb. 5. Kolben mit Destillationsrohr für die Si-Bestimmung

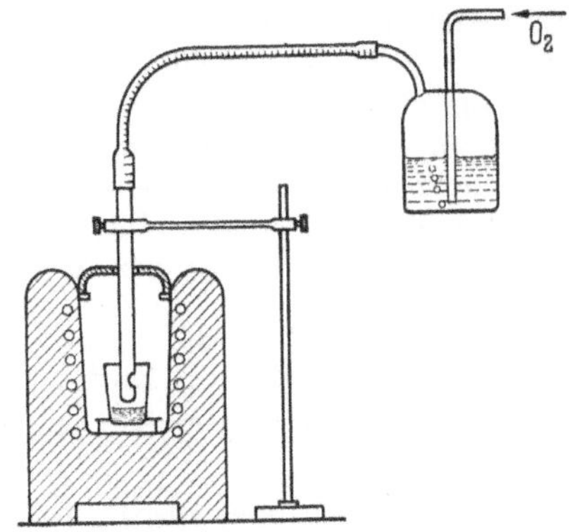

Abb. 6. Veraschungsapparatur

Holz darf nicht längere Zeit Perchlorsäuredämpfen höherer Konzentration ausgesetzt werden, da sonst eine langsame Durchtränkung stattfindet, die zu Verpuffungen, Bränden und Explosionen führen kann.

Literatur. J. Eisen, Metall Bd. 5 (1951) S. 436.

XVIII. Die Bestimmung des Titans

A = 1. Photometrische Bestimmung mit Sulfosalicylsäure und Extraktion.
B = 2. Photometrische Bestimmung mit Sulfosalicylsäure.
C = 3. Maßanalytische Bestimmung mit Eisen(III)-chlorid.

1. Photometrische Bestimmung mit Sulfosalicylsäure und Extraktion

Grundlage. Nach Anreicherung des Titans und gleichzeitiger Abtrennung des Aluminiums mit Natronlauge wird in salzsaurer, acetatgepufferter Lösung der gelb gefärbte Titansulfosalicylsäurekomplex entwickelt und bei einem p_H-Wert von 2,8 unter Verwendung von Tri-n-butylammoniumacetat nach GLEMSER — im folgenden „TB" bezeichnet — als extraktionsförderndem Mittel mit Chloroform extrahiert. Das Extinktionsmaximum liegt bei 356 mμ, die Messung erfolgt aber zweckmäßig bei 405 mμ.

Die Reduktion des störenden Eisen(III)-sulfosalicylats erfolgt vor der Extraktion bei einem p_H-Wert 3,5 bis 3,8 mit Natriumthiosulfat und Natriumhydrogensulfit.

Genauigkeit. 1.

Dauer. Nach Anreicherung 2 Std.

Ausführung. 20 g Metall werden in 300 ml Natronlauge (250 g/l) gelöst. Nach Zugabe von 500 μg Magnesium enthaltender Magnesiumchloridlösung wird mit Wasser auf etwa 1 l verdünnt, die Lösung aufgekocht und über Nacht stehengelassen. Man filtriert über ein Filter mit Filterschleim, wäscht mit heißem Wasser aus und löst den Hydroxydniederschlag in verdünnter Salzsäure (3 ml HCl und 25 ml Wasser). Zur klaren Lösung gibt man 10 ml Pufferlösung (s. unten) und 3 ml 10proz. Sulfosalicylsäurelösung und stellt den p_H-Wert auf 3,5 bis 3,8 ein. Die Reduktion erfolgt in der Hitze mit 1 ml 5proz. Natriumthiosulfatlösung und 1,5 ml

5proz. Natriumhydrogensulfitlösung. Nach Abkühlen der Lösung auf Zimmertemperatur wird der p_H-Wert mit Salzsäure auf 2,8 eingestellt (Indicatorpapier geeigneter Empfindlichkeit oder p_H-Meßgerät). Man überführt die Lösung in einen 250 ml-Schütteltrichter und schüttelt mit 10 ml Chloroform und 10 ml „TB“ (s. unten) 3 min lang aus. Nach Ablassen der organischen Phase über ein kleines Wattefilter in einen 25 ml-Meßkolben wird mit 1 bis 2 ml Chloroform nachgespült, um den Extrakt aus Hahn und Auslauf des Schütteltrichters zu entfernen. Man wiederholt die Ausschüttelung mit 10 ml Chloroform und 10 ml „TB“ und füllt danach den Extrakt im Meßkolben mit Chloroform auf. Die Messung erfolgt in der 2 cm-Küvette bei 405 mμ. Ein Blindwert der Reagenzien wird nach dem gleichen Analysengang ermittelt und in Abzug gebracht.

Die Aufstellung der Eichkurve erfolgt mit Titanstandardlösung (1 ml = 5 μg Titan) ohne Aluminiumzusatz.

Lösungen. *Acetatpufferlösung*, p_H 4,1 : 166 g Natriumacetat ($CH_3COONa \cdot 3H_2O$) und 200 ml Eisessig in 684 ml Wasser lösen. Der p_H-Wert ist zu kontrollieren.

Tri-n-butylammoniumacetat, reinst: 350 ml „TB“ und 350 ml Wasser werden mit 10 g Kohle (Merck 2183, „Aktiv, rein, trocken“) 2 Std. geschüttelt. Man läßt über Nacht absitzen, filtriert zunächst durch ein Faltenfilter, dann 2mal durch ein Filter (Type Sch. u. Sch. Nr. 589/2) und schließlich noch einmal durch ein Filter (Type Sch. u. Sch. Nr. 589/5). Die Lösung ist nach dieser Behandlung völlig farblos und wird in einer dunklen Flasche aufbewahrt.

2. Photometrische Bestimmung mit Sulfosalicylsäure

Grundlage. 4wertiges Titan ergibt mit Sulfosalicylsäure in saurer Lösung bei einem p_H-Wert von 2,6 bis 2,8 eine intensiv hellgelbe Färbung (s. auch S. 33). Die durch Eisensulfosalicylat verursachte Färbung wird durch Zusatz von Thioglykolsäure beseitigt. Kupfergehalte $>$0,005% stören. Zweckmäßigerweise extrahiert man dann das Kupfer mit dem Bleisalz der Diäthyldithiocarbaminsäure in Chloroform.

Genauigkeit. 1.

Dauer. 1 Std.

Ausführung. 2 g Späne werden im bedeckten Erlenmeyer-Kolben in 40 ml Salzsäure (1 + 1) gelöst. Man gibt gegen Ende der Reaktion 3 bis 4 Tropfen 3proz. Wasserstoffperoxyd hinzu und füllt die Lösung nach dem Erkalten in einem 100 ml-Meßkolben auf. 20 ml der Lösung, entsprechend 0,4 g Einwaage, werden in einem 100 ml-Becherglas nach Zugabe von 15 ml 40proz. Sulfosalicylsäurelösung mit Ammoniak auf p_H 3,3 bis 3,5 eingestellt. Nun setzt man 20 ml Pufferlösung (s. unten) zu und anschließend unter Umrühren 5 ml 4proz. Thioglykolsäure in 2 Anteilen. Mit wenig Wasser spült man die Lösung in einen 100 ml-Scheidetrichter und schüttelt 2 min mit 15 ml Bleidiäthyldithiocarbaminat-Chloroform-Lösung (s. unten) aus. Die Chloroformschicht wird abgelassen und die wäßrige Phase $^1/_2$ min mit 10 ml reinem Chloroform geschüttelt. Man verwirft die Chloroformphasen, spült die wäßrige Schicht in das Becherglas zurück, stellt den p_H-Wert auf 2,6 bis 2,8 ein und füllt die Lösung in einem 100 ml-Meßkolben auf. Der zur photometrischen Messung benötigte Anteil wird durch ein kleines trockenes Filter (Type Sch. u. Sch. Nr. 589/5) filtriert, um geringe Reste Chloroform und Siliciumdioxyd zu entfernen, wobei man den ersten Anteil des Filtrats verwirft. Wird bei geringen Kupfergehalten ($<$0,005%) auf die Extraktion verzichtet, so wird nach Zusatz der Thioglykolsäure der p_H-Wert auf 2,6 bis 2,8 eingestellt, die Lösung in den 100 ml-Meßkolben filtriert und das Filter mit dem zum Auffüllen notwendigen Wasser ausgewaschen. Die Extinktion mißt man frühestens 20 min nach Zugabe der Sulfosalicylsäure mit dem Spektralphotometer bei 380 mμ oder dem Spektrallampenphotometer bei 405 mμ in einer 4 cm-Küvette gegen eine aus 2 g Reinstaluminium in gleicher Weise hergestellte Blindlösung.

Aufstellung der Eichkurve. 4 g Reinstaluminiumspäne werden in 80 ml Salzsäure (1 + 1) gelöst und in einem 200 ml-Meßkolben aufgefüllt. Zu je 20 ml dieser Lösung gibt man in 100 ml-Bechergläsern 0 bis 10 ml Titanstandardlösung zu, entsprechend 0 bis 100 μg Titan. Diese Lösungen werden wie die Analysenlösung behandelt; jedoch unterbleibt die Diäthyldithiocarbaminat-Extraktion, da die im Reinstaluminium enthaltenen geringen Kupfermengen vernachlässigt werden dürfen.

Lösungen. *Pufferlösung:* 6,44 g Natriumacetat werden mit 10 ml 96proz. Essigsäure und Wasser zu 1 l gelöst. Der p_H-Wert wird mit Essigsäure bzw. festem Natriumacetat auf 3,5 eingestellt.

Bleidiäthyldithiocarbaminat-Chloroform-Lösung: Man löst 0,2 g Bleiacetat in 20 ml Wasser, gibt 10 ml 10proz. Kaliumtartratlösung hinzu, macht mit Kalilauge eben alkalisch und fügt 10 ml 10proz. Kaliumcyanidlösung und 0,25 g in 20 ml Wasser gelöstes Natriumdiäthyldithiocarbaminat hinzu. In einem Scheidetrichter wird die Lösung mit 250 ml Chloroform bis zur Lösung des Bleidiäthyldithiocarbaminat-Niederschlages geschüttelt. Die Chloroformschicht wird abgetrennt und anschließend 2mal mit Wasser ausgeschüttelt. Die Chloroformschicht wird durch ein trockenes Filter filtriert und mit Chloroform zu 2 l aufgefüllt.

Titanstandardlösung (1 ml = 10 μg Titan): 166,8 mg in einem Platintiegel bei 1000 bis 1100° geglühtes Titandioxyd werden im Platintiegel mit Kaliumhydrogensulfat aufgeschlossen. Man löst die Schmelze unter Erwärmen mit 500 ml Schwefelsäure (1 + 16) und füllt auf 1 l auf. Ein aliquoter Teil dieser Stammlösung wird 1 : 10 verdünnt.

3. Maßanalytische Bestimmung mit Eisen(III)-chlorid

Grundlage. In salzsaurer Lösung wird das Titan mit titanfreiem Reinstaluminium reduziert und mit Eisen(III)-chloridlösung in Gegenwart von Kaliumthiocyanat titriert. Ist die Legierung kupferhaltig, so filtriert man nach der Reduktion das abgeschiedene Kupfer ab. Enthält die Probe Titan als Carbid, wodurch beim Auflösen ein feiner schwarzer Schlamm zurückbleibt, so muß man die Legierung von vornherein mit Königswasser lösen und danach durch viel Salzsäure die Salpetersäure vertreiben, um schließlich die Reduktion des Titans mit Aluminium durchzuführen.

Genauigkeit. 2.

Dauer. 25 min.

Ausführung. Bei Legierungen bis zu 0,5% Titan werden 5 g Späne, bei höheren Gehalten entsprechend weniger, in einem 300 ml-ERLENMEYER-Kolben mit 125 ml Salzsäure (1 + 1) unter anteilweiser Zugabe gelöst. Unmittelbar nach Beendigung des Lösens hängt man einen perforierten Aluminiumblechstreifen mittels eines Glashakens in die Lösung ein und läßt unter gelegentlichem Umschwenken 10 min einwirken. Scheidet sich Kupfer ab, so filtriert man die Lösung und wiederholt die Reduktion für einige Minuten. Gegen Ende der Reduktion wird etwas Natriumhydrogencarbonat in die Lösung gegeben. Nach Beendigung der Reduktion kühlt man auf 30° ab, versetzt mit 75 ml 30° warmem, luftfreiem, ausgekochtem Wasser, gibt sofort 10 ml 50proz. Kaliumthiocyanatlösung zu und titriert rasch mit einer 0,02 n-Eisen(III)-chloridlösung (s. unten) bis zur Hellbraunfärbung. Die Färbung bleibt nur kurze Zeit bestehen. 1 ml der 0,02 n-Eisen(III)-chloridlösung entspricht 0,958 mg Titan.

Eisen(III)-chloridlösung, 0,02 n: 1,597 g Eisen(III)-oxyd nach BRANDT werden mit 50 ml Salzsäure (1,19) unter Erwärmen gelöst. Man kühlt ab und füllt im Meßkolben auf 1 l auf.

Bemerkungen. Bei hohen Siliciumgehalten wird der in Salzsäure unlösliche Rückstand abfiltriert, ohne starkes Glühen verascht, mit Salpetersäure-Flußsäure abgeraucht, durch Abrauchen mit Schwefelsäure die Salpetersäure-Flußsäure restlos entfernt und der Abrauchrückstand mit wenig Kaliumhydrogensulfat aufgeschlossen. Die gelöste Schmelze wird zum Filtrat gegeben.

Die maßanalytische Bestimmung kommt auch bei Vorlegierungen zur Anwendung. Es ist aber auch die einfache gewichtsanalytische Methode anwendbar (H. GINSBERG: „Leichtmetallanalyse“, 3. Aufl., S. 190. Berlin: De Gruyter 1955).

XIX. Die Bestimmung des Vanadins

A = —
B = 1. Photometrische Bestimmung mit Phosphorwolframsäure.
C = 1. Desgl.
2. Potentiometrische Bestimmung.

1. Photometrische Bestimmung mit Phosphorwolframsäure

Grundlage. In salpetersaurer Lösung wird mit Phosphorsäure und Natriumwolframat die intensiv gelb gefärbte Phosphorwolframvanadinsäure gebildet. 3wertiges Eisen wird durch Phosphorsäure maskiert. Das Extinktionsmaximum der Phosphorwolframvanadinsäure liegt bei 360 mμ. Die Messung erfolgt jedoch bei 436 mμ.

Genauigkeit. 2.

Dauer. 1 Std.

Ausführung. 1 g Späne wird im bedeckten 100 ml-ERLENMEYER-Kolben in 10 ml 25proz. Natronlauge gelöst und mit 15 ml Salpetersäure (1,40) umgesetzt. Nach dem Klarkochen verdünnt man mit heißem Wasser auf etwa 40 ml, fügt 1 ml konz. Phosphorsäure und nach Umschwenken 1,5 ml 0,5 m-Natriumwolframatlösung (16,5 g $Na_2WO_4 \cdot 2H_2O$/100 ml) hinzu. Man kocht kurz auf und kühlt sofort auf Zimmertemperatur ab. Die gelbe Lösung wird in einem 50 ml-Meßkolben aufgefüllt. Nach 30 min Wartezeit mißt man die Extinktion in einer 4 cm-Küvette mit dem Spektralphotometer oder dem Spektrallampenphotometer bei 436 mμ gegen Wasser.

Aufstellung der Eichkurve. In 50 ml-Meßkolben gibt man 0,5 bis 15 ml der Vanadinstandardlösung, entsprechend 5 bis 150 μg Vanadin, und verfährt weiter, wie oben angegeben.

Vanadinstandardlösung (1 ml = 10 μg Vanadin): 0,0893 g bei 250° getrocknetes Vanadin(V)-oxyd wird in 20 ml Wasser und 5 ml Natronlauge (250 g/l) gelöst und mit 10 ml Salpetersäure (1,40) umgesetzt. Die Lösung wird im Meßkolben zu 1 l aufgefüllt. Ein aliquoter Teil dieser Stammlösung wird 1 : 5 verdünnt.

Bemerkungen. Bei Vanadingehalten von 0,025 bis 0,2% in Aluminiumlegierungen werden Küvetten geringerer Schichtdicke verwendet oder die Einwaagen verringert.

Wenn hohe Siliciumgehalte vorliegen, wird durch Eindampfen der salpetersauren Lösung zur Trockne die Hauptmenge des Siliciumdioxyds abgeschieden. Nach dem Lösen des Abdampfrückstandes in Salpetersäure und Wasser unter Erwärmen filtriert man, verascht das Filter mit dem Niederschlag und raucht mit Salpetersäure-Flußsäure ab. Der Abrauchrückstand wird in Salpetersäure gelöst und die Lösung zum Filtrat gegeben, das auf 40 ml eingeengt wird.

2. Potentiometrische Bestimmung

Grundlage. Das Verfahren beruht auf der Reduktion des 5wertigen Vanadins in schwefel- und phosphorsaurer Lösung mit Eisen(II)-sulfat zum 4wertigen. Der Endpunkt der Reduktion wird durch einen starken Potentialsprung angezeigt. Als

Indicatorelektrode benutzt man eine Platinspirale und als Vergleichselektrode die gesättigte Kalomelelektrode.

Genauigkeit. 1.

Dauer. 1 Std.

Ausführung. Bei Gehalten über 0,05 bis 3% Vanadin wird 1 g, bei höheren Gehalten werden 0,5 g des fein gespanten Metalls in 50 ml des Säuregemisches (s. unten) siedend gelöst, wobei das verdampfende Wasser bis zur Beendigung des Lösevorganges ersetzt wird. Dann wird mit Kaliumpermanganatlösung (s. unten) so lange oxydiert, bis einige ml Kaliumpermanganatlösung im Überschuß vorhanden sind und nicht mehr reduziert werden. Nun setzt man der siedendheißen Lösung bis zum Verschwinden der Permanganatfärbung festes gepulvertes Eisen(II)-sulfat zu, wobei keine Trübung durch Mangandioxydhydrat entstehen darf. Ein Überschuß von Eisen(II)-sulfat ist erforderlich, damit etwa anwesendes Chrom vollständig reduziert wird.

Nun wird die Lösung auf etwa 25° abgekühlt und unter die Titrationsapparatur gestellt, worauf mit einer Stechpipette unter Einschaltung der Rührvorrichtung Kaliumpermanganatlösung zunächst bis zur Rosafärbung und dann ein Überschuß von 3 ml zugegeben wird. Das Kaliumpermanganat läßt man zur vollständigen Oxydation des Vanadins 1 min lang einwirken, worauf man durch Zugabe von 40 ml Oxalsäurelösung (12,5 g/l) die Rotfärbung zum Verschwinden bringt. Nach völligem Verschwinden der Rosafärbung stellt sich das Potential konstant ein, wodurch das Ende der Reduktion des überschüssigen Kaliumpermanganats angezeigt wird. Nun wird mit eingestellter Eisen(II)-sulfatlösung (s. unten) bis zum Auftreten des Potentialsprunges titriert. Die verbrauchte Menge Eisen(II)-sulfatlösung mal Titer der Lösung ergibt den Vanadingehalt der Einwaage.

Bemerkungen. Die Anwesenheit der in den Aluminiumlegierungen vorkommenden und in Lösung gegangenen Metalle Kupfer, Mangan, Nickel, Chrom, Kobalt und Titan stört die Bestimmung nicht. Den beim Lösen einer kupferhaltigen Legierung anfallenden Kupferschwamm filtriert man ab.

Lösungen. *Eisen(II)-sulfat*: 7 g Eisen(II)-sulfat und 40 ml Schwefelsäure (1,84) werden in Wasser zu 1 l gelöst. Die Titerstellung der Lösung wird mit 0,01 n-Kaliumpermanganatlösung potentiometrisch vorgenommen.

Kaliumpermanganatlösung (zur Oxydation): 25 g Kaliumpermanganat werden in Wasser zu 1 l gelöst, aufgekocht und abgekühlt.

Lösungsgemisch: 300 ml Schwefelsäure (1,84), 100 ml Phosphorsäure (1,70), 600 ml Wasser.

Literatur. In Anlehnung an das Verfahren im Handbuch für das Eisenhüttenlaboratorium des Vereins Deutscher Eisenhüttenleute, Bd. 2, S. 142.

XX. Die Bestimmung des Wismuts

A = —
B = —
C = Photometrische Bestimmung mit Thioharnstoff.

Photometrische Bestimmung mit Thioharnstoff

Grundlage. Nach dem Lösen des Metalls in Salzsäure und Salpetersäure wird in Gegenwart von Borsäure mit Thioharnstoff der gelbe Wismut-Thioharnstoff-Komplex entwickelt, dessen Extinktionsmaximum bei 325 mμ liegt. Die Messung erfolgt jedoch bei etwa 400 mμ. Da die Intensität der Färbung von der zugegebenen Thioharnstoffmenge abhängig ist, muß diese genau bemessen werden. Auch alle übrigen Bedingungen sind genauestens einzuhalten, besonders ist auf die Messung bei gleicher Temperatur (am besten 20° ± 1°) zu achten.

Genauigkeit. 2.

Dauer. 40 min.

Ausführung. 0,5 g Späne bei Gehalten bis zu 1% (0,25 g Einwaage bei höheren Gehalten) werden in einem 250 ml-Becherglas in 15 ml Salzsäure (1 + 2) gelöst. Man gibt 10 ml Salpetersäure (1 + 4) hinzu und kocht vorsichtig bis zum Lösen des Metallschwammes. Nach dem Verkochen der nitrosen Gase wird abgekühlt und die Lösung in einem 100 ml-Meßkolben aufgefüllt. Man filtriert durch ein trockenes Filter (Type Sch. u. Sch. Nr. 589/5) in ein trockenes Becherglas, wobei man den ersten Anteil verwirft. In einem 100 ml-Meßkolben werden zu 10 ml des Filtrats 5 ml gesättigte Borsäurelösung und 10,0 ml frisch hergestellte und filtrierte 10proz. Thioharnstofflösung gegeben. Nach dem Auffüllen zur Marke wird die Extinktion mit einem Spektralphotometer bei 400 mμ oder mit einem Spektrallampenphotometer bei 405 mμ in der 4 cm-Küvette, bei höheren Gehalten in der 2 cm-Küvette, gegen den Blindwert gemessen. Den Blindwert stellt man aus einer gleich großen Einwaage an wismutfreiem Reinaluminium oder entsprechendem Legierungstyp unter sonst gleichen Bedingungen her. Meßwerte und Eichwerte müssen bei gleichen Temperaturverhältnissen ermittelt werden.

Aufstellung der Eichkurve. Es wird ein wismutfreier Legierungstyp für die Eichkurve verwendet, welcher dem zu untersuchenden wismuthaltigen Legierungstyp gleicht. Zu je 0,5 g Spänen werden von der Wismutstandardlösung 0 bis 25 ml, entsprechend 0 bis 6,25 mg Wismut, zugegeben. Man verfährt nach dem oben beschriebenen Analysengang und mißt gegen den Legierungstyp ohne Wismutzugabe.

Wismutstandardlösung (1 ml = 250 μg Wismut): 0,250 g reinstes Wismutmetall wird in einer Mischung von 15 ml Salzsäure (1 + 2) und 10 ml Salpetersäure (1 + 4) gelöst. Man füllt im Meßkolben zu 1 l auf.

Bemerkungen. Liegen hohe Siliciumgehalte vor, so wird nach dem Lösen des Metallschwammes zur Trockne eingedampft und die Hauptmenge des Siliciums abgeschieden. Man nimmt den Rückstand mit Salzsäure und Wasser auf, filtriert und raucht den Niederschlag von Siliciumdioxyd und Silicium nach Veraschen mit Salpetersäure-Flußsäure ab. Der Abrauchrückstand wird in Salzsäure gelöst oder mit wenig Natrium-Kaliumcarbonat aufgeschlossen und als saure Lösung zum Filtrat gegeben.

XXI. Die Bestimmung des Zinks

A = 1. Polarographische Bestimmung nach Abtrennung mit Dithizon.
B = 1. Desgl.
C = 2. Gewichtsanalytische Bestimmung mit Quecksilberthiocyanat.
3. Abgekürztes Verfahren mit Quecksilberthiocyanat.
4. Maßanalytische Bestimmung mit Komplexon III.
5. Potentiometrische Bestimmung.

1. Polarographische Bestimmung nach Abtrennung mit Dithizon

Grundlage. Nach dem Lösen des Metalls in Salzsäure wird in Gegenwart von Zitronensäure bei einem p_H-Wert von 7,5 bis 8,5 das Zink als Dithizonat mit Chloroform extrahiert. Mit 0,1 n-Salzsäure wird das Zink in die wäßrige Phase zurückgeschüttelt und in ammoniakalischer, nitrathaltiger Lösung polarographiert.

Genauigkeit. 1.

Dauer. 5 Std.

Ausführung. 0,5 g Späne werden im 250 ml-Becherglas mit 25 ml Salzsäure (1 + 1) gelöst. Man füllt die Lösung in einem 100 ml-Meßkolben auf. Ein 100 bis 500 μg Zink enthaltender aliquoter Teil der Lösung — bei Gehalten von 0,01 bis

0,1% Zn die gesamte Einwaage — wird auf etwa 50 ml verdünnt und mit etwa 200 mg festem Hydroxylaminhydrochlorid versetzt. Nach Zugabe von 30 ml Zitronensäurelösung (100 g/l) und 3 Tropfen Bromthymolblaulösung (s. unten) neutralisiert man mit Ammoniak (s. unten), zuletzt tropfenweise, bis der Indicator von Gelb über Schmutziggrün nach Blau umschlägt. In einem 250 ml-Scheidetrichter extrahiert man zunächst mit 15 ml Dithizonlösung 3 min und anschließend so oft mit je 10 ml Chloroform 3 min, bis die durch das Dithizonat anfangs gelbbraun gefärbte wäßrige Schicht praktisch farblos ist; hierzu genügt gewöhnlich eine Chloroformextraktion. Bei der Extraktion mit Dithizonlösung ist darauf zu achten, daß die organische Phase grün bis graublau gefärbt bleibt. Eine rote Färbung deutet auf höhere Gehalte an Zink oder andere Schwermetalle hin. In diesem Fall ist die Extraktion mit weiteren 15 ml Dithizonlösung so oft zu wiederholen, bis die grüne Farbe der Dithizonlösung bestehenbleibt. Die in einem 100 ml-Scheidetrichter aufgefangenen organischen Phasen werden 2 mal mit je 10 ml Salzsäure (1 + 19) 3 min extrahiert, wodurch das Zink in die wäßrige Phase zurückgeschüttelt wird. Die wäßrigen Phasen engt man in einem 50 ml-Becherglas auf 10 bis 15 ml ein, kocht nach Zusatz einer Spatelspitze Natriumsulfit kurz auf und spült sie nach dem Erkalten mit wenig Wasser in einen 25 ml-Meßkolben über. Nach Zusatz von 5 ml Grundlösung (s. unten) wird mit Wasser aufgefüllt, der verschlossene Kolben auf die bei der Aufstellung der Eichkurve gewählte Temperatur abgekühlt und unter den für die Eichkurve geltenden Bedingungen polarographiert. Liegen höhere Zinkkonzentrationen als bei Ermittlung der Eichkurve vor, so ist die Galvanometerempfindlichkeit entsprechend zu verringern. Die Auswertung der erhaltenen Stufenhöhen erfolgt an Hand der Eichkurve.

Eine Blindlösung aller verwendeten Reagenzien ist demselben Analysengang zu unterwerfen. Die Stufenhöhe dieses Blindwertes ist von den für die Analysenproben ermittelten Stufenhöhen abzusetzen, bevor der Zinkgehalt der Eichkurve entnommen wird.

Aufstellung der Eichkurve. 100 bis 500 µg Zink enthaltende aliquote Teile der Zinkstandardlösung werden in 25 ml-Meßkolben mit 10 ml Salzsäure (1 + 19) versetzt, nach Zugabe von 5 ml Grundlösung aufgefüllt und im verschlossenen Kolben auf eine bestimmte Zimmertemperatur abgekühlt. Die temperierte Lösung gibt man in die Meßzelle des Polarographen und leitet zur Entlüftung mindestens 5 min lang einen schwachen Stickstoffstrom durch. Für die Polarogrammaufnahme werden die Versuchsbedingungen entsprechend dem zur Verfügung stehenden Gerät so gewählt, daß man eine Stufenhöhe von mindestens 40 mm für einen Gehalt von 100 µg Zink erhält.

Lösungen. *Bromthymolblaulösung:* Man löst 40 mg Bromthymolblau in 1 ml Äthylalkohol und fügt 99 ml Wasser hinzu.

Ammoniak (0,91): Hergestellt durch Einleiten von Ammoniak in eine destilliertes Wasser enthaltende Polyäthylenflasche.

Chloroform, DAB 6.

Dithizonlösung: 0,100 g Diphenylthiocarbazon (Dithizon) wird in 100 ml Chloroform gelöst. Die Lösung ist in brauner Flasche im Kühlschrank aufzubewahren.

Grundlösung: a) 0,050 g Gelatine wird in 10 ml Wasser gelöst.

b) 2,00 g Zitronensäure und 10,0 g Natriumsulfit-7-Hydrat werden in 30 ml Wasser gelöst und mit 50 ml Ammoniak (0,91) versetzt. Man gibt Lösung a) zu Lösung b) und füllt mit Wasser auf 100 ml auf. Die Grundlösung muß täglich frisch bereitet werden.

Zinkstandardlösung (1 ml = 50 µg Zink): Eine Zinkgranalie (etwa 0,5 g) wird genau eingewogen und in einem 1 l-Meßkolben mit 20 ml Salzsäure (1,19) gelöst. Man füllt mit Wasser auf und verdünnt einen 50,00 mg enthaltenden aliquoten Teil dieser Stammlösung auf 1 l.

2. Gewichtsanalytische Bestimmung mit Quecksilberthiocyanat

Grundlage. Nach Abtrennung störender Begleitelemente, wie Kupfer, Blei, Wismut, Mangan, Nickel und Kobalt, wird das Zink aus saurer Lösung als Zink-Quecksilberthiocyanat gefällt und bestimmt. Störendes Eisen wird durch Zusatz von Phosphorsäure in Lösung gehalten.

Genauigkeit. 1 bis 2.

Dauer. Etwa 1 Arbeitstag.

Ausführung. 2 g Späne (bei Zinkgehalten $<0{,}5\%$) werden in einem 800 ml-Becherglas mit 30 ml 25proz. Natronlauge gelöst. Man verdünnt mit heißem Wasser auf 600 ml und fügt 20 ml 10proz. Natriumsulfidlösung hinzu. Nach 4stündigem Absitzenlassen wird über eine mit Asbest präparierte kleine Nutsche filtriert und der Rückstand mit heißem natriumsulfidhaltigem Wasser gewaschen. Den Rückstand löst man mit einer heißen Mischung von 7 ml Salzsäure (1 + 1), 5 ml 3proz. Wasserstoffperoxyd sowie 70 ml Wasser und filtriert durch ein Filter (mittelweich). In die auf 300 ml verdünnte Lösung wird nach Zusatz von 10 ml Salzsäure (1 + 1) Schwefelwasserstoff zur Fällung von Blei, Kupfer, Wismut usw. eingeleitet. Die Sulfide werden abfiltriert und mit schwefelwasserstoffhaltigem Wasser ausgewaschen. Im Filtrat wird der Schwefelwasserstoff verkocht, anschließend wird mit Ammoniak (1 + 4) der p_H-Wert von 3,0 bis 3,3 eingestellt und das Zink durch Einleiten von Schwefelwasserstoff in die 70° warme Lösung ausgefällt. Man filtriert den Sulfidniederschlag ab, wäscht gut mit schwefelwasserstoffhaltigem Wasser aus, löst den Rückstand mit 25 ml Schwefelsäure (1 + 8) vom Filter und wäscht dieses mit heißem Wasser aus. Nach Einengen des Filtrats auf etwa 50 ml werden 4 Tropfen 3proz. Wasserstoffperoxyd, 3 ml konz. Phosphorsäure und 25 ml Fällungslösung (s. unten) zugegeben. Man rührt $^1/_2$ Std., filtriert den Zink-Quecksilberthiocyanatniederschlag auf einen Glasfiltertiegel 1 G 4 ab, wäscht mit möglichst wenig 2proz. Fällungslösung aus und mit 2 bis 3 ml Äthanol nach. Der Niederschlag wird bei 105° getrocknet und als $ZnHg(CNS)_4$ ausgewogen. Der Umrechnungsfaktor auf Zn ist 0,1312.

Der Zinkgehalt des Zink-Quecksilberthiocyanat-Niederschlages kann auch maßanalytisch mit Kaliumjodat ermittelt werden (s. S. 98ff.).

Bei Zinkgehalten $>0{,}5\%$ wird die Einwaage zwischen 0,5 und 1 g gewählt und im übrigen wie oben verfahren.

Fällungslösung: 27 g Quecksilber(II)-chlorid und 39 g Ammoniumthiocyanat werden in Wasser zu 1 l gelöst.

3. Abgekürztes Verfahren für die Bestimmung mit Quecksilberthiocyanat

Grundlage. Das Zink wird aus saurer Lösung als Zink-Quecksilberthiocyanat gefällt, nachdem zuvor das Kupfer durch Fällung mit Natriumthiosulfat als Kupfer(I)-sulfid entfernt worden ist. Das Verfahren ist eine Schnellbestimmung für Zink, besonders in Legierungen der Gattung Al-Zn-Mg.

Genauigkeit. 2.

Dauer. 45 bzw. 60 min, wenn der Niederschlag im Trockenschrank getrocknet wird.

Ausführung.

Einwaage	Gelöst wird mit	Verwandt wird
5 g bei 0,01 bis 0,1% Zn	50 ml NaOH (1 + 3)	die ganze Lösung
1 g bei 0,1 bis 1 % Zn	10 ml NaOH (1 + 3)	die ganze Lösung
1 g bei 1 bis 5 % Zn	10 ml NaOH (1 + 3)	die halbe Lösung
1 g bei 5 bis 10 % Zn	10 ml NaOH (1 + 3)	$^1/_4$ der Lösung

In einem 250 ml-Becherglas wird 1 g Späne mit 10 ml Natronlauge (1 + 3) unter Erwärmen gelöst. Nach Verdünnen mit wenig Wasser wird die Lösung mit 10 ml Schwefelsäure (1 + 1) angesäuert und erwärmt. Man gibt 3 bis 5 ml 0,1 n-Natriumthiosulfatlösung hinzu und läßt 5 min kochen. Der Niederschlag wird auf ein mit Filterschleim gedichtetes Filter (mittelweich) abfiltriert, mit heißem Wasser ausgewaschen und das Filtrat nach Abkühlen in einem 200 ml-Meßkolben aufgefüllt. 100 ml der Lösung werden in einem 250 ml-Becherglas auf 130 ml verdünnt. Man gibt 10 Tropfen 3proz. Wasserstoffperoxyd, 5 ml Phosphorsäure (1,7) sowie 15 ml Fällungslösung (s. S. 97) hinzu und rührt 5 min kräftig durch. Der Niederschlag wird nach kurzem Absitzenlassen auf einen Glasfiltertiegel 1 G 3 abgesaugt und mit Wasser, das 2% Fällungslösung enthält, 1- bis 2mal ausgewaschen. Darauf trocknet man ihn nach 1- bis 2maligem Durchsaugen von Methanol 15 min im Trockenschrank bei 105°, oder man behandelt ihn mit Aceton und entfernt die letzten Reste Aceton im Vakuum.

Bei kleineren Niederschlägen kann nach dem Abfiltrieren der Fällung auf ein Filter (mittelweich) der Zinkniederschlag mit 80 ml Salzsäure (1 + 1) in eine 200 ml-Flasche mit Glasstopfen gelöst werden. Nach Zugabe von 2 ml Chloroform titriert man unter Schütteln mit einer Kaliumjodatlösung, die im Liter 3,929 g KJO_3 enthält, bis die zuerst aufgetretene Violettfärbung des Chloroforms eben verschwunden ist. 1 ml der Kaliumjodatlösung entspricht 0,2 mg Zn.

4. Maßanalytische Bestimmung mit Komplexon III

Grundlage. Nach dem Lösen des Metalls in Natronlauge unter Hydrazinsulfatzusatz werden die Oxydhydrate von Kupfer, Mangan, Magnesium, Eisen, Titan usw. abfiltriert. Zink wird im alkalischen Filtrat als Sulfid ausgefällt. Nach Entfernen des restlichen Kupfers durch Extraktion kann das Zink mit Komplexon III titriert werden.

Genauigkeit. 1 bis 2.

Dauer. 2 Std.

Ausführung.

a) Für Zinkgehalte von 0,1 bis 0,5% in hoch kupferhaltigen Legierungen

1 g Späne wird in einem bedeckten 250 ml-Becherglas mit 20 ml 25proz. Natronlauge gelöst. Die Lösung wird mit 15 ml gesättigter Hydrazinsulfatlösung versetzt, einige Minuten aufgekocht und nach dem Abspritzen des Uhrglases und der Becherglaswandung mit höchstens 20 ml Wasser durch ein Filter (mittelweich) filtriert. Es wird 3mal mit heißem Wasser ausgewaschen. Zu der etwa 150 ml betragenden kochenden Lösung gibt man 10 ml 20proz. Natriumsulfidlösung sowie etwas Filterschleim und läßt noch 1 min mäßig kochen. Man beläßt anschließend das Glas etwa 5 min am Rande der Kochplatte. Dann wird durch ein Filter (hart) filtriert und mit heißem, natriumsulfidhaltigem Wasser (s. unten) 4mal ausgewaschen. Den Zinksulfidniederschlag löst man mit einer heißen Mischung von 10 ml Salzsäure (1 + 1) und 10 ml Wasser und wäscht das Filter mit heißem Wasser 4mal aus. Das in einem 250 ml-Becherglas aufgefangene Filtrat wird zum Vertreiben von Schwefelwasserstoff aufgekocht und nach dem Abkühlen mit 2 ml 50proz. Zitronensäurelösung, 10 ml Ammoniak (0,91) und 5 ml 0,1proz. Natriumdiäthyldithiocarbaminatlösung versetzt. Färbt sich die Lösung deutlich gelblichbraun, so überführt man sie in einen Scheidetrichter und schüttelt 2mal mit je 5 ml Kohlenstofftetrachlorid aus. Nach Ablassen der organischen Schicht überführt man die wäßrige Lösung in einen 300 ml-Erlenmeyer-Kolben, gibt eine Spatelspitze Eriochromschwarz T (s. unten) hinzu und titriert die rötliche Lösung

mit Komplexon-III-Lösung (s. unten) bis zum Umschlag nach Reinblau. 1 ml verbrauchte Komplexon-III-Lösung entspricht 1 mg Zink.

Lösungen. *Natriumsulfidwaschwasser:* 20 ml 20proz. Natriumsulfidlösung und 5 ml 25proz. Natronlauge in 1 l Wasser.

Eriochromschwarz T: 1 g des Indicators wird mit 200 g getrocknetem Natriumchlorid zu staubfeinem Pulver verrieben und trocken aufbewahrt.

Komplexon-III-Maßlösung (1 ml entspricht 1 mg Zink): 5,694 g des Dinatriumsalzes der Äthylendiamintetraessigsäure werden auf 1 l mit Wasser gelöst. Die Lösung wird gegen eine Zinkprobe bekannten Gehaltes eingestellt.

b) Für Zinkgehalte $> 0,5\%$

Während bei kupferfreien hochzinkhaltigen Legierungen im allgemeinen 0,5 g eingewogen werden, darf bei Legierungen der Gattung Al-Zn-Mg-Cu, unter Beibehaltung von 20 ml Natronlauge zum Lösen, nur eine Einwaage von 0,25 g genommen werden.

Im übrigen wird nach Verfahren a) weitergearbeitet.

5. Potentiometrische Bestimmung

Grundlage. In Legierungen mit Zinkgehalten $> 0,5\%$ wird das Zink nach Abtrennung bzw. Tarnung der störenden Begleitelemente potentiometrisch mit Kaliumhexacyanoferrat(II)-Lösung titriert.

Genauigkeit. 2

Dauer. 45 min.

Ausführung. 1 g möglichst feine Späne wird in 75 ml Schwefelsäure (1 + 1) unter Erwärmen gelöst. Zeigt der entstandene Metallschwamm in der Hitze keine Gasentwicklung mehr, so verdünnt man auf 200 ml, gibt einige Stückchen Reinaluminiumblech hinzu und kocht etwa 2 min, um das in Lösung gegangene Kupfer wieder abzuscheiden. Hierauf wird sofort in einen 250 ml-Meßkolben filtriert und das Filter gut nachgewaschen. Man füllt zur Marke auf und entnimmt zur Titration 2mal 50 ml (= 0,2 g Einwaage) in 250 ml-Bechergläser. Hierzu werden 5 ml gesättigtes Bromwasser gegeben und der Bromüberschuß sorgfältig verkocht. Nun gibt man 10 ml Phosphorsäure (1,7), 15 ml Kalilauge (500 g Kaliumhydroxyd im Liter) und etwas Wasser hinzu, erhitzt die Lösung auf 70° und titriert nach vorheriger Zugabe von 5 ml 0,5proz. Kaliumcyanoferrat-(III)-lösung das Zink potentiometrisch mit eingestellter Kaliumhexacyanoferrat(II)-Lösung (s. unten) bis zum Potentialsprung. Als Elektroden benutzt man eine Platin- und eine gesättigte Kalomelelektrode.

Kaliumhexacyanoferrat(II)-Lösung: 6,48 g $K_4Fe(CN)_6$ werden in 1 l Wasser gelöst. (1 ml entspricht etwa 0,0015 g Zn.)

Die Kaliumhexacyanoferrat(II)- und -(III)-Lösungen müssen vor Licht geschützt aufbewahrt werden.

Titerstellung der Kaliumhexacyanoferrat(II)-Lösung: Man löst 1,000 g Zink in 50 ml Schwefelsäure (1 + 5) und füllt auf 1 l auf. Von dieser Lösung, die in 1 ml 1 mg Zink enthält, pipettiert man 10 ml in ein 250 ml-Becherglas, versetzt sie mit 25 ml Schwefelsäure (1 + 5), 15 ml Kalilauge, 10 ml Phosphorsäure und erwärmt auf 70°. Nach Zusatz von 5 ml Kaliumhexacyanoferrat(III)-Lösung titriert man potentiometrisch mit Kaliumhexacyanoferrat(II)-Lösung. Verbrauch a ml; 1 ml Kaliumhexacyanoferrat(II)-Lösung entspricht $10/a$ mg Zn.

Der Titer ist täglich zu überprüfen.

Hinweise. Nickel, Kobalt und Vanadin stören.

Literatur. J. Eisen, Metall und Erz, Bd. 40 (1943) S. 26—28.

XXII. Die Bestimmung des Zinns

Maßanalytische Bestimmung mit Jodlösung

Grundlage. Nach Abscheidung des störenden Kupfers aus salzsaurer Lösung wird das Zinn in die 2wertige Form übergeführt und jodometrisch titriert.

Genauigkeit. 2.

Dauer. 2 Std.

Ausführung. 1 g Einwaage wird in einem 600 ml-Becherglas mit 50 ml Wasser versetzt und dann mit 25 ml Salzsäure (1,19) bei anteilweisem Zusatz gelöst. Zur vollständigen Lösung kocht man 4 min, fügt etwas Ferrum reductum hinzu und kocht eine weitere min lang. Darauf filtriert man durch ein mit Filterbrei gedichtetes Filter (mittelweich) in einen 500 ml-ERLENMEYER-Kolben, wäscht den Rückstand mit Wasser aus, gibt ihn samt dem Filter in das Glas zurück und übergießt ihn mit 20 ml Salzsäure, 1 bis 2 ml 3proz. Wasserstoffperoxyd und 1 bis 2 ml Flußsäure. Es wird bis zur vollständigen Lösung des Rückstandes erhitzt und das Peroxyd verkocht. Nach Zugabe von 2 bis 3 g Ferrum reductum erhitzt man weiter bis zur vollständigen Abscheidung des Kupfers, filtriert in den Kolben, der das erste Filtrat enthält, und wäscht den Rückstand sorgfältig aus. Die vereinigten Filtrate werden mit 25 ml Salzsäure (1,19) versetzt, eingeengt, nach Hinzufügen von 0,5 g Ferrum reductum auf 250 ml verdünnt und 5 min zum Sieden erhitzt. Der Kolben wird durch einen mit kaltgesättigter Natriumhydrogencarbonatlösung beschickten GÖCKEL-Aufsatz verschlossen. Man läßt so lange weiterkochen, bis alle Luft aus dem Kolben verstrichen ist, kühlt dann den Kolbeninhalt auf etwa 15° ab, entfernt den GÖCKEL-Aufsatz, versetzt die Lösung mit 2 g Kaliumjodid und 5 ml 0,2proz. Stärkelösung und titriert mit Kaliumjodatlösung (s. unten) bis zur schwachen Blaufärbung.

0,017 n-Kaliumjodatlösung: 10 g Kaliumjodid und 0,601 g Kaliumjodat werden in 1000 ml Wasser gelöst. Die Lösung wird mittels Proben mit bekanntem Zinngehalt eingestellt.

1 ml 0,017 n-Lösung entspricht 0,0010 g Sn.

Fehlerquellen. Die geeignetste Zinnmenge für die angegebene Bestimmung beträgt 5 mg; eine Zinnmenge von 0,5 mg soll nicht unterschritten werden. Die Einwaage ist danach zu bemessen.

Literatur. Analytical Methods of Aluminium Alloys, S. 57. — Aluminium Research Institute, Chicago (1948). — STEINHÄUSER, K., und K. H. AUST: Aluminium Bd. 24 (1942) S. 172. — S. KALLMANN: Ind. Engng. Chem. analyt. Edit. Bd. 15 (1948) S. 166.

XXIII. Die Bestimmung von Kohlenstoff, Stickstoff, Schwefel und Phosphor

Auf die Wiedergabe der Vorschriften zur Bestimmung von Kohlenstoff, Stickstoff, Schwefel und Phosphor wurde verzichtet. Es wird in diesem Zusammenhang auf die ausführliche Behandlung dieser Elemente im Buch von H. GINSBERG: Leichtmetallanalyse, 3. Aufl., Berlin: De Gruyter-Verlag 1955, verwiesen.

F. Untersuchungsmethoden für Aluminiumpulver

I. Aluminiumgranulate

(Reinaluminium und Umschmelzaluminium)

Der Begriff „Aluminiumgranulate“ erstreckt sich auf körnige Aluminiumteilchen, die durch Verdüsung mittels Preßluft, Wasserdampf usw. oder durch Abschleudern von schnell rotierenden Scheiben, welche in die Metallschmelze eintauchen oder auf die ein Metallstrahl gegossen wird, hergestellt werden.

Ebenso erstreckt sich dieser Begriff auf „gerührte Granulate“. Das sind Granulate, welche durch Rühren einer auf den Erstarrungspunkt abgekühlten Aluminiumschmelze entstehen, sowie auf Granulate, die in Mühlen und Zerkleinerungsmaschinen aus Aluminiumdreh- oder Frässpänen hergestellt werden.

Die chemische Analyse erfolgt wie bei Reinaluminium oder Aluminiumlegierungen.

Zusätzlich werden folgende Prüfungen durchgeführt:

1. Siebanalyse

100 g des Metallgranulates werden einer Siebung auf genormten Prüfsieben (DIN 1171) unterworfen. Man verwendet hier Schüttel- oder Vibrationsmaschinen.

Die Aufgabe geschieht auf das gröbste Sieb und dann auf die jeweils feineren. Die Dauer der Siebung richtet sich nach dem feinsten Sieb, welches noch Material passieren läßt. Wenn kein Durchgang mehr festzustellen ist, wird die Siebung abgebrochen. Die Einzelsiebklassen werden gewogen. Die Auswaage entspricht dann jeweils dem Siebdurchgang des vorherigen Siebes in Prozent.

Der Siebrückstand wird mit +, der Siebdurchgang mit — bezeichnet. Die Darstellung der Siebanalyse kann mit Hilfe des Stapeldiagramms oder der Summenkurve erfolgen.

2. Feuchtigkeit

Auf der Analysenwaage werden etwa 10 g Aluminiumgranulat in eine getrocknete und gewogene Porzellanschale eingewogen und in einen heizbaren Vakuumexsiccator gebracht, durch welchen ein trockener Stickstoffstrom (etwa 20 l/h) etwa 10 min durchgeleitet wird. Dann heizt man langsam auf 110° auf und hält die Temperatur 1 Std. konstant. Man läßt im Stickstoffstrom abkühlen und wägt.

Aus der Differenz der Wägungen errechnet sich der Feuchtigkeitsgehalt.

In vielen Fällen genügt auch schon das Trocknen während 1 Std. bei 110° im Trockenschrank bei Normalatmosphäre. Die ganze Mehrauswaage, welche durch Oxydation des Pulvers eintritt, wird vernachlässigt.

3. Metallgehalt

Eine Einwaage von 0,3 g Aluminium entwickelt unter Normalbedingungen (0° C/760 Torr) 375 ml Wasserstoff.

Man bringt die Einwaage von 0,3 g in ein Sturzgläschen, in das man Glasperlen gibt und darauf etwa 3 g Natriumhydroxyd in Plätzchenform. Dieses Gläschen überführt man in einen 300 ml-Weithals-Erlenmeyer-Kolben, welcher mit 100 ml destilliertem Wasser beschickt ist. Nun schließt man den Erlenmeyer-Kolben an eine Gasbürette an, die 500 ml Gesamtinhalt hat. Man öffnet den Entlüftungshahn und stellt das Niveau der Absperrflüssigkeit durch das Heben des Niveaugefäßes auf Null. Darauf schließt man den Entlüftungshahn, senkt das Niveaugefäß und stürzt durch Schwenken des Erlenmeyer-Kolbens das Sturzgläschen um. Dabei löst sich das Natriumhydroxyd, und das Aluminium reagiert unter Wasserstoffentwicklung. Die dabei entstehende Wasserstoffmenge wird nach völligem Temperaturausgleich abgelesen, indem man das Niveau der Sperrflüssigkeit im Niveaugefäß auf das in der Bürette bringt. Das abgelesene Volumen reduziert man auf den Normalzustand. Diesen Wert setzt man in Beziehung zur theoretisch für die Einwaage von Reinaluminium zu erwartenden Gasmenge und erhält damit den Metallinhalt des Pulvers

$$\text{Metallinhalt} = \frac{100 \cdot B}{A}$$

A = die aus der Einwaage entwickelte Gasmenge bei 100proz. Aluminium (0°, 760 Torr),

B = das auf Normalzustand (0°, 760 Torr) reduzierte, aus der Probe entwickelte Gasvolumen.

Apparatur und Berechnungsbeispiel s. auch Abschnitt G, S. 104.

4. Säureunlösliches

(Salzsäureunlösliches)

In einen 1 l-Erlenmeyer-Kolben bringt man 10 g Aluminiumgranulat und 100 ml Wasser. Man gibt 160 ml Salzsäure (1 + 1) in kleinen Anteilen unter Kühlung des Kolbens zu. Nach dem vollständigen Lösen kocht man kurz auf und filtriert über einen gewogenen Glasfiltertiegel 1 G 3. Man wäscht mit 5proz. Salzsäure, dann mit Wasser und darauf mit 50 ml 70proz. Alkohol. Anschließend spült man mit 50 ml eines Gemisches aus Alkohol und Äther (3 + 1) nach. Man saugt kräftig ab und trocknet den Tiegel bei 100°. Die Gewichtsdifferenz (Einwaage — Auswaage) entspricht dem Säureunlöslichen und wird in Prozent angegeben.

II. Aluminiumblättchenpulver (Aluminiumbronze)

Der Begriff „Aluminiumblättchenpulver" erstreckt sich auf Aluminiumpulver, welche im Stampf- oder Kugelmühlenprozeß unter Verwendung von Fett hergestellt werden.

Die Form dieser Pulver ist blättchenförmig, lamellar; die Oberfläche der Blättchen ist metallisch glänzend und mit einer Aluminium-Fettsäureschicht bedeckt. Es handelt sich dabei meist um Stearinsäure, wobei mehr oder minder mit dem Aluminiumoxyd der Metalloberfläche Stearatbildung eingetreten ist.

Für die chemische Analyse kommen die üblichen Analysenmethoden für Reinaluminium in Frage.

Zu beachten ist, daß infolge der großen Oberfläche des Pulvers die Reaktionsfähigkeit beim Löseprozeß sehr groß ist und die Lösegefäße entsprechend groß sein müssen. Das Lösungsmittel ist verdünnter zu wählen und beim Lösen unter Umständen zu kühlen.

Als zusätzliche Prüfungen kommen in Betracht:

1. Bestimmung des ätherlöslichen Fettanteiles

5 g Aluminiumblättchenpulver wägt man in eine Extraktionshülse ein, gibt etwas Watte darauf, damit ein Hochschwimmen verhindert wird, und bringt die Hülse in einen Soxhlet-Extraktionsaufsatz. Einen gewogenen 300 ml-Rundstehkolben mit Normalschliff füllt man zur Hälfte mit Äther, bringt den Extraktionsaufsatz und den Kühler an und destilliert etwa 8 Std. auf dem Wasserbad.

Nach dieser Zeit destilliert man den Äther ab, bringt den Kolben 10 min in den Trockenschrank bei 110° und darauf 1 Std. in einen Vakuumexsiccator, durch den während dieser Zeit Luft von 40° gesaugt wird.

Nach dem Erkalten im Exsiccator wird der ätherlösliche Anteil durch Zurückwägen des Kolbens festgestellt und prozentual zur Einwaage berechnet.

2. Bestimmung des Gesamtfettes

Die Einwaage richtet sich nach dem zu erwartenden Fettgehalt und beträgt 3 bis 5 g.

Das Pulver wird in einen 1 l-Erlenmeyer-Kolben gebracht und mit 100 ml Wasser versetzt. Man schwenkt um und gibt in kleinen Anteilen konz. Salzsäure zu. Bei 3 g Einwaage werden 50 ml, bei 5 g Einwaage 85 ml konz. Salzsäure benötigt.

Der Löseprozeß muß langsam verlaufen. Dies erreicht man dadurch, daß man den Erlenmeyer-Kolben in kaltes, möglichst fließendes Wasser einstellt und am Anfang nur wenige ml Säure zusetzt. Erst wenn die Reaktion aufhört, soll wieder etwas Salzsäure nachgegeben werden.

Nach vollständiger Lösung des metallischen Anteils wird bis zur Klärung erhitzt und dann auf Zimmertemperatur abgekühlt.

Nun extrahiert man das Fett durch Zugabe von etwa 200 ml Äther in mehreren Anteilen unter Zuhilfenahme von 2 Scheidetrichtern. Man bringt die salzsaure Lösung in einen 500 ml-Scheidetrichter mit eingeschliffenem Stopfen. Natürlich dürfen hier weder Hahnküken noch Stopfenschliff gefettet sein.

Den zum Lösen verwendeten Erlenmeyer-Kolben spült man mehrere Male mit Äther, zuletzt mit Wasser nach und vereinigt dies alles im Scheidetrichter. Man schüttelt mehrere Male aus und läßt die wäßrige Phase in den zweiten Scheidetrichter ab.

Die Ätherauszüge schüttelt man mehrmals mit Wasser, um die Salzsäure und sonstige Fremdstoffe zu beseitigen.

In einen trockenen 500 ml-Erlenmeyer-Kolben bringt man 10 g wasserfreies Natriumsulfat, läßt den Ätherauszug darauffließen und diesen Kolben 3 bis 4 Std. unter zeitweiligem Umschwenken stehen.

Nun wird über ein trockenes Filter in einen gewogenen 300 ml-Rundstehkolben mit Normalschliff filtriert, ohne das Natriumsulfat auf das Filter zu bringen. Das Filter wäscht man mit etwas Äther nach, ebenso das Natriumsulfat im Kolben.

Danach schließt man an einen kurzen Kühler an und destilliert den Äther auf dem Wasserbad ab.

Den Kolben mit dem Rückstand bringt man für 10 min in einen Trockenschrank bei 110° und dann 1 Std. in einen Vakuumexsiccator, durch den während dieser Zeit Luft von 40° gesaugt wird.

Nach dem Erkalten im Exsiccator wird der Fettanteil durch Zurückwägen des Kolbens festgestellt und prozentual zur Einwaage berechnet.

III. Aluminium-Pyro- und Sinterpulver (SAP)

Man versteht darunter Aluminiumpulver, meist blättchenförmig, lamellar, aber unter Verwendung geringer Fettmengen hergestellt.

Die Oberfläche ist matt hellgrau bis schwarz in der Aufschüttung und mehr oder weniger oxydiert.

Für die chemische Analyse kommen die üblichen Analysenmethoden und Hinweise, wie bei II. „Aluminiumblättchenpulver" angeführt, in Frage.

Als zusätzliche Prüfungen müssen erwähnt werden:

1. Siebanalyse wie I 1.
2. Feuchtigkeit wie I 2.
3. Metallgehalt wie I 3.
4. Gesamtfett wie II 2.
5. Säureunlösliches wie I 4.

G. Die Untersuchung von Aluminiumkrätze und -asche, von Kugelmühlen- und -schleifstaub

Die betriebsmäßige Untersuchung dieser Materialien erstreckt sich auf die Feststellung des Öl- und Nässegehaltes durch Trocknen im elektrischen Ofen bei einer Temperatur von etwa 400°, Entfernen der unlegierten Eisenteile mit dem Magneten sowie die Ermittlung des Metallgehaltes. Beträgt dieser Metallgehalt über 20%, so gibt eine Probeschmelzung hinreichend genaue Auskunft über die Ausbeute, d. h. den als Regulus gewinnbaren Metallanteil. Bei metallärmerer Asche, Krätze und Staub führt eine Probeschmelzung oft nicht mehr zum Ziele; in diesem Falle ist eine gasvolumetrische Bestimmung des Gesamtmetallgehaltes, wie sie im folgenden beschrieben wird, auszuführen. Zuverlässige Werte erhält man ohne weiteres von Aluminium-Kugelmühlenstaub und -asche, während gröberes Material, wie Krätze, entsprechend aufzubereiten ist. Gröbere, metallische Körner sind vorher abzutrennen und gesondert zu untersuchen.

Die gasvolumetrische Bestimmung des Metallgehaltes von Aluminiumasche, Kugelmühlenstaub und Krätzestaub

Zur Ausführung der gasvolumetrischen Bestimmung benutzt man eine geeignete Apparatur, wie sie beispielsweise der Zinkstaubwert-Bestimmungsapparat (Abb. 7) darstellt. Es können aber auch andere Apparaturen benutzt werden.

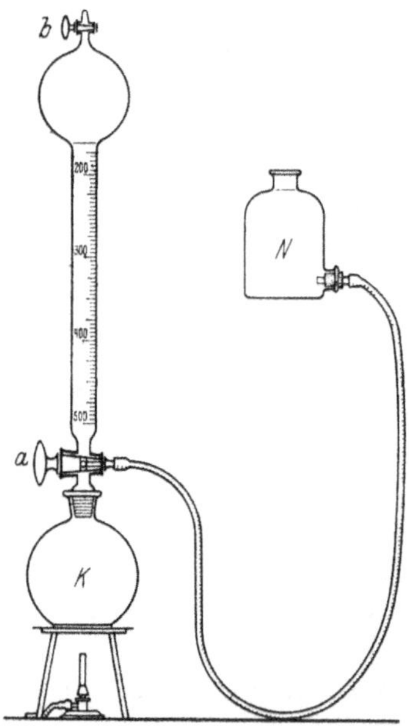

Abb. 7. Apparatur zur Bestimmung des Metallgehaltes von Aluminiumrückständen

Die Einwaage richtet sich nach dem voraussichtlich zu erwartenden Aluminiumgehalt, wobei als Richtlinie dienen kann, daß bei einer Einwaage von 1 g und einem Metallgehalt von 7% etwa 100 ml Wasserstoffgas zu erwarten sind.

Ausführung. Man bringt den Kugelmühlenstaub bzw. die möglichst fein gepulverte Asche oder Krätze in das Kölbchen *K*, füllt dieses fast bis zum Rand mit Wasser, setzt die mit dem Dreiwegehahn *a* und dem Entlüftungshahn *b* versehene Meßröhre ein und schließt die Niveauflasche *N* an. Durch Heben dieser mit Wasser gefüllten Flasche läßt man so viel Wasser in das Kölbchen *K* eintreten, daß die Bohrung des Hahnes *a* mit Wasser gefüllt ist. Den Dreiwegehahn stellt man nun so ein, daß die Verbindung zu *K* unterbrochen ist, und füllt die Meßröhre durch Heben der nunmehr mit Salzsäure (1 + 1) beschickten Niveauflasche mit Säure bis zum Hahn *b*, wonach man diesen schließt. Dreht man den Hahn *a* nun so, daß die Verbindung der Meßröhre mit dem Kölbchen *K* und der Flasche *N* gegeben ist, so dringt die Säure in *K* ein, und die Wasserstoffentwicklung beginnt. Zur vollständigen

Zersetzung des Probematerials ist es erforderlich, den Inhalt von *K* auf kleiner Flamme so lange zu erwärmen, bis keine Gasentwicklung mehr sichtbar ist. Das Wasserstoffgas sammelt sich in der Meßröhre an, und sein Volumen wird nach dem Erkalten und der Einstellung des Niveauausgleiches an der Meßröhre abgelesen. Man muß den Apparat zwecks Temperaturausgleich nach Aufhören der Gasentwicklung längere Zeit, am besten über Nacht, stehenlassen und erst am anderen Morgen das entwickelte Gasvolumen, den Barometerstand und die Raumtemperatur ablesen. Die Berechnung wird der Einfachheit halber ohne Berücksichtigung anderer Legierungsbestandteile nur auf Aluminium bezogen und erfolgt nach der Gleichung

$$2\,Al + 6\,HCl = 2\,AlCl_3 + 3\,H_2$$

Demnach entspricht 1 ml Wasserstoffgas unter Normalbedingungen 0,8015 mg Aluminium.

Die Umrechnung des abgelesenen Gasvolumens in Prozent Aluminium kann wie folgt vorgenommen werden:

Vom beobachteten Barometerstand zieht man für die Wasserdampftension und Barometerkorrektion so viele mm ab, als die Temperatur Celsiusgrade beträgt, und reduziert danach auf Grund des berichtigten Druckes und der abgelesenen Temperatur das beobachtete Gasvolumen auf Normalbedingungen. Das reduzierte Gasvolumen in ml multipliziert man mit 0,8015, dividiert durch die Einwaage in mg und erhält durch Multiplikation mit 100 den Metallgehalt der Probe, ausgedrückt in Prozent Aluminium.

Beispiel. 4,0 g Einwaage; abgelesenes Gasvolumen 398 ml bei 750 Torr und 20°. Berichtigter Druck = (750 − 20) = 730 Torr.

$$\text{Reduziertes Volumen} = \frac{398 \cdot 730 \cdot 273}{760 \cdot (273 + 20)} = 356{,}2\ \text{ml}$$

$$\text{Metallgehalt} = \frac{356{,}2 \cdot 0{,}8015 \cdot 100}{4{,}0 \cdot 1000} = 7{,}14\,\%\ \text{Aluminium}$$

Literatur. Betriebsverfahren eines Leichtmetallwerkes. Chemical Analysis of Aluminum and its Alloys. The British Aluminum Co. (1947) S. 49 u. 167.

Kapitel 2

Antimon*

Inhalt

---

*	1. Auflage	2. Auflage
Bearbeiter:	**Ensslin**	**Ensslin, Dreyer**
Mitarbeiter:	**Meyer, Savelsberg**	

A. Vorkommen

Das Antimon kommt in der Natur hauptsächlich als *Grauspießglanz* (Sb_2S_3), auch Antimonglanz oder Antimonit genannt, und dessen Verwitterungsprodukt, *Weißspießglanz* (Sb_2O_3), vor. Außer aus diesen Erzen gewinnt man das Antimon und seine Legierungen noch aus einer Reihe anderer Erze, in denen es als Antimonit oder als Thioantimonit auftritt, z. B. Rotgültigerz, Fahlerz, Bournonit, Kupfer- und Bleiantimonglanz u. a.

B. Qualitativer Nachweis

Antimonverbindungen ergeben, mit Soda und Kohle vor dem Lötrohr erhitzt, ein sprödes Metallkorn und einen weißen Belag von Antimon(III)-oxyd.

Löst man eine antimonhaltige Probe in Bromsalzsäure und sättigt die Lösung nach dem Verjagen des Bromüberschusses mit Schwefelwasserstoff, so fallen die Metalle der Schwefelwasserstoffgruppe aus. Werden die Sulfide nach dem Abfiltrieren mit Schwefelnatriumlösung behandelt, so gehen Antimon, Arsen und Zinn als Sulfosalze in Lösung. Durch Ansäuern dieser Lösung mit Salz- oder Schwefelsäure werden die Sulfide wieder ausgefällt. Das Arsensulfid läßt sich durch Digerieren mit einer warmen 10proz. Ammoniumcarbonatlösung aus dem Niederschlag herauslösen. Die ungelöst gebliebenen Sulfide des Antimons und Zinns werden mit Salzsäure unter Zusatz von Brom oder Chlor gelöst. Metallisches Zink fällt aus dieser Lösung das Antimon als schwarzen Metallschwamm aus, der auch in starker Salzsäure unlöslich ist.

In schwach sauren Antimonlösungen erzeugt Schwefelwasserstoff einen orangeroten Niederschlag von Antimon(III)- oder (V)-sulfid.

C. Untersuchungen bei der Gewinnung von Antimonmetall

Reines Antimon wird in Deutschland nur in geringen Mengen erzeugt. Eine nennenswerte Produktion haben Jugoslawien und die Tschechoslowakei; die Haupterzeugung liegt in China. Man bedient sich bei der Gewinnung meist eines Ofenprozesses, nur vereinzelt sind elektrolytische Verfahren im Gebrauch. Ärmere Erze werden vorher entweder durch Aufbereitung konzentriert und die Konzentrate direkt dem Schachtofen zur Niederschlagsarbeit zugeführt oder im Wälzofen verarbeitet, wobei das Antimon als Oxyd verflüchtigt und in einem Filter aufgefangen wird. Das erzeugte Oxyd wird entweder dem Schachtofen zugeführt oder aber im Flammofen unter Zusatz von Soda reduzierend geschmolzen. Die hierbei neben dem Rohantimon anfallende Schlacke wird nochmals im Schachtofen von ihrem Antimongehalt befreit. Aus dem Rohantimon gewinnt man durch Raffination mit Soda zum Entfernen des Arsens oder unter Zusatz von Antimonsulfid das sog. „Sternantimon" mit Gehalten von über 99% Antimon.

I. Die Analyse der Antimonerze

Reine Antimonerze lassen sich im allgemeinen bereits mit Bromsalzsäure oder Schwefelsäure zersetzen, während bei komplexen Erzen meist ein Schmelzaufschluß mit Natriumperoxyd erforderlich ist.

1. Die Bestimmung des Antimons

a) Maßanalytisch

α) Mit Kaliumbromatlösung

Grundlage. Das Erz wird, sofern es sich nicht in Säure löst, mit Natriumperoxyd geschmolzen. Aus der salzsauren Lösung der Schmelze werden durch Schwefelwasserstoff die Metalle der Schwefelwasserstoffgruppe abgeschieden. Die Sulfide behandelt man mit Natriumsulfidlösung, wobei Antimon, Arsen und Zinn in Lösung gehen. Durch Ansäuern dieser Lösung fallen die Sulfide dieser Elemente wieder aus. Sie werden abfiltriert und mit Schwefelsäure (1,84) in Lösung gebracht

Nach der Verflüchtigung des Arsens durch Kochen mit Salzsäure wird das Antimon mit Kaliumbromatlösung titriert.

Anwendungsbereich und Bedeutung. Das Verfahren dient zur Bestimmung des Antimons in Erzen und anderen antimonhaltigen Materialien.

Genauigkeit. 1.

Dauer. 8 Std.

Ausführung. 1 bis 2 g Erz schmilzt man im Eisentiegel mit der 10fachen Menge Natriumperoxyd, löst die Schmelze in einem Literbecherglas mit 100 ml Wasser aus dem Tiegel heraus, spritzt diesen ab und säuert die Lösung mit konz. Salzsäure an. Nach dem Verkochen des Chlors wird die Säure mit Ammoniak so weit abgestumpft, daß eben ein Niederschlag entsteht, den man dann durch Zusatz von 10 ml Salzsäure (1 + 1) wieder in Lösung bringt. In diese Lösung wird bei 60 bis 80° Schwefelwasserstoff eingeleitet, wobei man durch allmähliche Zugabe von Schwefelwasserstoffwasser das Flüssigkeitsvolumen auf 500 ml bringt. Nach 1stündigem Stehen werden die Sulfide abfiltriert, mit Schwefelwasserstoffwasser ausgewaschen und vom Filter wieder in das vorher benutzte Becherglas zurückgespült. Hier versetzt man sie mit 30 ml einer 5proz. Natriumsulfidlösung, fügt nach dem Erwärmen 50 ml heißes Wasser hinzu, filtriert durch das gleiche Filter in einen ERLENMEYER-Kolben von 300 ml Inhalt und wäscht den Rückstand mit 0,5proz. Natriumsulfidlösung aus. Das Filtrat, welches das gesamte Antimon, Arsen und Zinn enthält, säuert man mit Schwefelsäure (1 + 1) im Überschuß an und erwärmt, bis sich der Niederschlag abgesetzt hat. Man filtriert ihn ab, wäscht mit schwach mit Schwefelsäure angesäuertem, ammoniumsulfathaltigem Schwefelwasserstoffwasser aus und spritzt ihn in das Fällungsgefäß zurück. Am Filter anhaftende Teile löst man mit wenig Natriumsulfidlösung zu dem Hauptniederschlag, fügt 10 ml Schwefelsäure (1,84) hinzu und raucht damit so lange ein, bis der Glasinhalt wasserklar geworden ist. Sodann nimmt man ihn mit 25 ml kaltem Wasser auf, fügt 50 ml Salzsäure (1 + 1) hinzu, ferner etwa 0,5 g Kaliumbromid und kocht so lange, bis ein Volumen von 50 ml erreicht ist. Hierbei wird das Arsen als Trichlorid verflüchtigt. Nach dem Verdünnen mit heißem, ausgekochtem Wasser auf etwa 100 ml titriert man die Lösung bei etwa 80° mit n/10-Kaliumbromatlösung, bis Methylorange oder Methylrot, die man als Indicator hinzugefügt hat, eben entfärbt werden. Die Entfärbung tritt ein, sobald der Überschuß der Maßflüssigkeit freies Brom bildet.

n/10-Kaliumbromatlösung wird durch Auflösen von 2,783 g $KBrO_3$ in 1 l Wasser hergestellt, 1 ml = 6,088 mg Sb.

Der Titer der Lösung wird wie folgt gestellt:

Eine Einwaage von 0,2000 g metallischem Antimon bekannten Reingehaltes, das feinst gepulvert wurde, wird in einem 300 ml-ERLENMEYER-Kolben mit 10 ml Schwefelsäure (1,84) so lange gekocht, bis sie sich völlig gelöst hat. Man nimmt nach dem Erkalten mit 50 ml Wasser auf, fügt etwa 15 ml Salzsäure (1,19) hinzu und titriert die etwa 80° heiße Lösung, wie oben beschrieben.

Fehlerquellen. Bei der Verflüchtigung des Arsens ist darauf zu achten, daß das Volumen der Lösung nicht unter 50 ml sinkt, da sonst Antimonverluste auftreten.

Literatur. GYÖRY, ST.: Z. anal. Chem. Bd. 32 (1893) S. 415.

An Stelle eines Farbstoffindicators kann man sich bei dieser Titration auch der elektrometrischen (potentiometrischen) Endpunktsanzeige bedienen. Als Indicatorelektrode verwendet man einen blanken Platindraht. Man titriert die Lösung, die so viel Salzsäure enthalten soll, daß sie daran zwischen 1,3 bis 6 n ist, bei 70 bis 90° mit Kaliumbromatlösung. Der Potentialsprung tritt ohne Verzögerung ein.

Literatur. ZINTL, E., u. H. WATTENBERG: Ber. Bd. 56 (1923) S. 474. — NAKAZONO, T., u. S. INOKO: Sci. Rep. Tohobu I 26 (1937) S. 310 u. 312.

Bemerkung. Das 3wertige Antimon kann potentiometrisch auch mit Cer(IV)-sulfat bestimmt werden. Hierbei soll die Lösung mindestens 15 Vol.-% konz. Salzsäure enthalten. Kleine Mengen Arsen stören nicht, wenn die Salzsäurekonzentration mindestens 40 Vol.-% beträgt.

β) Mit Kaliumpermanganatlösung

Grundlage. Das Erz wird mit Bromsalzsäure aufgeschlossen und das Antimon aus der Lösung mit Aluminium als Metall auszementiert. Den abfiltrierten Metallschwamm löst man durch Kochen mit Schwefelsäure (1,84), versetzt die Lösung mit Salzsäure und titriert sie kalt mit Kaliumpermanganatlösung.

Anwendungsbereich und Bedeutung. Das Verfahren dient zur raschen Bestimmung des Antimons in Erzen und Aufbereitungsabgängen.

Genauigkeit. 2.

Dauer. 2 Std.

Ausführung. 1 bis 2 g des Erzes werden kalt mit 10 ml Salzsäure (1,19) und 5 ml Brom behandelt. Die Lösung wird nach dem Verdünnen auf 70 ml auf etwa 50 ml abgedampft, um das Brom zu entfernen, mit 30 ml Salzsäure (1 + 1) versetzt, mit Wasser auf 100 ml verdünnt und filtriert. Zum Filtrat gibt man ein starkes Aluminiumblech, welches das Antimon als Metall ausscheidet. Nach dem Abspritzen des Aluminiumbleches filtriert man den Metallschwamm ab, wäscht ihn säurefrei aus und zersetzt ihn mit dem Filter durch Kochen mit Schwefelsäure (1,84) unter Zusatz von einigen Tropfen rauchender Salpetersäure zur Zerstörung der Filterkohle, bis die Lösung wasserhell geworden ist. Sie wird nach dem Erkalten mit 50 ml Wasser aufgenommen, gekocht, sodann mit 20 ml Salzsäure (1 + 1), 0,5 g Natriumsulfit und 0,5 g Kaliumbromid versetzt und bis zum Entfernen der schwefligen Säure gekocht. Man kühlt die Lösung gut ab und titriert das Antimon mit n/10- oder einer stärkeren Kaliumpermanganatlösung unter ständigem Umschwenken bis zur Rosafärbung. Die Kaliumpermanganatlösung ist mit reinstem Antimon unter Einhaltung der gleichen Säurekonzentrationen, wie oben, einzustellen. (Man kann diese Lösung auch auf etwa 70° erwärmen und, wie oben beschrieben, mit Kaliumbromatlösung titrieren.)

Fehlerquellen. Die Lösung enthält auch das gesamte, in der Probe gegebenenfalls vorhandene Kupfer. Dieses stört die Titration nicht nur durch die Färbung, sondern auch dadurch, daß es beim Verkochen der schwefligen Säure den Luftsauerstoff katalytisch auf das Antimon(III)-chlorid überträgt und dadurch einen Teil des Antimons der Oxydation durch die Maßflüssigkeit entzieht. Ist daher Kupfer vorhanden, so muß es vorher durch eine Zwischenfällung mit Schwefelwasserstoff und nachfolgende Behandlung des Niederschlages mit Natriumsulfid abgetrennt werden.

Es ist zu beachten, daß die Reduktion des 5wertigen Antimons durch schweflige Säure nur in Gegenwart von Bromwasserstoff quantitativ verläuft.

Bemerkung. Die maßanalytische Bestimmung mit Kaliumpermanganat kann auch potentiometrisch durchgeführt werden. Die Antimon(III)-chloridlösung soll hierbei auf 100 ml mindestens 1 ml Schwefelsäure (1,84) und 10 ml Salzsäure (1,19) enthalten. Als Indicatorelektrode dient ein blanker Platindraht. In rein schwefelsaurer Lösung ist eine potentiometrische Bestimmung nicht möglich, da das Mangan dabei nicht vollständig in die 2wertige Form übergeführt wird.

Literatur. Pugh, W.: J. chem. Soc. (1933) S. 1.

γ) Mit Chrom(II)-chloridlösung

Liegt das Antimon 5wertig als Antimon(V)-chlorid vor, so läßt es sich potentiometrisch (reduktometrisch) mit Chrom(II)-chloridlösung in einer CO_2- oder N_2-Atmosphäre bestimmen, wobei es zu 3wertigem reduziert wird. Hierbei muß gegen Ende der Bestimmung die Maßflüssigkeit langsam hinzugegeben werden, damit diese das entstandene 3wertige Antimon nicht zu Metall reduziert. Die Lösung ist auf 70 bis 80° zu erwärmen.

Literatur. BRINTZINGER, H., u. F. RODIS: Z. anorg. allg. Chemie Bd. 166 (1927) S. 53.

Auch mit Zinn(II)-chloridlösung kann es in der Kälte unter Anwendung von Kaliumjodid als Katalysator potentiometrisch bestimmt werden, ferner in der Hitze unter Reduktion mit Titan(III)-chloridlösung in nichtoxydierender Atmosphäre.

Literatur. MÜLLER, E.: Die elektrochemische Maßanalyse. 7. Aufl., S. 225. Dresden u. Leipzig 1944. — TOMIČEK, O.: Rec. Trav. chim. Bd. 43 (1924) S. 802.

b) Gewichtsanalytisch

Trotzdem die gewichtsanalytischen Verfahren in der Praxis kaum mehr ausgeführt werden, soll eines hier kurz beschrieben werden. Man kann das Antimon entweder als Metall oder als Antimon(III)-sulfid auswägen. Die Abscheidung als Metall wird elektrolytisch ausgeführt.

Grundlage. Das Antimon wird durch Elektrolyse einer Alkalisulfoantimonatlösung als Metall abgeschieden.

Anwendungsbereich und Bedeutung. Das Verfahren gestattet die Trennung des Antimons von Zinn und kleineren Mengen Arsen.

Genauigkeit. 2.

Dauer. 4 Std.

Ausführung. Je nach dem Antimongehalt schmilzt man bis zu 2,5 g der Probe mit Natriumperoxyd, löst die Schmelze, wie bei a) beschrieben, und leitet in die salzsaure Lösung Schwefelwasserstoff ein. Den Sulfidniederschlag behandelt man mit Natriumsulfidlösung und filtriert die Lösung in einen 250 ml-Meßkolben. Nach dem Auffüllen zur Marke entnimmt man einen Anteil, der höchstans 0,3 g Antimon enthalten darf, versetzt die Abnahme mit 10 ml kalt gesättigter Natriumsulfidlösung, 2 g Kaliumcyanid und bei Anwesenheit von Zinn noch mit 2 bis 3 g Natriumhydroxyd und elektrolysiert bei einer Temperatur von 70 bis 80°. Das Antimon wird auf einer mattierten Netzelektrode mit einer Anfangsstromstärke von 0,5 A, die zuletzt bis auf 1,5 A zu steigern ist, abgeschieden. Nach mehrmaligem Auswaschen mit Wasser und anschließend mit Alkohol und Äther trocknet man die Elektrode im Trockenschrank oder mit dem Fön.

Fehlerquellen. Nach der vorliegenden Methode werden etwas zu hohe Antimongehalte gefunden. Man muß deshalb für je 10% Sb etwa 0,1% absetzen. *Kleinere* Mengen von Arsen stören nicht, wenn es in 5wertiger Form vorliegt. *Größere* Arsenmengen müssen vorher durch Abdestillieren entfernt werden.

Literatur. Die Bestimmung als *Antimon(III)-sulfid* ist beschrieben von TREADWELL: Lehrbuch der analytischen Chemie, Bd. II (1946) S. 179 u. 182.

2. Die Bestimmung der Begleitelemente

a) Zinn

Grundlage. Man benutzt zur Zinnbestimmung die Lösung, in der das Antimon mit Kaliumbromat titriert wurde (s. S. 108), zementiert dieses mit Eisen aus, filtriert es ab und bestimmt im Filtrat das Zinn maßanalytisch mit Jodlösung.

Anwendungsbereich und Bedeutung. Das Verfahren gestattet die Bestimmung auch kleiner Mengen von Zinn neben viel Antimon.

Genauigkeit. 1.

Dauer. 1 Std. (nach der Antimonbestimmung).

Ausführung. Die titrierte Antimonlösung wird auf etwa 50 ml konzentriert, mit 20 ml Salzsäure (1,19) versetzt und in der Hitze unter Umschwenken anteilweise mit etwa 3 bis 5 g im Wasserstoffstrom reduzierten Eisens (Ferrum reductum) behandelt. Nachdem das Antimon auszementiert ist, filtriert man den Metallschlamm ab. Das Filtrat wird nach Zugabe von etwa 2 g Aluminium unter Verwendung eines Contat-Göckel-Aufsatzes in der Wärme nachreduziert. Sodann werden 25 ml Salzsäure (1,19) hinzugefügt und unter Kochen das gesamte Metall gelöst; man läßt die Lösung erkalten und titriert das 2wertige Zinn mit n/10-Jodlösung unter Verwendung von Stärkelösung als Indicator.

1 ml n/10-Jodlösung entspricht 5,935 mg Sn.

Fehlerquellen. Bei großen Mengen von Antimon besteht die Gefahr, daß etwas Zinn im auszementierten Metallschwamm eingeschlossen ist. Man löst deshalb diesen wieder in Bromsalzsäure, verjagt das Brom durch Kochen, wiederholt das Auszementieren und vereinigt die Filtrate vor dem Nachreduzieren.

b) Die Bestimmung des Arsens

α) *Maßanalytisch*

Grundlage. Die Probe wird mit Salpetersäure zersetzt und diese durch Abrauchen mit Schwefelsäure entfernt. Dann wird mit wenig Wasser in einen Destillationskolben übergespült, mit Salzsäure und Reduktionslösung (s. S. 122) versetzt und das Arsen als $AsCl_3$ destilliert. Im Destillat wird das Arsen maßanalytisch oder gewichtsanalytisch bestimmt.

Anwendungsbereich und Bedeutung. Das Verfahren dient zur Bestimmung von Arsen neben großen Mengen von Antimon.

Genauigkeit. 1.

Dauer. 5 Std.

Ausführung. Je nach dem Arsengehalt versetzt man 1 bis 5 g Erz mit 10 bis 30 ml Salpetersäure (1,40) und raucht die Lösung mit 20 ml Schwefelsäure (1 + 1) fast zur Trockne. Nachdem man das Reaktionsgemisch mit wenig Wasser in einen Destillationskolben übergespült hat, gibt man 150 ml Salzsäure (1 + 1) und 30 ml Reduktionslösung (s. S. 122) zu und destilliert die Lösung bis auf etwa 100 ml ab. Man gibt sodann in den Destillierkolben weitere 50 ml Salzsäure (1 + 1) und destilliert wieder bis auf 100 ml. Beim Einhalten dieser Vorschrift besteht kaum die Gefahr, daß Antimon mit übergeht. Will man diese Möglichkeit völlig ausschließen, so kann man das Destillat nach Zusatz von 50 ml Salzsäure (1 + 1) und 10 ml Reduktionslösung in einem anderen Destillierkolben bis auf 50 ml erneut abdestillieren. Das nun erhaltene Destillat stumpft man unter Kühlen mit starker Natriumhydroxydlösung oder Ammoniak weitgehend ab und übersättigt es dann mit festem Natriumhydrogencarbonat, so daß ein kleiner Überschuß vorhanden ist. Darauf wird das Arsen mit n/10-Jodlösung unter Verwendung von Stärke als Indicator titriert. Man kann auch das Arsen mit n/10-Kaliumbromatlösung ohne weiteres in dem mit Wasser verdünnten salzsauren, auf etwa 50° erwärmten Destillat bestimmen. Hierbei verwendet man als Indicator einige Tropfen Methylorangelösung und titriert bis zur Entfärbung.

Fehlerquellen. Die doppelte Destillation ist immer zu empfehlen, wenn neben Arsen große Mengen von Antimon vorhanden sind. — Die Schwefelsäure soll möglichst weitgehend abgeraucht werden, damit nicht durch sie bei der Destillation der Siedepunkt der Lösung so weit heraufgesetzt wird, daß die Gefahr des Übergehens von Antimon(III)-chlorid besteht.

β) *Gewichtsanalytisch*

Grundlage. Nach einmaliger Destillation wird das Arsen aus dem stark salzsauren Destillat durch Schwefelwasserstoff antimonfrei ausgefällt. Man bestimmt es gewichtsanalytisch als Arsen(III)-sulfid.

Anwendungsbereich und Bedeutung. Das Verfahren eignet sich besonders für die Bestimmung geringer Arsengehalte.

Genauigkeit. 1.

Dauer. 5 Std.

Ausführung. Man versetzt das Destillat mit 50 ml Salzsäure (1,19) und leitet in der Kälte Schwefelwasserstoff bis zur Sättigung ein. Nach dem Absitzen wird das ausgefallene Arsen(III)-sulfid auf einen Glasfiltertiegel abfiltriert, zunächst mit ausgekochtem, salzsäurehaltigem, dann mit reinem Wasser und anschließend mit Alkohol und schließlich zum Entfernen von elementarem Schwefel mit etwas Schwefelkohlenstoff ausgewaschen. Man trocknet den Tiegel bei 110°. Umrechnungsfaktor auf As = 0,6090.

Fehlerquellen. Bleibt die Fällung längere Zeit stehen, so fällt Schwefel nach.

c) Sonstige Begleitmetalle (Blei, Kupfer, Zink usw. und Edelmetall)

Die in den Antimonerzen vorkommenden Begleitmetalle werden nach der Verflüchtigung der Sulfosalzbildner nach den in den Kapiteln „Blei" und „Kupfer" angegebenen Verfahren bestimmt. Das Erz wird mit Brom-Bromwasserstoffsäure zersetzt, die Lösung in einer Porzellanschale zur Trockne gedampft und der Schaleninhalt alsdann bei 130° im Trockenschrank erhitzt. Arsen, Antimon und Zinn werden hierdurch als Bromide verflüchtigt. Darauf wird der Rückstand mit Salpetersäure aufgenommen und in dieser Lösung werden die Begleitelemente bestimmt.

Die Edelmetalle bestimmt man nach den in den Kapiteln Silber und Gold bzw. Platin und Platinmetalle angeführten Methoden, meist auf naß-trockenem Wege.

d) Gesamtschwefel

Der Schwefelgehalt von Antimonerzen usw. wird durch Aufschluß einer feingepulverten Durchschnittsprobe mit Natriumperoxyd und Natriumcarbonat im Eisentiegel ermittelt (s. Kapitel Schwefel, S. 638). Nach dem Auslaugen des Tiegelinhaltes mit heißem Wasser und Abspülen des Tiegels gibt man etwa 10 g Ammoniumchlorid hinzu und fällt auf diese Weise die Hauptmenge des Antimons aus. Sodann wird auf 250 ml aufgefüllt und in einem aliquoten Anteil des Filtrats nach dem Ansäuern mit Salzsäure das Sulfat wie üblich mit Bariumchlorid ausgefällt. — Die Einwaage richtet man so ein, daß in der Abmessung schließlich höchstens 0,2 g Schwefel als Sulfat enthalten sind. Von einem Erz, dessen Schwefelgehalt etwa 25% beträgt, würden also 0,8 g der obigen Schwefelmenge entsprechen.

II. Die Untersuchung der Zwischenerzeugnisse

Als Zwischenerzeugnisse kommen in Betracht die Oxyde aus der Behandlung der Erze im Wälzofen und die bei den trockenmetallurgischen Prozessen anfallende Schlacke, der Flugstaub und das Rohantimon. Letzteres enthält etwa 97% Antimon und wird nach den später unter „Reinantimon" beschriebenen Vorschriften untersucht.

Die Analyse des Reichoxyds, des Flugstaubes und der Schlacke wird wie bei den Antimonerzen zweckmäßig unmittelbar nach dem Schmelzen mit Natriumperoxyd durchgeführt; mitunter, z. B. bei den Reichoxyden, wird auch mit Bromsalzsäure aufgeschlossen.

D. Die Untersuchung des Antimonmetalls

Das Antimon des Handels hat einen Gehalt von etwa 99,5%; es dient in der Hauptsache zu Legierungszwecken. Die Bezeichnung „Sternantimon" rührt von dem sternartig ausgebildeten Kristallgefüge auf der Oberfläche der Metallbarren her, das früher als Gütemerkmal angesehen wurde.

I. Die Bestimmung des Antimons

Bei hochwertigem Antimon mit über 99% Sb wird der Antimongehalt in der Regel durch die Feststellung der Verunreinigungen bestimmt. Die Differenz ihrer Summe zu 100% ergibt dann den Gehalt an Antimon. Andernfalls kann der Antimongehalt der Probe, wie im folgenden unter a) und b) beschrieben, direkt bestimmt werden.

a) Durch Lösen der Probe in Bromsalzsäure

Grundlage. Die Probe wird in Bromsalzsäure gelöst und das Antimon nach der Reduktion mit Natriumsulfit, wie bei den Erzen angegeben, titriert.

Anwendungsbereich und Bedeutung. Das Verfahren dient zur Ermittlung des Antimongehaltes von metallischem Antimon mit unter 99% Sb.

Genauigkeit. 2.

Dauer. 1 Std.

Ausführung. Man löst 0,2 g feingepulvertes Antimon in 10 ml Salzsäure (1,19) und 3 ml Brom unter schwachem Erwärmen, verdünnt die Lösung mit 70 ml Wasser und verkocht den Bromüberschuß. Dann setzt man etwa 50 ml Salzsäure (1 + 1), 0,5 g Kaliumbromid und 2 g Natriumsulfit hinzu und fährt mit dem Kochen fort, bis die schweflige Säure ausgetrieben ist. Nach dem Verdünnen mit 100 ml Wasser wird die 70° heiße Lösung unter Zugabe von 2 Tropfen Methylorangelösung bis zur Entfärbung mit n/10-Kaliumbromatlösung titriert. Die Maßflüssigkeit muß gegen Ende der Reaktion in kleinen Anteilen und unter stetigem Umschwenken des Kolbeninhaltes hinzugefügt werden. Da der Indicator während der Titration teilweise verbraucht wird, ist er besonders gegen Ende der Bestimmung zu ergänzen.

Die Lösung des Metalls in Bromsalzsäure kann nach dem Verdünnen mit 50 ml Salzsäure (1 + 1) und 50 ml Wasser und nach dem Verjagen des Bromüberschusses auch reduktometrisch mit Chrom(II)-chloridlösung oder einem anderen Reduktionsmittel (s. S. 109) titriert werden.

Fehlerquellen. Beim Verkochen der schwefligen Säure darf das Flüssigkeitsvolumen nicht geringer als 50 ml werden, da sonst Antimon(III)-chlorid durch Verflüchtigung verlorengehen könnte.

b) Durch Lösen der Probe in konzentrierter Schwefelsäure

Grundlage. Die Probe Antimonmetall wird durch Kochen mit Schwefelsäure (1,84) in Lösung gebracht. Nach dem Verdünnen mit Wasser und Hinzufügen von Salzsäure kann entweder in der Hitze mit Kaliumbromatlösung oder kalt mit Kaliumpermanganatlösung titriert werden.

Anwendungsbereich und Bedeutung. Nach diesem Verfahren kann der Antimongehalt auch von Handelsantimon ermittelt werden.

Genauigkeit. 2.

Dauer. 1 Std.

Ausführung. Eine Einwaage von 0,2 g der feingepulverten Probe wird in einem Erlenmeyer-Kolben von 300 ml Inhalt so lange mit 10 ml Schwefelsäure (1,84) schwach gekocht, bis das Metall in Lösung gegangen ist. Nach dem Erkalten werden 50 ml Wasser und 10 ml Salzsäure (1,19) hinzugefügt. Die Lösung wird nun entweder heiß mit Kaliumbromatlösung unter Anwendung von Methylorange oder Methylrot als Indicator oder, gut gekühlt, mit Kaliumpermanganatlösung titriert. Der Titer der Maßflüssigkeiten wird unter den gleichen Bedingungen mit einer Antimonprobe gestellt, deren Antimongehalt bekannt ist.

Fehlerquellen. Ist die Probe arsenhaltig, so wird der Arsengehalt mit Kaliumbromat vollständig und mit Kaliumpermanganat teilweise mitbestimmt und der Antimongehalt entsprechend zu hoch ermittelt.

II. Die Bestimmung des Arsens

Grundlage. Die Probe wird in einem Arsendestillierapparat mit Eisen(III)-chloridlösung gelöst und das Arsen nach Zugabe von Salzsäure als Trichlorid abdestilliert.

Anwendungsbereich und Bedeutung. Das Verfahren kann auch zur Bestimmung des Arsengehaltes der in Eisen(III)-chlorid löslichen Schwermetalle und ihrer Legierungen dienen.

Genauigkeit. 1.

Dauer. 4 Std.

Ausführung. Je nach dem Arsengehalt des Metalls werden 5 bis 10 g mit 100 ml Eisen(III)-chloridlösung (500 g $FeCl_3 \cdot 6H_2O$/l) und 150 ml Salzsäure (1 + 1) im Destillierkolben gelöst. Durch Einkochen der Lösung bis auf etwa 150 ml wird das Arsen abdestilliert. Das Destillat wird, nachdem es mit 50 ml Salzsäure (1 + 1) und 50 ml Reduktionslösung versetzt wurde, erneut destilliert. In dem zweiten Destillat, das nun frei von Antimon ist, wird das Arsen, wie bei der Analyse der Antimonerze (S. 111) angegeben, maßanalytisch bestimmt. Man kann seine Bestimmung aber auch gewichtsanalytisch als As_2S_3 (s. S. 122) durchführen, wozu eine doppelte Destillation nicht erforderlich ist.

Fehlerquellen. Siehe S. 123.

III. Die Bestimmung des Zinns

Grundlage. Aus der Lösung des Metalls in Bromsalzsäure wird, nachdem sie durch Kochen vom freien Brom befreit worden ist, das Antimon mit Eisenpulver auszementiert und im Filtrat davon das Zinn maßanalytisch ermittelt (s. auch S. 110).

Anwendungsbereich und Bedeutung. Mit entsprechend großer Einwaage lassen sich auch kleine Zinnmengen erfassen.

Genauigkeit. 1.

Dauer. 2 Std.

Ausführung. Man wägt 5 g feinstgepulvertes Metall in einen Erlenmeyer-Kolben ein und löst in 50 ml Bromsalzsäure. Um den Lösungsvorgang zu unterstützen, fügt man vorsichtig tropfenweise Brom hinzu. Sodann verdünnt man auf etwa 100 ml und verkocht den Bromüberschuß, bis das Lösungsvolumen etwa 50 ml beträgt. In diese Lösung trägt man nach und nach unter Erwärmen und Umschwenken des Kolbeninhaltes etwa 10 g Ferrum reductum ein, fügt schließlich 50 ml heißes Wasser hinzu und filtriert ab. Man wäscht mit heißem Wasser aus, dem man etwas Salzsäure hinzugefügt hat. Das Filtrat enthält die Hauptmenge des vorhandenen Zinns als Zinn(II)-chlorid; kleine Anteile werden von dem Antimonschwamm zurückgehalten. Diesen spritzt man deshalb vom Filter in das Fällungsgefäß zurück, kocht mit Salzsäure durch und fügt zu der Flüssigkeit unter Kochen tropfenweise 30proz. Wasserstoffperoxyd hinzu, bis sich das Antimon eben wieder aufgelöst hat. Mit der Lösung wiederholt man obige Fällung und vereinigt beide Filtrate. Diese werden, wie auf S. 110 beschrieben, mit metallischem Aluminium nachreduziert, wobei man sich zum Luftabschluß eines Göckelaufsatzes mit einer Lösung von Natriumhydrogencarbonat bedient und, nachdem 25 ml Salzsäure (1,19) hinzugefügt wurden, so lange kocht, bis sich alles Metall aufgelöst hat. Sollte hierbei eine kleine Menge von metallischem Antimon ungelöst bleiben, so stört diese die Zinnbestimmung später nicht. Man kühlt sodann die Lösung unter Luftabschluß ab und titriert sie mit Jodlösung unter Verwendung von Stärke als Indicator.

Fehlerquellen. Der Luftsauerstoff muß ausgeschlossen werden, da sich sonst in den Filtraten das 2wertige Zinn oxydiert und ein zu niedriger Zinngehalt gefunden wird.

IV. Die Bestimmung von Blei, Kupfer, Wismut, Zink und Eisen

1. Durch Lösen in Salpeter- und Weinsäure

10 bis 20 g feingepulvertes Metall versetzt man mit 100 ml Wasser und 30 bis 50 g Weinsäure. Nach dem Auflösen der Weinsäure setzt man 30 bis 40 ml konz. Salpetersäure zu und erwärmt, bis alles Metall gelöst ist. Die Lösung wird darauf durch Hinzufügen von starker Natronlauge schwach alkalisch gemacht und unter Umrühren mit 20 ml Natriumsulfidlösung (250 g $Na_2S \cdot 9H_2O$/l) versetzt. Dabei scheiden sich Blei, Kupfer, Wismut, Eisen und Zink als Sulfide ab. Man filtriert nach Verdünnen auf 800 ml ab, wäscht mit Natriumsulfid (5 g $Na_2S \cdot 9H_2O$/l) enthaltendem Wasser sorgfältig aus und löst den Niederschlag in verdünnter Salpetersäure. Die Bestimmung der abgetrennten Metalle wird sodann nach den in den entsprechenden Kapiteln gegebenen Vorschriften ausgeführt.

2. Durch Verflüchtigen der Sulfosalzbildner

10 g Antimonmetall werden vorsichtig unter dem Abzug in einer geräumigen Porzellanschale, die mit einem Uhrglas bedeckt ist, mit einer Lösung von 10 ml Brom in 20 ml Bromwasserstoffsäure (1,49) versetzt. Sobald alles gelöst ist, dampft man die Lösung auf dem Wasserbad ab, befeuchtet den Rückstand nochmals mit obiger Bromlösung und wiederholt das Abdampfen zur Trockne. Dann wird die Schale 1 Std. bei 130° im Trockenschrank erhitzt, ihr Inhalt darauf mit Salpetersäure (1 + 2) aufgenommen und die Lösung auf dem Wasserbad eingedampft. Man wiederholt das Eindampfen mit Salpetersäure und gewinnt auf diese Weise die Nitrate der Begleitmetalle, die man nun nach bekannten Verfahren bestimmen kann.

3. Eisen (photometrisch)

Die Lösung von 0,1 bis 0,5 g des Metalls in 25 ml Salzsäure + Salpetersäure oder Brom wird zur Trockne eingedampft, der Rückstand mit 25 ml Salzsäure aufgenommen, die Lösung mit Wasser verdünnt und nach Hinzufügen von 25 ml Kaliumthiocyanatlösung (1 + 3) photometriert (s. Kap. Mangan, S. 496).

V. Die Bestimmung des Nickels

Grundlage. Das Nickel wird als Nickel(II)-Salz des Diacetyldioxims mit Chloroform ausgeschüttelt. Nach dem Zersetzen mit verdünnter Salzsäure und erneutem Zusatz von Diacetyldioximlösung wird die rotbraune Lösung, die durch die Einwirkung eines Oxydationsmittels auf den Diacetyldioximnickelkomplex entsteht, photometriert.

Anwendungsbereich und Bedeutung. Das Verfahren dient zur Ermittlung des Nickelgehaltes von metallischem Antimon.

Genauigkeit. 1.

Dauer. 3 bis 4 Std.

Ausführung. Je nach dem zu erwartenden Nickelgehalt (die zu photometrierende Nickelmenge soll zwischen 5 und 50 μg liegen) wird eine entsprechende Einwaage gewählt und das Antimon mit Bromwasserstoffsäure unter Zusatz von elementarem Brom in Lösung gebracht. Jetzt wird durch Einrauchen zur Trockne das Antimon verflüchtigt (bei größeren Antimoneinwaagen wiederholt einrauchen). Danach wird der Trockenrückstand mit einigen Tropfen Salzsäure und 10 ml Wasser aufgenommen, mit Wasser in einen 100 ml-Scheidetrichter überspült und mit 10 ml der Lösung 1, 2 ml der Lösung 2 sowie 2 ml der Lösung 5 (s. unten) versetzt. Nach jeder Zugabe muß umgeschüttelt werden. Dann gibt man 1 bis 2 Tropfen Lösung 3 hinzu und neutralisiert mit konz. Ammoniak bis zum Umschlag, gibt dann noch 3 Tropfen im Überschuß hinzu. Hierauf extrahiert man mit 20 ml Chloroform durch 2 min langes Schütteln das Nickel. Den Chloroformextrakt läßt man in einen zweiten Scheidetrichter ab, gibt 10 ml Ammoniaklösung (1 + 50) hinzu und schüttelt etwa $^3/_4$ min kräftig. Dieses Auswaschen wird nochmals wiederholt. Zum gewaschenen Extrakt setzt man nunmehr 15 ml 0,5 n-Salzsäure, schüttelt $1^1/_2$ min und läßt das Chloroform ab. Darauf gibt man zu der Lösung im Scheidetrichter 5 ml der Lösung 6, 2 ml der Lösung 7 und 2 ml der Lösung 8 hinzu, wobei die Lösung nach jeweiliger Zugabe gut umgeschüttelt wird. Danach überführt man die Lösung quantitativ in einen 50 ml-Meßkolben und füllt nach 10 min Stehen mit Wasser bis zur Marke auf, schüttelt gut durch und photometriert nach 1 Std. Wartezeit in einem geeigneten Photometer bei Anwendung eines Hg-Filters 546 μm.

Zur Aufstellung der Eichkurve dient eine Nickellösung, die 1 mg Nickel je ml enthält und dann entsprechend verdünnt wird. Diese Lösung wird ohne Extraktion sofort oxydiert.

Lösungen. 1. Natriumzitratlösung (200 g $Na_3C_6H_5O_7 \cdot 5^1/_2 H_2O$/l).

Sollte im Natriumzitrat Nickel vorhanden sein, so muß dieses vorher entfernt werden. Hierzu werden zu 200 ml Zitratlösung 2 ml einer 1proz. alkoholischen Diacetyldioximlösung, 15 Tropfen konz. Ammoniak und 20 ml Chloroform gegeben. Nach 2 bis 3 min langem Schütteln läßt man das Chloroform ab und spült mit wenig Chloroform nach. Die wäßrige Lösung ist dann nickelfrei.

2. Hydroxylaminhydrochloridlösung (100 g/l).
3. alkoholische Phenolphthaleinlösung (0,1 g in 100 ml Alkohol).
4. Ammoniaklösung 1 + 50.
5. alkoholische Diacetyldioximlösung (1 g in 100 ml Alkohol).
6. Diacetyldioximlösung in 1 n-NaOH (1 g in 100 ml).
7. 5 n-Natronlauge.
8. Ammoniumperoxydisulfatlösung (100 g/l).
9. 0,5 n-Salzsäure.

Literatur. Z. analyt. Chem. Bd. 146 (1955) S. 339—345 mit Ergänzungen eines Werkes.

VI. Die Bestimmung des Schwefels

Grundlage. Der Schwefel liegt im Antimonmetall in Form von Antimon(III)-sulfid vor. Man zersetzt dieses durch Behandeln mit Bromwasserstoffsäure, leitet den Schwefelwasserstoff in eine mit Cadmiumacetatlösung beschickte Vorlage über und bestimmt die Menge des Cadmiumsulfids maßanalytisch.

Anwendungsbereich und Bedeutung. Das Verfahren eignet sich für die Bestimmung des als Sulfid gebundenen Schwefels in Metallen, die durch Bromwasserstoffsäure zersetzbar sind.

Genauigkeit. 1.

Dauer. 45 min.

Ausführung. In dem Kolben eines Schwefelbestimmungsapparates werden 5 g feinstgepulvertes Antimon mit 30 ml Bromwasserstoffsäure (2 + 1) versetzt und unter Durchleiten von Kohlendioxyd gekocht. Der entweichende Schwefelwasserstoff wird in einer vorgelegten Cadmiumacetatlösung [10 g $Cd(C_2H_3O_2)_2 \cdot 2H_2O$/l] zu Cadmiumsulfid umgesetzt. Nach Beendigung der Reaktion gibt man zu der Cadmiumacetatlösung eine eingestellte Jodlösung im Überschuß hinzu und oxydiert dadurch den Sulfidschwefel. Dann säuert man die Lösung mit 20 ml Salzsäure (1 + 1) an und titriert den Jodüberschuß mit Natriumthiosulfatlösung unter Verwendung von Stärke als Indicator zurück.

Das Cadmiumsulfid kann auch mit schwefelsaurer Kupfersulfatlösung umgesetzt werden, wobei sich die äquivalente Menge Kupfer(II)-sulfid bildet, welches nach dem Veraschen als Kupferoxyd oder nach Lösen in Salpetersäure und Elektrolyse als Kupfer zur Auswaage gebracht wird. Umrechnungsfaktor von CuO auf S = 0,4029, von Cu auf S = 0,5043.

E. Untersuchung der Antimonlegierungen

Die Hauptmenge des Antimons wird zu Antimonlegierunen verarbeitet. Dazu gehören das *Hartblei* mit bis zu etwa 9% Sb, die *Schriftmetalle* mit Antimongehalten bis zu 29%, die *Lagermetalle* mit 5 bis 20% Sb und eine Reihe von Sonderlegierungen mit wechselnden Antimonzusätzen. Siehe das Kapitel „Genormte Metalle".

Meist lassen sich diese Legierungen durch Kochen mit konz. Salzsäure unter Oxydieren mit Brom, Kaliumchlorat oder Wasserstoffperoxyd in Lösung bringen. Da sie häufig Seigerungen aufweisen, ist es zweckmäßig, mit größeren Einwaagen von dem gepulverten oder zerspanten Material zu arbeiten, ihre Lösungen im Meßkolben aufzufüllen und gemessene Anteile davon für die Analyse zu entnehmen. In der salzsauren Lösung werden die einzelnen Legierungskomponenten nach den jeweiligen Vorschriften bestimmt.

Das Hartblei läßt sich auch durch Kochen mit Schwefelsäure (1,84) zersetzen. Man kann dann nach Zugabe von Wasser und Salzsäure, ohne das Bleisulfat abzufiltrieren, das Antimon unmittelbar maßanalytisch bestimmen, sofern nicht größere Mengen an Kupfer oder Arsen vorhanden sind (s. S. 107).

Auch als Verunreinigung tritt Antimon in Metallen und Legierungen auf. Diese meist geringen Mengen sind durch das Abscheidungsverfahren nach BLUMENTHAL (s. Kap. Kupfer, S. 388) gut zu erfassen und können dann leicht bestimmt werden.

Im übrigen sind in allen den Kapiteln, in denen Antimon als Legierungsbestandteil behandelt wird, entsprechende Hinweise oder Analysenverfahren zu seiner Abtrennung bzw. Bestimmung gegeben, so daß hier von einer Wiederholung abgesehen werden kann.

F. Die Salze des Antimons

I. Antimon(III)-sulfid

Dieses Sulfid, das in der Natur als „Grauspießglanz" vorkommt, wird auch technisch hergestellt. Es wird als „Antimon crudum" bezeichnet und dient als Ausgangsprodukt für die Herstellung von metallischem Antimon und seinen Salzen. Man benutzt es auch als Bestandteil von Feuerwerkssätzen, von Zündhölzern und bei der Erzeugung von Rubinglas. Man analysiert es nach den bei „Antimonerzen" gegebenen Vorschriften (S. 107).

II. Antimon(V)-sulfid

Antimon(V)-sulfid stellt ein orangerotes Pulver dar und wird als „Goldschwefel" bezeichnet. Es wird hauptsächlich in der Kautschukindustrie, aber auch als Heilmittel in beschränktem Maße verwendet.

Man untersucht es nach den für Antimonerze angegebenen Verfahren. Die Bestimmung der Nebenbestandteile kann jedoch auch wie folgt ausgeführt werden:

20 g Antimon(V)-sulfid werden mit 20 ml Wasser angerührt und nach Zugabe von 50 ml 30proz. Natronlauge und 50 ml Natriumsulfidlösung (500 g $Na_2S \cdot 9\,H_2O$/l) unter Erwärmen in Lösung gebracht. Ungelöst bleiben die Sulfide des Bleies, Kupfers, Eisens und Zinks, während etwa vorhandenes Aluminium mit dem Antimon, Arsen und Zinn gelöst wird. Man verdünnt nun die Lösung auf 500 ml, filtriert die ungelösten Sulfide ab, wäscht sie mit Natriumsulfidlösung (5 g/l) aus und löst sie dann mit verdünnter Salpetersäure.

In dieser Lösung werden diese Metalle, wie im Kapitel Kupfer angegeben, bestimmt, während die Bestimmung des Arsens, Antimons und Zinns nach den beim „Antimonmetall" bzw. bei den „Antimonerzen" gegebenen Vorschriften ausgeführt wird.

III. Die Antimonchloride

Das Antimon(III)-chlorid, auch „Antimonbutter" genannt, ist ein hygroskopisches Salz, welches als Ätzmittel in der Medizin und als Beizmittel in der Metallbearbeitung Verwendung findet.

Das Antimon(V)-chlorid ist bei gewöhnlicher Temperatur eine farblose, an der Luft rauchende Flüssigkeit.

1. Die Bestimmung des Antimons

Grundlage. Das Antimon wird in salzsaurer Lösung durch Zugabe von Natriumsulfit reduziert und sodann maßanalytisch ermittelt.

Anwendungsbereich und Bedeutung. Diese Methode stellt das übliche Bestimmungsverfahren für den Antimongehalt dar (s. S. 107).

Genauigkeit. 1.

Dauer. 2 Std.

Ausführung. Da das Antimon(III)-chlorid hygroskopisch ist, benutzt man bei der Einwaage ein verschließbares Wägegläschen. Man geht von 2 g aus, spült diese in einen 250 ml-Meßkolben und setzt so viel Salzsäure (1 + 1) hinzu, bis die Lösung vollkommen klar geworden ist. Nach dem Auffüllen zur Marke werden 25 ml abgemessen, mit 30 ml Wasser, 10 ml konz. Salzsäure sowie 0,5 g Natriumsulfit und 0,5 g Kaliumbromid versetzt und gekocht, bis der Geruch nach schwefliger Säure verschwunden ist. Das Antimon wird sodann mit n/10-Kaliumbromatlösung entweder potentiometrisch oder unter Zusatz von Methylorange oder Methylrot als Indicator maßanalytisch bestimmt.

Fehlerquellen. Stark salzsaure Antimon(V)-chloridlösungen werden von schwefliger Säure nur in Gegenwart von Bromwasserstoffsäure vollständig reduziert. Man muß mithin, insbesondere bei der Untersuchung von Antimon(V)-chlorid, vor dem Reduzieren eine geringe Menge Bromwasserstoffsäure oder Kaliumbromid zusetzen.

2. Die Bestimmung des Chlors

1 g Antimon(III)- oder -(V)-chlorid wird in einem verschließbaren Wägegläschen eingewogen und in 40 ml n/2-Silbernitratlösung, welche mit Wasser verdünnt ist, so eingebracht, daß das verschlossene Gläschen erst in der Flüssigkeit geöffnet werden kann. Nach dem Abspülen des Gefäßes und sorgfältigem Umrühren der Mischung gibt man 10 ml Salpetersäure (1 + 1) hinzu, verdünnt die Lösung auf etwa 250 ml und titriert den Überschuß der Silbernitratlösung mit n/2-Kaliumrhodanidlösung zurück. Als Indicator verwendet man einige Tropfen einer 3proz. Eisen(III)-ammoniumsulfatlösung.

1 ml n/2-Silbernitratlösung entspricht 17,729 mg Cl.

3. Die Bestimmung der Verunreinigungen

Das *Arsen* wird durch Destillation mit Salzsäure unter Zusatz eines Reduktionsmittels bestimmt.

Die sonstigen Verunreinigungen lassen sich nach der Verflüchtigung des Antimons mit Brom-Bromwasserstoffsäure (s. S. 115) nach den Verfahren bestimmen, wie sie in diesem Kapitel bereits erwähnt wurden.

IV. Bleiantimonat

Das Bleiantimonat wird als gelbe Malerfarbe (Neapelgelb) verwendet.

Die Untersuchung wird, wie im Kapitel Blei, S. 208, angegeben, ausgeführt.

V. Brechweinstein

Seine Zusammensetzung entspricht der Formel $K[Sb(C_4H_2O_6)H_2O] \cdot {}^1/_2 H_2O$. Er wird für pharmazeutische und technische Zwecke verwendet.

1. Die Bestimmung des Antimons

0,5 g des Salzes werden in einem Titrierbecher mit 25 ml konz. Schwefelsäure so lange gekocht, bis die Lösung vollkommen klar geworden ist. Nach dem Abkühlen verdünnt man sie mit 30 ml Wasser und 10 ml Salzsäure (1 + 1) und titriert das Antimon mit n/10-Kaliumbromatlösung bei etwa 70°.

Man kann die Titration auch unmittelbar in der mit Salzsäure versetzten, wäßrigen Lösung des Salzes vornehmen, was einfacher ist.

2. Die Bestimmung der Verunreinigungen

10 g des feingepulverten Salzes werden in 100 ml Wasser in der Hitze gelöst. Zu der mit 20 ml 30proz. Natronlauge versetzten Lösung gibt man dann 5 g Natriumsulfid und läßt die Fällung unter Umrühren abkühlen. Die ausgefallenen Sulfide werden, wie bei Antimon(V)-sulfid, S. 117, angegeben, weiterbehandelt.

Kapitel 3

Arsen*

Inhalt

---

*	1. Auflage	2. Auflage
Bearbeiter:	**Müller, Ensslin**	**Ensslin**
Mitarbeiter:	**Ahrens, Borkenstein, Boy**	**Müller**

A. Vorkommen

Die wichtigsten Arsenerze sind *Arsenkies* (FeAsS), *Arsenikalkies* ($FeAs_2$), *Realgar* (As_2S_2) und *Auripigment* (As_2S_3). In Verbindung mit Kobalt findet sich das Arsen als *Kobaltblüte* [$Co_3(AsO_4)_2$] und *Glanzkobalt* (CoAsS); gelegentlich kommt es gediegen als *Scherbenkobalt* vor. Ferner tritt das Arsen als Begleitelement in geringen Mengen in zahlreichen anderen Erzen, insbesondere in Schwefelkies und in Kupferkiesen auf, bei deren Verarbeitung es sich vielfach so stark anreichert, daß es auch aus diesen Vorkommen gewonnen werden kann.

B. Qualitativer Nachweis

Arsenverbindungen geben beim Erhitzen auf Buchenholzkohle mit dem Lötrohr einen weißen Beschlag und einen charakteristischen Geruch nach Knoblauch.

Sättigt man stark salzsaure Arsenlösungen mit Schwefelwasserstoff, so bildet sich ein gelber Niederschlag von Arsen(III)-sulfid, der in Ammoniak zu Ammoniumthioarsenit und Ammoniumarsenit löslich ist. Oxydiert man diese ammoniakalische Lösung mit etwas Wasserstoffperoxyd, so entstehen Ammoniumarsenat und Ammoniumsulfat. Das Arsenat setzt sich mit Magnesiamixtur in ammoniakalischer Lösung zu einem weißen kristallinischen Niederschlag von Ammoniummagnesiumarsenat ($NH_4MgAsO_4 \cdot 6\,H_2O$) um.

Durch Einwirkung von metallischem Zink auf salz- oder schwefelsaure Lösungen des Arsens entsteht neben Wasserstoff Arsenwasserstoff nach der Gleichung: $As_2O_3 + 6\,Zn + 12\,HCl = 2\,AsH_3 + 6\,ZnCl_2 + 3\,H_2O$. Das Gemisch brennt mit fahler Flamme. Hält man über die Flamme eine Porzellanschale, so scheidet sich auf ihr ein braunschwarzer Belag von Arsen ab. Leitet man das Gemisch von Wasserstoff und Arsenwasserstoff durch ein Glasrohr mit einer Verengung von 2 bis 3 mm und erhitzt das Rohr 10 bis 20 mm vor der Verengung bis fast auf Rotglut, so bildet sich hinter der Erhitzungsstelle ein dunkelbrauner bis schwarzer Beschlag von metallischem Arsen. Dieser ist zum Unterschied von Antimon, welches ein ähnliches Verhalten zeigt, in einer Natriumhypochloritlösung löslich (Marshsche Probe). Arsenwasserstoff kann auch durch die Gelbfärbung von Quecksilber(II)-bromid- oder -chloridpapier nachgewiesen werden (Gutzeit).

Aus neutralen Lösungen des 3wertigen Arsens fällt Silbernitrat gelbes Silberarsenit (Ag_3AsO_3). Kocht man dessen ammoniakalische Lösung, so geht diese Verbindung unter Abscheidung von metallischem Silber in die des 5wertigen Arsens über. In neutralen Lösungen von Verbindungen des 5wertigen Arsens entsteht mit Silbernitrat ein braunroter Niederschlag von Silberarsenat (Ag_3AsO_4). Beim Kochen der ammoniakalischen Lösung von Silberarsenat scheidet sich Silber nicht ab.

C. Die Betriebsanalysen auf Arsengehalt

Arsen ist in fast allen Erzen, wenn auch mitunter nur in sehr geringen Mengen enthalten. Da es auf den normalen Ablauf der hüttenmännischen Prozesse meist störend wirkt, ist eine ständige Kontrolle der Ausgangsstoffe, Zwischen- und Enderzeugnisse auf Arsen erforderlich. Hinweise für die Notwendigkeit einer Arsenbestimmung in den in Frage kommenden Stoffen sind bei den einzelnen Kapiteln gegeben. Hier soll nur allgemein die Art ihrer Ausführung behandelt werden.

I. Das Destillationsverfahren

1. Die Destillation als Arsen(III)-chlorid

Grundlage. Arsen(III)-chlorid wird mit Salzsäuredämpfen verflüchtigt, in einem Kühler wieder kondensiert und in einer Vorlage mit Wasser aufgefangen.

Anwendungsbereich und Bedeutung. Das Verfahren kann bei Erzen, Zwischenprodukten, Rückständen und Metallen mit Arsengehalten von mehreren Prozenten bis herunter zu 0,001% angewandt werden.

Genauigkeit. 1.

Dauer. 4 Std.

Ausführung. 0,5 bis 1 g der zu untersuchenden Substanz (bei geringen Arsengehalten mehr) versetzt man in einer Porzellanschale mit 10 ml Salpetersäure (1,40) und 20 ml Schwefelsäure (1 + 1), löst unter Erwärmen und raucht die Lösung zur Verjagung der Salpetersäure bis fast zur Trockne ab. Nach dem Aufnehmen mit 20 ml Wasser spült man das Ganze in einen Destillierapparat (s. Abb. 8) über, läßt durch einen Tropftrichter 100 ml konz. Salzsäure sowie 15 ml einer Reduktionslösung (100 g technisches Hydrazinsulfat und 200 g Kaliumbromid in 3 l Wasser) zufließen — man kann als Reduktionsmittel auch 25 g Eisen(II)-sulfat zusetzen — und destilliert. Das Kondensat wird in einer mit 100 ml Wasser beschickten Vorlage aufgefangen. Sind 100 ml überdestilliert, so gibt man durch den Tropftrichter nochmals 50 ml Salzsäure (1 + 1) hinzu, die abermals abdestilliert werden, um das Arsen restlos als Trichlorid überzutreiben.

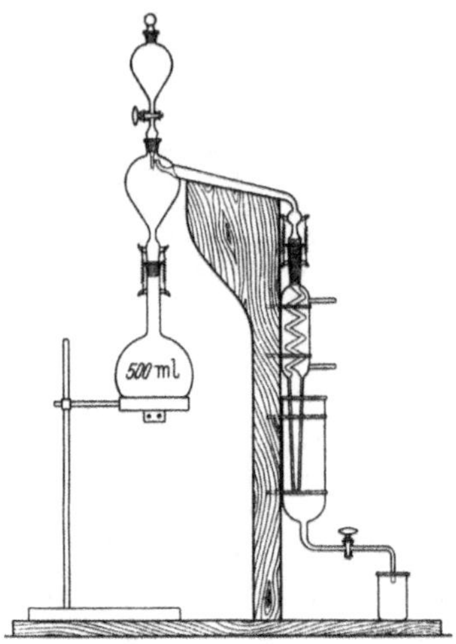

Abb. 8. Arsendestilliergerät

Fehlerquellen. Beim Abrauchen der salpeter- und schwefelsauren Lösung muß die Schwefelsäure möglichst weitgehend entfernt werden, da sonst bei der nachfolgenden Destillation der Siedepunkt der Lösung zum Schluß so ansteigen könnte, daß auch etwa vorhandenes Antimon(III)-chlorid mit übergehen kann, dessen Siedepunkt 220° beträgt. Nach PLOUM kann man die Temperatur zur Trennung von Antimon dadurch regeln, daß man so viel Zinkchlorid zusetzt, bis eine 80proz. Zinkchloridlösung entsteht, deren Siedepunkt 135° nicht übersteigt, also nur wenig über 130°, dem Siedepunkt des Arsen(III)-chlorids, liegt.

Literatur. JANNASCH, P., u. T. SEIDEL: Ber. dtsch. chem. Ges. Bd. 43 (1910) S. 1218 bis 1223. — FENNER, G.: Chemiker-Ztg. Bd. 41 (1917) S. 793. — BILTZ, H., u. W. BILTZ: Ausführung quantitativer Analysen, S. 335. Verlag Hirzel 1937. — HÖLTJE, R.: Metall u. Erz Bd. 41 (1944) S. 205—206. — PLOUM, H.: Arch. Eisenhüttenw. Bd. 20 (1949) 3/4, S. 109.

2. Die Bestimmung des Arsens im Destillat

a) Gewichtsanalytisch als Arsen(III)-sulfid

Grundlage. Arsen(III)-Salze in stark salzsaurer Lösung geben mit Schwefelwasserstoff einen Niederschlag von Arsen(III)-sulfid. Er kann nach dem Abfiltrieren gewogen werden.

Anwendungsbereich und Bedeutung. Dieses Verfahren ist besonders für geringe Mengen von Arsen empfehlenswert.

Genauigkeit. 1.

Dauer. 3 Std.

Ausführung. In das kalte salzsaure Destillat wird Schwefelwasserstoff eingeleitet, bis sich der Niederschlag zusammengeballt hat. Er wird sofort auf einen Porzellan- oder Glasfiltertiegel abfiltriert und erst mit 10 Vol.-% salzsäurehaltigem Wasser, dann mit absolutem Alkohol ausgewaschen. Zum Lösen etwa ausgeschiedenen Schwefels übergießt man ihn mit 2 bis 3 ml Schwefelkohlenstoff, läßt diesen einige Augenblicke einwirken und saugt ab. Schließlich wird nochmals mit 96proz. Alkohol nachgewaschen und dann das Arsen(III)-sulfid bei 100° getrocknet. Auswaage · 0,6090 = As.

Zur Prüfung auf Reinheit übergießt man das Sulfid 2mal mit je 10 ml heißer Ammoniumcarbonatlösung (200 g/l) und 1 ml 1proz. Ammoniak. Nach kurzem Stehenlassen wird die Lösung abgesaugt, mit destilliertem Wasser ausgewaschen und der Tiegel bei 100° getrocknet. Reines Arsen(III)-sulfid hinterläßt keinen Rückstand.

Fehlerquellen. Besonders bei längerem Stehen der Schwefelwasserstofffällung können sich mehr oder weniger große Mengen Schwefel abscheiden. Sie sind, wie ausgeführt, durch Schwefelkohlenstoff aus dem Niederschlag zu entfernen. — Arsen(III)-sulfid darf nicht bei höherer Temperatur als 110° getrocknet werden, da es sich sonst verflüchtigt.

b) Gewichtsanalytisch als Ammoniummagnesiumarsenat

Grundlage. Das Destillat wird nach der Oxydation des Arsen(III) zu Arsen(V) ammoniakalisch gemacht und das Arsen mit Magnesiamixtur als Ammoniummagnesiumarsenat ($MgNH_4 \cdot AsO_4 \cdot 6H_2O$) gefällt. Dieses wird bei 800 bis 900° geglüht, wobei es in Magnesiumpyroarsenat ($Mg_2As_2O_7$) übergeht.

Anwendungsbereich und Bedeutung. Das Verfahren wird hauptsächlich bei größeren Arsenmengen angewandt.

Genauigkeit. 2.

Dauer. 15 Std., davon 12 Std. Wartezeit.

Ausführung. Da das Arsen als Arsen(V) vorliegen muß, wird das Destillat, nachdem es durch vorsichtiges Zugeben von konz. Ammoniak schwach ammoniakalisch gemacht wurde, mit 10 ml 3proz. Wasserstoffperoxydlösung versetzt und die Lösung auf etwa 100 ml eingedampft. Nach dem Erkalten säuert man sie mit 5 ml Salzsäure (1,19) an, versetzt sie mit 10 ml saurer Magnesiamixtur (Herstellung s. Kap. Lösungen) und 1 Tropfen Phenolphthaleinlösung und läßt nun unter starkem Rühren (zweckmäßig mit einem Rührwerk) so lange Ammoniak (1 + 9) aus einer Bürette zutropfen, bis die Lösung sich rot färbt. Dabei fällt das Arsen als Ammoniummagnesiumarsenat aus. Die Lösung wird anschließend mit $^1/_3$ ihres Volumens an konz. Ammoniak versetzt und 12 Std. stehengelassen. Dann filtriert man den Niederschlag auf einen Porzellanfiltertiegel ab, wäscht ihn mit 2,5proz. Ammoniak chlorfrei, trocknet und glüht ihn dann im elektrisch beheizten Ofen bei 1000 bis 1200°. Man wägt als $Mg_2As_2O_7$

$$\text{Auswaage} \cdot 0{,}4826 = \text{As}$$

Fehlerquellen. Die Neutralisation des stark salzsauren Destillates muß unter Kühlung vorgenommen werden, da sonst die Gefahr besteht, daß ein Teil des Arsens durch die entstehende Neutralisationswärme als Trichlorid verflüchtigt wird. — Das verwendete Ammoniak soll pyridinfrei sein, damit keine organische Substanz in den Niederschlag gelangt. — Elemente, die unter den gegebenen Bedingungen unlösliche Arsenate bilden, stören.

c) Maßanalytisch mit Jod- oder Chloraminlösung

Grundlage. Das 3wertige Arsen wird in Gegenwart von überschüssigem Natriumhydrogencarbonat mit Jod- oder Chloraminlösung titriert.

Anwendungsbereich und Bedeutung. Wie im Destillat können auch in Lösungen der Salze des Arsen(III)-oxyds Arsenbestimmungen nach dem vorliegenden Verfahren durchgeführt werden.

Genauigkeit. 1.

Dauer. 15 min.

Ausführung. Das Destillat wird in einem 1000 ml-ERLENMEYER-Kolben unter starker Kühlung mit Natronlauge (250 g/l) beinahe neutralisiert. Die letzten Reste der freien Säure werden durch Zugabe von festem Natriumhydrogencarbonat gebunden. Dann setzt man noch einen Überschuß von 1 bis 2 g Hydrogencarbonat sowie Stärkelösung hinzu und titriert mit n/10-Jodlösung bis zur Blaufärbung der Lösung.

An Stelle der Jodlösung kann man auch Chloraminlösung verwenden. Man versetzt dann das mit Natriumhydrogencarbonat neutralisierte Destillat mit 0,5 g Kaliumjodid und 5 Tropfen frisch bereiteter Stärkelösung und titriert mit n/10-Chloraminlösung (Herstellung s. Kapitel Lösungen) bis zur bleibenden Blaufärbung.

1 ml n/10-Jodlösung entspricht 3,746 mg Arsen.

Fehlerquellen. Die zu titrierende Lösung darf auf keinen Fall einen Überschuß an Natronlauge enthalten, da hierdurch ein Mehrverbrauch an Jod bedingt wäre. Sollte das Destillat durch einen zu großen Zusatz von Natriumhydroxyd alkalisch geworden sein, so ist es wieder anzusäuern und dann mit Natriumhydrogencarbonat zu übersättigen. — Das verwendete Natriumhydrogencarbonat ist auf Jodverbrauch zu prüfen.

Literatur. TREADWELL, F. P.: Kurzes Lehrbuch der analytischen Chemie, Bd. II (1946) S. 556.

d) Maßanalytisch (auch elektrometrisch) mit Kaliumbromatlösung

Grundlage. Das 3wertige Arsen wird durch n/10-Kaliumbromatlösung zu 5wertigem oxydiert. Die Entfärbung des Indicators Methylorange bzw. ein Potentialsprung zeigt den Endpunkt der Oxydation an.

Anwendungsbereich und Bedeutung. Das Verfahren eignet sich für die Bestimmung des Arsens im Destillat und in säurelöslichen Salzen des 3wertigen Arsens.

Genauigkeit. 1.

Dauer. 15 min.

Ausführung. Das Destillat wird mit einigen Tropfen Methylorangelösung versetzt. Die so vorbereitete Lösung titriert man bei 60 bis 70° mit n/10-Kaliumbromatlösung bis zur Entfärbung. Entfärben sich schließlich weitere 3 Tropfen des Indicators, so sieht man die Titration als beendet an.

1 ml n/10-Kaliumbromatlösung = 3,746 mg Arsen.

Fehlerquellen. 3wertiges Antimon wird mit titriert.

Literatur. GYÖRY, ST.: Z. analyt. Chem. Bd. 32 (1893) S. 415. (S. auch Kapitel Antimon.)

Die Titration des Arsens mit Kaliumbromatlösung kann auch *elektrometrisch* erfolgen.

Genauigkeit. 1.

Dauer. 20 min.

Ausführung. Das Destillat titriert man bei 30 bis 50° mit n/10-Kaliumbromatlösung potentiometrisch. Als Indicatorelektrode dient ein blanker Platindraht.

Fehlerquellen. Die potentiometrische Bestimmung liefert nur dann einwandfreie Werte, wenn die Salzsäurekonzentration in der Lösung mindestens 5% beträgt. Während dies bei den Destillaten stets der Fall ist, muß bei der Arsenbestimmung in Arseniten und im Arsen(III)-oxyd eine entsprechende Menge Salzsäure zugesetzt werden.

Literatur. HILTNER, W.: Ausführung potentiometrischer Analysen. Berlin: Springer 1935.

II. Das colorimetrische Verfahren (nach Gutzeit)

Grundlage. Die Methode beruht darauf, daß Arsenverbindungen in saurer Lösung mit Zink Arsenwasserstoff entwickeln, welcher mit Quecksilber(II)-chlorid- oder -bromidpapier unter Bildung von braunen bis zitronengelben Verbindungen reagiert.

Anwendungsbereich und Bedeutung. Das Verfahren dient zur Bestimmung des Arsens in kleinsten Mengen, etwa von 0,002 bis 0,01 mg, und zwar in allen Stoffen. Bei höheren Gehalten muß entweder eine entsprechend niedrigere Einwaage gewählt oder ein entsprechender Anteil der im Meßkolben aufgefüllten Lösung verwendet werden.

Genauigkeit. 2.

Dauer. 3 Std.

Ausführung. 0,5 bis 1 g Substanz werden in einem 150 ml-Erlenmeyer-Kolben mit 10 ml Salpetersäure (1,40) zersetzt. Nach Zugeben von 10 ml Schwefelsäure (1 + 1) erhitzt man die Lösung bis zum Entfernen der Salpetersäure und zum starken Rauchen der Schwefelsäure, nimmt mit 30 ml Wasser auf, gibt 15 ml Schwefelsäure (1 + 1) und 5 bis 10 g granuliertes, arsenfreies Zink hinzu und verschließt den Kolben mit einem Stopfen, dessen Durchbohrung zwei übereinander angeordnete Aufsätze trägt (s. Abb. 9). Der untere enthält Glaswolle, um etwa verspritzende Flüssigkeit aufzufangen; im oberen befindet sich das als Reagenz dienende, mit Quecksilber(II)-chlorid oder -bromid getränkte und getrocknete Papier (s. unten). Dieses färbt sich im Verlauf von 30 min, je nach der Menge des entwickelten Arsenwasserstoffs, in 3 Zonen, von denen die untere dunkelbraun, die mittlere orangerot und die obere zitronengelb ist. Die Stärke der Färbung und Breite der Zonen entspricht dem jeweiligen Arsengehalt. Durch Arsenlösungen bekannten Gehaltes stellt man Vergleichsfärbungen auf dem Reagenzpapier her.

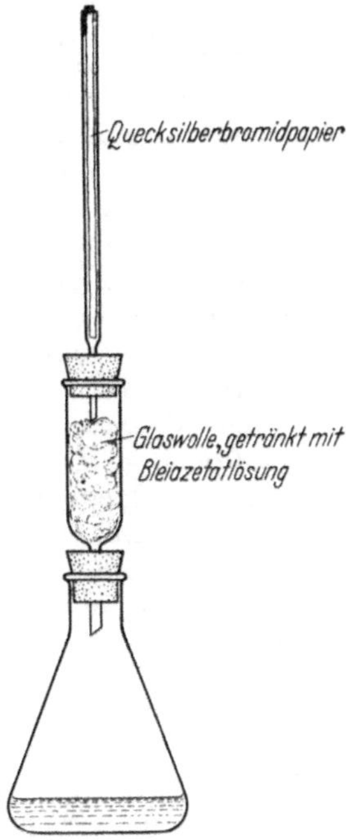

Abb. 9. Entwicklungsgerät nach Gutzeit

Voraussetzung für das Gelingen der Reaktion ist die Arsenfreiheit der verwendeten Reagenzien und der Apparatur; sie ist durch einen Blindversuch festzustellen.

Materialien, die sich in Schwefelsäure lösen, kann man unmittelbar für die Arsenbestimmung benutzen. Man fügt dann zu der Einwaage im Kölbchen die erforderliche Menge Schwefelsäure (1 + 1) hinzu und setzt nach Zugabe von Zink den Stopfen auf. Mitunter entwickelt sich auch Schwefelwasserstoff. Man schützt das Reagenzpapier vor dessen Einwirkung, indem man zwischen dem unteren und oberen Aufsatz ein mit Bleiacetatpapier versehenes Rohr einschiebt. Außerdem kann man auch noch die Glaswolle im ersten Aufsatz mit einer 2proz. Bleiacetatlösung anfeuchten.

Die Reaktion ist bei Verwendung von Quecksilber(II)-bromidpapier schärfer als bei der von Quecksilber(II)-chloridpapier.

An Stelle des Zinks kann man zur Wasserstofferzeugung auch Aluminumfolie benutzen, zumal diese eher arsenfrei zu erhalten ist als Zink.

Herstellung des Reagenzpapiers. Man legt dickes Filtrierpapier für die Dauer von 1 Std. in eine alkoholische Lösung von Quecksilber(II)-bromid (5 g in 100 ml Alkohol) oder -chlorid, trocknet es dann auf waagerecht liegenden Glasstäben und schneidet es in Streifen von 50 mm Länge und 3 mm Breite.

Fehlerquellen. Da die zitronengelbe Färbung gegen Feuchtigkeit und Licht empfindlich ist, muß der Vergleich unmittelbar nach Beendigung der Reaktion durchgeführt werden. Eine Vergleichsskala kann man auch mit Buntstiften entsprechender Färbungen aufzeichnen und spart dadurch das öftere Ansetzen von Vergleichsproben.

Literatur. TREADWELL, F. P.: Lehrbuch der analytischen Chemie, 1935, Bd. II, S. 171. — LOKEMANN, G., u. B. v. BÜLOW: Z. analyt. Chem. Bd. 94 (1933) S. 322. — SANGER, C. R., u. O. F. BLACK: Proc. Amer. Acad. Arts Sci. 1902, Nr. 8, S. 63. — NELLER, I. R.: J. Assoc. off. agric. Chemists Bd. 12 (1929) S. 322. — SVENSON, E. B.: Chemist-Analyst Bd. 18 (1929) S. 5.

III. Das photometrische Verfahren (nach E. Eberius)

Grundlage. Die Methode von SANDELL sowie von CASSIL und WICHMANN wird dahin abgeändert, daß der Arsenwasserstoff in einer Mischung von Quecksilber(II)-chlorid- und Kaliumpermanganatlösung absorbiert wird. Hierbei findet eine Oxydation zu Arsen(V) statt. Das Arsen(V)-oxyd reagiert mit Molybdat zu Arsenmolybdänsäure, welche mit Hydrazin zu Molybdänblau reduziert wird. Die Blaufärbung dient der photometrischen Ermittlung des Arsengehaltes.

Anwendungsbereich und Bedeutung. Das Verfahren ermöglicht die Bestimmung von Arsenmengen von 5 bis 100 γ.

Genauigkeit. 2.

Dauer. $1^1/_4$ Std. ohne Aufschluß.

Ausführung. 1 g der Probe wird in einem 50 ml-ERLENMEYER-Kölbchen in 10 ml konz. Salpetersäure gelöst und die Lösung mit 5 ml konz. Schwefelsäure bis zum starken Entweichen von Schwefelsäuredämpfen erhitzt. Man nimmt mit 25 ml Wasser auf, versetzt die Lösung mit 5 ml konz. Salzsäure, 2 ml Kaliumjodidlösung (15 g in 100 ml) und 1 ml Zinn(II)-chloridlösung (40 g $SnCl_2 \cdot 2\,H_2O$ werden in 100 ml konz. Salzsäure p. a. gelöst) und läßt sie zur vollständigen Reduktion des 5wertigen zu 3wertigem Arsen 15 bis 20 min bei Zimmertemperatur stehen. Dann wird auf 80 bis 90° erwärmt, 5 min bei dieser Temperatur gehalten und wieder auf Zimmertemperatur abgekühlt. Währenddessen werden 1 ml Quecksilber(II)-chloridlösung (1,5 g in 100 ml), 0,2 ml 6n-Schwefelsäure und 1 ml 0,2 n-Permanganatlösung in das Absorptionsgefäß (s. Abb. 10) gefüllt und gut vermischt. Sodann gibt man 2 g Zink in den ERLENMEYER-Kolben, setzt den Stopfen rasch auf und schiebt das Absorptionsgefäß so weit über das Einleitungsrohr, bis dessen Spitze den Boden des Gefäßes berührt. Man läßt den Wasserstoff 20 bis 30 min ohne Erhitzen des ERLENMEYER-Kölbchens hindurchperlen. Nach dieser Zeit soll die Lösung noch violett aussehen. Entfärbt sie sich zu rasch, so können noch 0,5 bis 1 ml Kaliumpermanganatlösung zugegeben werden. Bleibt dies ohne Erfolg, so muß der Versuch mit einem kleineren Anteil der arsenhaltigen Probenlösung wiederholt werden.

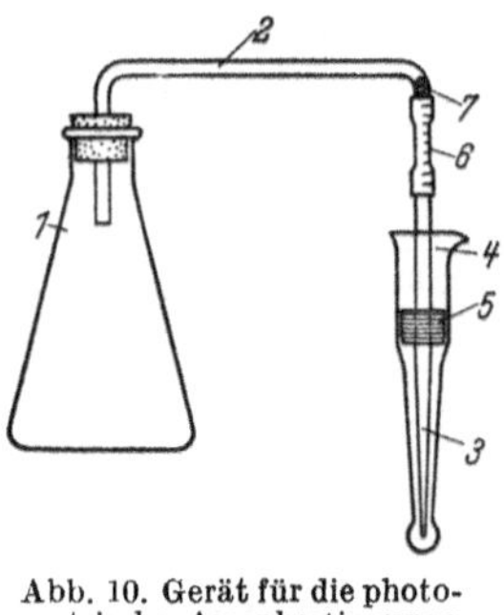

Abb. 10. Gerät für die photometrische Arsenbestimmung (nach EBERIUS)

Eine Trübung der Absorptionslösung durch Flocken von Mangan(IV)-oxydhydrat ist belanglos.

Nun wird der Inhalt des Absorptionsgefäßes in ein 50 ml-Meßkölbchen übergespült, mit 10 ml Molybdat-Hydrazinlösung (s. unten) versetzt, durchgemischt und 15 min in einem Wasserbad bei etwa 95° gehalten. Nach dem Abkühlen füllt man das Kölbchen zur Marke auf, schüttelt den Inhalt durch, filtriert ihn, wenn nötig, und photometriert die Blaufärbung mit Rotfilter (Küvette 30 mm).

Molybdat-Hydrazinlösung. Lösung A: 1 g Ammoniummolybdat wird in 10 ml Wasser und 90 ml 6 n-Schwefelsäure gelöst. Lösung B: Man löst 0,15 g Hydrazinsulfat in 100 ml Wasser.

Vor dem Gebrauch werden je 10 ml der Lösungen A und B gemischt und zu 100 ml aufgefüllt.

Fehlerquellen. Es ist davor zu warnen, das Überschieben des Absorptionsgefäßes über das Einleitungsrohr vorzunehmen, bevor die Gasentwicklung begonnen hat. Es würde sonst durch Eindringen der Absorptionsflüssigkeit in das Rohrinnere Arsen durch Bildung von unlöslichem Quecksilberarsenid gebunden, als welches es der Bestimmung infolge Haftens an der Wandung entzogen werden könnte.

Literatur. Sandell, E. B.: Ind. Engng. Chem. analyt. Edit. Bd. 14 (1942) S. 82. — Cassil, C. C., u. H. J. Wichmann: J. Assoc. off. agric. Chemists Bd. 22 (1939) S. 436. — Eberius, E.: Persönl. Mitteilung.

Bemerkung. Ein weiteres photometrisches Verfahren für die Bestimmung von sehr kleinen Arsenmengen wird im Kapitel Blei, S. 181, mitgeteilt.

IV. Die Bestimmung der Oxydationszahl

Bei der Abröstung von Arsenerzen, insbesondere von arsenhaltigen Kobalterzen, interessiert der Grad der Abröstung bzw. Vertlüchtigung des Arsens. Außerdem muß der Betrieb beurteilen können, welche Mengen an 2wertigem Eisen im Röstgut vorhanden sind, weil dieser Gehalt bei dem späteren Laugungsprozeß von Wichtigkeit ist. Aufschluß darüber gibt die sog. „Oxydationszahl".

Grundlage. Zur Bestimmung des noch im Röstgut vorhandenen 3wertigen Arsens wird dieses nach Zugabe von Salzsäure, aber ohne Reduktionsmittel, überdestilliert und im Destillat titriert. Im Destillationsrückstand bestimmt man die noch vorhandenen, oxydierbaren Bestandteile durch Titration mit Kaliumpermanganat.

Anwendungsbereich und Bedeutung. Das Verfahren dient zur betrieblichen Untersuchung auf noch vorhandenes, 3wertiges Arsen und andere oxydierbaren Substanzen im Röstgut.

Genauigkeit. 3.

Dauer. 4 Std.

Ausführung. 1 g Röstgut wird im Destillierkolben mit 80 ml Schwefelsäure (1 + 1) und 50 ml Salzsäure (1 + 1) versetzt. Man destilliert, bis die Lösung im Kolben eine Rosafärbung (Kobaltfarbe) angenommen hat. Nach Zugabe von weiteren 50 ml Salzsäure (1 + 1) wiederholt man die Destillation. Das Arsen im Destillat wird bei 60 bis 70° mit n/10-Kaliumbromatlösung unter Zugabe von Methylorangelösung als Indicator titriert.

Die im Kolben verbliebene Rückstandslösung spült man in eine große Porzellanschale über und verdünnt sie mit destilliertem Wasser auf 1,2 l (bis die Kobaltfarbe verschwunden ist). Sie wird in der Kälte mit n/10-Kaliumpermanganatlösung bis zur bleibenden Rotfärbung titriert.

$$\frac{\text{Verbrauch ml n/10-Permanganatlösung} + \text{ml n/10-Kaliumbromatlösung}}{2} = \text{Oxydationszahl}$$

Diese wird auf 0,5 g Einwaage bezogen.

Bei der Destillation reagiert das vorhandene 2wertige Eisen mit 5wertigem Arsen unter Bildung von 3wertigem Arsen und 3wertigem Eisen.

Literatur. Nicht veröffentlichtes Betriebsverfahren.

D. Die Untersuchung der Arsenerzeugnisse

Viele Arsenerzeugnisse werden in großen Mengen hergestellt und finden hauptsächlich in gewissen Zweigen der chemischen Industrie sowie in der Land- und Forstwirtschaft ausgedehnte Verwendung. Wegen der Giftigkeit der Arsenerzeugnisse sind beim Umgang mit ihnen Vorsichtsmaßregeln zu beachten.

I. Das Arsenmetall

Es wird praktisch nur für Legierungszwecke verwendet, und zwar vornehmlich zur Herstellung von Bleischrot, Feuerbuchskupfer und Speziallagermetall. Da es sich leicht an der Luft oxydiert, empfiehlt es sich, es unzerkleinert einzuwägen und erst die eingewogene Probe zu zerkleinern.

1. Die Bestimmung des Gesamtarsens

a) Durch Destillation

0,5 bis 1 g Arsen löst man in einer Porzellanschale mit 10 ml Salpetersäure (1,40) und raucht die Lösung nach Zugabe von 10 ml Schwefelsäure bis fast zur Trockne ab. Dann wird sie in den Kolben eines Destillierapparates übergespült und das Arsen, wie unter C. I. 1. angegeben, als Arsen(III)-chlorid destilliert. Das Destillat bringt man in einen Meßkolben, nimmt nach dem Auffüllen zur Marke einen Anteil ab und titriert das Arsen mit Jod- oder Kaliumbromatlösung (s. S. 123 u. 124).

b) Durch Verflüchtigung

Grundlage. Das Arsenmetall wird durch Erhitzen im Sauerstoffstrom als Arsen(III)-oxyd verflüchtigt und dieses in Natronlauge aufgefangen. Anschließend wird es mit Kaliumbromatlösung titriert.

Anwendungsbereich und Bedeutung. Das Verfahren gilt als rasche Betriebsmethode zur Bestimmung des Arsengehaltes im Arsenmetall.

Genauigkeit. 2.

Dauer. 2 Std.

Ausführung. 0,3 g Metall werden mit 1 g feinstem Seesand gemischt und in ein Quarzschiffchen gebracht, das in ein Quarzrohr mit Schnabelansatz eingeschoben wird. Das Schnabelende taucht in 200 ml Natronlauge (50 g/l) ein. Man erhitzt zuerst mit kleiner, dann mit voller Bunsenflamme im Sauerstoffstrom. Nach erfolgter Verflüchtigung des Arsens wird das noch im Rohr haftende Arsen(III)-oxyd durch Erhitzen weitgehend übergetrieben; geringe, im Rohr verbliebene Reste löst man nach dem Erkalten mit etwas Natronlauge und Wasser und spült die Lösung zu der Hauptmenge. Darauf säuert man diese mit Salzsäure an, setzt 20 ml konz. Salzsäure im Überschuß zu und titriert das Arsen mit n/10-Kaliumbromatlösung, wie S. 124 beschrieben.

Fehlerquellen. Sehr reines Arsenmetall verbrennt mit heftiger Reaktion; deshalb ist das Mischen mit Seesand nicht zu umgehen. — Wegen der Gefahr des Oxydierens an der Luft muß man von einer weitgehenden Zerkleinerung des Metalls im Mörser möglichst absehen.

2. Die Bestimmung des oxydischen Arsens

5 g Arsenmetall werden in einem Achatmörser unter Wasser zerkleinert. Dann spült man das Ganze in einen 500 ml-Meßkolben über und gibt 10 ml Ammoniak (1 + 1) zu. Die Mischung bleibt 30 min bei 60° unter öfterem Umschütteln stehen. Nach dem Abkühlen und Auffüllen zur Marke werden 100 ml = 1 g Einwaage abfiltriert. Die Abmessung säuert man mit Salzsäure an, versetzt sie mit 20 ml Salzsäure (1,19) im Überschuß und titriert das Arsen mit Kaliumbromatlösung nach der Vorschrift auf S. 124.

3. Die Bestimmung des Schwefels

1 bis 2 g Arsenmetall werden mit Königswasser gelöst. Die Lösung dampft man nach Zusatz von Natriumchlorid auf dem Sandbad zur Trockne und wiederholt das Eindampfen nach jeweiliger Zugabe von 3 ml Salzsäure (1 + 1) noch 2 mal.

Schließlich nimmt man mit 5 ml Salzsäure (1 + 1) auf, verdünnt die Lösung auf 100 ml, erhitzt sie zum Sieden und fällt mit heißer Bariumchloridlösung (100 g $BaCl_2 \cdot 2\,H_2O$/l) den zu Sulfat oxydierten Schwefel. Bei sehr geringen Mengen muß die Fällung über Nacht stehenbleiben. Dann filtriert man das Bariumsulfat ab, wäscht, glüht und wägt es. Umrechnungsfaktor auf Schwefel = 0,1374.

4. Die Bestimmung des Glührückstandes

10 g Arsenmetall werden in einem gewogenen Porzellantiegel anfänglich bei kleiner Flamme, zum Schluß auf dem Gebläse unter dem Abzug verdampft; den Rückstand glüht man bis zur Gewichtskonstanz. Er wird nach der Behandlung mit Salzsäure (1,19) zur Bestimmung der *Kieselsäure* und des *Eisens* herangezogen.

5. Die Bestimmung der Nebenbestandteile

Grundlage. Das Arsen wird in Salpeter- und Schwefelsäure gelöst und nach der Reduktion mit Hydroxylaminsalz als Arsen(III)-chlorid verflüchtigt. Der Rückstand dient zur Bestimmung der Nebenbestandteile.

Anwendungsbereich und Bedeutung. Das Verfahren ist nur für die Bestimmung der Begleitmetalle mit Ausnahme von Antimon im Arsenmetall anwendbar.

Genauigkeit. 1.

Dauer. 3 Std.

Ausführung. 10 g metallisches Arsen löst man durch allmähliche Zugabe von 30 ml Salpetersäure (1,40) auf. Die Lösung wird mit 20 ml Schwefelsäure (1 + 1) versetzt und fast bis zur Trockne geraucht. Nach dem Erkalten feuchtet man die Salze mit 2 bis 3 ml Wasser an, setzt 5 ml Schwefelsäure zu und raucht nochmals ab, um sicher zu sein, daß die Salpetersäure völlig verjagt ist. Nun werden die Salze in 100 ml Salzsäure (1 + 1) gelöst. Die Lösung versetzt man mit 6,5 g Hydroxylaminhydrochlorid, um das Arsen(V) zu Arsen(III) zu reduzieren, und dampft sie auf dem Sandbad zur Trockne, wobei das Arsen als Trichlorid verflüchtigt wird. Den Rückstand nimmt man nochmals mit 10 ml Salzsäure (1 + 1) auf und dampft die Lösung abermals zur Trockne.

Nun können in dem verbliebenen Salzgemisch die Verunreinigungen, mit Ausnahme des Antimons, nach den in den Kapiteln Blei und Kupfer angegebenen Verfahren bestimmt werden.

Fehlerquellen. Fehler, die durch Oxydation beim Zerkleinern entstehen, können hier unberücksichtigt bleiben.

6. Die Bestimmung des Antimons

Grundlage. Die Lösung der Probe in Salpetersäure wird mit Schwefelsäure abgeraucht. Nach dem Aufnehmen des Rückstandes mit Salzsäure (1,19) wird die Lösung mit Schwefelwasserstoff gesättigt. Im Filtrat von Arsen(V)-sulfid fällt man nach dem Abstumpfen der Säure das Antimon mit Schwefelwasserstoff und bestimmt es nach den Angaben im Kapitel Antimon, S. 107ff.

Anwendungsbereich und Bedeutung. Die Trennung des Arsens vom Antimon durch Fällen aus stark salzsaurer Lösung mit Schwefelwasserstoff kann auch zur Prüfung des Arsendestillates auf einen Antimongehalt benutzt werden.

Genauigkeit. 1.

Dauer. 6 Std.

Ausführung. 10 g Arsen werden mit 30 ml Salpetersäure (1,40) in der Wärme zersetzt. Nach Zugabe von 20 ml Schwefelsäure (1 + 1) raucht man zur Trockne, befeuchtet den Rückstand mit etwa 3 ml Wasser und raucht mit 5 ml Schwefelsäure (1,84) abermals ab. Nach dem Aufnehmen mit 200 ml Salzsäure (1 + 1) und

Zusatz von 100 ml Salzsäure (1,19) leitet man in die *kalte* Lösung einen lebhaften Strom von Schwefelwasserstoff bis zur Sättigung ein. Hierbei fällt das Arsen(V)-sulfid aus, während das Antimon in Lösung bleibt. Der Niederschlag wird auf eine Glasnutsche abgesaugt und mit Salzsäure (2 + 1) mehrmals kurz ausgewaschen. Das Filtrat dampft man auf etwa 100 ml ein, stumpft den größten Teil der Säure mit Ammoniak ab und fällt nun das Antimon durch Einleiten von Schwefelwasserstoff. Nach dem Abfiltrieren wird das Antimonsulfid mit Schwefelwasserstoffwasser ausgewaschen und darauf mit heißer Natriumsulfidlösung (50 g $Na_2S \cdot 9\,H_2O$/l) in einen ERLENMEYER-Kolben gelöst. Diese Lösung des Natriumsulfantimoniats versetzt man mit 10 ml Schwefelsäure (1,84) und erhitzt so lange, bis der Kolbeninhalt SO_3-Dämpfe abgibt und die Flüssigkeit wasserhell und klar geworden ist. Nach dem Erkalten nimmt man mit 200 ml Wasser und 20 ml Salzsäure (1 + 1) auf und titriert das Antimon mit Kaliumbromatlösung in der Wärme (s. Kapitel Antimon, S. 107).

Fehlerquellen. Beim Fällen des Arsens soll die Temperatur der Lösung 10° nicht überschreiten. — Beim Eindampfen des Filtrats ist, um Antimonverluste zu vermeiden, darauf zu achten, daß das Volumen nicht geringer als 50 ml wird.

II. Das Arsenik (Arsen(III)-oxyd)

Als technische Produkte sind folgende Sorten von Arsenik im Handel:

Technisch reines Arsenik, Spezialmarke, mit mindestens 99,75% Arsen(III)-oxyd und *technisch reines Arsenik mit 99,50% Arsen(III)-oxyd.* Beide Sorten müssen farblos, klar durchscheinend oder weiß und undurchsichtig sein. *Rohes Arsenmehl, I. Qualität,* mit 96% Arsen(III)-oxyd, *rohes Arsenmehl, II. Qualität,* mit 94% Arsen(III)-oxyd.

Arsenik findet Verwendung als Konservierungsmittel für zoologische Präparate, als Läuterungsmittel in der Glasindustrie und als Ausgangsstoff zur Herstellung anderer Arsenverbindungen, ferner in der Pharmazie.

Neben der Gehaltsbestimmung an Arsen(III)-oxyd werden gewöhnlich die nichtflüchtigen Bestandteile, das in Ammoniak Unlösliche, der Eisengehalt und der Antimongehalt festgestellt.

1. Die Bestimmung der nichtflüchtigen Bestandteile

5 g Arsenik werden in einem gewogenen Porzellantiegel unter dem Abzug bis zur vollständigen Verflüchtigung des Arsen(III)-oxyds geglüht. Der Rückstand wird gewogen.

2. Die Bestimmung des in Ammoniak Unlöslichen

5 g Arsenik kocht man in einem ERLENMEYER-Kolben mit aufgesetzem Rückflußkühler 30 min mit 50 ml Ammoniak (1 + 2), wobei das Arsen(III)-oxyd als Ammoniumarsenit in Lösung geht. Der verbleibende Rückstand wird auf einen Filtertiegel abfiltriert, mit warmem 5proz. Ammoniak ausgewaschen, bei 110° getrocknet und gewogen.

3. Die Bestimmung des Eisens

1 g Arsenik wird in einer Porzellanschale mit 10 ml Salzsäure (1 + 1) versetzt. Man verdampft die Salzsäure, wobei sich der größte Teil des Arsens verflüchtigt. Nach dem Aufnehmen mit 5 ml Salzsäure (1 + 1) und 20 ml Wasser oxydiert man die Lösung durch Zugabe von Bromwasser bis zur deutlichen Gelbfärbung. Der Überschuß des Broms wird verkocht und in der abgekühlten Lösung das Eisen mit Kaliumthiocyanat colorimetrisch bestimmt. Hierzu versetzt man die Lösung in einem 50 ml-Meßkolben mit 5 ml Kaliumthiocyanatlösung (500 g/l), füllt zur Marke auf und colorimetriert.

4. Die Bestimmung des Antimons

5 g Arsenik werden in der eben ausreichenden Menge Natronlauge (100 g/l) gelöst. Die Lösung neutralisiert man mit Salzsäure (1,19) und fügt das Doppelte der Flüssigkeitsmenge an Salzsäure (1,19) zu. Nun wird die Lösung durch Zugabe von Salzsäure (2 + 1) auf ein Volumen von ungefähr 300 ml gebracht und das Arsen in der Kälte mit Schwefelwasserstoff ausgefällt. Die weitere Bestimmung erfolgt, wie bei der Antimonbestimmung im Arsenmetall, S. 129, angegeben ist.

5. Die Bestimmung des Arsen(III)-oxydgehaltes

Grundlage. Die Probe wird in Natronlauge gelöst. Nach dem Auffüllen der Lösung in einem Meßkolben entnimmt man einen gemessenen Anteil und titriert in neutraler Lösung das 3wertige Arsen mit Jod- oder Chloraminlösung.

Anwendungsbereich und Bedeutung. Das Verfahren dient zur Bestimmung des 3wertigen Arsens neben 5wertigem in Arsenik.

Genauigkeit. 2.

Dauer. 40 min.

Ausführung. 1 g Arsenik wird in möglichst wenig Natronlauge (120 g/l) gelöst, die Lösung im Meßkolben mit Salzsäure angesäuert und dann mit Wasser auf 100 ml aufgefüllt. Dann entnimmt man der durch ein trockenes Filter abfiltrierten Flüssigkeit 25 ml und neutralisiert sie durch einen Überschuß an festem Natriumhydrogencarbonat. Anschließend titriert man das 3wertige Arsen mit n/10-Jod- oder Chloraminlösung unter Verwendung von Stärke- bzw. Kaliumjodid-Stärkelösung als Indicator.

Fehlerquellen. Die Analyse muß rasch durchgeführt werden, weil sonst die Gefahr besteht, daß sich durch den Luftsauerstoff ein Teil des 3wertigen Arsens zu 5wertigem oxydiert.

Literatur. Siehe bei C. I. 2. c), S. 124.

6. Die Bestimmung des Gesamtarsens

1 g Arsenik wird in möglichst wenig Natronlauge (100 g/l) gelöst, die Lösung auf 30 ml verdünnt und filtriert. Das Filtrat fängt man in einem 100 ml-Meßkolben auf und füllt mit Wasser zur Marke auf. 20 ml davon = 0,2 g Einwaage werden auf 40 ml verdünnt und mit Bromwasser in geringem Überschuß versetzt. Nach kurzem Aufkochen neutralisiert man die Lösung, gibt 5 ml Salzsäure (1,19) zu und setzt das Kochen zur Verjagung des überschüssigen Broms fort. Die erkaltete Lösung bringt man dann auf ein Volumen von 100 ml und fällt das Arsen mit Magnesiamixtur nach den Angaben auf S. 123.

III. Das Natriumarsenat

Das Natriumarsenat hat die Zusammensetzung Na_2HAsO_4 und kristallisiert aus wäßriger Lösung mit 7 Mol. Wasser. Es wird außer in der Medizin für Imprägnier- und Färbereizwecke verwendet.

1. Die Bestimmung des Arsens

2 g des Salzes werden in einem 100 ml-Meßkolben in Wasser gelöst. Die Lösung füllt man zur Marke auf, entnimmt davon 25 ml = 0,5 g Einwaage, versetzt die Abmessung mit 5 ml Salzsäure (1,19) und erhöht das Volumen auf 100 ml. In dieser Lösung wird das Arsen mit Magnesiamixtur gefällt und als Magnesiumpyroarsenat bestimmt (s. S. 123).

2. Die Bestimmung des Natriums

Von der für die Arsenbestimmung hergestellten Lösung des Salzes entnimmt man 50 ml = 1 g Einwaage und versetzt diese Abmessung in einer Platinschale mit 0,5 g Hydrazinsulfat und 20 ml Salzsäure (1,19). Darauf dampft man sie zur Trockne und verflüchtigt so den größten Teil des Arsens. Nach dem Erkalten wird der Schaleninhalt mit 20 ml Salzsäure (1 + 1) aufgenommen, die Lösung mit einigen Körnchen Hydrazinsulfat versetzt und das Eindampfen zur Trockne wiederholt. Sodann befeuchtet man den Rückstand mit 5 ml Schwefelsäure (1 + 2) und raucht die Säure vollkommen ab. Das verbliebene Natriumsulfat wird bei etwa 700 bis 800° geglüht. Den Salzrückstand nimmt man mit Wasser auf, filtriert gegebenenfalls, dampft das Filtrat wieder ein, glüht und wägt als Natriumsulfat.

Auswaage · 0,3238 = Na

IV. Das Bleiarsenat

Das Bleiarsenat wird in großen Mengen zur Schädlingsbekämpfung hergestellt und findet als Fraßgift bei der Bekämpfung von Raupen im Obstbau Verwendung.

1. Die Bestimmung des Bleies

Grundlage. Für rasche Betriebsanalysen wird das Blei als Sulfat abgeschieden und gewogen; für genauere Bestimmungen löst man das Bleisulfat in Ammoniumacetat, fällt aus dieser Lösung das Blei als Chromat aus und bestimmt es als dieses.

Anwendungsbereich und Bedeutung. Die hier zur Anwendung kommenden Bleibestimmungsverfahren gehören zu den für die gewichtsanalytische Bleibestimmung üblichen Methoden.

Genauigkeit. 2 bei der Sulfatbestimmung; 1 bei der Chromatbestimmung.

Dauer. 3 Std. für die Bestimmung als Sulfat; 6 Std. für die als Chromat.

Ausführung. 1 g Material wird in einem 400 ml-Becherglas in 10 ml Salpetersäure (1,4) unter Kochen gelöst, die Lösung mit 10 ml Schwefelsäure (1 + 1) versetzt und bis zum starken Rauchen der letzteren eingedampft. Den erkalteten Salzbrei kocht man sodann mit mindestens 50 ml Wasser auf, läßt wieder abkühlen und filtriert das Bleisulfat auf einen Filtertiegel ab. Es wird mit 10proz. Schwefelsäure, anschließend mit Alkohol ausgewaschen und nach dem Glühen — bei etwa 500° — gewogen. Darauf löst man das im Tiegel befindliche Bleisulfat durch Behandeln mit einer heißen Ammoniumacetatlösung (250 g/l) (4mal je 10 ml). Zum Schluß wäscht man den Tiegel mit heißem Wasser aus, glüht ihn wieder bei etwa 500 bis 600° und wägt zurück. Umrechnungsfaktor auf Pb = 0,6833.

Man erhält damit die Auswaage an Bleisulfat nach der Schnellmethode.

Wird eine genauere Bestimmung des Bleies verlangt, so verdünnt man die erhaltene Lösung des Bleisulfats in Ammoniumacetat auf etwa 300 ml und fällt durch Zugabe von 30 ml einer heißen Kaliumbichromat- oder Kaliumchromatlösung (50 g/l) das Blei als Chromat aus. Nach 15 min währendem Kochen läßt man abkühlen und filtriert das Bleichromat auf einen Porzellanfiltertiegel ab, wäscht mit heißem Wasser aus und trocknet bei 200°. Der empirische Umrechnungsfaktor von $PbCrO_4$ auf Pb ist 0,6401 (s. auch Kapitel Blei, S. 165).

Fehlerquellen. Das zuerst ausgewogene Bleisulfat enthält noch Verunreinigungen an Kieselsäure oder anderen, nicht durch Salpetersäure löslichen Bestandteilen. Daher darf das nachträgliche Lösen in Ammoniumacetatlösung nicht unterlassen werden.

Literatur. Siehe Kapitel Blei, S. 164/165.

2. Die Bestimmung des Gesamtarsens

a) Durch Destillation

0,5 g des Salzes werden in einem Destillierkolben mit 15 ml Reduktionslösung (s. S. 122) und 100 ml Salzsäure (1 + 1) versetzt. Danach destilliert man nach den Angaben auf S. 122. Im Destillat erfolgt die Bestimmung des Arsens gemäß den Vorschriften auf S. 122 bis 124.

b) Nach einem Schnellverfahren

Grundlage. Nach dem Zersetzen des Salzes mit Schwefelsäure unter Zusatz von Hydrazinsulfat wird das Arsen in Gegenwart des Bleisulfats maßanalytisch bestimmt.

Anwendungsbereich und Bedeutung. Die Methode stellt ein rasch ausführbares Verfahren zur Arsenbestimmung im Bleiarsenat dar.

Genauigkeit. 2 bis 3.

Dauer. $1^1/_2$ Std.

Ausführung. 0,5 g Bleiarsenat zersetzt man in einem 500 ml-Erlenmeyer-Kolben mit 20 ml Schwefelsäure (1 + 1) unter Zusatz von 1 g Hydrazinsulfat. Nach dem Aufhören der Gasentwicklung wird die Lösung bis zum Auftreten von Schwefelsäuredämpfen erhitzt. Man läßt erkalten, nimmt mit 150 ml Wasser und 20 ml Salzsäure (1,19) auf, erwärmt die Lösung auf 40 bis 50° und titriert das Arsen mit n/10-Kaliumbromatlösung unter Verwendung von Methylorange als Indicator.

Fehlerquellen. Das Bleiarsenat muß frei von Chloriden sein, sonst treten beim Abrauchen Arsenverluste ein.

Literatur. Schulek u. v. Villecz: Z. analyt. Chem. Bd. 76 (1929) S. 81.

3. Die Bestimmung des Gehaltes an Arsen(III)-oxyd

2 g des Salzes werden in einem 200 ml-Meßkolben mit 100 ml Schwefelsäure (1 + 6) versetzt. Man kocht $^1/_2$ Std., füllt nach dem Abkühlen den Inhalt des Kolbens zur Marke auf und filtriert 100 ml ab. Die Abmessung neutralisiert man mit Natronlauge unter Verwendung von Phenolphthalein als Indicator, säuert dann mit einigen Tropfen Schwefelsäure (1 + 1) schwach an und gibt 5 g Natriumhydrogencarbonat zu. Darauf wird mit n/20-Jodlösung titriert.

Literatur. J. Assoc. off. agric. Chemists Bd. 3 (1920) S. 332.

4. Die Bestimmung des wasserlöslichen Arsens

Grundlage. Im wäßrigen Auszug der Probe wird das Arsen nach erfolgter Destillation jodometrisch bestimmt.

Anwendungsbereich und Bedeutung. Das Verfahren ist für die Untersuchung auf lösliche Arsenverbindungen in den in Wasser unlöslichen Arsenpräparaten bestimmt.

Genauigkeit. 2.

Dauer. 5 Std.

Ausführung. 1 g Bleiarsenat bringt man mit 500 ml frisch ausgekochtem destilliertem Wasser von 32° in eine Thermosflasche, verschließt diese dicht und schüttelt sie 1 Std. mit einer Schüttelmaschine. Danach filtriert man die Suspension durch ein hartes Filter, entnimmt dem Filtrat 250 ml = 0,5 g Einwaage und gibt die Abmessung in ein 400 ml-Becherglas. Nach Zugabe von 20 ml Salpetersäure (1,4) und 30 ml Schwefelsäure (1 + 1) wird die Lösung bis zum starken Rauchen der Schwefelsäure eingedampft, darauf vorsichtig mit wenig Wasser und 50 ml gesättigter Ammoniumoxalatlösung versetzt und nochmals bis zum starken Rauchen der Säure erhitzt. Sodann nimmt man mit 50 ml Wasser auf, führt die Lösung in den Kolben eines Destillierapparates über und destilliert 2mal mit je 100 ml Salzsäure (1 + 1) unter Zusatz von 15 ml Reduktionslösung (s. S. 122) oder 25 g Eisen(II)-sulfat. Im Destillat wird das Arsen mit n/50-Jodlösung nach der Vorschrift auf S. 123 bestimmt.

V. Das Calciumarsenat [$Ca_3(AsO_4)_2 \cdot 3H_2O$]

Dieses Präparat wird in großen Mengen als Pflanzenschutzmittel, besonders zur Bekämpfung des Kartoffelkäfers, verwendet.

Die Bestimmung:

1. des Gesamtarsens

2. des wasserlöslichen Arsens

erfolgt nach den gleichen Verfahren, wie beim Bleiarsenat, S. 133, beschrieben.

3. Die Bestimmung des Gehaltes an Arsen(III)-oxyd

Grundlage. In der salzsauren Lösung des Salzes wird das 3wertige Arsen unmittelbar mit Kaliumbromatlösung titriert.

Anwendungsbereich und Bedeutung. Das Verfahren ist eine der üblichen Bestimmungsmethoden von 3wertigem Arsen.

Genauigkeit. 2.

Dauer. 1 Std.

Ausführung. 2 g des Salzes werden in 100 ml 10proz. Salzsäure gelöst. Die Lösung erwärmt man auf 60 bis 70° und titriert das 3wertige Arsen mit n/20-Kaliumbromatlösung unter Verwendung von Methylorange als Indicator.

Fehlerquellen. Enthält die Verbindung Nitrate, so ist diese Bestimmung nicht durchführbar, da dann in saurer Lösung das 3wertige Arsen oxydiert werden würde.

Literatur. J. Assoc. off. agric. Chemists Bd. 5 (1922) S. 33 u. 392.

4. Die Bestimmung des Calciums

0,5 g Calciumarsenat werden in einer Porzellanschale in 30 ml Salzsäure (1 + 1) gelöst. Nach Zusatz von 1 g Hydrazinhydrochlorid und 1 g Kaliumbromid dampft man die Lösung auf dem Sandbad zur Trockne, befeuchtet den Rückstand mit 10 ml Salzsäure (1 + 1) und wiederholt das Abdampfen. Die Chloride werden dann mit 10 ml Salzsäure (1 + 1) gelöst. Die Lösung spült man in ein Becherglas über, verdünnt sie auf etwa 50 ml, setzt 10 ml Bromwasser und so viel 10proz. phosphorsäurefreie Wasserstoffperoxydlösung hinzu, daß eine gelbbraune Färbung der Lösung bestehenbleibt, und zersetzt dann den Überschuß der Oxydationsmittel durch Kochen. Nach Zusatz von 2 g Ammoniumchlorid werden Eisen und Aluminium mit einem geringen Überschuß von Ammoniak in der Siedehitze gefällt. Nachdem man den Niederschlag abfiltriert und mit heißem Wasser ausgewaschen hat, scheidet man im Filtrat in der Siedehitze den Kalk durch Zugabe von 20 ml gesättigter Ammoniumoxalatlösung ab. Das Calciumoxalat wird auf einem dichten Filter gesammelt und mit heißem Wasser ausgewaschen. Filter samt Niederschlag übergießt man in einem Titrierbecher mit 50 ml Wasser und 20 ml Schwefelsäure (1 +1), zerfasert das Filter durch kräftiges Schütteln des Bechers oder Rühren mit einem Glasstab, erwärmt auf 80° und titriert die Lösung mit n/5-Kaliumpermanganatlösung bis zur Rotfärbung.

1 ml n/5-Permanganatlösung entspricht 5,608 mg CaO.

5. Die Bestimmung der Schwebefähigkeit

In drei mit Schliffstopfen versehene, je 250 ml fassende Schüttelzylinder von möglichst gleicher Höhe und Breite (Durchmesser 4 cm, Höhe 23 bis 25 cm) wird je 1 g Calciumarsenat eingewogen. Man rührt die Proben mit wenig Wasser an, füllt die Zylinder mit Wasser und schüttelt sie kräftig bis zum Entstehen einer gleichmäßigen Suspension. Nachdem die Zylinder 5 min ruhig gestanden haben, wird ihr Inhalt 10mal gleichmäßig auf und ab bewegt. Genau 5, 15 und 30 min nach der letzten Bewegung hebert man ohne Erschütterung der Zylinder und der Bodensätze die überstehenden $^9/_{10}$ des Inhaltes ab; sie werden verworfen. Der Rest (Rückstand und überstehende Flüssigkeit) wird mit Wasser in gewogene Schalen übergespült, auf dem Wasserbad zur Trockne gedampft, 1 Std. bei 105° getrocknet und gewogen.

Setzt man die erhaltenen Beträge von der Einwaage (1 g) ab, so ergeben sich zur jeweiligen Versuchszeit die in den oberen $^9/_{10}$ in Suspension befindlichen Mengen in Gramm. Durch Multiplikation mit 100 erhält man diese in Prozenten der Einwaage. Unmittelbar nach dem Umschütteln der Suspension beträgt dieser Wert 90%. Der Einfachheit halber wird davon abgesehen, die in Suspension befindlichen Mengen in Prozenten der anfänglichen Menge zu berechnen. Hierzu wären alle Werte durch 0,9 zu dividieren.

VI. Verbindungen des Kupfers mit Arsen(III)- und -(V)-oxyd

Zu diesen Verbindungen gehören die Farbstoffe *Schweinfurter Grün* [$CuO(CH_3CO_2)_2 \cdot 3Cu(AsO_2)$] und *Scheeles Grün* ($CuHAsO_3$).

Grundsätzlich nach den gleichen Methoden werden die *Kupferkalkarsenpflanzenschutzmittel,* wie Herzynia-Neutral, Nosprasit, Fusibar, Cusarsen usw., untersucht.

1. Die Bestimmung des Gesamtarsens

0,5 g Material werden im Kolben eines Destillierapparates mit Salzsäure und Reduktionslösung versetzt. Dann destilliert man und bestimmt im Destillat das Arsen gemäß den Vorschriften unter C. I., S. 122 bis 124.

Bei Anwesenheit von Nitraten oder organischen Substanzen, mit Ausnahme der Essigsäure, kann die Probe nicht unmittelbar in den Destillierkolben gebracht werden, sondern wird vorher mit Salpeter- und Schwefelsäure behandelt, wie es an der eben erwähnten Stelle beschrieben ist.

2. Die Bestimmung des Arsen(III)-oxyds

Es wird darauf hingewiesen, daß bei Anwesenheit von Nitraten eine Bestimmung des Arsen(III)-oxyds nach dem folgenden Verfahren nicht möglich ist.

Man wägt 1 g Substanz in den Kolben eines Destillierapparates, gibt 100 ml Salzsäure (1 + 1) *ohne* Reduktionslösung hinzu und destilliert. Im Destillat bestimmt man das Arsen entweder als Sulfid oder maßanalytisch mit Kaliumbromat- oder Jodlösung (s. unter C. I., S. 124).

Man kann auch für die Bestimmung des Arsen(III)-oxyds in gewissen Fällen, z. B. beim Schweinfurter Grün, eine *Schnellmethode ohne Destillation* anwenden. Sie wird im nachstehenden beschrieben:

Grundlage. In der mit Schwefelsäure zersetzten Probe wird das Arsen(III)-oxyd durch Titration der neutralen Lösung ohne vorherige Destillation mit Jodlösung bestimmt.

Anwendungsbereich und Bedeutung. Das Verfahren dient zur unmittelbaren Bestimmung des Arsen(III)-oxydgehaltes in kupferhaltigen Arsenerzeugnissen.

Genauigkeit. 2.

Dauer. $1^1/_2$ Std.

Ausführung. 0,5 g Substanz werden in 10 bis 15 ml Schwefelsäure (1 + 1) und 100 ml Wasser unter Erwärmen gelöst. Die abgekühlte Lösung versetzt man mit festem Natriumhydrogencarbonat im Überschuß und bringt das ausgefallene Kupfersalz durch Zusatz von Ammoniumchlorid wieder in Lösung. Dann verdünnt man auf etwa 200 ml und titriert das Arsen mit n/10-Jodlösung (Stärke als Indicator).

Ein Blindversuch mit einer dem Kupfergehalt der Probe (z. B. Schweinfurter Grün) entsprechenden Menge Kupfersulfat muß unter den gleichen Bedingungen durchgeführt und die dabei verbrauchte Jodmenge von der obigen in Abzug gebracht werden.

Fehlerquellen. Eisen, 3wertiges Antimon und Kupfernitrat wirken störend.

Literatur. J. Ind. Engng. Chem. (1909) S. 208. — J. Assoc. off. agric. Chemists Bd. 3 (1917) S. 158.

3. Die Bestimmung des Hydrolysenwertes

Unter Hydrolysenwert wird die Menge 3wertigen Arsens verstanden, die 1 g des Präparates an 1 l destilliertes Wasser unter bestimmten Bedingungen abgibt. Die Bestimmung wird wie folgt ausgeführt:

1 g der zu prüfenden Substanz wird in einem genormten 2 l-Erlenmeyer-Kolben (ganze Höhe 280 mm, größter Durchmesser 155 mm, Halslänge 50 mm, äußerer Halsdurchmesser 40 mm) in 1 l frisch ausgekochtem, auf 32° abgekühltem destilliertem Wasser verteilt. Man schüttelt die Suspension unmittelbar nach der Herstellung bei geschlossenem Kolben 2 min und läßt sie dann 24 Std. in einem Thermostaten bei 32° stehen. Im ersten Drittel der Zeit wird 8mal in Abständen von je 1 Std. $^1/_2$ min lang und nach Ablauf der 24 Std. nochmals $^1/_2$ min geschüttelt. Unmittelbar darauf wird filtriert. In 200 ml des vollständig klaren Filtrats bestimmt man den Gehalt an 3wertigem Arsen nach Zugabe von 4 bis 5 g Natriumhydrogencarbonat und Stärkelösung durch Titration mit n/20-Jodlösung. 1 ml n/20-Jodlösung = 2,473 mg As_2O_3.

Fehlerquellen. Um den Jodverbrauch der Reagenzien und Flüssigkeitsmengen in Anrechnung bringen zu können, muß ein Blindversuch angestellt werden. — Bei Anwesenheit organischer Stoffe ist es sicherer, 200 ml des Filtrats mit 20 ml Salpetersäure (1,4) und 20 ml Schwefelsäure (1 + 1) zum Rauchen zu bringen, die Sulfate mit Salzsäure und Reduktionsmittel zu versetzen, zu destillieren und nach beendeter Destillation das Arsen zu titrieren.

Literatur. Hilgendorff, G.: Z. angew. Chem. Bd. 43 (1930) S. 648.

4. Die Bestimmung des Kupfers

Grundlage. Die mit Eisessig versetzte Probe wird durch Zusatz von Bromwasser gelöst. Nach dem Verjagen des Bromüberschusses fügt man zu der Lösung Kaliumjodid und titriert das ausgeschiedene Jod mit Thiosulfatlösung.

Anwendungsbereich und Bedeutung. Das Verfahren ist zur Bestimmung des Kupfers in kupferhaltigen Arsenerzeugnissen, besonders im Schweinfurter Grün, geeignet.

Genauigkeit. 2.

Dauer. 30 min.

Ausführung. 0,5 g Schweinfurter Grün versetzt man in einem 300 ml-Erlenmeyer-Kolben mit 25 ml Wasser und 5 ml Eisessig. Dann gibt man so viel Bromwasser zu der auf 50 bis 60° erwärmten Mischung, bis alles Schweinfurter Grün gelöst und die Lösung gelbbraun gefärbt ist. Der Überschuß an Brom wird nun verkocht und die Lösung abgekühlt. Darauf versetzt man sie mit 30 ml 10proz. Kaliumjodidlösung, verdünnt sie auf 100 ml und titriert das ausgeschiedene Jod sofort mit n/10-Natriumthiosulfatlösung, bis die Lösung nur noch schwach gelblich gefärbt ist; sodann fügt man Stärkelösung zu und führt die Titration zu Ende.

Fehlerquellen. Größere Mengen von Eisensalzen stören bei der Titration (s. Kapitel Kupfer, S. 379), es sei denn, daß sie durch Hinzufügen von 2 bis 3 g Natriumfluorid komplex gebunden werden.

Literatur. Handbuch der Pflanzenkrankheiten, Bd. 6, 1, S. 592. Verlag Paul Parey.

5. Die Bestimmung der Essigsäure

5 g Schweinfurter Grün werden in einem 200 ml-Destillierkolben mit 40 ml Wasser und 10 ml Schwefelsäure (1,84) versetzt. Der Kolben trägt einen KJELDAHL-Aufsatz. Man destilliert 1 Std. unter dauerndem, tropfenweisem Ersatz des verdampfenden Wassers. Im Destillat wird die Essigsäure sodann mit n/2-Kalilauge gegen Phenolphthalein titriert.

1 ml n/2-Kalilauge entspricht 0,030 g Essigsäure.

Kapitel 4

Barium*

Inhalt

---

*	1. Auflage	2. Auflage
Bearbeiter:	**Allendörfer, Kilian**	**Allendörfer**
Mitarbeiter:	**Schleicher**	**Kilian**

A. Vorkommen

Das Barium findet sich in der Natur hauptsächlich als *Schwerspat* oder *Baryt* ($BaSO_4$) und als *Witherit* ($BaCO_3$). Dieser ist nur wenig verbreitet; sein wichtigster Fundort ist der von Settlingstone in England. Dagegen tritt der Schwerspat in vielen Ländern der Erde und meist in größeren Lagern auf. Die bekanntesten deutschen Vorkommen liegen in Meggen/Westf. und im Harz (Lauterberg, Rammelsberg), wo sie meist als Begleiter von Erzlagerstätten (Bleiglanz, Zinkblende) in beträchtlicher Menge zu finden sind.

B. Qualitativer Nachweis

Flüchtige Bariumverbindungen erteilen der nicht leuchtenden Flamme eine hellgrüne Färbung. Diese Erscheinung ist jedoch nur bei Beobachtung mit dem Spektroskop eindeutig. Hier zeigt das Bariumspektrum die charakteristischen Linien bzw. Banden im grünen Gebiet.

Bariumsulfat und Bariumfluorid färben wegen ihrer Schwerflüchtigkeit die Flamme des Bunsenbrenners ohne weiteres nicht. Man muß sie daher entweder vorher in der leuchtenden Flamme reduzieren und anschließend mit Salzsäure befeuchten oder etwas Kaliumchlorat oder -perchlorat hinzufügen (Sauerstoffabgabe und dadurch kurzzeitige Erhöhung der Flammentemperatur).

Naßanalytisch wird Barium als weißes, feinkristallines Bariumsulfat durch Fällung mit SO_4-Ionen in salzsaurer Lösung nach Abtrennung der Schwefelwasserstoffgruppe oder als gelbes, feinkristallines Bariumchromat durch Fällung mit Alkalichromaten in neutraler bzw. ammoniumacetatgepufferter Lösung nach Abtrennung der Schwermetalle nachgewiesen.

C. Betriebsanalysen

I. Die Untersuchung des Schwerspats

Der Schwerspat, der das wichtigste Ausgangsmaterial für die Erzeugung von Barium und Bariumverbindungen darstellt, wird wertmäßig nach dem jeweiligen Bariumgehalt (als $BaSO_4$ gerechnet) sowie nach der Menge und dem Charakter seiner Verunreinigungen beurteilt. Bei einer Verwendung als Farbverschnittspat ist außerdem seine Farbe, die bisweilen durch eingelagerte organische Pigmente gedunkelt wird, von Wichtigkeit. Es handelt sich somit im allgemeinen um die Feststellung folgender Bestandteile: Barium, Eisen, Aluminium, Calcium, Magnesium, Kieselsäure, Schwefelsäure und Fluor. Die genannten Einzelstoffe werden meist in *einem* Analysengang der aufgeschlossenen Substanz ermittelt.

Grundlage. Der Schmelzaufschluß mit Kalium-Natriumcarbonat wird mit heißem Wasser ausgelaugt. Im Carbonatrückstand werden die Metalle, im Filtrat die Säuren bestimmt.

Anwendungsbereich und Bedeutung. Das Verfahren ist für alle Spatsorten anwendbar, sofern diese nicht merkliche Mengen von Blei enthalten, was nur selten der Fall sein dürfte.

Genauigkeit. 1.

Dauer. Mit Aufschluß 15 bis 20 Std. (reine Arbeitszeit etwa 10 Std.).

Ausführung der Bestimmung. 1 bis 5 g feinstgeriebener (mindestens Sieb 70 nach DIN 1171 verwenden), getrockneter Schwerspat werden in einem geräumigen Platintiegel mit der 10- bis 15fachen Menge an trockenem Kalium-Natriumcarbonat p. a. gut gemischt und dann im abgedeckten Tiegel geschmolzen. Langsame Steigerung der Hitze bis zur Rotglut und Erzielung eines ruhigen, klaren Schmelzflusses ist erforderlich, was über einem starken Brenner etwa 1 Std. beansprucht.

Nach dem Erkalten werden Tiegel und Deckel in einem bedeckten 1000 ml-Becherglas mit 400 bis 500 ml destilliertem Wasser ausgekocht, bis die Schmelze völlig zerfallen und ausgelaugt ist. Während dieser Zeit werden nach dem Herauslösen des Schmelzkuchens Tiegel und Deckel herausgehoben und mit heißem Wasser abgespritzt. Man läßt erkalten und absetzen, filtriert die Metallcarbonate ab und wäscht sie mit Sodalösung (100 g/l) sulfatfrei. Niederschlag (I) und Lösung (II) werden nunmehr getrennten Analysengängen unterworfen.

Den Platintiegel samt Deckel behandelt man im ursprünglichen Becherglas mit 30 ml Salzsäure (1,19) zum Ablösen noch anhaftender Carbonatspuren, um ihn dann abzuspülen und zu entfernen (Lösung III).

1. Die Bestimmung des Bariums

Der Niederschlag der Metallcarbonate (I) wird mit der heißen, salzsauren Lösung III gelöst. Nach restlosem Verkochen des Kohlendioxyds aus der Lösung oxydiert man mit etwas Salpetersäure und fällt nunmehr Eisen und Aluminium in der Hitze als Hydroxyde mit Ammoniak. Der Niederschlag wird abfiltriert, 2- bis 3mal mit warmem, ammoniakalischem Wasser gewaschen, in Salzsäure gelöst, nochmals gefällt und auf ein quantitatives Filter abfiltriert (Niederschlag IV).

Die Filtrate werden vereinigt und mit Salzsäure angesäuert. Ist Mangan zugegen, so wird dieses nunmehr nach der Oxydation mit Bromwasser mit Ammoniak ausgefällt und abfiltriert; das Filtrat wird wieder mit Salzsäure schwach angesäuert.

In dieser Lösung wird das Barium heiß mit 20 bis 80 ml Schwefelsäure (1 + 9) (je nach Höhe der Spateinwaage) gefällt, nach dem Absitzenlassen auf ein quantitatives Filter abfiltriert, mit heißem, schwach salzsaurem Wasser sulfatfrei gewaschen, getrocknet, verascht, geglüht und nach dem Erkalten als Bariumsulfat gewogen. Umrechnungsfaktor auf Ba = 0,5885. Das Filtrat der Bariumsulfatfällung (V) dient zur Bestimmung von Kalk und Magnesia.

2. Die Bestimmung des Eisens und Aluminiums

Der Niederschlag IV (s. vorangehende Bestimmung) der Hydroxyde von Eisen und Aluminium wird getrocknet, verascht, geglüht und gewogen: Summe $Al_2O_3 + Fe_2O_3$. Der Eisengehalt der Einwaage wird nach dem Auflösen in Salzsäure (1 + 1) mit Kaliumpermanganat nach ZIMMERMANN-REINHARDT titriert und auf Fe_2O_3 umgerechnet. Aus der Differenz zum anfänglichen Summengewicht der Oxyde ergibt sich der Gehalt an Al_2O_3.

3. Die Bestimmung des Calciums

Filtrat V von der Bariumbestimmung wird eingeengt und schwach ammoniakalisch gemacht. Man fällt anschließend in der Wärme mit 20 bis 50 ml Ammoniumoxalatlösung (50 g/l), läßt erkalten und einige Stunden absitzen. Das abfiltrierte und mit heißem Wasser ausgewaschene Calciumoxalat wird mit verdünnter heißer Schwefelsäure vom Filter gelöst und bei 60° mit Kaliumpermanganatlösung titriert.

4. Die Bestimmung des Magnesiums

Das Filtrat der Calciumoxalatfällung wird eingeengt, stark ammoniakalisch gemacht, mit einer Lösung von Diammoniumhydrogenphosphat (100 g/l) versetzt, ausgerührt und sodann längere Zeit — am besten über Nacht — zur vollständigen Abscheidung des Mg-Niederschlages stehengelassen. Dieser wird abfiltriert, mit ammoniakalischem, kaltem Wasser gewaschen, getrocknet, zu $Mg_2P_2O_7$ verglüht und als solches ausgewogen. Umrechnungsfaktor auf Mg = 0,2185.

5. Die Bestimmung des Siliciumdioxyds

Das alkalische Filtrat (Lösung II) des Aufschlusses wird vorsichtig mit Salzsäure angesäuert, in eine Porzellanschale übergespült und auf dem Wasserbad zur Trockne gedampft. Das Siliciumdioxyd wird durch 2- bis 3stündiges Erhitzen auf

130 bis 150° unlöslich gemacht. Man nimmt mit etwa 50 ml Salzsäure (1 + 1) auf, verdünnt nach etwa 10 min mit heißem Wasser, bis sich alle Kristalle gelöst haben (nicht mehr kochen!), filtriert ab und wäscht mit heißer verdünnter Salzsäure nach. Das Filter wird getrocknet, verascht und das Siliciumdioxyd nach dem Glühen und Erkalten gewogen.

6. Die Bestimmung des gesamten SO_4-Gehaltes

Im Filtrat des abgeschiedenen Siliciumdioxyds (s. voriger Abschnitt) kann nach Abstumpfen der Säure mit Ammoniak das Sulfat durch Fällung mit Bariumchlorid in bekannter Weise bestimmt werden.

7. Die Bestimmung von Fluor

Manche Spate enthalten geringe Fluormengen. Zu ihrer Bestimmung unterwirft man das Filtrat des Carbonataufschlusses (Lösung II) einer Destillationsmethode mit anschließender Bestimmung des Fluors im Destillat, wie sie z. B. im Kapitel Zink eingehend beschrieben wird (s. unter C. II. 14.).

II. Die Untersuchung des Bariumsulfids (Schwefelbariums)

Der technische Weg zur Darstellung von Bariumverbindungen aus Schwerspat führt meist zuerst über das reduzierende Schmelzen mit Kohle, um das Barium in wasserlösliches Bariumsulfid überzuführen und damit weiteren Umsetzungen zugänglich zu machen.

Zur Bewertung der Bariumsulfidschmelze bzw. der daraus erhaltenen Bariumsulfidlauge ist die folgende Alkalitätsbestimmung die einfachste und gebräuchlichste.

Nebenbestandteile interessieren bei diesen Produkten kaum. Selbstverständlich kann in Einzelfällen eine genaue gewichtsanalytische Bariumbestimmung als Bariumsulfat durchgeführt werden.

Grundlage. Die Analysenprobe wird mit kochendem, kohlensäurefreiem Wasser ausgelaugt und die Alkalität der Lauge mit eingestellter Salzsäure und Methylorange als Indicator bestimmt. Die Alkalität wird auf BaS-Gehalt umgerechnet.

Genauigkeit. 2.

Dauer. Etwa 30 min.

Ausführung der Bestimmung.

Bariumsulfid-Schmelze. 20 g feingepulverte Bariumsulfid-Schmelze werden mit etwa 300 ml ausgekochtem, destilliertem Wasser in einem Jenaer Meßkolben von 500 ml Inhalt 10 min gekocht, wobei alles Bariumsulfid in Lösung geht. Nach schnellem Abkühlen unter fließendem Wasser wird der Kolbeninhalt bei Zimmertemperatur mit kohlensäurefreiem Wasser zur Marke aufgefüllt und gut durchgeschüttelt. Man filtriert 25 ml = 1 g Substanz in einen 300 ml-Weithals-ERLENMEYER-Kolben ab, verdünnt mit kohlensäurefreiem Wasser auf etwa 100 ml und titriert mit n/5-Salzsäure und Methylorange als Indicator bis zum Umschlag auf Rot.

1 ml n/5-Salzsäure entspricht 0,01694 g BaS, d. h. verbrauchte ml n/5-HCl mal 1,694 = % BaS in der Schmelze.

Bariumsulfid-Lauge. Eine 0,5 bis 1,0 g BaS entsprechende Menge klarer Bariumsulfid-Lauge (*a* ml) wird in einem 300 ml-Weithals-ERLENMEYER-Kolben mit kohlensäurefreiem Wasser auf etwa 100 ml verdünnt und mit n/5-HCl und Methylorange als Indicator titriert.

Berechnung.

$$\frac{\text{Verbrauchte ml n/5-HCl} \cdot 16{,}94}{a} = \text{g BaS/Liter}$$

III. Die Untersuchung von Bariumoxyd

Die Bariumsulfidlauge (s. voriger Abschnitt) wird durch Einleiten von Kohlendioxyd in Bariumcarbonat und Schwefelwasserstoff zerlegt. Aus dem Bariumcarbonat erhält man durch Erhitzen Bariumoxyd.

Die festzustellenden Verunreinigungen des Oxyds sind: Kohlendioxyd, Wasser und Chlor.

1. Die Bestimmung des Kohlendioxyds

Grundlage. Die Bestimmung erfolgt gasvolumetrisch; die Absorption wird durch Kalilauge in einer HEMPEL-Pipette vorgenommen.

Anwendungsbereich und Bedeutung. Das Verfahren ist für die Bestimmung des Kohlendioxydgehaltes von Carbonaten geeignet.

Genauigkeit. 1.

Dauer. 1 Std.

Ausführung. Man wägt 10 g Bariumoxyd in einen zur Hälfte mit Wasser gefüllten 250 ml-Rundkolben ein, welcher mit einem Tropftrichter, einer Gasbürette von 400 ml Fassungsvermögen (am unteren Ende mit Feinteilung) und einer HEMPEL-Bürette mit Kalilaugefüllung gasdicht verbunden ist. Nach erfolgter Nulleinstellung der Sperrflüssigkeit werden 25 ml Salzsäure (1 + 1) in den Kolben gelassen. Man bringt darauf die Flüssigkeit zum Kochen und drängt schließlich durch Auffüllen des Kolbens das gesamte Gas in die Bürette. Sobald Gas und Sperrflüssigkeit die gleiche Temperatur angenommen haben, liest man das Volumen mittels der Niveauflasche ab und führt sodann das Kohlendioxyd in die mit Kalilauge gefüllte HEMPEL-Pipette über. Die gefundenen ml Kohlendioxyd werden, wie bekannt, unter Berücksichtigung von Temperatur und Barometerstand auf % CO_2 umgerechnet.

Literatur. FRESENIUS-CLASSEN: F. P. TREADWELL Bd. II (1946) 11. Aufl., S. 321.

2. Die Bestimmung des Wassers

Man wägt 5 g Bariumoxyd in ein Nickelschiffchen und erhitzt es in einem Quarzrohr im elektrisch beheizten Ofen bis 1200°. Das entweichende Wasser wird in einem mit Phosphorpentoxyd beschickten und gewogenen U-Röhrchen aufgefangen.

3. Die Bestimmung des Chlorids

10 g Bariumoxyd werden in 100 ml Wasser eingetragen und mit 50 ml Salpetersäure (1 + 1) gelöst. Dann verfährt man weiter, wie im Kapitel Kalium angegeben (s. S. 344).

IV. Die Untersuchung des Bariummetalls

Ausgangsstoff für die Gewinnung des metallischen Bariums ist das Bariumoxyd (s. voriger Abschnitt). Dieses wird im Vakuum durch Erhitzen mit Aluminium zu Bariummetall reduziert. Man gewinnt dieses sodann aus dem Reaktionsgemisch durch Destillation.

In reiner Form gebraucht man das Bariummetall als sog. „Gettermetall", um Restgase in Elektronenröhren zu beseitigen. Ferner findet es als Legierungszusatz für Lagermetalle Verwendung.

Zur Bewertung des Metalls werden der Bariumgehalt direkt und außerdem als Verunreinigungen Silicium, Eisen, Aluminium und Stickstoff bestimmt.

Grundlage. Das Metall wird in Wasser eingetragen und mit Salpetersäure gelöst. Durch Eindampfen der Lösung mit Salzsäure wird das *Siliciumdioxyd* abgeschieden. Im Filtrat bestimmt man zunächst das *Barium* durch Fällung als Sulfat und im Filtrat hiervon *Aluminium* und *Eisen*. Der Gehalt an Stickstoff wird aus einer Sondereinwaage ermittelt.

Anwendungsbereich und Bedeutung. Das Verfahren kann bis auf die Bestimmung des Grundmetalls auch für Strontium angewandt werden.

Genauigkeit. 1.

Dauer. 24 Arbeitsstunden.

Ausführung.

Silicium. Etwa 5 g Metall werden in einem verschließbaren Wägegläschen eingewogen und in 200 ml Wasser eingetragen. Nach Beendigung der Reaktion gibt man 100 ml Salpetersäure (1 + 1) hinzu und dampft die Lösung in einer Porzellanschale unter Zusatz von Salzsäure zur Trockne. Die Salze werden längere Zeit auf 135° erhitzt und darauf mit Salzsäure und Wasser aufgenommen. Nach dem Abfiltrieren bestimmt man das Siliciumdioxyd wie bekannt.

Barium. Das Filtrat von 1. wird in einem 1 l-Meßkolben bis zur Marke aufgefüllt. Davon entnimmt man 50 ml, verdünnt mit Wasser und fällt in der siedenden Lösung das Barium mit 50 ml Schwefelsäure (1 + 4) als Bariumsulfat. Man läßt die Fällung 24 Std. stehen, filtriert das Bariumsulfat ab und wägt es nach dem Auswaschen und Glühen. Umrechnungsfaktor auf Ba: 0,5885.

Eisen und Aluminium. Im Filtrat der Bariumbestimmung — s. unter 2 — werden Eisen und Aluminium als Hydroxyde gefällt und in üblicher Weise bestimmt.

Stickstoff. Die Bestimmung des Stickstoffs, der im Bariummetall als Nitrid auftritt, erfolgt aus einer Einwaage von 10 g nach dem im Kapitel Calcium beschriebenen Verfahren (s. S. 273).

V. Die Untersuchung bariumhaltiger Bleilegierungen

Bariumhaltige Bleilegierungen finden als Lagermetalle Verwendung.

Grundlage. Das Blei wird als Chlorid abgeschieden und im Filtrat das Barium mit Ammoniumbichromat gefällt.

Anwendungsbereich und Bedeutung. Das Verfahren dient zur Bestimmung des in Bleilagermetallen mitunter in geringen Mengen vorhandenen Bariumgehaltes.

Genauigkeit. 1.

Dauer. 3 Std.

Ausführung. 4 g Legierungsspäne werden in einem 300 ml-Becherglas in 60 ml Wasser eingetragen und durch Zugabe von 15 ml Salpetersäure (1,4) gelöst. Die Lösung dampft man zur Trockne, nimmt die Salze mit Wasser auf und fällt den größten Teil des Bleies mit Salzsäure als Chlorid aus. Das Bleichlorid wird abfiltriert und das Filtrat wiederum zur Trockne eingedampft. Dann nimmt man den Rückstand mit 80 ml Wasser und 20 ml Salzsäure (1,19) auf, kocht, läßt abkühlen und filtriert das ausgefallene Bleichlorid wieder ab. Das Filtrat wird dann mit Ammoniak neutralisiert, mit Salzsäure schwach angesäuert und nach dem Kochen mit einem Überschuß an Brom und Ammoniak versetzt, wodurch das noch in der Lösung verbliebene Blei als Peroxyd ausgefällt wird. Man filtriert es ab und fällt im Filtrat das Barium mit 5 ml Ammoniumbichromatlösung (200 g/l) aus. Das Bariumchromat kann gewichtsanalytisch oder maßanalytisch bestimmt werden.

Literatur. Über die quantitative Trennung von Calcium, Barium und Strontium s. R. FRESENIUS u. W. JANDER: Handbuch der analytischen Chemie, Teil III, Bd. IIa. — HALLMANN, S.: Analytic. Chem. Bd. 20 (1948) S. 449—451, ref. im Chem. Zbl. Ost, Bd. I (1949) S. 715.

VI. Die Untersuchung von Bariumchloridlauge und Blancfixe

Blancfixe ist gefälltes, reines Bariumsulfat. Es wird meist aus Bariumchloridlauge (u. a. Nebenprodukt der Lithoponegewinnung) durch Fällung mit Glaubersalz erzeugt und geht als getrocknetes Pulver bzw. als feuchte, abgepreßte „Paste“ in den Handel. Verwendung findet es hauptsächlich als Verschnittmittel für Farbkörper und als Schönungsmittel von Papier.

1. Bariumchloridlauge

Grundlage. Die annähernd neutrale Bariumchloridlösung wird mit eingestellter Kaliumchromatlösung unter Anwendung von Methylrot als Indicator titriert.

Anwendungsbereich und Bedeutung. Das Verfahren ermöglicht eine schnelle Kalttitration von Bariumchloridlösungen. Die Gegenwart von Calciumchlorid, welches in den Bariumchloridlösungen für die Blancfixefällung im übrigen nicht vorhanden sein darf, stört die Titration nicht.

Genauigkeit. 2.

Dauer. Etwa 10 min.

Ausführung. Eine 0,3 bis 0,5 g Bariumchlorid enthaltende Menge Bariumchloridlauge — gegebenenfalls aus einer größeren Menge Originallauge durch Verdünnen und anteilige Abnahme erhalten — wird in einem 300 ml-ERLENMEYER-Kolben oder in einer Porzellanschale nach Zugabe von 2 Tropfen einer 2proz. Lösung von Methylrot in 70proz. Alkohol mit 0,1 n-Natronlauge oder 0,1 n-Salzsäure so eingestellt, daß die Farbe des Indicators noch eben deutlich rot ist. Dann titriert man mit 0,1 n-Kaliumchromatlösung, bis die Lösung über dem sich absetzenden Bariumchromatniederschlag eben reingelb bleibt.

1 ml n/10-Kaliumchromatlösung entspricht 10,414 mg $BaCl_2$ bzw. 6,868 mg Ba.

Fehlerquellen. Die Methode zeigt bei einiger Übung recht gute Genauigkeit; diese hängt vor allem von der Einstellung des p_H-Wertes der Bariumlösung vor der Titration ab.

Literatur. JELLINEK, K., u. I. CZERWINSKI: Z. anorg. Chem. Bd. 130 (1923) S. 253.

2. Blancfixe

a) Die Bestimmung der Feuchtigkeit

10 bis 50 g Blancfixepaste (je nach Durchschnittserfordernis) werden in einem bedeckten Nickeltiegel über dem Bunsenbrenner bis zur Gewichtskonstanz erhitzt. Der Wassergehalt liegt meist bei etwa 25%.

b) Die Bestimmung von Chlorid

20 g trockenes Blancfixe oder Paste werden in einer glasierten Reibschale mit einem sauberen (ausgekochten) Haarpinsel mit etwa 100 ml destilliertem Wasser gut aufgeschlämmt und in einen 500 ml-ERLENMEYER-Kolben übergespült. Nach kurzem Kochen kühlt man und titriert mit n/10-Silbernitrat bei Verwendung von etwa 15 Tropfen Kaliumchromatlösung (100 g/l) als Indicator. 1 ml n/10-Silbernitratlösung entspricht 0,0035457 g Cl.

c) Die Bestimmung des wasserlöslichen Sulfats

100 g trockenes Blancfixe oder Paste werden wie bei 2b) mit destilliertem Wasser aufgeschlämmt, in einen 1000 ml-Meßkolben übergeführt und etwa 10 min ausgekocht. Man kühlt, füllt zur Marke auf, schüttelt gut durch und filtriert 250 ml anteilig ab. Diese Menge wird in einem 600 ml-Becherglas mit Salzsäure angesäuert und kochend mit 5 bis 10 ml heißer Bariumchloridlösung (100 g $BaCl_2 \cdot 2\,H_2O$/l) versetzt. Nach angemessener Absetzzeit wird filtriert und das Bariumsulfat gewogen.

d) Die Prüfung auf reduzierende Stoffe

20 g trockenes Blancfixe oder Paste werden wie unter 2b) mit destilliertem Wasser aufgeschlämmt und in einer verschlossenen Flasche einige Minuten lang kräftig geschüttelt. Dann titriert man mit n/100-Kaliumpermanganatlösung bis zur ersten leichten Rosafärbung (weiße Unterlage).

e) Die Prüfung auf Eisen

Glühprobe. Einige Gramm trockenes Blancfixe oder Paste werden in einem Platintiegel getrocknet und geglüht. Nach dem Abkühlen schüttet man das geglühte Produkt auf einen weißen Pappkarton und beurteilt den Farbton. Er darf keinen Gelb-Rotstich aufweisen.

Ammoniumrhodanid-Probe. 20 g wie unter 2b) aufgeschlämmtes trockenes Blancfixe oder Paste werden in einem 500 ml-ERLENMEYER-Kolben auf etwa 150 ml verdünnt, mit 10 ml reinster, völlig eisenfreier Salzsäure (1 + 1) aufgekocht, dann mit einigen Tropfen Salpetersäure (1 + 1) versetzt und gekühlt. Nach Zugabe von 10 ml Ammoniumthiocyanatlösung (100 g/l) darf die über dem abgesetzten Bariumsulfat stehende klare Lösung höchstens ganz schwach rosa gefärbt sein.

f) Die Bestimmung des p_H-Wertes

Zur Bestimmung des p_H-Wertes der Blancfixepaste werden etwa 50 g davon direkt mit 2 bis 3 g Chinhydron in einem Porzellanschälchen angeteigt. In diese Masse wird die Elektrode eines Ionometers eingetaucht und der p_H-Wert am Instrument abgelesen. Die Paste muß annähernd neutral sein.

g) Die Bestimmung der Korngrößen durch Sedimentationsanalyse

Bei dieser Untersuchung ist die sog. „Pipettenmethode" nach ANDREASEN die gebräuchlichste Form. Da es sich jedoch dabei um eine nicht rein chemische Bestimmung von nur speziellem Interesse handelt, sei nur auf die einschlägige Literatur verwiesen:

ANDREASEN, A. H. M., u. S. BERG: Beispiele der Verwendung der Pipettenmethode bei der Feinheitsanalyse unter besonderer Berücksichtigung der Feinheitsuntersuchungen von Mineralfarben. Beiheft zu den Z. Ver. dtsch. Chem. 1935, Nr. 14. Verlag Chemie. Auszug daraus: Angew. Chem. Bd. 48 (1935) S. 283—285. — ANDREASEN, A. H. M.: Die Feinheit fester Stoffe und ihre technologische Bedeutung. VDI-Forschungsheft 399 (1939). VDI-Verlag.

Kapitel 5

Beryllium*

Inhalt

A. Vorkommen

Beryllium kommt in der Natur in Form verschiedener Verbindungen in einer Reihe von Mineralien vor. Von praktischer Bedeutung sind nur die Vorkommen als *Rohberyll* ($3\,BeO \cdot Al_2O_3 \cdot 6\,SiO_2$) und als *Chrysoberyll* ($BeO \cdot Al_2O_3$). Die wichtigsten Lagerstätten befinden sich in Brasilien, Argentinien, Kanada, den Vereinigten Staaten von Nordamerika, Südafrika, Madagaskar, Indien, Norwegen und in Portugal. Chrysoberyll findet sich hauptsächlich in Rußland. Die Edelsteine Smaragd und Aquamarin sind die bekannten grünen und blaugrünen Formen des Berylls.

B. Qualitative Prüfung

Versetzt man eine alkalische Lösung eines Berylliumsalzes mit einer alkalischen Lösung von Chinalizarin (1,2,5,8-Tetraoxyanthrachinon), so schlägt die violette Farbe der reinen Chinalizarinlösung nach Kornblumenblau um. Noch 1 γ Beryllium läßt sich so in 1 ml nachweisen.

Die Berylliumlösung wird mit Natronlauge schwach alkalisch gemacht und ein gegebenenfalls entstandener Niederschlag durch Zusatz von n/4-Natronlauge in Lösung gebracht. Danach

---

*	1. Auflage	2. Auflage
Bearbeiter:	**Ipawitz**	**Ipawitz**
Mitarbeiter:	**Völkel**	**Völkel, Steuer**

gibt man wenige Tropfen einer 0,1 proz. Lösung von Chinalizarin in n/4-Natronlauge zu. Man vergleicht mit einer n/4-Natronlauge, der die gleiche Tropfenzahl dieser Chinalizarinlösung zugefügt worden ist. Ist ein Farbumschlag von Violett nach Blau eingetreten, so ist Beryllium vorhanden.

Da Magnesium, Calcium, Barium, Thallium, Titan, Zirkonium, Thorium und die Elemente der seltenen Erden mit Chinalizarin ähnlich wie Beryllium reagieren, müssen sie vor dessen Nachweis abgetrennt werden. Dies geschieht am besten mit kalter Natronlauge, in welcher Beryllium als Beryllat gelöst wird. Etwa vorhandenes Aluminium, das als Aluminat in Lösung geht, beeinflußt die Reaktion nicht. Kleine Mengen Eisen können mit Weinsäure oder Kaliumnatriumtartrat komplex gebunden werden und stören dann den Berylliumnachweis mit Chinalizarin nicht. Bei Anwesenheit größerer Mengen von Eisen entsteht durch den Weinsäure- oder Tartratzusatz eine so starke Gelbfärbung, daß das Erkennen des blauen Berylliumfarblackes erschwert wird. Kupfer, Nickel und Zink müssen erst mit Kaliumcyanid in die entsprechenden Cyankomplexverbindungen übergeführt werden, bevor die Reaktion auf Beryllium mit Chinalizarin durchgeführt werden kann. Es ist daher meist zweckmäßig, erst eine Abtrennung der Begleitmetalle mit kalter Natronlauge vorzunehmen (nicht kochen, da sonst in verdünnter Lösung Hydrolyse des Beryllats eintritt). Das Filtrat wird dann durch Abstumpfen mit Säure schwach alkalisch gemacht, Zink gegebenenfalls mit Kaliumcyanid komplex gebunden und hierauf die Prüfung mit Chinalizarin durchgeführt.

Ein anderer qualitativer Nachweis des Berylliums beruht auf der Fluoreszenz des Beryllium-Morin-Farblackes in natronalkalischer Lösung im UV und gilt als empfindlichster Nachweis auf Beryllium.

Die Probe, welche möglichst keine mit Natriumhydroxyd fällbaren Ionen mehr enthalten soll, wird mit 2 n-Natronlauge ungefähr 0,1 n gemacht und mit einigen Tropfen Morinlösung (1 g/l) (in Aceton oder Methanol) versetzt. Die Anwesenheit von Beryllium zeigt sich durch eine intensive gelb-grüne Fluoreszenz, besonders im UV. Ionen wie Zink, Nickel, Kupfer, Kobalt, Silber und Gold lassen sich mit Kaliumcyanid am Ausfallen verhindern und brauchen vorher nicht abgeschieden zu werden. Aluminium gibt in natronalkalischer Lösung keine Fluoreszenz mit Morin. Lithium und Zink fluoreszieren ganz schwach (etwa $^1/_{1000}$ der Berylliumfluoreszenz). Etwa vorhandene Manganate und Chromate verhindern durch Oxydation des Morins eine Fluoreszenz und müssen daher reduziert bzw. abgetrennt werden.

Große Mengen von Fremdmetallen müssen nach anderen Methoden entfernt werden, da voluminöse Hydroxydniederschläge beträchtliche Mengen Berylliumhydroxyd einschließen. So wird z. B. Aluminium mit Chlorwasserstoff in ätherisch-wäßriger Lösung oder Eisen durch Ausäthern in salzsaurer Lösung entfernt. Zweckmäßig ist auch die Abtrennung aller in der Spannungsreihe auf Mangan folgenden Metalle durch Elektrolyse aus schwefelsaurer Lösung an einer Quecksilberkathode. Im eingeengten Elektrolyten wird mit Ammoniak das Berylliumhydroxyd ausgefällt, dieses mit wenig Säure gelöst und dann das Beryllium wie angegeben nachgewiesen.

Die spektralanalytischen Hauptnachweislinien des Berylliums sind: 3130,42 Å, 2348,61 Å, 2650,47 bis 2650,78 Å.

C. Betriebsanalysen

I. Die Untersuchung des Berylls

Die Bestimmung des Berylliumoxyds

Grundlage. Beryll enthält etwa 12% BeO. Das feingepulverte Mineral wird mit Kaliumhydrogenfluorid geschmolzen und die Schmelze sodann mit Schwefelsäure gelöst und abgeraucht. Nach dem Lösen der Sulfate in Wasser und der Oxydation des 2wertigen Eisens mit Wasserstoffperoxyd werden Beryllium, Eisen und Aluminium mit Ammoniak als Hydroxyde gefällt. In der Lösung des Niederschlages wird alsdann die Abtrennung des Eisens und Aluminiums vom Beryllium durch 8-Hydroxychinolin (Oxin) vorgenommen.

Anwendungsbereich und Bedeutung. Das Verfahren dient zur Bestimmung des Berylliumoxydgehaltes von Beryll.

Genauigkeit. 2.

Dauer. 10 Std. für eine Doppelbestimmung.

Ausführung. 1 g des feingepulverten Berylls wird in einer Platinschale mit 6 g Kaliumhydrogenfluorid (auf Blei prüfen!) geschmolzen. Es genügt eine Schmelzdauer von wenigen min über dem Teclu-Brenner um einen völlig wasserklaren Fluß zu erzielen. Durch Schwenken der Schale verteilt man die Schmelze während des Erstarrens möglichst gleichmäßig über den Schalenboden, übergießt sie dann mit Schwefelsäure (1,84) und erhitzt das Ganze langsam auf dem Sandbad bis zum Rauchen. Es tritt eine ruhige und gleichmäßige Gasentwicklung ein; sämtliches Siliciumdioxyd wird als Siliciumtetrafluorid verflüchtigt, und es hinterbleibt ein fluor- und siliciumdioxydfreies Gemisch der Sulfate. Man nimmt es mit Wasser auf, setzt einige Tropfen Wasserstoffperoxyd hinzu und erwärmt längere Zeit, da sich die wasserfreien Sulfate nur langsam lösen. In der klaren Lösung stumpft man die überschüssige Säure mit Ammoniak ab, setzt 5 g Ammoniumchlorid hinzu und fällt in der Siedehitze mittels Ammoniak die Hydroxyde von Eisen, Aluminium und Beryllium. Diese werden abfiltriert, mit ammoniak-ammoniumchloridhaltigem Wasser (1 g Ammoniumchlorid und 1 ml Ammoniak auf 100 ml Wasser) ausgewaschen und mit wenig verdünnter Salzsäure (1 + 1) sorgfältig vom Filter gelöst. Die überschüssige Säure wird mit Ammoniak abgestumpft und etwa schon ausgefallenes Hydroxyd mit wenigen Tropfen verdünnter Salzsäure wieder in Lösung gebracht. Nach dem Verdünnen der Lösung auf 250 ml erwärmt man auf 50 bis 60° und fällt mit 5proz. essigsaurer Oxinlösung und Ammoniumacetatpufferlösung Aluminium und Eisen als Oxinate. Die Menge der Oxinlösung richtet sich nach dem vorhandenen Aluminium- und Eisengehalt. Für ein Millimol Eisen oder Aluminium benötigt man 10 ml 5proz. Oxinlösung. Für einen Überschuß an Fällungsmittel muß jedoch gesorgt werden, was an der Gelbfärbung der überstehenden Flüssigkeit nach dem Absitzen des Eisen- und Aluminium-Oxinat-Niederschlages zu erkennen ist.

Der Überschuß darf aber nicht mehr als 5 ml Oxinlösung betragen, da sonst kleine Minderbefunde von Beryllium auftreten. Wahrscheinlich bildet sich eine geringe Menge eines löslichen Beryllium-Oxin-Komplexes, der durch Ammoniak nicht zersetzt wird und daher bei der Hydroxydfällung nicht ausfällt.

Die Fällung mit Oxin wird derart vorgenommen, daß man zu der auf 50 bis 60° erwärmten Lösung zuerst die essigsaure Oxinlösung langsam hinzufügt und hierauf tropfenweise 30 bis 50 ml neutrale Ammoniumacetatlösung unter Umrühren zufließen läßt. Der p_H-Wert soll etwa 5 betragen. Man läßt den Oxinatniederschlag ungefähr $^1/_2$ Std. in der Wärme stehen, damit er sich besser zusammenballt, filtriert ihn nach dem Erkalten auf einen Filtertiegel oder, wenn noch eine Trennung des Aluminiums vom Eisen erfolgen soll, auf ein Papierfilter ab und wäscht mit heißem Wasser nach. Im letzteren Falle wird das Filter vorsichtig verascht und der Niederschlag geglüht. Auswaage: $Al_2O_3 + Fe_2O_3$.

Das Filtrat vom Aluminium- und Eisenoxinat macht man schwach ammoniakalisch, läßt das dadurch ausgefällte Berylliumhydroxyd einige Stunden kalt stehen, filtriert, wäscht es mit ammoniak-ammoniumnitrathaltigem Wasser (1 g Ammoniumnitrat und 1 ml Ammoniak auf 100 ml Wasser) aus, trocknet, verascht vorsichtig und glüht bei 1150°. Auswaage: BeO.

Lösungen. *5proz. Oxinlösung:* 5 g 8-Hydroxychinolin werden in 24 ml 50proz. Essigsäure gelöst und hierauf mit 75 ml Wasser verdünnt.

Ammoniumacetatlösung: 150 g kristallisiertes Ammoniumacetat werden in 1 l Wasser gelöst und mit Ammoniak (0,91) gegen Lackmus neutralisiert.

Fehlerquellen. Durch das überschüssige Oxin kann die Fällung des Berylliums mit Ammoniak nicht vollständig sein. Wenn man genaue Werte erhalten will, wird die oxinhaltige Berylliumlösung nach dem Abfiltrieren des Aluminium- und Eisenoxinats auf ein kleines Volumen eingeengt und mit 30 ml Salpetersäure (1,40) und 10 ml Schwefelsäure (1,84) erhitzt, bis das Oxin zerstört ist. Man verdünnt dann auf etwa 250 ml mit Wasser, fällt das Beryllium als $Be(OH)_2$ mit einem kleinen Überschuß von Ammoniak und verfährt weiter, wie oben beschrieben.

II. Die Untersuchung des Berylliummetalls

Zur Herstellung des Metalls muß der Beryll nach chemischen Verfahren aufgeschlossen werden, z. B. durch Sintern oder Schmelzen mit Fluoriden, Silicofluoriden, Alkalien oder Erdalkalien; anschließend ist von Kieselsäure, Eisen und Aluminium abzutrennen. Das Metall wird im wesentlichen durch Elektrolyse des wasserfreien Chlorids (erhalten durch Chlorieren von Berylliumoxyd-Kohlemischung), aber auch durch Elektrolyse des Fluorids oder durch Reduktion dieser Verbindungen gewonnen. Die Legierungen werden aus dem reinen Metall durch Schmelzen im Vakuum hergestellt, jedoch kann man in Gegenwart des Grundmetalls auch direkt zu Legierungen gelangen, z. B. durch Reduktion von Berylliumfluorid mit Magnesium oder durch elektrothermische Reduktion von Berylliumoxyd mit Kohle.

Das im Handel befindliche Metall kommt entweder in Gestalt unregelmäßiger kristalliner Brocken, kleiner Barren oder Stäbe oder auch als Flitter, letztere in sehr unterschiedlicher Größe, vor.

Man zerkleinert eine angemessene Menge des Metalls durch Zerschlagen bzw. Zerdrücken, am besten in einer Reibschale aus Sintertonerde. Das Flittermetall kann unzerkleinert eingewogen werden. In beiden Fällen wähle man die Einwaage nicht zu klein, da, besonders bei Flittermetall, bei kleinen Einwaagen kein zuverlässiger Durchschnitt zu erfassen ist. Will man in dieser Hinsicht ganz sicher gehen, so zerlegt man eine Menge von etwa 100 g in 3 Siebfraktionen — grob, mittel, fein —, stellt deren Gewichte fest und setzt nun die Gesamteinwaage (5 g) aus 3 Teileinwaagen im Gewichtsverhältnis der Siebfraktionen zusammen.

Die Bestimmung des in verdünnter Salzsäure unlöslichen Rückstandes. Das eingewogene Metall wird derart gelöst, daß man es in einem 750 ml-Erlenmeyer-Kolben mit 100 bis 200 ml Wasser bedeckt und langsam Salzsäure (1,19) zugibt. Sobald keine Gas abgebenden Partikelchen mehr in der Flüssigkeit schwimmen, filtriert man die Lösung durch einen Glasfiltertiegel, wäscht den Rückstand mit Wasser aus, trocknet ihn bei 150° und wägt. Im Rückstand befinden sich Berylliumoxyd, Aluminiumoxyd, Siliciumdioxyd, bisweilen auch Berylliumcarbid und Graphit, je nach der Herstellungsweise des Metalls.

Das Filtrat wird nach vorheriger Oxydation des Eisens mit Wasserstoffperoxyd im Meßkolben auf 500 ml aufgefüllt.

Die Bestimmung des Eisens. Diese erfolgt nach Abtrennung mit Oxin entweder photometrisch mit Sulfosalicylsäure (s. Kapitel Aluminium, S. 66) oder maßanalytisch nach Zimmermann-Reinhardt (s. Kapitel Aluminium, S. 13).

Die Bestimmung des Aluminiums. Aluminium wird durch Fällen (in 50 bis 100 ml) mit Oxin (s. Bestimmung des Berylliumoxyds in Beryll) bestimmt.

Die Bestimmung des Siliciums. 100 ml der Lösung werden mit 15 ml Perchlorsäure (1,59) abgeraucht, und das abgeschiedene Siliciumdioxyd wird wie üblich bestimmt.

Die Bestimmung des Berylliums. Das Filtrat der Oxinfällung des Eisens und Aluminiums wird im Meßkolben auf 1 l aufgefüllt. Ein aliquoter Teil (0,02 bis 0,03 g Be) wird in ein 400 ml-Becherglas pipettiert und mit Wasser auf etwa 250 ml verdünnt. Nach Hinzufügen von etwa 5 g Ammoniumnitrat versetzt man mit Ammoniak unter Rühren bis zum bleibenden Niederschlag und gibt 30 Tropfen im Überschuß zu. Weiter wird wie unter „Bestimmung des Berylliumoxyds im Beryll" verfahren.

Bemerkungen. Die Summe der so gefundenen Prozentgehalte für Be + Al + Fe + Si + Rückstand ergibt selten 100%. Dies hat seinen Grund darin, daß jedes Berylliummetall einen gewissen Gehalt an Berylliumoxyd besitzt, der teilweise beim Lösen der Einwaage mit in Lösung geht. Außerdem befinden sich im technischen

Metall bisweilen geringe Mengen von Alkalien und wasserlöslichen Berylliumsalzen, die aber meist vernachlässigt werden können. Will man sie bestimmen, so extrahiert man eine größere Probe des Metalls erschöpfend mit destilliertem Wasser, dampft den Auszug ein und kann nun den Rückstand auf Beryllium, Alkalimetalle, Chlor usw. prüfen.

Die Bestimmung des Berylliumoxyds. Das Verfahren beruht auf der Tatsache, daß sich bei Einwirkung von trockenem Chlorwasserstoffgas auf Beryllium bei 520 bis 800°, Berylliummetall als Berylliumchlorid verflüchtigt, Berylliumoxyd jedoch unangegriffen im Schiffchen zurückbleibt.

Berylliumcarbid und Berylliumnitrid werden auch als Berylliumchlorid verflüchtigt.

Literatur. VINCI, FRANK A: Analytical Chemistry of Beryllium, Analyt. Chem. Bd. 25 (1953) S. 1580—1585.

III. Die Untersuchung berylliumhaltiger Legierungen

Die Bedeutung des Berylliums als Bestandteil von Legierungen liegt darin, daß die Legierungen thermisch vergütbar sind, daß sie gute Korrosionseigenschaften haben und daß sie z. T. unmagnetisch sind.

So werden z. B. Kupfer und Nickel durch einen Zusatz von etwa 2% Beryllium härtbar wie Stahl und nehmen hervorragende mechanische Eigenschaften an. Cr-Ni-Fe-Legierungen erhalten eine erhöhte Zunderfestigkeit sowie Säurebeständigkeit, Silber wird widerstandsfähiger gegen Schwefel, Gold härter und abriebfester, Platin resistenter gegen chemische Einwirkungen usw.[1]

1. Berylliumhaltige Spezialstähle

a) Nach der 8-Hydroxychinolin-Methode

Enthalten können sein: Chrom, Nickel, Kobalt, Eisen, Molybdän, Wolfram, Titan, Mangan, Silicium und Beryllium.

Grundlage. Nachdem die störenden Metalle durch Elektrolyse an einer Quecksilberkathode abgeschieden worden sind, wird zunächst Mangan als Manganoxydhydrat entfernt, dann werden Beryllium, Aluminium und Titan mit Ammoniak als Hydroxyde gefällt. Hierauf trennt man Aluminium und Titan mit 8-Hydroxychinolin vom Beryllium. Schließlich wird dieses nach der Fällung als Hydroxyd abfiltriert, geglüht und als Berylliumoxyd gewogen.

Anwendungsbereich und Bedeutung. Das Verfahren kann zur Bestimmung des Berylliums in den verschiedensten berylliumhaltigen Spezialstählen verwendet werden.

Genauigkeit. 1.

Dauer. Die Analyse dauert bei 5 Proben nebeneinander etwa 5 Tage.

Ausführung. Man löst 2 g Späne in Königswasser, versetzt die Lösung mit 30 ml Perchlorsäure (1,59) und erhitzt auf dem Sandbad so lange, bis Perchlorsäuredämpfe entweichen. Nach 10 min dauerndem, kräftigem Rauchen[2], bei dem oft umgeschüttelt wird, läßt man den Salzbrei abkühlen, verdünnt ihn mit warmem Wasser, filtriert von dem abgeschiedenen Siliciumdioxyd und etwa vorhandener Wolframsäure ab und wäscht mit warmem, schwefelsäurehaltigem Wasser aus. Zum Filtrat wird nun so viel Wasserstoffperoxyd zugegeben, bis das Chromat zu Chrom(III) reduziert ist. Nun elektrolysiert man mit einem Strom von 4 bis 6 A bei einer Quecksilberkathodenoberfläche von 40 cm²; die dabei nötige Spannung beträgt etwa 8 V und hängt vom Badwiderstand ab. Anode ist eine Platin-

[1] Ullmanns Encyklopädie der techn. Chemie, 3. Auflage 1953.
[2] Vorsicht beim Arbeiten mit Perchlorsäure!

spirale. Für eine genügende Menge Quecksilber muß gesorgt werden, da sonst durch die Amalgambildung die Kathode nicht genügend freies Quecksilber enthält und die vollständige Abscheidung der Metalle, die edler als Mangan sind (Mangan wird nur zum Teil abgeschieden), z. B. Nickel, Kobalt, Chrom, Eisen und Molybdän, stark verzögert würde. Bei einer Einwaage von 2 g genügen 50 ml Quecksilber bei einer Kathodenoberfläche von 40 cm^2. Vorteilhaft ist es, die Abscheidung an der Quecksilberkathode nicht sofort mit der ganzen Lösung vorzunehmen, sondern dieselbe in kleinen Anteilen nach und nach in dem Maße, wie das Metall an der Quecksilberkathode zur Abscheidung kommt, hinzuzufügen. Dadurch wird bei einer größeren Einwaage eine zu hohe Konzentration an Metallsalzen im Elektrolyt vermieden, wodurch unter Umständen Trübungen und sogar ein Stillstand der Abscheidung eintreten könnten. Bei der hier in Anwendung kommenden größeren Einwaage kann man das Quecksilber im Laufe der Elektrolyse gegebenenfalls erneuern oder durch Hinzufügen von frischem ergänzen.

Nachdem der Elektrolyt farblos geworden ist, was nach etwa 8 Std. der Fall ist, wird die Lösung abgehebert, das Quecksilber einige Male mit Wasser gewaschen und hierauf die Flüssigkeit auf ungefähr 300 ml eingeengt. Der Überschuß an Säure wird nun mit Ammoniak bis auf den p_H-Wert von etwa 3 bis 4 (Kongorotpapier) abgestumpft. Dann versetzt man mit 4 g Ammoniumperoxydisulfat, kocht einige Zeit und filtriert das ausgefallene Manganoxydhydrat auf ein dichtes Filter ab. Im Filtrat werden die letzten kleinen Reste von Mangan durch nochmaliges Kochen nach Abstumpfen der Säure und Zufügen von 2 g Ammoniumperoxydisulfat ausgefällt. Nach dem Abfiltrieren des Niederschlages werden Beryllium, Aluminium und Titan mit Ammoniak als Hydroxyde gefällt. Man filtriert nach einigen Stunden, löst die Hydroxyde mit wenig verdünnter Salzsäure (1 + 1) und führt in der Lösung die Trennung des gegebenenfalls vorhandenen Aluminiums und Titans vom Beryllium durch, wie unter „Bestimmung des Berylliumoxyds im Beryll" angegeben.

Fehlerquellen. Bei Gehalten von über 0,1% Mangan ist 2malige Abscheidung des Mangans als Manganoxydhydrat mit Ammoniumperoxydisulfat notwendig. Bezüglich der Genauigkeit der Berylliumbestimmung wird auf den Absatz „Fehlerquellen" unter „Bestimmung des Berylliumoxyds im Beryll" verwiesen.

Bemerkung. Die Rückgewinnung des Quecksilbers erfolgt am besten durch Absaugen des Quecksilbers vom Amalgam mittels eines Schottschen Glasfiltertiegels 2 G, Korngröße 3, mit Hilfe einer Wasserstrahlpumpe. Das Amalgam wird durch Destillation in Quecksilber und die amalgambildenden Metalle geschieden.

Literatur. Nicht veröffentlichtes Betriebsverfahren.

b) Nach der ÄDTA-Trennungsmethode

Grundlage. Der größte Teil der störenden Legierungskomponenten, wie Chrom, Eisen, Nickel, Kobalt, Molybdän und zum Teil Mangan, wird durch eine Elektrolyse mit Quecksilberkathode entfernt. Die nicht ganz abgeschiedenen Reste dieser Elemente sowie Titan und Aluminium werden durch Zugabe von ÄDTA (Äthylendiamintetraessigsäure) in stabile Komplexe übergeführt, so daß es möglich ist, mit Ammoniak nur Beryllium als Hydroxyd auszufällen und dieses dann zu Berylliumoxyd zu verglühen.

Anwendungsbereich und Bedeutung. Das Verfahren dient zur Bestimmung des Berylliums in den verschiedensten berylliumhaltigen Spezialstählen.

Genauigkeit. 1.

Dauer. Die Analyse dauert bei 5 Proben nebeneinander etwa 4 Tage.

Ausführung. Die nach dem unter a), 8-Hydroxychinolin-Methode, beschriebenen Verfahren aus 2 g Einwaage gewonnene Elektrolysenlösung wird auf 400 ml eingeengt. Nun fügt man 7 ml ÄDTA-Lösung zu, stumpft mit Ammoniak auf den p_H-Wert 3 bis 4 ab und erhitzt zum Sieden, um auch Reste von Chrom, die bei der Elektrolyse etwa nicht ganz abgeschieden wurden, komplex zu binden. Nach dem Abkühlen wird unter Rühren bis zum beginnenden Ausfallen des Berylliumhydroxyds mit Ammoniak versetzt und ein Überschuß von 10 ml zugefügt. Nach 3 Std. wird filtriert, der Niederschlag mit ammoniak-ammonnitrathaltigem Wasser gut ausgewaschen, getrocknet und im vorgewogenen Porzellantiegel bei 1150° zu Berylliumoxyd verglüht.

Lösungen.

Schwefelsäurehaltiges Waschwasser: 5 ml verdünnte Schwefelsäure (1 + 1) in 500 ml Wasser.

ÄDTA-Lösung: 15 g ÄDTA (Äthylendiamintetraessigsäure) werden mit etwa 50 ml Wasser aufgeschlämmt, darauf wird mit Ammoniak gegen Methylrot neutralisiert und zum völligen Lösen erwärmt. Nun wird gekühlt und mit Wasser auf 100 ml aufgefüllt.

Ammoniak-ammoniumnitrathaltiges Waschwasser: 5 g Ammoniumnitrat werden in 500 ml Wasser gelöst und mit 5 ml Ammoniak versetzt.

Ammoniaklösung: (0,91) p. a.

Bemerkungen. In Gegenwart von Titan muß trotz Anwesenheit von ÄDTA genügend Ammoniumsalz in der Lösung vorhanden sein, da sonst bei der Ammoniakfällung das Titan mit dem Beryllium als Hydroxyd ausfällt. Bei der angeführten Methode bildet sich bei der Neutralisation der 30 ml Perchlorsäure genügend Ammoniumsalz. Dennoch ist es bei titanhaltigen Stählen angebracht, das ausgewogene Berylliumoxyd auf etwa enthaltenes Titandioxyd zu prüfen.

Literatur. Nicht veröffentlichtes Betriebsverfahren in Anlehnung an die Arbeit von R. Pribil u. J. Kucharski: Verwendung von Komplexon in der chemischen Analyse VIII. Die gravimetrische Bestimmung von Beryllium. Collec. Trav. chim. Tchecoslov. Bd. 15 (1950) S. 132—146.

c) Nach der photometrischen Methode mit Aluminon

Grundlage. Beryllium gibt in schwach saurer, acetatgepufferter Lösung (p_H 5,4) mit Aluminon einen Farblack, der durch Gelatine als Schutzkolloid am Ausflocken verhindert wird. Der größte Teil der störenden Legierungskomponenten, wie Cr, Fe, Ni, Co, Mo und zum Teil Mn, wird durch eine Elektrolyse mit Quecksilberkathode entfernt. Die bei der Elektrolyse nicht abgeschiedenen Elemente, wie Al und Ti, sowie kleine Reste der zuerst genannten Metalle und der größte Teil von Mn, werden mit ÄDTA maskiert. Das Absorptionsmaximum des Lackes liegt bei 525 mμ. Wird kein Spektralphotometer verwendet, so wird mit einem Filter gemessen, dessen Schwerpunkt dieser Wellenlänge am nächsten liegt.

Anwendungsbereich und Bedeutung. Das Verfahren dient zur schnellen Bestimmung des Berylliums in den verschiedensten berylliumhaltigen Spezialstählen.

Genauigkeit. 1.

Ausführung. 1 g Späne wird in einem 300 ml-Erlenmeyer-Kolben eingewogen und mit Salzsäure (1,19) und Salpetersäure (1,40) (etwa 10 ml HCl und 5 ml HNO_3) gelöst. Dann werden 15 ml Perchlorsäure zugegeben, worauf man so lange erhitzt, bis Perchlorsäuredämpfe entweichen und das Chrom zum Chromat oxydiert worden ist. Nach dem Erkalten werden die Salze mit ungefähr 100 ml Wasser aufgenommen, und die Lösung wird kurzzeitig warmgestellt. Hierauf wird von dem abgeschiedenen Siliciumdioxyd und etwa vorhandener Wolfram- und Molybdänsäure in einen 250 ml-Meßkolben abfiltriert und mit schwefelsäurehaltigem Wasser ausgewaschen. Der auf dem Filter verbliebene Rückstand wird verworfen, da er erfahrungsgemäß kein Beryllium enthält. Im Filtrat reduziert man das Chromat mit einigen Tropfen Wasserstoffperoxyd. Der Meßkolben wird nun auf Raumtemperatur gekühlt, mit Wasser zur Marke aufgefüllt und durchgemischt. Mit 10 ml dieser Lösung wird eine Elektrolyse mit Quecksilberkathode bei etwa 6 V und 5 bis 7 A/dm² Quecksilberoberfläche durchgeführt. Das Elektrolysiergefäß soll so gewählt werden, daß bei einem möglichst geringen Volumen des Elektrolyten die größtmöglichste Quecksilberoberfläche erreicht wird (s. Bemerkungen). Als Anode dient eine Spirale aus Platindraht.

Wenn der Elektrolyt farblos geworden ist, läßt man die Elektrolyse noch ungefähr 10 bis 15 min weitergehen. Dann wird das Quecksilber durch Abheben der Lösung bzw. durch Dekantieren von derselben getrennt und noch 4mal mit Wasser nachgespült. Der Elektrolyt und das Waschwasser werden in einen 100 ml-Meßkolben gebracht, zur Marke aufgefüllt und durchgemischt. Davon werden nun 15 ml in einen weiteren 100 ml-Meßkolben pipettiert; man verfährt weiter, wie beim Herstellen der Eichkurve beschrieben.

Herstellen der Eichkurve. In eine Reihe von 100 ml-Meßkolben werden je 0, 10, 15, 20 und 30 ml Berylliumstandardlösung (= 0, 20, 30, 40 und 60 µg Be) gebracht. Dann wird unter Verwendung eines Meßzylinders der Inhalt jedes Meßkolbens mit Wasser auf 75 ml verdünnt, mit genau 5 ml (zweckmäßig mit einer Pipette bzw. aus einer Bürette) ÄDTA-Lösung versetzt und gemischt. Nun werden im Abstand von etwa 2 bis 3 min mit einer Pipette 15 ml Aluminon-Pufferlösung zugegeben. Es wird sofort mit Wasser zur Marke aufgefüllt und gemischt.

Genau 20 min nachdem die Aluminon-Pufferlösung zugegeben wurde, wird die Lichtabsorption des gebildeten Farblackes in einer 2 cm-Küvette, gegen Wasser als Kompensationslösung, unter Verwendung eines Spektralphotometers bei 525 mµ bzw. mit einem Filterphotometer mit Glühlampe und einem Filter mit Schwerpunkt bei 530 mµ, gemessen.

Es ist nicht zulässig, die ganze Serie in einem zu behandeln, sondern man muß jedes Kölbchen nach der Aluminonzugabe sofort auffüllen, durchmischen und nach 20 min die Lichtabsorption messen.

Lösungen. *Perchlorsäure:* (1,67) p. a.

Schwefelsäurehaltiges Waschwasser: 5 ml verdünnte Schwefelsäure (1 + 1) in 500 ml Wasser.

ÄDTA-Lösung: 2,5 g ÄDTA (Äthylendiamintetraessigsäure) werden mit etwa 30 ml Wasser übergossen, 2 Tropfen 0,05proz. Methylrotlösung zugegeben und Ammoniaklösung bis zum Indicatorumschlag nach Gelb vorsichtig zugefügt. Falls nötig, wird zum völligen Lösen erwärmt, dann filtriert und nach dem Abkühlen mit Wasser auf 100 ml verdünnt.

Aluminon-Pufferlösung: 250 g Ammoniumacetat p. a. werden mit Wasser zu 500 ml gelöst, 40 ml Eisessig hinzugefügt und, wenn nötig, filtriert. 0,75 g Aluminon (Ammoniumsalz der Aurintricarbonsäure) werden in 25 ml Wasser und 1 g Benzoesäure wird in 10 ml Methanol gelöst. Dann gibt man das gelöste Aluminon und die gelöste Benzoesäure unter Rühren in die Ammoniumacetat-Eisessiglösung, die nun mit Wasser auf ungefähr 1 l verdünnt wird. 4,0 g Gelatine werden in etwa 300 ml heißem Wasser gelöst; die Lösung wird nach dem Abkühlen auf 800 ml verdünnt. Hierauf bringt man die Gelatinelösung unter ständigem Rühren langsam zu der Aluminon-Pufferlösung, füllt mit Wasser auf 2 l auf und mischt. Die Lösung ist in einer dunklen Flasche und an einem dunklen Platz aufzubewahren. Nach 6- bis 7tägigem Stehen (davon 3 Tage am Licht) wird sie nochmals filtriert (durch Faltenfilter) und ist nunmehr gebrauchsfertig.

Berylliumstandardlösung: 0,2 g Berylliummetall (Flitterform etwa 99,8proz.) werden in einem 1 l-Meßkolben mit 50 ml Wasser übergossen und durch langsames Zugeben von 10 ml verdünnter Schwefelsäure (1 + 1) in Lösung gebracht. Nach dem Kühlen auf Raumtemperatur wird zur Marke aufgefüllt und gemischt. 10 ml dieser Lösung (= 2 mg Be) werden unter Zugabe von 5 ml verdünnter Schwefelsäure (1 + 1) in einem weiteren Meßkolben auf 1 l verdünnt. 1 ml dieser Lösung enthält nun 2 µg Be.

Bemerkungen. Als Elektrolysiergefäß hat sich die in der Abb. 11 gezeigte Ausführung, insbesondere für Serienanalysen, gut bewährt. Dabei wird in die Elektrolysiergefäße, wie bei dem ganz rechts zu sehen ist, so viel Quecksilber eingebracht, bis die größte Oberfläche (etwa 25 cm²) erreicht ist. Die zu elektrolysierende Lösung wird nötigenfalls so weit mit Wasser verdünnt, daß die Platinspirale eintaucht. Zum Beenden der Elektrolyse wird durch den Hahn das Quecksilber bis zum Ansatz der Ausflußröhre (s. die beiden mittleren Gefäße) abgelassen.

Abb. 11. Elektrolysiergefäß für Serienanalysen

Dabei soll der Strom nicht abgeschaltet werden, da sonst beträchtliche Mengen der abgeschiedenen Elemente aus dem Quecksilber herausgelöst werden könnten.

Mittels einer Pipette mit Pipettierball werden nun die Lösung sowie das Waschwasser jeweils von dem Quecksilber getrennt.

Die zuzugebende ÄDTA-Menge soll grundsätzlich konstant 5 ml betragen. Sie kann zwar durchaus den gegebenen Verhältnissen entsprechend angepaßt werden, doch muß diese Variation auch bei der angewandten Eichkurve berücksichtigt werden. Es stellt sich wahrscheinlich ein Gleichgewicht zwischen dem Beryllium-ÄDTA- und dem Beryllium-Aluminium-Komplex ein, welches von der anwesenden ÄDTA-Menge abhängig ist; daher entsteht bei gegebener Berylliummenge mehr oder weniger Farblack.

Aluminon ist nicht als einheitliches Präparat erhältlich. Die Produkte der einzelnen Firmen können in der Farbintensität der Aluminon-Pufferlösung sehr stark voneinander abweichen. Auch ist es durchaus möglich, daß das Reagenz vom gleichen Hersteller von Fall zu Fall verschieden ist, was wahrscheinlich darauf zurückzuführen wäre, daß die einzelnen Chargen nicht gleichmäßig ausfallen.

In der beschriebenen Pufferlösung wurde Aluminon p. a. Nr. 33035 der Fa. Riedel de Haën verwandt.

Die Eichkurve soll bei jeder Serie von Berylliumbestimmungen mit 2 Eichpunkten überprüft werden, da sich die Reagenz-Pufferlösung ändern kann.

Die Messung der angefärbten Lösung muß genau nach 20 min erfolgen, da erst nach dieser Zeit die Steigerung der Farbentwicklung langsamer wird, so daß noch gut reproduzierbare Werte erhalten werden können. Zeitabweichungen über $^1/_2$ min sind nicht zulässig.

Literatur. Nicht veröffentlichtes Betriebsverfahren in Anlehnung an die Arbeit von Luke, C. L., u. Mary E. Campbell: Analytic. Chem. Bd. 24 (1952) S. 1056—1057. — Luke, C. L., u. K. C. Braun: Analytic. Chem. Bd. 24 (1952) S. 1120—1122.

2. Berylliumhaltige Bronzen

Enthalten können sein Kupfer, Beryllium, Eisen, Aluminium, Silicium und Nickel.

a) Nach der 8-Hydroxychinolin-Methode

Grundlage. Nachdem das Kupfer durch Elektrolyse an einer Edelmetallkathode abgeschieden wurde, werden Beryllium, Aluminium und Eisen mit Ammoniak als Hydroxyde gefällt. Aus der Lösung der Hydroxyde werden Aluminium und Eisen mit 8-Hydroxychinolin vom Beryllium getrennt. Man filtriert die Oxinate ab und bestimmt im Filtrat nach Fällung des Berylliums als Hydroxyd dieses als Berylliumoxyd.

Anwendungsbereich und Bedeutung. Das Verfahren kann zur Bestimmung des Berylliums in berylliumhaltigen Bronzen verwendet werden.

Genauigkeit. 2.

Dauer. Die Analyse dauert bei 5 Proben nebeneinander 2 bis $2^1/_2$ Tage.

Ausführung. 1 g Späne löst man in 5 ml Salpetersäure (1,4) und 5 ml Wasser, verkocht die Stickoxyde, verdünnt die Lösung mit etwa 50 ml Wasser, macht ammoniakalisch, säuert hierauf mit verdünnter Schwefelsäure (1 + 1) an, fügt noch 2 ml der Säure im Überschuß hinzu und verdünnt nochmals mit Wasser auf 250 ml. Hierauf wird das Kupfer durch Schnellelektrolyse innerhalb $^1/_2$ Std. an einer Platinkathode abgeschieden. Das entkupferte Elektrolysat bringt man zum Sieden, versetzt es mit 2 ml Salpetersäure (1,4) und kocht weitere 3 min. Das bei der Elektrolyse teilweise reduzierte Eisen wird dadurch oxydiert. Hierauf wird abgekühlt und die Lösung schwach ammoniakalisch gemacht. Eisen, Beryllium und Aluminium fallen als Hydroxyde aus. Nickel bleibt als Aminkomplex in Lösung. Zur vollständigen Ausfällung und besseren Zusammenballung des Niederschlages ist es zweckmäßig, die Fällung einige Std. stehenzulassen. Hierauf wird sie abfiltriert und mit ammoniak-ammoniumchloridhaltigem Wasser (1 g Ammoniumchlorid und 1 ml Ammoniak auf 100 ml Wasser) ausgewaschen. Der Hydroxydniederschlag von Beryllium, Aluminium und Eisen wird mit wenig Salzsäure (1 + 1) sorgfältig vom Filter gelöst und die Trennung des Aluminiums und Eisens vom Beryllium, wie unter „Bestimmung des Berylliumoxyds im Beryll" angegeben, durchgeführt.

Fehlerquellen. Wenn mehr als 0,1% Silicium in der Legierung vorhanden ist, so erhält man für Beryllium durch mitgerissenes Siliciumdioxyd zu hohe Werte. In solchem Falle ist es daher angebracht, das Silicium vor der Elektrolyse durch Abrauchen mit 10 ml verdünnter Schwefelsäure (1 + 1) abzuscheiden und abzufiltrieren. — Bei Mangangehalten über 0,1% muß nach der elektrolytischen Abscheidung des Kupfers eine Abtrennung des Mangans mit Ammoniumperoxydisulfat erfolgen. Wenn so verfahren wird, erreicht man die Genauigkeit 1.

b) Nach der ÄDTA-Trennungsmethode

Grundlage. Nachdem das Kupfer durch Elektrolyse an einer Edelmetallkathode abgeschieden wurde, wird nach Zufügen von ÄDTA (Äthylendiamintetraessigsäure) nur das Beryllium mit Ammoniak als Hydroxyd gefällt und zu Berylliumoxyd verglüht.

Anwendungsbereich und Bedeutung. Das Verfahren kann zur Bestimmung des Berylliums in berylliumhaltigen Bronzen verwendet werden.

Genauigkeit. 2.

Dauer. Bei 5 Proben nebeneinander 1 bis $1^1/_2$ Tage.

Ausführung. 1 g Späne löst man in 5 ml Salpetersäure (1,4) und 5 ml Wasser, verkocht die Stickoxyde, verdünnt die Lösung mit etwa 50 ml Wasser, macht ammoniakalisch, säuert hierauf mit verdünnter Schwefelsäure (1 + 1) an, fügt

2 ml der Säure im Überschuß hinzu und verdünnt nochmals mit Wasser auf etwa 250 ml. Dann wird das Kupfer durch Schnellelektrolyse innerhalb einer halben Std. an einer Platinkathode abgeschieden. Hierauf wird mit einer genügenden Menge ammoniakalischer ÄDTA-Lösung versetzt. Nun wird so lange Ammoniak hinzugegeben, bis das Berylliumhydroxyd auszufallen beginnt, worauf man noch einen Überschuß von 5 ml Ammoniak (0,91) hinzufügt. Für Gehalte an Eisen + Aluminium bis 2% genügt 1 g ÄDTA, bei höheren Gehalten entsprechend mehr. Die ÄDTA-Lösung wird durch Aufschlämmen von 1 g ÄDTA in 10 ml Wasser und tropfenweisen Zusatz von Ammoniak unter Umrühren hergestellt. Das rein ausgefallene Berylliumhydroxyd (Eisen, Aluminium, Mangan und Nickel bleiben komplex gebunden in Lösung) wird nach 2 bis 3 Std. abfiltriert, mit ammoniak-ammoniumnitrathaltigem Wasser (1 g Ammoniumnitrat und 1 ml Ammoniak auf 100 ml Wasser) gut ausgewaschen, getrocknet und zu Berylliumoxyd bei 1150° verglüht.

Sollen außer Beryllium noch Eisen, Aluminium und Nickel bestimmt werden, so fügt man zum Filtrat des Berylliumhydroxyds 3 g Kaliumchlorat und 15 ml Salzsäure (1,19) hinzu, erwärmt 2 bis 3 Std. auf dem Wasserbad und kocht auf ein kleines Volumen ein, wodurch die Komplexe und die überschüssige ÄDTA zerstört werden. Man fällt nun Eisen und Aluminium mit Ammoniak als Hydroxyde aus. Die Trennung des Eisens und Aluminiums kann wie üblich mit Alkalilauge erfolgen. Das Eisen wird maßanalytisch nach ZIMMERMANN-REINHARDT, das Aluminium gewichtsanalytisch oder photometrisch bestimmt. Im Filtrat der Hydroxydfällung wird das Nickel mit Diacetyldioxim gefällt, zu Nickeloxyd verglüht und gewogen.

Fehlerquellen. Siehe unter a). Höhere Mangangehalte stören jedoch nicht.

Literatur. Siehe S. 152.

c) Nach der photometrischen Methode mit Aluminon

Grundlage. Beryllium gibt in schwach saurer, acetatgepufferter Lösung (p_H 5,4) mit Aluminon einen Farblack, der durch Gelatine als Schutzkolloid am Ausflocken verhindert wird. Das Kupfer wird vorher durch Elektrolyse an einer Platinkathode abgeschieden. Die noch störenden Elemente wie Eisen, Nickel, Aluminium, Mangan und Kobalt werden durch Zusatz von ÄDTA maskiert. Das Absorptionsmaximum des Lackes liegt bei 525 mμ. Wird kein Spektralphotometer verwendet, so wird mit einem Filter gemessen, dessen Schwerpunkt dieser Wellenlänge am nächsten liegt.

Anwendungsbereich und Bedeutung. Das Verfahren kann zur Bestimmung des Berylliums in berylliumhaltigen Bronzen verwendet werden.

Genauigkeit. 2. Bei einiger Erfahrung und Übung wird die Genauigkeit 1 erreicht.

Dauer. Bei 5 Proben nebeneinander 2 Tage.

Ausführung. 1 g Späne wird in einem 250 ml-Becherglas in wenig verdünnter Salpetersäure (1 + 1) in der Wärme gelöst und die Lösung mit 10 ml Schwefelsäure (1 + 1) bis zum Entweichen von Schwefelsäuredämpfen erhitzt. Die erkaltete Lösung wird mit etwa 50 ml Wasser aufgenommen und zum Zusammenballen gegebenenfalls vorhandenen Siliciumdioxyds warmgestellt. Das Siliciumdioxyd wird abfiltriert und wie üblich bestimmt. Das Filtrat wird zur Abscheidung des Kupfers in einem 400 ml-Becherglas elektrolysiert und das Elektrolysat in einem 500 ml-Meßkolben aufgefüllt = Lösung I.

15 ml der Lösung I werden in einen 100 ml-Meßkolben pipettiert und mit Wasser zur Marke aufgefüllt. Daraus pipettiert man 10 ml in einen weiteren 100 ml-Meßkolben, verdünnt mittels eines Meßzylinders mit 65 ml Wasser, gibt mit einer Pipette 5 ml ÄDTA-Lösung und 15 ml Aluminon-Pufferlösung zu, füllt nun bis zur Marke mit Wasser auf und schüttelt gut durch.

Weiterhin wird verfahren, wie unter „Berylliumhaltige Spezialstähle, c) Nach der photometrischen Methode mit Aluminon“ beschrieben.

Für die Herstellung der Eichkurve und der zur Verwendung kommenden Lösungen sowie die Bemerkungen bezüglich der Zusätze gilt der oben angeführte Abschnitt.

Die gegebenenfalls vorhandenen kleinen Mengen Eisen, Nickel und Kobalt können auf folgende Weise bestimmt werden:

Eisenbestimmung. 10 ml der Lösung I werden in ein Reagenzglas gegeben, mit 5 ml Wasser verdünnt, mit 6 Tropfen Hydroxylaminhydrochloridlösung (100 g/l), 3 ml Acetatpufferlösung (25 g Ammoniumacetat und 30 ml Eisessig werden mit Wasser auf 100 ml verdünnt) und 15 Tropfen o-Phenanthrolinhydrochloridlösung (1 g in 100 ml) versetzt. Nach jeder Reagenzzugabe wird durchgemischt und die entstandene Farbe mit Standardfarben bzw. -proben verglichen.

Nickelbestimmung. Von der Lösung I werden 15 ml in ein Reagenzglas gegeben, dazu fügt man 1 ml Zitratpufferlösung [50 g Zitronensäure und 50 ml Ammoniak (0,91) werden mit Wasser zu 100 ml verdünnt], 0,5 ml 0,1 n-Jodlösung und 2 ml Diacetyldioximlösung [1 g in 100 ml Ammoniak (0,91)]. Nach jeder Reagenzzugabe wird gemischt. Die erhaltene Farbe wird mit Standardfarben bzw. -proben verglichen.

Kobaltbestimmung. Beträgt der Kobaltgehalt unter 0,5%, so kann die Bestimmung colorimetrisch durchgeführt werden.

6 ml der Lösung I werden im Reagenzglas mit 1 Tropfen verdünnter Schwefelsäure (1 + 1), 4 ml Tarngemisch (4 g Ammoniumfluorid und 10 g Ammoniumacetat werden mit Wasser zu 100 ml gelöst), 3 ml Ammoniumthiocyanatlösung (500 g/l) und 4 ml Extraktionsgemisch (50 ml Essigsäureäthylester werden mit 10 ml Isobutylalkohol gemischt) versetzt. Nach jeder Zugabe wird durchgemischt und zum Ausschütteln des Kobaltthiocyanatkomplexes 10- bis 15mal umgeschüttelt. Nach vollständigem Absitzen der wäßrigen Schicht wird die organische Phase mit Standardlösungen gegen einen weißen Hintergrund verglichen. Etwa auftretende Trübungen der wäßrigen Phase sind ohne Einfluß auf das Ergebnis.

Höhere Kobaltgehalte als 0,5% werden photometrisch mit Nitroso-R-Salz (Natrium-1-nitroso-2-naphthol-3,6-disulfonat) bestimmt.

Dazu verfährt man wie folgt:

Bei etwa 2% Kobalt werden 5 ml der Lösung I in einen 100 ml-Meßkolben pipettiert und hierauf 10 ml Natriumzitratpufferlösung (25 g neutrales Natriumzitrat werden mit Wasser zu 100 ml gelöst) und 10 ml wäßrige Nitroso-R-Salz-Lösung (0,2 g in 100 ml) zugefügt. Nun wird zur vollen Entwicklung der Farbe mindestens 15 min stehengelassen, dann der Meßkolben zur Hälfte mit Wasser aufgefüllt, mit 5 ml verdünnter Salpetersäure (1 + 2) versetzt, genau 3 min in ein kochendes Wasserbad gestellt, unter der Wasserleitung gekühlt und schließlich mit Wasser zur Marke aufgefüllt.

Bei der Behandlung mit Salpetersäure in der Wärme im Wasserbad werden die Komplexe der anderen Metalle mit dem Nitroso-R-Salz, mit Ausnahme des Kobaltkomplexes, zerstört.

Unter Verwendung der Quecksilberlampe und des Filters Hg 546 wird in einer 2 cm-Küvette die Extinktion der gefärbten Lösung gegen Wasser als Kompensationslösung gemessen. Der Kobaltgehalt ist aus einer Eichkurve zu entnehmen, die unter den gleichen Bedingungen hergestellt wurde und den Bereich von 0 bis 500 µg Kobalt/100 ml erfaßt.

d) Nach der photometrischen Schnellbestimmung mit Aluminon

Grundlage. Die Bestimmung des Berylliums wird in Gegenwart von ÄDTA mit Aluminon ohne vorherige Abscheidung des Kupfers vorgenommen. Im übrigen gilt die Grundlage, wie unter c) beschrieben.

Anwendungsbereich und Bedeutung. Soll in der Legierung nur Beryllium auf die schnellste Art bestimmt werden und wird auf die Bestimmung von Silicium, Kupfer, Eisen, Nickel, Mangan und Kobalt verzichtet, so kann man auch das Beryllium in Gegenwart von Kupfer bestimmen. Auch hier wird das Beryllium in Anwesenheit von ÄDTA mit Aluminon angefärbt.

Dabei muß selbstverständlich die Eichkurve in Gegenwart der entsprechenden Menge Kupfer ermittelt werden.

Genauigkeit. 2.

Dauer. Bei 5 Proben nebeneinander $^1/_2$ Tag.

Ausführung. 0,1 g Späne werden in einem 100 ml-ERLENMEYER-Kolben in 5 ml Salzsäure (1,19) und 5 ml 30proz. Wasserstoffperoxyd gelöst, wobei das Wasserstoffperoxyd vorsichtig zuzugeben ist. Falls die Reaktion zu heftig wird, muß der Kolben gekühlt werden. Sind die Späne gelöst, so wird die Lösung unter öfterem Umschütteln auf etwa 2 ml eingedampft. Dann wird mit Wasser aufgenommen und kurz in der Wärme stehengelassen. Hierauf spült man die Lösung in einen 500 ml-Meßkolben, kühlt auf Raumtemperatur ab und füllt zur Marke auf. Davon werden 15 ml (= 0,003 g) in einen 100 ml-Meßkolben pipettiert und mit 60 ml Wasser verdünnt; man verfährt weiter, wie unter c) beschrieben.

3. Berylliumhaltiges Nickel

a) Nach der ÄDTA-Trennungsmethode

Grundlage. Nachdem das Beryllium mit Ammoniak in Anwesenheit von Ammoniumchlorid als Hydroxyd gefällt wurde, wird dieses in Gegenwart von ÄDTA umgefällt und als Berylliumoxyd bestimmt.

Anwendungsbereich und Bedeutung. Das Verfahren eignet sich zur Bestimmung von etwa 2% Beryllium in Nickel-Beryllium-Legierungen.

Genauigkeit. 1.

Dauer. Bei 5 Proben nebeneinander 3 Tage.

Ausführung. 1 g Späne wird in verdünnter Salpetersäure (1 + 1) in der Wärme gelöst, die Lösung mit 10 bis 15 ml verdünnter Schwefelsäure (1 + 1) versetzt und bis zum Entweichen von Schwefelsäuredämpfen erhitzt. Die Sulfate bringt man mit Wasser in der Wärme in Lösung und filtriert von der ausgeschiedenen Kieselsäure ab. Das Filtrat, etwa 300 ml, wird mit etwa 5 g Ammoniumchlorid versetzt, schwach ammoniakalisch gemacht und ein Überschuß von 2 ml Ammoniak hinzugefügt. Dabei geht das Nickel als Aminsalz in Lösung, und das Beryllium fällt als Hydroxyd aus. Nach einigen Std. filtriert man, wäscht mit ammoniak-ammoniumnitrathaltigem Wasser und löst den Niederschlag in verdünnter Salzsäure (1 + 1) in das Fällungsgefäß zurück. Man verdünnt auf ungefähr 300 ml mit Wasser, fügt 10 ml ÄDTA-Lösung hinzu und fällt nun das reine Berylliumoxyd mit Ammoniak aus.

Im übrigen wird, wie unter 2 b) „Berylliumhaltige Bronzen" beschrieben, verfahren.

Lösungen. Siehe unter III. 1 b).

Literatur. Siehe unter III. 1 b).

b) Nach der photometrischen Methode mit Aluminon

Grundlage. Das Nickel und der größte Teil der störenden Elemente werden durch eine Elektrolyse mit Quecksilberkathode entfernt. Die bei der Elektrolyse nicht abgeschiedenen Elemente wie Aluminium und Titan sowie kleine Reste von Nickel und der größte Teil von Mangan werden mit ÄDTA maskiert.

Im übrigen gilt alles, wie unter III 1 c) beschrieben.

Kapitel 6

Blei*

Inhalt

---

*	1. Auflage	2. Auflage
Bearbeiter:	**Ensslin, Weber, Meyer**	**Eberius**
Mitarbeiter:	**Becker, Dreyer, Eberius, Maassen Urbasch, Wagenmann †**	**Becker, Darius, Dreyer, Urbasch**

A. Vorkommen

Das weitaus wichtigste Bleierz ist der *Bleiglanz* (PbS). Weiterhin kommen vor: *Weißbleierz* ($PbCO_3$), *Gelbbleierz* ($PbMoO_4$), *Rotbleierz* ($PbCrO_4$), *Grünbleierz* [$Pb_5(PO_4)_3Cl$], *Bournonit* ($PbCuSbS_3$), *Jamesonit* ($Pb_2Sb_2S_5$), *Boulangerit* ($Pb_5Sb_4S_{11}$), *Mimetesit* [$Pb_5(AsO_4)_3Cl$] und *Anglesit* oder *Vitriolbleierz* ($PbSO_4$). Der Bleiglanz und die sulfidischen Bleierze sind meist silberführend; daneben enthalten viele Vorkommen noch Wismut, Antimon, Arsen, Kupfer und mitunter auch Gold.

B. Qualitativer Nachweis

Aus einer konzentrierten Bleisalzlösung fällt Salzsäure weißes, kristallinisches Bleichlorid, das in heißem Wasser löslich ist. Beim Erkalten dieser Lösung kristallisiert das Bleichlorid wieder aus. Schwefelsäure fällt weißes Bleisulfat, das in Wasser fast unlöslich, in Säure schwer löslich ist. Es löst sich leicht in heißer Ammoniumacetat- und Ammoniumtartratlösung; aus dieser Lösung wird es mit Schwefelwasserstoff als schwarzbraunes Bleisulfid oder mit Kaliumbichromat als gelbes Bleichromat ausgefällt.

Auch aus sauren Lösungen fällt Schwefelwasserstoff Bleisulfid aus. Bleisulfid ist in Ammonium- und Alkalisulfidlösung unlöslich, in verd. Salpetersäure und in verd. Salzsäure (1 + 1) in der Wärme leicht löslich.

C. Analysenverfahren bei der Gewinnung des Bleies

Sulfidische Bleierze (im wesentlichen Bleiglanz oder Konzentrate) werden, gegebenenfalls zusammen mit bleihaltigen Zwischenprodukten und den zum nachfolgenden Schmelzen im Schachtofen erforderlichen schlackenbildenden Zuschlägen, meist auf dem Dwight-Lloyd-Apparat abgeröstet und dabei gleichzeitig agglomeriert. Bei dem nachfolgenden reduzierenden Verschmelzen des Sintergutes mit Koks im Schachtofen entstehen: (Roh-) Werkblei, meist kupferhaltiger Bleistein, bleiarme Schlacke, gelegentlich Speise und Flugstaub. Das Werkblei wird im Flammofen oder nach dem Harris-Verfahren raffiniert, nachdem die Hauptmenge des Kupfers durch Entschlickern, z. B. durch Einrühren von Schwefel, entfernt worden ist. Beim Raffinieren werden Arsen, Antimon und Zinn und andere Verunreinigungen entfernt. Durch Einrühren von Zink werden die Edelmetalle als Zinklegierung gewonnen (Parkes-Prozeß). Das hierbei vom Blei aufgenommene Zink entfernt man durch Ätznatron oder (und) durch Polen. — Hochwismuthaltiges Werkblei unterwirft man zweckmäßig der Elektrolyse. Das Entfernen des Wismuts kann auch mit einer Mg-Ca-Legierung durchgeführt werden. Für stark arsen-, antimon- und zinnhaltiges Werkblei ist das Harris-Verfahren, gegebenenfalls auch das Kroll-Betterton-Verfahren, zu empfehlen.

I. Die Untersuchung der Bleierze

Reiner Bleiglanz ist verhältnismäßig selten geworden. Meist gewinnt man ihn heute aus Mischerzlagerstätten, in denen er mit Zinkblende vergesellschaftet auftritt, mittels geeigneter Aufbereitungsverfahren. Die zur Verhüttung kommenden Erze sind daher mehr oder weniger feine Konzentrate und enthalten neben Resten der Gangart, wie Quarz, Barium-, Calcium- oder Magnesiumverbindungen, Zink, Wismut, Kupfer, Eisen, Arsen, Antimon und Zinn sowie Silber.

1. Der Aufschluß der Bleierze

a) Von calcium- und bariumhaltigen Erzen werden 2 g in einer Porzellanschale mit etwas Wasser angeschlämmt und 5 min mit 25 ml Salzsäure (1,19) gekocht. Nach Zugabe von 10 ml Salpetersäure (1,4) dampft man auf dem Sandbad zur Trockne ein, kocht den Eindampfrückstand mit 100 bis 200 ml Salzsäure (1 + 5) auf und filtriert die siedendheiße Lösung. Schale und Filter werden so lange abwechselnd mit kochendem Wasser und heißer Salzsäure (1 + 5) ausgewaschen, bis das gesamte Bleichlorid in das Filtrat übergegangen ist. Zur Prüfung auf Vollständigkeit werden Schale und Filter mit Schwefelwasserstoffwasser übergossen, wobei keine Braunfärbung auftreten darf. Gegebenenfalls wird das Bleisulfid durch Bromdämpfe oxydiert und das Auswaschen mit heißem Wasser und heißer Salzsäure so lange fortgesetzt, bis bei erneuter Nachprüfung keine Braunfärbung mehr entsteht.

Den Filterrückstand schließt man mit Natriumcarbonat auf und untersucht die Schmelze auf Blei.

b) Von Bleierzen mit mehr als 0,5% Antimon oder Zinn werden 2,5 g in einem Eisentiegel mit 12 bis 15 g Natriumperoxyd geschmolzen. Anfangs darf nur mit kleiner Flamme erhitzt werden. Sollte bei zu hohem Schwefelgehalt die Umsetzung zu stürmisch verlaufen, so wird ein Drittel des Peroxyds durch Natriumcarbonat ersetzt. Die abgekühlte Schmelze versetzt man in einem 800 ml-Becherglas mit 100 ml handwarmem Wasser unter einem aufgelegtem Uhrglas. Nach dem Abspritzen des Tiegels wird er mit verdünnter Salzsäure ausgespült und die Lösung der Schmelze mit Salzsäure (1,19) vorsichtig angesäuert. Man entfernt dann das freie Chlor durch Kochen, reduziert das Eisen(III) durch allmählich zugesetztes Natriumsulfit und verkocht die schweflige Säure. Von einem etwaigen Löserückstand wird abfiltriert und das Filter mit heißem Wasser und verdünnter heißer Salzsäure bleifrei ausgewaschen.

c) Aufschluß reiner Bleierze mit Perchlorsäure. 1 g Erz wird in einer Porzellanschale mit 10 ml 60proz. Perchlorsäure vorsichtig erhitzt. Nach etwa 5 min langem Einrauchen nimmt man mit 50 ml Wasser auf, filtriert vom Rückstand ab, versetzt das Filtrat mit 15 ml verd. Schwefelsäure (1 + 2) und stellt warm. Nach dem Abkühlen wird das Bleisulfat auf einen tarierten Porzellanfiltertiegel abfiltriert.

2. Die Bestimmung des Bleies

a) Als Sulfat

Grundlage. Aus der Bleisalzlösung nach I. 1 a) oder b) wird das Blei als Sulfid gefällt. Nach Extraktion mit Natriumsulfid werden die verbliebenen Sulfide in Salpetersäure gelöst. Nach dem Abrauchen mit Schwefelsäure bestimmt man das Blei als Sulfat.

Anwendbarkeit. Das Verfahren wird zweckmäßig bei Bleigehalten über 1% angewandt.

Genauigkeit. 1.

Dauer. 6 Std.

Ausführung. Nach Lösen etwa ausgeschiedenen Bleichlorids in den nach I. 1a) oder b) erhaltenen Lösungen wird so viel Ammoniak zugegeben, bis eben ein Niederschlag entsteht. Diesen löst man mittels 10 ml verd. Salzsäure (1 + 1) und füllt die Lösung mit Wasser auf etwa 300 ml auf. Bei 70 bis 80° wird 5 min lang Schwefelwasserstoff eingeleitet. Nach Verdünnen mit Schwefelwasserstoffwasser auf etwa 800 ml läßt man unter ständigem Einleiten von Schwefelwasserstoff erkalten. Nach kurzem Stehenlassen des abgesetzten Niederschlages wird dieser abfiltriert. Der Niederschlag wird mit Schwefelwasserstoffwasser, das 0,5% Salzsäure enthält, ausgewaschen und in das Fällungsglas zurückgespritzt. Das Filter übergießt man mit heißer Natriumsulfidlösung (100 g $Na_2S \cdot 9\,H_2O$/l) und wäscht mit wenig heißem Wasser aus. Zum Sulfidniederschlag werden ebenfalls 10 ml Natriumsulfidlösung gegeben. Nach Erwärmen auf 60 bis 80° wird mit 100 ml Wasser verdünnt, durch das vorher benutzte Filter filtriert, mit Natriumsulfidlösung (5 g/l) gewaschen und der Niederschlag wieder in das Becherglas zurückgespritzt. Das Filter spült man mit heißer verd. Salpetersäure (1 + 1) aus. Dunkle Teilchen auf dem Filter werden mit Bromdämpfen behandelt, worauf man das Abspritzen mit Salpetersäure wiederholt.

Die Aufschlämmung des Niederschlages in etwa 30 ml verd. Salpetersäure (1 + 1) wird gekocht, bis sich die Sulfide gelöst haben und der ausgeschiedene Schwefel reinweiß oder gelb ist. Nach Zugabe von 10 ml verd. Schwefelsäure (1 + 1) wird bis zum Entweichen dichter Schwefelsäurenebel eingeengt. Nach dem Erkalten werden unter Umschütteln 1 bis 2 ml Wasser zugesetzt. Beim Auftreten von Stickoxyden wird nochmals abgeraucht. Die erkaltete Lösung nebst dem ausgeschiedenen Bleisulfat wird mit 60 ml Wasser versetzt, zur Lösung etwaiger Sulfate des Kupfers oder Cadmiums kurz aufgekocht und das Bleisulfat nach dem Erkalten durch einen Porzellanfiltertiegel abfiltriert.

Der Filterinhalt wird zunächst mit 1 proz. Schwefelsäure und dann mit Alkohol gewaschen. Der Filtertiegel wird auf der Flamme in einem Filterschuh oder ohne diesen im Elektroofen bei 450 bis 550° zur Konstanz geglüht. Auswaage mal 0,6832 ergibt den Bleigehalt.

Prüfung auf Reinheit. Das ausgewogene Bleisulfat muß sich vollständig in Ammoniumacetatlösung lösen. Ein Rückstand wird zurückgewogen und sein Gewicht von der Auswaage an Bleisulfat abgezogen.

Fehlerquellen. Beim Abfiltrieren der Bleichloridlösung vom unlöslichen Rückstand muß das Filter absolut bleifrei gewaschen werden.

Vor dem Einleiten des Schwefelwasserstoffs ist die Säure sorgfältig mit Ammoniak abzustumpfen, weil sonst das Bleisulfid nicht quantitativ fällt.

Nach dem Einrauchen mit Schwefelsäure muß auf Salpetersäurefreiheit geprüft werden, weil selbst kleine Mengen Salpetersäure Minderbefunde an Blei verursachen.

Modifizierte Methode. Bei sehr reinen Bleierzen kann die Fällung mit Schwefelwasserstoff und das Ausziehen mit Natriumsulfid entfallen.

Ausführung. Die Aufschlußlösung wird nach dem Einengen auf etwa 50 ml mit 10 ml verd. Schwefelsäure (1 + 1) versetzt und bis zum Entweichen dichter Schwefelsäuredämpfe eingeraucht. Nach dem Erkalten und Verdünnen mit 60 ml Wasser wird, wie oben beschrieben, weitergearbeitet. Das ausgewogene Bleisulfat muß unbedingt auf Reinheit geprüft werden, weil es Eisenoxyd enthalten kann.

Arsen und Antimon bis zu 0,5% können beim Lösen durch Zusatz von Reduktionsmitteln verflüchtigt werden. Größere Mengen von Barium- und Calciumsalzen stören.

b) Als Chromat

Grundlage. Das nach vorstehendem Verfahren erhaltene Bleisulfat wird abfiltriert und in Ammoniumacetatlösung gelöst. Aus der heißen Lösung wird das Blei als Chromat gefällt, abfiltriert, getrocknet und gewogen.

Anwendbarkeit. Das Verfahren ist geeignet für Bleierze, Zwischenprodukte und Rückstände mit zusammen nicht mehr als 1% Zinn und Antimon.

Genauigkeit. 1.

Dauer. 12 Std.

Ausführung. Das nach dem unter „Sulfat" beschriebenen Verfahren erhaltene Bleisulfat wird abfiltriert und mit kaltem, schwefelsäurehaltigem Wasser kurz ausgewaschen. Der Filtertiegel nebst Inhalt wird auf eine Absaugflasche gebracht. Mittels Durchsaugen von etwa 50 ml Ammoniumacetatlösung (250 g/l) für je 1 g Einwaage unter Zugabe in mehreren Anteilen und Aufrühren mit einem kleinen Glasstab löst man das Bleisulfat in die Absaugflasche. Mit 100 ml heißem Wasser wird gründlich nachgewaschen. Dann wird in ein Becherglas übergespült, auf etwa 500 ml aufgefüllt, zum Sieden erhitzt und das Bleichromat mit 30 ml heißer Kaliumbichromatlösung (50 g/l) gefällt. Nach 15 min Kochen läßt man abkühlen und 4 Std. stehen. Der Inhalt des Becherglases wird zunächst durch einen Porzellanfiltertiegel (A 2) dekantiert. Den Niederschlag schwenkt man mit 100 ml heißem Wasser um und läßt absitzen. Nach abermaligem Dekantieren wird der Niederschlag mit heißem Wasser in den Tiegel gebracht und 4 mal mit heißem Wasser gewaschen. Der Tiegel wird bei 200° während 1 bis $1^1/_2$ Std. bis zur Gewichtskonstanz getrocknet. Auswaage mal dem empirischen Faktor 0,6401 ergibt den Bleigehalt (theoretischer Faktor 0,6411).

Literatur. Chemikerausschuß, Metall u. Erz (1940) S. 207.

c) Elektrolytisch als Blei(IV)-oxyd

Grundlage. Das Blei wird als Blei(IV)-oxyd aus salpetersaurer Lösung in ruhendem oder bewegtem Elektrolyten anodisch abgeschieden.

Anwendbarkeit. Die Methode ist geeignet für bleiarme Materialien, z. B. Abgänge der Aufbereitung, Armerze usw.

Genauigkeit. 1.

Dauer. $1^1/_2$ Std. bei ruhendem, 1 Std. bei bewegtem Elektrolyten.

Ausführung. 0,5 bis 1,5 g Einwaage mit nicht mehr als 0,2 g Blei werden in so viel heißer verd. Salpetersäure (1 + 1) gelöst, daß die mit kaltem Wasser, in dem 1 bis 1,5 g $Cu(NO_3)_2 \cdot 3H_2O$ gelöst sind, auf etwa 150 ml aufgefüllte Lösung 10 Vol.-% an Salpetersäure, bezogen auf Salpetersäure (1,4), enthält.

Schnellelektrolyse. Die Lösung wird ohne weiteres Erwärmen in einem 250 ml-Becherglas von hoher Form mit einer ruhenden Platinnetzelektrode als Anode und mit einer etwa 200 U/min rotierenden Platinnetzelektrode als Kathode bei einer Stromstärke von 2 bis 3 A elektrolysiert. Nach ungefähr 20 min werden etwa 20 ml Wasser zugegeben. Ist nach 5 min am Stiel der Anode kein Anflug von dunklem Blei(IV)-oxyd zu erkennen, so ist die Abscheidung beendet, andernfalls wird die Prüfung wiederholt.

Das Becherglas nebst Flüssigkeit wird rasch entfernt und mehrmals durch ein Glas mit Wasser bei ununterbrochenem Stromdurchgang ersetzt. Dann wird die Anode abgenommen, vorsichtig mit Wasser abgespült und bei 180 bis 200° im Trockenschrank oder im Aluminiumblock getrocknet.

Bleigehalt: Auswaage mal 0,8662.

Bemerkungen. Die Trockentemperatur ist einzuhalten, um einen Minderwert durch Zersetzung der Abscheidung zu vermeiden.

Thallium wird mit abgeschieden. Größere Mengen Mangan stören. Sie sind an der Permanganatfärbung während der Elektrolyse zu erkennen.

Literatur. Hertelendi, L.: Z. analyt. Chem. Bd. 122 (1941) S. 30—52. — Schleicher, A.: Elektroanalytische Schnellmethoden, S. 90. Stuttgart: Enke 1947.

d) Maßanalytisch mit Ammoniummolybdat

Grundlage. Das aus der Aufschlußlösung erhaltene Bleisulfat wird in Ammoniumacetat gelöst. Das Blei wird mit Ammoniummolybdatlösung titriert.

Anwendbarkeit. Das Verfahren ist geeignet zur Bestimmung des Bleigehaltes von Bleierzen, Bleiaschen und -rückständen und Akkumulatorenblei.

Genauigkeit. 1.

Dauer. 8 Std.

Ausführung. Das aus der Aufschlußlösung nach S. 164 erhaltene Bleisulfat wird auf ein Papierfilter abfiltriert. Nach dem Auswaschen mit kaltem Wasser wird das Bleisulfat in das Becherglas zurückgespritzt. Durch das Filter läßt man 100 ml siedende Ammoniumacetatlösung (100 g/l) in das Becherglas laufen. Nach 3maligem Durchspülen des Filters mit heißem Wasser löst man das Bleisulfat unter Umschwenken, bringt die Lösung in einen 500 ml-Meßkolben und füllt nach dem Erkalten zur Marke auf. Eine trübe Lösung filtriert man durch ein trockenes Faltenfilter in ein trockenes Gefäß und entnimmt ein 0,5 g Einwaage entsprechendes Volumen, oder man entnimmt bei klarer Lösung das 0,5 g Einwaage entsprechende Volumen unmittelbar dem Meßkolben. Die Abmessung wird nach dem Verdünnen auf 200 ml in einem 500 ml-Erlenmeyer-Kolben zum Sieden erhitzt. Unter ständigem Schwenken des Kolbens läßt man eine eingestellte Ammoniummolybdatlösung zur siedenden Lösung laufen, wobei man von Zeit zu Zeit einige Sekunden wartet, um den Niederschlag und die überstehende Flüssigkeit zu beobachten. Der Endpunkt der Fällung ist erreicht, wenn die Flüssigkeit nicht mehr trübe und schleimig erscheint, sondern sich plötzlich klärt. Jetzt läßt man einen Tropfen der überstehenden Lösung in eine wäßrige Tanninlösung (0,5 g in 100 ml) auf einer Tüpfelplatte fallen. Beim Ausbleiben einer Färbung wird noch 1 ml Molybdatlösung zugegeben. Beim erneuten Tüpfeln ist nun eine deutliche Gelbfärbung zu erwarten. Dann wird der Überschuß der Molybdatlösung durch Zugabe von Bleinitratlösung (15,985 g Bleinitrat/l = 0,01 g Blei/ml) gebunden. Es wird tropfenweise weitertitriert, bis die Gelbfärbung beim Tüpfeln wieder auftritt. Statt Tannin kann auch Kaliumthiocyanat und Zinn(II)-chlorid verwendet werden, die mit einem Überschuß von Molybdat die tiefrote Verbindung $K_3(Mo(CNS)_6)$ bilden. Allerdings verschwindet die Farbe schnell wieder.

Das Volumen bei der Titerstellung soll dem Probevolumen entsprechen. Der Bleigehalt der Titerlösung wird durch Auflösen von Bleisulfat, hergestellt durch Umsetzen einer entsprechenden Menge Bleinitrat mit Schwefelsäure, in Ammoniumacetat erzeugt.

Die Molybdatlösung stellt man durch Auflösen von 8,52 g kristallisiertem Ammoniummolybdat in Wasser und Auffüllen der Lösung zu 1 l her. 1 ml soll 0,01 g Blei entsprechen, für niedrigere Bleigehalte wählt man 1 mg Blei/ml. In diesem Falle titriert man in einem Volumen von 20 bis 50 ml.

Fehlerquellen. Die Werte sind nur dann einwandfrei, wenn die Arbeitsbedingungen hinsichtlich Flüssigkeitsvolumen, Bleigehalt, Temperatur der Flüssigkeit und Geschwindigkeit des Zufließens der Maßlösung sowohl bei der Titerstellung wie beim Titrieren der Probe vollkommen gleichgehalten werden.

Literatur. ALEXANDER: Berg- u. Hüttenmänn. Ztg. Bd. 52 (1893) S. 201. — KUTZELNIGG, J.: Z. analyt. Chem. Bd. 129 (1943) S. 382.

e) Polarographisch

Grundlage. Es wird die Höhe der Stromstufe bei der Abscheidungsspannung des Bleies in einer Bleichloridlösung gemessen.

Anwendbarkeit. Die Methode ist geeignet zur Bleibestimmung in allen Produkten mit Gehalten bis zu 10% Blei und besonders geeignet zur Bestimmung geringer Bleigehalte.

Genauigkeit. 1.

Dauer. 40 min.

Ausführung. Bei Vorliegen des Bleies als Bleichlorid nach dem Aufschluß in salzsaurer Lösung wird ein Lösungsvolumen, entsprechend 0,5 g Einwaage, bis zur Sirupdicke eingedampft. Nach dem Verdünnen mit 50 ml Wasser werden 2 g Hydroxylaminhydrochlorid zugesetzt. Nach dem Aufkochen und Wiederabkühlen gibt man 10 ml 0,2proz. Tylose(S)-Lösung zu. Die Lösung wird in einem 100 ml-Meßkolben bis zur Marke aufgefüllt und gut durchgeschüttelt. Ein aliquotes Volumen wird polarographiert. Der Bleigehalt wird entweder an Hand einer Eichkurve oder einer Zweitabnahme unter Zugabe einer bekannten Bleimenge ermittelt. Halbstufenpotential des Bleies: —0,47 V.

3. Die Bestimmung von Antimon und Zinn

Hierzu dient der Natriumsulfidauszug des Bleisulfidniederschlages aus der salzsauren Lösung des Natriumperoxyd-Aufschlusses. Der Auszug des salzsauren Aufschlusses kann nicht verwendet werden, weil beim Aufschluß mit Salzsäure ein Teil des Antimons flüchtig wird.

Die Sulfosalzlösung wird so weit mit verd. Schwefelsäure (1 + 1) angesäuert, bis sich die Sulfide des Arsens, Antimons und Zinns abscheiden. Die Sulfide werden abfiltriert, mit Schwefelwasserstoffwasser ausgewaschen und in einen 300 ml-ERLENMEYER-Kolben gespritzt. Die letzten Reste werden mit einigen ml heißer Natriumsulfidlösung (50 g $Na_2S \cdot 9\,H_2O$/l) vom Filter gelöst und mit den Sulfiden im Kolben vereinigt. Nach Zugabe von 25 ml verd. Schwefelsäure (1 + 1) erhitzt man bis zum kräftigen Rauchen, wobei die Lösung farblos und klar wird. Nach dem Abkühlen wird mit 50 ml Wasser und 20 ml verd. Salzsäure (1 + 1) aufgenommen. Bei Abwesenheit von Arsen titriert man das Antimon mit n/10-Kaliumpermanganatlösung in der Kälte. Ist Arsen vorhanden, so wird die Lösung vor dem Titrieren nach Zugabe der Salzsäure auf etwa 50 ml eingedampft, wobei sich das Arsen als Arsen(III)-chlorid verflüchtigt. Anschließend wird wie oben oder in der Hitze mit Kaliumbromat (s. Kapitel Antimon, S. 107) titriert.

Nach der Titration wird das Antimon mit Eisenpulver auszementiert und im Filtrat das Zinn nach erneuter Reduktion mit Ferrum reductum mit Jodlösung oder mit Chloraminlösung titriert. Größere Mengen werden mit Schwefelwasserstoff gefällt und gewichtsanalytisch als Zinn(IV)-oxyd bestimmt (s. Kapitel Zinn).

4. Die Bestimmung des Arsens

Je nach dem Arsengehalt werden 2 oder mehr g Bleierz in verd. Salpetersäure (1 + 1) aufgeschlämmt und mit Schwefelsäure eingeraucht. Der letzte Rest Salpetersäure wird durch Zugabe von etwas Wasser und erneutem Einrauchen ausgetrieben. Der Sulfatbrei wird mit Wasser verdünnt, erwärmt und in den Kolben eines Arsen-Destillationsapparates übergespült. Nach Zugabe von Salzsäure (1,19) und 20 ml Reduktionslösung wird das Arsen überdestilliert und im Destillat nach einer der im Kapitel Arsen, S. 122, angegebenen Methoden bestimmt.

5. Die Bestimmung des Zinks

Entsprechend dem zu erwartenden Zinkgehalt werden 2 g Erz oder mehr in 15 ml verd. Salpetersäure (1 + 1) und 5 ml Salzsäure (1,19) gelöst und die Lösung nach Zugabe von 10 ml verd. Schwefelsäure (1 + 1) abgeraucht. Nach dem Erkalten werden die Sulfate mit 100 ml Wasser aufgenommen. Nach Zugabe von 10 ml verd. Schwefelsäure (1 + 1) wird kurz aufgekocht. Nach Einleiten von Schwefelwasserstoff bis zur Sättigung werden die Sulfide, das Bleisulfat und der Rückstand abfiltriert. Das Filter wird mit Schwefelwasserstoffwasser ausgewaschen. Nach dem Verkochen des Schwefelwasserstoffs wird das Filtrat mit Wasserstoffperoxyd oder Brom oxydiert. Die Hydroxyde des Eisens, Aluminiums und Mangans werden mit Ammoniak im Überschuß gefällt. Lösung samt Niederschlag werden in einen 500 ml-Meßkolben übergeführt. Nach dem Abkühlen und Auffüllen zur Marke filtriert man einen aliquoten Teil durch ein trockenes Filter ab. In einem bestimmten Volumen des Filtrats wird das Zink mit Kaliumhexacyanoferrat(II) nach einer der Vorschriften im Kapitel Zink (904/905) maßanalytisch bestimmt.

6. Die Bestimmung sonstiger Elemente

Siehe Analysengang im Kapitel Kupfer, S. 385ff.

Wismut, s. Kapitel Wismut, S. 860ff.

Silber und Gold, s. Kapitel Silber und Gold, S. 749/50.

Selen und Tellur, s. Kapitel Selen, S. 733, und Tellur, S. 787.

Die Bestimmung des Schwefels wird im folgenden unter „Röstgut", S. 169, beschrieben.

7. Die Bestimmung oxydisch und sulfidisch gebundenen Bleies

Grundlage. Das oxydische Blei wird durch Kochen der Probe mit Ammoniumacetat gelöst. Das sulfidische Blei ergibt sich aus der Differenz von Gesamt- und oxydischem Blei, falls es nicht aus einer Bestimmung des sulfidisch gebundenen Schwefels ermittelt wird (Schwefelbestimmung, s. S. 170).

Anwendbarkeit. Die Methode ist wichtig für den Flotationsbetrieb, weil die oxydischen Bleiverbindungen nicht schwimmen oder erst aktiviert werden müssen.

Genauigkeit. 2.

Dauer. 3 Std. für oxydische Bleiverbindungen.

Ausführung. 1 bis 5 g Erz werden fein gepulvert (DIN-Sieb 130) und mit 50 ml Ammoniumacetatlösung (250 g/l) 1 Std. am Rückflußkühler gekocht. Vom Unlöslichen wird durch einen Filtertiegel abfiltriert. Nach 1maligem Waschen mit 10 ml Ammoniumacetatlösung und 3maligem Waschen mit heißem Wasser wird im Filtrat das Blei mit n/1 g-Kaliumchromatlösung im Überschuß gefällt. Dann filtriert man vom Bleichromat ab, versetzt das Filtrat mit 2 g Kaliumjodid und 50 ml verd. Salzsäure (1 + 1) und titriert das ausgeschiedene Jod mit n/10-Natriumthiosulfatlösung und Stärkelösung als Indicator, falls das Blei nicht gewichtsanalytisch als Chromat bestimmt wird.

Fehlerquellen. Das als Silicat vorliegende Blei wird nicht erfaßt. Für Roherze ist dies bedeutungslos, weil diese kein Bleisilicat enthalten; es muß jedoch bei der Untersuchung von Röstgut beachtet werden, weil sich beim Rösten Bleisilicate bilden können.

II. Die Untersuchung der Zwischenprodukte

1. Röstgut

a) Die Bestimmung des Bleies

Grundlage. Da beim Rösten Bleisilicate entstehen können, die in Säuren nicht völlig löslich sind, und außerdem Kalk als Zuschlag vorhanden ist, muß das Röstgut mit Natriumperoxyd im Eisentiegel aufgeschlossen werden. Aus der salzsauren Lösung der Schmelze wird das Blei mit Schwefelwasserstoff gefällt und nach C. I. gewichtsanalytisch oder maßanalytisch bestimmt.

Bei silicatreichem Röstgut muß das ausgewogene Bleisulfat auf Kieselsäure geprüft werden.

Genauigkeit. 1.

Dauer. 9 Std.

b) Bestimmung des Gesamtschwefels

Grundlage. Nach dem Aufschließen des Röstgutes mit Natriumperoxyd wird in der alkalischen Lösung der Schmelze das Blei mit Kohlendioxyd als Carbonat gefällt und im Filtrat der Schwefel als Bariumsulfat bestimmt.

Bei Schnellanalysen kann das Sulfat auch in der filtrierten und angesäuerten Lösung der Schmelze mit Bariumchlorid gefällt werden.

Anwendbarkeit. Die Methode ist geeignet zur Bestimmung des Gesamtschwefels in Bleierzen und anderem bleihaltigem Material.

Genauigkeit. 1.

Dauer. 6 Std.

Ausführung. 2,5 g Probegut werden in einem Eisentiegel mit etwa der 5fachen Menge Natriumperoxyd geschmolzen. Die erkaltete Schmelze wird mit Wasser ausgelaugt und in der Lauge das Blei durch Einleiten von Kohlendioxyd als Carbonat gefällt. Nach Abspritzen des Tiegels mit Wasser werden Lösung und Rückstand in einem Meßkolben zu 500 ml aufgefüllt. Nach gründlichem Durchschütteln wird durch ein trockenes Faltenfilter abfiltriert. Dem Filtrat werden 200 ml (= 1 g Einwaage) entnommen, diese mit Salzsäure vorsichtig angesäuert und das Kohlendioxyd durch Kochen ausgetrieben. Nach dem Einengen auf etwa 200 ml stumpft man mit Ammoniak ab. Nach dem Ansäuern mit 2 bis 3 ml Salzsäure (1,19) wird das Sulfat in der Siedehitze mit heißer Bariumchloridlösung (100 g $BaCl_2 \cdot 2\,H_2O$/l) gefällt. Nach dem Absetzen dekantiert man und filtriert den Niederschlag nach dem Auskochen mit Wasser ab, wäscht mit heißem Wasser aus, glüht und wägt. Zur Bestimmung etwa vorhandenen Bleisulfats oder von Kieselsäure wird der Glührückstand im Platintiegel mit Kaliumnatriumcarbonat geschmolzen. Nach dem Auslaugen der erkalteten Schmelze mit heißem Wasser wird vom Niederschlag abfiltriert, das Filtrat mit Salzsäure angesäuert und das Kohlendioxyd verkocht. Nach Neutralisieren mit Ammoniak wird mit etwas Salzsäure (1,19) nochmals angesäuert und das Sulfat erneut mit Bariumchloridlösung gefällt.

Bei stark kieselsäurehaltigem Material muß aus dem ausgewogenen Bariumsulfat die Kieselsäure durch Behandeln mit Flußsäure entfernt werden.

Zur rascheren, aber weniger genauen Bestimmung wird in die Lösung des Aufschlusses kein Kohlendioxyd eingeleitet, sondern man säuert nach dem Abfiltrieren vom Aufschlußrückstand an, füllt auf 500 ml auf, nimmt einen aliquoten Teil ab und fällt das Sulfat mit Bariumchloridlösung. Der Niederschlag wird gründlich mit heißer verd. Salzsäure (1 + 3) ausgewaschen und geglüht.

Bemerkung. Die Schwefelbestimmung kann auch durch Verbrennen der Probe im Sauerstoffstrom ausgeführt werden.

c) Bestimmung des Sulfidschwefels

Grundlage. Durch Kochen mit starker Salzsäure werden die Sulfide unter Abgabe von Schwefelwasserstoff zersetzt, der unter Übertreiben mit Kohlendioxyd in einer Vorlage gebunden und nach Zugabe von Jodlösung mit Natriumthiosulfat titriert wird.

Anwendbarkeit. Die Methode ist geeignet zur Bestimmung des Sulfidschwefels im Röstgut, dagegen nicht im Roherz, da dieses einen Teil des Sulfidschwefels in einer mit Salzsäure nicht zersetzbaren Art enthalten kann, z. B. als Pyrit, Kupferkies usw.

Genauigkeit. 1.

Dauer. 1 Std.

Ausführung. Siehe Kapitel Schwefel, D. II., Sulfidschwefel.

d) Bestimmung des Sulfatschwefels

Grundlage. Das Röstgut wird mit Natriumcarbonatlösung gekocht. Im angesäuerten Filtrat wird das Sulfation mit Bariumchlorid gefällt.

Anwendbarkeit. Das Verfahren ist geeignet für Röstgut ohne Bariumverbindungen. In bariumhaltigem Röstgut muß der Sulfatgehalt aus der Differenz von Gesamt- und Sulfidschwefel errechnet werden.

Genauigkeit. 2.

Dauer. 3 Std.

Ausführung. 2 g Einwaage werden unter Schütteln mit 100 ml 5 Natriumcarbonatlösung (50 g/l) 30 min in einem 300 ml-ERLENMEYER-Kolben, in dessen Hals ein kleiner Trichter gehängt ist, schwach gekocht.

Der abfiltrierte Rückstand wird sorgfältig mit heißem Wasser ausgewaschen. Aus dem mit Salzsäure angesäuerten Filtrat verkocht man das Kohlendioxyd und fällt nach Zugabe von 2 ml Salzsäure (1,19) mit 10 ml heißer Bariumchloridlösung (100 g $BaCl_2 \cdot 2\,H_2O$/l). Nach dem Absitzenlassen des Niederschlages in der Wärme und Abgießen der überstehenden Lösung wird 2mal mit heißem, mit Salzsäure schwach angesäuertem Wasser dekantiert, der Niederschlag abfiltriert, auf dem Filter mit heißem Wasser sorgfältig ausgewaschen und geglüht. Auswaage mal 0,4115 ergibt den SO_4-Gehalt.

e) Bestimmung der übrigen Bestandteile

Die übrigen Bestandteile werden, entsprechend den Vorschriften unter C. I. 3., bestimmt.

2. Flugstaub

Da das Blei im Flugstaub in verschiedenen Bindungen vorliegt, wird zweckmäßig mit Natriumperoxyd aufgeschlossen, s. C. I. 1. b. Sind größere Mengen Arsen, Antimon oder Zinn zu erwarten, so werden vor dem Ansäuern der mit Wasser ausgelaugten Schmelze 5 bis 10 g Weinsäure zugesetzt. Dann säuert man mit Salzsäure schwach an und fällt mit Schwefelwasserstoff die Sulfide.

Arsen, Antimon und Zinn werden aus dem Sulfidgemisch mit Natriumsulfidlösung herausgelöst. Antimon und Zinn werden nach C. I. 3. bestimmt.

Der Sulfidrückstand wird in verd. Salpetersäure (1 + 1) gelöst und die Lösung mit Schwefelsäure abgeraucht.

Blei wird entweder als Bleisulfat ausgewogen oder nach dem Lösen in Ammoniumacetatlösung gewichtsanalytisch als Chromat oder maßanalytisch mit Ammoniummolybdat bestimmt.

Kupfer wird im Filtrat der Bleisulfatfällung nach Abstumpfen der Lösung mit Natriumhydroxydlösung (100 g/l) bis zum Verbleiben einer schwach sauren Reaktion mit 10 ml Kaliumjodidlösung (1 g in 100 ml) als Kupfer(I)-jodid gefällt. Das hierbei frei werdende Jod wird mit etwas schwefliger Säure reduziert. Den Niederschlag wäscht man auf einem kleinen Filter mit Wasser aus und raucht nach dem Lösen in warmer verd. Salpetersäure (1 + 1) die Lösung mit 10 ml verd. Schwefelsäure (1 + 1) kräftig ein. Nach dem Erkalten wird mit 10 ml Wasser aufgenommen und das Kupfer polarographisch oder photometrisch bestimmt (s. Kapitel Kupfer, S. 383/84).

Das Cadmium wird im Filtrat der Kupferbestimmung entweder elektrolytisch, polarographisch oder mit β-Naphthochinolin gewichtsanalytisch bestimmt (s. Kapitel Cadmium, S. 233 bis 238), wo auch eine Kupfer-Cadmium-Trennung mit Chinaldinsäure beschrieben ist.

Arsen wird entsprechend C. I. 4. bestimmt.

Zink wird nach C. I. 5. bestimmt, mit der Abwandlung, daß 2,5 oder mehr g Einwaage zunächst in 20 ml Königswasser unter Erhitzen gelöst werden. Ist die Zinkmenge in der letzten Abnahme größer als 0,02 g, so kann das Zink mit Kaliumhexacyanoferrat(II) titriert werden; ist sie geringer, so werden dem 500 ml-Meßkolben nicht 200 ml, sondern nur 5 bis 10 ml entnommen, in denen das Zink polarographisch bestimmt wird (s. Kapitel Zink C. I. 3.).

3. Bleistein

Bleistein wird nach den Angaben im Kapitel Kupfer unter Kupferbleistein, S. 394, untersucht.

4. Speisen und Kupferschlicker

Die Speisen bestehen vorwiegend aus den Arseniden und Antimoniden des Kupfers, Bleies und Eisens. Sie entstehen im Schachtofen bei einer zur Steinbildung unzureichenden Schwefelmenge.

Kupferschlicker bildet sich bei der Entkupferung des Werkbleies im Kessel oder beim Einschmelzen des Werkbleies im Flammofen.

a) Bestimmung von Blei, Kupfer, Antimon und Zinn

Genauigkeit. 1.

Dauer. 10 Std.

Ausführung. 2 g Einwaage werden mit 10 bis 12 g Natriumperoxyd im Eisentiegel aufgeschlossen. Nach dem Auflösen der erkalteten Schmelze in warmem

Wasser und Zugabe von 5 g Weinsäure wird vorsichtig mit Salzsäure (1,19) angesäuert. Das frei gewordene Chlor wird verkocht und das Silberchlorid abfiltriert. Die weitere Behandlung entspricht der Analyse des Flugstaubes C. II. 2. Der im Vergleich zum Flugstaub größere Kupfergehalt wird elektroanalytisch ermittelt.

Falls in der Probe nur Kupfer und Blei bestimmt werden sollen, werden 2 g Einwaage in einem breiten 1 l-Becherglas mit 20 ml Bromwasserstoffsäure (1.488) und 5 ml Brom erwärmt. Nach dem Eindampfen der Lösung werden die trockenen Salze 30 min auf 130° erhitzt, um den Rest der Sulfosalzbildner zu vertreiben. Nach dem Erkalten wird der Trockenrückstand vorsichtig (Brom!) mit 10 ml Salpetersäure (1,4) und 30 ml Wasser versetzt und das gesamte Brom durch Kochen vertrieben. Von etwa ausgefallenem Silberbromid wird abfiltriert, das Filtrat auf etwa 300 ml verdünnt und nach Zugabe von 1 g Harnstoff mit Schwefelwasserstoff gefällt. Die Sulfide werden in verd. Salpetersäure (1 + 1) gelöst. Die Lösung wird mit Schwefelsäure eingeraucht; Blei und Kupfer bestimmt man wie oben.

b) Bestimmung des Arsens

Die Bestimmung erfolgt nach C. I. 4.

c) Bestimmung der Edelmetalle

Siehe unter „Speisen" im Kapitel Silber und Gold.

5. Arsen-, Antimon- und Zinnabstriche

Die hauptsächlich aus den Arseniten, Antimoniten und Stanniten sowie aus den Arsenaten, Antimonaten und Stannaten des Bleies bestehenden Abstriche werden wie Speisen, s. C. II. 4., untersucht.

6. Poloxyd

Poloxyde entstehen bei der Entfernung des Zinks aus dem Blei nach der Zinkentsilberung (Parkes-Verfahren). Sie enthalten neben metallischem Blei Bleioxyd, Natriumzinkat, Zinkoxyd und etwas Natriumantimonat.

a) Bestimmung des Bleies und Antimons

Blei und Antimon werden nach dem Schmelzaufschluß mit Natriumperoxyd nach C. I. 3. bestimmt.

b) Bestimmung des Zinks

Zink wird nach dem Säureaufschluß gemäß C. I. 5. bestimmt.

Falls das Zink polarographisch bestimmt werden soll, füllt man das vom Schwefelwasserstoff befreite Filtrat in einem 1 l-Meßkolben zur Marke auf. Eine Abmessung von 5 ml wird mit 5 ml Grundlösung versetzt [bestehend aus 900 ml Ammoniak (0,91) und 100 ml 2proz. Tylose(S)-Lösung] und polarographiert (s. Kapitel Zink C. I. 3.).

c) Bestimmung des Silbers

Der meist nur 10 g/t oder weniger betragende Silbergehalt wird nach dem Ansiedeverfahren (s. Kapitel Silber und Gold, S. 740/743) mit Einwaagen von 40mal je 2,5 g oder nach der Tiegelprobe aus Einwaagen von 100 g unter reichlichem Boraxzusatz ermittelt.

7. Laugen vom Harris-Verfahren

Beim Harris-Verfahren werden Arsen, Antimon und Zinn nacheinander durch Alkalihydroxyd, gegebenenfalls unter Zusatz eines Oxydationsmittels, dem Werkblei entzogen. Die entsprechenden Metallverbindungen werden durch Auslaugen der entstandenen Salze mit Wasser erhalten.

Zur Analyse verdünnt man 50 ml der konz. heißen Lauge auf 500 ml und entnimmt 10 bis 50 ml. Von Laugen niedrigerer Konzentration werden unmittelbar 5 bis 10 ml verwendet.

a) Bestimmung des Hydroxyd- und Carbonatgehaltes

Grundlage. Nach der maßanalytischen Ermittlung der Summe von Natriumhydroxyd und -carbonat wird in einer zweiten Abmessung das Carbonat durch Salzsäure zersetzt. Die Menge des frei werdenden Kohlendioxyds wird ermittelt.

Anwendbarkeit. Die Methode ist zur Bestimmung des Hydroxyd- und Carbonatgehaltes von HARRIS-Laugen geeignet.

Genauigkeit. 2.

Dauer. 30 min.

Ausführung. 10 ml Lauge werden in einem 300 ml-Kolben mit 100 ml Wasser verdünnt und mit 2 Tropfen Methylorangelösung versetzt. Es wird mit 0,1 n-Salzsäure bis zum Farbumschlag titriert. Der Verbrauch an 0,1 n-Salzsäure entspricht dem Gehalt der Lauge an Natriumhydroxyd + Natriumcarbonat.

Zur Bestimmung des Kohlendioxyds werden 10 ml Lauge in den Kolben einer Kohlendioxyd-Bestimmungsapparatur (Abb. 13) gebracht. Durch die Apparatur wird kohlendioxydfreie Luft oder Stickstoff geleitet. Aus einem Tropftrichter läßt man langsam 50 ml Schwefelsäure (1 + 2) in den Kolben laufen. Nach beendeter Gasentwicklung wird die Flüssigkeit bis zum Sieden erhitzt. Nach dem Entfernen der Flamme werden noch 5 min lang Luft oder Stickstoff durch die Apparatur geleitet. Die beiden Natronasbestrohre werden nach dem Temperaturausgleich zurückgewogen.

Die Gehalte an Natriumcarbonat und Natriumhydroxyd ergeben sich wie folgt:

Es seien:

a Anzahl der verbrauchten ml 0,1 n-Salzsäure
b die gefundene Menge Kohlendioxyd in mg
x die gesuchte Menge Natriumcarbonat in mg
y die gesuchte Menge Natriumhydroxyd in mg

dann ist

$$x = \frac{Na_2CO_3}{CO_2} \text{ mal } b = 2{,}409 \text{ mal } b$$

$$y = (5{,}30 \cdot a - x) \cdot \frac{2\,NaOH}{Na_2CO_3} = (5{,}30\,a - x) \cdot 0{,}7546$$

oder

$$y = (a - 0{,}2275 \cdot b) \cdot 4$$

b) Bestimmung des Zinns

Genauigkeit. 1.

Dauer. 20 min.

10 ml Lauge werden in einem 500 ml-ERLENMEYER-Kolben mit 200 ml heißem Wasser und 50 ml Salzsäure (1,19) versetzt. Nach Zugabe von 2 bis 3 g Ferrum reductum in kleinen Anteilen (Vorsicht! Arsenwasserstoff) wird der Kolben nach dem letzten Zusatz sofort mit einem Contat-GÖCKEL-Ventil, beschickt mit einer Natriumhydrogencarbonatlösung, verschlossen. Ist die durch Erwärmen unterstützte Reduktion beendet, so wird durch ein schnellaufendes Filter in einen 750 ml-ERLENMEYER-Kolben filtriert, in dem sich einige erbsengroße Marmorstücke und etwas Salzsäure befinden. Das Filter mit dem Metallschwamm wird 3mal mit Salzsäure (1 + 10) ausgewaschen. Nach Zugabe von etwa 0,5 g Ferrum reductum oder etwa 1 g Aluminiumspänen wird der Kolben mit dem Contat-

GÖCKEL-Aufsatz verschlossen, bis zum Verbrauch des Eisens bzw. Aluminiums unter Erwärmen gewartet und der Kolben unter strömendem Wasser abgekühlt. Es wird mit n/10-Jodlösung titriert. 1 ml n/10-Jodlösung entspricht 5,935 mg Zinn.

Bemerkung. Statt mit Jodlösung kann auch mit Chloraminlösung titriert werden. 15 g p-Toluolsulfochloramidnatrium werden zu 1 l in Wasser gelöst. Der Titer wird mit Zinn p. a. gestellt. 1 ml n/10-Chloraminlösung entspricht 5,935 mg Zinn.

c) Bestimmung des Arsens

10 ml Lauge werden im Arsen-Destillierkolben mit etwa 100 ml Salzsäure (1,19) und 25 g Eisen(II)-sulfat und 1 g Kaliumbromid versetzt. Die weitere Behandlung erfolgt nach einer der im Kapitel Arsen angegebenen Methoden.

8. Anodenschlamm

Der Anodenschlamm fällt bei der elektrolytischen Raffination des Bleies an. Er enthält neben wechselnden Mengen von Edelmetallen bis zu mehreren Prozenten Wismut und Kupfer.

Die Analyse erfolgt, wie unter C. II. 4. a (Blei, Kupfer, Antimon, Zinn) angegeben, bis zur Abscheidung des Bleies als Sulfat.

Das Wismut wird im Filtrat des Bleisulfats vom Kupfer durch doppelte Fällung mit Ammoniak und Ammoniumcarbonat getrennt und als Oxyd oder Phosphat bestimmt (s. Kapitel Wismut). Da bei hohem Wismutgehalt das Bleisulfat Wismut einschließt, fällt man besser aus stark salzsaurer Lösung Wismut, Arsen, Antimon und Kupfer zusammen mit Eisenpulver und erst nach dem Abstumpfen der überschüssigen Salzsäure im Filtrat das Blei als Sulfid.

Kupfer ist im ammoniakalischen Filtrat der Wismutfällung enthalten. Das Kupfer wird nach einer der im Kapitel Kupfer angegebenen Methoden bestimmt, die Edelmetalle nach einem der im Kapitel Silber und Gold angegebenen Verfahren.

III. Die Untersuchung der aus der bleiverarbeitenden Industrie stammenden Verhüttungsmaterialien

1. Bleiasche, Bleikrätze, Bleiabfall, Akkumulatorenabfall

Für ihre Bewertung ist neben dem Bleigehalt der Gehalt an Zinn, Antimon, Wismut und, z. B. bei Aschen von Kabelabbränden, auch der Kupfergehalt wichtig.

Analysiert wird nach den im Abschnitt Flugstaub, C. II. 2., angegebenen Methoden. Wismut wird nach den im Kapitel Wismut unter Bleierzen beschriebenen Vorschriften ermittelt.

2. Bleischlamm und Akkumulatorenschlamm

Die Schlämme werden außer nach dem Bleigehalt hauptsächlich nach dem Gehalt an Antimon und Zinn bewertet. An Verunreinigungen, welche den Hüttenprozeß verteuern, kommen Arsen, Wismut, Selen, freie Schwefelsäure und Chloride vor.

Blei, Antimon und Zinn werden wie im Flugstaub, C. II. 2., bestimmt. Arsen wird nach dem Destillationsverfahren (s. Kapitel Arsen) und Wismut nach der im Kapitel Wismut unter Bleierzen angegebenen Methode bestimmt.

Die Selenbestimmung ist im Kapitel Selen (s. S. 729/30) beschrieben.

a) Bestimmung der freien Schwefelsäure

Genauigkeit. 2.

Dauer. $1^1/_2$ Std.

Ausführung. Für die Bestimmung der freien Schwefelsäure ist unvorbereitetes Probematerial zu verwenden, das weder mit Natriumcarbonat neutralisiert noch geglüht worden ist.

50 bis 100 g der Originalprobe werden in einem Becherglas mit 100 bis 150 ml Wasser verrührt. Nach dem Absaugen durch eine Nutsche und mehrfachem Nachwaschen des Rückstandes mit heißem Wasser wird das erkaltete Filtrat in einem 1 l-Meßkolben bis zur Marke aufgefüllt. Je nach dem Säuregehalt werden 10 bis 100 ml mit n/10-Natronlauge unter Verwendung von Methylorange oder Bromkresolgrün + Methylrot (s. Kapitel Lösungen) titriert. 1 ml n/10-Natronlauge entspricht 4,904 mg Schwefelsäure.

Freie Salzsäure wird gegebenenfalls mittitriert und dann fälschlich als Schwefelsäure mitberechnet.

b) Bestimmung des Chlorids

Geglühtes Probegut ist unbrauchbar. Entweder muß die Originalprobe oder das mit Natriumcarbonat neutralisierte Material verwendet werden.

Genauigkeit. 1.

Dauer. 1 Std.

Ausführung. 5 bis 10 g Probegut werden mit so viel Natriumcarbonatlösung (100 g/l) verrührt, bis die Lösung alkalisch reagiert. Nach Zugabe von 100 bis 150 ml Wasser wird das Gemisch etwa 20 min gekocht und nach dem Abkühlen durch eine Nutsche filtriert. Den Rückstand wäscht man mit heißem Wasser aus und füllt das Filtrat nach dem Abkühlen auf 500 ml auf. Eine dem Chloridgehalt entsprechende Abmessung wird mit verd. Salpetersäure (1 + 1) angesäuert. Nach Zusatz eines Überschusses an n/10-Silbernitratlösung und 1 ml Eisen(III)-ammoniumsulfat (s. Kapitel Lösungen) wird unter kräftigem Schütteln der Überschuß an Silbernitrat bis zum Auftreten der Eisen(III)-thiocyanatfärbung mit n/10-Ammoniumthiocyanatlösung zurücktitriert.

Das Chlorid kann auch gewichtsanalytisch durch Fällen mit Silbernitrat in der salpetersauren Lösung und Trocknen des abfiltrierten Silberchlorids in einem Filtertiegel bei 180° bestimmt werden. 1 ml n/10-Silbernitratlösung entspricht 3,546 mg Cl. Faktor AgCl/Cl = 0,2474.

Fehlerquellen. Enthält die Analysenprobe Sulfide, die beim Kochen mit Natriumcarbonatlösung Natriumsulfid bilden, so muß letzteres durch Kochen der alkalischen Abnahme mit 5 ml 3proz. Wasserstoffperoxydlösung zerstört werden. Der Überschuß an Wasserstoffperoxyd wird durch Kochen vernichtet. Das auf diese Weise aus dem Sulfid entstandene Sulfat stört die Chloridbestimmung nicht.

3. Reiche Bleischlacke und Bleiglasscherben

Genauigkeit. 1.

Dauer. 4 Std.

Ausführung. Um die großen Kieselsäuremengen dieses Materials zu entfernen, werden 2 g Einwaage in einer Platinschale mit 5 ml verd. Schwefelsäure (1 + 1) befeuchtet. Nach Zugabe von 15 ml konz. Flußsäure wird eingedampft und bis zum Auftreten von Schwefelsäuredämpfen erhitzt. Dem in ein Becherglas übergespülten Rückstand werden 10 ml verd. Schwefelsäure (1 + 2) zugesetzt. Nach kurzem Aufkochen und Erkalten filtriert man das ausgeschiedene Bleisulfat ab und wäscht mit schwefelsäurehaltigem Wasser aus. Das Blei kann nun gewichtsanalytisch oder maßanalytisch bestimmt werden.

IV. Die Untersuchung der Schachtofenschlacken

Die Schachtofenschlacken der Bleiverhüttung schwanken hinsichtlich ihres Gehaltes an Siliciumdioxyd, Kalk und Eisen in engen Grenzen, während die übrigen Bestandteile, wie Zink, Mangan, Tonerde, Magnesium und Barium, größere Schwankungen je nach Art der Erze aufweisen.

1. Bestimmung des Bleies und Kupfers

a) Schnellelektrolytisch

0,5 bis 1 g der Schlacke werden mit 20 ml verd. Salpetersäure (1 + 1) unter Erhitzen auf dem Sandbad gelöst. Die Lösung wird fast bis zur Trockne gedampft. Der Salzbrei wird mit 20 ml verd. Salpetersäure (1 + 1) aufgenommen und mit 100 ml Wasser verdünnt. Blei und Kupfer werden auf einem Doppelnetz nach FISCHER schnellelektrolytisch abgeschieden. Gerührt wird mit einem Glasrührer bei 200 bis 300 U/min. Die Anfangsstromstärke beträgt 3 A, die Elektrolysendauer 30 bis 40 min. Ohne Abschalten des Stromes wird das Becherglas mit dem Elektrolysat durch ein Becherglas mit destilliertem Wasser ersetzt. Es wird noch einige min weitergerührt, um etwaige Kieselsäure von den Elektroden zu entfernen. Dann nimmt man die Elektroden heraus und schwenkt sie einzeln kräftig in Wasser. Die Kathode mit dem Kupfer wird in Alkohol gespült und nach dem Trocknen im Trockenschrank oder mit dem Fön gewogen. Die Anode mit dem Blei(IV)-oxyd wird bei 180° im Trockenschrank oder im Aluminiumblock zur Konstanz getrocknet. Der Umrechnungsfaktor beträgt 0,866.

b) Maßanalytische Blei- und photometrische Kupferbestimmung

2 g feingepulverte Schlacke werden in einem starkwandigen Becherglas oder im Quarzkolben mit etwas Wasser angefeuchtet und mit 10 ml Salzsäure (1,19) erwärmt. Nach Zugabe von 5 ml Salpetersäure (1,4) und 3 ml konz. Flußsäure wird weiter erhitzt und schließlich die Flüssigkeit mit 20 ml verd. Schwefelsäure (1 + 1) scharf eingeraucht. Nach dem Erkalten wird mit 100 ml Wasser aufgenommen, aufgekocht, erkalten gelassen und das Bleisulfat abfiltriert. Das Blei im Bleisulfat wird nach C. I. d. maßanalytisch mit Ammoniummolybdat bestimmt.

Das Filtrat vom Bleisulfat wird in einem 500 ml-Meßkolben ammoniakalisch gemacht, zur Marke aufgefüllt und filtriert. In einer entsprechenden Abnahme wird das Kupfer photometrisch bestimmt (s. Kapitel Kupfer).

Genauigkeit. 2.

Dauer. 4 Std.

c) Polarographisch

2 g feingepulverte Schlacke werden mit etwas Wasser aufgeschlämmt. Nach Zugabe von 20 ml verd. Salzsäure (1 + 1) und 10 ml verd. Salpetersäure (1 + 1) wird die Flüssigkeit zur Trockne gedampft. Der Rückstand wird mit 20 ml verd. Salzsäure (1 + 1) aufgenommen. Er wird erwärmt, mit 50 ml heißem Wasser verdünnt und die Kieselsäure abfiltriert. Durch mehrmaliges Auswaschen des Rückstandes mit heißer verd. Salzsäure (1 + 2) und heißem Wasser wird das gesamte Blei in Lösung gebracht. Die Filtrate werden in einem 200 ml-Meßkolben vereint und erkalten gelassen. Nach Zusatz von 20 bis 30 ml verd. Salzsäure (1 + 1) wird zur Marke aufgefüllt. Für die Kupferbestimmung werden 5 ml ohne Rücksicht auf einen etwa ausfallenden Niederschlag mit 5 ml einer Grundlösung, die mit Natriumsulfit gesättigt ist (900 ml Ammoniak (0,91) und 100 ml 2proz. Tylose(S)-Lösung), versetzt und polarographiert. Halbstufenpotential des Kupfers: –0,3 V.

Für die Bestimmung des Bleies entnimmt man dem 200 ml-Meßkolben 50 ml, stumpft die freie Säure etwas ab und reduziert etwaiges Eisen durch Kochen der Lösung mit Hydroxylaminhydrochlorid. Die kalte Lösung wird nach Zusatz von 10 bis 15 ml verd. Salzsäure (1 + 1) in einem 100 ml-Meßkolben aufgefüllt. Für die Bestimmung dienen 5 ml, die mit 5 ml einer Grundlösung [900 ml gesättigte Ammoniumchloridlösung und 100 ml 2proz. Tylose(S)-Lösung] versetzt und polarographiert werden. Halbstufenpotential des Bleies: −0,47 V.

2. Bestimmung von Siliciumdioxyd, Bariumsulfat, Zink und Kalk

1 g feingepulverte Schlacke wird in einer Porzellanschale mit 5 ml Wasser sorgfältig aufgeschlämmt. Nach Zugabe von 10 ml verd. Salzsäure (1 + 1) und langsamem Erhitzen bis zum Sieden werden 2 ml verd. Salpetersäure (1 + 1) und 1 ml verd. Schwefelsäure (1 + 1) zugefügt und die Lösung zur Trockne gedampft. Der Eindampfrückstand wird mit 10 ml verd. Salzsäure (1 + 1) erhitzt und mit 60 bis 80 ml heißem Wasser aufgenommen. Das Siliciumdioxyd wird abfiltriert.

Nach dem Auswaschen des Filters mit warmer verd. Salzsäure (1 + 9) wird das Filter verascht und der Rückstand im Platintiegel geglüht. Nach dem Wägen wird er mit 5 ml konz. Flußsäure und 2 ml verd. Schwefelsäure (1 + 4) abgeraucht. Nach abermaligem Glühen und Wägen ergibt die Differenz beider Wägungen den Gehalt an Siliciumdioxyd.

Der Rückstand im Platintiegel wird mit 5 g Kaliumhydrogensulfat aufgeschlossen, die Schmelze in 50 ml schwefelsäurehaltigem Wasser gelöst und die Lösung aufgekocht. Ein etwaiger Niederschlag von Bariumsulfat wird abfiltriert, mit heißem, salzsäurehaltigem Wasser gewaschen, geglüht und gewogen. Das Filtrat wird mit dem Filtrat der Siliciumdioxydabscheidung vereinigt. Aus den vereinigten Filtraten werden die Sulfide mit Schwefelwasserstoff gefällt und abfiltriert. Nach dem Verkochen des Schwefelwasserstoffs werden dem Filtrat 2 g Ammoniumchlorid und 10 ml Ammoniumperoxydisulfatlösung (50g/l) zugegeben. Dann macht man die Lösung ammoniakalisch und kocht kurze Zeit bis zum Ausflocken des Niederschlages. Der Niederschlag wird abfiltriert, mit verd. Ammoniak (1 + 9) ausgewaschen und wieder in Salzsäure gelöst. Darauf wiederholt man die Fällung, um das gesamte Zink mit Sicherheit in Lösung zu bringen. Falls im Niederschlag nur das Eisen bestimmt werden soll, wird er mit 10 ml heißer verd. Salzsäure (1 + 1) gelöst und das Eisen nach Zimmermann-Reinhardt titriert (s. Aluminium, S. 13). Ist außerdem die Bestimmung des Aluminiums und des Mangans erforderlich, so verfährt man nach dem im Kapitel Aluminium angegebenen Verfahren. Das ammoniakalische Filtrat vom Hydroxydniederschlag wird auf 500 ml aufgefüllt. In einer Abnahme von 200 ml wird das Zink nach den Angaben im Kapitel Zink, C. I. 1a, maßanalytisch bestimmt. Eine zweite Abnahme von 200 ml wird aufgekocht und mit 20 ml einer heißen, gesättigten Ammoniumoxalatlösung versetzt. Nach kurzem Sieden wird der Niederschlag abfiltriert, erst mit ammoniumoxalathaltigem, dann mit reinem Wasser ausgewaschen und zusammen mit dem Filter in einem Erlenmeyer-Kolben nach Zugabe von etwa 20 ml Schwefelsäure (1,4) behandelt, wobei das Oxalat in Lösung geht und das Filter völlig zerfasern muß. In der sauren Lösung wird das Oxalat mit 0,1-Kaliumpermanganatlösung titriert (1 ml = 2,804 mg CaO).

3. Bestimmung der Tonerde

a) In Verbindung mit der Eisen- und Manganbestimmung

Der gemäß dem vorigen Abschnitt C. IV. 2. erhaltene Hydroxydniederschlag wird nach den im Kapitel Aluminium geschilderten Verfahren weiter untersucht.

b) Unmittelbare Bestimmung

Grundlage. Nach Entfernen des Siliciumdioxyds durch Abrauchen mit Flußsäure wird die Tonerde mit Hexamethylentetramin gefällt.

Anwendbarkeit. Das Verfahren ist geeignet zur Bestimmung der Tonerde in Endschlacken.

Genauigkeit. 2.

Dauer. 6 Std.

Ausführung. 1 g Schlacke wird im Platintiegel nach Durchfeuchten mit Wasser mit 5 ml Salzsäure (1,19) und 3 ml konz. Flußsäure versetzt. Nach Zugabe von 3 ml Schwefelsäure wird die Lösung eingeraucht. Nach dem Erkalten wird der Tiegelinhalt in einen 250 ml-Meßkolben übergespült. 200 ml der zur Marke aufgefüllten und durch ein trockenes Faltenfilter in einen trockenen Kolben filtrierten Lösung werden gegen Methylorange neutralisiert, mit 2 ml verd. Salzsäure (1 + 1) versehen, zum Sieden erhitzt und mit Hexamethylentetramin bis zum Umschlag nach Gelb versetzt. Nach kurzem Aufkochen wird der Niederschlag abfiltriert und mit heißem Wasser ausgewaschen. Zusammen mit dem Filter wird er in das Fällungsgefäß zurückgegeben, mit 25 ml Salzsäure (1,19) zu einem Brei verrührt und in einen 500 ml-Meßkolben übergespült. Nach Zugabe von 20 ml Weinsäurelösung (100 g/l) wird ammoniakalisch gemacht. Etwa vorhandenes Kupfer, Zink, Eisen usw. werden mit 10 ml Natriumsulfidlösung (100 g $Na_2S \cdot 9\,H_2O$/l) ausgefällt. Der Kolbeninhalt wird kräftig durchgeschüttelt, bis zur Marke aufgefüllt und durch ein trockenes Faltenfilter filtriert. Dem Filtrat werden 250 ml entnommen und aufgekocht. Überschüssiges Natriumsulfid oxydiert man vorsichtig mit Bromwasser. Es wird dann mit Salzsäure angesäuert und der Bromüberschuß verkocht. Darauf wird die Lösung wieder ammoniakalisch gemacht, das Aluminium bei etwa 70° mit 30 bis 50 ml Oxychinolinlösung gefällt und der Niederschlag absitzen gelassen. Er wird schließlich auf einen Glasfiltertiegel (1 G 3) abfiltriert, mit heißem Wasser sorgfältig ausgewaschen und 1 bis 2 Std. bei 105° getrocknet. Faktor Aluminiumoxychinolat/Aluminium = $Al(Ox)_3/Al = 0{,}05872$, Aluminiumoxychinolat/Tonerde = $Al(Ox)_3/Al_2O_3 = 0{,}1109$.

Oxychinolinlösung: 4 g o-Oxychinolin werden mit 3 ml 96proz. Essigsäure angerührt. Nach Zugabe von 100 ml kaltem Wasser wird die Aufschlämmung zum Sieden erhitzt und nach dem Abkühlen filtriert.

4. Bestimmung des Mangans

a) In Verbindung mit der Eisen- und Tonerdebestimmung

Die Untersuchung erfolgt nach den im Kapitel Aluminium beschriebenen Verfahren.

b) Photometrisch

Grundlage. Nach dem Abtrennen der Kieselsäure, des Eisens und der Tonerde mit Zinkoxyd wird das Mangan zu Übermangansäure oxydiert.

Anwendung. Die Methode ist geeignet für Schlacken mit Mangangehalten unter 2%. Höhere Mangangehalte werden nach dem Verfahren von VOLHARD-WOLFF, Kapitel Mangan, bestimmt.

Genauigkeit. 2.

Dauer. 1 Std.

Ausführung. 0,5 bis 1 g feingepulverte Schlacke werden mit etwas Wasser aufgeschlämmt und durch Kochen mit 10 ml Salzsäure (1,19) zersetzt. Nach Zugabe von 2 ml verd. Salpetersäure (1 + 1) und 5 ml verd. Schwefelsäure (2 + 1) wird eingeraucht, mit 50 ml Wasser aufgenommen und in einen 250 ml-Meßkolben übergeführt. Bis zum Auftreten eines leichten Niederschlages setzt man Natronlauge (100 g/l) zu. Der Niederschlag wird mit etwas verdünnter Schwefelsäure aufgelöst, worauf unter dauerndem Schütteln des Kolbens so lange eine Aufschlämmung reinsten Zinkoxyds zugegeben wird, bis ein kleiner Überschuß verbleibt. Nunmehr sind

Eisen, Aluminium und Kupfer völlig ausgefallen. Etwa noch vorhandene Chlorionen werden mit einigen Tropfen Silbernitratlösung (1 g in 100 ml) gefällt.

Dann wird zur Marke aufgefüllt, durch ein trockenes Faltenfilter filtriert und dem Filtrat 100 ml entnommen. Die Abmessung wird mit 2 ml Salpetersäure (1,4) angesäuert, mit 5 ml obiger Silbernitratlösung und 2 ml Ammoniumperoxydisulfatlösung (50 g/l) versetzt und in einem Meßkolben auf 200 ml aufgefüllt. Den Kolben erwärmt man in einem Wasserbad bei 60° bis zur vollständigen Umsetzung des Mangans(II) zu Permanganat und ermittelt nach raschem Abkühlen den Mangangehalt durch Photometrieren (s. Kapitel Aluminium).

5. Bestimmung des Magnesiums

Genauigkeit. 2.

Dauer. 15 Std.

Ausführung. 2 g feingepulverte Schlacke werden nach dem Aufschlämmen in etwas Wasser mit 10 ml Salzsäure (1,19) zersetzt und mit 5 ml verd. Schwefelsäure (1 + 1) abgeraucht. Der Rückstand wird mit 20 ml verd. Salzsäure (1 + 1) aufgenommen, die Lösung auf 200 ml verdünnt, mit 2 g Ammoniumchlorid und 5 ml Wasserstoffperoxydlösung (10 ml 30 proz. H_2O_2/100 ml) versetzt, ammoniakalisch gemacht und zur Fällung der Erdmetalle und Erdalkalien nach Zusatz von 10 ml Ammoniumcarbonatlösung (100 g/l) gekocht. Der Niederschlag wird abfiltriert, in Salzsäure gelöst und in gleicher Weise umgefällt. Nach dem Filtrieren werden die beiden Filtrate vereinigt, auf 200 ml eingeengt und mit 10 ml Diammoniumhydrogenphosphatlösung (100 g/l) versetzt. Unter ständigem Rühren werden 70 ml Ammoniak (0,91) zugegeben. Man läßt 6 bis 8 Std. absitzen und filtriert den Niederschlag auf einen Porzellanfiltertiegel ab. Nach dem Auswaschen mit 1proz. Ammoniak wird getrocknet und bei etwa 1000° bis zur Gewichtskonstanz zu Magnesiumpyrophosphat geglüht. Auswaage · 0,3623 ergibt den Gehalt an MgO.

6. Bestimmung des Schwefels

In den Schachtofenschlacken ist der Schwefel meist oder vorwiegend als Sulfidschwefel an Kupfer, Blei, Zink und Eisen gebunden.

Er wird nach dem Destillationsverfahren C. II. 1. c bestimmt.

V. Die Untersuchung des Werkbleies

Werkblei enthält 98 bis 99% Blei. Es entsteht beim Niederschmelzen der Erze und Rückstände im Schachtofen und bei reduzierenden Sonderarbeiten. Begleitelemente sind Edelmetalle, Kupfer, Arsen, Antimon, Zinn, Wismut, Cadmium usw. in wechselnden Mengen.

1. Bestimmungen aus einer Einwaage

10 g Werkblei werden mit einer Lösung von 5 g Weinsäure in 50 ml Wasser erwärmt. Nach Zugabe von 30 ml Salpetersäure (1,4) wird gelinde weiter erwärmt, wobei sich meistens das Blei klar löst. Von einem etwaigen Rückstand wird abfiltriert. Bei hochsilberhaltigem Werkblei wird das Silber mit einigen Tropfen Natriumbromidlösung (5 g in 100 ml) unter Umrühren gefällt und das Silberbromid abfiltriert. Später nachfallende Spuren Silberbromid stören den weiteren Analysengang kaum.

Nach dem Verkochen der Stickoxyde wird das Blei mit 6 ml Schwefelsäure (1,84) als Sulfat gefällt. Die Fällung rührt man kräftig durch und filtriert den Niederschlag nach dem Erkalten ab. Es wird mit 1proz. Schwefelsäure ausgewaschen.

Das Filtrat wird mit Ammoniak neutralisiert. In Lösung gebliebenes Blei, Wismut, Kupfer, Eisen, Nickel, Cadmium und Zink werden mit 40 ml Natriumsulfidlösung (50 g $Na_2S \cdot 9\,H_2O$/l) gefällt. Die Sulfide werden abfiltriert, mit Natriumsulfidlösung (10 g/l) ausgewaschen und in warmer Salpetersäure (1 + 1) gelöst. Die Lösung wird mit Schwefelsäure abgeraucht. Den Rückstand nimmt man mit Wasser auf, kocht die Lösung kurze Zeit und läßt erkalten. Ausgefallenes Bleisulfat wird abfiltriert.

Das bleifreie, schwefelsaure Filtrat bringt man mit Wasser auf 200 ml. Nach Zusatz von 10 ml Schwefelsäure (1,84) soll die Schwefelsäurekonzentration 5 bis 10 Vol.-% betragen. Nach Erwärmen auf etwa 80° leitet man bis zum Erkalten Schwefelwasserstoff ein. Die Sulfide des Wismuts, Cadmiums und Kupfers werden zunächst absitzen gelassen, dann abfiltriert und mit Schwefelwasserstoffwasser ausgewaschen. Sofern die Cadmiumgehalte sehr gering sind, wird die Lösung nach dem Einleiten des Schwefelwasserstoffs so weit verdünnt, daß die Konzentration an Schwefelsäure nur noch etwa 3% beträgt, worauf auch die geringen Cadmiummengen als Sulfide ausfallen. Das Filtrat (A) stellt man zunächst beiseite.

Die Sulfide werden in heißer verd. Salpetersäure (1 + 1) gelöst. Die Lösung wird mit Ammoniak neutralisiert, mit Ammoniumcarbonat und 2 g Kaliumcyanid versetzt und erwärmt. Das hierbei ausfallende basische Wismutcarbonat wird abfiltriert und mit heißem Wasser ausgewaschen (Filtrat B). Der Niederschlag wird mit warmer verd. Salzsäure (1 + 1) vom Filter gelöst. Der in einem 200 ml-Meßkolben befindlichen Lösung werden 2 g Kaliumjodid zugesetzt. Nach dem Erkalten wird zur Marke aufgefüllt. Die durch das gebildete Tetrajodkaliumwismutat entstandene Gelbfärbung wird colorimetriert oder photometriert. Bei zu starker Gelbfärbung wird ein abgemessener Anteil der Lösung in einem anderen Meßkolben verdünnt, wobei darauf zu achten ist, daß in 100 ml Volumen mindestens 1 g Kaliumjodid vorhanden sein muß. Etwa ausgeschiedenes Jod wird mit wenig Natriumsulfit oder einigen Tropfen schwefliger Säure gebunden, bis sich der Farbton der Lösung eben nicht mehr aufhellt. Ein Überschuß des Reduktionsmittels ist zu vermeiden, weil dieser eine Vertiefung der Gelbfärbung verursachen kann.

Zum Filtrat (B) wird noch 1 g Kaliumcyanid gegeben. In der auf 100 bis 150 ml verdünnten Lösung wird das Cadmium durch Zugabe von 5 ml Natriumsulfidlösung (50 g/l) ausgefällt. Unter Zugabe von etwas Filterschleim wird das Cadmiumsulfid durch ein dichtes Filter abfiltriert. Das Cadmiumsulfid wird auf dem Filter mit heißer, bromhaltiger Salpetersäure (1,2) gelöst. Nach dem Auswaschen mit dem gleichen Lösungsmittel und Nachwaschen mit heißem Wasser wird von etwa ausgeschiedenem Schwefel abfiltriert und im Filtrat das Cadmium mit β-Naphthochinolin gefällt oder polarographisch bestimmt (Kapitel Cadmium).

Im Filtrat vom Cadmiumsulfid wird das Kaliumcyanid durch Ansäuern mit Schwefelsäure (Vorsicht! Blausäureentwicklung) zersetzt. Nach Zugabe von 5 ml verd. Salpetersäure (1 + 1) wird die Lösung bis zum Klarwerden erhitzt. Nach dem Aufnehmen mit Wasser kann das Kupfer auf bekannte Weise bestimmt werden.

Aus dem Filtrat (A) von der Abtrennung der Metalle der Schwefelwasserstoffgruppe wird zunächst der Schwefelwasserstoff und nach Zusatz von 5 ml 3proz. Wasserstoffperoxydlösung der Überschuß an Oxydationsmittel verkocht. Nach Zusatz von 2 g Ammoniumchlorid wird das Eisen mit Ammoniak im Überschuß gefällt, der Niederschlag mit heißem Wasser ausgewaschen, mit warmer verd. Salzsäure (1 + 1) vom Filter gelöst und die Lösung in einem 100 ml-Meßkolben aufgefangen. Nach dem Erkalten und Auffüllen zur Marke bestimmt man das Eisen in einer aliquoten Abnahme photometrisch.

Das ammoniakalische Filtrat der Eisenfällung wird auf 70° erwärmt und das Nickel mit einigen Millilitern einer alkoholischen Diacetyldioximlösung (1 g in 100 ml Alkohol) gefällt. Der Niederschlag wird auf einem Glasfiltertiegel (1 G 3) gesammelt, mit heißem Wasser ausgewaschen, bei 120° getrocknet und gewogen.

Im Filtrat der Nickelfällung wird mit 5 ml farbloser Ammoniumsulfidlösung (hergestellt durch Sättigen von 50 ml Ammoniak (0,91) mit Schwefelwasserstoff und Zugabe von weiteren 50 ml Ammoniak gleicher Konzentration) das Zinksulfid gefällt. Nach einstündigem Stehen der Fällung in der Wärme wird abfiltriert. Das Filter wäscht man mit Schwefelwasserstoffwasser aus, trocknet dann in einem Tiegel vorsichtig und verascht bei möglichst niedriger Temperatur. Bei 950 bis 1000° wird bis zur Konstanz geglüht und der aus Zinkoxyd bestehende Tiegelinhalt ausgewogen.

Zur Bestimmung des Bleies werden 10 g eingewogen und, wie oben angegeben, in Salpetersäure/Weinsäure gelöst. In einem 250 ml-Meßkolben wird das Silber als Silberbromid ausgefällt. Nach dem Auffüllen zur Marke werden der klaren Lösung 25 ml (=1 g Einwaage) entnommen. Diese werden ammoniakalisch gemacht und die Sulfide mit 20 ml Natriumsulfidlösung (50 g/l) gefällt. Nach dem Abfiltrieren und Auswaschen mit Natriumsulfidlösung (10 g/l) werden die Sulfide in heißer Salpetersäure (1 + 1) gelöst und mit 10 ml Schwefelsäure (1 + 1) abgeraucht. Das Blei bestimmt man als Sulfat nach C. I. 2.

Bemerkungen. Bei der Wismutbestimmung ist zu beachten, daß das Bleisulfat 25% und mehr des Wismuts einschließen und damit der Bestimmung entziehen kann. Geringer wird der Fehler bei Fällung aus stark salpetersaurer Lösung. Genauere Wismutbestimmungen werden weiter unten unter „Bestimmungen aus gesonderter Einwaage" besprochen.

Da die Bestimmung einiger in kleinen Mengen im Werkblei vorhandenen Bestandteile mittels besonderer Verfahren rascher und genauer zu erreichen ist als nach vorstehender Analysenvorschrift, werden im folgenden Abschnitt solche Einzelbestimmungen behandelt. Die Bestimmungen lassen sich z. T. auch spektrochemisch genau und schnell durchführen.

2. Bestimmungen mit gesonderter Einwaage

a) Edelmetalle

Die Bestimmung der Edelmetalle erfolgt nach dem Ansiedeverfahren (s. Kapitel Silber und Gold) mit Einwaagen, entsprechend den ungefähren Gehalten an Edelmetall und den zu verschlackenden Verunreinigungen.

b) Arsen

α) *Titrimetrisch*

5 bis 10 g Einwaage werden in verd. Salpetersäure (1 + 1) gelöst. Die Lösung wird mit Schwefelsäure (1,84) abgeraucht. Das Abrauchen mit Schwefelsäure wird wiederholt. Die Sulfate werden mit wenig Wasser in den Kolben eines Arsen-Destillationsapparates übergespült, mit Salzsäure und Reduktionslösung versetzt und der Destillation unterzogen (s. Kapitel Arsen).

β) *Photometrisch als Molybdänblau*

Grundlage. Aus der mit Schwefelsäure (1,84) zersetzten Einwaage wird das Arsen als Arsen(III)-chlorid abdestilliert. Im Destillat wird nach dem Eindampfen mit Salpetersäure durch Reaktion mit Hydrazinsulfat und Ammoniummolybdat eine dem Gehalt an 3wertigem Arsen entsprechende Menge Molybdän zu Molybdänblau reduziert und dessen Färbung photometriert.

Anwendbarkeit. Das Verfahren ist geeignet zur Bestimmung von Arsengehalten zwischen 0,0001 bis 0,2%.

Genauigkeit. 1.

Dauer. 6 Std.

Ausführung. 0,1 bis 1 g Einwaage werden im 150 ml-Becherglas oder im 100 ml-Quarzglaskolben mit konz. Schwefelsäure bis zur völligen Zersetzung und dann zum

Rauchen erhitzt. Nach dem Abkühlen werden etwa 0,3 g Hydrazinsulfat zugegeben. Die Masse wird mit möglichst wenig Wasser in den bereits mit der Vorlage verbundenen Destillationskolben übergespült (Abb. 12). Die Vorlage enthält etwa 15 ml verdünnte Salzsäure (1 + 1). Nach Zufügen eines Gemisches von 20 ml rauchender Salzsäure und 2 ml konz. Bromwasserstoffsäure destilliert man im langsamen Kohlendioxydstrom, bis der Kolbeninhalt 109 bis 111° erreicht hat, und wiederholt die Destillation unter den gleichen Bedingungen. Die vereinigten Destillate werden mit 3 ml Salpetersäure (1,4) in der Vorlage langsam bei max. 130° zur Trockne gedampft. Man nimmt mit 30 ml Reduktionsgemisch auf und erwärmt die Lösung während mindestens 15 min auf etwa 80° im Trockenschrank. Nach dem Abkühlen auf Zimmertemperatur wird die blaue Lösung mit dem Reduktionsgemisch in einen 50 ml-Meßkolben übergespült und aufgefüllt. Sie wird gegen ein genauso behandeltes Blinddestillat unter Verwendung eines Gelbfilters in einer 30 mm-Küvette photometriert und der Arsengehalt aus einer Eichkurve ermittelt.

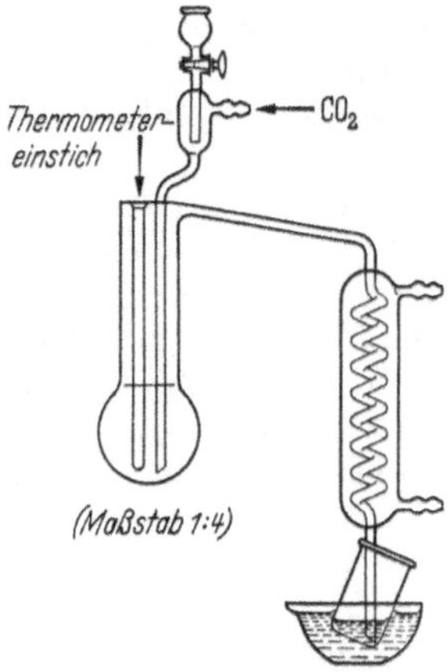

Abb. 12. Arsen-Destillierapparat für geringe Mengen

Reduktionsgemisch. 10 ml einer Lösung, hergestellt durch Auflösen von 5 g Ammoniummolybdat in 500 ml 5n-Schwefelsäure, werden mit 1 ml einer Hydrazinsulfatlösung (1 g in 100 ml) versetzt und mit Wasser auf 100 ml verdünnt. Die Lösung muß täglich frisch bereitet werden.

Fehlerquellen. Die Glasgefäße müssen sorgfältig gereinigt sein. Ein Arsengehalt der Chemikalien muß durch Kompensationsmessung ausgeglichen werden.

Literatur. Rodden, C. J.: J. Res. nat. Bur. Standards Bd. 24 (1940) S. 7. — Pohl, H.: Z. anal. Chem. Bd. 134 (1951) S. 177—182.

c) Wismut

α) *Photometrisch mit Thioharnstoff*

Grundlage. Wismut reagiert in salpetersaurer Lösung mit Thioharnstoff unter Gelbfärbung, die photometrisch gemessen wird.

Anwendbarkeit. Die Methode ist geeignet für Werkblei mit einem Wismutgehalt bis zu 0,3%.

Genauigkeit. 1.

Dauer. 30 min.

Ausführung. Je nach dem Wismutgehalt werden 1 bis 2 g Blei in 15 bis 25 ml verd. Salpetersäure (1 + 9) und 2 ml Weinsäurelösung (200 g/l) unter schwachem Erwärmen gelöst. Nach dem Verkochen der Stickoxyde wird die Lösung in einen 50 ml-Meßkolben gebracht, mit 10 ml einer frisch bereiteten wäßrigen Thioharnstofflösung (5 g in 100 ml) versetzt und zur Marke aufgefüllt.

Als Vergleichs- bzw. Eichlösungen werden Abmessungen einer Wismutnitrat-Vorratslösung verwendet, hergestellt durch Lösen von 1 g Wismut in 15 ml verd. Salpetersäure (1 + 9) und Auffüllen der Lösung mit der gleichen Salpetersäure zu 1 l. Die Lösung enthält 1 mg Wismut im ml. Dieser Lösung entnimmt man eine dem Wismutgehalt der Bleiprobe annähernd entsprechende Menge, gibt die Abmessung in einen 50 ml-Meßkolben, setzt für jedes Gramm der Bleieinwaage 1,6 g wismutfreies Bleinitrat und 10 ml Thioharnstofflösung zu und füllt bis zur Marke auf.

Beide Lösungen werden in geeigneter Schichtdicke photometriert (Blaufilter). Der Wismutgehalt wird einer Eichkurve entnommen.

Fehlerquellen. Da die Tiefe der Färbung des Wismutthioharnstoff-Komplexes von der Konzentration der Salpetersäure abhängt, muß die Eichkurve bei der gleichen Säurekonzentration aufgestellt werden, die der Lösung der Probe entspricht. Da auch die Konzentration des Thioharnstoffes die Farbtiefe beeinflußt, muß dessen Zusatz auf 0,1 ml eingehalten werden. Chloride mindern bereits in geringen Mengen die Farbtiefe. Es stören in folgenden Prozentsätzen nicht: Kupfer bis 0,1%, Eisen bis 0,01%, Zinn bis 0,02%, Arsen bis 0,2%, Antimon bis 0,5%, Zink bis 0,01%, Silber bis 0,03%.

Da die Gelbfärbung nur etwa 30 min konstant bleibt, soll die Messung innerhalb dieser Zeit ausgeführt werden.

Löst sich das Blei nicht klar in Salpetersäure, so verursacht die meist aus Zinnsäure bestehende Trübung zu hohe Werte. Nach Beseitigung der Trübung durch Filtrieren werden oft zu niedrige Werte gefunden. Es empfiehlt sich, zunächst durch Verschlacken des Werkbleies auf Ansiedescherben die störenden Verunreinigungen zu entfernen.

Literatur. MAHR, C.: Z. anal. Chem. Bd. 94 (1933) S. 161/62; Bd. 97 (1934) S. 96—99. — GROSHEIM-KRYSKO: Z. anal. Chem. Bd. 121 (1941) S. 399—402. — ASTM-Designation E 58—45, 1945.

β) Photometrisch nach Abscheiden des Wismuts mit Quecksilberoxyd

Grundlage. Aus der schwach salpetersauren Lösung des Werkbleies wird das Wismut mit Quecksilberoxyd hydrolytisch als basisches Nitrat gefällt und photometrisch als Tetrajodkaliumwismutat oder als Thioharnstoffkomplex bestimmt.

Anwendbarkeit. Die Methode ist geeignet zur Wismutbestimmung in Blei mit Wismutgehalten bis 2%.

Genauigkeit. 1.

Dauer. $2^1/_2$ Std.

Ausführung. 1 bis 20 g Werkblei werden mit einem Gemisch von 15 bis 50 ml Wasser und 10 bis 60 ml verd. Salpetersäure (1 + 1) gelöst. Der Lösung wird Natriumcarbonatlösung (100 g/l) zugesetzt, bis Bleicarbonat ausfällt, das mit einer eben hinreichenden Menge verd. Salpetersäure (1 + 2) gelöst wird, und zwar derart, daß die Lösung nach dem Verkochen des Kohlendioxyds eben noch sauer gegen Methylorange reagiert. Hierbei fällt bereits ein Teil des Wismuts als basisches Nitrat aus. In der Hitze wird eine wäßrige Aufschlämmung frisch gefällten Quecksilberoxyds zugegeben, bis ein kleiner Überschuß davon ungelöst bleibt. Dann wird aufgekocht, abgekühlt, auf 300 ml verdünnt, filtriert und mit kalter Kaliumnitratlösung (1 g in 100 ml) ausgewaschen, bis im Filtrat mit Schwefelwasserstoffwasser kein Blei mehr nachweisbar ist. Filter und Niederschlag werden mit 10 ml Salpetersäure (1,4) und 20 ml verd. Schwefelsäure (1 + 1) bis zum Klarwerden abgeraucht. Nach dem Erkalten wird die Lösung mit 30 ml Wasser verdünnt und aufgekocht. Man läßt die geringe Menge Bleisulfat, die aus gegebenenfalls mitgefallenem Bleiantimonat herrühren kann, absitzen, filtriert ab und dampft das Filtrat unter Zusatz von 10 ml konz. Bromwasserstoffsäure bis zum Rauchen der Schwefelsäure ein. Hierbei wird das aus dem Bleiantimonat stammende Antimon verflüchtigt.

Nach dem Verdünnen mit Wasser wird die Lösung mit so viel Kaliumjodid versetzt, daß sie nach dem Auffüllen auf ein bestimmtes Volumen in je 100 ml 1 g Kaliumjodid enthält. Eine Jodabscheidung wird mit möglichst wenig schwefliger Säure beseitigt. Die Lösung wird entsprechend dem Wismutgehalt aufgefüllt, so daß mit der Eichlösung vergleichbare Färbungen erhalten werden. Die Wismut-Eichlösung wird hergestellt, indem 0,1 g Wismut in einem Becherglas in 10 ml verd. Salpetersäure (1 + 3) unter schwachem Erwärmen gelöst werden. Nach dem Verkochen der Stickoxyde wird die abgekühlte Lösung im 1 l-Meßkolben mit verd. Salpetersäure (1 + 9) aufgefüllt.

Statt mit Kaliumjodid kann auch mit Thioharnstoff nach der vorstehenden Vorschrift gearbeitet werden. Dies empfiehlt sich bei höheren Wismutgehalten.

Literatur. BLUMENTHAL, H.: Z. anal. Chem. Bd. 78 (1929) S. 206—213.

d) Cadmium

Genauigkeit. 1.

Dauer. $2^1/_2$ Std.

Ausführung. 10 g Werkblei werden mit 40 ml verd. Salpetersäure (1 + 1) gelöst. Die Lösung wird mit 10 ml Wasser und 10 ml Schwefelsäure (1,84) versetzt und bis zum Auftreten starker Schwefelsäuredämpfe eingedampft. Nach dem Abkühlen nimmt man mit 50 ml Wasser auf, filtriert das Bleisulfat ab und wäscht Filter nebst Niederschlag gut aus. Das Filtrat wird ammoniakalisch gemacht und die blaue Lösung mit Kaliumcyanid eben entfärbt. Je nach dem zu erwartenden Cadmiumgehalt wird in einem Meßkolben auf 100 oder 200 ml aufgefüllt. Dem Meßkolben werden 5 ml entnommen und mit 5 ml Grundlösung versetzt [900 ml Ammoniak 0,91 und 100 ml 2proz. Tylose(S)-Lösung, mit Natriumsulfit gesättigt]. Die Mischung wird polarographiert.

e) Kupfer

α) *Polarographisch*

Anwendbarkeit. Für Kupfergehalte bis 5%.

Genauigkeit. 2.

Dauer. $1^1/_2$ Std.

Ausführung. 1 bis 5 g Werkblei werden mit 20 ml Salpetersäure (1,2) gelöst. Die Lösung wird mit 10 ml Wasser und 10 ml Schwefelsäure (1,84) versetzt und bis zum Auftreten starker Schwefelsäuredämpfe eingedampft. Nach dem Abkühlen wird mit 50 ml Wasser aufgenommen, das Bleisulfat abfiltriert und Filter nebst Niederschlag gut ausgewaschen. Man versetzt das Filtrat mit 100 mg Eisen(III)-sulfat, macht ammoniakalisch, kocht kurz auf und filtriert vom Niederschlag in einen 250 ml-Meßkolben. Nach dem Auswaschen mit 1proz. Ammoniak und Auffüllen der erkalteten Flüssigkeit bis zur Marke werden 5 ml entnommen. Die Abmessung wird mit 5 ml Grundlösung (s. d), Cadmium) versetzt und polarographiert. Halbstufenpotential des Kupfers: —0,3 V.

β) *Colorimetrisch als Tetraminkomplex*

Anwendbarkeit. Die Methode ist geeignet für Kupfergehalte zwischen 0,1 bis 5%.

Genauigkeit. 2.

Dauer. 45 min.

Ausführung. Je nach dem zu erwartenden Kupfergehalt werden 2 bis 10 g Blei in einem 300 ml-ERLENMEYER-Kolben mit 20 bis 50 ml Schwefelsäure (1,84) unter Erhitzen über freier Flamme zersetzt. Nach kräftigem Einrauchen und Erkalten werden die Sulfate mit Wasser in einen 250 ml-Meßkolben gespült und mit Ammoniak im Verhältnis 1 : 1 versetzt. Die erkaltete Lösung wird bis zur Marke aufgefüllt und durch ein trockenes Faltenfilter filtriert. Dem Filtrat werden 100 ml zur colorimetrischen Bestimmung entnommen; diese werden bei zu starker Färbung mit Ammoniak 0,96 so weit verdünnt, bis man eine zum Farbvergleich geeignete Lösung erhält (mindestens 2 bis 6 mg Kupfer in 100 ml).

Vergleichslösung. 1,000 g Kupfer zu 1000 ml gelöst. Zum Farbvergleich werden entsprechende Abmessungen entnommen, die mit 50proz. Ammoniak aufgefüllt werden.

Literatur. BAUER, R., u. J. EISEN: Z. angew. Chem. Bd. 52 (1939) S. 459—463.

γ) *Photometrisch mit Natriumdiäthyldithiocarbaminat*

Anwendbarkeit. Die Methode ist geeignet für kupferarme Bleisorten unter 0,5%.

Genauigkeit. 1.

Dauer. 30 min.

Ausführung. 2 bis 5 g Einwaage werden in 5 bis 20 ml Schwefelsäure (1,84) unter Erhitzen über freier Flamme zersetzt. Nach kräftigem Einrauchen und Erkalten wird nach Zugabe von 50 bis 70 ml Wasser aufgekocht und nach dem Erkalten filtriert. Das Filtrat füllt man in einem 100 ml-Meßkolben auf, entnimmt 50 ml und behandelt die Abmessung, wie im Kapitel Kupfer, S. 383, angegeben.

f) Zink

α) *Polarographisch*

Nach Entfernung des Bleies als Bleisulfat wird im Filtrat das Kupfer als Kupfer(I)-jodid gefällt und abfiltriert. Im Filtrat wird das Zink, wie für das Cadmium beschrieben, meist gleichzeitig mit diesem, polarographiert (s. V. 2. d). Halbstufenpotential des Zinks: −1,4 V.

β) *Photometrisch mit Dithizon*

Grundlage. Nach dem Abscheiden des Bleies als Bleisulfat wird in einem Teil des Filtrats das Zink mit Dithizon (Diphenylthiocarbazon) in Kohlenstofftetrachlorid ausgeschüttelt. Im roten Extrakt wird das Zink photometrisch ermittelt.

Anwendbarkeit. Die Methode ist geeignet zur Bestimmung von Zinkgehalten in Blei zwischen 0,0002 und 0,5%.

Genauigkeit. 1.

Dauer. 30 min ohne vorherige Reagenzienreinigung.

Ausführung. *Reinigung der Reagenzien.* Das Kohlenstofftetrachlorid wird unter Ausschluß von Staub durch Destillation gereinigt und in einer braunen Flasche aufbewahrt.

Konzentriertes und destilliertes Ammoniak wird verdünnt mit Wasser, das durch Ausschütteln mit Dithizon zinkfrei gemacht worden ist. Das Ammoniak wird in Paraffinflaschen aufbewahrt.

Die verd. Salzsäure (1 + 1) wird durch Destillation gereinigt.

Zur Herstellung der Dithizonlösung werden 20 mg Dithizon mit 100 ml Kohlenstofftetrachlorid gelöst. Die grüne Lösung schüttelt man mit 300 ml 0,05proz. Ammoniak aus, wobei das Dithizon als gelbe Ammoniakverbindung in die wäßrige Phase übergeht, während Zink und Oxydationsprodukte des Dithizons in der organischen Phase verbleiben. Die abgetrennte wäßrige Phase wird im Scheidetrichter mit 100 ml Kohlenstofftetrachlorid und 2 ml verd. Salzsäure (1 + 1) geschüttelt, wobei das Dithizon mit grüner Farbe in das Kohlenstofftetrachlorid übergeht. Diese Lösung wird in einer mit zinkfreiem Wasser ausgespülten braunen Glasflasche mit Kohlenstofftetrachlorid auf 500 ml verdünnt und aufbewahrt.

Das Wasser wird durch Ausschütteln von 2 l destilliertem Wasser mit 40 bis 50 ml der grünen Dithizonlösung gereinigt, wobei man es bis zum Bestehenbleiben der Grünfärbung ausschüttelt. Ebenso werden ausgeschüttelt: Natriumacetatpufferlösung, hergestellt durch Lösen von 68 g Natriumacetat in 1 l Wasser; Natriumthiosulfatlösung (500 g Salz in 1 l Wasser); Natriumsulfatlösung (200 g kristallisiertes Salz im Liter Wasser).

Zinkbestimmung. 5 g der feinzerspanten Probe werden in einem 100 ml-Erlenmeyer-Kolben in 10 ml Salpetersäure (1,4) und 40 ml gereinigtem, destilliertem Wasser gelöst. Nach dem Verjagen der Stickoxyde wird etwas Harnstoff zugesetzt und das Blei nach Überspülen in einen 200 ml-Meßkolben durch Zugabe von

25 ml Natriumsulfatlösung ausgefällt. Der Kolbeninhalt wird bis zur Marke aufgefüllt. Nach dem Umschütteln und Absitzenlassen wird der überstehenden, klaren Lösung mit einer Pipette ein etwa 10 bis 40 γ Zink enthaltendes Volumen entnommen. Diesem werden nacheinander in einem Schütteltrichter 10 ml der Natriumacetatpufferlösung (der p_H-Wert der Lösung soll 4,7 bis 5,5 betragen) und 2 ml der Thiosulfatlösung zur Maskierung störenden Bleies und Kupfers zugesetzt. Nach Zugabe von 10 ml Dithizonlösung wird 2 min kräftig durchgeschüttelt. Das Zink geht in die Kohlenstofftetrachloridschicht über und färbt sie kräftig himbeerrot. Diese Schicht wird abgelassen. Die zurückbleibende wäßrige Phase schüttelt man so oft mit je 10 ml Dithizonlösung, bis das Reagenz grün bleibt, was im allgemeinen nach 3- bis 4maligem Ausschütteln der Fall ist. Den vereinigten Farbauszügen wird der Überschuß an Dithizon durch 3maliges Ausschütteln mit je 30 ml 0,5proz. Ammoniak entzogen. Hierbei verbleibt das Zinkdithizonat vollständig in der organischen Phase. Diese Lösung darf nicht mehr grün- oder blaustichig sein. Um die Trübung durch Wasser zu beseitigen, wird die rote Lösung durch ein trockenes Filter in einen 50 ml-Meßkolben filtriert und in diesem mit reinem Kohlenstofftetrachlorid bis zur Marke aufgefüllt.

Photometriert wird mit einer 20 mm-Küvette. Der Zinkgehalt wird an Hand einer Eichkurve ermittelt. Steht kein Photometer zur Verfügung, so kann gegen eine Lösung mit bekanntem Zinkgehalt colorimetriert werden. Die Eichkurve wird unter den Bedingungen der Zinkbestimmung mit wechselnden Gehalten an Zink aufgestellt.

Ferner wird in gleicher Weise, wie oben beschrieben, eine Blindlösung hergestellt, um den Einfluß etwaiger Zinkgehalte der Reagenzien auszuschalten. Der Wert der Blindlösung wird von dem ermittelten Wert abgesetzt.

Fehlerquellen. Sämtliche Reagenzien sind auf das peinlichste von Zink zu befreien. Jedes Ausschütteln muß bis zur letzten Zinkaufnahme durchgeführt werden. Wichtig ist das Einhalten der angegebenen Konzentrationen. Nickel und Kobalt werden vor dem Ausschütteln durch Zugabe von 1 ml Kaliumcyanidlösung (50 g/l) getarnt.

Literatur. FISCHER, H., u. G. LEOPOLDI: Z. anal. Chem. Bd. 107 (1936) S. 241—269.

g) Antimon und Zinn

Diese beiden Elemente können aus der salpetersauren, nicht filtrierten Lösung des Werkbleies nach BLUMENTHAL (Kapitel Kupfer) abgeschieden werden. Der Niederschlag wird in gleicher Weise verarbeitet.

Bei Werkbleisorten mit Arsengehalten unter 0,05% und mit Kupfergehalten bis zu höchstens 0,2% kann man auch, je nach dem zu erwartenden Antimongehalt, 1 bis 5 g Probematerial durch Kochen mit 20 ml Schwefelsäure (1,84) zersetzen, die erkaltete, farblose Lösung mit 150 ml Wasser nach kräftigem Kochen unter Zugabe von 20 ml verd. Salzsäure (1 + 1) verdünnen und nach dem Erkalten das Antimon mit 0,1 n-Kaliumpermanganatlösung titrieren. Man kann auch die heiße Lösung mit Kaliumbromat titrieren. Nach beendigter Titration wird die Lösung stärker salzsauer gemacht, mit Ferrum reductum behandelt und vom ausgeschiedenen Metallschwamm durch Filtrieren getrennt. Zur Zinnbestimmung verfährt man, wie unter HARRIS-Laugen beschrieben.

h) Thallium

Thallium kommt in Werkbleisorten, die von der Verhüttung der Bleierze stammen, selten und dann nur in geringen Mengen vor. Dagegen wird bei der partiellen Reduktion des Cadmiumflugstaubes, der meist thalliumreich ist, nach dem DÖRSCHEL-Verfahren ein thalliumhaltiges Blei erhalten.

α) *Titrimetrisch mit Kaliumbromat*

30 g feinzerspantes oder geraspeltes Blei werden mit 180 ml heißem Wasser übergossen und durch vorsichtigen Zusatz von 50 ml Salpetersäure (1,4) gelöst. Nach dem Einengen der Lösung bis zur beginnenden Kristallisation und Zugabe von 50 ml Schwefelsäure (1,84) wird kräftig eingeraucht. Der Salzbrei wird mit 150 ml Wasser aufgenommen, 5 min gekocht und nach Zusatz von 1 g Natriumhydrogensulfit bis zum Verschwinden des Geruches nach Schwefeldioxyd gekocht. Nach dem Erkalten und weiterem Verdünnen mit 150 ml Wasser wird das Bleisulfat unter 4maligem Dekantieren mit 1proz. Schwefelsäure auf eine Nutsche abgesaugt. Das Filtrat wird mit Natronlauge (200 g/l) alkalisch gemacht und auf 80° erwärmt. Nach Zusatz von 5 bis 10 g Kaliumcyanid fällt man das Thallium zusammen mit dem Wismut und dem Cadmium durch Zugabe von 10 ml Natriumsulfidlösung (50 g $Na_2S \cdot 9\,H_2O$/l). Der abfiltrierte Niederschlag wird in einem ERLENMEYER-Kolben mit 10 ml Salpetersäure (1,4) und 7 ml Schwefelsäure (1,84) gelöst. Nach kräftigem Einrauchen wird mit 100 ml Wasser verdünnt. Das Thallium(III) wird mit 10 ml 3proz. Wasserstoffperoxydlösung zu Thallium(I) reduziert. Der Überschuß an Peroxyd wird verkocht. Man gibt 10 ml Salzsäure (1,19) zu, erwärmt die Lösung auf etwa 60° und titriert das Thallium mit n/10-Kaliumbromatlösung und Methylorange als Indicator. 1 ml Kaliumbromatlösung entspricht 10,22 mg Thallium. Die Titration läßt sich zur Kontrolle wiederholen, wenn das Thallium durch Natriumhydrogensulfit und Verkochen des restlichen Reduktionsmittels wieder zur 1wertigen Stufe reduziert worden ist.

Genauigkeit. 2.

Dauer. 8 Std.

β) *Jodometrisch nach W. Kilian*

Genauigkeit. 2.

Dauer. 6 Std.

Nach Umsetzen von etwa 2 bis 3 g Blei mit Salpetersäure und Schwefelsäure zu Bleisulfat und Abfiltrieren des letzteren wird im Filtrat das Kupfer mit Natriumthiosulfat gefällt und abfiltriert. Im Filtrat wird der Thiosulfatüberschuß durch lebhaftes Kochen mit 5 ml Salzsäure (1,19) zerstört. Nach Zusatz von 25 ml Natriumfluoridlösung (40 g/l) zum Binden des Eisens wird das Thallium mit Bromwasser im Überschuß — die Lösung muß gelbbraun aussehen — oxydiert und der Bromüberschuß mit Phenollösung (3 g in 100 ml) beseitigt. Nach Zugabe von 3 bis 5 ml Phenollösung, 10 ml Kaliumjodidlösung (1 g in 100 ml) und einigen Tropfen Stärkelösung wird das ausgeschiedene Jod mit 0,01 oder 0,02 n-Natriumthiosulfatlösung titriert (Kapitel Thallium).

γ) *Polarographisch*

1 bis 5 g Blei (je nach Thalliumgehalt) werden mit konz. Schwefelsäure in der Hitze aufgeschlossen. Nach dem Abkühlen wird vorsichtig mit Wasser verdünnt, die Lösung gut aufgekocht und nach dem Erkalten ein aliquoter Anteil abfiltriert. Das Filtrat wird zur Trockne eingeraucht, der Trockenrückstand mit einigen ml Bromwasserstoffsäure und etwas Brom aufgenommen und nochmals zur Trockne geraucht, wobei Arsen, Antimon und Zinn verflüchtigt werden. Zum Abtrennen des Kupfers löst man den Rückstand mit 5 ml verdünnter Schwefelsäure (1,4) in der Wärme. Die Lösung wird mit Wasser auf 50 ml verdünnt und bis zur Sättigung Schwefelwasserstoff eingeleitet. Die Sulfide werden abfiltriert und mit schwefelsäurehaltigem Schwefelwasserstoffwasser nachgewaschen. Das Filtrat wird wieder zur Trockne geraucht, der Rückstand mit 1 ml verdünnter Schwefelsäure (1,4) und etwas Wasser in der Wärme gelöst, die Lösung abgekühlt und auf 10 ml verdünnt. 5 ml dieser Lösung werden mit 5 ml Grundlösung (900 ml konz.

Ammoniak + 100 ml 2proz. Tylose, gesättigt an Na_2SO_3) gemischt, etwas Hydroxylaminhydrochlorid zugesetzt und auf 20° temperiert. Anschließend wird offen an der Luft polarographiert. Halbstufenpotential des Thalliums: −0,2 V.

Genauigkeit. 1.

Dauer. 6 Std.

VI. Die Untersuchung des Fein- und Hüttenbleies

Nach DIN 1728 enthält das Feinblei mindestens 99,985 bzw. 99,99%, das Pattinson-Blei mindestens 99,90% und das Hüttenblei (Hüttenweichblei) mindestens 99,75 bis 99,94% Blei. Die Verunreinigungen bestehen hauptsächlich aus Silber, Arsen, Antimon, Zinn, Wismut, Kupfer, Cadmium, Zink und Eisen (s. Kapitel „Genormte Metalle und Legierungen").

Bei einer Gesamtanalyse obengenannter Bleisorten kann nach den unter „Werkblei", S. 179, gegebenen Vorschriften verfahren werden, nur sind im Hinblick auf die größere Reinheit des Materials große, u. U. mehrere Hundert Gramm betragende Einwaagen erforderlich.

Der Bleigehalt wird in der Regel aus der Differenz der Summe der Gehalte an Verunreinigungen zu 100% berechnet.

Im folgenden werden Richtlinien für die Durchführung einer

Gesamtanalyse

des Feinbleies gegeben, die z. T. dem Bd. I, Schiedsverfahren, 2. Aufl., S. 98/99, entnommen sind.

Metallisch blanke Aushiebe von möglichst vielen Barren einer Lieferung werden kurze Zeit mit verd. Salzsäure (1 + 1) erwärmt, mit heißem Wasser abgespült und schnell getrocknet, oder man schmilzt die Aushiebe ein und granuliert sie auf einem Holztrog zu Kornblei. Dann wägt man je nach der Reinheit des Bleies 200 bis 400 g ab, setzt zum Lösen für je 200 g Einwaage 650 ml verd. Salpetersäure (1 + 1) und 500 ml Wasser hinzu, erwärmt und läßt die Lösung 12 Std. stehen.

Reinere Weichbleisorten geben eine vollkommen klar bleibende Lösung. Ein beim Lösen oder Stehen gebildeter Niederschlag von Bleiantimonat kann vernachlässigt werden. Die Lösung wird nunmehr mit 60 bis 70 ml Schwefelsäure (1,84) (für 200 g Einwaage) sowie zur Fällung des Silbers mit einigen ml Natriumchloridlösung (10 g/l) versetzt und gut durchgerührt. Ist das Gemisch erkaltet, hebert man die überstehende, klare Lösung in ein großes Becherglas ab, gießt etwa 200 ml mit Salpetersäure angesäuertes Wasser zum Bleisulfat, rührt mit einem Glasstab kräftig um, läßt den Niederschlag absitzen, dekantiert und wiederholt dieses 2- bis 3mal. Auf diese Weise entzieht man dem Niederschlag die letzten Spuren der fremden Metalle, mit Ausnahme von Silber, Wismut, Antimon und Zinn, die noch z. T. im Bleisulfat enthalten sein können.

Die mit den Waschwässern vereinigte, abgeheberte Lösung (1,5 bis 2 l) wird mit Ammoniak (0,91) übersättigt, mit 25 bis 30 ml Natriumsulfidlösung (100 g $Na_2S \cdot 9H_2O$/l) versetzt und 2 bis 3 Std. auf dem Wasserbad erwärmt. Der Niederschlag, der außer den Schwefelverbindungen der Fremdmetalle Bleisulfid enthält, wird abfiltriert, in verdünnter Salpetersäure gelöst und die Lösung mit Schwefelsäure eingedampft, bis SO_3-Dämpfe entweichen. Nach dem Aufnehmen mit verd. Schwefelsäure (1 + 1) und Wasser erwärmt man, läßt wieder abkühlen und filtriert vom ausgeschiedenen Bleisulfat ab. In das nicht mehr als 4 Vol.-% freie Schwefelsäure enthaltende Filtrat wird Schwefelwasserstoff eingeleitet. Hierbei fallen die Sulfide des Kupfers, Wismuts und Cadmiums aus. Eisen, Nickel, Kobalt und Zink bleiben in der Lösung (A).

Man filtriert ab, wäscht mit schwefelwasserstoffhaltigem, angesäuertem Wasser aus, löst die auf dem Filter zurückbleibenden Sulfide in verd. Salpetersäure (1 + 1) und erhitzt die Lösung unter Zusatz von Schwefelsäure bis zum Rauchen. Nach dem Aufnehmen der Sulfate mit verdünnter Schwefelsäure und Wasser filtriert man von den Resten des Bleisulfats ab und fällt im Filtrat den noch vorhandenen Anteil von Wismut mit Ammoniak und Ammoniumcarbonat unter Zusatz von Kaliumcyanid in der Wärme. Der Niederschlag wird abfiltriert. Das kaliumcyanidhaltige Filtrat vom Wismutniederschlag wird mit weiterem Kaliumcyanid versetzt. Mit einigen Tropfen Natriumsulfidlösung fällt ein Niederschlag von Cadmiumsulfid und gegebenenfalls Silbersulfid aus, der abfiltriert und in verdünnter heißer Salpetersäure gelöst wird. Das Cadmium bestimmt man in der Lösung polarographisch (s. Kapitel Cadmium, S. 237).

Das Filtrat vom Cadmiumsulfidniederschlag dampft man unter Zusatz von etwas Schwefelsäure fast zur Trockne, fällt das Kupfer mit Schwefelwasserstoff und bestimmt es elektrolytisch oder polarographisch.

Das Kupfer kann auch unmittelbar ohne Abscheiden der Nebenmetalle photometrisch mit Natriumdiäthyldithiocarbaminat (s. S. 383) bestimmt werden. Hierzu löst man 20 bis 50 g Blei in Salpetersäure, fällt das Blei mit Schwefelsäure als Sulfat aus, filtriert und behandelt das Filtrat wie dort angegeben.

Die das Zink, Eisen, Nickel usw. enthaltende Lösung (A) wird in einem Stehkolben schwach ammoniakalisch gemacht und mit Ammoniumsulfid versetzt. Dann verschließt man den bis zum Hals gefüllten Kolben und läßt ihn 24 Std. stehen. Man filtriert erst nach dem vollständigen Absitzen des Niederschlages, säuert das vielleicht etwas Nickel enthaltende Filtrat mit Essigsäure an, setzt Ammoniumacetat zu, erwärmt einige Stunden und filtriert Schwefel und Nickelsulfid ab. Den mit Ammoniumsulfid erhaltenen Niederschlag behandelt man gleich nach dem Abfiltrieren auf dem Filter mit einer Mischung von 6 Teilen gesättigtem Schwefelwasserstoffwasser und 1 Teil Salzsäure (1,12), indem man die durchgelaufene Flüssigkeit mit einer Pipette wiederholt auf das Filter zurückbringt. Die Sulfide von Zink und Eisen gehen hierbei in Lösung, während Nickel- und Kobaltsulfid auf dem Filter bleiben. Nach dem Trocknen wird dieses Filter zusammen mit demjenigen, auf welchem sich der nickelsulfidhaltige Schwefel (s. oben) befindet, in einem Porzellantiegel verascht. Den Glührückstand erwärmt man mit einigen Tropfen Königswasser, dampft die Lösung fast zur Trockne, versetzt sie mit wenig Ammoniak oder Ammoniumcarbonatlösung und filtriert. Das Filtrat wird in einer Platinschale nach Zusatz von Kalilauge bis zum vollständigen Entfernen des Ammoniaks gekocht. Der minimale Niederschlag wird auf einem Filter gesammelt, ausgewaschen, getrocknet, geglüht und als Nickeloxyd NiO gewogen. Es enthält etwa vorhandes Kobalt als Co_3O_4. Nach dem Wägen prüft man qualitativ (in der Boraxperle vor dem Lötrohr) auf einen Kobaltgehalt. Eine Trennung von Nickel und Kobalt ist meist nicht erforderlich.

Die beim Behandeln des Ammoniumsulfidniederschlages mit Salzsäure (1,08) erhaltene Lösung von Eisen und Zink engt man ein, oxydiert mit einem Tropfen Salpetersäure, fällt das Eisen mit Ammoniak und filtriert. Das Eisenhydroxyd wird in Salzsäure gelöst, wieder mit Ammoniak ausgefällt, ausgewaschen, getrocknet und geglüht. Man wägt das erhaltene Eisen(III)-oxyd oder bestimmt das Eisen photometrisch.

Das ammoniakalische Filtrat vom Eisenhydroxyd versetzt man mit Ammoniumsulfid, läßt 24 Std. in gelinder Wärme stehen und filtriert das Zinksulfid ab, wäscht nach, glüht und wägt das Zinkoxyd. Bei der polarographischen Bestimmung verwendet man das Filtrat von der Eisenhydroxydfällung direkt (s. Kapitel Zink, C. I. 3.).

Zur Bestimmung des Antimons und Zinns werden je nach der Reinheit des Bleies 100 bis 200 g eingewogen und in 500 ml verd. Salpetersäure (1 + 4) für je 100 g

Einwaage gelöst. Aus dieser nicht filtrierten Lösung fällt man das Antimon und Zinn nach H. BLUMENTHAL (vgl. Kapitel Kupfer, S. 388).

Für die Arsenbestimmung werden 100 bis 200 g Blei in Salpetersäure gelöst. Die Lösung wird mit Wasserstoffperoxyd oxydiert, mit etwas Eisennitratlösung versetzt und mit Natriumcarbonatlösung soweit alkalisch gemacht, bis eben das gesamte Eisen ausgefallen ist. Man filtriert ab, löst in Salpetersäure, raucht die Lösung mit Schwefelsäure ab und spült die Sulfate in einen Destillierkolben über. Die weitere Ausführung der Bestimmung ist im Kapitel Arsen, S. 122, beschrieben.

Dort ist auch eine photometrische Bestimmung aus kleinerer Einwaage angegeben.

Die Bestimmung des Wismuts erfolgt, wie beim Werkblei, S. 182, angegeben.

Die Bestimmung des Schwefels erfolgt nach dem Verfahren von H. LEYSATH [Z. anal. Chem. Bd. 75 (1928) S. 169]. 10 bis 50 g Feilspäne werden in den Zersetzungskolben eines Schwefelbestimmungapparates eingewogen und in 30 bis 150 ml Bromwasserstoffsäure (1,49) unter langsamem Erwärmen aufgelöst. Der entwickelte Schwefelwasserstoff wird durch einen Kohlendioxydstrom in eine entweder mit Bromsalzsäure oder mit Cadmiumacetatlösung beschickte Vorlage übergeführt. Im ersten Fall bestimmt man den Schwefel durch Fällen mit Bariumchlorid, während im zweiten Fall der Schwefelgehalt aus dem entstandenen Cadmiumsulfid maßanalytisch mit Jodlösung ermittelt wird.

Zur Bestimmung der Edelmetalle verschlackt man 500 g Blei oder mehr auf Ansiedescherben. Näheres s. Kapitel Silber und Gold, S. 740.

Bemerkung. Die Durchführung einer Gesamtanalyse des Bleies auf polarographischem Wege ist unter Bleistaub, S. 197, beschrieben.

Die Verunreinigungen können auch spektrochemisch bestimmt werden.

D. Die Analyse der Bleilegierungen

Bleilegierungen unterschiedlicher Zusammensetzung werden in der chemischen Industrie als Behälterwerkstoff, für Rohre, Ventile, im Maschinen- und Fahrzeugbau als Lote und Lager, als Armaturen und für Akkumulatoren, als Letternmetall, in der Elektrotechnik für Kabelmäntel und auch als Schrot (Jagdmunition) verwandt.

I. Das Hartblei

Hartblei ist eine Blei-Antimon-Legierung wechselnder Zusammensetzung. Es wird hauptsächlich für Akkumulatorenplatten, Apparaturen und Installationen gebraucht.

Absichtliche Zusätze oder Verunreinigungen sind: Arsen, Kupfer, Zinn, Zink, Eisen und Edelmetalle.

1. Einzelbestimmung des Bleies

1 g Bleispäne werden durch 2maliges Abrauchen mit je 10 ml bromhaltiger Bromwasserstoffsäure gelöst. Das Bleibromid wird mit 40 ml eines Gemisches aus 10 ml Salpetersäure (1,4) und 30 ml Wasser versetzt und in einem niedrigen 1 l-Becherglas bis zum völligen Vertreiben des Broms erhitzt. Aus der klaren Lösung wird das Blei mit Schwefelsäure als Sulfat gefällt.

2. Bestimmung von Blei, Kupfer, Eisen, Nickel und Zink

10 g Feil- oder Sägespäne werden mit 50 ml Wasser, 20 g Weinsäure und allmählich mit 50 ml Salpetersäure (1,4) versetzt. Bei mäßigem Erwärmen erhält man eine klare Lösung. Eine Trübung, etwa durch einen hohen Zinngehalt, ist ein Zeichen für einen zu geringen Zusatz an Weinsäure. In diesem Falle muß das Lösen unter

Beifügen einer größeren Weinsäuremenge wiederholt werden. Zur Bleibestimmung werden der in einem 500 ml-Meßkolben bis zur Marke aufgefüllten, erkalteten Lösung (A) 100 ml = 2 g Einwaage entnommen und mit Natronlauge alkalisch gemacht. In die fast zum Kochen erwärmte Lösung läßt man unter lebhaftem Umrühren 25 ml Natriumsulfidlösung ($100\,g\,Na_2S \cdot 9\,H_2O/l$) eintropfen. Die hierbei ausfallenden Sulfide des Bleies, Kupfers, Eisens, Cadmiums, Nickels und Zinks werden abfiltriert, während die Sulfide des Arsens, Antimons und Zinns ins Filtrat gehen. Die auf dem Filter gebliebenen Sulfide werden mit Natriumsulfidlösung (20 g/l) gewaschen, vom Filter in ein Becherglas gespritzt und mit heißer verd. Salpetersäure (1 + 1) gelöst. Den am Filter haftenden Rest löst man mit Salpetersäure oder Bromdampf. Die vereinigten Lösungen werden gekocht. Nach Zugabe von 15 ml Schwefelsäure (1,84) wird kräftig eingeraucht, nach dem Erkalten mit 40 ml Wasser aufgenommen, erwärmt und wieder erkalten gelassen. Das Bleisulfat wird über einen Filtertiegel abfiltriert, mit 1 proz. Schwefelsäure, anschließend mit Alkohol gewaschen, bei 450 bis 550° geglüht und gewogen. Die Auswaage wird auf Reinheit geprüft (s. C. I. 2.).

Der Lösung A werden 300 ml entnommen (= 6 g Einwaage) und in der Hitze unter kräftigem Umrühren mit 10 ml gesättigter Natriumsulfatlösung versetzt. Vom ausgefallenen Bleisulfat wird abfiltriert. Im Filtrat fällt man, wie oben beschrieben, die Sulfide der Schwermetalle mit Natriumsulfid aus, filtriert sie ab, wäscht sie mit Natriumsulfidlösung aus, löst sie in verd. Salpetersäure (1+1) und raucht die Lösung mit Schwefelsäure ab. Nach dem Abfiltrieren des restlichen Bleisulfats wird das auf 150 ml gebrachte Filtrat mit Schwefelwasserstoff gesättigt. Das ausgefallene Kupfer- und Wismutsulfid wird nach dem Abfiltrieren und Auswaschen in verd. Salpetersäure (1 + 1) gelöst. Die Lösung wird ammoniakalisch gemacht und der Wismutniederschlag nebst etwas Schwefel abfiltriert. Im Filtrat wird das Kupfer photometrisch oder elektroanalytisch bestimmt. Die Bestimmung des Wismuts erfolgt nach D. I. 4.

Das Filtrat von der Schwefelwasserstoffällung des Kupfers und Wismuts wird vom Schwefelwasserstoff durch Kochen befreit und mit etwas Wasserstoffperoxyd oxydiert, dessen Überschuß man verkocht. In Gegenwart von 1 g Ammoniumchlorid wird das Eisen in der Wärme mit Ammoniak gefällt, das Hydroxyd abfiltriert und mit heißem Wasser ausgewaschen. Das Eisen wird entweder durch Verglühen des Niederschlages gewichtsanalytisch oder in bekannter Weise photometrisch ermittelt.

Das ammoniakalische Filtrat der Eisenfällung erhitzt man zum Sieden und fällt das Nickel durch Zugabe von 20 ml Diacetyldioximlösung (1 g in 100 ml). Der rote, flockige Niederschlag wird auf einen Glasfiltertiegel abfiltriert, mit heißem Wasser ausgewaschen, bei 120° getrocknet und gewogen. Ein sehr geringer Nickelgehalt kann auch photometrisch ermittelt werden (Kapitel Nickel). Das Filtrat der Nickelbestimmung wird mit konz. Essigsäure neutralisiert und mit 10 ml Eisessig angesäuert. Das Gesamtvolumen soll etwa 200 ml betragen. Unter starkem Rühren wird das Zink in der Wärme durch Zugabe von 10 ml Natriumsulfidlösung (20 g/l) gefällt. Nach dem Erkalten wird vom Zinksulfid abfiltriert. Man wäscht mit 0,5 proz., mit Schwefelwasserstoff gesättigter Essigsäure aus, trocknet, verascht das Filter bei möglichst niedriger Temperatur, glüht und wägt das Zink als Zinkoxyd. Faktor $ZnO/Zn = 0{,}8034$.

Sehr geringe Zinkgehalte werden mit Dithizon bestimmt. Das Filtrat der Nickelfällung wird mit Schwefelsäure (1,40) angesäuert und mit Brom das Diacetyldioxim zerstört, kenntlich an der braunroten Farbe der Flüssigkeit. Der Bromüberschuß wird verkocht und die Lösung nach dem Erkalten in einem 100 ml-Meßkolben zur Marke aufgefüllt. In einer Abnahme erfolgt die Zinkbestimmung nach C. V. 2f. β.

Eine polarographische Bestimmung kann nach Kapitel Zink, C. I. 3., vorgenommen werden.

3. Bestimmung von Antimon und Zinn

a) Nach dem Lösen in Bromsalzsäure

10 g Feil- oder Sägespäne werden mit 100 ml Salzsäure (1,19) und 10 bis 15 ml Brom unter leichtem Erwärmen gelöst. Der Überschuß an Brom wird verkocht. Nach dem Erkalten wird die Lösung in einem 500 ml-Meßkolben zur Marke aufgefüllt. Einer Abnahme von 50 ml werden 10 ml Salzsäure (1,19) und 1 g Natriumsulfit zugesetzt. Durch Einengen auf etwa 50 ml werden die schweflige Säure und Arsen verflüchtigt. Dann wird mit heißem Wasser auf 100 bis 150 ml verdünnt und das Antimon bei 80° mit 0,1 n-Kaliumbromatlösung und Methylorange titriert.

Nach dem Titrieren des Antimons wird die Lösung zur Zinnbestimmung weiterbehandelt, wie es bei den „HARRIS-Laugen", II. 7 b, angegeben ist.

b) Nach dem Zersetzen des Hartbleies mit konz. Schwefelsäure

1 g Feilspäne wird zweckmäßig in einem 150 ml-Langhals-Quarzkolben mit 20 ml Schwefelsäure (1,84) zersetzt und eingeraucht. Nach dem Erkalten wird in einen 500 ml-ERLENMEYER-Kolben übergespült, nach Zusatz von 100 ml Wasser und 20 ml verd. Salzsäure (1 + 1) auf 80° erhitzt und nach Zusatz von Methylorange mit 0,1 n-Kaliumbromatlösung titriert.

Sind nennenswerte Mengen Arsen vorhanden, so wird die schwefelsaure Lösung nach Zugabe von 100 ml verd. Salzsäure (1 + 1) auf 60 bis 70 ml eingeengt, wobei das Arsen verflüchtigt wird. Im Anschluß wird das Antimon, wie oben beschrieben, titriert.

Die Bestimmung des Zinns erfolgt ebenfalls wie unter II, 76, angegeben.

4. Bestimmung von Arsen

Nach dem Aufschluß mit konz. Schwefelsäure

2 bis 5 g der Legierung werden durch Kochen mit 20 bis 30 ml Schwefelsäure (1,84) zersetzt. Nach Zugabe von 50 ml Wasser wird die Lösung in einen Arsendestillierkolben übergeführt. Es werden 100 ml Salzsäure (1,19) und 15 ml Reduktionslösung (Kapitel Arsen) zugesetzt. Dann wird destilliert. Die Titration erfolgt nach der unter „Arsen" gegebenen Vorschrift.

5. Bestimmung von Wismut

25 g Hartblei werden auf einem Ansiedescherben unter Zusatz von etwa 10 g Borax in der hellrot glühenden Muffel in der üblichen Weise (Kapitel Silber und Gold) verschlackt. Nachdem sich die Oxyddecke geschlossen hat, erhitzt man den Scherben in der geschlossenen Muffel bei erhöhter Temperatur, um Schlacke und Metall zu trennen. Man nimmt ihn dann heraus und läßt ihn erkalten. Nach dem Zerschlagen wird im Metallkönig das Wismut nach V. 2 c bestimmt.

II. Lötzinn, Letternmetall bzw. Schriftmetall und Weißmetall

Es handelt sich um Bleilegierungen mit wechselnden Gehalten an Zinn und Antimon oder Zinn, Antimon und Kupfer. Einige Legierungen sind auch arsenhaltig. Siehe das Kapitel „Genormte Metalle und Legierungen".

Sie werden nach den bei Hartblei, D. I., angegebenen Verfahren untersucht.

III. Bleischrot

Das Bleischrot ist eine Blei-Arsen-Legierung. Der Arsengehalt beträgt bis zu 0,9%; zuweilen ist auch Antimon vorhanden.

1. Bestimmung des Bleies

Genauigkeit. 1.

Dauer. 4 Std.

Ausführung. 2 g Schrot werden mit 10 ml Bromwasserstoffsäure (1,49) unter allmählichem Zusatz von 3 ml Brom gelöst. Die Lösung wird mehrmals mit Bromwasserstoffsäure zur Trockne gedampft und der Rückstand 30 min auf etwa 130° erwärmt, um Arsen und Antimon restlos zu verflüchtigen. Nach Zugabe von 15 ml verd. Schwefelsäure (1 + 1) wird eingeraucht und das Blei als Bleisulfat ausgewogen.

2. Die Bestimmung des Arsens

Die Bestimmung erfolgt nach der bei „Hartblei“, D. I. 3., angegebenen Methode.

IV. Bn-Metalle

Die „Bn-Metalle“ (Bahn-Metalle) sind Lagermetalle für schwere Eisenbahnlager. Sie bestehen aus Blei mit geringen Zusätzen von Calcium, Lithium und Natrium. Siehe das Kapitel „Genormte Metalle und Legierungen“.

1. Bestimmung von Calcium

Genauigkeit. 1.

Dauer. 3 Std.

Ausführung. 4 g Späne werden mit 60 ml Wasser und 15 ml Salpetersäure (1,4) unter Erwärmen gelöst. Nach Zugabe von 30 ml kohlendioxydfreiem Ammoniak (0,91) wird die Lösung auf 70° erwärmt und mit Schwefelwasserstoff gesättigt. Der Niederschlag wird abgenutscht und mehrmals mit kaltem Schwefelwasserstoffwasser ausgewaschen. Nach Ansäuern des Filtrats mit verdünnter Essigsäure verkocht man den Schwefelwasserstoff, filtriert vom Schwefel und etwa ausgeschiedenen Sulfiden des Arsens, Antimons und Zinns ab, erhitzt das ammoniakalisch gemachte Filtrat zum Sieden und versetzt mit 20 ml einer gesättigten Ammoniumoxalatlösung. Nach dem Absitzenlassen in der Wärme wird der Calciumoxalatniederschlag abfiltriert. Nach dem Auswaschen mit heißem Wasser wird das Calcium entweder gewichtsanalytisch als Calciumoxyd oder maßanalytisch mit n/10-Kaliumpermanganatlösung bestimmt. Faktor CaO/Ca = 0,7147; 1 ml n/10-Kaliumpermanganatlösung = 2,004 mg Ca.

2. Bestimmung von Lithium und Natrium

10 g Späne werden mit 200 ml Wasser und 50 g Quecksilber (etwa 4 ml) versetzt. Es wird 10 bis 20 min gekocht und unter weiterem Kochen 1 Std. lang Kohlendioxyd eingeleitet, um die Hydroxyde in Carbonate umzuwandeln und das Calcium als Carbonat zu fällen. Nach dem Verkochen des überschüssigen Kohlendioxyds wird in einen ERLENMEYER-Kolben filtriert. Der Filterinhalt wird mit heißem Wasser ausgewaschen. Nach dem Abkühlen des Filtrats wird die Summe der Carbonate des Natriums und des Lithiums mit 0,2 n-Salzsäure unter Verwendung von Methylorange titriert.

a) Lithium

Soll allein das Lithium bestimmt werden, so wird in 20 g Einwaage die Summe der Carbonate wie oben ermittelt. Nach dem Titrieren wird die Lösung unter Zugabe von 1 ml Salzsäure (1,19) zur Trockne gedampft. Der Salzrückstand wird mindestens 2 Std. lang auf 120° erhitzt. Nach dem Erkalten wird er unter Verreiben mit einem Glasstab mit je 20 ml Äthylalkohol oder Isobutylalkohol extrahiert, wobei Lithiumchlorid in Lösung geht. Die alkoholische Lösung wird in eine gewogene

Platinschale filtriert, das Filter mit absolutem Äthylalkohol ausgewaschen und das Filtrat mit 2 ml Schwefelsäure (1,40) eingedampft. Nach Abrauchen der Schwefelsäure wird der Rückstand bei etwa 600° geglüht und dann das Lithiumsulfat gewogen. Faktor $Li_2SO_4/Li = 0{,}1262$.

Aus dem Ergebnis der Bestimmung der Gesamtcarbonate und des Lithiums errechnet sich der Natriumgehalt wie folgt:

Es seien A = verbrauchte ml 0,2 n-Salzsäure,
B = Auswaage an g Lithiumsulfat,
a = g Einwaage;

dann ist

$$\frac{(A \cdot 0{,}01099 - B) \cdot 0{,}4176 \cdot 100}{a} = \% \text{ Na}$$

b) Natrium

Das bei der Behandlung mit Äthyl- oder Isobutylalkohol auf dem Filter gesammelte Natriumchlorid wird in möglichst wenig Wasser gelöst. Die Lösung wird in einer Platinschale nach Zugabe von 1 ml Schwefelsäure (1,40) erst auf dem Wasserbad, dann auf dem Sandbad zur Trockne gedampft. Nach dem Glühen bei 700 bis 800° wird das Natriumsulfat gewogen. Faktor $Na_2SO_4/Na = 0{,}3238$.

V. Selen- und tellurhaltige Bleisorten

Die Bestimmung des Selens und Tellurs in den in der chemischen Industrie verwendeten Bleisorten mit 0,01 bis 0,1% Selen oder Tellur erfolgt nach den Vorschriften in den Kapiteln Selen und Tellur.

VI. Blei-Cadmium-Legierungen

Die Legierungen werden als Lagermetalle verwendet. Sie können auch Zinn enthalten.

1. Zinnfreie Legierungen

Hierher gehören Lote mit 17% Cd und 1% Zn bzw. 13% Cd und 1% Zn, Rest Blei.

Die Bestimmung des Bleies und Cadmiums

Genauigkeit. 2.

Dauer. 8 Std.

2 g der zerspanten Probe werden mit 15 ml verd. Salpetersäure (1 + 1) gelöst. Nach Abrauchen mit 15 ml verd. Schwefelsäure (1 + 1) wird das Blei in bekannter Weise nach C. I. 2 a als Bleisulfat bestimmt.

Für die Cadmiumbestimmung wird das Filtrat mit 5 ml Schwefelsäure (1,84) versetzt und mit Wasser auf 100 ml verdünnt. Das Cadmium wird bei 60 bis 80° mit Schwefelwasserstoff als Sulfid gefällt. Nach dem Abfiltrieren wird mit schwefelwasserstoffgesättigter 3proz. Schwefelsäure ausgewaschen. Das Cadmium wird in Salpetersäure gelöst und, wie im Kapitel Cadmium angegeben, elektroanalytisch aus cyankalischer Lösung abgeschieden.

Das Zink wird bestimmt, indem man das Filtrat vom Cadmium durch Kochen vom Schwefelwasserstoff und durch Fällen des Eisenhydroxyds mit Ammoniak vom Eisen befreit und dann das Zink als Phosphat fällt. Es kann auch gewichtsanalytisch als Oxyd oder maßanalytisch bestimmt werden.

Eine polarographische Bestimmung ohne Eisenfällung ist unmittelbar aus dem Filtrat von der Cadmiumtrennung möglich.

2. Zinnhaltige Legierungen

Genauigkeit. 1 bis 2.
Dauer. 2 Std.

a) Bestimmung des Bleies und Cadmiums

2 g der Legierung werden mit 5 g Weinsäure und 50 ml verd. Salpetersäure (1 + 1) unter Erwärmen gelöst. Mit Natronlauge wird alkalisch gemacht. Blei und Cadmium werden mit 40 ml Natriumsulfidlösung (50 g $Na_2S \cdot 9\,H_2O$/l) als Sulfide gefällt. Das Zinn bleibt in Lösung. Nach dem Filtrieren wird der Niederschlag mit warmem, etwas Natriumsulfid enthaltendem Wasser ausgewaschen und in einem Becherglas durch Kochen mit verd. Salpetersäure (1 + 1) gelöst. Nach Hinzufügen von 15 ml Schwefelsäure (1,84) wird abgeraucht und die Bestimmung des Bleies und Cadmiums, wie unter C. VI. 1. beschrieben, fortgesetzt.

b) Bestimmung des Zinns

Je nach dem Zinngehalt werden 1 bis 5 g mit 10 bis 25 ml Schwefelsäure (1,84) bis zur vollständigen Zersetzung gekocht. Nach dem Erkalten werden die Sulfate mit 30 ml Wasser und 30 ml Salzsäure (1,19) aufgenommen und nach Zufügen von 2 bis 5 g Ferrum reductum erwärmt, bis die Wasserstoffentwicklung aufhört. Vom Rückstand wird abfiltriert. Nach dem Auswaschen mit 5proz. Salzsäure wird das Filtrat in einen 750 ml-ERLENMEYER-Kolben mit Contat-GÖCKEL-Ventil gebracht. Nach abermaliger Reduktion mit Ferrum reductum unter Zugabe einiger erbsengroßer Stücke Marmor wird das Zinn jodometrisch bestimmt (Kapitel Zinn).

Bemerkung. Wird die Zinnbestimmung nach BLUMENTHAL ausgeführt, so kann man auch von einer größeren Einwaage ausgehen.

E. Die Analyse der Oxyde des Bleies

Die Oxyde des Bleies dienen vielfachen Zwecken. Das Blei(II)-oxyd, auch Bleiglätte oder Massicot genannt, wird zur Herstellung säurefester Kitte, als Grundlage für Anstrichfarben, zu Probierzwecken, für Glasuren und als Ausgangsstoff für Bleisalze und höhere Bleioxyde verwendet. Ein Gemisch von Bleioxyd und metallischem Bleipulver ist der sog. Bleistaub; er dient zur Herstellung von Akkumulatorenplatten. Blei(IV)-oxyd (Bleiperoxyd) findet Verwendung als Oxydationsmittel. Die Mennige [Blei(II)-plumbat(IV)] ist eine der wichtigsten Rostschutzfarben; sie wird außerdem als Oxydationsmittel verwendet.

I. Bleiglätte

1. Die Bestimmung des Bleies und der Verunreinigungen

Die Bleibestimmung wird nach dem Lösen der Probe in Salpetersäure, wie bei den Bleierzen, S. 164, beschrieben, ausgeführt.

Alle in der Bleiglätte auftretenden metallischen Verunreinigungen können nach den in den Abschnitten Werkblei und Feinblei angegebenen Methoden bestimmt werden.

2. Die Bestimmung des als Metall vorhandenen Bleies

a) Mit Ammoniumacetat

50 g der gelben Bleiglätte werden mit 50 g Wasser aufgeschlämmt und mit 250 ml gesättigter Ammoniumacetatlösung versetzt, die mit 20 ml konz. Essigsäure angesäuert ist und zur Reduktion etwa vorhandener Eisen(III)-Salze und sonstiger

auf das metallische Blei oxydierend wirkender Verbindungen 2 ml Hydrazinsulfatlösung (100 g/l) enthält. In dieser Mischung löst sich das Bleioxyd nach kurzem Kochen. Metallisches Blei bleibt zurück. Nach dem Absitzen wird es zusammen mit einem sonstigen Rückstand abfiltriert und nach mehrmaligem Auswaschen mit kaltem Wasser das Metall durch Zugabe von 20 ml verd. Salpetersäure (1 + 1) gelöst. Ein etwa vorhandener Rückstand (Silicate) wird abfiltriert. In der Lösung bestimmt man das Blei elektrolytisch als Blei(IV)-oxyd (s. S. 166) oder polarographisch (s. S. 167). In diesem Fall dampft man die Bleinitratlösung bis zur beginnenden Kristallisation ein, verdünnt mit Wasser und füllt in einem 100 ml-Meßkolben bis zur Marke auf.

Merkliche Kupfergehalte ergeben zu niedrige Werte, da metallisches Blei aus Kupferacetatlösungen Kupfer auszementiert und dabei als Bleiacetat in Lösung geht.

Ferner stören Bleisilicate, die zwar in essigsaurer Ammoniumacetatlösung unlöslich, jedoch teilweise in Salpetersäure löslich sind und zu hohe Gehalte an metallischem Blei vortäuschen.

Genauigkeit. 2.

Dauer. 3 Std.

b) Mit Mannit

5 g Bleiglätte werden mit 20 g Mannit, 10 ml Natronlauge (50 g/l) sowie 150 ml Wasser bis zur Lösung des Bleioxyds erhitzt. Das metallische Blei bleibt, gegebenenfalls neben geringen Mengen Sand, ungelöst. Nach dem Abfiltrieren wird der Niederschlag mit Natronlauge (10 g/l) ausgewaschen, zusammen mit dem Filter in ein Becherglas gegeben und mit 10 ml verd. Salpetersäure (1 + 1) erwärmt. Man filtriert die Bleinitratlösung und bestimmt im Filtrat das Blei wie oben.

Genauigkeit. 2.

Dauer. 2 Std.

Literatur. Meyr, C.: Z. analyt. Chem. Bd. 65 (1924) S. 254.

3. Die Bestimmung des Blei(IV)-oxydgehaltes

20 g Bleiglätte werden mit 300 ml Wasser, 20 g Natriumacetat und 1 g Kaliumjodid versetzt. Dann löst man in der Kälte unter Umschütteln nach und nach mit 30 ml konz. Essigsäure das Blei(II)-oxyd sowie das Blei(IV)-oxyd. Man bestimmt letzteres durch Titrieren mit 0,02 n-Natriumthiosulfatlösung, wenn nötig mit einer Mikrobürette, unter Zusatz einiger Tropfen Stärkelösung.

1 ml 0,02 n-Thiosulfatlösung = 2,392 mg PbO_2.

Enthält die Bleiglätte Kupferoxyd, so bildet dieses mit der Essigsäure Kupferacetat, das sich mit Jodwasserstoff zu Kupfer(I)-jodid und freiem Jod umsetzt. Der dadurch verursachte Mehrverbrauch an Natriumthiosulfatlösung täuscht einen zu hohen Gehalt an Blei(IV)-oxyd vor.

Genauigkeit. 2.

Dauer. 30 min.

4. Die Bestimmung des Silbers

Für normale technische Zwecke ist der Silbergehalt der Glätte ohne Bedeutung. Für die Verwendung der Glätte zu Probierzwecken darf jedoch der Silbergehalt 0,8 g/t nicht überschreiten.

Die Bestimmung dieser geringen Silbermenge ist nach der Vorschrift im Kapitel Silber und Gold, S. 740, durchzuführen.

II. Bleistaub

Bleistaub wird zur Füllung der Elektrodengitter in Akkumulatoren verwendet. Er soll für positive Platten nach C. DROTSCHMANN einen Oxydgehalt von 60 bis 66%, ein Schüttgewicht von 2,05 bis 2,15 und eine Wasserkapazität von 130 bis 150 aufweisen. Für negative Platten soll er ein Schüttgewicht von über 2,15, einen Oxydgehalt über 66% und eine Wasserkapazität unter 130 besitzen.

1. Die Bestimmung von Kupfer, Cadmium, Nickel, Zink, Wismut, Arsen, Antimon und Zinn auf polarographischem Wege

Grundlage. Nach dem Abscheiden des Bleies als Sulfat werden im alkalisch gemachten Filtrat Kupfer, Cadmium, Nickel und Zink als Sulfid gefällt und von Arsen, Antimon und Zinn getrennt. Nach dem Lösen der Sulfide in Salpetersäure bestimmt man polarographisch in einem Anteil der Lösung das Kupfer, Cadmium, Nickel und Zink, im zweiten Teil der Lösung das Wismut.

Das Filtrat der Sulfidfällung, welches Arsen, Antimon und Zinn enthält, wird ebenfalls geteilt; in dem einen Teil bestimmt man Antimon und Zinn, in dem anderen Arsen polarographisch. Die Eisenbestimmung erfolgt photometrisch.

Anwendungsbereich und Bedeutung. Da schon geringe Mengen von Verunreinigungen die Verwendung des Bleistaubes in der Akkumulatorenherstellung beeinträchtigen, muß er sehr rein sein. Die polarographische Methode ist zur Erfassung solcher geringen Gehalte die gegebene.

Genauigkeit. 2.

Dauer. 6 Std.

Ausführung. 5 g Bleistaub werden in 25 ml verd. Salpetersäure (1 + 1) in der Wärme gelöst. Die Lösung wird mit 2,5 ml Schwefelsäure (1,84) versetzt und im Meßkolben zu 50 ml aufgefüllt. Man filtriert durch ein trockenes Papierfilter, entnimmt dem Filtrat 40 ml und raucht zum Entfernen der Salpetersäure ab. Die Sulfate werden mit 4 ml 3proz. Salzsäure aufgenommen und auf genau 10 ml aufgefüllt. Man teilt nun die Lösung in genau zwei gleiche Teile von je 5 ml und fällt die Sulfide aus beiden Lösungsteilen durch Zutropfen einer Lösung aus 4 g Natriumsulfid, 4 g Natriumhydroxyd und 0,5 g Schwefel, in 20 ml Wasser gelöst. Man läßt die Sulfide in der Wärme absitzen, filtriert sie ab und wäscht 3mal mit heißem Natriumsulfid (5 g $Na_2 \cdot 9H_2O$/l) enthaltendem Wasser aus.

Das erste Filter mit den Sulfiden aus 2 g Einwaage wird mit heißer verd. Salpetersäure (1 + 1) behandelt und die Lösung zur Trockne gedampft. Die Salze löst man mit 0,5 ml Wasser und versetzt die Lösung mit genau 2,5 ml einer Grundlösung aus 25 ml konz. Ammoniak, 75 ml Wasser, 1,4 g Natriumsulfit und 0,1 g Gelatine. Mit diesen 3 ml Flüssigkeit wird die polarographische Kurve in der Reihenfolge Kupfer, Cadmium, Nickel, Zink aufgenommen. Die untere Erkennungsgrenze bei der angegebenen Konzentration liegt um 0,001%.

Die Sulfide des zweiten Filters werden in verd. Salpetersäure (1 + 1) gelöst; die Lösung wird vollständig zur Trockne gedampft. Dann nimmt man mit 1 ml verd. Salpetersäure (1 + 2) auf, versetzt die Lösung mit 0,7 ml 1mol. Natriumzitratlösung und 1 Tropfen Methylrot, neutralisiert durch tropfenweises Zugeben von Ammoniak bis zur Gelbfärbung und verdünnt mit Wasser auf genau 2 ml. Nach dem Durchleiten von Wasserstoff wird das Wismut polarographiert.

Die Filtrate von der Ausfällung der Sulfide mit Natriumsulfidlösung werden getrennt gehalten. Man säuert jedes für sich mit Salzsäure an, erwärmt und läßt die Sulfide des Arsens, Antimons und Zinns absetzen. Der eine der beiden Niederschläge wird zur Bestimmung des Antimons und Zinns verwandt. Man filtriert ihn ab und wäscht mit Schwefelwasserstoffwasser aus. Dann löst man den Niederschlag durch Betropfen mit 1 ml heißer Salzsäure (1,19), der man 1 Tropfen Kaliumchloratlösung zugesetzt hat, und durch 3maliges Zurückgeben der Lösung auf das Filter, wäscht mit 0,5 ml konz. Salzsäure und anschließend mit Wasser nach und kocht die erhaltene Lösung zum Entfernen des entstandenen Chlors. Nach dem Abkühlen bringt man das Volumen der Lösung auf genau 2 ml, gibt ein Körnchen Gelatine hinzu und polarographiert nach Durchleiten von Wasserstoff. Halbstufenpotential des Antimons: —0,3 V; des Zinns: etwa 0,5 V.

Der aus dem zweiten Filtrat durch Ansäuern mit Salzsäure erhaltene Niederschlag wird ebenfalls abfiltriert und ausgewaschen. Man löst ihn auf dem Filter mit heißer verd. Salpetersäure (1 + 1), spült nach und dampft die Lösung zur Trockne. Nach dem Aufnehmen mit 0,5 ml Salzsäure (1,19) unter Kochen verdünnt man die Lösung mit 0,5 ml Wasser, gibt einige Körnchen Natriumcarbonat, 0,5 ml gesättigte Weinsäurelösung sowie einen Tropfen Methylrot hinzu und neutralisiert mit Natriumcarbonat. Nach Zugabe von 1 Körnchen granulierter Gelatine bringt man das Volumen mit Wasser auf genau 3 ml, leitet Wasserstoff durch die Lösung und polarographiert das Arsen.

Eisen wird photometriert, wie beim Werkblei, S. 180, beschrieben.

Fehlerquellen. Wie bei den meisten mikroanalytischen Methoden können Fehler durch ungenaues Abmessen und unvorschriftsmäßige Konzentrationen entstehen. Bei polarographischen Bestimmungen wirkt sich das besonders stark aus.

Literatur. DROTSCHMANN, C.: Metallwirtsch. Bd. 23 (1944) S. 343. — M. von STACKELBERG: Polarographische Arbeitsmethoden, de Gruyter 1950, S. 137.

2. Bestimmung des Oxydgehaltes

30 g Bleistaub werden mit Wasser angeteigt und mit 100 ml Ammoniumacetatlösung (Herstellung s. Kapitel Lösungen) 1 bis 2 Std. bei 80 bis 90° behandelt. Nach dem Überführen in einen 500 ml-Meßkolben füllt man nach dem Erkalten zur Marke auf, filtriert durch ein trockenes Faltenfilter und bestimmt das Blei in 25 ml des klaren Filtrats nach C. I. 2 b durch Fällen mit Kaliumchromat.

Dauer. 3 Std.

3. Bestimmung der Wasserkapazität

Die Kenntnis der Wasserkapazität des Bleistaubes ist wichtig für seine Verarbeitung als Füllung von Akkumulatorenplatten.

30 g Bleistaub werden in einem Porzellanschälchen vorsichtig aus einer Bürette mit Wasser betropft. Die ersten 50 Tropfen läßt man schnell zufließen, die weiteren Tropfen langsam unter Verrühren mit einem Spatel. Die Grenze des Wasseraufnahmevermögens ist scharf zu erkennen. Die Angaben für die Wasserkapazität werden auf 1000 g Bleistaub bezogen.

Genauigkeit. 3.

Dauer. 30 min.

III. Blei(IV)-oxyd und Mennige

1. Die Bestimmung des Bleigehaltes

Etwa 1 g Mennige wird genau abgewogen und in einem 300 ml-Becherglas mit 10 ml Salzsäure (1,19) und einer ausreichenden Menge Wasserstoffperoxyd gelöst. Die Lösung wird zur Zerstörung der überschüssigen Wasserstoffperoxyds gekocht und dann mit so viel Ammoniumacetat versetzt, bis sie gegen Kongopapier nicht mehr sauer reagiert. Unlösliche Stoffe werden abfiltriert und sorgfältig ausgewaschen. Das Filtrat wird auf etwa 200 ml verdünnt und zum Sieden erhitzt. In der siedenden Flüssigkeit fällt man das Blei mit Kaliumbichromatlösung im Überschuß und hält die Fällung so lange in schwachem Sieden, bis das Bleichromat dunkelorangerot geworden ist. Darauf läßt man den Niederschlag in der Wärme absitzen (etwa $1^1/_2$ bis 2 Std.), kühlt die Lösung ab und filtriert das Bleichromat auf einen Glasfiltertiegel ab. Nach dem Auswaschen mit Wasser, das 2% Essigsäure enthält, wird der Niederschlag im Trockenschrank oder im Vakuumexsiccator bis zur Gewichtskonstanz getrocknet und gewogen.

Genauigkeit. 1.

Dauer. 4 Std.

Man kann das Blei auch als Sulfat bestimmen: Man versetzt 1 g der Probe mit 50 ml Oxalsäurelösung (10 g $C_2O_4H_2 \cdot 2H_2O$/l) und löst mit 20 ml verd. Salpetersäure (1 + 1) unter Erwärmen. Nach dem Verdünnen auf etwa 100 ml wird die Lösung filtriert und der Rückstand (A) mit Wasser sorgfältig ausgewaschen. Dann gibt man zum Filtrat 10 ml verd. Schwefelsäure (1 + 1) und erhitzt bis zum Rauchen der Schwefelsäure und zum Farbloswerden der Lösung. Nach dem Erkalten nimmt man die Sulfate mit Wasser auf, kocht kurze Zeit und behandelt das Bleisulfat, wie unter C. I. 2 a angegeben.

2. Die Bestimmung der Begleitelemente

Die Begleitelemente der Mennige oder des Blei(IV)-oxydes bestimmt man nach den Vorschriften beim „Werkblei“ oder beim „Bleistaub“, S. 197. Dabei ist zu berücksichtigen, daß beim Lösen das Blei(IV) in das Blei(II) übergeführt werden muß.

3. Die Bestimmung der Menge an Verschnittmaterial

Die Mennige und das Blei(IV)-oxyd dürfen kein Verschnittmaterial wie Schwerspat, Gips oder Ton enthalten.

Das Filter mit dem Rückstand (A) von der Bleibestimmung als Sulfat wird in einem gewogenen Platintiegel verascht, der Rückstand geglüht und gewogen. Eine kleine Auswaage kann aus geringen Mengen Kieselsäure, vom Herstellungsprozeß stammend, bestehen und belanglos sein. Höhere Auswaagen weisen auf absichtlich zugesetztes Verschnittmaterial hin.

4. Die Bestimmung des Trockenverlustes (nach RAL 844B)

Der Höchstgehalt an Feuchtigkeit darf nicht mehr als 0,3% betragen.

10 g Bleimennige (auf Milligramm genau eingewogen) werden im Trockenschrank bei 105° bis zum gleichbleibenden Gewicht getrocknet. Die Differenz zwischen den Gewichten vor und nach dem Trocknen ergibt den Trockenverlust.

5. Prüfung auf Schönungsmittel für Mennige (nach RAL 844B)

Mennigesorten werden mitunter durch Zusatz von organischen Farbstoffen geschönt.

Etwa 2 bis 3 g Mennige sind mit 10 ml Wasser oder besser Äthylalkohol unter schwachem Erwärmen zu schütteln. Nach dem Filtrieren muß das Filtrat farblos sein.

6. Die Bestimmung der löslichen Verunreinigungen (nach RAL 844B)

1 g Mennige wird mit 10 ml verd. Salpetersäure (1 + 1) unter Zusatz von Wasserstoffperoxyd und unter Erwärmen gelöst. Nach dem Verdünnen mit 10 ml heißem Wasser wird die Lösung filtriert. Man versetzt das Filtrat mit 98proz. Schwefelsäure ($^1/_{10}$ des Filtratvolumens), gibt für je 100 ml des Filtrats 25 ml 96proz. Alkohol hinzu, führt in einen 200 ml-Meßkolben über und füllt mit 25proz. Alkohol zur Marke auf. Hat sich der Niederschlag abgesetzt, pipettiert man von der klaren Lösung 100 ml ab, übersättigt die Abmessung mit Ammoniak, versetzt sie mit etwas Ammoniumcarbonat und einigen ml Ammoniumsulfidlösung, kocht

kurz auf und filtriert. Das Filter wird mit Wasser ausgewaschen, im gewogenen Tiegel getrocknet, verascht und der Rückstand geglüht. (Man kann zum Abfiltrieren auch einen Porzellanfiltertiegel benutzen.)

Das Gewicht des Rückstandes in g wird mit 200 multipliziert. Die gefundene Zahl ist der Prozentsatz an löslichen Verunreinigungen.

7. Die Bestimmung des Kupfers (gekürzte und formal etwas geänderte Originalfassung der Konventionsmethode des *Vereins Deutscher Bleifarben-Fabrikanten e. V., Bonn*)

100 g Mennige werden in einem 1 l-ERLENMEYER-Kolben mit 100 ml Wasser aufgeschlämmt und mit 170 ml verd. Salpetersäure (1 + 1) unter tropfenweisem Zusatz von 15proz. Wasserstoffperoxydlösung gelöst. Die Lösung wird 10 min gekocht und dann so lange mit gesättigter Sodalösung versetzt, bis eben eine Fällung von Bleicarbonat bestehenbleibt. Dieses wird durch verd. Salpetersäure (1 + 1) gerade wieder in Lösung gebracht, dann ein Überschuß von 0,5 ml Säure zugegeben und aufgekocht, um das Kohlendioxyd zu vertreiben. Nach Zugabe von 5 g kristallisiertem Natriumacetat und 100 ml Wasser läßt man die Lösung abkühlen und fällt durch Eingießen von etwa 500 ml gesättigtem Schwefelwasserstoffwasser Kupfer, Wismut und einen Teil des Bleies usw. als Sulfide aus. Die Lösung mit dem Niederschlag wird unter häufigem Schütteln zum Sieden erhitzt und darauf filtriert. Die Sulfide werden mit heißem Wasser ausgewaschen, vom Filter in einen 200 ml-ERLENMEYER-Kolben gespült und nach dem Ablösen der auf dem Filter verbliebenen Reste mit warmer verd. Salpetersäure (1 + 1) in Lösung gebracht. Man dampft die Lösung nach Zusatz von 5 ml konz. Schwefelsäure bis zum Auftreten von Schwefelsäuredämpfen ein, nimmt die Sulfate mit 50 ml Wasser auf, kocht, läßt wieder erkalten und filtriert das Bleisulfat ab. Es wird mit schwefelsaurem Wasser ausgewaschen. Darauf gibt man zum Filtrat wieder Schwefelwasserstoffwasser, erwärmt, bis sich die Sulfide abgesetzt haben, prüft auf Vollständigkeit der Fällung und filtriert den Niederschlag ab. Nach dem Auswaschen mit warmem Wasser wird er samt dem Filter in einem Porzellantiegel getrocknet, das Filter verascht und der Rückstand geglüht. Nach dem Erkalten löst man den Tiegelinhalt in 2 ml verd. Salpetersäure (1 + 1) unter vorsichtigem Erwärmen, engt die Lösung fast bis zur Trockne ein und gibt wieder 2 ml Salpetersäure hinzu. Die klare Lösung, die je nach dem Kupfergehalt mehr oder weniger grün gefärbt ist, wird dann mit 10 ml konz. Ammoniak versetzt, von einem hierbei entstandenen Niederschlag, der aus Hydroxyden des Wismuts oder Zinns bestehen kann, durch Filtrieren befreit und ihre blaue Färbung mit der einer Kupfervergleichslösung verglichen.

Diese *Vergleichslösung* wird durch Auflösen von 2,511 g wasserfreiem Kupfersulfat (entsprechend 3,9281 g $CuSO_4 \cdot 5H_2O$) in Wasser unter Zusatz von 10 ml konz. Schwefelsäure und Auffüllen der Lösung zu 1 l hergestellt. Da 2,511 g $CuSO_4$ 1 g Kupfer enthalten, entspricht 1 ml der Lösung 1 mg Kupfer. Von dieser Lösung verdünnt man 100 ml auf 1 l und erhält somit eine Lösung, von der 1 ml einen Kupfergehalt von 0,1 mg aufweist. — Das Kupfer kann auch photometrisch mit Natriumdiäthyldithiocarbaminat bestimmt werden (s. Kapitel Kupfer, S. 383). Hierbei kann man gegebenenfalls eine kleinere Einwaage anwenden.

8. Die Bestimmung des Wismuts (Verfahren des *Vereins Deutscher Bleifarben-Fabrikanten e. V., Bonn*)

5 g Mennige werden mit 10 ml Wasser aufgeschlämmt und mit verd. Salpetersäure (1 + 1) unter Zusatz der notwendigen Menge an Wasserstoffperoxyd gelöst. Die Lösung wird langsam zur Trockne gedampft. Dann fügt man ein wenig Wasser hinzu, rührt den Salzbrei durch und wiederholt das Eindampfen. Dies führt man noch

3- bis 4mal durch, bis die freie Salpetersäure vollkommen entfernt ist, und übergießt darauf die trockenen Salze mit einer kalten Lösung von 1 g Ammoniumnitrat in 500 ml Wasser. Nach längerem Stehen wird das basische Wismutnitrat abfiltriert, mit Ammoniumnitratlösung (1 : 500) ausgewaschen und zu Wismutoxyd geglüht oder nach dem Lösen in verdünnter Schwefelsäure zur photometrischen Wismutbestimmung verwendet (s. unter „Werkblei", S. 182). Bei der Thioharnstoffmethode braucht in diesem Falle der Eichlösung kein Bleinitrat beim Photometrieren zugesetzt zu werden.

Genauigkeit. 2.

Dauer. 6 Std.

9. Die Bestimmung des Eisens (Prüfverfahren des *Vereins Deutscher Bleifarben-Fabrikanten e. V., Bonn. Entwurf II vom März 1936*)

2,5 g der im Achatmörser feinst zerriebenen Probe werden in einem 150 ml-Becherglas mit sehr wenig Wasser mittels eines Glasstabes zu einem gleichmäßigen Schlamm verrührt. Dann setzt man aus einer Bürette 3 ml konz. Salpetersäure zu, rührt, bis die Mennige zu Blei(IV)-oxyd zersetzt ist, und erwärmt die Masse auf dem Wasserbad zum Entfernen der überschüssigen Salpetersäure. Nun setzt man aus einer Bürette 2,5 ml konz. Salzsäure hinzu, rührt, bis die Masse eine gleichmäßige, grünlichgraue Färbung angenommen hat, und erwärmt auf dem Wasserbad. Ist der Inhalt des Becherglases unter Chlorentwicklung weiß bzw. entsprechend dem Eisengehalt gelblich bis bräunlich geworden, so dampft man ihn zur Trockne, gibt unter Rühren 5 ml verd. Schwefelsäure (1 + 1) hinzu, entfernt die entstehende Salzsäure durch Erwärmen und erhitzt den Rückstand bis zur Entwicklung von Schwefelsäuredämpfen. Darauf gibt man zu der erkalteten Sulfatmenge 25 ml Wasser, erhitzt das Gemisch zum Sieden, versetzt es mit 5 ml gesättigtem Schwefelwasserstoffwasser, schüttelt um, filtriert in ein 250 ml-Becherglas und wäscht den Niederschlag mit heißem Wasser aus. Aus dem Filtrat wird der Schwefelwasserstoff verkocht. Sodann versetzt man die Lösung mit Bromwasser bis zur Gelbfärbung, kocht wieder bis zur Farblosigkeit und bringt sie nach dem Abkühlen in einen 125 ml-Meßkolben, in dem sie zur Marke aufgefüllt wird.

Man entnimmt der aufgefüllten Lösung 50 ml = 1 g Einwaage, bringt die Abmessung in ein Colorimeterrohr, versetzt sie mit 2 Tropfen Perhydrol und 10 ml 20proz. Kaliumthiocyanatlösung und vergleicht die Färbung mit der einer Vergleichslösung. Diese hat man in einem 2. Colorimeterrohr durch Mischen von 50 ml Wasser, 5 ml Schwefelsäure (1,1) mit der gleichen Menge an Perhydrol und Kaliumthiocyanatlösung wie in der Probelösung hergestellt und zu dieser Mischung aus einer Bürette so viel einer Eisenlösung (1 ml = 0,01 mg Eisen) zutropfen lassen, bis bei gleicher Schichthöhe der gleiche Farbton erreicht wird wie bei der Probe.

Eisenlösung: 8,64 g Eisen(III)-ammoniumsulfat werden in 1 l Wasser gelöst. Von dieser Lösung werden 10 ml mit Wasser auf 1 l verdünnt. 1 ml entspricht dann bei 1 g Probe 0,001% Fe.

Genauigkeit. 2.

Dauer. $2^1/_2$ Std.

10. Die Bestimmung des Gehaltes an Blei(IV)-oxyd

a) Nach der Jodidmethode

Grundlage. Die Mennige oder das Blei(IV)-oxyd wird mit Essigsäure unter Zusatz von Natriumacetat und Kaliumjodid gelöst. Der Jodwasserstoff wird, unter Reduktion des 4wertigen Bleies zu 2wertigem, zu Jod oxydiert. Dieses bestimmt man maßanalytisch mit Natriumthiosulfatlösung.

Anwendungsbereich und Bedeutung. Das Verfahren dient zur Bestimmung des Blei(IV)-oxydgehaltes im Blei(IV)-oxyd und in der Mennige.

Genauigkeit. 1.

Dauer. 30 min.

Ausführung. In einem 300 ml-Erlenmeyer-Kolben werden 0,5 g Blei(IV)-oxyd oder 1 g Mennige mit einigen Tropfen Wasser mittels eines abgeflachten Glasstabes zu einer Paste verrieben. Dann gibt man ein frisch hergestelltes Reaktionsgemisch von 1,2 g Kaliumjodid, 30 g Natriumacetat und 25 ml 20proz. Essigsäure zu der Paste und mischt das Ganze durch, bis sich die Probe gelöst hat. Darauf setzt man 25 ml Wasser zu und titriert das ausgeschiedene Jod sofort mit einer n/10-Natriumthiosulfatlösung auf schwache Gelbfärbung, fügt etwas Stärkelösung hinzu und titriert weiter bis auf Farblos.

Häufig sind noch geringe Mengen der Substanz unzersetzt, besonders wenn Mennige aus Farbpasten untersucht wird. Dann zerreibt man die zurückgebliebene Menge der Probe mit dem Glasstab weiter, titriert die wieder auf blau gefärbte Lösung auf Farblos und fährt so fort, bis nach 5 min keine Bläuung der Lösung mehr eintritt.

1 ml n/10-Natriumthiosulfatlösung entspricht 11,96 mg PbO_2 oder 34,28 mg Pb_3O_4.

Fehlerquellen. Die verhältnismäßig große Menge an Natriumacetat darf nicht verringert werden, sonst könnte das bei der Reaktion gebildete, schwerlösliche Bleijodid ausfallen, das nur durch den Überschuß an Natriumacetat in Lösung gehalten wird.

Literatur. Mitteilung des Vereins Deutscher Bleifarben-Fabrikanten e. V., Bonn.

Bemerkung. Nach den Lieferbedingungen und Prüfverfahren für Bleimennige RAL 844 B unterscheidet man 4 Mennigesorten:

Sorte A 1a mit einem Mindestgehalt von 26 % PbO_2,
Sorte A 1b mit einem Mindestgehalt von 27 % PbO_2,
Sorte A 1c mit einem Mindestgehalt von 31,5% PbO_2,
Sorte A 1d mit einem Mindestgehalt von 32,5% PbO_2.

b) Nach der Permanganatmethode nach Lux (RAL 844B)

2 g Mennige (auf Milligramm genau eingewogen) werden in einem Erlenmeyer-Kolben mit 50 ml n/5-Oxalsäurelösung versetzt. Nach Hinzufügen von 50 ml Wasser und 15 ml Salpetersäure (1,2) bringt man die Probe unter Erwärmen auf dem Wasserbad in Lösung, setzt etwa 15 ml verd. Schwefelsäure (1 + 4) hinzu und titriert mit n/5-Kaliumpermanganatlösung den Überschuß an Oxalsäure bei 50 bis 60° zurück.

Angenommen, es sei a die Anzahl der verbrauchten ml n/5-Kaliumpermanganatlösung, dann beträgt der Prozentgehalt der Probe an Blei(IV)-oxyd 59,80 minus (1,196 mal a).

Da das Verfahren meist zu hohe Werte liefert, weil nebenher auch eine Oxydation der Oxalsäure durch die Salpetersäure stattfindet, benutzt man es nur zur Orientierung.

Genauigkeit. 3.

Dauer. 30 min.

c) Mit Antimon(III)-chlorid (nach Blumenthal)

2,0000 g Mennige [bzw. 1,0000 g Blei(IV)-oxyd] werden mit 8 g Natriumchlorid versetzt, um das entstehende Bleichlorid in Lösung zu halten, und durch Zugeben von 50 ml salzsaurer Antimon(III)-chloridlösung unter Erwärmen und dauerndem Umschütteln in Lösung gebracht.

Dann steigert man die Temperatur der Lösung bis nahe zum Sieden und titriert den Überschuß an Antimon(III)-chlorid mit n/10-Kaliumbromatlösung unter Verwendung von Methylorange als Indicator zurück.

1 ml n/10-Kaliumbromatlösung entspricht 11,96 mg PbO_2.

Die *Antimon(III)-chloridlösung* wird durch Lösen von 15 g reinstem, kristallisiertem Antimon(III)-chlorid bzw. 9,6 g Sb_2O_3 in 300 ml Salzsäure (1,19) und Auffüllen der Lösung zu 1 l hergestellt.

Die Einstellung erfolgt mit n/10-Kaliumbromatlösung.

Genauigkeit. 1.

Dauer. 30 min.

Literatur. Blumenthal, H.: Mitt. dtsch. Mat.-Prüf-Anst., Sonderheft XXIII vom 21. 8. 33.

F. Die Untersuchung der Bleisalze, Bleipigmente und Bleiglasur

I. Bleisalze

Die wichtigsten Bleisalze sind das Bleiacetat $[Pb(C_2H_3O_2)_2 \cdot 3H_2O]$ und das Bleinitrat $[Pb(NO_3)_2]$. Sie bilden die Grundlage für die Herstellung anderer Bleipräparate.

1. Bleiacetat

a) Die Bestimmung des Bleies

1 bis 2 g der Probe werden mit 20 ml Wasser unter Zusatz von 2 ml verd. Essigsäure (1 + 1) gelöst. Man raucht dann die Lösung mit Schwefelsäure ab und bestimmt das Blei als *Sulfat*, oder man fällt in der essigsauren Lösung das Blei in der Hitze mit 30 ml 5proz. Kaliumchromatlösung und bestimmt es als *Chromat*.

Dauer. 2 Std.

Man kann den Bleigehalt jedoch rascher *maßanalytisch* mit Kaliumchromatlösung bestimmen. Hierzu löst man 0,5 g des Salzes in 100 ml Wasser oder entnimmt der im Meßkolben aufgefüllten Lösung einer größeren Einwaage einen 0,5 g des Salzes entsprechenden Anteil. Die Lösung muß gegen Methylrot neutral sein, also orangerot aussehen, sonst wird sie entweder mit 0,05 n-Säure oder -Lauge neutralisiert. Dann versetzt man die Lösung mit 10 Tropfen einer frisch hergestellten 0,2proz. Lösung von 2-6-Dichlorphenolindophenol und titriert das Blei mit n/10-Kaliumchromatlösung, bis die violette Färbung des Indicators scharf nach Grün umschlägt.

1 ml n/10-Kaliumchromatlösung entspricht 10,36 mg Pb oder 18,97 mg $Pb(C_2H_3O_2)_2 \cdot 3H_2O$.

Genauigkeit. 1.

Dauer. 30 min.

Literatur. Fricke, R., u. R. Sammet: Z. analyt. Chem. Bd. 126 (1942) S. 13—20.

b) Die Bestimmung der Essigsäure

1 g des Salzes wird in eine Destillationsapparatur eingewogen und in 20 ml Wasser gelöst. Die Lösung versetzt man mit 50 ml verd. Phosphorsäure (1 + 1) und destilliert die Essigsäure in eine Vorlage über, die mit 30 ml n/5-Natronlauge beschickt ist. Nach Beendigung der Destillation wird der Überschuß an Lauge mit n/5-Salzsäure und Phenolphthalein als Indicator zurücktitriert.

1 ml n/5-Natronlauge entspricht 12,01 mg Essigsäure oder 37,934 mg $Pb(C_2H_3O_2)_2$ $3\,H_2O$.

Genauigkeit. 1.

Dauer. 2 Std.

c) Die Bestimmung des Wassers

5 g des Salzes werden in einer Porzellanschale im Trockenschrank bei 150° bis zum gleichbleibenden Gewicht getrocknet. Zunächst schmilzt das Salz in seinem Kristallwasser.

2. Bleinitrat

Das *Blei* wird nach Abrauchen der Lösung des Salzes mit Schwefelsäure als Sulfat bestimmt. Die Bestimmung der *Verunreinigungen* erfolgt wie beim „Werkblei", S. 179ff.

Die Bestimmung des Nitrats

1 g Bleinitrat wird mit 50 ml Wasser gelöst und das Blei durch Zugeben von 10 ml Natriumsulfatlösung (100 g/l) ausgefällt. Nach dem Abfiltrieren und Auswaschen des Bleisulfats mit Wasser bringt man das Filtrat in einen Destillierapparat, gibt 2 bis 3 g DEVARDsche Legierung hinzu, läßt aus einem Tropftrichter 100 ml Natronlauge (400 g/l) zufließen und destilliert das bei der Reduktion entstandene Ammoniak in eine Vorlage über, die mit 50 ml n/5-Schwefelsäure beschickt ist. Als Vorlage dient eine sog. Ente. Nachdem die Hälfte der Lösung verdampft und überdestilliert ist, titriert man den Inhalt der Ente mit n/5-Natronlauge unter Verwendung von Methylorange als Indicator wieder zurück.

1 ml n/5-Schwefelsäure entspricht 12,40 mg NO_3.

Genauigkeit. 1.

Dauer. 2 Std.

II. Bleipigmente

Die wichtigsten Bleipigmente sind Bleiweiß, Chromgelb, Chromorange, Chromrot, Chromgrün, Neapelgelb und Bleicyanamid. Außerdem gehören zu den Bleifarbstoffen die bereits behandelte Mennige und gewissermaßen auch die Bleiglätte.

1. Bleiweiß

Das Bleiweiß, basisches Bleicarbonat, soll als Pulver 10,5 bis 12,5% Kohlendioxyd (CO_2) enthalten. An wasserlöslichen Bleiverbindungen sollen nicht mehr als 0,1% vorhanden sein. Das Bleiweiß muß in verdünnter Salpetersäure klar oder nur mit geringer Trübung löslich sein. Nach dem Lösen in 10proz. Essigsäure darf der Rückstand nicht mehr als 1% betragen.

a) Die Bestimmung der Löslichkeit

α) *In Salpetersäure*

10 g Bleiweiß werden in 100 ml verdünnter Salpetersäure unter Erwärmen gelöst. Die Lösung muß klar sein oder darf nur eine geringe Trübung aufweisen.

β) *In Essigsäure*

10 g der Probe werden mit 150 ml 10proz. Essigsäure gelöst. Ein etwaiger Rückstand wird durch ein bei 105° getrocknetes Filter oder einen Filtertiegel abfiltriert und mit einem Alkohol-Wasser-Gemisch ausgewaschen. Filter und Rückstand werden bei 105° getrocknet. Der Rückstand darf nicht mehr als 1% betragen.

b) Prüfung auf Verschnittmaterial wie Kreide und Zinkoxyd

Im Filtrat von β) wird das Blei durch Zugeben von 8 g Kaliumbichromat in 100 ml Wasser als Chromat gefällt. Die über dem Niederschlag stehende Lösung muß durch einen Überschuß an Bichromat gefärbt sein, andernfalls hat die Bichromatmenge zur Fällung des Bleies nicht ausgereicht und muß erhöht werden. Nach dem Abfiltrieren des Bleichromats prüft man einen Teil des Filtrates auf Zink, indem man Ammoniak bis zur schwach alkalischen Reaktion und darauf Kaliumcyanoferrat(II)-lösung zusetzt. Einen anderen Teil macht man ammoniakalisch, gibt 10proz. Ammoniumoxalatlösung hinzu und kocht. Es dürfen weder Zink noch Calcium nachweisbar sein.

c) Die Bestimmung des Gesamtgehaltes an Blei

0,2 g Bleiweiß werden im 300 ml-Becherglas mit 10 ml verd. Salpetersäure (1 + 1) unter Erwärmen gelöst. Die Lösung versetzt man mit so viel Ammoniumacetatlösung, daß sie gegen Kongopapier nicht mehr sauer reagiert, und filtriert die etwa vorhandenen unlöslichen Anteile ab; sie werden sogfältig ausgewaschen. Dann wird das Filtrat auf etwa 200 ml verdünnt, zum Sieden erhitzt und das Blei durch Zugeben von Kaliumbichromatlösung im Überschuß als Chromat gefällt. Man hält die Fällung so lange im Sieden, bis der Niederschlag dunkelorangerot wird, und läßt ihn anschließend $1^1/_2$ bis 2 Std. in der Wärme absitzen. Nach dem Abkühlen wird er auf einen gewogenen Filtertiegel (z. B. einen Jenaer Filtertiegel 1 G 4) abfiltriert und mit Essigsäure ausgewaschen. Darauf trocknet man ihn im Trockenschrank oder Vakuumexsiccator bis zur Gewichtskonstanz (empirischer Faktor: 0,6401). Das Verfahren gilt als Konventionsmethode.

Genauigkeit. 1.

Dauer. 4 Std.

d) Die Bestimmung der wasserlöslichen Bleiverbindungen

20 g Bleiweiß werden mit 100 ml destilliertem Wasser versetzt, mehrmals kräftig geschüttelt und 1 Std. bei Zimmertemperatur stehengelassen. Dann filtriert man unter Verwendung einer Nutsche und wäscht den Rückstand mit 50 ml Wasser (Zimmertemperatur) aus. Im Filtrat wird das Blei nach Zufügen von 20 ml verd. Salpetersäure (1 + 1) elektrolytisch als Blei(IV)-oxyd (s. S. 166) bestimmt; man kann es aber auch nach c) als Chromat fällen und wägen.

Genauigkeit. 2.

Dauer. 2 Std.

e) Die Bestimmung des Essigsäuregehaltes

Die Bestimmung der Essigsäure erfolgt, wie bei „Bleiacetat", S. 203, angegeben. Man geht jedoch von einer Einwaage von 20 g aus und beschickt die Vorlage mit 25 ml n/10-Natronlauge.

Genauigkeit. 2.

Dauer. 2 Std.

f) Die Bestimmung der Feuchtigkeit

10 g Bleiweiß werden im Trockenschrank bis zur Gewichtskonstanz bei 105° getrocknet. Der ermittelte Gewichtsverlust darf nicht mehr als 0,3% betragen.

g) Die Bestimmung des Kohlendioxyds

α) *Im Apparat nach Bunsen*

2 g Bleiweiß gibt man in den Kohlendioxyd-Bestimmungsapparat nach Bunsen, beschickt den Säurebehälter mit 10 ml Salpetersäure (1,06) und wägt den Apparat. Dann läßt man die Säure langsam zum Bleiweiß fließen, erwärmt das Gefäß

nach Beendigung der Hauptreaktion auf 40 bis 50°, läßt es wieder erkalten und leitet nun zum Entfernen des noch im Entwicklungsraum verbliebenen Kohlendioxys einen schwachen Luftstrom durch die Lösung. Darauf wird der Apparat wieder gewogen. Aus der Differenz der beiden Wägungen kann man den Kohlendioxydgehalt der Probe errechnen.

Genauigkeit. 2.

Dauer. 30 min.

Literatur. TREADWELL, F. P.: Kurzes Lehrbuch der analytischen Chemie, Bd. II (1946) S. 322ff.

β) Durch Absorption

Grundlage. Bleiweiß wird mit Salpetersäure zersetzt und das entweichende Kohlendioxyd nach dem Trocknen mit Magnesiumperchlorat durch Natronasbest absorbiert.

Anwendungsbereich und Bedeutung. Das Verfahren dient zur Kohlendioxydbestimmung in Carbonaten.

Genauigkeit. 1.

Dauer. 2 Std.

Ausführung. Für die Bestimmung ist eine Apparatur erforderlich, die aus folgenden Teilen besteht (s. Abb. 13):

a) einem Schutzrohr, gefüllt mit feinkörnigem Natronasbest,

b) dem Zersetzungskolben, einem 100 ml-Langhalsrundkolben mit Rückflußkugelkühler und seitlich angesetztem Tropftrichter. Das Verlängerungsrohr des Tropftrichters führt in den Zersetzungskolben und endet in einer Spirale kurz über dem Boden des Kolbens. Der Zersetzungskolben ist mit dem Kühler durch eine Schliffstelle verbunden,

c) einer Halbmikrogaswaschflasche, beschickt mit konz. Schwefelsäure,

d) einem Trockenrohr, gefüllt mit Magnesiumperchlorat,

e) zwei Absorptions-U-Rohren, gefüllt mit Natronasbest,

f) einem Schutzrohr, dessen linker Schenkel mit Magnesiumperchlorat und dessen rechter mit Natronasbest gefüllt ist.

Alle Einzelteile der Apparatur werden mit Gummistopfen und -schlauch luftdicht miteinander verbunden.

3 g Bleiweiß werden in den trockenen Zersetzungskolben eingebracht und mit etwa 10 ml Wasser aufgeschlämmt. Dann leitet man 20 min kohlendioxydfreie Luft durch die Apparatur, hat jedoch die unter e) bezeichneten beiden Absorptions-U-Rohre noch nicht angeschlossen. Erst nach dem Durchleiten von Luft wird das eine mit dem Magnesiumperchlorat-Trockenrohr und das andere mit dem Schutzrohr verbunden. Dann füllt man in den Tropftrichter etwa 30 ml Salpetersäure (1,1) und läßt sie tropfenweise in den Zersetzungskolben fließen. Die Säurezugabe wird so reguliert, daß höchstens 3 bis 4 Blasen Kohlendioxyd je sek durch das Waschfläschchen perlen. Hat die Entwicklung aufgehört und ist alle Säure zugegeben, so wird erneut Luft durch die Apparatur geleitet, und zwar mit der gleichen Geschwindigkeit wie bei der Kohlendioxydentwicklung. Gleichzeitig erhitzt man den Inhalt des Zersetzungskolbens zu gelindem Sieden und hält ihn bei dieser Temperatur, bis das gesamte Kohlendioxyd ausgetrieben ist. Vor Beginn des Siedens ist das Kühlwasser für den Kugelkühler anzustellen.

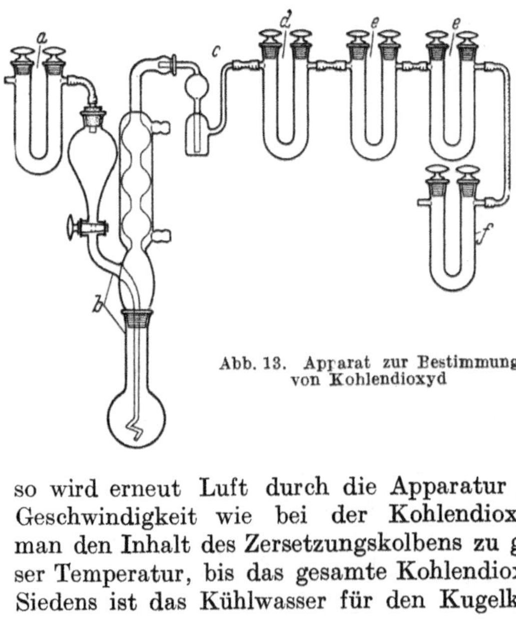

Abb. 13. Apparat zur Bestimmung von Kohlendioxyd

Das Kohlendioxyd wird fast restlos im ersten der beiden Natronasbestrohre absorbiert. Nach etwa 20 bis 30 min, vom Beginn des Siedens an gerechnet, entfernt man die Flamme, läßt aber den Luftstrom noch weitere 20 min durch den Apparat gehen. Nach dem Temperaturausgleich werden die beiden Natronasbest-U-Rohre gewogen. Die Gewichtszunahme entspricht dem Gehalt an Kohlendioxyd in der Probe.

Fehlerquellen. Um eine restlose Absorption des Kohlendioxyds in den beiden Natronasbest-U-Rohren zu gewährleisten, ist ihre Füllung häufig zu erneuern.

Literatur. TREADWELL, F. P.: Lehrbuch der analytischen Chemie, Bd. II (1946) S. 326. — BILTZ, H. u. W.: Ausführung quantitativer Analysen, 5. Aufl. (1947) S. 162—164. — Etwas abgeänderte Methode des Vereins Deutscher Bleifarbenfabrikanten e.V., Bonn.

2. Chromgelb, Chromorange und Chromrot

Chromgelb ist *neutrales* Bleichromat, während Chromorange und Chromrot *basische* Chromate des Bleies darstellen.

Die Untersuchung der 3 Pigmente erfolgt nach den gleichen Methoden.

a) Die Bestimmung des Gesamtbleigehaltes

1 g Probematerial wird mit 10 ml Salzsäure (1,19) und 5 ml Alkohol gelöst. Nach dem Zugeben von 50 ml Wasser kocht man auf und filtriert im Falle einer Trübung, welche auf das Vorhandensein von Füllmitteln hinweist, kochend heiß. Das Filter wird abwechselnd mit kochendem Wasser und warmer verd. Salzsäure (1 + 1) ausgewaschen, bis das gesamte Blei im Filtrat ist. Dann dampft man das Filtrat auf etwa 50 ml ein, läßt es abkühlen und versetzt mit 50 ml Alkohol. Nach vollständigem Erkalten wird das Bleichlorid auf einen Filtertiegel abfiltriert und bei 120° getrocknet. (Faktor: 0,7450.)

Genauigkeit. 2.

Dauer. 5 Std.

b) Die Bestimmung des Gehaltes an Bleisulfat

1 g Pigment wird mit 50 ml Wasser und 50 ml Natronlauge (320 g/l) 5 bis 10 min gekocht; dabei sollte es vollständig in Lösung gehen. Verbleibt ein Rückstand, so muß er abfiltriert und mit heißem Wasser ausgewaschen werden. Das Filtrat füllt man im 250 ml-Meßkolben bis zur Marke auf, entnimmt 50 ml, neutralisiert die Abmessung mit Salzsäure und setzt 10 ml konz. Salzsäure im Überschuß sowie 5 ml Alkohol hinzu. Das in der Lösung vorhandene Chromat wird dabei zu Chrom(III)-chlorid reduziert. In der siedenden Lösung wird das Sulfation mit 20 ml gesättigter Bariumchloridlösung als Bariumsulfat gefällt. Dieses wird abfiltriert, mit warmer Salzsäure bleifrei ausgewaschen und schließlich geglüht. Der Faktor für die Umrechnung des Bariumsulfats auf Bleisulfat beträgt 1,2993, auf Blei 0,8877.

Genauigkeit. 2.

Dauer. 2 Std.

c) Prüfung auf Schwerspat und Kaolin

Der bei b) auf dem Filter verbliebene Rückstand wird 3 mal mit heißer Salzsäure (1,06) und anschließend mit heißem Wasser ausgewaschen. Nach dem Glühen bei 600 bis 700° wird gewogen. Er besteht meist aus Schwerspat oder Kaolin oder aus einem Gemisch beider Stoffe.

d) Die Bestimmung des Chromatgehaltes

0,4 g der Probe werden mit 100 ml salzsaurer Natriumchloridlösung und 50 ml n/10-Eisen(II)-sulfatlösung versetzt. Dabei geht das Pigment in Lösung. Dann verdünnt man die Lösung auf 200 ml, fügt 2 ml konz. Schwefelsäure sowie 5 ml 85proz. Phosphorsäure hinzu und titriert den Überschuß an Eisen(II)-sulfatlösung mit n/10-Kaliumbichromatlösung zurück. Als Indicator dienen 6 bis 8 Tropfen 0,2proz. wäßrige Diphenylaminsulfonsäurelösung. Bei der Titration wird die Lösung grün; erst beim Endpunkt tritt ein Farbumschlag nach Violett ein.

1 ml n/10-Kaliumbichromatlösung entspricht 16,66 mg Bleichromat.

Genauigkeit. 2.

Dauer. 1 Std.

Lösungen. Die *salzsaure Natriumchloridlösung* bereitet man durch Zusatz von 150 ml Wasser und 100 ml Salzsäure (1,19) zu 1 l kalt gesättigter Lösung von Natriumchlorid in Wasser.

n/10-Kaliumbichromatlösung. Man löst 4,903 g Kaliumbichromat in Wasser zu 1 l.

n/10-Eisen(II)-sulfatlösung. 28,5 g Eisen(II)-sulfat·7 H_2O werden in 100 ml Wasser, die mit 10 ml Schwefelsäure (1,84) versetzt sind, gelöst. Die Lösung wird zu 1 l aufgefüllt.

e) Die Bestimmung des Gehaltes an Bleioxyd und -carbonat

1 bis 5 g der Probe werden mit 20 bis 50 ml 50proz. Essigsäure 2 Std. in der Kälte gerührt. Nach dem Verdünnen mit der 5fachen Menge Wasser wird filtriert. Im Filtrat bestimmt man das Blei als Sulfat oder Chromat.

f) Die Bestimmung der Feuchtigkeit

Man trocknet 1 g der Probe 4 Std. bei 105 bis 110°.

Literatur. Für die Untersuchungsvorschriften der 3 Farbkörper: GIVEN: J. Ind. Engng. Chem. Bd. 7 (1915) S. 324. — Z. analyt. Chem. Bd. 55 (1916) S. 219.

3. Chromgrün

Chromgrün ist ein Gemisch von Chromgelb und Berliner Blau. Seine Untersuchung ist im Kapitel Chrom, S. 306, beschrieben.

4. Neapelgelb

Unter Neapelgelb versteht man das neutrale Bleiantimonat, $Pb_3(SbO_4)_2$.

Gesamtanalyse

1 g Neapelgelb wird in einem Porzellantiegel durch Schmelzen mit der 10fachen Menge eines Gemisches von Soda und Schwefel aufgeschlossen. Die Schmelze wird nach dem Erkalten in 100 ml Wasser zersetzt, der Tiegel abgespült und entfernt. Dann verdünnt man mit weiteren 50 ml Wasser und filtriert die Sulfide des Bleies und Zinks sowie die Carbonate des Bariums und Calciums ab. Nach dem Auswaschen mit heißem, 0,5% Natriumsulfid enthaltendem Wasser bringt man den Niederschlag mit warmer verd. Salpetersäure (1 + 1) in Lösung, verkocht die Stickoxyde, setzt 1 g Harnstoff hinzu und verdünnt die Lösung auf 200 ml. Darauf leitet man in der Kälte Schwefelwasserstoff ein, fällt das Blei als Sulfid aus und filtriert es ab. Das Bleisulfid wird in Salpetersäure gelöst, die Lösung mit Schwefelsäure abgeraucht und das *Blei* als Sulfat bestimmt. Das Bleisulfat muß durch Behandeln mit Ammoniumacetatlösung auf Reinheit geprüft werden.

Im Filtrat der Schwefelwasserstoffällung des Bleies verkocht man den Schwefelwasserstoff restlos, oxydiert etwa vorhandenes Eisen mit Wasserstoffperoxyd, fällt es nach dem Zerstören des überschüssigen Oxydationsmittels mit kohlendioxydfreiem Ammoniak in geringem Überschuß und filtriert es ab. Das Filtrat wird mit Salzsäure (1 + 1) angesäuert und das *Barium* durch Zugabe von 2 ml Schwefelsäure (1 + 2) gefällt. Nach dem Abfiltrieren wird ausgewaschen und geglüht.

Das Filtrat der Bariumfällung wird stark ammoniakalisch gemacht, zum Sieden erhitzt und das *Calcium* mit 10 ml heißer, gesättigter Ammoniumoxalatlösung gefällt. Man bestimmt es entweder gewichtsanalytisch oder maßanalytisch in bekannter Weise.

Das *Zink* fällt man im Filtrat der Calciumoxalatfällung nach dem Ansäuern mit konz. Essigsäure mittels Schwefelwasserstoff als Sulfid und bestimmt es nach dem Abfiltrieren gewichtsanalytisch als Oxyd.

Die Bestimmung des *Antimons* und *Zinns* erfolgt im Filtrat der nach der Zersetzung der Soda-Schwefelschmelze erhaltenen unlöslichen Sulfide. Zunächst wird das Filtrat vorsichtig mit Schwefelsäure (1,28) angesäuert. Dabei fallen Antimon(V)-sulfid und Zinn(IV)-sulfid aus. Nachdem sich diese nach kurzem Erwärmen der Fällung zusammengeballt haben, werden sie abfiltriert. Die weitere Bestimmung des Antimons und Zinns wird nach der Vorschrift bei „Hartblei", S. 192, durchgeführt.

Genauigkeit. 2.

Dauer. 10 Std.

5. Bleicyanamid

a) Die Bestimmung des Cyanamidgehaltes

1 g der Probe wird in einem 500 ml-Meßkolben mit etwa 250 bis 350 ml Wasser kräftig geschüttelt und auf Zusatz von 10 ml Essigsäure (1 + 1) in Lösung gebracht. Klümpchen lösen sich nach dem Zerdrücken mit einem Glasstab. Dann wird die Lösung mit 10 ml Schwefelsäure (1 + 9) versetzt und zur Marke aufgefüllt. Nach dem Filtrieren durch ein Faltenfilter entnimmt man dem Filtrat 100 ml, gibt die Abmessung in einen 200 ml-Meßkolben und macht sie eben ammoniakalisch. Darauf läßt man sofort unter Schütteln des Kolbens 50 ml ammoniakalische n/10-Silbernitratlösung zufließen, füllt den Inhalt des Kolbens zur Marke auf, schüttelt ihn gründlich durch und filtriert ihn durch ein Faltenfilter. 100 ml des Filtrats werden in einen 500 ml-Erlenmeyer-Kolben pipettiert, mit Schwefelsäure angesäuert und mit 5 ml Eisen(III)-ammoniumsulfatlösung (100 g krist. Salz/l) versetzt. Darauf titriert man den Überschuß an Silbernitrat mit n/10-Ammoniumthiocyanatlösung zurück. Der Chloridgehalt (s. unter c) muß in Abzug gebracht werden.

1 ml n/10-$AgNO_3$ entspricht 2,102 mg $H_2N \cdot CN$ = 2,001 mg $[N \cdot CN]''$.

Genauigkeit. 2.

Dauer. 1 Std.

b) Die Bestimmung des Gesamtstickstoffs

1 g Einwaage wird in einem 1 l-Erlenmeyer-Kolben mit 20 ml Schwefelsäure (1,84) versetzt und 30 min bis zum schwachen Sieden erhitzt. Nach beendetem Aufschluß kühlt man die Lösung ab, verdünnt sie mit 200 ml Wasser und filtriert das Bleisulfat ab. Zum Filtrat gibt man 2 bis 3 g Devardasche Legierung und in einem Schuß 100 ml Natronlauge (400 g/l). Darauf wird der Kolben sofort luftdicht mit der Destillierapparatur, die mit einem senkrecht stehenden Kühler versehen ist, verbunden. Das Ende des Kühlers taucht man in einen mit 25 ml n-Schwefelsäure und so viel Wasser beschickten 500 ml-Erlenmeyer-Kolben so ein, daß der Flüssigkeitsspiegel etwas über die Kühlerspitze reicht. Nun erhitzt man die Probenlösung und destilliert etwa die Hälfte ihres Volumens ab. Im Destillat wird

der Überschuß an Schwefelsäure mit n-Natronlauge unter Zugabe von Methylorange als Indicator zurücktitriert. 1 ml n-Schwefelsäure entspricht 14,008 mg N.

Genauigkeit. 1.

Dauer. 2 Std.

c) Die Bestimmung des Chlorids

5 g der Probe werden mit 100 g Wasser angeschlämmt und mit 20 ml Salpetersäure (1 + 4) versetzt. In der Lösung wird das Chlorid potentiometrisch mit n/10-Silbernitratlösung unter Verwendung einer Silbersulfidelektrode und einer Kalomelelektrode bestimmt.

III. Bleiglasur

Prüfung auf Bleiabgabe

Glasierte Eßgeschirre, Trinkgefäße und Kochgeschirre dürfen bei ihrer Verwendung kein Blei an die in ihnen zubereiteten oder aufbewahrten Lebensmittel abgeben.

Die Prüfung auf eine Bleiabgabe wird wie folgt durchgeführt:

In einem geräumigen Becherglas, welches mit einem von Wasser durchströmten Rundkolben als Rückflußkühler abgedeckt ist, wird das zu prüfende glasierte Geschirr bzw. ein abgetrennter Abschnitt $^1/_2$ Std. mit 4proz. Essigsäure gekocht. Das Geschirr muß dabei von der Essigsäure vollständig bedeckt sein. Nach Beendigung des Kochens füllt man die benutzte Essigsäure in einem Meßkolben zur Marke auf, sättigt einen gemessenen Anteil mit Schwefelwasserstoff und vergleicht die entstandene braune bis schwarzbraune Färbung mit Vergleichslösungen, welche 0,001 bis 0,1 g Blei in Form von Bleiacetat, in 4proz. Essigsäure gelöst, im Liter enthalten und ebenfalls mit Schwefelwasserstoff gesättigt sind. Die gefundene Bleimenge wird auf die glasierte Oberfläche umgerechnet.

Kapitel 7

Bor*

Inhalt

*	1. Auflage	2. Auflage
Bearbeiter:	**Sieger†, Meier-Ewert**	**Meier-Ewert, Engels**
Mitarbeiter:	**Wirtz**	**Wirtz**

A. Vorkommen

Das Bor findet sich in der Natur als Borsäure, und zwar gelöst im Wasser mancher heißen Quellen und in festem Zustande in vulkanischen Gegenden, z. B. bei Sasso in Toskana (Sassolin). In Form zahlreicher Salze, deren Auftreten aber gleichfalls örtlich ziemlich begrenzt ist, kommt es vor als natürlicher *Borax* (*Tinkal* in Tibet, *Rasorit* oder *Kernit* mit nur 4 Mol Wasser in Kalifornien), ferner als *Borkalk* (Pandermit) in Kleinasien und als *Colemanit* in Kalifornien. Ein *Bornatrocalcit* (Ulexit) kommt als chilenischer Borkalk in den Handel. In den Staßfurter Salzlagern tritt das Bor als *Boracit* auf.

B. Qualitativer Nachweis

Der wichtigste Nachweis für Bor beruht auf der Grünfärbung, die flüchtige Borverbindungen der Alkoholflamme oder der entleuchteten Gasflamme erteilen. Man führt zu diesem Zwecke die Borsäure oder borsaure Salze durch Behandeln mit Methylalkohol und Schwefelsäure (1,84) in Borsäuremethylester $B(OCH_3)_3$ über. Die Schwefelsäure dient zur Bindung des Wassers. Die Ausführung erfolgt in der Weise, daß man die Salze mit Methylalkohol und Schwefelsäure (1,84) zu einem Brei anrührt und den Alkohol anzündet. Mineralien behandelt man nach Bd. 1, 2. Aufl., S. 104, oder man bringt sie mit Calciumfluorid und Schwefelsäure vermengt in die Flamme, so daß sich flüchtiges Borfluorid bilden kann, das gleichfalls Grünfärbung ergibt. Auch Borsäure allein färbt wegen ihrer Flüchtigkeit die Flamme grün. Freie Borsäure, auch angesäuerte Lösungen von Boraten erzeugen auf gelbem Kurkumapapier eine erst beim Trocknen (Wasserbad) erscheinende Rotbraunfärbung. Befeuchtet man darauf das Papier mit Alkalilauge, so wird dieses vorübergehend blauschwarz gefärbt.

C. Analytische Untersuchungen bei der Gewinnung des Borax und des elementaren Bors

I. Die Untersuchung der Bormineralien

Grundlage. Die Analyse der Bormineralien erstreckt sich auf die Bestimmung der Hauptbestandteile und der für den Betrieb wichtigen Verunreinigungen. Die Hauptbestandteile sind je nach der Art des Borminerals verschieden.

Rasorit, Kernit (natürlicher Borax) $Na_2B_4O_7 \cdot 4H_2O$
Pandermit (Borkalk aus Kleinasien) $Ca_5B_{12}O_{23} \cdot 9H_2O$
Colemanit (Borkalk aus Kalifornien) $Ca_2B_6O_{11} \cdot 5H_2O$
Bornatrocalcit (Borkalk aus Chile) $NaCaB_5O_9 \cdot 8H_2O$
Boracit (Staßfurtit) $Mg_6[Cl_2B_{14}O_{26}]$

Allen diesen Bormineralien gemeinsam ist, wenn man von der Gangart absieht, ihre Löslichkeit in Salzsäure, die man sich bei der Analyse zunutze macht. So neutralisiert man bei der Bestimmung des wichtigsten Bestandteiles, des Bortrioxyds, zunächst die Base acidimetrisch unter Benutzung von Methylorange als Indicator und titriert dann nach dem Verkochen des Kohlendioxyds die durch Zusatz von Glycerin aktivierte Borsäure alkalimetrisch gegen Phenolphthalein. Neben der Bestimmung des Gesamtbortrioxyds ist auch die Ermittlung des in carbonathaltiger, wäßriger Lösung aufschließbaren Bortrioxyds von Bedeutung. Man verbindet damit gleichzeitig die Bestimmung des in dieser Lösung unlöslichen Rückstandes sowie des Gehaltes an basischen Bestandteilen (Na_2O, CaO, MgO) durch acidimetrische Titration.

Bei der Analyse von *Rasorit* oder *Kernit* bestimmt man in einer Einwaage von 10 g in üblicher Weise Siliciumdioxyd, Eisen-, Aluminium-, Calcium- und Magnesiumoxyd. Liegt *Borkalk* zur Untersuchung vor, so wird das Filtrat von der Eisen- und Aluminiumfällung auf ein bestimmtes Volumen gebracht und in abgemessenen Anteilen davon der Gehalt an Kalk und Magnesia ermittelt. Bei *Boracit* füllt man das Filtrat erst nach der Kalkfällung auf und bestimmt die Magnesia in einem abgemessenen Teil.

Die sonstigen Verunreinigungen, wie Sulfate, Carbonate, Chloride, ferner Mangan und die Metalle der Schwefelwasserstoffgruppe bestimmt man in getrennten Einwaagen von je 10 g nach den üblichen Methoden.

Der Wassergehalt wird durch Erhitzen im elektrischen Ofen auf 500° und Auffangen des ausgetriebenen Wassers im Phosphorpentoxyd-U-Rohr ermittelt.

Anwendungsbereich und Bedeutung. Die nachstehend beschriebenen Bestimmungsmethoden sind grundsätzlich für alle erwähnten Bormineralien anwendbar; jedoch ist, je nach der Art des zu untersuchenden Borminerals, sinngemäß zu verfahren. Da die Reinheit der aus den Bormineralien herzustellenden Borprodukte in starkem Maße von den Verunreinigungen der Ausgangsstoffe abhängt, so ist die Feststellung der Art und Menge der Verunreinigungen von Wichtigkeit.

Genauigkeit. 2.

Dauer. 2 bis 3 Std. für eine Doppelbestimmung von Bortrioxyd; für eine Gesamtanalyse 3 Tage.

Ausführung.

1. Die Bestimmung des Gesamtbortrioxyds

2 g Substanz werden mit 50 ml Wasser und 5 ml Salzsäure (1,19) versetzt und am Rückflußkühler 15 min gekocht. Nach dem Abkühlen gibt man zur Lösung 5 n-Natronlauge bis zur schwach alkalischen Reaktion (Methylorange) hinzu, um Eisen und Aluminium quantitativ auszufällen. Dabei ist ein Überschuß an Natronlauge zu vermeiden, damit nicht ein Teil des Aluminiumhydroxyds als Aluminat in Lösung geht, wodurch die Resultate zu hoch ausfallen würden. Der entstandene Niederschlag wird abfiltriert und mit heißem Wasser sehr sorgfältig ausgewaschen, um alle absorbierte Borsäure restlos aus dem Niederschlag zu entfernen. Dann wird das Filtrat mit n/2-Salzsäure gegen Methylorange schwach angesäuert, zur Vertreibung etwa vorhandenen Kohlendioxyds am Rückflußkühler 10 min gekocht, abgekühlt, nach Ausspülen des Rückflußkühlers mit n/2-Natronlauge genauestens neutralisiert und schließlich nach Zugabe von 50 ml neutralisiertem Glycerin oder auch neutraler Invertzuckerlösung und 2 Tropfen Phenolphthalein mit carbonatfreier n/2-Natronlauge bis zur ersten auftretenden Rotfärbung titriert. Verschwindet diese nach Zusatz von noch 10 ml Glycerin, so wird weiter n/2-Natronlauge bis zur bleibenden Rötung zugefügt. Man kann auch Mannit statt Glycerin verwenden.

$$\text{Verbrauchte ml n/2-Natronlauge} \cdot 0{,}01741 \cdot 50 = \%\ \text{Ges.-}B_2O_3$$

2. Die Bestimmung des in carbonathaltiger, wäßriger Lösung unlöslichen Rückstandes, des Gesamtalkalis und des in carbonathaltiger, wäßriger Lösung löslichen Bortrioxyds

2 g der Probe werden mit 100 ml Ammoniumcarbonatlösung (50 g/l) 3 min gekocht. Nach 4stündigem Absitzenlassen in der Wärme filtriert man die Lösung durch einen bei 110° getrockneten und gewogenen GOOCH-Tiegel mit Asbesteinlage oder auch durch einen Glasfiltertiegel. Der im Tiegel befindliche Rückstand wird mit 50 ml heißer Ammoniumcarbonatlösung (20 g/l) in kleinen Anteilen gewaschen und dann bei 110° bis zur Gewichtskonstanz getrocknet.

$$\text{Auswaage} \cdot 50 = \%\ \text{unlöslicher Rückstand}$$

Das Filtrat wird mit Wasser auf etwa 400 ml verdünnt und in einem Becherglas bis zur völligen Vertreibung des Ammoniumcarbonats etwa 1 Std. gekocht. Dann titriert man in der abgekühlten Lösung das Gesamtalkali in Gegenwart von Methylorange mit n/2-Salzsäure bis zum Umschlag nach Zwiebelrot.

$$\text{Verbrauchte ml n/2-Salzsäure} \cdot 50 \cdot 0{,}0154955 = \%\ Na_2O$$

Die zur Titration des Gesamtalkalis verwendete Lösung wird nun mit 50 ml Glycerin und 2 Tropfen Phenolphthalein versetzt. Dann titriert man das Bortrioxyd in der gleichen Weise, wie bei der Bestimmung des Gesamtbortrioxyds angegeben wurde.

$$\text{Verbrauchte ml n/2-Natronlauge} \cdot 0{,}01741 \cdot 50 = \%\ \text{des in carbonathaltiger, wäßriger Lösung löslichen Bortrioxyds}$$

3. Die Bestimmung von Siliciumdioxyd, Eisen-, Aluminium-, Calcium- und Magnesiumoxyd

10 g Substanz werden in verdünnter Salzsäure gekocht; das Unlösliche wird abfiltriert. Den Niederschlag wäscht man auf dem Filter kurz aus, glüht ihn im Platintiegel und schließt ihn mit Natriumkaliumcarbonat auf. Die mit Salzsäure gelöste Schmelze gibt man zum Filtrat und dampft dieses in einer Porzellanschale zur Abscheidung des Siliciumdioxyds 2mal zur Trockne. Der Rückstand wird 2 Std. bei 140° erhitzt, nach dem Abkühlen mit Salzsäure und heißem Wasser aufgenommen. Das Siliciumdioxyd wird abfiltriert, chlorfrei ausgewaschen, im Platintiegel geglüht und gewogen und nach dem Behandeln mit Flußsäure wieder gewogen. Gewichtsdifferenz zwischen 1. und 2. Wägung mal 10 = % SiO_2. Den nach dem Verjagen des Siliciumdioxyds im Platintiegel verbliebenen Rückstand löst man in Salzsäure oder schließt ihn, falls er nicht völlig löslich ist, mit Kaliumhydrogensulfat auf. Die Schmelze wird in salzsäurehaltigem Wasser gelöst. Die Lösung gibt man zum Filtrat vom Siliciumdioxyd, kocht dieses mit Wasserstoffperoxyd und versetzt es mit Ammoniak. Es fallen die Hydroxyde des Eisens und Aluminiums aus, welche abfiltriert, ausgewaschen, verascht und als Eisen- + Aluminiumoxyd gewogen werden. Es ist erforderlich, die Hydroxyde umzufällen.

$$\text{Auswaage} \cdot 10 = \%\ Fe_2O_3 + Al_2O_3$$

Zur Bestimmung des Eisengehaltes löst man den gewogenen Niederschlag im Platintiegel in Salzsäure, dampft die Lösung zur Trockne, nimmt die Salze mit Wasser und einigen Tropfen Salzsäure auf und spült die Lösung in eine Porzellanschale über. Nach Zusatz von etwa 0,5 g Kaliumjodid wird das ausgeschiedene Jod mit n/100-Natriumthiosulfatlösung unter Zugabe von Stärkelösung als Indicator titriert.

$$\text{Verbrauchte ml n/100-Natriumthiosulfatlösung} \cdot 0{,}000798 \cdot 10 = \%\ Fe_2O_3$$

Die Menge des Aluminiumoxyds ergibt sich nach Subtraktion des Eisenoxyds von der Summe der Oxyde.

Sollten sich die geglühten Oxyde des Eisens und Aluminiums in Salzsäure nicht restlos lösen, so wird der nach dem Abdampfen der Salzsäure verbleibende Rückstand im Platintiegel mit Kaliumhydrogensulfat aufgeschlossen und in der Lösung des Aufschlusses die Ammoniakfällung wiederholt. Die Hydroxyde löst man mit warmer verdünnter Salzsäure vom Filter, dampft die Lösung zur Beseitigung der überschüssigen Salzsäure ein und titriert dann das Eisen in der oben beschriebenen Weise.

Zur *Kalkbestimmung* verwendet man bei Rasorit, Kernit und Boracit, die meist nur geringe Kalkgehalte aufweisen, das gesamte Filtrat von der Eisen- und Aluminiumfällung. Bei Pandermit, Colemanit und Bornatrocalcit dagegen füllt man das Filtrat zu 500 ml auf und benutzt davon nur 50 ml (= 1 g Substanz) für die Kalkfällung. Diese wird in der üblichen Weise durch Zugeben von Ammoniumoxalat in der Siedehitze vorgenommen. Der chlorfrei ausgewaschene Niederschlag von Calciumoxalat wird im gewogenen Platintiegel verascht, geglüht und als CaO gewogen oder nach dem Lösen in Schwefelsäure mit Kaliumpermanganat titriert.

Beim Boracit ist wegen der großen Konzentration an Mg''-Ionen eine Umfällung des Calciumoxalatniederschlages notwendig. Man wird daher zweckmäßigerweise das jeweilige Filtrat der Calciumfällung mittels Dinatriumhydrogenphosphat auf Freisein von Magnesium prüfen.

Für die *Magnesiumbestimmung* benutzt man beim Rasorit, Kernit, Pandermit, Colemanit und Bornatrocalcit das gesamte Filtrat der Kalkfällung. Nur beim Boracit nimmt man einen abgemessenen Anteil, der 1 g Substanz entspricht. Das Magnesium wird dann in bekannter Weise mit Dinatriumhydrogenphosphat und Ammoniak als Magnesiumammoniumphosphat gefällt, der Niederschlag nach 12stündigem Stehen abfiltriert, mit $2^1/_2$proz. Ammoniakwasser ausgewaschen und nach dem Glühen im gewogenen Porzellantiegel zur Wägung gebracht.

$$Mg_2P_2O_7 \cdot 0{,}3623 = \text{g } MgO$$

4. Die Bestimmung des Chlors

10 g Substanz (von Boracit = 1 g) werden in 200 ml verdünnter 2 n-Salpetersäure am Rückflußkühler gekocht. Darauf filtriert man das Unlösliche ab, wäscht den Niederschlag auf dem Filter gut mit heißem Wasser aus und versetzt das abgekühlte Filtrat mit einem Überschuß an n/10-Silbernitratlösung, der nach Volhard mit n/10-Kaliumthiocyanatlösung und Eisen(III)-ammoniumsulfatlösung als Indicator zurücktritriert wird.

1 ml n/10-Silbernitratlösung = 0,0035457 g Chlor

5. Die Bestimmung des Sulfats

10 g Substanz werden mit 50 ml verdünnter 6 n-Salzsäure, einigen ml 3proz. Wasserstoffperoxydlösung und 250 ml Wasser, dem zur Ausflockung kolloider Stoffe und zur Verbesserung der Filtrierfähigkeit 5 g Ammoniumchlorid zugefügt wurden, gekocht. Man filtriert den unlöslichen Niederschlag ab, wäscht ihn mit heißem Wasser chlorfrei aus und fällt im Filtrat in der Siedehitze mit heißer Bariumchloridlösung das SO_4''-Ion aus. Der Niederschlag von Bariumsulfat wird nach mehrstündigem Stehen abfiltriert, chlorfrei ausgewaschen, geglüht und gewogen.

$$\text{Auswaage} \cdot 0{,}3430 = \text{g } SO_3$$

6. Die Bestimmung des Manganoxyds

Man kocht 10 g Substanz mit 6 n-Salzsäure, filtriert den Rückstand ab, glüht ihn und schließt ihn mit Natriumkaliumcarbonat auf. Die Schmelze wird mit Wasser und Salzsäure gelöst und die Lösung zur Abscheidung des Siliciumdioxyds zur Trockne eingedampft. Dann nimmt man die Salze mit etwas Salzsäure und heißem Wasser auf, filtriert das Siliciumdioxyd ab, vereinigt das Filtrat mit dem ersten salzsauren Filtrat und macht die vereinigten Lösungen mit Soda ganz schwach alkalisch. In diese, auf etwa 60° erwärmte Lösung wird ein mit Hilfe eines Laboratoriumozonisators von Siemens & Halske erzeugter Ozonstrom eingeleitet, so daß etwa 2 bis 3 Blasen je Sekunde durch die Lösung hindurchstreichen. Nach 4 Std. ist das Mangan ausgefällt. Den entstandenen Niederschlag läßt man absitzen, filtriert ihn ab, wäscht ihn mit heißem Wasser aus und glüht ihn im Porzellantiegel. Der geglühte Rückstand wird im gleichen Tiegel mittels Salzsäure und Schwefelsäure in Mangansulfat übergeführt. Den Überschuß an Schwefelsäure raucht man ab und erhitzt schwach, bis keine Schwefelsäuredämpfe mehr entweichen. Dann wird der Tiegelinhalt (bei aufgelegtem Deckel) mit wenig heißem Wasser und einigen ml konz. Salpetersäure auf einer Asbestplatte erhitzt, in ein graduiertes Reagenzglas übergespült, mit weiteren 5 bis 7 ml Salpetersäure (1,40) und einer Messerspitze voll Bleidioxyd (etwa 0,5 g) versetzt und mit Wasser auf ein Volumen von 20 ml gebracht. Nun erhitzt man den Inhalt des Reagenzglases über einer kleinen Bunsenflamme unter ständigem Schütteln vorsichtig zum Sieden und kocht ihn 3 min. Dabei geht sämtliches Mangan in Permangansäure über.

Der Mangangehalt der violett gefärbten Lösung wird durch colorimetrischen Vergleich mit einer Manganlösung von bekanntem Gehalt ermittelt. Zum Vergleich dient eine Mangansulfatlösung (0,3145 g $MnSO_4 \cdot 4H_2O$/l Wasser), von der 1 ml = 0,1 mg MnO entspricht. Von dieser Vergleichslösung werden je nach Färbung der Probelösung entsprechende Mengen in ein graduiertes Reagenzglas abpipettiert, mit 5 bis 7 ml Salpetersäure (1,40) und einer Messerspitze voll reinem Bleidioxyd versetzt und nach dem Verdünnen mit Wasser auf 20 ml in derselben Weise 3 min lang gekocht. Gegebenenfalls ist die Herstellung mehrerer Vergleichslösungen erforderlich, sofern nicht der Vergleich in einem Colorimeter erfolgt.

Bemerkung. Dieses Verfahren gilt als Standardmethode für die Bestimmung des seiner katalytischen Wirkung wegen im Persalzbetriebe gefürchteten Mangans. Nach der sonst üblichen Arbeitsweise für die colorimetrische Manganbestimmung können Mengen von 5 µg Mangan an, ohne daß es eines Ozonisators bedarf, auch wie folgt ermittelt werden: 10 g Substanz werden, wie oben beschrieben, unter Aufschluß des nichtgelösten Anteiles behandelt und von dem Siliciumdioxyd gegebenenfalls befreit. Die salzsaure Lösung wird mit 10 mg Eisen aus einer Lösung von 1 g Ferrum reductum, das manganfrei sein muß, in Salpetersäure oder aus einer entsprechenden salzsauren Lösung von Eisenoxyd nach Brandt versetzt, schwach ammoniakalisch gemacht und mit Bromwasser oxydiert. Nachdem man 1 Std. auf dem Wasserbade erwärmt hat, wird der Niederschlag heiß abfiltriert und ausgewaschen. Man löst ihn in warmer schwefliger Säure vom Filter und raucht die Lösung mit etwas Schwefelsäure ab. Der Rückstand wird mit wenig Wasser aufgenommen, mit 2 bis 3 Tropfen Salpetersäure versetzt, auf etwa 5 ml eingeengt und in einen Porzellantiegel übergespült. Hier versetzt man die Lösung mit 2 Tropfen n/50-Silbernitratlösung und 5 Tropfen Ammoniumperoxydisulfatlösung (1 + 9) und erwärmt. Es bildet sich Übermangansäure, deren Menge unter den gleichen Bedingungen colorimetrisch bestimmt wird. — Bei der Boraxuntersuchung (s. S. 220) geht man von 100 g Einwaage aus, die in 2 l Wasser gelöst wird, und verfährt im übrigen ebenso. Die Lösung kann ohne weiteres nach Eisenzusatz gefällt werden.

Fehlerquellen. Der Farbvergleich muß mit erkalteten Lösungen ausgeführt werden. — Cl-Ionen stören den Nachweis.

Literatur. Mitteilung von H. Blumenthal.

7. Die Bestimmung der Schwermetalle (H_2S-Gruppe)

Man kocht 10 g Substanz mit verdünnter 6 n-Salzsäure und filtriert das Unlösliche ab. Nach dem Auswaschen stumpft man das Filtrat bis zur schwach sauren Reaktion mit Soda ab und leitet in der Wärme Schwefelwasserstoff ein. Der entstandene Niederschlag wird nach längerem Absitzen abfiltriert und mit schwefelwasserstoffhaltigem Wasser ausgewaschen. Dann behandelt man Filter samt Niederschlag im gewogenen Porzellantiegel mit rauchender Salpetersäure, dampft zur Trockne, glüht und wägt.

$$\text{Auswaage} \cdot 10 = \%\ \text{Schwermetalloxyde der } H_2S\text{-Gruppe}$$

8. Die Bestimmung des Wassers

2 g Substanz werden in einem Porzellanschiffchen abgewogen und in einem Verbrennungsrohr aus schwer schmelzbarem Glas im elektrisch beheizten Ofen unter Durchleiten getrockneter Luft 30 min auf 400° erhitzt. Das ausgetriebene Wasser fängt man in zwei gewogenen Phosphorpentoxyd-U-Röhrchen auf und wägt.

$$\text{Auswaage} \cdot 50 = \%\ H_2O$$

9. Die Bestimmung des Kohlendioxyds

In 10 g Substanz wird das Kohlendioxyd nach der Methode von FRESENIUS-CLASSEN, die im Kapitel Kalium, S. 345, ausführlich beschrieben ist, bestimmt.

Fehlerquellen. Bei der Bortrioxydbestimmung entspricht 1 ml n/2-Natronlauge (= 20 Tropfen) 0,01741 g B_2O_3. Die Neutralisation der alkalischen Lösung gegen Methylorange muß daher sehr genau vorgenommen werden. Da 1 Tropfen bei der Alkalititration 0,001 g Natronlauge entspricht, ergibt sich bei 2 g Einwaage ein Fehler von $\pm 0{,}05\%$. Bei der Bortrioxydtitration macht ein Tropfen mehr oder weniger 0,00088 g $B_2O_3 = \pm 0{,}044\%$ der Einwaage aus.

Literatur. Analyse der Metalle, Bd. I, 2. Aufl. 1949, S. 106ff.

II. Die Untersuchung des Borax

Borax wird durch Aufschließen der natürlichen Kalkborate (Pandermit, Colemanit) und Natriumkalkborate (Bornatrocalcit) mit kochender Sodalösung unter Zusatz von Natriumhydrogencarbonat in eisernen Druckkesseln bei 3 at hergestellt. Am einfachsten ist die Herstellung aus natürlichem Borax, wie Rasorit oder Kernit, bei dem nach dem Auflösen nur die Gangart durch Filtration zu entfernen und die Mutterlauge einer kurzen Reinigung zu unterziehen ist.

Die analytische Betriebskontrolle erstreckt sich auf die Untersuchung von Borax, ferner der Boraxablauge und des beim Aufschließen anfallenden Rückstandschlammes aus der Filterpresse (Preßkuchen genannt). Weiterhin kommt noch die Untersuchung einiger Hilfsstoffe, wie Natronerde, Wasserglas und Aktivkohle, hinzu.

Grundlage. Für die Untersuchung von Borax ist von Bedeutung die Bestimmung des Boraxgehaltes sowie der Verunreinigungen, wie Kieselsäure, Eisen- und Aluminiumoxyd, Soda, Chlorid, Sulfat, Mangan und organische Substanz. Borax soll in Wasser klar löslich sein. Der Gehalt an Borax wird nach Ermittlung des Gesamtalkalis durch acidimetrische Titration in der durch Kochen vom Kohlendioxyd befreiten neutralen Lösung nach Zusatz von Glycerin oder Mannit und Phenolphthalein als Indicator alkalimetrisch bestimmt.

Die Kieselsäure wird durch Eindampfen der salzsauren Boraxlösung abgeschieden und nach dem Erhitzen der Salze bei 140° in bekannter Weise ermittelt.

Das Eisen fällt man in der Boraxlösung zunächst durch Ammoniumsulfid als Eisensulfid aus, wandelt dieses dann durch Umfällen in Eisenhydroxyd um und bestimmt es anschließend colorimetrisch.

Die Bestimmung des Aluminiums wird nach der Methode von A. STOCK vorgenommen, bei der man die durch Hydrolyse von Aluminiumsalz frei werdende

Säure durch ein Gemisch von Kaliumjodid und Kaliumjodat entfernt, so daß die Hydrolyse vollständig wird und das Aluminium quantitativ als Aluminiumhydroxyd ausfällt und dann als Aluminiumoxyd zur Wägung gebracht werden kann.

Die Menge der vorhandenen Soda errechnet man aus dem Gehalt an Borax und Gesamtalkali. Der Gehalt an Chlorid wird durch argentometrische Titration nach VOLHARD ermittelt.

Das Sulfat wird aus der schwach salzsauren Boraxlösung als Bariumsulfat abgeschieden und bestimmt. Mangan fällt man in schwach alkalischer Boraxlösung durch Ozon aus, führt es in Permangansäure über und ermittelt es dann colorimetrisch. Zur Bestimmung der organischen Substanz wird in der schwefelsauren Boraxlösung der Permanganatverbrauch festgestellt.

Anwendungsbereich und Bedeutung. An Borax werden je nach seiner Verwendung ganz bestimmte Reinheitsforderungen gestellt. Die Bestimmung der Verunreinigungen ist daher von besonderer Wichtigkeit. Da es sich bei den verschiedenen Verunreinigungen meist nur um ganz geringe Mengen handelt, sind zu ihrer Bestimmung stets größere Einwaagen erforderlich. Man kommt in allen hier angeführten Fällen mit Ausnahme der Manganbestimmung ohne die vorherige Entfernung der Borsäure aus, was eine wesentliche Vereinfachung der Analyse bedeutet.

Genauigkeit. 2.

Dauer. 8 Std. für die Boraxanalyse in dem angegebenen Umfang ohne Manganbestimmung, *mit* Manganbestimmung 2 Tage.

1. Die Bestimmung des Gesamtalkalis und des Boraxgehaltes

Ausführung.

2 g der gut durchgemischten Probe werden in einem 750 ml-ERLENMEYER-Kolben in etwa 50 ml Wasser gelöst. In dieser Lösung titriert man das Gesamtalkali mit n/2-Salzsäure und Methylorange als Indicator bis zum Farbumschlag nach Zwiebelrot.

$$\text{Verbrauchte ml n/2-Salzsäure} \cdot 0{,}02000 \cdot 50 = \%\ \text{Ges.-NaOH}$$

Die eben titrierte Lösung wird am Rückflußkühler zur Vertreibung des Kohlendioxyds 20 min gekocht. Nach dem Abkühlen spült man den Rückflußkühler mit wenig Wasser nach, versetzt die Lösung mit 40 ml neutralisiertem Glycerin oder mit 2,5 g Mannit und 3 Tropfen Phenolphthaleinlösung und titriert die auf diese Weise aktivierte Borsäure mit carbonatfreier n/2-Natronlauge bis zur bleibenden Schwachrosafärbung. Der Endpunkt der Titration ist dann erreicht, wenn auf weiteren Zusatz von 10 ml Glycerin oder 0,5 g Mannit die Rosafärbung nicht mehr verschwindet.

$$\text{Verbrauchte ml n/2-Natronlauge} \cdot 0{,}04768 \cdot 50 = \%\ Na_2B_4O_7 \cdot 10\,H_2O$$

2. Die Bestimmung der Soda

Bei reinem Borax ist der Verbrauch von n/2-Natronlauge bei der Boraxtitration genau doppelt so groß wie der Verbrauch an n/2-Salzsäure bei der Alkalibestimmung, wie aus den folgenden Gleichungen ersichtlich ist:

$$Na_2B_4O_7 + 2\,HCl = 2\,NaCl + 2\,B_2O_3 + H_2O$$
$$2\,B_2O_3 + 4\,NaOH = 4\,NaBO_2 + 2\,H_2O$$

Ist also zur Neutralisation des Gesamtalkalis mehr Salzsäure als die Hälfte der Natronlaugemenge, wie sie bei der Boraxtitration gebraucht wurde, erforderlich, so ist überschüssiges Alkali vorhanden, welches auf Soda umgerechnet wird.

$$1\ \text{ml n/2-Salzsäure} = 0{,}026496\ \text{g}\ Na_2CO_3$$

Man kann auch den gefundenen Boraxgehalt auf NaOH umrechnen und das so gefundene NaOH vom Gesamt-NaOH subtrahieren. Das auf diese Weise ermittelte Rest-NaOH wird auf Soda umgerechnet.

$$Na_2B_4O_7 \cdot 10\,H_2O \cdot 0{,}2098 = NaOH$$
$$\text{Rest-NaOH} \cdot 1{,}325 = Na_2CO_3$$

3. Die Bestimmung des Siliciumdioxyds

50 g Borax werden in einer Porzellanschale in 200 ml heißem Wasser gelöst; die Lösung wird mit Salzsäure (1,19) angesäuert. Nach dem Eindampfen zur Trockne macht man das Siliciumdioxyd in bekannter Weise durch nochmaliges Ansäuern mit Salzsäure sowie anschließendes 2stündiges Erhitzen der Salze im Trockenschrank bei 140° unlöslich. Die Salze werden nach dem Erkalten mit Salzsäure (1,19) und heißem Wasser aufgenommen und die Lösung in ein Becherglas übergespült. Man filtriert das ausgeschiedene Siliciumdioxyd ab, wäscht das Filter mit heißem Wasser chlorfrei aus, verascht es im Platintiegel, glüht den Rückstand scharf und wägt. Der Tiegelinhalt wird mit Flußsäure und wenig Schwefelsäure abgeraucht und wieder gewogen.

Gewichtsdifferenz zwischen 1. und 2. Wägung mal 2 = % SiO_2.

4. Die Bestimmung des Eisens

200 g Borax werden in etwa 1,3 l heißem Wasser gelöst. Die Lösung wird mit Salzsäure schwach angesäuert, kurz aufgekocht, mit Ammoniak gegen Lackmuspapier alkalisch gemacht und noch mit einem Überschuß von 5 ml Ammoniak (0,91) versetzt. Dann leitet man bei etwa 70° 2 Std. Schwefelwasserstoff ein und gibt nochmals 5 ml Ammoniak (0,91) hinzu. Nach 5stündigem Stehen in der Wärme wird der ausgefallene Niederschlag auf ein Blaubandfilter abfiltriert und kurz ausgewaschen. Man löst ihn dann vom Filter mit heißer verdünnter Salzsäure, fängt die Lösung in einem Becherglas auf und wäscht das Filter nach. Das Filtrat wird auf etwa 100 ml verdünnt, mit Wasserstoffperoxyd oxydiert und das Eisen in der Siedehitze mit Ammoniak gefällt. Nach kurzem Stehen wird filtriert, der Niederschlag auf dem Filter mit heißer verdünnter Salzsäure gelöst und die Lösung in einem 100 ml-Meßkölbchen aufgefangen. Man versetzt sie mit 10 Tropfen Salpetersäure (1,40), kocht kurz auf, fügt nach dem Erkalten 10 ml Kaliumthiocyanatlösung (100 g/l) hinzu und füllt die Lösung zur Marke auf. Die entstandene Färbung von Eisenthiocyanat wird im Colorimeter mit einer Vergleichslösung von bekanntem Eisengehalt verglichen. Als Standardlösung benutzt man eine Eisen(II)-ammoniumsulfatlösung [0,7000 g $(NH_4)_2 \cdot Fe(SO_4)_2 \cdot 6\,H_2O$ + 20 ml Salpetersäure (1,40) mit Wasser zu 1 l aufgefüllt], von der 1 ml = 0,0001429 g Fe_2O_3 entspricht. Hiervon wird so viel in ein 100 ml-Meßkölbchen pipettiert, daß die in der gleichen Weise wie bei der zu untersuchenden Lösung erzeugte Eisenthiocyanatfärbung etwa der Färbung der Probelösung entspricht. Ein genauer Vergleich der Farbintensitäten kann im Colorimeter vorgenommen werden.

5. Die Bestimmung des Aluminiums

100 g Borax werden in 1 l heißem Wasser gelöst. Die Lösung wird mit Salzsäure schwach sauer gemacht. Zur sauren Lösung gibt man einige Tropfen Methylorange und setzt so lange 5 n-Natronlauge zu, bis die rote Farbe in Rotorange umschlägt. Selbst ein geringer Überschuß an Natronlauge verhindert die vollständige Fällung des Aluminiumhydroxyds, während ein kleiner Überschuß an Salzsäure bei genauer Befolgung der Vorschrift nicht schadet. Deshalb muß, wenn durch einen zu groß gewordenen Überschuß an Natronlauge die Indicator-

farbe in Gelb umgeschlagen ist, mittels 2 n-Salzsäure die bleibende rotorange Färbung wiederhergestellt werden.

$$AlCl_3 + 3HOH \rightarrow Al(OH)_3 + 3HCl$$

Zu dieser ganz schwach sauren Lösung von Zimmertemperatur fügt man 15 ml einer Mischung aus gleichen Teilen einer 25proz. Kaliumjodid- und einer 7proz. Kaliumjodatlösung. Dadurch wird die freie Säure entfernt unter Abscheidung von Jod.

$$KJO_3 + 5KJ + 6HCl = 3H_2O + 6KCl + 6J$$

Die durch Jod braun gefärbte Lösung entfärbt man nach 5 min mit einer eben hinreichenden Menge Natriumthiosulfatlösung (200 g/l) und setzt noch eine kleine Menge der Kaliumjodidjodatlösung hinzu. Es darf dadurch keine weitere Jodausscheidung mehr stattfinden. Hierauf fügt man noch 1 bis 2 ml Natriumthiosulfatlösung hinzu und erwärmt 1 Std. auf der Heizplatte bei etwa 100°, wodurch die Hydrolyse vollständig wird und das Aluminiumhydroxyd quantitativ ausfällt. Dann filtriert man den zusammengeballten Niederschlag auf ein 9 cm-Blaubandfilter ab. Läuft das Filtrat anfangs trübe, so muß es noch einmal durch das Filter gegeben werden. Stellt sich im weiteren Verlauf der Filtration eine Trübung des Filtrats ein, so braucht darauf keine Rücksicht mehr genommen zu werden. Diese Trübung rührt vom ausgeschiedenen Schwefel her. Das Filter wird bis zum Verschwinden der Chlorreaktion ausgewaschen, getrocknet, im gewogenen Platintiegel verascht und der Rückstand als Aluminiumoxyd ausgewogen. Die Methode wird durch die Anwesenheit von Borsäure sowie von Calcium- und Magnsiumsalzen nicht beeinträchtigt, wohl aber durch Phosphorsäure, da dann Aluminium z. T. als Phosphat gefällt wird. Bei Gegenwart von organischen Substanzen, wie Weinsäure, Zitronensäure, Zucker usw., ist die Methode nicht anwendbar.

6. Die Bestimmung des Chlorids

10 g Borax werden in 150 ml Wasser gelöst. Die Lösung wird mit verdünnter Salpetersäure angesäuert und mit einem Überschuß an n/10-Silbernitratlösung versetzt, der mit n/10-Kaliumthiocyanatlösung und Eisen(III)-ammoniumsulfatlösung als Indicator zurücktitriert wird.

$$\text{Verbrauchte ml n/10-Silbernitratlösung} \cdot 0{,}0058448 \cdot 10 = \%\ \text{NaCl}.$$

Bemerkung. Entsteht bei dem Hinzufügen von Silbernitratlösung keine oder nur eine geringe Trübung, so wird von einer Untersuchung abgesehen und die Menge der Cl-Ionen als „Spur" bezeichnet.

7. Die Bestimmung des Sulfats

50 g Borax werden in 500 ml heißem Wasser gelöst. Die Lösung wird gegebenenfalls von geringen Verunreinigungen durch Filtration befreit, das Filtrat mit Salzsäure schwach angesäuert und dann das Sulfation in der Siedehitze mit heißer Bariumchloridlösung gefällt. Nach längerem Absitzenlassen in der Wärme filtriert man den Niederschlag ab, wäscht ihn auf dem Filter mit heißem Wasser chlorfrei aus, verascht im gewogenen Porzellantiegel, glüht und wägt.

$$\text{Auswaage} \cdot 0{,}6086 \cdot 2 = \%\ Na_2SO_4$$

8. Die Bestimmung des Mangans

100 g Borax werden in 2 l Wasser gelöst. In diese Lösung leitet man gasförmigen Chlorwasserstoff, um den größten Teil des Kochsalzes und der Borsäure auszuscheiden. Dann wird die Lösung auf 5 bis 10° abgekühlt und der Bodenkörper durch Abnutschen entfernt. Den Rückstand auf der Nutsche wäscht man zu-

nächst mit eisgekühlter Salzsäure (1,19) und dann mit eisgekühltem Äthanol. Im eingeengten Filtrat wird das Einleiten von Chlorwasserstoff wiederholt. Die auf diese Weise von der Hauptmenge an Kochsalz und Borsäure befreite Lösung dampft man zur Trockne und entfernt das Siliciumdioxyd. Das Filtrat wird mit Wasser auf etwa 350 ml verdünnt und schwach alkalisch gemacht. Dann wird bei etwa 60° während mindestens 4 Std. ein langsamer Strom von Ozon eingeleitet. Nach Absitzenlassen des Niederschlages filtriert man durch ein Blaubandfilter und wäscht mit kaltem Wasser nach. Das Filter wird im Porzellantiegel vorsichtig vorgetrocknet, über einer kleinen Flamme verascht und der Tiegel 10 bis 15 min auf schwacher Rotglut gehalten. Nach dem Erkalten behandelt man den Rückstand nacheinander mit Salz-, Schwefel- und Salpetersäure, kocht die salpetersaure Lösung im Reagenzglas 3 min unter Zusatz von etwa 0,5 g reinem Bleidioxyd und colorimetriert, so wie es bei der Manganbestimmung von Bormineralien (s. S. 216) näher beschrieben worden ist. Dort wurde auch noch eine andere Methode für die Manganbestimmung geschildert.

9. Die Bestimmung der organischen Substanz

1 l Wasser wird in einem 1,5 l-Becherglas — der Wasserstand ist mittels Fettstift am Glase zu kennzeichnen — zum Sieden erhitzt. Darin löst man 100 g Borax, kocht die Lösung 1 Std., läßt sie auf Zimmertemperatur abkühlen, ersetzt das verkochte Wasser, versetzt sie vorsichtig mit 80 ml Schwefelsäure (1,84) und erwärmt auf 70°. Hierauf setzt man 25 ml Natriumoxalatlösung, die im Liter 1 g Natriumoxalat und 5 ml Schwefelsäure (1,84) enthält, hinzu und titriert mit n/30-Kaliumpermanganatlösung auf schwachrosa Färbung. Diese soll 1 min bestehenbleiben.

Gleichzeitig setzt man einen Blindversuch an, d. h. man ermittelt von der 70° warmen Lösung, bestehend aus 1 l Wasser + 80 ml Schwefelsäure (1,84) + 25 ml Natriumoxalatlösung den Verbrauch an n/30-Kaliumpermanganatlösung.

Der Mehrverbrauch an Permanganat beim Hauptversuch gegenüber dem Blindversuch ergibt ein Maß für die in 100 g Borax vorhandene Menge organische Substanz. Man bezeichnet diese Zahl auch als ,,Permanganatzahl".

Fehlerquellen. Bei der Bortrioxydbestimmung muß die Lösung bei dem Verkochen des Kohlendioxyds am Rückflußkühler stark gekühlt werden, damit sich mit dem Wasserdampf keine Borsäure verflüchtigt. — Das mit Salzsäure und durch Erhitzen auf 140° abgeschiedene Siliciumdioxyd muß nach dem Aufnehmen mit Wasser und Salzsäure sogleich abfiltriert werden, da sonst Siliciumdioxyd in Lösung gehen kann. — Sollte die Tonerdeauswaage rötlich gefärbt sein, so ist sie eisenhaltig. Sie muß sodann mit Salzsäure digeriert oder mit Kaliumhydrogensulfat aufgeschlossen werden. Die eisenhaltige Lösung ist colorimetrisch auf Eisengehalt zu untersuchen und das gefundene Eisenoxyd in Abzug zu bringen.

Literatur. Methode eines Betriebes.

III. Die Untersuchung der Boraxablaugen

Grundlage. Für den einwandfreien Verlauf der Boraxfabrikation muß die Ablauge eine ganz bestimmte Zusammensetzung haben. Wichtig ist der Gehalt an Borax, Soda, Ätznatron bzw. Hydrogencarbonat, Siliciumdioxyd, Eisen, Aluminium, ferner die Permanganatzahl. Die meisten Bestimmungen werden wie bei der Boraxuntersuchung durchgeführt. Borax, Soda, Ätznatron bzw. Hydrogencarbonat werden maßanalytisch bestimmt, und zwar wird zunächst die Gesamtalkalität (= Methylorange-Alkalität) und zur Ermittlung der freien Alkalität die Phenolphthalein-Alkalität titriert. Außerdem wird die Borsäure bestimmt. Aus diesen 3 Titrationswerten errechnet man Borax, Soda, Ätznatron bzw. Hydrogencarbonat.

Anwendungsbereich und Bedeutung. Das Verfahren zur Bestimmung von Borax, Soda, Ätznatron bzw. Hydrogencarbonat kann auch für die Untersuchung von Natriumperboratablaugen angewandt werden.

Genauigkeit. 2.

Dauer. 6 bis 8 Std.

Ausführung.

1. Die Bestimmung des Borax, der Soda, des Ätznatrons bzw. Hydrogencarbonats

50 ml Boraxablauge werden im Meßkolben zu 500 ml aufgefüllt. Von dieser verdünnten Lösung werden 50 ml (= 5 ml ursprüngliche Lauge) in einem 500 ml-ERLENMEYER-Kolben mit 3 Tropfen Methylorange versetzt und mit n/2-Salzsäure bis zum Farbumschlag nach Zwiebelrot titriert. Die verbrauchten ml n/2-Salzsäure entsprechen der vorhandenen Menge an Gesamtalkali („*Methylorange-Alkalität*"). Der Verbrauch wird mit „*a*" bezeichnet. Die so titrierte Probe wird am Rückflußkühler zur Austreibung des Kohlendioxyds 15 min gekocht, im Kühlbad abgekühlt, nach kurzem Ausspülen vom Rückflußkühler entfernt, mit 40 ml neutralisiertem Glycerin und 3 Tropfen Phenolphthaleinlösung versetzt und mit n/2-Natronlauge bis zur bleibenden Schwachrosafärbung titriert. Verschwindet diese auf Zusatz von weiteren 10 ml Glycerin, so wird weitertitriert, bis die Färbung bei Nachgabe von Glycerin erhalten bleibt. Die so ermittelten ml n/2-Natronlauge entsprechen der *Borsäuremenge*, sie werden mit „*b*" bezeichnet.

Zur Bestimmung der „*Phenolphthalein-Alkalität*" werden 50 ml der zu 500 ml aufgefüllten Probe (= 5 ml ursprüngliche Lauge) in eine 500 ml-Pulverflasche pipettiert, mit 20,00 ml n/2-Natronlauge, 40 ml n-Bariumchloridlösung sowie 40 ml Glycerin versetzt und gut durchgeschüttelt. Nach Zusatz von 3 Tropfen Phenolphthaleinlösung wird mit n/2-Borsäure auf Farblos titriert. Um den Umschlag deutlich erkennen zu können, ist es zweckmäßig, eine zweite Probe in der oben beschriebenen Weise herzustellen, die als Vergleichslösung dient. Der Verbrauch an ml n/2-Borsäure wird mit „*c*" bezeichnet.

Berechnung.

Borax. *b* mal 0,04768 mal 20 = g Borax ($Na_2B_4O_7 \cdot 10H_2O$ in 100 ml Ablauge).

Ätznatron bzw. Hydrogencarbonat. Indem man von „*c*" das vor der Titration mit n/2-Borsäure zugesetzte Alkali (20,00 ml n/2-NaOH) abzieht, erhält man die ursprünglich vorhandene Phenolphthalein-Alkalität ($c = 20{,}00$). Dieser Wert ist aber um den Betrag der Borax-Alkalität, nämlich um $b/2$, zu klein. 1 Mol $Na_2B_4O_7$ verbraucht bekanntlich bei der Titration des Alkalis 2 Mol HCl; zur Titration der Borsäure werden 4 Mol NaOH benötigt (s. Bestimmung von Soda in Borax, S. 218). Die Phenolphthalein-Alkalität wird daher zu

$$z = c + \frac{b}{2} - 20{,}00$$

gefunden. Wenn z positiv ist $\left(c + \frac{b}{2} > 20{,}00\right)$, so ist freies Alkali vorhanden; die Menge Ätznatron ergibt sich durch Multiplikation mit 0,02 mal 20 = g freies NaOH/100 ml Boraxablauge.

Der Wert „*z*" kann aber auch kleiner als Null werden. $\left(c + \frac{b}{2} < 20{,}00\right)$. Dann liegt „negative Phenolphthalein-Alkalität", d. h. Phenolphthalein-Acidität, vor. Die Phenolphthalein-Acidität „*z*" entspricht der halben Kohlensäuremenge des Hydrogencarbonats. In diesem Falle multipliziert man „*z*" mit 0,0420 mal 20 und erhält dann die Menge des vorhandenen Hydrogencarbonats g $NaHCO_3$ in 100 ml Boraxablauge.

Soda. Die Gesamtalkalität „a" setzt sich zusammen aus der Borax-, Soda- und Hydrogencarbonat-Alkalität bzw. Ätznatron-Alkalität. Durch Subtraktion der Borax-Alkalität ($b/2$) erhält man Soda-Alkalität + Hydrogencarbonat- oder Ätznatron-Alkalität $= a - \frac{b}{2}$. Nun stellt die Zahl „z" entweder die Ätznatron-Alkalität oder die Hydrogencarbonat-Alkalität dar, denn letztere ist ebenso groß wie die Phenolphthalein-Acidität des Hydrogencarbonats, also gleich z. Indem man also z von $\left(a - \frac{b}{2}\right)$ subtrahiert, erhält man immer die Soda-Alkalität. Es wird somit

$$\left(a - \frac{b}{2} - z\right) \cdot 0{,}0265 \cdot 20 = \text{g } Na_2CO_3/100 \text{ ml Boraxablauge}$$

2. Die Bestimmung des Siliciumdioxyds

Der Analysengang ist der gleiche wie bei der Boraxuntersuchung (s. S. 219). Es werden 100 ml Boraxablauge angewandt.

3. Die Bestimmung des Eisens

50 ml Boraxablauge werden mit Salzsäure angesäuert, mit Wasser auf 1 l verdünnt und zum Austreiben von Kohlendioxyd gekocht. Dann leitet man Schwefelwasserstoff ein. Sind nennenswerte Mengen von Metallsulfiden ausgefallen, so werden diese abfiltriert. Das Filtrat wird oxydiert, eben ammoniakalisch gemacht; ein hierbei sich bildender Niederschlag von Eisenhydroxyd wird, wie unter Borax, S. 219, beschrieben, weiterbehandelt.

4. Die Bestimmung des Aluminiums

100 ml Boraxablauge werden mit Wasser auf etwa 1 l verdünnt, mit verdünnter Salzsäure schwach angesäuert und zur Austreibung des Kohlendioxyds gekocht. Nach dem Abkühlen versetzt man die Lösung mit einigen Tropfen Methylorange und verfährt weiter, wie bei der Bestimmung von Aluminium in Borax (s. S. 219) angegeben ist.

5. Die Bestimmung der Permanganatzahl

10 ml Boraxlauge werden mit Wasser auf 1 l verdünnt und mit 20 ml Schwefelsäure (1,84) versetzt. Die Lösung wird 1 Std. gekocht, um gegebenenfalls vorhandenen aktiven Sauerstoff zu vertreiben. Die weitere Behandlung geschieht wie bei der Bestimmung der Permanganatzahl im Borax (s. S. 221). Die Permanganatzahl wird für 100 ml Boraxablauge angegeben.

Fehlerquellen. Siehe Boraxuntersuchung, S. 221.

Die titrierten Lösungen sollen farblos sein, sonst ist womöglich nicht die gesamte organische Substanz oxydiert gewesen.

Literatur. Methode eines Betriebes.

IV. Die Untersuchung der Preßkuchen

Grundlage. Der Preßkuchen (Rückstandschlamm aus der Filterpresse vom Aufschluß des Borminerals) soll möglichst arm an Borsäure sein. Man untersucht ihn daher auf die Menge des noch vorhandenen gesamten Bortrioxyds, und zwar nach den für die Untersuchung von Borax anzuwendenden Methoden.

Anwendungsbereich und Bedeutung. Die Untersuchung gibt Aufschluß darüber, ob der Rückstandschlamm genügend ausgelaugt worden ist. Es ist besonders darauf zu achten, daß eine einwandfreie Durchschnittsprobe genommen wird.

Genauigkeit. 2.

Dauer. 2 Std.

Ausführung.

1. Die Bestimmung des Gesamt-Bortrioxyds

Die Probe wird zunächst in einer Reibschale gut durchgeknetet und gemischt. Dann werden 10 g davon in einem 750 ml-ERLENMEYER-Kolben mit etwa 100 ml Wasser aufgeschlämmt, mit Salzsäure angesäuert und 30 min am Rückflußkühler gekocht. Hierauf spült man das Ganze in einen 500 ml-Meßkolben über, füllt nach dem Abkühlen bis zur Marke auf und filtriert. Vom Filtrat werden 100 ml = 2 g Einwaage mit n/2-Natronlauge gegen Methylorange genau neutralisiert, worauf das Bortrioxyd in der beim Bormineral (s. S. 213) angegebenen Weise titriert wird.

Verbrauchte ml n/2-Natronlauge · 0,01741 · 50 = % Ges.-B_2O_3

2. Die Bestimmung des wasserlöslichen Bortrioxyds

10 g der Probe werden in einem 750 ml-ERLENMEYER-Kolben mit etwa 250 ml Wasser aufgeschlämmt und 30 min am Rückflußkühler gekocht. Nach dem Abkühlen gibt man zur Verbesserung der Filtrierfähigkeit 20 g Natriumchlorid hinzu, spült das Ganze in einen 500 ml-Meßkolben über und füllt zur Marke auf. Dann filtriert man die Lösung durch ein Faltenfilter und verwendet vom klaren Filtrat 100 ml = 2 g Einwaage für die nachfolgende Borsäuretitration, nachdem man zuvor die Lösung genau neutralisiert hat. Die Borsäuretitration erfolgt wie beim Bormineral (s. S. 213).

Verbrauchte ml n/2-Natronlauge · 0,01741 · 50 = % wasserlösl. B_2O_3

Fehlerquellen. Siehe Bortrioxydbestimmung im Borax, S. 221. — Bei diesen Bestimmungen kommen z. T. nur kleine Mengen von Bortrioxyd in Frage. Um noch titrierbare Mengen zu erhalten, muß man die Einwaage gegebenenfalls auch größer wählen. — Des Durchschnittes wegen muß von mehreren Stellen des Preßkuchens eine Probe entnommen werden.

Literatur. Methode eines Betriebes.

V. Die Untersuchung der Hilfsstoffe

1. Wasserglas

Grundlage. Das Wasserglas dient zur Reinigung der Boraxlaugen. Seine Untersuchung beschränkt man meist auf die Bestimmung der Kieselsäure, die in bekannter Weise durch Eindampfen mit Salzsäure ermittelt wird.

Anwendungsbereich und Bedeutung. Die Methode ist für alle durch Säuren zersetzbaren Silicate anwendbar.

Genauigkeit. 1.

Dauer. 4 Std.

Ausführung. Von der bereits im Betrieb verdünnten Wasserglaslösung werden 10 ml in einer Platinschale mit Salzsäure (1,19) versetzt und zur Trockne eingedampft. Dann erhitzt man das Salzgemisch zur völligen Abscheidung des Siliciumdioxyds noch 2 Std. bei 140° und nimmt es mit Salzsäure (1,19) mit heißem Wasser auf. Nach dem Abfiltrieren und Auswaschen wird der Rückstand im Platintiegel bei 1100° 30 min geglüht und gewogen. Zur Reinheitsprüfung wird mit Schwefelsäure und Flußsäure abgeraucht, worauf man abermals wägt. Die Gewichtsdifferenz zwischen rohem Siliciumdioxyd und einem nach der Behandlung mit

Flußsäure gewogenen Rückstand entspricht dem Gewicht des vorhandenen Siliciumdioxyds.

Fehlerquellen. Bei höheren Siliciumdioxydgehalten ist es notwendig, sich durch nochmaliges Eindampfen des Filtrats von der Vollständigkeit der ersten Siliciumdioxydabscheidung zu überzeugen.

Literatur. BERL-LUNGE: Chemisch-technische Untersuchungsmethoden, Bd. IX, 8. Aufl., S. 520. Berlin: Springer.

2. Natronerde

Grundlage. Die „Natronerde“ wird in Form einer ätzalkalischen Natriumaluminatlösung zur Reinigung der Boraxlaugen verwandt. Die Analyse erstreckt sich auf die Bestimmung des Gehaltes an Natriumaluminat und an freiem Ätzalkali, indem man zunächst in der Lösung durch Einleiten von Kohlendioxyd das Tonerdehydrat quantitativ abscheidet und bestimmt und dann im Filtrat das gesamte vorhandene Ätzalkali mit n/2-Salzsäure gegen Methylorange titriert. Durch Errechnung des an Tonerde gebundenen Alkalis ergibt sich aus der Differenz das freie Alkali.

Anwendungsbereich und Bedeutung. Die Methode ergibt gute Resultate. Das Aluminiumhydroxyd fällt körnig aus und läßt sich daher gut auswaschen.

Genauigkeit. 2.

Dauer. 3 Std.

Ausführung. Von der klaren Natronerdelösung werden 18 bis 20 g in einem Wägegläschen abgewogen, mit Wasser in einen 500 ml-Meßkolben übergespült und zur Marke aufgefüllt. Von dieser Lösung werden 50 ml in einem 250 ml-Becherglas mit 100 ml Wasser verdünnt und mit 3 Tropfen Phenolphthalein versetzt. Nun leitet man Kohlendioxyd bis zur Entfärbung der Lösung ein, was ungefähr 20 bis 30 min dauert. Nach Zugabe von 50 ml heißem Wasser läßt man den Niederschlag von Tonerdehydrat kurze Zeit absitzen, filtriert ihn dann auf ein Blaubandfilter ab und wäscht ihn sorgfältig mit heißem Wasser aus. Er wird in einem gewogenen Platintiegel bis zur Gewichtskonstanz geglüht. Auswaage = Al_2O_3. Das Filtrat kühlt man ab und titriert es mit n/2-Salzsäure und Methylorange.

$$\text{Verbrauchte}\ \frac{\text{ml n/2-Salzsäure} \cdot 0{,}02000 \cdot 100}{\text{angewandte Menge}} = \%\ \text{Gesamt-NaOH}$$

Berechnung. Al_2O_3 mal 1,6078 = $Na_2Al_2O_4$,

$Na_2Al_2O_4$ mal 0,4879 = NaOH, gebunden an Al_2O_3,

Gesamt-NaOH — NaOH, gebunden an Al_2O_3, = freies NaOH.

Fehlerquellen. Es ist zweckmäßig, das Einleiten von Kohlendioxyd etwas länger als bis zum Eintreten der Farblosigkeit fortzusetzen, weil sonst nachträglich noch Aluminiumhydroxyd ausfallen kann.

Literatur. BERL-LUNGE: Chemisch-technische Untersuchungen, Bd. III, 8. Aufl., S. 37. Berlin: Springer 1932.

3. Aktivkohle

Grundlage. Die Aktivkohle benutzt man zur Entfärbung der Boraxlaugen. Sie wird deshalb nach ihrer Entfärbungskraft beurteilt. Ein Mangangehalt ist unerwünscht. Die Entfärbungskraft wird durch colorimetrischen Vergleich einer mit Aktivkohle behandelten und einer unbehandelten Boraxlauge ermittelt. Mangan wird colorimetrisch bestimmt.

Anwendungsbereich und Bedeutung. Die Methode zur Bestimmung der Entfärbungskraft ist auf Betriebsverhältnisse zugeschnitten. Die Manganbestimmung ist allgemein anwendbar für Materialien mit geringem Mangangehalt.

Genauigkeit. 2.

Dauer. 1 Std. für die Bestimmung der Entfärbungskraft; 2 Tage für die Manganbestimmung.

Ausführung.

a) Die Bestimmung der Entfärbungskraft

Man setzt zu 500 ml Boraxablauge 0,5 g der zu untersuchenden Aktivkohle, erwärmt die Mischung auf 60° und rührt sie bei dieser Temperatur 15 min um. Dann wird rasch durch ein Faltenfilter filtriert und die Farbintensität des klaren, abgekühlten Filtrats mit der der unbehandelten Boraxablauge im Eintauchcolorimeter verglichen. Es sei: h = Schichthöhe der unbehandelten Boraxablauge, h_1 = Schichthöhe der mit Aktivkohle behandelten Boraxablauge.

Dann ist der Entfärbungsgrad, ausgedrückt in Prozenten:

$$E = \left(1 - \frac{h}{h_1}\right) \cdot 100$$

Die Aktivität der Kohle ist von Zeit zu Zeit mit einem Farbstoff zu kontrollieren (Eichung).

b) Die Bestimmung des Mangans

10 g Kohle werden in einer Platin- oder Quarzschale verascht. Das Veraschen geschieht in der Weise, daß die Kohle in kleinen Anteilen in die Schale eingetragen wird, immer wenn der vorhergehende Anteil verascht ist. Die Asche wird mit Kaliumpyrosulfat aufgeschlossen, die Schmelze in salzsäurehaltigem Wasser gelöst und das Siliciumdioxyd in üblicher Weise abgeschieden. Das Filtrat vom Siliciumdioxyd macht man mit Natronlauge gegen Lackmuspapier schwach alkalisch und leitet in die 60° warme Lösung 4 Std. Ozon ein. Das ausgeschiedene Mangan wird abfiltriert und ausgewaschen, das Filter mit dem Niederschlag verascht, der Rückstand mit Salzsäure aufgenommen, durch Digerieren gelöst und die Lösung im Meßkolben zu 250 ml aufgefüllt. 2,5 ml dieser Lösung (= 0,1 g Kohle) dampft man nach Zusatz von Schwefelsäure ein und nimmt, sobald die Säuren im Porzellantiegel abgeraucht sind, den Rückstand mit Salpetersäure auf. In der salpetersauren Lösung wird nach dem Kochen mit Bleidioxyd das Mangan in der beim Bormineral (s. S. 216) angegebenen Weise colorimetrisch bestimmt.

Fehlerquellen. Der colorimetrische Vergleich muß sich unmittelbar an die Oxydation zu Permangansäure anschließen. Siehe auch S. 216.

VI. Die Untersuchung der natürlichen sowie der technischen Borsäure

Die natürliche Borsäure wird unrein aus den Fumarolen gewonnen. Die Reinigung erfolgt durch Lösen in Wasser oder kochender verdünnter Schwefelsäure und nochmaliger Kristallisation. Die technische Borsäure wird rein aus Natriumborat durch Behandeln mit Schwefel- oder Salzsäure hergestellt. Für die Analyse der Borsäure werden die für die Untersuchung von Borax gültigen Methoden angewendet.

VII. Die Untersuchung des Bor(III)-chlorids

Bor(III)-chlorid wird durch Überleiten von Chlor über ein glühendes Gemisch von Bortrioxyd und Kohle erhalten. Es ist eine farblose, leicht bewegliche, rauchende, zersetzliche Flüssigkeit (Sdp. +18°). Mit Wasser spaltet es sich schnell in Salzsäure und Borsäure unter starker Wärmeentwicklung. In dieser Lösung können das Bortrioxyd nach Zusatz von überschüssiger Natronlauge und das Chlor wie üblich nach VOLHARD bestimmt werden.

VIII. Die Untersuchung des elementaren Bors

Zur unmittelbaren Darstellung von reinem, *kristallisiertem* Bor benutzt die Technik die thermische Zersetzung flüchtiger Borverbindungen, vor allem des Bortrichlorids, im Vakuum an einem glühenden Faden (nach VAN ARKEL und DE BOER) oder die Zersetzung von Bortrichlorid bei Gegenwart von Wasserstoff durch Hochfrequenzfunken zwischen Wolframelektroden (nach HACKSPILL).

Amorphes Bor erhält man als braunes Pulver durch Reduktion von Bortrioxyd mit metallischem Natrium oder Magnesium. Von den Verunreinigungen befreit man es durch Auskochen zunächst mit verdünnter Salzsäure, darauf durch Behandeln mit Flußsäure. Es enthält bis 98% Bor.

Grundlage. Die Analyse des elementaren Bors erstreckt sich auf die Bestimmung des Borgehaltes und der Verunreinigungen, wie Silicium, Aluminium, Magnesium und Natrium. Zur Ermittlung des Borgehaltes wird die Probe mit einem Gemisch von Natriumkaliumcarbonat, Natriumhydroxyd und Natriumperoxyd aufgeschlossen. In einem abgemessenen Anteil der Schmelzlösung bestimmt man die Borsäure durch Titration mit n/2-Natronlauge bei Gegenwart von Glycerin oder Mannit.

Zur Bestimmung der Verunreinigungen entfernt man zunächst das Bor entweder als Borsäuremethylester oder durch mehrmaliges Abdampfen mit Salzsäure und Methylalkohol oder als Borfluorid durch häufiges Trockendampfen mit Salpeter- und Flußsäure. In der salzsauren Lösung des beim Eindampfen verbleibenden Rückstandes werden die genannten Verunreinigungen in üblicher Weise bestimmt. Im zweiten Falle muß das Silicium gesondert ermittelt werden.

Anwendungsbereich und Bedeutung. Bei der Borbestimmung muß wegen der geringen Einwaage besonders sorgfältig verfahren werden.

Genauigkeit. 2.

Dauer. 2 Tage für die Gesamtanalyse.

Ausführung.

1. Die Bestimmung der Bors

0,5 g Einwaage werden in einem geräumigen Nickeltiegel (70 ml) mit 1 bis 2 g Natriumkaliumcarbonat und 4 bis 5 g Natriumhydroxyd innig gemischt. Die Mischung wird im bedeckten Tiegel vorsichtig geschmolzen (Schutzbrille!). Dann läßt man abkühlen, gibt auf die erstarrte Schmelze 3 g Natriumperoxyd, schmilzt wieder und hält 10 bis 15 min im Fluß. Den erkalteten Tiegel stellt man in eine Porzellanschale (wegen des Überschäumens) und laugt den Schmelzfluß durch anfangs langsame Wasserzugabe, die allmählich gesteigert wird, aus. Darauf wird der Schaleninhalt durch ein 9 cm-Weißbandfilter filtriert und das Filtrat in einem 250 ml-Meßkolben aufgefangen. Den im Filter verbliebenen Rückstand (Nickelhydroxyd) prüft man durch Lösen in Salzsäure auf Vollständigkeit des Aufschlusses; ein etwa verbleibender unlöslicher Rückstand wird erneut aufgeschlossen. Die vereinigten Filtrate werden dann auf 250 ml aufgefüllt.

100 ml = 0,2 g Einwaage der filtrierten Lösung werden mit Salzsäure (1 + 3) gegen Methylorange neutralisiert und mit 2 ml n/2-Salzsäure im Überschuß versetzt. Sodann kocht man die Lösung $^1/_2$ Std. am Rückflußkühler zum Vertreiben des Kohlendioxyds. Nach dem Abkühlen neutralisiert man die überschüssige Salzsäure genauestens mit n/2-Natronlauge, setzt zur Lösung 30 ml (gegen Phenolphthalein mit n/2-NaOH neutralisiertes) Glycerin hinzu und titriert mit n/2-Natronlauge gegen Phenolphthalein. Anschließend werden nochmals 20 ml Glycerin zugesetzt, um festzustellen, ob ein weiterer Verbrauch an Natronlauge stattfindet. Die Titration ist beendet, wenn auf den letzten Glycerinzusatz die Rosafärbung nicht mehr verschwindet.

$$\text{Verbrauchte ml n/2-Natronlauge} \cdot 0{,}00541 \cdot 500 = \%\ \text{B}$$

2. Die Bestimmung der Verunreinigungen (Silicium, Aluminium, Magnesium, Natrium)

Ausführungsart a). 2 g werden in einer Porzellanschale in Königswasser gelöst. Die Lösung dampft man nach Zusatz von 50 ml Methylalkohol und 40 ml Salzsäure (1,19) zur Trockne und wiederholt diese Behandlung mehrere Male bis zum Entfernen der Borsäure. Gleichzeitig wird dadurch das Siliciumdioxyd unlöslich gemacht, die man wie üblich bestimmt. Im Filtrat vom Siliciumdioxyd entfernt man die überschüssige Salzsäure durch Eindampfen, nimmt das Konzentrat mit Wasser auf, fällt Aluminium und Magnesium durch Zugabe von Barytwasser und filtriert. Das Natrium wird alsdann als Sulfat bestimmt, nachdem man vorher das überschüssige Barium mit Schwefelsäure abgeschieden hat. Den durch Barytwasser erhaltenen Niederschlag löst man in wenig Salzsäure, scheidet das Barium mit Schwefelsäure ab, fällt das Aluminium doppelt mit Ammoniak und scheidet in den vereinigten Filtraten das Magnesium als Phosphat ab (s. S. 215).

Ausführungsart b). 2 g werden im Platintiegel mit Salpeter- und Flußsäure gelöst. Man dampft die Lösung zur Trockne und wiederholt dieses Abrauchen mit dem gleichen Säuregemisch mehrere Male. Danach glüht man den Rückstand und wägt. Nach dem Aufnehmen mit wenig Salzsäure verfährt man zur Abscheidung und Bestimmung des Aluminiums, Magnesiums und Natriums wie bei der Ausführungsart a).

Fehlerquellen. Siehe Bortrioxydbestimmung im Borax, S. 221.

Literatur. Z. analyt. Chem. Bd. 77 (1929) S. 68. — Chemist-Analyst (1926) S. 26.

IX. Die Untersuchung der Borlegierungen

1. „Quadratisches" und amorphes Bor

Quadratisches Bor wird entweder aus amorphem Bor durch Umschmelzen mit Aluminium oder unmittelbar durch Reduktion von Bortrioxyd mit Aluminium erhalten. Es enthält stets Aluminium (bis zu 10%) und ist deshalb richtiger als Legierung anzusehen. Unter Umständen ist es außerdem kohlenstoffhaltig (eine Verbindung AlB_{12} mit mechanisch davon abtrennbarer kohlenstoffhaltiger Beimengung von $3\,AlB_{12} + 2\,B_4C$).

Die Untersuchung des Bors erfolgt nach Abschnitt VIII, die des Aluminiummetalls nach S. 52ff. (Kapitel Aluminium) oder nach Bd. I, 2. Aufl., S. 30.

Der Aufschluß der Legierung selbst kann durch Schmelzen mit Kaliumhydrogensulfat oder Lösen mit siedender Salpetersäure unter dem Abzug erfolgen. Im übrigen verfährt man, wie beim elementaren Bor (s. oben) angegeben. Nach Verflüchtigung der Borsäure mittels Salzsäure und Methylalkohol fällt man das Aluminium mit Ammoniak, mit Oxin oder mit Ammoniumphosphat (s. Kapitel Aluminium, S. 6ff.).

2. Calciumbor

Calcium und Bor lösen sich in geschmolzenem Zustand. Bor wird als fein verteiltes Pulver zugesetzt. Verbindung CaB_6.

Die Untersuchung erfolgt nach Bd. I, 2. Aufl., S. 109.

3. Ferrobor

wird elektrothermisch oder aluminothermisch erzeugt. Als Rohmaterial dienen Borsäure oder das kalifornische Bormineral Colemanit bzw. Ulexit (Boronatrocalcit).

Grundlage. Die Probe wird mit Kaliumnatriumcarbonat und Natriumperoxyd aufgeschlossen. Die Bestimmung der Borsäure erfolgt durch Titration mit n/2-Natronlauge in Gegenwart von Mannit. Über die Bestimmung des Kohlenstoffes, Eisens, Siliciums, Aluminiums s. wie bei Calciumbor, Analyse der Metalle, Bd. I, 2. Aufl., 1949, S. 109.

Anwendungsbereich und Bedeutung. Die Methode ist in ihrer Durchführung einfacher als die Perhydrol-Salpetersäure-Methode.

Genauigkeit. 2.

Dauer. 2 Std.

Ausführung. 1 g Ferrobor wird in einem Reineisen-, Reinnickel- oder Silbertiegel mit etwa 10 g eines Gemisches von Natriumperoxyd und Natriumkaliumcarbonat (1 + 1) aufgeschlossen. Die erkaltete Schmelze löst man in einem Becherglas mit warmem Wasser und füllt die Lösung zu 1 l auf. Man filtriert je nach der Menge des Borgehaltes 100 bis 250 ml ab und säuert die Lösung mit verdünnter Salzsäure (Methylorange) schwach an. Das Kohlendioxyd wird durch Kochen am Rückflußkühler verjagt und die erkaltete Lösung mit kohlendioxydfreier Natronlauge neutralisiert. Nun setzt man der Lösung 20 bis 30 g Mannit zu und titriert mit n/2-Natronlauge (Phenolphthalein), bis die rote Farbe nicht mehr verschwindet. Zur Prüfung setzt man darauf nochmals 5 g Mannit zu und titriert, falls sich die Lösung wiederum entfärbt hat, mit der Lauge weiter, bis die Rotfärbung bestehenbleibt (s. Bd. I, 2. Aufl., S. 106 u. 109).

Fehlerquellen. Das Kohlendioxyd muß restlos verkocht werden.

Bemerkungen. Bei aluminiumhaltigem Ferrobor ändert sich der vorstehende Analysengang wie folgt:

Das Aluminium, welches als Aluminat in Lösung gegangen ist, muß für die Titration entfernt werden. Hierzu versetzt man die filtrierten 100 bis 250 ml mit einer Kalkmilchlösung (CaO aufgeschlämmt in Wasser) und kocht etwa 5 min. Lösung samt Niederschlag werden dann im Meßkolben aufgefüllt und je nach dem Borgehalt entsprechende Mengen abfiltriert.

Der weitere Analysengang verläuft, wie oben angegeben.

Literatur. Kassler, J.: Untersuchungsmethoden für Roheisen, Stahl und Ferrolegierungen. Stuttgart: F. Enke 1932. — Jörgensen, G.: Über die maßanalytische Bestimmung der Borsäure. Z. angew. Chem. Bd. 10 (1897) S. 5—7.

Kapitel 8

Cadmium*

Inhalt

---

*	1. Auflage	2. Auflage
Bearbeiter:	**Ensslin**	**Darius, Hesse**
Mitarbeiter:	**Ahrens, Boy, Haupt, Kilian, Milde**	**Ahrens, Dreyer, Kilian**

A. Vorkommen

Mineralien mit größeren Gehalten an Cadmium treten nur vereinzelt auf; als wichtigste sind zu nennen der *Greenoockit* (CdS) und der *Otavit* (ein basisches Cadmiumcarbonat mit etwa 61,5% Cd). Die Hauptmenge des technisch gewonnenen Cadmiums fällt bei der Verarbeitung der Zinkerze an, welchen es als Sulfid beigemengt ist.

B. Qualitativer Nachweis

Cadmiumverbindungen geben, mit Soda auf Kohle vor dem Lötrohr erhitzt, einen gelbbraunen Beschlag von Cadmiumoxyd.

Der Nachweis auf nassem Wege ist umständlicher, da das Cadmium erst abgetrennt werden muß: Man löst die zu untersuchende Substanz in Salpetersäure und raucht die Lösung mit Schwefelsäure ab. Nach dem Verdünnen mit Wasser fällt man durch Zugeben von Ammoniak und Ammoniumcarbonat im Überschuß die damit fällbaren Elemente aus und filtriert. Nach dem Auswaschen des Niederschlages wird das Filtrat mit so viel Schwefelsäure (1 + 1) versetzt, daß es 6 Vol.-% freie Säure enthält, und mit Schwefelwasserstoff gesättigt. Cadmium fällt hierbei als gelbes Cadmiumsulfid. Ist der Niederschlag etwa von Kupfersulfid dunkel bzw. schwarz gefärbt, so löst man ihn in Salpetersäure (1,40), verdünnt die Lösung mit Wasser und neutralisiert sie mit Natronlauge. Dann gibt man 1 g Kaliumcyanid hinzu, um das Kupfer komplex zu binden, und leitet wiederum Schwefelwasserstoff ein. Bei Anwesenheit von Cadmium erhält man sodann reingelbes Sulfid.

Der Nachweis des Cadmiums kann auch auf spektrographischem Wege erfolgen (siehe H. Moritz: Spektrochemische Betriebsanalysen, S. 92. Stuttgart: F. Encke).

C. Analysen bei der Gewinnung des Cadmiums

Bei der trockenen Verhüttung cadmiumhaltiger Zinkerze reichert sich das Cadmium wegen seiner Flüchtigkeit im Flugstaub des Röstprozesses an. Ferner geht ein Teil des Cadmiums beim Muffelbetrieb in das Rohzink über, ein anderer sammelt sich im Zinktraß an. Bei der Raffination des Zinks nach dem New-Jersey-Verfahren entsteht cadmiumhaltiger, metallischer Flugstaub, welcher je nach dem Cadmiumgehalt des vorlaufenden Rohzinks ein bis mehrere Prozente Cadmium enthalten kann.

Bei der nassen Verarbeitung der gerösteten Zinkerze durch Elektrolyse wird das Cadmium aus den Rohlaugen durch Zugabe von Zinkstaub zusammen mit dem Kupfer und anderen edleren Metallen als Metallschlamm ausgefällt. Dieser dient als weiteres Ausgangsprodukt für die Cadmiumgewinnung.

I. Cadmiumhaltige Erze

Cadmium tritt hauptsächlich als Begleiter von Zinkerzen auf, aber meist mit Gehalten, die unter 1% liegen. Soweit Bleierze, Schwefelkiese usw. Cadmium enthalten, ist dieses stets an die mitvorkommenden Zinkmineralien gebunden.

1. Die Bestimmung des Cadmiums auf elektrolytischem Wege

a) Aus kaliumcyanidhaltiger Lösung

Grundlage. Das Erz wird in Königswasser gelöst und die Lösung mit Schwefelsäure abgeraucht. In der schwefelsauren Lösung werden sodann die Metalle der Schwefelwasserstoffgruppe durch Einleiten von Schwefelwasserstoff ausgefällt. Nach dem Entfernen des Arsens, Antimons und Zinns durch Behandlung mit Natriumsulfidlösung wird der Sulfidniederschlag in Salpetersäure gelöst und das Wismut aus dieser Lösung mit Ammoniak und Ammoniumcarbonat abgeschieden. Im Filtrat fällt man das Cadmium aus kaliumcyanidhaltiger Lösung mit Schwefelwasserstoff als Sulfid, löst dieses in Salpetersäure und setzt es durch Abrauchen der Lösung mit Schwefelsäure in Sulfat um. Nach Zugeben von Natronlauge wird das Cadmium aus Kaliumcyanid enthaltender Lösung schnellelektrolytisch niedergeschlagen.

Anwendungsbereich und Bedeutung. Das Verfahren gestattet (bei entsprechenden Einwaagen) Cadmiumgehalte von etwa 0,1% an genau zu bestimmen. Die Auswaage soll mindestens 20 mg betragen.

Genauigkeit. 2.

Dauer. 6 bis 7 Std.

Ausführung. Je nach dem Cadmiumgehalt werden 2 bis 20 g Erz mit 30 bis 100 ml Königswasser aufgeschlossen. Dann gibt man 10 bis 50 ml Schwefelsäure (1 + 1) hinzu und dampft die Lösung bis zum Auftreten von Schwefelsäuredämpfen ein. Nach dem Abkühlen nimmt man mit Wasser auf und gibt noch so viel Schwefelsäure (1 + 1) hinzu, daß die Lösung 5 bis 6 Vol.-% davon enthält. Dann werden der ungelöste Rückstand und das abgeschiedene Bleisulfat abfiltriert und mit kalter Schwefelsäure (1 + 19) ausgewaschen. In das auf 60 bis 80° erwärmte Filtrat leitet man nun bis zum Erkalten Schwefelwasserstoff ein, wobei die Sulfide der Schwefelwasserstoffgruppe ausfallen. Sie werden abfiltriert und mit schwefelwasserstoffhaltiger Schwefelsäure (1 + 19) ausgewaschen, um eine vollkommene Trennung vom Zink zu erreichen. Danach behandelt man den Niederschlag mit warmer Natriumsulfidlösung (20 g $Na_2S \cdot 9H_2O$/l), um die Sulfosalzbildner zu entfernen, und löst die zurückbleibenden Sulfide in heißer Salpetersäure (1 + 2). Etwa vorhandenes Wismut in der Lösung fällt man durch Zugabe von Ammoniak und 10 ml Ammoniumcarbonatlösung (100 g/l) aus, filtriert es ab und wäscht es mit Ammoniumcarbonatlösung (10 g/l) aus. Das Filtrat wird mit 5 g Kaliumcyanid versetzt und mit Schwefelwasserstoff gesättigt; hierbei fällt reines Cadmiumsulfid aus. Es wird abfiltriert und mit Kaliumcyanidlösung (5 g/l), in die man Schwefelwasserstoff eingeleitet hat, ausgewaschen. Man löst es in heißer Salpetersäure (1 + 2). Falls störende Mengen Silber vorhanden sind, wird die Lösung auf 250 ml verdünnt und durch einige Körnchen Kochsalz das Silber als Silberchlorid ausgefällt. Nach dem Abfiltrieren des Silberchlorids raucht man die Lösung mit Schwefelsäure bis fast zur Trockne ein. Nach dem Erkalten verdünnt man sie auf etwa 200 ml, gibt 2 bis 3 g reinstes Natriumhydroxyd und 4 bis 5 g Kaliumcyanid hinzu und scheidet das Cadmium aus dieser Lösung bei 40 bis 50° schnellelektrolytisch mit einer Anfangsstromstärke von 1 bis 4 A ab. Als Elektroden verwendet man Platindrahtnetzelektroden nach FISCHER, welche in den Elektrolyten vollständig eingetaucht sein sollen. Die Abscheidungsdauer beträgt 30 bis 40 min.

Den Elektrolyten prüft man dann durch Zugabe von 1 Tropfen Natriumsulfidlösung zu 1 ml des Elektrolysats auf Vollständigkeit der Fällung.

Um Verluste beim Auswaschen und bei der Abnahme der Elektroden zu vermeiden, ist es angezeigt, den Elektrolyten unter dauerndem Stromdurchgang bei gleichgehaltenem Volumen laufend mit Wasser zu verdünnen, bis die Stromstärke nahezu auf Null abgesunken ist. Der Ablauf geschieht dabei vom Boden des Gefäßes aus, gegebenenfalls mittels eines kleinen Glashebers. Nach Rückgang der Stromstärke entfernt man in rascher Aufeinanderfolge der Arbeitsgänge die Waschlösung, taucht die Kathode kurze Zeit in reinen 96proz. Alkohol, trocknet sie schnell in bewegter Luft ohne Erwärmen und wägt sie.

Fehlerquellen. Bei vorstehender Arbeitsweise tritt eine geringe Gewichtsabnahme der Platinanode ein, sie hält sich jedoch in so geringen Grenzen, daß weder ein merklicher Platinverlust noch der dadurch bedingte, unbedeutende Analysenfehler (Mehrbefund) die sonst in jeder Beziehung zuverlässige und einfache Methode in ihrem Wert beeinträchtigt. Nach den praktischen Erfahrungen beträgt die Gewichtsabnahme der Platinanode bei der Bestimmung höchstens 0,2 mg. Diese Menge wird zudem nicht vollständig kathodisch niedergeschlagen. Der Fehler könnte bei 0,2 g Cadmiumauswaage damit im ungünstigsten Falle 0,1% (relativ) betragen, was für praktische Verhältnisse noch als zulässig gelten kann.

Literatur. RIMBACH: Z. analyt. Chem. Bd. 37 (1898) S. 284. — AVERYN u. DATES: J. Amer. chem. Soc. Bd. 19 (1897) S. 380. — BEILSTEIN u. JAWEIN: Ber. dtsch. chem. Ges. Bd. 12 (1879) S. 260.

b) Aus Kaliumhydrogensulfatlösung

Anwendungsbereich und Bedeutung. Die elektrolytische Abscheidung aus Kaliumhydrogensulfatlösung gestattet Bestimmungen von Cadmium über 20 mg. Die erhaltenen Werte sind auf mindestens 0,1% genau.

Genauigkeit. 1.

Dauer. 6 bis 7 Std.

Ausführung. Die nach der vorigen Vorschrift erhaltene schwefelsaure Cadmiumsulfatlösung wird mit Natronlauge (200 g/l) neutralisiert und 5 ml davon im Überschuß zugegeben. Der ausgefallene Niederschlag wird mit festem Kaliumhydrogensulfat in Lösung gebracht. Zu der Lösung werden 6 g festes Kaliumhydrogensulfat gegeben und das Ganze auf 300 ml verdünnt. Die Elektrolyse wird mit Platinnetzelektroden durchgeführt. Man beginnt mit 0,2 A und steigert die Stromstärke viertelstündlich um 0,2 A bis auf 1 A. Mit dieser Stromstärke wird die Elektrolyse noch ungefähr eine Stunde durchgeführt. Nach Beendigung der Abscheidung werden die Elektroden unter Stromdurchgang herausgehoben, mit Wasser abgespült, anschließend mit Alkohol und Aceton gewaschen und mit dem Föhn getrocket. Die Nachprüfung des Elektrolyten auf vollständige Cadmiumabscheidung erfolgt durch Einleiten von Schwefelwasserstoff.

Literatur. BÜTTGENBACH, B.: Z. analyt. Chem. Bd. 65 (1925) S. 452.

2. Die Bestimmung des Cadmiums als Sulfat

Grundlage. Das nach der vorher beschriebenen Methode aus der kaliumcyanidhaltigen Lösung gefällte Cadmiumsulfid wird in Salpetersäure gelöst und das Cadmium aus schwefelsaurer Lösung nochmals durch Schwefelwasserstoff abgeschieden. Man löst den Niederschlag dann abermals in Salpetersäure und dampft die Lösung in einem gewogenen Porzellantiegel zur Trockne. Das Cadmiumnitrat wird mit Schwefelsäure abgeraucht, das Sulfat schwach geglüht und gewogen.

Anwendungsbereich und Bedeutung. Diese klassische Methode gibt bei sorgfältiger Ausführung zuverlässige Resultate.

Genauigkeit. 1.

Dauer. 12 Std.

Ausführung. Der bei der Fällung mit Schwefelwasserstoff in Kaliumcyanid enthaltender Lösung entstandene Cadmiumsulfidniederschlag (s. oben) enthält stets noch Spuren von Kaliumsalzen, welche entfernt werden müssen, wenn das Cadmium als Sulfat bestimmt werden soll. Man löst ihn daher in heißer Salpetersäure (1 + 2) und raucht die Lösung nach Zugabe von etwas Schwefelsäure fast zur Trockne. Dann verdünnt man auf 100 ml und gibt noch so viel Schwefelsäure hinzu, daß die Lösung etwa 5 bis 6 Vol.-% freie Schwefelsäure enthält. Anschließend wird in die auf 80° erhitzte Lösung Schwefelwasserstoff bis zum Erkalten eingeleitet. Man filtriert das ausgefällte Cadmiumsulfid ab, wäscht mit 5vol.-proz. schwefelsaurem Schwefelwasserstoffwasser aus und löst wiederum in heißer Salpetersäure (1 + 2). Nach dem Verdünnen der Lösung mit 20 ml Wasser wird in einen gewogenen Porzellantiegel filtriert und auf dem Wasserbad zur Trockne eingedampft. Sodann versetzt man das Nitrat vorsichtig mit 1 ml Schwefelsäure (1 + 1) und raucht die Lösung auf dem Sandbad zur Trockne. Das Cadmiumsulfat wird bei 450° geglüht.

Es muß reinweiß sein. Sollte es von organischer Substanz grau oder schwärzlich gefärbt sein, so muß man diese mit einigen Tropfen Salpetersäure oxydieren und nochmals mit Schwefelsäure zur Trockne eindampfen.

Umrechnungsfaktor auf Cadmium = 0,5392

Fehlerquellen. Ein Überhitzen beim Glühen des Cadmiumsulfats bedingt Verluste an Schwefelsäure und somit zu niedrige Werte. Beginn der Zersetzung bei 827°.

Literatur. Baubigny: Compt rend. Bd. 142 (1906) S. 792.

3. Die Bestimmung des Cadmiums durch Fällung mit β-Naphthochinolin

Grundlage. Saure, cadmiumhaltige Lösungen bilden mit β-Naphthochinolin in Gegenwart von Kaliumjodid einen weißen Niederschlag von $(C_{13}H_9N)_2H_2(CdJ_4)$, welcher in verdünnter Schwefelsäure und Salpetersäure schwer, in Salzsäure aber leicht löslich ist. Durch Basen tritt Zersetzung ein. Der Niederschlag ist ferner leicht löslich in Ketonen und Pyridin, schwerer in Alkohol und unlöslich in Äther und Benzol. Man zersetzt ihn durch Behandeln mit Natriumhydroxydlösung und macht die Lösung salzsauer. Nach Zusatz von Kaliumcyanidlösung und Stärkelösung als Indicator titriert man mit n/10-Kaliumjodatlösung nach R. Lang.

Anwendungsbereich und Bedeutung. Das Verfahren gestattet die Abtrennung des Cadmiums durch das Fällungsreagenz von beträchtlichen Mengen an Zink, Nickel, Kobalt, Mangan, 2wertigem Eisen, 3wertigem Chrom, Aluminium und Magnesium.

Genauigkeit. 2.

Dauer. 4 Std.

Ausführung. Die schwach schwefelsaure, cadmiumhaltige Lösung, welche frei von Chloriden sein soll, wird mit 50 ml 2 n-Schwefelsäure und 50 ml Natriumtartratlösung (100 g/l) versetzt. Dann gibt man eine zur Fällung des Cadmiums ausreichende Menge Reagenzlösung (2,5 g β-Naphthochinolin werden in 100 ml n/2-Schwefelsäure gelöst), einige Tropfen Schwefligsäurelösung sowie 25 ml n/5-Kaliumjodidlösung hinzu und hält das Gesamtvolumen auf etwa 150 ml. Nach einer Wartezeit von 15 bis 20 min wird die ausgefallene, weiße Cadmiumverbindung auf einen Filtertiegel abfiltriert und mit jeweils frisch bereitetem Waschwasser ausgewaschen. Dieses besteht aus 10 ml der oben angegebenen Reagenzlösung, 90 ml Wasser und 10 ml n/5-Kaliumjodidlösung. Man saugt den Niederschlag vollständig trocken, zersetzt ihn sodann durch 20 ml 2 n-Natronlauge und gibt so viel Salzsäure hinzu, daß die Lösung 5% freie Säure enthält. Nach dem Entfernen des sorgfältig abgespritzten Filtertiegels wird die Lösung mit 6 bis 8 ml n/2-Kaliumcyanidlösung sowie einigen Tropfen Stärkelösung versetzt und mit n/10-Kaliumjodatlösung nach R. LANG titriert.

1 ml n/10-Kaliumjodatlösung entspricht 0,9366 mg Cd

Die Titration des mit Natronlauge versetzten Cadmiumniederschlages kann auch nach der Acetonmethode von BERG erfolgen. Hierbei gibt man zu der salzsauren Lösung an Stelle der Kaliumcyanidlösung 20 ml Aceton und titriert gleichfalls mit n/10-Kaliumjodatlösung. Nach der Gleichung:

$$HJO_3 + 2\,HJ + 3\,C_3H_6O = 3\,C_3H_5OJ + 3\,H_2O$$

bildet sich jodiertes Aceton, wodurch das Jod gebunden wird.

Fehlerquellen. In Gegenwart von Antimon und Zinn muß man etwa die doppelte Menge der Natriumtartratlösung zugeben; außerdem verwendet man dann zweckmäßig n/1-Kaliumjodidlösung zur Fällung.

Literatur. LANG, R.: Z. anorg. Chem. Bd. 122 (1922) S. 332. — BERG, R.: Z. analyt. Chem. Bd. 69 (1926) S. 342—348, 369—374. — BERG, R., u. O. WURM: Ber. dtsch. chem. Ges. Bd. 60 (1927) S. 1664—1671. — PASS, A., u. A. WARD: Analyst Bd. 58 (1933) S. 667—672.

4. Die Bestimmung des Cadmiums durch Fällung mit Chinaldinsäure

Grundlage. Die Bestimmung des Cadmiums durch Fällung mit Chinaldinsäure in neutraler Lösung liefert einen Niederschlag der Zusammensetzung: $Cd(C_{10}H_6O_2N)_2$. Der Niederschlag ist in Mineralsäuren löslich und fällt beim Neutralisieren wieder aus. Ebenso ist er in Ammoniak löslich.

Anwendungsbereich und Bedeutung. Das Verfahren gestattet eine Trennung des Kupfers vom Cadmium, wobei das erstere bei einem p_H-Wert von 2,0 gefällt wird und quantitativ zur Wägung gebracht werden kann. Im Filtrat erhält man durch Neutralisieren das Cadmiumchinaldat, das sich nach dem Trocknen ebenfalls zur Bestimmung des Cadmiums eignet. Störend wirken bei der Bestimmung Zink und Eisen, die vorher entfernt werden müssen, während Blei, Nickel, Mangan, Kobalt sowie Arsen nicht mit ausfallen.

Genauigkeit. 2.

Dauer. Für die Cadmiumbestimmung ohne Trennung 3 Std., mit Kupferbestimmung 5 Std.

Ausführung. Die saure cadmiumhaltige Lösung wird mit Natronlauge unter Verwendung von Methylorange bis genau zum Umschlagspunkt des Indicators neutralisiert. Die etwa 100 bis 130 ml betragende Lösung wird kalt mit einem Überschuß einer Lösung von Natriumchinaldat (3 g in 100 ml) gefällt. Nach dem Absitzen wird der Niederschlag zunächst mit kaltem Wasser dekantiert und anschließend auf einem Filtertiegel mit kaltem Wasser so lange ausgewaschen, bis kein Sulfat im Waschwasser mehr nachzuweisen ist. Das Trocknen erfolgt bei 125°.

Umrechnungsfaktor auf Cadmium = 0,2461

Zur Trennung des Kupfers und Cadmiums neutralisiert man die beide Metalle enthaltende Lösung mit Alkalihydroxyd unter Verwendung von Methylorange als Indicator und säuert die Lösung durch Zugeben von 2 bis 5 ml 2 n-Schwefelsäure oder Salzsäure bis zur Erreichung eines p_H-Wertes von 2,0 wieder an. Die auf 150 ml verdünnte Lösung erhitzt man zum Sieden und versetzt unter Umrühren tropfenweise mit einem kleinen Überschuß von Natriumchinaldatlösung, wobei das grüne Kupfersalz sofort ausfällt. Der Niederschlag wird mit 30 bis 40 ml heißem Wasser 6mal dekantiert und anschließend auf einen Filtertiegel abfiltriert. Nach dem ausgiebigen Waschen mit heißem Wasser wird bei 125° getrocknet und als $Cu(C_{10}H_6O_2N)_2 \cdot H_2O$ zur Wägung gebracht.

Umrechnungsfaktor auf Kupfer = 0,1492

Das Filtrat von der Kupferfällung wird auf etwa 100 ml eingeengt, mit Alkalihydroxyd genau neutralisiert und das Cadmium durch Zugeben eines Überschusses der obengenannten Natriumchinaldatlösung, wie vorher beschrieben, gefällt.

Fehlerquellen. Die Trennung von Blei kann in Gegenwart von Natriumacetat durchgeführt werden. Störend wirken bei der Cadmiumbestimmung stets Zink und Eisen, die vorher entfernt werden müssen. Die bei dieser Methode gefundenen Kupferwerte zeigen eine leichte Tendenz nach oben, während die Cadmiumwerte eine Tendenz nach unten aufweisen. Die Fehler liegen jedoch innerhalb der Grenzen einer guten Analyse. Wichtig ist, daß bei der Trennung von Kupfer und Cadmium zur Fällung des Kupfers der p_H-Wert von 2 eingehalten wird. Auch muß die Fällung des Cadmiums genau in neutraler Lösung vorgenommen werden.

Literatur. Ray, P., u. M. K. Bose: Z. analyt. Chem. Bd. 95 (1933) S. 400. — Majumdar, A. K.: Analyst Bd. 64 (1939) S. 874—876; Bd. 68 (1943) S. 242—244. — Flagg, I. F., u. F. T. Mc Clure: J. Amer. Soc. Chem. Bd. 65 (1943) S. 234—239.

5. Die Bestimmung des Cadmiums auf polarographischem Wege

Vorschrift a)

Grundlage. Nach dem Lösen des Erzes in Königswasser und Einrauchen mit Schwefelsäure wird ein abgemessener Anteil der ammoniakalisch gemachten Lösung auf Cadmium polarographiert. Bei Eisengehalten über 3% ist eine doppelte Eisenfällung mit Ammoniak notwendig.

Anwendungsbereich und Bedeutung. Das Verfahren wird zur Bestimmung geringer Mengen Cadmium in Zinkerzen angewandt.

Genauigkeit. 1.

Dauer. 2 Std.; mit doppelter Eisenfällung 3 Std.

Ausführung. Man löst 2 g Erz in 10 ml Königswasser, raucht die Lösung mit 10 ml Schwefelsäure (1 + 1) ab und spült den Rückstand nach dem Aufnehmen mit Wasser in einen 100 ml-Meßkolben über. Der erkaltete Inhalt wird mit Ammoniak (1 + 1) zur Marke aufgefüllt und dann durch ein trockenes Faltenfilter filtriert. Dem Filtrat entnimmt man 5 ml, setzt 5 ml einer Grundlösung, bestehend aus 900 ml Ammoniak (0,91) und 100 ml einer 2proz. Tyloselösung, welche mit Natriumsulfit gesättigt wurde, hinzu und polarographiert sodann von $-0{,}2$ bis $-0{,}7$ V.

Beträgt der Eisengehalt des Erzes mehr als 3%, so verdünnt man die wie oben mit Schwefelsäure abgerauchte Lösung mit 50 ml Wasser, gibt 2 g Ammoniumsulfat hinzu und fällt das Eisen durch einen geringen Überschuß von Ammoniak aus. Nach dem Abfiltrieren und Auswaschen werden die Hydroxyde in heißer Schwefelsäure (1 + 3) gelöst. Zu dieser Lösung gibt man 1 g Ammoniumsulfat und fällt das Eisen wiederum mit Ammoniak aus. Man vereinigt die beiden Filtrate und spült sie nach dem Einengen in einen 100 ml-Meßkolben. Etwa vorhandenes Kupfer wird durch einige Körnchen Kaliumcyanid komplex gebunden. Dann polarographiert man 5 ml, wie vorhin angegeben.

Literatur. Hohn, H.: Chemische Analysen mit dem Polarographen. Berlin: Springer 1937.

Vorschrift b)

Grundlage. Das Erz wird mit Säure aufgeschlossen und mit Schwefelsäure abgeraucht. Das Cadmium wird mit Schwefelwasserstoff aus so schwach schwefelsaurer Lösung gefällt, daß Zinksulfid als Sammler mit ausfällt. Aus der salpetersauren Lösung der Sulfide wird das Kupfer elektrolytisch abgeschieden. Nach dem Abrauchen des Elektrolysates mit Schwefelsäure wird das Cadmium polarographiert.

Anwendungsbereich und Bedeutung. Das Verfahren dient zur Bestimmung geringer Mengen von Cadmium in zinkhaltigen Kiesen und ihren Abbränden.

Genauigkeit. 2.

Dauer. 8 Std.

Ausführung. 2mal je 25 g Material zersetzt man im 2 l-ERLENMEYER-Kolben mit je 200 ml Salzsäure (1,19) und etwas Flußsäure. Nach dem Einengen auf ein Volumen von etwa 50 ml gibt man je 75 ml Salpetersäure (1,40) und 75 ml Schwefelsäure (1 + 1) hinzu und raucht die Lösungen weitgehend ab. Nach dem Erkalten werden sie mit 500 ml Wasser verdünnt und von der Kieselsäure sowie vom Bleisulfat durch Filtrieren befreit. In die heißen Filtrate leitet man sodann Schwefelwasserstoff ein und verkocht dessen Überschuß, ohne zu filtrieren. Danach neutralisiert man die Lösungen mit Ammoniak und säuert sie wieder mit je 20 ml n-Schwefelsäure an. Sie werden auf 70° erhitzt und zur Ausfällung des restlichen Zinks nochmals mit Schwefelwasserstoff gesättigt. Bei zinkarmen Erzen fügt man etwas Zinklösung als Spurenfänger hinzu. Die Niederschläge werden abfiltriert und samt den Filtern in die Fällungskolben zurückgegeben, in denen man sie durch Erhitzen mit einem Gemisch von Salpetersäure (1,40) und Schwefelsäure (1,84) zerstört, bis die Lösung klar geworden ist. Darauf wiederholt man die Schwefelwasserstofffällung in schwach saurer Lösung (10 ml n-Schwefelsäure auf 250 ml Flüssigkeit), filtriert, zerstört das Filter wie vorher und dampft die Lösungen bis fast zur Trockne ein. Die Rückstände werden mit je 20 ml Salpetersäure (1,40) aufgenommen, die Lösungen mit etwa 300 ml Wasser verdünnt und heiß der Schnellelektrolyse unterworfen, um das Kupfer abzuscheiden. Die Elektrolysate raucht man wiederum mit 5 ml Schwefelsäure ab und spült dann die beiden Lösungen (50 g Einwaage) in einen 100 ml-Meßkolben, in dem man zur Marke auffüllt und sorgfältig durchmischt. Diese Gesamtlösung wird nun genau halbiert. Man benutzt dafür einen trockenen Meßkolben von 50 ml Fassungsvermögen, in den man die eine Hälfte einfüllt und aus dem sie dann in einen 100 ml-Meßkolben übergespült wird. Die andere Hälfte verbleibt im ersten 100 ml-Kolben. Eine der beiden Lösungen wird mit einer genau 2 mg Cadmium entsprechenden Cadmiumsalzlösung versetzt und dient als Test. Darauf füllt man beide Kolben mit der Grundlösung [100 g Ammoniumsulfat, 1 l Ammoniak (0,91), 2 g Leim] zu 100 ml auf.

Je 50 ml der abfiltrierten Lösung werden mit 1 g Natriumpyrosulfit ($Na_2S_2O_5$) versetzt; dann polarographiert man bei entsprechender Empfindlichkeit im Spannungsbereich von −0,4 bis −0,8 V.

Literatur. KOLTHOFF, J. M., u. J. E. LINGANE: Polarography, S. 269. New York: Interscience Publishers, Inc. 1946.

II. Oxydischer Flugstaub

Da der oxydische Flugstaub im allgemeinen nur ganz geringe Mengen Kupfer enthält, eignen sich die nachstehenden Verfahren gut für

1. Die Bestimmung des Cadmiums, gewichtsanalytisch als Metall oder als Cadmiumsulfat

Grundlage. Nach dem Lösen des Flugstaubes in Bromwasserstoffsäure wird durch Abrauchen der Lösung mit Schwefelsäure zunächst das Bleisulfat abgeschieden. Dann werden Zinn, Antimon, soweit noch vorhanden, und Wismut zusammen mit dem Eisen durch Ammoniak ausgefällt. Im Filtrat bestimmt man das Cadmium nach seiner Fällung als Sulfid und nach der Trennung vom Kupfer(II)-sulfid mittels Salzsäure elektrolytisch oder als Sulfat.

Anwendungsbereich und Bedeutung. Das Verfahren ist für die Cadmiumbestimmung im oxydischen Flugstaub geeignet, dessen Cadmiumgehalt über 1% beträgt.

Genauigkeit. 2.

Dauer. 6 bis 8 Std.

Ausführung. Je nach dem zu erwartenden Cadmiumgehalt werden 1 bis 5 g Flugstaub in 10 ml Bromwasserstoffsäure (1,49) gelöst. Nach Zugeben von 2 bis 5 ml Schwefelsäure (1 + 1) raucht man die Lösung nicht ganz bis zur Trockne ab, verdünnt sie dann mit 50 ml Wasser und filtriert das Ungelöste und das Bleisulfat ab. Es wird mit 1proz. Schwefelsäure ausgewaschen. Darauf gibt man zum Filtrat 5 ml Eisen(III)-sulfatlösung (2 g in 100 ml) und fällt in der Hitze mit Ammoniak im geringen Überschuß. Der ausfallende Eisen(III)-hydroxydniederschlag reißt die in der Lösung noch vorhandenen Sulfosalzbildner sowie das Wismut mit nieder. Das Filtrat der Eisenfällung versetzt man mit 5 g Kaliumcyanid und leitet Schwefelwasserstoff ein, um das Cadmium als Sulfid zu fällen. Die Weiterbehandlung des Niederschlages erfolgt nach S. 254 und die Endbestimmung des Cadmiums entweder elektrolytisch als Metall oder als Cadmiumsulfat.

Literatur. ZÖLLNER, C.: Z. analyt. Chem. Bd. 114 (1938) S. 8—15.

2. Die Bestimmung des Cadmiums, polarographisch

Grundlage. Nach dem Lösen des Flugstaubes in Salpetersäure und Abrauchen der Lösung mit Schwefelsäure wird filtriert. Im Filtrat, das man im Meßkolben auffüllt, erfolgt nach der Entnahme eines gemessenen Anteils die Cadmiumbestimmung auf polarographischem Wege.

Anwendungsbereich und Bedeutung. Man bedient sich dieser Methode zur Cadmiumbestimmung in oxydischen Flugstäuben mit Cadmiumgehalten bis zu 5%.

Genauigkeit. 1.

Dauer. 3 Std.

Ausführung. Man löst 2 bis 5 g des Flugstaubes in 20 bis 25 ml Salpetersäure (1 + 1) und raucht die Lösung mit Schwefelsäure bis nahe zur Trockne. Nach dem Aufnehmen mit Wasser wird vom Bleisulfat und anderem Ungelösten abfiltriert. Dann gibt man einige Körnchen Kaliumcyanid hinzu, um Kupfer komplex zu binden, füllt das Filtrat, je nach dem Cadmiumgehalt, in einem 200- oder 500 ml-Meßkolben zur Marke auf, entnimmt 5 ml, gibt 5 ml Grundlösung hinzu s. S. 237) und polarographiert zwischen —0,2 und —0,7 V.

III. Metallischer Flugstaub

Die Bestimmung des Cadmiums

Metallischer Flugstaub entsteht, wie bereits erwähnt, bei der Raffination des Zinks nach dem New-Jersey-Verfahren. Da er praktisch kupferfrei ist, erfolgt die Cadmiumbestimmung nach den bei den oxydischen Flugstäuben angeführten Verfahren (s. S. 238). Doch ist es notwendig, bei der Analyse von größeren Einwaagen (etwa 10 g) auszugehen, weil das Material weitgehend inhomogen ist. Man löst es in Salpetersäure (1 + 1) und raucht die Lösung mit Schwefelsäure bis fast zur Trockne ab. Dann nimmt man die Salze mit verdünnter Schwefelsäure von 5 bis 6 Vol.-% auf, erwärmt und spült das Ganze in einen 1 l-Meßkolben über, in dem es nach dem Erkalten mit Schwefelsäure der gleichen Konzentration zur Marke aufgefüllt wird. Der durch ein trockenes Faltenfilter filtrierten Lösung entnimmt man gemessene Anteile, die Cadmiummengen von 0,1 bis 0,5 g enthalten, und bestimmt letztere nach dem Abtrennen mit Schwefelwasserstoff als Sulfid, wie unter C. I. angegeben.

IV. Cadmiumhaltiger Metallschlamm

Im Metallschlamm, der aus der Reinigung der für die Zinkelektrolyse oder die Lithoponegewinnung bestimmten Laugen stammt, ist häufig mehr Cadmium als Kupfer enthalten. Außerdem ist dieser Zementationsschlamm auf Grund der Art seiner Gewinnung sehr fein, daher leicht oxydabel, worauf bei der Probenahme und beim Einwägen Rücksicht zu nehmen ist.

Die Bestimmung des Cadmiums

a) Nach elektrolytischer Abscheidung des Kupfers

Grundlage. Man löst das Material in Salpetersäure, verjagt die Stickoxyde und füllt die Lösung im Meßkolben zur Marke auf. In einem Anteil der gegebenenfalls filtrierten Lösung entfernt man das Kupfer durch Schnellelektrolyse, raucht das Elektrolysat mit Schwefelsäure ab und bestimmt dann das Cadmium, wie bei den oxydischen Flugstäuben angegeben wurde.

Anwendungsbereich und Bedeutung. Das Verfahren ist für die Analyse kupferreichen Zementationsschlammes mit beträchtlichem Cadmiumgehalt anwendbar.

Genauigkeit. 2.

Dauer. 8 Std.

Ausführung. 5 bis 20 g Material löst man mit Salpetersäure (1 + 1) in nicht zu großem Überschuß und verjagt die Stickoxyde durch Kochen, wobei man zum Schluß eine kleine Menge (etwa 0,2 g) Hydrazinsulfat oder Harnstoff zugibt. Von der im Meßkolben zu 1 l aufgefüllten Lösung nimmt bzw. filtriert man eine 0,2 bis 0,4 g Cadmium entsprechende Menge ab, bringt sie auf ein Volumen von etwa 200 ml, setzt etwa 3 g Ammoniumnitrat und gegebenenfalls noch etwas stickoxydfreie Salpetersäure hinzu und unterwirft sie der Schnellelektrolyse zum weitgehenden Entfernen von Kupfer, Blei, Silber und Wismut. Nach dem Abspülen der Elektroden wird das Elektrolysat mit 10 ml Schwefelsäure (1 + 1) abgeraucht und der Rückstand mit Schwefelsäure von 5 bis 7 Vol.-% aufgenommen. Nachdem man etwa ausgeschiedenes Bleisulfat abfiltriert hat, fällt man das Cadmium aus der 5- bis 6vol.-proz. schwefelsauren Lösung durch Einleiten von Schwefelwasserstoff aus und bestimmt das Cadmium nach einer der vorher beschriebenen Methoden.

Fehlerquellen und ***Literatur.*** Siehe S. 234.

b) Nach der Chinaldinsäuremethode

Für die Bestimmung verfährt man nach der unter C. I. 4., S. 236, angegebenen Vorschrift.

V. Cadmiumamalgam

Die Bestimmung des Cadmiums

Bei einem neuartigen naß-metallurgischen Prozeß zur Gewinnung von Reinstmetallen, dem Amalgamverfahren, erhält man auch ein Cadmiumamalgam aus zinkhaltigen Laugen, das dann zur Erzeugung von reinem Cadmium dienen kann.

Der *Cadmiumgehalt* wird in diesem Amalgam wie folgt bestimmt:

Grundlage. Nach der Lösung des Amalgams in Salpetersäure wird das Quecksilber wieder zu Metall reduziert und abfiltriert. Im Filtrat kann das Cadmium entweder schnellelektrolytisch oder polarographisch bestimmt werden.

Anwendungsbereich und Bedeutung. Die Methode dient zur Bestimmung des in flüssigem Amalgam enthaltenen, bis zu 3% betragenden Cadmiumgehaltes.

Genauigkeit. 2.

Dauer. 5 Std.

Ausführung. 50 g Amalgam werden in 100 ml Salpetersäure (1,40) vorsichtig gelöst, worauf man die Lösung bis zur vollständigen Oxydation des Quecksilbers erhitzt. Dann verdünnt man mit 200 ml Wasser und gibt unter Rühren mit einem Rührwerk (Magnetrührer) Ammoniak im Überschuß und anteilweise festes Hydroxylaminhydrochlorid hinzu, bis die stürmische Reaktion beendet ist. Darauf wird das überschüssige Ammoniak unter weiterem Rühren verkocht. Man säuert die Lösung mit 10 ml Salzsäure (1,19) an und filtriert vom abgeschiedenen Quecksilber in einen 500 ml-Meßkolben ab, dessen Inhalt dann bis zur Marke aufgefüllt wird. Sodann entnimmt man 25 ml (entsprechend einer Einwaage von 2,5 g) und raucht die Abmessung mit 10 ml Schwefelsäure (1 + 1) bis fast zur Trockne ab. Nach dem Aufnehmen mit 200 ml Wasser wird die Lösung mit 10 ml Schwefelsäure (1,84) versetzt, auf 70° erwärmt und bis zum Erkalten mit Schwefelwasserstoff gesättigt. Das ausgefallene Cadmiumsulfid wird abfiltriert, ausgewaschen und mit möglichst wenig heißer Salpetersäure (1 + 2) gelöst. Nach dem Verdünnen mit 50 ml Wasser filtriert man den ausgeschiedenen Schwefel ab, neutralisiert die Lösung mit Natronlauge und bestimmt das Cadmium *elektrolytisch* aus Kaliumcyanidlösung, wie S. 233 angegeben.

Soll das Cadmium *polarographisch* bestimmt werden, so filtriert man die Lösung nach der Ausfällung des Quecksilbers in einen 2 ml-Meßkolben, füllt sie zur Marke auf und entnimmt 5 ml (entsprechend einer Einwaage von 0,125 g), versetzt die Abmessung mit genau 5 ml Grundlösung und polarographiert, wie S. 237 angegeben.

VI. Die Untersuchung der Elektrolyselaugen

Die elektrolytische Cadmiumgewinnung wird hauptsächlich aus Sulfat-Elektrolyten durchgeführt. Um ein möglichst reines Elektrolytcadmium und einen glatten kathodischen Niederschlag zu erhalten, müssen die Betriebskontrollen der Laugen genau und regelmäßig durchgeführt werden. Diese Betriebskontrollen erstrecken sich vor allem auf die Bestimmung der Elemente Cadmium, Kupfer, Thallium, Eisen, Mangan und Zink in den Laugen für die Elektrolyse wie auch für die zur Gewinnung der Cadmiumsalze.

1. Die Bestimmung des Cadmiums

Sie kann ebenso ausgeführt werden, wie es bei cadmiumhaltigen Erzen, S. 233, angegeben ist.

a) Polarographisch

10 ml Lauge füllt man in einem Meßkolben mit Wasser zu 1 ml auf, entnimmt 5 ml, vermischt die Abmessung mit 5 ml Grundlösung und polarographiert.

b) Durch Fällung mit β-Naphthochinolin

Eine Abmessung der Lauge, die einem Cadmiumgehalt von etwa 0,1 bis 0,2 g entspricht, wird mit Natronlauge neutralisiert. Dann fällt man das Cadmium in Gegenwart von Kaliumjodid mit β-Naphthochinolinlösung (s. S. 235).

c) Elektrolytisch

Man neutralisiert eine 0,2 bis 0,5 g Cadmium entsprechende Menge der Lauge mit Natronlauge und gibt 5 ml im Überschuß zu. Der ausgefallene Niederschlag wird mit Kaliumhydrogensulfat (fest) in Lösung gebracht und mit weiteren 6 g Kaliumhydrogensulfat versetzt. Man verdünnt auf 300 ml und elektrolysiert wie S. 234 angegeben.

d) Durch Fällung mit Natriumchinaldat

Die Bestimmung des Cadmiums kann in den Elektrolyselaugen auch durch Fällung mit Natriumchinaldat vorgenommen werden. Da Zink stört, muß eine Trennung des Cadmiums vom Zink vorangehen.

2. Die Bestimmung des Kupfers

Da Kupfer schon in geringen Mengen bei der Elektrolyse störend wirkt, ist seine Bestimmung von besonderer Wichtigkeit.

Man verwendet 10 ml Lauge und bestimmt darin das Kupfer photometrisch mit Natriumdiäthyldithiocarbaminat (s. Kupferbestimmung im Reincadmium, S. 246).

3. Die Bestimmung des Thalliums

Thallium stellt eine der häufigsten und schädlichsten Verunreinigungen der Laugen dar. Man kann es folgendermaßen bestimmen:

a) Polarographisch

Grundlage. Die polarographische Bestimmung erfolgt unmittelbar in einem gemessenen Anteil der verdünnten Lauge neben der des Cadmiums.

Anwendungsbereich und Bedeutung. Nach diesem Verfahren lassen sich geringe Thalliumgehalte (unter 0,1 g/l) neben Cadmium feststellen.

Genauigkeit. 2.

Dauer. 30 min.

Ausführung. 20 ml Lauge werden mit Natronlauge beinahe neutralisiert und zu 200 ml aufgefüllt. 5 ml dieser Lösung versetzt man mit 5 ml einer Grundlösung, bestehend aus 1800 ml Ammoniak (0,91) und 200 ml Tyloselösung (200 g käufliche, 10proz. Tylosepaste teigt man mit Wasser an und bringt sie durch kleine Zusätze von Wasser langsam auf ein Volumen von 1 l). Die Grundlösung sättigt man vorher mit Natriumsulfit. Der Thalliumsprung erscheint vor dem Cadmiumsprung und ist von diesem sehr scharf getrennt. Ist Kupfer vorhanden, so muß dieses vor der polarographischen Bestimmung des Thalliums durch Schwefelwasserstoff abgeschieden werden.

Literatur. Ensslin, F., H. Dreyer u. K. Abraham: Metall u. Erz Bd. 39 (1942) S. 184 bis 187.

b) Durch Fällung als Thallium(I)-jodid

100 ml Lauge neutralisiert man mit Ammoniak (0,91) so weit, daß sie nur noch schwach sauer reagieren. Zur Reduktion etwa vorhandenen 3wertigen Thalliums gibt man sodann einige Körnchen Natriumsulfit hinzu und kocht die Lösung, bis nur noch ein schwacher Geruch von schwefliger Säure wahrnehmbar ist. Der weitere Verlauf der Bestimmung ist dem Kapitel Thallium, S. 790/91, zu entnehmen.

c) Maßanalytisch nach W. Kilian

Grundlage. Die Sulfatlösung des Cadmiums wird mit Salzsäure versetzt und das 1wertige Thallium durch Brom zu 3wertigem oxydiert. Der Überschuß an Brom wird durch Zugeben von Phenollösung zurückgenommen. Dann gibt man Kaliumjodid hinzu und titriert das ausgeschiedene Jod mit Natriumthiosulfatlösung.

Anwendungsbereich und Bedeutung. Das Verfahren dient zur raschen Bestimmung kleiner Thalliumgehalte in Laugen und im Reincadmium.

Genauigkeit. 2.

Dauer. 2 Std.

Ausführung. Je nach dem Thalliumgehalt wägt man 1 oder 10 g Metall ein (über 0,1% Tl 1 g, unter 0,1% 10 g), löst es in 20 bzw. 50 ml Salpetersäure (1 + 1), dampft die Lösung bis zur Salzabscheidung ein, fügt 10 bzw. 25 ml Schwefelsäure (1,84) hinzu und dampft weiter bis zum kräftigen Rauchen der Schwefelsäure ein. Die Sulfate werden mit 100 bis 200 ml Wasser gelöst. Die Lösung versetzt man mit 5 bzw. 10 ml Salzsäure (1,19), kühlt sie auf Zimmertemperatur ab und versetzt sie mit Bromwasser in geringem Überschuß, der an der Färbung der Lösung leicht zu erkennen ist. Das zuviel zugesetzte Brom wird durch Hinzufügen von 2proz. Phenollösung im Überschuß beseitigt. Darauf spült man die Wandungen des ERLENMEYER-Kolbens ab, schüttelt den Inhalt kräftig durch und entfernt gegebenenfalls noch im Kolben verbliebene Bromdämpfe durch Einblasen von Luft. Nach Zusatz von 5 bzw. 10 ml Kaliumjodidlösung (1 g in 100 ml) und Stärkelösung wird das ausgeschiedene Jod mit n/100-Natriumthiosulfatlösung titriert.

Da sich gegen Ende der Titration die Jodstärkefärbung nicht immer rasch aufhellt, muß man jeweils nach den letzten Zusätzen 2mal kräftig durchschütteln und dann 15 bis 20 sec warten, bis kein Verblassen der Färbung mehr wahrzunehmen ist. Längere Einwirkung von Luft und Sonne sowie Pausen während des Titrierens sind zu vermeiden. Die Gesamtdauer des Titrierens soll 3 min nicht überschreiten.

Die verbrauchten ml n/100-Thiosulfatlösung, mit dem Faktor 1,02 multipliziert, ergeben den Thalliumgehalt der zur Bestimmung angewandten Menge in mg.

Fehlerquellen. Die Elemente Kupfer, Wismut, Blei, Arsen, Zinn, Nickel, Kobalt, Mangan, Cadmium und Zink stören nicht, 3wertiges Eisen muß durch Zusatz von 50 ml 4proz. Natriumfluoridlösung für je 100 mg Eisen komplex gebunden werden.

Literatur. KILIAN, W.: Z. Erzmetall Bd. 3 (1950) S. 281 u. 316.

d) Durch Extraktion

Vgl. S. 249.

4. Die Bestimmung des Arsens

Da die cadmiumhaltigen Laugen im allgemeinen nur sehr geringe Mengen von Arsen enthalten, bestimmt man diese entweder nach der colorimetrischen Methode von H. W. GUTZEIT (s. Kapitel Arsen, S. 125) oder man benutzt das photometrische Verfahren nach H. POHL (s. Kapitel Blei, S. 181). Sollten arsenreichere Laugen vorliegen, so destilliert man 50 bis 100 ml davon unter Zusatz von 30 ml Reduktionslösung und 100 ml Salzsäure (1,19) und bestimmt das Arsen im Destillat gewichts- oder maßanalytisch (s. Kapitel Arsen, S. 122/23).

5. Die Bestimmung des Eisens

Man versetzt 20 ml Lauge mit 2 ml 3proz. Wasserstoffperoxydlösung, kocht auf und fällt das Eisen durch Zugabe eines Überschusses an Ammoniak als Hydroxyd aus. Dieses wird abfiltriert, mit heißem, 0,5vol.-proz. ammoniakhaltigem Wasser ausgewaschen und in verdünnter Salzsäure (1 + 2) gelöst. In der Lösung bestimmt man das Eisen photometrisch, z. B. mit Kaliumthiocyanat (s. Kapitel Mangan, S. 496) oder mit Sulfosalicylsäure (s. Kapitel Aluminium, S. 566).

6. Die Bestimmung des Mangans

Man entnimmt so viel ml der Lauge, wie sie eine Manganmenge von höchstens 5 bis 10 mg entsprechen. Diese Abmessung wird mit 10 ml Salpetersäure (1 + 1) und 1 ml Silbernitratlösung (1 g in 100 ml) versetzt und langsam erhitzt. Dann gibt man 1 bis 2 g Ammoniumperoxydisulfat hinzu, schwenkt um und wartet 5 min bis zur vollständigen Oxydation. Nach dem Abkühlen verdünnt man die Lösung mit Wasser auf 300 ml und titriert die Übermangansäure mit Arsen(III)-oxydlösung (s. Kapitel Mangan, S. 487). Enthält die Lauge Chloride, so werden diese vorher durch einen kleinen Überschuß an Silbernitrat ausgefällt und das Silberchlorid abfiltriert.

Man kann die Übermangansäure auch *photometrisch* bestimmen, nur sind dann die Einwaagen niedriger zu halten (s. die photometrische Manganbestimmung im Kapitel Aluminium, S. 79).

7. Die Bestimmung des Zinks

Sie kann nach der *polarographischen Methode* unmittelbar ausgeführt werden. Man entnimmt dafür 5 ml einer zu 1 ml aufgefüllten Laugenmenge von 20 ml. Da der Thallium- und Cadmiumsprung vor dem Zinksprung erscheinen, ist es erforderlich, diese beiden Sprünge durch eine Kompensationseinrichtung zu eliminieren. Dann ergibt das Verfahren gute Werte und nimmt etwa 1 Std. in Anspruch.

Soll das Ergebnis noch genauer sein, so muß man eine Schwefelwasserstoffällung einschalten, die in 20 ml Lauge nach dem Verdünnen auf 500 ml und Erhitzen auf 70° bei einer Schwefelsäurekonzentration von etwa 6 Vol.-% vorgenommen wird. Das Filtrat von den ausgefällten Sulfiden befreit man vom Schwefelwasserstoff durch Kochen, oxydiert es mit etwas Wasserstoffperoxydlösung und spült es in einen 500 ml-Meßkolben über. Nach dem Auffüllen zur Marke entnimmt man 5 ml und polarographiert das Zink, wie im Kapitel Zink, C. I. 3., angegeben.

Nach der Schwefelwasserstoffällung und der Oxydation des Filtrats kann man das Zink auch *gewichtsanalytisch* bestimmen. Man macht die Lösung ammoniakalisch, kocht kurz auf, filtriert das Eisenhydroxyd ab und wiederholt die Fällung. Die vereinigten Filtrate werden mit Ameisensäure oder Monochloressigsäure genau neutralisiert, dann mit einem Überschuß der Säure von 3 g (je 100 ml Flüssigkeit) versehen und heiß mit Schwefelwasserstoff gesättigt. Das ausgefallene Zinksulfid wird abfiltriert und durch Glühen bei etwa 950° in Zinkoxyd übergeführt.

Größere Zinkgehalte kann man auch *maßanalytisch* mit Kaliumhexacyanoferrat(II) bestimmen (s. Kapitel Zink, C. I. 1. α).

8. Die Bestimmung des Chlors

Man versetzt 10 ml Lauge mit 10 ml Salpetersäure (1 + 1) und verdünnt mit Wasser auf 250 ml. In dieser Lösung fällt man das Chlorion mit einem Überschuß von n/10-Silbernitratlösung und titriert dann den Überschuß des Silbernitrats mit n/10-Ammoniumthiocyanatlösung unter Verwendung einiger Tropfen 3proz. Eisen(III)-ammoniumsulfatlösung als Indicator bis zum Auftreten einer Rotfärbung zurück.

Die Bestimmung des Chlors kann auch durch Titration mit elektrometrischer Endpunktanzeige erfolgen (s. Kapitel Silber und Gold, S. 761).

VII. Rohcadmium

Der Reinheitsgrad des Rohcadmiums beträgt je nach der Herstellungsweise 97 bis 99,5%. Als Verunreinigungen treten auf: Blei, Kupfer, Eisen, Zink, Thallium, Nickel und Arsen. Da die Bestimmung dieser Elemente später beim „Reincadmium" näher behandelt wird, soll hier nur angegeben werden, wie im unreinen Cadmium

die unmittelbare Bestimmung des Cadmiumgehaltes

durchzuführen ist.

1. Nach den üblichen Verfahren

Man löst 5 g des Metalls in 20 ml Salpetersäure (1 + 1) und raucht die Lösung nach Zugeben von Schwefelsäure bis fast zur Trockne ab. Dann nimmt man die Salze mit 5vol.-proz. Schwefelsäure auf und filtriert vom ausgeschiedenen Bleisulfat in einen 250 ml-Meßkolben ab. Der Kolbeninhalt wird bis zur Marke mit

5 vol.-proz. Schwefelsäure aufgefüllt. Man entnimmt 20 ml (entsprechend einer Einwaage von 0,4 g), verdünnt auf 50 ml, macht so schwach ammoniakalisch, bis alles Cadmium gelöst ist, gibt 5 g Kaliumcyanid hinzu und leitet Schwefelwasserstoff ein. Das Cadmiumsulfid wird abfiltriert, ausgewaschen, durch Einrauchen mit Salpeter-Schwefelsäure gelöst und das Cadmium entweder elektrolytisch oder als Sulfat oder mit β-Naphthochinolin bestimmt. Besser läßt sich die Bestimmung mit Chinaldinsäure durchführen, wobei eine Abmessung, entsprechend 0,1 g Einwaage, genügt.

2. Schnellelektrolytische Bestimmung nach G. H. Osborn u. A. M. Just

Grundlage. Das Cadmium wird in schwefelsaurer Lösung in Gegenwart eines Kolloids an einer verkupferten Platinelektrode kathodisch abgeschieden.

Es kann so von Zink, Nickel und Kobalt getrennt werden.

Anwendungsbereich und Bedeutung. Das Verfahren gilt als schnelle Betriebsmethode für die Gehaltsfeststellung von Rohcadmium.

Genauigkeit. 2.

Dauer. 4 Std.

Ausführung. 5 g Metall löst man in 20 ml Salpetersäure (1 + 1) und raucht die Lösung mit 20 ml Schwefelsäure (1,84) fast zur Trockne ab. Nach dem Aufnehmen mit Wasser spült man die Lösung in einen 250 ml-Meßkolben über und füllt bis zur Marke auf. Man entnimmt sodann 20 ml = 0,4 g Einwaage, verdünnt mit 120 ml Wasser und versetzt mit 10 ml 1 n-Schwefelsäure. Außerdem wird eine Lösung von 10 mg Gelatine in 50 ml Wasser zugefügt. Nun scheidet man das Cadmium schnellelektrolytisch bei Zimmertemperatur und 3 A Stromstärke an einer verkupferten Platinkathode ab, was etwa 90 min in Anspruch nimmt. Ein Schäumen des Elektrolyten wird durch Zugabe von 2 Tropfen sekundärem Oktylalkohol verhindert. Nach Beendigung der Elektrolyse wird die Kathode rasch herausgehoben, mit dem Fön getrocknet und gewogen.

Fehlerquellen. Silber, Kupfer und Wismut dürfen nicht zugegen sein, da sie quantitativ mit abgeschieden würden.

Literatur. Osborn, G. H., u. A. M. Just: Metallurgia [Manchester] Bd. 40, Nr. 236 (1949) S. 111—113.

VIII. Die Analyse des Reincadmiums

Das Rein- oder Feincadmium enthält mindestens 99,5%, meist sogar über 99,95% Cadmium. Die Wertbestimmung kann also nur indirekt, d. h. durch Bestimmung der Verunreinigungen, durchgeführt werden. Diese Verunreinigungen sind beim Feincadmium Blei, Kupfer, Thallium, Eisen, Zink, Zinn, Quecksilber und gegebenenfalls Nickel.

1. Die Bestimmung des Bleies

a) Nach Anfällen mit Ammoniak

Grundlage. Das Blei wird aus der salpetersauren Lösung des Reincadmiums nach Zusatz von Eisen(III)-salz mit Ammoniak ausgefällt. In der Lösung des Eisenniederschlages bestimmt man es als Sulfat oder polarographisch.

Anwendungsbereich und Bedeutung. Das Verfahren dient zur Erfassung und Bestimmung der Bleispuren in Reincadmium und reinsten Cadmiumsalzen.

Genauigkeit. 1.

Dauer. 5 Std.

Ausführung. Je nach dem Bleigehalt werden 20 bis 100 g Reincadmium vorsichtig in Salpetersäure (1 + 2) unter anteilweisem Zusatz von Salpetersäure (1,40) gelöst. Der Lösung setzt man eine 10 bis 50 mg Eisen entsprechende Menge einer Eisen(III)-chloridlösung hinzu. Sodann fällt man mit einem Überschuß von Ammoniak (0,91) und 10 ml Ammoniumcarbonatlösung (50 g/l), so daß das gesamte Cadmium in Lösung bleibt. Der dabei ausfallende Eisenniederschlag reißt die geringen Bleihydroxydmengen adsorptiv mit. Er wird nach dem Abfiltrieren und Auswaschen mit schwach ammoniakalischem, heißem Wasser in verdünnter Salzsäure gelöst. Die salzsaure Lösung dampft man zur Trockne ein und nimmt den Rückstand mit 1- bis 2vol.-proz. Salzsäure wieder auf. In die heiße Lösung wird Schwefelwasserstoff eingeleitet. Nach erfolgter Fällung filtriert man den Sulfidniederschlag über ein kleines Filter ab, wäscht ihn mit schwefelwasserstoffhaltigem, schwach salzsaurem Wasser aus und zersetzt anschließend Filter und Niederschlag durch Behandeln mit Salpeter-Schwefelsäure. Die Lösung wird mit etwa 3vol.-proz. Schwefelsäure verdünnt und aufgekocht. Nach dem Erkalten der Lösung, der man etwa ein Drittel ihres Volumens an Alkohol zugesetzt hat, filtriert man das Bleisulfat auf einen Mikroporzellanfiltertiegel ab und wägt es nach dem Glühen aus.

Nach einer anderen Arbeitsweise wird der Eisenhydroxydniederschlag mit Salzsäure gelöst und das Eisen in 10vol.-proz. salzsaurer Lösung durch Einleiten von Schwefelwasserstoff reduziert. Der Überschuß des Schwefelwasserstoffs wird aus der Lösung, ohne zu filtrieren, verkocht, worauf man mit Ammoniak neutralisiert. Nach dem Ansäuern mit 10 ml 1 n-Salzsäure fällt man das Blei mit Schwefelwasserstoff, wobei das aus dem Hydroxydniederschlag nicht ausgewaschene Cadmium als Spurenfänger dient. Der Niederschlag wird abfiltriert, mit Schwefelwasserstoffwasser ausgewaschen und das Bleisulfid mit heißer Salpetersäure (1 + 3) vom Filter gelöst. Die Lösung wird mit 10 ml Schwefelsäure (1 + 1) abgeraucht. Dann nimmt man das Sulfat mit Wasser und Alkohol auf und filtriert nach dem Erkalten der Lösung das Bleisulfat ab. Es wird mit schwefelsäurehaltigem Wasser ausgewaschen. Dann löst man es mit heißer Ammoniumacetatlösung (200 g/l) vom Filter, engt die Lösung ein und bringt sie in einen 50 ml-Meßkolben. Nach 10 min währendem Einleiten von Wasserstoff und Zusatz von 10 Tropfen Tyloselösung polarographiert man im Spannungsbereich von —0,3 bis —0,7 V.

Die Testprobe wird aus genau der gleichen Menge Ammoniumacetat unter Zusatz von 5 mg Blei und 10 Tropfen Tyloselösung hergestellt.

Literatur. Siehe auch E. Krössin u. E. Wagner: Metall u. Erz Bd. 38 (1941) S. 199—201.

b) Die Bestimmung des Bleies durch elektrolytische Abscheidung

Man löst 20 bis 100 g Reincadmium in Salpetersäure (1 + 1) und gibt nach Ablauf der ersten stürmischen Reaktion zur Vervollständigung der Auflösung noch etwas Salpetersäure (1,40) in kleinen Anteilen sowie zur besseren Bleiabscheidung 20 mg Kupfernitrat zu. Nach dem Verkochen der Stickoxyde verdünnt man die Lösung mit heißem Wasser und scheidet das Blei bei 1 bis 1,5 A auf einer vorher geglühten, mattierten Platinanode elektrolytisch unter Rühren ab. Hierbei schlägt sich neben dem Bleidioxyd auch Thallium als Thallium(III)-oxyd auf der Anode nieder. Man löst die Oxyde mit 10 ml Salpetersäure (1 + 1), der man 3 ml 1proz. Wasserstoffperoxydlösung zugegeben hat, von der Anode und raucht die so erhaltene Lösung mit Schwefelsäure weitgehend ab. Das Blei wird dann als Sulfat gewogen (s. oben bei a).

2. Die Bestimmung des Kupfers

Grundlage. Photometrische Bestimmung des Kupfers mit Natriumdiäthyldithiocarbaminat (D.D.C.).

Anwendungsbereich. Das Verfahren ist zur Bestimmung geringer Kupfermengen geeignet.

Genauigkeit. 1.

Ausführung. 2,5 g Cadmiummetall werden in einem 250 ml-Becherglas (hohe Form) vorsichtig mit Salpetersäure (1 + 1) versetzt. Nach Ablauf der stürmischen Reaktion gibt man die zur völligen Auflösung notwendige Menge Salpetersäure (1,4) hinzu und dampft die Lösung auf 10 ml ein. Die gelöste Probe wird in einen 100 ml-Scheidetrichter übergeführt und nacheinander mit 5 ml Zitratlösung (Herstellung s. unten) und so viel Komplexon III-Lösung (125 g auf 600 ml Wasser) versetzt, bis alles Cadmium in Lösung bleibt, mit Ammoniak (0,91) neutralisiert und 2 ml im Überschuß hinzugefügt. Nach Zugabe von 5 ml klarer 1proz. D.D.C.-Lösung wird auf etwa 50 ml mit Wasser aufgefüllt, 10 ml Kohlenstofftetrachlorid zugegeben und 3 min kräftig geschüttelt. Die Kohlenstofftetrachloridphase gibt man in einen 25 ml-Meßkolben, wiederholt die Extraktion noch 2mal mit 5 ml Kohlenstofftetrachlorid und vereinigt die Kohlenstofftetrachloridextrakte in dem Meßkolben. Man füllt mit Kohlenstofftetrachlorid auf und filtriert über ein 7 cm-Rundfilter in eine Küvette, wobei man die beiden ersten Anteile verwirft. Man photometriert bei 436 mμ.

Ammoniumzitratlösung. Man löst unter Kühlung 200 g Zitronensäure (+ 1 H_2O), indem man kleine Anteile nach und nach in eine Mischung von 210 ml Ammoniak (0,91) und 150 ml Wasser einträgt. Diese Zitratlösung muß gegen Lackmus schwach sauer reagieren.

Kupferspuren entfernt man folgendermaßen: Man bringt die Lösung in einen Scheidetrichter und gibt 20 ml frisch bereiteter wäßriger D.D.C.-Lösung hinzu. Dann extrahiert man 2mal mit je 20 ml Anteile und dann mit weiteren 5 ml Anteile, bis dieser keine gelbe Färbung mehr zeigt. Um sicher zu sein, daß das Kupfer vollständig extrahiert ist, fügt man nochmals 1 ml D.D.C.-Lösung hinzu und extrahiert wieder mit Kohlenstofftetrachlorid. Man führt die Extraktion mit je 5 ml Tetrachlorkohlenstoff so lange durch, bis die Kohlenstofftetrachlorphase nicht mehr mit verdünnter Kupferlösung (1 mg Kupfer/ml) reagiert. Die Zitratlösung enthält dann kein D.D.C. mehr. Man entfernt den Kohlenstofftetrachlorid weitestgehend und gibt die Zitratlösung in ein Becherglas. Man kocht, um den restlichen Kohlenstofftetrachlorid zu vertreiben, filtriert und füllt auf 500 ml auf.

Auswertung. Der Wert der Probelösung wird einer Eichkurve entnommen, deren Werte aus einer Standardkupferlösung (10 μg/ml), die ebenso wie die Probe behandelt wurde, hergestellt worden sind.

Bemerkung. Es ist notwendig, mit doppelt destilliertem Wasser zu arbeiten.

Literatur. Ovenston, T. C. J., u. C. A. Parker: Analyt. Chim. Acta Bd. 4 (1950) S. 135. — con Sevidee u. V. Vasak: Coll. Czech. Chem. Comm. Bd. 15 (1950) S. 260 (in Englisch).

3. Die Bestimmung des Eisens

Grundlage. Eisen(III)-ionen geben in ammoniakalischer Lösung mit Sulfosalicylsäure eine gelbe Färbung.

Anwendungsbereich. Das Verfahren ist geeignet zur Bestimmung geringer Eisengehalte im Reincadmium.

Genauigkeit. 1.

Ausführung. 2,5 g Cadmiummetall werden in einem 250 ml-Becherglas (hohe Form) vorsichtig mit Salpetersäure (1 + 1) versetzt. Nach Ablauf der stürmischen Reaktion gibt man die zur vollständigen Auflösung notwendige Menge Salpetersäure (1,4) hinzu. Die Probe wird dann mit 10 ml Schwefelsäure (1,84) fast bis zur Trockne geraucht. Der Rückstand wird mit 20 ml Salzsäure (1 + 9) aufgenommen, die Lösung in einen 100 ml-Meßkolben übergeführt und 5 ml 20proz. Sulfosalicylsäurelösung zugefügt. Dann wird sie mit 25proz. Ammoniaklösung bis zur auftretenden Gelbfärbung versetzt und ein Überschuß von 10 ml hinzugefügt. Man füllt bis zur Marke auf, schüttelt durch und photometriert bei 436 mμ unter Berücksichtigung des Blindwertes der Chemikalien. Der Eisengehalt wird einer Eichkurve entnommen.

4. Die Bestimmung des Zinks

Grundlage. Aus einer salzsauren Lösung wird das Zink in Gegenwart von Ammoniumthiocyanat mit Diäthyläther extrahiert, die Ätherextrakte werden eingedampft und in dem Abdampfrückstand das Zink polarographisch bestimmt.

Ausführung. 20 g Cadmium werden in einem 800 ml-Becherglas mit 60 ml Salpetersäure (1,4) in Lösung gebracht und auf dem Sandbad vorsichtig bis zur Trockne eingedampft. Der Rückstand wird in 100 ml Salzsäure (1 + 1) gelöst und nochmals eingedampft. Zur restlosen Entfernung der Stickoxyde wird das Eindampfen mit Salzsäure wiederholt. Jetzt nimmt man mit 10 ml Salzsäure (1 + 1) und 50 ml Wasser auf und bringt die Chloride durch gelindes Erwärmen in Lösung. Nach dem Erkalten der Lösung versetzt man sie mit 20 ml der Ammoniumthiocyanatlösung (s. unten) und spült mit Wasser in einen 250 ml-Scheidetrichter über (Gesamtvolumen jetzt etwa 100 ml). Man gibt nun in den Scheidetrichter 60 ml Diäthyläther und schüttelt etwa 2 min. Nach dem Trennen der beiden Phasen (Ätherphase wird in ein 400 ml-Becherglas, wäßrige Phase wieder in den benutzten Scheidetrichter gegeben) wird das Schütteln nach Zugabe von 10 ml Ammoniumthiocyanatlösung mit nochmals 50 ml Diäthyläther wiederholt. Die das gesamte Zink enthaltenden Ätherextrakte werden vereinigt, auf dem Wasserbade zur Trockne eingedampft, darauf mit 20 ml Wasser (wichtig), 10 ml Salpetersäure (1,40) und 10 ml Schwefelsäure (1 + 1) versetzt und dann auf dem Sandbade zur Trockne eingedampft. Der Rückstand wird jetzt zur Abtrennung des Zinks von den letzten Resten Cadmium nochmals wie oben extrahiert, jedoch die wäßrige Phase nur auf insgesamt 50 ml gebracht [dementsprechend auch nur 5 ml Salzsäure (1 + 1); 10 ml Ammoniumthiocyanat usw. verwenden !]. Das Klarrauchen der eingedampften Ätherextrakte wird wie oben wiederholt. Der Rückstand wird mit 5 ml Wasser aufgenommen und mit 5 ml Grundlösung (900 ml Ammoniak (0,91) und 100 ml 2proz. Tyloselösung gesättigt mit Natriumsulfit) versetzt. Die gut durchmischte Lösung wird von —1,0 bis —1,4 V polarographiert. Zur Ermittlung des Blindwertes werden parallel eine oder besser zwei Blindproben über den ganzen Arbeitsgang mitgemacht. Achten auf saubere, zinkfreie Glasgefäße!

Herstellung der Ammoniumthiocyanatlösung. 380 g Ammoniumthiocyanat p. a. werden in etwa 600 ml Wasser gelöst, mit einigen ml Ammoniak auf etwa p_H 8 gebracht, durch Schütteln mit einer Dithizonlösung zinkfrei gemacht und mit Wasser auf 1 l ergänzt.

Literatur. R. Bock: Z. analyt. Chem. Bd. 133, S. 110.

5. Die Bestimmung des Thalliums

Zur Thalliumbestimmung werden, schon der Zeitersparnis wegen, hauptsächlich polarographische Verfahren angewandt. Steht kein Polarograph zur Verfügung, so kann man das Thallium auch gewichtsanalytisch als Thallium(I)-jodid oder maßanalytisch nach W. Kilian (s. VI, 3c) bestimmen. Eine Anreicherung des Thalliums aus größeren Einwaagen gestattet die Fällungsmethode mit Mangansulfat-Permanganat nach H. Blumenthal (s. Kapitel Thallium, S. 790/91) und die Extraktion nach S. 245.

a) Polarographisch nach vorheriger elektrolytischer Anreicherung (nach G. Haupt und A. Olbrich)

5 bis 20 g Cadmiummetall werden mit 30 bis 80 ml Salpetersäure (1 + 1) in Lösung gebracht. Nach dem Verkochen der Stickoxyde versetzt man mit so viel Ammoniak, daß alles Cadmiumhydroxyd als Tetraminsalz wieder in Lösung geht. Die ammoniakalische Lösung wird mit 0,2 bis 0,4 A der Elektrolyse unterworfen, wobei sich das Thallium zusammen mit einem Teil des Bleies an der Anode als Thallium(III)-oxyd abscheidet. Dieser Niederschlag wird nach Beendigung der Elektrolyse mit Salpetersäure und Wasserstoffperoxyd in Lösung gebracht und mit Schwefelsäure bis fast zur Trockne abgeraucht. Man nimmt den Rückstand mit einigen Tropfen Schwefelsäure und 5 ml Wasser auf, setzt einen kleinen Natriumsulfitkristall hinzu und kocht kurz. Nach dem Abkühlen füllt man die Lösung genau auf 10 ml auf, entnimmt hiervon 5 ml und versetzt mit 5 ml einer Grundlösung aus 900 ml Ammoniak (0,91) und 100 ml einer 2proz. Tyloselösung, die mit Natriumsulfit gesättigt ist. Nach dem Durchmischen wird von 0 bis −0,4 V polarographiert.

Literatur. Haupt, G., u. A. Olbrich: Z. analyt. Chem. Bd. 132 (1951) S. 161—164.

b) Polarographisch nach einer anderen Methode

10 g Metall löst man in 50 ml Salpetersäure (1 + 1) und dampft die Lösung bis zur Salzausscheidung ein. Dann nimmt man mit 5 ml Salpetersäure (1,40) und 300 ml Wasser auf, schlägt aus der 70 bis 80° heißen Lösung das Kupfer und etwa vorhandenes Quecksilber durch Schnellelektrolyse nieder und entfernt die Kathode. Das Blei und das Thallium werden sodann durch Hinzufügen von 25 ml 3proz. Wasserstoffperoxydlösung zum Elektrolysat von der Anode gelöst. Die Lösung engt man auf ungefähr 30 ml ein, setzt 100 mg Eisen in Form von Eisen(III)-sulfatlösung hinzu und füllt in einem Meßkolben zu 100 ml auf. Je 50 ml dieser Lösung versetzt man einmal mit 1 bis 5 ml einer Testlösung, welche 1 mg Thallium im ml enthält, zum anderen nur mit 1 bis 5 ml Wasser. Beide Abmessungen befinden sich je in einem 100 ml-Meßkolben und werden nun je mit 30 ml Grundlösung (150 g Ammoniumsulfat, 3,5 g Leim, Rest Ammoniak (0,91) im Liter) und 2 g Natriumpyrosulfit ($Na_2S_2O_5$) versetzt, abgekühlt und mit Grundlösung zur Marke aufgefüllt. Nach dem Filtrieren durch ein trockenes Filter polarographiert man in bekannter Weise.

c) Extraktionsverfahren

Grundlage. Aus dem Schrifttum ist bekannt, daß sich Metallchloride und -bromide, darunter auch Thallium(III), aus salz- bzw. bromwasserstoffsaurer Lösung mit Diäthyl- oder auch Isopropyläther extrahieren lassen.

Ausführung. Die Einwaage, die sich nach dem Thalliumgehalt richtet (100 µg werden später für die polarographische Aufnahme gebraucht), wird in Salpetersäure (1,40) unter Zusatz von etwas Wasser durch Erwärmen gelöst und fast bis zur Trockne gedampft. (Zuviel Salpetesäure stört!) Nach dem Aufnehmen mit Wasser und Lösen der Salze wird die Probe mit 2 ml 37proz. Bromwasserstoffsäure und 5 bis 10 Tropfen gesättigtem Bromwasser versetzt, zum Sieden erhitzt und 1 bis 2 min bei dieser Temperatur belassen. Der Bromüberschuß wird nach dem Abkühlen der Probe durch Zusatz von 5 Tropfen Sulfosalicylsäure (400 g/l) unschädlich gemacht. Nun wird das Thallium mit 5 ml Isopropyläther durch 2 min langes Schütteln als Hexabromo-Komplex extrahiert. Das Extrahieren wird noch 2mal wiederholt. Die vereinigten Ätherextrakte werden auf dem Wasserbad zur

Trockne eingedampft. Der Rückstand wird mit etwa 10 Tropfen Schwefelsäure (1 + 1) abgeraucht. (Bei Anwesenheit von organischen Substanzen müssen diese mit wenigen Tropfen Nitriersäure zerstört werden.) Nunmehr wird der Rückstand mit 5 ml Schwefelsäure (1 + 19) aufgenommen und mit 5 ml Grundlösung (900 ml konz. Ammoniak und 100 ml 2proz. Tyloselösung, gesättigt an Natriumsulfit) gemischt und bei 20° von 0,0 bis −0,4 V polarographiert.

Literatur. POHL: Metall u. Erz Bd. IX (1956) S. 530/31. — HECKER: Verteilungsverfahren im Laboratorium (1955) S. 183 und Mitteilung eines Werklaboratoriums.

6. Die Bestimmung des Nickels

Photometrische Bestimmung

Nickel kommt im Reincadmium meist nur in Spuren vor.

Methode a. 2 g Cadmiummetall werden in 20 ml Salpetersäure (1 + 1) im Becherglas gelöst, mit 1 ml Bromwasser versetzt und gut durchgeschüttelt. Das überschüssige Brom nimmt man mit Ammoniak (0,91) weg und gibt so viel Ammoniak zu, daß alles Cadmium in Lösung bleibt, kocht auf und filtriert von einer etwa vorhandenen Trübung in einen 100 ml-Meßkolben ab. Man kühlt ab, setzt 3 bis 5 ml einer 1proz. alkoholischen Diacetyldioximlösung hinzu, füllt bis zur Marke auf, läßt 10 min stehen und mißt die Extinktion gegen Wasser bei einer Wellenlänge von etwa 450 mμ. Der Blindwert der Reagenzien muß in Abzug gebracht werden. Die Nickelwerte werden einer Eichkurve entnommen.

Methode b. 1 bis 2 g des Materials werden mit etwa 10 ml Salpetersäure (1,40) gelöst und anschließend zur Trockne gedampft. Der Trockenrückstand wird mit 10 ml Salzsäure (1 + 1) durchfeuchtet und das Eindampfen zur Trockne wiederholt. Danach wird der Trockenrückstand mit einigen Tropfen Salzsäure und 10 ml Wasser aufgenommen, mit Wasser in einen 100 ml-Scheidetrichter übergespült und mit 10 ml nickelfreier Natriumzitratlösung (200 g/l), 2 ml Hydroxylaminhydrochloridlösung (100 g/l) sowie 2 ml Diacetyldioximlösung (s. Kapitel Lösungen) versetzt. Nach jeder Zugabe muß umgeschüttelt werden. Dann gibt man 2 Tropfen alkoholische Phenolphthaleinlösung (1 g/l) hinzu, neutralisiert mit Ammoniak (0,91) bis zum Umschlag und setzt noch 3 Tropfen im Überschuß zu. Darauf schüttelt man durch 2maliges, 2 min langes Schütteln mit 10 ml Chloroform das Nickel aus. Die beiden Chloroformextrakte sammelt man in einem zweiten Scheidetrichter, gibt 10 ml Ammoniaklösung (1 + 49) hinzu und schüttelt etwa $^3/_4$ min kräftig. Dieses Auswaschen wird nochmals wiederholt. Zum gewaschenen Extrakt gibt man 15 ml n/2-Salzsäure, schüttelt $1^1/_2$ min und läßt das Chloroform ab. Darauf gibt man zu der Lösung im Scheidetrichter 5 ml 1proz. Diacetyldioximlösung in n-Natronlauge, 2 ml 5 n-Natronlauge und 2 ml 10proz. Ammoniumperoxydisulfatlösung, wobei die Lösung nach jeder Zugabe gut umgeschüttelt wird. Danach spült man die Lösung quantitativ in einen 50 ml-Meßkolben, füllt nach 10 min mit Wasser zur Marke auf, schüttelt gut durch und photometriert nach 1 Std. Wartezeit in einem geeigneten Photometer bei 460 mμ.

Zur Aufstellung der Eichkurve dient eine Nickellösung, die 1 μg Nickel je ml enthält und entsprechend verdünnt wird. Die Lösung wird ohne Extraktion sofort oxydiert.

Fehlerquellen. Sollte im Natriumzitrat Nickel vorhanden sein, so muß dieses vorher entfernt werden. Hierzu werden zu 200 ml der 20proz. Zitratlösung 2 ml 1proz. alkoholische Diacetyldioximlösung, 15 Tropfen Ammoniak (0,91) und 20 ml Chloroform gegeben. Nach 3 min langem Schütteln läßt man das Chloroform ab und spült mit wenig Chloroform nach. Die wäßrige Lösung ist dann nickelfrei.

Literatur. W. OELSCHLÄGER: Z. analyt. Chem. Bd. 146 (1955) S. 339—345.

7. Die Bestimmung des Zinns

a) Gewichtsanalytisch oder maßanalytisch

Grundlage. Das Zinn wird aus der schwach salpetersauren Lösung des Cadmiums zusammen mit Mangandioxydhydrat ausgefällt. Nach dem Lösen des Niederschlages in Schwefelsäure sättigt man die Lösung mit Schwefelwasserstoff, trennt die ausgefallenen Sulfide mit Natriumsulfidlösung, zersetzt die Sulfosalzlösung durch Ansäuern mit Schwefelsäure und bestimmt das Zinn entweder gewichtsanalytisch oder maßanalytisch.

Anwendungsbereich und Bedeutung. Das Verfahren gestattet, geringe Verunreinigungen an Zinn, Antimon, Wismut und Thallium in Reinmetallen, die in Salpetersäure löslich sind, anzureichern und anschließend zu bestimmen.

Genauigkeit. 2.

Dauer. 8 Std.

Ausführung. 100 g Cadmiummetall löst man in einem 3 l fassenden Becherglas in 400 ml Salpetersäure (1 + 1) und kocht die Lösung, bis keine Stickoxyde mehr wahrzunehmen sind. Dann wird sie auf etwa 600 ml verdünnt und mit angeschlämmtem Zinkoxyd p. a. neutralisiert; der Überschuß an Zinkoxyd darf nur ganz gering sein. Nun kocht man auf, gibt 5 ml einer wäßrigen Lösung von Mangan(II)-nitrat, die 8 g des Salzes in 100 ml enthält, sowie 1 n-Kaliumpermanganatlösung bis zum sichtbaren Überschuß hinzu und hält das Ganze eine Zeitlang im Kochen. Dabei fallen mit dem Mangandioxydhydrat die Spuren oben erwähnter Metalle mit aus. Man filtriert dann den Niederschlag ab, wäscht ihn mit heißem Wasser aus und wiederholt die Fällung im Filtrat mit einer etwas geringeren Menge an Mangannitratlösung. Die vereinigten Niederschläge sowie das an der Glaswandung anhaftende Mangandioxydhydrat werden mit Schwefelsäure (1 + 1) unter Zusatz von etwas 3proz. Wasserstoffperoxydlösung gelöst. Darauf verkocht man das überschüssige Wasserstoffperoxyd, neutralisiert anschließend die Lösung, macht sie wieder 3vol.-proz. schwefelsauer, erhitzt sie auf 70° und sättigt sie mit Schwefelwasserstoff bis zu ihrem Erkalten. Die ausgefallenen Sulfide werden abfiltriert und mit schwefelwasserstoffhaltigem Wasser ausgewaschen.

Den Niederschlag spritzt man in das Fällungsgefäß zurück, versetzt mit 10 ml Natriumsulfidlösung (50 g $Na_2S \cdot 9\,H_2O$/l), die auf 100 ml 0,5 g Schwefel gelöst enthält, kocht auf, filtriert nach dem Verdünnen auf 50 ml und wäscht den Rückstand mit natriumsulfidhaltigem Wasser aus.

Das im Filtrat als Sulfostannat befindliche Zinn kann nun entweder gewichts- oder maßanalytisch bestimmt werden. Im ersten Falle fällt man das Zinn(IV)-sulfid durch Ansäuern der Lösung mit verdünnter Schwefelsäure wieder aus, filtriert es ab und wäscht es mit kaltem Wasser aus. Darauf wird es mit wenig gelbem Ammoniumsulfid in einen gewogenen Porzellantiegel hinein gelöst und die Lösung nach Zusatz von wenig Salpetersäure zur Trockne gedampft. Den Rückstand verglüht man dann zu SnO_2 (s. Kapitel Zinn).

Zur maßanalytischen Bestimmung des Zinns säuert man die Sulfostannatlösung mit verdünnter Schwefelsäure an, löst das abfiltrierte und ausgewaschene Zinnsulfid mit Bromsalzsäure, verjagt in der verdünnten Lösung das Brom durch Kochen, reduziert und titriert das 2wertige Zinn nach den Angaben im Kapitel Zinn.

Das Zinn kann in dem vorliegenden Fall auch dadurch quantitativ erfaßt werden, daß man zu der nur 4wertiges Zinn enthaltenden Lösung einige mg Eisen(III)-salz gibt und mit Ammoniak Eisenoxydhydrat ausfällt, welches das gesamte Zinn aufnimmt. Dieser Eisen-Zinn-Niederschlag, welcher noch das gesamte Arsen und Antimon enthält, kann dann, wie oben weiter beschrieben, verarbeitet werden.

Fehlerquellen. Das zum Abstumpfen der Salpetersäure benutzte Zinkoxyd muß zinnfrei sein. Antimon wird bei der gewichtsanalytischen Bestimmung mit gewogen.

Literatur. Blumenthal, H.: Z. analyt. Chem. Bd. 74 (1928) S. 33—39.

b) Turbidimetrisch

2 g des Metalls werden in 10 ml Salpetersäure (1,40) gelöst. Die Lösung wird nach Zugabe von 10 ml verdünnter Schwefelsäure (1 + 2) bis zum beginnenden Rauchen der Schwefelsäure eingedampft. Nach dem Abkühlen nimmt man mit 20 ml bidestilliertem Wasser auf und bringt die abgeschiedenen Salze durch Erwärmen in Lösung. Sollte die Lösung durch ausgefallenes Bleisulfat getrübt sein, so wird über ein gehärtetes Filter in einen 50 ml-Meßkolben filtriert, im anderen Falle direkt in den Kolben übergespült. Man gibt bei Raumtemperatur mittels Vollpipette 10 ml Reagenzlösung zu, füllt mit bidestilliertem Wasser bis zur Marke auf, schüttelt gut um und läßt 2 Std. bei Raumtemperatur stehen. Danach erfolgt die Messung der Trübung gegen bidestilliertes Wasser bei 436 mμ in 40 mm Schichtdicke. Ein Chemikalienblindansatz durchläuft den gleichen Arbeitsgang und dient als Nullprobe. Den Mikrogramm- bzw. den Prozentgehalt an Zinn entnimmt man einer Eichkurve.

Aufstellung der Eichkurve: In eine Reihe 250 ml-Bechergläser werden 1 g reinstes Cadmium und aus einer Mikrobürette steigende Mengen Zinn-Testlösung (0 bis 50 μg Sn) gegeben. Als Blindwert wird eine Cadmiumprobe ohne Zinnzusatz verwendet. Diese so vorbereiteten Proben werden nach der gegebenen Vorschrift weiterverarbeitet. Aus den erhaltenen Mittelwerten von 3 Meßreihen wird die Kurve gezeichnet.

Reagenzlösung. 1 g 3-Nitro-4-oxy-phenylarsinsäure in 15 ml Methanol klar lösen, mit bidestilliertem Wasser auf 50 ml auffüllen und filtrieren. (Nur kleine Mengen ansetzen, da die Lösung sich beim Stehen trübt und langsam unbrauchbar wird!)

Literatur. Pohl, H.: Metall Bd. 12 (1958) S. 103—105.

8. Die Bestimmung des Quecksilbers

10 g des Materials werden in 40 ml verdünnter Salpetersäure (1 + 1) unter anteilweiser Zugabe gelöst. Nach dem Verkochen der Stickoxyde versetzt man die Lösung mit etwa 2 g Harnstoff und kocht auf. Anschließend verdünnt man mit etwa 50 ml destilliertem Wasser und spült die Lösung in einen 200 ml-Meßkolben über. Nach dem Abkühlen auf 20° füllt man mit Wasser bis zur Marke auf, schüttelt die Lösung gut durch und entnimmt für die Bestimmung je nach den zu erwartenden Quecksilbergehalten einen aliquoten Teil, und zwar:

bei Gehalten von 0,0010%	100 ml	entsprechend 5 g	Einwaage
0,0010 bis 0,010 %	40 ml	entsprechend 2 g	Einwaage
0,010 bis 0,050 %	20 ml	entsprechend 1 g	Einwaage
0,050 bis 0,10 %	10 ml	entsprechend 0,5 g	Einwaage
0,10 bis 0,20 %	5 ml	entsprechend 0,25 g	Einwaage
>0,20 %	2 ml	entsprechend 0,10 g	Einwaage

Die Anteile von 100 ml werden direkt — während die anderen erst mit Wasser auf je 50 ml verdünnt werden — in einem Scheidetrichter mit Dithizon (20 mg in 50 ml Kohlenstofftetrachlorid) extrahiert. Es wird so lange extrahiert, bis ein erneuter Zusatz von Dithizon seine grüne Farbe behält. Die einzelnen Extrakte werden in einem zweiten Scheidetrichter gesammelt und mit 20 ml n/2-Salzsäure etwa 30 sek geschüttelt. Nach dem Absetzen des Extraktes wird dieser in einen weiteren Scheidetrichter übergeführt und hier mit 10 ml n/10-$KMnO_4$ + 20 ml

1 n-Schwefelsäure etwa 1 min geschüttelt. Anschließend wird weiter, wie bei Quecksilberbestimmung in Erzen (S. 595) angegeben, verfahren.

Literatur. DREYER, H., u. O. LESSMANN: Z. Erzbergbau Metallhüttenwes. Bd. 8 (1955) S. 236; vgl. Z. analyt. Chem. Bd. 149 (1956) S. 152. — FISCHER, H., u. G. LEOPOLDI: Metall u. Erz Bd. 38 (1941) S. 154.

D. Die Analyse der Cadmiumlegierungen

Das Cadmium wird in einer Reihe von Legierungen als Legierungsbestandteil verwendet. Legierungen von Blei-Cadmium-Kupfer und Silber sowie Cadmium-Nickel usw. finden als Lagermetalle für schnellaufende Maschinen Verwendung. Weiter bildet das Cadmium einen wichtigen Bestandteil in niedrig schmelzenden Legierungen für thermische Sicherungsdrähte und Feuersicherungen. Auch bei der Herstellung von Dentallegierungen spielt es eine gewisse Rolle.

I. Die Cadmium-Blei-Kupfer-Silber-Legierungen

Die Cadmium-Blei-Kupfer-Silber-Legierungen haben die Zusammensetzung 2,25% Silber, 0,25% Kupfer, Rest Cadmium oder 0,75% Silber, 0,50% Kupfer, Rest Cadmium und werden als Lagermetalle verwendet. Zur Erhöhung des Korrosionswiderstandes gegen Öle werden sie auf der Lauffläche mit einer Indiumschicht versehen, welche bei höheren Temperaturen eindiffundiert wird.

1. Die Bestimmung des Silbers

1 g der Legierung wird in 10 ml Salpetersäure (1 + 1) gelöst und die Lösung auf 200 ml verdünnt. Nach Zugabe von 1 g Bleiacetat fällt man nacheinander mit 0,5 g Kaliumbromid und 2 ml Schwefelsäure (1 + 1) das Silber und das Blei aus. Das Gemisch von Silberbromid und Bleisulfat wird abfiltriert, mit Wasser ausgewaschen und getrocknet. Darauf schmilzt man es entweder auf dem Ansiedescherben mit 10 bis 20 g granuliertem Kornblei oder im Tontiegel mit Fluß und Glätte ein und treibt den Bleikönig auf einer Kapelle ab (s. Kapitel Silber und Gold, S. 744).

Man kann das Silber auch *maßanalytisch* bestimmen. Man löst dann 5 g Legierungsspäne in 20 ml Salpetersäure (1 + 1), verdünnt die Lösung auf 200 ml und verjagt die Stickoxyde durch Kochen. In dieser Lösung erfolgt die Silberbestimmung entweder potentiometrisch mit gestellter Kaliumbromidlösung oder visuell mit n/10-Kaliumthiocyanatlösung und Ammoniumeisen(III)-sulfatlösung als Indicator (Ausführung s. Kapitel Silber, S. 759).

2. Die Bestimmung des Kupfers und Bleies

5 g Legierungsspäne werden in einem 250 ml-Meßkolben in 30 ml Salpetersäure (1 + 1) gelöst. Nach dem Verkochen der Stickoxyde verdünnt man die Lösung mit 100 ml Wasser, fällt das Silber in der Hitze durch einen Zusatz von Kaliumbromid aus, füllt den Kolbeninhalt nach Erkalten zur Marke auf und filtriert durch ein trockenes Faltenfilter. 50 ml = 1 g Einwaage des Filtrats werden abgemessen, mit 30 ml Salpetersäure (1 + 1) und 30 ml Wasser verdünnt und durch Kochen vom überschüssigen Brom befreit. Darauf spült man die Lösung in eine mattierte, gewogene Platinschale, verdünnt den Inhalt mit warmem Wasser auf 120 ml und schaltet die Schale als Anode; als Kathode dient ein Platindrahtnetz. Anstelle der Schale und der Netzelektrode können auch 2 Netzelektroden verwendet werden. Die Elektrolyse wird in der auf 50 bis 60° erwärmten Lösung

bei einer Anfangsstromstärke von 1 A durchgeführt, wobei sich das Blei als Dioxyd an der Anode, das Kupfer metallisch an der Kathode abscheiden. Nach Beendigung der Elektrolyse hebt man die Kathode schnell heraus, spritzt mit Wasser in das Elektrolysiergefäß ab, taucht in Alkohol und trocknet mit einem Fön. Die Platinschale mit dem Bleidioxyd entleert man rasch in ein Gefäß, wäscht mit Wasser aus und trocknet bei 180°. Umrechnungsfaktor auf Pb = 0,866.

3. Die Bestimmung des Cadmiums

Wegen des hohen Cadmiumgehaltes wird dieses Metall am besten elektrolytisch bestimmt. Man füllt das Elektrolysat der unter 2. aufgeführten Kupfer- und Bleibestimmung im Meßkolben auf 200 ml auf (falls erforderlich, ist vorher einzudampfen), nimmt 100 ml = 0,5 g Einwaage ab und neutralisiert die Lösung mit Natronlauge (100 g/l), verdünnt auf 300 ml und leitet nach der S. 233 gegebenen Vorschrift Schwefelwasserstoff ein. Das Cadmiumsulfid wird nach dem Abfiltrieren in möglichst wenig Salpetersäure gelöst. Nach der Filtration des Schwefels neutralisiert man das Filtrat mit Natronlauge und bestimmt das Cadmium elektrolytisch aus kaliumcyanidhaltiger Lösung (s. S. 233).

4. Die Bestimmung des Indiums

Da die Indiumauflage des Lagermetalls im allgemeinen nur ein verhältnismäßig geringes Gewicht besitzt, sind für die Bestimmung des Indiums größere Einwaagen erforderlich. In den meisten Fällen wird es sich darum handeln, die Menge des Indiums je mm^2 Lagerlauffläche zu bestimmen. Dann ist bei der Einwaage die Größe der Lageroberfläche vorher festzustellen, ehe das Material zerspant wird. Die Bestimmung des Indiums kann gewichtsanalytisch oder polarographisch erfolgen.

a) Gewichtsanalytisch

Grundlage. Aus der Salpetersäurelösung wird das Indium mit Ammoniak und Ammoniumcarbonat als Hydroxyd gefällt. Nach dem Lösen in Salpetersäure und dem Entfernen des Bleies durch Abrauchen mit Schwefelsäure wird mit Ammoniak neutralisiert und das Indium aus ameisensaurer Lösung unter Zusatz von Sulfosalicylsäure mit Schwefelwasserstoff ausgefällt. Der Niederschlag wird in Salpetersäure gelöst, das Indium mit Ammoniak als Hydroxyd gefällt und als Oxyd bestimmt.

Anwendungsbereich und Bedeutung. Das Verfahren dient zur Bestimmung geringer Mengen Indium in Cadmiumlagermetallen.

Genauigkeit. 2.

Dauer. 4 Std.

Ausführung. 25 g Legierungsspäne oder eine auf eine bestimmte Lauffläche bezogene, entsprechende Menge werden in 100 ml Salpetersäure (1 + 1) gelöst. Nach dem Verdünnen der Lösung auf 200 ml fällt man das Indium mit einem geringen Überschuß von Ammoniak unter Zusatz von 0,5 g Ammoniumcarbonat als Hydroxyd zusammen mit Spuren von Eisen sowie Blei und kocht 10 min. Nach dem Absetzen des Niederschlages gießt man die heiße Lösung, die das Silber + Cadmium + Kupfer komplex gelöst enthält, rasch durch ein schnellaufendes Filter und sammelt dort den Hydroxydniederschlag, der mit heißem Wasser sorgfältig ausgewaschen wird. Man löst ihn in möglichst wenig warmer Salpetersäure (1 + 1) und raucht die Lösung mit 3 ml Schwefelsäure (1 + 1) ab. Man nimmt mit Schwefelsäure (1 + 19) auf, kocht und filtriert das sich abscheidende Bleisulfat ab, neutralisiert das Filtrat mit Ammoniak und versetzt mit 1 g Sulfosalicylsäure sowie 5 ml Ameisensäure je 100 ml Flüssigkeitsvolumen. Anschließend fällt man das Indium als gelbes Indium(III)-sulfid durch Einleiten von Schwefelwasserstoff bis zur Sättigung aus, filtriert ab, löst in möglichst wenig Salpetersäure (1 + 1) und verdünnt die Lösung mit 50 ml Wasser. Man filtriert den abgeschiedenen Schwefel ab; sodann wird das Indium mit einem möglichst geringen Überschuß von Ammoniak (1 + 1) als Hydroxyd niedergeschlagen. Man verkocht den Ammoniaküberschuß, filtriert das Indium(III)-hydroxyd ab, wiederholt die Fällung mit Ammoniak nach dem Lösen in Salpetersäure und wäscht sorgfältig mit heißem Wasser aus. Es wird bei 800 bis 1000° zu In_2O_3 geglüht.

Umrechnungsfaktor auf In: 0,8267.

Fehlerquellen. Indiumoxyd neigt ähnlich wie Aluminiumoxyd zur Adsorption gelöster Salze. Es empfiehlt sich daher, das ausgewogene Oxyd, wenn möglich, polarographisch auf Reinheit zu prüfen.

b) Polarographisch

Grundlage. Nach dem Lösen in Salpetersäure wird wie unter a) das Indium mit Ammoniak als Hydroxyd gefällt. Dieses wird in Salpetersäure gelöst, mit Schwefelsäure abgeraucht, das Blei als Sulfat abfiltriert und im Filtrat das Indium polarographisch bestimmt.

Anwendung und Bedeutung. Mit diesem Verfahren kann eine rasche und genaue Bestimmung kleiner Mengen Indium erreicht werden.

Genauigkeit. 1.

Dauer. 3 Std.

Ausführung. Die Legierung wird, wie unter a) angegeben, gelöst und das Indium mit Ammoniak gefällt. Nach dem Auswaschen löst man den Niederschlag in möglichst wenig heißer Salpetersäure (1 + 1) und raucht die Lösung zum Entfernen der Salpetersäure mit 10 ml Schwefelsäure (1 + 1) ab, nimmt die Salze mit 50 ml Wasser und 5 ml Schwefelsäure (1 + 1) auf und kocht, um das Indiumsulfat restlos in Lösung zu bringen. Nach dem Erkalten wird das Bleisulfat abfiltriert und das Filtrat eingeengt. Man spült es sodann in einen 50 ml-Meßkolben über, füllt zur Marke auf und entnimmt 5 ml. Diese Abmessung versetzt man mit genau 5 ml einer Grundlösung, bestehend aus 600 ml konz. Salzsäure, 50 g Traubenzucker und 350 ml Wasser, leitet Wasserstoff durch und bestimmt das Indium polarographisch.

Literatur. ENSSLIN, F.: Metall u. Erz Bd. 38 (1941) S. 306/07.

5. Die Bestimmung des Eisens

5 g der Legierung werden in 20 ml Salpetersäure (1 + 1) gelöst. Nach dem Verdünnen mit 50 ml Wasser wird ammoniakalisch gemacht und das Hydroxyd nach kurzem Kochen abfiltriert. Man wäscht mit 0,5proz. Ammoniak aus. Das Kupfer muß durch mehrfaches Auswaschen aus dem Niederschlag entfernt werden, damit es die spätere photometrische Eisenbestimmung nicht stört. Unter Umständen ist eine Umfällung des Niederschlages erforderlich. Dann löst man ihn in Salpetersäure (1 + 2), spült die Lösung in einen 50 oder 100 ml-Meßkolben, verdünnt mit Wasser, gibt 5 ml 50proz. Kaliumthiocyanatlösung hinzu und füllt zur Marke auf. Darauf wird das Eisen photometrisch bestimmt.

II. Die Cadmium-Nickel-Legierungen

Die Cadmium-Nickel-Legierungen finden Verwendung als Lagermetalle. Sie enthalten 1,35 bis 3% Nickel, Rest Cadmium.

Das *Cadmium* fällt man als Sulfid aus schwefelsaurer Lösung und bestimmt es dann elektrolytisch oder als Sulfat (s. S. 233).

Die Bestimmung des Nickels

erfolgt mit 1 g Einwaage, die man in 10 ml Salpetersäure (1 + 1) löst. Die Lösung wird mit 50 ml Wasser verdünnt und zum Entfernen der Stickoxyde gekocht. Dann versetzt man sie mit 2 ml Weinsäurelösung (100 g/l), um ein Mitfallen von Eisen und Indium zu verhindern, und gibt so viel Ammoniak zu, daß das Cadmium als Tetraminverbindung in Lösung gehalten wird. Nun fällt man das Nickel mit 50 ml Diacetyldioximlösung (1 g in 100 ml Äthanol) unter Erwärmen aus, filtriert den Niederschlag ab, wäscht ihn mit kaltem Wasser aus und löst wieder mit möglichst wenig Salzsäure (1 + 1) in das Fällungsgefäß zurück. Die auf 50 ml verdünnte Lösung wird mit der gleichen Menge des Fällungsreagenzes wie oben versetzt, dann eben ammoniakalisch gemacht und 20 min auf 60 bis 70° erwärmt. Das ausgefallene Nickeldiacetyldioxim wird auf einen Glasfiltertiegel abfiltriert, mit Wasser ausgewaschen, bei 120° getrocknet und gewogen.

III. Die Cadmiumlote

Cadmiumlote sind im Kapitel Blei, S. 194, behandelt.

E. Die Untersuchung der Cadmiumsalze und -farbstoffe

Die wichtigsten Cadmiumsalze sind: Cadmiumsulfat ($CdSO_4 \cdot 8/3\,H_2O$), Cadmiumoxyd (CdO), Cadmiumcarbonat ($CdCO_3$) und Cadmiumcyanid [$Cd(CN)_2$]. Letzteres wird für galvanische Cadmiumbäder gebraucht. Cadmiumoxyd und -carbonat sind die Ausgangsstoffe für die Erzeugung von Cadmiumfarbstoffen wie Cadmiumgelb (CdS) und Cadmiumrot, einem Gemisch von Cadmiumsulfid und Cadmiumselenid. Daneben wird noch eine Gruppe gelber Farbstoffe technisch verwendet, die sog. Cadmopone, welche analog den Lithoponen (Zinksulfid-Bariumsulfat) aus Cadmiumsulfid und Bariumsulfat bestehen.

I. Cadmiumsulfat

Das Cadmiumsulfat ist ein in Wasser lösliches, farbloses Salz, welches durch Lösen von metallischem Cadmium oder Cadmiumoxyd in Schwefelsäure hergestellt wird.

1. Die Bestimmung des Cadmiums

Elektrolytisch

Man löst 10 g des Salzes in einem 100 ml-Meßkolben mit Wasser und füllt den Kolbeninhalt zur Marke auf. Von dieser Lösung entnimmt man 10 ml (= 1,0 g Einwaage), verdünnt mit 100 ml 5 bis 6 vol.-proz. Schwefelsäure und fällt das Cadmium in der Wärme durch Einleiten von Schwefelwasserstoff als Sulfid aus. Der Niederschlag wird in heißer verdünnter Salpetersäure gelöst und das Cadmium elektrolytisch aus cyanid- oder hydrogensulfathaltiger Lösung bestimmt (siehe S. 233 u. 234).

2. Die Bestimmung des Sulfats

Man mißt aus der oben angegebenen Lösung der Einwaage 20 ml ab, füllt sie auf 100 ml auf, nimmt davon 10 ml (= 0,2 g) ab und verdünnt mit 100 ml Wasser. Dann gibt man 10 ml Salzsäure (1 + 1) hinzu, erwärmt die Lösung zum Sieden und fällt das Sulfat durch Zugabe von 10 ml kochender Lösung von Bariumchlorid (100 g $BaCl_2 \cdot 2\,H_2O$/l) als Bariumsulfat aus. Nach dem Absitzen wird der Niederschlag von Bariumsulfat auf ein dichtes Filter abfiltriert, mit heißem, 0,5proz. salzsaurem Wasser ausgewaschen und bei 800° geglüht.

Die *Verunreinigungen* des Cadmiumsulfats bestimmt man nach den bei Reincadmium, S. 245 bis 252, gegebenen Vorschriften.

Zur Bestimmung des *Wassergehaltes* wird das Cadmiumsulfat 1 Std. bei 500 bis 600° behandelt. Die Temperatur darf nicht über 800° steigen, da sonst eine Zersetzung unter Abgabe von SO_2 stattfindet.

II. Cadmiumoxyd und -carbonat

Die Analyse des Cadmiumoxyds und -carbonats erfolgt nach den bei Reincadmium, S. 245 bis 252, angeführten Methoden. Die Cadmiumbestimmung wird, wie beim Cadmiumsulfat beschrieben, durchgeführt. Bisweilen ist außerdem

Die Bestimmung des in Säure unlöslichen Rückstandes

erforderlich; man verfährt dabei wie folgt:

5 g des Materials werden in einer Porzellan- oder Platinschale mit 20 ml Salzsäure (1 + 1) gelöst. Man dampft die Lösung auf dem Sandbad zur Trockne, nimmt den Rückstand mit 20 ml Salzsäure (1 + 1) wieder auf und filtriert durch ein dichtes Filter. Nach dem Auswaschen mit verdünnter Salzsäure und anschließend mit reinem Wasser verascht man das Filter in einem Platintiegel und glüht den Rückstand bei 800 bis 1000°.

Soll festgestellt werden, wieviel Siliciumdioxyd der Rückstand enthält, so raucht man ihn nach dem Wägen mit 5 ml Flußsäure unter Zusatz von wenigen Tropfen Schwefelsäure ab, glüht und wägt abermals. Die Differenz zwischen den Wägungen ergibt die Menge des Siliciumdioxyds.

III. Cadmiumcyanid

Die Bestimmung des *Cadmiums* erfolgt zweckmäßig elektrolytisch, nachdem das Salz durch Abrauchen mit Schwefelsäure in Lösung gebracht wurde. Die *Verunreinigungen* werden gleichfalls in der durch Abrauchen vom Cyanwasserstoff befreiten Lösung, und zwar nach den beim Reincadmium mitgeteilten Vorschriften, ermittelt.

Die Bestimmung des Cyans

Grundlage. Das Cyanid wird mit einem Überschuß von n/5-Silbernitratlösung umgesetzt und der Überschuß an Silbernitrat mit Ammoniumthiocyanatlösung zurücktitriert.

Anwendungsbereich und Bedeutung. Das Verfahren ist die klassische Methode zur Untersuchung von in Wasser oder in Säuren löslichen Cyanverbindungen.

Genauigkeit. 1.

Dauer. 30 min.

Ausführung. 0,5 g Cadmiumcyanid schlämmt man in einem 250 ml-Meßkolben mit 100 ml Wasser auf und gibt aus einer Bürette 35 ml n/5-Silbernitratlösung und weiterhin 5 ml Salpetersäure (1 + 1) zu. Hierbei setzt sich das Cadmiumcyanid mit dem Silbernitrat vollkommen um. Man schüttelt den Kolbeninhalt 5 min, um etwa eingeschlossenes Cyanid zur Reaktion zu bringen. Nach dem Auffüllen zur Marke entnimmt man durch ein trockenes Filter 200 ml (= 0,4 g Einwaage) und titriert den Überschuß an Silbernitratlösung mit n/10-Ammonium- oder Kaliumthiocyanatlösung zurück. Als Indicator verwendet man 2 ml Ammonium-eisen(III)-sulfatlösung (s. Kapitel Lösungen). Man titriert bis zur auftretenden Rotfärbung.

Fehlerquellen. Eine Titration des überschüssigen Silbernitrats in Gegenwart des ausgefällten Silbercyanids ist nicht möglich, da hierbei die rote Färbung des Eisen(III)-thiocyanats immer wieder verschwinden würde. Es reagiert nämlich das Silbercyanid mit dem Eisen(III)-thiocyanat unter Bildung von Silberthiocyanat.

IV. Cadmiumgelb (CdS) und Cadmopone

Bei der Untersuchung von Cadmiumgelb handelt es sich vor allem um die Feststellung, ob reines Cadmiumgelb vorliegt oder ob es sich um sog. Verschnittsorten handelt. Es sind hierfür eine Reihe von qualitativen Prüfungen vorgesehen.

1. Qualitative Prüfungen für Cadmiumgelb

a) Zur Prüfung auf Abwesenheit von freiem Schwefel, Schwerspat oder Bleichromat muß das Cadmiumsulfid in Salzsäure vollkommen löslich und die Lösung farblos sein.

b) Es dürfen keine wasserlöslichen Bestandteile vorhanden sein. Darauf ist durch einen wäßrigen Auszug zu prüfen.

c) Beim Digerieren von Cadmiumgelb mit verdünnter Essigsäure darf das Filtrat durch vorsichtigen Zusatz von Kalilauge bis zur Neutralisation weder getrübt werden, noch darf eine Fällung entstehen. Diese Probe soll die Abwesenheit von Zinkverbindungen und Cadmiumsalzen erweisen.

d) Beim Erhitzen auf einem Platinblech soll der Farbstoff in der Hitze purpurrot werden und beim Abkühlen wieder reingelb sein. Wird er braungelb, so sind entweder Cadmiumoxysulfid oder Cadmiumcarbonat vorhanden.

e) Nach dem Digerieren von Cadmiumgelb mit Ammoniak darf sich das Filtrat durch Ansäuern mit Salzsäure nicht gelb färben (Abwesenheit von Arsenverbindungen).

f) Beim Erhitzen im geschlossenen Rohr darf keine wesentliche Wasserabgabe stattfinden, außerdem soll kein Metallspiegel entstehen. Ein solcher weist auf das Vorhandensein von Cadmium- oder Zinksulfhydrat oder Cadmiumoxalat hin. Außerdem darf schweflige Säure nur in Spuren entweichen.

2. Die Bestimmung des Cadmiums

Sie erfolgt nach einer der bei C. I., S. 233 bis 238, angegebenen Methoden. Das Cadmiumgelb wird mit Salpetersäure in Lösung gebracht und die Lösung mit Schwefelsäure abgeraucht.

3. Die Bestimmung des Zinks

Man löst 1 g mit 10 ml Salpetersäure (1,40) und raucht die Lösung mit 5 ml Schwefelsäure (1,84) ab. Die Sulfate werden mit 100 ml 5 bis 6 vol.-proz. Schwefelsäure aufgenommen. In diese Lösung leitet man in der Wärme Schwefelwasserstoff bis zum Erkalten ein und filtriert darauf das ausgefallene Cadmiumsulfid mitsamt dem etwa ungelöst verbliebenen Rückstand ab. Im Filtrat verkocht man den Schwefelwasserstoff und bestimmt das Zink gewichtsanalytisch oder besser polarographisch.

4. Die Bestimmung des Chlors

5 g des zu untersuchenden Farbstoffes werden 15 min mit 25 ml Natriumcarbonatlösung (100 g/l) ausgekocht. Nach dem Verdünnen auf 100 ml filtriert man, versetzt das Filtrat zur Oxydation mit 10 ml 10proz. Wasserstoffperoxydlösung

und säuert mit Salpetersäure an. Dann fällt man das Chlor durch Zugabe von 10 ml Silbernitratlösung (1 g in 100 ml) als Silberchlorid aus, filtriert den Niederschlag auf einen Porzellanfiltertiegel ab, wäscht mit 0,5proz. Salpetersäure und anschließend mit reinem Wasser aus, trocknet den Tiegel bei 200 bis 250° und wägt.

5. Die Bestimmung des Gesamtschwefels

Man schmilzt 1,5 g des Farbstoffes mit einem Gemisch von 15 g Natriumperoxyd und 2 g Natriumcarbonat vorsichtig im Eisentiegel. Die noch warme Schmelze zersetzt man mit Wasser, spritzt den Tiegel ab und spült Lösung und Niederschlag in einen 300 ml-Meßkolben über, den man nach dem Abkühlen mit Wasser bis zur Marke auffüllt. Dann wird durch ein trockenes Faltenfilter filtriert. 200 ml des Filtrats säuert man mit Salzsäure an und fällt das Sulfat in der Hitze durch Zugabe von 10 ml kochender Bariumchloridlösung (100 g $BaCl_2 \cdot 2\,H_2O$/l). Nach kurzem Absitzen wird der Niederschlag von Bariumsulfat auf ein dichtes Filter abfiltriert, mit 0,5proz. Salzsäure ausgewaschen, getrocknet und bei 800° geglüht.

Enthält der Farbstoff Bariumsulfat, so kann u. U. beim Lösen der Schmelze in Wasser etwas Bariumsulfat im Niederschlag verbleiben.

6. Die Bestimmung des Sulfidschwefels

In einem Schwefelbestimmungsapparat (s. Kapitel Schwefel, S. 651) zersetzt man 0,2 bis 0,3 g der Probe durch Salzsäure (1,19) und fängt den entstehenden Schwefelwasserstoff nach dem Waschen mit heißem Wasser in 30 ml einer Cadmiumacetatlösung (Herstellung s. Kapitel Lösungen) auf. Nach Beendigung der Zersetzung gibt man zu der vorgelegten, Cadmiumsulfid enthaltenden Lösung einen Überschuß von n/10-Jodlösung und säuert vorsichtig mit Salzsäure an. Der Überschuß an Jodlösung wird mit n/10-Natriumthiosulfatlösung zurücktitriert.

1 ml n/10-Jodlösung entspricht 1,6 mg Schwefel

7. Die Bestimmung des Bariumsulfats

Man behandelt 1 g des Farbstoffes so lange in der Kälte mit 10 ml Salzsäure (1,19), bis er sich vollkommen zersetzt hat. Dann erhitzt man mit einigen Tropfen rauchender Salpetersäure, bis der etwa ausgeschiedene Schwefel sich oxydiert hat. Nun wird die Lösung mit 50 ml Wasser verdünnt, mit einigen Tropfen verdünnter Schwefelsäure versetzt und das ungelöste Bariumsulfat abfiltriert. Man wäscht mit 0,5proz. Salzsäure und anschließend mit heißem Wasser aus. Nach dem Veraschen des Filters in einem gewogenen Tiegel wird das Bariumsulfat bei etwa 800° geglüht.

V. Cadmiumrot (Selenrot)

Cadmiumrot verwenden die Maler, die Glas- und die keramische Industrie. Es gibt zweierlei Herstellungsarten für diesen Farbstoff; die eine verwendet als Trägersubstanz Schwerspat, die andere arbeitet ohne Trägersubstanz. Das Cadmiumrot besteht zu etwa 15% aus Cadmiumselenid, der Rest aus Cadmiumsulfid. Das für Gläser und Keramik verwendete enthält ungefähr 70% Cadmium, 18% Selen und 12% Schwefel.

1. Qualitative Prüfung

Die Probe wird mit Salzsäure versetzt. Dabei entweicht zunächst Schwefelwasserstoff und die Farbe der Substanz geht in Schmutzigrot über. Nach dem Entweichen des Schwefelwasserstoffs entsteht Selenwasserstoff, der an dem knoblauchartigen Geruch zu erkennen ist. Die Probe wird dann grau oder farblos.

2. Die Bestimmung des Cadmiums

Grundlage. In der zum Entfernen des Selens mit Salzsäure und anschließend mit Schwefelsäure abgerauchten Lösung der Probe fällt man das Cadmium durch Schwefelwasserstoff in schwefelsaurer Lösung und bestimmt es schnellelektrolytisch oder gewichtsanalytisch.

Anwendungsbereich und Bedeutung. Das Verfahren dient zur Cadmiumbestimmung in selenhaltigen Cadmiumfarbstoffen.

Genauigkeit. 1.

Dauer. 5 Std.

Ausführung. 1 g des Farbstoffes wird mit 15 ml Salzsäure (1,19) in einer Porzellanschale zersetzt und die Lösung zur Trockne eingedampft. Die Salze nimmt man mit 10 ml Schwefelsäure und etwas Salzsäure auf und raucht die Lösung nochmals zur Trockne ab, wobei sich das Selen vollständig verflüchtigt. Der Rückstand wird mit 50 ml Schwefelsäure (1 + 9) aufgenommen, die Lösung aufgekocht und das Ungelöste (Bariumsulfat) abfiltriert. Darauf versetzt man das Filtrat mit 100 ml 6proz. Schwefelsäure, fällt das Cadmium bei 70 bis 80° durch Einleiten von Schwefelwasserstoff bis zum Erkalten aus, filtriert den Sulfidniederschlag ab und wäscht ihn mit Schwefelwasserstoffwasser aus. Er wird in heißer Salpetersäure (1 + 2) gelöst. Das Cadmium bestimmt man nun entweder schnellelektrolytisch oder in einer anteiligen Menge als Chinaldat.

Fehlerquellen und Literatur s. unter C. I., S. 234 bis 237.

3. Die Bestimmung des Selens

Grundlage. Der Farbstoff wird durch rauchende Salpetersäure zersetzt, wobei Selenid und Sulfid oxydiert werden. Ein etwa verbliebener Rückstand wird abfiltriert. Das Filtrat neutralisiert man mit Ammoniak und säuert es mit Salzsäure wieder an. In dieser Lösung wird das Selen sodann mit Hydrazinsulfat gefällt.

Anwendungsbereich und Bedeutung. Das Verfahren dient zur Bestimmung größerer Selenmengen in Cadmiumfarbstoffen.

Genauigkeit. 1.

Dauer. 4 Std.

Ausführung. 1 g Farbstoff wird mit 1 bis 2 ml Wasser aufgeschlämmt und mit 10 ml rauchender Salpetersäure aufgeschlossen. Es ist darauf zu achten, daß der gesamte Schwefel und das Selen restlos oxydiert werden. Nach vollständigem Aufschluß dampft man die Lösung bis fast zur Trockne ein. Dann wird der Abdampfrückstand mit 30 ml Wasser und 5 ml Schwefelsäure (1 + 1) aufgenommen, die Lösung kurz aufgekocht und ein etwaiger Rückstand abfiltriert. Das Filtrat neutralisiert man mit Ammoniak und säuert es mit 5 ml Salzsäure (1 + 1) je 100 ml Flüssigkeitsvolumen wieder an. Zur Reduktion des Selens gibt man nun 5 g Hydrazinsulfat zu und erhitzt auf dem Wasserbad etwa 30 min, bis das ausgefallene, rote Selen in die schwarze Modifikation übergegangen ist. Man filtriert den Niederschlag ab, wäscht ihn mit kaltem Wasser aus und löst ihn, da er verunreinigt sein kann, durch Behandeln mit 10 ml Kaliumcyanidlösung (200 g/l) in der Wärme vom Filter. Das Filter wird mit einer Kaliumcyanidlösung (10 g/l) ausgewaschen. Im Filtrat fällt man sodann das Selen durch Ansäuern mit Schwefelsäure aus (Vorsicht, Cyanwasserstoffsäure!). Nach Zugabe von 1 g Hydrazinsulfat wird die Lösung 1 Std. auf dem Wasserbad erhitzt, bis sich das Selen als schwarzes Pulver abgesetzt hat. Man filtriert auf einen Glasfiltertiegel ab, wäscht mit salzsäurehaltigem Wasser und anschließend mit reinem Wasser aus und trocknet bei 105°.

Fehlerquellen und Literatur Siehe bei Kapitel Selen, S. 733.

Bemerkung. Das Selen kann in Verbindung mit der folgenden Schwefelbestimmung auch aus einem Natriumperoxydaufschluß bestimmt werden.

4. Die Bestimmung des Selens und Schwefels aus einem Schmelzaufschluß

Grundlage. Die Probe wird durch Schmelzen mit Natriumperoxyd aufgeschlossen. Im Filtrat des wäßrigen Auszuges der Schmelze wird das Selenat durch Kochen mit Salzsäure am Rückflußkühler zu Selenit reduziert. Dann fällt man das Selen mit Hydrazinhydrochlorid. Im Filtrat vom Selen wird schließlich der Schwefel mit Bariumchlorid als Bariumsulfat gefällt.

Anwendungsbereich und Bedeutung. Das Verfahren führt durch einen gemeinsamen oxydierenden Schmelzaufschluß beide Elemente in lösliche Verbindungen über und ermöglicht so ihre Bestimmung.

Genauigkeit. 2 für Selen, 1 für Schwefel.

Dauer. Für beide Bestimmungen zusammen 5 Std.

Ausführung. In einem Eisentiegel schmilzt man eine Mischung von 2,5 g der Probe mit der 5fachen Menge Natriumperoxyd. Man erhitzt erst schwach bis zum Sintern, dann stärker bis zur Rotglut. Nach dem Abkühlen wird die Schmelze mit 100 ml Wasser zersetzt und alles in einen 250 ml-Meßkolben übergeführt. Man filtriert durch ein dichtes Faltenfilter und entnimmt dem Filtrat 200 ml (= 2 g Einwaage). Die Abmessung bringt man in einen Rundkolben mit aufgesetztem Rückflußkühler und erhitzt nach der Neutralisation und nach Zusatz eines Überschusses von 60 ml Salzsäure (1,19), bis mit Kaliumjodidstärkepapier kein Chlor mehr nachzuweisen ist. Zur Beschleunigung des Chloraustreibens kann auch Kohlendioxyd durchgeleitet werden. Nach der Überführung der Lösung in ein Becherglas und nach Zugabe von 5 g Hydrazinhydrochlorid wird sie $^1/_2$ Std. auf dem Wasserbad erhitzt. Sodann filtriert man das ausgeschiedene Selen auf einen Filtertiegel ab, wäscht mit heißem Wasser aus und trocknet es bei 105°. Zur Prüfung auf Reinheit wird das Selen bei 400° verglüht und ein etwa verbliebener Rückstand zurückgewogen.

Das Filtrat von der Selenbestimmung füllt man in einem 500 ml-Meßkolben zur Marke auf. 200 ml der Lösung (= 0,8 g Einwaage) werden mit Ammoniak neutralisiert und mit 5 ml Salzsäure (1 + 1) wieder angesäuert. Dann fällt man den Schwefel in der kochenden Lösung mit Bariumchlorid in geringem Überschuß als Bariumsulfat, läßt den Niederschlag absitzen und filtriert ihn auf ein dichtes Filter ab. Er wird mit 0,5proz. Salzsäure ausgewaschen und nach dem Veraschen des Filters im gewogenen Porzellantiegel geglüht.

Fehlerquellen. Die Schwefelbestimmung liefert nur dann richtige Werte, wenn das Cadmiumrot nicht mit Schwerspat versetzt ist. Ist dieser vorhanden, so gilt das am Schluß des Abschnittes E. IV. 5., S. 259, Gesagte.

5. Die Bestimmung der Alkalien

10 g Farbstoff werden 30 min mit 100 ml Wasser unter Ersatz der verdampften Flüssigkeit ausgekocht. Man filtriert dann in eine Platinschale und wäscht das Filter mit heißem Wasser aus. Darauf dampft man das Filtrat nach Zugeben einiger Tropfen Schwefelsäure zur Trockne und glüht den Rückstand bei schwacher Rotglut. Die Auswaage gilt als Alkalisulfat.

6. Die Bestimmung der sonstigen Verunreinigungen

Es können im Cadmiumrot noch Verunreinigungen wie Zink, Chlor und Schwerspat vorhanden sein. Diese werden nach den bei Cadmiumgelb, S. 258, gegebenen Vorschriften bestimmt.

Kapitel 9

Calcium*

Inhalt

---

*	1. Auflage	2. Auflage
Bearbeiter:	**Meier-Ewert**	**Meier-Ewert**
Mitarbeiter:	**Allendörfer, Becker**	**Allendörfer, Becker**

A. Vorkommen

Das Calcium steht in der Häufigkeitsskala der Elemente an fünfter Stelle. Sein Anteil am Aufbau der Erdrinde beträgt 3,4%. Es kommt in der Natur infolge seines unedlen Charakters nie gediegen, sondern stets nur in Form seiner Verbindungen vor, so als Carbonat, Sulfat, Silicat, Phosphat und Fluorid. Diese sind in Wasser sämtlich schwer- oder praktisch unlöslich. Das Carbonat ($CaCO_3$) tritt vorwiegend in 3 verschiedenen Erscheinungsformen auf, als *Kalkstein*, *Kreide* bzw. *Marmor*, ferner in großen Mengen als *Dolomit*, einem Doppelcarbonat des Calciums mit Magnesium ($CaCO_3 \cdot MgCO_3$). Das Sulfat bildet als Gips ($CaSO_4 \cdot 2H_2O$) oder als wasserfreier *Anhydrit* gewaltige Lager; es ist auch im Meerwasser zu finden. Calciumsilicate und vor allem Doppelsilicate bilden den hauptsächlichsten Bestandteil der Silicatgesteine. Von den Calciumphosphaten sind als wichtigste Mineralien der *Phosphorit* [$Ca_3(PO_4)_2$] und der *Apatit* [$3Ca_3(PO_4)_2 \cdot Ca(F_2Cl_2)$] zu nennen. Ein Fluorid des Calciums ist der *Flußspat* (CaF_2).

B. Qualitativer Nachweis

Die flüchtigen Calciumverbindungen färben die nicht leuchtende Flamme ziegelrot. Mit Soda auf der Kohle vor dem Lötrohr erhitzt, entsteht Carbonat, das in weißes, unschmelzbares Oxyd übergeht. Beim Übergießen dieses Oxyds mit Wasser bildet sich Calciumhydroxyd, welches durch Phenolphthalein rot gefärbt wird.

Als Fällungsreaktion dient die Umsetzung mit Ammoniumoxalat zu schwer löslichem Calciumoxalat in neutralen, alkalischen oder schwach essigsauren Lösungen.

Calcium reagiert ferner mit Pikrolonsäure unter Bildung eines gelben, kristallinischen und leicht filtrierbaren Niederschlages von Calciumpikrolonat. Dabei soll die zu untersuchende Lösung gegen Lackmus neutral reagieren und kein großes Volumen aufweisen; auch sollen Alkali- und Ammoniumsalze nicht in großem Überschuß vorhanden sein.

C. Analytische Untersuchungen

I. Calciumverbindungen

1. Kohlensaurer Kalk und gebrannter Kalk

Grundlage. Das feingepulverte Material wird in Salzsäure gelöst und das Eisen nach Abscheiden der Kieselsäure oxydimetrisch und die Tonerde nach dem Phosphatverfahren bestimmt. Die Ermittelung von Kalk und Magnesia erfolgt im Filtrat der mit Ammoniak gefällten Oxydhydrate des Aluminiums, Eisens und Mangans in üblicher Weise. Das Kohlendioxyd wird durch Absorption über Natronkalk bestimmt.

a) Die Bestimmung der Feuchtigkeit und des Glühverlustes

Feuchtigkeit. Die feingepulverte *Kalksteinprobe* wird in einem Wägegläschen bei 110° im Trockenschrank über Nacht getrocknet und der Gewichtsverlust ermittelt. — Bei *gebranntem Kalk*, der hierbei CO_2 aus der Luft aufnehmen würde, ist von einer Trocknung abzusehen.

Glühverlust. 1 g der getrockneten bzw. Originalprobe wird in einem Platintiegel vorsichtig in einer Muffel langsam auf etwa 1000° so lange erhitzt, bis Gewichtskonstanz erreicht ist, und über KOH erkalten gelassen. Die Gewichtsabnahme, die auf den Verlust an chemisch gebundener Kohlensäure und chemisch gebundenem Wasser beruht, wird durch Auswaage ermittelt.

b) Die Bestimmung des Siliciumdioxyds

5 g der Probe werden in einer mit Uhrglas bedeckten großen Porzellanschale mit 10 ml Wasser durchfeuchtet, vorsichtig mit 50 ml Salzsäure (1,19) versetzt und gelöst. Nach vollständiger Lösung wird zur Trockne eingedampft und die Schale mit dem Eindampfrückstand 1 Std. im Trockenschrank bei 130° erhitzt. Nach dem

Abkühlen wird der Rückstand mit etwa 20 ml Salzsäure (1,19) angefeuchtet und mit heißem Wasser aufgenommen. Die Lösung wird nach kurzem Aufkochen durch ein mittelhartes Filter filtriert; das abgeschiedene Siliciumdioxyd wird abwechselnd mit Salzsäure (1 + 3) und heißem Wasser ausgewaschen. Das Filtrat wird nochmals zur Trockne gebracht und die Abscheidung des Siliciumdioxyds in der angegebenen Weise wiederholt. Die beiden Filter des abgeschiedenen Siliciumdioxyds werden zusammen in einem Platintiegel verascht, der Rückstand geglüht und gewogen. Zum Abrauchen des Siliciumdioxyds feuchtet man ihn mit etwa 5 Tropfen Schwefelsäure (1 + 2) an, versetzt mit etwa 10 ml Flußsäure und raucht die Säuren vorsichtig ab; ein etwa verbliebener Rückstand wird nach dem Glühen gewogen (Gewichtsabnahme mal 20 = % SiO_2).

Der Abrauchrückstand im Platintiegel wird mit 2 ml Schwefelsäure (1 + 1) und etwas Flußsäure versetzt, bis zum beginnenden Abrauchen der Schwefelsäure erhitzt, nach dem Abkühlen mit etwas Wasser und Salzsäure aufgenommen und bis zum Klarwerden erwärmt. Die klare Lösung wird zu dem Filtrat der Siliciumdioxydabscheidung hinzugegeben und dieses in einen 500 ml-Meßkolben gespült, der dann bis zur Marke aufgefüllt wird.

Genauigkeit. 1.

Dauer. 6 Std.

c) Die Bestimmung des Eisenoxyds

Zur Bestimmung des Eisens werden dem Meßkolben 200 ml (= 2 g Einwaage) entnommen und in ein Becherglas von 250 ml Inhalt gegeben. Die Lösung wird eingeengt, sodann aufgekocht und nach der Reduktion mittels Zinn(II)-chloridlösung nach ZIMMERMANN-REINHARDT mit n/10-Kaliumpermanganatlösung titriert.

Genauigkeit. 1.

Dauer. 1 Std.

d) Die Bestimmung der Tonerde

Weitere 100 ml werden in ein Becherglas von 600 ml Inhalt gegeben, nach Hinzufügen einiger Tropfen Methylorange als Indicator mit Ammoniak gerade neutralisiert und mit 4 ml Salzsäure (2 + 1) versetzt. Sodann werden 20 ml Diammoniumhydrogenphosphatlösung (100 g/l), 20 ml Ammoniumthiosulfatlösung (300 g/l) und 15 ml Essigsäure (1 + 2) hinzugegeben und auf etwa 400 ml verdünnt. Es wird zum Sieden erhitzt und 15 min lang gekocht. Der Niederschlag wird auf ein mittelhartes Filter gebracht, mit kochendem Wasser chlorfrei ausgewaschen, das Filter mit dem Niederschlag verascht, der Rückstand bei 1100° geglüht und gewogen.

Umrechnungsfaktor von $AlPO_4$ auf Al_2O_3 = 0,4180.

Genauigkeit. 1.

Dauer. 2 Std.

e) Die Bestimmung des Kalks

In weiteren 50 ml des Hauptfiltrats, entsprechend 0,5 g Einwaage, werden zunächst Eisenoxyd, Tonerde und Manganoxyd abgeschieden. Die Lösung wird hierzu in einem 400 ml-Becherglas mit 2 g Ammoniumchlorid und Bromwasser bis zur Braunfärbung und dann mit Ammoniak bis zur schwach alkalischen Reaktion versetzt. Man erhitzt zum Sieden und kocht, bis sich der Niederschlag grobflockig zusammenballt, läßt absitzen, filtriert und wäscht 2 mal mit heißem, ammoniumchloridhaltigem Wasser (20 g/l) aus, wechselt dann das Auffanggefäß und löst den Niederschlag mit heißer verdünnter Salzsäure vom Filter. Die Fällung mit Bromwasser und Ammoniak unter Zugabe von 1 g Ammoniumchlorid wird darauf wiederholt. Die beiden Filtrate werden in einem 800 ml-Becherglas vereinigt und nach dem Einengen auf 400 bis 500 ml mit Essigsäure schwach angesäuert. Man erhitzt die Lösung auf etwa 80° und versetzt mit 25 ml ebenfalls 80° heißer Ammoniumoxalatlösung (70 g/l). Nach 3stündigem Stehen in der Wärme läßt man abkühlen, filtriert das Calciumoxalat ab, wäscht es 6mal mit kaltem, ammoniumoxalathaltigem Wasser (20 g/l) aus, spritzt den Niederschlag in das Becherglas, in dem die Fällung vorgenommen wurde, und löst den auf dem Filter verbliebenen Rest mit heißer verdünnter Salzsäure dazu. Die salzsaure Lösung wird erhitzt und die Fällung nach Zugabe von etwas Ammoniumoxalat und Ammoniak wiederholt. Der Niederschlag wird auf dem Filter erst 3mal mit ammoniumoxalathaltigem und dann so lange mit heißem Wasser ausgewaschen, bis sich das Waschwasser nach Zusatz von schwefelsaurer Kaliumpermanganatlösung nicht mehr entfärbt. Das Calciumoxalat wird mit heißem Wasser vom Filter in ein 500 ml-Becherglas gespritzt und der Rest durch Auswaschen des Filters mit heißer verdünnter Schwefelsäure (1 + 5) hinzugelöst. Man fügt etwa 10 ml Schwefelsäure (1 + 2) hinzu, erwärmt auf etwa 80° und titriert dann mit n/5-Kaliumpermanganatlösung. 1 ml dieser Kaliumpermanganatlösung entspricht 5,608 mg CaO bzw. 11,1 mg $CaCl_2$.

Die Menge des gefällten Kalkes kann auch gewichtsanalytisch durch Veraschen des Oxalatniederschlages und Glühen bei etwa 1000° zu CaO ermittelt werden.

Genauigkeit. 1.

Dauer. 8 Std.

f) Die Bestimmung des Magnesiumoxyds

Die vom Kalkniederschlag abfiltrierten Lösungen werden vereinigt, auf etwa 200 ml eingedampft, nach dem Erkalten ammoniakalisch gemacht, mit Diammoniumhydrogenphosphatlösung (100 g/l) und darauf mit $^1/_7$ ihres Volumens konz. Ammoniak in der Kälte versetzt. Der Niederschlag wird nach der durch längeres Rühren bewirkten völligen Abscheidung und nach dem Absitzen auf ein dichtes Filter gebracht, mit verdünntem Ammoniak (1 + 3) ausgewaschen oder auf einen Porzellanfiltertiegel abfiltriert. Durch Glühen bei 800 bis 1000° wird das gefällte $MgNH_4PO_4 \cdot 6\,H_2O$ in $Mg_2P_2O_7$ übergeführt.

Umrechnungsfaktor von $Mg_2P_2O_7$ auf MgO = 0,3623.

Genauigkeit. 1.

Dauer. 8 Std.

g) Die Bestimmung des Manganoxyds

2 g feines Probematerial werden mit 10 ml Wasser aufgeschlämmt, mit 20 ml Salpetersäure (1 + 1) gelöst und verdünnt. In dieser Lösung kann das Mangan nach PROCTER SMITH gegebenenfalls in einem Anteil der Lösung photometrisch bestimmt werden (s. Mangan, S. 487).

h) Die Bestimmung des Kohlendioxyds

Zur Bestimmung des Kohlendioxyds wird eine Einwaage von 1 bis 2 g der Probe in einem Rundkolben, wie er zur Kohlenstoffbestimmung im Stahl nach CORLEIS verwendet wird, unter langsamem Hindurchleiten von kohlendioxydfreier Luft mit 100 ml Schwefelsäure (1 + 4) unter Erwärmen zersetzt. Nach dem Trocknen des Gasstromes mit zwei nachgeschalteten, mit wasserfreiem Calciumchlorid gefüllten U-Rohren wird er zur Absorption des Kohlendioxyds durch zwei hintereinandergeschaltete gewogene U-Röhrchen, die mit Natronkalk gefüllt sind, hindurchgeleitet. Die Gewichtszunahme dieser Röhrchen ergibt den Kohlendioxydgehalt der Einwaage. — Das zum Trocknen des Gasstromes verwendete Calciumchlorid muß indifferent gegen Kohlendioxyd sein. Zweckmäßig macht man mit frisch gefüllten $CaCl_2$-Röhrchen erst einen Vorversuch mit Kohlendioxyd und vertreibt den Überschuß durch Durchleiten von trockener Luft. Auch im Kapitel Blei, S. 206, ist ein Gerät für die Kohlendioxydbestimmung beschrieben.

Genauigkeit. 1.

Dauer. 2 Std.

i) Die Bestimmung des Calciumoxyd-Gehalts von gebranntem Kalk

Grundlage. Der gebrannte Kalk wird in kohlendioxydfreiem Wasser gelöst und ein abgemessener Teil der Lösung mit n/10-Salzsäure unter Verwendung von Methylorange als Indicator titriert.

Ausführung. 2 g des Materials werden, um eine Aufnahme von Kohlendioxyd aus der Luft zu verhindern, in ein geschlossenes Wägegläschen eingewogen und in einem 500 ml-Meßkolben mit ausgekochtem, kohlendioxydfreiem Wasser übergossen. Nach dem Auffüllen bis zur Marke entnimmt man dem Kolben von der überstehenden klaren Lösung 50 ml und läßt diese aus der mit der Spitze in kohlendioxydfreies Wasser eingetauchten Pipette in einen ERLENMEYER-Kolben einlaufen, versetzt mit 2 bis 3 Tropfen Methylorange und titriert mit n/5-Salzsäure bis zum Umschlag nach Rot. 1 ml n/5-Salzsäure entspricht 5,608 mg CaO. Um jede Einwirkung von Kohlendioxyd aus der Luft sicher zu vermeiden, kann man auch die abpipettierte Menge direkt in 50 ml n/5-Salzsäure fließen lassen und den Überschuß an Salzsäure, unter Verwendung von Methylorange als Indicator, mit n/5-Natriumhydroxydlösung zurücktitrieren.

Genauigkeit. 1.

Dauer. 1 Std.

k) Calcium- und Magnesiumoxyd komplexometrisch

Calcium- und Magnesiumoxyd können in Dolomit, Magnesit und anderen Gesteinen auch komplexometrisch bestimmt werden (s. die Vorschrift im Kapitel Magnesium D. I. 7., S. 456/57).

2. Calciumchlorid

Metallisches Calcium wird technisch durch Elektrolyse gewonnen. Als Ausgangsstoff dient eine Schmelze von 85% wasserfreiem Calciumchlorid und 15% Kaliumchlorid (Schmelzpunkt = 650°). Die analytische Kontrolle erstreckt sich auf die Untersuchung der Rohstoffe: Calciumchlorid und Kaliumchlorid sowie der Tiegelschmelzen und des metallischen Calciums.

Bei der *Untersuchung des Calciumchlorids* kommen in Frage: die Bestimmung des Calciums, des Chlors, des Magnesiums, Kaliums, Natriums, des Siliciumdioxyds, des Eisenoxyds, des Sulfats und des gebundenen Wassers.

Grundlage. Da das Material sehr hygroskopisch ist, muß es möglichst rasch in einem Porzellanmörser bis auf etwa Erbsengröße zerstoßen und eingewogen werden. Von der in Wasser gelösten Einwaage bestimmt man in abgemessenen Anteilen das Calcium als Oxalat und das Chlor maßanalytisch nach VOLHARD. Magnesium, Kalium und Natrium werden zunächst zusammen als Sulfate gewogen, dann Magnesium als Pyrophosphat, Kalium als Perchlorat bestimmt und das Natrium aus der Differenz errechnet. In einer zweiten, größeren Einwaage sind Kieselsäure, Eisenoxyd und Sulfat nach bekannten Vorschriften zu bestimmen.

Anwendungsbereich und Bedeutung. Das Verfahren ist mit geringer Abwandlung sowohl für die Untersuchung der Schmelzen als auch des metallischen Calciums anwendbar.

Genauigkeit. 2.

Dauer. 2 Tage.

Ausführung. Etwa 20 g Calciumchlorid werden in einem verschlossenen Wägegläschen abgewogen und sodann in Wasser gelöst. Die Lösung wird in Meßkolben zu 1000 ml aufgefüllt. Ist sie durch Verunreinigungen getrübt, so filtriert man vor dem Abpipettieren einen Teil durch ein trockenes Faltenfilter. Man erhält so die „Urlösung".

a) Die Bestimmung des Calciums

Man entnimmt bei praktisch wasserfreien Calciumchloridproben 20 ml (= 0,4 g Einwaage) obiger Lösung — bei wasserhaltigen Proben entsprechend mehr —, verdünnt sie auf etwa 100 ml und macht sie mit kohlendioxydfreiem Ammoniak (s. unten) schwach ammoniakalisch. Entsteht hierbei ein Niederschlag, so wird von diesem abfiltriert, sonst fällt man ohne weiteres das Calcium in der Siedehitze mit 25 ml warmer gesättigter Ammoniumoxalatlösung. Man läßt den Niederschlag 1 Std. auf der Heizplatte absitzen, filtriert ihn ab, wäscht 2- bis 3mal mit heißem Wasser aus, löst ihn dann mit heißer Salzsäure (1 + 4) wieder auf, macht die Lösung schwach ammoniakalisch und wiederholt die Fällung. Nach 2stündigem Stehen wird das Calciumoxalat wieder abfiltriert und dann mit heißem Wasser oxalatfrei ausgewaschen. Darauf gibt man das Filter in ein Becherglas mit etwa 250 ml Wasser, löst den Niederschlag mit 5 n-Schwefelsäure, erhitzt die Lösung auf 70 bis 80° und titriert mit etwa n/4-Kaliumpermanganatlösung bis zur schwachen Rotfärbung. 1 ml n/4-Kaliumpermanganatlösung = 5,01 mg Ca (bzw. 13,88 mg $CaCl_2$).

Genauigkeit. 2.

Dauer. 4 Std.

Bemerkung. Die Fällung des Calciumoxalats kann auch in essigsaurer Lösung, wie auf S. 264 beschrieben, ausgeführt werden.

b) Die Bestimmung des Chlors

Man entnimmt der Urlösung 10 ml (= 0,2 g Einwaage), säuert sie mit Salpetersäure (1 + 4) an und titriert das Chlor in bekannter Weise nach Volhard, indem man zunächst einen Überschuß n/10-Silbernitratlösung (50 ml) zugibt und dann den Überschuß mit n/10-Kaliumthiocyanatlösung unter Verwendung von Eisen(III)-ammoniumsulfatlösung als Indicator zurücktitriert. 1 ml n/10-$AgNO_3$-Lösung = 3,5457 mg Cl (bzw. 5,549 mg $CaCl_2$).

Genauigkeit. 1.

Dauer. $^1/_2$ Std.

Fehlerquellen. Da die Silberfällung dazu neigt, Silbernitrat einzuschließen, muß während der Titration so lange stark geschüttelt werden, bis die gegen Ende der Bestimmung häufig vorzeitig auftretende rote Eisenthiocyanatfärbung auf weiteren Zusatz von Ammoniumrhodanid bestehenbleibt. Erst dann ist der Endpunkt der Titration erreicht.

Ergibt sich zwischen den aus der Chlortitration und dem aus der Calciumbestimmung errechneten $CaCl_2$-Wert ein Unterschied, wie das meist bei technischem Calciumchlorid der Fall ist, so ist das auf die vorhandenen Verunreinigungen, wie Calciumhydrat, -carbonat, -sulfat und die Chloride von Magnesium, Kalium und Natrium, zurückzuführen, die dann gesondert zu bestimmen und entsprechend zu berücksichtigen sind. Die Berechnung der sich aus den in Gewichtsprozenten gefundenen Kationen und Anionen ergebenden Salze wird mit Hilfe einer Äquivalentbilanz nach O. Liesche ausgeführt.

Literatur. Liesche, O.: Rechenverfahren und Rechenhilfsmittel mit Anwendungen auf die chemische Analyse. Stuttgart: F. Enke 1932.

c) Die Bestimmung des Magnesiums, Kaliums und Natriums

In 100 ml der Urlösung (= 2 g Einwaage) werden durch Hinzugeben von Ammoniumchlorid und 10 ml Ammoniak und ferner von 20 ml Ammoniumcarbonatlösung (100 g/l) Eisen und Calcium ausgefällt. Nachdem man sich davon überzeugt hat, daß die Fällung vollständig ist, filtriert man den Niederschlag nach kurzem Absitzenlassen ab, wäscht ihn kurz aus, löst ihn mit Salzsäure (1 + 4) und wiederholt die Fällung. Die vereinigten Filtrate werden dann auf etwa 30 bis 40 ml eingedampft, mit ein wenig Ammoniak versetzt und mit Ammoniumoxalat vom Rest des noch in Lösung verbliebenen Calciums befreit. Das Filtrat wird mit Schwefelsäure angesäuert, in einer gewogenen Platinschale eingedampft und sodann bis zur Entfernung der überschüssigen Schwefelsäure und der Ammoniumsalze erhitzt, darauf der Rückstand geglüht und gewogen. Er besteht aus den Sulfaten des Magnesiums, Kaliums und Natriums sowie Spuren von Siliciumdioxyd.

Zur *Magnesiumbestimmung* werden die gewogenen Sulfate in warmem Wasser gelöst. Falls die Lösung durch Spuren von Siliciumdioxyd oder sonstige Verunreinigungen getrübt ist, werden diese abfiltriert, geglüht, gewogen und von der Summe der Sulfate in Abzug gebracht. In der klaren Lösung wird dann das Magnesium mit Dinatriumhydrogenphosphat unter Hinzufügen von $^1/_3$ des Flüssigkeitvolumens an 10proz. Ammoniak gefällt. Man rührt längere Zeit mit einem Glasstab, läßt den Niederschlag über Nacht absitzen, filtriert ihn dann ab, wäscht ihn mit 2proz. Ammoniakwasser aus, glüht ihn in einem gewogenen Porzellantiegel bis zur Gewichtskonstanz und wägt das entstandene $Mg_2P_2O_7$. (Auswaage mal 1,082 = g $MgSO_4$.)

Für die Bestimmung des *Kaliums* wird in 100 ml der Urlösung zunächst die Hauptmenge des Calciums mit Ammoniumcarbonat ausgefällt. Um eine sichere Abtrennung des Kaliums zu erzielen, löst man den Carbonatniederschlag mit Salzsäure (1 + 4) vom Filter und wiederholt die Fällung. In den vereinigten Filtraten scheidet man nach ihrem Einengen den Rest des Calciums mit Ammoniumoxalat ab. Das Filtrat davon wird eingedampft, worauf man im trockenen Rückstand die Ammoniumsalze durch gelindes Glühen verjagt. Dann wird mit Salzsäure (1 + 1) aufgenommen und die Lösung filtriert. Im klaren Filtrat fällt man das Kalium mit Perchlorsäure (s. Kapitel Kalium, S. 337, und dieses Kapitel, S. 272) und bringt es als Kaliumperchlorat zur Wägung. Enthält das Calciumchlorid Sulfate, so bestimmt man das Kalium nach der Chloroplatinatmethode (s. Kapitel Kalium, S. 336).

Das *Natrium* wird aus der Differenz zwischen der Gesamtauswaage der Sulfate und der Summe von Magnesium- und Kaliumsulfat errechnet.

Die Bestimmung der Alkalien kann auch nach folgendem Verfahren ausgeführt werden:

100 ml der Urlösung (= 2 g Einwaage) werden mit 10 ml gesättigter Bariumhydroxydlösung versetzt und erwärmt. Von ausgefallenen Hydroxyden wird abfiltriert und zum Filtrat 50 ml Ammoniumcarbonatlösung (100 g/l) zur Fällung des Calciums und des Überschusses von Barium hinzugefügt. Nach kurzem Aufkochen wird wieder filtriert und in der salzsauren Lösung der Carbonate diese Fällung wiederholt. Die vereinigten Filtrate dampft man zur Trockne ein und vertreibt die Ammoniumsalze durch vorsichtiges Glühen, nimmt mit Wasser auf, fällt den etwa vorhandenen Rest von Calcium in schwach ammoniakalischer Lösung mit etwas Ammoniumoxalat, filtriert und dampft das Filtrat in einer Platinschale zur Trockne. Nach dem Trocknen im Trockenschrank glüht man bei etwa 800° und erhält so die Alkalien Kalium und Natrium als Chloride. Sie werden gewogen und sodann in etwa 5 ml Wasser gelöst; die Lösung wird in ein Becherglas gespült und mit Überchlorsäure zur Fällung des Kaliums versetzt (s. Kapitel Kalium, S. 337). Der Natriumgehalt ergibt sich aus der Differenz der Gesamtmenge der Chloride, abzüglich der auf Kaliumchlorid berechneten Auswaage von Kaliumperchlorat. — Die Kaliumbestimmung kann auch nach der von G. Wittig und Mitarbeiter empfohlenen Methode durch Fällen mit Tetraphenylbornatrium (s. Kapitel Kalium, S. 338) ausgeführt werden.

d) Die Bestimmung des Siliciumdioxyds, des Eisenoxyds und der Sulfate

100 g Calciumchlorid werden mit Wasser gelöst. Die Lösung säuert man mit 20 ml Salzsäure (1,19) an und dampft sie zur Abscheidung des Siliciumdioxyds in einer großen Porzellanschale zur Trockne. Der trockene Rückstand wird mit 10 ml Salzsäure (1,19) angefeuchtet, nochmals zur Trockne abgedampft und bei 140° 2 Std. lang erhitzt. Dann nimmt man ihn wieder mit 10 ml Salzsäure auf, verdünnt die Lösung mit heißem Wasser auf 300 ml und filtriert sofort ab. Langes Stehenlassen der Lösung ist zu vermeiden, weil dann Siliciumdioxyd in Lösung gehen kann. Das Filter mit dem Niederschlag wird zunächst mit heißem, salzsäurehaltigem, dann mit reinem Wasser chlorfrei ausgewaschen, verascht, der Rückstand scharf geglüht und gewogen. Man raucht ihn mit Flußsäure und einigen Tropfen Schwefelsäure ab, wägt zurück und berechnet aus dem Gewichtsverlust den Gehalt an Siliciumdioxyd.

Im Filtrat von der Siliciumdioxydbestimmung wird nach Hinzufügen von einigen ml Wasserstoffperoxyd das Eisen mit Ammoniak gefällt. Den Niederschlag löst man nach dem Abfiltrieren und kurzem Auswaschen in heißer Salzsäure (1 + 1) und dampft die Lösung in einer Porzellanschale zur Trockne. Dann nimmt man den Rückstand mit einigen Tropfen Salzsäure (1,19) auf, verdünnt die Lösung mit Wasser, setzt etwa 0,5 g Kaliumjodid hinzu, erwärmt und titriert nach dem Abkühlen das ausgeschiedene Jod mit n/100-Natriumthiosulfatlösung unter Verwendung von Stärke als Indicator. Verbrauchte ml n/100-Natriumthiosulfatlösung mal 0,0007985 = % Fe_2O_3.

Der Eisengehalt kann auch photometrisch ermittelt werden (s. Kapitel Aluminium, S. 63).

Das Filtrat von der Eisenfällung wird mit Salzsäure schwach angesäuert und das Sulfation mit Bariumchlorid gefällt. Man filtriert den Niederschlag ab, glüht und wägt als $BaSO_4$. Auswaage mal 0,4115 = % SO_4'', Auswaage mal 0,5832 = % $CaSO_4$.

e) Die Bestimmung des Wassers

1 bis 5 g des Calciumchlorids (je nach seinem Wassergehalt) werden in ein Porzellanschiffchen, welches sich in einem verschließbaren Wägeglas befindet, eingewogen. Man bringt das Schiffchen in das Porzellanrohr eines elektrisch beheizten Röhrenofens und läßt unter Durchleiten von mit Phosphorpentoxyd getrocknetem Stickstoff die Temperatur langsam bis zu 400° ansteigen. Bei dieser Temperatur bleibt die Probe etwa $^1/_2$ Std. im Ofen. Das entweichende Wasser wird in zwei hintereinandergeschalteten, mit Phosphorpentoxyd beschickten und gewogenen U-Röhrchen aufgefangen. Nach dem Erkalten im trockenen Stickstoffstrom wird die Gewichtszunahme der Röhrchen ermittelt.

Fehlerquellen. Bei zu hoher Trockentemperatur können Verluste an Chlor durch Zersetzung des Calciumchlorids eintreten. Chlor reagiert mit P_2O_5.

3. Die Untersuchung von Calciumfluorid

Ein Analysenverfahren ist im Kapitel Ceritmetall, S. 284, zu finden.

4. Die Untersuchung des Kaliumchlorids

Die ausführlichen Vorschriften sind im Kapitel Kalium, S. 340, beschrieben.

5. Die Untersuchung des Calciumcarbids

Grundlage. Das technische Calciumcarbid enthält außer der Verbindung CaC_2 noch eine ganze Anzahl von anderen Stoffen, z. B. Kohlenstoff, Calciumoxyd, -silicid, -phosphid, -sulfid und Ferrosilicium. Bei seiner Untersuchung steht im Vordergrund die Gesamtausbeute an Gas, welches sich auf Zusatz von Wasser entwickelt. Dabei begnügt man sich meistens damit, das entwickelte Gas zu messen und daraus den Gehalt an CaC_2 zu berechnen; Verunreinigungen, welche normalerweise unter 1%, in extremen Fällen bis zu 4% betragen können, bleiben unberücksichtigt. Eine einwandfreie Probenahme ist außerordentlich schwierig. Sie hat nach den Normen des Deutschen Acetylenvereins, DIN 53922, Blatt 2, Mai 1942, zu erfolgen.

Anwendungsbereich und Bedeutung. Die Gasausbeute ist nach den Normen (DIN 53922, Blat 1, Juli 1942) des Deutschen Acetylenvereins zu ermitteln. Dabei kann man entweder die gesamte Probe von etwa 5 kg zersetzen (Totalvergasung) oder eine kleinere, sorgfältig gezogene Durchschnittsprobe von 20 bis zu etwa 300 g verwenden (Teilvergasung).

Genauigkeit. 2.

Dauer. 1 bis 3 Std.; sie ist abhängig von der angewandten Menge und der Apparatur.

Ausführung. Für die *Totalvergasung* des Calciumcarbids ist der Apparat von *Caro* in vielen Untersuchungslaboratorien und Carbidfabriken eingeführt. Der Apparat besteht aus dem Entwickler, dem Wäscher und dem Gasbehälter. Im oberen Teil des Entwicklers befinden sich 10 Kästen mit aufklappbarem Boden, welche auf einer Scheibe drehbar angeordnet sind und zur Aufnahme des Carbids dienen. Sie sind so bemessen, daß jeder Behälter reichlich 1 kg Carbid aufnehmen kann. Der Gasbehälter ist mit einer Skala, einem Zeiger, Manometer und Thermometer versehen. Er faßt etwa 400 l und ermöglicht bei einer Höhe der Glocke von 1000 mm und einem Durchmesser von 714 mm eine Ablesung des Standes bis auf 0,4 l genau. Der Apparat ist mit Wasser gefüllt. Vor der eigentlichen Untersuchung wird eine beliebige Probe Carbid zersetzt, um das im Apparat befindliche Wasser mit Acetylen zu sättigen. Zur Untersuchung werden etwa 5 kg rasch auf einer 0,5 g genau anzeigenden Waage abgewogen und auf die Carbidbehälter möglichst gleichmäßig verteilt; dann werden die Behälter geschlossen und sofort in den Entwickler eingehängt. Darauf bringt man der Reihe nach den Inhalt der einzelnen Carbidbehälter zur Vergasung und liest nach jeder Vergasung den Stand des Gasbehälters, Temperatur und Barometerdruck ab. Die Umrechnung der direkt gefundenen Volumina Acetylen auf 0° und 760 mm Druck kann man mit Hilfe der in BERL-LUNGE, Bd. I, 8. Aufl., S. 578 bis 599, befindlichen Tabellen oder nach der Formel

$$Vo = \frac{V t (b - W) \cdot 273}{760 \cdot (273 + t)}$$

vornehmen (b = Barometerstand und W = Wassertension in mm Hg.) (Siehe auch Rechentafeln von KÜSTER und THIEL.) Hierzu s. die Vorschriften des erwähnten Beiblattes zu DIN 53922.

Bei der *Teilvergasung* werden kleinere Mengen Carbid vergast, etwa in der Größenordnung von 20 bis 300 g. Es gibt hierzu Apparate, welche die Gasausbeute volumetrisch oder gewichtsanalytisch durch Ermittlung der Gewichtsdifferenz nach Entweichen des getrockneten Acetylens ermitteln. Den ersterwähnten Apparaten ist im allgemeinen der Vorzug zu geben. Bei der Zersetzung von 100 g Calciumcarbid muß zur Ermittlung der Gasausbeute auf volumetrischem Wege ein Gasometer von mindestens 40 l vorhanden sein; denn 1 kg chemisch reines Calciumcarbid entwickelt unter Normalbedingungen 344 l Acetylen.

Fehlerquellen. Für genauere Bestimmungen ist die gewichtsanalytische Methode nicht zu empfehlen, da ein vollständiges Trocknen des entweichenden Gases nicht immer sicher zu erreichen ist.

Literatur. BERL-LUNGE: Chemisch-technische Untersuchungsmethoden III, 8. Aufl., S. 707ff. Berlin: Springer 1932. — VOGEL: Das Acetylen. S. 43. Leipzig: Spamer 1923.

II. Die Untersuchung der Schmelzen für die Calciumgewinnung

Die Untersuchung erstreckt sich auf die Bestimmungen des Gesamtchlors, des Calcium-, Natrium-, Kalium-, Magnesium- und Eisenchlorids, der Kieselsäure und des in Wasser Unlöslichen. Die Analyse wird teils, wie bei Kaliumchlorid (s. Kapitel Kalium, S. 340) angegeben, durchgeführt, teils entspricht sie der des Calciumchlorids (S. 266), nur sind, da sich die Schmelzen zu etwa 84% aus Calciumchlorid, zu 13% aus Kaliumchlorid und zu 3% aus Restbestandteilen zusammensetzen, die anzuwendenden Mengen entsprechend zu ändern.

III. Die Untersuchung des Calciummetalls

Das aus der Schmelzflußelektrolyse anfallende Rohcalcium enthält noch etwa 10 bis 12% Calcium- und Kaliumchlorid. Eine einwandfreie Probenahme ist wegen der im Metall unregelmäßig verteilten Salzreste nicht möglich. Man schmilzt daher 3 bis 4 kg der Rohcalciumknüppel in einem Blechtiegel unter Argongas ein, wobei sich die Salzreste vollständig am Boden absetzen und dann gewogen werden können.

Das reine Calciummetall des Handels dient als Reduktionsmittel bei der Gewinnung von Thorium und Uran aus deren Oxyden. Auch zur Herstellung von Calciumhydrid wird vom Calciummetall ausgegangen. Sonst verwendet man es zur Herstellung von Bleilagermetallen, wo es zusammen mit Alkalimetallen dem Blei hinzulegiert wird, und einer Reihe anderer Legierungen. Daneben wird es zum Entwismutieren von Blei und als Desoxydationsmittel für Leichtmetalle verwendet.

Für die Untersuchung des Calciums sind die flammenspektrometrischen Verfahren besonders wichtig. Diese finden sich im Kapitel „Spektrochemische Analyse", S. 1419.

1. Die Bestimmung von Silicium, Eisen, Aluminium, Calcium, Magnesium, Kalium und Natrium

Grundlage. Die zu untersuchenden Metallbarren werden mit einem trockenen, ölfreien Bohrer an verschiedenen Stellen angebohrt und die Späne in einer trockenen, dicht schließenden Glasflasche sorgfältig durchgemischt. Die zerkleinerte Probe wird in Wasser eingetragen und durch Hinzufügen von Salpetersäure gelöst. Durch Eindampfen der Lösung mit Salzsäure scheidet man die Kieselsäure ab. Im Filtrat bestimmt man Eisen, Aluminium und Calcium nach bekannten Verfahren und wieder im Filtrat davon Magnesium, Kalium und Natrium.

Anwendungsbereich und Bedeutung. Der Analysengang entspricht im wesentlichen demjenigen des Calciumchlorids (s. S. 266).

Genauigkeit. 1.

Dauer. 12 Std., wenn der Zeitaufwand für die Abscheidung des Magnesiums unberücksichtigt bleibt.

Ausführung. 5 g der Bohrspäne werden in einem verschließbaren Wägegläschen abgewogen und in kleinen Anteilen vorsichtig in Wasser eingetragen. Nach Beendigung der Reaktion gibt man 100 ml Salpetersäure (1,2) hinzu und dampft die Lösung in einer Porzellanschale unter Zusatz von Salzsäure zur Trockne. Die trockenen Salze werden längere Zeit bei 135° erhitzt und dann mit Salzsäure und Wasser aufgenommen. Man filtriert das *Siliciumdioxyd* ab und bestimmt es in bekannter Weise. Zum salzsauren Filtrat gibt man etwa 10 g Ammoniumchlorid und fällt Eisen und Aluminium doppelt mit kohlendioxydfreiem Ammoniak. Die Hydroxyde werden geglüht und als Oxyde gemeinsam gewogen. Man schmilzt sie darauf im Platintiegel mit Kaliumhydrogensulfat, löst die Schmelze in salzsäurehaltigem Wasser und fällt in der Lösung nochmals Eisen und Aluminium mit Ammoniak aus. Die Hydroxyde werden abfiltriert und in Salzsäure gelöst. In dieser Lösung bestimmt man das *Eisen* jodometrisch durch Titration mit n/100-Natriumthiosulfatlösung. 1 ml n/100-Natriumthiosulfatlösung = 0,0007985 g Fe_2O_3. Die Menge des *Aluminiumoxyds* ergibt sich aus der Differenz.

Die vereinigten ammoniakalischen Filtrate füllt man im Meßkolben auf 1 l auf und entnimmt 50 ml (= 0,25 g Einwaage) davon für die Bestimmung des *Calciums*. Man verdünnt auf 100 ml, setzt etwas Ammoniak hinzu und fällt in der Siedehitze das Calcium mit heißer, gesättigter Ammoniumoxalatlösung. Die Fällung bleibt, nachdem man auf Vollständigkeit geprüft hat, 1 Std. in der Wärme stehen. Darauf filtriert man den Niederschlag ab, wäscht ihn 2- bis 3mal mit heißem Wasser aus, löst ihn in Salzsäure (1 + 4) und wiederholt die Calciumfällung. Das Calciumoxalat muß mit heißem Wasser oxalatfrei ausgewaschen werden (Permanganatprobe). Dann gibt man es mit dem Filter in ein Becherglas mit 250 ml Wasser, versetzt mit 10 ml 5 n-Schwefelsäure, erhitzt auf 70 bis 80° und titriert mit n/4-Kaliumpermanganatlösung bis zur schwachen Rotfärbung. 1 ml der Maßlösung = 5,01 mg Ca.

Für die Bestimmung des *Magnesiums* entnimmt man dem zu 1 l aufgefüllten Filtrat von der Eisen-Aluminiumfällung 200 ml (= 1 g Einwaage) und fällt zunächst in der vorhin beschriebenen Weise das Calcium doppelt aus. Die beiden Filtrate werden vereinigt, eingedampft und in einer Platinschale zur Trockne gebracht. Sodann fügt man Schwefelsäure hinzu, raucht den Überschuß davon ab, verjagt die Ammoniumsalze durch gelindes Erhitzen, glüht schließlich den Rückstand und wägt ihn. Das Glühen wird nach Zugabe einiger Körnchen reinsten Ammoniumcarbonats wiederholt.

Die Auswaage ist $MgSO_4 + K_2SO_4 + Na_2SO_4$.

Die Sulfate werden in warmem Wasser gelöst, worauf man in der klar filtrierten Lösung das Magnesium durch Abscheidung als Magnesiumammoniumphosphat bestimmt.

Für die Bestimmung des *Kaliums* werden weitere 200 ml dem Meßkolben entnommen und in einer flachen Porzellanschale mit blauer Glasur zur Trockne eingedampft. Dann wird zum Entfernen der Ammoniumsalze schwach geglüht. Der Rückstand wird mit 20 ml Wasser aufgenommen und mit der $1^1/_2$fachen Menge Perchlorsäure (1,67) versetzt. Dann dampft man die Lösung unter Umrühren bis zur Sirupdicke ein, fügt wenige ml heißes Wasser hinzu und engt wieder unter stetem Umrühren ein, bis Dämpfe von Perchlorsäure auftreten. Der Zusatz von Wasser und das Eindampfen wird dann nochmals wiederholt, wobei die sich verflüchtigende Perchlorsäure von Zeit zu Zeit zu ersetzen ist. Ist wiederum Sirupkonsistenz erreicht, so setzt man noch 1 ml Perchlorsäure hinzu und läßt die Masse bis zum Erkalten stehen. Darauf behandelt man sie mit 20 ml 97proz. Alkohol, dem man 0,2 Gewichtsprozente Perchlorsäure zufügt, und rührt stark um, ohne aber die Kaliumperchloratkristalle zu fein zu zerreiben. Nachdem sie sich abgesetzt haben, gießt man den Alkohol durch einen bei 130° getrockneten, gewogenen Porzellanfiltertiegel ab, behandelt den Rückstand nochmals mit Alkohol, gießt ihn wieder ab und vertreibt die Alkoholreste durch Erwärmen. Sodann fügt man zum Kristallbrei 10 ml heißes Wasser, dem man einige Tropfen Perchlorsäure zusetzte, und dampft bis zum Rauchen der Perchlorsäure ein. 1 ml Alkohol wird nun der erkalteten Masse zugesetzt, worauf man sie, um eine zu große Menge an Waschalkohol zu vermeiden, mit dem Gummiwischer in den Porzellanfiltertiegel bringt und mit wenigen ml reinem 97proz. Alkohol nachwäscht. Nach dem Trocknen bei 130° wird das Kaliumperchlorat gewogen.

Der Gehalt an *Natrium* ergibt sich aus der Gewichtsdifferenz von Magnesium und Kalium zu den Gesamtsulfaten (s. S. 268).

Bemerkung. Die Bestimmung der Alkalien kann auch nach dem auf S. 268 beschriebenen Verfahren ausgeführt werden.

2. Die Bestimmung des Chlors

Grundlage. Die Bestimmung erfolgt maßanalytisch nach VOLHARD.

Anwendungsbereich und Bedeutung. Der Gehalt an Chlor ist auf die Menge der Schmelzsalze, die dem Metall noch anhaftet bzw. im Metall eingeschlossen ist, zurückzuführen.

Genauigkeit. 1.

Dauer. $^1/_2$ Std.

Ausführung. Etwa 2 g Calciumspäne werden in 50 ml Wasser eingetragen und mit 40 ml Salpetersäure (1 + 1) gelöst. Die Lösung versetzt man mit n/10-Silbernitratlösung im Überschuß und titriert den Überschuß mit n/10-Ammoniumthiocyanatlösung zurück unter Verwendung von Eisen(III)-ammoniumsulfatlösung als Indicator.

1 ml n/10-Silbernitratlösung = 0,003546 g Cl.

Fehlerquellen. Siehe S. 267.

3. Die Bestimmung des Stickstoffs

Grundlage. Der Stickstoff liegt im Calcium als Nitrid gebunden vor. Dieses läßt sich durch Natronlauge zersetzen unter Bildung von Ammoniak, das überdestilliert und in n/10-Schwefelsäure aufgefangen wird.

Anwendungsbereich und Bedeutung. Das Verfahren dient zur Bestimmung des an Metall zu Nitrid gebundenen Stickstoffs, soweit diese Nitride mit Alkali (oder Säure) zersetzlich sind.

Genauigkeit. 1.

Dauer. 20 min.

Ausführung. Man bringt ein Stück Calcium im Gewicht von etwa 10 g in einen 500 ml-Rundkolben, welcher mit Tropftrichter und Kühler mit Tropfenfänger versehen ist, gibt 100 ml Wasser hinzu und läßt unter Erwärmen langsam 50 ml Natronlauge (400 g/l) zulaufen. Das Nitrid zersetzt sich zu Hydroxyd und Ammoniak, welches durch Kochen übergetrieben und in einem Vorlagekölbchen, das mit 30 ml n/10-Schwefelsäure beschickt ist, aufgefangen wird. Die Schwefelsäure wird mit Methylrot angefärbt. Nach Beendigung der Destillation nimmt man die Vorlage ab und titriert den Überschuß an Säure mit n/10-Natronlauge zurück.

1 ml n/10-Schwefelsäure = 0,0014 g Stickstoff.

Fehlerquellen. Es empfiehlt sich, um Verluste an Ammoniak zu vermeiden, hinter die erste Vorlage mit n/10-Schwefelsäure noch eine zweite mit gleicher Füllung zu schalten. Bei Verwendung einer sog. „Ente" mit Kugelrohr als Absorptionsgefäß ist dies nicht nötig.

Literatur. BERL-LUNGE: Chemisch-technische Untersuchungsmethoden, Bd. II, 2, 8. Aufl., S. 1121. Berlin: Springer 1932.

IV. Die Untersuchung calciumhaltigen Lagermetalls

Calciumhaltige Bleilegierungen werden als Lagermetalle verwendet.

Die *Calciumbestimmung*, die nach Abtrennung des Bleies mit Ammoniumsulfid durch Fällung mit Ammoniumoxalat im Filtrat vom Sulfidniederschlag ausgeführt wird, ist im Kapitel Blei, S. 193, ausführlich geschildert.

Kapitel 10

Caesium*

Inhalt

A. Vorkommen

Caesium ist in der Natur weit verbreitet; doch kommt es nur in ganz geringen Mengen als Begleiter der anderen Alkalimetalle vor. Es findet sich z. B. in den Abraumsalzen der Kalisalzlagerstätten und in einigen Silicaten wie z. B. Lepidolith. Als Seltenheit ist das Auftreten des Caesiumminerals *Pollucit* oder *Pollux* ($Cs_2[Al_2Si_4O_{12}] \cdot H_2O$) in Drusen des Granits der Insel Elba zu betrachten.

B. Qualitative Prüfung auf Caesium

Caesium färbt die Flamme, ähnlich wie Kalium, violett-rosa; mit einem kleinen Handspektroskop betrachtet, zeigt sich im Spektrum eine intensiv blaue Doppellinie.

Zur Trennung von den anderen Alkalielementen eignen sich der sehr wenig lösliche Caesiumalaun (100 g Wasser von Zimmertemperatur lösen 0,62 g), das schwer lösliche Caesiumperchlorat und die gleichfalls eine geringe Löslichkeit aufweisenden Doppelchloride des Caesiums mit Zinn und Antimon sowie die Caesiumsalze der Heteropolysäuren des Molybdäns und Wolframs mit Phosphor, Arsen oder Silicium.

---

*	1. Auflage	2. Auflage
Bearbeiter:	**Sieger**	**Fischer**
Mitarbeiter:	**Wernet**	**Wernet**

C. Analytische Untersuchungen bei der Gewinnung des Caesiums

Ausgangsstoffe für die Erzeugung des Caesiums sind Caesiumchlorid und Caesiumhydroxyd; sie werden vor allem aus den Endlaugen der Kalisalzverarbeitung gewonnen. Nachdem man Caesium und Rubidium zunächst durch die Carnallitkristallisation in der Lauge angereichert hat, führt man die Reinigung meist über die Alaune aus. Die daraus hergestellten Sulfate werden durch Umsetzung mit Bariumhydroxyd in die Hydroxyde und diese durch Abdampfen mit Ammoniumcarbonat in die Carbonate übergeführt. Durch eine Extraktion mit siedendem, absolutem Methylalkohol trennt man schließlich das alkohollösliche Caesiumcarbonat (20,1 g Cs_2CO_3 lösen sich in 100 ml Methylalkohol) von dem darin fast unlöslichen Rubidiumcarbonat. Das Caesiumcarbonat wird sodann durch Salzsäure in das Chlorid umgewandelt. Eine neuere Trennungsmethode beruht auf der unterschiedlichen Löslichkeit der Silicomolybdatverbindungen des Rubidiums und des Caesiums. Vgl. dazu die Ausführungen im Kapitel Rubidium, S. 613.

Für die Bestimmung des Caesiums, vor allem neben anderen Alkalimetallen, bedient man sich mit Vorteil der Flammenspektrometrie (s. Kapitel Spektrochemische Analyse).

I. Die Untersuchung des Caesiumchlorids

Grundlage. Das Chlorion wird wie üblich maßanalytisch bestimmt. — Durch Abrauchen mit Schwefelsäure werden die Chloride in Sulfate übergeführt und als solche gewogen (Gehalt an Gesamtalkalien). In einer größeren Einwaage werden dann die Verunreinigungen bestimmt: Barium wird als Sulfat gefällt; Eisen und Mangan scheidet man mit Ammoniumsulfid ab und schlägt im Filtrat das Calcium als Oxalat nieder. Dann werden Caesium und Rubidium in Carbonate übergeführt und mit Alkohol behandelt. Dabei bleibt das Rubidiumsalz ungelöst, während Caesiumcarbonat in Lösung geht.

Anwendungsbereich und Bedeutung. Der Analysengang eignet sich auch für die Untersuchung caesiumhaltiger Silicate nach Aufschluß mit Ammoniumchlorid und Calciumcarbonat (nach LAWRENCE SMITH).

Genauigkeit. 2.

Dauer. 2 Std. für eine Doppelbestimmung ohne Berücksichtigung der Verunreinigungen; mit Bestimmung der Verunreinigungen 2 Tage.

Ausführung.

1. Die Bestimmung des Chlors

1 g Caesiumchlorid löst man mit Wasser und füllt die Lösung zu 250 ml auf. 50 ml (= 0,2 g Einwaage) werden in einem ERLENMEYER-Kolben mit Salpetersäure angesäuert. Dann gibt man zur Ausfällung des Chlors eine abgemessene Menge von n/10-Silbernitratlösung (etwa 15 ml) hinzu und titriert den Überschuß derselben nach VOLHARD zurück.

$$1 \text{ ml n/10-Silbernitratlösung} = 0{,}016837 \text{ g CsCl}$$

2. Die Bestimmung der Gesamtalkalien

25 ml obiger Lösung werden so lange mit gesättigter Bariumhydroxydlösung versetzt, bis kein weiterer Niederschlag mehr entsteht. In diese Lösung wird Kohlendioxyd bis zur Sättigung eingeleitet und der Überschuß des letzteren wieder verkocht. Nach dem Absitzen filtriert man den entstandenen Niederschlag, der

Gemisch mit Bariumacid im Hochvakuum gewinnen. Das durch Zerfall des Acids gebildete Barium setzt aus dem Chlorid das Alkalimetall in Freiheit.

Die hier genannten Hilfsstoffe müssen für den Betrieb auf ihre Qualität geprüft werden.

1. Magnesium

Es genügt im allgemeinen, den Nachweis zu führen, daß es sich um reines Magnesium und nicht um eine Magnesiumlegierung handelt. Man löst zu diesem Zweck einige Späne in verdünnter Salzsäure, sättigt die Lösung mit Ammoniumchlorid und fügt Ammoniak hinzu. Es darf keine Fällung eintreten. Dagegen muß nach Zusatz von Ammoniumphosphat ein Niederschlag entstehen.

Ist eine genaue Analyse des Magnesiums erforderlich, so kann diese nach der im Kapitel Magnesium mitgeteilten Vorschrift (S. 461) ausgeführt werden.

2. Calcium

Zur Untersuchung dieses Metalls sind Vorschriften im Kapitel Calcium auf S. 271 zu ersehen.

3. Zirkonium

Die Untersuchungsverfahren gehen aus dem Kapitel Zirkonium dieses Buches hervor.

4. Bariumacid

Das Natriumacid (NaN_3) ist das Ausgangsmaterial für die Herstellung von Bariumacid. Dieses verpufft beim Erhitzen unter Bildung von metallischem Barium und Stickstoff. Aus schwach saurer Lösung fällt mit Silbernitrat ein Niederschlag von Silberacid aus, das dem Silberchlorid ähnelt, sich aber schon in verdünnter Salpetersäure leicht auflöst.

Bei der Analyse verfährt man folgendermaßen:

0,3 g werden rasch abgewogen (keinen Metallspatel verwenden!), dann in einen 1 l-Erlenmeyer-Kolben gegeben (Vorsicht! Schutzbrille!), in dem sich bereits 500 ml destilliertes Wasser befinden. Aus der Lösung setzt man die Stickstoffwasserstoffsäure durch allmähliches Hinzufügen von 25 ml Salzsäure (1,19) in Freiheit, wobei man den Kolbeninhalt ständig umschwenkt. Sodann titriert man mit n/10-Jodlösung. Unter schwacher Gasentwicklung reagiert das Jod unter Entfärbung nach der Gleichung: $2N_3H + J_2 = 3N_2 + 2HJ$, bis schließlich bei Ende der Reaktion seine Farbe bestehenbleibt. Ein Zusatz von etwas Stärkelösung gegen Ende der Titration erleichtert das Erkennen des Endpunktes. 1 ml n/10-Jodlösung entspricht 0,001107 g $Ba(N_3)_2$.

In der titrierten Lösung wird anschließend das Barium wie üblich durch Schwefelsäure gefällt, das Bariumsulfat sodann filtriert, geglüht und gewogen.

$$\text{Auswaage} \cdot 0{,}9485 = \text{g } Ba(N_3)_2$$

Literatur. Nicht veröffentlichte Betriebsmethode.

5. Wasserstoff

Die Untersuchung erfolgt gasanalytisch in einer Explosionspipette (Volumen 1 l). Aus der Volumenverminderung des Gases wird der Gehalt an Wasserstoff errechnet.

Man kann auch nach dem von Hofmann angegebenen Verfahren arbeiten, indem man eine Hempelsche Gaspipette verwendet, welche mit Tonröhrchen gefüllt ist, die durch Eintauchen in Platinchloridlösung und anschließendes Glühen mit einer dünnen Schicht Platin überzogen wurden, und eine Lösung von 5 g Natriumhydrogencarbonat, 35 g Natriumchlorat, 0,01 g Osmiumdioxyd und 0,01 g Palladium(II)-chlorid in 300 ml Wasser enthält. In dieser Pipette werden bis zu 80 ml reiner Wasserstoff in 10 min zu Wasser oxydiert.

Nach PAAL und HARTMANN kann der Wasserstoff ferner durch Einleiten in eine Natriumpikrat und Palladiumsol enthaltende Lösung absorbiert und durch Messung der Kontraktion bestimmt werden.

Im Betrieb hat sich folgendes Verfahren bewährt: Man verwendet eine Explosionspipette von 1 l Fassungsvermögen und Wasser als Absperrflüssigkeit. Zu 10 ml Wasserstoff gibt man einen nur mäßigen Überschuß von Luft, z. B. 40 ml.

Literatur. HOFMANN, K. A., u. U. R. HOFMANN: Anorganische Chemie, 8. Aufl., S. 200. Braunschweig: Vieweg & Sohn 1939. — PAAL, C., u. W. HARTMANN: Ber. dtsch. chem. Ges. Bd. 43 (1910) S. 243—258.

IV. Die Untersuchung des Caesiummetalls

Anfangs hat man metallisches Caesium durch Elektrolyse eines geschmolzenen Gemisches von Caesium- und Bariumcyanid gewonnen. Da jedoch das elektrolytische Verfahren bei diesem Metall ebenso wie bei Rubidium keine Vorteile bietet, gewinnt man das Metall besser auf chemischem Wege (s. S. 277).

Grundlage. Das Caesiummetall wird unter besonderen Vorsichtsmaßregeln (in einer Atmosphäre von sorgfältig gereinigtem Stickstoff) in absolutem Alkohol gelöst. Nach Zersetzen des Alkoholats durch Wasser wird eine Abmessung der Lösung mit n/2-Salzsäure titriert. Eine weitere Abmessung dient zur Bestimmung des Caesiums als Sulfat durch Abrauchen mit Schwefelsäure.

Anwendungsbereich und Bedeutung. Die Reinheit einer Alkalimetallprobe läßt sich durch diese Untersuchung praktisch genügend genau ermitteln (s. Kapitel Kalium, S. 347).

Genauigkeit. 2.

Dauer. Die Caesiumbestimmung erfordert wegen der notwendigen, sorgfältigen Reinigung des Stickstoffs zeitraubende Vorbereitungen. Die Bestimmung selbst dauert 2 Std.; die Bestimmung der Verunreinigungen ist in etwa 2 Arbeitstagen durchführbar.

Ausführung. Die Entnahme einer zur Einwaage dienenden Probe ist schwierig; denn das wachsweiche, in reinem Zustand goldgelbe Metall läuft an der Luft sofort trübe an und muß daher unter Petroleum aufbewahrt werden. Es reagiert mit Wasser noch viel heftiger als Kalium, entzündet sich sofort bei Sauerstoffzutritt (auch bei Abwesenheit von Wasser) und verbrennt zu Peroxyd. Man befreit daher das Metall unter Petroleum oder Paraffinöl zunächst von der oberflächlichen Kruste. Dann bringt man eine Probe, die man in reiner Stickstoffatmosphäre abgetrennt hat, in ein zweites, mit Petroleum gefülltes und gewogenes Gefäß, wägt und ermittelt so die Einwaage an Metall. Die Überführung der Probe muß in einer Stickstoffatmosphäre (s. Kapitel Kalium, S. 347) vorgenommen werden. Man zerkleinert die Einwaage weiter unter Petroleum und trägt dann (Vorsicht! Schutzbrille!) die kleinen Stückchen in Stickstoffatmosphäre mit einer Platinzange in absoluten Alkohol ein. Das gebildete Alkoholat wird sodann mit Wasser in kleinen Anteilen zersetzt und die Lösung schließlich zu einem bestimmten Volumen aufgefüllt.

1. Die Bestimmung des Caesiums

Eine Abmessung, entsprechend 0,1 g Einwaage, wird mit n/2-Salzsäure unter Verwendung von Methylorange oder Methylrot als Indicator titriert.

1 ml n/2-Salzsäure = 0,06646 g Cs

Eine gleiche Abmessung gibt man in eine gewogene Platinschale, verdampft den Alkohol auf dem Wasserbad und versetzt den Rückstand mit Schwefelsäure (1 + 4). Dann wird die überschüssige Schwefelsäure abgeraucht und das Sulfat gewogen.

$$\text{Auswaage} \cdot 0{,}7345 = \text{g Cs}$$

2. Die Bestimmung der Verunreinigungen

Die Verunreinigungen werden, wie beim Caesiumchlorid, S. 276, angegeben, bestimmt.

Für die Rubidiumbestimmung benötigt man eine Einwaage von 3 bis 4 g Metall.

$$\text{Auswaage} \cdot 0{,}06402 = \text{g Rb}$$

Fehlerquellen. Ungenügende Reinigung des Stickstoffs und die leichte Oxydierbarkeit des Metalls bei der Entnahme der Probe können Fehler verursachen. Gehalte an Fremdalkalien werden bei der Bestimmung des Caesiums und auch des Rubidiums miterfaßt; sie können nur flammenspektrometrisch exakt bestimmt werden.

Literatur. Unterlagen eines Versuchsbetriebes.

Kapitel 11

Ceritmetall und Cerium*

Inhalt

A. Vorkommen

Der rohe Monazitsand der wichtigsten Fundstätten in Indien und Brasilien enthält neben Titan- und Zirkonmineralien bis zu 70% *Monazit*, ein Phosphatgemisch der Ceriterden. Nach der Aufbereitung beträgt der Gehalt des reinen Monazitsandes an Ceriterden etwa 60%, an Yttererden etwa 3 bis 4% und an Thoriumoxyd etwa 5%.

Weitere, technisch häufig verwendete Ceritmineralien sind der *Cerit*, ein wasserhaltiges Silicat der Ceritmetalle, der *Orthit* (Allanit), ein Doppelsilicat der Ceriterden mit einem Tonerde- und Kalkgehalt. Ferner ist hinzuweisen auf *Bastnäsit*, ein Fluorcarbonat der Seltenen Erden, vornehmlich der Ceriterden.

In dem bisher wichtigsten Seltenen Erden-Rohstoff, dem Monazitsand, kommt Cerium vergesellschaftet mit den anderen Seltenen Erden vor. Unter „Seltenen Erden“ versteht man

---

*	1. Auflage	2. Auflage
Bearbeiter:	**Achenbach**	**Achenbach, Ruf**
Mitarbeiter:	**Hoffmann**	

die Oxyde der Elemente: Lanthan, La (Ordnungszahl 57), Cerium, Ce (O.Z. 58), Praseodym, Pr (O.Z. 59), Neodym, Nd (O.Z. 60), Promethium, Pm (O.Z. 61), Samarium, Sm (O.Z. 62), Europium, Eu (O.Z. 63), Gadolinium, Gd (O.Z. 64), Terbium, Tb (O.Z. 65), Dysprosium, Dy (O.Z. 66), Holmium, Ho (O.Z. 67), Erbium, Er (O.Z. 68), Thulium, Tm (O.Z. 69), Ytterbium, Yb (O.Z. 70) und Lutetium Lu, auch Cassiopeium, Cp (O.Z. 71).

Zu dieser Elementengruppe mit den Ordnungszahlen 57 bis 71 rechnet man noch das Scandium, Sc (O.Z. 21) und das Yttrium, Y (O.Z. 39).

Man unterteilt die Seltenen Erden in zwei Gruppen, und zwar in a) die Gruppe der Ceritmetalle La, Ce, Pr, Nd, Sm, Eu und b) die Gruppe der Yttererdmetalle mit den übrigen oben genannten Elementen.

Bei der analytischen Aufgliederung der einzelnen Bestandteile des Seltenen Erden-Anteils eines normalen Monazitsandes ergibt sich, daß der Ceriumanteil etwa 48 bis 50% der „Gesamtoxyde" (d. h. der Gesamtheit aller Seltenen Erden-Oxyde) beträgt.

B. Qualitativer Nachweis des Ceriums

Versetzt man die Lösung eines Cerium(III)-salzes mit Wasserstoffperoxyd und Ammoniak, so fällt intensiv rotbraun gefärbtes Cerperoxydhydrat als schleimiger Niederschlag aus. Durch diese Reaktion lassen sich noch selbst sehr geringe Mengen von Cer an der Gelbfärbung der ammoniakalischen Lösung erkennen. (Einzelheiten über diesen Nachweis können in Bd. I, Schiedsverfahren, S. 122/23, ersehen werden.) Zur Nachweisreaktion nach v. Knorre gibt man zu einer mit Schwefelsäure angesäuerten Cer(III)-salzlösung etwas Ammoniumperoxydisulfat und erhitzt sie einige Minuten zum Sieden; sie färbt sich dann selbst bei großer Verdünnung noch gelb. Diese Reaktion wird bei Gegenwart von Eisen und Mangan in der Weise durchgeführt, daß man, wie beim Nachweis mit Wasserstoffperoxyd, zunächst die Seltenen Erden mit Oxalsäure ausfällt, den gut ausgewaschenen Niederschlag glüht und dann in wenig Schwefelsäure (1,84) löst. Mit der mit Wasser verdünnten Lösung kann sodann der Nachweis durchgeführt werden.

C. Analysengänge bei der Gewinnung des Cerit- (Cer-) Metalls

Das ursprünglich für Lanthan von Muthmann angewandte Verfahren arbeitete mit einer Schmelzelektrolyse des Chlorids. Dieses Verfahren wurde durch Trombe verbessert, der vor allem den Schmelzpunkt durch geeignete Zusätze, wie Kaliumchlorid und Calciumfluorid, herabsetzte. In der Praxis arbeitet man jetzt hauptsächlich mit $NaCl$-$CaCl_2$-Zuschlägen. Die Betriebskontrolle hat sich demgemäß mit der Untersuchung der Ausgangsprodukte, Schmelzen, Nebenprodukte und der erschmolzenen Metalle zu befassen.

Ein beträchtlicher Teil dieser Untersuchungen stützt sich auf die in Bd. I, Schiedsverfahren, S. 120 bis 145, angegebenen Vorschriften. Diese werden daher, soweit erforderlich, im Auszug wiedergegeben.

I. Die Untersuchung des Monazitsandes

Früher wurde Monazitsand hauptsächlich wegen seines Thoriumgehaltes verarbeitet. Da in neuerer Zeit die Verbindungen der Seltenen Erden und des Ceriums immer mehr an Bedeutung gewonnen haben, ist jetzt bei der Monazitsandverarbeitung deren Gewinnung ebenso wichtig geworden.

Die Bestimmung des Thoriums und der Gesamtoxyde der Seltenen Erden

a) Die Bestimmung des Thoriums

1 g der Substanz wird mit 60 ml Schwefelsäure (1,84) und etwa 100 ml Wasser bis zum starken Rauchen der Schwefelsäure erhitzt. Nach dem Erkalten wird die Lösung auf etwa 300 ml verdünnt. Dann wird die Lösung kurz aufgekocht und vom unlöslichen Rückstand, der namentlich aus Siliciumdioxyd und auch Zirkonphosphat besteht, über ein Cellafilter abfiltriert. Im Filtrat werden Thorium und

die Seltenen Erden gemeinsam mit Natronlauge in geringem Überschuß ausgefällt. Nach dem Absitzen werden die Niederschläge über ein Doppel-Schwarzbandfilter abfiltriert, mehrere Male mit heißem, natronlaugehaltigem Wasser und anschließend ebenfalls mehrere Male mit destilliertem Wasser gut gewaschen. Die Hydroxyde werden mit heißer Salpetersäure (1 + 1) vom Filter heruntergelöst; man engt dann die Lösung zur Trockne ein. Der Rückstand wird mit Wasser aufgenommen, auf ungefähr 600 ml verdünnt und die Seltenen Erden einschließlich Thorium mit etwa 130 ml Oxalsäurelösung (100 g/l) ausgefällt. Nach 8stündigem Stehen wird der Niederschlag über ein Cellafilter abfiltriert. Nach dem Waschen bringt man den Niederschlag in ein 400 ml-Becherglas, zerstört die Oxalate mit rauchender Salpetersäure und dampft anschließend zur Trockne ein. Der Rückstand wird mit etwa 200 ml Wasser aufgenommen. Nach Zugabe von 10 g Ammoniumnitrat wird Thorium mit 20 ml 5proz. Wasserstoffperoxydlösung ausgefällt. Nach dem Absitzen des Niederschlages wird über ein Doppel-Schwarzbandfilter abfiltriert und mit heißer Ammoniumnitratlösung (20 g/l) ausgewaschen. Da der Thoriumniederschlag meist durch 4wertiges Chlor braun gefärbt ist, muß man die Wasserstoffperoxydfällung noch 2mal wiederholen. Hierzu werden die Oxydhydrate des Thoriums jeweils mit heißer Salpetersäure (1 + 1) vom Filter heruntergelöst und die Fällung des Thoriums mit 20 ml 5proz. Wasserstoffperoxydlösung wiederholt. Die so nach 3maliger Fällung mit Wasserstoffperoxydlösung erhaltenen Oxydhydrate des Thoriums werden in einem gewogenen Porzellan- oder Platintiegel verascht und 1 Std. bei 1000° geglüht. Die Auswaage ergibt den Thoriumoxydgehalt der Probe.

b) Die Bestimmung der Gesamtoxyde der Seltenen Erden

Zur Bestimmung der Gesamtoxyde der Seltenen Erden erhitzt man das Filtrat der Thoriumfällung zum Sieden und fällt die Seltenen Erden mit 100 ml kalt gesättigter Oxalsäurelösung aus. Nach mehrstündigem Stehen wird der Niederschlag abfiltriert und zu Oxyd verglüht. Die Auswaage ergibt den Gehalt der Probe an Gesamtoxyden der Seltenen Erden.

c) Die Bestimmung des Ceriums

Die erhaltenen Gesamtoxyde werden auf dem Sandbad in einer Platinschale mit 40 ml Schwefelsäure (1 + 1) unter Hinzufügen von einigen Tropfen Wasserstoffperoxyd gelöst oder bei Anwesenheit von Thorium mit Natriumhydrogensulfat aufgeschlossen. Die Lösung trägt man nach dem Erkalten in Wasser ein und füllt sie im Meßkolben zu 200 ml auf. Davon entnimmt man 50 ml, entsprechend 0,2 bis 0,3 g CeO_2, versetzt sie mit 5 bis 7 ml konz. Schwefelsäure, 1 ml n/10-Silbernitratlösung sowie 5 g Ammoniumperoxydisulfat und verdünnt sie auf 200 ml, so daß die Acidität der Lösung 1,0 bis 1,4 normal ist. Dann erhitzt man die Lösung zum Sieden, kocht 10 min und läßt sie wieder erkalten. Nach Zusatz von 2 Tropfen Redoxindicator von E. Merck titriert man mit n/10-Eisen(II)-sulfatlösung, die vorher mit n/10-Kaliumpermanganatlösung frisch eingestellt wurde.

Die Bereitung der *n/10-Eisen(II)-sulfatlösung* erfolgt durch Lösen von 28,5 g Eisen(II)-sulfat ($FeSO_4 \cdot 7H_2O$) in 100 ml Wasser + 10 ml Schwefelsäure (1,84) + 10 cm Klavierdraht (0,2 mm dick) in einem Kolben mit Bunsenventil und Verdünnen der Lösung auf 1000 ml.

II. Die Untersuchung des Ceritchlorids

Für viele technische Zwecke sind reine Cersalze und reines Cermetall nicht erforderlich; man begnügt sich mit den aus der Mischung der Ceriterden gewonnenen Erzeugnissen, die den Namen Ceritverbindungen oder Ceritmetall tragen. Hierher gehört auch das als Ausgangsmaterial für die Herstellung des Ceritmetalls dienende Ceritchlorid. Für seine Untersuchung war früher seitens des Cererdenverbandes eine Reihe von Bestimmungen vorgeschrieben, wie sie auch im Bd. I, Schiedsverfahren, S. 141 bis 143, zu ersehen sind. Für den Betrieb sind erforderlich:

1. Die Bestimmung des Wassers (im wasserfreien Salz)

1 g Ceritchlorid — das Salz ist sehr hygroskopisch! — wird mit der gleichen Menge trockenem Bleioxyd in einem Porzellanschiffchen gemischt und in einem Verbrennungsrohr, das mit vorgeglühtem Bleioxyd beschickt ist, im Kohlendioxydstrom auf etwa 400 bis 500° erhitzt. Das ausgetriebene Wasser fängt man in einem Calciumchloridrohr, welches zuvor mit Kohlendioxyd bis zur Gewichtskonstanz gesättigt wurde, auf und wägt.

2. Die Bestimmung des wasserunlöslichen Anteiles

15 g wasserfreies Salz werden in einem Becherglas in etwa 800 ml heißem Wasser gelöst. Man läßt über Nacht absitzen, filtriert dann den Rückstand auf einem getrockneten und gewogenen Glasfiltertiegel ab, wäscht ihn chlorfrei aus, trocknet ihn bei 110° und wägt.

3. Die Bestimmung des in Salzsäure unlöslichen Anteiles

50 bis 70 g wasserfreies Salz löst man in 800 ml heißem Wasser unter Zusatz von einigen Tropfen Salzsäure. Der Rückstand wird abfiltriert, gewaschen, geglüht und gewogen. Das Filtrat füllt man in einem 1 l-Meßkolben zur Marke auf, bringt davon 200 ml in einen 1 l-Meßkolben, versetzt mit 70 ml Salzsäure (1,175) und füllt zur Marke auf.

4. Die Bestimmung des Ceritoxyds

100 ml obiger Lösung läßt man in 70 ml einer kaltgesättigten Oxalsäurelösung unter Rühren einfließen und rührt nach dem Verdünnen mit heißem Wasser auf 300 ml auf dem Wasserbade des öfteren um. Der Niederschlag bleibt über Nacht stehen, wird dann abfiltriert, mit 2proz. kalter Oxalsäurelösung ausgewaschen und samt dem feuchten Filter vorsichtig schwach geglüht, bis das Filter vollständig verascht ist. Das erhaltene Oxyd wird nach dem Erkalten mit 7 ml Salzsäure (1,175) gelöst (gegebenenfalls unter Erwärmen und Zugabe von einigen Tropfen Wasserstoffperoxyd) und die Lösung auf 100 ml verdünnt. Dann wiederholt man die Oxalatfällung und wägt schließlich das 20 min auf dem Gebläse oder im elektrisch beheizten Ofen geglühte Oxyd. Dieses soll bei wasserfreiem Salz etwa 65% der Einwaage betragen.

III. Die Untersuchung der Hilfsstoffe

1. Kaliumchlorid und Natriumchlorid

Die Analyse dieser Salze ist den Kapiteln Kalium bzw. Natrium auf S. 340 bzw. S. 522 zu entnehmen.

2. Flußspat und Calciumchlorid

a) Flußspat

Grundlage. Die Bestimmung des Gehaltes an *Calciumcarbonat* wird durch Ausziehen mit Essigsäure ausgeführt. Der Rückstand wird mit Flußsäure abgedampft und der Gehalt an *Siliciumdioxyd* aus dem Gewichtsverlust berechnet. Aus dem Abdampfrückstand bestimmt man nach dem Abrauchen mit Schwefelsäure den Gehalt an *Eisen, Aluminium, Mangan* und *Calcium*, soweit es als *Calciumfluorid* vorliegt. Dieser wird auf CaF_2 umgerechnet.

Anwendungsbereich und Bedeutung. Es handelt sich um ein schnellanalytisches Verfahren, das für technische Zwecke hinreichend genaue Unterlagen ergibt.

Genauigkeit. 2.

Dauer. 8 Std.

Ausführung. Von der fein geriebenen, getrockneten Probe werden 0,5 g in einer gewogenen Platinschale mit 20 ml Essigsäure (1 + 9) $^1/_2$ Std. lang auf dem Wasserbade unter häufigem Umrühren erwärmt. Der Rückstand wird mit verdünntem Alkohol (1 + 9) aufgenommen, sodann auf ein dichtes Filter abfiltriert und mit verdünntem Alkohol ausgewaschen. Er wird mit dem Filter in die Platinschale zurückgebracht, vorsichtig verascht und bei etwa 700° geglüht. Sein Gewichtsverlust wird als *Calciumcarbonat* in Rechnung gestellt. — Hierauf wird er 2mal mit 15 ml Flußsäure abgedampft, wieder bei 700° geglüht und gewogen. Der Gewichtsverlust stellt den Gehalt an *Siliciumdioxyd* dar. Man raucht nun den Rückstand mit 10 ml Schwefelsäure (1 + 1) ab, löst in 20 ml Salzsäure (1 + 1) oder schließt mit Kaliumpyrosulfat auf und spült die Lösung in ein Becherglas von 400 ml Inhalt über. Hierin erfolgt die Fällung von *Eisen, Aluminium* und *Mangan* als Hydroxyde mit Ammoniak und Bromwasser, die 2mal auszuführen ist. Der Niederschlag wird nach bekannten Verfahren auf seine Zusammensetzung untersucht und in den vereinigten Filtraten der Kalk mit Ammoniumoxalat ausgefällt. Die Auswaage als CaO wird auf *Calciumfluorid* umgerechnet (CaO mal 1,392 = CaF_2).

Fehlerquellen. Bei dem Verfahren wird vorausgesetzt, daß die gesamte Kalkmenge, gebunden an Flußsäure und Kohlensäure, vorliegt.

Literatur. Handbuch für das Eisenhüttenlaboratorium, Bd. 1, S. 139/40. Düsseldorf: Verlag Stahleisen 1939.

b) Calciumchlorid

Das Analysenverfahren ist im Kapitel Calcium, S. 266, beschrieben.

IV. Die Untersuchung des Schmelzflusses

Wie bereits erwähnt, setzt sich der Schmelzfluß aus einem Gemisch von Ceritchlorid mit Kaliumchlorid und Flußspat oder Natriumchlorid und Calciumchlorid zusammen. Auf diese Komponenten muß sich auch die Untersuchung erstrecken.

Grundlage. Der schwer lösliche Flußspat wird nach dem Auflösen der Schmelze in Wasser abfiltriert und bestimmt. Die Bestimmung des Kaliums erfolgt nach der Perchloratmethode im eingedampften Rückstand von der vorausgegangenen Abscheidung der Seltenen Erden als Oxalat. Wird mit einer Schmelze aus Natriumchlorid und Calciumchlorid gearbeitet, so wird im Filtrat dieser Fällung das Calcium durch Zusatz von Ammoniak als Oxalat gefällt, der Natriumgehalt ergibt sich durch Eindampfen und Abrauchen der Ammoniumsalze aus der Auswaage des Rückstandes. Der Gehalt an Cerium(III) kann nach dem Verfahren von Browning und Palmer maßanalytisch ermittelt werden.

Anwendungsbereich und Bedeutung. Das Verfahren ist den Anforderungen des Betriebes soweit angepaßt, daß bei der Herstellung von Ceriummetall störende Einflüsse seitens vorhandener anderer Seltener Erden (Europium) vernachlässigt werden können.

Genauigkeit. 2.

Dauer. 6 Std. ohne die Wartezeit.

Ausführung. 10 g Schmelze werden mit etwa 200 ml heißem Wasser unter Zusatz einiger Tropfen Salzsäure (1,19) gelöst. Der Rückstand, bestehend aus Calciumfluorid und dem Unlöslichen des Ceritchlorids, wird abfiltriert, ausgewaschen, geglüht und gewogen. Das Filtrat füllt man zu 500 ml auf. 100 ml dieser Lösung (= 2 g Einwaage) werden für die Bestimmung des Ceritoxyds entnommen, die nach den Angaben auf S. 283 durchgeführt wird.

Das Filtrat von der Oxalatfällung dampft man zur Trockne und beseitigt die Oxalsäure durch gelindes Glühen. Nach dem Lösen des verbliebenen Rückstandes nimmt man die Bestimmung des Kaliums nach einer im Kapitel Kalium, S. 336ff., gegebenen Vorschrift vor. — Den *Calcium-* und *Natrium*gehalt ermittelt man ebenfalls aus dem Filtrat von der Oxalsäurefällung der Seltenen Erden. Man übersättigt mit Ammoniak und fällt auf diese Weise das *Calcium* als Oxalat. Es kann verascht und gewogen oder mit Kaliumpermanganat titriert werden (s. Kapitel Calcium, S. 264). Das Filtrat wird zur Trockne gedampft, erhitzt, bis die Ammoniumsalze sich verflüchtigt haben, und der Rückstand mit etwas Schwefelsäure aufgenommen. Sodann wird die Lösung in einer gewogenen Platinschale abgedampft, der Rückstand geglüht und das gewonnene *Natriumsulfat* gewogen.

Die Bestimmung des Cer(III) erfolgt in einer Abmessung von 50 ml (= 1 g der Einwaage) des ersten Filtrats. Man gibt die Lösung in einen 300 ml-Erlenmeyer-Kolben, kühlt sie auf 0° ab und versetzt mit einer gleichfalls gekühlten Mischung von 100 ml n/10-Kaliumhexacyanoferrat(III)-Lösung und 30 ml 1 n-Natronlauge. Die Temperatur bei dieser Fällung darf 20° nicht übersteigen. Der Niederschlag wird dann auf einer Schottschen Glasfilternutsche, 25 G 3, mittels der Saugpumpe abgenutscht und mit wenig Natronlauge nachgewaschen. Das Filtrat säuert man mit Schwefelsäure (1 + 4), die frei von reduzierenden Substanzen sein muß, an und titriert mit n/10-Kaliumpermanganatlösung bis zum Umschlag von Grünlichgelb nach Rot.

Von den gefundenen ml Kaliumpermanganatlösung bringt man den Blindwert der Kaliumhexacyanoferrat(III)-Lösung (bei 20 ml etwa 0,18 ml für einen Eisen(II)-gehalt) in Abzug.

1 ml n/10-Kaliumpermanganatlösung = 0,014 g Ce bzw. 0,0172 g CeO_2

Kaliumhexacyanoferrat(III)-Lösung: 65,84 g ausgesuchte, wenn nötig gewaschene, von Eisen(II)-salz freie, rote oder gelbrote Kristalle sind in 1 l Wasser zu lösen. Für 1 g Ce benötigt man mindestens 2,34 g $K_3[Fe(CN)_6]$. Die Lösung ist in einer braunen Flasche aufzubewahren.

Fehlerquellen. Der Schnelligkeit halber wird die Permanganattitration in salzsaurer Lösung vorgenommen. Dies bedingt, daß der Endpunkt um 2 bis 3 Tropfen Kaliumpermanganatlösung zu hoch gefunden wird. Dieser Fehler ist deshalb durch einen Blindversuch in schwefelsaurer Lösung festzustellen und als Korrektur in Abzug zu bringen.

Literatur. Z. anorg. allg. Chem. Bd. 59 (1908) S. 71. — Z. analyt. Chem. Bd. 58 (1919) S. 360; Bd. 113 (1938) S. 318.

V. Die Untersuchung der Nebenerzeugnisse

Als Nebenprodukte sind nur Chlor und der daraus hergestellte Chlorkalk zu verzeichnen. Ihre Untersuchung ist aus dem Kapitel Natrium, S. 529 u. 532, zu ersehen.

VI. Die Untersuchung des Ceritmetalls bzw. Ceriummetalls

Wie aus Bd. I, Schiedsverfahren, S. 132/33, ersichtlich, oxydieren sich diese Metalle an der Luft schnell und stetig. Deshalb empfiehlt sich ihre Aufbewahrung unter Benzol oder Kohlenstofftetrachlorid. Das Ceritmetall, auch Cermischmetall genannt, enthält etwa 50% Ce, technisches Cermetall enthält etwa 98% Ce.

1. Die Bestimmung der Gesamtoxyde

Die Gesamtoxyde werden nach der Oxalatmethode bestimmt.

2. Die Bestimmung des Ceriums

Grundlage. In schwefelsaurer Lösung wird vorliegendes Cer durch Ammoniumperoxydisulfat in Gegenwart von Silberionen quantitativ zu 4wertigem Cer oxydiert. Nach Verkochen des überschüssigen Ammoniumperoxydisulfats wird das nunmehr 4wertig vorliegende Cer potentiometrisch mit einer Eisen(II)-sulfatlösung titriert.

Ausführung. Zu 10 g Ceritmetall bzw. Ceriummetall werden etwa 50 ml Wasser und anteilweise 50 ml Salpetersäure (1,4) hinzugegeben. Nach dem vollständigen Inlösunggehen der Probe wird auf 1 l aufgefüllt. Von dieser Auffüllung werden für Ceritmetall 100 ml bzw. für Ceriummetall 50 ml in ein 1 l-Becherglas abgezogen, mit 30 ml Schwefelsäure (1,84) versetzt und bis zum kräftigen Rauchen der Schwefelsäure eingeengt. Nach Zugabe von 50 ml Wasser wird die Lösung nochmals abgeraucht. Hierauf wird die Lösung auf etwa 800 ml mit Wasser verdünnt. Nach Zugabe von 1 ml n/10-Silbernitratlösung und etwa 5 bis 10 g Ammoniumperoxydisulfat wird die Lösung zum Sieden erhitzt und etwa 10 min gekocht. Nach beendeter Gasentwicklung wird die Lösung auf Zimmertemperatur abgekühlt und dann das nunmehr in 4wertiger Form vorliegende Cer potentiometrisch mit einer 0,1 n-Eisen(II)-sulfatlösung [28,6 g $FeSO_4 \cdot 7 H_2O$ + 50 ml H_2SO_4 (1,84) mit Wasser auf 1 l verdünnt] titriert.

VII. Die Untersuchung eines Cerit-Zündmetalls

Die pyrophoren Legierungen des Cerits (Zündmetall) variieren z. Z. in ihrer Zusammensetzung noch erheblich. Ein gutes Zündmetall soll mindestens 70% Ceritmetall enthalten und sich bei etwa 150° entzünden.

Im folgenden wird die Untersuchung eines aus Ceritmetall, Eisen und Magnesium bestehenden Zündmetalls beschrieben.

Grundlage. In der Lösung des Zündmetalls wird die Gesamtheit der Seltenen Erden durch Oxalatfällung bestimmt. Die Bestimmung des Magnesiums erfolgt im Filtrat als Magnesiumpyrophosphat, während der Eisengehalt nach ZIMMERMANN-REINHARDT maßanalytisch ermittelt wird.

Anwendungsbereich und Bedeutung. Das Verfahren ist für die Untersuchung aller Zündmetalle geeignet, soweit sie nicht erhebliche Zusätze an Schwermetallen oder Silicium aufweisen.

Genauigkeit. 2.

Dauer. 4 Std. (ohne Wartezeit).

Ausführung. Um einen einwandfreien Durchschnittsgehalt ermitteln zu können, ist es notwendig, eine Probe von dem ganzen Metallquerschnitt zu entnehmen. Um 1 g Metall zu lösen, benötigt man 10 ml Salzsäure (1,19), die man mit etwas Wasser verdünnt. Die Lösung füllt man in einem Meßkolben zur Marke auf und wählt die Größe des Kolbens so, daß 1 g Metall in 125 bis 150 ml enthalten ist.

1. Die Bestimmung des Cerits (Cers)

50 ml obiger Lösung werden eben aufgekocht und mit fester Oxalsäure so lange versetzt, bis sich ein Niederschlag zu bilden beginnt. Dann gibt man langsam weitere 5 g Oxalsäure hinzu und kocht auf (Vorsicht, die Lösung stößt, daher ständig rühren!). Man läßt die Fällung über Nacht stehen, filtriert dann den Nieder-

schlag ab, wäscht ihn mit 2,5proz. Oxalsäurelösung aus, glüht ihn bei 1000° bis zum gleichbleibenden Gewicht, wägt und berechnet die Gesamtoxyde auf Ce.

$$\frac{\text{Auswaage} \cdot 0{,}8141 \cdot 100}{\text{Einwaage}} = \%\,\text{Ce}$$

Fehlerquellen. Ist die Farbe des bei 1000° geglühten Oxyds nicht gelblichweiß, sondern rotbraun, so wurde zur Zündmetallherstellung kein reines Cer, sondern Ceritmetall verwandt. In diesem Fall ist unter Annahme eines Verhältnisses von Cer : Ceritmetall wie 1 : 1 der Faktor 0,8334 statt 0,8141 einzusetzen.

2. Die Bestimmung des Magnesiums

Das Filtrat von der Cerfällung wird in einer Platinschale eingedampft und die Oxalsäure unter Zusatz von 1 bis 2 ml Salpetersäure (1,4) durch vorsichtiges, gelindes Glühen zerstört. Nachdem man den Rückstand mit Salzsäure (1,19) in Lösung gebracht hat, wird diese in ein Becherglas übergespült und mit 5 g Ammoniumchlorid versetzt. Darauf fällt man das Eisen mit Ammoniak, kocht die Fällung auf und filtriert. Nach kurzem Auswaschen mit ammoniumchloridhaltigem Wasser wird der Niederschlag mit Salzsäure (1 + 1) gelöst und die Fällung mit Ammoniak wiederholt. Die vereinigten Filtrate werden eingeengt. Dann fällt man das Magnesium entsprechend den Anweisungen im Kapitel Magnesium, S. 451.

$$\frac{\text{Auswaage} \cdot 0{,}2185 \cdot 100}{\text{Einwaage}} = \%\,\text{Mg}$$

3. Die Bestimmung des Eisens

100 ml der Hauptlösung werden mit 5 ml Salzsäure (1 + 1) versetzt, aufgekocht, durch tropfenweisen Zusatz von Zinn(II)-chloridlösung (s. Kapitel Lösungen) reduziert und unter fließendem Wasser abgekühlt. Dann versetzt man die Lösung mit 20 ml gesättigter Quecksilber(II)-chloridlösung (s. Kapitel Lösungen) und spült sie in eine 2 l fassende Porzellanschale, in welcher sich 500 ml Wasser mit 40 ml Mangansulfat-Phosphorsäurelösung befinden, die bereits mit 2 Tropfen Kaliumpermanganatlösung schwach angefärbt sind. Darauf wird der Inhalt der Schale, der gegen 800 ml betragen soll, mit n/10-Kaliumpermanganatlösung auf bleibende Rosafärbung titriert.

$$\frac{\text{Verbrauchte ml Kaliumpermanganatlösung} \cdot 0{,}005585 \cdot 100}{\text{Einwaage}} = \%\,\text{Fe}$$

Mangansulfat-Phosphorsäurelösung. Man löst 70 g kristallisiertes Mangansulfat in 500 ml Wasser, fügt 140 ml Phosphorsäure (1,7) und 130 ml Schwefelsäure (1,84) hinzu und verdünnt mit Wasser auf 1 l.

Kapitel 12

Chrom*

Inhalt

---

*	1. Auflage	2. Auflage
Bearbeiter:	**Wirtz**	**Wirtz**
Mitarbeiter:	**Ipawitz, Johannsen, Koch (VDEh), Masuch, Ploum (VDEh)**	**Ipawitz, Johannsen, Masuch, Ploum (VDEh)**

A. Vorkommen

Das Ausgangsmaterial für die Herstellung von Chromoxyd, Chrommetall und Ferrochrom ist der *Chromeisenstein*, auch *Chromit* genannt ($FeO \cdot Cr_2O_3$); er ist ein Mineral der Spinellgruppe und fast immer von Serpentin begleitet. Reiner Chromit hat ein braunschwarzes Aussehen.

Die größten europäischen Fundstellen des Chromits liegen in Rußland und in den Balkanländern; die letzteren liefern heute auch Erze guter Qualität. Die Europa am nächsten liegenden Chromerzlagerstätten befinden sich in der Türkei und auf der Insel Cypern, deren Konzentrate 45 bis 55% Cr_2O_3 enthalten. Über die größten Vorkommen verfügen die Länder Rhodesien, Transvaal (Erz mit hohem Eisengehalt), Neukaledonien, Indien, die Philippinen und Persien.

B. Qualitativer Nachweis

Schließt man chromhaltige Materialien mit Natriumperoxyd in einem dickwandigen Porzellantiegel auf, löst die Schmelze in Wasser und filtriert, so erhält man eine gelbe Lösung von Natriumchromat. Wird diese mit Essigsäure angesäuert und mit einem Tropfen Silbernitratlösung versetzt, so entsteht ein rotbrauner Niederschlag von Silberchromat. Bleiacetat fällt in einer essigsauren Chromatlösung gelbes Bleichromat.

Eine schwefelsaure Chromatlösung zeigt auf Zusatz von etwas alkoholischer Diphenylcarbazidlösung eine blauviolette Färbung (s. F. FEIGL: Qualitative Analyse mit Hilfe von Tüpfelreaktionen. 2. Aufl., S. 244. Akadem. Verlagsges. 1935).

C. Untersuchungen von chromhaltigen Erzen und Erzeugnissen

Aus Chromerzen gewinnt man durch Erhitzen mit Soda oder Pottasche und Sauerstoffträgern Alkalichromate, aus denen man auf chemischem Wege reines Chromoxyd herstellt. Dieses dient zur Erzeugung anderer Chromsalze sowie des Chrommetalls nach aluminothermischen Verfahren. Ferrochrom wird unmittelbar aus Chromerzen elektrothermisch erschmolzen.

I. Chromerze

Chromerze aus Cypern oder aus Transvaal haben ungefähr folgende Zusammensetzung:

Gehalte an	Erze aus Cypern	Erze aus Transvaal
Cr_2O_3	49,0	45,0
FeO	16,0	23,9
SiO_2	4,5	7,0
Al_2O_3	11,0	12,3
MgO	18,0	10,5
CaO	0,2	0,3
Glühverlust	1,0	1,0

Außer den obigen Bestandteilen treten bei manchen Erzen noch geringe Mengen Nickel und Schwefelverbindungen auf.

Chromerze werden für die Analyse am schnellsten und sichersten durch Schmelzen mit Natriumperoxyd oder einem Gemisch von diesem mit Natriumkaliumcarbonat im Eisen-, Nickel- oder Alsinttiegel aufgeschlossen.

1. Die Bestimmung des Chroms

a) Nach dem potentiometrischen Verfahren mit Umschlagselektrode

Grundlage. Durch Aufschluß mit Natriumperoxyd wird das Chrom zu Chromat oxydiert. Letzteres reduziert man in schwefelsaurer Lösung durch eine Eisen(II)-sulfatlösung:

$$2\,H_2CrO_4 + 6\,FeSO_4 + 6\,H_2SO_4 = Cr_2(SO_4)_3 + 3\,Fe_2(SO_4)_3 + 8\,H_2O$$
$$2\,Na_2CrO_4 + 6\,FeSO_4 + 10\,H_2SO_4 = Cr_2(SO_4)_3 + 3\,Fe_2(SO_4)_3 + 4\,NaHSO_4 + 8\,H_2O$$

Der Endpunkt der Reduktion wird potentiometrisch ermittelt.

Anwendungsbereich und Bedeutung. Das Verfahren kann bei Erzen, chromhaltigen Schlacken und Ferrochrom zur raschen und sicheren Bestimmung des Chromgehaltes dienen.

Genauigkeit. 2.

Dauer. 30 min für 2 Bestimmungen.

Ausführung. 1 g des feinst gepulverten Erzes wird in einem Alsint-, Porzellan- oder Eisentiegel mit etwa 10 bis 15 g Natriumperoxyd und etwa 3 g Natriumkaliumcarbonat innig gemischt und über einer nicht zu starken Flamme zum Schmelzen gebracht. Es empfiehlt sich, durch Schwenken des Tiegels oder durch Umrühren mit einem Eisendraht das Anhaften feiner Erzpartikel am Boden oder an der Wand des Tiegels zu verhindern. Die Schmelze laugt man mit Wasser aus, entfernt den Tiegel, versetzt die Lösung mit ungefähr 1 g Natriumperoxyd und kocht 3 min kräftig durch. Dann wird sie mit Schwefelsäure (1 + 2) angesäuert, ein Überschuß dieser Säure von etwa 3 ml hinzugefügt und das Ganze in einen 1 l-Meßkolben übergespült. Nach dem Auffüllen zur Marke entnimmt man 100 ml zur Titration. Diese Abmessung wird in einem Becherglas mit Wasser auf ungefähr 300 ml verdünnt und mit 5 ml Phosphorsäure (1,7) versetzt. Darauf setzt man das Becherglas in die Rührapparatur des Potentiometers ein und titriert das Chrom mit Eisen(II)-sulfatlösung (s. unten).

Bei niedrigprozentigen Erzen und Schlacken usw. kann die Einwaage so gehalten werden, daß sich ein Auffüllen der Lösung im Meßkolben erübrigt.

Bei Anwesenheit störender Elemente (Mangan, Titan u. a.) empfiehlt es sich, den Aufschlußrückstand abzufiltrieren (s. Bd. I, Schiedsanalyse, S. 149 u. 150).

Apparatur. Sie besteht aus einer Rührvorrichtung (regelbarer Antriebsmotor mit Rührstativ, Flügelrührer aus Glas), einer Bürette, einer Klammer mit Platte zur Aufnahme des Becherglases und aus einem Zeigergalvanometer mit dem Nullpunkt in der Mitte. Von dem einen Pol des Galvanometers führt ein Platindraht, der am Ende ein Platinblech trägt, in die zu titrierende Chromatlösung und vom anderen ein zweiter Platindraht (ebenfalls mit Platinblech) in die Umschlagselektrode, die mit einem Gemisch von Ammoniumeisen(III)-sulfat- und Eisen(II)-sulfatlösung angefüllt ist (s. unten). Die Verbindung zwischen der Umschlagselektrode und der zu titrierenden Lösung stellt ein Stromschlüssel her, der mit einer gesättigten Kaliumsulfatlösung gefüllt und mit Glasstopfen und Einfülltrichter versehen ist. Der Stromschlüssel, der zur besseren Handhabung 2teilig sein kann, wird an beiden Enden durch eine Glasfilterplatte (G 4) abgeschlossen.

Lösungen. Die *Eisen(II)-sulfatlösung* wird bereitet, indem man 27 g $FeSO_4 \cdot 7\,H_2O$ in Wasser löst, die Lösung mit 50 ml Schwefelsäure (1,84) versetzt und nach dem Abkühlen zu 1 l auffüllt. Bei der Titerstellung geht man von reinstem, bis zur Gewichtskonstanz getrocknetem Kaliumbichromat aus, von dem man eine dem Chromgehalt der Probe entsprechende Menge einwägt und sie genau wie die Probe behandelt (1,8387 g Kaliumbichromat enthalten 0,65 g Chrom).

Zur *Füllung für die Umschlagselektrode* werden 225 g Ammoniumeisen(III)-sulfat und 1,5 g Eisen(II)-sulfat in 1500 ml 20proz. Schwefelsäure gelöst. Von dieser

Lösung nimmt man 10 ml, verdünnt sie auf 150 ml und füllt hiermit das Elektrodengefäß an. Das Potential dieser Lösung ändert sich nur sehr wenig und bleibt längere Zeit konstant.

Fehlerquellen. Bei dem Verfahren wird etwa vorhandenes Vanadin mitbestimmt. Nennenswerte Vanadingehalte sind in Erzen und im Ferrochrom kaum vorhanden. Sollte es aber doch einmal notwendig sein, Vanadin in chromhaltigem Material zu bestimmen, so kann dies unter Anlehnung an die Methode nach R. LANG und F. KURTZ (s. Kapitel Vanadin, S. 849) geschehen, indem man nach der Titration mit Eisen(II)-sulfat das Vanadin nun mit Permanganat in der Kälte oxydiert, den Überschuß an Permanganat durch Natriumnitrit zerstört und den Nitritüberschuß durch Zugabe von Harnstoff unschädlich macht. Anschließend erfolgt dann die Titration des 5wertigen Vanadins mit Eisen(II)-sulfatlösung. Der Endpunkt der Reduktion wird dadurch angezeigt, daß die Galvanometernadel wiederum durch den Nullpunkt geht. Es müssen also zwei Titrationen vorgenommen werden, eine für den Gesamtverbrauch an Eisen(II)-sulfatlösung (Chrom + Vanadin) und eine zweite für Vanadin allein. Noch einfacher gestaltet sich die elektrometrische Endpunktsbestimmung, wenn man sich dazu eines Röhrenvoltmeters (Triodometers) bedient.

Literatur. THANHEISER, G., u. P. DICKENS: Arch. Eisenhüttenwes. Bd. 5 (1931/32) H. 2, S. 105—110; Bd. 6 (1932/33) H. 9, S. 379—388 — Handbuch für das Eisenhüttenlaboratorium, Bd. I (1939) S. 102.

b) Durch Reduktion des Chromats mit überschüssigem Eisen(II)-sulfat und dessen Rücktitration mit Permanganat

Grundlage. Von der abfiltrierten alkalischen Aufschlußlösung entnimmt man einen Anteil, säuert ihn mit Schwefelsäure an, versetzt ihn mit Eisen(II)-sulfatlösung im Überschuß und titriert diesen Überschuß mit Permanganatlösung zurück.

Anwendungsbereich und Bedeutung. Das Verfahren ist für Erze, Schlacken und Ferrochrom geeignet.

Genauigkeit. 2.

Dauer. 1 Std. für 2 Bestimmungen.

Ausführung. Der Aufschluß erfolgt wie bei a). Die Lösung der Schmelze wird unter Zusatz von 1 g Natriumperoxyd 3 min kräftig durchgekocht, samt dem Niederschlag in einen 1 l-Meßkolben gespült und nach dem Erkalten zur Marke aufgefüllt. Man filtriert durch ein trockenes Faltenfilter, gibt 100 ml des Filtrats in eine weiße Porzellanschale, verdünnt die Abmessung mit Wasser auf 600 ml und säuert sie unter Kühlung mit Schwefelsäure (1 + 3) an. Nach Zugabe von weiteren 50 ml der Säure läßt man aus einer Bürette eine gemessene Menge Eisen(II)-sulfatlösung [s. unter a)] zufließen, so daß ein Überschuß davon vorhanden ist, und titriert diesen mit Kaliumpermanganatlösung bis zum Umschlag der Färbung von Grün auf Graublau zurück.

Die Feststellung des Wirkungswertes der Kaliumpermanganatlösung gegenüber der Eisen(II)-sulfatlösung wird nach der Titration des Chroms vorgenommen, indem man zu der austitrierten Chromlösung noch einmal die gleiche Anzahl ml der Eisen(II)-sulfatlösung hinzusetzt wie vorher, nun bis zur gleichen Farbtönung titriert und aus der Differenz zwischen den bei beiden Titrationen verbrauchten ml Permanganat den Chromgehalt errechnet.

Bei der Titration wird ein Zusatz von 10 ml Phosphorsäure (1,7) empfohlen. Die Titerstellung erfolgt hier mit Kaliumbichromat.

Fehlerquellen. Wie bei a).

Bemerkung. Man kann bei der oben geschilderten Methode das Kaliumpermanganat auch durch eine n/10-Kaliumbichromatlösung ersetzen. Dann säuert man die entnommene Abmessung von 100 ml Chromatlösung mit Schwefelsäure (1 + 3) eben an, verdünnt sie mit Wasser auf etwa 400 ml, versetzt sie mit 25 ml eines Gemisches von Schwefelsäure-Phosphorsäure [50 ml Phosphorsäure (1,7) und 50 ml Schwefelsäure (1,84) sowie 500 ml Wasser] und gibt eine abgemessene Menge Eisen-(II)-sulfatlösung in nicht zu hohem Überschuß hinzu. Dieser Überschuß wird mit einer n/10-Kaliumbichromatlösung unter Benutzung von 3 Tropfen Diphenylamin-Indicatorlösung zurücktitriert. Am Endpunkt der Titration tritt eine tiefblaue Farbe auf. Die Titerstellung erfolgt nach dem gleichen Verfahren.

Auch unmittelbar mit Eisen(II)-sulfatlösung läßt sich eine schwefelsaure Chromatlösung elektrometrisch oder unter Verwendung von Ferroin als Indicator titrieren.

Literatur. Böttger, W.: Neuere maßanalytische Methoden. Stuttgart: F. Enke 1935. — Walden, Hammet u. Champman: J. Amer. chem. Soc. Bd. 53 (1931) S. 3908. — Willard u. Gonig: Ind. Engng. Chem. anal. Edit. 6 Bd. 48 (1933). — Walden, G. H., L. P. Hammett u. S. M. Edmonds: J. Amer. chem. Soc. Bd. 57 (1934) — Chem. Zbl. (1934) I, S. 3241. — Smith, G. F., u. C. A. Getz: Ind. Engng. Chem. anal. Edit. 9 (1937) S. 178—181.

2. Die Bestimmung des Siliciumdioxyds

1 bis 2 g Erz werden mit 10 g Natriumperoxyd im Silber-, Nickel- oder Eisentiegel aufgeschlossen. Man zersetzt dann die Schmelze mit Wasser, entfernt den Tiegel, säuert die Lösung mit Schwefelsäure an und gibt einen Überschuß von 30 ml hinzu. Dann wird die Lösung in einer Porzellanschale bis zum Rauchen erhitzt, wobei darauf zu achten ist, daß nicht durch zu weitgehendes Abrauchen unlösliche Chromsulfate entstehen. Der Rückstand wird mit Wasser und etwas Salzsäure aufgenommen, das Siliciumdioxyd abfiltriert und nach dem Glühen und Wägen durch Abrauchen mit Fluß- und Schwefelsäure auf Reinheit geprüft.

3. Die Bestimmung des Gesamteisens

a) Alkaliaufschluß

Man schmilzt 1 g Erz im Alsinttiegel mit einem Gemisch von Natriumperoxyd und Natriumkaliumcarbonat, laugt die Schmelze mit Wasser aus, entfernt den Tiegel und kocht nach Zusatz von 1 g Natriumperoxyd 3 min. Darauf wird die Lösung auf etwa 600 ml verdünnt und nach Stehenlassen über Nacht der Niederschlag abfiltriert. Man wäscht ihn mit sodahaltigem Wasser chromfrei, löst ihn in Salzsäure (1 + 1), verdünnt die Lösung und macht sie ammoniakalisch. Die ausgefallenen Oxydhydrate werden abfiltriert und wieder in Salzsäure gelöst. Dann bestimmt man in dieser Lösung das Eisen maßanalytisch mit Kaliumpermanganat oder mit Titan(III)-chlorid. Schneller kommt man jedoch nach folgender Arbeitsweise zu einem guten Ergebnis: Man schließt im Nickeltiegel auf, löst die Schmelze in Wasser, oxydiert mit etwas Natriumperoxyd, kocht und fällt, nachdem die Schmelze mit Schwefelsäure (1 + 2) angesäuert wurde, das Eisen mit Ammoniak. Die Ammoniakfällung ist zu wiederholen. Ein Blindversuch ist anzustellen.

b) Säureaufschluß

1 g äußerst fein gepulvertes Chromerz wird mit 50 ml Perchlorsäure (1,59) unter Erhitzen aufgelöst. Nachdem die Perchlorsäure einige Zeit geraucht hat, werden nochmals 30 ml Perchlorsäure und 30 ml Wasser hinzugefügt und so lange erhitzt, bis kein unlöslicher Rückstand mehr wahrzunehmen ist. Hierauf wird auf 300 ml mit Wasser verdünnt und das Eisen mit Ammoniak gefällt. Der Eisenhydroxydniederschlag wird mit verdünnter Salzsäure vom Filter gelöst und die Fällung noch 1- bis 2mal wiederholt, so daß das Eisen chromfrei ist. Man löst nun den Niederschlag mit verdünnter Salzsäure und bestimmt das Eisen wie üblich.

schlüssel gegenübersteht, welcher, um den Übergangswiderstand gering zu halten, durch Kollodiummembranen (Anmerkung) abgeschlossen ist. Er wird mit Kaliumchlorid (nicht Sulfat!) gefüllt und stellt die elektrolytische Verbindung mit der 1 n-Kalomelelektrode her, die als Bezugs- bzw. Umschlagselektrode dient. Ein empfindliches Galvanometer (Millivoltmeter zur Temperaturmessung mit einem Widerstand von etwa 1000 Ω, 1 Teilstrich = 0,0001 V) schließt den Stromkreis. Irgendwelche Maßnahmen zur Fernhaltung der Außenluft sind nicht erforderlich, weil der Sauerstoffstrom, der aus der Lösung tritt, ihre Einwirkung auf die Lösung verhindert.

Anwendungsbereich und Bedeutung. Die Arbeitsweise ist besonders für Stähle mit sehr geringem Kohlenstoffgehalt geeignet. Auch Ferrochrom suraffiné kann auf diesem Wege auf seinen niedrigen Kohlenstoffgehalt untersucht werden.

Ausführung. Benötigt werden zwei Lösungen, und zwar:

Als *Absorptionslösung I* werden 10 g Bariumchlorid in 1 l Wasser gelöst und mit 5 ml Alkohol und 0,5 ml 35proz. Wasserstoffperoxyd versetzt. Diese Lösung braucht weder filtriert noch gegen Luft-Kohlendioxyd geschützt zu werden.

Als *Titrierlösung II* werden 12,5 g Bariumchlorid mit 3,5 g Ätznatron in 1 l ausgekochten Wassers gelöst. Davon werden 200 ml auf 1 l verdünnt und unter Sauerstoff als Schutzgas in eine Flasche filtriert, auf die sodann eine Mikrobürette aufgesetzt wird, die durch ein Natronkalkröhrchen gegen Luft-Kohlendioxyd geschützt ist.

In das Absorptionsgefäß füllt man 100 ml der Lösung I. Das Galvanometer zeigt einen Ausschlag nach der „sauren" Seite. Man bringt ihn durch Zugabe der Titrierlösung II auf Null zurück; benötigt werden hierfür 4 bis 6 ml. Inzwischen ist das Verbrennungsrohr (Pythagoras) auf 1250° gebracht und die Apparatur mit Sauerstoff gespült worden. Dieser wird vor Eintritt in das Verbrennungsrohr in üblicher Weise durch Natronlauge-Schwefelsäure-Natronkalk gereinigt. Da auch bei der Verbrennung der zu untersuchenden Substanz wieder störende Gase, wie Halogen oder Schwefeldioxyd, gebildet werden können, wird der Gasstrom hinter dem Verbrennungsrohr, z. B. durch Bichromat-Schwefelsäure, und dann durch ein Röhrchen mit Wasser geleitet.

Solange die Apparatur noch Kohlendioxyd abgibt, schlägt das Meßinstrument aus. Man kann also das Auftreten von Blindwerten direkt verfolgen. Ist Konstanz eingetreten, so wird der Nullpunkt durch Zugabe von Lauge wieder eingestellt.

Die Feineinstellung des Nullpunktes vor Beginn der Analyse kann auch mit einer einfachen Potentiometerbrücke erfolgen. Man titriert dazu erst etwas über und geht dann mit der Brücke auf Null zurück. Bei höheren Kohlenstoffgehalten wird die Verwendung der Potentiometeranordnung ohnehin erforderlich.

Nach Beendigung der Analysen muß die Absorptionslösung aus der Apparatur entfernt werden, die dann mit Wasser gefüllt wird, damit die Poren der Fritte sich nicht durch Bariumcarbonat verstopfen.

Die *Verbrennung der Proben* erfolgt bei starkem Überschuß von Sauerstoff, dessen Menge nicht gemessen wird. Als Zuschlag hat sich frisch geglühtes Kupferoxyd, dem bei schwer verbrennbaren Substanzen noch feine Zinnspäne zugefügt werden, wegen der niedrigen Blindwerte besonders bewährt.

Die *Schiffchen* werden in einem zweiten Rohr im Sauerstoffstrom vorgeglüht und auch abgekühlt. Noch warm werden sie mit der vorher abgewogenen Probe beschickt und sofort in das Verbrennungsrohr gebracht, da sie sonst sehr schnell Kohlendioxyd aus der Luft aufnehmen.

Die *Strömungsgeschwindigkeit* wird so eingestellt, daß 1 bis 2 min nach Einschieben des Schiffchens Kohlendioxyd in das Absorptionsgefäß tritt, was am Ausschlag des Meßinstrumentes erkennbar ist. Man läßt diesen aber nicht wesentlich ansteigen, sondern hält das Potential durch ständiges Nachgeben von Lauge nahezu konstant. Schließlich titriert man ganz auf Null zurück und liest die insgesamt verbrauchte Lauge ab.

Die *Potentialkonstanz* tritt bei einer frisch hergestellten Lösung zuweilen erst nach einigen Minuten ein. Auch aus diesem Grunde ist es von besonderem Vorteil, daß die jeweils austitrierte Lösung sofort wieder brauchbar ist. An ihrer Zusammensetzung hat sich ja grundsätzlich nichts geändert, es sei denn, daß schließlich der Bariumcarbonatniederschlag zu groß geworden ist. Dann setzt die potentiometrische Anzeige aus. Bei Kohlenstoffgehalten unter 0,1% ist das frühestens nach 40 bis 50 Bestimmungen der Fall. Von Zeit zu Zeit ist natürlich das durch die Titrierlauge angestiegene Flüssigkeitsvolumen im Absorptionsgefäß, z. B. durch Abhebern, etwas zu verringern.

Zur *Titerstellung* wird ein Stahl mit bekanntem Kohlenstoffgehalt verbrannt. Die Kontrolle durch elektrolytische Titration (s. unten) ergab, daß dies zu völlig einwandfreien Werten führt. Auch die, allerdings nur bei konzentrierten Titrierlaugen, zum Vergleich durchgeführte Einstellung gegen Oxalsäure ergab die gleiche, gute Übereinstimmung. Bei den für niedrige Kohlenstoffwerte erforderlichen, sehr verdünnten Laugen (s. oben) wird hingegen die Titerstellung gegen Oxalsäure ungenau.

Bemerkung. Die beschriebene Methode hat ihre besondere Eignung bei niedrigen Kohlenstoffgehalten oder kleinen Mengen. Sollen trotzdem höhere Gehalte mit ihr bestimmt werden, so wird grundsätzlich wie vorher gearbeitet, doch wird die Titrierlösung II in 5facher Stärke verwendet. Von ihr nimmt man 2 bis 3 ml in die Absorptionslösung, macht diese also stärker alkalisch. Man muß daher mit der Brücke auf Null kompensieren. Die Empfindlichkeit ist dementsprechend herabgesetzt (vgl. Abb. 15).

β) Elektrolytisch-potentiometrische Titration des Kohlendioxyds

Anwendungsbereich und Bedeutung. Das folgende Verfahren ist besonders geeignet für niedrige Kohlenstoffgehalte und auch für besondere analytische Aufgaben, wie die Kohlenstoffbestimmung im Ferrochrom, wo es den Vorteil hat, daß die Menge des zur Verbrennung benutzten Sauerstoffs beliebig groß sein kann.

Ausführung. Statt mit eingestellter Lauge kann man, vor allem bei sehr kleinen Kohlenstoffgehalten, mit bestem Erfolg und allen besonderen Vorteilen dieser Methode auch elektrolytisch titrieren. Dazu wird statt der Bürette eine Elektrolysiervorrichtung in die Absorptionslösung gehängt. Sie ist in Abb. 17 dargestellt und besteht aus einem unten schräg abgeschnittenen Glasrohr, das mit einer Kollodiummembran gegen die Absorptionslösung abgeschlossen ist. Dieser setzt man noch 1 bis 2 g Natriumchlorid zu. Als Anode hängt von oben ein Kohlestab hinein. Als Kathode befindet sich jenseits der Membran, parallel zu dieser, ein Platinblech, das zugleich gegen das Ansetzen von Gasblasen schützt. In das Glasrohr wird ein Leitsalz gefüllt, zweckmäßig die Lösung aus dem Absorptionsgefäß. Beim Einschalten eines Gleichstromes wird die Absorptionslösung alkalischer. Da sich dabei gleichzeitig der Elektrolyt im Anodenraum ändert und sauer wird, muß er entweder ständig erneuert werden oder durch geeignete Maßnahmen auf nahezu gleichem p_H-Wert gehalten werden, um die Wirkung der Diffusion vom Anodenraum zum Kathodenraum gering zu halten. Eine solche Maßnahme ist, in der Anodenflüssigkeit Bariumcarbonat aufzuschlämmen.

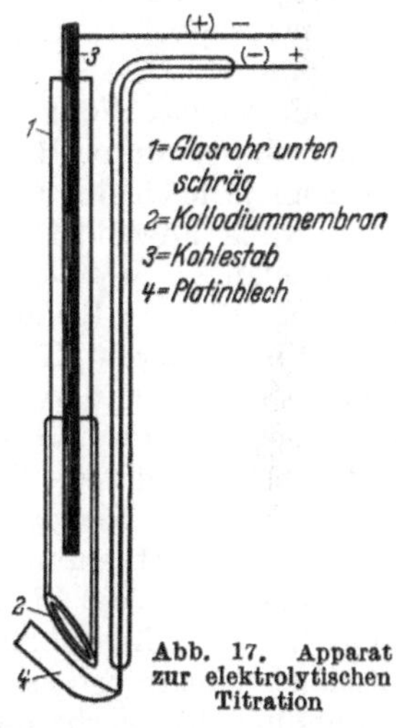

Abb. 17. Apparat zur elektrolytischen Titration

Nach dem FARADAYschen Gesetz sind zur Bildung von einem Äquivalent Lauge 96500 Coulomb erforderlich. Daraus ergibt sich:

$$\frac{12 \cdot (\text{gefundene Coulombs})}{2 \cdot 96{,}5} = \text{mg Kohlenstoff}$$

Der Vorteil dieser Titriermethode ist nicht nur, daß man eingestellte Meßlösungen nicht benötigt, sondern auch die Möglichkeit hat, die „Konzentration" beliebig mit der Stromstärke zu regeln.

Genauigkeit. 1.

Die *Fehlergrenze* des Verfahrens, gleich, ob man elektrolytisch oder maßanalytisch titriert, liegt bei $\pm 0{,}002\%$ C mit Einwaagen von 0,3 bis 1 g. Bei sehr kleinen Kohlenstoffgehalten und höheren Einwaagen läßt sich die Fehlergrenze auf $\pm 0{,}0002\%$ einengen.

Dauer. Die erforderliche Zeit beträgt in der Serie für die Bestimmung 5 min.

Literatur. OELSEN, W., H. HAASE u. G. GRAUE: Arch. Eisenhüttenwes. Bd. 22 (1951) S. 225—229. — OELSEN, W., u. P. GÖBBELS: Stahl u. Eisen Bd. 69 (1950) S. 33—40. — KOCH, W., u. H. MALISSA: Arch. Eisenhüttenwes. Bd. 27 (1956) S. 695—699.

b) Die gasvolumetrische Bestimmung des Kohlenstoffs

Grundlage. Die Probe wird im Sauerstoffstrom verbrannt; das gebildete Kohlendioxyd sowie der überschüssige Sauerstoff werden in einer Meßbürette aufgefangen und das Gasgemisch auf ein gemessenes Volumen mit dem Niveaugefäß eingestellt. Alsdann wird das Kohlendioxyd durch Kalilauge absorbiert und der Sauerstoff zurückgemessen. Die auf der Skala abgelesene Differenz ergibt unter Berücksichtigung von Temperatur und Druck den Kohlenstoffgehalt der Probe.

Anwendungsbereich und Bedeutung. Die Methode ist anwendbar für Ferrolegierungen, Stähle, Gußeisen usw.

Ausführung des Verfahrens. Die Gesamtapparatur besteht aus dem Bestimmungsapparat, dem Verbrennungsofen sowie der Anlage für die Sauerstoffreinigung.

Man benutzt die in den verschiedensten Ausführungen im Handel befindlichen, allgemein bekannten Bestimmungsapparate mit Ableseskala von 0,25; 1,5 usw. % C, die man je nach der Größenordnung des Kohlenstoffgehaltes der zu untersuchenden Probe anwendet. Die Hauptbestandteile des Bestimmungsapparates sind Kühlschlange, Meßbürette (meistens geeicht auf 16° oder 18°, Normaldruck 760 mm QS) mit Kühlmantel oder aber Meßbürette mit Zusatzbürette (Apparat nach EDER), deren Kühlflüssigkeit zugleich Absperr- und Kühlflüssigkeit ist, verschiebbare Skala und Niveauflasche mit der Absperrflüssigkeit, dann das Absorptionsgefäß für die Aufnahme der Kalilauge oder bei Trockenabsorption für Natronasbest und die Ventilflasche, wodurch ein Durchperlen der Verbrennungsgase durch die Niveauflasche verhindert wird.

Für die Verbrennung wird ein durch Carborundumstäbe (Silitstäbe) beheizter Ofen oder aber ein Hochfrequenzverbrennungsofen benutzt. Das Porzellanrohr, welches beim Silitstabofen verwandt wird, wird, um ein Anbacken an der inneren Ofenauskleidung zu verhindern, an den äußeren Enden gestützt und dient zur Aufnahme des Verbrennungsschiffchens mit der Einwaage. Weiter gehört zum Verbrennungsofen ein Thermoelement zur Temperaturmessung.

Zwischen Verbrennungsofen und Bestimmungsapparat befindet sich noch eine kleine Vorlage, die zum Auffangen von Schwelstoffen mit Glaswolle angefüllt ist, und weiter ein kleines U-Röhrchen, worin sich einige ml Chromschwefelsäure zur Absorption der Schwefeloxyde befinden.

Für die Reinigung des Sauerstoffs, den man einer Sauerstoffflasche mit Reduzierventil entnimmt, benutzt man je eine Vorlage von Natriumhydroxyd, konz. Schwefelsäure, Palladiumasbest (für Kohlenoxyd und Kohlenwasserstoff) in einem kleinen Ofen auf etwa 400° erhitzt, Calciumchlorid und Natronlauge.

Wesentlich bei der gasvolumetrischen Kohlenstoffbestimmung in Ferrochrom ist der *Verbrennungszuschlag*, durch den die Verbrennung so gefördert werden muß, daß innerhalb der Zeit, die zum Auffüllen der Meßbürette zur Verfügung steht, eine quantitative Verbrennung erreicht wird. Es sind dafür Kupfer(II)-oxyd (1 g) oder Blei(IV)-oxyd mit Zinnspänen (2 g) empfehlenswert. Der Blindwert dieser Zuschläge muß für Ferrochrom suraffiné unter 0,1% C sehr gering sein. Zinnspäne enthalten so gut wie keinen Kohlenstoff und sind anderen Verbrennungszuschlägen vorzuziehen; sie verursachen auch kaum Verschlackungen der Probe, was z. B. bei Verwendung von kohlenstoffarmen Eisenspänen (wodurch eine explosive Verbrennung herbeigeführt wird) leicht der Fall ist und dann zu Verlusten führt.

Der *Blindwert*, bestehend aus der Summe der Kohlenstoffgehalte der Verbrennungszuschläge, des Verbrennungsschiffchens und gegebenenfalls des Sauerstoffs, muß während der Zeit der Benutzung des Apparates mehrfach ermittelt werden, damit Schwankungen in den Resultaten gleich bemerkt werden. Diese Blindwertabzüge sind besonders für Ferrochrom suraffiné, Sonderqualität mit 0,01 bis 0,04% C, wesentlich.

Die Verbrennungsschiffchen werden vor Gebrauch bei etwa 1100° ausgeglüht und in einem mit Natronasbest gefüllten Exsiccator aufbewahrt. Weiter ist auf eine gleichmäßige Raumtemperatur zu achten. Schwankende Raumtemperaturen, z. B. durch Zugluft, ergeben Ablesefehler. Die Ofentemperatur ist für Ferrochrom bei 1300 bis 1350° zu halten. Das Probegut muß eine gleichmäßige Korngröße aufweisen, so daß nach guter Durchmischung eine einheitliche Einwaage möglich ist. Bohrspäne von Ferrochrom suraffiné, insbesondere die der Sonderqualitäten, müssen auf gleiche Korngröße gepulvert werden, wobei es zweckmäßig ist, die Probe in einen groben und einen feinen Anteil aufzuteilen. Die Einwaage einer solchen Probe erfolgt dann nach den Gewichtsverhältnissen der beiden Anteile.

Es bedarf einer längeren Einarbeitungszeit, um mit der Gesamtapparatur besonders für die Bestimmung der Kohlenstoffgehalte der Ferrochromsorten unter 0,10% C, deren Klasseneinteilung 0,02; 0,04; 0,06; 0,08 und 0,10% C ist, vollkommen vertraut zu werden.

Vor allem über die Geschwindigkeit der Sauerstoffzufuhr, die genaue Einstellung der Ableseskala und der Schwimmer im Meß-Absorptionsgefäß (Erfassung des Rücklaufes), die Ablesung selbst, die Auswahl des Verbrennungszuschlages usw. muß jeder Analytiker reichliche Erfahrungen sammeln, um zufriedenstellende Resultate zu erreichen.

Fehlerhafte Auswirkung hat auch das abwechselnde Verbrennen hoch- und niedriggekohlter Proben dadurch, daß die Absperrflüssigkeit sich beim Verbrennen hochkohlenstoffhaltiger Proben mit geringen Mengen von Kohlendioxyd sättigt und dann bei anschließender Verbrennung von Proben mit sehr geringem Kohlenstoffgehalt Kohlendioxyd an dieses Gasgemisch abgibt. Es ist daher zweckmäßig, nach Möglichkeit in dem gleichen Bestimmungsapparat nur Proben mit ungefähr gleichem Kohlenstoffgehalt zu analysieren und nicht nur vor Beginn der täglichen Kohlenstoffbestimmungen, sondern auch während der Arbeitszeit die Gesamtapparatur durch Kontrollproben zu prüfen.

Insbesondere ist aber auch darauf zu achten, daß der Analytiker alle subjektiven Einflüsse erkennt und ausschaltet.

Der *Analysengang* selbst ist folgender: Die im Verbrennungsschiffchen mit entsprechendem Verbrennungszuschlag gleichmäßig verteilte Probe (Einwaage von 0,2 bis 0,5 g) wird in den Ofen eingesetzt und im Sauerstoffstrom verbrannt.

Das Gasgemisch wird im Meßgefäß gesammelt und dann durch Heben und Senken der mit der Absperrflüssigkeit angefüllten Niveauflasche 2mal durch Kalilauge geleitet und in das Meßgefäß zurückgeführt. Die an der Skala abgelesene Differenz wird auf Eichtemperatur und Normalbarometerstand bezogen. Für die Umrechnung liefert der Handel sogenannte Umrechnungstafeln, wonach man den abgelesenen Wert mit dem Umrechnungsfaktor multipliziert.

Lösungen. *Absperrflüssigkeit.* 200 g Natriumchlorid (chemisch rein) werden in 1 l Wasser gelöst und mit einigen Tropfen Schwefelsäure versetzt. Als Indicator verwendet man Methylorange oder Azolitmin.

Kalilauge. 500 g Kaliumhydroxyd werden in 1 l Wasser gelöst.

Chromschwefelsäure. 4 g Chromsäureanhydrid werden in 50 ml Wasser unter Zugabe von 50 ml Schwefelsäure (1,84) gelöst.

Genauigkeit. 2.

Dauer. Bei Serienanalysen etwa 3 min.

Literatur. WIRTZ, J.: Stahl u. Eisen Bd. 33 (1913) S. 449/50. — EDER, A.: Chemiker-Ztg. Bd. 64 (1937) S. 476.

3. Die Bestimmung des Siliciums

Grundlage. In Mineralsäure *lösliches* Ferrochrom wird durch Erwärmen mit verdünnter Schwefelsäure in Lösung gebracht und diese bis zum Rauchen erhitzt, wobei sich das Siliciumdioxyd abscheidet.

In Säuren *unvollständig lösliches* Ferrochrom schmilzt man mit Natriumperoxyd, löst die Schmelze in verdünnter Schwefelsäure, erhitzt die Lösung bis zum Auftreten von Schwefelsäuredämpfen und macht somit das Siliciumdioxyd unlöslich.

Anwendungsbereich und Bedeutung. Das Verfahren dient zur Siliciumdioxydbestimmung in Chromerzen und in Ferrochrom.

Genauigkeit. 1.

Dauer. Bei löslichem Ferrochrom 1 Std., bei unvollständig löslichem 3 Std.

Ausführung. Von *säurelöslichem* Ferrochrom werden 1 bis 5 g der feinst gepulverten Probe in Schwefelsäure (1 + 3) gelöst. Die Lösung versetzt man mit einigen Tropfen Salpetersäure und erhitzt sie, bis eben Schwefelsäuredämpfe auftreten. Sie wird nach dem Erkalten mit 500 ml Wasser verdünnt, nach Zusatz von 3 ml Salzsäure (1 + 1) gekocht und filtriert. Den Rückstand wäscht man mit heißem, salzsäurehaltigem Wasser aus, glüht ihn im Platintiegel und prüft das ausgewogene Siliciumdioxyd durch Abrauchen mit Fluß- und Schwefelsäure auf Reinheit.

Von *unvollständig säurelöslichen* Ferrochromsorten, die meistens hochsiliciert und hochgekohlt sind, schließt man 1 bis 2 g Ferrochrom mit Natriumperoxyd im Nickel- oder Eisentiegel auf und löst die Schmelze in etwa 200 ml Wasser. Nun fügt man so viel Schwefelsäure (1 + 1) hinzu, daß etwa 50 ml freie Säure in der Lösung vorhanden sind, und dampft das Ganze in einer Porzellanschale bis zum Auftreten von Schwefelsäuredämpfen ein. Nach dem Erkalten wird der Schaleninhalt auf etwa 500 ml verdünnt, mit etwas Salzsäure versetzt, aufgekocht und filtriert. Den Rückstand behandelt man wie oben. Ein Blindversuch zur Ermittlung des Siliciumdioxydgehaltes der Chemikalien und des Aufschlußtiegels ist auszuführen; den gefundenen Wert bringt man in Abzug.

Fehlerquellen. Bei beiden Verfahren ist darauf zu achten, daß nicht durch zu weitgehendes Abrauchen unlösliche Chromsulfate gebildet werden.

4. Die Bestimmung des Schwefels

Die Schwefelbestimmung im Ferrochrom wird im allgemeinen nach einem von den weiter unten unter a) bzw. b) beschriebenen Verbrennungsverfahren durchgeführt; man kann aber auch vorteilhaft die unter Chrommetall beschriebene Entwicklungsmethode nach HORAK anwenden.

a) Das Verbrennungsverfahren nach K. Swoboda

Grundlage. Das Probegut wird im Sauerstoffstrom bei hoher Temperatur verbrannt. Die entstandenen SO_2-Gase leitet man in eine neutrale Silbernitratlösung, mit der sie sich unter Freiwerden einer äquivalenten Menge Salpetersäure zu den entsprechenden Silbersalzen umsetzen. Die Säure wird mit 0,005 n-Natronlauge titriert.

Anwendungsbereich und Bedeutung. Die Methode ist für Ferrochrom und andere Ferrolegierungen sowie für Stähle anwendbar.

Genauigkeit. 2.

Dauer. 5 bis 10 min, je nach der Dauer der Verbrennung.

Ausführung. Die *Apparatur* besteht aus einer Sauerstoffbombe mit Regulierventil, 2 Waschflaschen mit Kalilauge, einer Waschflasche mit Kaliumpermanganatlösung (40 g/l), einer Waschflasche mit Schwefelsäure (1,84), einem Rohr oder einem Turm mit NaOH-Stückchen und einem mit Calciumchlorid. Verbrannt wird in einem Marsofen, dessen Rohr am Ende in ein etwa 20 cm langes, mit Quarzwatte gefülltes Glasrohr übergeht. Von diesem Rohr, dessen Watte verstäubte Oxyde festhält, führt ein weiteres zu einem Gläschen mit 40 ml Silbernitratlösung. Dieses Rohr ist am Tauchende kugelförmig erweitert und mit 5 bis 6 Öffnungen versehen.

Zur Herstellung der *neutralen Silbernitratlösung* werden 25 g Silbernitrat in kohlendioxydfreiem Wasser gelöst. Die Lösung wird mit 25 Tropfen Methylrot versetzt und zum Liter aufgefüllt. Sie ist neutral, wenn 40 ml mit 2 Tropfen 0,005 n-Salpeter- oder Schwefelsäure deutlich rot werden, und immer wieder verwendbar, wenn man sie nach dem Gebrauch filtriert und erneut einstellt.

Zur Bereitung der *Methylrotlösung* werden 0,2 g Methylrot mit 100 ml Alkohol übergossen und nach 12stündiger Einwirkung filtriert.

0,5 g Ferrochrom werden in einem Porzellanschiffchen dünn ausgebreitet und mit 1 g Ferrum reductum oder Spänchen von Elektrolyteisen bzw. Weicheisen gemischt und überschichtet. Der Schwefelgehalt des Zuschlages wird durch eine gesonderte Bestimmung ermittelt und in Abzug gebracht. Bei einer möglichst hohen Temperatur, etwa 1300 bis 1400°, verbrennt man mit einem lebhaften Sauerstoffstrom das Ferrochrom und leitet die Gase in 40 ml der neutralen Silbernitratlösung. Um das Kohlendioxyd aus der Lösung zu entfernen, wird das Durchleiten des Sauerstoffs nach der Verbrennung noch fortgesetzt, und zwar bei einem Ferrochrom mit maximal 1% C 3 min, mit maximal 4% C 6 min und bei einem solchen mit 8% C 9 min lang. Die Silbernitratlösung wird dann mit 0,005 n-Natronlauge titriert, bis der Umschlag von Methylrot von Rot auf Gelb eingetreten ist.

Literatur. SWOBODA, K.: Z. analyt. Chem. Bd. 77 (1929) S. 269—277.

b) Das Verbrennungsverfahren nach C. Holthaus

Grundlage. Das beim Verbrennen der Probe im Sauerstoffstrom bei 1350 bis 1400° entstandene Schwefeldioxyd wird in einer gemessenen Menge Natronlauge und Wasserstoffperoxyd absorbiert und zu Schwefelsäure oxydiert. Die zur Bindung dieser Säure nicht verbrauchte Natronlauge wird mit eingestellter Schwefelsäure zurücktitriert.

Anwendungsbereich und Bedeutung. Die Methode wird bei Ferrolegierungen und Stählen zur Schwefelbestimmung angewandt.

Genauigkeit. 2.

Dauer. 5 bis 10 min, je nach der Verbrennungsdauer.

Ausführung. Die bei dem Verfahren benötigte Apparatur besteht aus einer Sauerstoffbombe, einem Calciumchloridrohr, einer Waschflasche mit Schwefelsäure, einem elektrisch beheizten Ofen mit Porzellanrohr, einer Wattevorlage, einem Absorptionsgefäß, einer Feinbürette von 10 ml Fassungsvermögen mit 0,025 ml-Teilung, einer 50 ml- und einer 10 ml-Pipette.

Die Verbrennungsgase werden in das Absorptionsgefäß geleitet, das mit 50 ml einer 0,5proz. Wasserstoffperoxydlösung und mit 10 ml n/20-Natronlauge beschickt ist. Nach dem Abstellen des Sauerstoffstroms wird die Titration der überschüssigen Natronlauge vorgenommen. Bei Verwendung von n/20-Lösungen und einer Einwaage von 2 g entspricht 1 ml Natronlauge theoretisch 0,04% Schwefel. Es ist jedoch erforderlich, den Titer mit einem Normalstahl empirisch zu stellen. In diesem Falle kann man auch auf das zeitraubende Neutralisieren der meist sauer reagierenden Wasserstoffperoxydlösung verzichten.

Einstellung der Lösungen. Man gibt aus der Pipette 50 ml Wasserstoffperoxydlösung und aus der Feinbürette 10 ml n/20-Schwefelsäure [13 ml Schwefelsäure (1,84) auf 10 l Wasser] in das Absorptionsgefäß und titriert mit etwa n/20-Natronlauge, der man alizarinsulfosaures Natrium (0,2 g auf 1 l Natronlauge) zugesetzt hat, bis zum Farbumschlag. Dann legt man die ermittelte Menge Lauge sowie 50 ml Wasserstoffperoxydlösung vor und titriert nun mit der Schwefelsäure bis zum Umschlag nach Grün. Es empfiehlt sich, um besser den Umschlagpunkt erkennen zu können, während der Titration Sauerstoff durch das Gefäß zu leiten, den man durch eine zweite Leitung einführt.

Bei der Analyse beschickt man die Vorlage mit 50 ml Wasserstoffperoxydlösung und mit der durch die Einstellung ermittelten Menge Natronlauge und verbrennt die im Porzellanschiffchen befindliche Probe (0,5 bis 1 g) im kräftigen Sauerstoffstrom bei etwa 1350°, nachdem man sie einige Sekunden im Rohr vorgewärmt hat [Zuschläge s. unter a)]. Nach Beendigung der Verbrennung, die sich durch stärkeres Auftreten von Gasbläschen bemerkbar macht, leitet man noch 2 min lang Sauerstoff durch die Apparatur und titriert dann den Laugeüberschuß mit Schwefelsäure zurück (1 ml der Schwefelsäure entspricht bei 1 g Einwaage 0,08% Schwefel).

Fehlerquellen. Der Schwefel wird nur dann restlos erfaßt, wenn das Material während der Verbrennung geschmolzen ist.

Literatur. Holthaus, C.: Arch. Eisenhüttenwes. Bd. 5 (1931/32) S. 95—100.

V. Chromhaltige Eisenlegierungen

Obgleich die Behandlung dieser Materialien etwas außerhalb des Rahmens dieses Handbuches liegt, soll hier darauf eingegangen werden, da es angesichts der gelegentlichen Verwendung solcher Legierungen doch von Interesse sein dürfte, sich über ihren Chromgehalt informieren zu können. Die hier gebrachten Chrombestimmungen werden häufig in Stahl- und anderen Werken ausgeführt. Außerdem wird auf die voraufgegangenen Chrombestimmgsunmethoden (s. C. I.) verwiesen.

1. Hochlegierte Chromnickelstähle

Die Bestimmung des Chroms

Grundlage. In der mit Königswasser gelösten Probe wird das Chrom durch Perchlorsäure (Weder die Säure selbst noch ihre Dämpfe dürfen mit organischen Stoffen in Berührung kommen. Explosionsgefahr!) oxydiert. Nach Zusatz von Eisen(II)-sulfatlösung wird deren Überschuß mit Permanganat zurücktitriert.

Anwendungsbereich und Bedeutung. Bei der Analyse hochprozentiger Chromnickelstähle, die sich nur in Mischungen von Salz- und Salpetersäure lösen, gibt das Verfahren brauchbare Ergebnisse.

Genauigkeit. 2.

Dauer. 40 min.

Ausführung. 0,15 g Späne werden in 5 ml Salzsäure (1,19), 3 ml Salpetersäure (1,40) und 15 ml Perchlorsäure (1,59) im 500 ml-Erlenmeyer-Kolben durch

Erhitzen auf dem Sandbad gelöst. Man erhitzt die Lösung rasch weiter, um die Salz- und Salpetersäure zu verflüchtigen; bevor aber die Perchlorsäuredämpfe zu entweichen beginnen (die Lösung ist noch blaugrün gefärbt), muß die Erhitzungstemperatur herabgesetzt werden, um die Bildung flüchtigen Chromoxychlorids (CrO_2Cl_2) zu vermeiden. Bei zu hoher Temperatur kann nämlich die Chromsäure mit den etwa noch vorhandenen kleinen Mengen Salzsäure unter Bildung von Chromoxychlorid reagieren. Nun wird weiter unter öfterem Umschütteln des Kolbens stärker erhitzt und dies, nachdem sich die Lösung unter Bildung von Chromsäure orangerot gefärbt hat, noch etwa 5 min weiter fortgesetzt. Dann läßt man den Kolben, ohne ihn mit einem Uhrglas zu bedecken, schnell abkühlen, verdünnt mit Wasser auf ungefähr 300 ml, gibt REINHARDTsche Lösung (s. unten) hinzu und titriert nach Zusatz von Eisen(II)-sulfatlösung deren Überschuß mit Kaliumpermanganat in üblicher Weise zurück.

Lösung nach REINHARDT. 70 g Mangansulfat ($MnSO_4 \cdot H_2O$) werden in etwa 500 ml Wasser gelöst und mit 140 ml Phosphorsäure (1,7) und 130 ml Schwefelsäure (1,84) versetzt. Sodann wird auf 1 l mit Wasser verdünnt.

Fehlerquellen. Bei nicht genügend raschem Abkühlen nach der Oxydation mit Perchlorsäure kann etwas Wasserstoffperoxyd entstehen, das dann einen entsprechenden Teil des Chromats zu Perchromsäure oxydiert, welche sich schnell zu Chrom(III)-salz zersetzt, so daß zu wenig Chromat gefunden wird.

2. Chromeisen

Die Bestimmung des Chroms

Grundlage. Nach dem Lösen des Materials in Phosphor- und Schwefelsäure wird das Chrom mit Silbernitrat und Ammoniumperoxydisulfat zu Chromat oxydiert. Durch Zugabe von Eisen(II)-sulfat im Überschuß und dessen Rücktitration mit Kaliumpermanganat wird der Chromgehalt quantitativ bestimmt.

Anwendungsbereich und Bedeutung. Das Verfahren dient zur Bestimmung des Chroms in schwefelsäurelöslichem Material, wie Chromeisen, Chrommanganstählen und niedrig gekohlten Ferrochromsorten.

Genauigkeit. 2.

Dauer. 1 Std.

Ausführung. Je nach dem Chromgehalt des zu untersuchenden Materials werden 0,2 bis 1 g in einem ERLENMEYER-Kolben mit 30 ml einer Mischung von 137 ml Schwefelsäure (1,84) + 87 ml Phosphorsäure (1,4) + 500 ml Wasser unter Erwärmen gelöst. Nach dem Verdünnen mit 150 ml Wasser versetzt man die Lösung mit 5 ml 1 proz. Silbernitratlösung und 30 ml Ammoniumperoxydisulfatlösung (200 g/l) und erhitzt sie schließlich 20 min, wobei das Chrom zu Chromat oxydiert und gleichzeitig das überschüssige Ammoniumperoxydisulfat zerstört wird. Dann fügt man, um die gegebenenfalls gebildete Übermangansäure zu reduzieren, 5 ml Salzsäure (1 + 1) hinzu und setzt das Kochen, um das frei werdende Chlor zu entfernen, fort. Ist die Probe manganfrei, zeigt sich also bei der Oxydation keine Permangansäurefärbung, so muß man eine kleine Menge Mangansalz — 5 ml einer n/10-Kaliumpermanganatlösung — hinzufügen, damit die Oxydation zu 6wertigem Chrom vollständig wird. Nach dem Abkühlen der Lösung versetzt man sie je nach dem Chromgehalt mit 50 bis 100 ml Eisen(II)-sulfatlösung [13,5 g $FeSO_4 \cdot 7H_2O$ + 50 ml Schwefelsäure (1,84) werden mit Wasser in Lösung gebracht; die Lösung wird zu 1 l aufgefüllt], worauf sie eine grüne Färbung annimmt. Nun wird sofort mit n/10-Kaliumpermanganatlösung bis zum Umschlag nach Blaugrün titriert.

Zur Feststellung des Wirkungswertes der Eisen(II)-sulfatlösung läßt man zu der genau austitrierten Lösung nochmals die gleiche Menge von Eisen(II)-sulfatlösung wie vorher zulaufen und titriert dann wiederum auf Blaugrün. Aus der Differenz zwischen den jeweilig verbrauchten ml Kaliumpermanganatlösung errechnet man den Chromgehalt.

Fehlerquellen. Bei hohem Mangangehalt verschwindet nach dem Farbumschlag die blaugrüne Farbe sehr schnell. Ihr erstes Auftreten zeigt die Beendigung der Titration an. — Zuverlässiger ist die potentiometrische Endpunktanzeige bei Reduktion mit n/10-Eisen(II)-sulfatlösung.

Literatur. PHILIPS, M.: Stahl u. Eisen Bd. 27 (1907) S. 1164—1167.

VI. Chromgrün und ähnlich zusammengesetzte Pigmente

Unter dem Handelsnamen „Chromgrün" versteht man die als Pigment in Anstrichfarben verwendeten Mischungen von Chromgelb (Bleichromat, das in der Regel auch Sulfat und Oxyd enthält) und Berliner Blau mit wechselndem Gehalt an Strukturwasser und Feuchtigkeit.

Für die vollständige quantitative Analyse dieser Farbstoffgruppe gab es lange Zeit kein Verfahren, das in einfacher Weise sicher zum Ziel führte. Erst C. P. A. KAPPELMEIER wies einen Weg, auf dem dieses Ziel zu erreichen war.

Die Gesamtanalyse

Grundlage. Nach KAPPELMEIER läßt sich Chromgrün in leicht lösliche Verbindungen umwandeln, indem man die Reaktion zwischen komplexen Cyanverbindungen und in Wasser aufgeschlämmtem, gelbem Quecksilber(II)-oxyd benutzt: $Fe_7(CN)_{18} + 9\,HgO + 9\,H_2O = 9\,Hg(CN)_2 + 4\,Fe(OH)_3 + 3\,Fe(OH)_2$. Die Zersetzung in siedendem Wasser verläuft äußerst rasch. Durch Auflösen des Rückstandes in heißer Salzsäure oder heißer Salpetersäure, besonders bei Zusatz von 3proz. Wasserstoffperoxydlösung, erhält man eine grün oder violett gefärbte Lösung. Nur die anorganischen Verschnittmittel, wie Bariumsulfat, Aluminiumoxyd, Siliciumdioxyd oder Silicate sowie Mineralschwarz und andere schwarze Pigmente, bleiben zurück.

Wird das Chromgrün zunächst zur Zerstörung des Berliner Blau mit verdünnter Sodalösung erwärmt, und schließt man dann die Behandlung mit Quecksilberoxyd an, oder aber vereinigt man beide Vorgänge, so verläuft die Umsetzung noch glatter.

Anwendungsbereich und Bedeutung. Nach der angegebenen Methode läßt sich auch „Zinkgrün", eine Mischung von Zinkchromat und Berliner Blau, aufschließen. In Farbkörpern, in denen die Anwesenheit von Berliner Blau vermutet wird, läßt sich das Verfahren häufig mit Vorteil anwenden, ebenso wie für die Analyse des Berliner Blau selbst.

Genauigkeit. 2.

Ausführung.

a) Die Bestimmung des Bleis, Chroms und Eisens

0,2 bis 0,5 g des Pigmentes werden mit 5 ml Natriumcarbonatlösung (100 g/l) und 0,5 g gelbem Quecksilber(II)-oxyd zum Sieden erhitzt, bis der Aufschluß vollständig ist. Nach Zusatz von 10 ml Salzsäure (1,19) erwärmt man, bis alles in Lösung gegangen ist oder der Rückstand nur aus dem Verschnittmittel besteht. Zufügen von 3proz. Wasserstoffperoxydlösung beschleunigt das Lösen und die Umwandlung der Chromsäure in Chrom(III)-salz. Die Lösung wird nun mit Wasser auf 20 bis 30 ml verdünnt und der Rückstand, wenn nötig, abfiltriert. Zur Abscheidung des Quecksilbers als Quecksilber(I)-chlorid wird die Lösung mit 5 ml 20proz. phosphoriger Säure versetzt und auf dem Wasserbad erwärmt. Größere Mengen phosphoriger

Säure reduzieren zu metallischem Quecksilber. Das abfiltrierte Quecksilbersalz oder -metall wird mit heißem Wasser ausgewaschen. Im Filtrat fällt man das *Blei* durch Einleiten von Schwefelwasserstoff, filtriert das Sulfid ab und bringt das Blei als Sulfat zur Wägung. Das Filtrat wird eingeengt, das Eisen mit Salpetersäure oxydiert und vom Chrom mittels Natronlauge und 2 g Natriumperoxyd getrennt. Sowohl *Chrom* als *Eisen* werden jodometrisch bestimmt.

b) Die Bestimmung des Sulfats

Es ist dabei zu unterscheiden, ob Schwerspat oder Bleisulfat zugegeben sind, oder ob das Pigment frei von diesen Verschnittmitteln ist. In letzterem Falle kocht man die Probe mit Sodalösung und filtriert. Das Filtrat wird mit Salzsäure angesäuert, das Chrom mit Wasserstoffperoxydlösung reduziert und das *Sulfat* sofort mit Bariumchloridlösung in bekannter Weise gefällt. Bei Anwesenheit obiger Zusätze schließt man die Probe, wie unter a) angegeben, mit Quecksilberoxyd und Soda auf, löst mit Salzsäure und filtriert vom Bariumsulfat ab. In dem mit Sodalösung umgesetzten Filtrat wird der Niederschlag abfiltriert. Darauf säuert man das Filtrat mit Salzsäure an und fällt das Sulfat mit Bariumchlorid.

c) Die Bestimmung des Gehaltes an $Fe(CN)_6$

Man zersetzt das Pigment in der Wärme mit Sodalösung, saugt den Niederschlag ab und wäscht ihn aus. Das Filtrat wird mit Quecksilberoxyd gekocht. Nach dem Auflösen in Salzsäure unter Zusatz von Wasserstoffperoxydlösung bestimmt man in der Lösung das *Eisen* jodometrisch.

d) Die Bestimmung der Alkalien

Der Alkaligehalt ist auf das Berliner Blau zurückzuführen. Zur Bestimmung des Alkalis schließt man das Pigment mit Wasser und Quecksilberoxyd (ohne Sodazusatz) auf, filtriert und wäscht den Rückstand mit heißem Wasser aus. In dem mit Schwefelsäure angesäuerten Filtrat wird das Quecksilber mit Schwefelwasserstoff als Sulfid gefällt. Das Filtrat davon verarbeitet man in bekannter Weise weiter, bis man die Alkalien als Sulfate erhält.

Bemerkungen. Mit Hilfe der unter a) und b) ermittelten Werte kann der Gehalt des Chromgrün an Bleichromat und -sulfat errechnet werden, vorausgesetzt, daß das Produkt keine in Wasser löslichen Chromate und Sulfate enthält. Bei basischem Charakter des Bleichromats wird gleichzeitig aus der Differenz gegenüber dem Gesamtbleioxyd der Gehalt an „freiem“ Bleioxyd gefunden. Sind nun noch der Prozentgehalt an Unlöslichem und der Feuchtigkeitsgehalt bekannt, so läßt sich die Menge des Berliner Blau aus der Differenz ermitteln. Zur Bestätigung hierfür dienen die Werte für den Gesamteisengehalt, für den Gehalt an $Fe(CN)_6$ und erforderlichenfalls für den Alkaligehalt.

Literatur. Kappelmeier, C. P. A.: Recueil Trav. chim. Pays-Bas Bd. 50 (1931) S. 711 — Z. analyt. Chem. Bd. 92 (1933) S. 297. — Rose, H.: Ber. dtsch. chem. Ges. Bd. 1 (1862) S. 297. — Treadwell, F. P.: Kurzes Lehrbuch der analytischen Chemie, Bd. I, S. 316 (1948); Bd. II, S. 293 (1946).

Kapitel 13

Gallium*

Inhalt

A. Vorkommen und Verwendung

Der Galliumgehalt der Erdrinde beträgt nach den Untersuchungen von J. NODDACK $2 \cdot 10^{-6}$, wenn die Summe aller Elemente gleich 1 gesetzt wird.

Gallium bildet keine selbständigen Mineralien; doch kommt es im Germanit mit etwa 0,6% und sonst noch in Zinkblenden, Kohlen und Bauxiten vor, allerdings meist nur in sehr geringen Mengen. Es wird aus Germanit bei der Erzeugung des Germaniums als Nebenprodukt, z. T. auch aus dem Flugstaub der Zinkhütten gewonnen. In den letzten Jahren ist die Galliumgewinnung aus den Laugen des Bayer-Verfahrens bei der Aluminiumoxydherstellung aus Bauxit in den Vordergrund getreten. Bauxite enthalten einige tausendstel Prozent Gallium. In den Aufschlußlaugen stellt sich allmählich ein Galliumspiegel ein, der etwa 0,2 g Ga/l beträgt. Auf elektrolytischem Wege wird das Gallium unter Verwendung einer Quecksilberkathode isoliert und z. T. mit sehr hohem Reinheitsgrad geliefert.

Andere Ausgangsmaterialien, wie die Mansfelder „Ofensauen", die Leopoldshaller Abfälle oder Kohlenrückstände mit wenigen tausendstel Prozent Gallium, haben demgegenüber keine Bedeutung mehr.

Für die technische Verwendung des Galliums in größerem Rahmen hat sich bis jetzt noch keine Möglichkeit geboten. In geringen Mengen wird es für Dentallegierungen, für optische Zwecke, zur Füllung von Quarzglasthermometern (Temperaturen bis zu 1000°) sowie auf Spezialgebieten der Elektrotechnik eingesetzt. Die Hoffnung, Gallium wegen der sehr weiten Spanne zwischen Schmelz- und Siedepunkt (~30 bis 2000°) auf dem Gebiet der Atomenergie mit Vorteil verwenden zu können, hat sich anscheinend wegen seines sehr aggressiven Verhaltens im geschmolzenen, hocherhitzten Zustand nicht erfüllt.

B. Qualitativer Nachweis

Zum qualitativen Nachweis des Galliums ist besonders die Spektralanalyse zu empfehlen. Gallium kann auch durch folgende Reaktionen nachgewiesen werden:

Durch Zugeben einer frisch bereiteten 5proz. ammoniumchloridhaltigen, ammoniakalischen Chinalizarinlösung entsteht bei Anwesenheit von Gallium eine blauviolette Fällung.

Alizarin reagiert nach Zusatz von Ammoniak und Ammoniumchlorid mit Galliumsalzlösungen unter Bildung eines hellroten Farblackes. Tannin gibt bei Gegenwart von Ammoniumnitrat mit Gallium nach etwa 2stündigem Erwärmen auf dem Wasserbad weiße Flecke.

Ammoniakalische Resorzinlösung färbt sich bei Anwesenheit von Gallium blauviolett.

Literatur. NODDACK, J., u. W. NODDACK: Z. phys. Chem. Bd. 154 (1931) S. 232. — TAGGARTH: Handbook of mineral dressing. New York 1947.

---

*	1. Auflage	2. Auflage
Bearbeiter:	**Roesner**	**Roesner, Steuer**
Mitarbeiter:	**Steuer**	**Dreyer**

C. Analytische Bestimmungsmethoden

Die Gewinnung von Gallium ist in neuerer Zeit über den Laboratoriumsmaßstab hinausgegangen. Bei der Überwachung der Herstellung dienen neben der meistens angewandten Spektralanalyse auch einige naßchemische Methoden.

Gallium kann u. a. *gewichtsanalytisch* als Oxyd (Ga_2O_3), als Galliumoxychinolat [$Ga(C_9H_6NO)_3$] bzw. 5,7-Dibrom-8-oxychinolat [$Ga(C_9H_4Br_2NO)_3$] oder als Galliumpyrrolidindithiocarbaminat [$Ga(C_5H_8NS_2)_3$] bestimmt werden. Weitere Möglichkeiten bieten Tannin, Camphersäure, Kupferron oder Harnstoff. *Maßanalytisch* kann mit Cyanoferrat(II) gearbeitet werden. Es bildet sich dabei [$Ga_4(Fe(CN)_6)_3$]. Die Erfassung von Spuren erfolgt meistens *spektralanalytisch*, *photometrisch* oder wie von W. Geilmann, H. Bode und E. Kunkel[1] angegeben, z. B. auch durch Trübungsmessung. Auf dem Gebiet der physikalischen Meßmethoden bietet sich eine Reihe weiterer Möglichkeiten, Gallium in geringen Mengen zu erfassen.

Gallium und seine Verbindungen haben eine sehr große Ähnlichkeit mit Aluminium und dessen Verbindungen. Galliumchlorid ist schon bei etwa 200° flüchtig. Beim Eindampfen salzsaurer Lösungen ist deshalb Vorsicht geboten und möglichst auf dem Wasserbad zu arbeiten, wenn Verluste vermieden werden sollen.

Für den Nachweis und die Bestimmung der meistens recht kleinen Gehalte an Gallium bei Erzen, Mineralien oder industriellen Produkten wird die photometrische Bestimmung mit Rhodamin B aufgeführt. Weiterhin werden einige Wege zur naßchemischen Bestimmung des Galliums im Zusammenhang mit den hauptsächlichsten Verfahren zur technischen Gewinnung im folgenden beschrieben:

I. Photometrische Bestimmung von Spuren Gallium mit Rhodamin B

Grundlage. Das Gallium wird von störenden Elementen durch eine Ätherextraktion abgetrennt und als Rhodamin B-Chlorogallat photometrisch bestimmt.

Anwendungsbereich und Bedeutung. Die Methode gestattet die Bestimmung kleinster Galliumgehalte in Erzen und Flugstäuben.

Erfassungsbereich. 1 bis 25 µg Gallium.

Genauigkeit. 2.

Dauer. Für eine Einzelbestimmung etwa 8 Std.

Ausführung. 2 g Material löst man in 30 ml Königswasser und dampft zur Trockne ein, anfangs auf Asbest und zum Schluß wegen der Flüchtigkeit von Galliumchlorid auf dem Wasserbad. Der Rückstand wird mit 10 ml Salzsäure (1,19) aufgenommen und nochmals, wie schon beschrieben, zur Trockne eingedampft. Den Trockenrückstand nimmt man mit etwa 30 ml 6 n-Salzsäure auf, erwärmt kurz, um ihn besser zu lösen und spült die Lösung jetzt in einen 100 ml-Meßkolben über. Das Nachspülen des Lösungsgefäßes und das Auffüllen bis zu 100 ml werden ebenfalls mit 6 n-Salzsäure vorgenommen. Nach dem Durchmischen und Filtrieren wird ein Anteil (z. B. 50 ml = 1 g Einwaage) in einen 100 ml-Scheidetrichter gegeben, zur Reduktion des Fe(III) mit einigen ml Titan(III)-chloridlösung versetzt und das Gallium 3mal mit je 25 ml Isopropyläther extrahiert. (Vor Gebrauch wird der Äther mit 6 n-Salzsäure durchgeschüttelt.) Die vereinigten Ätherextrakte werden auf dem Wasserbad zur Trockne eingedampft, mit 10 ml 6 n-Salzsäure aufgenommen und in einen 100 ml-Scheidetrichter gegeben; das Glas wird mit weiteren 10 ml 6 n-Salzsäure nachgespült. Zu dem insgesamt 20 ml-Volumen fügt man 0,5 ml Hydroxylaminhydrochloridlösung (100 g/l) und 2 ml Rhod-

[1] Z. analyt. Chem. Bd. 148 (1955) S. 161.

amin B-Lösung hinzu (0,5 g in 100 ml 6 n-Salzsäure gelöst). Man versetzt dann mit 10 ml Benzol und schüttelt 2 min lang. Die wäßrige Phase wird verworfen. Die Benzolphase wird in ein trockenes Reagenzglas abgelassen und 1 Std. stehengelassen. (Da Filtrieren nicht möglich ist, wird hierdurch von anhaftendem Wasser getrennt.) Man ermittelt nun die Extinktion des Benzolextraktes, z. B. im EPPENDORF-Photometer unter Verwendung von 4 cm-Küvetten und Filter 578 mμ.

Bemerkung. Um die Verluste bei den vorstehenden Bedingungen auszugleichen, ist es erforderlich, daß bei der Erstellung der Eichkurve die beschriebenen Arbeitsbedingungen ebenfalls genau eingehalten werden.

Literatur. ONISHI, H., u. E. R. SANDELL: Angew. Chem. 67. Jahrg. 1955, Nr. 21, S. 679 — Analytica chim. Acta Bd. 13 (1955) S. 159.

II. Die Bestimmung des Galliums im Germaniterz

Grundlage. Durch einen Aufschluß des Erzes mit Natriumperoxyd wird das Gallium in das lösliche Natriumgallat übergeführt und nach Abtrennung der Störelemente mit Kupferron aus schwefelsaurer Lösung gefällt und als Galliumoxyd bestimmt.

Anwendungsbereich und Bedeutung. Nach diesem Verfahren kann das Gallium in komplexen sulfidischen Erzen bestimmt werden.

Genauigkeit. 1.

Dauer. 2 Tage.

Ausführung. 2,5 g Erz werden mit der 6- bis 8fachen Menge Natriumperoxyd unter Zusatz von einigen Plätzchen Natriumhydroxyd im Eisentiegel geschmolzen. Nach dem Erkalten des Tiegels wird die Schmelze mit Wasser ausgelaugt und in einen 500 ml-Meßkolben übergespült. Nach dem Abkühlen wird die Lösung mit Wasser bis zur Marke aufgefüllt und gut gemischt. Anschließend werden 400 ml (= 2 g Einwaage) durch ein Faltenfilter abfiltriert, in einem ERLENMEYER-Kolben mit verdünnter Schwefelsäure (1 + 1) bis zur beginnenden Trübung neutralisiert und mit 27 ml Schwefelsäure (1,84) im Überschuß versetzt. Man verdünnt nun mit Wasser auf 500 ml — es liegt jetzt eine 2 n-schwefelsäurehaltige Lösung vor —, erhitzt bis zum Sieden und leitet bis zur Sättigung Schwefelwasserstoff ein. Um die Schwefelwasserstoffällung vollkommen zu machen, wird die Lösung abermals erhitzt und zum zweitenmal bis zum Erkalten Schwefelwasserstoff eingeleitet. Nach dem Filtrieren und Auswaschen des Niederschlages mit 2 n-Schwefelsäure und schwefelwasserstoffhaltigem Wasser wird im Filtrat der Schwefelwasserstoff verkocht. Sollte sich hierbei noch Arsensulfid abscheiden, wird abermals filtriert, das Filtrat anschließend mit 3proz. Wasserstoffperoxyd oxydiert und der Überschuß ebenfalls verkocht. Nach dem Verdünnen auf 500 ml wird in der 2 n-schwefelsauren Lösung bei Raumtemperatur mit 10 ml einer filtrierten Kupferronlösung (60 g/l) das Gallium gefällt. Nach wenigstens 4stündigem Stehenlassen — besser über Nacht — wird durch ein quantitatives Filter mit etwas Filterschleim abfiltriert, der Niederschlag quantitativ auf das Filter gebracht und mit 2 n-Schwefelsäure ausgewaschen. Dann trocknet man Filter und Niederschlag in einem gewogenen Porzellantiegel, verascht, glüht 30 min bei 850 bis 900° zu Galliumoxyd und wägt. Durch nochmaliges Glühen und Wägen ist auf Gewichtskonstanz zu prüfen.

Auswaage: Galliumoxyd. Faktor auf Gallium = 0,7439.

Literatur. MOSER, L., u. A. BRUKL: Mh. Chem. Bd. 51 (1929) S. 325. — GASTINGER, E.: Z. analyt. Chem. Bd. 139 (1953) S. 1. — PRODINGER, W.: Organische Fällungsmittel in der quantitativen Analyse, Bd. 37 (1954) S. 62/63. — MOSER u. BRUKL: Handbuch der analytischen Chemie, 3. Teil, Quantitative Analyse, Bd. IIIa/IIIb, 2. Aufl. (1956) S. 11/12. — SWIFT: Handbuch der analytischen Chemie, 3. Teil, Quantitative Analyse, Bd. IIIa/IIIb, 2. Aufl. (1956) S. 38/39.

III. Galliumbestimmung in Aluminatlaugen, Aluminiumhydroxyd und Aluminium

Wie im Abschnitt A. bereits erwähnt wurde, haben die BAYER-Laugen bei der Aluminiumoxydherstellung für die technische Gewinnung des Galliums besondere Bedeutung erlangt. Die Schweizer Aluminium-Gesellschaft, in deren Bereich Gallium gewonnen wird, hat freundlicherweise ihre Vorschrift zur Bestimmung des Galliumgehaltes in Aluminatlaugen und Aluminiumhydroxyd zur Verfügung gestellt. Auch hier wird, wie bei der Bestimmung des Galliums im metallischen Aluminium (s. S. 69), das 5,7-Dibrom-8-oxychinolin als Reagenz verwendet. Die zum Teil verschiedenen Angaben bei der Menge der Reagenzien und Volumina ändern am Prinzip der Arbeitsweise nichts.

1. Die Bestimmung des Galliums in Aluminatlauge und Aluminiumhydroxyd

Grundlage. Aus salzsaurer Lösung wird bei möglichst kleinem Volumen das Gallium mit Äther extrahiert. Dieser wird durch Absaugen entfernt und dann das Gallium aus HCl-Acetonlösung mit 5,7-Dibrom-8-oxychinolin gefällt, durch einen Glasfiltertiegel filtriert, bei 105 bis 110° getrocknet und gewogen.

Anwendung. Die Methode eignet sich besonders für die Galliumbestimmung in Aluminatlösungen und Aluminiumhydrat.

Genauigkeit. 2.

Dauer. 3 bis 4 Std.

Ausführung.

a) Aluminatlauge

Bei einer Lauge von etwa 150 g/l Na_2O verwendet man 50 ml. Man neutralisiert mit Salzsäure (1,19) und verdünnt mit destilliertem Wasser auf genau 100 ml.

Der voraussichtliche Gehalt der Lauge beträgt 0,1 bis 0,2 g/l Ga, so daß ein erster Ansatz mit 5 bis 8 ml gemacht werden kann. Man erhält dann den approximativen Gehalt der Lauge an Gallium. Zur genauen Bestimmung nimmt man nun eine Menge Lösung, die etwa 0,8 mg Ga entspricht.

b) Aluminiumhydrat

In einer Quarzschale erhitzt man 5 g Hydrat vorsichtig mit 25 ml Schwefelsäure (1,84) unter Umrühren bis zum Rauchen der Schwefelsäure und dampft schließlich zur Trockne. Nach dem Erkalten nimmt man mit 20 ml warmem Wasser auf und verdünnt auf 30 ml. Der Gehalt an Gallium im Aluminiumhydrat beträgt ungefähr 0,01%. Zur Extraktion des Galliumchlorids verwendet man ein Volumen, das etwa 0,8 mg Ga entspricht. Die nachfolgenden Angaben beziehen sich auf einen aliquoten Teil von 8 ml. Wenn entsprechend dem Gehalt an Gallium eine mehr oder weniger große Abmessung genommen werden muß, sind die zusätzlichen Reagenzienmengen entsprechend zu bemessen. Die Lösung ist 5,6 n-salzsauer.

In einen Scheidetrichter von 60 bis 100 ml Inhalt (Glashahn mit Glycerin einfetten) gibt man:

8 ml Probelösung,
einige Tropfen 15proz. Titan(III)-chloridlösung bis zur deutlichen Violettfärbung,
18,7 ml 8 n-Salzsäure,
20 ml Äther (redestilliert).

Man schüttelt während 3 min gut durch. Nach Trennung der Schichten wird die wäßrige Phase in einen zweiten Scheidetrichter von gleicher Größe abgelassen und mit 15 ml Äther nochmals 3 min geschüttelt. Man läßt die wäßrige Schicht ab, vereinigt die Ätherschicht mit dem Ätherextrakt im ersten Scheidetrichter und spült mit 2 ml Äther nach. Die vereinigten Extrakte werden nach Zugabe von 12 ml 5,6 n-Salzsäure und einigen Tropfen Titan(III)-chloridlösung wieder 3 min geschüttelt. Nach 1 min wird die wäßrige Schicht abgetrennt und die Ätherschicht nach Zugabe von 8 ml 5,6 n-Salzsäure in der gleichen Weise nochmals geschüttelt. Man läßt die wäßrige Phase ab und spült den Auslauf des Scheidetrichters mit destilliertem Wasser nach. Der Ätherextrakt wird in ein 250 ml-Becherglas abgelassen, der Scheidetrichter mit 2 ml Äther nachgespült und das Glas in einen Vakuumexsiccator gestellt, der am Boden 2 bis 3 ml Wasser von 50 bis 60° enthält. Nach Schließen des Exsiccators wird evakuiert, bis am Boden des Becherglases nur noch ein trockener bzw. leicht feuchter Rückstand bleibt.

Zur Fällung des Galliums wird der Rückstand im Becherglas mit 100 ml der Salzsäure-Aceton-Mischung (s. unten) aufgenommen. Man erwärmt die Lösung auf 60°, versetzt mit 5 ml Dibromoxychinolinlösung (s. unten) und rührt um. Den Niederschlag läßt man 1 min absitzen und filtriert ihn auf einen Glasfiltertiegel (1 G 4) ab, bevor die Temperatur der Lösung unter 50° gesunken ist. Es wird mit warmer Salzsäure-Aceton-Mischung und schließlich mit etwas heißem Wasser ausgewaschen und der Tiegel mit Inhalt bei 105 bis 110° während 2 Std. getrocknet und anschließend gewogen. Das Wägen des Filtertiegels vor und nach der Filtration muß innerhalb 20 bis 30 min vorgenommen werden. Der Exsiccator soll P_2O_5 als Trockenmittel enthalten. Diese Vorsichtsmaßnahme ist wegen des geringen Gewichtes des Niederschlages wichtig.

Der Umrechnungsfaktor von $Ga(C_9H_4Br_2NO)_3$ auf Ga ist 0,0715. Die Reinigung des Filtertiegels erfolgt zweckmäßig mit rauchender Salpetersäure.

Lösungen. *Fällungslösung:* 3 g 5,7-Dibrom-8-oxychinolin werden in 1000 ml Aceton gelöst.

Salzsäure-Aceton-Gemisch: 300 ml 5n-Salzsäure und 300 ml Aceton werden mit Wasser auf 1 l verdünnt.

2. Die Galliumbestimmung in Aluminium

ist zu ersehen im Kapitel Aluminium, S. 68.

IV. Reinheitsprüfung von Gallium

Für die Analyse des technisch erzeugten Roh-Galliums, das schon mit einem recht hohen Reinheitsgrad anfällt, genügen die für das Reinstaluminium festgelegten Methoden in sinngemäßer Anwendung. Man wird aber nach Möglichkeit spektralanalytisch arbeiten. Das Rein-Gallium ist allerdings so wenig verunreinigt, daß nur diffizile Mikromethoden bzw. besondere physikalische Verfahren, wie z. B. die Massenspektrometrie, zum Ziele führen. Bei den spektralanalytischen Methoden ist zu berücksichtigen, daß sich manche Elemente, die oft gerade sehr nachteilig sind (z. B. Sauerstoff, Stickstoff u. a.), nicht bestimmen lassen.

Neben den spektralanalytischen Methoden hat sich die physikalische Reinheitsprüfung als am zweckmäßigsten erwiesen. Da manche physikalischen Eigenschaften wesentlich von dem Reinheitsgrad eines Metalls oder Produktes abhängig sind, lassen solche Messungen entsprechende Schlüsse zu. Man kann zwar mit diesen Verfahren nicht feststellen, welche Verunreinigungen vorliegen, dafür aber zeigen sie deutlich an, ob z. B. ein Metall bestimmten Anforderungen genügt.

Von den physikalischen Eigenschaften sind besonders folgende sehr vom Reinheitsgrad abhängig:

a) Schmelzpunkt,
b) HULL-DEBEYE-SCHERRER-Diagramm,
c) Wärmeleitfähigkeit,
d) magnetische Suszeptibilität (Bi),
e) elektrischer Widerstand (Ge).

Literatur. ARKEL, VAN: Reine Metalle. Berlin: Springer 1939. — TORREY u. WHITNER: Crystal rectifiers (besonders S. 304). New York 1948.

Kapitel 14

Germanium*

Inhalt

A. Vorkommen

Eigentliche Germaniummineralien sind außerordentlich selten. Wirtschaftlich am bedeutendsten ist der *Germanit* mit etwa 6% Ge und 0,8% Ga, der in Tsumeb (Südwestafrika) als bisher einzigem Vorkommen in größeren Mengen gefunden wurde. Die Mineralien *Argyrodit* (Ag_8GeS_6), *Canfieldit* [Ag_8(Sn, Ge)S_6] und *Ultrabasit* kommen in verschiedenen Erzgängen vor, sind aber höchst selten und daher nicht als Germaniumerze anzusprechen. Renierit mit einigen Prozent Germanium ist jetzt ebenfalls von wirtschaftlichem Interesse. Dagegen ist Germanium ein häufiger Begleiter von Zinkerzen. Es kommt vor allem in solchen Erzen vor, die bei mittlerer und niederer Temperatur entstanden sind. Die Gehalte bleiben aber fast stets unter 50 g/t, sind oft noch viel geringer. Bei der Verarbeitung der Zinkerze reichert es sich bei manchen Zwischenprodukten an. Da es bei der Zinkelektrolyse außerordentlich störend ist, muß es zusammen mit anderen Elementen bei der Reinigung des Elektrolyten entfernt werden. Auch die dabei entstandenen Schlämme können als Ausgangsmaterial zu seiner Gewinnung dienen. — Manche Kohlensorten, insbesondere die Wealdenkohlen, enthalten nennenswerte Mengen Germanium, die bei der Verbrennung der Kohle in die Flugasche übergehen. Die Flugaschen können bis zu 1% Germanium enthalten.

Nachdem lange Jahre kein Verwendungszweck für Germanium bestand, wird es heute in großem Maßstabe in der Elektroindustrie zur Herstellung von Gleichrichtern, Transistoren und Dioden verwendet.

B. Qualitativer Nachweis

Das Germanium tritt in seinen Verbindungen 2- und 4wertig auf; die letztere Wertigkeitsstufe ist die beständigste. Die Verbindungen des 4wertigen Germaniums sind bei farblosen Anionen mit Ausnahme des Jodids farblos, die des 2wertigen rot, gelb oder schwarz gefärbt.

---

*	1. Auflage	2. Auflage
Bearbeiter:	**Ensslin, Leutwein**	**Ensslin, Dreyer**
Mitarbeiter:	**Roesner**	**Roesner**

Einen sehr empfindlichen Nachweis stellt die thermische Zersetzung von Germaniumhydrid (GeH_4) dar, bei der sich in ähnlicher Weise wie beim Arsennachweis ein Germaniumspiegel bildet. Damit können noch bis zu $5 \cdot 10^{-5}$ g Germanium nachgewiesen werden. Man verfährt dabei etwa wie folgt:

1 bis 5 g der zu untersuchenden Substanz werden in Salpeter- und Schwefelsäure gelöst, die Salpetersäure wird durch Erhitzen bis zum starken Auftreten von Schwefelsäuredämpfen verflüchtigt. Nach dem Abkühlen und Verdünnen mit Wasser bringt man die schwefelsaure Lösung in einen MARSHschen Apparat (s. Kapitel Arsen, S. 121), gibt 2 bis 3 g germaniumfreies Zink hinzu, das vorher mit Quecksilber amalgamiert wurde, und erhitzt, bis das gesamte Zink in Lösung gegangen ist. Das zur Spiegelbildung vorgesehene Rohr wird an einer Stelle auf schwache Rotglut gehalten. Germanium und Arsen bilden beide Spiegel; der erstere entsteht stets in oder nahe der heißesten Zone und weist, außer bei sehr hohen Germaniumgehalten, schwarze, rote und gelbe Farbtöne auf, die recht charakteristisch sind. Im Luftstrom ist der Arsenspiegel beim Erwärmen flüchtig, der Germaniumspiegel dagegen nicht. Man kann das Rohr auch in passender Weise zerschneiden, die Spiegel durch Natronlauge lösen und das Germanium in saurer Lösung mit Schwefelwasserstoff als weißes Germaniumsulfid (GeS_2) ausfällen. Noch zuverlässiger ist es, einen der unten geschilderten, mikrochemischen Nachweise anzuwenden.

Auch die später beschriebene Destillation kann für qualitative Zwecke zur Abtrennung und Anreicherung des Germaniums in einer entsprechend kleinen Apparatur (Destillierkolben von 100 ml Fassungsvermögen) gewählt werden. Im Destillat muß das eine der folgenden Nachweisverfahren durchgeführt werden. Chlor durch andere Oxydationsmittel zu ersetzen oder Ansätze zu verwenden, in denen das Chlor in statu nascendi im Kolben wirken soll, hat sich nicht bewährt. Eine Abtrennung von Germanium zusammen mit Kieselsäure, Arsen, Bor usw. erhält man auch durch die Ausführung einer alkalischen Schmelze, zweckmäßig mit Natriumhydroxyd und Natriumperoxyd oder Salpeter zu gleichen Teilen (Vorsicht bei Sulfiden!). Beim Auslaugen der Schmelze mit Wasser gehen die Anionen bildenden Elemente in Lösung und können durch Filtrieren oder Dekantieren abgetrennt werden.

Es braucht nicht betont zu werden, daß das zur Untersuchung kommende Material nicht immer nur aus Lösungen bestehen wird; auch wird es normalerweise viele andere störende Elemente und wenig Germanium enthalten, so daß dieses nicht unmittelbar nachgewiesen werden kann. Man wird sich daher eines der Trennungs- und Anreicherungsverfahren bedienen müssen, um schließlich eine saure oder alkalische Lösung zu erhalten, die das Ausgangsmaterial für den qualitativen Nachweis darstellt.

P. WENGER, R. DUCKERT und CL. P. BLANCPAIN: Helv. chim. Acta Bd. 20, S. 1427 bis 1445, empfehlen das 9-Methyl-2-3-7-Trioxy-6-Fluoron als außer für Germanium nur noch für Antimon spezifisches Reagenz.

Nach J. GILES, J. HOSTE und CLAEYS: Analyt. Chim. Acta Bd. 1 (1947) S. 302, liefert Phenylfluoron mit Germaniumsalzlösungen eine Rotfärbung: 1 Tropfen einer 0,05proz. Lösung von Phenylfluoron in 94proz. Alkohol, die mit Salzsäure angesäuert wurde, wird auf ein Stück Filtrierpapier gebracht. Nach dem Verdunsten des Alkohols bringt man auf den entstandenen gelben Fleck 1 Tropfen der zu prüfenden Lösung, die 3 bis 6 n-salzsauer sein soll. Schließlich behandelt man noch mit 2 bis 3 Tropfen 6 n-Salpetersäure. Bei Gegenwart von Germanium(IV)-ion entsteht ein roter Fleck, welcher sich mit der Zeit noch verstärkt. Ein gleichzeitig ausgeführter blinder Versuch liefert nur einen gelben Fleck.

Germaniumsalzlösungen geben nach M. PEISACH, W. PUGH und FR. SEBBA: J. chem. Soc. (London) (1950) S. 949/50, in stark salzsaurer Lösung mit Kaliumcyanoferrat(II) einen weißen, gelatinösen Niederschlag von $(GeO)_2Fe(CN)_6 \cdot 2H_2O$. Diese Fällung erhält man noch bei einer Verdünnung von 1:10000. Die Gegenwart von Arsen wirkt nicht störend. Der Niederschlag ist in Wasser und Säuren unlöslich; durch Alkalien wird er zersetzt.

M. M. CHAMOT und H. COLE: Mikrochemie Bd. 5 (1926) S. 97, bringen einen Nachweis als Natriumgermaniumfluorid. Hier stören Silicium, Titan, Zirkonium, Zinn, Mangan, Bor. Ein Tropfen der zu untersuchenden Lösung, die keine Nitrationen enthalten darf, wird auf einem Uhrglas oder Objektträger mit wenig Schwefelsäure und etwas festem Natriumchlorid und Ammoniumfluorid versetzt und schwach erwärmt. Nach dem Abkühlen beobachtet man die am Rande des Tropfens entstehenden Kristalle. Es bilden sich zunächst hexagonale Sterne, später auch rosa gefärbte Prismen von Natriumgermaniumfluorid, die nur sehr geringe Lichtbrechung besitzen. Die Empfindlichkeit beträgt etwa 0,1 mg.

Das Germanium kann man auch nach A. G. KOMUROWSKY und S. S. PULOTOW: Mikrochemie Bd. 18 (1935) S. 66—73, durch die bekannte Tüpfelreaktion mit Molybdänsäure und Benzidin nachweisen. In Gegenwart von mehr als 0,25 μg Germanium entsteht ein blauer Fleck aus Benzidin und Molybdänblau, vorausgesetzt, daß die anderen störenden Elemente (besonders Phosphor und Silicium) fehlen. Man kann auch eine alkalische oder sauere, aber unbedingt halogenidfreie Probelösung mit schwefelsaurer Chinalizarinlösung tüpfeln. Bei Anwesenheit von Germanium schlägt die Farbe von Rosaviolett nach Blau um (Erfassungsgrenze: 5 μg Germanium in 0,05 ml).

C. Betriebsuntersuchungen von germaniumführenden Stoffen und Germanium-Präparaten

I. Allgemeines

Das analytische Arbeiten mit Germanium wird durch einige Tatsachen erschwert, die bei der Arbeit sorgfältig berücksichtigt werden müssen.

In salzsauren Lösungen über 7 n ist das Germanium sehr leicht, auch schon bei Zimmertemperatur flüchtig. Soweit also germaniumhaltige Lösungen erwärmt werden müssen, dürfen sie nicht sauer sein und gleichzeitig Chlorionen enthalten; bei Gegenwart von freiem Chlor ist noch größere Vorsicht geboten.

Die in der analytischen Chemie des Germaniums wichtigen Verbindungen Germanium(IV)-oxyd und -sulfid (GeO_2 und GeS_2) sind in Wasser und sehr schwachen Säuren nicht völlig unlöslich; außerdem neigen sie zur Bildung kolloidaler Lösungen.

Standardlösungen mit konstantem Germaniumgehalt werden am besten in Polyäthylenflaschen aufbewahrt, da sie in Quarz- und Glasgefäßen nicht titerbeständig sind. Der Säuregehalt der Standardlösung soll < 5 n liegen. Dies gilt besonders für die zur Spektralanalyse bestimmten, verdünnten Lösungen. Es setzen nicht nur im alkalischen, sondern auch im neutralen Gebiet Austauschreaktionen mit dem kieselsäurehaltigen Gefäßmaterial ein.

Das Germanium gehört analytisch zur Gruppe der Stoffe, die in Ammoniumsulfid lösliche Sulfide bilden. Aus den Sulfosalzlösungen kann es durch Ansäuern wieder ausgefällt werden. Wegen der erwähnten Löslichkeit seiner Verbindungen neigt es im Analysengang dazu, sich stark zu verzetteln. Kaum eine Reaktion erfolgt wirklich quantitativ. Zur exakten Abscheidung kommen nur wenige Verfahren in Betracht, bei denen auch die Vorschriften für das Auswaschen usw. sehr sorgfältig eingehalten werden müssen.

Das 4wertige Germanium fällt durch Schwefelwasserstoff in stark saurer Lösung als weißes Germaniumsulfid aus, das oft wie kolloidaler Schwefel aussieht. Die Ausfällung von Arsensulfid beginnt erst bei niedrigerer Säurekonzentration. Trotzdem läßt sich hierauf kein Trennungsverfahren aufbauen. Sofern man eine restlose Germaniumabscheidung anstrebt, erhält man stets ein arsenhaltiges Sulfidgemisch. Beim Arbeiten mit Germaniumverbindungen ist darauf zu achten, daß kein Germaniumwasserstoff GeH_4 entsteht, da dieser ebenso giftig wirkt wie Arsenwasserstoff.

Literatur. Brennecke, E.: Schwefelwasserstoff als Reagenz. S. 107. Stuttgart: F. Enke 1939.

II. Aufschluß und Destillation

Grundlage. Das Material wird durch eine alkalische Schmelze aufgeschlossen, das Germanium anschließend mittels Destillation von störenden Elementen getrennt.

Ausführung. Die Einwaage, deren Größe sich nach den zu erwartenden Gehalten richtet, wird in einem Eisen-, Silber- oder Sinterkorundtiegel mit Natriumperoxyd und Soda — 3 Teile Natriumperoxyd, 1 Teil Soda — gemischt, das Ganze noch mit einer Decke der gleichen Mischung abgedeckt, nach anfänglich gelindem Erwärmen geschmolzen und anschließend einige Minuten im Fluß gehalten. Für chloridhaltige Proben ist ein Ätznatronaufschluß, gegebenenfalls unter Zusatz von Natriumperoxyd anzuwenden. Nach dem Erkalten wird der Schmelzkuchen in möglichst wenig Wasser gelöst und in einen Destillationskolben übergeführt. Der Kolben wird an die Destillationsapparatur (s. Abb. 18) angeschlossen und die Lösung vorsichtig durch Zugabe von Salzsäure (1,19) neutralisiert. Die Zugabe erfolgt nur durch den Tropftrichter. Durch Zugeben von weiterer Salzsäure bringt man die Lösung auf eine Salzsäurekonzentration von 1 + 1 (falls stärker sauer, hat man Germaniumverluste) und destilliert etwa zwei Drittel der Lösung ab, wobei das Destillat in der gekühlten, 10 ml Wasser enthaltenden Vorlage aufgefangen wird. In der zum Druckausgleich dienenden Ente befindet sich Wasser. Die Apparatur, vor allem der Schlangenkühler, ist vor der Destillation mit Salzsäure (1,19) zu spülen. Größere Germaniummengen erfordern eine Nachdestillation, wobei das im ersten Durchgang abdestillierte Volumen durch neue verdünnte Salzsäure (1 + 1) ersetzt wird.

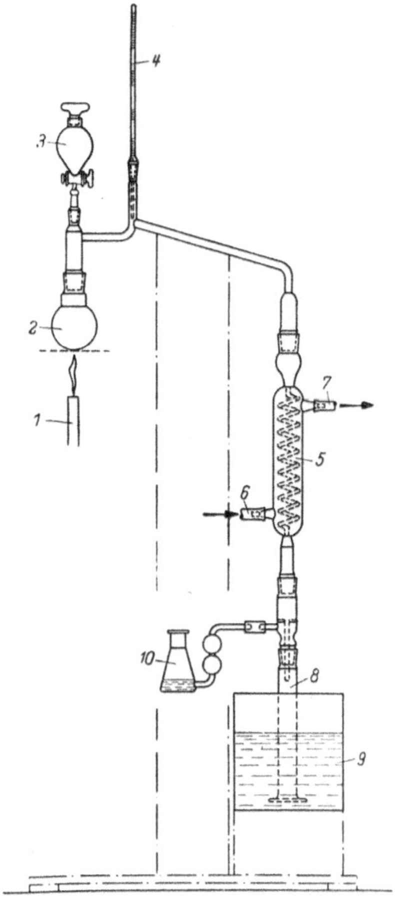

Abb. 18. Destillationsapparatur zur Bestimmung von Germanium

Literatur. Cluley: Analyst Bd. 76 (1951) S. 523.

III. Die Bestimmung des Germaniums

1. Gewichtsanalytisch als Germaniumdioxyd

Grundlage. In dem Destillat — von der unter II beschriebenen Destillation — wird durch Schwefelwasserstoff das Germanium(IV)-sulfid gefällt, anschließend in Germaniumdioxyd umgewandelt und als solches gewogen.

Anwendungsbereich und Bedeutung. Das Verfahren dient zur Ermittlung von Gehalten von 2% an aufwärts in allen anfallenden Materialien.

Genauigkeit. 1.

Dauer. 10 Std.

Ausführung. Nach Beendigung der Destillation werden die vereinigten Destillate und der Inhalt der Ente unter Kühlung mit Schwefelsäure (1,84) auf eine Acidität von etwa 6n gebracht und in die Lösung etwa 2 Std. lang Schwefelwasserstoff eingeleitet. Nach ein- bis mehrstündigem Absitzenlassen wird durch ein quantitatives Filter abfiltriert und der Niederschlag bis zur Chloridfreiheit mit einer mit Schwefelwasserstoff gesättigten 3 n-Schwefelsäure gewaschen. Darauf löst man den Inhalt des Filters und die letzten Reste im Fällungsgefäß mit etwa 100 ml Ammoniak (0,91), dem zuvor 20 ml Wasserstoffperoxyd (3proz.) zugesetzt wurden, quantitativ in eine gewogene Platinschale. Der Inhalt der Platinschale wird auf etwa 25 ml eingedampft (am besten eignet sich hierfür ein Oberflächenverdampfer). Man fügt nun etwa 5 ml verdünnte Schwefelsäure (1 + 1) zu und raucht bis zur Trockne ein. Die letzten Reste Säure bzw. Ammoniumsulfat verglüht man vorsichtig über einen Brenner und glüht bei 900° bis zur Gewichtskonstanz. Der Faktor für die Umrechnung von GeO_2 auf Germanium ist 0,6941.

Bemerkung. Nach E. Leutwein können geringe Mengen Germanium(IV)-sulfid unmittelbar durch Glühen in Germanium(IV)-oxyd übergeführt werden. Bei Auswaagen bis zu 10 mg erhält man zuverlässige Werte. Darüber hinaus ist die Methode nicht brauchbar.

Literatur. Johnson, I. B., u. L. M. Dennis: J. Amer. Chem. Soc. Bd. 47 (1925) S. 790 bis 793.

2. Maßanalytisch mit potentiometrischer Anzeige

Grundlage. Die zu untersuchende Lösung wird zunächst auf einen bestimmten p_H-Wert gebracht. Nach Zugabe einer definierten Menge Brenzkatechin, die zur Bildung der Brenzkatechin-Germaniumsäure führt, titriert man potentiometrisch mit etwa n/10-Natronlauge auf den gleichen p_H-Wert zurück.

Anwendungsbereich und Bedeutung. Das Verfahren wird zur Untersuchung von Germaniumkonzentraten, Zwischenprodukten der Germaniumgewinnung, Germaniumabfällen und ähnlichen hochprozentigen Materialien angewandt.

Genauigkeit. 1.

Dauer. 3 bis 4 Std.

Ausführung. Aufschluß der Probe und Destillation erfolgen im Prinzip nach den unter II. beschriebenen Verfahren. In geringer Abänderung dieser Methode wird der Sodaaufschluß unter Zusatz von weniger Peroxyd durchgeführt und nach Überführung des Tiegels in den entsprechend dimensionierten Destillationskolben zur Zerstörung von überschüssigem Carbonat und Peroxyd mit verdünnter Schwefelsäure bei geöffneter Destillationsapparatur gekocht. Nach Zugabe von etwas Hydrazinsulfat zur Vermeidung einer Chlorentwicklung stellt man über den Tropftrichter die erforderliche Salzsäurekonzentration ein und destilliert das Germaniumtetrachlorid, wie unter II. beschrieben, ab. Chloridhaltige Proben werden mit Ätznatron aufgeschlossen und ohne Vorbehandlung nach Zugabe von Hydrazinsulfat destilliert. Das mit dem Inhalt der Ente vereinigte salzsaure Destillat, das bei höheren Germaniumgehalten oder großen Destillationsvolumina entsprechend geteilt wird und etwa 20 bis 100 mg Germanium enthalten soll, wird mit carbonatfreier Natronlauge (100 g/l), die man in kleinen Anteilen zusetzt, in einem verschließbaren Kolben unter Kühlung gegen Methylrot vorneutralisiert. Eine hierbei auftretende Trübung besteht aus nachfallendem Bariumsulfat. Es stört bei der Titration nicht. Die schwach alkalische Lösung wird in ein weites 400 ml-Becherglas übergeführt, nach Temperierung auf etwa 20° zur 250 ml-Eichmarke aufgefüllt (Eichmarke am Becherglas) und potentiometrisch mit verdünnter Salzsäure oder Natronlauge unter Verwendung eines Rührers genau auf p_H 5,0 eingestellt. Nach Zugabe von 3 g Brenzkatechin, wobei ein konstantes Endpotential abzuwarten ist, wird mit etwa n/10-, gegen reine Germaniumlösungen eingestellter Natronlauge bei einer Geschwindigkeit von etwa 1 Tropfen/sek auf das Ausgangspotential zurücktitriert.

Herstellung von carbonatfreier Natronlauge: Man setzt der Lauge auf Grund des bekannten Carbonatgehaltes des Ätznatrons Bariumchlorid in geringem Überschuß zu, filtriert, fällt das überschüssige Bariumsalz mit einer berechneten Menge Natriumsulfat und filtriert nochmals. Die Lauge wird in einer Polyäthylenflasche aufbewahrt.

Die zur Titration dienende n/10-Natronlauge wird unter Einhaltung eines konstanten Reaktionsvolumens von 250 ml gegen wechselnde Volumina einer Germaniumstammlösung eingestellt, die man durch Lösen von 2,8814 g Germaniumdioxyd in wenig carbonatfreier Natronlauge und Auffüllen zum Liter herstellt. Ein hierbei auftretender flockiger Niederschlag wird mit Salzsäure in Lösung gebracht. 1 ml dieser Stammlösung entspricht 2 mg Ge.

Die Glaselektrode beschlägt sich im Laufe der Zeit mit einem Film aus Bariumsulfat. Sie kann mit Komplexonlösung gereinigt werden.

Literatur. Bevillard, P.: Bull. Soc. Chim. France Bd. 21 (1954) Ser. 5. — Cluley, H. J.: Analyst Bd. 76 (1951) S. 517—522. — Wunderlich, E., u. E. Göring: Z. analyt. Chem. Bd. 169 (1959), H. 5, S. 346—350.

3. Gewichtsanalytisch als Magnesiumgermanat

Grundlage. Ammoniakalische Lösungen von Germaniumdioxyd geben mit Magnesiumsulfat einen weißen Niederschlag von Magnesiumgermanat.

Anwendungsbereich und Bedeutung. Dieses Verfahren kann angewandt werden, um die etwas schwierige Arbeit vom Oxydieren des Sulfids an bis zur Wägung des Germaniums als Oxyd zu umgehen.

Genauigkeit. 2.

Dauer. 16 Std. einschließlich Wartezeit.

Ausführung. Das mit Schwefelwasserstoff ausgefällte Germanium(IV)-sulfid löst man in 10 bis 20 ml Ammoniak (1 + 1) und oxydiert die Lösung durch Zugeben von 3 ml 30proz. Wasserstoffperoxydlösung. Nach dem Verkochen des überschüssigen Oxydationsmittels macht man die Lösung schwach schwefelsauer, versetzt sie mit 25 ml einer 1 n-Magnesiumsulfatlösung und 40 ml einer 2 n-Ammoniumsulfatlösung, neutralisiert sie mit Ammoniak(1 + 1) und gibt auf je 100 ml Flüssigkeitsvolumen 15 bis 20 ml Ammoniak (0,91) unter dauerndem Rühren hinzu, wobei das Magnesiumgermanat ausfällt. Dann wird die Fällung unter dem Rührwerk eben zum Sieden erhitzt und nach wenigen Sekunden 10 bis 12 Std. in der Kälte stehengelassen. Darauf filtriert man den Niederschlag auf einen Porzellanfiltertiegel ab, wäscht ihn gut mit höchstens 50 ml Waschwasser aus, das 10% Ammoniak (0,91) enthält, trocknet und glüht ihn bei 1000°. Die Auswaage ist Mg_2GeO_4, der Faktor zur Umrechnung auf Ge 0,3919.

Fehlerquellen. Das Arsen muß vorher entfernt sein, sonst ist der Niederschlag damit verunreinigt.

Literatur. Müller, I. H.: J. Amer. chem. Soc. Bd. 44 (1922) S. 2493—2498.

4. Photometrisch mit Phenylfluoron (für kleinere Mengen)

Grundlage. Im Destillat von der unter II beschriebenen Destillation wird das Germanium mit Phenylfluoron photometrisch bestimmt.

Anwendungsbereich und Bedeutung. Kleine Gehalte an Germanium in Erzen und Zwischenprodukten können schnell und mit ausreichender Genauigkeit bestimmt werden.

Genauigkeit. 1.

Dauer. 1 Std.

Ausführung. Das Destillat, oder ein aliquoter Teil davon, wird in einen 100 ml-Meßkolben übergespült, mit Wasser auf ein Volumen von etwa 50 ml eingestellt, welches etwa 25 ml verdünnte Salzsäure (1 + 1) enthalten muß. Darauf werden in der einzuhaltenden Reihenfolge 1 ml Hydroxylaminhydrochloridlösung, 10 ml Polyvinylalkohol und 30 ml Phenylfluoron zugesetzt. Die Lösung wird mit destilliertem Wasser bis zur Marke aufgefüllt und gut durchgeschüttelt. Nach 60 min wird gegen eine Blindprobe unter Verwendung eines Hg-Filters 546 nm photometriert und aus einer Eichkurve der Germaniumgehalt der Lösung entnommen.

Aufstellung der Eichkurve. 0,3602 g reines, geglühtes GeO_2 wird im Platintiegel mit Na_2CO_3 geschmolzen. Die in Wasser gelöste Schmelze wird in einen 250 ml-Meßkolben übergespült. 1 ml dieser Lösung = 1 mg Germanium. 10 ml = 10 mg werden mit Wasser auf 1 l verdünnt — 1 ml = 10 µg Ge. Von dieser Lösung werden verschiedene Abmessungen zwischen 10 und 200 µg Germanium genau wie die Probe behandet und photometriert. Eine graphische Aufzeichnung davon ergibt dann die Eichkurve.

1. Hydroxylaminhydrochloridlösung: 20 g in 100 ml Wasser gelöst.
2. Polyvinylalkohollösung: 2 g in 100 ml Wasser gelöst.
3. Phenylfluoronlösung: 0,03 g Phenylfluoron in einer Mischung von 85 ml Alkohol und 5 ml verdünnter Schwefelsäure (1 + 6) lösen und mit Alkohol auf 100 ml verdünnen.

Literatur. Cluley, H. J.: Analyst Bd. 76 (1951) S. 523 — Z. analyt. Chem. Bd. 151 (1956) S. 382.

IV. Germaniummetall

In der Technik werden meist sehr hohe Ansprüche an die Reinheit des Germaniummetalls gestellt. Am zweckmäßigsten benutzt man zur Reinheitskontrolle die Messung der Leitfähigkeit des geschmolzenen Metalls. Reines Germaniummetall ist ein relativ schlechter Leiter. Das Handels-Germanium wird in 2 Sorten, einmal mit einem spezifischen Widerstand von 30 $\Omega \cdot$cm und zum anderen mit 50 $\Omega \cdot$cm, bei Zimmertemperatur gemessen, verkauft. Ebenso wird die „Sperrspannung" und auch die Lebensdauer der injizierten Ladungsträger fallweise bestimmt.

V. Germaniumtetrachlorid

Die Bestimmung des Arsens

Grundlage. 5wertiges Arsen bildet mit Molybdänsäure einen Komplex wie Phosphor- und Kieselsäure. Der Komplex kann ebenfalls zu Molybdänblau reduziert und dessen Farbtiefe als Maß für eine photometrische Bestimmung benutzt werden.

Anwendungsbereich und Bedeutung. Das Verfahren gestattet neben größeren Mengen Germanium, Arsen in der Größenordnung von 0,00001 bis 0,01% As mit ausreichender Genauigkeit zu bestimmen.

Genauigkeit. 1.

Ausführung. 1 bis 3 g $GeCl_4$ werden in ein Becherglas, in dem sich etwa 10 ml Salpetersäure befinden, gebracht und nach Zugabe von 10 ml Salzsäure (1,19) zur Trockne eingedampft (gegebenenfalls wiederholen!) und anschließend im Trockenschrank bei 120° noch 1 Std. nachgetrocknet. Nach dem Abkühlen wird mit 1 ml 1 n-Salzsäure gelöst und mit 10 ml Wasser aufgenommen, die Säure mit 1 ml 1 n-Natronlauge neutralisiert und mit 25 ml Wasser in einen 50 ml-Meßkolben übergespült. Dann werden 5 ml aus Lösung I und 2 ml aus Lösung II zugegeben, der Kolben unter Umschwenken bis zum Hals aufgefüllt und 5 min im kochenden Wasserbad erwärmt. Danach kühlt man die Lösung ab, füllt bis zur Marke auf und mißt die Blaufärbung in einem geeigneten Photometer mit Filter Hg 578 nm gegen eine Blindlösung, die mit den gleichen Reagenzien und durch die gleiche Behandlung erhalten wurde.

Aus einer Eichkurve, die aus Lösungen mit bekannten Arsengehalten nach dem gleichen Arbeitsgang aufgestellt wurde, können die Arsenmengen entnommen werden.

Lösungen. I. 3 g Ammoniummolybdat und 1 g Molybdänmetall mit 100 ml verdünnter Schwefelsäure (1 + 1) 1 Std. am Rückflußkühler kochen und anschließend mit Wasser auf 500 ml verdünnen.

II. 5 g Ammoniummolybdat und 5 ml verdünnte Schwefelsäure (1 + 1) mit Wasser auf 1 l auffüllen.

Literatur. Rodden, C. J.: J. Res. Nat. Bur. Stand. Bd. 24 (1940) S. 7.

Kapitel 15

Indium*

Inhalt

*	1. Auflage	2. Auflage
Bearbeiter:	**Ensslin**	**Dreyer**
Mitarbeiter:	**Haupt, Kilian, Milde**	

A. Vorkommen

Das Indium bildet keine selbständigen Mineralien, sondern kommt nur spurenweise in vielen Mineralien vor, so vor allem in Zinkblenden, doch sind auch noch einige andere sulfidische Erze indiumhaltig.

B. Qualitativer Nachweis

Taucht man ein Magnesiastäbchen in eine Indiumlösung und hält dieses an den unteren Rand einer Bunsenflamme, so leuchtet diese intensiv indigoblau, oft mit rötlichem Rand.

Im Spektrum erscheinen bei der Anregung indiumhaltiger Substanzen bei 3256,1 und 3039,3 Å scharfe Linien.

Indiumsalze geben mit Ammoniak einen weißen, gelartigen Niederschlag, ähnlich dem Aluminiumhydroxyd, der in starkem Ammoniak etwas löslich ist, sich aber beim Kochen wieder ausscheidet. Schwefelwasserstoff fällt aus essigsauren Lösungen gelbes Indium(III)-sulfid (In_2S_3).

In Erzen führt man den Nachweis für Indium folgendermaßen durch:

10 g des Erzes löst man in Bromwasserstoffsäure und etwas Brom und raucht die Lösung mit Schwefelsäure ab. Dann filtriert man den ungelösten Rückstand sowie etwa ausgeschiedene Sulfate des Bleies, Bariums oder Calciums ab und neutralisiert das Filtrat mit Ammoniak. Nach Zusatz von so viel Schwefelsäure (1,84), daß 8 bis 10% freie Säure vorhanden sind, wird die heiße Lösung mit Schwefelwasserstoff bis zum Erkalten gesättigt. Darauf filtriert man die hierbei ausgefallenen Sulfide der Schwefelwasserstoffgruppe ab, verkocht aus dem Filtrat den Schwefelwasserstoff, oxydiert und fällt das Indium zusammen mit Eisen und Aluminium durch Zugabe eines Überschusses von Ammoniak und anschließendem Aufkochen der Lösung als Hydroxyde aus. Man löst diese in verdünnter Salzsäure, neutralisiert die Lösung mit Ammoniak und säuert sie mit 10 ml Eisessig je 100 ml Flüssigkeitsvolumen an. Dann setzt man 5 g Sulfosalicylsäure hinzu und leitet Schwefelwasserstoff ein. Ist Indium vorhanden, so fällt ein reingelber Niederschlag aus, welcher abfiltriert und in Salzsäure (1,19) gelöst wird. Man prüft die Lösung durch die Flammenfärbung auf Indium.

C. Analytische Untersuchungen bei der Gewinnung des Indiums in Zinkhütten

Das Indium reichert sich bei der Verhüttung der Zinkerze in verschiedenen Neben- und Zwischenprodukten an. Bei der Destillation des Zinks geht der größte Teil des Indiums in das Rohzink über und verbleibt bei der anschließenden Raffination nach dem New-Jersey-Verfahren im sog. Waschzink. Das Waschzink, welches die gesamten schwerflüchtigen Elemente, besonders Blei und Eisen, aus dem Rohzink enthält, wird geseigert, wobei das Waschblei anfällt, welches die Hauptmenge des Indiums enthält. In dem darüberstehenden, entbleiten Waschzink ist aber Indium ebenfalls noch in nennenswerter Menge vorhanden. Das Hartzink kommt für die Gewinnung des Indiums nicht in Frage. Das geseigerte Waschzink geht in den Prozeß zurück, während das Waschblei auf Indium verarbeitet wird. Bei der Oxydation des Waschbleies im Flammofen bildet sich eine indiumhaltige Bleiglätte, da das Indium nach bzw. zusammen mit dem Zink, aber vor dem Blei oxydiert wird. Diese indiumhaltige Bleiglätte unterwirft man einem Laugeprozeß.

Bei der Verarbeitung von Zinkerz und Flugstaub nach dem Laugeverfahren wird das gesamte Indium, welches in saurer Lösung als Sulfat oder Chlorid vorliegt, bei der Neutralisation zusammen mit dem Eisen und Arsen als Indium(III)-hydroxyd bzw. als Indiumarsenat ausgefällt und kann aus diesen Fällungen gewonnen werden.

I. Verfahren zur Abscheidung des Indiums aus Erzen und Zwischenprodukten

1. Nach H. Blumenthal

Grundlage. Die Probe wird mit Salz- und Salpetersäure zersetzt und die Lösung mit Schwefelsäure abgeraucht. Nach dem Abfiltrieren des Rückstandes neutralisiert man das schwefelsaure Filtrat mit Ammoniak, macht es dann schwach salpetersauer und fällt das Indium mit Mangannitrat und Kaliumpermanganat. Der Niederschlag wird in Salzsäure gelöst, aus der salzsauren Lösung werden die Metalle der Schwefelwasserstoffgruppe entfernt. Im Filtrat scheidet man durch Fällung mit Ammoniak die Hydroxyde des Eisens, Aluminiums und Indiums ab, löst sie mit Salzsäure, macht die Lösung nach Zusatz von Sulfosalicylsäure ameisensauer und fällt das Indium mit Schwefelwasserstoff.

Anwendungsbereich und Bedeutung. Das Verfahren dient zur Abtrennung geringer Mengen Indium von großen Mengen Zink.

Genauigkeit. 1.

Dauer. 12 Std.

Ausführung. 10 bis 50 g des Erzes schlämmt man in einem Erlenmeyer-Kolben mit einigen ml Wasser an, setzt 40 bis 150 ml Salzsäure (1,19) hinzu und erhitzt. Hierbei entweicht bereits der größte Teil des Sulfidschwefels als Schwefelwasserstoff. Dann versetzt man die Lösung mit insgesamt 50 ml Salpetersäure (1,40) in kleinen Anteilen und kocht sie so lange, bis die Stickoxydentwicklung aufgehört hat. Nach Zugeben von 20 bis 50 ml Schwefelsäure (1,84) dampft man bis zum starken Rauchen der Schwefelsäure ein, läßt erkalten und verdünnt mit 300 ml Wasser. Nach kurzem Aufkochen und Wiedererkaltenlassen wird die Lösung filtriert und der Rückstand mit schwach schwefelsaurem Wasser ausgewaschen.

Das Filtrat, welches das gesamte Indium enthält, wird so lange mit Ammoniak versetzt, bis eben ein Niederschlag entsteht, den man dann durch Zugabe einiger Tropfen Salpetersäure (1 + 1) eben wieder in Lösung bringt. Nun gibt man 10 ml Mangan(II)-nitratlösung (80 g/l) sowie 15 ml gesättigte Kaliumpermanganatlösung hinzu und kocht unter häufigem Durchschütteln auf. Die rote Farbe des Permanganats verschwindet rasch, und es scheidet sich ein braunschwarzer Niederschlag von Mangan(IV)-oxydhydrat ab, der sich beim Kochen zusammenballt, während die überstehende Flüssigkeit farblos wird. Nach Zugabe von weiteren 3 ml Kaliumpermanganatlösung und abermaligem Kochen filtriert man den Manganniederschlag ab und wäscht ihn mit heißem Wasser aus. In diesem Niederschlag befindet sich das gesamte Indium neben Wismut, Thallium und etwa vorhandenem Arsen, Antimon und Zinn. Man löst den Niederschlag vom Filter mit verd. Salzsäure (1 + 1) gibt 20 ml Salzsäure (1,19) und 0,5 g Natriumsulfit hinzu und dampft die Lösung, zur Trockne ein. Zur Verflüchtigung des Arsens, Antimons und Zinns setzt man 5 bis 10 ml Bromwasserstoffsäure und 1 ml Brom hinzu und dampft nochmals zur Trockne. Den Trockenrückstand löst man in 20 ml verdünnter Schwefelsäure (1 + 1) und verdünnt anschließend mit Wasser auf eine Säurekonzentration von 5 bis 10 Vol.-% freie Schwefelsäure, dann erwärmt man auf 80° und sättigt mit Schwefelwasserstoff bis zum Erkalten. Man filtriert die ausgefallenen Sulfide ab, verjagt im Filtrat den Schwefelwasserstoff durch Kochen, oxydiert mit einigen Tropfen Wasserstoffperoxydlösung und fällt Eisen, Aluminium und Indium mit einem kleinen Überschuß von Ammoniak unter weiterem Kochen, wobei Reste von Zink in Lösung bleiben. Die Hydroxyde werden abfiltriert und in heißer Salzsäure (1 + 2) gelöst. Die Lösung neutralisiert man eben mit Ammoniak, gibt 1 bis 3 g Sulfosalicylsäure hinzu und verdünnt sie auf 100 bis 200 ml. Nach Zugeben von 5 ml Ameisensäure je 100 ml Flüssigkeitsvolumen wird in die Lösung Schwefelwasserstoff eingeleitet, wobei das Indium als hellgelbes Sulfid ausfällt.

Es wird abfiltriert, mit Schwefelwasserstoffwasser ausgewaschen und in Salzsäure (1,19) gelöst.

Die Bestimmung des Indiums erfolgt, wie unter II. angegeben.

Fehlerquellen. Die mit Kaliumpermanganat zu fällende Lösung darf nur eben salpetersauer sein, sonst ist die Abscheidung des Indiums unvollständig.

Literatur. BLUMENTHAL, H.: Z. analyt. Chem. Bd. 74 (1929) S. 33—39.

2. Nach F. Ensslin

Grundlage. Aus der 5 bis 10 Vol.-% freie Schwefelsäure enthaltenden Lösung der Probe werden zunächst die Metalle der Schwefelwasserstoffgruppe durch Einleiten von Schwefelwasserstoff ausgefällt. Im Filtrat wird dann das Indium zusammen mit dem Eisen und Aluminium durch Ammoniak abgeschieden. Der Niederschlag wird in Salzsäure gelöst. Aus der ameisensauer gemachten Lösung fällt man das Indium schließlich in Gegenwart von Sulfosalicylsäure mit Schwefelwasserstoff.

Anwendungsbereich und Bedeutung. Das Verfahren dient zur Trennung des Indiums von den Begleitmetallen unmittelbar in der Aufschlußlösung der Probe.

Genauigkeit. 1.

Dauer. 10 Std.

Ausführung. Nach dem Zersetzen des Erzes mit Königswasser raucht man die Lösung zur Trockne ein. Zur Verflüchtigung des Arsens, Antimons und Zinns setzt man 5 bis 10 ml Bromwasserstoffsäure und 1 ml Brom hinzu und dampft nochmals zur Trockne. Den Trockenrückstand löst man in 20 ml verdünnter Schwefelsäure (1 + 1), verdünnt anschließend mit Wasser auf eine Säurekonzentration von 5 bis 10 Vol.-% freie Schwefelsäure und leitet, ohne zu filtrieren, Schwefelwasserstoff bis zur Sättigung ein, wobei die Elemente der Schwefelwasserstoffgruppe ausfallen. Sollte noch etwas Cadmium in Lösung geblieben sein, so ist das ohne Belang, da es im späteren Arbeitsgang mit dem Zink zusammen entfernt wird. Nach kurzem Absitzenlassen filtriert man den Niederschlag ab, wäscht ihn mit 5vol.-proz., mit Schwefelwasserstoff gesättigter Schwefelsäure aus, entfernt aus dem Filtrat den Schwefelwasserstoff durch Kochen, oxydiert mit Wasserstoffperoxyd und fällt Eisen, Aluminium und Indium mit Ammoniak aus. Sind größere Mengen Zink vorhanden, so wiederholt man die Fällung nach dem Lösen des Niederschlages und nach Zusatz von etwas Ammoniumsulfat. Dann bringt man die Hydroxyde wieder mit Salzsäure in Lösung, setzt je nach der vorhandenen Menge von Eisen und Aluminium 1 bis 5 g Sulfosalicylsäure hinzu und neutralisiert mit Ammoniak. Die neutralisierte Lösung versetzt man mit Ameisensäure (5 ml auf je 100 ml Flüssigkeitsvolumen) und leitet Schwefelwasserstoff bis zur Sättigung ein. Dabei fällt das Indium als hellgelbes In_2S_3 aus, während Eisen und Aluminium in Lösung bleiben. Bei Anwesenheit großer Mengen von Eisen ist der Indiumniederschlag nicht hellgelb, sondern dunkel gefärbt. Es ist dann eine nochmalige Schwefelwasserstofftrennung unter Zusatz von Sulfosalicylsäure vorzunehmen.

Nach dem Auswaschen mit Schwefelwasserstoffwasser löst man den reinen Sulfidniederschlag in warmer, verdünnter Salpetersäure und raucht die Lösung mit Schwefelsäure ab. Darauf nimmt man mit Wasser auf, filtriert die Lösung gegebenenfalls und bestimmt das Indium nach einer der weiter unten beschriebenen Methoden.

Fehlerquellen. Die Säurekonzentration von 5 bis 10 Vol.-% freier Schwefelsäure beim Fällen der Schwermetalle mit Schwefelwasserstoff ist unbedingt einzuhalten, da sonst ein Teil oder das gesamte Indium mit niedergeschlagen werden würde.

Literatur. ENSSLIN, F.: Metall u. Erz Bd. 38 (1941) S. 306/07.

II. Bestimmungsmethoden

1. Die Bestimmung als Oxyd

Grundlage. Das Indium fällt aus seinen Lösungen durch Zugabe von Ammoniak in geringem Überschuß als weißer, voluminöser Niederschlag von Indium(III)-hydroxyd aus, der durch Glühen zu Indium(III)-oxyd umgewandelt wird.

Anwendungsbereich und Bedeutung. Die Methode ist der schnellste Weg, um das Indium zur Auswaage zu bringen. Anwendung der Bestimmung als Oxyd bei Indiummengen über 50 mg.

Genauigkeit. 1.

Dauer. 1 Std.

Ausführung. Die Indiumsalzlösung wird auf 100 bis 150 ml verdünnt und mit einem geringen Überschuß von Ammoniak versetzt, wobei Indiumhydroxyd ausfällt. Die Lösung wird 10 bis 15 min gekocht. Hierbei geht das voluminöse Hydroxyd in eine körnige, wasserärmere Modifikation über, welche sich gut abfiltrieren läßt. Außerdem wird dadurch eine quantitative Abscheidung des Indiums gewährleistet. Nach dem Abfiltrieren auf einen Porzellanfiltertiegel wäscht man den Niederschlag mehrmals mit heißem Wasser aus, trocknet und glüht bei 800 bis 1000°. Die Auswaage ist In_2O_3, der Umrechnungsfaktor auf Indium 0,8271.

Fehlerquellen. Da das Indiumhydroxyd, ähnlich dem Aluminiumhydroxyd, zur Adsorption gelöster Salze neigt, sind Salze der Alkalimetalle aus der zu fällenden Lösung fernzuhalten.

Literatur. Moser, L., u. F. Siegmann: Mh. Bd. 55 (1930) S. 16.

2. Die Bestimmung als Phosphat

Grundlage. Indium bildet in schwach saurer Lösung mit Ammoniumhydrogenphosphat einen weißen, voluminösen Niederschlag von Indiumorthophosphat ($InPO_4$).

Anwendungsbereich und Bedeutung. Anwendung der Bestimmung als Phosphat bei Indiummengen über 25 mg.

Genauigkeit. 2.

Dauer. 4 Std.

Ausführung. Die mineralsaure Indiumlösung stumpft man durch Zugabe von Ammoniak ab, bis eben ein Niederschlag entsteht, den man mit einigen Tropfen Salzsäure wieder in Lösung bringt. Dann gibt man 1 bis 2 g Ammoniumacetat und für je 100 ml Flüssigkeit 5 ml Essigsäure (1 + 1) hinzu. Aus der so vorbereiteten Lösung wird das Indium in der Hitze durch Zugabe von 15 ml Diammoniumhydrogenphosphatlösung (100 g/l) ausgefällt. Man kocht 15 min, läßt den weißen Phosphatniederschlag absitzen, filtriert sofort ab und wäscht mit heißem, 0,5% Ammoniumacetat enthaltendem Wasser aus. Da das Abfiltrieren sehr langsam vor sich geht, dekantiert man zweckmäßig erst möglichst weitgehend und bringt den Niederschlag zum Schluß auf das Filter.

Die zur Auswaage kommende Indiumphosphatmenge soll nicht mehr als 0,1 g betragen. Der Niederschlag wird 1 Std. bei 1100° geglüht. Man wägt Indiumphosphat ($InPO_4$); der Umrechnungsfaktor auf In ist 0,5473.

Literatur. Ensslin, F.: Metall u. Erz Bd. 38 (1941) S. 306.

3. Die Bestimmung als Oxychinolat

Grundlage. Indium bildet in essigsaurer Lösung mit Oxychinolin einen Niederschlag von Indium(III)-oxychinolat [$In(C_9H_6ON)_3$].

Anwendungsbereich und Bedeutung. Anwendung der Bestimmung als Oxychinolat bei Indiummengen über 10 mg.

Genauigkeit. 1.

Dauer. 5 bis 6 Std.

Ausführung. Die saure Indiumlösung neutralisiert man durch Zugabe von Sodalösung, versetzt sie mit 2 g Natriumacetat und 1 ml Eisessig und verdünnt mit Wasser auf etwa 200 ml. Bei kleineren Indiummengen als 20 bis 100 mg kann man auch mit einem geringeren Fällungsvolumen arbeiten. Die Lösung wird nun unter Umrühren und tropfenweise bei 70 bis 80° mit einer 5proz. alkoholischen Oxychinolinlösung in geringem Überschuß versetzt, wobei das Indiumoxychinolat ausfällt. Nachdem die Fällung während des Erkaltens mehrmals tüchtig umgerührt wurde und mindestens 2 bis 3 Std. gestanden hat, filtriert man sie auf einen Glasfiltertiegel ab. Um die Hauptmenge des überschüssigen Fällungsmittels aus dem Niederschlag zu entfernen, spült man ihn mit wenig heißem Wasser in den Tiegel über und wäscht mit *kaltem* Wasser oxychinolinfrei, d. h. so lange, bis das Waschwasser nicht mehr gelb gefärbt abläuft. Je nach der Niederschlagsmenge sind hierzu 25 bis 75 ml kaltes Wasser erforderlich. (Das Indiumoxychinolat ist in kaltem Wasser unlöslich, merklich löslich in heißem Wasser und leicht löslich in Alkohol; die alkoholische Lösung kann im Vakuum ohne Zersetzung destilliert werden.)

Der Filtertiegel wird 1 bis $1^1/_2$ Std. bei 120° getrocknet. Der Umrechnungsfaktor von Indiumoxychinolat auf Indium ist 0,2099.

Fehlerquellen. Das Indiumoxychinolat darf nicht zu Indiumoxyd geglüht werden, da es beim Verbrennen flüchtig ist.

Literatur. GEILMANN, W., u. F. W. WRIGGE: Z. allg. anorg. Chem. Bd. 202 (1932) S. 129/30.

4. Die polarographische Bestimmung

Das Abscheidungspotential des Indiums in salzsaurer, traubenzuckerhaltiger Lösung eignet sich zur polarographischen Bestimmung des Indiums auch neben Zink.

Genauigkeit. 1.

Dauer. 30 min.

Die neutralisierte Lösung wird je nach der vorhandenen Indiummenge in einen Meßkolben von 200 bis 1000 ml gebracht und zur Marke aufgefüllt. Von dieser Lösung entnimmt man 5 ml, versetzt sie mit 5 ml einer Grundlösung, die im Liter 330 ml Salzsäure (1,19) und 30 g Traubenzucker enthält, und polarographiert zwischen −0,4 und −0,8 V.

Da das Indium neben Zink, 2wertigem Eisen und Aluminium unmittelbar polarographisch bestimmt werden kann, läßt sich die nach C. I. 2., S. 323, erhaltene, von den Elementen der Schwefelwasserstoffgruppe befreite, schwefelsaure Lösung nach dem Verjagen des Schwefelwasserstoffs und Auffüllen im Meßkolben zur polarographischen Bestimmung des Indiums verwenden. In Gegenwart von 3wertigem Eisen wird dieses durch einige Körnchen Natriumsulfit reduziert. Man entnimmt dem Kolben 5 ml und polarographiert, wie vorstehend angegeben. Noch besser wird mit Hydroxylaminhydrochlorid in schwach saurer, kochend heißer Lösung reduziert.

Genauigkeit. 2.

Dauer. 2 Std.

Fehlerquellen. Bei Anwesenheit von Cadmium muß dieses vorher vom Indium getrennt werden (s. S. 323).

Literatur. TAGAKI, E. J.: Mem. Soc. (1928) S. 305. — ENSSLIN, F.: Metall u. Erz Bd. 38 1941) S. 308.

III. Die Untersuchung indiumhaltiger Zwischenerzeugnisse

1. Waschzink

Die Bestimmung des Indiums

ist in dem entsprechenden Abschnitt im Kapitel Zink beschrieben.

2. Waschblei

Die Bestimmung von Indium und Zink in einer Lösung

a) Polarographisch

1 g der Probe versetzt man in einem 100 ml-Becherglas mit 7 ml Schwefelsäure (1,84) und erhitzt so lange, bis die Probe vollständig zersetzt ist. Nach dem Erkalten nimmt man mit 50 ml Wasser auf, kocht auf und bringt die Lösung in einen 100 ml-Meßkolben. Sie wird mit Wasser zur Marke aufgefüllt. Dann pipettiert man 50 ml ab, setzt einige Tropfen 3proz. Wasserstoffperoxydlösung hinzu und fällt das Indium zusammen mit etwa vorhandenem Eisen mit Ammoniak in geringem Überschuß, kocht und filtriert. Den Indiumniederschlag löst man in verdünnter warmer Salzsäure (1 + 2) und füllt die Lösung je nach der Menge des vorhandenen Indiums in einem Meßkolben auf. Davon pipettiert man 5 ml ab, versetzt die Abmessung mit 5 ml einer Grundlösung, die im Liter 330 ml Salzsäure (1,19) und 30 g Traubenzucker enthält, und polarographiert das *Indium* zwischen —0,4 und —0,8 V.

Die Bestimmung des *Zinks* kann aus der gleichen Aufschlußlösung erfolgen. Man entnimmt dem 100 ml-Meßkolben 5 ml und versetzt diese mit genau 5 ml einer Grundlösung, welche aus 1800 ml Ammoniak (0,91) und 200 ml einer 2proz. Tyloselösung, mit Natriumsulfit gesättigt, besteht und polarographiert das Zink bei —1,0 bis —1,4 V, oder es wird nach der unter „5. Zinklaugen" angegebenen polarographischen Methode (S. 328) gearbeitet.

b) Gewichtsanalytisch

1 bis 5 g der Probe werden durch Erhitzen mit 10 bis 25 ml Schwefelsäure (1,84) zersetzt. Nach dem Abkühlen nimmt man mit 100 ml Wasser auf, kocht kurz auf und filtriert nach dem Erkalten vom ausgeschiedenen Bleisulfat ab. Die Lösung, welche neben dem Indium und Zink noch geringe Mengen Kupfer und gegebenenfalls Arsen und Antimon enthält, wird mit Ammoniak versetzt, bis das ausgeschiedene Zinkhydroxyd wieder gelöst ist. Man kocht die Lösung 10 min; anschließend wird der Niederschlag abfiltriert, mit ammoniakhaltigem Wasser ausgewaschen, mit Salzsäure in das Fällungsgefäß zurückgelöst und die Lösung zur Trockne eingedampft. Zur Verflüchtigung des Arsens, Antimons und Zinns setzt man 5 bis 10 ml Bromwasserstoffsäure (1,488) und 1 ml Brom hinzu und dampft nochmals zur Trockne. Den Trockenrückstand löst man in 20 ml verdünnter Schwefelsäure (1 + 1), verdünnt anschließend mit Wasser auf eine Säurekonzentration von 5 bis 10 Vol.-% freie Schwefelsäure und leitet Schwefelwasserstoff ein. Dann werden die Sulfide abfiltriert. Im Filtrat verkocht man den Schwefelwasserstoff und fällt das Indium durch einen geringen Überschuß an Ammoniak unter Zusatz von 1 g Ammoniumsulfat aus. Nach 10 bis 15 min Kochen wird das Indium(III)-hydroxyd abfiltriert und mit möglichst wenig warmer Schwefelsäure (1 + 3) gelöst. Dann wiederholt man unter Zusatz von 1 g Ammoniumsulfat die Fällung mit Ammoniak, filtriert den Niederschlag auf einen Porzellanfiltertiegel ab, glüht ihn bei 800 bis 1000° und wägt ihn als *Indium(III)-oxyd* aus. Bei Anwesenheit von Eisen und Aluminium muß eine Trennung mit Schwefelwasserstoff in ameisensaurer Lösung in Gegenwart von Sulfosalicylsäure (s. S. 323) durchgeführt werden.

In den vereinigten Filtraten bestimmt man das *Zink* nach einem der im Kapitel Zink angegebenen Verfahren.

3. Bleiglätte

Die Bestimmung des Indiums und Zinks

Die Bestimmungen erfolgen nach dem bei Waschblei angegebenen Verfahren; nur muß bei der maßanalytischen Methode eine Trennung des Indiums vom Eisen durch Schwefelwasserstoffällung in ameisensaurer Lösung unter Zusatz von Sulfosalicylsäure eingeschaltet werden, wie sie aus der Vorschrift C, I, 2., S. 323, ersichtlich ist.

4. Eisenhydroxydniederschläge

Der bei der Reinigung der Zinklaugen anfallende Eisenhydroxydniederschlag enthält neben erheblichen Mengen Zink auch das beim Laugen in Lösung gegangene Indium, Arsen, Antimon und Zinn.

Die Bestimmung des Indiums

Grundlage. Die Probe wird in Bromwasserstoffsäure unter Zusatz von etwas Brom gelöst und die Lösung 2mal fast zur Trockne gedampft, wobei sich das Arsen, Antimon und Zinn verflüchtigt. Der Rückstand wird mit Salzsäure aufgenommen und die Hauptmenge des Zinks durch Fällen des Eisens und Indiums mit Ammoniak entfernt. Anschließend trennt man das Indium von seinen Begleitern durch eine Fällung mit Schwefelwasserstoff in ameisensaurer Lösung nach Zusatz von Sulfosalicylsäure. Die Bestimmung des Indiums erfolgt dann entweder polarographisch oder gewichtsanalytisch.

Anwendungsbereich und Bedeutung. Das Verfahren dient zur Bestimmung des Indiums in Niederschlägen der Laugenreinigung.

Genauigkeit. 1.

Dauer. 6 bis 9 Std.

Ausführung. Je nach der Menge des vorhandenen Indiums löst man 1 bis 5 g der Probe in einer Porzellanschale in 10 bis 25 ml Bromwasserstoffsäure (1,488) + 1 ml Brom und dampft die Lösung auf dem Sandbad fast zur Trockne. Den Rückstand nimmt man mit 20 ml Bromwasserstoffsäure (1,488) und etwas Brom auf und wiederholt das Abdampfen. Dann wird der so vom Arsen befreite Abdampfrückstand mit 5 bis 20 ml verdünnter Salzsäure (1 + 1) und 80 ml Wasser aufgenommen, vom Ungelösten abfiltriert und das Filtrat mit 1 bis 2 g Ammoniumchlorid versetzt. Danach fällt man das Eisen, Aluminium und Indium durch einen kleinen Überschuß an Ammoniak aus und kocht, bis sich der Niederschlag zusammengeballt hat. Die abfiltrierten Oxydate wäscht man 2mal mit 1proz. Ammoniak und anschließend mit heißem Wasser aus. Darauf löst man sie in möglichst wenig warmer Salzsäure (1 + 1) und neutralisiert die Lösung mit Ammoniak (das Volumen soll etwa 200 ml betragen). Nach Zusatz von 10 ml Ameisensäure und 5 g Sulfosalicylsäure wird die Lösung mit Schwefelwasserstoff gesättigt, wobei das Indium als Sulfid ausfällt. Ist der Niederschlag nicht reingelb, so enthält er noch etwas Eisen. Die Fällung muß dann in Gegenwart von 1 g Sulfosalicylsäure aus ameisensaurer Lösung wiederholt werden.

Das Indiumsulfid löst man mit Salzsäure (1,19). Die Lösung enthält häufig noch eine geringe Menge Zink. Man kann nach Entfernung des Schwefelwasserstoffs dann das Indium ohne Rücksicht auf das Zink polarographisch bestimmen (s. S. 325).

Soll das Indium als Oxyd ausgewogen werden, so löst man den Sulfidniederschlag in Salpetersäure, raucht mit Schwefelsäure ab, fällt im Filtrat vom Bleisulfat das Indium mit Ammoniak in geringem Überschuß und verglüht zu Indiumoxyd.

Fehlerquellen. Beim Eindampfen darf die Temperatur von 150° nicht überschritten werden, da sonst Indiumverluste auftreten können.

Bemerkung. *Indiumarsenatfällungen* werden gleichfalls nach obiger Vorschrift analysiert.

Literatur. Vorschriften eines Hüttenbetriebes.

5. Zinklaugen

Die Bestimmung des Indiums neben Cadmium und Zink

a) Polarographisch

10 bis 50 ml (je nach der Konzentration) werden mit einigen Tropfen 3proz. Wasserstoffperoxydlösung versetzt und aufgekocht. Dann gibt man 2 bis 3 g Ammoniumsulfat hinzu, fällt das Indium mit Ammoniak in geringem Überschuß, kocht und filtriert. Das Filtrat füllt man in einem Meßkolben zur Marke auf, entnimmt 5 ml und polarographiert nach Zusatz von 5 ml einer Grundlösung, bestehend aus 1800 ml Ammoniak (0,91) und 200 ml einer 2proz. Tyloselösung, welche mit Natriumsulfit gesättigt ist. Der Cadmiumsprung erfolgt bei —0,4 bis —0,8 V, der Zinksprung bei —1,0 bis —1,4 V.

Den Indiumniederschlag löst man in verdünnter warmer Salzsäure (1 + 2) und füllt die Lösung je nach der Menge des vorhandenen Indiums im Meßkolben zu 100 bis 1000 ml auf. Nach Entnahme von 5 ml wird das Indium nach der Vorschrift bei Waschblei, S. 326, polarographisch bestimmt.

Genauigkeit. 2.

Dauer. $1^1/_2$ Std.

b) Gewichtsanalytisch

Je nach der Konzentration der Laugen verdünnt man 1 bis 10 ml mit Wasser auf 100 ml, gibt 10 ml Schwefelsäure (1,84) hinzu und leitet in die Lösung bei 70 bis 80° Schwefelwasserstoff bis zu ihrem Erkalten ein. Der ausgefallene Sulfidniederschlag wird abfiltriert, mit Schwefelwasserstoffwasser ausgewaschen und das *Cadmium*, nötigenfalls nach Trennung von den übrigen Metallen der Schwefelwasserstoffgruppe, gemäß den Vorschriften im Kapitel Cadmium, S. 233/34, elektrolytisch bestimmt.

Das Filtrat der Schwefelwasserstoffällung kocht man zur Entfernung des Schwefelwasserstoffs, oxydiert es durch Zugabe von 2 ml 3proz. Wasserstoffperoxydlösung, versetzt mit 5 g Ammoniumsulfat, macht schwach ammoniakalisch, kocht etwa 10 min auf, gibt noch 5 ml Ammoniak hinzu, um das Zink in Lösung zu halten, und filtriert den Niederschlag ab. Die Fällung wird in Gegenwart von viel Zink wiederholt. Der Niederschlag wird in Salzsäure gelöst, die Lösung mit Ammoniak neutralisiert und das Eisen vom Indium nach Zusatz von Sulfosalicylsäure und Ameisensäure durch Schwefelwasserstoffällung getrennt. Die Bestimmung des *Indiums* erfolgt dann nach einer der unter C. II., S. 324/25, beschriebenen Methoden.

Das ammoniakalische Filtrat von der Hydroxydabscheidung füllt man in einem Meßkolben auf und entnimmt einen 0,1 bis 0,15 g Zink enthaltenden Anteil. In dieser Abmessung kann man das *Zink* entweder gewichtsanalytisch oder maßanalytisch nach den im Kapitel Zink, C. I., 1. u. 2., angegebenen Methoden bestimmen.

Genauigkeit. 2.

Dauer. 6 Std.

IV. Die Untersuchung des Indiummetalls

Das Indiummetall hat eine Reinheit von 99,7 bis 99,999%. Es kann aus dem Rohindium durch Raffination auf elektrolytischem oder chemischem Wege gewonnen werden. Als Verunreinigungen treten auf: Blei, Kupfer, Cadmium, Antimon, Zinn, Thallium, Zink und Eisen.

1. Die polarographische Bestimmung von Blei, Cadmium, Kupfer und Zink

a) Die Bestimmung von Blei

Grundlage. Indiumbromid wird mit Äther aus einer bromwasserstoffsauren Lösung extrahiert, während das Blei in der Bromwasserstoffsäureschicht verbleibt.

Ausführung. 1 g Indium wird in 10 ml Salpetersäure (1,40) gelöst und die Lösung anschließend zur Trockne gedampft. Den Trockenrückstand übergießt man mit 10 ml Bromwasserstoffsäure und raucht abermals zur Trockne, löst die Bromide in 10 ml 4,5 n-Bromwasserstoffsäure und spült diese Lösung mit weiteren 10 ml 4,5 n-Bromwasserstoffsäure in einen 100 ml Scheidetrichter über. Man extrahiert jetzt das Indium 2mal mit je 30 ml Diäthyläther durch 2 min langes Schütteln.

Das gesamte Blei befindet sich in der Bromwasserstoffsäureschicht, da Bleibromid in Äther nicht löslich ist. Die Bromwasserstoffsäure mit dem Bleibromid wird auf dem Sandbad zur Trockne gedampft; dann wird das Blei polarographisch wie bekannt bestimmt.

Eine Blindprobe muß ausgeführt werden.

Literatur. Wada, J., u. R. Ishii: Sci. Pap. Inst. Tokyo Bd. 34 (1937/38) S. 787 — Handbuch der analytischen Chemie, 3. Teil, Gallium, Indium, Thallium, S. 73 u. 74 (1956).

Bemerkung. In der angegebenen Literatur ist nur die Trennung des Indiums vom Zink durch Extraktion des Indiumbromids mit Äther beschrieben. Versuche in einem Werkslaboratorium ergaben, daß auch die Trennung des Indiums von kleinen Bleimengen z. B. im Indiummetall gelingt, wenn die Extraktion in 4,5n-Bromwasserstoffsäure vorgenommen wird.

b) Zink- und Cadmiumbestimmung

Grundlage. Indiumbromid wird mit Äther aus einer bromwasserstoffsauren Lösung extrahiert, während Zink und Cadmium in der Bromwasserstoffsäureschicht verbleiben.

Ausführung. 1 g Indium, oder bei geringem Verunreinigungsgrad entsprechend mehr, wird mit Bromwasserstoffsäure in Lösung gebracht und diese zur Trockne eingedampft. Der Trockenrückstand wird mit etwa 50 ml einer 4,5 n-Bromwasserstoffsäure aufgenommen und in Lösung gebracht. Man spült nun mit 4,5 n Bromwasserstoffsäure in einen 250 ml-Scheidetrichter über und extrahiert das gesamte Indium 4mal mit je 30 ml Diäthyläther. Die wäßrige Phase wird zur Trockne eingedampft und polarographisch auf Zink und Cadmium untersucht.

Literatur. Wie unter a) angegeben.

c) Kupferbestimmung

Grundlage. Kupfer im Indiummetall läßt sich mit Natriumdiäthyldithiocarbaminat photometrisch ohne Schwierigkeiten bestimmen, wenn man in der folgend geschilderten Art verfährt.

Ausführung. 1 g des Metalls wird in 10 ml Salpetersäure (1 + 1) gelöst. Nach dem Verkochen der Stickoxyde verdünnt man die Lösung mit etwa 10 ml Wasser, gibt etwa 1 g Harnstoff hinzu und kocht nochmals auf. Die erkaltete Lösung spült man in einen 250 ml-Scheidetrichter, gibt 30 ml Zitronensäure (200 g/l) hinzu und macht gegen Lackmus schwach ammoniakalisch. Dann setzt man 5 ml Natrium-diäthyldithiocarbaminatlösung (0,1 g/100 ml) hinzu und schüttelt den Kupferkomplex stufenweise mit je 2 bis 3 ml Kohlenstofftetrachlorid aus. Nach dem Auffüllen mit Kohlenstofftetrachlorid auf 10 ml und Filtrieren durch ein trockenes Filter kann die Extinktion photometrisch gemessen werden. Eine Leerprobe von sämtlichen Reagenzien muß in Abzug gebracht werden.

Literatur. CALLAN, TH., u. I. A. R. HENDERSON: Analyst Bd. 54 (1929) S. 650 — Chem. Zbl. II (1930) S. 2923. — ENSSLIN, F.: Metall u. Erz Bd. 38 (1941) S. 77—79.

2. Die Bestimmung des Eisens

Grundlage. Eisen(III)-chlorid wird durch Extraktion mit Äther von Indium getrennt. Die anschließende photometrische Bestimmung erfolgt mit Kalium-thiocyanat.

Anwendungsbereich und Bedeutung. Die Methode gestattet die Bestimmung kleinster Eisenmengen im Indium. Der günstigste Erfassungsbereich liegt bei Eisengehalten von 0,001 bis 0,1%.

Ausführung. 1 g Indium oder bei geringem Verunreinigungsgrad entsprechend mehr (die zu photometrierende Eisenmenge soll zwischen 50 und 500 μg liegen) wird in etwa 10 ml Salzsäure (1,19) gelöst, die Lösung mit ungefähr 0,3 g Kalium-chlorat oxydiert und anschließend einige min im Kochen gehalten. Die Lösung wird nun in einen Scheidetrichter überführt und mit etwa 25 ml 6n-Salzsäure nachgespült. Man extrahiert jetzt durch dreimaliges Schütteln (1 min) mit je 30 ml Diäthyläther das gesamte Eisen. Die von der wäßrigen Phase sorgfältig getrennten Ätherextrakte werden vereint und zur Trockne eingedampft (Wasserbad). Der Eindampfrückstand wird mit 10 ml Salzsäure (1 + 1) in Lösung gebracht, mit Wasser auf 100 ml verdünnt und mit 20 ml Kaliumthiocyanatlösung (200 g/l) versetzt. Die entstehende Rotfärbung der Lösung mißt man im Photometer unter Verwendung von 20 mm-Küvetten und des Filters Hg 546 mμ gegen eine Blindprobe.

Bemerkung. Außer der Veränderung der Einwaage läßt sich das Volumen beim Photometrieren je nach Bedarf konzentrieren oder verdünnen. Man kann auf diese Weise noch Eisengehalte um 0,0001% bestimmen. Gerade bei diesen Gehalten ist aber der Blindprobe besondere Beachtung zu widmen.

Literatur. ROTHE: A. CLASSEN: Ausgewählte Methoden der analyt. Chem. Bd. I., S. 495., Braunschweig 1901. — Mitteilung eines Werklaboratoriums.

3. Die Bestimmung des Thalliums

Grundlage. Thallium(III)-chlorid läßt sich mit Äther quantitativ aus einer 6 n-Salzsäure extrahieren.

Ausführung. Je nach dem Verunreinigungsgrad werden 1 g Indium oder entsprechend mehr in Salzsäure gelöst und mit etwa 0,3 g Kaliumchlorat oxydiert. Die Lösung wird nun mit 6 n-Salzsäure in einen 250 ml-Scheidetrichter übergespült und 3mal mit je 30 ml Diäthyläther etwa 30 sek lang geschüttelt. Die von der wäßrigen Phase sorgfältig getrennten Ätherextrakte werden vereint und zur Trockne eingedampft (Wasserbad). Der Eindampfrückstand wird dann polarographisch auf Thallium untersucht (s. Kapitel Thallium, S. 792).

Literatur. WADA, J., u. R. ISHII: Sci. Pap. Inst. physic. chem. Res. [Tokyo] Bd. 24 (1934) S. 135; Bd. 34 (1937/38) S. 787. — Mitteilung eines Werklaboratoriums.

4. Die Bestimmung des Zinns

Grundlage. Man benutzt Diäthylammoniumdiäthyldithiocarbaminat (I) zur Abtrennung des Zinns vom Indium. Aus saurer Lösung (1 bis 10 n) extrahiert Diäthylammoniumdiäthyldithiocarbaminat in Chloroform quantitativ Arsen(III), Antimon(III) und Zinn(II).

Ausführung. Man löst 1 g Indium in 20 ml Salzsäure (1 + 1) unter Zusatz von 1 ml Wasserstoffperoxyd (30proz.). Anschließend wird die Lösung mit 20 ml Wasser versetzt; die letzten Reste von Wasserstoffperoxyd werden mit 1 ml Bromwasser zerstört. Das überschüssige Brom wird durch Kochen wieder entfernt. Zur Reduktion des Zinns versetzt man die Lösung mit 2 ml Thioglykolsäure (1 + 7) und nach 15 min mit 1 ml einer Lösung von 15 g Kaliumjodid und 2,5 g Ascorbinsäure in 100 ml Wasser.

Nach dem Überspülen in einen 100 ml-Scheidetrichter wird das Zinn(II) mit 10 ml einer Lösung I (s. unten) durch Schütteln (40 sek) extrahiert. Dann schüttelt man mit 5 ml reinem Chloroform 30 sek lang nach. Dieser Extraktionsvorgang von Zinn(II) wird noch einmal wiederholt. Die vereinigten Chloroformextrakte werden mit 5 ml Wasser versetzt und das Chloroform verkocht. Der Rückstand wird nach Zusatz von 10 ml Salpetersäure (1,40) und 10 ml Schwefelsäure (3 + 7) gelöst und bis gerade zum Auftreten von SO_3-Nebeln eingeraucht. Nach Zusatz von 5 ml Wasser wird noch einmal bis zum Auftreten von SO_3-Nebeln erhitzt. Nach dem Abkühlen der Lösung nimmt man mit 30 ml Wasser auf und versetzt mit 10 ml einer Lösung von Nitrophenolarsonsäure [1 g Nitrophenolarsonsäure ($C_6H_6AsNO_6$) in 15 ml Methanol lösen, mit 35 ml Wasser verdünnen und filtrieren]. Nach 2 Std. kann das Zinn nephelometrisch bestimmt werden, d. h., die Trübung in 40 mm-Küvetten mit dem Filter 436 mμ im Photometer gemessen werden. Unter denselben Bedingungen wird die Eichkurve erstellt (s. S. 333).

Bemerkung. Die Reaktion mit Nitrophenolarsonsäure ist weitgehend selektiv. Silber, Arsen, Wismut, Kupfer, Cadmium, Molybdän, Zink, Nickel, Kobalt, Mangan, Aluminium, Chrom, Eisen(III), Uran, Cer(III), Magnesium, Kalium, Ammonium, Blei, Quecksilber stören laut Literaturangaben nicht. Nach Versuchen eines Werkes geben Thallium, Antimon in kleineren Mengen und Germanium ebenfalls keine Reaktion. Titan und Zirkonium reagieren mit Nitrophenolarsonsäure. Beide Elemente lassen sich aber nicht mit Diäthylammoniumdiäthyldithiocarbaminat(I) unter obigen Bedingungen ausschütteln.

Lösung I. 1proz. Diäthylammoniumdiäthyldithiocarbaminat in Chloroform.

Literatur. WYATT, P. F.: Analyst (London) Bd. 80 (1955) S. 368—379 — Imp. Chem. Ind. Ltd., Manchester. — STRAFFORD, N., P. F. WYATT u. F. G. KERSHAW: Analyst (London) Bd. 70 (1945) S. 232 — Z. analyt. Chem. Bd. 150 (1956) S. 304/05.

5. Bestimmung des Zinns und Antimons

Grundlage. Zinn und Antimon werden aus einer salzsauren Eisen(III)-chloridlösung mit Salzsäure überdestilliert, das Destillat wird unter Vermeidung von Verlusten mit Schwefelsäure abgeraucht.

Ein aliquoter Anteil des Destillates wird zur Bestimmung des Antimons mit einer Lösung, bestehend aus Kaliumjodid und Ascorbinsäure, versetzt und die sich bildende Gelbfärbung (Jodoantimonit) im Photometer gemessen.

Ein anderer aliquoter Anteil des Destillates wird zur Bestimmung des Zinns mit einer Lösung von Nitrophenolarsonsäure versetzt und die Extinktion der ent stehenden Trübung gemessen.

Ausführung der Destillation. Man bringt 25 g Indium in einen 250 ml-Destillierkolben (s. Abb. 19) und löst durch tropfenweise Zugabe einer Mischung von 30 ml salzsaurer Eisen(III)-chlorid-Lösung (100 g $FeCl_3$ auf 1 l HCl) und 50 ml Bromsalzsäure. Dabei werden Säure und Bromdämpfe mit einer Wasserstrahlpumpe schwach abgesaugt. Die Tropfgeschwindigkeit ist so zu regeln, daß beim Lösen nicht zuviel freies Brom übergeht. Etwas freies Brom im Dampfraum ist insofern erwünscht, als dieses den sich bildenden Antimonwasserstoff oxydiert.

Wenn nach etwa 10 bis 15 min die Säure vollständig zugetropft ist, erhitzt man den Destillierkolben zunächst mit einer schwachen Flamme, um den Metallschwamm zu lösen. Sollte dabei die braunrote Eisenfarbe verschwinden, so oxydiert man mit einigen Tropfen 3proz. Wasserstoffperoxyd, dabei ist aber möglichst zu vermeiden, daß durch einen Überschuß von Wasserstoffperoxyd die in der Lösung befindlichen Bromionen zu freiem Brom oxydiert werden. Ist die Probe restlos gelöst, dann füllt man den Zugabetrichter mit 30 ml salzsaurer Eisen(III)-chlorid-Lösung und 70 ml Salzsäure (1,19) und beginnt damit einen schwachen Kohlendioxyd-Strom durch die Lösung zu leiten.

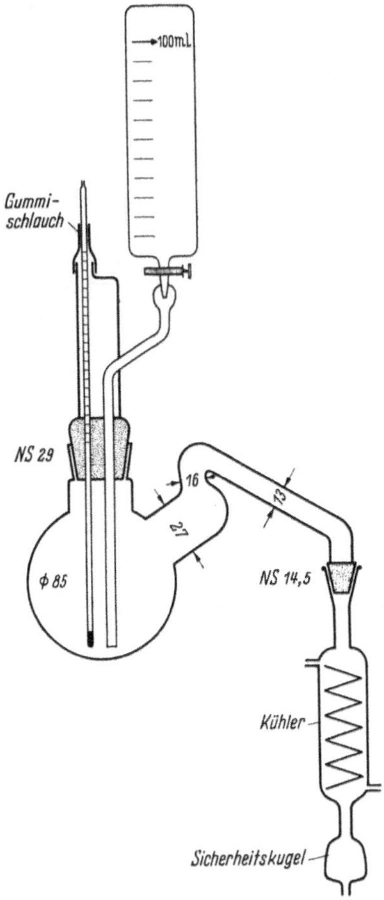

Abb. 19. Zinn-Destillationsapparatur.

Jetzt erhitzt man mit starker Flamme und läßt, wenn die Temperatur in der Lösung auf 180° angestiegen ist, die Eisensalzsäuremischung langsam zutropfen. Dabei ist darauf zu achten, daß sich die Temperatur in den Grenzen zwischen 180 bis 190° hält.

Sind 80 ml der Salzsäuremischung zugetropft, so entfernt man die Heizflamme und läßt die restlichen 20 ml Eisensalzsäure etwas schneller zufließen.

Vorbereitung des Destillates. Das bei der Destillation angefallene Destillat wird im 400 ml-Becherglas vorsichtig bis auf etwa 50 ml eingedampft, mit 8 ml einer 10 n-Schwefelsäure und 3 ml Perhydrol (30 Gew.-%) p. a. (p. a.-Ware ist wichtig, da anderes Perhydrol häufig mit Zinn verunreinigt ist) versetzt und das gegebenenfalls frei werdende Brom kurz verkocht. Die Zugabe von Perhydrol wird so oft wiederholt, bis kein freies Brom mehr auftritt. Dann kann die Lösung (ohne Zinnverluste) bis zum beginnenden Rauchen der Schwefelsäure eingedampft werden. Die Lösung wird nun mit etwa 10 ml Wasser aufgenommen und in einen 25 ml-Meßkolben übergespült. Nach dem Auffüllen des Kolbens bis zur Marke und gutem Durchmischen der Lösung werden von derselben aliquote Anteile (5 ml) abgenommen und für die jetzt folgende Endbestimmung von Antimon bzw. Zinn verwendet.

Antimonbestimmung nach der Jodoantimonitmethode
(Bereich 50 bis 250 μg Antimon)

Ausführung. Vom vorbereiteten Destillat werden 5 ml in einen 25 ml-Meßkolben gegeben. Zu dieser Abmessung setzt man 7 ml 10n-Schwefelsäure zu und kühlt. Nach Zufügen von 10 ml der Kaliumjodidascorbinsäurereagenzlösung füllt man den Kolben mit Wasser bis zur Marke auf und schüttelt tüchtig. Nachdem die Lösung 5 min stehengeblieben ist, wird die Farbintensität in einem geeigneten Photometer in 40 mm-Küvetten und bei Benutzung des Filters Hg 436 mμ gemessen. Verglichen wird gegen eine Blindprobe als Bezugslösung.

Die Eichkurve wird wie folgt aufgestellt:

Man mißt bekannte Mengen von der Antimonsulfatstandardlösung ab, entsprechend 0, 50, 100, 150, 200 und 250 μg Antimon; gibt diese in einen 25 ml-Meßkolben, fügt 8 ml 10 n-Schwefelsäure zu, verdünnt mit 5 ml Wasser, schüttelt um und kühlt. Anschließend werden 10 ml Kaliumjodidascorbinsäurereagenz zugegeben, mit Wasser bis zur Marke aufgefüllt und das Ganze gut geschüttelt. Nach 5 min Wartezeit mißt man die Farbintensitäten der Lösungen gegen die erste, antimonfreie Lösung. Die antimonfreie Lösung dient wie im Falle der Probelösung als Bezugslösung.

Reagenzien.

Kaliumjodidascorbinsäurereagenz: 15 g Kaliumjodid und 2,5 g Ascorbinsäure in Wasser lösen und auf 100 ml verdünnen. Das Reagenz wird am besten jeden Tag frisch hergestellt.

Antimonsulfatstandardlösung: 100 mg metallisches Antimon werden durch Erhitzen mit 27 ml Schwefelsäure (1,84) gelöst. Die Lösung wird mit Wasser in einen 100 ml-Meßkolben übergespült, gekühlt, mit Wasser bis zur Marke aufgefüllt und gemischt. Davon werden 10 ml in einen anderen 100 ml-Meßkolben abpipettiert. Man füllt dann mit 10 n-Schwefelsäure bis zur Marke auf und mischt das Ganze. 1 ml dieser Lösung entspricht jetzt 100 μg Antimon.

Literatur. Wyatt, P. F.: The Analyst Bd. 80 (1955) S. 368—379 und Mitteilung eines Werklaboratoriums.

Zinnbestimmung mit Nitrophenolarsonsäure

Ausführung. Vom vorbereiteten Destillat wird ein aliquoter Anteil (z. B. 5 ml) in einen Meßkolben pipettiert, und zwar in einen 25 ml-Meßkolben bei Zinnmengen bis zu 50 μg oder in einen 50 ml-Meßkolben bei Zinnmengen von 50 bis 250 μg Zinn. Der Meßkolben wird jetzt bis zu etwa 60% seines Volumens mit 3 n-Schwefelsäure aufgefüllt, dann werden 10 ml der Nitrophenolarsonsäurelösung zugesetzt und der Kolben anschließend mit 3 n-Schwefelsäure bis zur Marke aufgefüllt. Nach dem Durchmischen läßt man die 25 ml-Meßkolben 3 Std. und die 50 ml-Meßkolben 2 Std. stehen, schüttelt sie dann nochmals gut durch und mißt die Trübungsdichte in einem geeigneten Photometer mit Filter 436 mμ und 40- bzw. 20 mm-Küvetten.

Die Eichkurven werden wie folgt erstellt:

I. Bereich von 0 bis 50 μg Zinn: Man mißt bekannte Mengen der Zinnsulfatstandardlösung c (1 ml entsprechend 10 μg Zinn) in 25 ml-Meßkolben, verdünnt mit einigen ml 3 n-Schwefelsäure bis zu 10 ml, versetzt mit 10 ml des Nitrophenolarsonsäurereagenz und füllt mit 3 n-Schwefelsäure bis zur Marke auf. Die Lösung wird jetzt durchgemischt, 3 Std. stehengelassen, erneut geschüttelt und dann in 40 mm-Küvetten, wie schon beschrieben, photometriert. Man benutzt die Lösung ohne Zinnzusatz als Bezugslösung.

II. Bereich von 50 bis 250 μg Zinn: Man mißt bekannte Mengen der Zinnsulfatlösung b (1 ml = 100 μg Zinn) in einen 50 ml Meßkolben, verdünnt mit 3 n-Schwefelsäure bis zu 30 ml, versetzt mit 10 ml Nitrophenolarsonsäurereagenz und füllt mit 3 n-Schwefelsäure bis zur Marke auf. Nach dem Durchmischen und 2 Std. Stehen wird erneut gut durchgeschüttelt und dann in 20 mm-Küvetten, wie schon beschrieben, photometriert. Bezugslösung wie oben.

Reagenzien. 3 n-Schwefelsäure.

Nitrophenolarsonsäurelösung (2proz.): Man löst 1 g Reagenz in 15 ml Methanol und verdünnt mit 35 ml Wasser. (Jeden Tag frisch herzustellen!)

Zinnstandardlösung. Lösung a: 100 mg metallisches Zinn werden in 15 ml warmer Salzsäure (1,19) gelöst, die Lösung wird gekühlt, in einen 100 ml-Meßkolben übergespült, mit Wasser bis zur Marke aufgefüllt und durchgemischt.

Lösung b: 10 ml der Lösung a werden in ein 100 ml-Becherglas gegeben, mit 32 ml 10 n-Schwefelsäure versetzt und bis zum beginnenden Rauchen erhitzt. Man kühlt, nimmt vorsichtig mit etwa 50 ml Wasser auf, kühlt wieder und verdünnt die Lösung mit Wasser in einem Meßkolben auf 100 ml. 1 ml dieser Lösung entspricht 100 µg Zinn als Sulfat.

Lösung c: 10 ml der Lösung b werden in einen anderen 100 ml-Meßkolben pipettiert und mit 3 n-Schwefelsäure bis auf 100 ml ergänzt. 1 ml dieser Lösung entspricht 10 µg Zinn.

Literatur. WYATT, P. F.: The Analyst Bd. 80 (1955) S. 368—379; Mitteilung eines Werklaboratoriums.

D. Indium als Verunreinigung in anderen Metallen oder als Legierungsbestandteil

I. Die Bestimmung des Indiums im Feinzink

a) Polarographisch

Grundlage. Indium wird nach dem Lösen in Salpetersäure mit Ammoniak unter Zusatz von Eisen quantitativ abgeschieden und durch Filtration von Zink und Cadmium getrennt. Durch Einrauchen mit Bromwasserstoffsäure und Brom werden Arsen, Antimon und Zinn verflüchtigt. Die Endbestimmung erfolgt polarographisch.

Ausführung. 50 g Feinzink werden durch anteilweise Zugabe von ungefähr 200 ml Salpetersäure (1,4) gelöst. Die Lösung wird mit 5 mg Eisen, gelöst als Chlorid, versetzt und mit etwa 300 ml Wasser verdünnt. Dann gibt man so viel Ammoniak (0,91) zu, daß sich das ausgefallene Zinkhydroxyd wieder löst. Nach Zufügen von einigen ml Ammoniak im Überschuß wird die Lösung etwa 15 min lang gekocht (falls sich Zinkhydroxyd bildet, erneut etwas Ammoniak zusetzen!). Nach gutem Absetzen des Niederschlages wird filtriert. Glas und Filter werden mit destilliertem, etwas Ammoniumchlorid und Ammoniak enthaltendem Wasser gewaschen. Den Niederschlag im Filter und Glas löst man mit Bromwasserstoffsäure und dampft die Lösung unter Zusatz von etwas elementarem Brom vorsichtig zur Trockne ein (die Temperatur darf 130° nicht übersteigen). Der Trockenrückstand wird in 1 ml verdünnter Schwefelsäure (1 + 1) in der Wärme gelöst, die Lösung mit Wasser auf ein Volumen von 10 ml gebracht und gut durchgeschüttelt. Davon werden 5 ml abgenommen, mit 5 ml Grundlösung gemischt, die im Liter 330 ml Salzsäure (1,19) und 30 g Traubenzucker enthält, und polarographiert.

Abscheidung für Indium bei 0,4 bis 0,8 V.

b) Gewichtsanalytisch

Will man das Indium *gewichtsanalytisch* bestimmen, so scheidet man vorher aus der Lösung des Hydroxydniederschlages die Metalle der Schwefelwasserstoffgruppe durch Schwefelwasserstoffällung ab. Im Filtrat bestimmt man das Indium nach dem Verkochen des Schwefelwasserstoffs nach der Phosphatmethode. Das Eisen wird hierbei durch Zusatz von 10 ml Ammoniumthiosulfatlösung (100 g/l) in Lösung gehalten.

II. Die Bestimmung des Indiums in Cadmium-Silber-Kupfer-Blei-Lagermetallen

Die Vorschrift ist im Kapitel Cadmium, S. 254, zu finden.

Kapitel 16

Kalium*

Inhalt

---

*	1. Auflage	2. Auflage
Bearbeiter:	**Meier-Ewert, Sieger**	**Meier-Ewert**
Mitarbeiter:	**Fischer, Kessler**	**Kraft**

A. Vorkommen

Das Kalium ist, und zwar nur in Form von Verbindungen, in der Natur weitverbreitet, doch nicht so häufig wie das Natrium. Der Gehalt des Meerwassers an Kaliumsalzen ist gering (etwa $^1/_{40}$ des NaCl-Gehaltes), dagegen findet es sich in riesigen Lagern als Bestandteil der „Abraumsalze", und zwar als *Sylvin* (KCl), ferner besonders als Doppelsalz *Carnallit* ($KCl \cdot MgCl_2 \cdot 6H_2O$) und als *Kainit* ($KCl \cdot MgSO_4 \cdot 3H_2O$). — Über 95% der Kalisalze werden als Düngemittel benutzt.

Das Kalium kommt außerdem in vielen weitverbreiteten Gesteinen vor, namentlich im Granit in Form von *Kalifeldspat* und *Kaliglimmer*. Durch Verwitterung der Silicate gelangt es in den Erdboden und weiterhin in die Pflanzen, für die es ein biologisch wichtiger Bestandteil ist. In geringen Mengen ist es auch im menschlichen und tierischen Gewebe vorhanden.

B. Qualitativer Nachweis

Der sehr empfindliche Nachweis durch die violette Flammenfärbung wird häufig durch die gelbe Natriumflamme gestört. Durch ein Kobaltglas geeigneter Dicke gelingt es, das Natriumlicht herauszufiltern. Empfindlicher und sicherer ist der spektroskopische Nachweis z. B. mit einem Taschenspektroskop (2 rote und 1 violette Linie). Das Kalium wird chemisch meist durch Fällung als Kaliumperchlorat ($KClO_4$) nachgewiesen. Schwer löslich und deshalb zum Nachweis geeignet ist auch das Kaliumhydrogentartrat ($KHC_4H_4O_6$, Weinstein), ferner vor allem das Salz der Hexachloroplatinsäure(IV), das in stark alkoholhaltigem Wasser praktisch unlöslich ist. Das Kaliumchloroplatinat (K_2PtCl_6) bildet goldgelbe Oktaeder. — Sehr empfindlich ist auch die Reaktion mit Natriumhexanitritokobaltat [$Na_3Co(NO_2)_6$], bei der ein gelber, in Wasser im Verhältnis von nur 1:1000 löslicher, kristallinischer Niederschlag von Kaliumhexanitrokobaltat entsteht.

Ferner ist eine Bestimmungsmethode als Tetraphenylborkalium beschrieben worden.

Bei den Fällungsreaktionen zum Nachweis des Kaliums ist zu beachten, daß manche von ihnen auch den Ammoniumsalzen sowie den schweren Alkalielementen Rubidium und Caesium eigentümlich sind.

C. Verfahren für die quantitative Bestimmung

Es werden nachstehend zunächst die verschiedenen gewichtsanalytischen Fällungs- und Bestimmungsmethoden beschrieben.

I. Bestimmung als Kaliumchloroplatinat

Grundlage. Kalium bildet mit Hexachloroplatinsäure eine in Wasser schwer, in Äthylalkohol unlösliche Verbindung von Kalium-Platin(IV)-chlorid (K_2PtCl_6). Die entsprechende Natriumverbindung ist löslich.

Anwendungsbereich und Bedeutung. Das Verfahren eignet sich für die Bestimmung des Kaliumgehaltes sämtlicher Kalisalze und anderer kaliumhaltiger Stoffe. Man kann hierbei von Chloriden oder von Sulfaten ausgehen.

Genauigkeit. 1.

Dauer. Etwa 5 Std.

Ausführung. Man bereitet sich eine Lösung von 13,3 g $PtCl_4 \cdot 2HCl + 6H_2O$ in 100 ml Wasser. Von dieser Lösung fällen 10 ml etwa 0,16 g Kalium, entsprechend etwa 0,3 g Kaliumchlorid. Einwaage und Fällungsmittel müssen in ihrer Menge aufeinander abgestimmt werden. Natriumsalze setzen sich ebenfalls in Chloroplatinat um und sind deshalb bei der Berechnung der Reagenzienbestimmungen zu berücksichtigen.

Die wäßrige Lösung der Einwaage wird nach dem Reagenzzusatz in einer glasierten Porzellanschale auf dem Wasserbade bis ganz zur Trockne eingedampft, wobei man zuletzt mit einem Glasstabe den Kristallbrei zerrührt. Sodann wird nach dem Erkalten die mit einigen Tropfen Wasser angefeuchtete Masse sorgfältig verrieben und mit 30 ml 96proz. Alkohol in 3 Anteilen zu je 10 ml versetzt, wobei jeweils wieder die Kristallmasse durchgerührt werden muß. Man läßt die mit einem Uhrglas bedeckte Schale etwa 30 min bei Zimmertemperatur stehen und dekantiert hiernach die überstehende alkoholische Lösung durch einen Porzellanfiltertiegel, der vorher bei 100° getrocknet und sodann gewogen war, verreibt und wäscht den Rückstand so lange mit Alkohol aus, bis dieser farblos bleibt, und bringt ihn mit Hilfe eines Gummiwischers schießlich in den Tiegel. Hier wird er mit Alkohol und zum Schluß mit Äther gewaschen. Nach dem Trocknen bei 100° wird er gewogen.

Umrechnungsfaktor K_2PtCl_6 auf Kalium: 0,1603 (empirisch).

Zur Kontrolle kann anschließend durch Reduktion im Wasserstoffstrom das Chloroplatinat zu Platin, Kaliumchlorid und Salzsäure zersetzt werden, wobei dann die entstandene äquivalente Menge an Platin zur Auswaage kommt. Man leitet in den Tiegel, nachdem er mit einem durchlochten Deckel versehen wurde, Wasserstoff (oder Leuchtgas), erhitzt zunächst vorsichtig mit kleiner Flamme und sodann so stark, daß der Tiegelboden schwach rotglühend wird. Nach etwa 20 min läßt man, nachdem die Gaszufuhr zuvor unterbrochen wurde, erkalten, wäscht den Tiegelinhalt gründlich mit heißem Wasser aus, trocknet und glüht.

Umrechnungsfaktor von Platin auf Kalium: 0,3993 (empirisch).

Fehlerquellen. Die löslichen Platinsalze müssen gründlich ausgewaschen werden, was um so leichter gelingt, je feiner der Salzrückstand vorher zerrieben wurde. — Ammoniumsalze dürfen ebenso wie Rubidium- und Caesiumsalze nicht zugegen sein, da sie gleichfalls schwerlösliche Chloroplatinate bilden.

II. Bestimmung als Kaliumperchlorat

Ein Verfahren für die Kaliumbestimmung, welches weniger kostspielig ist als die Fällung mit Platinchlorwasserstoffsäure, ist die Kaliumperchloratmethode.

Grundlage. Das Kaliumchlorid wird durch Abdampfen mit Überchlorsäure in Kaliumperchlorat umgesetzt. Das Salz ist in überchlorsäurehaltigem Alkohol praktisch unlöslich und wird als solches ausgewogen. Das Natriumsalz der Überchlorsäure ist (ebenso wie das Magnesiumsalz) wasserlöslich.

Anwendungsbereich und Bedeutung. Siehe unter I. Die Abtrennung des Kaliums läßt sich nur aus seinen Chloriden durchführen.

Genauigkeit. 1.

Dauer. 4 Std.

Ausführung des Verfahrens. Das Alkalichlorid wird in einer Menge von etwa 0,5 g (entsprechend etwa 0,26 g K) in wenig Wasser gelöst. Liegt Sulfat vor, so wird der mit Salzsäure schwach angesäuerten wäßrigen Lösung in der Siedehitze die eben hinreichende Menge von Bariumchlorid tropfenweise zugesetzt und nach dem Erkalten das Bariumsulfat abfiltriert. Ein kleiner Überschuß an Bariumchlorid schadet nicht, da Bariumperchlorat in Alkohol leicht löslich ist. Das Filtrat wird sodann eingeengt. In einer blau oder schwarz glasierten Porzellanschale mit Ausguß werden dieser Lösung 10 ml Überchlorsäure (1 + 2) hinzugefügt. Danach wird unter Umrühren bis zur Sirupdicke eingedampft und dieses Eindampfen nach Wasser- und Überchlorsäurezusatz wiederholt, bis schließlich dichte Nebel von Überchlorsäure auftreten. Das Abdampfen bis zur Trockne ist zu vermeiden. Nach dem Erkalten wird der Schaleninhalt mit 20 ml Waschalkohol (Äthylalkohol, 96proz., dem 0,2 Gew.-% Überchlorsäure zugesetzt wurden) gut verrieben. Man dekantiert und gießt den Alkohol durch einen bei 130° getrockneten, gewogenen Porzellanfiltertiegel, behandelt den Salzrückstand noch 2mal mit je 20 ml Waschalkohol und bringt ihn schließlich mittels eines Gummiwischers in den Tiegel, wäscht 3mal mit wenigen ml von reinem 96proz. Alkohol nach, trocknet ihn etwa 30 min bei 130° bis zur Gewichtskonstanz und wägt.

Umrechnungsfaktor von $KClO_4$ auf K = 0,2822.

Fehlerquellen. Besonders bei Abtrennung des Kaliums von andern Salzen ist es erforderlich, den Salzrückstand gut mit dem Waschalkohol zu verreiben, damit jene vollständig in Lösung gehen. Vor allem bei der Trennung von geringen Natriummengen gibt diese Bestimmungsmethode genaue Werte. Rubidium und Caesium werden mitbestimmt. Im übrigen wird darauf aufmerksam gemacht, daß bei dem Arbeiten mit Überchlorsäure wegen der damit verbundenen Explosionsgefahr, insbesondere von Überchlorsäure-Alkohol-Gemischen, Vorsicht geboten ist. Solche Gemische dürfen deshalb keinesfalls eingedampft werden, da sich dann stark explosible Überchlorsäureester bilden können.

Literatur. SCHLÖSING, TH., u. W. WENSE: Z. angew. Chem. Bd. 4 (1891) S. 691—693; Bd. 5 (1892) S. 233/34.

III. Bestimmung als Tetraphenylborkalium

Dieses Verfahren ist von G. WITTIG und Mitarbeitern beschrieben worden; P. RAFF und W. BROTZ haben darüber ebenfalls Untersuchungen auch in Gegenwart anderer Elemente angestellt.

Vom Chemikerausschuß ausgeführte Kontrolluntersuchungen haben zu befriedigenden Ergebnissen geführt, so daß dieses Verfahren hier aufgenommen worden ist.

1. Gewichtsanalytische Bestimmung

Grundlage. Tetraphenylbornatrium[1] bildet mit Kaliumsalzen in essigsaurer Lösung einen weißen, unlöslichen Niederschlag, welcher sich zur Bestimmung des Kaliums eignet. Der Niederschlag hat die Zusammensetzung $K[B(C_6H_5)_4]$. Seine Löslichkeit in 100 ml essigsäurehaltigem Wasser ist geringer als $3{,}8 \cdot 10^{-5}$ g.

Anwendungsbereich. Für Kaliumbestimmungen in Gesteinsanalysen, auch in Gegenwart eines großen Überschusses von Lithium und Natrium sowie in Gegenwart von Erdalkalien.

Genauigkeit. 1.

Dauer. 1 Std.

Ausführung. Die bis 100 mg Kalium enthaltende Lösung wird auf 100 bis 200 ml verdünnt und mit Essigsäure angesäuert. Mineralsaure Lösungen neutralisiert man vorher durch Zugabe von Natriumcarbonatlösung und säuert sie dann mit Essigsäure wieder an. Unter dauerndem Rühren versetzt man die Lösung in der Wärme mit der $1^1/_2$fachen zur Fällung notwendigen Menge einer etwa 0,1mol. Lösung von Tetraphenylbornatrium (3,4 g in 100 ml Wasser). Das Kaliumsalz fällt als weißer, käsiger Niederschlag aus und wird nach 5 min durch einen

---

[1] Tetraphenylbornatrium wird unter dem Handelsnamen „Kalignost" von der Firma Heyl u. Co., Berlin-Steglitz, Werk Hildesheim, hergestellt. Die wäßrige Lösung hält sich unbegrenzt.

Filtertiegel A 2 oder A 1 abfiltriert und mit Wasser, dem einige Tropfen Essigsäure zugegeben sind, gut ausgewaschen. Nach dem Trocknen bei 120° wird es gewogen.

Umrechnungsfaktor von $K[B(C_6H_5)_4]$ auf K = 0,1091.

In Gegenwart von Erdalkalisalzen werden die Werte bei der Fällung in der Kälte zu hoch. Beim Fällen bei 70° und sehr langsamer Abkühlung werden aber brauchbare Werte erhalten. Besser arbeitet man hierbei nach folgender Methode:

Aus der neutralen oder sauren Lösung schlägt man die Erdalkalien durch Zugabe von Natriumcarbonatlösung als Carbonate nieder und fällt ohne Filtration das Kalium mit dem oben genannten Reagenz. Beim Ansäuern der Lösung mit Essigsäure geht der Carbonatniederschlag wieder in Lösung, und die letzten Spuren des im Carbonatniederschlag eingeschlossenen Kaliums werden gefällt. Man arbeitet wie oben angegeben weiter. Auf diese Weise werden einwandfreie Ergebnisse erhalten. Der maximale Fehler liegt bei ±0,3%. Die Erdalkalien können zur Fällung des Kaliums mit Tetraphenylbornatrium auch mit Hilfe von Komplexon III in Lösung gehalten werden.

Fehlerquellen. Ammonium-, Rubidium- und Caesiumsalze werden ebenfalls gefällt, dürfen also nicht vorhanden sein. Lithium- und Natriumsalze, selbst in großen Mengen, stören nicht. Ebensowenig stören größere Mengen an Magnesium-, Calcium-, Strontium- und Bariumsalzen sowie Aluminium- und Chrom(III)-salze; Eisen(III)-salze müssen durch Natriumfluorid komplex gebunden werden.

Bemerkungen. Da das Tetraphenylborkalium leicht in Aceton löslich ist, lassen sich die Niederschläge in den Glasfiltertiegeln bequem wieder herauslösen.

2. Konduktometrische Bestimmung

Grundlage. Kalium läßt sich auch konduktometrisch mit Tetraphenylborlithium bestimmen.

Anwendungsbereich. Für Kaliumbestimmungen in Gesteinen und Legierungen.

Genauigkeit. 2.

Dauer. 20 min.

Ausführung. Die zu untersuchende schwach essigsaure Lösung wird nach dem Verdünnen auf 150 ml in der Kälte mit einer 0,1 mol. wäßrigen Lösung von Tetraphenylborlithium, welche gegen eine Kaliumbromidlösung eingestellt wurde, titriert. Die Einstellung der Widerstandswerte erfolgt rasch. Aus den beiden Ästen der Leitfähigkeitskurve wird der Äquivalenzpunkt extrapoliert.

Fehlerquellen. Der Natriumgehalt soll nicht wesentlich mehr als das 4fache des Kaliumgehaltes betragen. Die Leitfähigkeitsänderungen in Gegenwart großer Mengen von Erdalkalisalzen sind nur noch gering, so daß die Extrapolierung Schwierigkeiten macht. Ammonium, Rubidium und Caesium werden mitbestimmt.

Literatur. WITTIG, G., u. Mitarbeiter: Liebigs Ann. Chem. Bd. 563 (1949) S. 114ff. — RAFF, P., u. W. BROTZ: Z. analyt. Chem. Bd. 133 (1951) S. 241—248.

3. Maßanalytische Bestimmung

Kalium kann mit Tetraphenylbornatrium auch maßanalytisch bestimmt werden.

Literatur. RÜDORFF, W., u. H. ZANNIER: Z. analyt. Chem. Bd. 140 (1953) S. 1. — FLASCHKA, H., und H. ABDINE: Z. analyt. Chem. Bd. 144 (1955) S. 415.

IV. Flammenspektrometrische Bestimmung

Eine spezifische Kaliumbestimmungsmethode ist die flammenspektrometrische. Mit ihrer Hilfe läßt sich das Kalium auch in Gegenwart aller anderen Alkalimetalle sowie der Erdalkalien und einer ganzen Reihe weiterer Metalle direkt mit hoher Genauigkeit in kürzester Zeit bestimmen. Wegen Einzelheiten sei auf das Kapitel 59, in Teil 2 „Arbeitsvorschriften für die Flammenspektrometrie“ verwiesen.

D. Analytische Untersuchungen bei der Gewinnung des Kaliums

Metallisches Kalium wird z. T. durch Schmelzelektrolyse des Kaliumhydroxyds gewonnen; neuerdings verwendet man auch als Elektrolyt Kaliumsalze der Sauerstoffsäuren, die in geschmolzenen Kaliumhalogeniden gelöst werden. Daneben besitzen auch die rein chemischen Verfahren wesentliche Bedeutung, vor allem das Carbidverfahren (Umsetzung von Kaliumfluorid mit Calciumcarbid).

I. Die Untersuchung des technischen Kaliumchlorids

Sie erstreckt sich in der Hauptsache auf die Bestimmung der Menge des *Kaliumchlorids*, des *Natriumchlorids*, des *Magnesiumchlorids* und des *Sulfats*.

Grundlage. Die Bestimmung des *Kaliums* wird nach der Perchloratmethode vorgenommen.

Die geringen Mengen an *Natriumchlorid*, die das technische 98- bis 99proz. Kaliumchlorid enthält, lassen sich auf Grund der höheren Löslichkeit des Natriumchlorids gegenüber dem Kaliumchlorid in hochprozentigem Alkohol abtrennen. Im alkoholischen Auszug wird dann das Natrium nach E. Kahane als Natrium-Magnesium-Uranylacetat gefällt und als solches zur Wägung gebracht. Die flammenspektrometrische Bestimmung des Natriums, die keine Abtrennung des Natriums vom Kalium erfordert, ist bei Serienanalysen vorzuziehen.

Das *Magnesium* wird in der wäßrigen Salzlösung mit einer gemessenen Menge 2 n-Kali- oder Natronlauge als Hydroxyd ausgefällt und der Überschuß der Base in einem gemessenen Anteil der Lösung mit n/10-Salzsäure zurücktitriert.

Das *Sulfat* wird in einer größeren Einwaage als Bariumsulfat abgeschieden.

Anwendungsbereich und Bedeutung. Das Verfahren ist neben der Untersuchung des Kaliumchlorids auch zur Untersuchung des „Düngerkalis" geeignet.

Genauigkeit. 2.

Dauer. Etwa 2 Arbeitstage.

Ausführung.

1. Die Bestimmung des Kaliums (Kaliumchlorids)

Man löst 13,4525[1] g Salz mit ungefähr 400 ml Wasser in einem 500 ml-Meßkolben, macht die Lösung schwach salzsauer und fällt etwa vorhandene geringe Mengen Schwefelsäure in der Siedehitze mit Bariumchloridlösung aus. Es ist darauf zu achten, daß beim Zusatz der Bariumchloridlösung die Flüssigkeit im Kolben nicht aus dem Sieden kommt, da sonst geringe Mengen Kalisalz im Niederschlag mit zu Boden gerissen werden können. Ein kleiner Überschuß an Bariumchlorid schadet nichts, da Bariumperchlorat (ebenso wie Natrium- und Magnesiumperchlorat) in Alkohol leicht löslich ist. Nachdem man sich von der vollständigen Ausfällung der Schwefelsäure überzeugt hat, füllt man die Lösung zur Marke auf und schüttelt sie gut um. Hierauf filtriert man durch ein trockenes Filter in ein trockenes Glas und pipettiert vom Filtrat 20 ml in eine flache Porzellanschale von etwa 10 cm Durchmesser mit blauer, grüner oder schwarzer Glasur. Dann gibt man etwa 8 ml Überchlorsäure (1,125) hinzu und verfährt bei der Untersuchung weiter, wie unter C. II., S. 337, beschrieben.

$$\text{Auswaage} \cdot 100 = \%\ \text{KCl}$$

[1] Diese Einwaage vereinfacht die Berechnung.

2. Die Bestimmung des Natriums (Natriumchlorids)

Grundlage des Verfahrens. Die Hauptmenge des Kaliumchlorids wird aus der wäßrigen Lösung mit Äthylalkohol ausgefällt. Im Filtrat scheidet man das Natrium als Natrium-Magnesium-Uranylacetat ab. Als solches wird es gewogen.

Anwendungsbereich und Bedeutung. Hierüber sind Angaben im Kapitel Magnesium, S. 468, gemacht. Auch seine *Ausführung* ist dort ausführlich beschrieben. Hier ist dazu lediglich noch folgendes zu ergänzen:

Man löst 10 g Kaliumchlorid mit 20 ml siedendem Wasser in einem 100 ml-Meßkolben und fügt unter Umschütteln 96proz. Äthylalkohol bis zur Marke hinzu und ferner zur Volumenkorrektur für das ausgefällte Kaliumchlorid noch weitere 5 ml. Sodann schüttelt man gut und filtriert durch ein trockenes Filter in einen trockenen Kolben. Vom Filtrat werden 10 ml (= 1 g Einwaage), bei sehr niedrigem Natriumchloridgehalt gegebenenfalls die doppelte Menge, in ein Becherglas von 100 ml Inhalt abpipettiert und eingedampft. Für je 1 mg Natrium werden etwa 25 ml Reagenzlösung (s. Kapitel Magnesium, S. 468) hinzugegeben. Mit dem Niederschlag wird weiter, wie im Kapitel Magnesium, S. 468, beschrieben, verfahren. Nach dem Trocknen bei 110° beträgt der *Umrechnungsfaktor* auf NaCl = 0,03905.

3. Die Bestimmung des Magnesiums (Magnesiumoxyds)

25 g Kaliumchlorid werden in einem 500 ml-Meßkolben mit etwa 300 ml Wasser gelöst und mit 10 ml carbonatfreier 2 n-Natronlauge (= 200 ml n/10) versetzt. Das Magnesium fällt quantitativ als Hydroxyd aus. Dann wird die Flüssigkeit bis zur Marke aufgefüllt und gut umgeschüttelt. Man filtriert durch ein trockenes Filter und titriert in 50 ml des Filtrats den Überschuß an Lauge mit n/10-Salzsäure unter Verwendung von Methylorange als Indicator zurück. In Lösung befindliche Kalksalze beeinflussen das Resultat nicht. Der Befund wird als MgO angegeben.

1 ml n/10-NaOH entspricht 0,002 g MgO

Die Bestimmung des Magnesiums als Magnesiumammoniumphosphat (s. S. 451) ist gleichfalls möglich.

4. Die Bestimmung des Sulfats (SO_3)

Man löst 50 g Kaliumchlorid im 500 ml-Meßkolben mit Wasser, füllt die Lösung auf, schüttelt sie gut durch und filtriert. Vom Filtrat werden 200 ml = 20 g Salz in einem Becherglas mit 1 ml Salzsäure (1,19) und in der Siedehitze mit heißer Bariumchloridlösung versetzt. Man läßt den Niederschlag von Bariumsulfat einige Stunden in der Wärme stehen, filtriert ihn dann ab, wäscht aus, glüht und wägt. Das Sulfat wird als SO_3 angegeben.

$$\text{Auswaage} \cdot 0{,}343 \cdot 5 = \%\ SO_3$$

II. Die Untersuchung des Kaliumfluorids

Das Kaliumfluorid kommt als Dihydrat $KF + 2H_2O$ und wasserfrei in den Handel. Das wasserfreie Salz schmilzt bei 848°. Die wäßrige Lösung reagiert alkalisch. Da das Salz sehr hygroskopisch ist, ist die Bestimmung des Wassergehaltes sehr wichtig.

Grundlage. Das Fluor wird gewichtsanalytisch als Calciumfluorid oder maßanalytisch als Bleibromofluorid und das Kalium mit Überchlorsäure als Perchlorat bestimmt (s. S. 337). Die Verunreinigungen (Sulfat und Natriumverbindungen) werden, wie unter Kaliumchlorid, S. 341, angegeben, bestimmt.

Anwendungsbereich und Bedeutung. Allgemein anwendbares Verfahren für die Untersuchung von Alkalifluorid.

Genauigkeit. 1, die maßanalytische Fluorbestimmung 2.

Dauer. Etwa 2 Arbeitstage, die maßanalytische Fluorbestimmung 1 Arbeitstag.

1. Die Bestimmung des Wassergehaltes

1 g der Probe wird im gewogenen Platintiegel auf 800° erhitzt. Der Gewichtsverlust ergibt den Gehalt an Feuchtigkeit + Kristallwasser.

2. Die Bestimmung des Fluors

a) Gewichtsanalytisch

10 g Probe werden im 500 ml-Meßkolben in Wasser gelöst. Nachdem man die Lösung zur Marke aufgefüllt hat, verdünnt man 10 ml (= 0,2 g Einwaage) mit 100 ml Wasser, setzt einige Tropfen einer Sodalösung (100 g/l) hinzu und fällt das Fluor in der Hitze durch tropfenweisen Zusatz von Calciumchloridlösung (500 g/l). Danach kocht man kurze Zeit auf und läßt den aus Calciumfluorid und Calciumcarbonat bestehenden Niederschlag vollständig absitzen. Er wird auf ein gehärtetes, mit Filterschleim gedichtetes Filter abfiltriert, mit sodahaltigem Wasser 5mal ausgewaschen (1 g Soda im Liter) und nach vorsichtigem Veraschen des Filters in einer Platinschale bei dunkler Rotglut geglüht[1]. Darauf übergießt man ihn mit 50 ml Essigsäure (1 + 9), dampft zur Trockne und erwärmt auf der Dampfplatte, bis der Geruch nach Essigsäure verschwunden ist. Das Lösen und Eindampfen mit wenig Essigsäure und Wasser wird mehrere Male wiederholt. Schließlich nimmt man den Rückstand mit wenig heißem Wasser auf, erhitzt zum Sieden, gibt einige Tropfen verdünnte Essigsäure hinzu und bringt das Calciumfluorid auf ein kleines Filter.

Um den Niederschlag von etwaigen Spuren an Calciumsulfat zu befreien, wäscht man ihn auf dem Filter 3- bis 4mal mit warmer Natriumthiosulfatlösung (250 g/l) aus, wobei leichtlösliches Calciumthiosulfat entsteht. Dann wird mehrere Male mit heißem Wasser nachgewaschen, der Niederschlag getrocknet und weiter verfahren, wie bereits oben angegeben. Um das ausgewogene Calciumfluorid auf Reinheit zu prüfen, wird es durch Abrauchen mit Schwefelsäure (1 + 4) in Calciumsulfat übergeführt. 1 g Calciumfluorid entspricht 1,7436 g Calciumsulfat.

Fehlerquellen. Das Calciumfluorid ist ein sehr schwer filtrierbarer Niederschlag, der leicht trüb durch das Filter geht. Zur Verbesserung der Filtrierfähigkeit wird deshalb Calciumcarbonat mitgefällt. Nach dem Glühen und der Behandlung mit Essigsäure hinterbleibt das Calciumfluorid in dichterer Form. — Der Verlust, welcher infolge der Löslichkeit des Calciumfluorids in Wasser entsteht, beträgt etwa 0,0015 g CaF_2 für je 100 ml. 100 ml 3/2 n-Essigsäure lösen 0,0111 g CaF_2. Dieser Verlust ist in Rechnung zu stellen.

Literatur. GREEF, A.: Ber. dtsch. chem. Ges. Bd. 46 (1913) S. 251. — TREADWELL, F. P.: Analytische Chemie II, 11. Aufl., S. 402. Wien: Verlag Deuticke 1927. — Handbuch für das Eisenhüttenlaboratorium, Bd. I, S. 126. Düsseldorf: Verlag Stahleisen 1939.

b) Maßanalytisch

Grundlage. Die schwach salpetersaure Lösung des Fluorids wird mit Kaliumbromidlösung und dann in der Wärme mit Bleinitratlösung versetzt. Es fällt Bleibromofluorid. Die Fällung wird durch Einstellen eines p_H-Wertes zwischen

---

[1] Damit das Calciumfluorid nicht beim Veraschen verstäubt, ist anzuraten, das Filter mit Inhalt zu trocknen, den Niederschlag möglichst vollständig für sich in die Platinschale zu bringen, sodann das Filter zu veraschen, die Asche mit dem Schaleninhalt zu vereinigen und erst dann vorsichtig bis zur Rotglut zu erhitzen.

3 und 3,4 vervollständigt. Sie wird abfiltriert und ihr Bromidgehalt maßanalytisch bestimmt.

Ausführung. Eine Einwaage von 0,2 g Probegut (= 10 ml einer Lösung von 10 g Einwaage in 500 ml Wasser, vgl. 2 a) wird in einem 250 ml-Becherglas mit 50 ml 0,2 n-Kaliumbromidlösung und mit so viel n-Salpetersäure versetzt, bis die Färbung von zugefügtem Dimethylgelb umschlägt. Nach Zugabe von weiteren 2 ml Salpetersäure wird auf 60 bis 80° erwärmt und langsam mit 35 ml 0,4 n-Bleinitratlösung gefällt. Danach wird das Flüssigkeitsvolumen durch Zugabe von Wasser auf 150 ml gebracht. Nach dem Erkalten der Lösung werden tropfenweise etwa 2 ml n/1-Natriumacetatlösung hinzugegeben, bis die Farbe von Dimethylgelb — meist ist eine erneute Zugabe von 4 bis 5 Tropfen Indicatorlösung notwendig — von Rot nach Orange umzuschlagen beginnt[1].

Nach frühestens 5 Std. kann der Niederschlag durch einen Glasfiltertiegel G 3 filtriert werden. Das Becherglas wird einmal mit wenig Wasser (4 ml), darauf zweimal mit gesättigter Bleibromofluoridlösung[2] (zusammen 10 ml) und schließlich nochmals mit wenig Wasser (3 ml) ausgespült. Dabei ist es nicht nötig, den Niederschlag vollständig in den Tiegel zu überführen, da die anschließende Titration in dem gleichen Becherglas durchgeführt wird. Dazu bringt man den Tiegel in das Becherglas, gibt bis zur Höhe des oberen Tiegelrandes Wasser hinzu und versetzt mit 50 bis 60 ml (je nach dem Fluorgehalt) eingestellter 0,1 n-Silbernitratlösung.

Nach Zugabe von 3 ml Salpetersäure (1,40) wird unter Rühren auf 70 bis 80° erhitzt, wobei sich der Niederschlag unter gleichzeitiger Bildung von Silberbromid löst und der Indicator zerstört wird. Ohne daß der Silberbromidniederschlag abfiltriert zu werden braucht, kann nach Erkalten der Lösung mit 0,1 n-Ammoniumthiocyanatlösung zurücktitriert werden [Indicator: Eisen(III)-nitrat]. Der Verbrauch von 1 ml 0,1 n-Silbernitratlösung entspricht 1,9 mg Fluor.

Literatur. Fischer, J., u. H. Percher: Z. analyt. Chem. Bd. 95 (1933) S. 225—235. — Ehrlich, O., u. G. Pietzka: Z. analyt. Chem. Bd. 133 (1951) S. 84—94.

III. Die Untersuchung des Calciumcarbids

ist im Kapitel Calcium, S. 269, beschrieben.

IV. Die Untersuchung der Hilfsstoffe

1. Quecksilber

Das in Eisenflaschen in den Handel kommende Metall ist in der Regel sehr rein. Eine Prüfung auf Reinheit kann nach E. Merck: Prüfung der chemischen Reagenzien auf Reinheit, 5. Aufl., Verlag Chemie 1939, erfolgen (s. auch Kapitel Quecksilber, S. 593ff.).

2. Elektroden

Die aus Graphit oder Eisen bestehenden Elektroden werden gegebenenfalls nach den Angaben des Handbuches für das Eisenhüttenlaboratorium, Bd. I, S. 215, Düsseldorf: Verlag Stahleisen 1939, untersucht.

---

[1] Das Umschlaggebiet liegt bei p_H 3 bis 4; der einzustellende Wert der Lösung soll zwischen 3 bis 3,4 liegen.

[2] *Bereitung der Lösung:* Zu einer gegen Dimethylgelb mit n/2-Salpetersäure eben angesäuerten Lösung von 4 g Natriumfluorid in etwa 500 ml Wasser wird eine Lösung von 40 g Bleinitrat und 15 g Kaliumbromid in 2 l Wasser hinzugefügt. Man saugt den Niederschlag von Bleibromofluorid auf einer Nutsche ab, wäscht ihn gut mit Wasser aus und bringt ihn in eine Vorratsflasche von 4 l Inhalt. Diese wird mit Wasser gefüllt und öfters geschüttelt. Vor dem Gebrauch wird die gesättigte Bleibromofluoridlösung abgegossen und filtriert.

V. Die Untersuchung des Schmelzgemisches

Die analytische Überwachung des Betriebes erstreckt sich in der Hauptsache auf die Analyse des Schmelzflusses. Darin werden bestimmt: Kaliumchlorid, Kaliumfluorid, Kaliumcarbonat und das in Wasser Unlösliche, gegebenenfalls feinverteiltes Metall.

Grundlage. Nach der Bestimmung des in Wasser Unlöslichen wird in gemessenen Anteilen der Lösung das Chlor maßanalytisch nach VOLHARD, das Fluor entweder gewichtsanalytisch als Calciumfluorid oder maßanalytisch nach A. GREEF und das Kohlendioxyd gewichtsanalytisch durch Auffangen in Natronkalk-U-Röhrchen bestimmt. Das feinverteilte Metall wird gasanalytisch ermittelt (s. Kaliummetall).

Anwendungsbereich und Bedeutung. Die Bestimmungsmethoden können allgemein für die Untersuchung von Alkalisalzen angewandt werden.

Genauigkeit. 1.

Dauer. 6 bis 8 Std.

Ausführung.

1. Die Bestimmung des in Wasser Unlöslichen

5 g Substanz werden in 150 g Wasser gelöst (Urlösung). Die Lösung wird einige Minuten gekocht, worauf man nach kurzem Absitzenlassen den in Wasser unlöslichen Rückstand auf einen bei 100° getrockneten und dann gewogenen Filtertiegel abfiltriert. Der Tiegel wird mit heißem Wasser chlorfrei ausgewaschen, bis zur Gewichtskonstanz bei 100° getrocknet und gewogen.

$$\frac{\text{Auswaage}}{\text{Einwaage}} \cdot 100 = \%\ \text{in Wasser Unlösliches}$$

Das Filtrat wird im Meßkolben auf 250 ml aufgefüllt.

2. Die Bestimmung von Chlorid (Kaliumchlorid)

Für die Chlorbestimmung werden 25 ml obigen Filtrats (= 0,5 g Einwaage) entnommen, mit Salpetersäure angesäuert und mit einem Überschuß an n/10-Silbernitratlösung versetzt. Durch Rücktitration mit n/10-Kaliumthiocyanatlösung unter Verwendung von Eisen(III)-ammoniumsulfatlösung als Indicator findet man die dem vorhandenen Chlorid äquivalente Menge Silbernitrat (s. Kapitel Calcium, S. 267).

$$\frac{\text{Verbrauchte ml n/10-Silbernitratlösung} \cdot 0{,}0074557 \cdot 100}{\text{Einwaage}} = \%\ \text{KCl}$$

3. Die Bestimmung von Fluorid (Kaliumfluorid)

a) Gewichtsanalytisch

25 ml der filtrierten Urlösung (= 0,5 g Einwaage), mit Sodalösung schwach alkalisch gemacht, werden zum Sieden erhitzt. Dann fällt man das Fluor durch tropfenweisen Zusatz von heißer Calciumchloridlösung (50 g/100 ml) als Calciumfluorid gemeinsam mit dem gleichzeitig ausfallenden Calciumcarbonat aus. Die weitere Durchführung der Analyse erfolgt, wie bei der Untersuchung des Kaliumfluorids, S. 341, beschrieben.

$$\frac{\text{Auswaage} \cdot 1{,}4882 \cdot 100}{\text{Einwaage}} = \%\ \text{KF}$$

b) Maßanalytisch

Die maßanalytische *Fluorbestimmung* nach GREEF wird folgendermaßen durchgeführt: 25 ml der filtrierten Urlösung (= 0,5 g Einwaage) werden heiß zunächst mit 1 n-Salzsäure, gegen Ende mit n/10-Salzsäure genau gegen Phenolphthalein neutralisiert und auf etwa 20 ml eingeengt. Zur Titration werden 50 g neutrales Kochsalz, 15 ml Äther und 15 ml Alkohol hinzugegeben. Als Indicator wendet man 5 ml einer 10proz. Kaliumthiocyanatlösung an. Dann wird mit einer gegen eine Fluoridlösung von bekanntem Gehalt eingestellten Eisen(III)-chloridlösung bis zur schwachen Rotfärbung der Äther-Alkohol-Schicht titriert. Die Rotfärbung darf auch nach längerem Schütteln nicht verschwinden. Die Eisen(III)-chloridlösung soll so eingestellt sein, daß etwa 30 ml für die Fluorbestimmung der Tiegelschmelzen verbraucht werden.

$$\frac{\text{Verbrauchte ml Eisen(III)-choridlösung} \cdot \text{Titer} \cdot 200}{\text{Einwaage}} = \%\ \text{KF}$$

Nach dieser Methode findet man gegenüber der gewichtsanalytischen Bestimmung meist etwas höhere Kaliumfluoridwerte. Die Ergebnisse sind in starkem Maße abhängig von der Wasserstoffionenkonzentration der zu titrierenden Alkalifluoridlösung. Daher ist eine einwandfreie Neutralisation unbedingt erforderlich. Das Komplexsalz $Na_3(FeF_6)$, welches nach der Gleichung

$$6\,NaF + FeCl_3 = Na_3(FeF_6) + 3\,NaCl$$

entsteht, zerfällt nämlich in saurer Lösung wie folgt:

$$Na_3(FeF_6) + 6\,HCl = FeCl_3 + 3\,NaCl + 6\,HF$$

so daß dann die Eisen(III)-thiocyanatreaktion vor der restlosen Bindung des Fluorids auftritt. Im alkalischen Medium bildet sich Eisen(III)-hydroxyd:

$$FeCl_3 + 3\,NaOH = Fe(OH)_3 + 3\,NaCl$$

das einen Mehrverbrauch an Eisen(III)-chlorid und somit ein zu hohes Ergebnis bedeutet.

Die *maßanalytische Bestimmung nach der Fällung als Bleibromofluorid* ist in diesem Kapitel, S. 342, ausführlich beschrieben und kann auch bei dieser Untersuchung angewendet werden.

4. Die Bestimmung von Kohlendioxyd

Für die Bestimmung des Kohlendioxyds nach der Methode FRESENIUS-CLASSEN werden je nach dem Carbonatgehalt etwa 10 g der Substanz oder weniger ab-

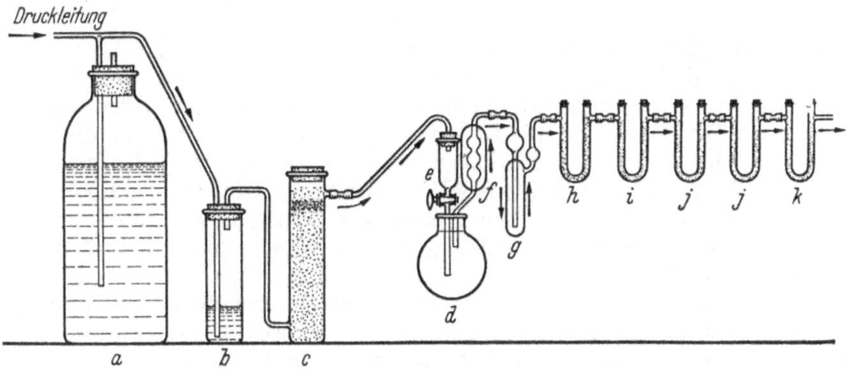

Abb. 20. Apparat zur Bestimmung von Kohlendioxyd

gewogen und in den mit kohlendioxydfreier Luft gefüllten Zersetzungs- oder Kochkolben *d* von 250 ml Inhalt der in Abb. 20 dargestellten Apparatur eingetragen. Vor dem Zersetzungskolben befindet sich eine Waschflasche *b* mit Kalilauge und ein Natronkalkturm *c* zur Beseitigung des Kohlendioxyds aus dem Luftstrom, der zum Hinübertreiben des bei der Bestimmung entwickelten Kohlendioxyds hindurchgeleitet wird. Der Zersetzungskolben ist mit einem Einfülltrichter *e* und einem kleinen Kühler *f* verbunden. Dann folgen eine Waschflasche *g* mit Schwefelsäure (1,84), ein U-Röhrchen *h* mit Kupfervitriolbimsstein, um etwa vorhandenen Schwefelwasserstoff zurückzuhalten, ein U-Röhrchen *i* mit feinkörnigem Calciumchlorid zur Trocknung des Luftstromes, 2 Natronkalkröhrchen *j* und nochmals 1 U-Röhrchen mit Calciumchlorid gefüllt. Der der Apparatur abgekehrte Schenkel der beiden Natronkalkröhrchen ist zu $^1/_3$ mit Calciumchlorid gefüllt, um das bei der Absorption des Kohlendioxyds frei werdende Wasser ($CO_2 + 2NaOH = Na_2CO_3 + H_2O$) aufzufangen. Nachdem die abgewogene Substanz in den trockenen Zersetzungskolben eingebracht worden ist, übergießt man sie mit 70 bis 75 ml Wasser, um ein Verstäuben zu verhüten, und leitet dann einen langsamen kohlendioxydfreien Luftstrom hindurch, um etwa vorhandene Spuren von Kohlendioxyd aus dem Zersetzungskolben und den 3 Trockenröhren zu verdrängen. Während die Luft durch den Apparat streicht, wägt man die sorgfältig mit einem Seidentuch gereinigten Natronkalkröhrchen. Nun unterbricht man den Luftstrom, schließt die Natronkalkröhrchen an und läßt aus dem Trichter langsam mit Methylorange angefärbte Schwefelsäure (1 + 4) zur Substanz fließen, worauf sofort die Kohlendioxydentwicklung beginnt. Der Zufluß der Säure wird so reguliert, daß 3 bis 4 Blasen je Sekunde durch die Apparatur streichen. Ist die Lösung sauer, so erhitzt man sie langsam zum Sieden und leitet während des schwachen Siedens einen langsamen Luftstrom durch, so daß wiederum höchstens 3 bis 4 Gasblasen je Sekunde entweichen. Während der ganzen Operation läßt man in kräftigem Strom kaltes Wasser durch die Kühler fließen, damit der mitgeführte Wasserdampf kondensiert wird und nicht in die Schwefelsäurewaschflasche gelangt. Das Kohlendioxyd wird gewöhnlich restlos vom ersten Natronkalkrohr absorbiert, vorausgesetzt, daß man nicht eine zu große Substanzmenge angewandt hat. Da die Absorption des Kohlendioxyds unter Wärmeabgabe erfolgt, lassen sich Anfang und Ende des Absorptionsvorganges an den Natronkalkröhrchen gut erkennen. Ist alles Kohlendioxyd aus dem Apparat ausgetrieben, so läßt man erkalten und leitet noch 20 min einen etwas rascheren Luftstrom hindurch. Dann nimmt man die Natronkalkröhrchen ab, läßt sie etwa 20 min an der Waage stehen, damit sie die Temperatur des Wägezimmers annehmen, und wägt.

$$\frac{\text{Auswaage} \cdot 3{,}1403 \cdot 100}{\text{Einwaage}} = \%\ K_2CO_3$$

Fehlerquellen. Das käufliche Calciumchlorid enthält meistens etwas Calciumhydroxyd, so daß Kohlendioxyd in dem zum Trocknen des Gasgemisches vorgesehenen, mit Calciumchlorid gefüllten U-Röhrchen zurückgehalten wird. Es muß deshalb vor dem Gebrauch mit Kohlendioxyd gesättigt werden. Zu diesem Zwecke leitet man 1 bis 2 min einen trockenen CO_2-Strom durch das U-Röhrchen, schließt den Glashahn am äußeren Ende des Rohres, läßt aber das andere Ende des Rohres 12 Std. lang mit dem Kippschen Kohlendioxydentwickler in Verbindung. Dann verdrängt man das Kohlendioxyd, indem man 20 min kohlendioxydfreie, trockene Luft durch das Rohr leitet.

Ferner leitet man durch die Natronkalkröhrchen vor ihrer Verwendung kohlendioxydfreie, trockene Luft hindurch, bis die Röhrchen ein konstantes Gewicht erreicht haben. Unter diesen Bedingungen ergibt die Methode gute Resultate. Unter den bei der Bestimmung vorliegenden Bedingungen werden die gegebenenfalls frei werdenden Spuren von Flußsäure im Kupfervitriolbimsstein und im Calciumchloridrohr gebunden.

Bemerkung. Das mit Säure aus der Analysenlösung ausgetriebene CO_2 kann mit Vorteil auch maßanalytisch unter Anwendung elektrischer Indikation bestimmt werden. Das Verfahren erlaubt die Bestimmung auch kleinster CO_2-Mengen mit hoher Genauigkeit in etwa 30 min. Wegen Einzelheiten sei auf die Originalliteratur verwiesen (FISCHER, J., und W. SCHMIDT).

Literatur. TREADWELL, F. P.: Lehrbuch der analytischen Chemie, Bd. II, 11. Aufl., S. 326. Wien: Verlag Deuticke 1927. — GREEF, A.: Analyse der Metalle, Bd. I, 2. Aufl., S. 144. FISCHER, J., u. W. SCHMIDT: Erzmetall Bd. 8 (1956) S. 529 und Angew. Chem. Bd. 68 (1956) S. 701.

VI. Die Untersuchung der Nebenerzeugnisse

Die Nebenerzeugnisse Wasserstoff, Chlor, Kohlendioxyd werden gasanalytisch bestimmt. Siehe die Kapitel Caesium, S. 278, Natrium, S. 529, und Industrielle Gase unter IV. 4.

E. Die Untersuchung des Kaliummetalls

Grundlage. Die Entnahme der Probe geschieht unter Xylol. Durch Überleiten eines Stickstoffstromes über die Probe wird das anhaftende Xylol entfernt.

Die Metallbestimmung erfolgt gasanalytisch in einer Stickstoffatmosphäre durch Messen der Wasserstoffmenge, die beim Lösen in absolutem Äthylalkohol entsteht; anschließend wird das zu Alkoholat gelöste Kalium gewichtsanalytisch ermittelt.

Für die gewichtsanalytische Bestimmung der Verunreinigungen Natrium, Fluor, Chlor, Eisenoxyd und Kohlensäure geht man von einer größeren Einwaage aus. (Spuren von Natrium, Calcium, Eisen und Silicium können spektralanalytisch festgestellt werden; das Natrium ist schneller, bequemer und genauer flammenspektrometrisch zu bestimmen.)

Anwendungsbereich und Bedeutung. Das Verfahren läßt sich auch für die Untersuchung von Natrium anwenden.

Genauigkeit. 2.

Dauer. Die gasanalytische Bestimmung dauert ohne die Vorbereitungen etwa 2 Std.; die gewichtsanalytische Bestimmung der Verunreinigungen 2 Arbeitstage.

Ausführung.

1. Die Bestimmung von metallischem Kalium

2 bis 3 g Probematerial werden mit einem Korkbohrer von etwa 2 cm Durchmesser aus dem Kaliumstück unter Xylol ausgestochen und nach dem Abschneiden der Außenflächen im gewogenen Wägegläschen durch Überleiten

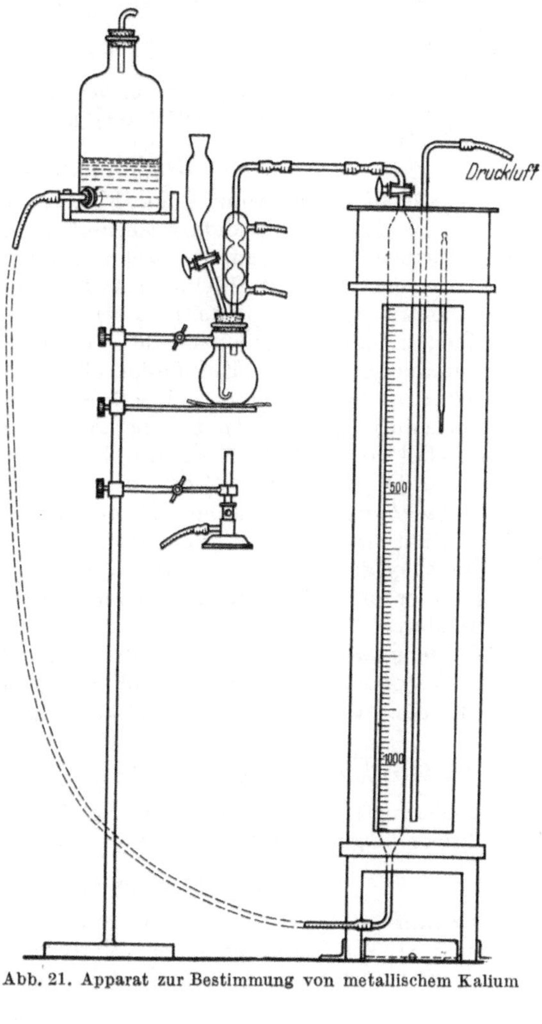

Abb. 21. Apparat zur Bestimmung von metallischem Kalium

von Stickstoff getrocknet. Der Stickstoff muß vorher durch Überleiten über glühende Kupferwolle, Ätznatron, Schwefelsäure (1,84) und Phosphorpentoxyd von Sauerstoff, Kohlendioxyd und Wasser befreit werden. Unter Vermeidung von Luftzutritt wird das Wägegläschen nach dem Trocknen geschlossen. Der Stickstoffstrom wird dann etwa $^1/_4$ Std. lang durch Kolben, Kühler und die Verbindungsröhrchen der Apparatur in Abb. 21 hindurchgeleitet, worauf das gewogene Kaliumstück in den trockenen und mit Stickstoff beschickten Kolben einzubringen ist. Man leitet dann nochmals 5 min Stickstoff durch die Apparatur. Darauf wird der Stickstoffstrom abgestellt, der Kolben mit der Gasbürette in Verbindung gebracht, die mit gesättigter Kochsalzlösung gefüllte Niveauflasche gesenkt und nun durch das Trichterrohr unter den gleichen Vorsichtsmaßregeln, wie S. 349 angegeben (Schutzbrille!), 50 ml absoluter Äthylalkohol hinzugegeben. Man läßt zuerst schnell einen möglichst großen Teil des Alkohols zufließen, muß aber den Hahn schließen, bevor die Entwicklung zu heftig wird, da sonst Wasserstoff durch den Alkohol entweicht. In einigen Minuten ist die Gasentwicklung beendet. Dann läßt man bis auf Zimmertemperatur abkühlen. Aus der abgelesenen Gasmenge wird der Gehalt an metallischem Kalium berechnet.

$$\% \, \mathrm{K} = \frac{V \cdot P}{T} \cdot \frac{273}{760} \cdot \frac{348{,}85}{E}$$

V = Gasvolumen in der Bürette in Litern, vermindert um das Volumen des zur Lösung eingebrachten Alkohols (50 ml),
P = Barometerdruck in mm Hg, vermindert um die Tension der gesättigten Kochsalzlösung,
T = absolute Temperatur des Gases ($273 + t$),
E = Einwaage.

2. Die Bestimmung von Verunreinigungen

Die Gehalte an Natrium, Chlor, Fluor, Eisen, Kohlendioxyd und Siliciumdioxyd werden zweckmäßig aus dem Kolbeninhalt (der Kaliumalkoholatlösung), den man mit Wasser auf ein bestimmtes Volumen auffüllt, festgestellt. In einem gemessenen Anteil werden zunächst Siliciumdioxyd (s. Kapitel Silicium, S. 767), Eisen(III)-oxyd (photometrisch) und Natrium (wie bei Kaliumchlorid, S. 341, angegeben) und dann in einem zweiten Anteil nach dem Vertreiben des Alkohols das Fluor z. B. als Calciumfluorid (s. unter Kaliumfluorid, S. 342) bestimmt. In einem dritten Anteil schließlich bestimmt man Kohlendioxyd und Chlorid nach dem Vertreiben des Alkohols durch Ansäuern mit Salpetersäure und Auffangen des Kohlendioxyds über Natronkalk (s. Untersuchung des Schmelzgemisches, S. 344) und Titration des Chlors in der Lösung nach VOLHARD.

Bemerkung. Metallisches Kalium und Kaliumamalgam werden gelegentlich als Reduktionsmittel im Laboratorium benutzt. Das Amalgam entsteht bei der Kaliumchloridelektrolyse an den Quecksilberkathoden. Es wird auf Kalilauge weiterverarbeitet. Weiterhin wird metallisches Kalium für lichtelektrische Zellen verwendet.

Fehlerquellen. Mangelhafte Reinigung des Stickstoffs und die Verwendung nicht allerreinster Reagenzien kann zu großen Fehlern führen.

Literatur. Verfahren eines Betriebslaboratoriums.

F. Die Untersuchung der Kalium-Natrium-Legierungen

Legierungen von Kalium und Natrium haben wegen ihrer besonders großen Reaktionsfähigkeit einige Bedeutung erlangt.

Die Bestimmung von Kalium und Natrium

Grundlage. Die Legierung wird in der abgebildeten Gasentwicklungsapparatur in einer Stickstoffatmosphäre mit Methylalkohol zersetzt. In der Alkoholatlösung bestimmt man z. B. Kalium als Kaliumchloroplatinat und im Filtrat davon Natrium gewichtsanalytisch als Natriumsulfat. Man kann auch zunächst beide Metalle zusammen als Sulfate wägen, sodann das Kalium als Kaliumperchlorat ermitteln und nach Umrechnung desselben auf Sulfat aus der Differenz der Sulfate den Natriumgehalt berechnen. Hierzu wäre allerdings erforderlich, daß vor der Bestimmung des Kaliums mit Perchlorat das Sulfat ausgefällt wird. Kalium kann auch als Tetraphenylborkalium mit Kalignost bestimmt werden. Für beide Komponenten der Legierungen kommt auch die verhältnismäßig einfache, flammenspektrometrische Bestimmung in Betracht.

Anwendungsbereich und Bedeutung. Das Verfahren entspricht dem der Untersuchung von Kalium und Natrium, nur ist nicht zu empfehlen, das entwickelte Gasvolumen zu bestimmen, da die indirekte Analyse auf der Basis der Wasserstofferzeugung mit zu großen Fehlern behaftet ist.

Genauigkeit. 2.

Dauer. 10 Std.

Ausführung. Die Kalium-Natrium-Legierungen werden in kleinen eisernen Behältern aufbewahrt. Daraus entnimmt man mittels einer sorgfältig getrockneten und mit Stickstoff gefüllten Meßpipette, die einen Saugkolben aus Glas besitzt, etwa 1 bis 2 g der flüssigen Legierung und gibt sie in ein trockenes, mit Stickstoff gefülltes und gewogenes Wägegläschen. (Vorsicht! Schutzbrille, Kopfbedeckung!) Der Stickstoff muß vorher durch Überleiten über glühende Kupferwolle, Ätznatron, Phosphorpentoxyd und Schwefelsäure (1,84) von Sauerstoff, Kohlendioxyd und Wasser befreit werden.

Das mit der Kalium-Natrium-Legierung beschickte Wägegläschen wird nach dem Erkalten gewogen und dann ohne seinen Deckel in einen mit Stickstoff gefüllten 150 ml-Rundkolben gegeben. Dieser wird an die auf S. 347 abgebildete Gasentwicklungsapparatur angeschlossen, d. h. er wird mit einem doppelt durchbohrten Gummistopfen verschlossen, durch dessen eine Bohrung ein Tropftrichter und durch dessen andere Bohrung ein kleiner LIEBIGscher Kühler eingeführt ist.

Nach nochmaligem kurzem Einleiten von trockenem Stickstoff durch den Tropftrichter in den Rundkolben wird der LIEBIGsche Kühler mit der etwa 1 l fassenden, mit gesättigter Kochsalzlösung gefüllten Gasmeßbürette verbunden. Dann werden bei geöffnetem Hahn der Gasmeßbürette und gesenkter Niveauflasche durch den Tropftrichter vorsichtig 50 ml Methylalkohol in den Rundkolben gegeben. (Vorsicht! Schutzbrille, Drahtschutz!)

Ist das Material vollständig gelöst, so wird der Rundkolben mit Inhalt quantitativ von der Apparatur entfernt und die alkoholische Lösung in einen 250 ml-Meßkolben übergespült.

1. Trennung mit Hexachloroplatinsäure

Nach dem Auffüllen des Meßkolbens bei Zimmertemperatur werden 50 ml der Lösung in eine Porzellanschale pipettiert, mit Salzsäure schwach angesäuert und zur Ausfällung des Kaliums mit einem genügend großen Überschuß an Hexachloroplatinsäurelösung versetzt.

Die Lösung wird dann auf dem Wasserbade zur Trockne gedampft, der Eindampfrückstand mit etwa 20 ml Äthylalkohol aufgenommen und nach Zerreiben mit einem Glaspistill durch einen bei 100° getrockneten und gewogenen Porzellanfiltertiegel filtriert. Nach mehrmaligem Waschen des Niederschlages von Kaliumchloroplatinat mit Äthylalkohol wird er bei 100 bis 105° getrocknet und gewogen.

$$\frac{\text{Auswaage} \cdot 500 \cdot 0{,}1603}{\text{Einwaage}} = \%\ \text{Gesamtkalium}$$

Das Filtrat, welches alles Natrium als Natriumchloroplatinat enthält, wird in einer Porzellanschale auf dem Wasserbade zur Trockne eingedampft. Dann wird durch vorsichtiges Erhitzen der Porzellanschale über freier Flamme das Natriumchloroplatinat in Natriumchlorid + Platin umgewandelt. Dabei darf wegen der Gefahr des Verflüchtigens von Kochsalz nicht zu hoch erhitzt werden. Die Umwandlung ist meist schon nach einmaligem Erhitzen in der Porzellanschale vollständig. Sollte dennoch das Filtrat des mit warmem Wasser aufgenommenen Schaleninhaltes gelb gefärbt sein, so wird dieses nochmals in der Porzellanschale eingedampft und das Erhitzen über freier Flamme wiederholt. Ist nunmehr das Platinfiltrat vollkommen farblos und klar, so wird es in eine gewogene Platinschale übergespült, mit wenig Schwefelsäure versetzt, eingedampft, abgeraucht, geglüht und gewogen. Um sicher zu sein, daß alles Natrium als Sulfat und nicht teilweise als Pyrosulfat vorliegt, wird das Glühen unter Zugabe von etwas reinstem, kristallisiertem Ammoniumcarbonat wiederholt.

$$\frac{\text{Auswaage} \cdot 500 \cdot 0{,}3238}{\text{Einwaage}} = \%\ \text{Gesamtnatrium}$$

2. Trennung mit Überchlorsäure

Aus dem Meßkolben werden 50 ml in eine gewogene Platinschale pipettiert, mit Schwefelsäure schwach angesäuert und zur Trockne abgedampft. Der Abdampfrückstand, der die Alkalien als Sulfate enthält, wird geglüht und das Glühen nach Hinzufügen von Ammoniumcarbonat wiederholt. Sodann wird er gewogen. Nach dem Auflösen mit wenig Wasser und Umsetzung der Sulfate in Chloride (s. S. 337) wird durch Hinzufügen von Überchlorsäure das Kalium als Kaliumperchlorat, wie auf S. 337 beschrieben, abgeschieden und bestimmt. Es wird als Sulfat berechnet (Umrechnungsfaktor: 0,6288) und dieses von dem Gewicht der Gesamtsulfate abgezogen. Die Gewichtsdifferenz entspricht dem Natriumsulfatgehalt. Die Metalle ergeben sich durch Umrechnung mit den Faktoren:

$$K_2SO_4/K = 0{,}4487$$
$$Na_2SO_4/Na = 0{,}3238$$

Kapitel 17

Kobalt*

Inhalt

---

*	1. Auflage	2. Auflage
Bearbeiter:	**Ahrens**	**Ahrens, Borkenstein**
Mitarbeiter:	**Ipawitz, Müller, Schaarwächter, Wagenmann †**	**Masuch, Müller**

A. Vorkommen

Kobaltverbindungen kommen zwar auf der Erde ziemlich weit verbreitet vor, in der Regel in Gemeinschaft mit Nickel, doch treten geschlossene, abbaufähige Erzlager nur verhältnismäßig selten auf. Die ergiebigsten Kobaltvorkommen liegen in Kanada, Kongogebiet, Marokko, Queensland und auf Neukaledonien. In Deutschland befinden sich wirtschaftlich bedeutende Kobaltvorkommen im sächsischen Erzgebirge in der Silber-Kobalt-Nickel-Wismut-Uran-Formation bei Aue. Kleinere Lager liegen in Schlesien bei Frankenstein, im Schwarzwald im Kinzigtal und im Siegerland.

In den ausgesprochenen Kobaltmineralien liegt das Kobalt als Arsenid, Sulfid oder Oxyd vor. Hierher gehören der *Speiskobalt* (wahrscheinlich ein Polyarsenid von der Zusammensetzung $CoAs_2$, $CoAs_3$, Co_2As_3, Co_2As_5) mit einem Kobaltgehalt von 28,1%, der *Glanzkobalt* (CoAsS, ein Sulfarsenid) mit 35,4% Kobalt und die *Kobaltblüte* ($Co_3As_2O_8 \cdot 8H_2O$), ein oxydisches Zersetzungsprodukt mit 37,5% CoO.

Das Kobalt ist ferner in isomorpher Mischung ein ständiger Begleiter aller Nickelerze, so z. B. im *Weißnickelkies* ($NiCoAs_2$) und im *Arsennickelglanz* (NiFeCoAsS). Hierbei treten sehr wechselnde Kobalt- und Eisengehalte auf.

Schließlich findet sich das Kobalt noch in Spuren in fast allen sulfidischen und arsenidischen Mineralien, z. B. im Schwefelkies bis zu 2% Co und in allen oxydischen Manganerzen, z. B. im schwarzen *Erdkobalt* $[Co(Mn)OMnO_2] \cdot 4H_2O$, mit bis zu 15% Co. Kobalt ist auch in Manganschlacken, Speisen, Krätzen und manchen Grubenwässern vorhanden, aus denen es gewonnen wird.

B. Qualitativer Nachweis

Kaliumnitrit fällt aus einer mit Essigsäure angesäuerten, kobalthaltigen Lösung gelbes $K_3[Co(NO_2)]_6$ aus. Reagiert die zu prüfende Lösung stark sauer, so wird sie vor der Fällung mit Soda neutralisiert und mit Essigsäure schwach angesäuert. Die Abscheidung erfolgt langsam, oft erst nach Stunden. Zur rascheren Abscheidung kann eine gesättigte Kaliumchloridlösung zugesetzt werden.

Gibt man zu einer kobalthaltigen Lösung Kalium- oder Ammoniumthiocyanat, so entsteht eine tiefrote Färbung, die beim Zugeben von Alkohol (Amylalkohol ist besonders geeignet, da mit Wasser nicht mischbar) in Blau umschlägt.

α-Nitroso-β-Naphthol gibt mit einer neutralen oder schwach alkalischen, kobalthaltigen Lösung eine weinrote Färbung bzw. einen roten Niederschlag von Kobalt-Nitroso-β-Naphthol, der beim Ansäuern mit verdünnter Schwefelsäure nicht verschwindet. Man stellt das Reagenz her durch Lösen von 0,1 g α-Nitroso-β-Naphthol in 20 ml Wasser und 1 ml 2 n-Natronlauge. Die Lösung wird gekocht, filtriert, auf 200 ml verdünnt und vor Zugabe zu der zu prüfenden Lösung mit dem gleichen Volumen einer 2 n-Ammoniumchloridlösung versetzt.

C. Analysenverfahren bei der Gewinnung des Kobaltmetalls

Durch Schmelzprozesse allein kann das Kobalt nicht gewonnen werden, da seine metallurgischen Eigenschaften von denen der Begleitmetalle nur wenig verschieden sind. Daher benötigt man für seine Gewinnung eine Kombination von Schmelzprozessen, naßmetallurgischen Verfahren und gegebenenfalls der Elektrolyse.

I. Kobaltführende Erze

Neben den Kobalterzen arsenidischer Natur in Canada, die beträchtliche Mengen Silber enthalten, und denjenigen in Marokko, die nennenswerte Goldgehalte aufweisen, läßt man auch die geringen Mengen Kobalt, wie sie in Schwefelkiesen, Zinkblenden, Blei- und Manganerzen auftreten, nicht unbeachtet, sondern gewinnt sie nach vorbereitenden Arbeiten durch Laugung mit Säuren und Fällung mit Chlor und Zinkoxyd.

Die vorbereitenden Maßnahmen sind für die Bestimmung des Kobalts in Erzen dieselben wie für die des Nickels in nickelführenden Erzen (s. S. 541).

Nach dem Abscheiden des Siliciumdioxyds, dem Abtrennen der Metalle der Schwefelwasserstoffgruppe und dem Entfernen von Eisen, Aluminium und Mangan wird das Kobalt zunächst zusammen mit Nickel elektrolytisch niedergeschlagen, sofern die Probe kein Zink enthält. Andernfalls wird das Kobalt durch Fällen mit α-Nitroso-β-Naphthol abgetrennt und aus dieser Fällung entweder als Kobaltsalz des α-Nitroso-β-Naphthols oder nach dem Glühen dieses Salzes als Co_3O_4 oder auch nach dem Abrauchen mit Schwefelsäure elektrolytisch als Metall bestimmt.

Der elektrolytische Kobalt-Nickel-Niederschlag wird nach einer der im folgenden beschriebenen Methoden auf Kobalt untersucht.

Für Kiesabbrände ist die potentiometrische Bestimmung mit Kaliumhexacyanoferrat(III)-Lösung nach Abtrennung des Kobalts von Eisen und Mangan mit Xanthogenat üblich. Das Kobalt kann auch unmittelbar photometrisch als Ammoniumthiocyanatkomplex oder nach Abtrennung störender Elemente mit Nitroso-R-Salz bestimmt werden.

1. Methoden zur Bestimmung des Kobalts

Im Anschluß an die im Kapitel Nickel, S. 541, beschriebene Vorbereitung erfolgt die Bestimmung des Kobalts:

a) Elektrolytisch

Grundlage. Das Kobalt wird in gleicher Weise wie das Nickel nach dem Entfernen aller störenden Elemente der Schwefelwasserstoff- und Ammoniumsulfidgruppe und der störenden Anionen, wie NO_3' und Cl', elektrolytisch niedergeschlagen.

Anwendungsbereich und Bedeutung. Die elektrolytische Kobaltbestimmung läßt sich auf alle normalen Gehalte und Materialien anwenden.

Genauigkeit. 1.

Dauer. Die Kobaltabscheidung erfordert geringere Stromdichte als die Nickelabscheidung und deshalb längere Zeitdauer; die Abscheidung von 0,1 g Kobalt läßt sich aber durch Bewegen des Elektrolyten auf 1 Std. abkürzen.

Ausführung. Nach vorausgegangener Abtrennung der Elemente der Schwefelwasserstoffgruppe sowie der übrigen Metalle der Ammoniumsulfidgruppe dampft man die nur noch Kobalt und gegebenenfalls Nickel enthaltende Lösung mit Schwefelsäure ein. Ist ein Abrauchen der Lösung mit Schwefelsäure infolge eines zu hohen Ammoniumsalzgehaltes nicht ratsam, so fällt man geringe Kobaltmengen aus der Ammoniumsalzlösung mit Ammoniumsulfid aus und fügt, um den Niederschlag leichter filtrierbar zu machen, etwas Bleiacetatlösung hinzu. Den abfiltrierten Niederschlag löst man in Salpetersäure und raucht die Lösung mit Schwefelsäure ab. Nach dem Aufnehmen mit Wasser wird das ausgeschiedene Bleisulfat abfiltriert.

Bei größeren Kobaltmengen und bei Anwesenheit von Zink trennt man das Kobalt durch Fällen mit α-Nitroso-β-Naphthol von den Ammoniumsalzen und von etwa vorhandenem Nickel ab und verfährt weiter, wie unter b) beschrieben.

Nach dem Erkalten und Verdünnen auf 100 ml wird die Kobaltlösung in 100 ml Ammoniak (0,91), dem 5 bis 10 g Ammoniumsulfat zugefügt werden, gegossen. — Ammoniak muß in besonders großem Überschuß vorhanden sein, weil sich sonst $Co(OH)_3$ an der Anode bilden könnte.

Man elektrolysiert meist bei gewöhnlicher Temperatur mit Platinblech- oder -netzelektroden. Durch Erwärmen oder Rühren ist eine Beschleunigung der Abscheidung möglich. Die Stromdichte beträgt 0,5 bis 1 A/dm^2 oder 3 A/dm^2 bei bewegtem Elektrolyten. Ein Zusatz von 1 g Hydrazin- oder Hydroxylaminsulfat fördert die Abscheidung.

Die Prüfung auf Vollständigkeit der Abscheidung erfolgt nach Entnahme eines Tropfens des Elektrolyten mit Ammoniumsulfid. Man spült die Kathode mit Wasser und Alkohol nach. Für eine einwandfreie Kobaltbestimmung gelten die gleichen Voraussetzungen wie für Nickel.

Fehlerquellen. Eine zu lang ausgedehnte Elektrolyse verursacht u. U. zu hohe, ein zu niedriger Ammoniakgehalt zu geringe Befunde. — Im Elektrolyt anwesendes Eisen(III)-hydroxyd absorbiert Kobalthydroxyd. — Das angewandte Ammoniak und das Ammoniumsulfat müssen frei von Pyridin sein.

Die *Bestimmung des mitabgeschiedenen Nickels* erfolgt je nach dem Verhältnis von Nickel- zu Kobaltgehalt entweder unmittelbar mit Diacetyldioxim, wie im Kapitel Nickel beschrieben, oder aber, wenn das Verhältnis von 1 Teil Nickel auf 100 Teile Kobalt unterschritten wird, nach vorheriger Abtrennung nach LIEBIG, FEIGL oder SILVERMANN. Eine photometrische Bestimmung gestattet nach Extraktion des Nickeloximkomplexes noch die Bestimmung von 1 Teil Nickel neben 100000 Teilen Kobalt.

α) *Nickelbestimmung im Kobalt nach Liebig*

Die elektrolytisch abgeschiedenen Metalle löst man mit verdünnter Salpetersäure von der Kathode ab, überführt die Lösung in einen weithalsigen 300 ml-ERLENMEYER-Kolben und neutralisiert sie mit Natronlauge. Einen etwa entstehenden Niederschlag bringt man mit einigen Tropfen Salzsäure wieder in Lösung. Nun gibt man Kaliumcyanidlösung (100 g/l) hinzu, bis der zunächst entstehende Niederschlag gelöst ist, versetzt die Lösung zur Fällung des Nickels mit 50 ml hypochlorithaltiger Natronlauge und erwärmt sie langsam bis auf 80°. Auf diesem Wege wird das Nickel aus seiner Cyankomplexverbindung als Hydroxyd ausgefällt, während das Kobalt in Lösung bleibt.

Der schwarzbraune Niederschlag von Nickel(III)-hydroxyd wird abfiltriert, mit warmem Wasser ausgewaschen und in Salzsäure gelöst. Das Nickel wird sodann als Nickeldiacetyldioxim (s. Kapitel Nickel, S. 542) bestimmt.

Hypochlorithaltige Natronlauge stellt man aus käuflicher Bleichlauge her, die man mit Soda versetzt. Sie soll im Liter etwa 50 g Natriumhydroxyd und 60 g Chlor enthalten.

β) *Nickelbestimmung im Kobalt nach Feigl*

Der Methode liegt die verschiedene Beständigkeit der Cyankomplexsalze des Nickels und Kobalts zugrunde. Während die Lösung des mit Wasserstoffperoxyd oxydierten Kobaltcyankomplexes auf Zusatz von Formaldehyd völlig unverändert bleibt, wird die der Nickelcyanverbindung unter Bildung von Nickelcyanid und der Kaliumverbindung des Glykolsäurenitrils zersetzt.

Das Verfahren läßt sich zur Bestimmung kleinster Mengen Nickel im Kobaltmetall, in Kobaltsalzen und auch in Erzen anwenden. Eisen und Mangan stören und müssen vorher entfernt werden. Die Kobalt und Nickel enthaltende Lösung wird mit gesättigter Kaliumcyanidlösung versetzt, bis der zunächst entstehende Niederschlag wieder in Lösung geht. Dann wird zur Überführung des gebildeten Kaliumkobalt(II)-cyanids in das Kaliumkobalt(III)-cyanid 3proz. Wasserstoffperoxydlösung hinzugegeben und einige Minuten erwärmt. Falls die Lösung hiernach nicht honiggelb erscheint, muß noch mehr Wasserstoffperoxyd zugesetzt werden. Um dessen Überschuß zu entfernen, wird die Lösung dann unter öfterem Umrühren bis auf ein Viertel ihres ursprünglichen Volumens eingeengt. Sollte es dabei zur Bildung eines kleinen Niederschlages kommen, der durch weiteren Kaliumcyanidzusatz nicht in Lösung geht, so wird filtriert; das klare Filtrat wird auf 200 bis 300 ml verdünnt. Hierauf setzt man kristallisiertes Diacetyldioxim im Überschuß hinzu und erwärmt die Lösung auf 50 bis 60°, versetzt sie unter Umrühren mit Formaldehyd, bis sein Geruch vorherrscht, und läßt sie $1^1/_2$ Std. stehen. Man filtriert sodann den Niederschlag, dem auch Diacetyldioxim beigemengt ist, ab, löst das Ganze in verdünnter Salzsäure, filtriert wieder und fällt nun in dem klaren Filtrat das Nickel in bekannter Weise mit Diacetyldioximlösung (1 g in 100 ml Äthanol).

γ) *Nickelbestimmung im Kobalt nach Silvermann*

Das Verhältnis Nickel zu Kobalt muß mindestens 1 : 200 betragen. Das Verfahren, das zur Bestimmung des Nickels in Kobaltstählen ausgearbeitet wurde, läßt sich in Gegenwart von Wolfram, Molybdän, Chrom, Eisen, Mangan, Niob und Titan durchführen.

Die das Nickel und Kobalt enthaltende Lösung wird mit 100 ml Pufferlösung für Kobalt (s. unten) und 60 ml Ammoniak (0,91), danach zur Oxydation des Kobalts mit einer genügenden Menge Kaliumhexacyanoferrat(III)-Lösung (100 g/l) versetzt (6 ml für je 0,1 g Kobalt oder Mangan). Nach gutem Umrühren fügt man 50 ml Alkohol und 100 ml alkalische Diacetyldioximlösung hinzu, rührt wieder um und stellt nach 10 min die Lösung mit Eisessig auf einen p_H-Wert von 8 ein. Darauf bleibt sie mehrere Stunden, bei Nickelmengen unter 5 mg am besten über Nacht, stehen. Nun filtriert man den Niederschlag ab, löst ihn in Salzsäure und fällt das Nickel nochmals mit einer alkoholischen Diacetyldioximlösung aus (s. Kapitel Nickel, S. 542). Falls erforderlich, kann die Fällung auch in Gegenwart von Weinsäure vorgenommen werden.

Pufferlösung für Kobalt. 500 g Zitronensäure werden in 1000 ml Wasser + 675 ml Ammoniak (0,91) gelöst.

Alkalische Diacetyldioximlösung. Man löst 5 g Kaliumhydroxyd in 100 ml Wasser, fügt 10 g Diacetyldioxim hinzu, rührt, bis sich alles gelöst hat, und füllt die Lösung mit Wasser auf 250 ml auf.

Literatur. Feigl, F., u. H. J. Kapulitzas: Z. analyt. Chem. Bd. 82 (1930) S. 417. — Silvermann, L., u. H. K. Lembersky: Anal. Chem. Bd. 21 (1949) Nr. 8, S. 983—994.

δ) *Photometrische Nickelbestimmung im Kobalt*

Grundlage. Siehe Kapitel Nickel, S. 544.

Anwendungsbereich und Bedeutung. Die Methode gestattet, im Kobaltmetall oder in Kobaltsalzen Nickelgehalte von 0,001 bis 2% zu bestimmen.

Genauigkeit. 1.

Dauer. 2 Std.

Ausführung. 1 g Kobaltmetall wird in einem 500 ml-Erlenmeyer-Kolben mit 50 ml Salpetersäure (1 + 1) gelöst und die Lösung auf ungefähr 10 ml Volumen eingeengt. Man verdünnt mit 100 ml Wasser, spült in einen Meßkolben über, kühlt ab und füllt zur Marke auf. Je nach dem Nickelgehalt wird eine 10 bis 20 mg Einwaage entsprechende Abmessung genommen und in einem zylindrischen Scheidetrichter mit Glockenrührer mit den folgenden Reagenzien in der angegebenen Reihenfolge unter ständigem Rühren versetzt.

10 ml Natriumcitratlösung (200 g/l),
5 ml Hydroxylaminlösung (100 g/l),
30 ml methylalkoholische Diacetyldioximlösung (10 g/l),
3 Tropfen Phenolphthaleinlösung.

Dann macht man ammoniakalisch und setzt 1 bis 2 Tropfen Ammoniak (0,91) im Überschuß zu. Weiterhin verfährt man, wie im Kapitel Nickel auf S. 544 beschrieben.

b) Durch Fällen mit α-Nitroso-β-Naphthol

Grundlage. Kobalt(III)-acetat und -chlorid geben mit α-Nitroso-β-Naphthol eine Komplexverbindung, die in essigsaurer oder schwach salzsaurer Lösung quantitativ in reiner Form ausfällt und nach dem Trocknen die Zusammensetzung hat: $Co[C_{10}H_6O(NO)]_3 \cdot 2H_2O$ mit 9,639% Kobalt.

Anwendungsbereich und Bedeutung. Das Verfahren ist anwendbar auch auf Lösungen, die außer Kobalt noch Nickel und Zink enthalten können. In salzsaurer Lösung gelingt die Trennung vom Nickel und Zink am besten.

Genauigkeit. 1.

Dauer. 3 bis 4 Std.

Ausführung. Die Fällung mit α-Nitroso-β-Naphthol liefert besonders bei geringen Kobaltgehalten genaue Werte. Die Ausführung kann in essigsaurer oder in salzsaurer Lösung erfolgen.

α) *In essigsaurer Lösung*

Die schwach schwefel-, salz- oder salpetersaure, völlig eisenfreie Kobaltlösung mit einem Gehalt von höchstens 50 mg Kobalt engt man auf etwa 20 ml ein, versetzt sie nach dem Erkalten mit 10 Tropfen 30proz. Perhydrol und übersättigt sie schwach mit frisch filtrierter Natronlauge (100 g/l). Den entstandenen Niederschlag bringt man mit 20 bis 30 ml Eisessig wieder in Lösung, verdünnt die Lösung mit siedendem Wasser auf 200 ml und fällt das Kobalt mit 10 bis 50 ml der Reagenzlösung, die aus reinem α-Nitroso-β-Naphthol und Essigsäure bereitet und mit dem gleichen Volumen Wasser verdünnt wurde. (2 g α-Nitroso-β-Naphthol werden in 100 ml 50proz. Essigsäure gelöst; die Lösung ist kurz vor dem Gebrauch herzustellen und zu filtrieren.) Durch Umrühren der heißen Lösung ballt sich der Niederschlag zusammen und läßt sich gut auf einen Glas- oder Porzellanfiltertiegel abfiltrieren. Nach dem Auswaschen mit heißer, 33proz. Essigsäure und heißem Wasser wird er bei 130° bis zur Gewichtskonstanz getrocknet.

$$\frac{\text{Auswaage} \cdot 9{,}639}{\text{Einwaage}} = \%\ \text{Co}$$

β) *In salzsaurer Lösung*

Die schwach salzsaure Kobaltlösung wird siedend heiß mit einem kleinen Überschuß von α-Nitroso-β-Naphthol in 2proz. alkoholischer Lösung versetzt und kurz aufgekocht. Nach 2 Std. wird der rote Niederschlag abfiltriert und zunächst mit heißer Salzsäure (1 + 5), dann mit heißem Wasser ausgewaschen. Das Filter verascht man unter Zusatz von etwas Oxalsäure im Porzellantiegel und glüht den Rückstand. Ist dieser gering, so wird er unmittelbar als Co_3O_4 gewogen. — Beim Einhalten einer Glühtemperatur von 800 bis 900° und bei Benutzung eines elektrisch beheizten Ofens und reichlichem Luftzutritt werden einwandfreie Resultate erhalten. — Größere Mengen von Kobaltoxyd löst man in Salzsäure und führt sie durch Abrauchen der Lösung mit Schwefelsäure oder aber unmittelbar durch Schmelzen mit Kaliumhydrogensulfat in Kobaltsulfat über, aus dem dann das Kobalt elektrolytisch abgeschieden wird.

Fehlerquellen. Die Kobaltlösungen müssen frei von allen störenden Metallen (s. unten) sein. Der Überschuß an Reagenz ist aus dem Kobaltniederschlag vollständig herauszuwaschen. Die Fällung muß sich gut zusammengeballt haben, sonst könnten Verluste beim Filtrieren eintreten. Auch durch Verpuffen beim Veraschen können Verluste entstehen; aus diesem Grunde ist dabei unbedingt Oxalsäure zuzusetzen.

Literatur. Mayr, C., u. F. Feigl: Z. analyt. Chem. Bd. 90 (1932) S. 15. — Ilinski, M., u. G. v. Knorre: Ber. dtsch. chem. Ges. Bd. 18 (1885) S. 699. — Ahrens, R: Analyse der Metalle, Bd. I, 2. Aufl., S. 193. — Wagenmann, K.: Metall u. Erz (1921) S. 17 u. 447. — Brintzinger, H., u. B. Hesse: Z. analyt. Chem. Bd. 122 (1941) S. 241.

Bemerkung. Bei der Vorbereitung der mit α-Nitroso-β-Naphthol zu fällenden Kobaltlösung können die störenden Metalle mit *Zinkoxyd* abgetrennt werden. Man kann auch das Eisen vom Kobalt durch *Abscheidung als Eisenphosphat* trennen. Bei diesen beiden Methoden verfährt man wie folgt:

γ) *Abtrennung der störenden Metalle mit Zinkoxyd*

Je nach dem Kobaltgehalt werden 1 bis 10 g der feingepulverten und bei 105° getrockneten Probe (die zu fällende Kobaltmenge darf nicht mehr als 0,05 g betragen) mit 20 bis 80 ml Salzsäure (1,19) zersetzt. Die Lösung wird mit Salpetersäure (1,40) oxydiert und zur Trockne gedampft. Nach dem Aufnehmen mit Salzsäure wiederholt man das Eindampfen zur Trockne, befeuchtet dann die trockenen Salze mit 10 bis 35 ml Salzsäure (1,19), erwärmt und verdünnt die Lösung mit der doppelten Menge heißen Wassers. Der ungelöste Rückstand wird abfiltriert, mit heißem Wasser ausgewaschen, im Platintiegel geglüht und mit Fluß- und Schwefelsäure abgeraucht. Der im Tiegel verbliebene Rückstand wird sodann mit Natriumkaliumcarbonat aufgeschlossen und die Schmelze in Wasser und verdünnter Salzsäure gelöst. Die klare Lösung vereinigt man mit dem Hauptfiltrat und engt letzteres zum Entfernen der überschüssigen Säure weitgehend ein. Darauf wird die Lösung je nach der Einwaage in einen 0,5- oder 1 l-Meßkolben übergespült, auf 80° erwärmt und nach und nach mit einer alkalifreien Aufschlämmung von Zinkoxyd in heißem Wasser versetzt. Nach jedem Zusatz schüttelt man kräftig durch, bis sich der Eisenniederschlag zusammenballt. Ein Überschuß von Zinkoxyd ist zu vermeiden. Sobald der anfangs dunkelbraune Niederschlag eine hellbraune Färbung angenommen hat und die überstehende Flüssigkeit eine leichte, weiße Trübung aufweist, muß mit dem Zusatz von Zinkoxyd aufgehört werden. Die erkaltete Lösung wird zur Marke aufgefüllt und durch ein Faltenfilter filtriert. Vom Filtrat entnimmt man die Hälfte des Meßkolbenvolumens und engt die Abmessung nach Zusatz von 5 bis 10 ml Salzsäure (1,19) auf 300 ml ein. Nun werden zu der kochenden Lösung 10 bis 50 ml 2proz. alkoholische α-Nitroso-β-Naphthollösung (das 20fache Gewicht des vorhandenen Kobalts) zugegeben; danach wird die Lösung 1 Std. bei 60° und 1 weitere Std. kalt stehengelassen. Nach dieser Wartezeit bringt man den Niederschlag auf ein doppeltes, aschefreies Filter und wäscht ihn zuerst mit heißer Salzsäure (1 + 5), dann mit heißem Wasser aus. Eine gelbe Trübung des Waschwassers kann vernachlässigt werden, weil sie von ausgeschiedenem Fällungsmittel herrührt. In dem Niederschlag wird das Kobalt wie bei b) β), S. 356, bestimmt.

Genauigkeit. 1.

Dauer. 4 bis 5 Std.

δ) *Abtrennung des Eisens als Phosphat*

Grundlage. Das Eisen wird bei p_H 3 bis 3,5 kobaltfrei als Phosphat abgetrennt. Im Filtrat wird das Kobalt entweder mit α-Nitroso-β-Naphthol gefällt und als Co_3O_4 gewogen oder elektrolytisch bestimmt.

Anwendungsbereich und Bedeutung. Das Verfahren ist zur Trennung von Kobalt und Eisen in jedem Mengenverhältnis geeignet.

Genauigkeit. 1.

Dauer. 4 bis 5 Std.

Ausführung. Die Einwaage, die höchstens 0,3 g Eisen enthalten soll, wird, wie im Kapitel Nickel unter C. I. 1., S. 541, beschrieben, aufgeschlossen. Nach Abtrennung der Metalle der Schwefelwasserstoffgruppe verkocht man den Schwefelwasserstoff und verdünnt die Lösung auf 350 ml. Sodann fügt man für je 0,1 g Eisen 25 ml der „Trennlösung“, dann noch einen Überschuß von 10 ml hinzu. Ist Aluminium vorhanden, so gibt man für je 0,1 g Aluminium weitere 42 ml „Trennlösung“ hinzu, desgleichen bei Anwesenheit von Titan und Zirkon, die quantitativ mitgefällt werden. Nun wird die Lösung unter Rühren mit Ammoniak versetzt, bis rotes Lackmuspapier sich blau färbt, und anschließend durch Zugeben von 10 ml Essigsäure (1,06) auf p_H 3 bis 3,5 (MERCKS Universal-Indicatorpapier) eingestellt. Das anfänglich mitgefallene Kobalt geht hierbei wieder in Lösung. Darauf gibt man 20 ml 3proz. Wasserstoffperoxydlösung hinzu, kocht kurz auf (Vorsicht! Stoßen), filtriert den Niederschlag auf ein Schwarzband- oder Faltenfilter ab und wäscht ihn 7- bis 8mal mit heißer 2,5proz. Essigsäure aus. Im Filtrat wird der Überschuß an Wasserstoffperoxyd durch Kochen entfernt und das Kobalt entweder nach dem Ansäuern mit Salzsäure mit α-Nitroso-β-Naphthol gefällt oder nach Hinzufügen von 5 g Borax, 10 ml Schwefelsäure (1 + 1) und 50 ml Ammoniak (0,91) elektrolytisch abgeschieden.

„*Trennlösung*“. 34 g Trinatriumphosphat ($Na_3PO_4 \cdot 12H_2O$) werden in Wasser zu 1 l gelöst.

Fehlerquellen. Aluminium, Zirkon, Titan und Uran fallen quantitativ als Phosphate aus. Beim Vorliegen von Uran muß die Fällung wiederholt werden, weil der Niederschlag Kobalt zurückhält. Mangan und Chrom werden nur teilweise mitgefällt und können, wenn große Mengen vorliegen, bei der Elektrolyse stören. Das gleiche gilt für Magnesium, Calcium, Strontium und Zink. Zink wird zusammen mit dem Eisen gefällt, wenn der p_H-Wert der Lösung sorgfältig bei 4,8 bis 4,5 gehalten wird. Nickel bleibt in Lösung und wird bei der Elektrolyse quantitativ mitbestimmt.

Literatur. YOUNG, R. S., u. A. J. HALL: Ind. Engng., chem. analyt. Edit. Bd. 18 (1946) S. 262—264.

c) Maßanalytisch mit potentiometrischer Endpunktanzeige

Grundlage. Das Kobalt wird durch eine einmalige Fällung mit Kaliumxanthogenat vom Eisen und Mangan getrennt und nach Auflösen und Abrauchen mit Salpeter- und Schwefelsäure in ammoniakalischer Lösung mit einer Kaliumhexacyanoferrat(III)-Lösung bekannten Gehaltes oxydiert.

Anwendungsbereich und Bedeutung. Das Verfahren kann zur Bestimmung von Kobaltgehalten zwischen 0,005 bis zu 0,5% angewandt werden und eignet sich deshalb besonders zur Bestimmung des Kobaltgehaltes von Kiesabbränden.

Genauigkeit. 1.

Dauer. 8 Std.

Ausführung. 5 g Erz werden in Salzsäure (1,19) unter Zusatz von Flußsäure gelöst; die Lösung wird mit Salpetersäure (1,4) und Schwefelsäure (1,84) bis zum Rauchen der letzteren eingedampft. Man nimmt dann die Sulfate mit Wasser auf und filtriert das Bleisulfat und das Ungelöste ab. Nach Zusatz von 50 ml Zitronensäurelösung (560 g Zitronensäure werden in 1 l Wasser gelöst) wird das Filtrat mit Ammoniak neutralisiert und mit Essigsäure angesäuert. Bei kupferarmen Erzen setzt man nun noch 50 mg Kupfer in Form von Kupfersulfat hinzu und fällt in der kalten Lösung, deren Volumen ungefähr 500 ml betragen soll, Kupfer und Kobalt durch Zugeben von 5 g in 100 ml Wasser gelöstem Kaliumxanthogenat aus. Der Niederschlag bleibt einige Stunden unter öfterem Umrühren stehen, wird darauf abfiltriert, mit kaltem Wasser sorgfältig ausgewaschen und in das Fällungsgefäß zurückgespritzt. Nach dem Veraschen des Filters löst man den Rückstand in Königswasser, gibt die Lösung zum Niederschlag, setzt Salpetersäure (1,4) sowie Schwefelsäure (1,84) hinzu und dampft das Ganze zur Trockne. Der Abdampfrückstand wird mit wenig heißem Wasser aufgenommen und die Lösung gut gekühlt. Danach spült man die schwach saure Lösung in ein 250 ml-Becherglas über, welches 5 ml Ammoniumcitratlösung, 30 ml Ammoniak (0,91) und eine überschüssige Menge einer eingestellten Kaliumhexacyanoferrat(III)-Lösung enthält. Hierbei darf keine Erwärmung eintreten, da das Kobalt in ammoniakalischer Lösung beim Erwärmen schon durch den Luftsauerstoff oxydiert werden kann. Nun titriert man unter Benutzung eines Röhrenvoltmeters und einer Kalomel-Platinelektrode den Überschuß an Kaliumhexacyanoferrat(III)-Lösung mit je 2 Tropfen einer eingestellten Kobaltnitratlösung bis zum größten Potentialsprung zurück.

Bei 5 g Einwaage und einem Kobaltgehalt von 0,5 mg je ml der Kobaltnitratlösung sowie bei Verwendung einer entsprechend eingestellten Kaliumhexacyanoferrat(III)-Lösung entspricht jedes ml Kaliumhexacyanoferrat(III)-Lösung einem Hundertstelprozent Kobalt.

Lösungen. *Kobaltnitratlösung:* 2,5 g Kobaltnitrat (Merck) werden in Wasser zu 1 l gelöst. Die Kontrolle des Kobaltgehaltes erfolgt elektrolytisch. Zur Herstellung der *Kaliumhexacyanoferrat(III)-Lösung* werden 2,75 g des Salzes in Wasser zu 1 l gelöst. Die Lösung wird auf die Kobaltnitratlösung eingestellt. Die *Ammoniumcitratlösung* bereitet man durch Lösen von 200 g Zitronensäure in Wasser, Verdünnen der Lösung auf 400 ml, Zusetzen von 270 ml Ammoniak (0,91) und Auffüllen zu 1 l.

Fehlerquellen. Das Kaliumxanthogenat muß sich in Wasser klar lösen. Der Niederschlag muß gelb bzw. grüngelb gefärbt sein und darf sich nicht bräunlich verfärben. — Beim Zersetzen des Niederschlages ist darauf zu achten, daß das Xanthogenat restlos zerstört und die beim Abrauchen sich bildende Nitrosylschwefelsäure völlig entfernt werden.

Literatur. Ahrens, R.: Metall u. Erz Bd. 41 (1944) S. 133. — Arch. Eisenhüttenwes. Bd. 9 (1935/36) S. 487—498.

d) Photometrisch

α) *Mit Ammoniumthiocyanat*

Grundlage. Das Kobalt wird unter bestimmten Bedingungen als Ammoniumthiocyanatkomplex $(NH_4)_2Co(SCN)_4$ in acetonhaltiger Lösung photometrisch bestimmt.

Anwendungsbereich und Bedeutung. Die Methode dient zur Bestimmung kleinerer und mittlerer Kobaltgehalte in Erzen und Zwischenprodukten in Gegenwart von Kupfer, Mangan, Nickel und Eisen.

Ausführung. 2,5 g Erz werden in einem 500 ml-Erlenmeyer-Kolben in 25 ml Salzsäure und einigen ml Salpetersäure und Flußsäure gelöst. Die Lösung wird mit 30 ml Schwefelsäure (1 + 1) abgeraucht. Der erkaltete Rückstand wird mit wenig Wasser aufgenommen und die Lösung in einen 200 ml-Meßkolben filtriert. Den Rückstand verascht man in einem Porzellantiegel und schließt ihn mit Kaliumpyrosulfat auf. Nach dem Lösen der Schmelze in Wasser wird filtriert und die erhaltene Lösung mit dem ersten Filtrat im Meßkolben vereinigt. Nach dem Auffüllen zur Marke werden je 10 ml in 2 Meßkolben, die dem Kobaltgehalt entsprechen, abpipettiert und mit Ammoniak (0,91) versetzt, bis ein Niederschlag auftritt, der mit Eisessig wieder gelöst wird. Dann versetzt man die Lösungen mit 150 mg Ascorbinsäure, 2 bis 10 ml einer gesättigten Lösung von Thioharnstoff und 20 ml einer Ammoniumthiocyanatlösung (500 g/l). Zu einem der beiden Kolben gibt man 50 ml Aceton, füllt beide mit Wasser zur Marke auf und bestimmt in der acetonhaltigen Lösung die Extinktion bei 626 mμ gegen die wäßrige Lösung, die als Blindlösung dient.

Es können Kobaltgehalte von 0,05 bis 20% bei entsprechender Küvettenwahl bestimmt werden.

Bemerkungen. Bei Anwesenheit großer Mengen störender Elemente und dadurch bedingter größerer Mengen Maskierungsmittel ist die im Kapitel Nickel, S. 549, beschriebene Ausführungsform (Extraktionsmethode) vorzuziehen.

Literatur. KINNUNEN, J., B. MERIKANTO u. B. WENNERSTRAND: Chemist-Analyst Bd. 43 (1954) S. 21.

β) *Mit Nitroso-R-Salz*

Grundlage. Kobalt wird in saurer Lösung nach Entfernung der störenden Metalle mit Zinkoxyd als Nitroso-R-Salzkomplex photometrisch bestimmt.

Anwendungsbereich und Bedeutung. Die Methode dient zur Bestimmung kleiner Kobaltgehalte in Erzen, Stahl und Eisen.

Genauigkeit. 2.

Dauer. 2 Std.

Ausführung. 1 g Erz wird in einem 200 ml-ERLENMEYER-Kolben mit 25 ml Salzsäure (1,19) und einigen Tropfen Flußsäure gelöst, mit 10 ml Salpetersäure (1,4) versetzt und zur Trockne eingedampft. Der Rückstand wird mit 5 ml Salzsäure (1,19) aufgenommen und mit heißem Wasser in einen 200 ml-Meßkolben übergespült. Die Lösung, die ungefähr 100 ml betragen soll, wird mit 5 g Zinkoxyd versetzt, abgekühlt, zur Marke aufgefüllt, kräftig durchgeschüttelt und filtriert.

50 ml der klaren Lösung werden in einem 200 ml-Meßkolben nacheinander mit 5 Tropfen Essigsäure, 10 ml Natriumacetatlösung (400 g/l) und 25 ml einer wäßrigen Nitroso-R-Salzlösung (3 g/l) versetzt, dann erhitzt und 1 min gekocht. Zur Zerstörung anderer Metallkomplexe fügt man 10 ml Salzsäure (1,19) hinzu und erhitzt nochmals 1 min zum Sieden. Nach dem Abkühlen wird bis zur Marke aufgefüllt. Bei Kobaltgehalten von 0,001 bis 0,1% benutzt man eine 50- oder 30 mm-Küvette, bei höheren Kobaltgehalten entsprechend kleinere. Man photometriert gegen einen Farbstoffblindansatz unter Benutzung eines Grünfilters (z. B. S. 53). Eichkurven werden mit auf gleiche Weise vorbereiteten Proben mit bekanntem Kobaltgehalt aufgestellt.

Fehlerquellen. Oxydierende und reduzierende Reagenzien dürfen nicht zugegen sein. 100 μg Kupfer und 1000 μg 3wertiges Eisen stören die Bestimmung von 1 μg Kobalt nicht, ebenso sind geringe Mengen von Nickel, Mangan, Titan, Vanadium und Chrom ohne Einfluß.

Literatur. SANDELL, E. B.: Colometric Determination of Traces of Metal. 3. Aufl., S. 415. New York: Interscience Publishers, Inc. 1959. — HAYWOOD u. WOOD: Soc. Chem. Ind. Bd. 62 (1943) S. 37. — DEAN, JOHN A.: Analytic. Chem. Bd. 23 (1951) No. 8, S. 1096.

2. Die Bestimmung der übrigen Bestandteile

Die Bestimmung der Gangart bildenden wie auch der Begleitelemente des Kobalts und der Edelmetalle in kobaltführenden Erzen erfolgt, wie im Kapitel Nickel, S. 549ff., und im Kapitel Silber und Gold, S. 748, beschrieben.

II. Speisen und Rückstände

Bei der Analyse der Speisen wird in gleicher Weise wie bei der Untersuchung der Erze verfahren. Geröstete Speisen und Rückstände lassen sich mitunter nur unvollständig mit Königswasser aufschließen. Man schmilzt dann entweder das Ungelöste für sich mit Kaliumhydrogensulfat oder Natriumperoxyd oder schließt die Probe von vornherein mit Natriumperoxyd auf. Ein Aufschluß mit Alkalicarbonat und Schwefel ist wegen der starken Neigung des Kobaltsulfids zur Bildung kolloidaler Lösungen in Gegenwart von Polysulfiden nicht zu empfehlen.

III. Kobaltschlacke

2 bis 5 g Schlacke werden mit Königswasser zersetzt; ein dunkel gefärbter Rückstand wird im Porzellantiegel geglüht und im Platintiegel mit Kaliumnatriumcarbonat unter Zusatz einer Messerspitze von Salpeter aufgeschlossen. Der Salpeterzusatz schützt den Tiegel vor einem Angriff durch das im Löserückstand der Schlacken meist noch vorhandene Arsen, Antimon, Blei und Wismut. Die Schmelze löst man in Salzsäure, scheidet das Siliciumdioxyd durch Eindampfen der Lösung zur Trockne ab und verfährt im übrigen wie unter C. I. angegeben.

Die Bestimmung des Kobalts

Hierfür hat sich die potentiometrische Methode in der folgenden Ausführungsform bewährt.

Die Einwaage richtet sich nach dem Kobaltgehalt der Probe; es können bis zu 200 mg Kobalt nach dieser Methode bestimmt werden. Titriert man $^1/_5$ der Gesamtmenge, und enthält die Probe voraussichtlich 50% Kobalt, so werden 1,5 bis 2 g eingewogen. Man löst in Königswasser, setzt erforderlichenfalls etwas Flußsäure hinzu und füllt die Lösung in einem Meßkolben zur Marke auf. Nach Entnahme eines gemessenen Anteiles neutralisiert man die Abmessung mit Ammoniak, bis das Eisen auszufallen beginnt, bringt den Eisenniederschlag mit einigen Tropfen Salzsäure wieder in Lösung und kühlt die Lösung gut ab. Inzwischen gibt man in ein 600 ml-Becherglas so viel Grundlösung, daß ein Überschuß von 5 bis 10 ml über die voraussichtlich durch den Kobaltgehalt zu bindende Menge vorhanden ist (notwendige Menge Grundlösung in Milliliter = $^1/_2$ *vermutete Menge mg Kobalt in Milliliter plus* 10), setzt Ammoniumcitratlösung hinzu (notwendige Ammoniumcitratlösung in Milliliter = vermutete Menge Eisen in Milligramm mal 15) und fügt zum Schluß 80 ml Ammoniak (0,91) hinzu. Danach wird die abgekühlte Lösung unter Rühren zur ammoniakalischen Grundlösung in das 600 ml-Becherglas gegossen. Die Probelösung muß beinahe neutral sein, damit sie sich nicht erwärmt, wodurch eine Oxydation des Kobalts durch Luftsauerstoff gefördert werden würde. Darauf verdünnt man mit Wasser auf 400 bis 500 ml und titriert das überschüssige Kaliumcyanoferrat(III) der Grundlösung mit der Kobaltmeßlösung zurück. Die Titration kann mit jedem empfindlichen Potentiometer, möglichst einem Röhrenvoltmeter, vorgenommen werden.

Ammoniumcitratlösung. 200 g Zitronensäure werden in Wasser gelöst; nach Zugeben von 270 ml Ammoniak (0,91) wird die Lösung mit Wasser zu 1 l aufgefüllt.

Kobaltlösung. Man löst 50 g Kobaltsulfat in 1 l Wasser und bestimmt den Kobaltgehalt dieser Lösung elektrolytisch.

Meßlösung. Man entnimmt der Kobaltlösung eine Menge, die genau 1 g Kobalt entspricht, und füllt die Abmessung zu 1 l auf.

Grundlösung. Etwa 11 g Kaliumhexacyanoferrat(III) werden in 1 l Wasser gelöst. 1 ml dieser Lösung setzt etwa 2 mg Kobalt um. Der genaue Titer muß täglich durch Titration mit der Meßlösung ermittelt werden.

Mangan wird mitbestimmt und muß daher vorher entfernt oder nebenher bestimmt und abgezogen werden. Andere Elemente stören nicht.

Genauigkeit. 1.

Dauer. 30 min mit Aufschluß.

Literatur. Arch. Eisenhüttenwes. Bd. 9 (1935/36) S. 487—498. — Chem. Ind. Bd. 44 (1946) S. 394/95 (private Mitteilung von W. SCHWARTZ).

IV. Kobalt-Manganschlamm bzw. Kobalt-Manganoxyd

Diese Nebenprodukte fallen bei der Reinigung von Zinklaugen an mit Gehalten bis zu 40% Kobalt, 20% Mangan, 10% Zink, 5% Eisen, 0,2% Nickel, 0,02% Kupfer, 2% Chlor und 2% Schwefel. Kobalt, Zink, Mangan und Eisen werden im allgemeinen aus *einer* Einwaage bestimmt, die anderen Elemente aus gesonderten Einwaagen. Ist eine einwandfreie Kobalt-Nickel-Trennung erwünscht, so wird auch die Kobaltbestimmung gesondert durchgeführt.

1. Die Bestimmung des Kobalts, Zinks, Eisens und Mangans

5 g der Probe werden in einem 750 ml-ERLENMEYER-Kolben in 40 ml Salzsäure (1,19) und einigen Tropfen Flußsäure gelöst; ein etwa verbliebener Rückstand wird abfiltriert, mit Kaliumhydrogensulfat aufgeschlossen, die Schmelze in Wasser gelöst und die Lösung der Hauptlösung zugegeben. Man spült diese sodann in einen 500 ml-Meßkolben über und füllt sie mit Wasser zur Marke auf.

Zur Bestimmung des *Kobalts* (*und Zinks*) nimmt man 100 ml (= 1 g Einwaage) ab und versetzt die Abmessung mit Kalilauge (200 g/l), bis ein deutlicher Niederschlag ausfällt, der mit 25 ml 80proz. Essigsäure wieder gelöst wird. Man erwärmt die Lösung auf etwa 50° und fällt das Kobalt durch Zusatz von 20 g festem Kaliumnitrit. Nachdem sich der Niederschlag über Nacht abgesetzt hat, filtriert man ihn ab und wäscht ihn mit 1- bis 2proz., schwach essigsaurer Kaliumnitritlösung 4- bis 5mal aus. Filter und Niederschlag gibt man alsdann in das Fällungsgefäß zurück, setzt 100 ml Schwefelsäure (1 + 9) hinzu, erbitzt zum Sieden und filtriert die Lösung. Das Filtrat wird bis zum Rauchen der Schwefelsäure eingedampft. Das *Kobalt* wird elektrolytisch bestimmt, wie S. 353 angegeben.

Für die Bestimmung des *Zinks* versetzt man das Filtrat der Nitritfällung mit etwa 60 ml Salzsäure (1,19) und dampft es auf ungefähr 100 ml ein. Danach wird die Lösung mit 100 ml Wasser verdünnt und ammoniakalisch gemacht. Das Zink wird (zusammen mit den anderen Metallen) zur Abtrennung von den Alkalisalzen mit frisch bereiteter Ammoniumsulfidlösung ausgefällt. Die Fällung läßt man mehrere Stunden absitzen. Danach filtriert man die Sulfide ab, bringt sie, ohne auszuwaschen, samt dem Filter in das Fällungsgefäß zurück und raucht mit Salpeter- und Schwefelsäure bis zur Zerstörung des Filters ab. Man nimmt mit Wasser auf und leitet in die stark saure Lösung Schwefelwasserstoff ein. Nach dem Abfiltrieren der ausgefallenen Sulfide wird der Schwefelwasserstoff durch Kochen verjagt, die Lösung mit Ammoniak neutralisiert, eben schwefelsauer gemacht (p_H 3,5 mit Kongopapier) und das *Zink* mit Schwefelwasserstoff ausgefällt. Nach mehrstündiger Wartezeit filtriert man das Zinksulfid ab, wäscht es mit schwefelwasserstoffhaltigem Wasser aus und verascht das Filter in einem Porzellantiegel. Der geglühte und gewogene Rückstand wird in Salzsäure gelöst. In der Lösung fällt man etwa mitgerissenes Eisen und Mangan mit Ammoniak im Überschuß und etwas Ammoniumperoxydisulfat aus und filtriert den kleinen Niederschlag ab. Man glüht und wägt ihn und bringt die Auswaage von der Zinkauswaage in Abzug.

Das *Eisen* fällt man in einer Abmessung von 200 ml (= 2 g Einwaage) nach Zugabe von 20 g Ammoniumchlorid mit Ammoniak, filtriert rasch ab, um ein Ausfallen des Mangans zu verhindern, löst den Niederschlag in Salzsäure und wiederholt die Fällung. Noch besser führt man die erste Fällung mit Zinkoxyd durch. Das Eisen wird nach dem Lösen des Niederschlages in Salzsäure nach Zimmermann-Reinhardt (s. Kapitel Aluminium, S. 13) maßanalytisch bestimmt.

Zur Bestimmung des *Mangans* engt man 50 ml der Originallösung auf etwa 10 ml ein, entfernt die Salzsäure durch 2maliges Eindampfen mit je 40 ml Salpetersäure (1,4) und fällt aus der konzentrierten, stark salpetersauren Lösung das Mangan durch Zusatz von festem Kaliumchlorat in kleinen Anteilen aus. Der abfiltrierte Niederschlag wird mit Oxalsäure- oder Eisen(II)-sulfatlösung bekannten Gehaltes in Lösung gebracht und der Überschuß mit Kaliumpermanganat zurücktitriert, s. auch Manganbestimmung im Kobaltoxyd, S. 369.

2. Die Bestimmung des Nickels

3 g der Probe werden in 30 ml Salzsäure (1,19) und einigen Tropfen Flußsäure gelöst. Nachdem man den Säureüberschuß verkocht hat, kann nach drei Arbeitsweisen weiter verfahren werden.

Arbeitsweise a

Man verdünnt die Lösung mit 100 ml Wasser, kühlt ab und versetzt sie vorsichtig mit 10 ml Perhydrol und Ammoniak im Überschuß. Dann wird sie kurz aufgekocht und etwa $^1/_2$ Std. bei mäßiger Wärme stehengelassen. Nach dem Abkühlen auf Zimmertemperatur wird die Lösung samt dem Niederschlag in einen 300 ml-Meßkolben gespült, mit Wasser aufgefüllt und filtriert. Man entnimmt 250 ml des Filtrats (= 2,5 g Einwaage), gibt die Abmessung in ein 500 ml-Becherglas, verkocht den Ammoniaküberschuß und bestimmt den Nickelgehalt nach Liebig, Feigl oder Silvermann, wie S. 354/55 angegeben.

Arbeitsweise b

Man verdünnt die Lösung mit 250 ml Wasser, versetzt sie unter Kühlung mit Ammoniak bis zum Auftreten eines bleibenden Niederschlages, der mit 10 ml Essigsäure klar gelöst wird, und puffert sie durch Zugabe von 10 g Natriumacetat auf p_H 5 bis 6. Nach dem Verdünnen mit Wasser auf ungefähr 400 ml leitet man in die auf 60° erwärmte Lösung Schwefelwasserstoff ein, fügt 5 ml einer Natriumsulfitlösung (50 g/l) hinzu, setzt das Erwärmen fort, bis sich der Niederschlag zusammenballt und absetzt, filtriert ihn nach mehrstündigem Stehen auf ein doppeltes Weißbandfilter ab und wäscht ihn mit natriumacetathaltigem Schwefelwasserstoffwasser aus. Er wird samt dem Filter mit Salpetersäure (1,4) und Schwefelsäure (1,84) behandelt, bis die organische Substanz zerstört ist. Dann raucht man die Lösung zur Trockne, nimmt die Salze mit einigen Tropfen Salzsäure und Wasser auf und bestimmt in der Lösung den Nickelgehalt nach Liebig, Feigl oder Silvermann, wie S. 354/55 angegeben.

Für beide Arbeitsweisen:

Genauigkeit. 2.

Dauer. Je 2 Tage.

Arbeitsweise c

Man füllt die salzsaure Lösung der Probe auf ein bestimmtes Volumen auf und pipettiert eine 0,1 g Einwaage entsprechende Menge in einen zylindrischen Scheidetrichter mit Rührer. Die Lösung wird mit Wasser verdünnt und nacheinander unter Rühren mit den folgenden Reagenzien versetzt:

10 ml Natriumcitratlösung (200 g/l),
5 ml Hydroxylaminlösung (100 g/l),
30 ml methylalkoholische Diacetyldioximlösung (10 g/l),
3 Tropfen Phenolphthaleinlösung.

Dann macht man ammoniakalisch, setzt 2 bis 3 Tropfen Ammoniak (0,91) im Überschuß hinzu und verfährt weiter, wie im Kapitel Nickel, S. 544, beschrieben.

3. Die Bestimmung des Kupfers

10 g der Probe werden in 60 ml Salzsäure (1,19) und einigen Tropfen Flußsäure gelöst; die Lösung wird auf 30 ml eingeengt, dann mit 250 ml Wasser verdünnt, erwärmt und mit Schwefelwasserstoff gesättigt. Man filtriert die Sulfide ab, wäscht sie mit Schwefelwasserstoffwasser aus und digeriert sie mit Natriumsulfidlösung. Die darin unlöslichen Sulfide werden abfiltriert, mit natriumsulfidhaltigem Wasser ausgewaschen und dann in heißer Salpetersäure (1 + 1) gelöst. Nach Zusatz von 10 ml Schwefelsäure (1 + 1) wird die Lösung bis zum Rauchen der letzteren erhitzt. Darauf bestimmt man das Kupfer schnellelektrolytisch (s. Kapitel Kupfer, S. 377).

Genauigkeit. 1.

Dauer. 2 Std.

4. Die Bestimmung des Schwefels

Die Probe wird entweder durch Schmelzen mit Natriumperoxyd oder auf nassem Wege durch Behandeln mit Säuren oxydierend aufgeschlossen. Das Sulfat wird schließlich in salzsaurer Lösung mit Bariumchlorid als Bariumsulfat gefällt und bestimmt. Umrechnungsfaktor auf S = 0,1373.

Genauigkeit. 1.

Dauer. 4 Std.

5. Die Bestimmung des Chlorions

2 g der Probe werden mit etwa 15 g reinster Soda in 100 ml Wasser 15 min gekocht. Nach dem Abfiltrieren und Auswaschen des Niederschlages wird das Filtrat nach dem Erkalten entweder mit Salpetersäure oder mit Schwefelsäure (1 + 1) angesäuert. Zur salpetersauren Lösung setzt man so viel n/10-Silbernitratlösung hinzu, daß ein Überschuß von einigen ml vorhanden ist, schüttelt kräftig durch, fügt 10 ml Eisen(III)-ammoniumsulfatlösung (75 g/l) als Indicator hinzu und titriert den Silbernitratüberschuß mit n/10-Ammoniumthiocyanatlösung zurück.

Man kann die schwach schwefelsaure Lösung auch mit n/10-Silbernitratlösung bei *potentiometrischer* Endpunktanzeige titrieren. Man benutzt dabei ein Röhrenvoltmeter, einen Silberdraht als Indicatorelektrode und eine Kalomelelektrode mit Kaliumsulfatbrücke als Bezugselektrode und titriert bis zum größten Potentialsprung.

Genauigkeit. 1.

Dauer. 30 min.

6. Die Bestimmung des Kobalts

Die genaue Kobaltbestimmung in derartigem Material führt man entweder nach Abtrennung des Kobalts von störenden Bestandteilen durch eine Nitritfällung, s. S. 362, oder eine Nitrosonaphtholfällung, s. S. 356, elektrolytisch durch, oder photometrisch mit Ammoniumthiocyanat, wie auf S. 359 beschrieben.

V. Kobaltmetall

Das metallische Kobalt kommt als Würfelkobalt, Kobaltrondelle, als Granalien, Anoden, Blech und Pulver in den Handel und enthält 98 bis 99,7% Kobalt neben Verunreinigungen von hauptsächlich Silicium, Mangan, Schwefel, Kohlenstoff, Arsen, Nickel, Kupfer, Zink, Aluminium, Eisen, Calcium, Alkalimetallen und Sauerstoff. Man verwendet es für Legierungen, galvanische Zwecke und zur Herstellung von keramischen Farbstoffen sowie reiner Kobaltsalze.

1. Die Bestimmung des Kobalts

10 g der ölfreien und trockenen Durchschnittsprobe, die man durch Zerschlagen einer Anzahl Würfel bzw. Rondelle oder Anbohren der Anodenplatten erhalten hat, werden in Salpetersäure (1 + 1) gelöst; die Lösung wird im Meßkolben zu 1 l aufgefüllt. 100 ml (= 1 g Einwaage) werden unter Zusatz von Schwefelsäure bis zum Rauchen der letzteren eingedampft. Nach dem Erkalten nimmt man die Salze mit Wasser auf, entfernt die Metalle der Schwefelwasserstoffgruppe durch Fällen mit Schwefelwasserstoff und Abfiltrieren der Sulfide und ermittelt im Filtrat die Summe von Kobalt und Nickel (Zink ist meist nicht vorhanden) elektrolytisch. Sodann bestimmt man in der Lösung des Niederschlages das Nickel, wie unter C. I. 1 a) angegeben, und erhält als Differenz den Kobaltgehalt. Bei Eisengehalten über 1% muß die Elektrolyse wiederholt werden.

2. Die Bestimmung des Nickels

Das Nickel bestimmt man in der in Salpetersäure gelösten Metallprobe nach Liebig, Feigl oder Silvermann (S. 354/55) oder auch photometrisch, wie auf S. 355 beschrieben.

3. Die Bestimmung von Kohlenstoff, Sauerstoff, Silicium, Mangan, Schwefel, Kupfer, Arsen, Zink, Eisen und Aluminium

Man arbeitet in der gleichen Weise, wie im Kapitel Nickel unter Nickelmetall, S. 355, beschrieben.

Für die Bestimmung des *Siliciums* nach Ausführungsart b kann das Kobaltmetall auch in Salzsäure (1,19) gelöst werden.

Die Bestimmung des Mangans nach Procter Smith kann auch nach Entfernen des Kobalts, Nickels und Kupfers auf elektrolytischem Wege erfolgen. Man verfährt dann wie folgt:

5 g Metall werden in einem Becherglas in Salpetersäure (1 + 1) unter Erwärmen gelöst. Nach Zusatz von Schwefelsäure wird bis zum Rauchen der letzteren eingedampft. Man nimmt mit Wasser auf, verdünnt auf 250 ml, macht die Lösung ammoniakalisch und entfernt Kobalt, Nickel und Kupfer durch Elektrolyse. Die Elektroden werden sorgfältig abgespült. Darauf fällt man im Elektrolysat das Mangan durch Zusatz von 5 g Ammoniumperoxydisulfat unter Erwärmen auf 60°, filtriert den Niederschlag ab, wäscht ihn erst mit 10proz. Ammoniak, das im Liter 20 g Ammoniumsulfat enthält, und zum Schluß mit heißem Wasser chlorfrei aus und löst in warmer Schwefelsäure (1 + 1) unter Zusatz von etwas Natriumhydrogensulfit. Nach dem Verkochen der schwefligen Säure bestimmt man das Mangan nach Procter Smith, wie im Kapitel Mangan, S. 487, angegeben (s. auch S. 369).

Die *Schwefelbestimmung* im Kobaltmetall kann auch nach dem Entwicklungsverfahren durchgeführt werden, doch ist zu beachten, daß manche Kobaltsorten Sulfate enthalten können, deren Schwefelgehalt bei diesem Verfahren nicht erfaßt wird.

Ausführung. In einem Schwefelbestimmungapparat nach VOIGT (Rundkolben mit eingeschliffenem Kühleraufsatz) versetzt man 5 g der Metallprobe mit 200 ml Salzsäure (2 + 1) oder Bromwasserstoffsäure (1 + 1), erwärmt den Kolbeninhalt bis zum schwachen Sieden und leitet das entweichende Gas in eine Vorlage, die mit 60 ml Cadmiumacetatlösung beschickt ist. Das ausgefallene Cadmiumsulfid der Vorlage wird mit einer gemessenen Menge n/32-Jodlösung und 10 ml Salzsäure (2 + 1) versetzt. Nach Umschütteln und nach Zusatz von Stärkelösung wird der Überschuß der Jodlösung mit einer n/32-Natriumthiosulfatlösung zurücktitriert.

1 ml n/32-Jodlösung entspricht 0,0005 g S.

Cadmiumacetatlösung. 5 g Cadmiumacetat; 20 g Zinkacetat; 200 g Natriumacetat; 200 ml Essigsäure (80proz.) werden mit Wasser auf 1 l aufgefüllt.

Bei der Bestimmung des Zinks nach der Verdampfungsmethode (s. Kapitel Nickel, S. 557) werden mitgerissene Kobaltspuren in der folgenden Weise mit α-Nitroso-β-Naphthol abgetrennt:

Zu der warmen Zinklösung im Quarzschälchen setzt man 0,25 ml α-Nitroso-β-Naphthollösung zum Ausfällen etwa mitgerissenen Kobalts und läßt das Schälchen zum Absitzen des Niederschlages, mit einem Quarzuhrglas bedeckt, 30 min auf dem Wasserbade stehen. Dann wird über ein 3 cm-Hartfilter in ein Quarzschälchen filtriert und mit 2 bis 3 ml Wasser nachgewaschen. Zum Filtrat fügt man 1 ml Salpetersäure und 0,5 ml Schwefelsäure hinzu und dampft erst auf dem Wasserbade, dann auf der Heizplatte zur Trockne.

α-Nitroso-β-Naphthollösung. 2 g Salz p. a. in 100 ml Methanol.

Die *Zinkbestimmung* kann auch in der salpetersauren Lösung von 5 bis 10 g Metall, gemäß den Angaben bei Kobalt-Manganschlamm, S. 362, vorgenommen werden.

4. Die gesonderte Bestimmung des Aluminiums

Grundlage. Nach der Abscheidung des Kobalts, Nickels usw. an einer Quecksilberkathode wird das Aluminium photometrisch mit Eriochromcyanin bestimmt.

Anwendungsbereich und Bedeutung. Das Verfahren ist geeignet zur Bestimmung von Aluminiumgehalten von 0,001 bis zu 0,1%.

Genauigkeit. 2.

Dauer. 1 Std.

Ausführung. 0,2 bis 0,5 g Probespäne werden in einer Platinschale in 3 ml Schwefelsäure (1 + 1) und 3 Tropfen Salpetersäure gelöst; die Lösung wird bis zum Entweichen von Schwefelsäuredämpfen eingedampft und der Schaleninhalt dann noch einige Sekunden über freier Flamme auf etwa 200° erhitzt. Nach dem Abkühlen wird die Lösung mit Wasser auf etwa 30 ml verdünnt und darauf in das Elektrolysengefäß (s. Abb. 22) übergespült. Man elektrolysiert $^1/_2$ Std. bei einer Stromstärke von etwa 3 A. Sodann wird der Quecksilberspiegel des Elektrolysengefäßes durch Tieferstellen des Niveaugefäßes gesenkt und die Lösung nach dem Umstellen des Zweiweghahnes in ein anderes Gefäß abgelassen. Die nun kobalt-, eisen-, chrom-, nickel- und fast manganfreie Lösung wird in die Platinschale filtriert; mitgerissene Quecksilbertröpfchen bleiben dabei zurück.

Dann macht man die Lösung mit 5 ml Natronlauge alkalisch, setzt 5 ml 3proz. Wasserstoffperoxyd hinzu und kocht kurz auf. Dabei scheiden sich Spuren von Mangan aus, die beim Abfiltrieren der Lösung in einen 100 ml-Meßkolben auf dem Filter zurückbleiben. Das Filtrat wird unter Verwendung von Phenolphthalein mit Salzsäure neutralisiert und mit einem Überschuß von 10 Tropfen (0,4 ml) Salzsäure angesäuert. Nach Zugabe von genau 15 ml Eriochromcyaninlösung und 20 ml Acetatpuffergemisch wird der Kolbeninhalt mit Wasser zur Marke aufgefüllt und gut durchgeschüttelt. Man wartet 15 min und bestimmt dann die Extinktion der weinroten Lösung in einem Photometer. In den Vergleichsstrahlengang wird eine Küvette gleicher Schichtdicke mit einer gleichzeitig bereiteten, aluminiumfreien, orangeroten Farbstofflösung eingesetzt. Diese Blindlösung wird durch Elektrolyse der reinen Schwefelsäure und Weiterbehandlung nach dem beschriebenen Verfahren gewonnen. Die Kompensationsflüssigkeit kann für 5 bis 10 Bestimmungen benutzt werden, wenn man diese sofort nacheinander ausführt.

Steht eine Quecksilberkathodenapparatur nicht zur Verfügung, so kann man Aluminium, wie im Kapitel Nickel, S. 559, angegeben, fällen, den abfiltrierten Niederschlag in Salzsäure lösen und die Endbestimmung photometrisch mit Eriochromcyanin durchführen.

Eriochromcyaninlösung. Man löst 0,1 g des Farbstoffes in 100 ml Wasser.

Acetatpuffergemisch. 274 g Ammoniumacetat, 109 g Natriumacetat und 6 ml Eisessig (alles aluminiumfrei, p. a.) werden in 1 l Wasser gelöst. Beim Verdünnen mit Wasser im Verhältnis 1 : 5 soll der p_H-Wert 6,0 betragen. Ist er größer, so gibt man Eisessig, ist er kleiner, Natronlauge (500 g/l) hinzu.

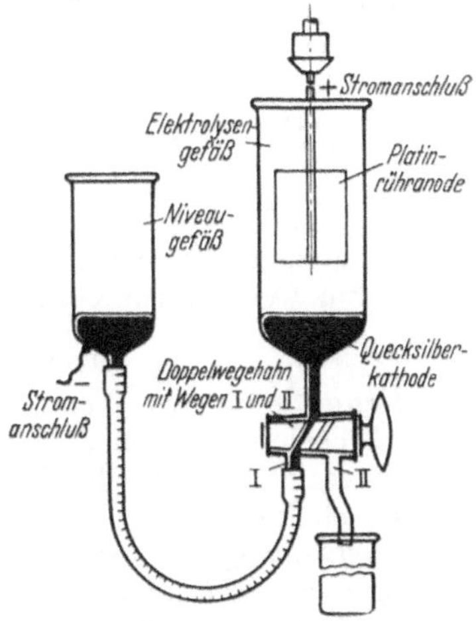

Abb. 22. Elektrolysiergerät mit Quecksilberkathode nach ETHENIDGE

Literatur. KOCH, W.: Techn. Mitt. Krupp, Forschungsber. H. 2 (1938) S. 37—46.

5. Die Bestimmung des Calciums und der Alkalien

5 g Metall werden in 40 ml Salzsäure (1,19) gelöst. Die Lösung wird zum Entfernen der Hauptmenge an Säure etwas eingedampft, nach dem Verdünnen mit Wasser in einen 500 ml-Meßkolben übergespült, dann mit Schwefelwasserstoff gesättigt und ammoniakalisch gemacht. Darauf leitet man noch mehrmals einige Minuten Schwefelwasserstoff ein und füllt den Kolbeninhalt zur Marke auf. Nach vorsichtigem Umschütteln wird durch ein trockenes Faltenfilter filtriert, dem Filtrat eine Abmessung von 300 ml (= 3 g Einwaage) entnommen und diese mit Salzsäure angesäuert. Nachdem man den Schwefelwasserstoff durch Kochen entfernt und die Lösung nochmals filtriert hat, macht man das Filtrat ammoniakalisch, fällt das *Calcium* mit Ammoniumoxalat und bestimmt es in bekannter Weise.

Das Filtrat der Kalkfällung wird zunächst eingeengt, dann nach Zugabe von 5 Tropfen Schwefelsäure (1,84) in einer Platinschale zur Trockne gedampft und der Rückstand auf schwache Rotglut erhitzt. Nach erfolgter Auswaage werden die Alkalisulfate zur Reinheitsbestimmung in Wasser gelöst; der unlösliche Rückstand wird abfiltriert und in der Platinschale nach dem Glühen gewogen. Die Gewichtsdifferenz ergibt den Alkaligehalt als Sulfate.

Bei *Kobaltpulver* genügt ein 20 min langes Auskochen mit Wasser. — Ist *Magnesium* anwesend, so muß es aus der Lösung der gereinigten Alkalisulfate als Magnesiumammoniumphosphat ausgefällt und in bekannter Weise bestimmt werden. Nach Umrechnung in Magnesiumsulfat wird es von den Alkalisulfaten in Abzug gebracht. Alle Reagenzien müssen durch einen Blindversuch auf einen Gehalt an Alkalien geprüft werden (s. auch Natriumbestimmung im Kobaltoxyd, S. 370).

Genauigkeit. 2.

Dauer. 8 Std.

Bemerkung. Die Abtrennung der Schwermetalle kann auch, wie S. 365 angegeben, durch Elektrolyse in ammoniakalischer Lösung oder durch Abscheidung an der Quecksilberkathode, wie bei der Bestimmung kleiner Aluminiumgehalte, erfolgen (S. 366).

D. Die Untersuchung von Kobaltoxyden und -salzen

I. Kobaltoxyde

Es handelt sich hierbei um hochprozentige, durch Nickel und andere Elemente meist nur wenig verunreinigte Erzeugnisse für vorwiegend keramische Zwecke.

1. Die Bestimmung des Kobalts

Grundlage. Aus der in Säure gelösten Probe wird die Summe von Kobalt und Nickel in ammoniakalischer Lösung elektrolytisch bestimmt. Der Kobaltgehalt ergibt sich aus der Differenz dieser Summe und des nach 2. bestimmten Nickelgehaltes.

Ausführung. 2 g der Probe werden in einen 500 ml-Erlenmeyer-Kolben eingewogen und dort mit 25 ml Salzsäure (1,19) gelöst. Nach Zusatz von 25 ml Schwefelsäure (1 + 1) wird bis fast zur Trockne abgeraucht und in ein 400 ml-Becherglas übergespült. Dann wird mit Ammoniak (0,91) etwas neutralisiert und mit einem Überschuß von 50 ml Ammoniak (0,91) versetzt. Aus dieser Lösung werden Nickel und Kobalt gemeinsam unter Verwendung von Winkler-Pt-Netzelektroden bei einer Stromstärke von 0,4 A über Nacht elektrolytisch abgetrennt.

Der Niederschlag wird mit Säure gelöst, die Lösung mit Schwefelsäure (1 + 1) abgeraucht, wie o. a. erneut elektrolysiert und als Ni + Co ausgewogen. Von dieser Summe wird der nach 2. bestimmte Nickelgehalt abgezogen. Die Differenz ist Kobalt.

Fehlerquellen. Größere Mengen von Verunreinigungen, inbesondere Cu, Zn, sind vor der elektrolytischen Bestimmung von Ni + Co abzutrennen.

2. Die Bestimmung des Nickels

Grundlage. Aus der in Brom-Salzsäure gelösten Probe wird das Nickel mit Diacetyldioxim abgetrennt, der Niederschlag in Säure gelöst und das Nickel elektrolytisch bestimmt.

Ausführung. 2 g der Probe werden in einen 500 ml-Erlenmeyer-Kolben eingewogen und dort mit 25 ml Brom-Salzsäure gelöst. Die Lösung wird durch Zusatz von Natronlauge (400 g/l) schwach alkalisch gemacht und der dabei entstehende Niederschlag mit Salzsäure (1 + 1) bis auf einen kleinen Rest wieder gelöst. Nach Abkühlen der Lösung werden 1 g Diacetyldioxim (Na-Salz) und 20 g Natriumacetat zugesetzt. Das Ni-Diacetyldioxim wird über Weißbandfilter abfiltriert und der Niederschlag mit heißer Salpetersäure (1 + 1) durch das Filter in den Fällkolben zurück gelöst. Zur vollständigen Abtrennung des Kobalts wird die Fällung in der o. a. Weise noch 2mal wiederholt.

Aus der danach reinen und ammoniakalisch gemachten Ni-Lösung wird das Nickel bei einer Stromstärke von 0,4 A über Nacht an Winkler-Pt-Netzelektroden elektrolytisch abgeschieden und ausgewogen.

3. Die Bestimmung des Kupfers und des Bleies

Grundlage. Aus der in Säure gelösten Probe werden die Metalle der Schwefelwasserstoffgruppe abgetrennt; das Blei wird als Sulfat ausgefällt und nach dem Lösen in Salpetersäure ebenso wie das Kupfer elektrolytisch bestimmt.

Ausführung. 10 g der Probe werden in einen 500 ml-Erlenmeyer-Kolben eingewogen, mit 30 ml Salzsäure (1,19) gelöst und die Lösung nach Zusatz von

50 ml Schwefelsäure (1 + 1) abgeraucht. Der Rückstand wird mit Wasser aufgenommen und Schwefelwasserstoffgas bis zur Sättigung eingeleitet. Der Sulfidniederschlag wird über ein Weißbandfilter abfiltriert und zusammen mit dem Filter mit Salpeter-Schwefelsäure naß verbrannt. Die Lösung wird mit etwa demselben Volumen Wasser verdünnt und zum Absitzen des Bleisulfat-Niederschlages mindestens 2 Std. ins Kühlbecken gestellt.

Anschließend wird das Bleisulfat über Weißbandfilter abfiltriert. Der Niederschlag wird mit heißer Salpetersäure (1 + 1) vom Filter in ein Becherglas gelöst und das Blei unter Verwendung eines Pt-Konus bei einer Stromstärke von 0,2 A bis 0,5 A über Nacht anodisch abgeschieden und als Blei(IV)-oxyd (PbO_2) ausgewogen.

Aus dem Filtrat wird das Kupfer bei einer Stromstärke von 0,3 A über Nacht auf Winkler-Pt-Netzelektroden elektrolytisch abgeschieden und ausgewogen.

4. Die Bestimmung des Mangans

Grundlage. In der in Säure gelösten Probe wird das Mangan zu Permanganat oxydiert und ohne Abtrennung des Kobalts photometrisch bestimmt.

Ausführung. 2 g der Probe werden in einen 300 ml-Erlenmeyer-Kolben eingewogen, mit 15 ml Salzsäure (1,19) gelöst und nach Zusatz von 20 ml Schwefelsäure (1 + 1) abgeraucht. Der Rückstand wird mit Wasser aufgenommen und die Lösung durch ein Weißbandfilter in einen 500 ml-Meßkolben filtriert, der mit Wasser aufgefüllt und temperiert wird.

Von dieser Lösung werden 50 ml in einen 300 ml-Erlenmeyer-Kolben pipettiert und dort unter Zusatz von 5 ml Silbernitratlösung (17 g $AgNO_3$/l) und 3 g Ammoniumperoxydisulfat 3 min lang gekocht. Die Lösung wird dann in einen 100 ml-Meßkolben übergespült, gekühlt, mit Wasser zur Marke aufgefüllt und temperiert.

Diese Lösung wird in einem lichtelektrischen Photometer (z. B. Elko II) gegen eine Vergleichslösung (s. u.) unter Verwendung eines Grünfilters (z. B. S 53) photometriert.

Die Vergleichslösung wird hergestellt durch Entnahme von 50 ml der Lösung aus dem 500 ml-Meßkolben, die in einen 100 ml-Meßkolben übergeführt und dort mit Wasser zur Marke aufgefüllt und temperiert wird.

5. Die Bestimmung des Eisens

Grundlage. Aus der etwa 7 n-salzsauren Probenlösung wird das Eisen mit Methyl-isobutylketon ausgeschüttelt und photometrisch als o-Phenanthrolinkomplex bestimmt.

Ausführung. 1 g der Probe wird in einem 100 ml-Becherglas mit 20 ml Salzsäure (1,19) gelöst. Die Lösung wird mit 20 ml Wasser verdünnt und in einen Schütteltrichter überführt, wo das Eisen 2mal mit Anteilen von je 20 ml Methylisobutylketon ausgeschüttelt wird. Die Ketonphase wird abgezogen und das Eisen durch Schütteln mit Wasser in die wäßrige Phase überführt. Die wäßrige Lösung wird zur Trockne eingedampft, der Rückstand mit 10 ml Salzsäure (1,19) aufgenommen und die Lösung in einen 100 ml-Meßkolben übergespült, wo sie mit Wasser aufgefüllt und temperiert wird.

10 ml dieser Lösung werden in einen 50 ml-Meßkolben gegeben und der Reihenfolge nach mit folgenden Zusätzen versehen, wobei nach jedem Zusatz gut umzuschütteln ist:

1. 2 ml Hydrochinonlösung (2,5 g in 100 ml Wasser) mit Zusatz von 1 ml Schwefelsäure (1,84),
2. 2 ml Natriumsulfitlösung (200 g/l),
3. 1 ml o-Phenanthrolin-Lösung (0,5 g in 100 ml 96proz. Äthanol),
4. 10 ml Ammoniumacetatlösung (200 g/l).

Anschließend wird mit Wasser zur Marke aufgefüllt. Die Lösung wird gegen Wasser als Vergleichslösung auf einem lichtelektrischen Photometer (z. B. Elko II) unter Verwendung eines Grünfilters (z. B. S 49) photometriert.

6. Die Bestimmung des Schwefels

Grundlage. Die Probe wird im Sauerstoffstrom verbrannt. Das Verbrennungsgas wird in Wasserstoffperoxydlösung aufgefangen und die dabei entstehende Schwefelsäure mit n/10-Natronlauge maßanalytisch bestimmt.

Ausführung. 2 g der Probe werden unter Zuschlag von 1 bis 2 g S-freier Kupferspäne in ein Porzellanschiffchen eingewogen und in einer S-Verbrennungsapparatur bei 1200° im Sauerstoffstrom verbrannt. Die Verbrennungsgase werden in einem 400 ml-Becherglas, welches mit etwa 250 ml Wasser und 40 ml Wasserstoffperoxydlösung (3 proz.) beschickt ist, aufgefangen.

Die dabei entstehende Schwefelsäure wird mit n/10-Natronlauge unter Verwendung von Methylrot als Indicator titriert und aus dem Ergebnis der S-Gehalt der Probe errechnet.

7. Die Bestimmung des Natriums

Grundlage. In der salzsauren Lösung der Probe wird das Natrium flammenspektrometrisch bestimmt. Das in Lösung bleibende Kobalt stört die Bestimmung nicht.

Ausführung. 10 g der Probe werden in einem 400 ml-Becherglas mit 60 ml Salzsäure (1,19) unter langsamem Erwärmen gelöst. Die Lösung wird mit 200 ml Wasser verdünnt und in einen 1 l-Meßkolben filtriert. Nach dem Temperieren und Auffüllen des Kolbens zur Marke ist die Lösung meßfertig.

Sie wird in einem Spektrophotometer mit Flammenzusatzgerät (z. B. BECKMANN-Gerät) zerstäubt und die Intensität der Na-D-Linie gemessen. Die Auswertung erfolgt an Hand einer vorbereiteten Eichkurve in bekannter Weise (s. Kapitel Spektrochemische Analyse, D. Arbeitsvorschriften für die Flammenspektrometrie).

II. Kobaltfarben

Zu diesen Stoffen gehören u. a. gemahlene kobalthaltige Gläser (Smalte) sowie Verbindungen von Kobaltoxyd mit anderen Metalloxyden, z. B. Al_2O_3, ZnO, SnO_2, Cr_2O_3, und mit Phosphaten. Handelsübliche Kobaltfarben sind z. B. Smalte Kobaltblau, Coelin-Himmelblau, Kobaltgrün, Kobaltviolett und chromhaltige Neublausorten.

1. Die Bestimmung des Kobalts

Diese Materialien können je nach ihrer Zusammensetzung direkt in Säure gelöst oder müssen aufgeschlossen werden, z. B. durch Zersetzen mit Flußsäure und Schwefelsäure, durch Schmelzen mit Kaliumpyrosulfat oder mit Alkalikarbonat und Schwefel oder mit Alkali und Natriumperoxyd. Aus der erzielten Lösung wird das von den Begleitelementen abgetrennte Kobalt nach einer der im Kapitel Kobalt unter I., 1a bis d beschriebenen Methode bestimmt.

2. Die Bestimmung von Chrom

In der für die Kobaltbestimmung durch Schmelzen mit Alkali und Natriumperoxyd und Lösen der Schmelze in Wasser erhaltenen Lösung wird das Chrom nach der im Kapitel Chrom, S. 292, beschriebenen Methode mit Eisen(II)-ammoniumsulfat und Kaliumpermangant bestimmt.

3. Die Bestimmung von Zinn

Die für die Bestimmung des Kobalts ausgeführte Schmelze mit Alkalikarbonat und Schwefel wird nach dem Erkalten in Wasser gelöst. Der dabei ausfallende Sulfidniederschlag wird abfiltriert und für die Kobaltbestimmung nach 1. verwendet. Das Filtrat wird zum Ausfällen des Zinnsulfids angesäuert, das Zinnsulfid abfiltriert, in Bromsalzsäure gelöst und nach der im Kapitel Zinn, unter 978ff. beschriebenen Methode maßanalytisch bestimmt.

III. Kobaltsalze

Die wichtigsten Kobaltsalze sind:

Kobaltsulfat (Kobaltvitriol), $CoSO_4 \cdot 7H_2O$ mit einem theoretischen Gehalt von 20,97% Kobalt;

Kobaltchlorid (Chlorkobalt), $CoCl_2 \cdot 6H_2O$ mit 24,8% Kobalt;

Kobaltacetat, $Co(CH_3 \cdot COO)_2 \cdot 4H_2O$ mit 23,7% Kobalt;

Kobaltlinoleat mit einem handelsüblichen Gehalt von 4 bis 8% Kobalt.

Als Verunreinigungen dieser Salze sind zu nennen: Nickel, Kupfer, Eisen, Zink, Arsen, Blei, Calciumsulfat und freie Säure.

1. Die Bestimmung des Kobaltgehaltes

Dazu löst man 20 g Salz zu 1 l und nimmt davon 100 ml (= 2 g Einwaage) zur Analyse. Nach dem üblichen Entfernen der Metalle der Schwefelwasserstoffgruppe wird die Lösung mit Schwefelsäure (1,84) abgeraucht. In der ammoniakalisch gemachten Salzlösung werden Kobalt + Nickel sodann elektrolytisch bestimmt. Die meist geringen Mengen Nickel werden durch Fällung mit Diacetyldioxim gewichtsanalytisch oder photometrisch ermittelt, worauf sich der Kobaltgehalt aus der Differenz ergibt.

2. Die Bestimmung der Verunreinigungen

Dazu wird sinngemäß verfahren, wie bei den Nickelsalzen im Kapitel Nickel, S. 564, angegeben.

Kapitel 18

Kupfer*

Inhalt

---

*	1. Auflage	2. Auflage
Bearbeiter:	**Ensslin, Ahrens, Wagenmann**	**Ahrens, Borkenstein**
Mitarbeiter:	**Becker, Bednara, Borkenstein, Dreyer, Eisen, Schaarwächter**	**Becker, Bednara, Böltz, Dreyer, Eisen, Gill, Kreissel, v. Vogel, Pohl, Vogt**

A. Vorkommen

Das Kupfer kommt in der Natur primär mit sulfidischen Lagerstätten magmatischer Bildung vor, und zwar praktisch in beinahe allen Phasen; sekundär tritt es ebenfalls vorwiegend in sulfidischer Form auf.

Die wichtigsten sulfidischen Kupfermineralien sind der *Kupferkies* ($CuFeS_2$) und die kupferhaltigen Pyrite. Weitere sulfidische Kupfermineralien von technisch geringerer Bedeutung sind *Kupferglanz* (Cu_2S), *Kupferindig* (CuS), *Buntkupfererz* (Cu_3FeS_3) und die *Fahlerze*. Sekundäre Mineralien sind das oxydische *Rotkupfererz* (Cu_2O), die basischen Kupfercarbonate *Malachit* [$CuCO_3 \cdot Cu(OH)_2$], *Kupferlasur* [$2CuCO_3 \cdot Cu(OH)_2$] und der *Atakamit* [$CuCl_2 \cdot 3Cu(OH)_2$], ein basisches Chlorid.

Als bedeutendste deutsche Kupfervorkommen gelten die der Mansfelder Mulde, einer sedimentären Lagerstätte von Kupferschiefer, in denen das Kupfer hauptsächlich als Kupferkies, Buntkupfererz und Kupferglanz vorliegt, dann die Kupfererze des Rammelsberges im Harz, die oxydischen Kupfererze von Niedermarsberg und die Kupfermergel in Schlesien.

B. Qualitativer Nachweis

Zur Prüfung auf Kupfer löst man die Probe mit Salpetersäure, raucht die Lösung mit Schwefelsäure ab und nimmt den Rückstand mit Wasser auf. Eine Blaufärbung der wäßrigen Lösung zeigt Kupfer an. Versetzt man diese Lösung mit einem Überschuß von Ammoniak, so vertieft sich die Blaufärbung unter Bildung des Tetramminkupfersulfats [$Cu(NH_3)_4$]SO_4. Sind noch andere färbende Salze, insbesondere des Nickels und Kobalts vorhanden, so wird in die schwefelsaure Lösung Schwefelwasserstoff eingeleitet. Den abfiltrierten Niederschlag löst man in Salpetersäure und macht die Lösung ammoniakalisch. Eine nunmehr auftretende Blaufärbung ist ein sicherer Beweis für die Gegenwart von Kupfer. Sollten Zweifel hinsichtlich des Vorhandenseins einer Blaufärbung auftreten, so macht man die ammoniakalische Lösung schwach essigsauer und fügt einige Tropfen einer verdünnten Kaliumhexacyanoferrat(II)-Lösung hinzu; bei Anwesenheit von Kupfer tritt eine rötliche Färbung auf.

Einen weiteren qualitativen Nachweis, welcher spezifisch für Kupfer ist, erhält man durch Fällen von Kupfer(II)-Lösungen in essigsaurer Lösung mit Salicylaldoxim [$C_6H_4(OH) \cdot CH \cdot NOH$]. Dieses erzeugt einen weißen gelbgrünstichigen Niederschlag. Die Reaktion wird nur durch die Gegenwart von Silber gestört.

Literatur. Ephrahim, F.: Ber. dtsch. chem. Ges. Bd. 63 (1930) S. 1928.

C. Analysengänge bei der Gewinnung des Kupfers

Als Ausgangsstoffe für die Gewinnung des Kupfers dienen hauptsächlich Kupfererze bzw. -konzentrate sowie kupferhaltiges Altmaterial aller Art. Ein stark verunreinigtes Rohkupfer kann auch durch Auszementieren kupferhaltiger Laugen mittels Eisenschrott erhalten werden; es ist das sogenannte Zementkupfer. Ferner gewinnt man das Kupfer durch Elektrolyse von Kupferlösungen mit unlöslichen Anoden, herrührend aus armen Erzen, deren Kupfer man durch eine geeignete Behandlung ausgelaugt hat.

In der Regel schmilzt man das teilweise abgeröstete Erzkonzentrat in Schacht- oder Flammöfen unter Ausbringen eines Kupferrohsteines mit 30 bis 40% Kupfer. Diesen verbläst man im Konverter zu Schwarzkupfer, das dann im Raffinierofen gereinigt und anschließend zu Anoden vergossen wird. Durch einen elektrolytischen Prozeß werden diese in reines Kupfer (über 99,9%) umgewandelt. Dabei gehen die Verunreinigungen teils in den Elektrolyten, aus dem sie von Zeit zu Zeit entfernt werden müssen, oder fallen gemeinsam mit den Edelmetallen als Anodenschlamm aus.

I. Die Analyse der Kupfererze

Da sich sämtliche Kupfererze mit Säuren zersetzen lassen, erfolgt der Aufschluß für betriebliche Untersuchungen grundsätzlich durch Behandlung des Erzes mit Salpeter- und Schwefelsäure oder gelegentlich mit Königswasser und nachfolgendem Abrauchen der Lösung mit Schwefelsäure.

1. Die Bestimmung des Kupfers

a) Gewichtsanalytisch

α) Durch elektrolytische Abscheidung

Diese Bestimmungsart kommt in Betriebslaboratorien mit entsprechender Einrichtung meist zur Anwendung. Sie wird zweckmäßig bei bewegtem Elektrolyten vorgenommen. Die Bewegung des Elektrolyten kann durch einen Glasrührer oder eine rotierende Anode oder durch Einblasen von gefilterter Luft bzw. Kohlendioxyd mit Hilfe eines in den Elektrolysierbecher eingehängten Glasröhrchens erfolgen. Als Kathode nimmt man die übliche Drahtnetzelektrode; als Anode hat sich eine kleine geschlossene, mattierte Drahtnetzelektrode von etwa 1 bis 1,5 cm Durchmesser bewährt.

Grundlage. Das Kupfererz wird mit Salpetersäure gelöst und die Lösung mit Schwefelsäure bis zum starken Rauchen erhitzt. Man nimmt mit Wasser auf, filtriert, wäscht sorgfältig aus, versetzt das Filtrat mit Salpetersäure und Ammoniumnitrat und elektrolysiert.

Anwendungsbereich und Bedeutung. Das Verfahren dient zur Bestimmung von Kupfergehalten von 0,2% an aufwärts.

Genauigkeit. 2.

Dauer. $1^1/_2$ Std.; eine Reihe von 10 Bestimmungen $2^1/_2$ Std.

Ausführung. Man löst 1 bis 2 g Einwaage mit 20 ml Salpetersäure (1 + 1) und einigen Tropfen Flußsäure, versetzt die Lösung mit 10 ml Schwefelsäure (1 + 1) und erhitzt sie bis zum starken Rauchen der Schwefelsäure. Dann nimmt man mit Wasser auf, erwärmt bis zur Lösung der löslichen Salze, läßt erkalten und filtriert. Der Rückstand wird mit kaltem, schwefelsäurehaltigem Wasser sorgfältig ausgewaschen. Dann gibt man zum klaren Filtrat auf je 100 ml Volumen 10 ml Salpetersäure (1 + 1) und 2 bis 3 g Ammoniumnitrat und elektrolysiert bei bewegtem

Elektrolyten mit 3 bis 5 A. Sind größere Mengen an Eisen(III)-salzen vorhanden, so setzt man dem Elektrolyten zur Zerstörung der salpetrigen Säure etwas Hydrazinsulfat oder Harnstoff zu.

Der störende Einfluß von beträchtlichen Mengen an Eisen kann auch dadurch beseitigt werden, daß die schwefelsaure Lösung mit einem Überschuß an Ammoniak versetzt und aufgekocht wird. Darauf filtriert man die Oxydhydrate des Eisens und Aluminiums ab. Je nach der angestrebten Genauigkeit wird der Oxydhydratniederschlag 1- oder 2mal umgefällt, da er, besonders in Gegenwart von Tonerde, nennenswerte Mengen an Kupfer zurückhalten kann. Durch diese Fällung mit Ammoniak erreicht man gleichzeitig, daß auch etwa vorhandenes Arsen, Antimon, Zinn oder Wismut aus der Lösung entfernt werden.

Für die Schnellelektrolyse gelten etwa folgende Bedingungen:

Auswaage Cu g	Elektrolytmenge ml	Stromstärke A	Dauer min	Durchschnittliche Kathodenoberfläche cm^2	
unter 0,1	bis 200	3	20	100	2 bis 5% freie HNO_3 (1,4) im Elektrolyt
unter 0,2	bis 200	5	20	100	
unter 0,5	bis 200	6	30	100	
unter 0,8	bis 200	6	45	100	

Fehlerquellen. Bei der elektrolytischen Abscheidung des Kupfers wird das Silber vollständig mitgefällt. Dies ist aber im allgemeinen bei Betriebsanalysen ohne Belang, da die Silbergehalte in Kupfererzen meist sehr niedrig sind.

In Gegenwart nennenswerter Mengen von Arsen, Antimon und Wismut werden bei der unmittelbaren Elektrolyse der Sulfatlösung teilweise die angegebenen Metalle, erkennbar an der Dunkelfärbung des Kupferniederschlages, mitgefällt. Diese Störung kann außer durch die oben angegebene Fällung mit Ammoniak auch folgendermaßen behoben werden: Man schaltet nach der vollständigen Abscheidung des Kupfers die Kathode in einem frischen, aus 2- bis 5proz. Salpetersäure bestehenden Elektrolyten als Anode und fällt das Kupfer schnellelektrolytisch um. Sind diese Elemente in größeren Mengen vorhanden, so empfiehlt sich wegen der Zeitersparnis und zur Erzielung größerer Sicherheit stets die Abtrennung durch Fällung mit Ammoniak. Eisenarmen oder eisenfreien Lösungen setzt man hierbei zur Adsorption des Arsens und Antimons zweckmäßig etwas Eisen(III)-sulfat zu.

Man kann die Elektrolyse auch in Gegenwart größerer Mengen Eisen, z. B. bei der Analyse von Kupferkies oder kupferhaltigen Pyriten, durchführen, wenn man das 3wertige Eisen durch mehrfachen Zusatz kleinerer Mengen von Hydrazinsulfat zur 2wertigen Form reduziert; man muß dann nur dafür Sorge tragen, daß das anodisch oxydierte Eisen jeweilig wieder reduziert wird. Eine andere Ausführungsform der elektrolytischen Kupferbestimmung in Gegenwart von Eisen ist im Kapitel Schwefel, S. 657, beschrieben.

Literatur. FÖRSTER, F.: Elektrochemie wäßriger Lösung. 3. Aufl., 1922.

β) *Durch Abscheiden mit Natriumthiosulfat als Cu_2S und Auswaage als CuO*

Grundlage. Das Kupfer wird aus schwach schwefelsaurer Lösung durch Kochen mit Natriumthiosulfat als Kupfer(I)-sulfid gefällt und dieses zum Oxyd verglüht.

Anwendungsbereich und Bedeutung. Das Verfahren kann zweckmäßig in Gegenwart größerer Mengen Eisen angewandt werden.

Genauigkeit. 2.

Dauer. 2 Std.; 5 Bestimmungen in 3 Std.

Ausführung. Die schwefelsaure Aufschlußlösung wird filtriert; außer der Gangart wird hierdurch auch das gesamte abgeschiedene Bleisulfat entfernt. Man neutralisiert die Lösung durch Zugabe von 1 n-Natronlauge und säuert sie wieder mit 10 ml 1 n-Schwefelsäure an. Zu der so vorbereiteten Lösung fügt man dann so viel Natriumthiosulfatlösung (100 g/l) hinzu, bis sie entfärbt ist, und erhitzt sie einige Zeit zum Sieden, wobei sich schwarzbraunes Kupfer(I)-sulfid abscheidet. Der Niederschlag wird in einem Porzellanfiltertiegel oder in einem Filter gesammelt, mit heißem Wasser ausgewaschen und zu Kupferoxyd verglüht.

$$\text{Auswaage} \cdot 0{,}7988 = \text{Cu}$$

Fehlerquellen. Wismut und Silber fallen mit aus. Arsen, Antimon und Zinn werden in stark saurer Lösung z. T. mit niedergeschlagen, besonders bei zu langem Kochen; allerdings gehen dann beim Glühen des Niederschlages geringe ausgefallene Mengen Arsen und Antimon flüchtig. Größere Kupfersulfidmengen lassen sich nicht sicher zu CuO verglühen.

Literatur. Vortmann: Z. analyt. Chem. Bd. 20 (1881) S. 446. — Orlowski: Z. analyt. Chem. Bd. 21 (1882) S. 215. — Nissenson u. Neumann: Chemiker-Ztg. Bd. 19 (1895) S. 1591.

γ) Durch Fällen mit Schwefelwasserstoff

Grundlage. Beim Einleiten von Schwefelwasserstoff in die schwefelsaure (oder salzsaure) Kupferlösung fallen sämtliche Metalle der Schwefelwasserstoffgruppe mit Ausnahme des Bleies, das als Sulfat vorher abfiltriert wurde, aus. Durch Digerieren mit einer warmen Natriumsulfidlösung wird das Kupfer(II)-sulfid von Arsen, Antimon und Zinn abgetrennt. Man kann es dann zu CuO verglühen und als solches zur Auswaage bringen, kann aber auch das Kupfer(II)-oxyd in Salpetersäure lösen, die Lösung nach Zugabe von Ammoniak in geringem Überschuß wieder salpetersauer machen und daraus das Kupfer schnellelektrolytisch abscheiden.

Anwendungsbereich und Bedeutung. Die Methode wird angewandt, wenn in der Aufschlußlösung größere Mengen an Eisen, Arsen oder Antimon vorhanden sind.

Genauigkeit. 2.

Dauer. 3 Std.

Ausführung. In die schwefelsaure Aufschlußlösung, welche mindestens 8 Vol.-% freie Schwefelsäure enthalten soll, leitet man in der Wärme Schwefelwasserstoff bis zur Sättigung ein. Nach dem Absitzen wird der Niederschlag abfiltriert und mit 0,5proz. schwefelsaurem, schwefelwasserstoffhaltigem Wasser ausgewaschen. Anschließend digeriert man zur Entfernung des Arsens, Antimons und Zinns mit einer 2proz. warmen Natriumsulfidlösung und wäscht mit heißem, 1% Ammoniumsulfid enthaltendem Wasser aus. Der Niederschlag wird zu CuO verglüht und kann als solches ausgewogen werden.

Das Kupfer(II)-sulfid kann auch mit heißer Salpetersäure vom Filter gelöst werden. Die salpetersaure Lösung wird gekocht, bis der Schwefel reingelb ist, mit Wasser auf 50 ml verdünnt und der ausgeschiedene Schwefel abfiltriert. Das Filtrat neutralisiert man mit Ammoniak, versetzt mit 5 ml Salpetersäure (1,4), 5 ml Schwefelsäure (1 + 1) und 0,5 g Harnstoff und bestimmt das Kupfer elektrolytisch, wie unter 1a) angegeben.

Fehlerquellen. Vorhandenes Silber und Wismut gelangen mit dem Kupferoxyd zur Auswaage. Bei der elektrolytischen Bestimmung des Kupfers darf die salpetersaure Lösung keine Schwefelreste in fein verteiltem Zustand, wie sie aus einem ungenügend geglühten Sulfidniederschlag stammen können, enthalten. Sie werden sonst von dem kathodisch sich abscheidenden Kupfer aufgenommen.

δ) *Durch Fällen mit Chinaldinsäure*

Grundlage. Die mit Salpetersäure gelöste Probe wird mit Schwefelsäure abgeraucht und das Kupfer nach dem Abfiltrieren des Unlöslichen durch Schwefelwasserstoff als Sulfid gefällt. Nach dem Lösen des Sulfids wird das Kupfer in saurer Lösung mit Natriumchinaldat als grünes Kupferchinaldat abgeschieden und gewogen.

Anwendungsbereich und Bedeutung. Die Methode eignet sich ganz besonders zur Trennung von Kupfer und Cadmium.

Genauigkeit. 2.

Dauer. 6 Std., ohne Aufschluß.

Ausführung. 2 bis 5 g der Probe werden mit 20 bis 50 ml Salpetersäure (1 + 1) gelöst und mit 10 ml Schwefelsäure (1,84) zur Trockne abgeraucht. Nach dem Erkalten nimmt man mit 30 ml Wasser auf, versetzt mit genau 5 ml Schwefelsäure (1,84) und kocht kurz auf, damit Kupfer- Cadmium- und Zinksulfat in Lösung gehen. Man läßt erkalten, filtriert das abgeschiedene Bleisulfat und den säureunlöslichen Anteil ab und wäscht mit Schwefelsäure [10 ml (1,84)/l] nach. Das Filtrat verdünnt man auf genau 100 ml und leitet in die auf 70 bis 80° erhitzte Lösung Schwefelwasserstoff bis zum Erkalten ein. Der Niederschlag wird abfiltriert, mit schwefelsäurehaltigem Schwefelwasserstoffwasser [10 ml (1,84)/l] ausgewaschen und danach mit Salpetersäure in Lösung gebracht. Nach dem Abrauchen mit Schwefelsäure und dem Aufnehmen mit Wasser wird vom abgeschiedenen Schwefel abfiltriert und das Filtrat mit Natriumhydroxyd unter Verwendung von Bromthymolblau oder Methylorange genau neutralisiert. Die etwa 150 ml betragende Lösung wird mit 2 bis 5 ml 2 n-Schwefelsäure wieder angesäuert und zum Sieden erhitzt. Unter kräftigem Rühren versetzt man sie mit einem kleinen Überschuß Natriumchinaldatlösung, wobei das grüne Kupfersalz sofort ausfällt. Nach dem Absitzen des Niederschlages dekantiert man diesen 5- bis 6mal mit 10 bis 20 ml heißem Wasser und filtriert schließlich durch einen Filtertiegel. Man wäscht mit heißem Wasser nach, trocknet den Niederschlag bei 135° und wägt als Kupferchinaldat $[Cu(C_{10}H_6NO_2)_2H_2O]$. Der Umrechnungsfaktor auf Cu ist 0,1492.

Natriumchinaldatlösung: 3 g Chinaldinsäure werden in 100 ml Wasser gelöst und die Lösung so lange mit Natriumhydroxydlösung (100 g/l) versetzt, bis sie gegen Methylorange gerade neutral reagiert.

Bemerkungen. Die Reaktion wird durch die Gegenwart von Zink und Kobalt gestört. In Gegenwart von Arsen, Antimon und Wismut setzt man vor der Fällung 2 g neutrales Natriumtartrat zu. Sie stören dann nicht. Bei Anwesenheit von viel Zink muß die Schwefelwasserstoffällung des Kupfers aus 5 vol.-proz. schwefelsaurer Lösung wiederholt werden.

Das Filtrat der Chinaldinfällung kann zur Bestimmung des Cadmiums verwendet werden (s. Kapitel Cadmium, S. 236).

Literatur. Priyadaranjan Rây und Mukul Kumar Bose: Z. analyt. Chem. Bd. 95 (1933) S. 400.

b) Maßanalytisch (auch mit Hilfe elektrometrischer Endpunktanzeige)

α) *Nach dem Kupfer(I)-jodidverfahren*

Bei diesem Verfahren muß zunächst das Eisen(III) beseitigt oder maskiert werden. Man erreicht dies durch Fällung des Eisens als Hydroxyd und Abfiltrieren oder durch Auszementieren des Kupfers mit Aluminiumblech oder aber durch Zusätze von Natriumfluorid oder Dinatriumhydrogenphosphat zur Aufschlußlösung. Siehe auch das auf S. 417 beschriebene Verfahren von W. Orlik und W. Tietze.

Grundlage. Die schwach angesäuerte Kupferlösung wird nach Beseitigung der die Titration störenden Einflüsse mit Kaliumjodid versetzt. Dabei erfolgt die Umsetzung: $2Cu^{++} + 2J^{-} = 2Cu^{+} + J_2$. Das ausgeschiedene Jod wird mit Natriumthiosulfatlösung titriert.

Anwendungsbereich und Bedeutung. Die Bestimmung eignet sich für Betriebslaboratorien, die nicht über eine Elektrolyseeinrichtung verfügen.

Genauigkeit. 2.

Dauer. Bis 1 Std. einschließlich Aufschluß.

Ausführung 1 *unter Fällung des Eisens.* 1 g des Kupfererzes zersetzt man unter Kochen mit 10 ml Salpetersäure (1,40). Sodann gibt man 15 ml Schwefelsäure (1 + 1) hinzu und dampft die Lösung ein bis zum starken Entweichen von Schwefelsäuredämpfen. Die erkaltete Lösung nimmt man mit 50 ml Wasser auf, kocht sie, bis sich die Sulfate gelöst haben, und fällt das Eisen mit einem Überschuß von Ammoniak als Eisenhydroxyd aus. Dann filtriert man ab und wäscht mit heißem 1proz. Ammoniakwasser sorgfältig aus. Man löst den Niederschlag in warmer Salzsäure (1 + 1) und wiederholt die Fällung mit Ammoniak. Die vereinigten Filtrate werden mit Schwefelsäure (1 + 1) eben angesäuert und mit 1 bis 2 g Kaliumjodid versetzt. Dieses reagiert mit dem Kupfer(II)-salz unter Bildung von Kupfer(I)-jodid, welches in Gegenwart größerer Kupfermengen ausfällt, bei kleineren durch den Überschuß von Kaliumjodid als Komplexsalz in Lösung gehalten wird. Gleichzeitig wird eine dem Kupfer äquivalente Menge Jod in Freiheit gesetzt. Diese titriert man mit n/10-Natriumthiosulfatlösung erst bis zur Gelbfärbung, dann nach Zusatz von Stärkelösung (10 g/l) bis zum Verschwinden der blauen Färbung. Eine Erhöhung der Genauigkeit wird dadurch erreicht, daß man zu dem ausgeschiedenen Jod einen Überschuß an Natriumthiosulfatlösung zugibt und den Überschuß dann nach Zugabe von Stärke mit einer n/10-Jodlösung bis zum Auftreten der Blaufärbung zurücktitriert.

Ausführung 2 *unter Auszementieren des Kupfers.* Die mit Schwefelsäure abgerauchte Lösung des Erzes wird mit 50 ml Wasser aufgenommen, zum Sieden erhitzt und nach dem Erkalten filtriert. Zur Trennung des Kupfers vom Eisen gibt man in die Lösung einen Streifen starken Aluminiumbleches und erhitzt einige Minuten zum Sieden, wobei das Kupfer als Metall ausgefällt wird. Zur Prüfung auf Vollständigkeit der Fällung und zugleich zur Erfassung letzter Reste von Kupfer versetzt man die Lösung mit 5 ml Natriumthiosulfatlösung (20 g/l) und kocht kurze Zeit. Den Niederschlag bringt man auf ein Filter, wäscht ihn mit Wasser aus, nimmt das Aluminiumblech heraus, spritzt es mit warmer Salpetersäure (1 + 1) in ein Becherglas ab und vereinigt darin alle kupferhaltigen Niederschläge. Das Filter reinigt man mittels Bromwasser von den letzten Resten des Kupfers, läßt auch diese Lösung in das Becherglas laufen und kocht, bis alles gelöst und das Brom verjagt ist. Darauf wird die Lösung ammoniakalisch gemacht und mit Essigsäure angesäuert. Nach Zusatz von Kaliumjodid titriert man, wie oben angegeben.

Ausführung 3 *unter Komplexbildung des Eisens.* Die schwefelsaure Aufschlußlösung, deren freie Säure man zum größten Teil mit Ammoniak abgestumpft hat, wird mit 2 bis 3 g Natriumfluorid versetzt, wodurch das Eisen als Natriumeisenfluorid in ein Komplexsalz übergeht. Die Einwirkung des Arsens auf den Jodwasserstoff wird durch Natriumfluorid ebenfalls verhindert, während Antimon bei Mengen über 20 mg weiterhin störend wirkt.

An Stelle des Natriumfluorids können auch auf 100 ml der neutralen Aufschlußlösung je 5 ml Dinatriumhydrogenphosphatlösung (100 g/l) zugesetzt werden. Hierbei fallen Kupfer als Kupfer(II)-phosphat und Eisen als Eisen(III)-phosphat aus. Durch Zusatz von 5 bis 10 ml 50proz. Essigsäure und Umrühren geht das Kupfersalz wieder in Lösung, während das Eisen(III)-phosphat ungelöst bleibt. Zu dieser

Lösung gibt man nun 1 bis 2 g Kaliumjodid und titriert das ausgeschiedene Jod, wie oben beschrieben, mit Natriumthiosulfatlösung.

Fehlerquellen. Bei der Titration stören Eisen, Antimon, Zinn und Arsen; sie müssen deshalb vorher entfernt werden. Zu diesem Zweck fällt man das Eisen mit Ammoniak, wobei Arsen, Antimon und Zinn adsorptiv mitgerissen werden. Es muß jedoch mindestens 10mal soviel Eisen wie Antimon + Zinn vorhanden sein. Störend wirken außerdem stickoxydhaltige Salpetersäure und andere Oxydationsmittel. Störungen sind jedoch nicht zu erwarten, wenn die zu titrierende Lösung auf 100 ml nicht mehr als 3 ml Schwefelsäure (1,84), Salzsäure (1,19), stickoxydfreie Salpetersäure oder 25 ml 50proz. Essigsäure enthält.

Literatur. Lew, A. H.: Techn. Meth. of ore Analysis. 1905. — Gooch, F. A., u. F. H. Heath: Z. anorg. allg. Chem. Bd. 35 (1907) S. 129. — Treadwell, F. P.: Lehrbuch der analytischen Chemie, Bd. 2 (1935) S. 581. — Fraser, A.: Chemiker-Ztg. Bd. 40 (1916) S. 818. — Ley, H.: Chemiker-Ztg. Bd. 41 (1917) S. 673.

Die unter α) beschriebene jodometrische Bestimmung des Kupfers kann auch mit *elektrometrischer Endpunktanzeige* durchgeführt werden, die an Stelle des Indicators tritt. Man verwendet hierfür entweder eine Platin-Silber-Doppelelektrode oder 2 Platinelektroden. Eisen(III)-salze werden durch Zugabe von 2 bis 3 g Natriumpyrophosphat unschädlich gemacht. Silber, Blei, Wismut, 4wertiges Zinn, Aluminium, Nickel, Zink und Erdalkalimetalle stören nicht; nur Antimon ergibt einen Mehrwert.

Literatur. Pring, M. E., u. I. F. Spencer: Analyst Bd. 55 (1930) S. 375. — Foulk, C. B., u. A. T. Bawden: J. Amer. chem. Soc. Bd. 48 (1927) S. 2045. — Müller, E.: Elektrometrische Maßanalyse, 5. Aufl., S. 217. Dresden und Leipzig: Verlag Theodor Steinkopff.

β) *Nach dem Cyanidverfahren*

Grundlage. Das Kupfer wird in ammoniakalischer Lösung mit n/5-Kaliumcyanidlösung titriert. Die Umsetzung geht im wesentlichen nach der Summenformel vor sich:

$$2\,Cu(NH_3)_4SO_4 + 7\,KCN + H_2O = K_3(NH_4)[Cu_2(CN)_6] + NH_4CNO + 2\,K_2SO_4 + 6\,NH_3$$

Anwendungsbereich und Bedeutung. Das Verfahren kann zur Ermittlung des Kupfergehaltes in kobalt- und nickelfreien Erzen verwendet werden.

Genauigkeit. 2.

Dauer. 1 Std.

Ausführung. Die nach α), S. 379, vom Eisen befreite, ammoniakalische Kupferlösung verdünnt man auf 800 ml, versetzt sie mit 30 ml Ammoniumcarbonatlösung (100 g/l) und titriert in der Kälte in einer Porzellanschale mit n/5-Kaliumcyanidlösung bis zur schwach violetten Färbung.

Die *Titerstellung* der Kaliumcyanidlösung muß unter den gleichen Bedingungen vorgenommen werden, da sonst das Komplexsalz von Kupfer und Kaliumcyanid eine andere Zusammensetzung haben kann. Man löst 0,2 g reinstes Kupfer in 5 ml Salpetersäure (1,4) und raucht die Lösung mit Schwefelsäure ab. Nach dem Aufnehmen mit 700 ml Wasser gibt man 1 g Ammoniumsulfat hinzu, versetzt die Lösung mit 10 ml Ammoniak (0,91) im Überschuß sowie mit 30 ml Ammoniumcarbonatlösung (100 g/l) und titriert.

1 ml n/5-Kaliumcyanidlösung entspricht unter den angegebenen Bedingungen etwa 5 mg Kupfer.

Fehlerquellen. Bei der Titration dürfen Eisen, Nickel, Kobalt und Mangan nicht vorhanden sein, ebenso würde Blei stören. Arsen, Antimon und Zinn haben dagegen keinen Einfluß auf den Ablauf der Reaktion.

Literatur. Parkes: Min. J. 1851. — Steinbeck: Z. analyt. Chem. Bd. 8 (1869) S. 8. — Low, A. H.: Techn. Methods of ore Analysis. 1905, S. 88.

Die Titration des Kupfers mit Kaliumcyanid kann auch wie folgt potentiometrisch durchgeführt werden.

Grundlage. Zur maßanalytischen Bestimmung des Kupfers mit Kaliumcyanid bedient man sich nach H. WIRTZ der Umschlagselektrode nach BOHNHOLTZER und HEINRICH; sie enthält eine Lösung, die sich aus 20 ml n/20-Silbernitratlösung und 20 ml n/5-Kaliumjodidlösung zusammensetzt. Die Apparatur besteht aus dem Flüssigkeitsschlüssel, der die Verbindung der zu titrierenden Lösung mit der Umschlagselektrode darstellt, einem Galvanometer und der üblichen Rührapparatur. Dazu kommen zwei Silberelektroden, von denen die eine in die Lösung der Umschlagselektrode, die andere als Indicatorelektrode in die zu titrierende Flüssigkeit eintaucht.

Anwendungsbereich und Bedeutung. Das Verfahren eignet sich für schnelle Betriebsuntersuchungen und wird z. B. auch für die Kupferbestimmung im Molybdänglanz angewandt.

Genauigkeit. 2.

Dauer. 40 min.

Ausführung. Man löst 1 bis 2 g Erz im 600 ml-Becherglas mit 20 ml eines Gemisches von 1 Teil Salzsäure (1,19), 1 Teil Salpetersäure (1,40) und 2 Teilen Wasser. Nach dem Verjagen der nitrosen Dämpfe werden zu der Lösung 30 ml Ammoniumchloridlösung (250 g/l), 80 ml Ammoniak (0,91) sowie genau 10 ml n/100-Silbernitratlösung gegeben. Dann setzt man die so vorbereitete Lösung in die Rührapparatur ein und titriert mit einer Kaliumcyanidlösung (6 g Kaliumcyanid und 5 g Kaliumhydroxyd gelöst zu 1 l), deren Titerstellung mit einer Kupferlösung bekannten Gehaltes unter Beifügung von reinem Eisen(III)-chlorid erfolgte. Die Titration wird so lange fortgesetzt, bis die Galvanometernadel eben den Nullpunkt durchschritten hat. Da in der ammoniakalischen Lösung das Eisen als Hydroxyd noch vorhanden ist, muß mit 1 bis 2 Tropfen übertitriert werden, um das im Eisen vorhandene Kupfer zu kompensieren. Nach einer Wartezeit von $^1/_2$ min geht die Galvanometernadel auf den Nullpunkt zurück, während sie auf Zusatz der 2 Tropfen vorgerückt war. Damit ist der Endpunkt der Titration erreicht. Für die 10 ml zugesetzter Silbernitratlösung muß bei jeder Bestimmung der Blindwert abgesetzt werden. Hierzu wird eine dem Eisengehalt der zu untersuchenden Probe etwa entsprechende Eisenmenge, wie oben beschrieben, gelöst, mit 10 ml Silbernitratlösung versetzt und titriert.

Fehlerquellen. Nickel und Kobalt stören die Titration.

Literatur. WIRTZ, H.: Metall u. Erz Bd. 37 (1940) S. 424. — BOHNHOLTZER, W., u. F. HEINRICH: Chemiker-Ztg. Bd. 53 (1929) S. 471 — Z. analyt. Chem. Bd. 87 (1932) S. 401 — Z. angew. Chem. Bd. 32 (1929) S. 591.

γ) Nach dem Titan(III)-chloridverfahren

Grundlage. Kupfer(II)-salze werden durch Titan(III)-chlorid zu Kupfer(I)-salzen reduziert, wobei der Endpunkt der Titration potentiometrisch festgestellt werden kann.

Anwendungsbereich und Bedeutung. Die Methode gibt unter Einhaltung der notwendigen Vorsichtsmaßregeln besonders bei kupferarmen Erzen zuverlässige Resultate.

Genauigkeit. 1.

Dauer. 45 min.

Ausführung. Das Kupfererz wird, wie vorher beschrieben, mit Salpetersäure gelöst und die Lösung mit Schwefelsäure abgeraucht. Das Eisen entfernt man durch Fällung mit Ammoniak, wobei auch Arsen und Antimon abgeschieden werden. Das Filtrat wird gegebenenfalls auf etwa 250 ml eingeengt und mit so viel Salzsäure versetzt, daß die Lösung 4 bis 8% davon enthält. Diese Lösung kocht man zur

Entfernung des Luftsauerstoffs in einer geschlossenen Apparatur im Kohlendioxydstrom und titriert dann (auch im Kohlendioxydstrom) entweder bei Zimmertemperatur oder in der Wärme mit Titan(III)-chloridlösung bis zum Potentialsprung. Als Indicatorelektrode verwendet man einen Platindraht und als Vergleichselektrode eine Kalomel-Kaliumchloridelektrode.

Zur *Herstellung einer n/10-Titan(III)-chloridlösung* wird die käufliche 15proz. Titanlösung auf etwa das Zehnfache mit ausgekochtem Wasser verdünnt. Ein etwaiger Rückstand wird abfiltriert. Durch Zugabe von Salzsäure (1,19) bringt man die Lösung auf einen Gehalt von 3% freier Salzsäure und bewahrt sie unter Kohlendioxyd oder Wasserstoff auf. Die Titerstellung erfolgt mit einer Kupfer(II)-chloridlösung.

O. Tomiček titriert bei Zimmertemperatur in Gegenwart von Kaliumthiocyanat oder -jodid. Er gibt auf 50 ml der neutralen Analysenlösung 2,5 ml Salzsäure (1,19) und 0,5 g Kaliumthiocyanat oder 2 g Kaliumjodid hinzu.

Fehlerquellen. Die Titration des Kupfers ist möglich in Gegenwart von Blei, Cadmium, Quecksilber(II), Arsen(V) und Zinn(IV). Antimon(V) stört die Titration; Eisen(III) wird mittitriert.

Literatur. Zintl, E., u. H. Wartenberg: Ber. dtsch. chem. Ges. Bd. 55 (1922) S. 3360. — Zintl, E., u. A. Rauch: Z. anorg. allg. Chem. Bd. 146 (1935) S. 281. — Tomiček, O.: Recueil Trav. chim. Pays-Bas Bd. 43 (1924) S. 798.

c) Photometrisch

α) *Kupferbestimmung mit Natriumdiäthyldithiocarbaminat*

Grundlage. Das 2wertige Kupfer bildet mit Natriumdiäthyldithiocarbaminat ein gelb gefärbtes Kupfersalz, das zur photometrischen Bestimmung kleiner und kleinster Mengen Kupfer Verwendung finden kann. Die Bestimmung kann in wäßriger Lösung erfolgen. Hierbei stören aber eine ganze Reihe von Schwermetallen. Es ist daher zweckmäßig, das Kupfersalz mit Kohlenstofftetrachlorid, in dem es gut löslich ist, auszuschütteln und in der Kohlenstofftetrachloridlösung die Farbintensität festzustellen.

Anwendungsbereich und Bedeutung. Das Verfahren eignet sich zur Bestimmung *kleinster* Mengen Kupfer in Metallen, Legierungen, Wässern und Abwässern.

Genauigkeit. 1.

Dauer. Je nach dem Aufschlußverfahren 1 bis 3 Std.

Ausführung. 1 bis 20 g Probematerial werden in einer entsprechenden Menge Säure gelöst und die Lösung mit Schwefelsäure abgeraucht. Hierbei geht das gesamte Kupfer in Lösung. Nach dem Erkalten und Aufnehmen mit Wasser wird vom Rückstand abfiltriert, dieser mit 1proz. Schwefelsäure ausgewaschen und das Filtrat auf etwa 50 ml eingeengt. Man versetzt dann die Lösung mit 10 ml Zitronensäurelösung (200 g/l) und mit so viel Ammoniak, daß der p_H-Wert 9 beträgt. Zu der so vorbereiteten Lösung werden 10 ml wäßrige Natriumdiäthyldithiocarbaminatlösung (1 g/l) zugegeben, wobei in Gegenwart von Kupfer eine Gelbfärbung auftritt. Man extrahiert nun hintereinander mit 2,5 ml, dann 3mal mit je 1,5 ml Kohlenstofftetrachlorid, wobei der gelbe Farbstoff in das organische Lösungsmittel übergeht. Sollte bei der letzten Extraktion das Kohlenstofftetrachlorid nicht farblos sein, so wird das Ausschütteln so lange wiederholt, bis der letzte Extrakt nicht mehr gefärbt ist. Die gefärbten Auszüge vereinigt man und befreit sie von mitgerissenen Wassertröpfchen durch Filtrieren durch ein trockenes Filter. Anschließend wird die kupferhaltige Lösung in einem Meßkolben auf 10 bis 50 ml mit Kohlenstofftetrachlorid aufgefüllt und photometriert. Das Photometrieren geschieht entweder mit einer Quecksilberlampe bei 436 mμ oder im Violettfilter mit einem Schwerpunkt bei 510 bis 515 mμ.

Fehlerquellen. Sehr große Mengen Thallium wirken störend, weil die Kupferfarbe nicht mehr zur Entwicklung kommt. Gleich große und größere Mengen Wismut, Nickel, Kobalt und Eisen verursachen Mehrbefunde, die durch Zugabe einer entsprechenden Menge einer Komplexonlösung [50 g Tetraminessigsäure p. a. und 50 ml Ammoniak (0,91) p. a. mit Wasser auf 250 ml auffüllen] vor der Extraktion verhindert werden können.

Literatur. CALLAN, TH., u. J. A. RUSSEL-HENDERSON: Analyst Bd. 54 (1929) S. 650—654. — ENSSLIN, F.: Metall u. Erz Bd. 37 (1940) S. 171. — POHL, H.: Analytica chim. Acta Bd. 12 (1955) S. 54.

β) *Bestimmung des Kupfers mit Ammoniak*

Grundlage. Diese Bestimmung eignet sich für mittlere Kupfergehalte, insbesondere für pyritische Erze und für Kupfererze bis zu einem Kupfergehalt von etwa 3%.

Genauigkeit. 2; bei Schwefelwasserstofftrennung 1.

Dauer. 1 Std. bei Abwesenheit von Nickel und Kobalt, 2 Std. in Gegenwart von Nickel und Kobalt.

Ausführung. 1 bis 5 g des Erzes werden mit 10 ml Salpetersäure (1,4) oder 20 ml Königswasser in Lösung gebracht und die Lösung mit Schwefelsäure abgeraucht. Nach dem Aufnehmen mit Wasser und 10 ml Schwefelsäure (1 + 1) wird aufgekocht und vom Rückstand abfiltriert. Eisen, Aluminium und etwa vorhandenes Arsen, Antimon, Wismut fällt man durch Zugeben von Ammoniak aus. Die abfiltrierten Hydroxyde werden in Schwefelsäure gelöst und mit Ammoniak erneut ausgefällt. Nach erfolgter Filtration werden die beiden Filtrate vereinigt und auf ein bestimmtes Volumen aufgefüllt. In einem abgemessenen Teil erfolgt sodann die photometrische Bestimmung des Kupfers mit einem Gelbfilter, Schwerpunkt 578 mμ, gegen eine Leerwertlösung, die in 500 ml 25 ml verdünnte Schwefelsäure (1 + 1) und 75 ml Ammoniak im Überschuß enthält.

Die Eichkurve wird mit Hilfe einer Kupferlösung erstellt, die man durch Auflösen von 1 g Reinkupfer in Salpetersäure, Abrauchen der Lösung mit Schwefelsäure und Auffüllen mit Wasser auf 1 l erhält. Der günstigste Meßbereich liegt bei Benutzung einer 50 mm-Küvette zwischen 5 und 20 mg Kupfer in 100 ml der ammoniakalischen Lösung.

Fehlerquellen. Nickel und Kobalt stören durch die Eigenfärbung in ammoniakalischer Lösung. Sind diese Elemente vorhanden, so fällt man das Kupfer aus der schwefelsauren Lösung mit Schwefelwasserstoff als Kupfersulfid aus. Dieses wird sodann mit Salpetersäure in Lösung gebracht und die Lösung wie oben weiterbehandelt.

Bemerkung. Bei den Mansfelder und ähnlichen Erzen ist zu beachten, daß sie größere oder kleinere Mengen von Bitumen enthalten, welche die photometrische Bestimmung stören würden. Diese Erze sind deshalb vor dem Lösen in Säure in einem Porzellantiegel oder in einem Veraschungsschälchen abzurösten, bis die Kohlesubstanz vollständig entfernt ist.

Die Farbtönung des Kupfer-Tetramminkomplexes ist weitgehend abhängig von den anwesenden Neutralsalzen sowie von der Menge des vorhandenen freien Ammoniaks.

d) Polarographische Bestimmung des Kupfers

Grundlage. Kupfergehalte bis zu 5% können in ammoniakalischer Lösung mit der Quecksilbertropfkathode auf Grund des Redoxpotentials Cu^{+}—Cu° polarographisch bestimmt werden. (Siehe Kapitel Polarographie.)

Genauigkeit. 1 bei niedrigen Cu- und Eisengehalten, 2 bei hohen Eisengehalten.

Dauer. $^1/_2$ Std., für 6 Bestimmungen 1 Std.

Ausführung. Je nach dem Kupfergehalt des Erzes oder der Aufbereitungsrückstände werden 1 bis 5 g in Salpeter-Schwefelsäure gelöst. Eine Entfernung der Salpetersäure durch Abrauchen mit Schwefelsäure ist nicht erforderlich. Lösung samt Rückstand werden in einen 500 ml-Meßkolben übergeführt und mit Ammoniak im Überschuß versetzt. Hierbei fallen Eisen, Aluminium und eine Reihe anderer Verunreinigungen aus. Nach dem Auffüllen bis zur Marke und Filtrieren durch ein trockenes Filter entnimmt man dem Filtrat 5 ml und versetzt die Abmessung mit 5 ml einer Grundlösung, die aus 900 ml Ammoniak und 100 ml 2proz. Tyloselösung besteht und mit Natriumsulfit gesättigt ist. Die Tyloselösung stellt man aus 200 ml einer 10proz. Paste von Tylose S durch Anrühren mit kaltem Wasser her und füllt zu 1 l auf. Ein Erwärmen beim Herstellen der Lösung ist unter allen Umständen zu vermeiden, da die Tylose sonst ausflockt. Die mit der Grundlösung versetzte Reaktionslösung wird nunmehr zwischen 0 und 0,8 V polarographiert (s. auch Kapitel Zink, S. 956).

2. Die Bestimmung des Siliciumdioxyds und des Bariumsulfats

Grundlage. Nach der Zersetzung des Erzes mit Königswasser wird das Siliciumdioxyd durch Eindampfen der Lösung unlöslich gemacht und abgeschieden. Den Rückstand nach dem Abrauchen mit Flußsäure schmilzt man mit Kaliumpyrosulfat, filtriert das zurückbleibende Bariumsulfat nach dem Lösen der Schmelze ab und wägt es.

Anwendungsbereich und Bedeutung. Die Bestimmung dieser beiden Verbindungen gehört zur ständig wiederkehrenden Untersuchung eines Rückstandes nach dem Aufschluß eines Erzes mit Säuren.

Genauigkeit. 2.

Dauer. 6 Std.

Ausführung. 2 g Erz löst man in einer Porzellanschale in 15 ml Salzsäure (1,19), gibt 5 ml Salpetersäure (1,40) hinzu und dampft nach späterer Zugabe von 10 ml Salzsäure (1 + 1) zur Trockne ein. Der Trockenrückstand wird dann, um das Siliciumdioxyd unlöslich zu machen, im Trockenschrank auf 130 bis 140° erhitzt. Das erkaltete Salzgemisch nimmt man mit 10 ml Salzsäure (1 + 1) und 100 ml heißem Wasser auf, erwärmt die Lösung zum Sieden und filtriert sie. Den Niederschlag wäscht man nacheinander mit Salzsäure (1 + 4) und kochend heißem Wasser so lange aus, bis das Filtrat chlorfrei ist. Dies ist besonders wichtig, wenn Blei vorhanden. Das Filtrat wird nochmals zur Trockne eingedampft, um Reste des Siliciumdioxyds abzuscheiden. Das Rohsiliciumdioxyd der beiden Filtrationen wird im Platintiegel bei etwa 1000° geglüht und dann gewogen. Darauf gibt man 10 ml Flußsäure und 3 ml Schwefelsäure (1 + 1) hinzu und dampft die Lösung zur Trockne, wobei das Siliciumdioxyd als Silicium(IV)-fluorid verflüchtigt wird. Anschließend wird der Tiegel mit Rückstand geglüht und gewogen. Der Gehalt an Siliciumdioxyd errechnet sich aus dem Gewicht des Tiegels vor und nach dem Abdampfen mit Flußsäure.

Den im Tiegel verbliebenen Rückstand schmilzt man mit 5 g Kaliumpyrosulfat bei langsam gesteigerter Temperatur. Ist die Schmelze klar, so wird der Tiegel unter Umschwenken des geschmolzenen Inhaltes in kaltem Wasser abgeschreckt. Man löst dann die Schmelze in 50 ml Wasser unter Zusatz von 5 ml Schwefelsäure (1 + 1). Bei klarer Lösung ist Bariumsulfat nicht vorhanden; enthält sie aber einen weißen Niederschlag, so wird er abfiltriert, mit heißem Wasser ausgewaschen, stark geglüht und als Bariumsulfat ausgewogen. Das Filtrat bzw. die klare Schmelzlösung kommt zum Hauptfiltrat.

Fehlerquellen. Bleibt beim Lösen des Erzes ein beträchtlicher Rückstand, der viel Tonerde enthält, so wird die Kieselsäurebestimmung aus der Wägedifferenz meist ungenau, da sich beim Abrauchen mit Fluß- und Schwefelsäure Aluminium-

6. Die Bestimmung des Arsens

Man löst 1 bis 5 g Erz mit 10 bis 25 ml Salpetersäure (1,40) und raucht die Lösung mit 20 ml Schwefelsäure (1 + 1) fast bis zur Trockne ab, versetzt mit etwas Wasser und wiederholt das Abrauchen, um die Salpetersäure restlos zu entfernen. Dann werden die Salze mit 10 ml Wasser und 10 ml Salzsäure (1 + 1) aufgenommen (nicht erhitzen!) und unter Verwendung von 200 ml Salzsäure (1,19) mitsamt dem Rückstand in einen Arsendestillierkolben übergespült. Man verfährt dann weiter, wie im Kapitel Arsen, S. 122 bis 124, angegeben.

7. Die Bestimmung des Antimons und Zinns

Grundlage. Diese in Kupfererzen meist nur in geringen Mengen vorkommenden Elemente werden nach dem BLUMENTHAL-Verfahren aus der salpetersauren Lösung des Kupfererzes abgetrennt und nach weiterer vollständiger Isolierung nach den in den Kapiteln Antimon bzw. Zinn beschriebenen Methoden maßanalytisch bestimmt.

Anwendungsbereich. Die Methode eignet sich zur Bestimmung kleiner und kleinster Antimon- und Zinngehalte in Erzen und Metallen, soweit sie in salpetersaure Lösungen gebracht werden können. Die Methode ermöglicht im gleichen Arbeitsgang auch die Bestimmung kleiner und kleinster Wismutgehalte.

Genauigkeit. 1.

Ausführung. 10 g der Probe werden mit 70 ml Salpetersäure (2 + 1) zersetzt. Dann kocht man die Lösung, bis keine Stickoxyde mehr wahrzunehmen sind, verdünnt auf 300 bis 400 ml und versetzt die unfiltrierte Lösung mit Ammoniak bis zur beginnenden Fällung. Diese wird mit möglichst wenig Salpetersäure eben wieder in Lösung gebracht. Darauf fügt man 5 ml einer wäßrigen Mangan(II)-nitratlösung (8 g auf 100 ml Wasser) sowie 3 ml einer 1 n-Kaliumpermanganatlösung hinzu und kocht unter häufigem Umrühren auf. Die Permanganatfärbung verschwindet dabei, und Mangandioxyd scheidet sich aus, das sich gut zusammenballt, während die überstehende Flüssigkeit klar wird. Nach Zusatz von weiteren 3 ml 1 n-Kaliumpermanganatlösung, Aufkochen und Umrühren kann filtriert und mit heißem Wasser ausgewaschen werden. Zur Sicherheit wiederholt man im Filtrat die Fällung, aber nur mit einem Zusatz von 2 ml Mangannitrat- und 3 ml Kaliumpermanganatlösung.

Nach dem Auswaschen mit heißem Wasser werden die beiden Niederschläge vereinigt und in einem ERLENMEYER-Kolben mit Salpeter- und Schwefelsäure naß verbrannt. Es wird weiter erhitzt, bis die Schwefelsäure fast vollständig weggeraucht ist, mit 80 ml Wasser und 20 ml Salzsäure (1,19) aufgenommen, aufgekocht und etwa 400 ml verdünnt. Wenn hierbei ein Rückstand oder eine Trübung bleibt, wird filtriert, Filter und Inhalt werden im Eisentiegel verascht und mit Na_2O_2 geschmolzen. Die Schmelze wird mit Wasser aufgenommen und mit dem salzsauren Filtrat vereinigt. Die dann meist nur noch schwach alkalische Gesamtlösung wird schwach salzsauer gemacht und mit Schwefelwasserstoff gesättigt. Der entstandene Sulfidniederschlag wird abfiltriert, ausgewaschen und mit Schwefelnatriumlösung ausgezogen. Nach dem Abfiltrieren der unlöslichen Sulfide, z. B. Wismut, wird die Schwefelnatriumlösung mit verdünnter Schwefelsäure schwach angesäuert und etwa 10 min mit Schwefelwasserstoffgas gesättigt, um die Sulfide von Arsen, Antimon und Zinn vollständig wieder auszufällen. Diese werden abfiltriert, in Salpeter- und Schwefelsäure naß verbrannt, wobei schließlich bis auf 2 bis 3 ml abgeraucht wird. Nach dem Erkalten wird mit 20 ml Wasser und 40 ml Salzsäure (1,19) aufgenommen und in diese Lösung zur Abtrennung des Arsen Schwefelwasserstoff eingeleitet. Im Filtrat des Arsensulfids wird der Säureüberschuß mit Ammoniak aufgehoben und wieder Schwefelwasserstoff eingeleitet, um die Antimon- und Zinnsulfide wieder auszufällen, die abfiltriert und in Schwefelsäure gelöst werden. Die stark abgerauchte Lösung wird mit Wasser und Salzsäure aufgenommen und darin das Antimon, wie im Kapitel Antimon beschrieben, mit Kaliumbromat maßanalytisch bestimmt.

Dann wird diese Lösung mit Eisenpulver zementiert, um das Antimon zu entfernen und das Zinn zu reduzieren, das nach dem Filtrieren (CO_2-Schutz!) im Filtrat mit Chlorina- oder Jodlösung maßanalytisch bestimmt wird (s. Kapitel Zinn).

Die ungelösten Sulfide können zur Bestimmung des Wismuts verwendet werden (s. Kapitel Wismut, S. II/866).

Literatur. BLUMENTHAL, H.: Z. analyt. Chem. Bd. 74 (1928) S. 33—39.

8. Die Bestimmung des Zinks

Grundlage. Für diese Bestimmung verwendet man das bei der Kupferbestimmung aus mindestens 2 g Einwaage nach I. 1 γ) anfallende Filtrat der Schwefelwasserstoffällung, aus dem das Zink abgetrennt und potentiometrisch bestimmt wird.

Genauigkeit. 1.

Ausführung. Das bei der Kupferbestimmung in Erzen [I. 1 γ) S. 378] erhaltene Filtrat der Schwefelwasserstoffällung wird bis zum Verschwinden des Schwefelwasserstoffgeruches gekocht und zum Oxydieren des Eisens mit Bromwasser versetzt. Das überflüssige Brom wird durch weiteres Erhitzen verjagt, dann wird das Eisen mit Ammoniak gefällt, abfiltriert und nach Wiederauflösen mit Salzsäure noch einmal gefällt und abfiltriert.

Die vereinigten Filtrate werden mit Schwefelsäure angesäuert (Methylorange), mit 2 ml Schwefelsäure (1 + 1) im Überschuß versetzt und auf $\sim 80°$ erhitzt. In dieser Lösung wird das Zink potentiometrisch mit Kaliumhexacyanoferrat(II)-lösung titriert, wie auf S. 906 im Kapitel Zink beschrieben.

Anmerkung. Wenn die Probe Nickel und/oder Kobalt enthält, so muß man das Zink mit Schwefelwasserstoff abtrennen. Dazu neutralisiert man das Filtrat der Eisenfällung mit verdünnter Schwefelsäure (Methylorange), fügt 2 Tropfen Schwefelsäure (1 + 1) als Überschuß hinzu und fällt aus dieser Lösung das Zink durch Schwefelwasserstoff aus. Nach dem Abfiltrieren (Blaubandfilter) und Lösen des Zinksulfids in Salpeter- und Schwefelsäure (abrauchen und nach Zusatz von 25 ml Wasser nochmal abrauchen, um Salpetersäure vollkommen zu entfernen) bestimmt man das Zink potentiometrisch wie oben.

9. Die Bestimmung des Kobalts und Nickels

a) Gewichtsanalytisch

Je nach dem Gehalt an Kobalt und Nickel löst man 1 bis 10 g des Erzes in 10 bis 50 ml Königswasser und dampft die Lösung nach Zugabe von 10 bis 30 ml Schwefelsäure (1 + 1) bis fast zur Trockne. Die Salze nimmt man mit 50 ml Wasser und 10 ml Schwefelsäure auf und kocht. Darauf wird die Lösung mit Wasser auf etwa 300 ml verdünnt, mit weiteren 20 ml Schwefelsäure (1 + 1) versetzt und ohne Filtration bei etwa 60° mit Schwefelwasserstoff gefällt. Nach dem Abnutschen des Niederschlages und Auswaschen mit Schwefelwasserstoffwasser kocht man das Filtrat zur Entfernung des Schwefelwasserstoffs ein und füllt es in einem 500 ml-Meßkolben auf. 200 ml davon werden zur *Nickel*bestimmung mit 5 ml 3proz. Wasserstoffperoxydlösung oxydiert und der Überschuß des Oxydationsmittels verkocht. Man versetzt mit 5 g Weinsäure, um Eisen und Aluminium komplex zu binden, macht schwach ammoniakalisch und dann mit ein paar Tropfen Salzsäure wieder schwach sauer. Man erwärmt die Lösung auf 30 bis 40°, versetzt mit einer ausreichenden Menge einer 1proz. Diacetyldioximlösung (5 ml für 10 mg Nickel), macht schwach ammoniakalisch und erwärmt auf 60 bis 70°. Die Fällung bleibt 1 Std. bei 60° stehen. Dann filtriert man den roten Niederschlag ab und löst ihn zur Reinigung in verdünnter Salzsäure. Aus dieser Lösung wird die Fällung mit Diacetyldioximlösung, jedoch ohne Zusatz von Weinsäure, wiederholt.

Zur Bestimmung des *Kobalts* entnimmt man weitere 200 ml, versetzt mit 25 ml Zitronensäure (1 + 1), neutralisiert mit Ammoniak und säuert mit Essigsäure an. Man verdünnt auf ungefähr 500 ml und fällt in der Kälte das Kobalt mit 3 g in kaltem Wasser gelöstem Kaliumxanthogenat. Nach dem Absitzen wird filtriert und mit kaltem Wasser gut ausgewaschen. Filter samt Niederschlag werden durch Abrauchen mit Salpetersäure (1,40) und Schwefelsäure bis zur Trockne eingedampft. Den Abdampfrückstand nimmt man mit wenig heißem Wasser und 5 ml Salzsäure (1 + 1) auf je 100 ml auf. In dieser Lösung wird das Kobalt mit einer Lösung von α-Nitroso-β-Naphthol (2 g in 100 ml Äthanol) gefällt. Nach kurzem Aufkochen filtriert man den Niederschlag ab und wäscht ihn erst mit Salzsäure (1 + 10), dann mit heißem Wasser aus und glüht ihn bei 700° zu Co_3O_4. Umrechnungsfaktor auf Co = 0,7343 (s. Kapitel Kobalt, S. 356).

b) Photometrisch

Die Kobaltbestimmung kann nach den Angaben im Kapitel Kobalt, S. 359/60, mit Ammoniumthiocyanat oder mit Nitroso-R-Salz durchgeführt werden. Für die Bestimmung des Nickels hat sich die folgende Ausführungsform bewährt (s. auch Kapitel Nickel, S. 544).

Je nach dem Gehalt an Nickel löst man 1 bis 5 g mit 10 bis 30 ml verdünnter Salpetersäure (1 + 1), verkocht anschließend die Stickoxyde, verdünnt mit 50 ml Wasser, setzt 0,1 g Harnstoff hinzu, spült in einen 200 ml-Meßkolben über und sättigt in der Kälte mit Schwefelwasserstoff. Danach wird die Lösung mit Wasser bis zur Marke aufgefüllt und gut durchgeschüttelt. Ein aliquoter Teil des Filtrats wird zur Trockne gedampft. Der Trockenrückstand wird mit Salzsäure durchfeuchtet und das Eindampfen zur Trockne wiederholt. Danach wird der Trockenrückstand mit einigen Tropfen Salzsäure und 10 ml Wasser aufgenommen, mit Wasser in einen 100 ml-Scheidetrichter übergespült und je nach der vorhandenen Eisenmenge mit 10 bis 40 ml Natriumcitratlösung (200 g/l), 2 ml Hydroxylaminhydrochloridlösung (100 g/l) sowie 2 ml Diacetyldioximlösung (1 g in 100 ml 1 n-Natronlauge) versetzt. Nach jeder Zugabe muß umgeschüttelt werden. Dann gibt man 1 bis 2 Tropfen alkoholische Phenolphthaleinlösung hinzu, neutralisiert mit Ammoniak (0,91) bis zum Umschlag und fügt noch 3 Tropfen im Überschuß hinzu. Hierauf schüttelt man mit 20 ml Chloroform durch 2 min langes Schütteln das Nickel aus. Den Chloroformextrakt läßt man in einen 2. Scheidetrichter ab, gibt 10 ml Ammoniaklösung (1 + 49) hinzu und schüttelt etwa 1 $^3/_4$ min kräftig. Dieses Auswaschen wird nochmals wiederholt. Zum gewaschenen Extrakt setzt man nunmehr 15 ml n/2-Salzsäure und schüttelt 1 $^1/_2$ min und läßt das Chloroform ab. Darauf gibt man zu der Lösung im Scheidetrichter 5 ml Diacetyldioximlösung (1 g in 100 ml 1 n-Natronlauge), 2 ml Natronlauge (5 n) und 2 ml Ammoniumperoxydisulfatlösung (100 g/l) hinzu, wobei die Lösung nach jeweiliger Zugabe gut umzuschütteln ist. Danach überführt man die Lösung in einen 50 ml-Meßkolben, füllt nach 10 min langem Stehen mit Wasser bis zur Marke auf, schüttelt gut durch und photometriert nach einer Stunde Wartezeit in einem geeigneten Photometer bei Anwendung einer 40 ml-Küvette und des Filters 546 mμ.

Zur Aufstellung der Eichkurve dient eine Nickellösung, die 1 mg Nickel je ml enthält und dann entsprechend verdünnt wird. Die Lösung wird ohne Extraktion sofort oxydiert.

Bemerkungen. Sollte im Natriumcitrat Nickel vorhanden sein, so muß dies vorher entfernt werden. Hierzu werden zu 200 ml Citratlösung 2 ml einer Diacetyldioximlösung (1 g in 100 ml Äthanol), 15 Tropfen Ammoniak (0,91) und 20 ml Chloroform gegeben. Nach 2 bis 3 min langem Schütteln läßt man das Chloroform ab und spült mit wenig Chloroform nach. Die wäßrige Lösung ist dann nickelfrei.

Durch das Waschen des Chloroformextraktes mit Ammoniaklösung (1 + 49) wird etwa vorhandenes Mangan entfernt.

Literatur. ÖLSCHLÄGER: Z. analyt. Chem. Bd. 146 (1955) S. 339—346.

10. Die Bestimmung der Edelmetalle

Ihre Bestimmung ist im Kapitel Silber und Gold, S. 745 bis 747, beschrieben.

11. Die Bestimmung des Schwefels

1 oder 2 g Erz werden in einem Nickel- oder Eisentiegel mit etwa der 5fachen Menge eines Gemisches von gleichen Teilen calcinierter Soda und Natriumperoxyd geschmolzen. Die Schmelze laugt man mit Wasser aus und leitet in die Lösung Kohlendioxyd ein, um das Blei und die Erdalkalien weitgehendst abzuscheiden. Nach dem Abspritzen des Tiegels wird der Überschuß an Kohlendioxyd verkocht, um etwa in Lösung gegangene Hydrogencarbonate zu fällen. Lösung und Rückstand werden in einen 500 ml-Meßkolben übergespült. Nach dem Auffüllen zur Marke filtriert man 400 ml durch ein trockenes Faltenfilter ab, säuert die Abmessung mit Salzsäure an und kocht einige Zeit, um Kohlendioxyd auszutreiben. Dann dampft man auf etwa 200 ml ein, neutralisiert mit Ammoniak, säuert mit 1 bis 2 ml Salzsäure (1,19) an und fällt in der Siedehitze das Sulfat in einem Guß mit 20 ml heißer Bariumchloridlösung (100 g/l), welche vorher auf 100 bis 150 ml verdünnt worden ist. Nach dem Absitzen wird durch ein Filter dekantiert, der Niederschlag nochmals mit Wasser ausgekocht, dann abfiltriert, mit heißem Wasser ausgewaschen, geglüht und das Bariumsulfat gewogen. Umrechnungsfaktor auf S = 0,1374.

12. Die Bestimmung von Selen und Tellur

Vorschriften für diese Bestimmungen enthalten die Kapitel Selen bzw. Tellur, S. 728 bis 730; 783/84.

II. Die Analyse von kupferarmen Erzen, Aufbereitungsabgängen und Kiesabbränden

Kupferführende arme Erze lassen sich bisweilen nicht zu Kupferkonzentraten aufbereiten; sie werden infolgedessen entweder unmittelbar verhüttet, wie z. B. die Kupferschiefer der Mansfelder Mulde, oder nach gewissen Vorbereitungen durch Auslaugen von ihrem Kupfergehalt befreit (Südamerika). Pyrite, die häufig Kupfer führen, dienen in der Regel zunächst zur Schwefelsäureerzeugung bis auf kleinere Mengen, welche als Zuschläge bei Hüttenprozessen Verwendung finden. Erst ihre Röstprodukte, die sog. Kiesabbrände, liefern Laugen, aus denen man auf verschiedenen Wegen Kupfer gewinnt.

Bei allen diesen Stoffen interessiert selbstverständlich besonders ihr Gehalt an Kupfer; doch zuweilen können auch die Gehalte an Zink und Blei Beachtung finden, soweit nämlich die Gewinnung dieser Metalle lohnend erscheint oder zur späteren Verhüttung auf Eisen notwendig ist.

1. Die Bestimmung des Kupfers

a) In Kupferschiefern

Man löst den Schiefer mit einem Gemisch von Salpetersäure und Schwefelsäure. Falls erforderlich, muß er vorher zur Zerstörung des Bitumengehaltes abgeröstet werden. Dabei darf die Temperatur 500° nicht überschreiten, wenn das Produkt *chlorhaltig* ist, weil sonst eine beachtliche Kupferverflüchtigung eintreten könnte.

Die Lösung wird dann bis zum starken Entweichen von Schwefelsäuredämpfen eingedampft. Man nimmt mit Wasser und etwas Schwefelsäure auf, kocht, filtriert den Rückstand ab und wäscht ihn sorgfältig aus. Das Kupfer kann entweder gewichtsanalytisch, photometrisch oder polarographisch bestimmt werden, wie bei Kupfererzen, S. 376 bis 384, beschrieben.

b) In Pyriten

Schwefelkiese werden mit einem Gemisch von Schwefelsäure (1,84) und Salpetersäure (1,40) unter nachträglichem Zusatz von Salzsäure (1,19) aufgeschlossen. Man dampft so lange ein (aber nur zur Sirupkonsistenz), bis die Salpeter- und Salzsäure verdampft sind. Die letzten Reste von Salpetersäure können schließlich durch kleine Zusätze von Natriumhydrogensulfit zerstört werden. Dann nimmt man mit heißem Wasser auf, kocht, filtriert das Ungelöste ab, glüht im Porzellantiegel und behandelt nochmals mit Salzsäure (1,19). In den vereinigten Filtraten wird das Kupfer nach dem Ausfällen mit Schwefelwasserstoff elektrolytisch bestimmt, oder wie im Kapitel Schwefel, S. 656 bis 658, beschrieben.

c) In Kiesabbränden, verbunden mit der Blei- und Zinkbestimmung

Man löst 5 g feinst geriebenes Material in 40 ml Salzsäure (1,19), dampft die Lösung auf dem Wasserbad zur Trockne, nimmt mit 10 ml Salzsäure (1 + 1) auf und erwärmt, bis alle Eisensalze gelöst sind. Dann verdünnt man die Lösung auf 300 ml und filtriert durch ein dichtes Filter in ein hohes 1-l-Becherglas. Filter und Rückstand werden verascht bzw. geglüht. Das Siliciumdioxyd verflüchtigt man in einer Platinschale mit Flußsäure und Schwefelsäure, behandelt den verbliebenen Rückstand mit heißer Salzsäure, filtriert das Ungelöste ab, wäscht es aus und glüht es. Filtrat und Waschwasser vereinigt man mit dem Hauptfiltrat. Der geglühte Rückstand wird im Platintiegel mit Natriumkaliumcarbonat geschmolzen und die Schmelze mit Wasser ausgelaugt. Die ungelösten Carbonate werden abfiltriert und nach dem Auswaschen in Salzsäure gelöst. Diese Lösung stumpft man etwas ab, sättigt sie mit Schwefelwasserstoff und bringt die Sulfide auf ein Filter.

Die obige Hauptlösung wird zum Sieden erhitzt und das Eisen(III)-chlorid reduziert, indem man in kurzen Zeitabständen mehrere ml 10proz. Natriumhypophosphitlösung zufließen läßt, bis die Lösung hellgrün geworden ist. Man neutralisiert sie durch tropfenweisen Zusatz von Ammoniak bis zur beginnenden Fällung von Eisen, nimmt diese mit möglichst wenig 3proz. Oxalsäurelösung fort, verdünnt auf 800 ml und leitet Schwefelwasserstoff ein. Die abfiltrierten Sulfide sowie die aus dem Carbonatniederschlag erhaltenen werden in Bromsalzsäure gelöst. Die Lösung raucht man mit Schwefelsäure ab, nimmt mit Wasser und etwas Alkohol auf und filtriert das *Bleisulfat* nach einiger Wartezeit ab.

Das Filtrat wird nach dem Verjagen des Alkohols mit Schwefelwasserstoff gesättigt, wobei darauf geachtet werden muß, daß genügend freie Schwefelsäure vorhanden ist, um ein Mitausfallen von Zink zu verhindern. Darauf löst man den Sulfidniederschlag in Salpetersäure und raucht die Lösung mit Schwefelsäure ab. Ist Wismut vorhanden, so muß es aus der schwefelsauren Kupferlösung durch Fällen mit Ammoniak und Ammoniumcarbonat abgetrennt werden. In der reinen Kupferlösung bestimmt man das *Kupfer* elektrolytisch.

Man befreit das Filtrat der Kupfersulfidfällung durch Kochen von Schwefelwasserstoff, fällt nach der Oxydation das Eisen mit Ammoniak, filtriert, löst und wiederholt die Fällung. Aus der gegen Methylorange sorgfältig neutralisierten und mit 1 Tropfen Schwefelsäure (1 + 1) angesäuerten, kalten Lösung (etwa 500 ml) fällt man das *Zink* mit Schwefelwasserstoff und bringt es als ZnO

zur Wägung. Es empfiehlt sich, gegen Ende der Schwefelwasserstoffällung einige ml einer 1proz. Quecksilber(II)-chloridlösung zuzusetzen. Das mitfallende HgS erleichtert die Filtration. Der Niederschlag muß aber dann unter dem Abzug verascht und geglüht werden.

Literatur. VOIGT, H.: Arch. Eisenhüttenwes. Bd. 6 (1952/53) S. 333—436.

III. Die Analyse des Kupferaltmaterials

Unter Kupferaltmaterial versteht man alle Abfälle metallischer Art, wie sie bei der Be- und Verarbeitung von Kupfer und seinen Legierungen entstehen, also Rückstände aus Walzwerken, Ziehereien, Gießereien und Werkstätten; auch für die Verschrottung bestimmte kupferhaltige Geräte, Apparate, Gefäße, Draht usw. gehören dazu. Ferner zählen zum Altmaterial Kupferaschen, Gekrätz, metallreiche Schlacken, kurz alle Rückstände oxydischer oder silicatischer Natur, die eine Verarbeitung zu Kupfer lohnen.

Sie werden in der Regel besonderen Altmetallhütten überwiesen, können aber auch von den Erzhütten als Zusätze verwendet werden.

Ihre Analyse erfolgt entweder nach den Vorschriften, wie sie für die Untersuchung der Erze angegeben sind oder wie sie bei den hüttenmännischen Zwischenprodukten, beim Roh- und Reinkupfer sowie bei den Legierungen beschrieben werden. Deshalb kann eine gesonderte Behandlung hier unterbleiben.

IV. Die Analyse der Zwischenprodukte

Als Zwischenprodukte bezeichnet man die Stoffe metallischer und nichtmetallischer Art, die bereits eine hüttenmännische Bearbeitung erfahren haben und für eine Weiterverarbeitung dienen sollen.

1. Sintergut, Röstgut für die Laugerei, Abbrände und Wälzklinker

a) Die Bestimmung des Kupfers

Sie erfolgt auf die gleiche Weise wie bei den Erzen. Es ist jedoch dabei zu beachten, daß das Kupfer in einem Teil dieser Materialien, besonders in Wälzklinkern, nicht restlos in Säuren löslich ist, da sich bei der chemischen Umsetzung Kupfersilicate, schwer lösliche Kupferferrite und Aluminate gebildet haben. Soll das Kupfer allein bestimmt werden, so schließt man das Probegut entweder unmittelbar mit Kaliumpyrosulfat auf, oder man behandelt es erst mit Salpetersäure und Schwefelsäure und schließt dann das Säureunlösliche mit Kaliumpyrosulfat auf. Anstatt dieses Aufschlusses kann auch ein solcher mit Natriumcarbonat oder Natriumperoxyd vorgenommen werden. Sind nur Kupfersilicate vorhanden, so können diese auch mit Fluorwasserstoffsäure zersetzt werden.

0,5 bis 2 g Probematerial werden in einer Platinschale mit 10 ml konz. Flußsäure und 5 ml Schwefelsäure (1 + 1) versetzt. Dann erwärmt man den Schaleninhalt erst auf dem Wasserbad, dann auf dem Sandbad bis zum Rauchen der Schwefelsäure, wobei das Siliciumdioxyd zum großen Teil verflüchtigt wird. Den erkalteten Rückstand nimmt man mit 5 ml Schwefelsäure (1 + 1) auf, spült die Lösung in ein Becherglas über und kocht sie auf. Gegebenenfalls nach dem Abfiltrieren eines unlöslichen Rückstandes wird im Filtrat das Kupfer nach den bei den Erzen angegebenen Methoden bestimmt.

b) Die Bestimmung des Reduktionsvermögens des Röstgutes

Diese Bestimmung beruht auf der Oxydierbarkeit des Röstgutes durch Chlorkalk in wäßriger Aufschwemmung. Sie wird bei Röstgut angewandt, welches den Laugeprozessen zugeführt werden soll.

25 g Röstgut bringt man in eine gut verschließbare Flasche, gibt 100 ml Wasser und eine abgewogene Menge von Chlorkalk zu, dessen Wirkungswert bekannt ist, und schüttelt den Inhalt tüchtig durch. Es wird so lange Chlorkalk hinzugegeben, bis die überstehende Lösung eine deutliche Reaktion mit Kaliumjodidstärkepapier zeigt. Die Lösung wird dann auf 500 ml aufgefüllt. 100 ml werden abgemessen, mit 1 g Kaliumjodid versetzt und mit Salzsäure angesäuert. Man titriert das ausgeschiedene Jod mit n/10-Natriumthiosulfatlösung unter Zusatz von einigen Tropfen Stärkelösung (10 g/l) bis eben zur Entfärbung.

Die Gehaltsangabe erfolgt in mg Chlorverbrauch je g Substanz oder in g Chlorkalk je 100 g Röstgut.

Prüfung des Chlorkalks. 5 g Chlorkalk werden mit 50 ml Wasser aufgeschlämmt und mit weiteren Mengen Wasser in einen 500 ml-Meßkolben übergespült. 50 ml der auf 500 ml aufgefüllten und gut durchgeschüttelten trüben Flüssigkeit (= 0,5 g Chlorkalk) werden sofort mit 1 g Kaliumjodid versetzt. Man säuert die Lösung mit 10 ml Salzsäure (1 + 1) an und titriert das ausgeschiedene Jod mit n/10-Natriumthiosulfatlösung unter Verwendung von Stärkelösung als Indicator. 1 ml n/10-Natriumthiosulfatlösung zeigt 0,003546 g wirksames Chlor an.

c) Die Bestimmung der übrigen Bestandteile

Die übrigen Bestandteile der oben angegebenen Produkte werden wie bei den Erzen bestimmt. Es ist aber dabei zu berücksichtigen, daß die vorhandenen Silicate durch Salz- und Salpetersäure nicht zersetzbar sind. Man wählt deshalb den bei a) angegebenen Aufschluß mit Flußsäure. Für die Siliciumdioxydbestimmung wird der Aufschluß mit Natriumkaliumcarbonat durchgeführt.

2. Kupferstein und Kupferbleistein

Sog. „Steine" entstehen bei der Verhüttung sulfidischer Erze. Der Kupferstein setzt sich in der Hauptsache aus Kupfer, Eisen und Schwefel zusammen. Bei dem Kupferbleistein ist ein größerer Teil des Kupfers durch Blei ersetzt.

a) Die gemeinsame Bestimmung des Kupfers und Bleies

Grundlage. Kupfer und Blei werden elektrolytisch in salpetersaurer Lösung in einem Arbeitsgang bestimmt, wobei das Kupfer kathodisch als Metall, das Blei anodisch als Bleidioxyd abgeschieden werden.

Anwendungsbereich und Bedeutung. Das Verfahren kann bei Lösungen mit geringem Bleigehalt angewandt werden, die möglichst manganfrei sein sollen.

Genauigkeit. 2.

Dauer. $1^1/_2$ Std.

Ausführung. 0,25 bis 1 g feingepulverter Stein wird mit 20 ml Salpetersäure (1 + 1) unter Zugabe von etwas Brom zur Oxydation des Schwefels gelöst. Nach dem Verdünnen der Lösung auf 100 ml spült man sie in eine mattierte Platinschale über, welche als Anode geschaltet wird. Als Kathode benutzt man ein Platindrahtnetz. Die auf 50 bis 60° erwärmte Lösung wird nun mit einem Strom von 1 A etwa 30 min lang elektrolysiert. Auf Vollständigkeit der Abscheidung des Kupfers und Bleies prüft man dadurch, daß man 10 ml Wasser zugibt. Bei unvollständiger Ausfällung setzt sich noch etwas Blei und Kupfer an der niederschlagsfreien Fläche ab. Ist dies nach 5 min noch nicht geschehen, so läßt man aus der Schale mit einem Heber das Elektrolysat unter Stromdurchgang und dauerndem Ersatz der ablaufenden Lösung durch Wasser abfließen, bis die Stromstärke auf 0 gefallen ist. Die Netzelektrode wird nun mit Alkohol und Äther gewaschen und bei 100° oder mit dem Fön getrocknet, während die Platinschale mit dem Bleidioxyd bei 180° getrocknet wird. Der Umrechnungsfaktor von PbO_2 auf Pb beträgt 0,866.

Fehlerquellen. Silber wird zusammen mit dem Kupfer abgeschieden; sehr hohe Eisengehalte können die quantitative Abscheidung des Kupfers beeinträchtigen. Mangan wird teilweise mit dem Bleidioxyd abgeschieden. Bei nennenswerten Mangangehalten muß der anodische Niederschlag in Salpetersäure und Wasserstoffperoxyd gelöst, die Elektrolyse wiederholt, oder das Blei durch Abrauchen mit Schwefelsäure bestimmt werden.

Literatur. Hertelendi, R.: Z. analyt. Chem. Bd. 122 (1940) S. 30—50.

b) Die Bestimmung des Bleies (in bleireichen Steinen)

1 g feingepulverter Stein wird mit 10 ml Salpetersäure (1,40) zersetzt. Nach Zugabe von 10 ml Schwefelsäure (1 + 1) raucht man die Lösung bis zum Entweichen von Schwefelsäuredämpfen ab. Der Abrauchrückstand wird zum Entfernen von Antimon und Zinn mit wenig Wasser und 10 ml Bromwasserstoffsäure (1,488) versetzt und erhitzt, bis wieder Schwefelsäure raucht. Um die Bromwasserstoffsäure restlos zu entfernen, gibt man 25 ml Wasser zu und erhitzt erneut bis zum Rauchen. Nach dem Erkalten nimmt man den Rückstand mit 60 ml Wasser auf, gibt zur Lösung 10 ml Schwefelsäure (1 + 1) und kocht auf, um Eisen und Kupfersalze in Lösung zu bringen. Das Unlösliche, darunter das Bleisulfat, wird abfiltriert. Man wäscht mit 1 proz. Schwefelsäure aus und kocht den Rückstand mit 40 ml Ammoniumacetatlösung (Herstellung s. Kapitel Lösungen). Die Lösung wird dann mit 100 ml Wasser verdünnt und filtriert, das Filter erst mit heißer verdünnter Ammoniumacetatlösung, dann mit heißem Wasser gründlich ausgewaschen und das Filtrat zum Sieden erhitzt. Aus dieser Lösung fällt man dann das Blei mit einer Kaliumchromatlösung (50 g/l) als Bleichromat aus. Nach 2 Std. wird es auf einen Porzellanfiltertiegel abfiltriert, mit heißem Wasser ausgewaschen und bei 200° bis zur Gewichtskonstanz getrocknet. Der empirische Umrechnungsfaktor für den Bleigehalt ist 0,6401.

Das Blei kann auch maßanalytisch nach der im Kapitel Blei, S. 166, angegebenen Methode bestimmt werden.

3. Kupferspeisen

Diese bestehen aus Arseniden und Antimoniden von Kupfer, Eisen, Nickel und Kobalt und enthalten häufig auch größere Mengen von Edelmetallen.

Für die Analyse müssen die Proben der Speisen sehr fein gepulvert werden.

a) Die Bestimmung des Arsens

1 g der Speise wird mit 20 ml Salpetersäure (2 + 1) und 10 ml Schwefelsäure (1 + 1) zersetzt. Man vertreibt die Salpetersäure vollständig durch Abrauchen auf wenige ml, Zugeben von 25 ml Wasser und erneutes Abrauchen bis fast zur Trockne. Dann nimmt man den Rückstand mit wenig Wasser auf, erhitzt kurz, kühlt ab und spült das Ganze mit Salzsäure (1 + 1) in einen Arsendestillierkolben über. Nach Hinzufügen von 200 ml Salzsäure (1,19) destilliert und bestimmt man das Arsen maßanalytisch (s. Kapitel Arsen, S. 122 bis 124).

Anmerkung. Wenn die Speise mehr als etwa 5% Antimon enthält, so kann beim Destillieren ein Teil des Antimons mit übergehen und einen Fehler bei der Titration des Arsens verursachen. In diesem Falle muß das Arsen nach der Destillation aus dem stark salzsauren Destillat zunächst mit Schwefelwasserstoff ausgefällt, abfiltriert und ganz salzsäurefrei ausgewaschen werden. Das Arsensulfid wird dann in Salpeter- und Schwefelsäure gelöst und abgeraucht. Dann wird das Arsen aus dieser Lösung erneut destilliert und wie oben bestimmt.

b) Die Bestimmung von Antimon und Zinn

1 g der Speise wird im Becherglas mit Wasser angefeuchtet und nach Hinzufügen von 10 g fester Weinsäure durch langsames Zugeben von 20 ml Salpetersäure (1 + 1) in der Wärme gelöst. Die Lösung wird auf etwa 400 ml verdünnt, zum Zersetzen der Stickoxyde mit 2 g Harnstoff versetzt und mit Schwefelwasserstoff gesättigt.

Der Sulfidniederschlag wird abfiltriert, sorgfältig ausgewaschen, in das Fällgefäß zurückgespült und mit 25 ml einer Schwefelnatriumlösung (250 g/l) unter Erwärmen digeriert. Nach Verdünnen mit 50 ml heißem Wasser filtriert man den ungelöst gebliebenen Teil des Sulfidniederschlages ab, der evtl. wieder in Salpetersäure zu lösen, mit Schwefelwasserstoff zu fällen und nach dem Abfiltrieren erneut mit Schwefelnatriumlösung auszuziehen ist.

Die Schwefelnatriumauszüge werden vereinigt, zum Ausfällen der Sulfide von Arsen, Antimon und Zinn durch Ansäuern mit verdünnter Schwefelsäure zersetzt. Die Weiterbehandlung des Sulfidniederschlages von Arsen, Antimon und Zinn und die Bestimmung von Antimon und Zinn erfolgt nach dem unter Kupfererzen auf S. 388 beschriebenen Verfahren.

Anmerkung. Das Abtrennen und Anreichern von Antimon und Zinn kann auch nach dem Blumenthal-Verfahren erfolgen (S. 388).

c) Die Bestimmung des Kupfers und Bleies

Der bei b) erhaltene Sulfidniederschlag, der nun frei von Arsen, Antimon und Zinn ist, wird in Salpetersäure gelöst. Etwa vorhandenes Silber fällt man in der Lösung mit einigen Körnchen Kochsalz aus und filtriert das Silberchlorid ab. Das Filtrat dampft man mit 20 ml Schwefelsäure (1 + 1) bis zum starken Rauchen derselben ein und verdünnt nach dem Erkalten mit 50 ml Wasser. Die Lösung wird aufgekocht und das *Bleisulfat* nach dem Kaltwerden der Fällung auf einen Porzellanfiltertiegel abfiltriert. Man wäscht mit 1proz. Schwefelsäure aus, trocknet und glüht es. Mit dem Faktor 0,6832 errechnet sich das Blei.

Im Filtrat bestimmt man dann das *Kupfer* elektrolytisch oder maßanalytisch.

Bemerkung. Diese Metalle können vorteilhaft in der gleichen Einwaage mit den unter d) aufgeführten Metallen bestimmt werden.

d) Die Bestimmung des Eisens, Nickels und Kobalts

1 bis 2 g der Probe versetzt man in einer flachen bedeckten Porzellanschale mit 10 ml Bromwasserstoffsäure (1,488) und 5 ml Brom und löst die Probe auf dem Wasserbad. Unter Umständen ist es notwendig, zur vollständigen Lösung noch etwas Brom hinzuzugeben. Man dampft die Lösung anschließend zur Trockne ein und erhitzt die Schale 1 Std. im Trockenschrank auf 130°. Bei dieser Behandlung verflüchtigt sich das gesamte Arsen, Antimon und Zinn. Die trockenen Salze nimmt man nach dem Abkühlen mit 10 ml Salzsäure (1 + 1) und 50 ml Wasser auf, kocht und filtriert von dem ausgeschiedenen Silberbromid ab. Enthält die Speise Blei, so muß das Auswaschen abwechselnd mit heißer Salzsäure (1 + 2) und heißem Wasser geschehen, bis das gesamte Blei in Lösung gegangen ist. Aus der salzsauren Lösung werden die Sulfide der Schwefelwasserstoffgruppe mit Schwefelwasserstoff ausgefällt. Man filtriert sie ab, wäscht mit Schwefelwasserstoffwasser aus, kocht das Filtrat zur Entfernung des Schwefelwasserstoffs und füllt in einem 500 ml-Meßkolben auf. Zur Bestimmung des *Nickels* entnimmt man 200 ml (= 0,4 bzw. 0,8 g Einwaage) und oxydiert das Eisen mit 5 ml 3proz. Wasserstoffperoxyd. Der Überschuß des Oxydationsmittels wird verkocht, die Lösung mit 5 g Weinsäure versetzt und ammoniakalisch gemacht. Aus der so vorbereiteten Lösung fällt man das Nickel bei 30 bis 40° mit 50 ml einer Diacetyldioximlösung (10 g/l Äthanol)

und erwärmt auf 60 bis 70°. Die Fällung bleibt 1 Std. in mäßiger Wärme stehen, wird abfiltriert und zur Reinigung nach dem Lösen in verdünnter Salzsäure nochmals mit Diacetyldioximlösung, jedoch ohne Zusatz von Weinsäure, gefällt. Soll *Eisen* allein ohne Kobalt bestimmt werden, so geschieht dies in weiteren 100 oder 200 ml Lösung durch Fällen mit Ammoniak, Lösen des Niederschlages in Salzsäure und Bestimmung des Eisens nach ZIMMERMANN-REINHARDT (s. Kapitel Aluminium, S. 13). Sollen *Kobalt* und *Eisen* bestimmt werden, so trennt man das Eisen durch Acetatfällung ab. Hierzu neutralisiert man 200 ml der oben genannten Lösung so lange mit Natriumcarbonat, bis eine bleibende Trübung entsteht, die durch einige Tropfen verdünnter Salzsäure wieder in Lösung gebracht wird. Nach Hinzufügen von 2 bis 3 g Ammoniumacetat verdünnt man mit kochendheißem Wasser auf 400 ml, kocht kurz auf und filtriert kochend heiß den abgeschiedenen Niederschlag von basischem Eisenacetat ab, dekantiert mit heißem Wasser und wäscht mit heißem Wasser aus. Den Niederschlag löst man in Salzsäure, wiederholt die Acetatfällung und bestimmt das Eisen schließlich aus dem in Salzsäure gelösten Acetatniederschlag nach ZIMMERMANN-REINHARDT. Im Filtrat kann das Kobalt direkt aus der essigsauren Lösung gewichtsanalytisch mit α-Nitroso-β-Naphthol bestimmt werden, oder photometrisch mit Ammoniumthiocyanat bzw. Nitroso-R-Salz, wie im Kapitel Kobalt beschrieben.

Man kann bei kleineren Eisengehalten die Acetattrennung vermeiden, indem man Ni + Co bei Gegenwart des Eisens elektrolytisch abscheidet, in HNO_3 löst und in dieser Lösung das Co potentiometrisch bestimmt. (Dabei kann der Nickelgehalt als Differenz von Co zu Ni + Co errechnet werden.)

Das Kobalt kann auch bei Gegenwart von Eisen und Nickel potentiometrisch direkt bestimmt werden (s. Kapitel Kobalt, S. 361).

4. Flugstaub

Flugstaub entsteht bei allen Ofenprozessen. Er enthält mit dem Gasstrom mitgerissene Flugasche aus den Brennstoffen, feine Teilchen der Beschickung, leicht flüchtige, meist zu Oxyden verbrannte Metalle, Chloride, Sulfate und Sulfide. Teils werden sie wieder der Beschickung zugegeben, teils werden sie Laugereien zugeführt, um ihre wertvollen Bestandteile zu gewinnen.

Die Untersuchung des Flugstaubes wird, wie bei den Bleiflugstäuben, S. 171, angegeben wurde, ausgeführt. Hier interessiert besonders die

Bestimmung des Kupfers

1 g Flugstaub wird mit 10 ml Salpetersäure (1 + 1) unter Erwärmen zersetzt. [Enthält der Flugstaub viel Kohlenstoff in Form von Kohle, Koks oder organischen Beimengungen, so muß er vor der Behandlung mit Säuren unter den bei II. 1 a), S. 391, angeführten Vorsichtsmaßregeln geglüht werden.] Die Lösung raucht man mit 10 ml Schwefelsäure (1 + 1) bis zum Entweichen von Schwefelsäuredämpfen ab, nimmt dann mit 5 ml Schwefelsäure und 50 ml Wasser auf und kocht. Nach dem Erkalten wird der Rückstand abfiltriert und mit 1 proz. Schwefelsäure ausgewaschen. Darauf versetzt man das Filtrat mit 10 ml Eisen(III)-sulfatlösung (20 g/l) und fällt das Eisen mit einem kleinen Überschuß von Ammoniak in der Hitze aus. Hierbei werden Arsen und Antimon größtenteils von Eisenhydroxyd adsorbiert. Das Kupfer enthaltende Filtrat wird auf ein Volumen von 100 ml gebracht. Die Bestimmung des Kupfers erfolgt dann photometrisch als Kupfertetramminkomplex, wie bei Kupfererzen, S. 383/84, angegeben.

5. Ofensauen und Ofenbruch

Am Boden und an den Wänden der Schmelzöfen bzw. der Vorherde sammelt sich mit der Zeit ein Gemisch von metallischem unreinem Kupfer, Eisen und Kupferstein an, das bei der Reparatur der Öfen oder der Vorherde herausgebrochen werden muß. Besonders die Ofensauen betragen oft mehrere Tonnen an Gewicht, sind nur durch Sprengungen oder unter dem Fallhammer zu zerkleinern und stellen ein Material dar, das nur bei hohem Kupfergehalt wieder zum Einsatz kommt, sonst aber zunächst auf Halde geht bzw. zur Gewinnung von seltenen Elementen, wie Molybdän, Rhenium usw., welche in ihm angereichert sind, verwendet wird.

Bei der Analyse dieser Produkte ist zu berücksichtigen, daß es sich um sehr ungleiches Material handelt und eine zuverlässige Durchschnittsprobe kaum zu entnehmen ist. Meist bestimmt man nur den Gehalt an Kupfer. Doch interessieren bisweilen auch die Gehalte an Nickel, Kobalt und Edelmetallen, die dann gemäß den Vorschriften für Kupfererze oder Rohkupfer zu bestimmen sind.

Die Bestimmung des Kupfers

Um eine einigermaßen gute Durchschnittsprobe zu erhalten, werden 10 g Material mit 100 ml Salpetersäure (1 + 1) unter Erwärmen aufgeschlossen. Nach Zusatz von 40 ml Schwefelsäure (1 + 1) dampft man die Lösung bis zum starken Auftreten von Schwefelsäurenebel ein, nimmt die Sulfate mit 100 ml Wasser auf und filtriert vom ungelösten Rückstand in einen 500 ml-Meßkolben ab. Nachdem man das Ungelöste mit heißem Wasser ausgewaschen hat, wird es mit dem Filter in einem Erlenmeyer-Kolben mit Salpetersäure und Schwefelsäure erhitzt, bis das Filter zerstört ist und Schwefelsäure raucht. Nach dem Abkühlen wird in eine Platinschale übergespült, nach Zugabe von 10 bis 20 ml Flußsäure und 5 ml Schwefelsäure (1 + 1) zunächst gelinde und schließlich stärker erhitzt und bis fast zur Trockne abgeraucht. Man nimmt mit Wasser auf und filtriert einen etwa verbleibenden Rückstand ab. Das Filtrat kommt zum ersten Filtrat in den Meßkolben. Zur Fällung des Silbers gibt man einen kleinen Überschuß von Natriumchlorid hinzu und schüttelt den Kolbeninhalt gut durch. Darauf wird durch ein Faltenfilter filtriert und ein Anteil des schwefelsauren Filtrats von 50 bis 100 ml entnommen. Diese Abmessung versetzt man mit 3 g Natriumthiosulfat und erwärmt sie, jedoch nur eben bis zum Sieden, da sonst neben Kupfer(I)-sulfid auch die Sulfide des Arsens, Antimons und Zinns ausfallen könnten. Dann filtriert man das Kupfer(I)-sulfid ab, wäscht mit warmem Wasser aus, löst in Salpetersäure (1 + 2) und bestimmt in der Lösung das Kupfer elektrolytisch.

6. Reichschlacke und Krätze

Unter „reicher Schlacke“ versteht man eine solche, deren Kupfergehalt einen Wiedereinsatz in den Produktionsprozeß lohnt. Sie kann beim Verblasen des Kupfersteins im Konverter, aber auch bei der Schachtofenarbeit anfallen, wenn bei dieser oxydische oder Kupfer als Metall enthaltende Ausgangsmaterialen zur Verwendung kommen.

Kupferkrätze ist überwiegend ein oxydisches, meist nur halb verflüssigtes Erzeugnis der thermischen Raffinationsverfahren.

Die Analyse dieser Zwischenprodukte kann mit sinngemäßer Abänderung wie die der bereits behandelten Zwischenprodukte oder der Endschlacken (s. nächsten Abschnitt V) erfolgen.

V. Die Analyse der Endschlacken

Unter „Endschlacken“ sind Abgänge meist silicatischer Natur von Ofenprozessen zu verstehen. Da ihr Einsatz zu metallurgischen Zwecken nicht mehr lohnend ist, gehen sie entweder auf die Halde oder werden zu Erzeugnissen wie Pflastersteinen, Schotter, Schlackenwolle, Zement usw. verarbeitet.

1. Die Bestimmung des Kupfers

Beim Verhütten sulfidischer Erze beträgt der Kupfergehalt der Endschlacken etwa 0,3%, bisweilen auch weniger, während er bei Einsatz oxydischen Materials und von Altstoffen meist über dieser Zahl liegt. Die Bestimmung dieser geringen Kupfermengen kann bei entsprechenden Einwaagen elektrolytisch erfolgen; in der Regel aber wird man sie photometrisch oder polarographisch bestimmen, s. Kupfererze, S. 383/84.

2. Die Bestimmung von Siliciumdioxyd, Eisen, Zink, Barium und Calcium

1 g feingepulverter Schlacke schlämmt man in einer Porzellanschale mit einigen ml Wasser auf, damit sie sich nicht am Boden des Gefäßes festsetzen kann. Dann gibt man 20 ml Salzsäure (1 + 1) zu, kocht kurz auf, versetzt weiter mit 10 ml Salpetersäure (1 + 1) sowie zur Bindung des Bariums mit etwa 3 Tropfen Schwefelsäure (1 + 1) und dampft die Lösung zur Trockne. Nach Zusatz von 20 ml Salzsäure (1 + 1) wird das Eindampfen wiederholt und dann der Schaleninhalt einige Zeit auf 130 bis 140° erhitzt. Nach dem Erkalten nimmt man ihn mit 10 ml Salzsäure (1 + 1) und 50 ml Wasser auf, kocht die Lösung kurze Zeit, filtriert den Niederschlag ab und wäscht mit salzsäurehaltigem Wasser aus. Er wird darauf im gewogenen Platintiegel bei 800° geglüht (Rohsiliciumdioxyd). Nach dem Wägen gibt man in den Tiegel 10 ml konz. Flußsäure und 1 ml Schwefelsäure (1 + 1) und verflüchtigt das Siliciumdioxyd durch Abrauchen. Nach dem Glühen wird der Tiegel wieder gewogen. Aus der Differenz der beiden Wägungen ergibt sich der Gehalt an Siliciumdioxyd.

Den im Tiegel verbliebenen Rückstand schmilzt man bei langsam ansteigender Temperatur mit 5 g Kaliumhydrogensulfat, schreckt dann den Tiegel unter Umschwenken der Schmelze in kaltem Wasser ab und löst seinen Inhalt in 100 ml Wasser, welches durch 5 ml Schwefelsäure (1 + 1) angesäuert wurde. Das abgeschiedene *Bariumsulfat* wird abfiltriert, mit salzsäurehaltigem Wasser (1 proz.) ausgewaschen, geglüht und gewogen. Das Filtrat vereinigt man mit dem ersten Filtrat.

Die vereinigten Lösungen werden mit 5 g Ammoniumchlorid versetzt und nach Zusatz von etwas Bromwasser in der Wärme ammoniakalisch gemacht. Nach dem Abfiltrieren und Auswaschen der gefällten Oxydhydrate des Eisens und Aluminiums mit heißem Wasser bestimmt man in ihnen das *Eisen* nach ZIMMERMANN-REINHARDT (s. Kapitel Aluminium, S. 13).

Im ammoniakalischen Filtrat von der Fällung der Hydroxyde scheidet man das *Calcium* als Calciumoxalat ab und bestimmt es, wie auf S. 264/65 angegeben.

Das Filtrat vom Kalk wird mit Salzsäure schwach angesäuert, das in der Lösung enthaltene Kupfer nach Zugabe von einigen Körnchen Kornblei unter Sieden auszementiert und das *Zink* mit Kaliumhexacyanoferrat(II)-lösung titriert (s. Kapitel Zink, S. 904 bis 908).

Fehlerquellen. Das Siliciumdioxyd wird nur einmal zur Trockne abgeraucht, daher ergeben sich zu niedrige Werte. — In der Fällung des Kalks kann ein Teil des Magnesiums und Mangans als Oxalat enthalten sein. — In der Schlacke vorhandenes Arsen und Antimon werden mit dem Eisenhydroxyd ausgefällt und bedingen bei der Eisentitration einen Mehrverbrauch an Permanganat. Diese Fehler können bei den Schlackenanalysen zugunsten einer raschen Fertigstellung der Analyse in Kauf genommen werden. Siehe auch die Ausführungen bei Kupfererzen auf S. (385/86).

3. Die Bestimmung des Sulfidschwefels

a) Durch Umsetzung zu Schwefelwasserstoff

Grundlage. Da in der Schachtofenschlacke der Schwefel meist als Sulfid gebunden vorhanden ist, kann seine Bestimmung durch Zersetzen der Sulfide zu Schwefelwasserstoff und anschließende Umsetzung zu Cadmiumsulfid erfolgen.

Anwendungsbereich und Bedeutung. Die Methode wird zur Bestimmung des Schwefels in Schlacken angewandt.

Genauigkeit. 2.

Dauer. 1 Std.

Ausführung. 1 bis 2 g Schlacke wägt man in den Zersetzungskolben eines Schwefelbestimmungsapparates ein und gibt 40 ml Salzsäure (1,19) und 5 ml Zinn(II)-chloridlösung (100 g/l) zu. Der beim nachfolgenden Kochen entweichende Schwefelwasserstoff wird in einer vorgelegten Cadmiumacetatlösung (s. Kapitel Lösungen) zu gelbem Cadmiumsulfid gebunden. Nach Beendigung der Destillation gibt man zu der Cadmiumacetatlösung einen Überschuß von n/10-Jodlösung und säuert mit Salzsäure an. Hierbei geht das Cadmiumsulfid unter Umsetzung zu Cadmiumjodid und Abscheidung von Schwefel in Lösung. Die überschüssige Jodlösung titriert man mit n/10-Natriumthiosulfatlösung zurück. 1 ml n/10-Jodlösung entspricht bei 1 g Einwaage 0,16%, s. Kapitel Schwefel D. II., S. 651 bis 653.

Das durch den Schwefelwasserstoff ausgefällte Cadmiumsulfid kann auch durch Zusatz einer schwefelsauren Kupfersulfatlösung zu Kupfersulfid umgesetzt werden. Man filtriert dieses ab, glüht es zu Kupferoxyd, wägt und rechnet auf Schwefel um. (CuO mal 0,4031 = S.)

b) Nach der Verbrennungsmethode

1 bis 2 g der Schlacke werden mit 2 bis 3 g schwefelfreiem Elektrolyteisen in einem Verbrennungsschiffchen gleichmäßig verteilt und im Sauerstoffstrom 20 min bei 1200° verbrannt. Die entweichende schweflige Säure wird in einer Waschflasche mit 50 ml n/10-Natronlauge, der man 10 ml 1proz. Wasserstoffperoxydlösung zugesetzt hat, oxydiert und dann zu Sulfat umgesetzt. Den Überschuß an Natronlauge titriert man mit n/10-Salzsäure unter Verwendung von Methylrot oder Bromkresolgrün als Indicator zurück.

1 ml n/10-Natronlauge entspricht 1,6 mg Schwefel.

Zur Kontrolle säuert man die titrierte Lösung mit 10 ml Salzsäure (1 + 1) an und fällt das Sulfat in der Siedehitze durch Zugabe von 2 ml Bariumchloridlösung (100 g/l) aus. Hat sich das Bariumsulfat abgesetzt, wird es abfiltriert, mit 1proz. Salzsäurelösung ausgewaschen, geglüht und gewogen. ($BaSO_4$ mal 0,1374 = S).

VI. Die Analyse von Kupferlauge

Kupferlauge ist in der Hauptsache eine schwefelsaure Lösung des Kupfers. Sie dient zum weitaus größten Teil als Elektrolyt für die Bäder bei der elektrolytischen Raffination des Kupfers, ferner zur Herstellung des Kupfervitriols und endlich auch zur Gewinnung des Zementkupfers. Dieses wird aber auch in beträchtlichen Mengen aus chloridhaltigen Laugen nach der chlorierenden Röstung der Kiesabbrände mit Kochsalz gewonnen. Chloridhaltige Laugen dienen auch zur Herstellung von Kupferoxychlorid (s. S. 431).

1. Die Laugen der Kupferelektrolyse

Sie sind beim Einsatz sehr rein, nehmen aber im Laufe der Elektrolyse Zink, Eisen, Nickel, Kobalt und Arsenverbindungen auf und werden dadurch nach einer gewissen Zeit für den elektrolytischen Prozeß unbrauchbar, müssen also gereinigt werden. Dies geschieht zunächst in sog. Segregationsbädern, in denen ein unreines Elektrolytkupfer abgeschieden wird, und anschließend durch Eindampfen, wobei sie von den oben genannten Verunreinigungen befreit werden.

a) Die Bestimmung des Kupfers

Sie kann bei *reinen* Laugen unmittelbar schnellelektrolytisch oder in ammoniakalischer Lösung maßanalytisch mit Kaliumcyanid (s. S. 381) bzw. in saurer Lösung nach der Jodidmethode, S. 379, erfolgen.

Von *unreinem* Elektrolyt werden 10 ml in einem 300 ml-Becherglas mit 10 ml Salpetersäure (2 + 1) und 10 ml 3proz. Wasserstoffperoxydlösung zur Oxydation des Arsens vorsichtig aufgekocht. Die abgekühlte Lösung verdünnt man dann auf 200 ml, setzt weitere 10 ml Salpetersäure (2 + 1) hinzu und elektrolysiert mit 0,5 A unter Bewegung des Elektrolyten, z. B durch Lufteinblasen. Gleich nach Beendigung der Kupferabscheidung muß das Elektrolysieren abgebrochen werden, damit sich nicht auch noch Arsen abscheidet.

Auch die maßanalytische Methode mit Kaliumjodid-Thiosulfat unter Zusatz von Natriumfluorid (s. S. 380) läßt sich anwenden; anwesendes Arsen wirkt jedoch störend.

Bei sehr unreinen Laugen fällt man das Kupfer vorher mit Natriumthiosulfat in saurer Lösung (s. S. 377).

b) Die Bestimmung der freien Säure

α) *Mit Natriumcarbonatlösung oder Natronlauge*

5 bis 10 ml der zu untersuchenden Lauge werden nach dem Verdünnen auf etwa 200 ml mit 1 n-Natriumcarbonatlösung oder 1 n-Natronlauge titriert, wobei man als Indicator entweder Methylorange verwendet, das einen Umschlag von Rötlichviolett nach Blaugrün ergibt, oder, ohne Indicator anzuwenden, die Maßflüssigkeit bis zum Auftreten einer eben bleibenden geringen Trübung hinzugibt. Lösliche Arsen(III)- bzw. -(V)-Verbindungen werden dabei mittitriert.

β) *Mit Kupfertetramminsalzlösung*

10 ml Lauge werden auf 50 ml verdünnt und mit einer 1 n-Kupfertetramminlösung bis zur bleibenden Trübung titriert.

Zur *Herstellung der 1 n-Kupfertetramminsulfatlösung* werden 63 g $CuSO_4 \cdot 5\,H_2O$ in 500 ml Wasser gelöst und mit 335 ml Ammoniak (0,91) versetzt. Ein etwaiger Rückstand wird abfiltriert und die Lösung auf 1 l aufgefüllt. Die Lösung wird gegen 1 n-Salzsäure eingestellt.

c) Die Bestimmung des Arsens

Man bringt 20 bis 50 ml Lauge in den Kolben eines Arsendestillierapparates, setzt 100 ml Salzsäure (1,19) sowie Hydrazinsulfat und Kaliumbromid hinzu und destilliert (s. Kapitel Arsen, S. 122 bis 124).

d) Die Bestimmung von Eisen, Nickel und Kobalt

25 ml Lauge verdünnt man auf etwa 150 ml und sättigt sie mit Schwefelwasserstoff. Dann bringt man das Ganze in einen 500 ml-Meßkolben und füllt die Lösung mit Wasser zur Marke auf. Hat sich der Niederschlag abgesetzt, filtriert man durch ein Faltenfilter, entnimmt 400 ml des Filtrats (= 20 ml Originallauge) und dampft zur Beseitigung des Schwefelwasserstoffes ein. Darauf wird die Lösung mit etwas Wasserstoffperoxydlösung oxydiert und zur Fällung des *Eisens* ammoniakalisch gemacht. Man filtriert das Eisenhydroxyd ab, fällt es nochmals um, glüht und wägt das Eisenoxyd (Fe_2O_3) oder titriert es nach dem Lösen in Salzsäure nach ZIMMERMANN-REINHARDT. Im Filtrat wird das *Nickel* als Nickeldiacetyldioxim gefällt und als solches in bekannter Weise zur Wägung gebracht. Das ammoniakalische Filtrat kocht man zur Zerstörung des überschüssigen Diacetyldioxims mit etwas

Bromwasser, macht es schwach salzsauer und fällt das *Kobalt* in der Siedehitze mit einer Lösung von α-Nitroso-β-Naphthol (2 g in 100 ml Äthanol). Der rote Niederschlag wird nach 2stündigem Absitzen abfiltriert, zunächst mit heißer, verdünnter Salzsäure, dann mit heißem Wasser ausgewaschen, getrocknet, im Porzellantiegel unter Zusatz von etwas Oxalsäure vorsichtig verascht und geglüht. Kleine Mengen können als Co_3O_4 angesehen und als solches zur Wägung gebracht werden. Größere Mengen von Oxyd raucht man mit Schwefelsäure ab, löst das Sulfat in verdünnter Schwefelsäure und bestimmt das Kobalt in ammoniakalischer Lösung elektrolytisch (s. Kapitel Kobalt, S 353).

e) Die Bestimmung des Zinks

Man entfernt Kupfer und Eisen, wie im vorhergehenden Abschnitt d) angegeben wurde. Sind Kobalt und Nickel vorhanden, so kocht man aus dem ammoniakalischen Filtrat das Ammoniak aus, säuert die Lösung unter Benutzung von Methylorange oder Kongorot als Indicator mit 1 ml Normalschwefelsäure an, verdünnt sie auf 600 ml und leitet längere Zeit Schwefelwasserstoff ein. Gegen Ende der Fällung wird zum besseren Absetzen des Niederschlages 1 ml einer Quecksilber(II)-chloridlösung (10 g/l) zugegeben. Dann filtriert man das Sulfid ab, wäscht mit Schwefelwasserstoffwasser aus, verascht und glüht es unter dem Abzug zu Zinkoxyd. Sollte das Zinkoxyd nach dem Erkalten durch mitgefallenes Nickel oder Kobalt gefärbt sein, so wird es in Salzsäure und einigen Tropfen Salpetersäure gelöst und die Fällung wiederholt. Umrechnungsfaktor auf Zn = 0,8034.

2. Die Laugen für die Gewinnung von Kupfervitriol und Zementkupfer

Die schwefelsauren Laugen für die Erzeugung des Kupfervitriols werden nach den gleichen Verfahren wie die der Elektrolysenlaugen untersucht, nur müssen, da sie stärker konzentriert sind, die zur Analyse bestimmten Abmessungen sinngemäß geändert werden.

Die für die Zementation des Kupfers bestimmten Laugen enthalten entweder nur Sulfate oder neben Sulfaten auch Chloride in wechselnden Mengen. Ihr Eisengehalt beträgt meist mehrere g/l; auch der Zinkgehalt kann beträchtlich sein und begründet eine wirtschaftliche Gewinnung des Zinks als Sulfat, Chlorid oder Oxyd.

Die Untersuchung dieser Laugen kann wie die der Elektrolysenlaugen erfolgen, nur wählt man entsprechend den größeren Verunreinigungen kleinere Mengen. Für die *Kupferbestimmung* wendet man die Fällungsmethode mit Natriumthiosulfat an. Nachzutragen wäre nur

Die Bestimmung des Chlorions

In einem 250 ml-Meßkolben kocht man 5 ml der Lauge mit einem Überschuß an konz. chlorfreier Sodalösung, füllt den Kolbeninhalt nach dem Erkalten zur Marke auf und filtriert durch ein trockenes Faltenfilter. Eine abgemessene Menge des Filtrats wird mit chlorfreier Salpetersäure angesäuert und das Kohlendioxyd durch Kochen verjagt. Nach dem Versetzen mit einem Überschuß von n/10-Silbernitratlösung wird dieses mit n/10-Ammoniumthiocyanatlösung unter Verwendung von Eisen(III)-ammoniumsulfat als Indicator zurücktitriert.

1 ml n/10-Silbernitratlösung entspricht 0,00355 g Cl.

VII. Analyse des Anodenschlammes

Der Anodenschlamm fällt bei der elektrolytischen Raffination des Kupfers an. Seine Zusammensetzung ist sehr verschieden und richtet sich nach dem Gehalt der Anoden an Begleitelementen des Kupfers, die anodisch anfallen. Es sind dies vor allem die Edelmetalle, Bleisulfat, Selen, Tellur, Verbindungen von Arsen,

Antimon und Wismut, bisweilen unlösliche Nickel- und Kobaltverbindungen und basische Zinnsalze. Gröbere Anodenstückchen und abgefallene Kathodenpartikel bilden mechanische Verunreinigungen und können gegebenenfalls durch Absieben entfernt werden.

Bei der bereits erwähnten Mannigfaltigkeit der Zusammensetzung des Anodenschlammes kann eine allgemeingültige Analysenvorschrift nicht gegeben werden. Es muß genügen, mit Richtlinien den Weg zu weisen, wie die einzelnen Elemente erfaßt und bestimmt werden können. Da die jeweiligen Bestimmungsmethoden nicht aus dem Rahmen der in den Kapiteln des Buches angeführten Verfahren fallen, genügt es, jeweilig nur Hinweise auf das dort Gesagte zu geben.

Die Bestimmung der *Edelmetalle*, des *Selens* und *Tellurs* ist in den betreffenden Kapiteln auf S. II/750 bis 752, II/731 und II/785 zu finden.

1. Die Bestimmung des Arsens

Man kocht 2 g Schlamm mit 20 ml Salpetersäure (1 + 1) und dampft die Lösung nach Zusatz von 10 ml Schwefelsäure (1 + 1) bis zum starken Rauchen der letzteren ein. Dann werden zur Beseitigung der letzten Reste von Salpetersäure 10 ml Wasser und einige Körnchen Eisen(II)-sulfat zugesetzt und das Abrauchen wiederholt. Nachdem man die Salze mit 20 ml Wasser unter Erwärmen aufgenommen hat, spült man Lösung und Rückstand in den Kolben eines Arsendestillierapparates und verfährt weiter, wie im Kapitel Arsen, S. 122 bis 124, angegeben ist.

2. Die Bestimmung von Antimon, Zinn und Wismut

2,5 g Anodenschlamm kocht man mit 30 ml Salpetersäure (1 + 1), bis keine Stickoxyde mehr wahrzunehmen sind, verdünnt die Lösung mit kaltem Wasser auf etwa 250 ml, setzt so viel Ammoniak hinzu, daß gerade eine Fällung entsteht, und löst diese durch tropfenweise Zugabe von Salpetersäure (1 + 1) wieder auf. Der weitere Verlauf der Methode ist der gleiche, wie bei der Analyse der Kupfererze, S. 388, beschrieben. Nur fällt nach dem Schmelzen mit Natriumperoxyd und Lösen der Schmelze in Salzsäure die Siliciumdioxydabscheidung fort; dagegen muß hier das Abfiltrieren des Silberchlorids vorgenommen werden. Das mit dem Antimon auszementierte Wismut wird nach den Angaben im Kapitel Wismut, S. 860 oder 864, bestimmt.

3. Die Bestimmung des Kupfers und Bleies

2 g Anodenschlamm werden mit 25 ml Schwefelsäure (1,84) gekocht, bis der Rückstand weiß geworden ist. Nach dem Abkühlen verdünnt man die Lösung mit 200 ml Wasser und kocht etwa 15 min. Darauf läßt man sie erkalten und den Rückstand sich absetzen. Er wird auf ein dichtes Filter abfiltriert und sorgfältig mit kaltem Wasser ausgewaschen. Das Filtrat wird zum Sieden erhitzt und das Silber mit verdünnter Salzsäure in geringem Überschuß ausgefällt. Nach kräftigem Umrühren bleibt die Fällung 1 Std. in der Wärme stehen. Unterdessen wurde der Niederschlag nach dem Veraschen des Filters schwach geglüht. Ist er kalt geworden, so mischt man ihn im Tiegel mit etwa der 5fachen Menge seines Gewichtes an Soda-Schwefel (1 + 1), erhitzt zum Sintern, nimmt die gesinterte Masse mit warmem Wasser auf, filtriert und wäscht den Rückstand mit Schwefelwasserstoffwasser aus. Darauf wird er vom Filter in ein Becherglas gespült und durch Kochen mit Salpetersäure (1 + 1) gelöst. Nach Zusatz von 10 ml Schwefelsäure (1 + 1) dampft man die Lösung bis zum starken Rauchen der Schwefelsäure ein, nimmt mit 50 ml Wasser auf und kocht. Das unreine Bleisulfat wird abfiltriert, ausgewaschen und mit Ammoniumacetat extrahiert. Da meist auch $BaSO_4$ vorhanden ist, muß der Auszug mit Ammoniumacetat wiederholt werden. (Dabei bleiben immer noch geringe Mengen von Pb im Rückstand, der durch Kochen mit Soda und wenig Na_2S auf-

geschlossen werden kann. Der Carbonat-Sulfid-Niederschlag wird abfiltriert, und das darin befindliche Blei wird nach Lösen in HNO_3 elektrolytisch bestimmt.) Aus den vereinigten Ammoniumacetatlösungen wird das Blei als Chromat gefällt und bestimmt (s. Kapitel Blei, S. 165). Im Filtrat vom unreinen Bleisulfat fällt man das Silber mit Salzsäure unter starkem Rühren, läßt das Silberchlorid absitzen und filtriert. Auch das oben in der Hauptlösung ausgeschiedene Silberchlorid wird nun abfiltriert. Darauf vereinigt man die Filtrate und sättigt sie nach dem Abstumpfen der Säure mit Schwefelwasserstoff. Die Sulfide werden abfiltriert (das Filtrat wird für die Bestimmung des Eisens, Nickels und Kobalts beiseite gestellt), mit Natriumsulfidlösung ausgezogen und nach abermaligem Abfiltrieren und Auswaschen in Salpetersäure gelöst. Das Kupfer wird in dieser Lösung elektrolytisch bestimmt.

4. Die Bestimmung von Eisen, Nickel und Kobalt

Das Filtrat von obiger Sulfidfällung wird auf 250 ml eingeengt und damit vom Schwefelwasserstoff befreit. Dann setzt man 1 g Ammoniumchlorid hinzu, oxydiert die Lösung mit Wasserstoffperoxydlösung, kocht und fällt in der Siedehitze das Eisen als Hydroxyd durch Zugabe von Ammoniak in geringem Überschuß. Es wird zweckmäßig umgefällt und nach ZIMMERMANN-REINHARDT titriert.

In den vereinigten Filtraten bestimmt man Nickel und Kobalt, wie auf S. 401 angegeben.

VIII. Die Analyse des Rohkupfers

Unter Rohkupfer versteht man unreine Kupfersorten, die entweder aus feuerflüssigen Prozessen stammen oder, wie das Zementkupfer, ein metallisches Fällungsprodukt sind.

1. Schwarzkupfer, Konverter- (Blisterkupfer), Anodenkupfer

Schwarz- und Konverterkupfer sind stark verunreinigte, sauerstoffhaltige Erzeugnisse der Erz- und Altmetallverhüttung. Durch eine thermische Vorraffination entsteht daraus das Anodenkupfer.

a) Die Bestimmung der Edelmetalle

Die dafür in Frage kommende naß-trockene Methode ist dem Kapitel Silber und Gold, S. II/755, zu entnehmen.

b) Die Bestimmung des Kupfers und Bleies

Man löst 10 g Späne mit 100 ml Salpetersäure (1 + 1), verjagt die Stickoxyde durch gelindes Erwärmen und filtert ausgeschiedenen Schwefel ab. Dieser wird im Porzellantiegel verascht und der Rückstand nach dem Behandeln mit Salpetersäure zu der Lösung hinzugegeben. Dann fällt man das Silber durch Zugeben einiger Körnchen Natriumbromid, bringt die Lösung in einen Meßkolben von 1 l, füllt sie zur Marke auf und filtriert sie durch ein Faltenfilter. 100 ml des Filtrats werden mittels einer geeichten Pipette in einen Elektrolysenbecher gebracht und darin gekocht, bis der überschüssige Bromwasserstoff zerstört ist (Zersetzung durch Salpetersäure). Dann gibt man 5 ml Salpetersäure (1 + 1) hinzu, verdünnt die Lösung auf etwa 200 ml und elektrolysiert mit einer größeren Netzkathode und einer kleineren, mattierten Netzanode bei bewegtem Elektrolyten. Nach Beendigung der Abscheidung spült man die Elektroden mit Wasser ab, wäscht die Kathode mit Alkohol nach und trocknet sie bei 100°, während die Anode bei 180° getrocknet werden muß; nur dann beträgt der Umrechnungsfaktor von PbO_2 auf Pb = 0,866.

c) Die Bestimmung von Eisen, Nickel und Kobalt

Das Elektrolysat wird zum Sieden erhitzt und schwach ammoniakalisch gemacht. Dann filtriert man den Niederschlag ab, löst ihn in verdünnter Salzsäure und leitet in die Lösung Schwefelwasserstoff ein, um etwa vorhandenes Arsen und Antimon auszufällen. Nach dem Abfiltrieren der Sulfide wird im Filtrat der Schwefelwasserstoff durch Kochen verjagt, die Lösung mit etwas Wasserstoffperoxyd oxydiert und das *Eisen* wieder mit Ammoniak gefällt. Man kann es nun zu Fe_2O_3 glühen oder je nach seiner Menge, maßanalytisch oder photometrisch, bestimmen (s. Kapitel Aluminium, S. 13 u. 66).

Die beiden Filtrate von der Eisenfällung werden vereinigt, auf 200 ml eingeengt und mit etwas Ammoniak versetzt. Dann fällt man das *Nickel* mit Diacetyldioxim nach den Angaben im Kapitel Nickel, S. 542.

Das Filtrat von der Nickelfällung neutralisiert man mit Salzsäure und gibt auf je 100 ml Flüssigkeitsvolumen 2 ml Salzsäure (1 + 1) im Überschuß hinzu. Darauf versetzt man die Lösung tropfenweise mit 30proz. Wasserstoffperoxydlösung, bis das Diacetyldioxim zerstört ist. Der Überschuß des Wasserstoffperoxyds wird verkocht und das Kobalt in der Siedehitze mit einer Lösung von α-Nitroso-β-Naphthol (2 g in 100 ml Äthanol) gefällt (s. unter C. I. 9., S. 389).

d) Die Bestimmung von Wismut, Antimon und Zinn

25 g Rohkupfer werden mit 100 ml Salpetersäure (1,40) gelöst und die entwickelten Stickoxyde durch Kochen aus der Lösung entfernt. Nach dem Verdünnen auf 400 ml neutralisiert man, gegebenenfalls ohne Rücksicht auf einen Niederschlag, mit verdünntem Ammoniak, bis eben eine Fällung bestehenbleibt, welche durch einige Tropfen Salpetersäure (1 + 1) wieder in Lösung gebracht wird. Dann erfolgt die Weiterbehandlung der Lösung nach H. Blumenthal (s. Kupfererze, S. 388).

Die vereinigten Manganniederschläge werden, falls in der Lösung des Rohkupfers keine nennenswerte Trübung zu beobachten war, unmittelbar in Salzsäure (1 + 1) unter Hinzugeben von Wasserstoffperoxyd gelöst. War jedoch ein Niederschlag von Zinn und Antimon vorhanden, so schmilzt man die Manganniederschläge nach vorsichtigem Veraschen des Filters im Eisentiegel mit Natriumperoxyd und löst die Schmelze in Salzsäure. Man verkocht das dabei entstandene Chlor, zementiert das Antimon, Wismut, Reste von Kupfer und den Hauptteil des Arsens mit Eisenpulver (Ferrum reductum) unter Einleiten von Kohlendioxyd aus, filtriert den Metallschwamm ab und titriert im Filtrat das *Zinn* nach den Angaben im Kapitel Zinn, S. II/978/79 ff., oder bestimmt es gewichtsanalytisch nach dem Ausfällen mit Schwefelwasserstoff. Zur Bestimmung von Antimon und Wismut löst man den bei der Zinnbestimmung erhaltenen Zementationsniederschlag in 20 ml Salzsäure (1 + 1) unter Zugabe von einigen kleinen Kristallen $KClO_3$. Man vertreibt den Überschuß des entstandenen freien Chlors durch Erhitzen, verdünnt die Lösung auf $\sim$ 300 ml und fällt mit Schwefelwasserstoff Antimon und Wismut als Sulfide wieder aus, die nach dem Abfiltrieren durch Ausziehen mit Schwefelnatriumlösung getrennt werden. Die Bestimmung des Antimons erfolgt dann, wie auf S. 388 beschrieben.

Der im Schwefelnatriumauszug verbliebene Wismutsulfidniederschlag wird in Salpeter- und Schwefelsäure gelöst, nach dem Aufnehmen und Verdünnen mit Wasser und Zufügen von 3 bis 4 mg Eisen(III)-salz mit Ammoniak übersättigt, wodurch das Wismut zusammen mit dem Eisen ausgefällt wird. Der Niederschlag wird abfiltriert und in verdünnter Schwefelsäure gelöst. In dieser Lösung wird das Wismut photometrisch bestimmt (s. Kapitel Wismut, S. 866 bis 868).

e) Die Bestimmung des Arsens

Grundlage. Nicht zu grobe Kupferspäne werden mit Eisen(III)-chlorid und Salzsäure im Kolben des Arsendestillierapparates durch Kochen zersetzt. Das dabei entstehende Arsen(III)-chlorid wird abdestilliert und in einer Vorlage aufgefangen. Man bestimmt es entweder gewichtsanalytisch oder maßanalytisch.

Anwendungsbereich und Bedeutung. Die Bestimmungsmethode kann auch bei Feuerbuchskupfer, Bronzen, Zementkupfer usw. angewandt werden.

Genauigkeit. 1.

Dauer. 2 Std.

Ausführung. 10 g möglichst feine Kupferspäne versetzt man gleich im Destillierkolben mit 200 ml einer salzsauren Eisen(III)-chloridlösung [hergestellt durch Lösen von 350 g $FeCl_3 \cdot 6H_2O$ in 1 l Salzsäure (1,19)], erhitzt anfangs ganz schwach, bringt dann die Lösung zum Kochen und destilliert, bis das Volumen im Kolben nur noch etwa 50 ml beträgt. Sollte das Kupfer nicht restlos aufgelöst sein, so muß das Destillieren mit erneutem Zusatz von salzsaurer Eisen(III)-chloridlösung wiederholt werden. Das in der Vorlage aufgefangene Arsen wird nach einer der im Kapitel Arsen, S. 122 bis 124, beschriebenen Methoden bestimmt.

f) Die Bestimmung von Selen und Tellur

Sie ist in den gleichnamigen Kapiteln, S. 735/36 u. 787, beschrieben.

g) Die Bestimmung des Schwefels

α) *Nach Überführung im Schwefelwasserstoff*

Grundlage. Der Schwefel ist im Rohkupfer als Kupfer(I)-sulfid vorhanden und kann durch Bromwasserstoffsäure als Schwefelwasserstoffgas abgetrennt werden. Dieses kann durch Bromsalzsäure zu Schwefelsäure oxydiert und der Schwefel gewichtsanalytisch als $BaSO_4$ bestimmt *oder* durch Einleiten in eine Cadmiumacetatlösung in eine äquivalente Menge von Cadmiumsulfid übergeführt und durch jodometrische Ermittlung der Sulfidmenge bestimmt werden.

Anwendungsbereich. Das Verfahren setzt vollständige Löslichkeit der Kupfersorte in Bromwasserstoffsäure voraus. Andernfalls erfolgt die Schwefelbestimmung nach β).

Genauigkeit. 1.

Dauer. $1^1/_2$ Std.

Ausführung. Je nach dem Schwefelgehalt werden 5 bis 10 g Späne (gegebenenfalls auch weniger oder mehr) im Zersetzungskolben eines Schwefelbestimmungsapparates (nach der Art eines bei der Stahlanalyse gebräuchlichen) mit der 10fachen Menge starker Bromwasserstoffsäure (1,49 etwa 48proz.) übergossen und durch allmähliches Erwärmen in Lösung gebracht. Durch den Apparat wird ein langsamer Strom von Kohlendioxyd geleitet. Die Gase werden zur gewichtsanalytischen Bestimmung des Schwefels durch ein vorgelegtes Absorptionsgefäß geleitet, das mit Bromsalzsäure zur Oxydation des Schwefelwasserstoffes beschickt ist. Nach beendetem Lösen der Probe liegt sämtlicher Schwefel als Schwefelsäure vor. Man gibt etwas Natriumchlorid hinzu, verjagt das Brom durch Kochen und Eindampfen und fällt das Sulfat in bekannter Weise mit Bariumchlorid.

Statt die Schwefelbestimmung gewichtsanalytisch durchzuführen, kann man auch das jodometrische Verfahren anwenden und benutzt dann als Vorlage einen der bei der Schwefelbestimmung im Stahl üblichen Absorptionsapparate. Die Gase werden durch eine Cadmiumacetatlösung geleitet, wobei eine dem Schwefelgehalt entsprechende Menge Cadmiumsulfid gebildet wird. Der Sulfidniederschlag wird mit einer gemessenen Menge Jodlösung umgesetzt und der Jodüberschuß nach dem Ansäuern mit Salzsäure mit Natriumthiosulfatlösung zurücktitriert.

Fehlerquellen. Falls die zum Aufschluß benötigte Bromwasserstoffsäure gelb gefärbt ist, weil sie freies Brom enthält, wodurch ein Teil des Schwefels zu Schwefelsäure oxydiert und dadurch der Bestimmung entzogen werden würde, muß man die Säure vor ihrer Verwendung durch Zinn(II)-chlorid entfärben.

Literatur. LEYSAHT, H.: Z. analyt. Chem. Bd. 75 (1928) S. 169.

β) Nach Verbrennen im Sauerstoffstrom

Grundlage. Durch Verbrennen der Probe im trockenen Sauerstoffstrom wird der Schwefel in Schwefeldioxyd übergeführt. Die Verbrennungsgase werden in eine gemessene Menge Natronlauge und Wasserstoffperoxyd geleitet, wodurch die schweflige Säure zu Schwefelsäure oxydiert und eine entsprechende Menge Natronlauge gebunden wird. Der Überschuß der Natronlauge wird mit eingestellter Schwefelsäure zurücktitriert.

Reagenzien. Wasserstoffperoxyd (0,5 proz.), Natriumhydroxyd (n/50), Schwefelsäure (n/50), Methylrot.

Ausführung. Die zur Schwefelbestimmung durch Verbrennung erforderliche Apparatur besteht aus einer Sauerstoffbombe mit Reduzierventil, einer Waschflasche mit Schwefelsäure (1,84), einem Trockenturm mit Natronkalk und Calciumchlorid, einem elektrisch geheizten Widerstandsofen mit Porzellanrohr, einem mit Watte gefüllten Glasröhrchen zur Zurückhaltung mitgerissener Oxyde und einem Absorptionsgefäß. Das Porzellanrohr ist durch Gummistopfen und Gummischlauch mit den Waschflaschen und dem Absorptionsgefäß verbunden. Die Apparatur ist im Handel erhältlich.

Nach Einstellung der Lösungen beschickt man die Vorlage mit 50 ml Wasserstoffperoxyd (0,5 proz.) und 10 ml Natriumhydroxyd (n/50) und verbrennt die in das Porzellanschiffchen eingewogene Probe (von 1 bis 5 g) im kräftigen Sauerstoffstrom bei etwa 1350°, nachdem man sie einige Sekunden im Rohr vorgewärmt hat. Der Schwefel wird nur dann restlos erfaßt, wenn das Material während der Verbrennung schmilzt. Nach Beendigung der Verbrennung leitet man noch 2 min lang Sauerstoff durch die Apparatur und titriert dann die verbleibenden ml Lauge mit der n/50-Schwefelsäure. 1 ml Natriumhydroxyd entspricht bei 1 g Einwaage 0,032% Schwefel.

h) Die Bestimmung des Sauerstoffes

Siehe Reinkupfer S. 416, Abschn. 12.

2. Zementkupfer

Das Zementkupfer entsteht durch Fällen des Kupfers aus Lösungen mittels Eisenabfällen. Es ist ein feinkörniges Material von meist dunkler Farbe, welches aus metallischem Kupfer, Kupferoxyden und basischen Kupfersalzen besteht und mehr oder weniger durch andere Elemente, wie Arsen, Antimon, Selen, Eisen und Edelmetalle, verunreinigt ist; auch Chloride und freie Säuren sind häufig festzustellen.

a) Die Bestimmung des Kupfers

Grundlage. Das Material wird mit Salpetersäure gelöst und die Lösung unter Zusatz von Salzsäure zum Sieden erhitzt. Nach dem Verdünnen filtriert man die Lösung in einen Meßkolben, füllt zur Marke auf und entnimmt einen gemessenen Anteil. Er wird mit Schwefelsäure abgeraucht. Nach dem Aufnehmen der Sulfate mit Wasser und Zugabe von Salpetersäure wird das Kupfer elektrolytisch bestimmt.

Genauigkeit. 1.

Dauer. 2 bis 3 Std.

Ausführung. 20 g Zementkupfer löst man mit 100 ml Salpetersäure (1 + 1), gibt 10 ml Salzsäure (1,19) hinzu und kocht auf. Dann verdünnt man die Lösung auf 400 bis 500 ml und filtriert in einen 1 l-Meßkolben. Nach dem Auffüllen zur Marke werden 50 ml (= 1 g Einwaage) der Lösung entnommen und nach Zugabe von 10 ml Schwefelsäure (1 + 1) bis fast zur Trockne abgeraucht. Nach dem Aufnehmen mit 100 ml Wasser und 1 ml Schwefelsäure (1 + 1) wird aufgekocht, abgekühlt und zum Abscheiden des etwa vorhandenen Bleisulfats 2 Std. stehengelassen. Dann wird filtriert und im Filtrat das Kupfer nach Zusatz von 10 ml HNO_3 (1 + 1) bei einem Volumen von ~ 250 ml schnellelektrolytisch bestimmt.

Zur genauen Bestimmung des Kupfers, insbesondere bei Anwesenheit von Verunreinigungen, die teilweise mit dem Kupfer niedergeschlagen werden können und sich durch schwammige Abscheidung oder durch Dunkelfärbung des Kupferniederschlages zu erkennen geben, schaltet man die Kupferkathode in einem frischen Elektrolyten, welcher auf 100 ml Volumen 3 ml Schwefelsäure (1,84), 3 ml Salpetersäure (1,40) sowie zur Erhöhung der Leitfähigkeit 3 g Ammoniumnitrat enthält, als Anode und elektrolysiert von neuem.

Literatur. Wagenmann, K.: Metall u. Erz Bd. 21 (1929) S. 535—536.

b) Die Bestimmung von Blei, Wismut, Nickel, Kobalt, Eisen, Arsen, Selen und der Edelmetalle

Die Bestimmung dieser Elemente wird nach den Vorschriften für Schwarzkupfer ausgeführt.

c) Die Bestimmung des Chlors und Sulfats

10 g Zementkupfer werden in einem 500 ml-Meßkolben mit 50 ml gesättigter Natriumcarbonatlösung gekocht. Nach dem Abkühlen füllt man den Kolbeninhalt zur Marke auf und entnimmt durch ein trockenes Faltenfilter 200 ml (= 4 g Einwaage). Die Abmessung wird zwecks Oxydation vorhandenen Sulfidschwefels zu Sulfat mit wenig Natriumperoxyd gekocht, dann mit verdünnter Salpetersäure vorsichtig angesäuert, zur Vertreibung des Kohlendioxyds gekocht und mit einem Überschuß an n/10-Silbernitratlösung versetzt. Nach Zugabe von einigen Tropfen Eisen(III)-ammoniumsulfatlösung (100 g/l) titriert man den Überschuß an Silbernitrat mit n/10-Ammoniumthiocyanatlösung zurück. 1 ml n/10-Silbernitratlösung entspricht 3,546 mg Cl.

Zur Bestimmung des *Sulfats* werden aus der oben hergestellten Lösung 200 ml = 4 g Einwaage entnommen, mit Salzsäure angesäuert und so lange gekocht, bis das Kohlendioxyd vollständig entwichen ist. Dann fällt man mit 10 ml Bariumchloridlösung (100 g/l) in der Siedehitze, läßt die Fällung 1 Std. in der Wärme stehen, filtriert den Bariumsulfatniederschlag ab, wäscht aus, verascht und wägt.

$$\text{Auswaage} \cdot 0{,}3430 = SO_3$$

d) Die Bestimmung der freien Säure

10 g Material werden mit 200 ml Wasser ausgekocht. Man filtriert ab und titriert die freie Säure im Filtrat mit n/10-Natronlauge unter Verwendung von Methylorangelösung als Indicator.

Sind beim Auskochen wesentliche Mengen Kupfersalze in Lösung gegangen, so kann die Titration nicht unter Verwendung von Methylorange vorgenommen werden, da der Farbwechsel schwer zu erkennen ist. Man titriert dann so weit, bis eine bleibende Trübung der Lösung auftritt, die auch bei längerem Umschütteln nicht mehr verschwindet, oder unter Verwendung eines p_H-Meßgerätes bis p_H 5. Die Titration kann auch mit Kupfertetramminsulfatlösung durchgeführt werden (s. S. 401).

e) Die Bestimmung des Gesamtschwefels

10 g Zementkupfer werden mit einer Mischung von 40 ml Salpetersäure (1,40) und 15 ml Salzsäure (1,19) unter allmählicher Zugabe von Brom gelöst. Dann dampft man die Lösung auf dem Wasserbad ein, nimmt die Salze mit Salzsäure auf und wiederholt das Eindampfen. Nach dem Wiederaufnehmen mit 10 ml Salzsäure und 100 ml Wasser wird die Lösung aufgekocht und filtriert. Das klare Filtrat versetzt man in der Siedehitze mit 10 ml kochender Bariumchloridlösung (100 g/l), läßt die Fällung 1 Std. in der Wärme stehen, filtriert, wäscht das Bariumsulfat kupferfrei aus, verascht und wägt es.

IX. Die Analyse des Reinkupfers

Unter Reinkupfer versteht man das durch Elektrolyse gewonnene Kathodenkupfer und das durch thermische Raffination hergestellte Raffinatkupfer. Das Deutsche Normenblatt DIN HE 1708 führt eine Reihe von Kupfersorten an, die im Handel geführt werden (s. Kapitel Genormte Metalle).

Die Analyse des Handelskupfers beschränkt sich meist auf die Feststellung der Verunreinigungen; die unmittelbare Bestimmung des Kupfergehaltes ist nur bei Raffinatkupfer angezeigt. Für die Beurteilung von Elektrolytkupfer für elektrotechnische Zwecke ist nur die durch Norm festgelegte elektrische Leitfähigkeit ausschlaggebend. E-Kupfer kann entweder elektrolytisch oder auch thermisch raffiniert sein. Nach internationaler Norm muß E-Kupfer eine elektrische Leitfähigkeit von mindestens 58 Siemens im weichgeglühten Zustand aufweisen. (Nach ASTM bedeuten 58 Siemens 100% Leitfähigkeit.) Der einwandfreie Normalzustand wird durch eine Kaltverformung von etwa 75% und nachfolgende Blankglühung erhalten. Die Glühung soll etwa 2 Std. bei 500 bis 600° durchgeführt werden. In Deutschland ist die elektrische Leitfähigkeit von E-Kupfer mit 57 Siemens im normalisierten Zustand festgelegt. (VDE 0201 bzw. DIN 40500.) Die Bestimmung der elektrischen Leitfähigkeit erfolgt durch Messung des Widerstandes mit einer THOMSON-Brücke oder für Massenprüfungen nach der Stromspannungsmethode. Die Bestimmung des Querschnittes geschieht durch Wägung unter Zugrundelegung einer Dichte von 8,9 g/ml. Die Meßgenauigkeit soll möglichst $\pm 0{,}1$ Siemens betragen. In neuester Zeit hat auch die Bestimmung des Leitwertes durch Wirbelstrommessung weite Verbreitung gefunden. Besonders eingeführt ist das Wirbelstromgerät „Sigmatest" nach Dr. FÖRSTER, Reutlingen.

Für die Bestimmung der Verunreinigungen dieser Kupfersorten nach den üblichen Verfahren geht man unter Umständen von Einwaagen aus, die das 5- bis 10fache der von Rohkupfer betragen, um ausreichend zuverlässige Analysenwerte zu erhalten.

1. Die Bestimmung des Kupfers

Grundlage. Die Einwaage beträgt etwa 5 g. Das Kupfer wird in einem Gemisch von Salpetersäure und Schwefelsäure gelöst und die Lösung der *ruhenden* Elektrolyse unterworfen.

Anwendungsbereich und Bedeutung. Das Verfahren dient zur Bestimmung des Kupfers in Raffinatkupfer.

Genauigkeit. 1.

Dauer. 16 Std.

Ausführung. 5,0300 g Kupfer[1] werden in 45 ml eines Gemisches von 300 ml Schwefelsäure (1,84), 210 ml Salpetersäure (1,40) und 750 ml Wasser in einem Rund- oder ERLENMEYER-Kolben von 300 ml Inhalt vorsichtig gelöst. Die beim Lösen ent-

[1] Für die Auswaage wird das gleiche 5 g-Gewicht verwendet.

standenen Stickoxyde entfernt man durch Erwärmen auf einer Dampfplatte. Man bringt die Lösung in ein Becherglas (hohe Form) von 250 ml Inhalt, verdünnt sie auf etwa 150 ml und führt die Elektrolyse bei ruhendem Elektrolyten mit 0,6 A/dm² bei Zimmertemperatur durch. Nach Beendigung hebt man die Elektrode rasch heraus und stellt sie in Wasser. Sie wird erst mit Wasser, dann mit Äthanol oder Aceton sorgfältig abgespült und mit einem Warmluftventilator (Fön) getrocknet. Der Elektrolyt ist mit Schwefelwasserstoff auf Kupferreste zu prüfen. Diese sind gegebenenfalls gesondert, z. B. photometrisch, zu bestimmen und zur Hauptmenge zu addieren.

Fehlerquellen. Bei der Elektrolyse wird Silber gegebenenfalls mit abgeschieden. Ferner können Spuren von Wismut mitgefällt werden. Arsen und Antimon fallen dagegen im salpetersauren Elektrolyten unter den angegebenen Bedingungen nicht mit aus.

Zeigt der Kupferniederschlag keine reine, helle Kupferfarbe, so ist dieses ein Kennzeichen dafür, daß er noch Nebenbestandteile aufweist. Es ist daher bei unreineren Kupfersorten zweckmäßig, das Kupfer durch möglichst wenig Salpetersäure wieder von der Elektrode abzulösen und die Elektrolyse nach dem Verkochen der Stickoxyde und dem Zusatz von Schwefelsäure im selben Mengenverhältnis, wie oben beschrieben, zu wiederholen. Beim Lösen verbliebene Anteile sind jeweils durch Verbrennen des Filters und Abrauchen mit Salpeter-Schwefelsäure auf einen Rückhalt an Kupfer zu untersuchen. Wird ein solcher nachgewiesen, so erfolgt die Bestimmung des Kupfers darin photometrisch.

2. Die Bestimmung des Arsens

Grundlage. Fügt man zu einer Arsen(V) enthaltenden salpetersauren Kupferlösung Eisen(III)-salz hinzu und neutralisiert sie so weit, daß eben ein Niederschlag entsteht, so wird das gesamte Arsen mit abgeschieden.

Anwendungsbereich und Bedeutung. Das Verfahren dient zur Bestimmung des Arsens in Reinkupfer und seinen in Salpetersäure löslichen Legierungen.

Genauigkeit. 1.

Dauer. 5 Std.

Ausführung. 10 bis 50 g der Probe werden in einem 500 ml-Becherglas mit möglichst wenig Salpetersäure gelöst. Die salpetrige Säure wird durch Kochen verjagt. Dann verdünnt man die Lösung auf etwa 200 ml, versetzt sie zur vollständigen Oxydation des Arsens zu Arsensäure mit einer kleinen Menge Wasserstoffperoxyd oder Permanganat und kocht nochmals auf. Darauf gibt man Ammoniak bis fast zur Neutralisation sowie etwa 2 ml einer Eisen(III)-chloridlösung (100 g/l) unter tüchtigem Umrühren hinzu und fällt mit Sodalösung (100 g/l), bis eben ein bleibender, nicht zu großer Niederschlag entstanden ist. Nach einstündigem Stehen auf dem Wasserbad wird dieser abfiltriert, mit heißem Wasser ausgewaschen, in einen ERLENMEYER-Kolben übergeführt und mit Schwefelsäure gelöst. Die an den Wandungen des Becherglases festhaftenden Teile löst man ebenfalls in verdünnter Schwefelsäure und raucht die Lösungen mit 10 ml Schwefelsäure (1,84) ab. Dann nimmt man mit wenig Wasser auf und spült die Lösung in den Destillierkolben über. Über die nachfolgende Destillation s. die Angaben im Kapitel Arsen, S. 122.

Fehlerquellen. Da die Oxydation des Arsens zu Arsen(V) durch Salpetersäure nicht vollständig ist, muß ein Nachoxydieren mittels Wasserstoffperoxyd oder Kaliumpermanganat erfolgen. Erst dann ist das quantitative Ausfällen gewährleistet.

Bemerkung. Der Arsengehalt von Kupfer und seinen Legierungen kann auch durch direktes Lösen in Eisen(III)-chlorid und Salzsäure und anschließende Destillation (s. Analyse des Schwarzkupfers, S. 406) bestimmt werden.

3. Die Bestimmung des Bleies

a) Nach Anreicherung

Grundlage. Aus der schwach salpetersauren Lösung des Kupfers fällt man das Blei mit Dinatriumhydrogenphosphat und Ammoniak unter Zusatz von Ammoniumcarbonat und Calciumchlorid als Phosphat. Der Niederschlag wird in Salzsäure gelöst, das Blei mit Schwefelwasserstoff abgeschieden und elektrolytisch, photometrisch oder polarographisch bestimmt.

Anwendungsbereich und Bedeutung. Das Verfahren ist anzuwenden für Bleigehalte von 0,001% und darüber.

Genauigkeit. 1.

Dauer. 16 Std.

Ausführung. 10 bis 50 g Probematerial löst man mit 40 bis 200 ml Salpetersäure (1,40), verkocht die Stickoxyde und verdünnt die Lösung mit Wasser auf 800 bis 1200 ml. Dann gibt man 2 ml Dinatriumhydrogenphosphatlösung (500 g/l) und so viel Ammoniak (etwa 70 bis 350 ml) hinzu, bis alles Kupferhydroxyd wieder gelöst ist, und weiterhin noch 10 bis 50 ml Ammoniumcarbonatlösung (100 g/l). Unter kräftigem Rühren läßt man nun 15 ml einer Calciumchloridlösung (100 g/l) zutropfen. Die Fällung bleibt über Nacht stehen. Darauf wird der Niederschlag abfiltriert, in möglichst wenig verdünnter Salzsäure gelöst und die Lösung nach dem Verdünnen mit Schwefelwasserstoff gesättigt. Den abfiltrierten Sulfidniederschlag löst man mit warmer, verdünnter Salpetersäure und bestimmt das Blei durch Elektrolyse als PbO_2, polarographisch (s. Kapitel Blei, S. 167) oder photometrisch, mit Dithizon [s. unter b)].

Literatur. PARK, B., u. E. J. LEWIS: Z. analyt. Chem. Bd. 106 (1936) S. 204 — Ind. Engng. Chem. Analyst Bd. 7 (1935) S. 192.

b) Direkte Bestimmung mit Dithizon

Grundlage. Blei reagiert in schwach alkalischer Lösung mit Dithizon unter Bildung eines rot gefärbten Dithizonates. Störende Begleitelemente können durch Zusätze getarnt werden. Der durch Ansäuern in Freiheit gesetzte Dithizonrest wird photometriert.

Anwendungsbereich. Die Methode eignet sich zur Bestimmung der im Reinkupfer vorkommenden Bleigehalte von 0,001% und darüber.

Genauigkeit. 1.

Ausführung. 1 bis 20 g, je nach dem Bleigehalt, werden in 5 bis 75 ml Salpetersäure (1,4) gelöst und die Säure fast eingedampft. Nach dem Verdünnen auf etwa 100 ml verkocht man die Stickoxyde und füllt die Lösung in einem 200 ml-Meßkolben auf. Man pipettiert 5 bis 20 ml, die max 40 µg Blei enthalten sollen, in eine 100 ml-Schüttelbirne, setzt 5 ml Kalium-Natriumtartratlösung (200 g/l) hinzu und neutralisiert gegen Lackmus mit 12proz. Ammoniak, gegebenenfalls unter Kühlen. Nach Zugabe von 40 bis 50 ml Kaliumcyanidlösung (100 g/l), bis zur Entfärbung der Kupferlösung, und 1 ml Hydroxylaminhydrochloridlösung (200 g/l) wird mit 5 ml Dithizonlösung durch kräftiges Schütteln das Blei extrahiert. Der durch Blei rot gefärbte Extrakt wird in eine zweite Schüttelbirne abgelassen, in der sich 10 ml n/10 Pufferlösung nach MICHAELIS befinden. Die Extraktion wird mit kleinen Anteilen der Dithizonlösung, 1 bis 2 ml, fortgesetzt, bis das Kohlenstofftetrachlorid nach dem Ausschütteln grün gefärbt ist. Es ist ratsam, dann noch mit 1 ml Dithizonlösung auszuschütteln, um sicher zu sein, daß auch die letzten Spuren Blei erfaßt sind. Die in der Schüttelbirne vereinigten Extrakte werden nun mit je 10 ml Acetatpuffer nach MICHAELIS 3 mal nacheinander je 2 min geschüttelt. Danach befindet sich das Blei in der wäßrigen Phase, während sich im Kohlenstofftetrachlorid Wismut, Zinn und Thallium befinden. Man neutralisiert den wäßrigen Auszug mit Ammoniak, setzt 1 ml Kaliumcyanidlösung (100 g/l) hinzu und extrahiert das Blei erneut mit Dithizonlösung. Die vereinigten Extrakte werden in einem 50 ml graduierten Schüttelzylinder, in dem sich 5 ml Kaliumcyanidlösung (5 g/l) befinden, mit Kohlenstofftetrachlorid bis zur Marke aufgefüllt und so lange mit je 5 ml Kaliumcyanidlösung geschüttelt, bis die Waschlösung farblos ist. Das Abtrennen der einzelnen Waschlösungen erfolgt in einem Scheiderohr. Ein unnötig langes Auswaschen kann zu Minderbefunden führen. Man wäscht mit 5 ml Wasser nach und überführt dann das Blei durch Schütteln mit 2 ml Salzsäure (1 + 3) in die wäßrige Phase.

Die grüne Dithizonlösung wird durch ein trocken angelegtes Filter sofort in eine 30 mm-Küvette filtriert und gegen einen auf gleiche Weise extrahierten Chemikalienblindansatz unter Benutzung eines Filters von 610 mμ photometriert.

Aus einer Eichkurve, die man mit Bleilösungen bekannten Gehaltes von 0 bis 40 μg Blei bei 610 mμ unter den gleichen Bedingungen aufgestellt hat, entnimmt man den Prozentgehalt an Blei.

Bemerkung. Die Farbe der grünen Dithizonlösung ist über eine Stunde konstant. Man verwendet nur bidestilliertes Wasser und Chemikalien z. A.

Pufferlösung nach MICHAELIS: n/10, $p_H = 4{,}6$.

13,6 g Natriumacetat + 6 ml Essigsäure (konz.) werden mit Wasser auf 1 l aufgefüllt.

Herstellung der Dithizonlösung:

4 bis 5 mg Dithizon werden durch Schütteln im Scheidetrichter in 100 ml Kohlenstofftetrachlorid gelöst. Die Lösung wird mit 50 ml 2proz. Ammoniak ausgeschüttelt. Das reine Dithizon geht in die wäßrige Phase, während die Oxydationsprodukte in der Tetraphase zurückbleiben. Nach Abtrennen der Tetraphase gibt man zu der wäßrigen Phase 100 ml Kohlenstofftetrachlorid (z. A. destilliert), säuert mit 10 ml Salzsäure (1 + 3) an und schüttelt gut durch. Das reine Dithizon geht in die Tetraphase über. Diese wird 2- bis 3mal mit doppeldestilliertem, dithizongereinigtem Wasser gewaschen. Die Lösung ist gebrauchsfertig und kann nach Bedarf noch mit Kohlenstofftetrachlorid verdünnt werden. Die Lösung soll täglich frisch angesetzt werden. Sie ist, vornehmlich im Sommer, nicht lange haltbar.

Literatur. FISCHER, H., u. G. LEOPOLDI: Z. analyt. Chem. Bd. 119 (1940) S. 162. — SNYDER, L.: Analytic. Chem. Bd. 19 (1947) S. 684. — POHL, H.: Private Mitteilung.

4. Die Bestimmung des Wismuts

Sie erfolgt nach der bei Rohkupfer auf S. 405 beschriebenen Methode.

An Stelle des dort verwendeten $KMnO_4$-Verfahrens nach BLUMENTHAL kann nach dem gleichen Verfasser das Anreichern und Abtrennen des Wismuts aus der salpetersauren Cu-Lösung auch durch Niederschlagen mit HgO (Kapitel Wismut, S. 865) oder nach Hinzufügen von wenig Eisen(III)-salzlösung durch Fällen mit Ammoniak erfolgen.

Literatur. BLUMENTHAL, H.: Z. analyt. Chem. Bd. 78 (1929) S. 206—213.

5. Die Bestimmung des Zinns und Antimons

Sie erfolgen, wie bei Rohkupfer, S. 405, beschrieben, wobei die Einwaage gegebenenfalls auf 100 g erhöht werden muß. Auch hier kann, wie vorstehend unter 4. für Wismut vermerkt, das Anreichern und Abtrennen durch Fällen mit HgO erfolgen.

6. Die Bestimmung des Eisens

Grundlage. Nach Entfernung des Kupfers auf elektrolytischem Wege wird das Eisen mit o-Phenantrolin photometrisch bestimmt.

Anwendungsbereich und Bedeutung. Bei einer Einwaage von 10 g können 0,0001 bis 0,0025% Eisen im Reinkupfer bestimmt werden.

Genauigkeit. 1.

Ausführung. 10 g der Probe werden in einem 400 ml-Becherglas zum Abbeizen anhaftender Verunreinigungen mit 20 ml Salzsäure (7 + 3) übergossen. Man erwärmt auf 60 bis 70°, gießt die Säure ab und dekantiert mehrmals mit doppelt destilliertem Wasser. Nun löst man die Späne mit 100 ml Salpetersäure (1 + 1), erwärmt die Lösung, bis die nitrosen Gase restlos entfernt sind, und fügt 250 ml doppelt destilliertes Wasser hinzu. Das Kupfer wird schnellelektrolytisch bei einer Stromstärke von 3 bis 4 A abgeschieden und die Elektroden nach Beendigung der Abscheidung sorgfältig mit doppelt destilliertem Wasser abgespritzt.

Die kupferfreie Elektrolysenlösung wird unter mehrfachem Abspritzen der Becherglaswand mit heißem, doppelt destilliertem Wasser zur Trockne gedampft, der Rückstand mit 2 ml Salzsäure (1,19) gelöst und die Lösung in einen 50 ml-Meßkolben gespült. Nun fügt man unter Beachtung der Reihenfolge die folgenden Reagenzien hinzu und schüttelt jedesmal kräftig durch.

2 ml Hydrochinonlösung,
2 ml Natriumsulfitlösung (400 g $Na_2SO_3 \cdot 7\,H_2O$/l),
1 ml Ammoniumacetatlösung (200 g/l).

Anschließend wird mit doppelt destilliertem Wasser aufgefüllt. Man photometriert mit Hilfe eines Filters mit Schwerpunkt 490 mμ in einer 1 cm-Küvette gegen doppelt destilliertes Wasser. Eine Reagenzienblindprobe muß durchgeführt und in Anrechnung gebracht werden.

Die Auswertung erfolgt mit Hilfe einer Eichkurve.

Hydrochinonlösung: 2,5 g Hydrochinon werden in wenig Wasser gelöst, mit 1 ml Schwefelsäure (1,84) versetzt und auf 100 ml aufgefüllt.

Bemerkung. Auf absolute Sauberkeit der verwendeten Glasgefäße ist zu achten. Alle Lösungen sind mit doppelt destilliertem Wasser anzusetzen.

7. Die Bestimmung des Aluminiums

Grundlage. Nach Abtrennung des Kupfers mit Natronlauge wird das Aluminium mit Eriochromcyanin-R in acetatgepufferter Lösung photometrisch bestimmt.

Anwendungsbereich und Bedeutung. In der beschriebenen Form ist das Verfahren zur Bestimmung von Aluminiumgehalten von 0,01 bis 0,5% in Kupfer und Kupferlegierungen geeignet.

Genauigkeit. 1.

Dauer. 3 Std.

Reagenzien. Natriumacetat-Pufferlösung: 40 g Natriumacetat, 0,8 ml Essigsäure (99proz.) mit Wasser auf 1 l aufgefüllt ($p_H = 6$, $\pm 0{,}1$).

Ausführung. 0,1 g Einwaage werden in einem 150 ml-Becherglas mit 1 ml Salpetersäure (1,4) gelöst, die Lösung mit 20 ml Wasser versetzt und kurz aufgekocht. Nach dem Abkühlen gibt man die Lösung durch einen Trichter von 6 cm Durchmesser, dessen Spitze auf etwa 0,4 mm ausgezogen ist, in ein 30 ml Natronlauge (50 g/l) enthaltendes 250 ml-Becherglas. Die Lauge wird so bewegt, daß der Lösungsstrahl immer auf die Peripherie der kreisenden Lauge trifft. Die Fällung wird in einen 100 ml-Meßkolben übergespült, aufgefüllt und durch ein dichtes Faltenfilter filtriert. Vom klaren Filtrat entnimmt man 50 ml = 0,05 g Einwaage in einen 100 ml-Meßkolben, setzt 2 Tropfen einer 0,1proz. wäßrigen Tropaeolin-o-Lösung hinzu und Salzsäure (1 + 1) bis zur Rotfärbung ($p_H = 1{,}5$). Nun macht man mit 1 n-Natronlauge eben alkalisch [satte Gelbfärbung ($p_H = 2{,}6$)], setzt genau 5 Tropfen 1 n-Salzsäure hinzu, dann 10 ml einer 0,1proz. wäßrigen Eriochromcyanin-R-Lösung und nach 30 min 20 ml Natriumacetat-Pufferlösung. Es wird auf 100 ml aufgefüllt und gut durchgeschüttelt.

Man photometriert in einer Küvette mit 20 mm Schichtdicke bei 610 bis 623 mμ gegen eine genauso behandelte Reagenzienblindprobe.

Die Auswertung erfolgt mit Hilfe einer Eichkurve.

Die rotviolette Färbung ist über 2 Std. haltbar.

Fehlerquellen. Nur die angegebenen Fällungsbedingungen garantieren eine gute Reproduzierbarkeit. Auf absolute Sauberkeit der verwendeten Glasgefäße ist zu achten.

Literatur. POHL, H.: Z. analyt. Chem. Bd. 133 (1951) S. 322.

8. Die Bestimmung des Nickels

Grundlage. Nickel wird als Nickel(II)-Diacetyldioxim mit Chloroform aus der Kupferlösung ausgeschüttelt und anschließend die sich in wäßriger Lösung in Gegenwart eines Oxydationsmittels bildende lösliche rote Komplexverbindung von Nickel und Diacetyldioxim photometrisch ausgewertet.

Anwendungsbereich und Bedeutung. Das Verfahren eignet sich zur Bestimmung von Nickelgehalten von 0,001 bis 1% in Kupfer und Kupferlegierungen.

Genauigkeit. 1.

Ausführung. 1 g Kupfer wird mit 30 ml verdünnter Salpetersäure (1 + 1) gelöst und die Lösung mit 10 ml Schwefelsäure fast zur Trockne eingedampft. Man nimmt das Kupfersulfat mit Wasser auf, überführt die Lösung in ein Extraktionsgefäß, versetzt sie mit Ammoniak im Überschuß und neutralisiert sie dann, auf ungefähr $p_H = 6{,}5$, mit Salzsäure. Nun werden die folgenden Reagenzien in der angegebenen Reihenfolge zugesetzt:

5 g Natriumthiosulfat p. a. (fest oder in entsprechender Lösung),
0,5 g Natriumtartrat,
10 ml Natriumacetatlösung (400 g Natriumacetat in 1 l Wasser),
1 ml Hydroxylaminhydrochloridlösung (100 g/l),
4 ml Diacetyldioximlösung (10 g/l).

Durch 2maliges Ausrühren mit 20 ml und 10 ml Chloroform überführt man den Nickelkomplex quantitativ in die Chloroformphase, bringt ihn dann nach Abtrennen der Kupferlösung durch Ausrühren des Chloroformextraktes mit 30 ml 5 n-Salzsäure wieder in die wäßrige Phase und wiederholt die Chloroformextraktion nach Zugabe der folgenden Reagenzmengen und vorheriger Neutralisation mit Ammoniak:

2,5 g Natriumthiosulfat,
0,25 g Natriumtartrat,
10 ml Natriumacetatlösung,
1 ml Hydroxylaminhydrochloridlösung,
2 ml Diacetyldioximlösung.

Man rührt wie oben mit Chloroform, wäscht den Extrakt mit 20 ml Ammoniakwasser (1 + 100) und stellt dann die rot gefärbte Nickellösung für die photometrische Bestimmung her, indem man den Chloroformextrakt mit den nachstehenden Reagenzien in der angegebenen Reihenfolge versetzt und 5 min kräftig rührt:

4 ml Natriumdiacetyldioximlösung (3,5 g in 100 ml 1 n-Natronlauge),
4 ml Natronlauge (10 n),
4 ml Natriumperoxydisulfatlösung (100 g/l).

Nach Abtrennung des Chloroforms wird die Farblösung in einem 50 ml-Meßkolben mit Wasser aufgefüllt und z. B. in einer 20 mm-Küvette mit Filter S 47 und Glühlampe gegen eine Blindprobe gemessen.

9. Die Bestimmung des Schwefels

Sie erfolgt nach der auf S. 407 unter β) beschriebenen Verbrennungsmethode.

10. Die Bestimmung des Selens und Tellurs

Sie ist den gleichlautenden Kapiteln, S. II/735/36 u. II/787, zu entnehmen.

11. Die Bestimmung des Phosphors

a) Maßanalytisch

Grundlage. Der Phosphor wird als Phosphormolybdat gefällt, der Niederschlag in einer n/10-Natronlauge gelöst und der Überschuß mit einer n/10-Schwefelsäure zurücktitriert.

Ausführung. Je nach dem Phosphorgehalt werden 1 bis 10 g Späne unter mäßigem Erwärmen in 25 ml Bromwasserstoffsäure (1,488) unter Zusatz von Brom gelöst. Entfärbt sich die Lösung, muß erneut Brom hinzugegeben werden, bis alle Späne gelöst sind. Dann wird vorsichtig bis fast zur Trockne gedampft. Der erkalteten Probe werden 30 ml Salpetersäure (1 + 1) zugesetzt. Nach dem Klarkochen wird mit 5 ml einer Kaliumpermanganatlösung (25 g/l) oxydiert. Nach einer Kochzeit von 5 min werden das überschüssige Permanganat und das ausgefallene Mangan(IV)-oxyd durch Zugabe von Kaliumnitrit zerstört. Hierauf wird nochmals aufgekocht, abgekühlt, ammoniakalisch und wieder schwach salpetersauer gemacht. Nach kurzem Aufkochen wird auf 60° abgekühlt und durch Zugabe von 25 bis 30 ml Ammoniummolybdatlösung (Herstellung s. Kapitel Lösungen) unter kräftigem Schütteln der Phosphor ausgefällt. Nach kurzem Absitzen wird über ein Filter mit Filterschleim abfiltriert und mit lauwarmem Wasser säurefrei ausgewaschen. Das Filter mit dem Niederschlag wird in den ebenfalls säurefrei gewaschenen Fällungskolben gebracht und mit einer abgemessenen Menge n/10-Natronlauge gelöst. Nach Zugabe von 2 Tropfen Phenolphthalein wird der Überschuß an Natronlauge mit n/10-Schwefelsäure zurücktitriert.

1 ml n/10-Natronlauge entspricht 0,1343 mg P.

Die gewichtsanalytischen Endbestimmungen des Phosphors sind im Kapitel Mangan, S. 490/91, beschrieben.

Bemerkung. Liegt völlig arsen- und zinnfreies Kupfer vor, so kann die Phosphorfällung aus einer salpetersauren Auflösung des Probematerials, die man mit Wasserstoffperoxyd oder Kaliumpermanganat oxydiert hat, unmittelbar vorgenommen werden.

b) Photometrisch

Grundlage. Die Phosphorsäure bildet in salpetersaurer Lösung mit Ammoniumvanadat und einem Überschuß von Ammoniummolybdat ein gelbes, lösliches Komplexsalz, welches sich zur photometrischen Bestimmung des Phosphors eignet.

Anwendungsbereich und Bedeutung. Das Verfahren kann bei Kupfer und Kupferlegierungen angewandt werden, deren Arsen- und Siliciumgehalt weniger als 1% beträgt.

Genauigkeit. 2.

Dauer. 1 Std.

Ausführung. 1 g Kupfer wird in einem 150 ml-Becherglas mit 10 ml Salpetersäure (2 + 3) auf dem Wasserbad gelöst. Nach kurzem Aufkochen der klaren Lösung zur Vertreibung der Stickoxyde oxydiert man den Phosphor zur Phosphorsäure durch Zugabe von 2 ml Kaliumpermanganatlösung (10 g/l), setzt das Kochen fort und zerstört den Überschuß an Permanganat mit 1 ml 3proz. Wasserstoffperoxydlösung. Nach einem Zusatz von 2 ml Ammoniumvanadatlösung (0,25 g/100 ml) wird gekocht, bis die Lösung klar blau ist; dann kühlt man auf Zimmertemperatur ab, führt sie in einen 50 ml-Meßkolben über und versetzt mit 2 ml Ammoniummolybdatlösung (100 g/l). Hat die Lösung 5 min gestanden, so füllt man eine entsprechende Menge in eine 10 mm-Küvette und mißt die Lichtabsorption bei 420 mμ.

Zur Herstellung der *Eichkurve* benutzt man eine Reihe von Einwaagen von je 1 g Kupfer (reinst), die genau mit den gleichen Säuren und Reagenzien behandelt wurden wie die Probe. Dazu gibt man je 1,0, 5,0, 10,0, 15,0 und 20,0 ml einer Lösung, die im Liter 0,2292 g Dinatriumhydrogenphosphat, 100 ml Salpetersäure (1 + 5) und den Rest als Wasser enthält, und setzt dann die Ammoniumvanadat- und -molybdatlösungen hinzu. 1 ml der Phosphatlösung enthält genau 0,05 mg Phosphor.

Fehlerquellen. Der Farbvergleich hat innerhalb 1 Std. nach Zusatz der Vanadat- und Molybdatlösungen zu erfolgen. Größere Mengen an Eisen stören, Silicium und Arsen in Gehalten über 1% ebenso. Alle Verunreinigungen, welche die Lösung trüben könnten, sind auszuschalten.

Literatur. ASTM-Standards, Teil II (1949) S. 334/35.

12. Die Bestimmung des Sauerstoffes

Grundlage. Durch Erhitzen sauerstoffhaltiger Kupferproben im Wasserstoffstrom bei 800° wird der Sauerstoff in Wasser übergeführt, das durch Wägen bestimmt wird.

Anwendungsbereich. Das Verfahren kann zur Bestimmung der Sauerstoffgehalte von Roh- und Reinkupfern verwendet werden.

Genauigkeit. 2 bis 1.

Als Probe verwendet man möglichst nicht Späne, sondern besser stückiges Material, womöglich in Blechform, das sich von oberflächlich anhaftenden Verunreinigungen leicht befreien läßt. Je nach Sauerstoffgehalt kann die Einwaage bis zu 100 g betragen. Sie wird mit fett- und schmutzlösenden Reinigungsmitteln und schließlich durch Beizen in verdünnter Salpetersäure und Waschen mit Wasser oberflächlich gereinigt und getrocknet. Das zur Reduktion verwendete Wasserstoffgas wird vor Eintritt in den Reduktionsraum durch katalytische Verbrennung von etwa vorhandenen Sauerstoffspuren befreit. Das Erhitzen im Wasserstoffstrom erfolgt in einem Quarzrohr, das in einem darüber verschiebbaren elektrisch geheizten Ofen so angeordnet ist, daß ein Teil des Rohres konstant auf 800° gehalten werden kann. Das bei der Reduktion im Wasserstoffstrom gebildete Wasser wird nach dem Austritt aus dem Quarzrohr in einem mit P_2O_5 beschickten U-Rohr aufgefangen und bestimmt.

Ausführung. Die vorbereitete gewogene Probe wird auf der Gaseintrittsseite in den kalten Teil des Quarzrohres eingesetzt, das sofort mit dem Wasserstoffzuführungsrohr verbunden wird. Man verdrängt die Luft aus dem Quarzrohr durch einen lebhaften Wasserstoffstrom, schließt dann das gewogene U-Rohr auf der Gasaustrittsseite an und schiebt den inzwischen auf 800° angeheizten Ofen über die Probe. Die Reduktion ist nach 15 bis 20 min beendet. Dann wird das U-Rohr abgenommen und gewogen. Aus der Gewichtszunahme errechnet sich der Sauerstoffgehalt der Probe.

Faktor 0,8881.

D. Die Analyse der Legierungen des Kupfers

Vom analytischen Standpunkt aus gesehen, lassen sich die Legierungen des Kupfers in folgende Gruppen einteilen:

1. Reinkupfer mit geringen Zusätzen (wie Arsen, Nickel, Silicium, Phosphor),
2. Zinnfreie und zinnarme (bis 1% Sn) Kupferlegierungen,
3. Zinnhaltige (über 1% Sn) Kupferlegierungen,
4. Vorlegierungen.

Ein großer Teil dieser Legierungen ist genormt. In den DIN-Normenblättern sind die Forderungen der Industrie hinsichtlich Zusammensetzung, zulässigen Verunreinigungen, besonderen physikalischen Eigenschaften usw. festgelegt (vgl. Kapitel Genormte Metalle und Legierungen).

I. Reinkupfer mit Zusätzen

Für besondere Verwendungszwecke werden dem Reinkupfer bestimmte Elemente in geringen Mengen zulegiert. So setzt man z. B. dem zur Herstellung von Feuerbuchsen, Stehbolzen u. a. m. dienenden Kupfer einige Zehntelprozent Arsen oder Nickel zu; für Postleitungs- und andere Kupferdrähte werden geringe Zusätze von Silicium, Phosphor, Cadmium usw. für zweckmäßig gehalten.

Die Untersuchung dieser Kupfersorten wird nach den Vorschriften für Reinkupfer bzw. für Schwarzkupfer (s. S. 409 u. 404) ausgeführt.

II. Zinnfreie und zinnarme (bis zu 1% Sn) Kupferlegierungen

Diese Gruppe umfaßt eine große Anzahl von Legierungen mit Komponenten wie Zink, Aluminium, Mangan, Nickel, Silicium oder Gemischen von diesen. Diese Legierungen werden handelsüblich als Messing, Tombak, Neusilber, Aluminium-, Mangan-, Silicium- und Berylliumbronzen u. a. bezeichnet.

Bei der Untersuchung dieser Legierungen ist zu beachten, daß sie mitunter zum Seigern neigen. Daher ist es zweckmäßig, zur Erzielung eines guten Probendurchschnittes größere Einwaagen zu lösen, die Lösungen in Meßkolben aufzufüllen und mit einer geeichten Pipette gemessene Anteile davon zu entnehmen.

1. Die Bestimmung des Kupfers

Sie kann in der salpetersauren Lösung von 1 bis 2 g Einwaage oder in entsprechenden Abnahmen schnellelektrolytisch ausgeführt werden. Sollte beim Lösen der Legierung ein Rückstand bleiben, so ist er abzufiltrieren und auf einen möglichen Kupferrückhalt zu prüfen. Dies geschieht entweder durch Abdampfen mit Fluß- und Schwefelsäure oder durch Kochen mit starker Salzsäure und anschließendes Photometrieren der ammoniakalischen Lösung.

Als sehr brauchbar hat sich für die Kupferbestimmung in Legierungen auch die *maßanalytische Methode* nach W. Orlik und W. Tietze erwiesen:

Grundlage. Die schwefelsaure Lösung der Legierung wird, um Jod zu sparen, mit einer Mischung von Kaliumthiocyanat- und Kaliumjodidlösung versetzt. Das frei gewordene Jod wird mit Natriumthiosulfatlösung titriert. Man spart auf diesem Wege Kaliumjodid, da sich die Hauptmenge des Kupfers zu unlöslichem Kupfer(I)-thiocyanat umsetzt.

Anwendungsbereich und Bedeutung. Das Verfahren dient zur Bestimmung von Kupfer in Produkten, die nur wenig Eisen enthalten, vorzugsweise also in Kupferlegierungen.

Genauigkeit. 2.

Dauer. 30 min.

Ausführung. Man löst 0,5 g Bohrspäne in einem 300 ml-Erlenmeyer-Kolben mit 10 ml eines Säuregemisches [500 ml Schwefelsäure (1 + 1), 200 ml Salpetersäure (1,40) und 300 ml Wasser] unter gelindem Erwärmen. Die Lösung wird auf dem Sandbad bis zur Ausscheidung von Kupfersulfatkristallen eingedampft. Dann nimmt man mit 25 ml Wasser auf, kühlt die Lösung ab, fügt 25 ml Thiocyanatlösung (50 g Kaliumthiocyanat, 6 g Kaliumjodid und 1 l Wasser) hinzu und titriert sofort mit eingestellter Natriumthiosulfatlösung (40 g Natriumthiosulfat auf 1 l Wasser). Gegen Ende der Titration wird Stärkelösung hinzugefügt.

Bei Zusatz der Thiocyanatlösung tritt zunächst eine Abscheidung von Kupfer(I)-jodid auf, bei weiterem Zusatz nimmt die Flüssigkeit eine schmutzig-grünschwarze Färbung an. Läßt man dann Natriumthiosulfatlösung zufließen, so hellt sich die Lösung zunehmend auf unter Abscheidung von Kupfer(I)-thiocyanat und nimmt gegen Ende der Titration Lederfarbe an. Fügt man Stärkelösung hinzu, so wird die Flüssigkeit dunkelviolett und hellt sich langsam auf, bis sie beim Zusatz des letzten Tropfens der Natriumthiosulfatlösung in die Lederfarbe umschlägt.

Die *Titerstellung* der Natriumthiosulfatlösung nimmt man mit Elektrolytkupfer oder mit einer Messinglegierung vor, deren Kupfergehalt elektrolytisch festgestellt worden ist.

Fehlerquellen. Außer Eisen stören Arsen, Antimon und Zinn. Der störende Einfluß des Eisens, Arsens und geringer Mengen Antimon wird durch Zugabe von Natriumfluorid weitgehend ausgeschaltet. Befürchtet man die Gegenwart restlicher salpetriger Säure, so fügt man etwas Harnstoff hinzu.

Bemerkung. Man kann die Einwaage auch in Salzsäure und Wasserstoffperoxyd lösen und nach dem Verkochen des Überschusses an Wasserstoffperoxyd in salzsaurer Lösung titrieren.

Literatur. Orlik, W., u. W. Tietze: Chemiker-Ztg. Bd. 54 (1930) S. 174.

2. Die Bestimmung des Bleies

Das Blei kann bei der elektrolytischen Bestimmung des Kupfers anodisch als PbO_2 abgeschieden werden, wobei zu beachten ist, daß dann der Elektrolyt manganfrei sein muß; sonst ist der Niederschlag abzulösen und nochmals zu elektrolysieren. Sind die abgeschiedenen Mengen Blei(IV)-oxyd sehr gering (bei einem Bleigehalt der Legierung unter 0,2%), so kann man das Blei(IV)-oxyd lösen und das Blei *photometrisch* mit Dithizon bestimmen (siehe Reinkupfer S. 411). Das Blei(IV)-oxyd läßt sich auch nach dem Lösen mit Salpetersäure und Wasserstoffperoxyd polarographisch bestimmen (s. Kapitel Blei, S. 167).

Größere Mengen Blei in der Legierung bestimmt man als Bleisulfat nach dem Abrauchen der salpetersauren Lösung mit Schwefelsäure. Ist das Bleisulfat unrein, so löst man es in Ammoniumacetatlösung, filtriert und fällt im Filtrat das Blei als Chromat oder als Sulfat (s. Kapitel Blei, S. 164/65).

3. Die Bestimmung des Eisens

Das Eisen ist in Kupferlegierungen entweder als Verunreinigung (bei Messing Tombak und ähnlichen Legierungen) oder als Legierungskomponente (bei Äternasondermessing, Ateriten, Delta- und Duranmetall, Hecla- und Rübelbronze) enthalten.

Im ersteren Falle fällt man das Eisen zunächst entweder unmittelbar in der salpetersauren Lösung oder aus dem Elektrolysat von Kupfer und Blei mit Ammoniak als Hydroxyd, löst dieses in Salzsäure und photometriert die Lösung nach Zusatz von 5 ml Kaliumthiocyanatlösung (500 g/l) (s. Kapitel Mangan, S. 496). Man kann aber auch die im Kapitel Aluminium, S. 66, beschriebene photometrische Methode mit Sulfosalicylsäure anwenden.

Liegt das Eisen als Legierungsbestandteil vor, so fällt man es wie oben mit Ammoniak aus. Nach dem Auswaschen mit heißem Wasser löst man es mit heißer Salzsäure (1 + 2), wiederholt die Ammoniakfällung und titriert nach Zimmermann-Reinhardt mit Kaliumpermanganatlösung (s. Kapitel Aluminium, S. 13).

4. Die Bestimmung des Nickels

a) Bei Nickel als Verunreinigung

Grundlage. Das Nickel wird im Elektrolysat vom Kupfer und Blei photometrisch mit Diacetyldioxim bestimmt. Spuren Blei und Mangan, die durch Bildung kolloidaler Trübungen die Bestimmung des Nickels stören würden, werden durch Erzeugung eines Eisenhydroxydniederschlages entfernt.

Anwendungsbereich und Bedeutung. Das Verfahren dient zur Bestimmung des Nickels in Messing, Tombak und in ähnlichen Legierungen mit Nickelgehalten bis maximal 0,2%.

Genauigkeit. 2.

Dauer. 30 min.

Ausführung. Das Elektrolysat vom Kupfer und Blei wird in einen 500 ml-Meßkolben gebracht, mit Wasser bis zur Marke aufgefüllt und durchgemischt. 100 ml (bei 0,2% Ni nur 50 ml) der Lösung werden in einen 200 ml-Meßkolben pipettiert und in der angegebenen Reihenfolge mit folgenden Reagenzien versetzt: 10 ml einer Eisen(III)-chloridlösung mit etwa 0,2 mg/ml, 5 ml gesättigtem Bromwasser, 30 ml Ammoniak (0,91), 2 ml 1proz. Diacetyldioximlösung, 20 ml Ammoniumchloridlösung (250 g/l). Nach Zusatz von jedem Reagenz schüttelt man um. Dann füllt man zur Marke auf, filtriert durch ein trockenes Filter in ein trockenes Kölbchen und photometriert durch Grünfilter in einer Küvette mit 1 cm Schichtdicke (s. auch Extraktionsmethode in Reinkupfer, S. 414).

b) Bei Nickel als Legierungsbestandteil

Grundlage. Im Elektrolysat von der Kupfer- und Bleibestimmung wird das Nickel als Nickeldiacetyldioxim gefällt.

Anwendungsbereich und Bedeutung. Das Verfahren dient zur Nickelbestimmung in Ateriten, Konstantan, Kuprodur, Neusilber, Nickelin, Rübelbronze u. a.

Genauigkeit. 1.

Dauer. 4 bis 6 Std.

Ausführung. Das Elektrolysat vom Kupfer und Blei wird mit 2 g Weinsäure versetzt, um das vorhandene Eisen in Lösung zu halten. Dann gibt man so viel Ammoniak hinzu, daß die Lösung deutlich alkalisch ist, erwärmt sie auf 40° und fällt das Nickel mit einem geringen Überschuß einer Diacetyldioximlösung (100 g/l Äthanol). Man erwärmt auf 60 bis 70° und läßt Lösung samt Niederschlag 1 Std. bei 50 bis 60° stehen. Nach dem Erkalten wird das Nickeldiacetyldioxim auf einen Filtertiegel abfiltriert, nochmals umgefällt, mit warmem Wasser ausgewaschen und bei 120° getrocknet.

Verwendet man an Stelle des Elektrolysates das Filtrat der doppelten Eisenfällung, so erübrigt sich der Zusatz von Weinsäure. Die Fällung kann dann unmittelbar vorgenommen werden. Die 2malige Fällung des Eisens mit Ammoniak ist auch dann zweckmäßig, wenn das Filtrat von der Nickelbestimmung noch zur Bestimmung des Zinks verwendet werden soll. Zur genauen Analyse ist es erforderlich, die Trennung des Eisens vom Nickel und Zink nach der Acetatmethode vorzunehmen.

Steht keine von Kupfer befreite Lösung zur Verfügung und will man die Fällung mit Schwefelwasserstoff umgehen, so löst man 1 g Späne in 15 ml Salpetersäure (1 + 1) und vertreibt die Salpetersäure durch Abrauchen mit 10 ml Schwefelsäure (1 + 1). Nach dem Erkalten nimmt man mit 100 ml Wasser auf, gibt 5 ml Schwefelsäure (1 + 1) zu, versetzt die Lösung mit 10 ml Natriumthiosulfatlösung (100 g/l) und fällt das Kupfer in der Siedehitze als Kupfer(I)-sulfid aus.

Es wird abfiltriert und mit warmem Wasser ausgewaschen. Darauf verkocht man den Überschuß an schwefliger Säure und oxydiert durch Zugeben von 50 ml 3proz. Wasserstoffperoxydlösung. Der Überschuß des Oxydationsmittels wird durch Kochen zersetzt. In dieser Lösung kann nun das Nickel nach Zusatz von Weinsäure mit Diacetyldioxim bestimmt werden. Das Nickel läßt sich auch maßanalytisch mit Diacetyldioxim bestimmen (s. Kapitel Nickel, S. 543).

Fehlerquellen. Die zu fällende Lösung soll nicht mehr als 0,1 g Nickel enthalten. Bei nickelreichen Legierungen empfiehlt es sich deshalb, die Lösung in einem Meßkolben zur Marke aufzufüllen und einen abgemessenen Anteil zur Nickelbestimmung zu verwenden.

Literatur. BRUNCK, O.: Chemiker-Ztg. Bd. 33 (1909) S. 649.

5. Die Bestimmung des Zinks

a) Bei kleinen Zinkgehalten

Grundlage. Nach der Abscheidung des Kupfers durch Fällung mit Natriumthiosulfat werden Eisen und Mangan durch Fällung mit Ammoniak unter Zusatz von Ammoniumperoxydisulfat entfernt. Das Zink fällt man sodann im Filtrat durch Einleiten von Schwefelwasserstoff in die essigsaure Lösung als Sulfid und führt dieses durch Glühen in Zinkoxyd über.

Anwendungsbereich und Bedeutung. Das Verfahren eignet sich zur Bestimmung kleinerer Zinkgehalte in Kupferlegierungen.

Genauigkeit. 2.

Dauer. 12 Std.

Ausführung. 2,5 g Späne werden in 30 ml Salpetersäure (1 + 1) gelöst; die Lösung wird mit 10 ml Schwefelsäure (1 + 1) abgeraucht. Dann nimmt man die Salze mit 5 ml Schwefelsäure (1 + 1) und 100 ml heißem Wasser auf und versetzt die Lösung mit 20 ml Natriumthiosulfatlösung (100 g/l). Beim Erhitzen der Lösung zum Sieden fällt das Kupfer als Sulfid aus. Es wird abfiltriert und mit warmem Wasser ausgewaschen. Dann kocht man das Filtrat, bis es nur noch schwach nach schwefliger Säure riecht, oxydiert es mit 1 g Ammoniumperoxydisulfat und spült es in einen 250 ml-Meßkolben über. Hierin werden durch Zusatz von Ammoniak Eisen und Mangan ausgefällt. Nach dem Auffüllen zur Marke und Abfiltrieren entnimmt man dem Filtrat 100 ml und verkocht den Überschuß des Oxydationsmittels.

Ist die Legierung nickelhaltig, so erhitzt man die Lösung auf etwa 40° und fällt erst das Nickel mit Diacetyldioxim aus. Sollen gleichzeitig Nickel und Zink bestimmt werden, so kann man auch das Filtrat vom Nickeldiacetyldioxim verwenden. Der Überschuß des Diacetyldioxims wird nach dem Ansäuern mit Schwefelsäure durch Kochen mit Bromwasser zerstört. Nach dem Verkochen des Bromüberschusses fällt man das Zink durch Einleiten von Schwefelwasserstoff in die Lösung, die man mit Ammoniak alkalisch gemacht und dann mit Essigsäure angesäuert hat, aus. Es empfiehlt sich, gegen Ende des Einleitens etwa 2 ml Quecksilber(II)-chloridlösung (1 g in 100 ml) zuzugeben. Hat sich der Niederschlag abgesetzt, so filtriert man ihn ab, wäscht ihn mit essigsaurem Schwefelwasserstoffwasser aus, trocknet ihn, verascht das Filter unter dem Abzug und glüht seinen Inhalt bei 1000°. ZnO mal 0,8034 = Zn.

Auch *polarographisch* läßt sich das Zink (gegebenenfalls nach dem Nickel) im ammoniakalischen Filtrat der nach obiger Vorschrift durchgeführten Eisen- und Manganfällung bestimmen. Man entnimmt der zu 250 ml aufgefüllten Lösung 5 ml und versetzt die Abmessung mit 5 ml einer Grundlösung, hergestellt aus 900 ml Ammoniak (0,91) und 100 ml 2proz. Tyloselösung, gesättigt mit Natriumsulfit.

In der so vorbereiteten Lösung polarographiert man nacheinander Nickel und Zink.

Fehlerquellen. Sind bei einem niedrigen Zinkgehalt größere Mengen an Eisen und Aluminium vorhanden, so muß bei deren Fällung als Hydroxyde der Niederschlag nochmals umgefällt werden, da er immer zink- und nickelhaltig ist.

b) In Kupfer-Zink-Legierungen

α) *Maßanalytisch*

Grundlage. Obwohl der Zinkgehalt im Messing oder Tombak üblicherweise nach der Ermittlung der übrigen Bestandteile aus der Differenz errechnet wird. ist es doch bisweilen notwendig, ihn unmittelbar zu bestimmen. Die Bestimmung erfolgt aus dem Filtrat der Eisen- oder Nickelabscheidung auf maßanalytischem Wege mit Kaliumhexacyanoferrat(II)-lösung.

Anwendungsbereich und Bedeutung. Das Verfahren wird bei höheren Zinkgehalten, wie sie z. B. im Messing oder Tombak vorliegen, angewandt.

Genauigkeit. 1.

Dauer. 5 Std.

Ausführung. 2,5 g Späne werden behandelt, wie bei a), S. 420, beschrieben wurde. Hat man die Fällung von Eisen und Mangan im 250 ml-Kolben vorgenommen und die ammoniakalische Lösung zur Marke aufgefüllt, so filtriert man durch ein trockenes Faltenfilter und entnimmt dem Filtrat 25 oder 50 ml. Diese Abmessung wird zur Entfernung des Oxydationsmittels gekocht. Bei nickelfreien Legierungen titriert man das Zink nach dem Ansäuern mit Salz- oder Schwefelsäure mit Kaliumhexacyanoferrat(II)-lösung nach URBASCH (s. Kapitel Zink, S. II/905) oder aber mit potentiometrischer Endpunktanzeige.

Enthält die Probe Nickel, so setzt man nach der Abscheidung des Eisens, Aluminiums und Mangans dem Filtrat wenig Diacetyldioxim in Pulverform zu, kocht kurz auf, filtriert nach dem Abkühlen den Niederschlag ab und wäscht ihn mit heißem Wasser aus. Das Filtrat wird mit Salzsäure schwach angesäuert und mit Brom bis zur deutlichen Braunfärbung versetzt. Nach kurzem Aufkochen wird die Lösung schwach ammoniakalisch gemacht und 5 min im Sieden gehalten. Die Titration des Zinks erfolgt nunmehr, wie im Kapitel Zink, S. 904ff. II/0, beschrieben.

β) *Gewichtsanalytisch als Pyrophosphat*

Grundlage. Die vom Kupfer durch Fällen mit Natriumthiosulfat und von Eisen mit Ammoniak befreite Lösung der Legierung wird in schwach saurer Lösung mit Diammoniumhydrogenphosphat gefällt. Das abgeschiedene Zinkammoniumphosphat wird zu Zinkpyrophosphat verglüht.

Anwendungsbereich und Bedeutung. Für alle zinkhaltigen Kupferlegierungen.

Genauigkeit. 1.

Dauer. 5 Std.

Ausführung. Aus 1 g Einwaage werden nach dem Lösen in Salpetersäure und dem Abrauchen mit Schwefelsäure das Kupfer mit Natriumthiosulfat, Eisen und Mangan mit Ammoniak unter Zusatz von Ammoniumperoxydisulfat gefällt. Das ammoniakalische Filtrat macht man mit Salzsäure gerade neutral bis schwach sauer, gibt noch 2 g Ammoniumchlorid hinzu und fällt in der heißen Lösung das Zink durch Zugeben einer wäßrigen Lösung von 3 g Diammoniumhydrogenphosphat. Das zunächst amorph ausfallende Zinkammoniumphosphat geht beim Erhitzen bald in einen kristallinen Niederschlag über, welcher auf einen Porzellanfiltertiegel abfiltriert und mit Wasser chloridfrei gewaschen wird. Durch langsames Erhitzen auf 900 bis 1000° geht die Verbindung in das Zinkpyrophosphat über.

$$\text{Auswaage} \cdot 0{,}4291 \cdot 100 = \%\ \text{Zink}$$

Bemerkung. Das Material kann auch mit Schwefelsäure und Wasserstoffperoxyd in Lösung gebracht werden. Vor der Kupferfällung verkocht man das überschüssige Wasserstoffperoxyd.

γ) *Elektrolytisch*

Grundlage. Nach Entfernen aller störenden Bestandteile mit Natronlauge und Hydrazin wird der Zinkgehalt elektrolytisch ermittelt.

Anwendungsbereich. Für alle Zinkgehalte in Kupferlegierungen.

Genauigkeit. 1.

Dauer. 3 Std.

Ausführung. 1,25 g Einwaage werden in einem 50 ml-Meßkolben mit 20 ml Schwefelsäure (1,84) und 10 ml Wasserstoffperoxyd (30 proz.) unter Wasserkühlung gelöst. Man füllt zur Marke auf, filtriert, wenn Blei vorhanden ist, das ausgeschiedene Bleisulfat über ein Hartfilter mit Filterschleim ab und entnimmt 40 ml (= 1 g Einwaage) des klaren Filtrates. Man verkocht den überschüssigen Sauerstoff und trägt die Lösung in kleinen Anteilen in ungefähr 200 ml einer heißen Lösung, die 25 g Natriumhydroxyd und 40 ml Hydrazinhydrat (24 proz.) enthält, unter Rühren ein. Man überführt die Lösung in einen 250 ml-Meßkolben, kühlt ab, füllt auf und filtriert durch ein trockenes 9 cm-Filter in einen trockenen Kolben. Einen aliquoten Teil des klaren Filtrats überführt man in einen Elektrolysenbecher und scheidet das Zink bei Zimmertemperatur im bewegten Elektrolyten unter Benutzung einer verkupferten Drahtnetzelektrode bei 3 A in einem Volumen von ungefähr 250 ml elektrolytisch ab.

Nach Beendigung der Elektrolyse spült man die Elektrode sorgfältig laugefrei, trocknet sie bei 120° und wägt.

Fehlerquellen. Ist Mangan anwesend, so scheidet es sich teilweise mit ab. Es muß nach Ablösen des Zinkniederschlages photometrisch bestimmt und von der Auswaage abgezogen werden.

6. Die Bestimmung des Mangans

a) Bei geringen Mangangehalten

Grundlage. Aus der salpetersauren Lösung der Legierung wird das Mangan mit Ammoniak und Ammoniumperoxydisulfat gefällt. In dem Niederschlag wird die Bestimmung des Mangans photometrisch als Übermangansäure durchgeführt.

Anwendungsbereich und Bedeutung. Man verwendet diese Methode bei Kupferlegierungen, die das Mangan als Verunreinigung oder als Legierungsbestandteil in Mengen bis höchstens 2% enthalten.

Genauigkeit. 2.

Dauer. 90 min.

Ausführung. 2 g der Legierung werden in 20 ml Salpetersäure (1 + 1) gelöst und die Lösung auf 150 ml verdünnt. Nach Zusatz von 1 g Ammoniumperoxydisulfat wird Mangan zusammen mit Eisen und Aluminium durch Kochen mit einem Überschuß von Ammoniak ausgefällt. Den Niederschlag filtriert man ab, wäscht mit heißem Wasser aus und löst in möglichst wenig warmer Schwefelsäure (1 + 4) unter Zusatz einiger Tropfen Eisen(II)-sulfatlösung (1 g/100 ml) in einen 50 oder 100 ml-Meßkolben. Nach Zusatz von 1 g Ammoniumperoxydisulfat und 10 ml Silbernitratlösung (10 g/l) erwärmt man den Kolbeninhalt im Wasserbad auf 60° zur Entwicklung der Übermangansäurefärbung. Diese dient zur photometrischen Bestimmung des Mangans (s. Kapitel Aluminium, S. 79).

b) Bei Mangangehalten (bis 1%)

kann man das Verfahren nach PROCTER SMITH anwenden. Bei diesem Verfahren wird die Übermangansäure mit Arsen(III)-oxydlösung titriert.

Zunächst wird in einer Lösung von 0,2 bis 0,5 g das Kupfer wie bei der Zinkbestimmung 5 a), S. 420, entfernt. Dann versetzt man das Filtrat nach dem Verkochen der schwefligen Säure mit 10 ml Silbernitratlösung (4 g/l) und 25 ml Ammoniumperoxydisulfatlösung (100 g/l) und erwärmt, bis eine starke Sauerstoffentwicklung eintritt. Nach 15 min kühlt man ab, fügt zur Ausfällung des Silbers 10 ml einer schwachen, Natriumchloridlösung (12 g/l) hinzu und titriert die Übermangansäure mit einer Arsen(III)-oxydlösung, die 0,666 g arsenige Säure (As_2O_3) sowie 2 g Natriumhydrogencarbonat im Liter enthält, bis zum Verschwinden der Rotfärbung. 1 ml As_2O_3-Lösung entspricht etwa 0,2 mg Mn. Einstellung der Lösung und Fehlerquellen s. Kapitel Mangan, S. 487.

c) Bei höheren Mangangehalten

Grundlage. Das Mangan wird aus der salpetersauren Lösung der Legierung mit Ammoniak und Ammoniumperoxydisulfat ausgefällt. Nach dem Lösen des Niederschlages in Salzsäure wird das Mangan nach VOLHARD-WOLFF mit Kaliumpermanganat maßanalytisch ermittelt.

Anwendungsbereich und Bedeutung. Das Verfahren findet Anwendung bei manganhaltigen Kupferlegierungen mit Mangangehalten über 1% (Manganin, Manganbronzen, Resistin usw.) und bei Mangankupfer.

Genauigkeit. 1.

Dauer. 1 Std.

Ausführung. 1 bis 5 g der Legierung werden, wie oben unter a) beschrieben, in Salpetersäure gelöst. Nach dem Verkochen der Stickoxyde und dem Verdünnen auf 150 ml fällt man das Mangan unter Zusatz von 1 g Ammoniumperoxydisulfat durch Kochen mit einem Überschuß von Ammoniak aus. Nach dem Filtrieren und Auswaschen mit heißem Wasser wird der Niederschlag in möglichst wenig Salzsäure in einem 750 ml-ERLENMEYER-Kolben gelöst, das Chlor verkocht und die Lösung mit 400 ml Wasser verdünnt. Nach dem Neutralisieren mit einem Überschuß an Zinkoxyd titriert man das Mangan nach VOLHARD-WOLLFF. Ausführung der Titration und Einstellung der Lösung s. Kapitel Mangan, S. 486.

Fehlerquellen. Das Zinkoxyd muß indifferent gegen Kaliumpermanganatlösung sein. Die Einstellung der Meßflüssigkeit hat unter den gleichen Bedingungen hinsichtlich des Säure- und Eisengehaltes und möglichst auch des Mangangehaltes wie bei der Probelösung zu erfolgen.

7. Die Bestimmung des Siliciums

a) Aufschluß mit Salpetersäure

Grundlage. Die Kupferlegierung wird in Salpetersäure (1 + 1) gelöst, die Lösung mit Salzsäure abgedampft, das Rohsiliciumdioxyd nach dem Abfiltrieren geglüht, gewogen und durch Abrauchen mit Fluß- und Schwefelsäure auf Reingehalt untersucht.

Anwendungsbereich und Bedeutung. Das Verfahren ist bei allen siliciumhaltigen Kupferlegierungen, wie Everdur, Kuprodur, Siliciumbronze usw. anzuwenden.

Genauigkeit. 1.

Dauer. 4 Std.

Ausführung. 1 bis 5 g Metallspäne werden in 10 bis 30 ml Salpetersäure (1 + 1) gelöst; die Lösung dampft man 2mal mit je 20 ml Salzsäure (1,19) zur Trockne und erhitzt den trockenen Rückstand 1 Std. bei 130°. Nach dem Aufnehmen mit 10 ml Salzsäure (1 + 1) und 50 ml heißem Wasser kocht man auf, um die Chloride in Lösung zu bringen, und filtriert sodann das Rohsiliciumdioxyd ab. Man glüht es bei mindestens 950°. Sieht der Rückstand infolge der Anwesenheit von elementarem Silicium nicht reinweiß aus, so verfährt man mit ihm gemäß der Anweisung beim Kapitel Aluminium, S. 88.

Fehlerquellen. Bei höheren Bleigehalten ist auf ein besonders sorgfältiges Auswaschen des Rohsiliciumdioxyds zu achten. Bei genauen Siliciumbestimmungen wiederholt man das Eindampfen des Filtrats der ersten Abscheidung.

Bemerkung. Bei Anwesenheit von Silber löst man die Einwaage in 20 ml Schwefelsäure (1 + 4) und 10 ml Wasserstoffperoxyd (35 Vol.-%) und dampft nach Zugabe von 2 bis 3 Tropfen Salpetersäure bis zum Rauchen der Schwefelsäure ein. Etwa ausgeschiedenes Silberchlorid wird aus dem Rohsiliciumdioxyd auf dem Filter mit Ammoniak herausgelöst.

b) Aufschluß mit Salzsäure

Grundlage. Aufschluß der Probe und Fällung des Siliciumdioxyds durch Eindampfen mit Salzsäure.

Die Fehlerquellen eines Salpetersäureaufschlusses (dunkles Siliciumdioxyd durch Verunreinigungen mit Zinndioxyd, Eisen- und Manganoxyd) können durch Auflösung der Probe in Salzsäure unter Zusatz von Wasserstoffperoxyd und Abrauchen mit Schwefelsäure behoben werden. Flüchtige Siliciumverbindungen können bei dieser Arbeitsweise nicht entstehen, und man erhält stets ein nahezu weißes Siliciumdioxyd. Nach Abdampfen der Salzsäure pflegt in Gegenwart von Bleiion ein Niederschlag von Bleisulfat zu entstehen, der sich aber nach dem Verdünnen und Kochen unter Salzsäurezusatz wieder vollständig löst.

Ausführung. 1 g Legierungsspäne werden in einem 200 ml-Becherglas mit 20 ml Salzsäure (1 + 1) und 4 ml Wasserstoffperoxyd anfänglich unter Kühlung, später unter Erwärmen gelöst. Nach der Abkühlung gießt man 10 ml Schwefelsäure (1.84) hinzu, setzt einen Siedestab ein und raucht ab. Wenn die Hauptmenge der Salzsäure ausgetrieben ist und Sulfate auszukristallisieren beginnen, muß die weitere Erhitzung sehr vorsichtig erfolgen, sonst verspritzt die Lösung.

Das Eindampfen wird fortgesetzt, bis weiße Schwefelsäuredämpfe zu entweichen beginnen. Nach dem Erkalten (man darf den enorm heißen Kolben nicht in kaltes Wasser tauchen) verdünnt man auf 170 ml, trägt 20 ml Salzsäure (1 + 1) ein, erwärmt 15 min lang auf Siedetemperatur, um Bleisulfat in Lösung zu bringen, und filtriert durch ein aschefreies Filter. Der Rückstand wird gründlich mit kochend heißem, schwach salzsäurehaltigem Wasser ausgewaschen, im Porzellantiegel geglüht, als Siliciumdioxyd gewogen und mit dem empirischen Faktor 0,4850 auf Silicium umgerechnet. (Dampft man das Filtrat nochmals bis zum Rauchen ab und wiederholt die Filtration nach erneutem Salzsäurezusatz, so kommt der theoretische Siliciumdioxyd-Umrechnungsfaktor 0,4675 in Anwendung.)

Fehlerquellen. Enthält die Kupferprobe 20% Blei, so genügt die angegebene Menge von 20 ml Salzsäure (1 + 1) nicht, um alles Bleisulfat in Lösung zu bringen. Es verbleibt dann ein weißer, schwerer Niederschlag, deutlich unterscheidbar von dem farblosen Siliciumdioxyd. Den Salzsäuregehalt der Analysenlösung noch weiter zu erhöhen, wäre nicht ratsam, weil sonst das Filter zu stark angegriffen würde. In solchen Fällen ist es am zweckmäßigsten, nach der Filtration den Rückstand in den Becher zurückzuspritzen und mit 40 ml Salzsäure (1 + 1) und 120 ml Wasser einige Minuten lang zu kochen. Die weißen Bleisulfatkristalle lösen sich nach kurzer Zeit vollständig auf. Man filtriert dann nochmals durch das gleiche Filter.

Literatur. COHEN, A.: Rationelle Metallanalyse. S. 306/07. Basel: Birkhäuser 1948.

8. Die Bestimmung des Phosphors

Sie wird nach den gleichen Vorschriften ausgeführt, wie sie für Reinkupfer auf S. 415 beschrieben sind. Enthalten die Legierungen neben Phosphor auch Silicium, so muß dieses als Siliciumdioxyd abgeschieden und vor der Fällung des Phosphors abfiltriert werden. Man kann aber auch die photometrische Bestimmung wählen, bei welcher Phosphorgehalte von 0,01 bis 1,2% bestimmt werden können, ohne daß Arsen und Siliciumdioxyd mit Gehalten bis zu 1% störend wirken.

9. Die Bestimmung des Aluminiums

a) Nach Entfernen des Kupfers durch Elektrolyse

Grundlage. Aus dem kupferfreien Elektrolyten wird das Aluminium als Phosphat gefällt, nachdem vorher das 3wertige Eisen durch Thiosulfat reduziert worden ist.

Anwendungsbereich und Bedeutung. Das Verfahren ist anwendbar sowohl bei geringen Verunreinigungen der Kupferlegierungen mit Aluminium als auch bei sog. Aluminiumbronzen, bei denen 2 bis 20% Aluminium als Legierungsbestandteil zugesetzt werden.

Genauigkeit. 1.

Dauer. 6 Std.

Ausführung. Der kupferfreie Elektrolyt wird mit 5 ml Schwefelsäure (1,84) bis fast zur Trockne abgeraucht. Dann löst man die Salze mit Wasser und spült die Lösung in einen Meßkolben über. Hier wird sie kalt nach Zusatz von Methylorange mit Ammoniak genau neutralisiert und mit Schwefelsäure (1 + 1) eben angesäuert. Nun leitet man zur Fällung der Hauptmenge Zink Schwefelwasserstoff ein, füllt die Lösung zur Marke auf und filtriert durch ein Faltenfilter. Zur Aluminiumbestimmung nimmt man so viel vom Filtrat ab, daß höchstens 0,05 g Al in der Abnahme enthalten sind. Danach wird der Schwefelwasserstoff verkocht. Sodann neutralisiert man die Lösung unter Verwendung von Methylorange mit Ammoniak und säuert mit 4 ml Salzsäure (2 + 1) wieder an. Dann wird auf 500 ml verdünnt, mit 20 ml Ammoniumthiosulfatlösung (100 g in 350 ml Wasser), 15 ml 80proz. Essigsäure und 20 ml Diammoniumhydrogenphosphatlösung (100 g/l) versetzt und 15 min gekocht. Darauf läßt man den Niederschlag absitzen, filtriert ihn ab und wäscht gründlich mit heißem Wasser aus. Ist das Filter abgetropft, so bringt man es samt dem Niederschlag in einen gewogenen Porzellantiegel und trocknet es. Nach dem Verbrennen des Filters wird das Phosphat bei allmählich gesteigerter Temperatur schließlich 1 Std. bei 1200 geglüht ($AlPO_4$ mal 0,2212 = Al).

Fehlerquellen und Literatur. Siehe im Kapitel Aluminium, S. 7.

b) Nach Entfernen des Kupfers mit Schwefelwasserstoff

Grundlage. Aus der in Salzsäure unter Zusatz eines Oxydationsmittels gelösten Legierung werden in schwachsaurer Lösung Kupfer und Zink durch Schwefelwasserstoff ausgefällt und im Filtrat das Aluminium als Phosphat bestimmt.

Genauigkeit. 1.

Dauer. 4 Std.

Ausführung. 1 bis 2 g Metallspäne werden mit 10 ml Salzsäure (1,19) unter Zusatz von Wasserstoffperoxyd oder Kaliumchlorat in Lösung gebracht. Nach dem Verdünnen auf 100 ml verkocht man den Überschuß des Oxydationsmittels und überführt die Lösung in einen 500 ml-Meßkolben. Aus der mit Ammoniak neutralisierten und durch 4 Tropfen Salzsäure (1 + 1) wieder angesäuerten Lösung fällt man durch Einleiten von Schwefelwasserstoff Kupfer, Zinn und Zink usw. als Sulfide aus, füllt bis zur Marke auf und filtriert durch ein trockenes Faltenfilter. In einem abgemessenen Teil wird das Aluminium, wie unter a) beschrieben, als Phosphat gefällt, nachdem der Schwefelwasserstoff verkocht worden ist.

10. Die Bestimmung des Magnesiums

Grundlage. Das salpetersaure Elektrolysat wird mit Ammoniumperoxydisulfat gekocht, das ausgefallene Mangandioxyd abfiltriert. Das Filtrat versetzt man nach der Zerstörung des überschüssigen Oxydationsmittels durch Kochen mit Weinsäure, macht es stark ammoniakalisch und fällt das Magnesium mit Diammoniumphosphatlösung.

Anwendungsbereich und Bedeutung. Das Verfahren dient zur Bestimmung des meist nur in geringer Menge vorhandenen Magnesiums in Kupferlegierungen.

Genauigkeit. 1.

Dauer. 8 Std.

Ausführung. Man löst 5 g Späne mit 30 ml Salpetersäure (1 + 1) und scheidet Kupfer und Blei schnellelektrolytisch ab. Das etwa 15 ml freie Salpetersäure (1 + 1) enthaltende Elektrolysat wird auf ungefähr 200 ml eingedampft, mit 5 g Ammoniumperoxydisulfat versetzt und aufgekocht. Das ausgefallene Mangandioxyd wird abfiltriert. Dann kocht man das Filtrat zur Zersetzung des Peroxydisulfats, setzt 20 ml Weinsäurelösung (1 + 1) und so lange Ammoniak (0,91) hinzu, bis der zunächst auftretende Niederschlag sich wieder gelöst hat. Nach Zugabe weiterer 50 ml Ammoniak und Erwärmen der Lösung auf 60° setzt man unter ständigem Rühren 50 ml Diammoniumphosphatlösung (200 g/l) hinzu, setzt das Rühren fort und läßt den dabei gebildeten Niederschlag längere Zeit absitzen. Er wird auf ein dichtes Filter abfiltriert und mit 2,5% Ammoniak enthaltendem Wasser ausgewaschen. Das Filter mit dem Niederschlag zerstört man durch Erhitzen mit Salpeter- und Schwefelsäure, nimmt mit 50 ml Wasser auf, filtriert gegebenenfalls Siliciumdioxyd und Bleisulfat ab und wiederholt im Filtrat die Fällung des Magnesiums in der vorher angegebenen Weise. Das Magnesiumammoniumphosphat wird nach dem Abfiltrieren und Auswaschen zu Magnesiumpyrophosphat geglüht und gewogen ($Mg_2P_2O_7 \cdot 0{,}2185 = Mg$).

Fehlerquellen. Das ausgewogene Pyrophosphat enthält bisweilen noch Mangan. Man löst es daher in Säure, bestimmt das Mangan und setzt die gefundene und auf Manganpyrophosphat umgerechnete Menge von der Gesamtauswaage ab.

Literatur. Orlik, W.: Metall u. Erz Bd. 36 (1939) S. 407. — Blumenthal, H.: Metall u. Erz Bd. 37 (1940) S. 23.

11. Die Bestimmung des Zinns, Antimons und Wismuts

Sie kann nach den unter Rohkupfer auf S. 405 bzw. unter zinnhaltige Kupferlegierungen auf S. 427/28 beschriebenen Verfahren ausgeführt werden.

12. Die Bestimmung des Schwefels

s. Kap. Rohkupfer, S. 406/407!

III. Zinnhaltige Kupferlegierungen (über 1% Zinn)

Zu den zinnhaltigen Kupferlegierungen gehören Bronzen, Rotguß, Glanzmetall und einige Speziallegierungen. Siehe Kapitel Genormte Metalle und Legierungen.

Bei der Zersetzung dieser Legierungen mit Salpetersäure ist zu beachten, daß die ausfallende Zinnsäure stets gewisse Mengen anderer Metalle, vor allem Antimon, Kupfer, Blei, Eisen usw., einschließt, die meist nur durch einen Schmelzaufschluß der Zinnsäure zu erfassen sind. Bei Betriebsanalysen vernachlässigt man meist diese Einschlüsse und begnügt sich damit, die salpetersaure Lösung durch ein dichtes Filter abzugießen, die als Bodensatz verbliebene Zinnsäure nochmals mit etwas Salpetersäure auszukochen und nach dem Verdünnen der so erhaltenen Lösung diese durch dasselbe Filter zu filtrieren und das Filter samt dem darauf gespülten Rückstand säurefrei auszuwaschen. Das klare Filtrat wird dann für eine Reihe von Bestimmungen, wie die des Kupfers, Bleies, Eisens, Mangans, Aluminiums, Nickels und Zinks, benutzt. Die Ausführung dieser Bestimmungen erfolgt nach den bei „Zinnfreien Kupferlegierungen", S. 417, gegebenen Vorschriften.

Wird jedoch eine höhere Genauigkeit verlangt, so benutzt man folgendes Verfahren:

1. Das Aufschlußverfahren unter Verflüchtigung der sulfosalzbildenden Elemente

Grundlage. Man löst die Späne in Brom-Bromwasserstoffsäure und dampft die Lösung zur Trockne. Nach dem Erhitzen auf 130° sind Zinn, Antimon und Arsen verflüchtigt. Alle übrigen Legierungsbestandteile und Verunreinigungen verbleiben im Rückstand.

Anwendungsbereich und Bedeutung. Das Verfahren dient zur Bestimmung der in zinnreichen Kupferlegierungen enthaltenen Elemente, auch des Phosphors, mit Ausnahme von Arsen, Antimon und Zinn.

Genauigkeit. 1.

Dauer. 3 Std.

Ausführung. 5 g nicht zu grobe Späne versetzt man in einer geräumigen Porzellanschale, die mit einem Uhrglas bedeckt zu halten ist, vorsichtig mit einer Mischung von 15 ml Bromwasserstoffsäure (1,488) und 5 bis 8 ml Brom. Sobald vollständige Lösung eingetreten ist, dampft man auf dem Wasserbad ab, versetzt die Salze mit einem Teil des gleichen Gemisches und bringt die Lösung zur Trockne. Schließlich wird die Schale samt dem Inhalt im Trockenschrank auf 130° erhitzt und 1 Std. bei dieser Temperatur stehengelassen. Darauf läßt man abkühlen, nimmt den Schaleninhalt unter dem Abzug mit Salpetersäure (1 + 1) auf, dampft die Lösung zur Trockne und wiederholt nach nochmaligem Zusatz von Salpetersäure das Eindampfen. Die Nitrate werden nun wieder mit Salpetersäure (1 + 1) aufgenommen. Die Lösung füllt man in einem Meßkolben zur Marke auf und entnimmt Anteile davon zur Durchführung der gewünschten Bestimmungen.

Fehlerquellen. Das Erhitzen auf 130° ist erforderlich, weil sonst Reste von Zinn bzw. Antimon in dem Salzgemisch verbleiben könnten. Außerdem wird durch das Erhitzen das Siliciumdioxyd unlöslich gemacht.

Literatur. Blumenthal, H.: Metall u. Erz Bd. 37 (1940) S. 234. — Schürmann, E.: Mitt. Kgl. Mat.-Prüf.-Amt Bd. 42 (1924) S. 13.

Bemerkung. Zinnhaltige Kupferlegierungen lassen sich auch in Bromsalzsäure lösen, wobei jedoch das Zinn nicht verflüchtigt wird. Nach dem Verjagen des überschüssigen Broms kann man dann die Lösung in einem Meßkolben mit Schwefelwasserstoff sättigen, zur Marke auffüllen, durch ein Faltenfilter filtrieren und Abmessungen des Filtrats zur Bestimmung von Eisen, Aluminium, Mangan und Nickel verwenden.

Anstatt Brom können auch Wasserstoffperoxyd oder Kaliumchlorat beim Lösen mit Salzsäure verwendet werden, deren Überschuß durch nachfolgendes Kochen beseitigt werden kann.

2. Die Bestimmung des Zinns

Grundlage. Aus der Lösung der Probe wird das Zinn bei Gegenwart von Eisen(III)-salz durch Fällen mit Ammoniak abgetrennt und nach Reduktion mit Ferrum reductum maßanalytisch bestimmt.

Genauigkeit. 1.

Ausführung. 2 g Probe werden in einem 500 ml-Erlenmeyer-Kolben in 4 ml einer salzsauren Eisen(III)-chloridlösung und 25 ml Salpetersäure (1 + 1) in der Wärme gelöst. Nach dem Verdünnen auf etwa 300 ml wird mit Ammoniak gefällt, aufgekocht und nach kurzem Absetzen durch ein Weißbandfilter filtriert.

Der mit heißem Wasser ausgewaschene Niederschlag wird in Salzsäure wieder gelöst und die Fällung mit Ammoniak wiederholt. Nach der 2. Ausfällung wird der Eisenniederschlag, der das ganze Zinn enthält, erneut in Salzsäure gelöst. Nach Hinzufügen eines Überschusses von 50 ml Salzsäure (1,19) wird mit Ferrum reductum reduziert und das Zinn im Filtrat des Zementationsniederschlages maßanalytisch bestimmt, wie unter Kupfererze auf S. 388 beschrieben.

3. Die Bestimmung von Antimon und Wismut

Diese werden nach dem unter Rohkupfer auf S. 405 beschriebenen Verfahren bestimmt.

4. Die Bestimmung des Phosphors

Grundlage. Man löst die Legierung entweder, wie bei Reinkupfer auf S. 415 beschrieben, mit Bromwasserstoffsäure unter Zusatz von Brom oder in Salpetersäure unter Zusatz von Flußsäure. Nach Oxydation mit Permanganat wird die Phosphorsäure wie üblich mit Molybdänlösung gefällt und bestimmt.

Ausführung. 2,5 g Späne werden mit etwa 20 ml Salpetersäure (1 + 1) übergossen und sogleich während des Lösens tropfenweise mit Flußsäure versetzt. Man erwärmt gelinde und fügt gegebenenfalls noch etwas Flußsäure hinzu. Salpetersäure und Flußsäure müssen gleichzeitig einwirken, damit vermieden wird, daß es zu einer Abscheidung von Zinn(IV)-oxyd kommt. Dann werden die Stickoxyde verkocht. Zur Oxydation des Phosphors zu Phosphorsäure wird mit Kaliumpermanganatlösung erwärmt, deren Überschuß mit einer Kaliumnitritlösung zerstört wird. Der Lösung setzt man 3 g Ammoniumnitrat hinzu und fällt bei 60° mit Molybdatlösung bekannter Zusammensetzung (s. Kapitel Lösungen). Der Phosphormolybdatniederschlag kann entweder gewichtsanalytisch oder maßanalytisch bestimmt werden (s. Kapitel Mangan, S. 491).

5. Die Bestimmung des Arsens

In einem 500 ml-ERLENMEYER-Kolben, der dann als Destillierkolben dienen kann, zersetzt man 5 g Späne mit 50 ml Salpetersäure (1 + 1) unter Erwärmen, gibt 20 ml Schwefelsäure (1 + 1) hinzu und raucht bis fast zur Trockne ab. Darauf nimmt man mit 20 ml Wasser und 10 ml Schwefelsäure (1 + 1) auf und wiederholt das Abrauchen. Nach Zusatz von 60 ml Wasser, etwas Eisen(II)-sulfat und einigen Siedesteinchen wird das Ganze aufgekocht, sodann der Kolben an den Destillationsapparat angeschlossen, durch das Zulaufrohr werden 100 ml Salzsäure (1.19) und 15 bis 25 ml Reduktionslösung (Herstellung s. S. 122) hinzugefügt und die Destillation eingeleitet. Der weitere Verlauf der Bestimmung erfolgt nach den Angaben im Kapitel Arsen, S. 122/24.

Bei Vorhandensein größerer Arsenmengen empfiehlt es sich, 2 bis 5 g feiner Späne unmittelbar im angeschlossenen Destillierkolben mit 50 ml gesättigter Eisen(III)-chloridlösung und 50 ml Salzsäure (1,19) unter anfangs gelinder Erwärmung in Lösung zu bringen und dann das entstandene Arsen(III)-chlorid überzudestillieren (s. Rohkupfer, S. 406).

6. Die Bestimmung des Schwefels

s. Rohkupfer, S. 406/407.

IV. Kupfervorlegierungen

Als Vorlegierungen, die zur Herstellung der Kupferlegierungen Verwendung finden, dienen hauptsächlich: *Phosphorkupfer* mit etwa 10% Phosphor, *Mangankupfer* mit einem Mangangehalt von ungefähr 30%, *Eisenkupfer* mit etwa 30% Eisen, *Siliciumkupfer* mit ungefähr 10% Silicium.

Bei der Analyse der Vorlegierungen ist zu beachten, daß sie wenig homogen sind, was besonders beim Eisenkupfer zutrifft. Deshalb wird man zweckmäßig größere Einwaagen nehmen, ihre Lösungen im Meßkolben auffüllen und in Anteilen davon die Bestimmungen ausführen.

1. Phosphorkupfer

a) Die Bestimmung des Kupfers

Man löst 5 g des feingepulverten Materials mit 50 ml Salpetersäure (1,40), verjagt die Stickoxyde durch Kochen und füllt die abgekühlte Lösung in einem 500 ml-Meßkolben zur Marke auf. Dann wird in einem gemessenen Anteil von 100 ml (= 1 g Einwaage) nach Zusatz von 5 g Ammoniumnitrat und 5 ml Schwefelsäure (1 + 1) das Kupfer schnellelektrolytisch abgeschieden. Da es bei dem hohen Phosphorgehalt des Elektrolyten sich stets phosphorhaltig abscheidet, muß man es umfällen. Dies geschieht dadurch, daß man die Kathode mit dem Kupfer in einer frischen Lösung aus 10 ml Salpetersäure (1,40) und 100 ml Wasser als Anode schaltet und erneut elektrolysiert. Das nun abgeschiedene Kupfer ist rein.

b) Die Bestimmung des Phosphors

Der im Meßkolben befindlichen Lösung werden 20 ml (= 0,2 g Einwaage) entnommen und auf 50 ml verdünnt. Dann setzt man zur vollständigen Oxydation des Phosphors so lange Kaliumpermanganatlösung hinzu, bis die Rotfärbung bestehenbleibt, kocht auf, löst das ausgeschiedene Mangan(IV)-oxyd durch tropfenweisen Zusatz von Kaliumnitritlösung, verkocht die entstandenen Stickoxyde und fällt nun die Phosphorsäure mit Ammoniummolybdatlösung (s. Reinkupfer, S. 415).

2. Mangankupfer

a) Die Bestimmung des Kupfers

10 g der Probe löst man mit 50 ml Salpetersäure (1,40), verkocht die Stickoxyde und füllt die Lösung in einem 1 l-Meßkolben zur Marke auf. Dann mißt man 100 ml (= 1 g Einwaage) ab und verfährt weiter wie oben beim Phosphorkupfer. Auch hier muß das kathodisch abgeschiedene Kupfer umgefällt werden, da es durch MnO_2, das von der Anode abgeschwemmt wurde, verunreinigt sein kann.

b) Die Bestimmung des Mangans

100 ml der Probelösung (= 1 g Einwaage) werden in einen 500 ml-Meßkolben gebracht und auf 300 ml verdünnt. Hier versetzt man sie mit aufgeschlämmtem Zinkoxyd so lange, bis die Säure neutralisiert und ein kleiner Überschuß an Zinkoxyd vorhanden ist. Dann wird aufgekocht. Nach dem Abkühlen füllt man den Kolbeninhalt zur Marke auf und filtriert durch ein trockenes Faltenfilter. 200 ml des Filtrats (= 0,4 g Einwaage) werden darauf zum Sieden erhitzt, mit einer kleinen Menge Zinkoxyd versetzt und mit eingestellter Kaliumpermanganatlösung bis zur schwachen Rotfärbung der über dem Niederschlag stehenden Flüssigkeit titriert (s. Kapitel Aluminium, S. 80, und Mangan, S. 486).

c) Die Bestimmung des Eisens

100 ml der Probelösung (= 1 g Einwaage) versetzt man in einem Becherglas mit 2 g Ammoniumchlorid, verdünnt die Lösung auf etwa das Doppelte ihres Volumens und fällt mit Ammoniak das Eisen als Hydroxyd. Nach kurzem Aufkochen wird der Niederschlag abfiltriert, mit heißem Wasser ausgewaschen und in Salzsäure gelöst. Man wiederholt die Fällung mit Ammoniak, filtriert das Eisenhydroxyd ab und bestimmt das Eisen nach bekannten Methoden.

3. Eisenkupfer

a) Die Bestimmung des Kupfers

25 g (weil inhomogen) der Eisenkupferprobe werden in einem 500 ml-Meßkolben mit 125 ml Salpetersäure (1 + 1) in Lösung gebracht. Nach dem Verkochen der Stickoxyde füllt man die Lösung zur Marke auf. 25 ml davon (= 1,25 g Einwaage) werden auf 100 ml verdünnt, mit 10 ml Natriumthiosulfatlösung (100 g/l) versetzt und aufgekocht. Das Abscheiden des Kupfers als Kupfer(I)-sulfid aus salpetersaurer Lösung mittels Thiosulfat ist ohne weiteres möglich, wenn die Konzentration der Salpetersäure nicht stärker als n/2 ist. Der Kupferniederschlag wird dann nach den Angaben auf S. 378 weiterbehandelt.

Man kann aber auch die Abmessung von 25 ml ammoniakalisch machen, das abgeschiedene Eisenhydroxyd in verdünnter Salpetersäure lösen, die Lösung erneut mit Ammoniak versetzen und diese Operation dann nochmals wiederholen, um den Niederschlag kupferfrei zu bekommen. Die vereinigten Filtrate werden schließlich mit Salpetersäure angesäuert und zur schnellelektrolytischen Abscheidung des Kupfers benutzt.

b) Die Bestimmung des Eisens

Das bei a) aus der salpetersauren Lösung ausgefällte Eisenhydroxyd wird mit Salzsäure gelöst und die Lösung im Meßkolben zu 250 ml aufgefüllt. Man entnimmt 100 ml (= 0,5 g Einwaage) und bestimmt das Eisen durch Titration nach Zimmermann-Reinhardt (s. Kapitel Aluminium, S. 13).

4. Siliciumkupfer

a) Die Bestimmung des Kupfers

Man löst 1 g der Legierung in einer Platinschale mit 10 ml Salpetersäure (1,40), versetzt die Lösung mit 10 ml Schwefelsäure (1 + 1) sowie mit 1 bis 2 ml Flußsäure und raucht sie zur Trockne ab. Dann nimmt man den Rückstand mit 10 ml Salpetersäure und 50 ml heißem Wasser auf, erwärmt, bis das Kupfer in Lösung gegangen ist, filtriert gegebenenfalls, wäscht sorgfältig mit heißem Wasser aus und schlägt nach Zusatz von Ammoniumnitrat das Kupfer schnellelektrolytisch nieder.

b) Die Bestimmung des Siliciums

0,5 g der feingepulverten Legierung werden mit Salpetersäure gelöst. Die Lösung dampft man bis zum starken Rauchen mit Schwefelsäure ein, nimmt die Sulfate mit heißem Wasser auf und filtriert den Rückstand ab. Er wird nach dem Veraschen des Filters im Platintiegel mit Natriumkaliumcarbonat geschmolzen, die Schmelze in Wasser unter Zusatz von Salzsäure gelöst und die Lösung zur Trockne gedampft. Man wiederholt das Eindampfen mit Salzsäure, erhitzt den trocknen Rückstand 1 Std. bei 130°, nimmt ihn darauf mit Salzsäure und heißem Wasser auf, erwärmt, filtriert das Siliciumdioxyd ab und glüht es nach dem Veraschen des Filters im Platintiegel bis zur Gewichtskonstanz. Anschließend wird das Siliciumdioxyd durch Behandeln mit Fluß- und Schwefelsäure verflüchtigt, der Rückstand gewogen und der Gewichtsverlust auf Silicium umgerechnet. SiO_2 mal 0,4672 = Si.

E. Die Analyse der technisch wichtigsten Kupfersalze

Die technisch wichtigsten Kupfersalze sind das *Kupfersulfat* (Kupfervitriol: $CuSO_4 \cdot 5H_2O$) und das *Kupferoxychlorid* (Cu_2OCl_2). Ersteres findet weitgehende Verwendung einmal als Schädlingsbekämpfungsmittel, besonders im Wein- und Obstbau, dann in der Kunstseidenindustrie, als Flotationszusatzmittel und schließlich in der Galvanotechnik. Es wird nach Reinheitsgraden gehandelt; auch die Größe der Kristalle spielt eine Rolle.

Die Verwendung des Kupferoxychlorids ist eine ähnliche.

I. Das Kupfersulfat

1. Die Bestimmung des Kupfers

10 g Kupfervitriol werden in einem 500 ml-Meßkolben in Wasser gelöst. 50 ml der Lösung versetzt man mit 10 ml Salpetersäure (1 + 1) und 2 bis 3 g Ammoniumnitrat, verdünnt den Elektrolyten auf 150 ml und bestimmt das Kupfer schnellelektrolytisch. Genaue Werte erhält man auch nach der Titrationsmethode mit Kaliumjodid (s. S. 379 u. 417).

2. Die Bestimmung des Wassergehaltes

5 g des rasch zerriebenen Salzes werden in einem geräumigen Porzellantiegel 1 Std. bei 260° getrocknet, wobei das Wasser unter Entfärbung des Salzes entweicht. Nach dem Erkalten im Exsiccator wird der Tiegel mit Inhalt gewogen. Zur Prüfung auf Gewichtskonstanz wiederholt man das Trocknen.

3. Die Bestimmung der Verunreinigungen

Sie erfolgt bei entsprechenden Einwaagen nach den Vorschriften für Reinkupfer (s. S. 409) oder nach den nun folgenden Methoden für Kupferoxychlorid.

4. Die Bestimmung der freien Schwefelsäure

50 g des Salzes werden mit 500 ml ausgekochtem destilliertem Wasser gelöst und darin der p_H-Wert gemessen.

Ist der p_H-Wert kleiner als 3, so wird die freie Schwefelsäure wie folgt bestimmt: Man behandelt 10 g Kupfersulfat längere Zeit, mindestens aber 8 Std., mit 96proz. säurefreiem Äthanol, filtriert und titriert die freie Schwefelsäure mit n/10-Natronlauge und Methylrot als Indicator.

II. Das Kupferoxychlorid

1. Die Bestimmung des Kupfers

Man löst 10 g des Salzes im 1 l-Meßkolben mit 60 ml Salpetersäure (1 + 1) und füllt die Lösung nach dem Erkalten zur Marke auf. Eine Abmessung von 100 ml (= 1 g Einwaage) wird nach Zusatz von 10 ml Schwefelsäure (1,84) bis zum starken Rauchen der Schwefelsäure eingedampft. Dann löst man die Sulfate in Wasser, setzt zu der Lösung 10 ml Salpetersäure (1 + 1) und elektrolysiert. Das Kupfer kann auch maßanalytisch mit Kaliumjodid bestimmt werden (s. S. 379).

2. Die Bestimmung des Gesamtchlors

1 g wird im 200 ml-Meßkolben mit 55,0 ml n/10-Silbernitratlösung und 10 ml Salpetersäure (1,40) versetzt und unter Umschütteln und Erwärmen bis zum Sieden gelöst. Nach dem Erkalten füllt man den Kolbeninhalt zur Marke auf und filtriert. 100 ml des klaren Filtrats werden unmittelbar in einem 100 ml-Meßkölbchen aufgefangen. Sie dienen zur Titration des Überschusses an Silbernitratlösung mittels n/10-Ammoniumthiocyanatlösung. Die Endpunktanzeige erfolgt hier besser potentiometrisch. Steht ein Potentiometer nicht zur Verfügung, so wird das Salz im Meßkolben mit 20 ml konz. Sodalösung ausgekocht und das Chlorid in einen abgemessenen Anteil nach dem Ansäuern mit Salpetersäure titriert.

55,0 ml n/10-Silbernitratlösung abzüglich der verbrauchten ml n/10-Ammoniumthiocyanatlösung, die verdoppelt werden müssen, mal 0,003 55 mal 100 = % Gesamtchlor.

3. Die Bestimmung des wasserlöslichen Chlors

In einem 250 ml-Meßkolben übergießt man 25 g der Probe mit 150 ml Wasser und schüttelt den Kolbeninhalt von Zeit zu Zeit durch. Dann wird zur Marke aufgefüllt und durch ein doppeltes Faltenfilter filtriert. 100 ml des Filtrats (= 10 g Einwaage) bringt man in ein 250 ml-Becherglas, fügt 30 ml Schwefelsäure (1 + 2) hinzu und bestimmt den Chlorgehalt potentiometrisch mit n/10-Silbernitratlösung (Silberdraht-Quecksilber(I)-sulfat-Elektrode). Zur Erhöhung der Empfindlichkeit werden zu der kalten Lösung noch 10 ml Aceton hinzugegeben. In einer Blindprobe wird ein etwa vorhandener Chlorgehalt des verwendeten Wassers bestimmt.

Verbrauchte ml n/10-Silbernitratlösung mal 0,00355 mal 10 = % wasserlösliches Chlor.

Man kann das in der Lösung vorhandene Chlor nach dem Ansäuern mit Salpetersäure auch mit einem Überschuß eingestellter Silbernitratlösung fällen und den Überschuß mit eingestellter Ammoniumthiocyanatlösung unter Verwendung von Eisen(III)-ammoniumsulfat als Indicator zurücktitrieren.

4. Die Bestimmung des Arsens

10 g der Probe werden in einem Destillationskolben mit etwas Wasser angeschlämmt. Nach Zusatz von 30 ml Reduktionslösung sowie 80 ml Salzsäure (1,19) wird destilliert. Die Bestimmung des Arsens im Destillat erfolgt nach den Angaben im Kapitel Arsen, S. 123/24.

5. Die Bestimmung des Eisens

Grundlage. Das Eisen wird durch doppelte Fällung mit Ammoniak abgeschieden und bei höheren Gehalten durch Titration mit Kaliumpermanganatlösung, bei niedrigen photometrisch mit Sulfosalicylsäure bestimmt.

Anwendungsbereich und Bedeutung. Die Methode dient zur Bestimmung der meist sehr geringen Gehalte an Eisen in Kupfersalzen.

Genauigkeit. 1.

Dauer. $1^1/_2$ Std.

Ausführung. 20 g Kupfersalz werden mit 100 ml Salzsäure (1 + 1) gelöst. Durch doppelte Fällung mit Ammoniak (0,91) wird das Eisen vom Kupfer getrennt. Vor der Fällung setzt man der Lösung noch 5 mg Aluminium in Form von Aluminiumsulfat oder -chlorid als Spurenfänger hinzu. Das Hydroxyd wird mit verdünnter Salzsäure vom Filter gelöst. Mengen von mehr als 4 mg Eisen werden maßanalytisch ermittelt, wobei man eine Permanganatlösung benutzt, von der 1 ml = 1 mg Eisen entspricht. Bei Mengen unter 3 mg Eisen erfolgt die Bestimmung photometrisch mit Sulfosalicylsäure. Dafür entnimmt man der in einem Meßkolben aufgefüllten, salzsauren Lösung so viel, daß etwa 0,500 mg Eisen in 100 ml vorliegen. Diesen aliquoten Teil gibt man in einen 100 ml-Meßkolben, fügt 10 bis 20 ml Wasser hinzu und stellt die Lösung mit Salzsäure (1 + 5) bzw. Ammoniak (1 + 3) auf den p_H-Wert 3,5 bis 4 ein. Darauf versetzt man die Lösung mit 20 ml Ammoniumacetatlösung (400 g/l) (p_H-Wert 4,0), 5 Tropfen 3proz. Wasserstoffperoxyd und 5 ml Sulfosalicylsäurelösung (400 g/l), füllt bis zur Marke auf und photometriert am Elko II mit dem Filter S 49.

Fehlerquellen. Nichteinhaltung des p_H-Wertes von 3,5 bis 4 und ungenügende Oxydation des Eisens führen zu Minderbefunden. Die Färbung muß sofort im Photometer gemessen werden, da sie nach einiger Zeit verblaßt. Durch Eisengehalte in den Reagenzien können Fehler entstehen. Daher ist eine Blindprobe erforderlich.

Literatur. Urech, P.: Metal Ind. [London] Mai 1947.

Bemerkung. Man kann in der salzsauren Lösung des Salzes das Kupfer auch mit Schwefelwasserstoff fällen, das Filtrat einengen, oxydieren und nach Zusatz von Aluminiumsalz ammoniakalisch machen. Die Fällung der Hydroxyde ist wie oben zu wiederholen, um etwa mitniedergeschlagenes Kobalt zu entfernen.

6. Die Bestimmung des Kobalts

Grundlage. Der blau gefärbte Kobaltthiocyanatkomplex wird durch Extraktion mit Methylisobutylketon von allen störenden Bestandteilen getrennt und der Kobaltgehalt photometrisch ermittelt.

Anwendungsbereich und Bedeutung. Das Verfahren eignet sich zur Bestimmung kleiner Kobaltgehalte neben großen Mengen störender Elemente, wie Nickel, Eisen und Kupfer, in Erzen und Metallen. Der günstigste Meßbereich liegt zwischen 0,05 bis 0,50 mg in 20 ml Lösung bei Verwendung einer 20 mm-Küvette.

Genauigkeit. 1.

Dauer. 2 Std.

Ausführung. 2,0 g Kupfersalz werden in einem ERLENMEYER-Kolben in 25 ml Salpetersäure (1,40) gelöst. Die Lösung wird eingeengt und mit 10 ml Schwefelsäure (1,84) abgeraucht. Man nimmt den Rückstand mit Wasser auf und erwärmt bis zum vollständigen Lösen. Nach dem Kühlen wird die Probe mit Ammoniak und Essigsäure neutralisiert ($p_H = 6$), in einen 200 ml-Meßkolben gespült und mit Wasser aufgefüllt. Zur Extraktion werden in einem 250 ml-Scheidetrichter 25 ml gesättigter Thioharnstofflösung mit einem aliquoten Teil der Probe (50 ml = 0,5 g) unter Umschütteln versetzt. Nun fügt man 20 ml Ammoniumthiocyanatlösung (300 g/l) zu und extrahiert mit 20 ml Methylisobutylketon. Zur Entfernung von Spuren Eisen aus dem Extrakt setzt man 2 bis 3 ml Ammoniumfluoridlösung (200 g/l) zu und schüttelt erneut. Der Extrakt wird in einem 25 ml-Schüttelzylinder gesammelt und mit Methylisobutylketon auf 25 ml aufgefüllt. Man photometriert bei 625 mμ, unter Verwendung einer 20 mm-Küvette, gegen Wasser.

7. Die Bestimmung des Nickels

Die Nickelbestimmung wird durchgeführt, wie bei Reinkupfer, S. 414, unter 8. beschrieben.

8. Die Bestimmung des Zinks

In einem 1 l-Meßkolben werden 20 g der Probe in 50 ml Salzsäure (1,19) gelöst. Man verdünnt die Lösung auf etwa 600 ml, sättigt sie mit Schwefelwasserstoff und füllt sie zur Marke auf. Nach dem Filtrieren durch ein Faltenfilter werden 500 ml des entkupferten, schwefelwasserstoffhaltigen Filtrats in einem 800 ml-Becherglas zur Entfernung des Schwefelwasserstoffs und der freien Säure fast bis zur Trockne eingedampft. Dann spült man die Lösung mit nicht mehr als 10 ml Wasser in ein 100 ml-Becherglas über. Von hier wird sie in ein Gemisch von 10 ml Natronlauge (250 g/l) und 15 ml 3proz. Wasserstoffperoxydlösung gebracht und kurz aufgekocht. Nach dem Verdünnen mit etwa 15 bis 20 ml Wasser filtriert man die Hydroxyde des Eisens, Mangans, Kobalts und Nickels ab, säuert das Zinkatfiltrat mit Salzsäure (1 + 1) schwach an und dampft es auf einer Asbestplatte zur Trockne ein. Die Salze werden mit 2 ml Salzsäure (1,19) und 10 ml Wasser unter Erwärmen gelöst. Darauf polarographiert man, wie bei der polarographischen Zinkbestimmung, S. 420, näher ausgeführt ist. Die Testprobe führt man bei der gleichen Salzkonzentration durch.

9. Die Bestimmung des Bleies

Sie erfolgt sinngemäß nach den für Reinkupfer auf S. 411 beschriebenen Methoden.

Kapitel 19

Lithium*

Inhalt

---

*	1. Auflage	2. Auflage
Bearbeiter:	**Meier-Ewert, Sieger †**	**Meier-Ewert, Kraft**
Mitarbeiter:	**Becker, Boy, Fischer**	

A. Vorkommen

Lithium kommt in geringen Konzentrationen als Begleiter von Kalium- und Natriumverbindungen vor, vor allem in Gesteinen und in manchen Heilquellen. Von den Lithiummineralien, in denen es sich in wesentlich größeren Mengen (bis zu 5%) findet, seien erwähnt: *Amblygonit* $LiAl[PO_4]F$, *Triphyllin* $(Li, Na)(Fe, Mn)[PO_4]$, *Spodumen* (Triphan) $LiAl[Si_2O_6]$, *Lepidolith* oder *Lithionglimmer* $KAl_2[AlSi_3O_{10}]$, $Li_2[AlSi_3O_6(OH, F)_4](OH, F)_2$ und *Petalit* (Kastor) $(Li, Na)[Al, Si_4O_{10}]$.

B. Qualitativer Nachweis

Das Lithium ist bereits durch die Temperatur der Gasflamme zur Emission anzuregen. Deshalb färben Lithiumsalze eine nichtleuchtende Flamme karminrot. Mit Hilfe eines Taschenspektroskops kann man an der roten Lithiumlinie noch Spuren dieses Elementes mit Sicherheit erkennen. Auf diesem Wege läßt sich z. B. beobachten, daß Lithium in den meisten Gläsern enthalten ist.

Zur Trennung des Lithiums von den es stets begleitenden anderen Alkalimetallen bedient man sich der Löslichkeit des Chlorids in Alkohol, der auffallend geringen Löslichkeit des Carbonats in Wasser und der Schwerlöslichkeit des Phosphats und des Fluorids.

C. Analytische Untersuchungen bei der Gewinnung des Lithiums

Die Gewinnung von metallischem Lithium kann zwar durch Elektrolyse des geschmolzenen, reinen Chlorids erfolgen, zumal dieses bei erheblich niedrigerer Temperatur schmilzt als Natriumchlorid; in der Technik verwendet man jedoch hierfür noch leichter schmelzende Gemische, und zwar meist ein Gemisch von Lithiumchlorid und Kaliumchlorid.

Die Betriebskontrolle beschränkt sich auf die Untersuchung der Ausgangsstoffe und der daraus hergestellten Salzschmelzen sowie auf die Prüfung des Lithiummetalls.

I. Die Untersuchung der Lithiummineralien

Abbauwürdige Lithiumvorkommen sind:

1. die Phosphate (Amblygonit mit 4 bis 5% Li, Triphyllin mit 3 bis 4% Li),
2. die Silicate (Spodumen mit ungefähr 4% Li, Petalit mit ungefähr 2% Li und der Lepidolith oder Lithionglimmer mit 1 bis 3% Li).

1. Die Bestimmung des Lithiums in Phosphaten

a) Aufschluß mit Flußsäure und Schwefelsäure

Grundlage. Die Phosphate werden mit heißer Schwefelsäure (1,84) und Flußsäure aufgeschlossen (bei Triphyllin mit einem Zusatz von Salpetersäure). Die hierbei gewonnene Aufschlußlösung wird durch Hinzufügen von Bleioxyd von Aluminium und Eisen befreit; im Filtrat wird mit Schwefelsäure das Blei entfernt und auf diesem Wege eine reine Lösung der Alkalisulfate erhalten. Aus dieser wird das Lithium als Fluorid abgeschieden.

Die Alkalibestimmung in Phosphaten wird nach dem Verfahren von Guntz, Benoit in nachstehend aufgeführter, etwas veränderter Weise ausgeführt.

Anwendungsbereich und Bedeutung. Die Methode eignet sich nicht für die Untersuchung von Lithiumsilicaten.

Genauigkeit. 2.

Dauer. 12 Std.

Ausführung. 1 g feingepulvertes Erz wird in einer Platinschale mit 5 ml Schwefelsäure (1 + 1) und 10 ml Flußsäure bis zum Auftreten weißer Dämpfe erhitzt. Darauf nimmt man mit schwach salzsaurem Wasser auf und kocht bis zur völligen Lösung, wobei allmählich 15 g Bleioxyd zugesetzt werden. Die Flüssigkeit muß basisch reagieren. Nach dem Abkühlen wird filtriert und der Rückstand dekantierend ausgewaschen. Das Filtrat enthält neben den Alkalien etwas Blei und Aluminiumsulfat. Es wird mit 2 ml Schwefelsäure (1 + 1) versetzt, verdünnt und vom Bleisulfat durch Filtrieren befreit, worauf man Reste von Aluminium und Mangan mit Ammoniak und Wasserstoffperoxyd fällt und den Niederschlag gleichfalls abfiltriert. Das Filtrat enthält jetzt die Alkalisulfate, die eingedampft, geglüht und gewogen werden.

Zur Bestimmung des Lithiums werden die Alkalisulfate in etwa 50 ml heißem Wasser gelöst und mit einigen Tropfen Ammoniak, Wasserstoffperoxyd und Ammoniumoxalatlösung versetzt, um störende Verunreinigungen zu entfernen. Nun filtriert man durch ein kleines Filter in ein 100 ml-Becherglas, wäscht mit heißem Wasser aus, dampft auf etwa 25 ml ein, macht ammoniakalisch und fällt unter Zusatz von 2 g reinem Ammoniumfluorid (neutral, von Merck) das Lithium als Lithiumfluorid aus. Nach kurzem Aufkochen läßt man den Niederschlag absitzen, filtriert ihn nach 2 Std. durch ein kleines Filter und wäscht mit höchstens 25 ml ammoniakhaltigem Wasser, dem etwas Ammoniumfluorid zugegeben ist, aus. Das Filter verascht man in einem gewogenen Platintiegel über kleiner Flamme, schmilzt, wenn alle Filterkohle verbrannt ist, bei höherer Temperatur den Rückstand zusammen und wägt ihn als Lithiumfluorid.

Da Lithiumfluorid eine gewisse Löslichkeit hat, muß man einen sog. Löslichkeitsfaktor anwenden, und zwar zählt man für 25 ml Fällungsflüssigkeit 0,004 g LiF zur Auswaage hinzu.

Umrechnungsfaktor von LiF auf Li = 0,2676.

Kalium und Natrium werden neben Lithium zweckmäßigerweise flammenspektrometrisch oder durch Trennung ihrer Chloride mit Alkohol bestimmt (s. unter Lithiumchlorid).

Literatur. GMELIN: Handbuch anorganische Chemie, 8. Aufl., Bd. 20, S. 70. Berlin: Verlag Chemie. — GUNTZ, BENOIT: Bull. Soc. chim. France (4) Bd. 37 (1925) S. 1294.

b) Aufschluß mit Salzsäure, Salpetersäure und Schwefelsäure nach C. Boy

1 g der feinst pulverisierten Substanz wird im 500 ml-Becherglas mit 20 ml Salzsäure (1,19) und 10 ml Salpetersäure (1 + 1) und nach 10 min mit 20 ml Schwefelsäure (1 + 1) versetzt und eingedampft, bis keine Schwefelsäuredämpfe mehr entweichen; der Trockenrückstand wird mit 5 ml Schwefelsäure (1 + 1) aufgenommen, bis zum beginnenden Rauchen erhitzt, mit 150 bis 200 ml Wasser verdünnt und so lange gekocht, bis die Lösung klar ist. Es hinterbleibt meist nur ein kleiner Kieselsäurerückstand.

Nun fällt man die Tonerde und Phosphorsäure in der Siedehitze unter allmählichem Zusatz und ständigem Umrühren mit Bleiacetatlösung (500 g/l) im Überschuß, wozu etwa 70 ml Lösung, entsprechend etwa 19 g Blei, benötigt werden. Bei dem Auffüllen im Meßkolben ist das Volumen des Bleiniederschlages zu berücksichtigen; man rechnet für 10 g Blei = 2,15 ml. Die Flüssigkeit im 500 ml-Meßkolben bringt man daher auf 504 ml, filtriert sie durch ein Faltenfilter und nimmt 400 ml (= 0,8 g Einwaage) ab Man säuert mit Salzsäure an, fällt das überschüssige Blei im Literbecherglas mit Schwefelwasserstoff, filtriert verdampft zur Vertreibung des Schwefelwasserstoffes und der Essigsäure zur Trockne und nimmt den Rückstand mit Wasser unter Zusatz einiger Tropfen Salzsäure auf. Eisen und die noch vorhandenen Spuren Tonerde und Phosphorsäure werden in einem kleinen Becherglas nach Zusatz von 2 Tropfen gesättigter Eisen(III)-

chloridlösung mit Ammoniumcarbonat kochend heiß gefällt und die Trennung wiederholt. Zu dem Filtrat im Becherglas werden etwa 5 ml Ammoniak hinzugesetzt und der Kalk mit Ammoniumoxalat abgeschieden, das Filtrat im 800 ml-Becherglas eingeengt und dann in einer flachen Porzellanschale (Berliner Porzellan, 130 mm Durchmesser) zur Trockne verdampft. Die Ammoniumsalze werden durch vorsichtiges Glühen verjagt, der Rückstand mit Wasser und etwas Salzsäure aufgenommen, erhitzt und abfiltriert, das Filtrat im 100 ml-Becherglas zur Trockne verdampft und die Salze mit 5 ml Wasser, einigen Tropfen Wasserstoffperoxyd und 20 ml Ammoniak aufgenommen. Sollte ein Niederschlag (Mangan!) entstehen, so muß dieser abfiltriert, das Filtrat wieder eingedampft und wie oben mit Ammoniak auf 25 ml gebracht werden.

Fällung des Lithiums als Lithiumfluorid nach Carnot: Zu den 25 ml Flüssigkeit werden nunmehr 2 g Ammoniumfluorid (neutral, von Merck) hinzugegeben, aufgekocht und zum klaren Absitzen möglichst 12 Std. lang stehengelassen. Das Lithiumfluorid wird durch ein kleines Filter (7 cm Durchmesser) abfiltriert, mit höchstens 25 ml fluorammoniumhaltigem, verdünntem Ammoniak (1 + 1) einigemal dekantiert, das Filter getrocknet, im Platintiegel verascht, geglüht und gewogen. Zur Kontrolle kann man das Lithiumfluorid mit Schwefelsäure oder besser mit Ammoniumsulfat abrauchen, glühen und wieder wägen.

Verhältniszahl: $\frac{Li_2SO_4}{2\,LiF} = 2{,}119$

Diese Umsetzung ermöglicht die genaue Feststellung der Reinheit des ausgefällten Lithiumfluorids, denn u. U. vorhandene Natrium- und Kaliumsalze zeigen sehr abweichende Verhältnisse:

$$\frac{Na_2SO_4}{2\,NaF} = 1{,}69 \qquad \frac{K_2SO_4}{2\,KF} = 1{,}50$$

Erfahrungsgemäß ist der Löslichkeitsverlust an Lithiumfluorid beim Einhalten der oben angegebenen Flüssigkeitsmenge von 50 ml (Filtrat und Waschwasser) mit 0,004 g LiF bzw. 0,008 g Li_2SO_4 bei der Auswaage von LiF bzw. Li_2SO_4 zu bewerten. Das Filtrat der Lithiumfällung kann zur Bestimmung des Kaliums und Natriums verwendet werden.

Sollten die Mineralien ausnahmsweise Magnesium enthalten, so ist damit zu rechnen, daß dieses als Magnesiumfluorid mit ausfällt. Man behandelt das ausgewogene Lithiumsulfat mit etwa 50 ml Wasser, fügt Ammoniumchlorid, Ammoniak und Ammoniumphosphat hinzu und bestimmt das abgeschiedene Magnesiumammoniumphosphat.

Literatur. Z. Erzbergbau Metallhüttenwes. Bd. 1 (1948) H. 4, S. 112/13.

2. In Silicaten

a) Aufschluß mit Ammoniumchlorid und Calciumcarbonat nach Lawrence Smith

Grundlage. Durch Glühen mit Ammoniumchlorid und Calciumcarbonat werden die Silicate aufgeschlossen und die Alkalimetalle in wasserlösliche Chloride übergeführt, während die Begleitmetalle mit Ausnahme des Calciums in wasserunlösliche Oxyde übergehen. Nach Abscheidung des Calciums werden die Alkalimetalle durch Eindampfen als Chloride erhalten. Durch Behandeln der wasserfreien Chloride mit Amylalkohol wird das in diesem lösliche Lithiumchlorid von Kalium, Natrium (Rubidium, Caesium) getrennt. Das Lithium kommt als Sulfat zur Auswaage.

Anwendungsbereich und Bedeutung. Das Verfahren dient zur Bestimmung des Lithiums und der übrigen Alkalimetalle in leicht aufschließbaren Silicaten, *nicht* in den Phosphat enthaltenden Mineralien.

Genauigkeit. 2.

Dauer. Eine Doppelbestimmung etwa 2 Tage, eine eingehendere Analyse unter Berücksichtigung auch von Rubidium und Caesium etwa 3 Arbeitstage.

Ausführung. 0,5 g feinst geriebenes Mineralpulver wird in einer großen Achatreibschale mit dem gleichen Gewicht sublimierten Ammoniumchlorids innig verrieben. Danach gibt man die Hauptmenge von 4 g Calciumcarbonat hinzu und setzt das Zerreiben fort, bis völlige Durchmischung erreicht ist. Den Inhalt der Reibschale überführt man in einen Fingertiegel nach D. SMITH (Platintiegel 8 cm lang, oben 1,8 und am Boden 1,5 cm weit) und verwendet den Rest des Calciumcarbonats zum Nachwischen von Reibschale und Pistill. Dann wird der Tiegel verschlossen, in geneigter Lage in die Öffnung eines Stückes starker, in vertikaler Stellung festgehaltener Asbestpappe gehängt und mit kleiner, breiter Flamme, die ziemlich weit unter dem Tiegel stehen soll, 10 min erhitzt. Sobald der Geruch nach Ammoniak nicht mehr wahrzunehmen ist, glüht man mit zwei starken Bunsenbrennern 40 bis 50 min. Die gesinterte Masse löst sich in der Regel leicht von der Tiegelwand, andernfalls läßt sie sich mit Wasser innerhalb kurzer Zeit leicht völlig aufweichen. Man spült den Tiegelinhalt in eine Schale über und erwärmt so lange gelinde, bis der Schmelzkuchen vollständig zerfallen ist. Nun dekantiert man erst mehrere Male mit heißem Wasser, zerdrückt alle gröberen Anteile mit einem Pistill, filtriert dann und wäscht schließlich mit heißem Wasser sorgfältig aus. Der Rückstand, welcher neben Calciumcarbonat Kieselsäure, Aluminium-, Eisen- und Magnesiumoxyd enthält, muß sich vollständig in Salzsäure lösen und darf, wenn der Aufschluß vollständig war, nicht die geringste Menge unangegriffenen Minerals, auch nicht Quarz, enthalten. Darauf scheidet man das Calcium im Filtrat durch 2malige Fällung mit Ammoniak und Ammoniumcarbonat in einer geräumigen Platinschale ab. Die vereinigten Filtrate dampft man zur Trockne und verglüht sorgfältig die Ammoniumsalze. Aus der nur wenige ml betragenden wäßrigen Lösung des nach dem Glühen verbliebenen Rückstandes fällt man die letzten Reste des Calciums mit Ammoniak und Ammoniumoxalat. Das Filtrat wird in einem gewogenen Platintiegel oder -schälchen aufgefangen, zur Trockne gedampft und der Rückstand gelinde geglüht. Zum Zerstören kleiner Mengen von Alkalicarbonat, die sich gebildet haben können, befeuchtet man sodann mit Salzsäure, läßt von neuem trockendampfen, glüht und wägt. Löst man die Chloride weiterhin in Wasser, so pflegen stets wenige Zehntelmilligramm eines festen Rückstandes zurückzubleiben. Man filtriert ihn ab, glüht und wägt im gleichen Tiegel, um das wahre Gewicht der Alkalichloride zu erhalten.

Enthält das Mineral Schwefel, so findet man diesen z. T. als Sulfat bei den Chloriden. Dieses Sulfat muß deshalb vor der Restfällung des Calciums durch einen Tropfen Bariumchloridlösung entfernt werden. Das überschüssige Barium wiederum fällt man mit Ammoniumcarbonat und den Rest Calcium mit Ammoniumoxalat wie oben.

Das erhaltene Gemisch der Chloride von Lithium, Kalium, Natrium, bei Lepidolith auch von Rubidium und Caesium, wird flammenspektrometrisch untersucht oder, wie unter Lithiumchlorid (S. 440) beschrieben, weiterbehandelt.

Fehlerquellen. Um bei eisenreichen Silicaten ein Zusammenschmelzen der Masse zu verhindern, wird empfohlen, die Menge des Calciumcarbonats zu vergrößern. — Nach W. T. SCHALLER kann das Festhaften der Masse am Tiegelboden dadurch verhütet werden, daß man vor dem Einfüllen des Gemisches auf den Boden des Tiegels eine Schicht von Calciumcarbonat bringt. — Das verwendete Calciumcarbonat ist auf Alkaligehalt zu prüfen.

Literatur. HILLEBRAND, W. F.: Analyse der Silikat- und Karbonatgesteine, 2. Aufl., S. 182ff. Deutsche Ausgabe von E. WILKE-DÖRFURTH. Leipzig: Verlag Wilhelm Engelmann 1910. — HILLEBRAND, W. F., u. G. E. F. LUNDELL: Applied Inorganic Analysis. S. 788. New York: John Wiley & Sons, Inc. 1929.

b) Aufschluß mit Salzsäure, Flußsäure und Schwefelsäure nach C. Boy

Man wägt 1 g ein und schließt in einer Platinschale mit 15 ml Salzsäure (1,19) und 15 ml 40proz. Flußsäure auf. Ist der größte Teil der Säure verdampft, so setzt man 20 ml Schwefelsäure (1 + 1) hinzu und raucht bis zur Trockne ab. Der Trockenrückstand wird wie oben mit 5 ml Schwefelsäure (1 + 1) aufgenommen, mit 50 ml Wasser erwärmt, aus der Platinschale in ein 500 ml-Becherglas übergespült, auf 150 bis 200 ml verdünnt und so lange gekocht, bis die Lösung klar ist. Es hinterbleibt nur wenig unlöslicher Rückstand.

Die Trennung Lithium-Tonerde gelingt nur quantitativ, wenn man letztere als Phosphat ausfällt. Alle anderen Niederschläge schließen, wie beobachtet wurde, mehr oder weniger Lithium ein.

Zur klaren Lösung fügt man deshalb 1 ml Phosphorsäure (1,7) hinzu, fällt in der Siedehitze unter allmählichem Zusatz und ständigem Umrühren mit Bleiacetatlösung (500 g/l) im Überschuß und verfährt weiter wie unter 1b) für Phosphate beschrieben.

c) Aufschluß mit Kaliumsulfat

Grundlage. Durch Sintern des feingepulverten Glimmers mit Kaliumsulfat wird das Lithium quantitativ in das wasserlösliche Lithiumsulfat übergeführt. Das Glühgut wird mit Wasser ausgelaugt und in der eingeengten Lösung das Lithium als LiF bestimmt.

Anwendungsbereich und Bedeutung. Die Methode eignet sich nur für die Lithiumbestimmung im Lithiumglimmer (mit etwa 1 bis 3% Lithiumgehalt).

Genauigkeit. 2.

Dauer. Etwa 8 Std.

Ausführung. 6 g des feingeriebenen Glimmers werden mit 3,8 bis 4,0 g Kaliumsulfat im Porzellantiegel gut gemischt und bei einer Temperatur von etwa 850° während 2 bis $2^1/_2$ Std. (am besten in einem elektrischen Ofen) unter öfterem Umrühren geglüht. Nach dem Erkalten pulverisiert man das gesinterte, jedoch nicht geschmolzene Glühgut in einer Porzellanschale, bringt es in ein 300 bis 400 ml-Becherglas und laugt es unter Kochen mit destilliertem Wasser aus. Dieses wiederholt man 4mal. Der Rückstand muß qualitativ auf Lithium, z. B. mittels Flammenreaktion, geprüft werden.

Das klare Filtrat wird auf etwa 100 ml eingedampft, mit einigen Tropfen Wasserstoffperoxyd und dann mit Ammoniak und Ammoniumcarbonat versetzt (wobei Eisen, Aluminium, Mangan, Calcium und z. T. Magnesium ausfallen), der Rückstand abfiltriert und mit heißem Wasser ausgewaschen. Sollte der Niederschlag verhältnismäßig groß sein, so löst man ihn in etwas Salzsäure und wiederholt die Fällung. Das Filtrat säuert man mit Salzsäure schwach an, engt wieder auf etwa 50 ml ein, versetzt es mit einigen Tropfen Ammoniak und Ammoniumoxalatlösung und kocht einige Zeit, damit die letzten Spuren von Kalk und Tonerde ausfallen. Nun filtriert man durch ein kleines Filter in ein 100 ml-Becherglas, wäscht mit heißem Wasser aus, dampft das Filtrat auf 25 ml ein, macht ammoniakalisch und fällt in der Hitze unter Zusatz von 2 g reinem Ammoniumfluorid (neutral, von Merck) das Lithium als Lithiumfluorid aus. Nach kurzem Aufkochen läßt man den Niederschlag absitzen, filtriert ihn nach 2 Std. auf ein kleines Filter ab und wäscht mit höchstens 25 ml ammoniakhaltigem Wasser, dem etwas Ammoniumfluorid hinzugegeben ist, aus. Das Filter verascht man über einer kleinen Flamme in einem gewogenen Platintiegel, schmilzt den Rückstand, sobald alle Filterkohle verbrannt ist, bei höherer Temperatur zusammen und wägt ihn als Lithiumfluorid. Da Lithiumfluorid eine gewisse Löslichkeit hat, muß man für 25 ml Fällungsflüssigkeit 0,004 g LiF zur Auswaage hinzurechnen.

Faktor LiF : Li = 0,2676

Fehlerquellen. Es ist besonders auf die vollständige Abscheidung des Mangans vor der Fluoridfällung zu achten. Etwa vorhandenes Magnesium wird ebenfalls bei der Fluoridfällung mitbestimmt. Deswegen ist eine Prüfung des Lithiumfluoridniederschlages auf Mangan und Magnesium unbedingt erforderlich; gegebenenfalls ist eine erneute Trennung vorzunehmen.

3. Schnellverfahren zur Bestimmung von Lithium in stark kalium- und natriumchloridhaltigen Laugen

Die Lauge wird auf dem Wasserbad zur Trockne gebracht, der Rest des Wassers im elektrischen Trockenschrank bei 120° entfernt. Nunmehr wird das Lithiumchlorid mit heißem Isobutylalkohol ausgezogen und ausgewaschen. Das Extrahieren wird unter Zusatz von einigen Tropfen Salzsäure wiederholt. Der Auszug mit Isobutylalkohol ist dem mit Amylalkohol aus gesundheitlichen Gründen vorzuziehen. Im eingedampften Filtrat kann man das Lithium als Lithiumsulfat zur Auswaage bringen, besser dieses aber in Ammoniak lösen und wie auf S. 439 als Lithiumfluorid fällen und bestimmen.

4. Die flammenspektrometrische Bestimmung des Lithiums

Dieses Bestimmungsverfahren ist dem gewichtsanlytischen an Schnelligkeit, Zuverlässigkeit und Genauigkeit eindeutig überlegen. Es gestattet die gleichzeitige Bestimmung der übrigen Alkalien und ist deshalb heute das bevorzugte Bestimmungsverfahren.

Arbeitsvorschriften finden sich im Kapitel Spektrochemische Analyse.

II. Die Untersuchung von Lithiumcarbonat und Lithiumhydroxyd

Das Lithiumcarbonat eignet sich wegen seiner Schwerlöslichkeit gut zur Gewinnung reiner Lithiumpräparate; Spuren von Blei, die seiner medizinischen Verwendung im Wege stehen, scheinen im Betrieb der Metallelektrolyse ohne Nachteil zu sein. Größere Mengen (etwa über 0,01%) sowie ein Gehalt an Barium- oder Calciumcarbonat sind als Verfälschung des leichten Lithiumcarbonats zu beanstanden. Die Untersuchung des Lithiumcarbonats kann nach dem für Lithiumchlorid angegebenen Analysenverfahren (s. unter III.) durchgeführt werden. Die Bestimmung des Kohlendioxyds erfolgt nach dem im Kapitel Kalium für Schmelzen (s. S. 345) aufgeführten Verfahren.

Die Bestimmung des *Lithiumhydroxyd-* und *Carbonatgehaltes von Lithiumhydroxyd* wird wie folgt ausgeführt:

1 g Lithiumhydroxyd wird im Wägegläschen genau eingewogen und in etwa 200 ml Wasser in einem ERLENMEYER-Kolben gelöst. Dann gibt man einige Tropfen Bariumchloridlösung und 2 Tropfen Phenolphthaleinlösung hinzu und titriert mit n/2-Salzsäure bis zur Entfärbung.

$$1 \text{ ml n/2HCl} = 0{,}012 \text{ g LiOH}$$

Zur gleichen Lösung setzt man nun 3 Tropfen Methylorange hinzu und titriert mit der gleichen Salzsäure in der Wärme bis zum Farbumschlag nach Rot.

$$1 \text{ ml n/2HCl} = 0{,}0185 \text{ g } Li_2CO_3$$

III. Die Untersuchung von Lithiumchlorid

Grundlage. Die Hauptverunreinigungen des Lithiumchlorids sind außer den Alkalimetallen Eisen, Aluminium und Erdalkalimetalle. Diese werden in einer größeren Einwaage nach Abscheidung der vorhandenen geringen Mengen an Kieselsäure, Barium und etwa vorhandenen Schwermetallen, wie üblich, durch Fällung mit Ammoniak und Ammoniumoxalat entfernt und bestimmt. Eine zweite Einwaage wird in Wasser gelöst, worauf man nach Abfiltrieren des Wasserunlöslichen in einem gemessenen Anteil das Magnesium bestimmt, indem man es zunächst zusammen mit Eisen- und Aluminiumhydroxyd durch Fällung mit Barytwasser von den übrigen Salzen trennt und dann nach Abscheidung des Bariums sowie des Eisens und Aluminiums im Filtrat als Magnesiumammoniumphosphat fällt und schließlich als Magnesiumpyrophosphat auswägt.

Für die Bestimmung der Alkalien wird ein zweiter, kleinerer, gemessener Anteil der wäßrigen Lösung bis zur Sirupdicke eingedampft. Daraus löst man dann durch Extraktion mit Amylalkohol oder Isobutylalkohol das Lithiumchlorid heraus. Das Lithium wird als Sulfat bestimmt. Der im Amylalkohol unlösliche Rückstand, der die Hauptmenge der Verunreinigungen sowie der übrigen Alkalimetalle enthält, wird in Wasser gelöst. Durch Fällung mit Platinchlorwasserstoffsäure werden Kalium, Rubidium und Caesium vom Natrium getrennt. Das Natrium bestimmt man als Sulfat. Das Kalium-, Rubidium- und Caesiumsalz wird in Carbonat umgewandelt. Durch Behandeln mit absolutem Alkohol wird das Caesiumcarbonat herausgelöst und dann das Caesium als Sulfat bestimmt. Das Rubidium fällt man als Rubidiumalaun aus und trennt es vom Kalium.

Anwendungsbereich und Bedeutung. Die Methode erlaubt die Reinheitsprüfung und läßt sich auch für die Untersuchung von Lithiumcarbonat anwenden.

Genauigkeit. 2.

Dauer. Etwa 3 Tage.

1. Die Bestimmung des Siliciumdioxyds, der Schwermetalle, des Eisen-, Aluminium-, Calcium- und Bariumoxyds

40 g Lithiumchlorid werden in einer Porzellanschale mit wenig Wasser gelöst, die Lösung mit einigen ml Salzsäure (1,19) versetzt und zur Abscheidung des Siliciumdioxyds zur Trockne gedampft. Nach dem Durchfeuchten mit wenig Salzsäure (1,19) wird 2 Std. bei 140° nachgetrocknet. Der Inhalt der Schale wird darauf wiederum mit Salzsäure (1,19) befeuchtet und in Wasser gelöst. Man läßt die Lösung etwa 1 Std. auf der Wärmeplatte stehen und filtriert dann vom Niederschlag ab. Dieser wird mit heißem Wasser chloridfrei ausgewaschen, in einem Platintiegel verascht, mit einigen Tropfen 5 n-Schwefelsäure durchfeuchtet, geglüht und gewogen. Dann verjagt man das Siliciumdioxyd mittels Fluorwasserstoffsäure, glüht, wägt wieder und berechnet ihre Menge aus der Differenz der beiden Auswaagen. Bleibt dabei ein größerer Rückstand, so muß er mit Natriumkaliumcarbonat aufgeschlossen werden. Die Schmelze wird in Wasser gelöst und so dem salzsauren Filtrat vom ersten Rückstand hinzugefügt, worauf man alles auf 500 ml auffüllt und in zwei gleiche Teile teilt. Der erste Anteil (= 20 g Substanz) wird mit Salzsäure schwach angesäuert und in ihn in üblicher Weise in der Wärme Schwefelwasserstoff eingeleitet. Der entstandene Niederschlag wird nach mehrstündigem Absitzenlassen abfiltriert, Filter samt Niederschlag im gewogenen Porzellantiegel mit rauchender Salpetersäure behandelt, verascht und geglüht. Der Glührückstand wird gewogen und als Summe der *H_2S-Schwermetalloxyde* angegeben. Im Filtrat der Schwefelwasserstoffällung wird das Barium als Sulfat gefällt und bestimmt.

Im Filtrat der Bariumfällung fällt man nach dem Verjagen des Schwefelwasserstoffes und der Oxydation mit Wasserstoffperoxyd *Eisen* und *Aluminium* mittels Ammoniak und bringt sie als Oxyde zur Wägung.

Im Filtrat von der Eisen- und Aluminiumfällung wird mit Ammoniumoxalat das Calcium in der Siedehitze gefällt und als *Calciumoxyd* ausgewogen.

2. Die Bestimmung des Sulfats (und des Eisens)

Im zweiten Anteil der obigen salzsauren Lösung (= 20 g Substanz) werden nach der Oxydation mit Wasserstoffperoxyd ebenfalls Eisen und Aluminium mit Ammoniak als Hydroxyde gefällt und abfiltriert. Der Niederschlag wird in warmer Salzsäure gelöst und das Eisen in der Lösung in bekannter Weise (s. S. 269) jodometrisch oder photometrisch bestimmt (s. Kapitel Magnesium, S. 464). Nach Umrechnung auf Eisenoxyd ergibt sich die Menge des vorhandenen Aluminiumoxyds durch Subtraktion von der unter 1. ermittelten Summe der Oxyde. Das Filtrat von der Ammoniakfällung wird schwach mit Salzsäure angesäuert und in ihm in der Siedehitze das Sulfation mit heißer Bariumchloridlösung gefällt und als Bariumsulfat zur Wägung gebracht.

3. Die Bestimmung des Magnesiums

15 g Lithiumchlorid werden in Wasser gelöst und die Lösung im Meßkolben zu 500 ml aufgefüllt. Zum Entfernen der unlöslichen Bestandteile wird durch ein trockenes Faltenfilter in einen trockenen Kolben filtriert. Vom klaren Filtrat entnimmt man 400 ml (= 12 g Substanz) zur Magnesiumbestimmung. Die Lösung wird in der Siedehitze mit Barytwasser versetzt; nach dem Absitzenlassen filtriert man den Niederschlag ab, wäscht mit heißem Wasser aus und löst ihn mit heißer 6 n-Salzsäure. Zu dieser Lösung setzt man in der Siedehitze Schwefelsäure hinzu, um das Barium abzuscheiden. Dann werden im Filtrat vom Bariumsulfat Eisen und Aluminium mit Ammoniak gefällt und im Filtrat davon das Magnesium als Magnesiumammoniumphosphat in bekannter Weise abgeschieden (s. S. 451). Es kommt als Magnesiumpyrophosphat zur Auswaage und als MgO zur Berechnung.

4. Die Bestimmung von Lithium, Natrium, Kalium, Rubidium und Caesium

Für die Trennung der Alkalichloride werden 5 ml der für die Magnesiumbestimmung hergestellten Lösung (15 g in 500 ml) = 0,15 g Substanz in einem 50 ml-Erlenmeyer-Kölbchen zur Sirupdicke eingedampft. Die Bestimmung wird doppelt angesetzt. Man versetzt dann das Konzentrat mit 5 ml Amylalkohol oder Isobutylalkohol und vertreibt das Wasser aus der Mischung, indem man die Flüssigkeit in einem Ölbade auf 110° erhitzt und einen Strom trockener Luft mit Hilfe eines Glasrohres von 3 mm lichter Weite hindurchleitet. Die Chloride von Natrium, Kalium, Rubidium und Caesium bleiben im Rückstand, während Lithiumchlorid entwässert und gelöst wird. Nach dem Erkalten gießt man die Flüssigkeit durch ein kleines Asbestfilter vom Ungelösten ab, löst den Rückstand im Erlenmeyer-Kölbchen in einigen Tropfen verdünnter Salzsäure, um Spuren von Lithiumhydroxyd, die sich noch im Rückstand befinden können, in Chlorid zu verwandeln, gibt 4 ml Amylalkohol hinzu und leitet wiederum bei 110° trockene Luft hindurch. Sobald alles Wasser verdunstet ist, gießt man den Alkohol durch das Asbestfilter und wäscht das Kölbchen mit 2 ml wasserfreiem Amylalkohol in 3 bis 4 Anteilen aus. Die amylalkoholische Lösung wird mit Äthylalkohol aus der Saugflasche herausgespült und in einer gewogenen Platinschale eingedampft, der Rückstand in verdünnter Schwefelsäure gelöst, abgeraucht, bis zum beginnenden Schmelzen vorsichtig geglüht und nach dem Erkalten gewogen. Die Auswaage ist kein reines Lithiumsulfat. Sie bedarf deswegen noch einer Korrektur, wie später unter Fehlerquellen und Berechnung angegeben ist.

Die von der Doppelbestimmung des Lithiums ungelöst verbliebenen Chloride von Natrium, Kalium, Rubidium und Caesium, welche den Rückstand auf dem Filter und im Extraktionskolben bilden, werden zur weiteren Bestimmung vereinigt. Man bringt sie mit wenig heißem Wasser unter Zusatz von 1 bis 2 Tropfen

Salzsäure (1,19) in Lösung. Die dann zuzusetzende Anzahl von ml Platinchlorwasserstoffsäure (Platinchlorwasserstoffsäurelösung: 13,3 g $H_2PtCl_6 \cdot 6\,H_2O$ werden in 100 ml Wasser gelöst, die Lösung enthält 0,05 g Platin je ml) wird unter der Annahme, daß das Alkali ganz aus Natriumchlorid besteht, annähernd berechnet. Aus der Rechnung ergibt sich, daß für 0,1 g Natriumchlorid 0,166 g Pt zugesetzt werden müssen. Diese Menge entspricht unter Berücksichtigung eines erforderlichen Überschusses etwa 3,5 bis 4,5 ml der obigen Platinchlorwasserstoffsäurelösung.

Man dampft die mit Platinchlorwasserstoffsäure versetzte Lösung in einer kleinen Porzellanschale bei möglichst niedriger Temperatur auf dem Wasserbade bis fast zur Trockne ein, zuletzt unter Umrühren mit einem am Ende breitgedrückten Glasstabe, so daß ein feinkörniger Kristallbrei zurückbleibt. Nach dem Erkalten wird die mit einigen Tropfen Wasser angefeuchtete Masse sorgfältig zerrieben und mit 30 ml Alkohol (96proz.) in 3 Anteilen von je 10 ml versetzt, wobei die Kristallmasse nach jedem Zusatz verrührt werden muß. Dann bedeckt man die Porzellanschale mit einem Uhrglas und läßt sie $^1/_2$ Std. bei Zimmertemperatur stehen. Die überstehende alkoholische Lösung dekantiert man durch einen gewogenen Porzellan-Gooch-Tiegel nach Neubauer, verreibt und wäscht den aus Kalium- (oder Rubidium- und Caesium-) Chloroplatinat bestehenden Rückstand so lange mit Alkohol aus, bis dieser keine gelbe Farbe mehr annimmt. Von dem Niederschlag selbst wird während des Waschens so wenig wie möglich auf das Filter gebracht. Der Waschalkohol wird für die Natriumbestimmung (s. weiter unten) gesammelt. Den Niederschlag der Chloroplatinate des Kaliums, Rubidiums und Caesiums bringt man mit Hilfe eines Gummiwischers in den Tiegel, wäscht erst mit Alkohol, dann mit Äther nach und vertreibt diesen schließlich durch rasches Durchsaugen von Luft. Darauf bedeckt man den Tiegel mit einem durchlochten Deckel, leitet zur Reduktion der Platindoppelsalze Wasserstoff oder Leuchtgas ein und erhitzt zunächst vorsichtig 5 min mit kleiner Flamme, dann so stark, daß der Boden des Tiegels eben schwach rotglühend wird. Nach etwa 20 min unterbricht man die Gaszufuhr, läßt erkalten, wäscht den Tiegel etwa 15mal mit heißem Wasser aus, trocknet, glüht und wägt. Das Gewicht des gefundenen Platins kann nach der Bestimmung des Rubidiums und Caesiums zu einer Kontrolle des Kaliumgehaltes dienen. Die Waschwässer sammelt man in einer kleinen, gewogenen Platinschale, dampft sie auf dem Wasserbade nach Zusatz einiger Tropfen Schwefelsäure (1,84) ein, raucht die überschüssige Säure auf dem Sandbad ab, glüht und wägt. Man erhält so die Summe der Sulfate des *Kaliums*, *Rubidiums und Caesiums*. Nach dem Lösen in wenig Wasser fällt man das Sulfat durch tropfenweisen Zusatz von Barytwasser, filtriert und dampft die Lösung der Hydroxyde von Kalium, Rubidium und Caesium zur Trockne. Zum Rückstand gibt man einige Körnchen reinstes Ammoniumcarbonat hinzu und erhitzt vorsichtig. Die Behandlung mit Ammoniumcarbonat wird wiederholt. Nun löst man das Caesiumcarbonat unter Zerdrücken mit einem Glasstab in absolutem Alkohol und verdampft die Lösung in einer gewogenen Platinschale zur Trockne. Durch Behandeln mit Schwefelsäure wird das *Caesiumsalz* in Sulfat übergeführt und als solches gewogen.

$$\text{Auswaage} \cdot 0{,}931 = \text{g CsCl}$$

Die ungelöst gebliebenen Carbonate von *Rubidium und Kalium* werden in wenig Wasser gelöst. Man neutralisiert die Lösung mit n/10-Schwefelsäure, mit Hilfe von Methylorange oder Methylrot als Indicator, versetzt sie mit einigen Tropfen einer gesättigten Ammonium-Aluminiumsulfatlösung und dampft sie auf dem Wasserbad bis zur Kristallbildung ein. Nach dem Erkalten filtriert man durch einen kleinen, gewogenen Filtertiegel, wäscht mit wenig eisgekühltem Wasser aus, trocknet unter Durchleiten von trockener Luft bei Zimmertemperatur und wägt.

$$\text{Auswaage} \cdot 0{,}232 = \text{g RbCl}$$

Den *Kaliumgehalt* erhält man nach Umrechnung von CsCl und RbCl auf ihre Sulfate aus der Differenz zu den Gesamtsulfaten.

Die alkoholische Lösung des Natriumchloroplatinats wird in einer Porzellanschale auf dem Wasserbade zur Trockne eingedampft. Dann wird durch vorsichtiges Erhitzen der Porzellanschale über freier Flamme das Natriumchloroplatinat in Natriumchlorid + Platin umgewandelt. Dabei ist Rotglut wegen der Gefahr des Verflüchtigens von Kochsalz (Schmelzpunkt: 800°) tunlichst zu vermeiden. Die Umwandlung ist meist schon nach einmaligem Erhitzen vollkommen. Sollte dennoch der mit warmem Wasser aufgenommene Schaleninhalt beim Filtrieren ein gelb gefärbtes Filtrat ergeben, so wird dasselbe nochmals in der Porzellanschale eingedampft und das Erhitzen über freier Flamme wiederholt. Ist die von abgeschiedenem Platin durch Filtration befreite Lösung vollkommen hell und blank, so wird sie unter Zusatz einiger Tropfen Schwefelsäure (1 + 4) in einer kleinen gewogenen Platinschale eingedampft. Man raucht den Säureüberschuß ab, erhitzt den Rückstand vorsichtig bis zum Schmelzen und wägt. Das Glühen wird unter Zusatz eines Körnchens reinsten Ammoniumcarbonats wiederholt.

$$\text{Auswaage} \cdot 0{,}823 = \text{g NaCl}$$

Fehlerquellen und Berechnungen. Von dem ausgewogenen Gewicht des Lithiumsulfats müssen für je 10 ml Filtrat (ohne Waschalkohol) abgezogen werden: wenn Natriumchlorid im Rückstand blieb: 0,0005 g, wenn nur Kaliumchlorid vorhanden war: 0,00059 g, und wenn beide vorlagen: 0,00109 g. Den Rest rechnet man auf Lithiumchlorid um.

$$\text{Auswaage} \cdot 0{,}771 = \text{g LiCl}$$

Der Betrag, welcher hier zuviel gefunden wird, fehlt natürlich andererseits bei der Summe von Kalium und Natrium bzw. dem Kalium- oder Natriumwert.

Ist die Anwesenheit von Rubidium oder Caesium bei diesem Analysengang oder spektralanalytisch festgestellt worden, so ist es zweckmäßig, deren Bestimmung in einer größeren Einwaage zu wiederholen.

Literatur. Hillebrand, W. F.: Analyse der Silikat- und Karbonatgesteine, 2. Aufl., S. 182 Deutsche Ausgabe von E. Wilke-Dörfurth. Leipzig: Verlag Wilhelm Engelmann 1910. — Treadwell, F. P.: Quantitative Analyse, Bd. II, 11. Aufl., S. 46. Wien: Verlag Deuticke 1946. — Hillebrand, W. F., u. G. E. F. Lundell: Applied Inorganic Analysis, S. 517. New York: John Wiley & Sons, Inc. 1929.

Bemerkung. Die Bestimmung sämtlicher Alkalimetalle ist flammenspektrometrisch mit wesentlich geringerem Arbeitsaufwand und mit einer beachtlich höheren Genauigkeit ausführbar.

Die Berücksichtigung der gegenseitigen Beeinflussung der Spektrallinienintensitäten und ein leistungsfähiges Flammenspektrometer sind dabei aber unerläßlich (s. Kapitel Spektrochemische Analyse).

IV. Die Untersuchung der Hilfsstoffe

1. Elektrodenmaterial

Elektrodenmaterial, wie Graphit und Eisen, kommen gelegentlich zur Untersuchung. Für die Untersuchung vgl. Kapitel Kalium, S. 343.

2. Kaliumchlorid

Kaliumchlorid wird als Zusatz bei der Schmelzelektrolyse gebraucht. Die Untersuchung erfolgt, wie unter Kaliumchlorid im Kapitel Kalium, S. 340, angegeben.

V. Die Untersuchung der Schmelzen

Die Schmelzen müssen laufend auf ihren Gehalt an Lithiumchlorid und Kaliumchlorid untersucht werden.

Grundlage. Für die Untersuchung der Tiegelschmelzen hat sich die Bestimmung des Lithiums als Phosphat bewährt. Der Gehalt an Kaliumchlorid wird nach der Bestimmung des Gesamtchlors nach VOLHARD und nach Umrechnung des ermittelten Lithiumphosphats auf Lithiumchlorid bzw. nach Subtraktion des an Lithium gebundenen Chlors vom Gesamtchlor aus der Differenz errechnet.

Anwendungsbereich und Bedeutung. Das Analysenverfahren stellt eine Schnellmethode dar und ist nur für die Betriebsuntersuchung der Tiegelschmelzen zu verwenden.

Genauigkeit. 2.

Dauer. 3 Std.

Ausführung. 15 g der Tiegelschmelze werden mit destilliertem Wasser gelöst; die Lösung wird zu 500 ml aufgefüllt. 5 ml der klar filtrierten Lösung (= 0,15 g Einwaage) versetzt man in einer Porzellanschale mit 6 bis 7 ml einer klaren Lösung von Dinatriumhydrogenphosphat (7,6 g $Na_2HPO_4 \cdot 12H_2O$ in 100 ml Wasser) und dampft auf dem Wasserbade zur Trockne ein. Der Rückstand wird nach dem Erkalten mit insgesamt 25 ml Ammoniak (1 + 4) in mehreren Anteilen übergossen. Man verrührt jedesmal, filtriert dann das Unlösliche ab und wäscht mit dem Rest von Ammoniak nach. Das in einem Filtertiegel gesammelte Lithiumphosphat wird bei 105° getrocknet.

$$\text{Auswaage} \cdot 1{,}098 = \text{g LiCl}$$

Für die Gesamtchlorbestimmung werden 5 ml der klar filtrierten Lösung aus dem 500 ml-Meßkolben (= 0,15 g Substanz) entnommen, mit verdünnter Salpetersäure schwach angesäuert und mit einem Überschuß an n/10-Silbernitratlösung versetzt. Nach Zugeben von 20 Tropfen Eisen(III)-ammoniumsulfatlösung als Indicator titriert man den Überschuß an Silbernitrat mit n/10-Kaliumthiocyanatlösung zurück.

Das Kaliumchlorid errechnet sich nach der Gleichung:

$$(\text{Gesamtchlor} - \text{LiCl} \cdot 0{,}8363) \cdot 2{,}1027 = \text{g KCl}$$

Fehlerquellen. Bei genauer Einhaltung der gegebenen Vorschrift gibt die Methode für Betriebszwecke befriedigende Resultate. Der Fehler, der durch die Löslichkeit des Lithiumphosphats entsteht, wird dadurch ausgeglichen, daß die Phosphatniederschläge stets natriumhaltig ausfallen.

Literatur. Verfahren eines Betriebslaboratoriums.

VI. Die Untersuchung der Nebenprodukte

Chlor

Die Untersuchung des Chlorgases ist im Kapitel Natrium, S. 529, beschrieben.

VII. Die Untersuchung des Lithiummetalls

Grundlage. Das in Stangenform hergestellte Lithiummetall wird gewöhnlich unter Petroleum aufbewahrt. Für die Analyse wird es mit Benzin oder Äther gewaschen, rasch mit Filtrierpapier abgetrocknet und dann mit einem Messer in etwa erbsengroße Stücke geschnitten, die schnell in gutschließende Wägegläschen übergeführt und gewogen werden. Als sehr zweckmäßig hat sich das Arbeiten unter trockener Kohlensäure erwiesen (Schutzkasten). Beim Ausschluß von Luft erhält man beim Zerschneiden völlig blanke Stücke, die sich exakt einwägen lassen. Das Lithiummetall enthält meist 98% Lithium, geringe Mengen von Kalium, Natrium und Lithiumnitrid sowie Spuren von Metallen der Schwefelwasserstoffgruppe, ferner Silicium, Eisen, Aluminium, Calcium und Magnesium.

Das Lithium wird nach Überführung in wasserfreies Lithiumchlorid nach der Methode von Gooch durch Extraktion mit wasserfreiem Amylalkohol oder Isobutylalkohol von den anderen Alkalichloriden getrennt und zur Wägung gebracht. Kalium und Natrium verbleiben in dem in Amylalkohol unlöslichen Rückstand, aus dem das Kalium als Kaliumchloroplatinat oder Kaliumperchlorat und im Filtrat davon das Natrium als Natriumsulfat ermittelt wird.

Der als Nitrid gebundene Stickstoff wird durch Lösen des Metalls in Alkohol und Wasserzusatz in Ammoniumhydroxyd umgesetzt. Aus dieser Lösung destilliert man das Ammoniak mit Natronlauge ab und bestimmt es im Destillat maßanalytisch. Die übrigen, nur spurenweise vorhandenen Verunreinigungen werden nach Abscheidung der Kieselsäure nacheinander durch Fällen mit Schwefelwasserstoff (Schwefelwasserstoffgruppe), Fällen mit Ammoniak (Eisen und Aluminium) und Fällen mit Ammoniumoxalat (Calcium) bestimmt. Das Magnesium wird in einem gemessenen Anteil des Kieselsäurefiltrats zunächst mit Barytwasser abgeschieden, nach Ausfällung des Bariums, ferner der Oxydhydrate des Eisens und Aluminiums als Magnesiumammoniumphosphat gefällt und als Magnesiumpyrophosphat zur Wägung gebracht.

Anwendungsbereich und Bedeutung. Die Bestimmung der Hauptbestandteile Lithium, Kalium und Natrium entspricht im wesentlichen der Untersuchungsmethode für das Lithiumchlorid.

Genauigkeit. 2.

Dauer. 2 Tage.

1. Die Bestimmung der Hauptverunreinigungen

10 g Metall werden in kleinen Anteilen in einem 2000 ml-Meßkolben, der etwa zur Hälfte mit Wasser gefüllt ist und in den ein Stickstoffstrom hineingeleitet wird, vorsichtig eingetragen und durch Zusatz von Salzsäure (2 + 1) in Lösung gebracht. Die Lösung wird mit Wasser zur Marke aufgefüllt. Von dieser Urlösung stellt man eine Verdünnung von 200 ml zu 1000 ml her und bestimmt in 25 ml der verdünnten Lösung (entsprechend etwa 0,025 g Metall) das Lithium, Kalium und das Natrium (als Hauptverunreinigungen), wie unter Lithiumchlorid, S. 442, angegeben.

In der Urlösung selbst werden dagegen bestimmt: Silicium, Schwermetalle, Eisen, Aluminium, Calcium, Magnesium (in 400 ml = 2 g Einwaage).

Zunächst wird die *Kieselsäure* durch Eindampfen der Lösung mit Salzsäure, Aufnehmen mit wenig überschüssiger Salzsäure und Wasser, Filtrieren, Veraschen, Wägen und Behandeln mit Flußsäure ermittelt. Das Filtrat füllt man im Meßkolben auf 1000 ml auf und bestimmt in 500 ml dieser Lösung in bekannter Weise nacheinander:

1. die *Schwermetalle* durch Fällen mit Schwefelwasserstoff,
2. *Eisen* und *Aluminium* durch Fällen mit Ammoniak,
3. *Calcium* durch Fällen mit Ammoniumoxalat.

In den zweiten 500 ml des Filtrats der Kieselsäure wird Magnesium bestimmt, indem man zunächst die Hydroxyde des Eisens, Aluminiums und Magnesiums durch doppelte Fällung mit Barytwasser abscheidet. Da hierbei durch Kohlendioxydaufnahme aus der Luft stets etwas Bariumcarbonat mitfällt, entfernt man aus der schwach salzsauren Lösung des Niederschlages das Barium mit wenig Schwefelsäure. Das Filtrat wird dann in der Siedehitze mit Ammoniak versetzt. Es fallen Eisen- und Aluminiumhydroxyd aus. Diese löst man nach dem Wägen in verdünnter Salzsäure und bestimmt in der Lösung das Eisen jodometrisch oder photometrisch (s. Kap. Magnesium, S. 464). Das Filtrat von der Ammoniakfällung wird zur Abscheidung des Magnesiums mittels Diammoniumhydrogenphosphat verwandt.

2. Die Bestimmung des Stickstoffs

Sie wird in einer besonderen Einwaage von etwa 10 g vorgenommen. Die in einer Kohlendioxydatmosphäre (s. oben unter Grundlage) zerkleinerte Probe wägt man in einem gut verschließbaren Wägegläschen ab und führt sie in einen mit Kohlendioxyd gefüllten und mit einer Vorlage von n/10-Salzsäure versehenen KJELDAHL-Kolben über. Die Lösung des Metalls erfolgt dann, indem man durch das im Stopfen des KJELDAHL-Kolbens befindliche Trichterrohr zunächst mit Rücksicht auf die heftige Einwirkung sehr vorsichtig absoluten Alkohol und später dann noch vorsichtiger Wasser zulaufen läßt. Nach der Lösung wird nach Zugeben von 50 ml 5 n-Natronlauge das gebildete Ammoniak in die Vorlage, welche 50 ml n/10-Salzsäure enthält, übergetrieben. Man destilliert, bis etwa 120 ml Flüssigkeit übergegangen sind, und titriert den Überschuß an n/10-Salzsäure mit n/10-Natronlauge unter Verwendung von Methylorange als Indicator zurück.

$$1 \text{ ml n/10-Salzsäure} = 0{,}0014 \text{ g N} = 0{,}0035 \text{ g } Li_3N$$

Auf genau dieselbe Art, also unter Anwendung der gleichen Mengen von Reagenzien, wird ein Blindversuch ausgeführt. Der Unterschied aus Blindversuch und Hauptversuch ergibt die dem Stickstoff des Probegutes äquivalente Menge an n/10-Salzsäure. Die Stickstoffbestimmung ist in einem Raum auszuführen, der frei von Ammoniak ist, da sich sonst Fehlergebnisse einstellen können.

Fehlerquellen. Bei der Lithiumbestimmung ist die Löslichkeit von Kalium- und Natriumchlorid in Amylalkohol zu berücksichtigen (s. Lithiumchlorid, S. 444). Die außerordentlich geringe angewandte Menge von etwa 0,025 g Metall macht sorgfältigstes Arbeiten und genaueste Einhaltung der gegebenen Vorschrift erforderlich. Größere Mengen anzuwenden ist nicht ratsam, da sonst die Fehler noch größer werden. Da eine hohe Genauigkeit auch dann nicht zu erzielen ist, ist der flammenspektrometrischen Bestimmung der Fremdalkalien stets der Vorzug zu geben.

Literatur. TREADWELL, F. P.: Lehrbuch der analytischen Chemie, 11. Aufl., Bd. II, S. 51. Wien: Verlag Deuticke 1946. — Chemikerausschuß des Vereins Deutscher Eisenhüttenleute: Handbuch für das Eisenhüttenlaboratorium, Bd. 2, S. 452. Düsseldorf: Verlag Stahleisen 1941.

VIII. Die Untersuchung der lithiumhaltigen Legierungen

Das Lithiummetall hat dadurch technische Bedeutung erlangt, daß kleine Zusätze dieses Metalls die Eigenschaften mancher Legierungen verbessern. Zur Analyse des Lithiums in solchen Legierungen vergleiche bei den Hauptmetallen dieser Legierungen. Ferner dient es auch als Desoxydationsmittel von Kupfer und zur Vergütung von schwefelhaltigem Nickel.

Kapitel 20

Magnesium*

Inhalt

*	1. Auflage	2. Auflage
Bearbeiter:	**v. Vogel, Bulian**	**v. Vogel, Wernet**
Mitarbeiter:	**Eisen, Grube**	**Bulian, Eisen**

A. Vorkommen

Das Magnesium kommt in der äußersten Schicht der Erdoberfläche bis zu einer Tiefe von 16 km im Mittel mit 2,1% und im Meerwasser mit 0,13% vor. In Gesteinsmeteoriten ist es im Mittel sogar mit 16% vorhanden. In Silicaten ist es weit verbreitet, gelangt aus ihnen durch Verwitterung und Auswaschung in das Meerwasser und hat sich hieraus in den Salzlagerstätten angereichert.

Für die technische Gewinnung des Magnesiums sind von Bedeutung: der *Magnesit* ($MgCO_3$ mit 45% MgO), der sich in den Alpen, in Schlesien, Jugoslawien, Italien, Rußland, Indien, USA findet, der *Dolomit* (hauptsächlich $MgCO_3 \cdot CaCO_3$ mit 21% MgO) mit ausgedehnten Vorkommen, z. B. in den Dolomiten und im Harz, ferner der *Carnallit* ($KCl \cdot MgCl_2 \cdot 6\,H_2O$ mit 34,4% $MgCl_2$) in vielen Kalisalzlagerstätten, z. B. in Staßfurt, Heringen/Werra u. a., und schließlich auch besondere magnesiumreiche, natürliche *Salzseen* (USA), ferner *Meereswässer* mit 0,5% $MgCl_2$ (England und USA). Bei dem Verfahren der früheren I. G. Farbenindustrie A. G. zu Bitterfeld wurde auch die Chlormagnesiumendlauge der Kaliindustrie als Rohstoff mit verwendet.

B. Qualitativer Nachweis

Der Nachweis des Magnesiums erfolgt am Schluß des allgemeinen Analysenganges im Filtrat der Ammoniumcarbonatfällung durch eine der folgenden Reaktionen (s. GMELIN: Handbuch der anorganischen Chemie, 8. Aufl., Bd. Magnesium, Teil A, S. 355):

1. Mit *Diammoniumhydrogenphosphat* entsteht in Anwesenheit von Ammoniak ein feinkristalliner, weißer Niederschlag von Magnesiumammoniumphosphat ($MgNH_4PO_4 \cdot 6\,H_2O$), der mikrochemisch 0,05 bis 0,1 µg Magnesium/ml und makrochemisch 20 µg Magnesium/ml nachzuweisen erlaubt. Da geringe Mengen Eisen, Mangan, Kobalt, Nickel und Zink zu Täuschungen führen können, empfiehlt es sich, den Niederschlag unter dem Mikroskop bei 60- bis 100facher Vergrößerung auf seine Beschaffenheit zu untersuchen. Abbildungen der farblosen Durchkreuzungszwillinge, der sargdeckelartigen Formen und der scherenförmigen, sternartigen Kristalle sind in BEHRENS-KLEY: Mikrochemische Analysen. Leipzig: Leopold Voß 1930, zu ersehen, desgleichen im Mikrochemischen Bilderatlas von W. GEILMANN, 3. Aufl. 1959. Verlag Chemie, Weinheim, zu finden.

Bei sehr kleinen Magnesiumkonzentrationen tritt die Fällung häufig erst nach längerer Zeit auf. Sie kann durch Reiben der Glaswandung mit einem Glasstab oder einer Platinnadel beschleunigt werden.

2. Gibt man zu der zu untersuchenden Lösung einige Tropfen einer Lösung von 10 mg *Chinalizarin* (1,2,5,8-Tetraoxyanthrachinon) in 100 ml Alkohol, dann 2 n-Natronlauge bis zur bläulichroten Färbung und schließlich noch einen Überschuß von Natronlauge, so färbt sich die Lösung bei Gegenwart von geringen Mengen Magnesium kornblumenblau; bei größeren Mengen fällt ein kornblumenblauer Niederschlag aus. Die Erfassungsgrenze beträgt 1 µg Magnesium/ml. Der Magnesiumlack ist haltbar. In der magnesiumfreien Lösung wird der Farbstoff bald zerstört. Ammoniak, Zink, Aluminium, Weinsäure und deren Verbindungen vermindern die Empfindlichkeit der Fällung. Nach Zusatz von Weinsäure stören Aluminium, Barium, Strontium, Calcium und Eisen nicht mehr; doch wirken Cadmium, Lanthan, Kobalt, Nickel und Beryllium durch ähnliche Farbreaktionen störend.

3. 0,2 ml der gelbbraunen, wäßrigen Lösung von *Titangelb* (1:1000) und 0,25 bis 0,4 ml 4 n-Natronlauge färben sich mit 10 ml einer wäßrigen Lösung von Magnesiumsalz feuerrot oder geben feuerrote Niederschläge. (Titangelb ist das Natriumsalz der Dihydrothio-p-Toluidinsulfosäure.) Calcium vertieft die Färbung; bei sehr viel Calcium tritt Ausflockung ein. Aluminium, Zinn und Zink stören und müssen vorher entfernt werden; viel Aluminium absorbiert Magnesium. Kobalt, Nickel und Mangan geben ähnliche Niederschläge, können aber durch Kaliumcyanid in Lösung gehalten werden. Beryllium geht durch überschüssiges Alkali in Lösung.

Titangelb ist spezifischer als Chinalizarin. 0,2 µg Magnesium im ml sind beim Vergleich mit Blindversuchen als orangegelbe Färbung noch erkennbar.

4. Eine *Oxinlösung* (2 g in 100 ml Äthanol) gibt mit neutralen, ammoniakalischen, auch Ammoniumverbindungen enthaltenden, desgleichen in natronalkalischen und in tartrathaltigen Magnesiumlösungen beim Erwärmen grünlichgelbe, kristallinische Niederschläge.

In ammoniakalischen, Ammoniumsalze enthaltenden Lösungen ist die Erfassungsgrenze 1 µg Magnesium/ml, in natronalkalischen Lösungen 2 µg Magnesium/ml.

5. *Diphenylcarbohydrazid* gibt mit Magnesiumlösungen, die vorher mit alkoholischer Kalilauge alkalisch gemacht wurden, beim Kochen gelatinöse, rote bis violette Niederschläge. Diese lassen sich abfiltrieren. Barium, Strontium, Calcium, Zink, Chrom, Aluminium, Beryllium, Molybdän und Eisen stören nicht; Quecksilber, Kupfer, Cadmium, Silber, Blei, Nickel und Kobalt geben ähnliche Niederschläge, die ebenfalls gefärbt sind. Die Reaktion erlaubt noch, 8 µg Magnesium/ml nachzuweisen.

C. Die Verfahren zur Bestimmung des Magnesiums

1. Die Fällung als Magnesiumammoniumphosphat

Grundlage. Die von Eisen, Aluminium, Mangan und den Erdalkalien befreite Lösung wird mit Diammoniumhydrogenphosphat in ammoniakalischer Lösung gefällt, wobei das Magnesium als Magnesiumammoniumphosphat ($MgNH_4PO_4 \cdot 6H_2O$) ausfällt. Dieses wird zu Magnesiumpyrophosphat ($Mg_2P_2O_7$) verglüht.

Anwendungsbereich und Bedeutung. Das Verfahren eignet sich zur Magnesiumbestimmung in allen Stoffen und Konzentrationen.

Genauigkeit. 1.

Dauer. 4 Std.

Ausführung. Aus der zu untersuchenden Lösung werden zunächst Eisen, Aluminium und Mangan durch doppelte Fällung mit Ammoniak und Ammoniumperoxydisulfat als Oxydhydrate abgeschieden. Im Filtrat fällt man die Erdalkalien durch doppelte Fällung mit Ammoniumcarbonat in Gegenwart von genügend Ammoniumsalzen, um das Mitreißen von Magnesium zu verhindern. Die vereinigten Filtrate werden auf etwa 100 bis 150 ml eingedampft, wobei der Überschuß des Ammoniaks verschwindet. Die eingeengte Lösung wird mit 5 ml Salzsäure (1 + 1) angesäuert und kochend heiß mit 10 bis 20 ml Diammoniumhydrogenphosphatlösung (100 g/l) versetzt und durch tropfenweisen Zusatz von Ammoniak mit Phenolphthalein als Indicator alkalisch gemacht. Beim Versetzen mit Ammoniak wird dauernd gerührt. Es fällt dann der Niederschlag von Magnesiumammoniumphosphat in feinen Kristallen aus. Nach dem Abkühlen der Lösung auf etwa 50 bis 60° versetzt man dieselbe mit $^1/_7$ ihres Volumens an Ammoniak (0,91) und läßt erkalten. Nach 1- bis 2stündigem Stehen kann der Niederschlag auf einen Porzellanfiltertiegel abfiltriert werden. Er wird mit $2^1/_2$proz. Ammoniak bis zum Verschwinden der Chlor- bzw. Sulfatreaktion ausgewaschen und im elektrischen Ofen bei etwa 1000° zu Magnesiumpyrophosphat $Mg_2P_2O_7$ verglüht. Die Filtration auf ein Papierfilter ist nicht zu empfehlen, da dessen Kohle sehr schlecht verbrennt. Der Niederschlag muß in diesem Fall mit Ammoniumnitrat nacherhitzt werden.

Der Faktor zur Berechnung des Magnesiumgehaltes ist 0,2185, für die Berechnung des MgO-Gehaltes 0,3623.

Die Auswaage kann auch als $MgNH_4PO_4 \cdot 6H_2O$ erfolgen, was jedoch nur in seltenen Fällen geschieht. Dann muß der auf einen Filtertiegel abfiltrierte Niederschlag nach dem Auswaschen mit $2^1/_2$proz. Ammoniak durch Behandeln mit Aceton und Äther von Feuchtigkeit befreit und im Vakuumexsiccator nachgetrocknet werden. Faktor zur Berechnung auf Magnesium = 0,0991.

Fehlerquellen. Verwendet man zur Fällung pyridinhaltiges Ammoniak, so ist das Magnesiumpyrophosphat nach dem Glühen leicht grau gefärbt. Diese vom Kohlenstoff herrührende Färbung muß durch mehrmaliges Glühen entfernt werden. Wird die Fällung in schwach ammoniakalischer Lösung durchgeführt, so werden die Werte infolge der Bildung von Monomagnesiumtetraammoniumphosphat, das beim Glühen in Magnesiummetaphosphat übergeht, zu hoch. Ist die Lösung zu arm an Ammoniumsalzen, so kann Magnesiumorthophosphat $Mg_3(PO_4)_2$ ausfallen; die Ergebnisse werden dann zu niedrig.

Blei, Eisen, Aluminium, Mangan und die Erdalkalien stören. Die Fällung des Magnesiums als Phosphat kann auch in Gegenwart von Eisen und Aluminium durchgeführt werden, wenn diese durch Weinsäure in Lösung gehalten werden. Mangan muß stets vor der Fällung abgeschieden oder im Niederschlag nachträglich bestimmt werden.

Literatur. Gmelin: Handbuch der anorganischen Chemie, 8. Aufl., Magnesium, Teil A, S. 350. — Biltz, H. u. W.: Ausführung quantitativer Analysen, 4. Aufl., S. 88/89. Leipzig:

Verlag Hirzel 1942. — v. VOGEL, H. U.: Z. analyt. Chem. Bd. 130 (1950). S. 304—314. — THANHEISER, G., u. P. DICKENS: Arch. Eisenhüttenwes. Bd. 2 (1928/29) S. 578 u. 581. — WINKLER, L. W.: Z. analyt. Chem. Bd. 90 (1934) S. 341 — Ausgewählte Untersuchungsverfahren. S. 103. Stuttgart: F. Enke 1931.

2. Die Fällung als Magnesiumorthooxychinolat

Auch bei dieser Bestimmung müssen die Elemente der anderen Gruppen des allgemeinen Analysenganges vorher abgetrennt sein. Es ist ein Vorzug der Oxinfällung, daß die Abscheidung des Magnesiums in kurzer Zeit vollständig ist. Allerdings müssen die Fällungsbedingungen, insbesondere die vorgeschriebenen p_H-Werte, genau eingehalten werden.

Grundlage. Das Magnesium wird aus ammoniakalischer, ammonacetathaltiger Lösung mit 8-o-Oxychinolinlösung gefällt. Das Magnesiumoxychinolat kann nach nochmaliger Umfällung als $Mg(C_9H_6NO)_2 \cdot 2H_2O$ oder als wasserfreies Salz gewogen werden.

Es besteht auch die Möglichkeit, das Salz nach dem Lösen in Salzsäure bromometrisch zu titrieren.

Anwendungsbereich und Bedeutung. Das Verfahren eignet sich zur direkten Bestimmung kleiner Mg-Gehalte neben Erdalkalien und Alkalien.

Genauigkeit. 1.

Dauer. Gewichtsanalytisch: 3 Std., maßanalytisch: 2 Std., jeweils ohne Vorbereitung der Lösung.

Ausführung. Für die Bestimmung verwendet man eine Lösung, die etwa 30 bis 50 mg Magnesium enthält. Nach der Fällung des Eisens, Aluminiums, Mangans mit Ammoniak und Ammoniumperoxydisulfat versetzt man das Filtrat mit 5 bis 10 g Ammoniumacetat und 5 ml Ammoniak (0,91) und erhitzt zum Sieden. Das Magnesium wird durch Zugeben eines kleinen Überschusses einer Oxychinolinlösung (2 g in 100 ml Äthanol) in der Siedehitze gefällt. Der Überschuß ist an der Gelbfärbung der Lösung zu erkennen. Nun versetzt man so lange mit Ammoniak, bis die Lösung gegen Phenolphthalein alkalisch reagiert, filtriert den Niederschlag in der Hitze ab und wäscht ihn mit heißem, ammoniumacetathaltigem Wasser (50 g/l), das schwach ammoniakalisch reagieren soll, aus, bis das Filtrat farblos abläuft.

Das Magnesiumoxychinolat wird in möglichst wenig Salzsäure (1 + 1) gelöst, die Lösung wieder mit 1 bis 2 g Ammoniumacetat versetzt und auf 100 ml verdünnt. Man gibt 2 ml Oxychinolinlösung hinzu und macht die Lösung wieder mit Ammoniak gegen Phenolphthalein alkalisch. Der Niederschlag wird auf einen Glasfiltertiegel abfiltriert und mit der oben genannten Lösung anschließend mit heißem Wasser, das schwach ammoniakalisch gemacht ist, ausgewaschen, bis das Filtrat farblos abläuft. Der Niederschlag wird entweder bei 105° getrocknet, wobei das Magnesiumoxychinolat zwei Moleküle Wasser behält — der Umrechnungsfaktor beträgt dann für Magnesium 0,0698 — oder man trocknet bei 130 bis 140°, wobei das wasserfreie Salz entsteht, mit einem Umrechnungsfaktor auf Magnesium von 0,0778.

Zur *maßanalytischen Bestimmung* des Magnesiums löst man das Salz in 50 ml Salzsäure (1 + 3) und verdünnt die Lösung auf etwa 100 bis 150 ml. Man titriert nun mit einer Kaliumbromid-Bromat-Lösung, bis sich die Lösung durch den Überschuß an Brom schwach gelb färbt, gibt 0,5 g Kaliumjodid zu und titriert mit n/10-Natriumthiosulfatlösung bis zur schwachen Gelbfärbung, dann nach Zusatz von einigen Tropfen Stärkelösung auf Farblos. Die Stärkelösung soll erst kurz vor dem Umschlag zugegeben werden, damit das ausgeschiedene Additionsprodukt des Jods an Chinolin in Lösung geht, ehe der Stärkezusatz erfolgt. 1 ml n/10-Kaliumbromatlösung entspricht 0,304 mg Magnesium.

Fehlerquellen. Es ist darauf zu achten, daß das Mangan vor der Magnesiumfällung vollständig entfernt ist. Außer Eisen, Aluminium und Mangan stören die Elemente Kupfer, Cadmium und Zink und müssen vorher entfernt werden. Keine Störungen verursachen die Erdalkalien, die übrigen Schwermetalle sowie etwa vorhandene Phosphorsäure.

Literatur. Berg, R.: Das o-Oxychinolin (Oxin). Stuttgart: F. Enke 1935. — Bauer, R., u. J. Eisen: Aluminium Bd. 23 (1941) S. 290.

3. Die Titration mit Alkalihydroxyd

Grundlage. Man kann in neutralen, reinen Magnesiumsalzlösungen das Magnesium mit einem Überschuß von eingestellter Natron- oder Kalilauge in der Siedehitze ausfällen, die Lösung samt dem Niederschlag in einem Meßkolben zur Marke auffüllen, filtrieren und in einem abgemessenen Anteil des Filtrats den Überschuß an Alkalilauge mit Säure zurücktitrieren. Berücksichtigt man das in der Flüssigkeit gelöste Magnesiumhydroxyd durch Einsetzen eines Erfahrungswertes, so werden gute Ergebnisse erhalten.

Anwendungsbereich und Bedeutung. Das Verfahren eignet sich nur zur Magnesiumbestimmung in neutralen Magnesiumsalzlösungen, die keine anderen Metallsalze enthalten, außer solchen der Alkalien und Erdalkalien.

Genauigkeit. 3.

Dauer. 15 min.

Ausführung. Von dem zu untersuchenden, wasserlöslichen Magnesiumsalz wird so viel eingewogen, daß die Lösung etwa 1 g Magnesium enthält. Das Salz wird in einem 600 ml-Becherglas in 200 bis 300 ml Wasser gelöst und mit 100 ml 1 n-Natriumhydroxydlösung in der Siedehitze versetzt. Nach kurzem Aufkochen spült man die Lösung samt Niederschlag in einen 500 ml-Meßkolben und füllt nach dem Erkalten bis zur Marke auf. Man filtriert durch ein trockenes Faltenfilter, entnimmt dem Filtrat einen gemessenen Anteil und titriert den Überschuß an Natriumhydroxydlösung mit 1 n-Salzsäure unter Verwendung von Methylorange als Indicator zurück. 1 ml verbrauchte 1 n-Natriumhydroxydlösung entspricht 12,16 mg Magnesium oder 20,16 mg MgO.

Ist in der Lösung Calcium enthalten, so kann dieses mit neutralem Kaliumoxalat vor dem Zusatz der Natronlauge unschädlich gemacht werden. Barium und Strontium, falls vorhanden, werden durch Zusatz von neutraler Natriumsulfatlösung gefällt. Bei dieser Methode muß die Löslichkeit des Magnesiumhydroxyds berücksichtigt werden. Bei der obigen Arbeitsweise sind dem gefundenen Magnesiumgehalt 0,15% zuzuzählen.

Literatur. Precht, H.: Z. analyt. Chem. Bd. 18 (1879) S. 439.

4. Die Titration mit Komplexon

Die Titrationsverfahren für Magnesium mit Komplexon unter Verwendung von Eriochromschwarz T als Indicator haben in letzter Zeit auch in den Betriebslaboratorien der Metallindustrie sehr an Bedeutung gewonnen. Spezielle Vorschriften sind in folgenden Kapiteln dieses Werkes zu finden: Mg-Bestimmung in Aluminium und seinen Legierungen, S. 77, Mg-Bestimmung in Dolomit, S. 456, und in Wasser, S. 1250. Die Entwicklung der Titrationsverfahren mit Komplexon befindet sich z. Z. in lebhaftem Fluß. Eine Übersicht siehe in dem Werk G. Schwarzenbach: Die komplexometrische Tiration, 3. Aufl. Stuttgart: F. Enke 1957.

5. Die photometrische Bestimmung mit Eriochromschwarz T

Während sich die photometrische Bestimmung des Magnesiums mit Titangelb nicht allgemein durchsetzen konnte, sind Arbeitsvorschriften, insbesondere solche zur Bestimmung von Magnesiumgehalten unter 0,1%, für Aluminium und Aluminiumlegierungen, für Zinklegierungen, für Kathodennickel sowie für sphärolithisches Gußeisen mit gutem Erfolg eingeführt worden. Diese Vorschriften sind bei den einzelnen Kapiteln aufgeführt. Die kleinen Magnesiumgehalte in Bereichen von 0,002 bis 0,1% lassen sich auf gewichtsanalytischem oder maßanalytischem Wege, wenn überhaupt, nur aus großen Einwaagen und mit Hilfe von langwierigen Trennungsverfahren bestimmen, so daß das photometrische Verfahren mit Eriochromschwarz T einen wertvollen Fortschritt darstellt.

Literatur. SANDELL, E. B.: Colorimetric Determination of Traces of Metalls, 3. Edit. 1959. Interscience Publishers. Inc. New York, N. Y.

D. Die Untersuchung der Ausgangsstoffe für die Magnesiumerzeugung

Die *Gewinnung* des metallischen Magnesiums erfolgt

a) mit Hilfe der Schmelzelektrolyse aus $MgCl_2$ unter Zusatz von $CaCl_2$, NaCl und KCl (Verfahren der früheren IG Bitterfeld) oder aus reinem entwässerten Carnallit (Verfahren der Wintershall AG, Heringen/Werra) oder

b) auf thermischem Wege durch Reduktion von Magnesit oder Dolomit mit einem Reduktionsmittel, wie Kohle, Calciumcarbid, Silicium, Ferrosilicium, im Vakuum, wobei das gebildete Magnesium abdestilliert wird.

I. Magnesit und Dolomit

1. Die Bestimmung der Feuchtigkeit

1 g der feingepulverten Probe wird bei 105° bis zur Gewichtskonstanz getrocknet.

2. Die Bestimmung des Glühverlustes

1 g der feingepulverten Probe wird in einem Porzellan- oder Platintiegel zunächst bei Rotglut über dem Bunsenbrenner, dann zweckmäßig in einer Muffel oder in einem Tiegelofen, zuletzt bei 1000° bis zum gleichbleibenden Gewicht geglüht. Der Glühverlust setzt sich zusammen aus Kohlendioxyd, Wasser und organischer Substanz.

3. Die Bestimmung des Löserückstandes (Siliciumdioxyd)

5 g der feingepulverten Probe werden in einer Porzellanschale von 0,25 l Fassungsvermögen mit wenig Wasser versetzt und mit 50 ml Salzsäure (1,19) und einigen Tropfen Salpetersäure (1,40) unter Aufkochen gelöst. Man dampft die Lösung zur Trockne, erhitzt den Eindampfrückstand etwa 1 Std. bei 135°, durchfeuchtet ihn dann mit 20 ml Salzsäure (1,19) und gibt 50 ml heißes Wasser hinzu. Darauf filtriert man die Lösung durch ein mitteldichtes Filter und wäscht den Rückstand mit heißer Salzsäure (1 + 40) aus. Das Filter wird im Platintiegel verascht, der Niederschlag geglüht und gewogen.

Auswaage = Löserückstand

Zur Ermittlung des Siliciumdioxyds schließt man den Rückstand im Platintiegel durch Schmelzen mit 5 g Natriumkaliumcarbonat auf, löst die Schmelze in Salzsäure (1 + 1) und dampft die Lösung in einer Prozellanschale zur Trockne. Der Schaleninhalt wird 1 Std. bei 135° getrocknet; dann nimmt man ihn mit 10 ml Salzsäure (1,19) und 100 ml heißem Wasser auf, filtriert das Siliciumdioxyd ab, dampft das Filtrat nochmals ein und behandelt es wie vorher. Das gesammelte Rohsiliciumdioxyd wird im Platintiegel getrocknet, bei 800 bis 1000° geglüht und gewogen. Durch 2maliges Abrauchen mit je 0,5 ml Schwefelsäure (1 + 1) und 5 ml Flußsäure erhält man aus der Gewichtsdifferenz das reine Siliciumdioxyd.

Der im Platintiegel verbliebene Rückstand wird mit wenig Kaliumhydrogensulfat aufgeschlossen, die Schmelze in Salzsäure gelöst und die Lösung mit den Filtraten der Siliciumdioxydabscheidung in einem 500 ml-Meßkolben vereinigt.

4. Die Bestimmung des Aluminium- und Eisenoxyds

Es genügt in der Regel, die Summe der Oxyde des Aluminiums, Eisens und gegebenenfalls Mangans zu bestimmen. Sollen jedoch die Einzelgehalte ermittelt werden, so bestimmt man das Eisen durch Titration mit Titan(III)-chlorid, das Aluminium durch Auswaage als Phosphat und das Mangan maßanalytisch nach den Verfahren Volhard-Wolff oder Procter Smith. Das Mangan, das meist nur in untergeordneten Mengen anwesend ist, wird zweckmäßig photometrisch bestimmt.

50 ml des obigen Filtrats der Siliciumdioxydabscheidung (= 0,5 g Einwaage) werden durch Zutropfen von carbonatfreiem Ammoniak unter Verwendung von Methylrot als Indicator neutralisiert und aufgekocht. Nach gutem Absitzenlassen des Niederschlages wird noch heiß filtriert. Die Fällung wird nach dem Auswaschen mit ammoniumnitrathaltigem Wasser (20 g/l) wiederholt. Das Filter trocknet und verascht man in einem Porzellantiegel, glüht den Rückstand und wägt ihn als Aluminium- und Eisenoxyd.

Zur raschen Ermittlung des Eisen- und Aluminiumgehaltes kann der Niederschlag mit Kaliumpyrosulfat aufgeschlossen und das Eisen durch Titration mit Titan(III)-chlorid oder Kaliumpermanganat bestimmt werden. Das Aluminiumoxyd ergibt sich dann aus der Differenz.

5. Die Bestimmung des Calciumoxyds

a) Im Dolomit

Die Filtrate von der Eisen- und Aluminiumfällung (s. unter 4.) werden vereinigt und eingeengt. Sodann gibt man bei 80° eine Auflösung von 5 g Ammoniumchlorid und 5 g Ammoniumoxalat in 200 ml gleichfalls auf 80° erhitztem Wasser langsam und unter ständigem Umrühren hinzu. Man läßt den ausgefallenen Niederschlag eine Zeitlang in der Wärme stehen, filtriert ihn ab, wäscht mit oxalathaltigem Wasser aus und löst ihn wieder in 10 ml Salzsäure (1 + 1). Nach dem Verdünnen der Lösung auf etwa 100 ml wiederholt man die Fällung bei 80° durch Zugabe von Ammoniak und einer heißen Lösung von 4 g Ammoniumoxalat in 150 ml Wasser. Der Calciumoxalatniederschlag kann nach 4 bis 5 Std. abfiltriert werden. Er wird entweder zu Oxyd geglüht oder, nachdem man ihn oxalatfrei ausgewaschen hat, in 25 ml Schwefelsäure (1 + 1) gelöst. Die auf 200 ml verdünnte Lösung kann dann bei 70 bis 80° mit n/10-Kaliumpermanganatlösung titriert werden.

Zur Magnesiumbestimmung müssen die vereinigten Filtrate durch Eindampfen und Glühen des Rückstandes (am besten mit sog. Oberhitze) von der Hauptmenge der Ammoniumsalze befreit werden. Der Glührückstand wird in einigen Tropfen Salzsäure und 30 ml heißem Wasser gelöst und die Lösung filtriert.

b) Im Magnesit

Das Filtrat der Eisen- und Aluminiumfällung (s. unter 4.) wird eingedampft, um die Hauptmenge des freien Ammoniaks zu entfernen, und dann mit 2 ml Schwefelsäure (1 + 1) bis zur fast vollständigen Beseitigung der freien Schwefelsäure erhitzt (Sandbad). Nach dem Abkühlen nimmt man mit wenig Wasser auf und dampft die Lösung auf dem Wasserbad zur Sirupdicke ein. Unter Rühren setzt man nun 50 ml eines Methanol-Äthanol-Gemisches (9 + 1) hinzu, filtriert durch ein mitteldichtes Filter und wäscht mit dem Gemisch aus. Das Filter wird im Porzellantiegel verbrannt und der Tiegelinhalt in heißer Salzsäure (2 + 1) gelöst. Aus der Lösung wird das Calcium wie oben als Oxalat gefällt und dann gewichtsanalytisch oder maßanalytisch bestimmt.

Für die Magnesiumbestimmung muß das Filtrat eingedampft werden, um Methanol und Äthanol zu entfernen.

6. Die Bestimmung des Magnesiumoxyds

Die vom Kalk und Alkohol befreite Magnesiumlösung wird je nach der Menge des Magnesiums auf 150 bis 250 ml verdünnt und mit 5 ml Ammoniumchlorid, 2 g Ammoniumphosphat und 1 Tropfen Phenolphthaleinlösung versetzt. Nach dem Aufkochen läßt man aus einem Tropfglas 1 n-Ammoniaklösung (silicatfrei) zutropfen, bis sich ein Niederschlag zu bilden beginnt. Man rührt bis zum Kristallinischwerden und läßt dann langsam weiter Ammoniak zutropfen, bis die Lösung eine rote Farbe angenommen hat. Nach dem Abkühlen setzt man etwa ein Fünftel des Fällungsvolumens Ammoniak (0,91) hinzu, läßt den Niederschlag einige Stunden absitzen, filtriert ihn auf ein mitteldichtes Filter oder einen Filtertiegel ab und wäscht mit 1proz. Ammoniak aus. Er kann nun entweder zu Magnesiumpyrophosphat geglüht oder nach dem Auswaschen mit Äthanol und Aceton und Trocknen bei 20° als Magnesiumammoniumphosphat ($MgNH_4PO_4 \cdot 6H_2O$) gewogen werden. Man kann das Magnesium auch maßanalytisch bestimmen, indem der Niederschlag mit Alkohol oder einem Waschwasser, das mit Magnesiumammoniumphosphat gesättigt ist, bis zur Ammoniakfreiheit ausgewaschen wird. Dann wird er in einer abgemessenen Menge n/10-Salzsäure gelöst und der Überschuß der Säure mit n/10-Natronlauge unter Verwendung von Methylrot als Indicator zurücktitriert. 1 ml n/10-Salzsäure entspricht 2,016 mg MgO.

7. Calcium und Magnesium komplexometrisch in Magnesit und Dolomit

Grundlage. Calcium und Magnesium werden gemeinsam bei p_H 10 mit Eriochromschwarz T als Indicator, Calcium aus einer zweiten Abnahme bei p_H 13 mit Murexid als Indicator mit Komplexon(III)-Lösung titriert; der für Calcium erhaltene Wert wird von dem Ergebnis der Gesamttitration abgesetzt; die Differenz entspricht dann dem Gehalt an Magnesium (s. Kapitel Feuerfeste Baustoffe, S. 1122).

Anwendungsbereich. Das Verfahren kann angewendet werden bei Magnesit und Dolomit. Es ist besonders für größere Serien zu empfehlen.

Genauigkeit. 1.

Dauer. 60 min.

Reagenzien. Doppelt destilliertes oder durch Kationenaustauscher gereinigtes Wasser.

Komplexon(III)-Lösung, 0,05 molar: 18,613 g Äthylendiamintetraessigsäure, Dinatriumsalz auf 1 l im Meßkolben gelöst. Die Lösung wird in einer Polyäthylenflasche aufbewahrt.

Pufferlösung für p_H 10: 70 g Ammoniumchlorid p. a. werden mit 570 ml Ammoniak (0,91) übergossen und zu 1 l gelöst.

Eriochromschwarz T-Indicator: 0,5 g Eriochromschwarz T und 4,5 g Hydroxylaminhydrochlorid werden in 100 ml Äthanol (96proz.) gelöst. Die Lösung ist etwa 14 Tage haltbar.

Murexid-Indicator: 0,25 g Ammoniumpurpurat und 50 g Natriumchlorid p. a. werden im Mörser gut gemischt.

Magnesiumtestlösung (1 ml = 1,0 mg MgO): 0,6032 g Reinmagnesium (99,99proz.) werden in 20 ml Salzsäure (1 + 1) gelöst, abgekühlt und die Lösung im Meßkolben auf 1 l aufgefüllt.

Calciumtestlösung (1 ml = 1,0 mg CaO): 1,7848 g Calciumcarbonat p. a. (nach SMITH zur Silicatanalyse) werden in 30 ml Salzsäure (1 + 1) gelöst, die Lösung abgekühlt und im Meßkolben auf 1 l aufgefüllt.

Ausführung. 0,5 g werden in ein 250 ml-Becherglas eingewogen, mit 10 ml Wasser und tropfenweise 10 ml Salzsäure (1,19) versetzt. Das Becherglas wird mit einem Uhrglas bedeckt. Nachdem die Kohlendioxydentwicklung aufgehört hat, wird auf kleiner Flamme erwärmt, bis sich bis auf die Kieselsäure alles gelöst hat. Dann wird in ein 250 ml-Becherglas filtriert und mit heißem salzsäurehaltigem Wasser (1 + 100) bis zu einem Volumen von 100 ml ausgewaschen. Das Filtrat wird mit 3 Tropfen Wasserstoffperoxyd versetzt, zum Sieden erhitzt und so lange mit Ammoniak versehen, bis alles Eisen und Aluminium ausgefallen ist. Dann wird in ein 250 ml-Meßkolben filtriert und mit heißem Wasser ausgewaschen. Der Niederschlag wird vom Filter gespritzt, mit 10 ml Salzsäure (1,10) gelöst und die Ammoniakfällung wiederholt. Nach dem Abkühlen werden die vereinigten Filtrate mit Wasser zur Marke aufgefüllt.

1. Titration der Summe von Calcium und Magnesium: 50 ml = 0,1 g Einwaage werden in einen 300 ml-ERLENMEYER-Kolben pipettiert, auf 150 ml mit Wasser verdünnt, mit 5 ml Pufferlösung p_H 10 und 3 Tropfen Eriochromschwarz T-Indicator versetzt und mit Komplexon(III)-Lösung bis zum Umschlag von Rot nach Blau titriert. Gegen Ende der Titration werden noch 2 Tropfen Indicator zugegeben.

2. Titration des Calciums: Eine weitere Abnahme von 50 ml = 0,1 g Einwaage wird in einen 300 ml-ERLENMEYER-Kolben pipettiert und auf 150 ml mit Wasser verdünnt; man gibt 2 g Mannit zu, löst es und versetzt mit 20 ml 2 n-Natronlauge (p_H 13). Dann wird eine Spatelspitze (0,1 g) Murexid-Indicator hinzugefügt und mit Komplexon(III)-Lösung von Erikarot nach Violett titriert.

Aus dem Verbrauch an Maßlösung bei 1 minus dem Verbrauch bei 2 errechnet sich der Magnesiumgehalt der Probe.

Faktorstellung. Zur Faktorstellung der Komplexon(III)-Lösung werden 50 ml Magnesiumtestlösung (= 50 mg MgO), wie unter 1 angegeben, titriert und 50 ml Calciumtestlösung (= 50 mg CaO), wie unter 2. angegeben, titriert.

1 ml Komplexon(III)-Lösung 0,05 mol. = 0,002016 g MgO

1 ml Komplexon(III)-Lösung 0,05 mol. = 0,002804 g CaO

Anmerkung. Die Zugabe von Mannit bei der Calciumtitration verhindert ein Mitfallen von Calcium beim Ausfallen des Magnesiumhydroxydniederschlages.

Einfluß der Begleitelemente. Strontium und Barium werden bei der Titration 1 mittitriert, Strontium stört ebenfalls bei der Calciumtitration. Vielleicht vorhandenes Co, Ni, Cu, Zn und Cd kann durch Zusatz von KCN getarnt werden.

Literatur. THEIS, M.: Radex-Rundschau, Heft 1 (1955) S. 533. — SCHWARZENBACH, G.: Die komplexometrische Titration. Die chemische Analyse. Bd. 45, S. 52, 61 u. 65. Stuttgart: F. Enke 1956.

8. Die Bestimmung des Kohlendioxyds

Für die Ausführung der Bestimmung wird zweckmäßig die Apparatur nach H. und W. BILTZ benutzt (s. Abb. 23).

1 g der Probe wird nach dem Durchleiten von kohlendioxydfreier Luft durch die Apparatur im Zersetzungskolben mit 10 ml Wasser übergossen und mit 20 ml

salzsäure (1 + 1) gelöst. Man erhitzt allmählich bis fast zum Sieden, während man den kohlendioxydfreien Luftstrom langsam durch die Apparatur leitet. Danach läßt man unter weiterem Luftdurchleiten abkühlen und nimmt die Natronkalkrohre zur Wägung ab. Aus der Gewichtszunahme ergibt sich der Kohlendioxydgehalt.

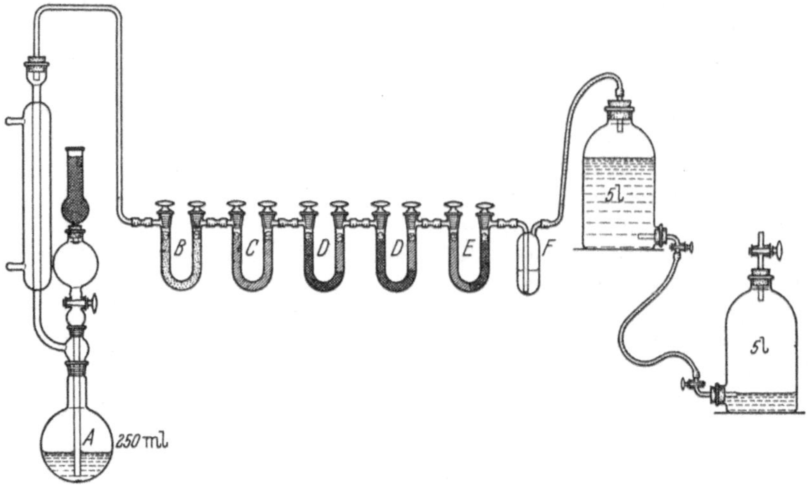

Abb. 23. Apparat zur Kohlendioxydbestimmung nach H. und W. Biltz
B U-Rohr mit Kupfersulfat-Bimsstein, *C* mit Calciumchlorid, *D—E* mit Natronkalk + Calciumchlorid

Schneller, aber weniger genau, kann der Kohlendioxydgehalt gasvolumetrisch bestimmt werden (s. auch Kapitel Blei, S. 206, und Kapitel Feuerfeste Baustoffe, S. 1115).

Literatur. Biltz, H. u. W.: Ausführung quantitativer Analysen, 4. Aufl., S. 158—164. Leipzig: Verlag Hirzel 1942 — Handbuch für das Eisenhüttenlaboratorium, Bd. I, S. 206. Düsseldorf: Verlag Stahleisen 1939. — Hillebrand, W. F., u. G. E. F. Lundell: Inorganic Analysis, S. 487, 623 u. 819—848. New York: John Wiley & Sons 1929.

II. Carnallit

Im Rohcarnallit werden bestimmt: Carnallitgehalt, Wassergehalt, unlöslicher Rückstand, Calcium, Magnesium, Natrium, Kalium, Chlorid und Sulfat.

Der Carnallitgehalt der Kalirohsalze wird nach Precht bestimmt, indem man den Chloridgehalt im Äthanol-Auszug der Probe ermittelt. Das Magnesiumchlorid des Carnallits ist in Äthanol löslich. Die Bestimmung der übrigen Bestandteile erfolgt nach allgemein üblichen Methoden. Alle aufgeführten Analysenverfahren sind sowohl für Roh- als auch für Reincarnallit brauchbar. Beim Reincarnallit erübrigt sich die Carnallitbestimmung nach Precht.

1. Die Bestimmung des Carnallitgehaltes nach Precht

10 g feingepulvertes Salz werden in einem mit Schliffstopfen versehenen 250 ml-Erlenmeyer-Kolben mit genau 100 ml 96proz. Äthanol 15 min geschüttelt. Dann filtriert man rasch durch ein trockenes Filter in ein trockenes Gefäß, entnimmt dem Filtrat 10 ml (= 1 g Einwaage) und gibt die Abmessung in einen 250 ml-Erlenmeyer-Kolben. Nach dem Verdünnen mit Wasser versetzt man die Lösung mit einigen Tropfen verdünnter Kaliumchromatlösung als Indicator und titriert mit n/10-Silbernitratlösung bis zum Auftreten der Silberchromatfärbung.

$$\text{ml n/10-Silbernitratlösung} \cdot 1{,}39 = \%\ KCl \cdot MgCl_2 \cdot 6\,H_2O$$

2. Die Bestimmung des Wassergehaltes

3 bis 5 g des Salzes werden rasch in ein glasiertes Porzellanschiffchen eingewogen. Man erhitzt das in ein Quarzglasrohr eingeführte Schiffchen in einem vorgetrockneten Luft- oder Stickstoffstrom auf 500° und treibt so das Wasser aus, das dann in zwei gewogenen, mit Calciumchlorid gefüllten U-Rohren aufgefangen wird. Um zu verhüten, daß die aus dem Magnesiumchlorid etwa abgespaltene Salzsäure mit austritt, wird sie durch eine am Ausgangsende des Rohres zwischen zwei Asbeststopfen befindliche Schicht von hirsekorngroßen, analytisch reinen Bleichromatstückchen gebunden. Die Apparatur ähnelt der in Bd. I, Schiedsverfahren, 2. Aufl., S. 18, abgebildeten.

3. Die Bestimmung des unlöslichen Rückstandes

25 g Salz werden unter Zusatz von 10 ml Salzsäure (0,19) mit etwa 150 ml Wasser in der Wärme gelöst. Man filtriert durch einen Filtertiegel und trocknet den Rückstand bei 200°. Das Filtrat füllt man für die Calcium- und Sulfatbestimmung zu 250 ml auf.

4. Die Bestimmung des Calciums

25 ml obigen Filtrats (= 2,5 g Einwaage) werden in einem 400 ml-Becherglas zum Sieden erhitzt. Man oxydiert mit etwas Wasserstoffperoxyd und macht mit kohlendioxydfreiem Ammoniak alkalisch, so daß die Hydroxyde von Eisen und Aluminium ausfallen. Im Filtrat dieser Fällung wird das Calcium nach Zusatz von 3 g Ammoniumchlorid aus einem Volumen von etwa 250 ml bei 80° unter Rühren durch langsames Zugeben von 20 ml heißer Ammoniumoxalatlösung (100 g/l) ausgefällt. Die Fällung bleibt kurze Zeit stehen. Darauf filtriert man den Niederschlag auf ein mitteldichtes Filter ab, wäscht ihn mit ammoniakhaltigem Wasser aus und glüht ihn entweder zu Calciumoxyd oder löst ihn in Schwefelsäure und bestimmt das Calcium maßanalytisch mit n/10-Kaliumpermanganatlösung.

5. Die Bestimmung des Magnesiums nach Precht

10 g feingepulvertes Salz werden 10 min mit 300 ml Wasser in einem 500 ml-Meßkolben gekocht. Nach dem Erkalten gibt man 100 ml 1 n-Natronlauge und, falls viel Calcium anwesend ist, noch 20 ml neutraler Kaliumoxalatlösung (100 g/l) hinzu und füllt die Lösung zur Marke auf. Man filtriert nach 15 min und titriert in 50 ml des Filtrats (= 1 g Einwaage) den Natronlaugeüberschuß mit n/10-Salzsäure unter Verwendung von Methylorange als Indicator zurück.

$$\frac{(100 - \text{ml } 10 \cdot \text{n/10-Salzsäure}) \cdot 0{,}1216}{\text{g Einwaage}} = \% \text{ Mg}$$

Wegen der Löslichkeit des Magnesiumhydroxyds sind 0,15% Mg hinzuzuzählen.

6. Die Bestimmung des Kaliums

In einem 500 ml-Meßkolben werden 13,45 g Salz mit 300 ml Wasser unter Zusatz von 20 ml Salzsäure (2 + 1) in der Hitze gelöst. Zu der siedend heißen Lösung gibt man nun zur Ausfällung der Sulfate Bariumchloridlösung in geringem Überschuß hinzu (12,2 g $BaCl_2 \cdot 2H_2O$ und 5 ml Salzsäure (1,19) zu 100 ml gelöst). Nach dem Erkalten füllt man den Kolbeninhalt auf und filtriert durch ein trockenes Filter. 20 ml des Filtrats dampft man in einer flachen, innen dunkel glasierten Porzellanschale nach Zusatz von 8 ml Überchlorsäure (1,12) bis zum Rauchen der Überchlorsäure ein (Wasser- oder Dampfbad). Der erkaltete Rückstand wird mit 20 ml 96proz. Äthanol, der etwa 1% Überchlorsäure enthält, mittels eines kurzen, dicken Glasstabes sorgfältig verrieben und unter Dekantieren auf einem bei 120 bis 130° getrockneten Glasfiltertiegel (1 G 4) gesammelt. Nach dem Auswaschen mit Überchlorsäurehaltigem und zuletzt mit reinem Äthanol wird der Niederschlag bei 120 bis 130° getrocknet.

1 mg $KClO_4$ = 0,1% KCl bei obiger Einwaage und Arbeitsweise.

Die Kaliumbestimmung kann mit gutem Erfolg auch nach dem Verfahren von O. RAFF und W. BROTZ durch Fällen als Tetraphenylborkalium ausgeführt werden (s. Kapitel Kalium, S. 338).

7. Die Bestimmung des Natriums

10 g Salz werden in einem 100 ml-Meßkolben mit 20 ml Wasser durchfeuchtet und mit 96proz. Äthanol zur Marke aufgefüllt. Man filtriert durch ein trockenes Filter, dampft 10 ml des Filtrats (= 1 g Einwaage) zur Trockne ein und nimmt den Rückstand mit 5 ml Wasser auf. Dann fällt man das Natrium durch Zusatz von 75 ml „Reagenzlösung" unter Rühren aus und läßt den Niederschlag 2 bis 3 Std. stehen. Er wird mit etwas Reagenzlösung in einen Glasfiltertiegel (1 G 3) übergespült, der mit 1 mm GOOCH-Tiegel-Asbest ausgekleidet ist. Man wäscht den Niederschlag erst mit wenig Wasser, dann mit 96proz. Äthanol aus und trocknet ihn 1 Std. bei 120°.

Die *Reagenzlösung* bereitet man durch Lösen von 10 g kristallisiertem Uranylacetat und 30 g Magnesiumacetat (p. a. wasserfrei) in einer Mischung von 12 ml Eisessig, 200 ml Wasser und 20 ml 96proz. Äthanol. Nach 12 Std. ist die Lösung zu filtrieren.

Die Wägung des Natriumniederschlages kann durch eine Titration ersetzt werden. Zu diesem Zweck löst man nach sorgfältigem Auswaschen in Schwefelsäure (1 + 9) und reduziert das Uran durch Zinkstaub oder -granalien. Zur Oxydation der geringen Menge Uran, die hierbei über die 4wertige Stufe hinaus reduziert wurde, leitet man durch die Lösung 5 min Luft; die 4wertige Stufe ist gegen Luft sehr beständig. Sodann titriert man mit n/10-Kaliumpermanganatlösung, die gegen Natriumoxalat eingestellt wurde.

Das Zink muß arsen- und eisenfrei sein, was durch den Verbrauch an n/10-Kaliumpermanganatlösung im Blindversuch ermittelt wird.

$$\frac{\text{Auswaage} \cdot 0{,}01536 \cdot 100}{\text{g Einwaage}} = \%\ \text{Na}; \qquad \%\ \text{Na} \cdot 2{,}5418 = \%\ \text{NaCl}$$

$$\frac{\text{Verbrauchte ml n/10-Kaliumpermanganatlösung} \cdot 0{,}0003811 \cdot 100}{\text{g Einwaage}} = \%\ \text{Na}$$

8. Die Bestimmung des Sulfats

50 ml von der Lösung zur Bestimmung des unlöslichen Rückstandes (= 5 g Einwaage) werden in einem 400 ml-Becherglas mit 200 ml Wasser verdünnt. Aus der siedend heißen Lösung fällt man das Sulfat mit 10 ml heißer Bariumchloridlösung (100 g/l) unter Rühren aus. Nach dem Absitzen prüft man auf Vollständigkeit der Fällung; es soll jedoch nur ein kleiner Überschuß an Bariumchlorid vorhanden sein. Nach einigem Stehen in der Wärme läßt man den Niederschlag absitzen. Er wird auf ein Blaubandfilter abfiltriert und mit warmem Wasser ausgewaschen. Nach dem Veraschen des Filters glüht man schwach und wägt.

$$\frac{\text{Auswaage} \cdot 0{,}4115 \cdot 100}{\text{g Einwaage}} = \%\ SO_4$$

9. Die Bestimmung des Chlorids

2,5 g des Salzes werden im 250 ml-Meßkolben mit Wasser gelöst. Die Lösung füllt man zur Marke auf, entnimmt 25 ml, verdünnt sie im 300 ml-ERLENMEYER-

Kolben mit 50 ml Wasser, versetzt sie mit etwas Kaliumchromatlösung als Indicator und titriert das Chlorion mit n/10-Silbernitratlösung.

$$\frac{\text{Verbrauchte ml n/10-Silbernitratlösung} \cdot 0{,}003546 \cdot 100}{\text{g Einwaage}} = \%\ \text{Cl}$$

Literatur. BILTZ, H. u. W.: Ausführung quantitativer Analysen, 4. Aufl., S. 67, 192 u. 159/60. Leipzig: Verlag Hirzel 1942. — BERL-LUNGE: Chemisch-technische Untersuchungsmethoden, 8. Aufl. Berlin: Springer.

III. Die Analyse des Magnesiumchlorids

Das Magnesiumchlorid wird untersucht auf: *Wassergehalt, unlöslichen Rückstand, Calcium, Sulfat* und *Eisen*. Die Alkalien brauchen nicht bestimmt zu werden, da man sie später doch in Form von Chloriden dem Elektrolyten zusetzt. Gelegentlich müssen auch kleine Gehalte an Schwermetallen, insbesondere Kupfer, Blei, Mangan u. a., ermittelt werden.

Für die Bestimmung des Wassergehaltes, des unlöslichen Rückstandes, des Calciums und Sulfats sind die bei der Untersuchung des Carnallits, S. 459/60, beschriebenen Verfahren zu verwenden. Für die übrigen Elemente sind die zur Untersuchung des Reinmagnesiums beschriebenen Methoden sinngemäß zur Anwendung zu bringen.

Zur Verbesserung der Stromausbeute, die durch das leichtere Zusammenfließen der Magnesiumkügelchen durch Fluorionen erhöht wird, erfolgt in regelmäßigen Abständen ein Zusatz von Natrium- oder Calciumfluorid zum Elektrolyten. Die Bestimmung des Fluoridgehaltes in der Badanalyse kann nach der Bleichlorofluorid- bzw. Bleibromofluoridmethode erfolgen (vgl. S. 342).

E. Die Analyse des Reinmagnesiums und der Legierungen

I. Reinmagnesium

Das Reinmagnesium hat einen Magnesiumgehalt von etwa 99,9% und kann als hauptsächlichste Verunreinigungen Eisen, Aluminium, Mangan, Kupfer, Silicium, Kalium, Natrium sowie Chlor und Stickstoff aufweisen.

1. Die Bestimmung des Siliciums

a) Gewichtsanalytisch

Grundlage. Nach dem Auflösen des Metalls in Salpetersäure wird das Silicium durch Abrauchen mit Schwefelsäure als Siliciumdioxyd abgeschieden. Ein beim Lösen in Salpetersäure etwa verbleibender Rückstand wird mit Soda-Salpeter aufgeschlossen und die Lösung zur Hauptlösung gegeben.

Anwendungsbereich und Bedeutung. Das Verfahren ist für das Reinmagnesium und seine Legierungen geeignet.

Genauigkeit. 1.

Dauer. 4 bis 6 Std.

Ausführung. 10 g Späne von Reinmagnesium (oder 2 bis 5 g Späne von Legierungen, je nach dem Siliciumgehalt) werden in einem mit einem Uhrglas bedeckten 600 ml-Becherglas mit 100 ml Wasser übergossen und durch langsames Zusetzen von 100 ml Salpetersäure (1,40) gelöst. Hierbei sollen zur Verhinderung der Bildung von flüchtigen Siliciumwasserstoffen stets braune Stickstoffdioxyddämpfe im Glase vorhanden sein. Ein etwaiger brauner Rückstand kann meistens durch Zusatz von 20 ml Salzsäure (1,19) beim Abrauchen mit Schwefelsäure in Lösung gebracht werden. Falls dies nicht möglich ist, wird abfiltriert und das Ungelöste im Platintiegel mit einem Gemisch von Soda und Salpeter aufgeschlossen. Man löst die Schmelze in Wasser, säuert die Lösung mit Salpetersäure (1 + 1) an und fügt sie zum Hauptfiltrat. Nach Zusatz von je 6 ml Schwefelsäure (1,84) für jedes g der Einwaage dampft man bis zum Entweichen von Schwefelsäuredämpfen ab. Man nimmt nach dem Erkalten vorsichtig mit 400 ml Wasser auf, filtriert durch ein Filter mittlerer Dichte, wäscht etwa 10mal mit heißem Wasser aus, verascht im Platintiegel, glüht bei 1000° und wägt. Nach dem Abrauchen mit 5 ml 40proz. Flußsäure und 5 Tropfen Schwefelsäure (1 + 1) glüht man wieder und berechnet den Siliciumgehalt aus der Differenz der beiden Wägungen.

Die Bestimmung kann sehr beschleunigt werden, wenn man nach WEISS und SIEGER das Siliciumdioxyd unter Zusatz von Gelatinelösung abscheidet. Hierbei erhält man meistens ein sehr reines Siliciumdioxyd, das nicht mehr durch Abrauchen mit Flußsäure auf Reinheit geprüft zu werden braucht. Bei Anwendung von 2 g Einwaage dampft man die mit Schwefelsäure versetzte Lösung auf 50 ml ein und läßt sie auf 60° abkühlen. Bei größeren Einwaagen, wie z. B. von 5 oder 10 g, erfolgt das Eindampfen bis auf 125 bzw. 250 ml. Dann fügt man unter starkem Rühren zu der 60° warmen Lösung 10 ml frisch bereitete, 1proz. Gelatinelösung und 50 ml Wasser hinzu, läßt die ausgeflockte Kieselsäure 10 min absitzen, filtriert es auf ein mitteldichtes Filter ab und wäscht es mit heißem, 1% Salzsäure und 0,5% Gelatine enthaltendem Wasser aus. Das Veraschen und Glühen erfolgt darauf wie vorhin.

$$\frac{\text{Auswaage} \cdot 0{,}4675 \cdot 100}{\text{Einwaage}} = \%\ \text{Si}$$

Gelatinelösung. Die Lösung soll nicht über 8 Tage alt sein. Bei größerem Bedarf läßt man 50 g reine Gelatine mit 1 l Wasser einige Stunden quellen und erhitzt sodann nach 4maliger Erneuerung des Wassers und jedesmaligem mehrstündigem Stehenlassen mit $^1/_2$ l Wasser auf 60°, wobei die Gelatine sich vollständig lösen soll. Nach dem Auffüllen zu 5 l erhält man durch Zusatz von 5 ml Toluol eine haltbare Lösung.

Fehlerquellen. Blei und Zinn werden gegebenenfalls mit der Kieselsäure zusammen abgeschieden. Das Bleisulfat wird mit Ammoniumacetat gelöst und von dem Siliciumdioxyd getrennt; es kann im Filtrat bestimmt werden. Das Zinn läßt sich durch wiederholtes Erhitzen mit Ammoniumchlorid verflüchtigen.

Literatur. HIEGE, C.: Chemisch-technische Untersuchungsmethoden von BERL-LUNGE, 8. Aufl., Bd. II, S. 1443. — WEISS, L., u. H. SIEGER: Z. analyt. Chem. Bd. 119 (1940) S. 245 bis 280. — GINSBERG, H.: Leichtmetallanalyse, 2. Aufl., S. 335. Berlin: W. de Gruyter & Co. 1945.

b) Photometrisch

Grundlage. Nach Umwandlung des Siliciumdioxyds durch Flußsäure und Borsäure in Si-Ionen wird mit Ammoniummolybdat das Silicomolybdat und durch Reduktion das Molybdänblau gebildet und die Absorption am Photometer gemessen.

Anwendungsbereich. Das Verfahren kann für Reinmagnesium und Magnesiumlegierungen bei Gehalten von 0,001 bis 1,0% Si angewendet werden.

Genauigkeit. 1 bis 2.

Dauer. 40 min.

Reagenzien. 10 n-Schwefelsäure: Zu 700 ml Wasser werden vorsichtig unter Kühlen 280 ml Schwefelsäure (1,84) gegeben, gekühlt und auf 1 l verdünnt.

Bromwasser: Gesättigt.

Kaliumfluoridlösung von 50 g/l: Die Lösung muß vor Gebrauch filtriert und in einer Polyäthylenflasche aufbewahrt werden.

Borsäurelösung: Gesättigt bei 20°.

Ammoniummolybdatlösung von 50 g/l: 50 g Ammoniummolybdat p. a. werden in warmem Wasser gelöst, wenn nötig, filtriert, auf 1 l verdünnt und in einer Polyäthylenflasche aufgehoben.

Weinsäurelösung: 200 g/l.

Zinn(II)-chloridvorratslösung: 5 g Zinn(II)-chlorid werden in 10 ml Salzsäure (1,19) gelöst, gekühlt und auf 200 ml mit Wasser verdünnt. Die Lösung wird in einer kleinen Flasche festverschlossen aufbewahrt.

Reduktionslösung: 100 ml der Zinn(II)-chloridvorratslösung werden auf 1 l mit Wasser verdünnt. Die Lösung muß täglich frisch hergestellt werden.

Ausführung *a*). (Gehalte von 0,02 bis 1,0% Si): 0,5 g Späne werden in einem 250 ml-Becherglas mit 30 ml Bromwasser und 30 ml ($\pm$ 0,5 ml) 10 n-Schwefelsäure versetzt. Zum Blindansatz werden nur 25 ml ($\pm$ 0,5 ml) 10 n-Schwefelsäure, sonst alle anderen Reagenzien wie bei der Probe, zugegeben. Falls während des Lösens die Orangefärbung von Brom verschwindet, muß noch Bromwasser nachgegeben werden. Nach vollständigem Lösen wird der Überschuß an Brom verkocht. Dann wird in einen Plastikbecher übergespült, auf 100 ml verdünnt und 5 ml Kaliumfluoridlösung zugesetzt. Es wird mit einem Plastikrührer 15 bis 20 min unter Erwärmen auf 60 bis 70° gerührt. Dann werden 50 ml Borsäurelösung zugegeben und gut durchgerührt. Es wird auf Raumtemperatur gekühlt, in einen 250 ml-Meßkolben übergespült, falls nötig, filtriert und zur Marke aufgefüllt. Nach dem Umschütteln werden 10 ml der Lösung in einen 100 ml-Meßkolben abpipettiert. Man gibt 35 ml Wasser und 10 ml Ammoniummolybdatlösung zu und setzt nach 5 min unter gutem Umschütteln 10 ml Weinsäurelösung und 10 ml ($\pm$ 0,5 ml) 10 n-Schwefelsäure und nach Abspritzen des Kolbenhalses, um alles Molybdat zu entfernen, 10 ml Reduktionslösung zu. Dann wird zur Marke aufgefüllt, gut umgeschüttelt und nach 5 min innerhalb von 10 min am Photometer bei Filter 578 mμ in 20 mm-Küvetten gegen Wasser gemessen. Der Blindansatz wird ebenfalls gegen Wasser gemessen und von der Probe abgesetzt. Der Siliciumgehalt wird einer Eichkurve entnommen.

Herstellung der Testlösung. Siliciumtestlösung I: 1 ml = 500 μg Si. 1,0696 g reiner, wasserfreier, feingemahlender Quarz wird mit 5 g Natriumcarbonat p. a. im Platintiegel aufgeschlossen. Es wird mit heißem Wasser in einer Nickelschale ausgelaugt, die Lösung in einen 1 l-Meßkolben übergespült und zur Marke aufgefüllt. Sie wird in einer Polyäthylenflasche aufbewahrt.

Aufstellung der Eichkurve. Steigende Mengen der Siliciumtestlösung I (0 bis 10,0 ml) werden aus einer Mikrobürette zu 0,5 g siliciumfreiem Reinmagnesium oder 5,0 g Magnesiumsulfat p. a. ($MgSO_4 \cdot 7H_2O$) gegeben und nach Vorschrift weiterbehandelt. Zum Blindansatz und zu Magnesiumsulfat werden nur 25 ml ($\pm$ 0,5 ml) 10 n-Schwefelsäure gegeben. Aus den erhaltenen Meßpunkten wird eine Eichkurve gezeichnet.

Anmerkung. 1. Die Methode ist anwendbar bei allen normalen Magnesiumlegierungen.

2. Bei Legierungen mit hohen Gehalten an Nickel, Kupfer oder anderen stark gefärbten Ionen wird eine zweite Abnahme von 10 ml als Kompensationslösung verwendet. Es werden alle Reagenzien mit Ausnahme von Molybdat zugegeben und die erhaltene Extinktion von der der gefärbten Lösung abgesetzt. Der Blindansatz ist außerdem abzusetzen.

Ausführung *b*). (Gehalte von 0,001 bis 0,025% Si): 1,0 g Späne werden im 250 ml-Becherglas mit 50 ml Bromwasser und aus einer Bürette mit 14,0 ml 10 n-Schwefelsäure versetzt. Der Blindansatz wird mit 5,0 ml 10 n-Schwefelsäure und sonst mit allen angegebenen Reagenzien versetzt. Falls während des Lösens die Bromfarbe verschwindet, muß noch etwas Bromwasser nachgegeben werden. Nach vollständigem Lösen wird das Brom verkocht. Dann wird in einen Plastikbecher übergespült, auf 100 ml verdünnt, mit 5 ml Kaliumfluoridlösung versetzt und mit einem Plastikrührer 15 bis 20 min bei 60 bis 70° gerührt. Darauf gibt man 50 ml Borsäurelösung unter gutem Umrühren zu, kühlt auf Raumtemperatur ab, spült in einen 250 ml-Meßkolben über, filtriert, falls nötig, und füllt zur Marke auf. Es werden 50 ml in einen 100 ml-Meßkolben abpipettiert, 10 ml Ammoniummolybdatlösung zugefügt und nach 5 min 10 ml Weinsäurelösung und 10 ml 10 n-Schwefelsäure. Dann wird der Kolbenhals abgespritzt, um alles Molybdat zu entfernen, 10 ml Reduktionslösung zugegeben und zur Marke aufgefüllt. Nach 5 min wird innerhalb von 10 min am Photometer bei Filter 578 mμ in einer 40 mm-Küvette gegen Wasser gemessen. Der Blindansatz wird ebenfalls gegen Wasser gemessen und vom Ergebnis der Probe abgesetzt. Der Siliciumgehalt wird einer Eichkurve entnommen.

Herstellung der Testlösung. Siliciumtestlösung II: 1 ml = 25 μg Si. Kurz vor Gebrauch werden 10 ml der Siliciumtestlösung I auf 200 ml im Meßkolben verdünnt.

Aufstellung der Eichkurve. Steigende Mengen Siliciumtestlösung II (0 bis 10 ml) werden aus einer Mikrobürette zu 1,0 g siliciumfreiem Reinmagnesium oder zu 10 g Magnesiumsulfat p. a. ($MgSO_4 \cdot 7\,H_2O$) gegeben und nach Vorschrift behandelt. Aus den erhaltenen Meßpunkten wird eine Eichkurve gezeichnet.

Anmerkung. 3. Bei Legierungen mit Gehalten an seltenen Erden oder Thorium müssen 10 ml Kaliumfluorid zugesetzt werden.

Literatur. MAYER, A.: Chemical and Spectrographic Analysis of Magnesium and its Alloys. Magnesium Elektron Ltd. (1954) S. 2905.

2. Die Bestimmung des Eisens

a) Photometrisch

Grundlage. Eisen(II)-Ionen geben in saurer Lösung bei p_H 3,7 mit o-Phenanthrolin eine beständige Rotfärbung.

Anwendungsbereich. Das angegebene Verfahren kann für Reinmagnesium und Magnesiumlegierungen bei Gehalten von 0,001 bis 0,03% angewendet werden.

Genauigkeit. 1. Bei Fe-Gehalten von 0,005 bis 0,03% ±5proz. vom Sollwert.

Dauer. 30 min.

Ausführung.

0,5 bis 2,5 g Späne werden im 250 ml-Becherglas in 10 bis 50 ml Salzsäure (1 + 1) vorsichtig gelöst (Reaktion ist sehr heftig), mit 20 ml Wasser verdünnt und kurz aufgekocht. Es wird in einen 250 ml-Meßkolben übergespült, gekühlt und bis zur Marke aufgefüllt.

Nach dem Umschütteln wird partiell vom ungelösten Cu abfiltriert und eine Abmessung von 25 bis 50 ml (= maximal 250 μg Fe) in ein 150 ml-Becherglas abpipettiert; man gibt unter Umschütteln 2 ml Hydroxylaminhydrochloridlösung (20 g/100 ml) und 10 ml o-Phenanthrolinlösung (0,2 g/100 ml) zu und stellt durch Zufügen von Natriumacetatlösung (50 g/100 ml) gegen Lyphanpapier oder besser am p_H-Gerät einen p_H-Wert von 3,7 (±0,2) ein. Dann wird in einen 100 ml-Meßkolben übergespült, zur Marke mit Wasser aufgefüllt und nach gutem Umschütteln die Rotfärbung nach einer Wartezeit von mindestens 5 min gegen einen Chemikalienblindansatz in einer Küvette mit 20 mm Schichtdicke bei Blaufilter 436 mμ und Hg-Lampe gemessen. Der Prozentgehalt an Fe wird einer Eichkurve entnommen.

Herstellung der Testlösungen. Lösung I (1 ml = 1,0 mg Fe): 1,0 g Ferrum reductum in 20 ml Salzsäure (1,19) lösen und auf 1 l in Meßkolben auffüllen.

Lösung II (1 ml = 25 μg Fe): 25,0 ml Lösung I in einen 1 l-Meßkolben abpipettieren und mit Wasser bis zur Marke auffüllen.

Aufstellung der Eichkurve. Steigende Mengen der Fe-Testlösung II (0 bis 250 μg Fe) werden aus einer Mikrobürette in 100 ml-Meßkolben gegeben und, wie im Analysengang nach dem Abpipettieren beschrieben, weiterbehandelt. Die Messungen erfolgen gegen einen Chemikalienblindansatz. Aus den einzelnen Meßpunkten wird eine Eichkurve gezeichnet.

Anmerkung. 1. Bei Abwesenheit von größeren Mengen Kupfer kann die Einwaage direkt verarbeitet werden, und es erübrigt sich das Abfiltrieren eines aliquoten Teiles.

2. Die Aufstellung der Eichkurve kann ohne Magnesiumzusatz erfolgen, da es keinen Einfluß auf die Färbung hat.

3. Die Rotfärbung des Eisen(II)-o-Phenanthrolin-Komplexes ist weit über 24 Std. konstant.

4. Es sind nur p. a.-Reagenzien zu verwenden.

Einfluß der Begleitelemente. Kupfergehalte bis über 5% stören die Bestimmung nicht, da sie durch den Lösungsvorgang weitgehend auszementiert werden.

Literatur. GINSBERG, H.: Leichtmetallanalyse, 3. Aufl., S. 218. Berlin: W. de Gruyter & Co. 1955. — POHL, H.: Aluminium Bd. 31 (1955) S. 207.

b) Maßanalytisch

Grundlage. Das 3wertige Eisen wird in der Wärme mit Titan(III)-chloridlösung zu 2wertigem reduziert. Als Indicator dient Kaliumthiocyanat.

Anwendungsbereich und Bedeutung. Die Methode dient zur Bestimmung von Eisengehalten über 0,01% in Reinmagnesium und Magnesiumlegierungen.

Genauigkeit. 1.

Dauer. 30 bis 60 min, wenn die Probe kupferfrei ist.

Ausführung. 5 g Späne werden nach dem Übergießen mit 150 ml Wasser mit 25 ml Schwefelsäure (1 + 1) gelöst. Die erkaltete Lösung läßt man langsam durch einen JONES-*Reduktor* (s. Kapitel Molybdän, S. 507) laufen, der mit amalgamierten Cadmiumgranalien gefüllt ist. Danach oxydiert man das vorhandene Eisen mit Kaliumpermanganatlösung und beseitigt den geringen Überschuß derselben mit Oxalsäure. Die Titration des Eisens mit Titan(III)-chloridlösung (s. Kapitel Aluminium, S. 64) erfolgt nach Zusatz von 40 ml Salzsäure (1,19) bei 60° und einem Volumen von 200 ml. Als Indicator gibt man 4 ml Kaliumthiocyanatlösung (1 + 1) hinzu. Während der Titration leitet man zur Verhinderung der Oxydation durch den Luftsauerstoff Kohlendioxyd durch den Kolben, oder man gibt wiederholt kleine Mengen (etwa 0,2 g) Natriumhydrogencarbonat oder festes Kohlendioxyd hinzu. Man titriert bis zum völligen Verschwinden der Rotfärbung; die titrierte Lösung muß 2 min farblos bleiben.

Die *Titerherstellung* der Titan(III)-chloridlösung ist im Kapitel Aluminium, S. 65, zu ersehen.

Fehlerquellen. Durch die Behandlung im JONES-Reduktor wird das bei der Titration sonst schädlich wirkende Kupfer zurückgehalten. Ist der Prozentsatz an Kupfer sehr hoch (was nur bei Legierungen der Fall sein könnte), müßte eine Fällung mit Schwefelwasserstoff oder Natriumthiosulfat eingeschaltet werden. Meist aber gelingt es, nach dem Lösen des Metalls in verdünnter Schwefelsäure das ungelöste Kupfer abzufiltrieren, ohne daß nennenswerte Mengen davon in Lösung gehen.

Bei der Titration muß die Bürettenspitze in den Kolben hineinragen, um eine Oxydation durch den Luftsauerstoff zu verhindern. Salpetersäure darf nicht anwesend sein, da sie durch Titan(III)-chlorid reduziert wird. Der Titer ist täglich zu kontrollieren. Der Eisengehalt der verwendeten Reagenzien muß durch Blindversuche festgestellt werden.

Literatur. BILTZ, H. u. W.: Ausführung quantitativer Analysen, 5. Aufl. Leipzig: Verlag Hirzel 1947. — Handbuch für das Eisenhüttenlaboratorium, Bd. I, S. 24 u. 196. Düsseldorf: Verlag Stahleisen 1939.

3. Die Bestimmung des Kupfers

Grundlage. Mit Natriumdiäthyldithiocarbaminat wird ohne vorhergehende Abtrennung der Kupferkomplex gebildet und die entstehende Braunfärbung photometrisch gemessen.

Anwendungsbereich. Das Verfahren kann bei Reinmagnesium und Magnesiumlegierungen mit Gehalten von 0,002 bis 0,25% Cu angewendet werden.

Genauigkeit. 1.

Dauer. 20 min.

Reagenzien. Ammoniumzitratlösung: 500 g Zitronensäure werden in einer Mischung von 350 ml Wasser und 400 ml Ammoniak (0,91) unter Kühlen gelöst, die Lösung filtriert und auf 1 l verdünnt.

Natriumdiäthyldithiocarbaminatlösung: 1,0 g werden in 1 l heißem Wasser gelöst, gekühlt und filtriert.

Gummiarabicumlösung: 10 g feingepulvertes Gummiarabicum werden in 500 ml kochendes Wasser eingerührt, auf dem Wasserbad bis zum Lösen erwärmt, gekühlt, filtriert und auf 1 l verdünnt. Zum Haltbarmachen der Lösung werden einige Kristalle Thymol zugesetzt.

Ausführung. 1,0 g Einwaage wird in einem 250 ml-Becherglas mit etwas Wasser bedeckt und mit 10 ml Salzsäure (1,19) gelöst. Dann wird mit einigen Tropfen Salpetersäure (1,4) oxydiert, um das Kupfer vollständig in Lösung zu bringen. Die Stickoxyde werden verkocht. Wenn nötig, wird filtriert, dann gekühlt. Es werden 20 ml Ammoniumzitratlösung zugefügt und tropfenweise Ammoniak, bis die Lösung gegen Lackmus alkalisch ist, und noch 15 ml im Überschuß. Dann werden nacheinander 10 ml Gummiarabicumlösung und 10 ml Natriumdiäthyldithiocarbaminatlösung zugegeben. Die Lösung soll nicht dem Sonnenlicht ausgesetzt werden, da sonst die Färbung geschwächt wird. Es wird auf 100 ml im Meßkolben aufgefüllt und am Photometer bei Filter 436 mμ (blau) in 30 mm-Küvette gegen einen Chemikalienblindansatz gemessen und der Kupfergehalt einer Eichkurve entnommen.

Herstellung der Testlösungen. Lösung I (1 ml = 1,0 mg Cu): 1,0 g reines Elektrolytkupfer wird in 20 ml Salzsäure (1 + 1) und 5 ml Salpetersäure (1,4) gelöst, die Stickoxyde werden verkocht; man kühlt und füllt auf 1 l im Meßkolben auf.

Lösung II (1 ml = 10 μg Cu): 10 ml der Lösung I werden in einen 1000 ml-Meßkolben pipettiert und bis zur Marke aufgefüllt.

Aufstellung der Eichkurve. Zu je einer Einwaage von 1,0 g Reinmagnesium mit genau bekanntem niedrigem Kupfergehalt werden 0 bis 25 ml Kupfertestlösung II (0 bis 250 μg Cu) aus einer geeichten Bürette gegeben und, wie im Analysengang angegeben, weiterbehandelt. Die Messungen erfolgen gegen einen Chemikalienblindansatz. Aus den einzelnen Meßpunkten wird eine Eichkurve gezeichnet.

Ist Reinmagnesium von äußerst großer Reinheit nicht verfügbar, so wird die Eichkurve ohne Magnesium aufgestellt, da der störende Einfluß nur gering ist.

Anmerkung. 1. Es soll nur mit bidestilliertem Wasser gearbeitet werden.

2. Sehr große Gehalte an Silber, Nickel, Zinn, Blei, Arsen und Antimon stören. In diesem Fall muß Kupfer aus 10 g Einwaage elektrolytisch abgetrennt oder die Extraktionsmethode angewendet werden.

3. Bei Gehalten von 0,02 bis 0,25% Cu wird im 100 ml-Meßkolben aufgefüllt und eine Abnahme von 10 ml weiterverarbeitet.

4. Gehalte unter 0,002% Cu werden nach der Extraktionsmethode bestimmt (s. Literatur).

Literatur. Chemical and Spectrographic Analysis of Magnesium and its Alloys. Magnesium Elektron Ltd. (1954) S. 1203. — Ginsberg, H.: Leichtmetallanalyse, 3. Aufl., S. 219. Berlin: W. de Gruyter & Co. 1955. — Pohl, H.: Analytica chim. Acta Bd. 12 (1955) S. 54.

4. Die Bestimmung des Mangans

Grundlage. Eine saure Mn(II)-Lösung gibt nach Zusatz von Kaliumperjodat in der Wärme eine violette Färbung von Permangansäure.

Anwendungsbereich. Das angegebene Verfahren kann für Reinmagnesium und Magnesiumlegierungen bei Mangangehalten von 0,001 bis 3,0%, gegebenenfalls auch höheren, angewendet werden.

Genauigkeit. 1.

Bei Gehalten von	1	bis 3 %	= maximal	±0,03 %,
	0,1	bis 1 %	= maximal	±0,01 %,
	0,005	bis 0,1%	= maximal	±0,001%.

Dauer. 60 min.

Reagenzien. Kaliumperjodatlösung: 2 g KJO_4 in 50 ml Phosphor-Schwefelsäure [150 ml H_3PO_4 (1,7) + 150 ml H_2SO_4 (1,84) + 700 ml H_2O] lösen, kühlen und mit Wasser auf 100 ml auffüllen.

Ausführung.

Je nach dem Mangangehalt werden 0,1 bis 2,0 g Einwaage im 150 ml-Becherglas in 10 bis 30 ml Salpetersäure (1 + 1) gelöst, mit 10 ml Wasser verdünnt und die Stickoxyde gut verkocht. Dann wird gekühlt, in einen 100 ml-Meßkolben übergespült und zur Marke aufgefüllt.

10 ml (0,01 bis 0,2 g Einwaage oder eine maximale Manganmenge von 250 μg bei Filter 546 mμ bzw. 1000 μg bei Filter 578) werden in einen 25 ml-Meßkolben pipettiert, 2 ml Kaliumperjodatlösung und ein kleines Siedesteinchen zugegeben, mindestens 3 bis 4 min gekocht und dann 20 min bei 90° stehengelassen (bei sehr kleinen Mn-Gehalten 30 min heiß stellen).

Man kühlt, füllt mit Wasser zur Marke auf, gießt etwa 10 ml in einen 25 ml-ERLENMEYER-Kolben ab und reduziert das Permanganat mit 1 Tropfen Natriumnitritlösung. Gegen diese als Leerwert dienende Lösung wird die violette Lösung in einer 40 mm-Küvette bei Grünfilter 546 mμ (maximal 250 μg Mn) oder bei Gelbfilter 578 mμ (maximal 1000 μg Mn) mit einer Hg-Lampe gemessen. Der Manganwert wird einer Eichkurve entnommen.

Herstellung der Testlösungen. Lösung I (1 ml = 100 μg Mn): 0,1439 g $KMnO_4$ p. a. in 5 ml H_3PO_4/H_2SO_4 lösen, mit Natriumnitritlösung (100 g/l) tropfenweise reduzieren, bis die Lösung farblos ist. Die Stickoxyde gut verkochen, abkühlen und die Lösung mit Wasser im 500 ml-Meßkolben bis zur Marke auffüllen.

Lösung II (1 ml = 20 μg Mn): 50 ml der Mangantestlösung I in einen 250 ml-Meßkolben abpipettieren und mit Wasser bis zur Marke auffüllen.

Aufstellung der Eichkurve. Steigende Mengen Mangantestlösung (0 bis 1000 μg Mn) werden aus einer Mikrobürette in 25 ml-Meßkolben gegeben, in denen sich 2 ml Salpetersäure (1 + 1) befinden, und nach dem oben angegebenen Analysengang behandelt. Die einzelnen Meßpunkte ergeben die Eichkurve. Anschließend wird die Kurve mit Analysenkontrollproben kontrolliert.

Anmerkung. Die violette Färbung ist mindestens 12 Std. konstant. Die Mikromethode benötigt nur sehr wenig Kaliumperjodat.

Einfluß der Begleitelemente. Die in Magnesiumlegierungen vorkommenden Begleitelemente stören nicht.

Literatur. MAYER, A., u. W. J. PRICE: Chemical Spectrographic Analysis of Magnesium and its Alloys. Magnesium Elektron Ltd. (1954) S. 1203. — The British Aluminium Company Ltd. Analysis of Aluminium and its Alloys (1947) London, E. C. 2.

5. Die Bestimmung des Natriums

Grundlage. Natriumsalze bilden in essigsaurer Lösung mit Uranylacetat und Magnesiumacetat ein schwer lösliches Tripelsalz $NaMg(UO_2)_3(CH_3COO)_9 \cdot 6\,H_2O$, das zur quantitativen Bestimmung geeignet ist.

Anwendungsbereich und Bedeutung. Das Verfahren dient zur Bestimmung der im Reinmagnesium enthaltenen, sehr geringen Mengen von Natrium und überhaupt zur Bestimmung von kleinen Natriummengen, zumal nur Schwermetalle und Kaliumsalze im großen Überschuß stören.

Genauigkeit. 2.

Dauer. 18 Std.

Ausführung. 20 g Späne werden mit etwas Wasser überschichtet und durch langsames Hinzugeben von 350 ml Salzsäure (1 + 1) gelöst. Der Kolben muß aus gutem, säurebeständigem Glas (z. B. Jenaer Geräteglas Nr. 20) und schon längere Zeit in Gebrauch sein, damit keine Alkalien herausgelöst werden. Nach dem Filtrieren füllt man die Lösung im Meßkolben zu 500 ml auf und dampft 100 ml davon in einer Porzellanschale oder Quarzschale bis zur beginnenden Kristallisation ein. Dann versetzt man die Salzmasse unter Umrühren mit 50 bis 100 ml 96proz. Äthanol und dampft den Schaleninhalt auf dem Wasserbad soweit wie möglich ein. Dadurch wird die Hauptmenge des Wassers und der freien Säure entfernt. Den Trockenrückstand befeuchtet man nun mit einigen ml Eisessig und setzt 100 ml Fällungsmittel hinzu. Durch Umrühren und Zerdrücken des Rückstandes mit einem Glasstab bringt man alles Magnesiumchlorid in Lösung. Die Mischung bleibt 12 Std. stehen. Darauf filtriert man auf einen Jenaer Glasfiltertiegel (1 G 3), auf dem eine dünne Schicht GOOCH-Tiegel-Asbest aufgesaugt ist. Zunächst wird die überstehende Lösung dekantiert, dann der Niederschlag in der Schale 2- bis 3mal mit einigen ml Fällungsmittel ausgewaschen und schließlich mit 96proz. Äthanol in den Filtertiegel übergespült. Man wäscht ihn zuletzt noch 2- bis 3mal mit Äthanol aus, trocknet ihn bei 110 bis 120° und wägt.

$$\frac{\text{Auswaage} \cdot 0{,}01536 \cdot 100}{\text{Einwaage}} = \%\ \text{Na}$$

Das *Fällungsmittel* wird bereitet, indem man 50 g Uranylacetat (kristallisiert), 166,5 g wasserfreies Magnesiumacetat und 60 ml Eisessig mit Wasser löst und die Lösung auf 2 l verdünnt. Zu dieser Lösung setzt man noch 2 l Äthanol hinzu, läßt das Ganze 2 Tage stehen und filtriert dann.

Fehlerquellen. Nach A. RAUCH fällt mit dem alkoholischen Fällungsmittel das Tripelsalz mit $8 H_2O$ ($F = 0{,}0150$), während es mit dem wäßrigen Reagenz mit $6 H_2O$ ($F = 0{,}01536$) ausfällt. Die geringe Differenz im Faktor kann jedoch bei den kleinen Natriumgehalten vernachlässigt werden. Dagegen kann der Alkaligehalt der Gefäße zu Fehlern führen.

Literatur. RAUCH, A.: Z. analyt. Chem. Bd. 98 (1934) S. 385.

Bemerkung. Über die maßanalytische Bestimmung s. Carnallit, S. 460. Über die flammenspektrometrische Bestimmung, S. 1253.

6. Die Bestimmung des Kaliums

Grundlage. Das Kalium wird durch Fällung mit Natriumkobaltnitrit aus essigsaurer Lösung entweder gewichtsanalytisch oder maßanalytisch durch Oxydation mit Kaliumpermanganat bestimmt.

Anwendungsbereich und Bedeutung. Das Verfahren ist vorerst nur für die Kaliumbestimmung in Reinmagnesium ausgearbeitet worden.

Genauigkeit. 2.

Dauer. $1^1/_2$ Tage.

Ausführung.

a) Gewichtsanalytisch

Man löst 3 bis 5 g Reinmagnesium vorsichtig in Salzsäure (2 + 1) und dampft die Lösung zur Trockne. Den Rückstand nimmt man mit einigen Tropfen 96proz. Essigsäure und etwas Wasser auf und filtriert etwa vorhandenes Siliciumdioxyd ab.

Zum Filtrat gibt man 1 ml Eisessig, 0,2 ml 96proz. Äthanol, 5 ml gesättigte Natriumnitritlösung und 5 ml Kobaltnitritlösung (250 g/l), schüttelt 1 min und läßt die Fällung 24 Std. stehen. Dann wird der Niederschlag dekantiert, in einem Jenaer Glasfiltertiegel (1 G 4) gesammelt, 3- bis 5mal mit je 4 ml eines Gemisches aus je 10 ml 96proz. Äthanol, 96proz. Essigsäure und Wasser gewaschen und 1 Std. bei 110° getrocknet. Er entspricht der Formel $K_2Na[Co(NO_2)_6] \cdot H_2O$ [1] (nach NIKITINA).

$$\frac{\text{Auswaage} \cdot 0{,}172 \cdot 100}{\text{Einwaage}} = \%\ \text{K}$$

b) Maßanalytisch

20 g Späne werden in einem schon länger gebrauchten Kolben aus Jenaer Glas mit wenig Wasser angefeuchtet und in 300 ml Salzsäure (1 + 1) gelöst. Man filtriert die Lösung in einen 500 ml-Meßkolben und füllt das Filtrat zur Marke auf. 100 ml dieser Lösung bringt man in eine innen blau glasierte Porzellanschale, gibt 5 ml Kobaltnitritreagenzlösung und 1 ml Salzsäure (1,19) hinzu und engt den Schaleninhalt in ammoniakfreier Atmosphäre ein, bis sich eine Decke von festem Salz auszuscheiden beginnt. Hierauf fügt man so viel Wasser hinzu, daß in der Hitze gerade vollständige Auflösung eintritt, und gibt zur heißen Lösung sofort unter Rühren und in einem Guß 40 ml frisch bereitete Kobaltnitritreagenzlösung hinzu. Die Fällung bleibt 16 bis 24 Std. stehen; es scheidet sich nach A. RAUCH $Na_3K_3[Co(NO_2)_6]_2$ aus. Der sehr feine Niederschlag wird dann in einem, mit einer dünnen Asbesteinlage versehenen Jenaer Glasfiltertiegel (1 G 3) gesammelt. Man gießt zunächst die Lösung ab und gibt darauf zum Rückstand so viel Wasser, daß sich alles Natriumchlorid löst, und bringt nun erst den Niederschlag in den Tiegel. Man wäscht 3- bis 4mal mit je 30 ml gesättigter Natriumnitratlösung unter gutem Aufwirbeln des Tiegelinhaltes aus. Sodann wird die Asbesteinlage mit der Hauptmenge des Niederschlages und der Tiegel selbst in ein 200 ml-Becherglas gegeben. Zur Titration fügt man 7 ml n/50-Kaliumpermanganatlösung und 25 ml Schwefelsäure (1 + 4) hinzu, erwärmt auf 60° und hält unter Schwenken 10 min bei dieser Temperatur, wobei man die verbrauchte Permanganatlösung so ersetzt, daß immer einige ml im Überschuß vorhanden sind. Zuletzt beseitigt man den Permanganatüberschuß mit 10 ml n/50-Oxalsäurelösung und titriert mit n/50-Kaliumpermanganatlösung auf Rosa.

$$\frac{(V - V_0)\ \text{ml n/50-Kaliumpermanganatlösung} \cdot 0{,}000098 \cdot 100}{\text{Einwaage}} = \%\ \text{K}$$

V = Gesamtvolumen des verbrauchten Kaliumpermanganats,
V_0 = Verbrauch für die zugesetzten 10 ml n/50-Oxalsäurelösung.

Reagenzlösung. Man mischt gleiche Volumina folgender Lösungen:

1. 220 g Natriumnitrit (p. a.) werden in Wasser zu 500 ml gelöst;
2. 100 g Kobaltchlorid und 100 ml Eisessig werden zu 500 ml gelöst.

Die nitrosen Gase entfernt man durch 1stündiges Durchleiten von Luft. Nach mindestens 24stündigem Stehen filtriert man die Lösung, die in einer braunen Flasche aufbewahrt werden muß. Da sich das fertige Reagenz mit der Zeit zersetzt, empfiehlt es sich, keinen allzu großen Vorrat herzustellen.

Fehlerquellen. Bei der maßanalytischen Bestimmung ist die Feststellung eines Blindwertes erforderlich. Dazu erwärmt man 7 ml n/50-Kaliumpermanganatlösung mit 25 ml Schwefelsäure (1 + 4) ungefähr 5 min auf 60°, gibt dann 10 ml n/50-Oxalsäurelösung hinzu und titriert mit Kaliumpermanganat bis zum Umschlag.

---

[1] Die Zusammensetzung des Niederschlages ist von den Fällungsbedingungen abhängig. Vgl. auch Handbuch der analytischen Chemie III, Bd. 1a, S. 172 (1940).

Literatur. RAUCH, A.: Z. analyt. Chem. Bd. 98 (1934) S. 391. — NIKITINA, E. N.: Betriebslabor (russ.) Bd. 6 (1937) S. 1208.

Bemerkung. Über die flammenspektrometrische Bestimmung, S. 1424.

7. Die Bestimmung des Chlorgehaltes

Grundlage. Bei geringen Chlorgehalten wird die Bestimmung in schwefelsaurer Lösung auf nephelometrischem Wege durchgeführt. Größere Gehalte werden in üblicher Weise gewichtsanalytisch oder maßanalytisch bestimmt.

Anwendungsbereich und Bedeutung. Die Methode ist für Chlorgehalte von 0,001 bis 0,003% in Reinmagnesium und Magnesiumlegierungen anwendbar.

Genauigkeit. 1.

Dauer. 3 Std.

Ausführung. 4 g Späne werden in 20 ml chlorfreier Schwefelsäure (1 + 1) gelöst. Die Lösung wird in einen 100 ml-Meßkolben filtriert und mit chlorfreiem Wasser bis zur Marke aufgefüllt. Dann versetzt man 50 ml davon in einem NESSLER-Glas mit 5 ml n/100-Silbernitratlösung, stellt sie 20 min ins Dunkle und vergleicht hierauf die Trübung mit der der Vergleichslösungen oder mißt sie im Nephelometer. Sollte der Chlorgehalt so groß sein, daß das Silberchlorid ausflockt, so wird es nach längerem Stehen im Dunklen und nach dem Absitzen, das durch Rühren unter Zugabe von 1 ml Äther beschleunigt werden kann, in einen Porzellanfiltertiegel abfiltriert. Nach dem Auswaschen mit kaltem, 1% Salpetersäure enthaltendem Wasser trocknet man den Niederschlag bei 130°.

$$\frac{\text{Auswaage} \cdot 0{,}2474 \cdot 100}{\text{Einwaage}} = \%\ \text{Cl}$$

Vergleichslösung. 40 g Reinmagnesium werden in 200 ml Schwefelsäure (1 + 1) und etwas Wasser gelöst. Zur Lösung gibt man 50 ml n/100-Silbernitratlösung und filtriert nach 12 Std. in einen 1 l-Meßkolben. Der Kolbeninhalt wird mit chloridfreiem Wasser zur Marke aufgefüllt. Darauf stellt man durch Auflösen von 164,9 mg Natriumchlorid in 1 l Wasser eine Lösung her, die 0,1 mg Chlor im ml enthält. Die Eichkurve wird nun aufgestellt, indem man 0,2 ml Natriumchloridlösung und weiterhin um je 0,2 ml ansteigend 0,4, 0,6, 0,8 usw. zu je 50 ml der obigen silbernitrathaltigen Magnesiumsulfatlösung in NESSLER-Gläser gibt und die Vergleichsproben die gleiche Zeit wie die Analysenlösung stehenläßt.

0,2 ml Natriumchloridlösung entsprechen 0,02 mg Chlor oder bei 2 g Einwaage 0,001%.

Fehlerquellen. Die Einwirkung von Licht auf Silberchlorid muß vermieden werden. Die benützten Gefäße sowie das destillierte Wasser sind auf Chloridfreiheit zu prüfen.

Literatur. GINSBERG, H.: Leichtmetallanalyse, 2. Aufl., S. 349.

8. Die Bestimmung des Stickstoffs

Grundlage. Das Metall wird in Schwefelsäure gelöst. Der zu Nitrid gebundene Stickstoff setzt sich hierbei zu Ammoniumsulfat um, wird nach Zusatz von Natronlauge in Form von Ammoniak abdestilliert und anschließend maßanalytisch bestimmt.

$$2Mg_3N_2 + 8H_2SO_4 = 6MgSO_4 + 2(NH_4)_2SO_4$$
$$(NH_4)_2SO_4 + 2NaOH = 2NH_3 + Na_2SO_4 + 2H_2O$$

Anwendungsbereich und Bedeutung. Das Verfahren ist für die Stickstoffbestimmung in Reinmagnesium und Magnesiumlegierungen geeignet.

Genauigkeit. 1.

Dauer. $1^1/_2$ Std.

Ausführung. 20 g Magnesiumspäne werden in einem 3 l-Kurzhalsrundkolben mit 100 ml Wasser überschichtet und mit 300 ml 25proz. Schwefelsäure gelöst. Schon während des Lösens ist ein Stopfen mit Tropftrichter und Tropfenfänger nach KJELDAHL aufgesetzt. Um Verluste an Ammoniak zu vermeiden, wird ein Kühler mit Vorstoß angeschlossen, der in eine mit verdünnter Schwefelsäure beschickte Flasche eintaucht. Nach dem Lösen spült man Tropftrichter, Kühler und Vorlage aus und vereinigt das Spülwasser mit der Lösung im Kolben. Dann wird ein mit 25 ml n/10-Schwefelsäure beschickter ERLENMEYER-Kolben vorgelegt. Nach dem Verdünnen mit 300 ml Wasser läßt man aus dem Tropftrichter 25proz. Natronlauge bis zur alkalischen Reaktion zufließen und gibt noch einen Überschuß von 30 ml dieser Lauge hinzu. Wenn die Schwefelsäure genau 25proz. war (1,18), werden bei 20 g Metall etwa 19,8 ml 25proz. Natronlauge benötigt, um die Lösung zu neutralisieren. Das Ammoniak wird durch halbstündiges Kochen aus dem in einem Babotrichter stehenden Kolben in die Vorlage hinübergetrieben. Das Hinübertreiben kann durch einen Wasserdampfstrom bedeutend beschleunigt werden, wobei auch die Gefahr des Stoßens verringert wird. Die überschüssige Schwefelsäure im ERLENMEYER-Kolben wird mit n/10-Natronlauge bei Verwendung von Methylrot als Indicator zurücktitriert. a ml n/10-Schwefelsäure seien vorgelegt und b ml n/10-Natronlauge zur Rücktitration verbraucht worden; dann sind $a - b$ ml n/10-Schwefelsäure an Ammoniak gebunden.

$$\frac{(a - b)\text{ ml n/10-Schwefelsäure} \cdot 0{,}0014 \cdot 100}{\text{Einwaage}} = \%\ \text{Stickstoff}$$

Fehlerquellen. Mit den verwendeten Chemikalien ist ein Blindversuch anzustellen. Die Verwendung eines Kühlers aus Quarzglas ist zu empfehlen, da normales Glas unter Umständen Alkali abgibt.

Literatur. GINSBERG, H.: Leichtmetallanalyse, 3. Aufl., S. 224. — BERL-LUNGE: Chemisch-technische Untersuchungsmethoden, 8. Aufl., 2. Erg.-Bd. (1939) S. 757.

II. Die Untersuchung der Magnesiumlegierungen

Die Magnesiumlegierungen enthalten als *Legierungsbestandteile* Aluminium, Zink, Mangan und Silicium; ferner können noch Calcium und Cer auftreten. An *Verunreinigungen* sind in der Hauptsache Kupfer, Eisen, Silicium und bisweilen auch Blei zu berücksichtigen.

Bei Serienanalysen empfiehlt es sich, für eine Reihe von Bestimmungen eine gemeinsame Einwaage zu benutzen, da sich hierdurch eine erhebliche Arbeitsersparnis erzielen läßt. Folgendes Verfahren hat sich im Betriebe bewährt:

20 g Metall in Form von mehreren groben Stücken werden mit 250 ml Wasser übergossen und in einem 500 ml-ERLENMEYER-Kolben durch langsames Zutropfenlassen von 50 ml Schwefelsäure (1,84) gelöst, während der Kolben in einem wasserdurchflossenen Kühlkasten steht. Das Zutropfen der Schwefelsäure erfolgt zweckmäßig automatisch mittels eines Tropftrichters, dessen Spitze zu einer Kapillare ausgezogen ist.

Das in verdünnter Schwefelsäure praktisch unlösliche *Kupfer* wird abfiltriert, mit Salpetersäure vom Filter gelöst und photometrisch bestimmt. Das Filtrat füllt man zu 500 ml auf und entnimmt:

50 ml (= 2 g Einwaage) für *Aluminium*, das entweder photometrisch mit Eriochromcyanin oder gewichtsanalytisch als Phosphat bestimmt wird;

50 ml (= 2 g Einwaage) für *Zink*;

50 ml (= 2 g Einwaage) für *Mangan*;

62,5 ml (= 2,5 g Einwaage) für die photometrische *Eisen*bestimmung mit Sulfosalicylsäure oder 200 ml (= 8 g Einwaage) für die maßanalytische Eisenbestimmung mit Titan(III)-chlorid;

50 ml (= 2 g Einwaage) zur nephelometrischen *Chlorid*bestimmung; gegebenenfalls 50 ml (= 2 g Einwaage) für die gemeinsame polarographische Bestimmung von Zink und Mangan. Diese gemeinsame Bestimmung bringt große Vorteile durch Arbeitszeitersparnis und geringeren Chemikalienverbrauch.

1. Die Bestimmung des Siliciums

Das Silicium wird in einer Sondereinwaage von 10 bis 20 g, je nach der Höhe des Gehaltes, bestimmt. Da die Abscheidung des Siliciumdioxyds ziemlich langwierig ist, verwendet man das Filtrat der Siliciumbestimmung nur ausnahmsweise für andere Bestimmungen.

Die Bestimmung selbst erfolgt, wie beim Reinmagnesium, S. 461, beschrieben.

2. Die Bestimmung des Eisens

Sie wird ausgeführt, wie beim Reinmagnesium, S. 464, beschrieben.

3. Die Bestimmung des Kupfers

a) Photometrisch

Geringe Mengen Kupfer, etwa Gehalte von 0,005 bis 0,3%, werden bei entsprechenden größeren Einwaagen wie beim Reinmagnesium, S. 466, bestimmt.

b) Elektrolytisch

Kupfergehalte über 1% können auch *elektrolytisch* bestimmt werden. Man wägt zu diesem Zweck 1 g der Legierung in einen Elektrolysenbecher ein, löst mit 5 ml Schwefelsäure (1 + 1) und 2 ml Salpetersäure (1,40), verdünnt die Lösung auf 150 ml, gibt 10 ml Ammoniumnitratlösung (500 g/l) hinzu und elektrolysiert. Die Bedingungen für Schnell- und ruhende Elektrolyse sind im Kapitel Kupfer (S. 376) angegeben.

c) Polarographisch

Je nach dem Kupfergehalt löst man 1 bis 5 g der zu untersuchenden Legierung in verdünnter Salzsäure unter Zusatz von Kaliumchlorat auf, verkocht den Überschuß des Chlors und führt die Lösung in einen 100 ml-Meßkolben über. Diese Lösung wird mit so viel Ammoniak versetzt, als zur Bildung des Kupfertetraminsalzes notwendig ist. Um das Ausfallen von Magnesium zu verhindern, werden vorher noch 3 bis 5 g Ammoniumchlorid zugegeben. In dieser Lösung wird das Kupfer, wie im Kapitel „Kupfer", S. 384, beschrieben, polarographisch bestimmt.

4. Die Bestimmung des Mangans

a) Photometrisch mit Kaliumperjodat

Vgl. S. 467.

b) Maßanalytisch nach dem Silbernitrat-Peroxydisulfat-Verfahren

Grundlage. Das Mangan wird in Lösung mit Ammoniumperoxydisulfat unter Verwendung von Silbernitrat als Katalysator zu Übermangansäure oxydiert und diese mit Arsen(III)-oxydlösung titriert.

Anwendungsbereich und Bedeutung. Die Methode ist für Magnesiumlegierungen mit Mangangehalten bis zu 2% geeignet (s. Kapitel Mangan, S. 487).

Genauigkeit. 2.

Dauer. 15 min.

Ausführung. 0,2 g Späne werden mit 30 ml Mischsäure [700 ml Schwefelsäure (1 + 1), 300 ml Salpetersäure (1,40)] gelöst. Man verjagt die nitrosen Gase durch kurzes Kochen, verdünnt die Lösung mit 80 ml Wasser und setzt 30 ml Ammoniumperoxydisulfatlösung (100 g/l) und 20 ml Silbernitratlösung (3 g/l) hinzu. Dann erhitzt man 20 min auf 80°, bis die Lösung vollständig klar geworden und die Oxydation zu Übermangansäure erfolgt ist. Man kühlt auf 15° ab, setzt 3 ml Natriumchloridlösung (12 g/l) hinzu und titriert mit Arsen(III)-oxydlösung auf Farblos.

Die *Arsen(III)-oxydlösung* stellt man durch Lösen von 0,666 g As_2O_3 (p. a.) in wenig Wasser unter Zusatz von 2 g Natriumcarbonat her. Die Lösung wird zu 1 l aufgefüllt. Man verfügt dann über eine Lösung, von der 1 ml etwa 0,2 mg Mangan entspricht und bei einer Einwaage von 0,2 g Probematerial 0,1% Mn anzeigt. Der Titer der Arsen(III)-oxydlösung muß empirisch gegen eine Lösung bekannten Mangangehaltes eingestellt werden (s. Kapitel Mangan, S. 487).

Fehlerquellen. Staub, Fett und sonstige organische Verunreinigungen sind ihrer reduzierenden Wirkung wegen fernzuhalten. — Die Oxydationsbedingungen sind hinsichtlich Temperatur und Zeit genau einzuhalten, und die Bestimmung ist ohne Unterbrechung zu Ende zu führen. — Cerium verursacht Fehler.

5. Die Bestimmung des Aluminiums

a) Photometrisch mit Eriochromcyanin R

Grundlage. Aluminium gibt in acetatgepufferter Lösung mit Eriochromcyanin R einen rotvioletten Farblack.

Anwendungsbereich. Das angegebene Verfahren kann angewendet werden bei Reinmagnesium und Magnesiumlegierungen mit Gehalten von 0,001 bis 10% Al.

Genauigkeit. 1 bis 2.

Dauer. 60 min.

Reagenzien.

Eriochromcyanin R-Lösung, 0,1proz.: 1,0 g Eriochromcyanin R wird mit 1proz. Essigsäure zum Liter gelöst.

Natriumacetatlösung: 400 g Natriumacetat werden in Wasser gelöst und nach Zusatz von 10 ml Eisessig auf 1 l aufgefüllt.

Herstellung der Testlösung. 1. Aluminiumtestlösung I (1 ml = 1,0 mg Al): 1,0 g Reinstaluminium (99,99%) wird in einem 300 ml-Erlenmeyer-Kolben mit 20 ml Schwefelsäure (1 + 1) gelöst, die Lösung gekühlt, in einen 1 l-Meßkolben übergespült und zur Marke aufgefüllt.

2. Aluminiumtestlösung II (1 ml = 200 µg Al): 100 ml der Aluminiumtestlösung I werden in einen 500 ml-Meßkolben abpipettiert und mit Wasser zur Marke aufgefüllt.

3. Magnesiumgrundlösung: 37 g Magnesiumsulfat ($MgSO_4 \cdot 7H_2O$) p. a., 0,2 g Zinksulfat ($ZnSO_4 \cdot 7H_2O$) p. a. und 0,1 g Mangansulfat ($MnSO_4 \cdot 4H_2O$) p. a. werden in Wasser gelöst und im 1 l-Meßkolben zur Marke aufgefüllt.

Ausführung *a*). (Gehalte von 1,0 bis 6,5% Al): 2,0 g Späne werden in einem 250 ml-Becherglas nach Zugabe von 20 ml Wasser in 10 ml Schwefelsäure (1 + 1) gelöst, die Lösung wird aufgekocht, gekühlt, in einen 500 ml-Meßkolben übergespült und zur Marke aufgefüllt. 20 ml werden in einen 100 ml-Meßkolben abpipettiert und wieder zur Marke aufgefüllt. Dann werden 5,0 ml (= 0,002 g Einwaage) in einen 200 ml-Meßkolben abpipettiert und 20 ml Eriochromcyanin R-Lösung mit der Pipette zugegeben. Nach 30 min setzt man 10 ml Natriumacetatlösung ebenfalls mit der Pipette zu und füllt mit Wasser zur Marke auf.

Nach 10 min wird innerhalb von 10 min am Photometer bei Filter 578 mµ in einer 30 mm-Küvette gegen Wasser in der Reihenfolge, wie die Lösungen angefärbt wurden, gemessen. Ein Blindansatz wird ebenfalls gegen Wasser gemessen und von dem Ergebnis der Probe abgesetzt. Der Aluminiumgehalt wird einer Eichkurve entnommen.

Aufstellung der Eichkurve. In eine Reihe von 100 ml-Meßkolben werden 20 ml der Magnesiumgrundlösung pipettiert, auch in den Blindansatz, steigende Mengen Aluminiumtestlösung (II) (0 bis 30 ml) aus einer Bürette zugegeben und zur Marke aufgefüllt. Davon werden 5,0 ml in 200 ml-Meßkolben pipettiert (= 0 bis 250 µg), die Reagenzien zugegeben und gemessen, wie in der Vorschrift angegeben. Aus den erhaltenen Meßpunkten wird eine Eichkurve gezeichnet.

Anmerkung. 1. Die Färbung ist nicht konstant, sondern wird ständig schwächer. Es muß deshalb genau nach Zeit gemessen werden.

2. Bei der Bestimmung der hohen Aluminiumgehalte muß mit geeichten Meßkolben und Pipetten gearbeitet werden.

3. Die Küvetten müssen nach Gebrauch gut gereinigt werden, sonst bilden sich für das Auge kaum sichtbare Lackschichten, die zu Fehlmessungen führen.

4. Bei Gehalten von über 6,5% Al muß eine entsprechend kleinere Abnahme bearbeitet werden.

5. Es ist nur vollentsalztes Wasser zu verwenden!

***Ausführung** b*). (Gehalte von 0 bis 1,25% Al): Es werden 2,0 g Späne nach dem Lösen, wie vorher angegeben, in einem 500 ml-Meßkolben zur Marke aufgefüllt, 10 ml in einen 100 ml-Meßkolben abpipettiert, zur Marke aufgefüllt, 25 ml in einen 200 ml-Meßkolben abpipettiert und weiter nach Vorschrift gearbeitet.

Aufstellung der Eichkurve. Für die Gehalte von 0 bis 1,25% Al wird eine neue Eichkurve aufgestellt. 10 ml Magnesiumgrundlösung werden in eine Reihe von 100 ml-Meßkolben abpipettiert, in den Blindansatz ebenfalls, und dazu steigende Mengen Aluminiumtestlösung (II) (0 bis 5,0 ml) aus einer Mikrobürette gegeben, zur Marke aufgefüllt und 25 ml (= 0 bis 250 µg Al) in einen 200 ml-Meßkolben abpipettiert. Dann wird nach Vorschrift weitergearbeitet.

Literatur. RAUCH, A.: Z. analyt. Chem. Bd. 124 (1942) S. 17—25. — WERNER, O.: Beih. Z. Ver. dtsch. Chemiker Bd. 48 (1944) S. 92.

b) Potentiometrisch mit 1 n-Natronlauge

Grundlage. Aluminium läßt sich potentiometrisch titrieren nach der Gleichung:

$$2\,AlCl_3 + 5\,NaOH = Al_2(OH)_5Cl + 5\,NaCl$$

Anwendungsbereich. Das Verfahren kann angewendet werden bei Magnesiumlegierungen mit Gehalten von 2 bis 12% Aluminium.

Genauigkeit. 2.

Dauer. 30 min.

Reagenzien. Salzsäure (1,19) p. a.

Bromphenolblau-Indicator, 0,04proz.: 0,4 g Bromphenolblau werden in einem Mörser gut mit 8,25 ml n/10-Natronlauge bis zum vollständigen Lösen gemischt. Dann wird mit destilliertem Wasser auf 1 l aufgefüllt.

Geräte. Potentiometer: Mit einem Bereich von 0 bis 500 mV. 10 mV sollen einen Ausschlag von etwa 2 cm geben.

Elektroden: Antimonelektrode, gesättigte Kalomelelektrode mit Kaliumchloridsalzbrücke, welche in einer Glasfritte endet.

Das Titrationsbecherglas wird mit einem Thermometer und einem mechanischen Rührer versehen und auf ein beheizbares Gestell gestellt.

Ausführung.

1,0 bis 5,0 g Späne (Gehalt an Aluminium etwa 0,12 g) werden in einem 250 ml-Becherglas mit 25 ml Wasser versetzt und in kleinen Anteilen 8 ml Salzsäure für 1,0 g Legierung bzw. genug Säure, um die Probe zu lösen, und 1 ml Säure im Überschuß zugegeben. Nach vollständigem Lösen wird gekühlt, auf 100 ml mit Wasser verdünnt, 2 ml Bromphenolblau-Indicator und 5,0 g Ammoniumchlorid (p. a.) zugegeben. Dann wird am Potentiometer mit Rührer mit 1 n-Natronlauge die überschüssige Säure bis zum ersten Potentialsprung (150 bis 190 mV) titriert. Der Indicator fängt gerade an von Gelb nach Blau umzuschlagen. Dann wird die Lösung auf 80° erwärmt und wieder mit 1 n-Natronlauge bis zum zweiten Anschlag (275 bis 300 mV) titriert, während die Temperatur auf 80° gehalten wird.

Faktorstellung. Der Faktor der 1 n-Natronlauge ist empirisch und wird eingestellt, indem 0,120 g Reinstaluminium (99,99%) in Salzsäure gelöst oder ein Teil einer entsprechenden Testlösung nach dem angegebenen Verfahren titriert wird.

Einfluß der Begleitelemente. 1. Wismut stört den Potentialumschlag der Antimonelektrode. Es wird durch Ausfällen mit Schwefelwasserstoff entfernt. Der Schwefelwasserstoff wird verkocht.

2. Kupfer und Silber verringern den Potentialsprung, stören aber nicht die Bestimmung.

3. Sehr hohe Gehalte an Siliciumdioxyd und Eisen(III)-Ionen ergeben zu hohe Resultate.

4. Zink, Cadmium, Nickel, Mangan und Magnesium stören nicht.

5. Zinn, falls anwesend, verzögert den Endpunkt etwas und gibt leicht zu hohe Resultate.

Literatur. „Magnesium Laboratory Methods." Magnesium Division. S. 36. Michigan: The Dow Chemical Company, Midland (1946). — TREADWELL, W. D., u. ED. BERNASCONI: Helv. chim. Acta Bd. XIII (1930) S. 500—509.

6. Die Bestimmung des Zinks

a) Maßanalytisch

α) *Endpunktanzeige durch Tüpfeln*

Grundlage. Das Zink wird in schwefelsaurer Lösung mit Kaliumhexacyanoferrat(II)-Lösung titriert. Der Endpunkt der Titration wird durch Tüpfeln in Ammoniummolybdatlösung (1 g/100 ml) festgestellt.

Anwendungsbereich und Bedeutung. Das Verfahren ist für Magnesiumlegierungen mit Gehalten von 0,3 bis 5% Zink geeignet. Höhere Gehalte kommen in Magnesiumlegierungen kaum vor, können aber auch auf diese Weise bestimmt werden.

Genauigkeit. 2.

Dauer. 1 Std.

Ausführung. 2 g Späne werden mit 50 g Wasser übergossen und unter langsamem Zusatz von 20 ml Schwefelsäure (1 + 1) gelöst. Das Kupfer bleibt fast vollständig ungelöst zurück und wird unverzüglich abfiltriert. Man erhitzt nun das Filtrat auf 60 bis 70° und läßt die durch einen Vorversuch festgestellte Hauptmenge der Kaliumhexacyanoferrat(II)-Lösung rasch zulaufen. Darauf gibt man die Titrierflüssigkeit zu je 3 Tropfen hinzu und prüft nach gutem Schütteln oder Rühren der Lösung mit 1 Tropfen, den man zu der auf einer Tüpfelplatte befindlichen Ammoniummolybdatlösung (1 g/100 ml) setzt, ob eine braune Färbung entsteht. Sobald diese einsetzt, ist die Titration beendet.

Titerstellung. 6,2237 g reinstes, frisch geglühtes Zinkoxyd werden in 60 ml 30proz. Essigsäure gelöst; die Lösung wird im Meßkolben zu 1 l aufgefüllt. Zur Titerstellung kann besser eine Lösung von Feinzink (5 g/l) in Schwefelsäure (1 + 4) verwendet werden. 1 ml dieser Zinklösung enthält 5 mg Zink. Nun versetzt man 20 ml der Lösung mit 4 ml Schwefelsäure (1,84), verdünnt sie auf 100 ml und titriert, wie oben angegeben.

Die *Kaliumhexacyanoferrat(II)-Lösung* wird hergestellt, indem man 25 g des Salzes + 7 g Natriumsulfit zu 1 l löst. 1 ml entspricht etwa 5 mg Zink.

Fehlerquellen. Kupfer stört die Titration. Sollte es in Lösung gegangen sein, so muß es durch Schwefelwasserstoff oder Natriumthiosulfat entfernt werden, oder man zementiert es mit Blei bzw. Aluminium aus. — Größere Eisenmengen müssen vorher durch Fällen mit Ammoniak entfernt werden.

Literatur. SIEBEL, G., u. A. BECK: Magnesium und seine Legierungen. S. 495. Berlin: Springer 1939. — GINSBERG, H.: Leichtmetallanalyse, 2. Aufl., S. 362. — BILTZ, H. u. W.: Ausführung quantitativer Analysen, 4. Aufl., S. 320. Vgl. Kapitel Zink, S. II/905.

β) *Mit potentiometrischer Endpunktanzeige*

Grundlage. Das Zink wird in schwefelsaurer Lösung mit Kaliumhexacyanoferrat(II) potentiometrisch titriert. Vorher scheidet man das Kupfer mit Natriumthiosulfat ab, wenn es in Mengen über 0,1% vorhanden sein sollte, was aber meist nicht der Fall ist. Das Eisen wird durch Zusatz von Phosphorsäure unschädlich gemacht.

Anwendungsbereich und Bedeutung. Die Methode wird für Magnesiumlegierungen mit Zinkgehalten von 0,1 bis 5% angewandt.

Genauigkeit. 1.

Dauer. 20 min, falls das Kupfer nicht besonders abgeschieden werden muß; sonst 40 bis 60 min.

Ausführung. 2 g Späne werden in 75 ml Schwefelsäure (1 + 1) gelöst. Vom Kupfer filtriert man bald nach Beendigung des Lösens ab. Ist Kupfer über 0,1% in Lösung gegangen, so muß es durch Fällung mit Natriumthiosulfat oder Schwefelwasserstoff oder elektrolytisch abgeschieden werden. Eisengehalte über 0,05% sind durch Kochen mit etwas Wasserstoffperoxyd zu oxydieren und durch Zusatz von Phosphorsäure vor der Titration unschädlich zu machen. Nach dem Auffüllen der Lösung im Meßkolben zu 200 ml werden, je nach dem Zinkgehalt, 50 ml (= 0,5 g Einwaage) bzw. 20 ml (= 0,2 g Einwaage) abpipettiert und in einem 250 ml-Becherglas mit 10 ml Phosphorsäure (1,7), falls Eisen anwesend war, und für je 20 ml Abmessung mit 15 ml Kalilauge (1 + 1) versetzt. Die Lösung wird dann auf 70° erhitzt, mit 5 ml Kaliumhexacyanoferrat(III)-Lösung (0,5 g/100 ml) versetzt und potentiometrisch mit Kaliumhexacyanoferrat(II)-Lösung aus einer 25 ml-Bürette mit 0,05 ml-Teilung titriert, bis der Potentialsprung auftritt. Als Elektroden werden eine Platin- und eine gesättigte Kalomelelektrode verwendet.

Titerstellung. 1 g Reinstzink wird in 50 ml Schwefelsäure (1 + 5) gelöst und die Lösung zu 1 l aufgefüllt; 1 ml entspricht 1 mg Zink. 10 ml dieser Lösung versetzt man in einem 250 ml-Becherglas mit 25 ml Schwefelsäure (1 + 5), 15 ml Kalilauge (1 + 1), 10 ml Phosphorsäure (1,7) und erhitzt sie auf 70°. Nach Zugabe von 5 ml Kaliumhexacyanoferrat(III)-Lösung (0,5 g/100 ml) titriert man potentiometrisch mit einer Kaliumhexacyanoferrat(II)-Lösung, die in 1 l 6,48 g des Salzes enthält (1 ml davon entspricht etwa 1,5 mg Zink). Bei einem Verbrauch von a ml entspricht 1 ml $\frac{10}{a}$ mg Zink. Die Titerstellung ist öfter zu wiederholen.

$$\frac{\text{Verbrauchte ml Kaliumcyanoferrat(II)-Lösung} \cdot \text{Titer} \cdot 100}{\text{Einwaage}} = \%\ \text{Zn}$$

Fehlerquellen. Bei kleinen Zinkmengen fallen die Werte durch die Begleitelemente leicht etwas zu hoch aus. Da höhere Aluminiumgehalte oder Mangangehalte bei der potentiometrischen Zinktitration stören, muß das Zink zunächst aus der vom ungelösten Kupfer abfiltrierten Lösung bei einem p_H-Wert von 2,5 bis 3,5 mit Schwefelwasserstoff abgeschieden werden. Das Zinksulfid wird dann in heißer Schwefelsäure (1 + 5) gelöst und das Zink in schwach schwefelsaurer Lösung bei 60 bis 70° mit Kaliumhexacyanoferrat(II)-Lösung, wie oben beschrieben, titriert.

Literatur. EISEN, J.: Metall u. Erz Bd. 40 (1940) S. 26. — BILTZ, H. u. W.: Ausführung quantitativer Analysen, 4. Aufl., S. 320. Vgl. Kapitel Zink, S. 906.

b) Gewichtsanalytisch (bzw. maßanalytisch) als Zinkquecksilberthiocyanat

Grundlage. Das Zink wird als $ZnHg(CNS)_4$ aus schwefelsaurer, kupferfreier Lösung gefällt und entweder gewichtsanalytisch oder maßanalytisch bestimmt. Geringe Mengen Eisen werden durch Zusatz von Phosphorsäure getarnt. Mangan fällt nicht mit aus, wenn das Volumen richtig gewählt wird.

$$ZnSO_4 + Hg(CNS)_2 + 2\,NH_4CNS = ZnHg(CNS)_4 + (NH_4)_2SO_4$$

$$ZnHg(CNS)_4 + 4\,HCl + 4\,KJO_3 + 4\,H_2O = ZnCl_2 + HgCl_2 + 4\,KCN + 4\,H_2SO_4 + 2\,H_2 + 2\,J_2$$

$$2\,J_2 + 4\,H + 8\,HCl + 2\,KJO_3 = 6\,JCl + 2\,KCl + 6\,H_2O$$

Anwendungsbereich und Bedeutung. Das Verfahren ist für Reinmagnesium und Magnesiumlegierungen mit Zinkgehalten von 0,01 bis 10% anwendbar.

Genauigkeit. 2.

Dauer. 1 Std. bei der gewichtsanalytischen Ausführung und beim Trocknen mit Aceton.

Ausführung. Als Einwaagen wählt man: 5 g bei 0,01 bis 0,1% Zink, 1 g bei 0,1 bis 1%, 1 g bei 1 bis 6%, 1 g bei 6 bis 10% Zn. Von den letzten beiden Einwaagen werden 0,5 bzw. 0,25 g für die Zinkfällung entnommen.

Man überschichtet in einem 400 ml-Becherglas 1 g Späne mit 50 ml Wasser und löst mit 30 ml Schwefelsäure (1 + 1). Nach Zusatz von 10 ml n/10-Natriumthiosulfatlösung wird die Lösung 5 min gekocht und heiß durch ein mit Filterschleim gedichtetes Filter filtriert. Man wäscht den Niederschlag mit heißem Wasser aus und zerstört im Filtrat das überschüssige Thiosulfat durch Kochen mit einigen ml Wasserstoffperoxydlösung. Falls erforderlich, wird filtriert. Dann füllt man das Filtrat im 200 ml-Meßkolben zur Marke auf, entnimmt eine dem Zinkgehalt angepaßte Abmessung, verdünnt diese im 250 ml-Becherglas auf etwa 130 ml, versetzt sie mit 10 Tropfen 3proz. Wasserstoffperoxydlösung, 5 ml Phosphorsäure (1,7) sowie 15 ml Fällungslösung [27 g Quecksilber(II)-chlorid + 39 g Ammoniumthiocyanat in Wasser gelöst und zu 1 l aufgefüllt] und rührt 5 min kräftig. Der Niederschlag wird nach kurzem Absitzen auf einen Glasfiltertiegel (1 G 3) abfiltriert und mit Waschwasser, das 2% der Fällungslösung enthält, 1- bis 2mal ausgewaschen, wobei jedesmal gut abzusaugen ist. Zur Trocknung wäscht man dann entweder 2mal mit Methanol und trocknet den Tiegel 15 min im Trockenschrank bei 105°, oder man wäscht 2mal mit Aceton und entfernt die letzten Reste davon im Vakuum. Das letztere Verfahren läßt sich etwa 15 min schneller durchführen.

Bei *kleineren Gehalten* kann man den Niederschlag aus dem Filtertiegel mit Anteilen von insgesamt 80 ml Salzsäure (1 + 1) lösen, wobei man nach dem Zugeben jeden Säureanteils etwas wartet, dann absaugt und mit wenig Wasser nachwäscht. Die Lösung wird darauf mit 5 ml Chloroform versetzt und mit eingestellter Kaliumjodatlösung (3,929 g Kaliumjodat p. a. in Wasser gelöst und die Lösung zu 1 l aufgefüllt; 1 ml entspricht 0,2 mg Zink) bis zum Verschwinden der zuerst auftretenden Violettfärbung des Chloroforms titriert. Die Titration wird unter Schütteln in einer Stöpselflasche ausgeführt.

$$\frac{\text{Auswaage} \cdot 0{,}1312 \cdot 100}{\text{Einwaage}} = \%\ \text{Zn}$$

$$\frac{\text{Verbrauchte ml } KJO_3\text{-Lösung} \cdot 0{,}0002 \cdot 100}{\text{Einwaage}} = \%\ \text{Zn}$$

Fehlerquellen. Kupfer, Kobalt und Nickel stören. Bei sehr kleinen Zinkgehalten muß die Fällung $^1/_2$ Std. gerührt werden und danach längere Zeit stehen, um quantitativ zu werden. Um die Zeit zu verkürzen, kann man dann einen Zusatz von genau 0,5% Zink machen, der in Anrechnung zu setzen ist.

Literatur. Chemische Analysenmethoden von Aluminium und Aluminiumlegierungen, Blatt Zink 2, 3. Aufl., Verlag Aluminiumzentrale.

c) Polarographisch, gemeinsam mit Mangan

Grundlage. Zink und Mangan werden gemeinsam aus schwach saurer, tartrathaltiger und mit Natriumacetat gepufferter Lösung bei 0,86 bis 1,68 V mit Tylose als Grundlösung polarographiert. Die Auswertung erfolgt nach der Schnittpunktsmethode mit Hilfe einer Eichkurve.

Anwendungsbereich und Bedeutung. Die rasche Betriebsmethode eignet sich für Magnesiumlegierungen mit Gehalten von 0 bis 1,5% Zink und 0,0 bis 0,5% Mangan in Gegenwart von 3 bis 10% Aluminium.

Genauigkeit. 2.

Dauer. 4 Std. bei einer Serie von 30 Proben.

Ausführung. 4 g Späne werden in einem 400 ml-Becherglas in 25 ml Schwefelsäure (1 + 1) — mit der Pipette abgemessen! — gelöst. Die Lösung wird nach Zusatz von kaltem Wasser zum Schluß aufgekocht, in einen 200 ml-Meßkolben filtriert und nach dem Abkühlen zur Marke aufgefüllt. Man entnimmt 50 ml (= 1 g Einwaage), versetzt die Abmessung in einem 300 ml-ERLENMEYER-Kolben mit 5 ml Natriumtartratlösung (200 g/l) und 2 Tropfen Methylrot und neutralisiert sie zunächst annähernd mit Natronlauge (1 + 7) — Verbrauch etwa 13,5 ml —, dann genau mit 1 n-Natronlauge. Nach Zusatz von 5 ml Natriumacetatlösung (400 g/l) spült man die Lösung in einen 100 ml-Meßkolben über und füllt sie zur Marke auf. 25 ml dieser Lösung mißt man in ein 100 ml-Becherglas ab, gibt 10 ml Tyloselösung hinzu und bringt das Gefäß bei Zimmertemperatur für 3 min in einen Thermostaten. Dann werden das Zink und das Mangan bei 0,86 bis 1,68 V polarographiert.

Eichung. Für die *Zinkbestimmung* werden 736 g Magnesiumsulfat · 7 H_2O, 69,3 g Aluminiumsulfat · 18 H_2O und 0,98 g Mangansulfat · 4 H_2O unter Zusatz von 100 ml Schwefelsäure (1 + 1) in Wasser gelöst. Die Lösung füllt man zu 2 l auf, entnimmt je 100 ml in 200 ml-Meßkolben und versetzt die Abmessungen mit 3 bis 13 ml Zinksulfatlösung, die 4 mg Zink im ml enthält. Nach Zugabe von 3,80 bis 3,44 ml Schwefelsäure (1 + 1) wird auf 200 ml aufgefüllt und nach der Vorschrift weiterverfahren.

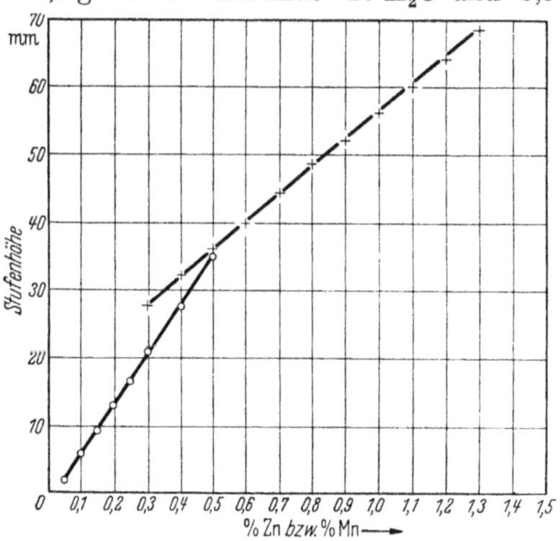

Abb. 24. Eichkurven für die polarographischen Zn- und Mn-Bestimmungen

Für die *Manganbestimmung* werden 736 g Magnesiumsulfat · 7 H_2O, 69,3 g Aluminiumsulfat · 18 H_2O und 3,54 g Zinksulfat · 7 H_2O unter Zusatz von 100 ml Schwefelsäure (1 + 1) gelöst. Die Lösung füllt man zu 2 l auf, entnimmt je 100 ml und versetzt sie in 200 ml-Meßkolben mit einer Mangansulfatlösung, die im ml 2 mg Mangan enthält. Nach Zugabe von 3,25 ml Schwefelsäure (1 + 1) wird zu 200 ml aufgefüllt und nach der Arbeitsvorschrift weiterverfahren. — Beide Eichkurven stellen gerade Linien dar und zeigen eine ausgezeichnete Lage der einzelnen Punkte zur Geraden (s. Abb. 24).

Fehlerquellen. Der p_H-Wert der zu polarographierenden Lösung soll 5,8 betragen. Höhere p_H-Werte ergeben beim Zink Minderbefunde. Die zum Lösen verwendete Menge an Schwefelsäure ist konstant zu halten, da der Natriumsulfatgehalt in der Probelösung die Höhe der Stufen beeinflußt.

Literatur. HEYROVSKY, J.: Polarographie. S. 323. Wien: Springer 1941.

7. Die Bestimmung des Calciums

Magnesiumlegierungen enthalten gelegentlich 0,05 bis 0,5% Calcium.

Man löst 4 g der Legierung in 20 ml Schwefelsäure (1 + 1) und dampft die Lösung bis zum Auftreten von Schwefelsäuredämpfen ein. Dann nimmt man mit wenig ml Wasser unter Erwärmen auf und versetzt die erkaltete, nahezu gesättigte Lösung mit dem 4fachen Volumen eines Gemisches aus 90 Volumteilen Methanol und 10 Teilen Äthanol. Nach dem Absitzenlassen über Nacht filtriert man den Niederschlag auf ein Weißbandfilter ab und wäscht ihn mit einem Gemisch von 95 Teilen Methanol und 5 Teilen Äthanol aus. Er wird dann samt dem Filter in einem Becherglas mit heißem, etwas Salzsäure enthaltendem Wasser behandelt, wobei man mit einem Glasstab das Filter zerreißt. Die heiße, etwa 200 ml betragende Lösung macht man darauf mit kohlendioxydfreiem Ammoniak (1 + 1) alkalisch, filtriert und wäscht reichlich mit heißem Wasser nach. Zur Ausfällung des Calciums als Oxalat erhitzt man das Filtrat nach Zugabe von 10 g Ammoniumchlorid zum Sieden und setzt siedend heiße Ammoniumoxalatlösung (100 g/l) in großem Überschuß hinzu. Nach etwa 5 Std. filtriert man und bringt das Calcium entweder als Oxyd zur Wägung oder bestimmt es maßanalytisch.

Bemerkung. Über die flammenspektrometrische Bestimmung, S. 1251.

8. Die Bestimmung des Ceriums

Grundlage. Das Cerium wird zusammen mit Aluminium, Eisen, Mangan und anderen Elementen durch Ammoniak als Hydroxyd gefällt. Aus der schwach salzsauren Lösung des Niederschlages wird es dann als Oxalat niedergeschlagen und durch Glühen in Cer(IV)-oxyd übergeführt und gravimetrisch bestimmt.

Anwendungsbereich und Bedeutung. Das Verfahren findet bei cerhaltigen Magnesiumlegierungen Anwendung.

Genauigkeit. 2.

Dauer. 15 Std.

Ausführung. Bei Cergehalten um 0,2% werden 5 g Späne in 100 ml Salzsäure (1 + 1) unter Zusatz von 1 bis 5 ml 3proz. Wasserstoffperoxydlösung gelöst. Aus dieser Lösung fällt man das Cer zusammen mit anderen Elementen nach Zusatz von 5 g Ammoniumchlorid mit Ammoniak (1 + 5) in der Hitze als Hydroxyd. Man filtriert den Niederschlag ab, löst ihn in Salzsäure (1 + 1) und dampft die Lösung zur Trockne. Nach dem Aufnehmen der Chloride mit 25 ml 0,5 n-Salzsäure wird das Cer in der Siedehitze mit 40 ml einer kochenden Oxalsäurelösung (150 g/l) gefällt, nach 12stündigem Stehen abfiltriert, mit oxalsäurehaltigem Wasser (30 g/l) ausgewaschen, zu CeO_2 geglüht und als solches gewogen.

$$\frac{\text{Auswaage} \cdot 0{,}8141 \cdot 100}{\text{Einwaage}} = \%\ \text{Ce}$$

Fehlerquellen. Das Fällungsvolumen und die Oxalsäurekonzentration müssen eingehalten werden, da sich sonst Minderbefunde ergeben.

Literatur. Siebel, G.: In A. Beck: Magnesium und seine Legierungen. S. 496. Berlin: Springer 1939. — Ginsberg, H.: Leichtmetallanalyse, 3. Aufl., S. 235.

9. Die Bestimmung des Bleies

a) Gewichtsanalytisch als Bleichromat

5 g Späne von Magnesiumlegierungen mit 0,05 bis 1% Blei werden in 50 m Salpetersäure (1,40) vorsichtig gelöst; die Lösung wird mit 30 ml Schwefelsäure (1 + 1) abgeraucht. Den erkalteten Sulfatbrei nimmt man mit 100 ml Wasser auf,

versetzt die Lösung mit 100 ml 96proz. Äthanol und läßt einige Stunden absitzen. Der Niederschlag von Bleisulfat und Siliciumdioxyd wird auf einem dichten Filter gesammelt und mit einer Lösung von 100 ml Wasser, 100 ml 96proz. Äthanol und 4 ml Schwefelsäure (1,84) ausgewaschen. Man wäscht noch 3 mal mit 50proz. Äthanol nach. Darauf wird der Filterinhalt mit 20 ml heißer Ammoniumacetatlösung (250 g/l) ausgezogen, mit heißem Wasser ausgewaschen und in dem Ammoniumacetatauszug das Blei als Bleichromat gefällt. Der Niederschlag wird auf einen Porzellanfiltertiegel abfiltriert, getrocknet und gewogen (s. Kapitel Blei, S. 165).

Bei Anwesenheit von *Calcium* löst man die Legierung in 100 ml Salzsäure (1 + 1), verdünnt die Lösung auf 400 ml und filtriert die Kieselsäure ab. Aus dem heißen Filtrat wird das Blei nach dem Abstumpfen mit Ammoniak durch 30 min währendes Einleiten von Schwefelwasserstoff als Sulfid gefällt, dann abfiltriert und in verdünnter Salpetersäure gelöst. In der Lösung bestimmt man das Blei, wie oben angegeben.

b) Polarographisch

Zur polarographischen Bestimmung des Bleies in Magnesiumlegierungen löst man 5 g Späne in Salzsäure unter Zusatz von Kaliumchlorat. Nachdem der Überschuß von Chlor verkocht ist, versetzt man die Lösung mit so viel Ammoniumchlorid, daß das Blei auch beim Erkalten in Lösung bleibt. Danach polarographiert man das Blei, wie im Kapitel Blei, S. 167, beschrieben ist.

10. Die Bestimmung des Cadmiums

Für die Bestimmung des Cadmiums verwendet man zweckmäßig das Filtrat von der Siliciumdioxydbestimmung (s. Reinmagnesium, S. 472), das man je nach dem Cadmiumgehalt entweder ganz oder nur teilweise benutzt. Man fällt das Cadmium nach den Vorschriften im Kapitel Cadmium, S. 233/34, als Sulfid, trennt es vom Kupfer und bestimmt es entweder als Sulfat oder elektrolytisch. Ebenso kann das Cadmium als Chinaldat oder polarographisch bestimmt werden (vgl. Kapitel Cadmium, S. 236/37).

11. Die Bestimmung des Quecksilbers

Bisweilen werden den Magnesiumlegierungen geringe Mengen Quecksilber zugesetzt, da hierdurch die Korrosionsbeständigkeit erhöht wird.

Grundlage. Das Quecksilber wird aus salzsaurer Lösung mit „Reinecke-Salz" gefällt. Der blaßrote Niederschlag von $Hg[Cr(CNS)_4(NH_3)_2]_2$ kann als solcher gewogen werden.

Anwendungsbereich und Bedeutung. Zur Bestimmung geringer Quecksilbergehalte in Magnesiumlegierungen.

Genauigkeit. 2.

Dauer. 2 Std.

Ausführung. 5 g Späne werden mit etwa 60 ml Salpetersäure (1 + 1) gelöst. Die Lösung füllt man zu 200 ml auf, mißt 40 ml (= 1 g Einwaage) in ein 400 ml-Becherglas ab, setzt 50 ml Wasser und 4 ml Salzsäure (1,19) hinzu, so daß die Lösung etwa n/2 an Salzsäure ist, und erhitzt zum Sieden. Darauf werden unter Rühren langsam 50 ml einer frisch bereiteten, filtrierten, n/2-Salzsäure enthaltenden Reinecke-Salzlösung hinzugesetzt. Man erwärmt nach etwa 5 min auf 60°, filtriert dann durch einen Glasfiltertiegel (1 G 4), wäscht den Niederschlag gründlich mit heißem Wasser, anschließend mit absolutem Äthanol aus und trocknet ihn schließlich bei 100 bis 120°.

$$\frac{\text{Auswaage} \cdot 0{,}2396 \cdot 100}{\text{Einwaage}} = \%\ \text{Hg}$$

Reinecke-Salzlösung. 1 g REINECKE-Salz p. a. $[Cr(NH_3)_2(SCN)_4]NH_4$ wird in 500 ml Wasser und 20 ml Salzsäure (1,19) heiß gelöst und die Lösung filtriert.

Literatur. MAHR, C.: Z. analyt. Chem. Bd. 104 (1936) S. 241.

12. Die Bestimmung des Zirkoniums

Grundlage. Nach einer Vortrennung mit Ammoniak wird das Zirkonium aus schwefelsaurer Lösung als Phosphat gefällt und zu Pyrophosphat verglüht.

Anwendungsbereich. Für Gehalte von 0,01 bis 5% in Magnesium und Magnesiumlegierungen.

Genauigkeit. 1.

Dauer. 4 Std. ohne Abstehzeit.

Reagenzien. Bromphenol, blauer Indicator 0,04 proz. Man mischt 0,04 g Bromphenolblau mit 0,85 ml n/10-Natriumhydroxyd und verdünnt auf 100 ml mit Wasser.

Ausführung. Man wägt je nach Gehalt einer Probe bis zu 10 g in ein 400 ml-Becherglas ein und fügt 25 ml oder mehr Wasser hinzu. Man löst das Magnesium, indem für jedes Gramm der Probe 15 ml Salpetersäure (1 + 1) hinzugefügt werden. Man hält das Becherglas bedeckt, um Verluste durch Spritzen zu verhindern. Wenn sich alles, außer Zirkonium oder Silicium, gelöst hat, verdünnt man auf 150 bis 200 ml, fügt einen Tropfen blauen Bromphenol-Indicator hinzu und neutralisiert mit Ammoniak (1 + 4) bis zum ersten blauen Farbumschlag. Wenn auch Cerium anwesend ist, kann die Farbe eher rotviolett als blau werden! Es schadet nichts, wenn einige andere Elemente zusammen mit dem Zirkonium gefällt werden.

Man kocht die Suspension einige min, filtriert auf ein weitporiges Filter und wäscht mit heißem Wasser aus. Das Filtrat wird verworfen. Man bringt Filter und Niederschlag in einen Platintiegel, verascht das Filter bei niedriger Temperatur und glüht schließlich bei 950°. Man erhitzt mit 5 g Kaliumpyrosulfat, bis die geschmolzene Mischung klar wird, kühlt dann ab und löst in 75 ml Schwefelsäure (1 + 4). Man erwärmt auf etwa 50° und filtriert, falls notwendig, um Kieselsäure oder anderes unlösliches Material zu entfernen. Wenn der Kieselsäuregehalt sehr hoch ist oder wenn es scheint, daß einiges elementare Zirkonium zurückbleibt, muß das Glühen und Schmelzen mit wenig Pyrosulfat wiederholt werden.

Die Lösung wird auf ein Gesamtvolumen von etwa 150 ml gebracht, von denen 75 ml Schwefelsäure (1 + 4) sein müssen. Man erwärmt auf etwa 50°, fügt 10 ml Ammoniumphosphatlösung (150 g/l) hinzu, läßt $^1/_2$ Std. in der Wärme stehen und dann mindestens 4 Std., am besten über Nacht, abkühlen. Man filtriert auf ein dichtes Filter und wäscht mit 200 bis 300 ml Ammoniumnitratlösung (50 g/l). Man verascht das Filter in einem Porzellantiegel und glüht bei 950°. Der Rückstand muß rein weiß sein, falls das Waschen vollständig gewesen und kein Zirkoniumphosphat durch zu schnelles Veraschen reduziert worden ist. Man wägt als Zirkoniumphosphat aus (Faktor: ZrP_2O_7 zu Zr = 0,344).

$$\%\,Zr = \frac{g\ ZrP_2O_7 \cdot 0{,}344 \cdot 100}{g\ Einwaage}$$

Bemerkungen. Zirkonium kann entweder in legiertem Zustande, löslich in verdünnter Salpetersäure, oder als Element, das ganz unlöslich ist, anwesend sein. Die beiden Formen können, falls gewünscht, in getrennter Weise angegeben werden, indem man von der Originallösung und dem Aufschluß getrennte Bestimmungen durchführt. Da das elementare Zirkonium wahrscheinlich nicht homogen verteilt sein wird, ist die Analyse einer großen Einwaage zu empfehlen.

Falls der Zirkoniumgehalt hoch ist, kann eine kleinere Probe in Schwefelsäure gelöst, der Rückstand geschmolzen und die Phosphatfällung direkt aus den vereinigten Lösungen ohne eine einleitende hydrolytische Fällung gemacht werden.

Titan, Cerium und Thorium können stören. Cerium ist harmlos, wenn es im 3wertigen Zustand gehalten wird, während Titan in Lösung zurückgehalten werden kann, wenn ein Überschuß von Wasserstoffperoxyd vor der Phosphatfällung zugefügt wird. Thorium fällt mit Zirkoniumphosphat zusammen und erfordert Aufschließen des Phosphats mit Natriumcarbonat, Waschen des Oxyds mit Wasser, Wiederschmelzen mit Pyrosulfat und Wiederfällen als Phosphat.

Literatur. Magnesium Laboratory Methods, The Dow Chemical Company, Midland, Michigan (1946) S. 68—69. — MAYER, A., u. W. J. PRICE: Chemical and Spectrographic Analysis of Magnesium and its Alloys, Magnesium Elektron LTD, Manchester (1954) S. 3801—3814.

F. Die Untersuchung der Schmelz- und Abdecksalze der Magnesiumgießereien

Das Schmelzsalz besteht aus einem Gemisch von wasserfreiem Magnesiumchlorid, Natriumchlorid und Calciumfluorid (Flußspat). Bestimmt wird der Wasser-, Magnesium- und Natriumgehalt. Die Menge des Calciumfluorids wird aus der gefällten Calciummenge berechnet, während der Fluorgehalt nicht bestimmt wird. Der Wassergehalt soll möglichst niedrig sein und höchstens 3% betragen.

1. Die Bestimmung des Wassers

3 bis 5 g des Salzes werden in ein glasiertes Porzellanschiffchen eingewogen. Das Einwägen muß mit Hilfe eines länglichen Wägegläschens möglichst rasch erfolgen, da das Salz hygroskopisch ist. Das Wasser wird durch Erhitzen auf 500° im Quarzglasrohr ausgetrieben (s. bei Carnallit, S. 459).

2. Die Bestimmung des Magnesiums

5 g Salz werden in einem 500 ml-Meßkolben mit 300 ml Wasser 10 min gekocht. Nach dem Erkalten gibt man 100 ml 1 n-Natronlauge hinzu und füllt zur Marke auf. Nach 15 min filtriert man 50 ml (= 0,5 g Einwaage) ab und titriert mit n/10-Schwefelsäure und Methylorange als Indicator.

$$\frac{(100 - \text{verbrauchte ml n/10-Schwefelsäure}) \cdot 0{,}4762}{0{,}5} = \%\ MgCl_2$$

Wegen der Löslichkeit des Magnesiumhydroxyds sind 0,3% $MgCl_2$ hinzuzuzählen.

3. Die Bestimmung des Natriums

Sie erfolgt analog der Vorschrift bei Carnallit, S. 460.

4. Die Bestimmung des Calciums

5 g der Probe werden in einer Platinschale mit 25 ml Salzsäure (1,19) übergossen. Man dampft, nachdem die Probe unter Rühren in Lösung gegangen ist, zur Trockne und wiederholt dies mit der gleichen Menge Salzsäure noch 2mal. Zuletzt durchfeuchtet man den Rückstand mit wenig Salzsäure und nimmt ihn mit 100 ml Wasser auf. Nachdem man die Lösung zu 200 ml aufgefüllt hat, filtriert man 100 ml (= 2,5 g Einwaage) ab, gibt zur Oxydation etwas Wasserstoffperoxyd hinzu und kocht auf. Durch Zugeben von kohlendioxydfreiem Ammoniak (1 + 1) wird dann die Lösung alkalisch gemacht und bei Auftreten eines Niederschlages filtriert. Dem auf 80° erwärmten Filtrat setzt man 5 g Ammoniumchlorid und 5 g Ammoniumoxalat hinzu, läßt die Fällung über Nacht stehen, filtriert und wäscht den Niederschlag mit ammoniumoxalathaltigem Wasser (10 g/l) aus. Darauf wird er zu Calciumoxyd verglüht und als solches gewogen oder nach dem Auswaschen

mit Wasser in Schwefelsäure (1 + 1) gelöst und das Calcium maßanalytisch mit n/10-Kaliumpermanganatlösung bestimmt.

$$\frac{\text{Auswaage} \cdot 1{,}392 \cdot 100}{2{,}5} = \%\ CaF_2$$

oder

$$\frac{\text{Verbrauchte ml n/10-Kaliumpermanganatlösung} \cdot 0{,}0039 \cdot 100}{2{,}5} = \%\ CaF_2$$

G. Die Untersuchung der Bichromatbeize

Zum Schutze gegen Korrosion werden die aus Magnesiumlegierungen hergestellten Guß- und Halbzeugstücke mit einer salpetersauren Lösung von Kalium- oder Natriumbichromat gebeizt.

1. Die Bestimmung des Bichromatgehaltes

Der Bichromatgehalt wird durch Titration mit Eisen(II)-sulfatlösung ermittelt. Vorher muß jedoch die salpetrige Säure durch Amidosulfonsäure zerstört werden.

$$HONO + H_2NSO_3H = N_2 + H_2O + H_2SO_4$$

$$K_2Cr_2O_7 + 6\,FeSO_4 + 7\,H_2SO_4 = K_2SO_4 + Cr_2(SO_4)_3 + 3\,Fe_2(SO_4)_3 + 7\,H_2O$$

5 ml der Beizlösung werden in einem 100 ml-Meßkolben mit Wasser zur Marke aufgefüllt. Dann gibt man 20 ml dieser Lösung in einen Erlenmeyer-Kolben und setzt 5 ml Schwefelsäure (1 + 1) sowie 10 ml Amidosulfonsäure (200 g/l) hinzu. Nach einigen Minuten ist die salpetrige Säure zerstört, besonders, wenn man durch öfteres Umschwenken und leichtes Erwärmen die Reaktion beschleunigt. Der Bichromatgehalt kann nach dem Abkühlen mit Eisen(II)-sulfatlösung titriert werden; als Indicator dient Ferroin (Merck).

$$\frac{\text{Verbrauchte ml n/10-Eisen(II)-sulfatlösung} \cdot 1000 \cdot 0{,}0049}{\text{Angewandte ml Beizlösung}} = \text{g } K_2Cr_2O_7\text{/Liter}$$

oder

$$\frac{\text{Verbrauchte ml n/10-Eisen(II)-sulfatlösung} \cdot 1000 \cdot 0{,}00437}{\text{Angewandte ml Beizlösung}} = \text{g } Na_2Cr_2O_7\text{/Liter}$$

Zur Herstellung der *Eisen(II)-sulfatlösung* benutzt man Mohrsches Salz [Ammoniumeisen(II)-sulfat]. Die eingestellte Lösung soll 5% Schwefelsäure enthalten.

2. Die Bestimmung des Salpetersäuregehaltes

10 ml der obigen Analysenlösung (Beizlösung, 1 : 20 verdünnt) werden in einem 500 ml-Erlenmeyer-Kolben mit n/10-Natronlauge titriert. Als Indicator dient ein aus Methylrot und Methylenblau hergestellter Mischindicator.

$$\frac{\text{Verbrauchte ml n/10-Natronlauge} \cdot 0{,}0063 \cdot 1000}{\text{Angewandte ml Beizlösung}} = \text{g } HNO_3\text{/Liter}$$

$$1{,}092 \cdot \text{g } HNO_3\text{/Liter} = \text{ml } HNO_3\ (1{,}40)$$

Der *Mischindicator* wird aus gleichen Teilen Methylrotlösung (0,1 g in 100 ml) und Methylenblaulösung (0,05 g in 100 ml) hergestellt. Der hohe Methylenblaugehalt ist hier durch die intensive Färbung des Bichromats bedingt.

Der Indicator muß im sauren Gebiet umschlagen, da sonst eine dem Bichromatgehalt entsprechende Menge an Säure mittitriert wurde. Bei dem verwendeten Indicator ist auf das Verschwinden der Rotfärbung zu titrieren; beim Auftreten der reinen Grünfärbung ist bereits übertitriert. Bei gebrauchten Beizen, die Magnesium enthalten, würde außerdem noch Magnesiumhydroxyd gefällt werden. Man müßte dann eine Magnesiumbestimmung zwischenschalten, um den Mehrverbrauch an Lauge berechnen zu können.

Kapitel 21

Mangan*

Inhalt

---

*	1. Auflage	2. Auflage
Bearbeiter:	**Ploum (VDEh)**	**Wirtz, Frick**
Mitarbeiter:	**Bubam, Johannsen, Koch (VDEh), Roesner, Wirtz**	**Koch (VDEh), Ploum (VDEh)**

A. Vorkommen

Mangan in kleinen Mengen kommt neben Eisen in der Natur weitverbreitet vor. Die meisten Gesteinsarten führen etwas Mangan, und auch in den Erzen tritt es fast immer als Begleiter auf. Als wesentlichen Bestandteil enthalten Mangan die Mineralien: *Pyrolusit* oder *Braunstein* (MnO_2), *Manganit* ($Mn_2O_3 \cdot H_2O$), *Hausmannit* (Mn_3O_4) und *Manganspat* ($MnCO_3$). Reiche Manganlagerstätten finden sich im Kaukasus, in Indien, Java, Kongo, Südafrika, Brasilien und Chile.

B. Qualitativer Nachweis

Man schmelzt eine kleine Menge des feingepulverten Erzes im Porzellantiegel mit Natriumperoxyd oder einer Mischung von Soda und Salpeter, laugt die Schmelze mit Wasser aus und filtriert die Lösung. Bei Anwesenheit von Mangan ist das Filtrat grün gefärbt; durch Ansäuern mit Schwefelsäure schlägt die Farbe nach Rot um.

Man kann auch eine kleine Erzprobe mit Salzsäure (1,19) kochen und die Lösung zum Entfernen der Chlorionen mit Schwefelsäure abrauchen. Nimmt man dann die Sulfate mit etwas Wasser auf, setzt reichlich verdünnte Salpetersäure sowie etwas Bleidioxyd hinzu und kocht, so tritt nach dem Absitzenlassen der festen Stoffe bei Gegenwart von Mangan eine Rotfärbung der Lösung auf (Übermangansäure).

C. Analytische Untersuchungen für den Betrieb

Die Manganerze finden vor allem in der Eisenindustrie Verwendung. Man stellt dort aus ihnen z. B. Ferromangan und Silicomangan her, die zur Gewinnung von Manganstahl dienen; man erzeugt aber auch — meist aluminothermisch — Manganmetall mit einem Gehalt von 96 bis 98% Mangan, das als Zusatz zu Legierungen gebraucht wird. Ein geringerer Teil der Manganerze wird in der chemischen Industrie verwendet, z. B. zur Herstellung von Glas und Erdfarben; ferner benötigt die Elektroindustrie Manganoxyde für die Fabrikation von Trockenbatterien.

I. Verfahren zur Bestimmung des Mangans

1. Gewichtsanalytische Verfahren

Bei diesen Verfahren, die aber praktisch im Betriebe nur selten Anwendung finden, erfolgt die Auswaage entweder als Mn_3O_4, $MnSO_4$ oder $Mn_2P_2O_7$. Voraus geht bei Anwesenheit von Eisen und Aluminium eine Trennung nach der Acetatmethode (s. Kapitel Titan, S. 814). Mangan wird hierbei nicht hydrolytisch abgeschieden. Ist der auftretende Niederschlag erheblich, so ist die Trennung zweckmäßig zu wiederholen. Die vereinigten Filtrate werden konzentriert. Darauf fällt man das Mangan mit Ammoniak und Bromwasser oder Ammoniumperoxydisulfat in der Siedehitze. Nach dem Abfiltrieren wird der Niederschlag geglüht und als Mn_3O_4 gewogen (Umrechnungsfaktor auf Mangan: 0,7203). Zur Kontrolle überführt man den Tiegelinhalt durch Abrauchen mit Schwefelsäure unter Zusatz einiger

Tropfen Wasserstoffperoxydlösung in das Sulfat, glüht dieses schwach bis zur Gewichtskonstanz und wägt das entstandene $MnSO_4$ (Umrechnungsfaktor auf Mangan: 0,3638).

Man kann auch das oben gefällte Mangandioxydhydrat in Salzsäure unter Hinzufügen von etwas Wasserstoffperoxyd lösen und das Mangan als Ammoniummanganphosphat abscheiden. Zu diesem Zweck wird die Lösung nach dem Verkochen des Wasserstoffperoxyds auf etwa 200 ml verdünnt, mit 3 g Ammoniumchlorid und 2 g Diammoniumhydrogenphosphat versetzt, sodann eben ammoniakalisch gemacht und erwärmt. Das Mangan scheidet sich quantitativ als Ammoniummanganphosphat aus. Dieses wird nach einigen Stunden auf einen Filtertiegel abgesaugt, mit schwach ammoniakhaltigem Wasser ausgewaschen, getrocknet und in der Muffel bei etwa 1000° geglüht. Hierbei bildet sich Manganpyrophosphat ($Mn_2P_2O_7$) (Umrechnungsfaktor auf Mangan: 0,3871).

2. Maßanalytische Verfahren

a) Das Verfahren nach Volhard

Grundlage. Man löst die Probe in Salzsäure, oxydiert die Lösung gegebenenfalls mit Kaliumchlorat, führt sie nach dem Verjagen des überschüssigen Chlors in einen Meßkolben über und fällt die störenden Begleitelemente in der Hitze mit aufgeschlämmtem Zinkoxyd. Nach dem Auffüllen des erkalteten Kolbeninhaltes bis zur Marke und Filtrieren durch ein Faltenfilter wird eine Abmessung des Filtrats heiß mit einer Kaliumpermanganatlösung bekannten Wirkungswertes titriert. Die dabei entstehende freie Salzsäure wird durch Zinkoxyd gebunden.

Da die Zusammensetzung des entstehenden Niederschlages von Zinkmanganiten sehr von den Arbeitsbedingungen abhängt, ist es von Wichtigkeit, nach genau festgelegten Richtlinien zu verfahren.

Anwendungsbereich und Bedeutung. Das Verfahren dient zur Bestimmung des Mangangehaltes in Manganerzen, manganhaltigen Eisenerzen und Hüttenerzeugnissen.

Genauigkeit. 1.

Dauer. 3 bis 5 Std.

Ausführung. Sie geht aus der nachfolgend beschriebenen Titerstellung der zur Manganbestimmung dienenden Kaliumpermanganatlösung hervor:

Titerherstellung der Kaliumpermanganatlösung. Man verwendet dafür reinstes Kaliumpermanganat[1] und stellt sich hieraus wie folgt eine Lösung von Mangan(II)-chlorid her:

Man löst 6 g Kaliumpermanganat mit wenig Wasser, versetzt die Lösung mit 30 ml Salzsäure (1,19) und kocht sie, bis sie farblos geworden ist. Nach dem Erkalten bringt man sie in einen 500 ml-Meßkolben und füllt bis zur Marke auf.

Der empirische Wirkungswert der Maßflüssigkeit, die etwa 6 g $KMnO_4$ im Liter enthalten soll, wird bestimmt, indem man 100 ml der Mangan(II)-chloridlösung mit bekanntem Mangangehalt in einem 500 ml-Meßkolben mit einer Lösung von ungefähr 19,2 g Eisen(III)-ammoniumsulfat (entsprechend etwa 2,22 g Fe) in wenig Wasser versetzt — die Eisenlösung ist vor dem Zugeben durch Erwärmen mit einigen Tropfen Salpetersäure (1 + 1) vollständig zu oxydieren —, den Kolbeninhalt mit kochend heißem Wasser auf 350 bis 400 ml verdünnt und zur Ausfällung des Eisens nach und nach aufgeschlämmtes Zinkoxyd unter starkem Umschütteln bis zum Gerinnen des Eisenhydroxyds hinzugibt. Nach weiterem Zusatz von wenig Zinkoxyd schüttelt man den Kolben so lange, bis der Niederschlag sich gut ab-

[1] Von einer chemischen Untersuchung eines garantiert reinen Präparates kann, insbesondere bei Betriebsanalysen, abgesehen werden.

setzt und die überstehende Flüssigkeit klar oder schwach milchig erscheint. Der erkaltete Kolbeninhalt wird darauf bis zur Marke aufgefüllt und durch ein trokkenes Faltenfilter in ein trockenes Becherglas filtriert. Da bei der nun folgenden Titration ein allmähliches Zufließenlassen der Permanganatlösung erfahrungsgemäß einen zu geringen Verbrauch an Maßflüssigkeit ergibt, ermittelt man zunächst in einem Vorversuch die ungefähr erforderliche Menge, indem man 100 ml von obiger Lösung in einem 1 l-ERLENMEYER-Kolben mit heißem Wasser auf 400 ml verdünnt, zur Neutralisation der bei der Titration entstehenden Salzsäure etwas Zinkoxydmilch hinzusetzt, kocht und die kochend heiße Lösung mit Kaliumpermanganatlösung titriert. Dabei schüttelt man den Kolben kräftig, stellt ihn gelegentlich schräg, um den Niederschlag absitzen zu lassen und die überstehende Flüssigkeit auf ihre Farbe prüfen zu können, und beendet das Titrieren beim Erscheinen einer schwachen Rötung. Die beim Vorversuch ermittelte Menge von Kaliumpermanganatlösung setzt man nun beim Hauptversuch, der in gleicher Weise durchgeführt wird, auf einmal hinzu, schüttelt kräftig durch, läßt den Niederschlag absitzen und titriert rasch (jeweilige Zugabe 0,2 ml) unter Umschwenken und Absitzenlassen auf Rosa.

Man kann auch so verfahren, daß man die benötigte Menge Kaliumpermanganatlösung in geringem Überschuß auf einmal zugibt und den Überschuß mit Arsen(III)-oxydlösung oder Mangan(II)-chloridlösung bekannten Gehaltes bis zur Entfärbung zurücktitriert.

Aus der Manganeinwaage und der Anzahl der verbrauchten ml der Maßlösung errechnet sich der Mangantiter der Kaliumpermanganatlösung.

Literatur. Handbuch für das Eisenhüttenlaboratorium, Bd. I, S. 28—30. Düsseldorf: Verlag Stahleisen 1939.

b) Das Verfahren nach Procter Smith

Grundlage. Das Mangan wird in salpetersaurer oder schwefelsaurer Lösung bei Anwesenheit von Silberionen als Katalysator mit Ammoniumperoxydisulfat zu Übermangansäure oxydiert. Nach Ausfällen des Silbers wird die Übermangansäure mit einer empirisch eingestellten Natriumarsenitlösung bis zum Verschwinden der Permanganatfarbe titriert.

Anwendungsbereich und Bedeutung. Das Verfahren eignet sich besonders zur Bestimmung von Mangangehalten bis zu 1,5%.

Genauigkeit. 2.

Dauer. $^1/_2$ Std.

Ausführung. Man löst eine Menge des zu untersuchenden Metalls, die voraussichtlich höchstens 2 mg Mangan aufweist, in einem ERLENMEYER-Kolben mit 15 ml Salpetersäure (1 + 1) und kocht die Lösung zum Vertreiben der nitrosen Dämpfe. Dann gibt man 50 ml Silbernitratlösung (1,7 g/l) sowie 2 ml Ammoniumperoxydisulfatlösung (500 g/l) hinzu und erwärmt den Kolbeninhalt 5 min auf 60°. Nach dem Abkühlen wird die Lösung mit 50 ml Wasser verdünnt und das Silber durch Hinzufügen von 3 ml Natriumchloridlösung (12 g/l) ausgefällt. Darauf titriert man sofort mit einer eingestellten Natriumarsenitlösung bis eben zum Verschwinden der Permanganatfarbe.

Die *Natriumarsenitlösung* stellt man her durch Lösen von 0,666 g Arsen(III)-oxyd und 2 g Natriumcarbonat in Wasser und Auffüllen der Lösung zu 1 l. 1 ml dieser Lösung entspricht etwa 0,2 mg Mangan. Die Titerstellung erfolgt mit einer Analysenkontrollprobe bekanten Mangangehaltes oder mit einer Mangannitratlösung bekannten Gehaltes und Zusatz von Eisennitrat unter den gleichen Versuchsbedingungen. Titerstellung von 2 Normalstählen $>0,5$ und $<0,5\%$ Mn [s. in Handbuch f. d. Eisenhüttenlaboratorien Band II. (1941) S. 38].

Fehlerquellen. Da das Verfahren empirischen Charakter hat, müssen die Bestimmung sowie die Titerstellung unter den gleichen Bedingungen ausgeführt werden. — Kobalt und größere Mengen Chrom wirken störend. Kobalt, Chrom und auch Kupfer, Nickel, Titan, Vanadin, Wolfram bis zu Gehalten von 1% beeinflussen die Titration nicht.

Literatur. SMITH, PR.: Chem. News Bd. 90 (1904) S. 237; das Verfahren ist von der Chemikerkommission des VDEh bearbeitet, s. Stahl u. Eisen Bd. 35 (1915) S. 917.

3. Photometrisches Verfahren

Zur photometrischen Bestimmung des Mangans benutzt man die Farbe der z. B. nach dem SMITH-Verfahren erhaltenen Übermangansäure. Man kann die Farbtiefe entweder in NESSLER-Zylindern mit Lösungen bekannten Mangangehaltes vergleichen oder sie im Photometer messen (s. Kapitel Aluminium, S. 79).

II. Untersuchung der Manganerze

Manganerze werden auf folgende Bestandteile untersucht: Wasser, Siliciumdioxyd, Mangan, Eisen, Tonerde, Phosphorsäure, Calcium, Magnesium, Schwefel, Gehalt an Braunstein. In Sonderfällen wird noch der Gehalt an folgenden Bestandteilen ermittelt: Barium, Titan, Natrium, Kalium, Kohlendioxyd und organische Substanz. Braunstein kann noch folgende Elemente in kleinen Mengen enthalten: Blei, Kupfer, Kobalt, Zink, Chrom, Vanadin, Zirkonium. Bei der Bewertung von Braunstein für galvanische Elemente spielt z. B. der Gehalt an Kupfer eine Rolle.

Trocknen und Wägen der Manganerze. Da Manganerze stark wechselnde Wassermengen enthalten und in getrocknetem, gepulvertem Zustand hygroskopisch sind, muß die Vorbereitung des Probegutes besonders sorgfältig durchgeführt werden. Entweder wird eine Roheinwaage in einem Wägegläschen 1 Std. bei 120° getrocknet und nach dem Abkühlen bei geschlossenem Wägegläschen in einem Exsiccator über Schwefelsäure (1,84) genau eingewogen, oder man wägt besser das lufttrockene Material ein und bestimmt den Feuchtigkeitsgehalt in einer Sonderprobe durch 1stündiges Trocknen bei 120°. Die anderen Analysenergebnisse werden dann auf die getrocknete Substanz umgerechnet.

1. Manganbestimmung

Grundlage. Die Erzeinwaage wird in Salzsäure gelöst, die Lösung oxydiert und der Mangangehalt nach dem Verfahren von VOLHARD maßanalytisch bestimmt.

Anwendungsbereich und Bedeutung. Das Verfahren ist zur Bestimmung des Mangangehaltes sämtlicher manganhaltiger Erze geeignet.

Genauigkeit. 1.

Dauer. 3 bis 5 Std.

Ausführung. Je nach dem Mangangehalt löst man z. B. von Manganerzen 1 g in 20 ml, von manganhaltigen Eisenerzen 5 g in 80 ml Salzsäure (1,19) in einem Becherglas, oxydiert mit 0,5 bis 1 g Kaliumchlorat in Tablettenform, kocht bis zum Verschwinden des Chlorgeruches und füllt die Lösung nach dem Verdünnen mit Wasser in einen 500 ml-Meßkolben. Sollte beim Lösen jedoch ein dunkler Rückstand verbleiben, so schließt man diesen nach dem Abfiltrieren mit Alkalicarbonat auf und vereinigt die salzsaure Lösung des Aufschlusses nach dem Oxydieren mit wenigen Tropfen Salpetersäure mit der Hauptmenge im 500 ml-Meßkolben. Nach dem Verdünnen auf 350 bis 400 ml wird aus der heißen Lösung das Eisen mit Zinkoxyd ausgefällt (s. S. 486). Nach dem Auffüllen bis zur Marke wird durch ein trockenes Filter in einen trockenen Kolben filtriert und entsprechend dem Mangangehalt so viel Flüssigkeit entnommen, daß bei der Titration, die genau wie bei der Titerherstellung der Kaliumpermanganatlösung durchgeführt wird, etwa 25 bis 30 ml der Maßflüssigkeit verbraucht werden. Aus der Einwaage, der Anzahl der verbrauchten Milliliter Maßlösung und dem Mangantiter errechnet sich der Mangangehalt des Erzes.

Fehlerquellen. Das Verfahren führt nur dann zu richtigen Ergebnissen, wenn Versuch und Titerstellung unter den gleichen Bedingungen ausgeführt werden. — Kobalt muß vor der Titration entfernt werden, indem man das Mangan aus dem Filtrat der Zinkoxydfällung als Dioxydhydrat abtrennt.

Literatur. Handbuch für das Eisenhüttenlaboratorium, Bd. I, S. 30. Düsseldorf: Verlag Stahleisen 1939.

2. Die Bestimmung von Siliciumdioxyd, Eisen, Aluminium, Titan und Kupfer

Grundlage. Die salzsaure Lösung der Probe wird mit Salpetersäure oxydiert und das Siliciumdioxyd durch Eindampfen zur Trockne abgeschieden. Im Filtrat werden Eisen mit Kaliumpermanganat maßanalytisch und Aluminium und Titan als Phosphat bestimmt. Den Kupfergehalt ermittelt man durch Abtrennen als Sulfid und Wägen als Oxyd, Kupfersalicylaldoxim oder als Metall.

Anwendungsbereich und Bedeutung. Das Verfahren eignet sich für alle Manganerze.

Genauigkeit. 1.

Dauer. 5 Std.

Ausführung. Von dem Probegut werden 5 g mit 50 ml Salzsäure (1,19) gelöst und mit etwa 5 ml Salpetersäure (1,4) oxydiert. Man dampft die Lösung zur Trockne, fügt nach dem Erkalten 20 ml Salzsäure (1,19) hinzu, verdünnt mit heißem Wasser und filtriert den Rückstand auf ein Weißbandfilter ab. Man wäscht mit schwach salzsäurehaltigem Wasser aus, trocknet und verascht den Rückstand bei schwacher Rotglut in einem Platintiegel. Sodann schließt man ihn mit Natriumcarbonat auf, laugt den Schmelzkuchen mit Wasser aus und säuert die Lösung nach dem Entfernen und Abspülen des Tiegels mit Salzsäure an. Darauf dampft man zur Trockne und erhitzt den Rückstand 1 Std. auf 135°. Er wird wieder mit Salzsäure und Wasser aufgenommen und die Lösung filtriert. Das Filtrat wird mit dem der ersten Siliciumdioxydabscheidung vereinigt und die darin noch enthaltenen kleinen Mengen Siliciumdioxyd durch nochmaliges Eindampfen und Erhitzen auf 135° abgeschieden. Die beiden Filter werden nun zusammen im Platintiegel getrocknet, verascht, bei 1100 bis 1200° geglüht und der Rückstand nach dem Erkalten im Exsiccator gewogen. Das Siliciumdioxyd verflüchtigt man darauf durch Abrauchen mit 0,5 ml Schwefelsäure (1 + 4) und 10 ml Flußsäure. Nötigenfalls wiederholt man das Abrauchen und wägt den Tiegel nach dem Erkalten wieder. Der Gewichtsunterschied entspricht dem Siliciumdioxydgehalt.

Ein im Platintiegel möglicherweise verbliebener Rückstand wird durch Kochen mit wenig Salzsäure (1,19) gelöst; gegebenenfalls muß er mit Kaliumhydrogensulfat aufgeschlossen und die Lösung dem Filtrat von der Siliciumdioxydabscheidung hinzugefügt werden. Man bringt sie in einen 500 ml fassenden Meßkolben und füllt mit Wasser auf.

Eisen. Für die Eisenbestimmung entnimmt man dem Meßkolben eine Abmessung von 100 ml der Lösung (= 1 g Einwaage), führt sie in einen 300 ml fassenden ERLENMEYER-Kolben über, leitet in die heiße Lösung zur Abscheidung von Platin und Kupfer (Blei) Schwefelwasserstoff ein, filtriert die Sulfide ab und verkocht den Schwefelwasserstoff. Dann reduziert man das Eisen tropfenweise mit Zinn(II)-chloridlösung unter Vermeiden eines Überschusses, kühlt ab und versetzt mit Quecksilber(II)-chloridlösung; anschließend titriert man mit Kaliumpermanganatlösung nach ZIMMERMANN-REINHARDT (s. Kapitel Aluminium, S. 13).

Zur Bestimmung des *Kupfers* werden 100 ml des auf 500 ml aufgefüllten Filtrats des Siliciumdioxyds in einem Becherglas mit 20 ml Schwefelsäure (1+1) versetzt und bis zum Rauchen der Schwefelsäure eingeengt, um möglicherweise anwesendes Blei abzuscheiden. Nach dem Erkalten verdünnt man mit etwa 150 ml Wasser, kocht die Flüssigkeit noch einmal kurz auf, läßt den Niederschlag etwa 2 Std. absitzen und bringt ihn dann auf ein Weißbandfilter, das ein wenig Filterbrei enthält. Man wäscht mit schwach schwefelsäurehaltigem Wasser nach. Darauf wird das Filtrat schwach ammoniakalisch gemacht, mit Salzsäure (1,19) deutlich angesäuert und auf etwa 300 ml verdünnt. In die heiße Lösung leitet man nun Schwefelwasserstoff ein, filtriert die Sulfide ab und wäscht mit schwefelwasserstoffhaltigem Wasser nach. Ist auf Antimon Rücksicht zu nehmen, so behandelt man den Niederschlag mit heißer Natriumsulfidlösung. Den noch verbleibenden Anteil wäscht man kurz mit Wasser aus, verascht und glüht ihn in einem Porzellantiegel. Nach dem Erkalten löst man den Tiegelinhalt in etwa 5 ml Salzsäure (1,19) und fügt nach dem Verdünnen mit Wasser Ammoniak (0,91) im Überschuß hinzu. Sollten hierbei noch geringe Mengen Eisen und Wismut ausfallen, so filtriert man sie ab. In dem mit Salzsäure angesäuerten Filtrat fällt man das Kupfer durch Einleiten von Schwefelwasserstoff als Sulfid, das man wie vorher zu Oxyd verglüht, und wägt.

$$\text{Auswaage} \cdot 0{,}7988 = \text{Kupfer}$$

Man kann das Kupferoxyd auch in die Kupfersalicylaldoximverbindung überführen und es als solches bestimmen (s. Kapitel Molybdän, S. 511).

Bei größeren Mengen Kupfer kann man es auch elektrolytisch abscheiden, wobei man ebenfalls vom Oxyd ausgeht (s. Kapitel Kupfer, S. 376).

Eine weitere Abmessung von 100 ml (= 1 g Einwaage) dient zur Bestimmung des *Aluminiums* und *Titans*. Zu dem Zweck fällt man zunächst Eisen, Aluminium und Titan nach Zugeben von 5 g Ammoniumchlorid mit Ammoniak, löst die ausgefallenen Hydroxyde wieder in Salzsäure und bringt Aluminium und Titan als Phosphat, wie im Kapitel Aluminium, S. 7, beschrieben, zur Abscheidung. Nach dem Auswägen schließt man den Glührückstand mit Kaliumhydrogensulfat auf und bestimmt das Titan photometrisch mit Wasserstoffperoxyd. Mit dem Umrechnungsfaktor 3,15 erhält man $Ti_2P_2O_9$, das von der obigen Auswaage der Phosphate abgezogen wird. Das Aluminium ergibt sich dann aus der Differenz.

Literatur. Handbuch für das Eisenhüttenlaboratorium, Bd. I, S. 126. Düsseldorf: Verlag Stahleisen 1939.

3. Die Bestimmung des Phosphors

a) Als Ammoniumphosphormolybdat

Grundlage. Die im Erz vorliegende Phosphorsäure wird durch Säure- oder Alkaliaufschluß in Lösung gebracht und als Ammoniumphosphormolybdat gefällt; dieses wird bei 105° getrocknet und gewogen oder in Natronlauge bekannten Gehaltes gelöst und der Laugenüberschuß mit eingestellter Schwefelsäure titriert.

Anwendungsbereich und Bedeutung. Das Verfahren ist geeignet zur Bestimmung des Phosphors in Manganerzen.

Genauigkeit. 1.

Dauer. 3 Std.

Ausführung. Von dem bei 105° getrockneten Erz werden je nach dem Phosphorgehalt 0,3 bis 5 g in einem Becherglas mit Wasser angefeuchtet und mit 20 bis 50 ml Salzsäure (1,19) unter Erwärmen gelöst. Das Eisen wird durch Zugeben von 1 bis 2 ml Salpetersäure (1,4) oxydiert und anschließend die Kieselsäure in bekannter Weise abgetrennt. Da dieser Rückstand noch Phosphor enthalten kann, wird das Filter in einem Platintiegel bei nicht zu hoher Temperatur verascht und der Rückstand mit 1 ml Schwefelsäure (1 + 4) und etwa 10 ml Flußsäure bis zum Auftreten dichter Schwefelsäuredämpfe erhitzt. Der verbleibende Rückstand wird mit verdünnter Salzsäure aufgenommen, das Unlösliche abfiltriert und das Filtrat mit dem von der Kieselsäureabscheidung erhaltenen vereinigt. Die Lösung wird auf etwa 150 ml eingedampft und mit Ammoniak (0,91) versetzt, bis gerade ein brauner Niederschlag entsteht, den man anschließend mit Salpetersäure (1,4) wieder in Lösung bringt, wobei man einen Überschuß vermeidet. Der Lösung, die man inzwischen auf etwa 100 ml eingeengt hat, setzt man 20 ml Ammoniumnitratlösung (140 g/l) zu und fällt darauf bei 60° die Phosphorsäure mit 50 bis 60 ml Ammoniummolybdatlösung (s. Kapitel Lösungen). Nach etwa 2stündigem Absitzen wird der gelbe Niederschlag auf einen Glasfiltertiegel abfiltriert und mit einer Lösung von 100 ml Salpetersäure (1 + 1) und 125 g Ammoniumnitrat in 4900 ml Wasser ausgewaschen. Anschließend wäscht man nochmals kurz mit kaltem Wasser aus und trocknet dann bis zur Gewichtskonstanz bei 105° im Trockenschrank.

$$\text{Gewicht} \cdot 0{,}01639 = \text{P}$$

Der Ammoniumphosphormolybdatniederschlag kann auch nach dem Waschen mit kaltem Wasser in Lauge bekannten Gehaltes gelöst und der Laugenüberschuß mit einer gegen die Lauge gestellten Schwefelsäure zurücktitriert werden.

b) Als Magnesiumpyrophosphat

Grundlage. Die Phosphorsäure wird als Ammoniumphosphormolybdat abgeschieden, der Niederschlag in Ammoniak gelöst und der Phosphor als Ammoniummagnesiumphosphat gefällt.

Anwendungsbereich und Bedeutung. Dieses Verfahren eignet sich besonders zur Bestimmung größerer Mengen Phosphor.

Genauigkeit. 1.

Dauer. 7 Std.

Ausführung. Der nach Verfahren 3a) erhaltene Niederschlag wird nach dem Auswaschen mit Wasser in verdünntem warmem Ammoniak gelöst — das Filter wird noch wiederholt mit Ammoniak ausgewaschen — und die Lösung tropfenweise unter Vermeiden eines Überschusses mit Magnesiamixtur (Herstellung siehe Kapitel Lösungen) versetzt. Anschließend fügt man noch ein Drittel der Flüssigkeitsmenge an Ammoniak hinzu und rührt $^1/_2$ Std. unter Benutzen eines Rührapparates, ohne die Wandung des Fällungsgefäßes zu berühren. Man läßt den Niederschlag absitzen, filtriert ihn auf einen Porzellansintertiegel ab und wäscht ihn mit 2proz. Ammoniak aus, bis die Waschflüssigkeit chlorfrei ist. Nach dem Trocknen wird er durch starkes Glühen in Magnesiumpyrophosphat übergeführt.

$$Mg_2P_2O_7 \cdot 0{,}2783 = P$$

Der Phosphorgehalt der zu verwendenden Reagenzien ist durch eine Blindbestimmung zu ermitteln und zu berücksichtigen.

Fehlerquellen. Bei Verwenden eines Papierfilters statt eines Porzellansintertiegels muß sehr vorsichtig verascht werden, weil sonst Kohle zurückbleiben kann, die einen Teil des Phosphats reduzieren und einen Verlust an Phosphor verursachen würde.

Literatur. Handbuch für das Eisenhüttenlaboratorium, Bd. I, S. 31. Düsseldorf: Verlag Stahleisen 1939.

4. Die Bestimmung des Schwefels

a) Gewichtsanalytische Bestimmung

Grundlage. Der Sulfidschwefel wird durch oxydierenden Aufschluß in Sulfat übergeführt, wobei vorliegende unlösliche Sulfate gleichzeitig zu löslichen Alkalisulfaten umgesetzt werden. Die Sulfationen bestimmt man als Bariumsulfat.

Anwendungsbereich und Bedeutung. Das Verfahren dient zur Bestimmung des Gesamtschwefels in Erzen auch in Gegenwart von Begleitelementen.

Genauigkeit. 1.

Dauer. 3 Std.

Ausführung. Von der feingepulverten und bei 105° getrockneten Probe werden je nach dem Schwefelgehalt 1 bis 3 g in einem Nickeltiegel mit einer Mischung aus 10 g Kaliumnatriumcarbonat und 5 g Natriumperoxyd aufgeschlossen. Nach dem Erkalten laugt man den Tiegel mit Wasser aus, bringt die Aufschlämmung in einen Meßkolben von 300 ml Inhalt, füllt ihn auf und mischt. Von dem durch ein trockenes Faltenfilter in ein trockenes Gefäß filtrierten Kolbeninhalt nimmt man einen gemessenen Teil ab und macht ihn schwach salzsauer. Dann verdünnt man ihn auf etwa 400 ml, erhitzt zum Kochen und fällt die Schwefelsäure durch Zugeben von etwa 10 ml heißer Bariumchloridlösung (100 g/l). Den Niederschlag läßt man über Nacht in der Wärme stehen und filtriert ihn dann auf ein Blaubandfilter ab. Er wird mit Salzsäure (1 + 500) ausgewaschen. Man verascht das Filter im Platintiegel, raucht geringe Mengen Siliciumdioxyd mit wenig Flußsäure ab und erhitzt dann auf helle Rotglut.

$$BaSO_4 \cdot 0{,}1373 = S$$

Enthält das Erz keine säurebeständigen Sulfate, so löst man es in gesättigter Bromsalzsäure, entfernt in bekannter Weise die Kieselsäure und bestimmt den Schwefel im Filtrat, wie im vorhergehenden Abschnitt beschrieben.

Fehlerquellen. Es ist erforderlich, das Bariumsulfat unter genügendem Luftzutritt zu glühen, damit die Filterkohle nicht das Sulfat zu Sulfid reduziert.

b) Maßanalytische Bestimmung (Verbrennungsverfahren)

Grundlage. Die Probe wird mit einem Schmelzmittel im Sauerstoffstrom geglüht, wobei sämtlicher Schwefel in Schwefeldioxyd übergeführt wird. Auch Sulfatschwefel wird hierbei unter Abspaltung von Schwefeltrioxyd mitbestimmt. In einer gemessenen Menge Wasserstoffperoxydlösung wird das Schwefeldioxyd zu Schwefelsäure oxydiert und diese mit Natronlauge bestimmt.

Anwendungsbereich und Bedeutung. Das Verfahren eignet sich für alle sulfid- und sulfathaltigen Erze.

Genauigkeit. 1.

Dauer. 10 min.

Ausführung. Die in einem dickwandigen Porzellanschiffchen befindliche Probe wird mit einem Zuschlag von Ferrum reductum und Zinnspänen versehen und bei einer Mindesttemperatur von 1400° im Sauerstoffstrom verbrannt (dickwandiges, hochfeuerfestes Porzellanrohr!). Für die Dauer der Verbrennung einschließlich des Anwärmens rechnet man etwa 4 min. Die Menge des vorzulegenden Wasserstoffperoxyds richtet sich nach dem Schwefelgehalt der Probe. Zur Erkennung des Endpunktes der Titration verwendet man zweckmäßig den TASHIRO-Indicator (vgl. Kapitel Schwefel, S. 650).

1 ml n/10-Natronlauge entspricht 0,0016 g Schwefel

Der Schwefelgehalt der Zuschläge ist in einer Blindbestimmung zu ermitteln und zu berücksichtigen.

Fehlerquellen. Bei der Verbrennung muß die Mindesttemperatur von 1400° unbedingt erreicht werden, andernfalls ist mit Minderbefunden zu rechnen.

Literatur. Handbuch für das Eisenhüttenlaboratorium, Bd. I, S. 37. Düsseldorf: Verlag Stahleisen 1939.

III. Wertbestimmung des Braunsteins

Hierbei handelt es sich um die Bestimmung des Gehaltes an Mangan(IV)-oxyd im Manganerz oder Braunstein, der einen Maßstab für die oxydierende Eigenschaft dieser Stoffe darstellt.

Grundlage der Verfahren. Die Erzprobe läßt man auf eine mineralsaure Lösung bekannten Gehaltes von Eisen(II)-sulfat, Natriumoxalat oder Antimon(III)-chlorid einwirken und bestimmt maßanalytisch die Menge des nicht oxydierten Salzes.

1. Eisen(II)-sulfat-Verfahren

Grundlage. Das Manganerz wird mit einer überschüssigen Menge Eisen(II)-sulfatlösung behandelt und der Überschuß an Eisen(II) mit Kaliumpermanganatlösung zurücktitriert. Aus der verbrauchten Menge des Eisen(II)-sulfats berechnet sich nach der Gleichung

$$MnO_2 + 2\,FeSO_4 + 2\,H_2SO_4 = Fe_2(SO_4)_3 + MnSO_4 + 2\,H_2O$$

der Gehalt an Mangan(IV)-oxyd.

Anwendungsbereich. Das Verfahren ist bei allen Braunsteinsorten, die frei von organischen Stoffen sind, anwendbar.

Genauigkeit. 2.

Dauer. 3 Std.

Ausführung. Von dem fein zerriebenen und getrockneten Erz werden 3mal je 0,3 g in ERLENMEYER-Kolben gebracht, aus denen man dann die Luft durch Einleiten von Kohlendioxyd verdrängt. Nun werden die Proben mit je 25 ml Eisen(II)-sulfatlösung (s. unten) übergossen. Da schwer löslicher Braunstein über 1 Std. zur Umsetzung benötigt, werden die Kolben zum Schutze gegen Oxydation des Eisen(II)-sulfats durch den Luftsauerstoff durch ein mit Natriumhydrogencarbonatlösung beschicktes Göckelventil verschlossen. In einem weiteren 4. und 5. Kolben ohne Braunstein bringt man je 25 ml Eisen(II)-sulfatlösung, um deren Wirkungswert gegen Kaliumpermanganat zu bestimmen. Die 5 Kolben werden auf dem Wasserbad bis zur vollständigen Umsetzung des Mangan(IV)-oxyds 1 bis $1^1/_2$ Std. erwärmt. Es bleibt gewöhnlich ein farbloser Silicatrückstand, bisweilen aber auch ein schwarz gefärbter Rest zurück, der mit einem plattgedrückten Glasstab zerrieben und zwecks Vervollständigung der Umsetzung weiterhin erhitzt wird. Die abgekühlten 5 Lösungen werden nun mit je 100 ml ausgekochtem Wasser verdünnt und mit so viel Phosphorsäure versetzt, bis sie entfärbt sind. Dann titriert man mit n/10-Kaliumpermanganatlösung. Aus den gefundenen Unterschieden zwischen den verbrauchten Milliliter mit und ohne Erz berechnet sich der Mangan(IV)-oxydgehalt nach folgendem Beispiel:

25 ml $FeSO_4$-Lösung erfordern T ml n/10-$KMnO_4$-Lösung

25 ml $FeSO_4$-Lösung + a g MnO_2 erfordern t ml n/10-$KMnO_4$-Lösung

a g MnO_2 erfordern $(T - t)$ ml n/10-$KMnO_4$-Lösung

$$MnO_2 = \frac{(T - t) \cdot 0{,}02173}{a}\ \%$$

Hierin bedeuten:

T = die zugesetzten ml Eisen(II)-sulfatlösung

t = die verbrauchten ml Kaliumpermanganatlösung, umgerechnet auf Eisen(II)-sulfatlösung

a = Einwaage

Eisen(II)-sulfatlösung. 100 g Eisen(II)-sulfat ($FeSO_4 \cdot 7\,H_2O$) werden in 500 ml ausgekochtem, destilliertem Wasser und 200 ml Schwefelsäure (1,84) gelöst; die abgekühlte Lösung wird mit Wasser auf 1 l aufgefüllt.

1 ml n/10-$KMnO_4$-Lösung = 0,002608 g MnO_2

Fehlerquellen. Bei Anwesenheit von organischen Stoffen ist der Endpunkt der Titration nicht scharf zu erkennen; man arbeitet dann besser elektrometrisch.

Literatur. BILTZ, H. u. W.: Ausführung quantitativer Analysen. 5. Aufl., S. 219. Zürich: Verlag Hirzel 1947.

2. Oxalatverfahren

Anwendungsbereich und Bedeutung. Das Verfahren eignet sich insbesondere für die Analyse von hochprozentigem Braunstein, der sich mit Oxalsäure in schwefelsaurer Lösung leicht umsetzt.

Genauigkeit. 1.

Dauer. 2 Std.

Ausführung. Man wägt in einen 300 ml fassenden ERLENMEYER-Kolben 0,5 g der feingepulverten Probe mit 1 g Natriumoxalat nach SÖRENSEN genau ein, schlämmt den Kolbeninhalt mit wenig Wasser gut auf, fügt 50 ml Wasser und 30 ml Schwefelsäure (1 + 1) hinzu und digeriert das Ganze in der Wärme unter Umschwenken so lange, bis der Lösungsrückstand keine dunklen Anteile mehr aufweist. Hierbei darf die Lösung höchstens eine Temperatur von 90° erreichen. Ist die Reaktion beendet, so wird sogleich der Überschuß an Natriumoxalat mit einer n/5-Kaliumpermanganatlösung zurücktitriert. Diese Lösung stellt man gegen 0,5 g Natriumoxalat ein.

1 ml n/5-$KMnO_4$-Lösung entspricht 8,694 mg MnO_2

3. Antimon(III)-chlorid-Verfahren

Anwendungsbereich und Bedeutung. Das Antimon(III)-chlorid-Verfahren eignet sich vornehmlich für die Bestimmung des MnO_2-Gehaltes von eisenhaltigen Erzen, die sich in Schwefelsäure schwer auflösen.

Genauigkeit. 1.

Dauer. 2 Std.

Ausführung. Diese ist grundsätzlich bereits im Kapitel Blei, S. 202, beschrieben: 0,25 g feingepulverte Substanz wird in einem ERLENMEYER-Kolben von 300 ml Inhalt mit genau 50 ml einer salzsauren Antimon(III)-chloridlösung von bekanntem Wirkungswert [15 g reines kristallisiertes Antimon(III)-chlorid in 300 ml Salzsäure (1,19) gelöst und auf 1 l aufgefüllt] unter langsamem Erwärmen und ständigem Umschwenken umgesetzt. Sobald die Probe sich gelöst hat, wird der Überschuß des Antimon(III)-chlorids mit einer n/10-Kaliumbromatlösung unter Verwendung von Methylorange als Indicator titriert. Der Titer der Kaliumbromatlösung wird gegen reinstes metallisches Antimon eingestellt (s. Kapitel Antimon, S. 108).

1 ml n/10-Kaliumbromatlösung entspricht 4,3465 mg MnO_2

Der Wirkungswert der Antimon(III)-chloridlösung wird durch Titration von 25 ml mit der gleichen Kaliumbromatlösung ermittelt.

IV. Die Untersuchung der Hüttenerzeugnisse

1. Manganmetall

Aluminothermisch hergestelltes Manganmetall mit einer Reinheit von 96 bis 98% kann bis zu 1% Aluminium enthalten. Weitere Begleitelemente sind Eisen und Silicium und ferner in geringen Mengen Kohlenstoff, Phosphor und Schwefel. Man benutzt das Metall für Legierungszwecke.

a) Die Bestimmung des Mangangehaltes

Man löst in einem Becherglas 1 g des feingepulverten Metalls mit 50 ml Salzsäure (1 + 1), oxydiert die Lösung mit 0,2 g Kaliumchlorat, verkocht das freie Chlor und spült den Inhalt des Becherglases in einen 1 l-Meßkolben über.

Nach dem Auffüllen zur Marke entnimmt man der Lösung 250 ml, gibt sie in einen 500 ml-Meßkolben, versetzt sie mit etwa 1 g Eisen in Form von Eisen(III)-ammoniumsulfatlösung, der man einige Tropfen Salpetersäure (1 + 1) zugesetzt hat, und verfährt weiter, wie bei der Titerstellung der Kaliumpermanganatlösung, S. 486, beschrieben.

b) Die Bestimmung des Siliciums, Aluminiums und Eisens

Grundlage. Die mit Salpetersäure oxydierte salzsaure Lösung des Metalls wird zur Abscheidung des Siliciumdioxyds eingedampft. Nach dem Aufnehmen mit Salzsäure und Abfiltrieren des Siliciumdioxyds werden Eisen und Aluminium nach der Acetatmethode von Mangan getrennt. Die Trennung des Eisens vom Aluminium erfolgt durch Natronlauge. Das Eisen wird maßanalytisch, das Aluminium gewichtsanalytisch als Al_2O_3 bestimmt.

Anwendungsbereich und Bedeutung. Das Verfahren dient zur Bestimmung obiger 3 Elemente in aluminothermisch hergestelltem Manganmetall.

Genauigkeit. 2.

Dauer. 4 Std.; eine Reihe von 4 Proben 6 Std.

Ausführung. Man löst in einer bedeckten Porzellanschale 3 g des feingepulverten Probegutes mit 50 ml Salzsäure (1 + 1), versetzt die Lösung nach beendeter Reaktion mit 5 ml Salpetersäure (1,4), dampft sie zur Trockne und vertreibt die Reste der Salpetersäure durch anschließendes, kurzes Rösten der Salze. Nach dem Aufnehmen mit 50 ml Salzsäure (1,19) wird die Lösung auf 20 bis 30 ml eingeengt, dann mit Wasser auf etwa 150 ml verdünnt, kurz aufgekocht und durch ein Weißbandfilter in ein 600 ml-Becherglas filtriert. Den Rückstand wäscht man mit schwach salzsäurehaltigem Wasser aus und bestimmt das Siliciumdioxyd nach dem Glühen und Wägen durch Verflüchtigung mit Fluß- und Schwefelsäure und Wägen eines etwa verbliebenen Rückstandes aus der Differenz der beiden Wägungen.

$$\frac{\text{Gewichtsdifferenz} \cdot 0{,}4672 \cdot 100}{\text{Einwaage (3 g)}} = \%\ \text{Silicium}$$

Das Filtrat versetzt man mit Natriumcarbonatlösung (100 g/l) bis zum beginnenden Ausfallen eines Niederschlages. Dieser wird durch vorsichtigen tropfenweisen Zusatz von Salzsäure (1 + 2) wieder in Lösung gebracht und der geringe Überschuß an Salzsäure durch tropfenweises Zugeben von Natriumcarbonatlösung beseitigt. Dabei muß sich der an der Eintropfstelle auftretende Niederschlag gerade noch lösen. Die so vorbehandelte Lösung wird darauf mit 30 ml Natriumacetatlösung (100 g/l) versetzt und nach dem Verdünnen mit Wasser zum Sieden erhitzt. Es fallen die basischen Acetate von Eisen und Aluminium aus, während das Mangan in Lösung bleibt. Nach dem Absitzen wird der Niederschlag heiß abfiltriert und mit heißem Wasser ausgewaschen. Darauf löst man ihn mit 30 ml heißer Salzsäure (1 + 1), gibt zur Lösung Natronlauge im Überschuß und kocht, wobei das Aluminium in Lösung geht. Das Eisenhydroxyd wird abfiltriert, sorgfältig mit heißer, verdünnter Natronlauge ausgewaschen und zur Eisenbestimmung beiseite gestellt. Das Filtrat versetzt man mit einigen Tropfen Methylrotlösung, säuert es mit verdünnter Schwefelsäure an, erhitzt es zum Sieden und fällt das Aluminium durch tropfenweisen Zusatz von Ammoniak (1 + 4) bis zum Umschlag nach Gelb. Man läßt den Niederschlag absitzen, filtriert ihn auf ein Schwarzbandfilter ab, wäscht ihn mit heißem Wasser sulfatfrei und glüht ihn nach dem Veraschen des Filters im Platintiegel bei 1000°. Da er meist mit geringen Mengen Kieselsäure verunreinigt ist, werden diese durch Abrauchen mit einigen Tropfen Fluß- und Schwefelsäure verflüchtigt. Um ein Verspritzen zu vermeiden, bedeckt man hierbei den Tiegel mit etwas aschefreiem Filtrierpapier. Darauf wird der Tiegel 30 min bei 1000° geglüht. Die Auswaage ist Al_2O_3.

$$\frac{\text{Auswaage} \cdot 0{,}5293 \cdot 100}{\text{Einwaage (3 g)}} = \%\ \text{Aluminium}$$

Der obige Niederschlag von Eisenhydroxyd wird mit 30 ml heißer Salzsäure (1 + 1) vom Filter gelöst. Aus dieser Lösung fällt man das Eisen mit Ammoniak in geringem Überschuß wieder aus, filtriert den Niederschlag ab und löst ihn wieder mit heißer Salzsäure. Nun bestimmt man das Eisen nach der Reduktion mit Zinn(II)-chloridlösung in bekannter Weise nach ZIMMERMANN-REINHARDT. Zur Titration wird eine n/20-Kaliumpermanganatlösung verwendet.

$$\frac{\text{Verbrauchte ml n/20-Kaliumpermanganatlösung} \cdot \text{Titer} \cdot 100}{\text{Einwaage (3 g)}} = \%\ \text{Eisen}$$

Fehlerquellen. Bei hohen Aluminiumgehalten (über 2%), sofern nur eine geringe Eisenmenge zugegen ist, läßt sich die Acetatmethode schlecht durchführen. Man muß deshalb die Einwaage entsprechend verringern und vor der Fällung etwas Eisen(III)-chlorid zusetzen.

Literatur. BILTZ, H. u. W.: Ausführung quantitativer Analysen, 4. Aufl. (1942) S. 164 bis 168. — Handbuch für das Eisenhüttenlaboratorium, Bd. II, S. 72—74. Düsseldorf: Verlag Stahleisen 1941.

c) Photometrische Bestimmung des Eisens

Grundlage. Die salpetersaure Lösung des Manganmetalls wird mit Kaliumthiocyanat versetzt. Dabei erscheint die rote Farbe des Eisen(III)-thiocyanats. Ihre Intensität wird in einem Photometer gemessen.

Anwendungsbereich und Bedeutung. Das Verfahren wird zur Schnellbestimmung des Eisens im Manganmetall (bis zu 2,5% Fe) benutzt.

Genauigkeit. 2.

Dauer. Etwa 10 min.

Ausführung. Man löst 0,1 g feingepulvertes Metall im 250 ml-Meßkolben mit 10 ml Salpetersäure (1 + 2), verdünnt die Lösung nach dem Verkochen der Stickoxyde auf etwa 200 ml, versetzt sie mit 10 ml 50proz. Kaliumthiocyanatlösung und füllt sie zur Marke auf. Dann wird der Extinktionswert der gefärbten Lösung im Photometer, Filter 480 mμ, bestimmt und an einer Eichkurve der Prozentgehalt an Eisen abgelesen. Die Eichkurve hat man unter den gleichen Bedingungen mit Eisennitratlösungen verschiedener Konzentrationen und genau bekannter Eisengehalte aufgestellt.

Literatur. PINSL, H.: Aluminium Bd. 20 (1938) S. 712/13.

d) Die Bestimmung des Kohlenstoffs

Die Bestimmung des Kohlenstoffgehaltes wird durch Verbrennen von 2 g im Porzellanschiffchen unter Zusatz von Mennige im Sauerstoffstrom bei 1200° durchgeführt. Das entstandene Kohlendioxyd kann gewichtsanalytisch oder volumetrisch ermittelt werden. Liegen sehr kleine Gehalte vor, so ist das von W. OELSEN beschriebene potentiometrische Verfahren (s. Kapitel Chrom, S. 296) zu empfehlen.

Literatur. Handbuch für das Eisenhüttenlaboratorium, Bd. II, S. 17ff. Düsseldorf: Verlag Stahleisen 1941. — OELSEN, W., u. P. GÖBBELS: Stahl u. Eisen Bd. 69 (1950) S. 33—40.

e) Die Bestimmung des Phosphors

Grundlage. Der Phosphor wird zu Phosphorsäure oxydiert, indem die Probe in Salpetersäure gelöst, die Lösung eingedampft und der Rückstand geröstet wird. Nach dem Aufnehmen mit Salzsäure und Abfiltrieren des Siliciumdioxyds wird die Phosphorsäure mit Ammoniummolybdatlösung gefällt und bestimmt.

Anwendungsbereich und Bedeutung. Es ist das übliche Verfahren für die Phosphorbestimmung in metallischen und nichtmetallischen Substanzen.

Genauigkeit. 1.

Dauer. 2 Std.

Ausführung. 1 g der Probe wird in einer bedeckten Porzellanschale mit 30 ml Salpetersäure (1 + 1) gelöst, die Lösung wird in der offenen Schale zur Trockne gedampft und der Rückstand zur Zerstörung der Nitrate geröstet. Man nimmt unter Erwärmen mit 40 ml Salzsäure (1 + 1) auf, verdünnt und filtriert unter Auswaschen mit salzsäurehaltigem Wasser in ein Becherglas von 250 ml Inhalt ab. Das Filtrat wird bis zur Sirupdicke eingeengt, mit Wasser, gegebenenfalls unter Zusatz von wenig Salzsäure, aufgenommen und die Phosphorsäure nach Hinzufügen von 5 g Ammoniumnitrat mit Ammoniummolybdatlösung ausgefällt. Die Bestimmung der Menge des Niederschlages kann wie üblich gewichtsanalytisch oder maßanalytisch ausgeführt werden.

Literatur. Handbuch für das Eisenhüttenlaboratorium, Bd. II, S. 43—52. Düsseldorf: Verlag Stahleisen 1941.

f) Die Bestimmung des Schwefels

Der Schwefelgehalt wird durch Auflösen von 10 g Probegut mit 100 ml Salzsäure (1,19) in dem für die Schwefelbestimmung von Eisen und Stahl gebräuchlichen Apparat und durch Einleiten der sich entwickelnden Gase in 50 ml Cadmiumacetatlösung bestimmt. Das ausgeschiedene Cadmiumsulfid wird mit Kupfersulfatlösung zu Kupfersulfid umgesetzt, dieses abfiltriert und verascht. Auswaage an CuO mal 0,4029 mal 10 = % Schwefel. Seine Menge kann auch maßanalytisch durch Hinzufügen einer bestimmten Menge von Jodlösung und Zurücktitrieren des Überschusses mit Natriumthiosulfatlösung bestimmt werden.

Literatur. Handbuch für das Eisenhüttenlaboratorium, Bd. II, S. 55/56. Düsseldorf: Verlag Stahleisen 1941.

Bemerkung. Der Schwefel kann auch durch Verbrennen im Sauerstoffstrom ermittelt werden (s. Kapitel Chrom, S. 303).

2. Ferromangan

Die Analyse des Ferromangans wird nach den vorstehend für Manganmetall beschriebenen Verfahren ausgeführt, wobei berücksichtigt werden muß, daß der Mangangehalt der gewöhnlichen Sorten (Hochofen-Ferromangan) von etwa 50% bis 80% schwankt. Der Kohlenstoffgehalt liegt bei etwa 6 bis 7%. Sehr hochprozentige Materialien (Ferromangan affiné und suraffiné) mit bis etwa 95% Mangangehalt sind meist kohlenstoffarm. Ihr Kohlenstoffgehalt liegt bei 1 bis 2% bzw. 0,5%.

An Begleitelementen können neben den oben erwähnten in geringer Menge vorhanden sein: Kupfer, Nickel, Arsen, Chrom und Titan. Die Verfahren für ihre Bestimmung ergeben sich aus den entsprechenden Kapiteln dieses Buches und sind ferner im einzelnen im Handbuch für das Eisenhüttenlaboratorium, Bd. II (1941) S. 223/24, beschrieben.

a) Photometrische Bestimmung des Mangans

Grundlage. Das Ferromangan wird mit verdünnter Schwefelsäure gelöst, das Mangan mit Kaliumperjodat zu violettem Permanganat oxydiert und photometriert.

Anwendungsbereich und Bedeutung. Die Methode ist anwendbar für Manganbestimmungen in Ferromangan, Silicomangan, Hochofenmangan usw.

Genauigkeit. 2 bei 80proz. Ferromangan.

Dauer. 3 Bestimmungen in $1^1/_2$ Std.

Ausführung des Verfahrens. 1 g Probegut wird in einem 400 ml-Becherglas mit etwa 50 ml Wasser versetzt und vorsichtig mit etwa 3 ml Schwefelsäure (1,84) gelöst. Anschließend oxydiert man mit Salpetersäure, verkocht die nitrosen Gase, gibt die Lösung in einen 1 l-Meßkolben und füllt auf. Man nimmt 10 ml mit der Pipette ab, gibt sie in ein 250 ml-Becherglas, fügt 25 ml Salpetersäure (1 + 3) und dann 35 ml des nachfolgend genannten Säuregemisches hinzu und bringt die Lösung zum Kochen. Nach ungefähr 1 min gibt man in die kochende Lösung 10 ml einer Kaliumperjodatlösung (50 g/l) und läßt weitere 5 min kochen, wobei vollständige Oxydation des Mangans eintritt. Dann bringt man die Lösung in einen 100 ml-Meßkolben, kühlt ab, füllt zur Marke auf und schüttelt gut durch. Man photometriert unter Benutzung einer 1 cm-Küvette. Für die Kompensation versetzt man etwa 20 ml der Lösung mit so viel Natriumnitrit, bis die violette Färbung des Permanganats verschwunden ist. Ein etwaiger Überschuß an Natriumnitritlösung darf jedoch nicht mehr als 1 Tropfen betragen.

Die Ermittlung des Umrechnungsfaktors erfolgt empirisch mit einer Standardprobe oder mit einer Kaliumpermanganatlösung von bekanntem Gehalt. Beim Photometrieren sind Hg-Lampe und Filter S 57 zu verwenden.

Notwendige Lösungen.

Säuregemisch. 150 ml Schwefelsäure (1,84) und 150 ml Phosphorsäure (1,75) werden mit Wasser auf 1 l verdünnt.

Salpetersäure. Zu 500 ml destilliertem Wasser fügt man 400 ml Salpetersäure (1,42) hinzu und verdünnt auf 1 l mit Wasser.

Kaliumperjodatlösung. 5 g Kaliumperjodat werden in 80 ml Salpetersäure (2 + 3) durch vorsichtiges Erhitzen gelöst. Nach dem Abkühlen verdünnt man die Lösung mit Salpetersäure (2 + 3) auf 100 ml.

Natriumnitritlösung. 1 g Natriumnitrit wird in 100 ml Wasser gelöst.

Literatur. British Standard 1121, Part. 23, 1951. Methods for the Analysis of Iron and Steel. Manganese in Iron and Steel. — Absolutkolorimetrische Metallanalyse mit dem Pulfrich-Photometer, Carl Zeiss, Jena. Kommissionsverlag von Gustav Fischer, Jena.

b) Die Bestimmung des Kupfers

Grundlage. Nach Abtrennen des Siliciums wird das Kupfer mit Schwefelwasserstoff als Sulfid gefällt und darauf bestimmt.

Anwendungsbereich und Bedeutung. Das Verfahren eignet sich zur Bestimmung des Kupfers in Ferromangan.

Genauigkeit. 1.

Dauer. 2 Std.

Ausführung. 5 bis 10 g Probegut werden mit 100 bis 150 ml Salzsäure (1 + 1) gelöst und mit Salpetersäure (1,4) oxydiert. Das Silicium wird in bekannter Weise als Dioxyd abgeschieden und mit Flußsäure verflüchtigt. Nach Aufschließen des Rückstandes durch Schmelzen mit Kaliumhydrogensulfat und Auslaugen des Schmelzkuchens mit Wasser vereinigt man die Lösung mit dem Filtrat von der Siliciumdioxydabscheidung. Dann wird stark eingedampft und die Lösung nach dem Verdünnen mit Wasser auf etwa 300 ml mit Schwefelwasserstoff gesättigt. In dem Sulfidniederschlag bestimmt man das Kupfer nach einem der im Kapitel Kupfer, S. 376, angegebenen Verfahren.

c) Die Bestimmung des Nickels

Grundlage. Nach Abtrennen des Siliciums wird das Nickel in bekannter Weise als Diacetyldioximverbindung bestimmt.

Anwendungsbereich und Bedeutung. Das Verfahren dient zur Bestimmung des Nickels in Ferromangan.

Genauigkeit. 1.

Dauer. 2 Std.

Ausführung. Nachdem man in 5 bis 10 g Probegut das Silicium wie bei der unter b) beschriebenen Bestimmung des Kupfers entfernt hat, wird nach Zugeben einer ausreichenden Menge Weinsäure das Nickel mit Diacetyldioxim in schwach ammoniakalischer Lösung gefällt (s. Kapitel Nickel, S. 542).

d) Die Bestimmung des Arsens

Grundlage. Die Probe wird oxydierend gelöst, das Arsen durch Destillation mit Salzsäure abgetrennt und dann gewichts- oder maßanalytisch bestimmt.

Anwendungsbereich und Bedeutung. Das Verfahren ist zur Bestimmung des Arsens in Ferromangan geeignet.

Genauigkeit. 1.

Dauer. 4 Std.

Ausführung. 10 g der Probe werden in einem geräumigen Becherglas mit 100 ml Salpetersäure (1 + 1) gelöst, wobei man das Gefäß durch Einstellen in kaltes Wasser kühlt und die Salpetersäure in kleinen Anteilen zugibt. Die Lösung dampft man zur Trockne und röstet den Rückstand bei 300°, um die Nitrate zu zerstören (daran erkenntlich, daß keine nitrosen Dämpfe mehr entweichen). Man läßt die Oxyde erkalten und löst sie in etwa 80 ml Salzsäure (1,19), der man von Zeit zu Zeit ein wenig festes Kaliumchlorat (im ganzen etwa 0,5 g) zusetzt. Darauf wird das Chlor durch Erhitzen vertrieben, der Inhalt des Becherglases in einen Destillierkolben gegeben, das Arsen, wie im Kapitel Arsen, S. 122 bis 124, beschrieben, abdestilliert und dann gewichtsanalytisch oder maßanalytisch bestimmt.

e) Die Bestimmung des Aluminiums und Titans

Grundlage. Hat man die Probe gelöst, so wird nach dem Entfernen des Siliciumdioxyds das Eisen durch Ausäthern weitgehend abgetrennt. In der eisenfreien Lösung fällt man Aluminium und Titan gemeinsam als Phosphat, schließt den Niederschlag durch Schmelzen mit Kaliumhydrogensulfat auf und bestimmt das Titan photometrisch. Diese Menge auf Phosphat umgerechnet und vom gemeinsamen Gewicht des Aluminium- und Titanphosphats abgezogen, ergibt das Gewicht des Aluminiumphosphats; aus ihm errechnet man den Aluminiumgehalt.

Anwendungsbereich und Bedeutung. Das Verfahren dient zur gleichzeitigen Bestimmung von Aluminium und Titan in Ferromangan.

Genauigkeit. 2.

Dauer. 4 Std.

Ausführung. 5 bis 10 g der Probe werden mit 100 bis 150 ml Salzsäure (1 + 1) gelöst. Nach Abscheiden und Verflüchtigen des Siliciums wie bei der Bestimmung des Kupfers (s. 2b) schließt man den Rückstand durch Schmelzen mit Kaliumpyrosulfat auf, löst den Schmelzkuchen in Wasser und stellt die Lösung beiseite. Das Filtrat des Siliciumdioxyds wird stark eingeengt und daraus das Eisen durch 2maliges Ausäthern weitgehend entfernt. Den Äther vertreibt man durch Eindampfen bis auf einen kleinen Teil, den man mit der beiseite gestellten Lösung des Aufschlusses vereinigt. Man oxydiert die Flüssigkeit mit Salpetersäure (1,4), verdünnt sie mit Wasser auf etwa 300 ml und fällt nach Zugeben von 5 g Ammoniumchlorid Aluminium, Titan und das restliche Eisen mit möglichst wenig Ammoniak aus. Nach dem Abfiltrieren des Niederschlages wäscht man mit Wasser nach, löst ihn in heißer Salzsäure (1 + 1) und wiederholt die Fällung wie vorher; dabei verwendet man dasselbe Filter.

Enthält die Probe Chrom, so ist der Niederschlag chromhaltig. Um das Chrom abzutrennen, löst man den Hydroxydniederschlag in wenig Salpetersäure (1 + 1), dampft die Lösung möglichst weit ein und oxydiert das Chrom(III)-salz durch Hinzufügen von etwa 3 g Kaliumchlorat zu Chromat. Nun fällt man wieder nach vorherigem Zugeben von 5 g Ammoniumchlorid mit Ammoniak. Der ausgefallene Niederschlag wird abfiltriert, mit schwach ammoniumnitrathaltigem Wasser ausgewaschen und mit heißer Salzsäure (1 + 1) von Filter gelöst. Man verascht das Filter, schließt einen ungelöst gebliebenen Rückstand durch Schmelzen mit Kaliumhydrogensulfat auf, löst den Schmelzkuchen in Wasser und gibt die Lösung zu der salzsauren, die Hauptmenge des Aluminiums und Titans enthaltenen Lösung. Das Ganze bringt man auf etwa 150 ml und fällt darin Aluminium und Titan in bekannter Weise nach dem Phosphatverfahren (s. Kapitel Aluminium, S. 7). Die Fällung wird wiederholt, der erhaltene Niederschlag mit heißem Wasser ausgewaschen, das Filter getrocknet, verascht und sein Inhalt bis zur Gewichtskonstanz bei wenigstens 1100° geglüht. Den sich aus den Phosphaten des Aluminiums und Titans zusammensetzenden Niederschlag schließt man durch Schmelzen mit Kaliumpyrosulfat auf. Den Schmelzkuchen löst man in verdünnter Schwefelsäure und bestimmt darin das Titan photometrisch (s. Kapitel Titan, S. II/817). Den gefundenen Titangehalt rechnet man auf Titanphosphat um und zieht dessen Gewicht von dem der beiden Phosphate ab; man erhält so das Gewicht des Aluminiumphosphats. Umrechnungsfaktoren: Ti mal 3,15 = $Ti_2P_2O_9$; $AlPO_4$ mal 0,2212 = Al.

f) Die Bestimmung des Chroms

Grundlage. Wie bei der Bestimmung des Aluminiums und Titans wird das Probegut so weit vorbereitet, bis das Eisen aus der Lösung durch Ausäthern weitgehend entfernt ist und nach Abdampfen des Äthers diese Lösung mit der des Aufschlusses vereinigt vorliegt. Das Chrom wird durch Fällen mit Ammoniak abgetrennt und darauf entweder jodometrisch oder manganometrisch bestimmt.

Anwendungsbereich und Bedeutung. Das Verfahren dient zur Bestimmung des Chroms in Ferromangan.

Genauigkeit. 2.

Dauer. 4 Std.

Ausführung. 5 g der Probe werden auf die gleiche Weise wie bei der Bestimmung des Aluminiums und Titans mit 100 bis 150 ml Salzsäure (1 + 1) gelöst und mit Salpetersäure oxydiert. Nach dem Abscheiden des Siliciumdioxyds wird das Eisen durch Ausäthern entfernt und die durch Eindampfen vom Äther befreite Lösung mit der des Kaliumhydrogensulfataufschlusses, der mit dem nach dem Abrauchen des Siliciumdioxyds verbliebenen Rückstand erfolgte, vereinigt. Das vorliegende Chrom wird dann in Gegenwart von Ammoniumchlorid in einem Volumen von etwa 300 ml mit möglichst wenig Ammoniak gefällt, wobei man nach dem Hinzufügen eines Überschusses an Ammoniak diesen durch Kochen entfernt. Der Niederschlag wird nach dem Abfiltrieren mit Wasser ausgewaschen, mit heißer Salzsäure (1 + 1) gelöst und die Fällung mit Ammoniak in gleicher Weise wiederholt. Schließlich löst man den Niederschlag mit heißer Salzsäure (1 + 1) vom Filter, oxydiert die Lösung mit etwa 0,5 g Kaliumchlorat und erhitzt, bis der Geruch nach Chlor verschwunden ist. Durch Hinzufügen von Natriumcarbonat wird die Lösung stark alkalisch gemacht und mit einem Überschuß einer Kaliumpermanganatlösung (50 g/l) versetzt, wobei das Chrom zu Chromat oxydiert wird; anschließend reduziert man etwa noch vorhandenes Kaliumpermanganat durch Zugeben von etwa 5 ml Äthanol. Man verkocht das überschüssige Äthanol, bringt die Flüssigkeit nach dem Erkalten in einen Meßkolben von 500 ml Inhalt, füllt mit Wasser bis zur Marke auf und mischt. Nach dem Filtrieren durch ein trockenes Faltenfilter in ein trockenes Gefäß nimmt man 100 ml ab und bestimmt darin nach dem Ansäuern mit Salzsäure Chrom jodometrisch, wie im Kapitel Chrom, Bd. I, 2. Aufl., S. 149, angegeben.

Fehlerquellen. Für die Abscheidung des Jods darf nur Kaliumjodid, das mit Salzsäure kein Jod abscheidet, verwendet werden.

Man kann das Chrom auch mit Ammoniumperoxydisulfat-Silbernitrat oxydieren und es dann oxydimetrisch bestimmen, indem man das Chromat mit einer bekannten Menge Eisen(II)-sulfatlösung reduziert und den Überschuß mit Kaliumpermanganatlösung titriert. In diesem Fall muß aber der Chrom(III)-oxydhydratniederschlag in heißer Schwefelsäure (1 + 1) gelöst werden (s. Kapitel Chrom, S. 296).

Literatur. Handbuch für das Eisenhüttenlaboratorium, Bd. II, S. 223/24. Düsseldorf: Verlag Stahleisen 1941.

3. Silicomangan

Neben den üblichen Begleitelementen weisen die gebräuchlichen Sorten etwa 70% Mn, etwa 20 bis 25% Si und etwa 1% C auf. Sie sind nur zum Teil in Säure löslich. Die Untersuchung erstreckt sich auf den Gehalt an Silicium, Mangan, Kohlenstoff, Schwefel und Phosphor.

Die Bestimmung des Siliciums und des Mangans

a) Säureaufschluß

Grundlage des Verfahrens. Aus der Lösung in einem Gemisch von Salzsäure und Salpetersäure wird wie üblich das Siliciumdioxyd abgeschieden, abfiltriert und gewogen. Im Filtrat wird das Mangan durch Titrieren nach dem Verfahren von Volhard bestimmt.

Genauigkeit. 1.

Dauer. 6 Std.

Ausführung. Man löst 1 g der Probe in einem Becherglas mit etwa 50 ml Salzsäure (1 + 1), oxydiert mit Salpetersäure, dampft zur Trockne und erhitzt 1 Std. bei 135°. Der Rückstand wird mit Salzsäure (1,19) durchfeuchtet und mit heißem Wasser aufgenommen. Der unlösliche Teil des Rückstandes wird abfiltriert, mit heißer Salzsäure (1 + 30) ausgewaschen, im Platintiegel geglüht und gewogen. Sodann wird mit Flußsäure und Schwefelsäure abgeraucht, zur Vertreibung der Schwefelsäure geglüht und wieder gewogen. Die Gewichtsdifferenz entspricht dem Siliciumgehalt. Der Tiegelrückstand wird mit Natriumcarbonat aufgeschlossen, die Schmelze in Wasser und Salzsäure gelöst, mit etwas Salpetersäure oxydiert und die Lösung zum Hauptfiltrat gegeben. Die Gesamtlösung wird, um den größten Teil der freien Säure zu vertreiben, eingeengt und in einen 1 l-Meßkolben gespült. Die Lösung wird auf 400 ml verdünnt und nach und nach so lange mit aufgeschlämmtem Zinkoxyd versetzt, bis der Niederschlag gerinnt und die darüberstehende Flüssigkeit farblos und durchsichtig erscheint. Der Zinkoxydüberschuß soll möglichst gering sein. Man füllt mit Wasser bis zur Marke auf und filtriert durch ein großes trockenes Faltenfilter, wobei man das erste durchlaufende Filtrat verwirft. Vom Filtrat entnimmt man 100 ml, entsprechend $^1/_{10}$ der Einwaage, und titriert das Mangan mit Kaliumpermanganatlösung nach Volhard, wie auf S. 486 beschrieben.

b) Schmelzaufschluß

Grundlage des Verfahrens. Die Einwaage wird durch einen alkalischen Aufschluß im Alsinttiegel in Lösung gebracht und hierin das Mangan nach dem Entfernen der Kieselsäure nach Volhard titriert. — Das Siliciumdioxyd wird aus einem gesonderten Aufschluß im Nickeltiegel bestimmt.

Genauigkeit. 1.

Dauer. 6 Std.

Ausführung. Man mischt für die *Manganbestimmung* 1 g der Probe im Alsinttiegel mit etwa der 6- bis 10fachen Menge eines Gemisches von 2 Teilen Natriumkaliumcarbonat und 1 Teil Natriumperoxyd und schließt im bedeckten Tiegel vorsichtig bei langsam ansteigender Temperatur auf. Nach dem völligen Erkalten wird der Schmelzkuchen aus dem Tiegel entfernt, der letzte Rest mit Salzsäure (1 + 1) und Wasser ausgerieben und in eine Porzellanschale gebracht. Nach dem Lösen des Schmelzkuchens in heißem Wasser gibt man vorsichtig Salzsäure im Überschuß hinzu, dampft zur Trockne und erhitzt einige Zeit bei 135°. Den Rückstand durchfeuchtet man mit Salzsäure (1,19), gibt heißes Wasser hinzu, filtriert das Unlösliche ab und wäscht mit heißer Salzsäure (1 + 30) aus. Das Filter verascht man im Platintiegel und raucht das Siliciumdioxyd mit Flußsäure unter Zusatz einiger Tropfen Schwefelsäure ab. Die Schwefelsäure vertreibt man durch Glühen und schließt den Rückstand mit etwas Kaliumpyrosulfat auf. Die Schmelze wird in Wasser und Salzsäure gelöst, mit Salpetersäure oder etwas Kaliumchlorat oxydiert und zum Filtrat gegeben. Die Gesamtlösung wird zum Vertreiben des größten Teiles der Säure eingeengt und in einen 1 l-Meßkolben gespült. Die Lösung wird verdünnt und wie bei den säurelöslichen Proben mit Zinkoxyd versetzt, bis zur Marke aufgefüllt und durch ein trockenes Faltenfilter filtriert. Es werden 100 ml des Filtrats (= 0,1 g Einwaage) entnommen und mit Kaliumpermanganatlösung titriert.

Anstatt die Proben durch einen alkalischen Schmelzaufschluß zu zersetzen, kann man sie auch wie folgt in Salpetersäure und Flußsäure lösen:

Die gleichen, oben angegebenen Einwaagen werden in einer bedeckten geräumigen Platinschale mit 30 ml Salpetersäure (1,4) überschichtet und mit kleinen Zusätzen von Flußsäure erwärmt. Sobald die Probe gelöst ist, wird der Deckel abgespritzt und die Lösung vorsichtig zur Trockne eingedampft. Der Abdampfrückstand wird zum Vertreiben der Flußsäure erhitzt und nach dem Erkalten mit Salzsäure (1,19) gelöst. Man verdünnt, filtriert einen etwa verbleibenden Rückstand ab, verascht und schließt ihn mit Kaliumpyrosulfat auf. Die Schmelze wird mit Wasser und Salzsäure gelöst, mit etwas Salpetersäure oxydiert und zum Filtrat gegeben. Die Gesamtlösung wird nun, wie unter a) beschrieben, weiterbehandelt.

Zur *Siliciumbestimmung* wird 1 g Probegut in einem Nickeltiegel mit etwa 5 g Natriumkaliumcarbonat gemischt, mit etwa 2 g des Aufschlußmittels überdeckt, nach dem Auflegen eines Deckels sehr vorsichtig erhitzt und schließlich gesintert. Nunmehr wird in kleinen Anteilen so viel Natriumperoxyd hinzugefügt, bis der Tiegelinhalt im Fluß ist. Die erkaltete Schmelze wird mit heißem Wasser zersetzt. Nach dem Entfernen des Tiegels wird mit Salzsäure angesäuert und die Abscheidung und Bestimmung des Siliciumdioxyds wie üblich ausgeführt. Aus ihr ergibt sich der Siliciumgehalt der Probe.

Literatur. Handbuch für das Eisenhüttenlaboratorium, Bd. II, S. 205/06 u. 226. Düsseldorf: Verlag Stahleisen 1941.

Der *Kohlenstoffgehalt* von Silicomangan wird durch Verbrennen von 1 g Probegut im Röhrenofen im Sauerstoffstrom bei 1250 bis 1300° unter Verwendung von Kupfer oder Mennige als Zuschlag gewichtsanalytisch oder gasvolumetrisch bestimmt. Auch der *Schwefelgehalt* wird durch Verbrennen im Sauerstoffstrom bei 1300° ermittelt. Hierzu wird 1 g, das mit 1 g Zinnspänen gemischt wird, verwendet.

Zur Bestimmung des *Phosphorgehaltes* wird eine Menge von 1 bis 2 g Probegut in einer Platinschale in Salpetersäure (1 + 4) unter Zusatz von Flußsäure aufgelöst. Die Lösung wird mit Schwefelsäure abgeraucht und der Rückstand mit Salpetersäure aufgenommen. In der salpetersauren Lösung wird die Phosphorsäure wie üblich ermittelt.

4. Mangankupfer

Zur *Manganbestimmung* ist es erforderlich, mit Rücksicht auf die Ungleichartigkeit der Probe, von einer größeren Einwaage, z. B. von 10 g, auszugehen, deren Lösung in 50 ml Salpetersäure (1 + 4) auf 1 l aufgefüllt wird. Hiervon werden 100 ml

(= 1 g der Einwaage) in einem 1 l-Meßkolben nach Verdünnen auf etwa 500 ml mit aufgeschlämmtem Zinkoxyd versetzt, bis ein geringer Überschuß davon zu erkennen ist. Nach dem Abkühlen füllt man bis zur Marke auf, filtriert durch ein trockenes Filter in einen trockenen Kolben und entnimmt von dem Filtrat je nach dem Mangangehalt 200 bis 400 ml (= 0,2 bis 0,4 g Einwaage) zur Titration nach VOLHARD mit Kaliumpermanganatlösung.

Das *Kupfer* wird aus 2 g obiger Einwaage (= 200 ml) elektrolytisch bestimmt, wobei die Abscheidung wiederholt werden muß, um einen reinen Niederschlag zu erhalten.

Für die *Eisenbestimmung* fügt man zu einer Abnahme von 100 ml (= 1 g Einwaage) einige Gramm Ammoniumchlorid und einen Überschuß von Ammoniak, kocht auf und filtriert. Der Niederschlag wird mit Salzsäure (1 + 2) gelöst und zweckmäßig nochmals mit Ammoniak abgeschieden. Sein Eisengehalt wird nach bekannten Verfahren maßanalytisch oder photometrisch ermittelt.

Literatur. Analyse der Metalle Bd. I (1949) S. 233.

5. Sonstige Manganlegierungen

a) Chrom-, nickel- und kobalthaltige Legierungen

Die Bestimmung des Mangans erfolgt wie beim Manganmetall. Das Chrom bleibt beim Fällen mit Zinkoxyd als Hydroxyd im Niederschlag, während Nickel und Kobalt sich im Filtrat beim Mangan befinden. Hier muß das Mangan durch eine doppelte Fällung mit Ammoniak unter Bromzusatz abgetrennt werden; man kann es dann nach dem Lösen nach VOLHARD oder nach dem Ammoniumperoxydisulfat-Silbernitrat-Verfahren bestimmen.

b) Manganstähle

Man bestimmt das Mangan entweder nach VOLHARD oder nach dem Ammoniumperoxydisulfat-Silbernitrat-Verfahren. Für den zweiten Fall muß man jedoch das Verfahren abändern, damit bei höheren Mangangehalten eine vollständige Oxydation des Mangans herbeigeführt wird. Man löst zu diesem Zweck 1 g Späne unter Erwärmen in 30 ml einer Mischung, bestehend aus 100 ml Schwefelsäure (1,84), 125 ml Phosphorsäure (1,7), 250 ml Salpetersäure (1,4) und 525 ml Wasser, und kocht, bis die nitrosen Gase vertrieben sind. Dann verdünnt man die Lösung mit 100 ml Wasser, gibt 10 ml Ammoniumperoxydisulfatlösung (250 g/l) hinzu und hält $^1/_2$ min lang im Sieden. Die Lösung wird abgekühlt, mit 75 ml Wasser verdünnt und das entstandene Permanganat mit Arsenitlösung titriert (s. unter I 2b, S. 487).

Kapitel 22

Molybdän*

Inhalt

---

*	1. Auflage	2. Auflage
Bearbeiter:	**Wirtz, Müller**	**Müller, Wirtz**
Mitarbeiter:	**Ipawitz, Klinger (VDEh), Winterstein**	**Ipawitz**

A. Vorkommen

Das wichtigste Molybdänerz ist der *Molybdänglanz* oder *Molybdänit* (MoS_2); das *Gelbbleierz* oder der *Wulfenit* ($PbMoO_4$) ist von geringerer Bedeutung.

Die europäischen Molybdänerzvorkommen, von denen die Fundstellen in Norwegen und Finnland die wichtigsten sind, haben für die Industrie nur untergeordnete Bedeutung. Der Weltbedarf an Molybdänerz wird heute zum allergrößten Teil von den Vereinigten Staaten von Nordamerika gedeckt, deren größte Molybdänglanzlagerstätte sich im Staate Colorado befindet.

B. Qualitativer Nachweis

Dampft man einige Tropfen einer molybdänhaltigen Lösung in einem Porzellanschälchen oder auf einem Platinblech mit einem Tropfen Schwefelsäure (1,84) bis fast zur Trockne ein, so färbt sich der Rückstand nach dem Erkalten tiefblau. Bei weiterem Zugeben von Schwefelsäure nimmt die Intensität der Färbung ab.

Bringt man einen Tropfen Königswasser auf ein Stück Ferromolybdän und läßt kurze Zeit einwirken, so färbt sich die benetzte Stelle tief- bis schwarzblau; beim Zugeben von 1 bis 2 Tropfen Schwefelsäure (1,84) hellt sich die Färbung etwas auf. Bei Ferrowolfram ist dies nicht der Fall. So besteht die Möglichkeit, diese beiden Ferrolegierungen zu unterscheiden.

Beim Ausschütteln einer salzsauren, durch metallisches Zink reduzierten Molybdänlösung, der man Kaliumthiocyanat zugesetzt hat, mit Äther, erhält man eine orangerote Ätherschicht. Eisen(III)-chlorid gibt mit Kaliumthiocyanat gleichfalls eine Rotfärbung, die aber durch Zusatz von Phosphorsäure verschwindet.

Schwefelwasserstoff fällt in schwefelsaurer oder salzsaurer Molybdänlösung braunschwarzes Molybdänsulfid, welches in Ammoniumsulfid oder Alkalisulfid unter Bildung von Sulfomolybdat löslich ist. Die Lösung färbt sich in Gegenwart von Ammoniumsalzen dunkelrot. Säuert man die Sulfosalzlösung mit Salz- oder Schwefelsäure an, so fällt wieder Molybdänsulfid aus.

Gibt man zu einer salzsauren oder schwefelsauren Molybdänlösung 1 bis 2 Tropfen Kaliumxanthogenatlösung, so entsteht an der Oberfläche der Flüssigkeit eine starke Rosafärbung.

C. Analysenverfahren bei der Gewinnung des Molybdäns

Der Molybdänglanz wird zunächst in Röstöfen abgeröstet. Das so gewonnene technische Molybdän(VI)-oxyd bildet dann das Ausgangsmaterial für die Herstellung reiner Molybdänsäure, des Ammoniummolybdats, des Molybdänmetalls und des Ferromolybdäns. Die Reinigung des Molybdän(VI)-oxydes geschieht auf chemischem Wege, z. T. über das Ammoniummolybdat. Aus dem Reinoxyd wird durch Reduktion mit Wasserstoff das Molybdänmetall gewonnen.

I. Molybdänerze

Das Armerz wird durch Flotationsaufbereitung auf einen MoS_2-Gehalt von 85 bis 96% angereichert und hat dann im wesentlichen folgende Zusammensetzung: 90% MoS_2, 7% SiO_2, 2% Oxyde von Al, Fe und Mn, bis zu 0,5% Cu.

1. Die maßanalytische Bestimmung des Molybdäns

a) Durch Titration mit Bleiacetatlösung

Grundlage. Die essigsaure Lösung des Molybdäns wird mit Ammoniumacetat versetzt. Darauf titriert man die Lösung mit einer eingestellten Bleiacetatlösung. Der Endpunkt der Fällung des Bleimolybdats wird durch Tüpfeln in Tanninlösung ermittelt.

$$H_2MoO_4 + Pb(CH_3COO)_2 = PbMoO_4 + 2\,CH_3COOH$$

Anwendungsbereich und Bedeutung. Das Verfahren eignet sich im Betriebslaboratorium für Serienanalysen von Molybdänglanz, Molybdänsäure, Ferromolybdän usw.

Genauigkeit. 2 bis 3.

Dauer. 2 Std. für 2 Bestimmungen bei nassem Aufschluß; 1 Std. für 2 Bestimmungen bei trockenem Aufschluß.

Ausführung.

α) Säureaufschluß

1,25 g der getrockneten Probe (Molybdänglanz) werden in einem 600 ml-Becherglas mit etwa 30 ml Salpetersäure (1 + 1) erwärmt, bis sich fast alles Molybdän gelöst hat. Geringe, ungelöste Reste bringt man durch Zugeben von 20 ml Salpetersäure (1,40) in Lösung, fügt dann noch 20 bis 30 ml Salzsäure (1,19) hinzu, dampft die Lösung zur Trockne und erhitzt die Salze etwa 1 Std. auf dem Sandbad. Der Inhalt des Becherglases wird darauf mit 50 bis 75 ml Wasser aufgenommen, mit einigen ml 3proz. Wasserstoffperoxyd versetzt und erwärmt. Dabei löst sich schon fast alle Molybdänsäure auf. Nun gibt man 100 ml Ammoniak (0,91) hinzu und erreicht dadurch eine völlige Lösung der Molybdänsäure, während Eisen, Aluminium usw. als Hydroxyde ausfallen. Das Ganze wird nun aufgekocht, in einen 1 l-Meßkolben übergespült und das Becherglas mit Ammoniak ausgewaschen. Nach dem Auffüllen zur Marke und Filtrieren durch ein trockenes Faltenfilter entnimmt man dem Filtrat 400 ml (= 0,5 g Einwaage), versetzt die Abmessung mit 60 ml Ammoniumacetatlösung (500 g/l), neutralisiert sie mit Essigsäure, fügt noch 10 ml der Säure als Überschuß hinzu und erhitzt die Lösung zum Sieden. Sie wird dann mit einer eingestellten Bleiacetatlösung (40 g Bleiacetat in 1 l Wasser und 15 ml Essigsäure) titriert. Dabei läßt man die Titrierflüssigkeit aus einer Bürette langsam unter kräftigem Rühren in die Molybdänlösung einlaufen, bis 1 Tropfen der Lösung, in 0,4proz. Tanninlösung getüpfelt, keine Braunfärbung mehr zeigt. Dies gilt als Endpunkt der Titration. Die verbrauchten ml multipliziert man mit dem Wirkungswert der Bleiacetatlösung, den man mit einer Kontrollprobe gleicher Beschaffenheit wie die zu untersuchende Probe ermittelt hat.

β) Aufschluß durch Schmelzen mit Natriumperoxyd für Roh- und Rösterze

1 g des feinst gepulverten Materials wird mit etwa 20 g Natriumperoxyd im Eisentiegel innig gemischt. Diese Mischung wird erst über kleiner Flamme in Fluß gebracht und dann mit voller Flamme einige Minuten auf Rotglut gehalten. Bei einiger Übung ist es stets möglich, mit *einem* Aufschluß auszukommen, besonders, wenn man die Schmelze mit einem Eisenstäbchen rührt oder den Tiegel ständig schwenkt, um z. B. bei Ferromolybdän ein Legieren mit dem Eisentiegel zu verhindern.

Man zersetzt dann die Schmelze in einem Becherglas mit Wasser, spritzt den Tiegel ab, setzt etwas Natriumperoxyd hinzu und kocht. Erscheint ein nochmaliger Aufschluß notwendig, so filtriert man die verdünnte Lösung in einen 1 l-Meßkolben, wäscht den Niederschlag mit sodahaltigem Wasser aus, trocknet ihn mit dem Filter, verascht letzteres, verreibt den Rückstand im Tiegel und schmilzt ihn nochmals mit Natriumperoxyd. Nach dem Zersetzen der Schmelze mit Wasser werden Lösung samt Niederschlag mit der Hauptlösung im Meßkolben vereinigt. Man füllt den Inhalt des Meßkolbens zur Marke auf, filtriert und entnimmt dem Filtrat 500 ml (= 0,5 g Einwaage). Diese Abmessung bringt man in einen 1500 ml-Erlenmeyer-Kolben, neutralisiert sie mit Salzsäure (1,19) und setzt 10 ml der Säure im Überschuß zu. Sollte Chromat verhanden sein, so reduziert man dieses durch Zugeben von etwa 5 ml Alkohol unter einige min währendem Kochen. Darauf wird die Lösung ammoniakalisch gemacht und das Molybdän wie oben in essigsaurer Lösung titriert.

Fehlerquellen. Wolfram und Vanadin werden durch Bleiacetat ebenfalls gefällt. Jedoch enthalten Molybdänglanz und Ferromolybdän diese Elemente, wenn überhaupt, so meist nur in ganz geringen Mengen. Chromat darf bei der Titration nicht vorhanden sein.

Literatur. BRINTZINGER, H., u. B. ROST: Z. analyt. Chem. Bd. 115 (1939) S. 241. — KASSLER, J.: Untersuchungsmethoden für Roheisen, Stahl und Ferrolegierungen. Stuttgart: Verlag Ferd. Enke 1932. — MOORE, R. B.: Die chemische Analyse seltener technischer Metalle. Leipzig: Akademische Verlagsgesellschaft 1927.

b) Durch Titration mit Kaliumpermanganat (nach vorheriger Reduktion mit Zink)

Dieses Verfahren zur Molybdänbestimmung ist in der Literatur umfassend beschrieben (s. Literaturangabe). In der Praxis hat sich die unmittelbare Titration der reduzierten Molybdänlösung mit Permanganatlösung (G. REISSAUS) nicht eingebürgert; dagegen ist die Arbeitsweise nach D. L. RANDALL [Einfließenlassen der reduzierten Molybdänlösung in Eisen(III)-ammoniumsulfatlösung] in verschiedenen Ausführungen in Gebrauch. Statt Eisen(III)-ammoniumsulfatlösung wird auch Eisen(III)-sulfatlösung verwendet.

Grundlage. Die schwefelsaure Molybdatlösung wird zunächst mit Zink zu Molybdän(III)-salzlösung reduziert. Dann läßt man diese Lösung in Eisen(III)-ammoniumsulfat- oder Eisen(III)-sulfatlösung einfließen. Dabei wird das 3wertige

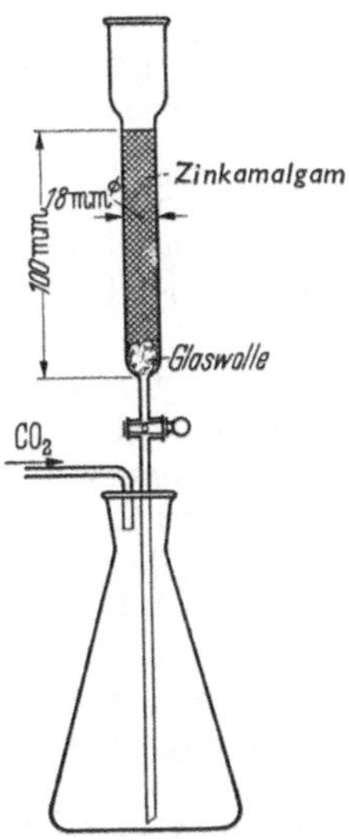

Abb. 25. Reduktor nach JONES

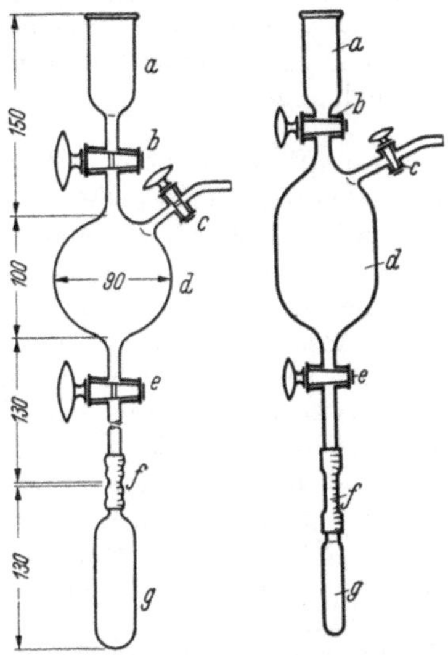

Abb. 26. Reduktoren nach NAKAZONO

Molybdän oxydiert und eine dem Sauerstoff äquivalente Menge Eisen(II)-sulfat gebildet. Dieses titriert man mit Kaliumpermanganatlösung. In der Praxis finden für die Reduktion u. a. die Apparaturen nach C. JONES und nach T. NAKAZONO Anwendung. (Siehe die Abb. 25 u. 26.)

Anwendungsbereich und Bedeutung. Das Verfahren eignet sich im Betriebslaboratorium für Serienanalysen bei Molybdänerzen, Molybdän(IV)-oxyd, Ferromolybdän und anderen molybdänhaltigen Materialien.

Genauigkeit. 2.

Dauer. 2 bis 3 Std. für 1 Bestimmung bei Arbeitsweise α), 2 bis 3 Std. für 2 Bestimmungen bei Arbeitsweise β).

α) *Arbeitsweise mit dem Jones-Reduktor*

2,5 g Molybdänerz werden im Eisentiegel mit Natriumperoxyd, wie S. 506 angegeben, geschmolzen. Die erkaltete Schmelze zersetzt man in einem Becherglas mit Wasser, versetzt die Lösung mit etwas Natriumperoxyd, kocht sie auf und spült das Ganze in einen 500 ml-Meßkolben über. Nach dem Auffüllen zur Marke und Filtrieren durch ein Faltenfilter entnimmt man dem Filtrat 100 ml (oder je nach dem Molybdängehalt mehr oder weniger), versetzt die Abmessung mit so viel Schwefelsäure (1 + 3), daß 4 bis 5 ml freie Säure vorhanden sind, erhitzt sie zum Sieden und bringt sie in den mit Wismut- oder Zinkamalgam gefüllten *Jones-Reduktor*. Dieser wurde vorher zu einem Viertel mit Schwefelsäure (1 + 20) gefüllt. Nach etwa 15 min (Grünfärbung der Lösung) läßt man die Flüssigkeit in ein $1^1/_2$ l fassendes Becherglas oder in einen ERLENMEYER-Kolben ab, in dem sich 40 ml einer Mischung von 100 g Eisen(III)-sulfat, 40 ml Phosphorsäure (1,7) und 50 ml Schwefelsäure (1,84), zum Liter aufgefüllt, befinden. Nachdem man den Reduktor 3mal mit Wasser ausgespült hat, titriert man die Lösung nunmehr mit n/10-Kaliumpermanganatlösung, und zwar zunächst, ohne umzurühren, in einem Zug; erst gegen Ende wird umgerührt und schließlich auf schwache Rosafärbung titriert.

Der Reduktor ist durch einen mit Wasser gefüllten Göckelaufsatz abzuschließen; die Flüssigkeit muß in ihm jeweils bis dicht oberhalb der Zinkfüllung stehen.

Der Wirkungswert der Kaliumpermanganatlösung wird mit einer Kontrollprobe oder mit reinstem Molybdän(VI)-oxyd p. a. ermittelt, wobei die vorbeschriebene Arbeitsweise genau einzuhalten ist.

Die bei einem Blindversuch verbrauchte Menge an Maßflüssigkeit wird vom Gesamtverbrauch abgesetzt.

β) *Arbeitsweise mit dem Nakazono-Reduktor*

2,5 g Molybdänerz werden in einem Eisentiegel mit einem Gemisch von 3 bis 5 g Natriumhydroxyd und 25 g Natriumperoxyd geschmolzen. Die erkaltete Schmelze löst man in einem Becherglas mit Wasser, spült den Tiegel ab und kocht die Lösung nach Zusatz von etwas Natriumperoxyd auf. Dann wird das Ganze in einen 500 ml-Meßkolben übergespült, zur Marke aufgefüllt und filtriert. Je nach dem Molybdängehalt nimmt man 100 oder 200 ml des Filtrates ab, säuert die Abmessung in einem 500 ml-ERLENMEYER-Kolben mit Schwefelsäure (1 + 1) an, setzt weitere 20 ml der Schwefelsäure hinzu und kocht die Lösung einige Minuten. Sie wird auf etwa 50° abgekühlt und in einen Reduktor nach T. NAKAZONO übergespült.

Sollte das Erz größere Mengen Silicate enthalten, so bringt man diese durch Erhitzen der mit Schwefelsäure angesäuerten Abmessung bis eben zum Auftreten von Schwefelsäuredämpfen als Siliciumdioxyd zur Abscheidung, verdünnt und filtriert die Lösung.

Im Reduktor hat man vorher das mit dem unteren Hahn *e* verbundene Gefäß *g* durch den Trichter *a* mit so viel 2proz. Schwefelsäure gefüllt, daß die Säure eben über dem Hahn *e* steht; dann wurde dieser Hahn geschlossen. Darauf gibt man durch den gleichen Trichter 10 bis 15 ml Zinkamalgam (s. unten) in das Gefäß *d* und nun die Molybdänlösung, wobei man mit etwas Wasser nachspült. Sodann leitet man mittels des Hahnes *c* Kohlendioxyd in den Reduktor und schließt, sobald die Luft verdrängt ist, die beiden Hähne *b* und *c*. Der Apparat wird jetzt etwa 10 min kräftig geschüttelt; nach dieser Zeit liegt alles Molybdän in der 3wertigen Form vor, und die Lösung ist dunkelgrün gefärbt. Nach vorsichtigem Öffnen des unteren Hahnes *e* fließt das Amalgam in das Gefäß *g* und wird gleichzeitig von der entgegenströmenden Säure gewaschen. Man schließt dann den Hahn *e* und entfernt das Gefäß *g*.

Nach dem Schütteln herrscht im Reduktor wegen der Absorption des Kohlendioxyds Unterdruck. Nun gibt man in den Trichter *a* 25 ml Eisen(III)-ammoniumsulfatlösung [100 g des Salzes löst man in 850 ml Wasser und setzt zu der Lösung 20 ml Schwefelsäure (1 + 1) und 150 ml Phosphorsäure (1,72)], öffnet den Hahn *b* und läßt die Eisenlösung in das Reduktionsgefäß *d* einfließen. Darauf wird umgeschüttelt und das Reaktionsgemisch nach dem Öffnen der Hähne *b* und *c* durch den unteren Hahn *e* in einen ERLENMEYER-Kolben abgelassen. Den Reduktor spült man nach, vereinigt das Waschwasser mit der Hauptlösung und stellt nun die Menge des gebildeten Eisen(II)-sulfates durch Titration mit n/10-Kaliumpermanganatlösung fest. Die Titerstellung und der Blindversuch erfolgen wie bei α).

Das *Zinkamalgam* wird hergestellt, indem man 200 g Quecksilber in einer Porzellanschale mit 3 bis 4 g granuliertem Zink versetzt und nach Zugeben von etwas verdünnter Schwefelsäure auf dem Wasserbad erwärmt. Ist das Zink gelöst, so wird die kleine Menge festen Amalgams, die sich oft bildet, durch einen GOOCH-Tiegel mit großen Löchern abgetrennt. Dieses feste Amalgam wird aufbewahrt und dem flüssigen nach und nach zugesetzt, wenn dieses ärmer an Zink geworden ist.

Fehlerquellen. Eisen und Titan (die beim Aufschluß jedoch im Rückstand verbleiben), Chrom, Vanadin und Wolfram dürfen nicht zugegen sein, da sie durch Zink gleichfalls reduziert werden und dann ebenfalls Kaliumpermanganat verbrauchen.

Literatur. HÖLTJE, R., u. R. GEYER: Z. anorg. allg. Chem. Bd. 246 (1941) S. 258. — DÖRING, TH.: Z. analyt. Chem. Bd. 82 (1930) S. 193. — REISSAUS, G.: Ausgewählte Methoden des ChFA d. Gesellschaft DMB (1924) I. S. 146 — Metall u. Erz (1924) S. 118—120. — MOORE, R. B.: Die chemische Analyse seltener technischer Metalle. S. 95. Leipzig: Akademische Verlagsgesellschaft 1927. — RANDALL, D. L.: J. Amer. Sci. Bd. 24 (1907) S. 313. — KASSLER, J.: Z. analyt. Chem. Bd. 74 (1928) S. 276.

c) Durch Titration mit potentiometrischer Endpunktanzeige

α) *Mit Kaliumchromatlösung*

Das durch Reduktion mit Zink- und Chrom(II)-chloridlösung erhaltene 3wertige Molybdän wird durch Titration mit Kaliumchromatlösung in die 5wertige Form übergeführt, wobei das Ende der Titration durch einen Potentialsprung angezeigt wird.

Literatur. „Handbuch für das Eisenhüttenlaboratorium“, herausgegeben vom ChA des VDEh. Bd. I (1939) S. 102 und Bd. II (1941) S. 267/68 — Techn. Mitt. Krupp Bd. 3 (1935) S. 56. — KLINGER, P., E. STENGEL u. W. KOCH: Arch. Eisenhüttenwes. Bd. 8 (1934/35) S. 433—444.

β) *Mit Titan(III)-chloridlösung*

Grundlage. Das 6wertige Molybdän wird durch Titan(III)-chloridlösung zu 5wertigem reduziert.

Eine gesättigte Kalomelelektrode dient als Bezugselektrode. Da das Umschlagspotential mit dem Potential der Kalomelelektrode zusammenfällt, geht dann im Endpunkt der Titration die Nadel des Galvanometers durch den Nullpunkt. Die einfache Apparatur besteht aus einer gesättigten Kalomelelektrode als Bezugsbzw. Umschlagselektrode und einer Platindrahtnetzelektrode als Indicatorelektrode. Die beiden Elektroden sind mit den Polen eines Galvanometers verbunden. Als Rührvorrichtung dient ein Glasrührer, der durch die Netzelektrode hindurchgeführt wird.

Anwendungsbereich und Bedeutung. Das Verfahren ist anwendbar für Molybdänerze, Röstgut und Ferromolybdän.

Genauigkeit. 2.

Dauer. 40 min.

Ausführung. 1 g Molybdänerz (oder Ferromolybdän) wird mit etwa 20 g Natriumperoxyd im Eisentiegel aufgeschlossen. Die erkaltete Schmelze löst man in Wasser, kocht den Inhalt des Becherglases nach Zusatz von etwas Natriumperoxyd etwa 3 bis 5 min und spült in einen 500 ml-Meßkolben. Nach dem

Auffüllen zur Marke und Filtrieren durch ein Faltenfilter entnimmt man dem Filtrat 50 ml (= 0,1 g Einwaage), verdünnt die Abmessung in einem 600 ml-Becherglas auf 200 ml und versetzt sie mit 10 ml Kaliumthiocyanatlösung (150 g/l). Sie wird dann mit Salzsäure (1 + 1) neutralisiert (Lackmuspapier), mit weiteren 10 ml Salzsäure (1 + 1) im Überschuß versetzt und ist nun zur Titration bereit. Hat man die Lösung in die Rührapparatur eingesetzt, so werden unter Rühren zunächst 3 bis 5 ml Titan(III)-chloridlösung tropfenweise, dann die weitere Menge in einem Strahl zugesetzt; gegen Ende der Titration erfolgt wieder tropfenweiser Zusatz unter jedesmaligem Abwarten der Potentialeinstellung, bis der Zeiger des Galvanometers den Nullpunkt erreicht hat.

Nach Beendigung der Titration reinigt man die Apparatur zweckmäßigerweise sofort. Zu diesem Zweck schüttet man verdünntes Ammoniak in das Titrierglas, hält das Rührwerk etwa 1 min in Gang und entfernt dann das Glas. Die Elektroden werden mit Wasser sorgfältig abgespritzt. Die Apparatur ist nun wieder gebrauchsfertig. Die durch Zusatz von Ammoniak auftretende Fällung von $Ti(OH)_4$ setzt sich nicht an dem Rührwerk fest.

Die *Titan(III)-chloridlösung* (Herstellung s. Kapitel Lösungen) wird durch Verdünnen einer käuflichen wäßrigen, etwa 10- bis 15proz. Lösung hergestellt. Man versetzt 80 ml dieser Lösung mit 300 ml Salzsäure (1,19), erhitzt die Lösung zum Sieden, kühlt sie schnell wieder ab und gießt sie in 3 l ausgekochtes, destilliertes Wasser, welches sich in einer 5 l-Flache befindet. Man füllt dann mit ausgekochtem Wasser auf annähernd 5 l auf und verdrängt die Luft aus der Flasche durch Einleiten von Wasserstoff oder Kohlendioxyd in die Lösung.

Der Wirkungswert der als Maßflüssigkeit dienenden Titan(III)-chloridlösung wird mit einer Kupfer(II)-chloridlösung ermittelt. Dazu löst man 1 g Kupfer in Form reinsten Kupfer(II)-oxydes (der Kupfergehalt ist elektrolytisch festzustellen) in 30 ml Salzsäure (1,19) und füllt die Lösung zu 1 l auf. Hiervon werden 50 ml in ein 600 ml-Becherglas gebracht und mit destilliertem Wasser auf etwa 200 ml verdünnt. Nach Zusatz von 10 ml Kaliumthiocyanatlösung (150 g/l) und 10 ml Salzsäure (1 + 1) titriert man die Lösung mit Titan(III)-chloridlösung, wie oben beschrieben. Ein Unruhigwerden der Galvanometernadel zeigt den baldigen Endpunkt der Titration an; dann läßt man die Maßflüssigkeit nur noch tropfenweise zulaufen, bis schließlich nach einem Sprung der Nadel über die Skala des Galvanometers der Endpunkt erreicht ist.

Der Kupfertiter, multipliziert mit 1,51, ergibt den Molybdäntiter.

Fehlerquellen. Die Gegenwart von über 0,2% Chrom wirkt störend.

Literatur. Schaefer, E.: Arch. Eisenhüttenwes. Bd. 11 (1937) S. 297. — Wirtz, H.: Z. analyt. Chem. Bd. 116 (1939) S. 240.

2. Die Bestimmung des Siliciumdioxyds

1 g des getrockneten Molybdänerzes oder -konzentrates wird mit etwa 30 ml Salpetersäure (1 + 1) zersetzt. Nach weiterer Zugabe von 20 ml Salpetersäure (1,40) erhitzt man die Lösung einige Zeit auf dem Sandbad, fügt dann 20 ml Salzsäure (1 + 1) sowie 20 ml Schwefelsäure (1 + 1) hinzu und setzt das Erhitzen bis zum starken Entweichen von Schwefelsäuredämpfen fort. Die erkalteten Sulfate werden mit 100 ml Wasser aufgenommen. Man kocht die Lösung kurze Zeit und filtriert das Siliciumdioxyd ab. Es wird erst mit heißem, dann mit ammoniakhaltigem und schließlich wieder mit heißem Wasser molybdänfrei ausgewaschen, geglüht und gewogen. Zur Prüfung auf Reinheit behandelt man sie im Platintiegel mit Fluß- und einigen Tropfen Schwefelsäure in bekannter Weise. Das Abrauchen mit Fluß- und Schwefelsäure muß wiederholt werden.

3. Die Bestimmung des Kupfers

a) Potentiometrisch

Das potentiometrische Verfahren sieht ein Arbeiten mit Umschlagselektrode nach W. BOHNHOLTZER und FR. HEINRICH vor. Man titriert eine ammoniakalische Kupfersalzlösung mit Kaliumcyanidlösung.

Die Methode ist im Kapitel Kupfer, S. 382, beschrieben.

b) Durch Fällung mit Salicylaldoxim

Je nach dem Kupfergehalt werden 1 bis 4 g Roherz mit Salpetersäure (1,4) oder 2 bis 4 g Rösterz mit Salzsäure (1,19) in Lösung gebracht. Die Lösung spült man in einen 500 ml-Meßkolben über, macht sie stark ammoniakalisch und füllt sie nach dem Abkühlen zur Marke auf. Sie wird durch ein Faltenfilter filtriert. Vom Filtrat entnimmt man 250 ml, säuert die Abmessung in einem 600 ml-Becherglas mit Essigsäure schwach an, erwärmt sie bis höchstens 50° und versetzt sie mit 20 ml Salicylaldoximlösung (5 g Salicylaldoxim werden in 40 bis 50 ml Äthanol gelöst; man gibt diese Lösung in 800 ml Wasser von etwa 80° und filtriert, falls erforderlich). Um die frei werdende Säure unschädlich zu machen, fügt man etwas Natriumacetat hinzu. Durch Rühren ballt sich der Niederschlag zusammen. Man läßt ihn absitzen und filtriert ihn auf einen Glasfiltertiegel ab. Er wird zuerst mit heißem Wasser, dann mit Alkohol ausgewaschen und bei 105° bis zur Gewichtskonstanz getrocknet. Man wägt als $Cu(C_7H_6O_2N)_2$ aus; der Umrechnungsfaktor auf Kupfer ist 0,1892.

Das Verfahren ist für Molybdänerze geeignet, die bis etwa 7% Kupfer enthalten.

c) Durch Elektrolyse nach der Abscheidung mit Natronlauge

1 g Erz löst man, wie oben bei b) beschrieben, und gießt die abfiltrierte, verdünnte, heiße Lösung in dünnem Strahl in so viel heiße Natronlauge (50 g/l), daß noch ein geringer Überschuß an Lauge verbleibt. Nach Zusatz von etwas Natriumperoxyd wird die Fällung kurze Zeit gekocht. Dann filtriert man den Niederschlag ab, wäscht ihn mit Natronlauge (10 g/l) aus, löst ihn mit Bromsalzsäure vom Filter und fällt ihn erneut wie oben. Nach dieser Fällung ist meist eine gute Trennung des Molybdäns vom Kupfer erreicht. Der Niederschlag wird nunmehr mit verdünnter Salzsäure gelöst, die Lösung mit Schwefelwasserstoff gesättigt und das abfiltrierte Kupfersulfid in Salpetersäure gelöst. Darauf bestimmt man das Kupfer elektrolytisch (s. Kapitel Kupfer, S. 376).

Das Filtrat der Natronlaugefällung muß auf Kupfer geprüft werden. Dazu säuert man es mit Schwefelsäure schwach an, macht es dann ammoniakalisch und versetzt die Lösung tropfenweise mit Natriumsulfidlösung (10 g/l). Sollte eine Fällung auftreten, wird diese abfiltriert, mit schwach ammoniumsulfidhaltigem Wasser ausgewaschen und mit Salpetersäure gelöst. Diese Lösung vereinigt man mit der Hauptkupferlösung.

Es sei hier auch auf die elektrolytische Kupferbestimmung in Molybdänerzen nach H. BLUMENTHAL: Metall u. Erz Bd. 36 (1939) S. 479/80, und auf die photometrische Bestimmung (s. Kapitel Kupfer, S. 383/84) verwiesen.

II. Technische und reine Molybdänsäure (MoO_3)

1. Die Bestimmung des Molybdäns

Sie erfolgt nach dem Aufschluß mit Natriumperoxyd nach einem der für Molybdänerze beschriebenen Verfahren.

2. Die Bestimmung des Glühverlustes

1 g Molybdän(VI)-oxyd wird im geglühten und gewogenen Porzellantiegel auf 450° bis zur Gewichtskonstanz erhitzt.

3. Die Bestimmung des Eisens

Vom *technischen Molybdän(VI)-oxyd* schmilzt man 1 bis 2 g mit Natriumkaliumcarbonat im Platintiegel, löst die Schmelze in Wasser, kocht die Lösung auf und filtriert die unlöslichen Carbonate ab. Nach dem Auswaschen mit verdünnter Natriumcarbonatlösung werden sie in Salzsäure (1 + 1) gelöst. Die Lösung verdünnt man, sättigt sie mit Schwefelwasserstoff und filtriert den Niederschlag ab. Im Filtrat verjagt man durch Kochen den Schwefelwasserstoff, oxydiert und fällt das Eisen mit Ammoniak aus. Es wird dann nach einer der bekannten Methoden bestimmt.

Von *reiner Molybdänsäure* löst man 10 g in 75 ml Ammoniak (0,91) unter Erwärmen, versetzt die Lösung mit Schwefelwasserstoffwasser und läßt sie über Nacht stehen. Dann wird der Niederschlag abfiltriert und mit ammoniumsulfidhaltigem Wasser ausgewaschen. Man verascht das Filter in einem Porzellantiegel, löst das Eisenoxyd in Salzsäure und bestimmt das Eisen photometrisch mit Ammoniumthiocyanat..

4. Die Bestimmung des Phosphors

Bei *reiner Molybdänsäure* wird die Phosphorbestimmung, wie bei Ammoniummolybdat, S. 514, angegeben, ausgeführt.

Von *technischer Molybdänsäure* wägt man 2 g ein, löst sie in einem Gemisch von Salpeter- und Salzsäure (3 + 1), dampft die Lösung zur Trockne und erhitzt den Rückstand, um das Siliciumdioxyd unlöslich zu machen, 1 Std. auf 135°. Darauf wird er mit 20 ml Salzsäure (1 + 1) und 100 ml heißem Wasser aufgenommen und das Siliciumdioxyd abfiltriert. Das Filtrat dampft man auf etwa 10 ml ein, verdünnt es auf 100 ml, macht es schwach ammoniakalisch und säuert es mit Salpetersäure wieder an. Nach Zugeben eines Überschusses von 5 ml Salpetersäure (1 + 4) erwärmt man die Lösung auf 40°. Man wartet ab, bis der Niederschlag von Phosphorammoniummolybdat sich abgesetzt hat. Er wird dann abfiltriert, ausgewaschen, in Ammoniak gelöst und die Lösung wieder salpetersauer gemacht. Nach Zugeben von 2 g festem Ammoniumnitrat und 1 ml Ammoniummolybdatlösung erwärmt man die Lösung und läßt sie zur Abscheidung des Niederschlages einige Stunden stehen. Das weitere Verfahren ist aus der Vorschrift im Kapitel Mangan, S. 490, zu ersehen.

5. Die Bestimmung des Kupfers

Sie wird nach den Vorschriften für Molybdänerze, S. 511, ausgeführt.

6. Die Bestimmung der Löslichkeit des technischen Molybdän(VI)-oxyds in Ammoniak

Bei der Weiterverarbeitung des technischen Molybdän(VI)-oxyds ist häufig die Bestimmung seiner Löslichkeit in Ammoniak von Wichtigkeit. Zur Ausführung dieser Bestimmung kann man sich z. B. nachstehenden Verfahrens bedienen.

5 g technisches Molybdän(VI)-oxyd werden mit etwa 200 ml Ammoniak (1 + 1) 1 Std. bei mäßiger Wärme (ungefähr 50°) behandelt. Der ungelöste Rückstand wird dann abfiltriert, mit warmem Wasser ausgewaschen, vorsichtig verascht und gewogen.

In diesem Rückstand ist nun der Gehalt an Molybdän zu bestimmen. Zu diesem Zweck schmilzt man ihn im Eisentiegel mit etwa 15 g Natriumperoxyd zuerst mit kleiner, dann mit voller Bunsenflamme, löst die Schmelze in Wasser, setzt zu der Lösung etwas Natriumperoxyd und kocht kurze Zeit. Darauf bringt man sie in einen 500 ml-Meßkolben, füllt zur Marke auf und filtriert durch ein Faltenfilter. Dem Filtrat werden 250 ml (= 2,5 g Einwaage) entnommen, und die Abmessung wird auf 500 ml verdünnt. Nun neutralisiert man diese Lösung mit Salzsäure (1 + 1), setzt 50 ml Salzsäure (1,19) hinzu und macht sie schwach ammoniakalisch. Nach Zugeben von 20 ml frisch bereiteter Ammoniumsulfid- oder 15 ml Ammoniumpolysulfidlösung wird die Lösung aufgekocht und bleibt über Nacht stehen, damit sich etwa vorhandene Verunreinigungen absetzen können. Hat sich ein Niederschlag ausgeschieden, so wird er abfiltriert und mit schwach ammoniumsulfidhaltigem Wasser ausgewaschen. Das Filtrat verdünnt man auf etwa 1 l, säuert mit Salzsäure (1 + 3) eben an, gibt noch einen Überschuß der Säure von 5 ml hinzu und erhitzt bis gerade zum Kochen. Nach kurzer Zeit hat sich der Molybdänsulfidniederschlag abgesetzt. Man filtriert ihn ab und wäscht ihn zunächst mit heißem Wasser, dem auf 1 l 5 Tropfen Salzsäure (1,19) hinzugefügt wurden, hierauf mit reinem Wasser chloridfrei aus. Zum Filtrieren bedient man sich zweckmäßig einer Nutsche, da hierdurch die Möglichkeit eines besseren Auswaschens und eines Trockensaugens des Filters gegeben ist. Noch vorteilhafter ist es, den Sulfidniederschlag auf einen Porzellanfiltertiegel (A 2) abzufiltrieren.

Will man Filtrat und Waschwässer auf Vollständigkeit der Fällung prüfen, so dampft man sie bis auf etwa 300 ml ein, oxydiert die Lösung mit Wasserstoffperoxyd, macht sie dann ammoniakalisch und fällt das Molybdän nach Zusatz von Ammoniumsulfid und Ansäuern mit Salzsäure aus.

Bei Benutzung eines Papierfilters bringt man dieses dann mit dem Niederschlag lose in einen hohen, sauberen Porzellantiegel, so daß nach dem Verbrennen des Papiers das Sulfid auf den Boden des Tiegels fallen kann. Hier erhitzt man es unter langsamem Steigern der Temperatur eine Zeitlang auf höchstens 475° und erhält so schließlich MoO_3 (Faktor auf Mo = 0,6665).

Hat man zum Filtrieren einen Porzellanfiltertiegel benutzt, so stellt man ihn kurze Zeit in einen Trockenschrank, setzt ihn dann in einen Porzellantiegel, leitet die Oxydation mit kleiner Flamme ein und steigert darauf die Temperatur, wie vorhin angegeben.

Eine Bestimmung des Gesamtmolybdäns im technischen Oxyd muß mit dem eben beschriebenen Verfahren parallel gehen. Dann errechnet man die Löslichkeit in Ammoniak durch Subtrahieren des MoO_3-Gehaltes in dem in Ammoniak unlöslichen Rückstand von dem gesamten MoO_3-Gehalt der Probe. Der unlösliche Rückstand besteht neben Siliciumdioxyd, Aluminium- und Eisenoxyd meist aus niederem Molybdänoxyd und etwas Molybdänsulfid.

III. Ammoniummolybdat

1. Die Bestimmung des Molybdäns

Grundlage. Durch Erhitzen auf 450° wird das Ammoniummolybdat in Molybdän(VI)-oxyd übergeführt.

Anwendungsbereich und Bedeutung. Das Verfahren dient zur raschen Bestimmung des Molybdängehaltes in Ammoniummolybdat.

Genauigkeit. 1.

Dauer. 1 Std.

Ausführung. 1 g Ammoniummolybdat wird in einem gewogenen Porzellantiegel langsam bis auf 450° erhitzt und bei dieser Temperatur bis zur Erreichung der Gewichtskonstanz gehalten. Das dabei entstandene Molybdän(VI)-oxyd wird zur Auswaage gebracht.

Fehlerquellen. Handelt es sich um technisches Ammoniummolybdat, so muß eine Prüfung des ausgewogenen Molybdän(VI)-oxyds auf Reinheit vorgenommen werden (s. unten, Molybdänmetall, IV, 1).

Literatur. Vorschrift aus einem Betrieb.

2. Die Bestimmung des Phosphors

10 g Ammoniummolybdat werden in 25 ml Wasser und 20 ml Ammoniak (0,91) gelöst. Diese Lösung wird in 150 ml Salpetersäure (1 + 1) eingegossen, worauf das Gemisch über Nacht bei 40° stehenbleibt. Darauf filtriert man den Niederschlag von Phosphorammoniummolybdat auf einen Glasfiltertiegel ab und bestimmt den Phosphorgehalt gewichts- oder maßanalytisch (s. Kapitel Mangan, S. 490/91). Es empfiehlt sich, eine Umfällung des Niederschlages vorzunehmen, um etwa mitgefallene Molybdänsäure zu beseitigen.

IV. Molybdänmetall

Das metallische Molybdän findet hauptsächlich in der Elektroindustrie Verwendung.

1. Die Bestimmung des Molybdäns

Grundlage. Das Molybdänmetall wird durch Lösen in Salpetersäure, Eindampfen der Lösung und Erhitzen des Rückstandes in Molybdän(VI)-oxyd übergeführt.

Anwendungsbereich und Bedeutung. Das Verfahren wird bei reinem Molybdänmetall angewandt.

Genauigkeit. 1.

Dauer. 2 Std.

Ausführung. 0,5 g Metall werden in einem 60 bis 70 ml fassenden Porzellantiegel durch tropfenweisen Zusatz von Salpetersäure (1 + 1) vorsichtig gelöst, wobei, um Spritzverluste zu vermeiden, der Tiegel mit einem Deckglas zu schützen ist. Nach Beendigung der Reaktion dampft man die Lösung auf dem Wasserbad zur Trockne und glüht dann den erhaltenen Rückstand bei 450° bis zum konstanten Gewicht.

Zur Prüfung auf Reinheit wird das gewogene Molybdän(VI)-oxyd mit Salzsäure (2 + 1) digeriert und in Natronlauge (50 g/l) gelöst. Die Lösung wird nach Zusatz von einigen Tropfen Natriumsulfidlösung (20 g/l) aufgekocht und filtriert. Man wäscht den Niederschlag mit heißem, ammoniakhaltigem Wasser aus, verascht das Filter und glüht den Rückstand kräftig. Die ausgewogenen Oxyde werden vom Gewicht des Molybdän(VI)-oxyds in Abzug gebracht.

2. Die Bestimmung des Eisens und Nickels

5 g Metall werden unter Zugeben von 5 ml Schwefelsäure (1 + 1) vorsichtig mit Salpetersäure (1,40) gelöst. Man verdünnt dann die Lösung mit Wasser auf 200 ml, fällt Eisen und Nickel mit Natronlauge und kocht auf. Der Niederschlag wird auf ein schnell laufendes Filter abfiltriert und mit heißem Wasser sorgfältig ausgewaschen. Man löst ihn mit Salzsäure (1 + 1) und trennt das Eisen vom Nickel mittels Ammoniak. (Bei Anwesenheit von Kupfer muß dieses vorher durch Einleiten von Schwefelwasserstoff in die salzsaure Lösung entfernt werden.) Das Eisenhydroxyd wird abfiltriert und das Eisen maßanalytisch oder photometrisch bestimmt. Im Filtrat fällt man das Nickel mit Diacetyldioxim nach der Vorschrift im Kapitel Nickel, S. 542.

3. Die Bestimmung des Phosphors

10 g Metall werden in einer Porzellanschale vorsichtig mit Salpetersäure (1,40) gelöst. Die Lösung wird zur Trockne eingedampft und der erhaltene Rückstand auf dem Drahtnetz über einer Bunsenflamme erhitzt. Dann löst man den erkalteten Schaleninhalt mit Ammoniak und gießt die Lösung unter Umrühren in so viel Salpetersäure (1 + 1) ein, daß die Mischung am Ende schwach sauer ist. Der weitere Verlauf der Bestimmung ist aus den Angaben bei Ammoniummolybdat, S. 514, zu ersehen.

4. Die Bestimmung des Kupfers

Bei einer Einwaage von 5 g Metall wird das Kupfer mit Salicylaldoxim, wie bei Molybdänerz, S. 511, angegeben, bestimmt.

5. Die Bestimmung des Chlorierungsrückstandes

Die Chlorierung erfolgt im Chlor-Dischwefeldichloridstrom, wie im Kapitel Wolfram, S. II/890, beschrieben.

D. Die Untersuchung des Ferromolybdäns

In Deutschland hergestelltes Ferromolybdän enthält etwa 60 bis 75% Molybdän. Man benutzt es hauptsächlich zur Erzeugung legierter Stähle.

Die Bestimmung des Molybdäns ist aus den für die Untersuchung von Molybdänerzen beschriebenen Verfahren zu ersehen. Die übrigen Bestandteile werden nach den Vorschriften in Bd. I, 2. Aufl., S. 257—262, bestimmt.

Das Molybdän läßt sich auch nach den bekannten Bestimmungsverfahren im Stahl und Eisen photometrisch mit einer Genauigkeit von ±1% Mo ermitteln.

Literatur. Absolutkolorimetrische Metallanalyse mit dem Pulfrich-Photometer, S. 42/43. Jena: Kommissionsverlag Gustav Fischer 1950.

Kapitel 23

Natrium*

Inhalt

---

*	1. Auflage	2. Auflage
Bearbeiter:	**Meier-Ewert, Sieger**	**Meyer-Ewert, Fischer**
Mitarbeiter:	**Fischer, Kessler**	**Kraft**

A. Vorkommen

Das Natrium ist in der Natur in Form von Verbindungen sehr weit verbreitet, so z. B. als Chlorid im Meerwasser, als *Steinsalz* (NaCl) in mächtigen Ablagerungen und als *Soda* (Na_2CO_3) in vielen Quellwässern. Es findet sich ferner im Ackerboden, in gewissen Pflanzen und Tieren und im Blut. Außerdem kommt es als *Nitrat* vor (Chilesalpeter, $NaNO_3$), als *Fluorid* im Kryolith (Na_3AlF_6) und als *Silicat* im Feldspat und anderen Mineralien.

B. Qualitativer Nachweis

Die Natriumsalze lassen sich an der intensiven Gelbfärbung der Bunsenflamme leicht erkennen. Diese Färbung wird schon durch Spuren von Natrium hervorgerufen. Der Nachweis ist somit sehr empfindlich.

Als Fällungsreaktion dient die Bildung des Natriumhydroxoantimoniats, $Na(Sb(OH)_6)$. Sehr gut eignet sich zum Nachweis auch das schwer lösliche, in charakteristischen Formen kristallisierende Tripelsalz mit Uranylacetat und Magnesiumacetat $[NaMg(UO_2)_3 \cdot (CH_3 \cdot COO)_9 \cdot 8H_2O]$. Man dampft zu diesem Zweck einige Tropfen der zu prüfenden Lösung auf einem Uhrglas oder Objektträger bis fast zur Trockne ein und gibt sodann einige Tropfen einer Lösung von Magnesiumuranylacetat in verdünnter Essigsäure hinzu (s. Kapitel Magnesium, S. 460).

Nach der Trennung des Kaliums vom Natrium durch Fällung des Kaliums als Perchlorat kann das Natrium im Filtrat als Natriummagnesiumuranylacetat gefällt werden.

C. Analytische Untersuchungen bei der Gewinnung des Natriums

Die Darstellung dieses technisch wichtigen Metalls erfolgt fast ausschließlich auf elektrolytischem Wege, und zwar entweder durch Elektrolyse des geschmolzenen Hydroxyds (CASTNER-Verfahren) oder durch Elektrolyse des Chlorids (CIBA-Verfahren oder DOWNS-Verfahren).

Die Betriebskontrolle beschränkt sich auf elektrische Messungen und gelegentliche Probeentnahme. Wichtig ist vor allem die Untersuchung der Schmelzen (Salzmischungen), die laufend nachchargiert werden, und die der Ausgangsmaterialien für diese Schmelzen.

I. Die Untersuchung des Ätznatrons

Grundlage. Wie bei allen durch Elektrolyse gewonnenen Metallen kommt es auch beim Natrium sehr auf die Reinheit der Ausgangsmaterialien an. So bestimmt man im Ätznatron neben dem Gehalt an freiem Ätznatron insbesondere die Menge der vorkommenden Verunreinigungen, wie Natriumcarbonat, Natriumchlorid, Natriumsulfat, Natriumsilicat, Eisen-, Aluminium-, Calcium-, Magnesiumoxyd, und, da das Ätznatron sehr hygroskopisch ist, auch die vorhandene Feuchtigkeit.

Die maßanalytische Bestimmung des Alkalihydroxyds neben vorhandenem Alkalicarbonat wird nach der modifizierten Methode von CL. WINKLER durchgeführt. Da das bei Anwesenheit von Alkalicarbonat durch den Bariumchloridzusatz ausfallende Bariumcarbonat von Salzsäure merkbar angegriffen wird, verwendet man zur Vermeidung eines dadurch verursachten Fehlers bei der Titration statt der von CL. WINKLER vorgeschlagenen Salzsäure die wesentlich schwächer dissoziierte Borsäure, wobei zur Aktivierung eines H-Ions der Borsäure ein Zusatz von neutralem Glycerin erforderlich ist. Der Gehalt an Natriumcarbonat ergibt sich dann aus der Differenz im Säureverbrauch bei der Titration von Gesamtätznatron und freiem Ätznatron. Die meist nur spurenhaft vorhandenen Mengen sonstiger Basen können gewöhnlich außer Betracht bleiben.

Die genauesten Ergebnisse für Natriumcarbonat und freies Ätznatron erzielt man, wenn man das durch Säure frei gemachte Kohlendioxyd gewichtsanalytisch bestimmt, und die dem Natriumcarbonat entsprechende Menge Hydroxyd vom Gesamtätznatron in Abzug bringt oder wenn man mit elektrischer Indication titriert.

Die übrigen aufgezählten Verunreinigungen werden nach den allgemein üblichen Analysenmethoden bestimmt.

Die Feststellung des Feuchtigkeitgehaltes erfolgt durch Austreiben des beim Erhitzen in einem Goldschiffchen bei 500 bis 550° entweichenden Wassers und Auffangen desselben in Phosphorpentoxyd-U-Röhrchen.

Anwendungsbereich und Bedeutung. Die aufgeführten Bestimmungsmethoden ermöglichen eine einfache und ausreichend genaue Untersuchung des Natriumhydroxyds; sie finden in wenig geänderter Form auch für Kaliumhydroxyd Anwendung.

Genauigkeit. 2.

Dauer. Gesamtanalyse 2 bis 3 Tage.

Ausführung.

1. Die Bestimmung des Gesamtätznatrons

In einem gut verschließbaren Wägeglas werden etwa 20 g Ätznatron genau eingewogen und möglichst rasch durch einen weiten Trichter in einen 500 ml-Meßkolben mit weitem Hals eingefüllt. Das Material wird mit kohlendioxydfreiem, destilliertem Wasser gelöst, und nach dem Abkühlen wird die Lösung auf 500 ml aufgefüllt („Urlösung"). 50 ml (= 2 g Einwaage) dieser Lösung werden nach Zugeben von 3 Tropfen Methylorange als Indicator mit 1 n-Salzsäure bis zum Farbumschlag nach Zwiebelrot titriert.

$$\frac{\text{Verbrauchte ml 1 n-Salzsäure} \cdot 0{,}04 \cdot 100}{\text{Einwaage}} = \text{\% Gesamtätznatron}$$

2. Die Bestimmung des freien Ätznatrons

50 ml der verdünnten Urlösung (= 2 g Einwaage) werden nach Zusatz von 50 ml 1 n-Bariumchloridlösung und 50 ml neutralisiertem Glycerin mit 1 n-Borsäure unter Anwendung von Phenolphthalein als Indicator bis zur Farblosigkeit titriert.

$$\frac{\text{Verbrauchte ml 1 n-}H_3BO_3 \cdot 0{,}04 \cdot 100}{\text{Einwaage}} = \text{\% freies Ätznatron}$$

3. Die Bestimmung des Natriumcarbonats

Der Gehalt an Natriumcarbonat kann aus den Titrationen vom Gesamtätznatron und freiem Ätznatron berechnet werden.

Berechnung.

$$(\text{\% Gesamtätznatron} - \text{\% freies Ätznatron}) \cdot 1{,}325 = \text{\%}\ Na_2CO_3$$

Die genauere, aber wesentlich langwierigere Methode zur Ermittlung des Natriumcarbonatgehaltes ist die Bestimmung des durch Säure in Freiheit gesetzten Kohlendioxyds auf gewichtsanalytischem oder maßanalytischem Wege. Man verwendet dabei eine Einwaage von etwa 5 g Ätznatron und verfährt nach der im Kapitel Kalium, S. **345**, beschriebenen Methode von FRESENIUS-CLASSEN.

4. Die Bestimmung des Natriumchlorids

50 ml der verdünnten Urlösung (= 2 g Einwaage) werden nach dem Ansäuern mit etwa 25 ml 2 n-Salpetersäure mit einem Überschuß an n/10-Silbernitratlösung versetzt, der nach Zugabe von einigen Tropfen einer gesättigten Lösung von Eisen(III)-ammoniumsulfat als Indicator mit n/10-Kaliumthiocyanatlösung zurücktitriert wird. Genauere Resultate werden durch direkte Titration des Chlorids mit n/10-Silbernitratlösung unter Anwendung elektrischer Indication [Silberdraht, gesättigte Quecksilber (I)-sulfat-Elektrode] erhalten (s. Kapitel Silber und Gold, S. 761).

$$\frac{\text{Verbrauchte ml n/10-Silbernitratlösung} \cdot 0{,}005845 \cdot 100}{\text{Einwaage}} = \text{\% NaCl}$$

5. Die Bestimmung des Natriumsilicats

Etwa 30 g Ätznatron werden in einem Wägegläschen abgewogen und in einer Porzellanschale in Wasser gelöst; die Lösung wird mit Salzsäure (1,19) bis zur sauren Reaktion versetzt. Durch 2maliges Eindampfen zur Trockne und nachfolgendes Rösten bei 140° wird das Siliciumdioxyd abgeschieden, sodann abfiltriert, verascht und in bekannter Weise zur Wägung gebracht. Der Tiegelinhalt wird mit Flußsäure und Schwefelsäure abgeraucht und der Rückstand wieder gewogen. Der Gewichtsverlust entspricht der Menge des Siliciumdioxyds.

$$\frac{\text{Gewichtsverlust} \cdot 2{,}0323 \cdot 100}{\text{Einwaage}} = \text{\%}\ Na_2SiO_3$$

6. Die Bestimmung des Natriumsulfats

Im Filtrat von der Silicatbestimmung wird das Sulfat in schwach salzsaurer Lösung in der Siedehitze als Bariumsulfat gefällt und in bekannter Weise bestimmt.

$$\frac{\text{Auswaage} \cdot 0{,}6086 \cdot 100}{\text{Einwaage}} = \%\ Na_2SO_4$$

7. Die Bestimmung des Bariumoxyds

50 g Ätznatron werden in 700 ml Wasser gelöst. Sodann wird der Lösung so viel Salzsäure (1,19) zugesetzt, daß sie deutlich sauer ist. Man filtriert und bestimmt im Filtrat das Barium durch Fällen mit Schwefelsäure als Sulfat.

$$\text{Auswaage} \cdot 0{,}6570 \cdot 2 = \%\ BaO$$

8. Die Bestimmung des Eisen- und Aluminiumoxyds

Das Filtrat von der Bestimmung des Bariumoxyds wird mit einigen Tropfen Wasserstoffperoxydlösung gekocht; in dieser Lösung fällt man mit Ammoniak das Eisen und Aluminium als Oxydhydrate. Der Niederschlag wird zwecks Entfernung adsorbierten Natriumchlorids nach dem Wiederauflösen in Salzsäure nochmals mit Ammoniak gefällt. Der Eisengehalt der geglühten und gewogenen Oxyde wird im Aufschluß mit Soda jodometrisch bestimmt.

$$\text{Auswaage} \cdot 2 = \%\ Fe_2O_3 + Al_2O_3$$

$$\text{Verbrauchte ml n/100-Thiosulfatlösung} \cdot 0{,}000798 \cdot 2 = \%\ Fe_2O_3$$

Die Menge des Aluminiumoxyds ergibt sich dann aus der Differenz. Die Eisenbestimmung kann auch photometrisch durchgeführt werden (s. Kapitel Magnesium, S. 464).

9. Die Bestimmung des Calciumoxyds

In den vereinigten Filtraten der Eisen- und Aluminiumfällung wird das Calcium in der Siedehitze mit Ammoniumoxalat als Oxalat abgeschieden und nach dem Lösen in Salzsäure aus ammoniakalischer Lösung mit Ammoniumoxalat umgefällt. Es wird als Calciumoxyd zur Wägung gebracht.

$$\text{Auswaage} \cdot 2 = \%\ CaO$$

10. Die Bestimmung des Magnesiumoxyds

Die Filtrate der Calciumfällung werden auf ein kleineres Volumen eingedampft und das Magnesium mit Diammoniumhydrogenphosphat und Ammoniak als Magnesiumammoniumphosphat gefällt. Nach Stehenlassen über Nacht filtriert man den Niederschlag ab, wäscht ihn mit 2proz. Ammoniakwasser aus, verascht ihn in einem gewogenen Porzellantiegel und glüht bei 900 bis 1000° bis zur Gewichtskonstanz.

$$\text{Auswaage } (Mg_2P_2O_7) \cdot 0{,}3623 \cdot 2 = \%\ MgO$$

11. Die Bestimmung des Wassers

Für das Erhitzen von Ätznatron zur Wasserbestimmung dürfen nur Schiffchen aus Feingold verwendet werden. Von anderen Metallen wirken auf geschmolzenes Ätznatron Silber unter Wasserstoffentwicklung, Platin, Kupfer, Eisen, Nickel, Aluminium, Zink und Magnesium unter Wasserstoffentwicklung und Wasserabspaltung ein.

Entnahme einer Probe von geschmolzenem Ätznatron

Bevor im Betrieb aus dem in einem Schmelzkessel befindlichen flüssigen Ätznatron eine Probe entnommen wird, wird zunächst das zur Aufnahme bestimmte

Goldschiffchen mit dem dafür vorgesehenen Wägegläschen gewogen. Dann taucht man ein Feingoldrohr von etwa 7 bis 8 mm Durchmesser und mindestens 250 mm Länge in das geschmolzene Ätznatron etwa 20 cm tief ein, verschließt das offene Ende mit dem Daumen, hebt das Rohr vorsichtig aus der Schmelze heraus und klemmt mit einer Zange die Ausflußöffnung zu. Hierauf schneidet man mit einer Schere von dem mit Ätznatron gefüllten Goldrohr ein Stück von etwa 10 cm Länge ab, gibt dieses rasch in das Goldschiffchen, dieses wieder in das gut verschließbare Wägeglas, welches man dann im Exsiccator erkalten läßt. Der zweite Teil des gefüllten Goldrohres kann zu einer Kontrollbestimmung dienen und wird in der gleichen Weise behandelt. Nach dem Erkalten wird das Wägeglas mit dem Goldschiffchen und dem mit Ätznatron gefüllten Goldrohr gewogen. Um das Gewicht des leeren Goldrohres und damit auch die Einwaage an Ätznatron zu ermitteln, wird nach Beendigung der Wasserbestimmung das Goldrohr mit Wasser alkalifrei ausgekocht, getrocknet und gewogen. Die Menge des eingefüllten Ätznatrons soll ungefähr 8 bis 10 g betragen.

Einwaage von festem Ätznatron. Man wägt das Goldschiffchen mit dem Wägeglas, bringt mit der Pinzette sehr rasch kleine Stücke des Ätznatrons in das Goldschiffchen und wägt Wägeglas mit Schiffchen erneut.

Ausführung. Die Wasserbestimmung wird in einem Porzellanrohr von etwa 5 cm Durchmesser und 65 cm Länge ausgeführt, das in einen elektrischen Röhrenofen von etwa 35 cm Länge eingelegt und an beiden Enden mit durchbohrten Gummistopfen versehen ist. Sie erfolgt im Stickstoffstrom. Der Stickstoff wird einer Stahlflasche entnommen, durch zwei mit Calciumchlorid und Ätznatron gefüllte Türme, dann durch Schwefelsäure und ein Phosphorpentoxyd-U-Rohr geleitet, bevor er in das Porzellanrohr eintritt.

Zur Aufnahme des ausgetriebenen Wassers dienen zwei gewogene U-Rohre, die mit in Phosphorpentoxyd gewälzten Glasperlen gefüllt sind.

Zur Messung der Temperatur in dem Ofen dient ein Platin-Rhodium-Element, das in einem dünnen Quarz- oder Porzellanrohr so in den Ofen eingeführt ist, daß die Lötstelle des Elementes gerade an der Stelle dem Porzellanrohr anliegt, an der sich das Goldschiffchen befindet.

Vor der Wasserbestimmung selbst erhitzt man das Porzellanrohr, an das die beiden mit Phosphorpentoxyd und Glasperlen gefüllten und gewogenen U-Rohre und ein ebensolches Schutzrohr angeschlossen sind, unter Durchleiten eines auf oben beschriebene Weise getrockneten Stickstoffstromes auf 500 bis 550°, hält es $^1/_2$ Std. auf dieser Temperatur und läßt es samt den U-Rohren im Stickstoffstrom erkalten. Diese werden sodann gewogen. Zur Wasserbestimmung wird das Goldschiffchen, nachdem zuvor die beiden Rohrenden des Goldröhrchens sehr rasch mit einer Zange etwas aufgedrückt wurden, schnell in die Mitte des Porzellanrohres eingeführt und mit einem Goldblech umgeben, um das Porzellanrohr vor dem Angriff durch etwa verspritzendes, geschmolzenes Ätznatron zu schützen. Das Rohr wird an dem einen Ende mit der Stickstoffzuleitung, an dem anderen Ende mit den beiden U-Rohren und dem Schutzrohr verbunden und unter Durchleiten von getrocknetem Stickstoff in $^1/_2$ bis $^3/_4$ Std. auf die Temperatur von 500 bis 550° gebracht. Diese Temperatur wird ungefähr $^1/_2$ Std. beibehalten. Dann läßt man im Stickstoffstrom erkalten, ermittelt die Gewichtszunahme der beiden U-Rohre und berechnet daraus den Wassergehalt des Ätznatrons.

Fehlerquellen. Da das Ätznatron begierig Feuchtigkeit aufnimmt, können durch unsachgemäße Aufbewahrung und Handhabung der Proben beträchtliche Fehler entstehen.

Literatur. Treadwell, F. P.: Lehrbuch der analytischen Chemie, Bd. II, 11. Aufl., S. 326 u. 485. Leipzig u. Wien: F. Deuticke 1946. — Le Blanc u. Bergmann: Die Einwirkung von Metallen auf geschmolzenes Ätznatron. Ber. dtsch. chem. Ges. Bd. 4 (1909) S. 4728.

II. Die Untersuchung des Kochsalzes (Steinsalzes, Siedesalzes)

Das Steinsalz ist hauptsächlich durch Calcium- und Magnesiumsulfat verunreinigt. Eine gewisse Reinigung läßt sich schon durch Auslesen der Anhydrit- und Gipsstücke mit der Hand nach grobem Zerkleinern des Salzes erreichen. Eine weitere Reinigung wird durch das Abdecken mit reiner Salzsole erzielt. Vor dem Eindampfen wird die Sole durch Zusatz von Calciumchlorid (zum Entfernen von Sulfaten) und von Ätzkalk (zum Entfernen von Magnesium) gereinigt. Das ausfallende Magnesiumhydroxyd reißt, indem es als Adsorptionsmittel wirkt, organische Verunreinigungen nieder.

Die Gewinnung von Kochsalz aus dem Meerwasser kommt für deutsche Verhältnisse nicht in Frage; sie soll aber der Vollständigkeit halber hier erwähnt werden. So wird z. B. am Mittelmeer das Salz durch Anlegen von Salzgärten (flache Bassins) gewonnen, in denen man das Meerwasser verdunsten läßt. Dabei scheidet sich zuerst reines, dann ein mit anderen Chloriden, Bromiden und Jodiden verunreinigtes Natriumchlorid ab. — Auch durch Ausfrieren wird Kochsalz aus Meerwasser gewonnen (Norwegen).

Einen Schnellanalysengang zur Bestimmung der Hauptelemente in den Konzentraten und Mutterlaugen der Seesalzgewinnung beschreibt G. N. Babatschew, Z. analyt. Chem. Bd. 173 (1960) S. 121—125. Die Kationen und Anionen werden durch Ionenaustausch in einer Kolonne mit Wofatit KPS-200 in H-Form getrennt. Im Durchlauf werden Chlorid und Sulfat als Summe und Chlorid allein bestimmt. Sulfat wird als Differenz berechnet. Calcium, Magnesium und Eisen werden komplexometrisch bestimmt. Nach Ionenaustausch in einer Wofatit KPS-200-Säule in Mg^{2+}-Form wird die Summe Kalium und Natrium komplexometrisch als Magnesium ermittelt. Natrium wird als Natriumzinkuranylacetat gefällt und der Zinkgehalt des Niederschlags komplexometrisch titriert. Der Kaliumanteil ergibt sich aus der Differenz.

Bei der Analyse des Steinsalzes beschränkt man sich meist auf die Bestimmung der Fremdstoffe.

Grundlage. Der Natriumchloridgehalt wird gewöhnlich nach der indirekten Methode, seltener durch direkte Titration mit Silbernitratlösung ermittelt. Nach der Bestimmung des Siliciumdioxyds wird die Hauptmenge des Natriumchlorids durch Sättigen der Lösung mit Chlorwasserstoff ausgefällt, da die Verunreinigungen im Kochsalz gewöhnlich nur in geringen Mengen vorhanden sind und sie in ihren Abscheidungsformen, z. B. als Bariumsulfat und Calciumoxalat, in starken natriumchloridhaltigen Lösungen z. T. beträchtlich löslich sind. Im Filtrat bestimmt man die Verunreinigungen, wie Natriumsulfat, Bariumchlorid, Eisen- und Aluminiumoxyd, Calcium- und Magnesiumchlorid, nach den üblichen Methoden. Der Wassergehalt wird durch den beim Erhitzen eintretenden Gewichtsverlust und der Gehalt an Natriumhydroxyd durch Titration der wäßrigen Salzlösung mit Salzsäure und Methylorange als Indicator ermittelt. Das vorhandene Kaliumchlorid wird im Filtrat der Sulfatfällung nach der Perchloratmethode bestimmt. Die Bestimmung von Brom und Jod wird für die Zwecke der Natriumgewinnung nur in äußerst seltenen Fällen erforderlich sein. Über die Verteilung der bei der Gesamtanalyse gefundenen Kationen und Anionen kann durch Aufstellung einer Äquivalentbilanz nach O. Liesche Klarheit gewonnen werden.

Anwendungsbereich und Bedeutung. Das Verfahren eignet sich zur Untersuchung von festem Steinsalz, Siedesalz und Solen.

Genauigkeit. 2.

Dauer. 2 bis $2^1/_2$ Arbeitstage.

Ausführung.

1. Die Bestimmung des Wassers (Feuchtigkeit und Kristallwasser)

Man wägt ungefähr 10 g Salz in einem Platintiegel von 45 mm Höhe und ebensolchem Durchmesser ein, bedeckt diesen mit dem gutschließenden Platindeckel und erhitzt ihn vorsichtig auf einem Pilzbrenner 15 min mit kleiner Flamme. Darauf lüftet man den Deckel kurz, um den angesammelten Wasserdampf abziehen zu lassen, bedeckt den Tiegel wieder und erhitzt ihn bei größerer Flamme auf dem Pilzbrenner 10 min weiter. Es ist darauf zu achten, daß Verluste durch Verknistern vermieden werden, und daß das Salz nicht zum Schmelzen kommt. Um Spritzer besser erkennen zu können, stellt man das den Tiegel tragende Stativ auf einen Bogen von schwarzem Glanzpapier. Nach dem Abkühlen im Exsiccator wird der Gewichtsverlust festgestellt, darauf wieder 10 min erhitzt und so fortgefahren, bis Gewichtskonstanz erreicht ist.

$$\frac{\text{Gewichtsverlust} \cdot 100}{\text{Einwaage}} = \%\ \text{Wasser}$$

2. Die Bestimmung von Siliciumdioxyd

100 g Salz werden mit etwa 500 ml heißem Wasser gelöst. Ein etwa vorhandener unlöslicher Rückstand wird durch einen gewogenen Filtertiegel abfiltriert, seine Menge nach dem Trocknen bei 105° bestimmt und gegebenenfalls für sich untersucht. Dann versetzt man die Lösung in einer Porzellanschale mit Salzsäure (1,19) und dampft sie 2 mal zur Trockne. Nach 2stündigem Erhitzen bei 140° wird der erkaltete Rückstand mit Salzsäure und Wasser aufgenommen, das abgeschiedene Siliciumdioxyd abfiltriert, mit heißem Wasser chlorfrei ausgewaschen, im Platintiegel scharf geglüht und gewogen. Der Tiegelinhalt wird dann mit Flußsäure und Schwefelsäure behandelt und wieder gewogen.

$$\text{Gewichtsdifferenz zwischen der 1. und 2. Wägung} = \%\ SiO_2$$

3. Die Bestimmung des Natriumsulfats

In das eingeengte Filtrat von der Siliciumdioxydbestimmung leitet man Chlorwasserstoff, welcher durch Eintropfen von Schwefelsäure (1,84) in Salzsäure (1,19) entwickelt oder einer Stahlflasche entnommen wird, bis zur Sättigung ein. Das dabei ausgefallene Natriumchlorid wird auf eine Glasfilternutsche abfiltriert und 3 mal mit eisgekühlter Salzsäure (1,19) nachgewaschen. Die auf diese Weise von der Hauptmenge des Kochsalzes befreite Lösung wird zum Entfernen des größten Teiles des Chlorwasserstoffes gekocht und dann im Meßkolben zu 500 ml aufgefüllt. Davon entnimmt man 250 ml (= 50 g Einwaage), stumpft mit Ammoniak bis zur schwach sauren Reaktion ab und fällt das Sulfat in der Siedehitze mit kochender Bariumchloridlösung. Ein größerer Überschuß des Fällungsmittels muß vermieden werden, da sonst die Resultate zu hoch ausfallen. Den entstehenden Niederschlag von Bariumsulfat läßt man mehrere Std., gegebenenfalls über Nacht, in der Wärme absitzen, filtriert ihn ab, wäscht ihn zunächst mit salzsäurehaltigem, dann mit heißem Wasser chlorfrei aus, glüht und wägt.

$$\text{Auswaage} \cdot 0{,}6086 \cdot 2 = \%\ Na_2SO_4$$

Fehlerquellen. Bariumsalze dürfen nicht zugegen sein.

4. Die Bestimmung des Bariumchlorids

Von dem im Meßkolben auf 500 ml aufgefüllten Filtrat der Siliciumdioxydbestimmung entnimmt man die zweiten 250 ml (= 50 g Einwaage), stumpft mit Ammoniak bis zur schwach sauren Reaktion ab und fällt in der kochenden Lösung mittels Schwefelsäure das Barium als Bariumsulfat. Nach längerem Stehen in der Wärme wird der Niederschlag abfiltriert, mit heißem Wasser chlorfrei ausgewaschen, geglüht und gewogen.

$$\text{Auswaage} \cdot 0{,}8923 \cdot 2 = \%\ BaCl_2$$

Fehlerquellen. Sulfate dürfen nicht zugegen sein.

5. Die Bestimmung des Eisen- und Aluminiumoxyds

Das Filtrat von der Bestimmung des Bariumchlorids wird mit einigen Tropfen 3proz. Wasserstoffperoxydlösung gekocht; dann fällt man mit carbonatfreiem Ammoniak Eisen und Aluminium als Oxydhydrate aus. Nach dem Abfiltrieren und Auswaschen mit heißem Wasser werden sie nach dem Wiederauflösen in verdünnter Salzsäure mit Ammoniak umgefällt, geglüht und als Oxyde zur Wägung gebracht.

$$\text{Auswaage} \cdot 2 = \%\ Fe_2O_3 + Al_2O_3$$

Meist genügt es, die Summe der Oxyde zu bestimmen. Soll jedoch jedes Oxyd einzeln ermittelt werden, so löst man den Glührückstand in wenig Salzsäure oder schließt ihn mit Kaliumhydrogensulfat auf und bestimmt in der Lösung in bekannter Weise das Eisen entweder nach Abscheidung als Hydroxyd und Wiederauflösen in Salzsäure jodometrisch oder photometrisch (s. Kapitel Magnesium, S. 464). Die Menge des Aluminiumoxyds ergibt sich dann aus der Differenz.

6. Die Bestimmung des Calciumchlorids

In dem zum Kochen erhitzten Filtrat der Ammoniakfällung wird das Calcium mit heißer Ammoniumoxalatlösung gefällt. Der Niederschlag von Calciumoxalat wird nach mehrstündigem Stehen in der Wärme abfiltriert, mit heißem, 2% Ammoniumoxalat enthaltendem Wasser ausgewaschen, scharf geglüht und als Calciumoxyd ausgewogen.

$$\text{Auswaage} \cdot 1{,}979 \cdot 2 = \%\ CaCl_2$$

Seine Menge kann auch maßanalytisch ermittelt werden (s. Kapitel Calcium, S. 267). Der Niederschlag ist dann aber mit Wasser auszuwaschen.

7. Die Bestimmung des Magnesiumchlorids

Das ammoniakalische Filtrat der Calciumfällung wird auf etwa 250 ml eingeengt. Darauf versetzt man es mit einer Lösung von Diammoniumhydrogenphosphat, gibt etwa $^1/_5$ des Gesamtvolumens an Ammoniak (0,91) hinzu und rührt kräftig, ohne die Glaswandung zu berühren. Das Magnesium fällt als Magnesiumammoniumphosphat aus und wird nach mindestens 12stündigem Stehen bei Zimmertemperatur abfiltriert, mit 2proz. Ammoniakwasser ausgewaschen und nach dem Veraschen und Glühen bei 900 bis 1000° im gewogenen Porzellanfiltertiegel als Magnesiumpyrophosphat gewogen.

$$\text{Auswaage} \cdot 0{,}8556 \cdot 2 = \%\ MgCl_2$$

Calciumchlorid und Magnesiumchlorid können bequemer und rascher mit Komplexon bestimmt werden. Man teilt dazu die Lösung in 2 Teile und titriert in der einen Hälfte Calciumchlorid gegen Murexid und in der anderen Hälfte die Summe von Calciumchlorid und Magnesiumchlorid gegen Eriochromschwarz. Aus der Differenz läßt sich das Magnesiumchlorid berechnen, s. Kapitel Magnesium, S. 456.

8. Die Bestimmung des Natriumhydroxyds

100 g Salz werden in etwa 400 ml Wasser gelöst. Nach Zugabe von einigen Tropfen Methylorange als Indicator wird in dieser Lösung das Alkali mit n/10-Salzsäure titriert.

$$\text{Verbrauchte ml n/10-Salzsäure} \cdot 0{,}004 = \%\ NaOH$$

9. Die Bestimmung des Kaliumchlorids

Zur Ermittlung des Kaliumchloridgehaltes benutzt man das Filtrat der Natriumsulfatbestimmung (s. unter 3.). Es ist schon bei der vorhergehenden Fällung des SO_4-Ions darauf zu achten, daß die Lösung beim tropfenweisen Zusatz der Bariumchloridlösung nicht aus dem Sieden kommt, da sonst geringe Mengen Kaliumsalz im ausfallenden Bariumsulfatniederschlag eingeschlossen werden. Außerdem soll nur ein möglichst geringer Überschuß des Fällungsmittels angewandt werden. Ein kleiner Überschuß an Bariumchlorid ist ohne Einfluß auf das Ergebnis, da das Perchlorat des Bariums (und auch des Natriums und Magnesiums) in Alkohol leicht löslich ist.

Das Filtrat von der Sulfatfällung wird dann in einer Porzellanschale mit blauer oder grüner Glasur bis auf etwa 20 ml eingeengt, mit etwa 8 ml Überchlorsäure (1,125) versetzt und weiterbehandelt, wie bei der Bestimmung des Kaliumchlorids im Kapitel Kalium auf S. 340 angegeben ist.

$$\text{Auswaage} \cdot 0{,}5381 \cdot 2 = \%\ \text{KCl}$$

10. Die Bestimmung des Broms und Jods

Die Ermittlung kleiner Mengen Bromid im Kochsalz kann nach W. Böttger nach dem Verfahren von J. v. Wesgelszky [Z. analyt. Chem. Bd. 39 (1900) S. 81] erfolgen. Es beruht auf dem Überführen des Bromids in Bromat durch Erhitzen in schwach alkalischer Lösung mit Chlorwasser. Das dabei entstehende Bromat wird durch die Abscheidung von Jod nach Zugeben von Kaliumjodid in saurer Lösung nachgewiesen. Weitere Angaben s. bei Berl-Lunge. Über die Bestimmung von kleinen Mengen Jod im Kochsalz nach verschiedenen Methoden s. Fleissig: Schweiz. Apotheker-Ztg. Bd. 60 (1922) S. 591.

Qualitative Prüfung auf Bromid. 0,5 g Salz werden in 10 ml Wasser gelöst. Die Lösung wird mit 1 ml gepufferter Phenolrotlösung und 0,05 ml Chloraminlösung (26 g/l) versetzt. Es wird so lange geschüttelt, bis sich die auftretende Färbung nicht mehr vertieft. Darauf werden 3 Tropfen n/10-Natriumthiosulfatlösung hinzugegeben. Bei Gegenwart von Bromid tritt Violettfärbung ein.

Qualitative Prüfung auf Jodion. 20 ml der wäßrigen Kochsalzlösung (1 + 19) werden mit 1 Tropfen Eisen(III)-chloridlösung und hierauf mit Stärkelösung versetzt. Bei Gegenwart von Jodion tritt Blaufärbung ein.

11. Die Bestimmung des Gesamtchlorions (ausgedrückt als Natriumchlorid)

10 g der feingepulverten Durchschnittsprobe werden mit lauwarmem Wasser gelöst und nach dem Abkühlen in einem 500 ml-Meßkolben bis zur Marke aufgefüllt. 10 ml dieser Lösung (= 0,2 g Salz) werden mit etwa 100 ml Wasser verdünnt, mit einigen Tropfen Kaliumchromatlösung (1 + 19) versetzt und mit n/10-Silbernitratlösung bis zur schwachen Rötung titriert.

$$\text{Verbrauchte ml n/10-}AgNO_3\text{-Lösung} \cdot 0{,}005845 \cdot 500 = \%\ \text{NaCl}$$

Literatur. Liesche, O.: Rechenverfahren und Rechenhilfsmittel mit Anwendungen auf die chemische Analyse. Stuttgart: Enke 1932. — Böttger, W.: Qualitative Analyse, 4. bis 7. Aufl., S. 495. Leipzig: W. Engelmann 1925. — Berl-Lunge: Chemisch-technische Untersuchungsmethoden II 1, 8. Aufl., S. 871. Berlin: Springer. — Merck, E.: Prüfung der chemischen Reagenzien auf Reinheit, 5. Aufl., S. 417. Berlin: Chemie G.m.b.H. 1939.

III. Die Untersuchung des Calciumchlorids

Kristallisiertes Calciumchlorid ($CaCl_2 \cdot 6H_2O$) wird bei der Reinigung der Salzsole und als wasserfreies Salz bei der Elektrolyse verwendet. Störend für den Betrieb sind die Verunreinigungen an Siliciumdioxyd, Sulfat, Eisen, Aluminium, Mangan,

Magnesium, die entweder bereits im Ausgangsmaterial vorhanden sind oder durch das Ofenmaterial in die Schmelzen gelangen können.

Zu bestimmen sind daher: die Feuchtigkeit und das Kristallwasser, ferner die Anionen Cl, SO_4, SiO_2, die Kationen Fe, Al, Mn, Ca, Mg und Alkalien.

Grundlage. Kristallwasser und Feuchtigkeit werden aus dem Gewichtsverlust beim Glühen bestimmt. Calcium, Magnesium, Eisen, Aluminium, Alkalien, Chlor, Schwefel und Siliciumdioxyd werden nach den üblichen Analysenmethoden abgeschieden und bestimmt.

Anwendungsbereich und Bedeutung. Das hier mitgeteilte Verfahren läßt sich auch für die Untersuchung von Kalkstein verwenden.

Genauigkeit. 2.

Dauer. 3 Arbeitstage.

Ausführung. Die Analyse des Calciumchlorids wird nach der im Kapitel Calcium, S. 266ff., beschriebenen Weise vorgenommen. Dazu kommt noch

Die Bestimmung von Aluminium und Mangan

Sie wird folgendermaßen ausgeführt:

100 g Calciumchlorid werden in Wasser gelöst, die Lösung wird mit Salzsäure angesäuert und der Rückstand durch Aufkochen in Lösung gebracht. In dieser Lösung wird zunächst, wie auf S. 519 angegeben, das Siliciumdioxyd abgeschieden. Das Filtrat von dem abfiltrierten Siliciumdioxyd stumpft man mit Ammoniak bis zur schwach sauren Reaktion ab und gibt Bromwasser bis zur Braunfärbung und dann nochmals Ammoniak bis zur schwach alkalischen Reaktion hinzu. Man erhitzt zum Sieden, kocht, bis sich der Niederschlag grobflockig zusammengeballt hat, läßt ihn absitzen, filtriert ihn ab und wäscht ihn 2mal mit 2proz. Ammoniumchloridlösung aus. Dann wechselt man das Auffanggefäß und löst den Niederschlag mit heißer verdünnter Salzsäure vom Filter. Die Fällung mit Bromwasser und Ammoniak wird darauf noch 2mal wiederholt. Den 3mal gefällten Niederschlag löst man in Salzsäure (1,19), verdünnt die Lösung mit Wasser auf 100 ml und fällt nun in der kochenden Lösung Eisen und Aluminium mit Ammoniak, nachdem man zuvor noch 10 g Ammoniumchlorid hinzugesetzt hat. Die Fällung wird wiederholt. In den vereinigten Filtraten fällt man dann das Mangan wie oben mit Bromwasser und Ammoniak, filtriert es ab, wäscht es mit heißem Wasser aus, glüht und wägt es als Mn_3O_4.

$$\text{Auswaage} \cdot 0{,}9301 = \%\ \text{MnO}$$

Die Manganbestimmung kann auch photometrisch ausgeführt werden (s. Kapitel Aluminium, S. 79).

Den Eisen- und Aluminiumhydroxydniederschlag löst man in Salzsäure (1,19), füllt die Lösung auf ein bestimmtes Volumen (z. B. 100 ml) auf, halbiert sie und fällt jeden Anteil mit Ammoniak. Den einen Niederschlag glüht man zu Oxyd und wägt als $Fe_2O_3 + Al_2O_3$, in dem anderen bestimmt man das Eisen entweder jodometrisch durch Titration mit Natriumthiosulfatlösung oder mit Kaliumpermanganat nach REINHARDT-ZIMMERMANN (s. Kapitel Aluminium, S. 13) oder photometrisch als Eisenthiocyanat (s. Kapitel Mangan, S. 496). Aus der Differenz (Summe der Oxyde minus Eisenoxyd) ergibt sich der Gehalt an Aluminiumoxyd.

Literatur. TREADWELL, F. P.: Lehrbuch der analytischen Chemie, Bd. II, 11. Aufl., S. 523. Leipzig u. Wien: F. Deuticke 1946.

IV. Die Untersuchung des gebrannten Kalks

Der gebrannte Kalk wird zur Herstellung von Kalkmilch verwandt. Diese dient zur Absorption des bei der Kochsalzelektrolyse als Nebenprodukt anfallenden Chlors.

Grundlage. Für den vorgesehenen Verwendungszweck genügt es meist, den Gehalt des gebrannten Kalks an Gesamtcalciumoxyd, Calciumcarbonat und den in Salzsäure unlöslichen Rückstand zu bestimmen. Nur in Ausnahmefällen wird die Analyse auch auf die Bestimmung des Glühverlustes, des Siliciumdioxyds, des Eisen-, Aluminium-, Magnesiumoxyds, des Calciumsulfats und des freien Calciumoxyds ausgedehnt.

Die Bestimmung des Gesamtcalciumoxyds wird durch Fällen der essigsauren Lösung mit Ammoniumoxalat und Titration des abgeschiedenen Calciumoxalats mit Kaliumpermanganatlösung ausgeführt. Der Gehalt an Calciumcarbonat wird aus dem mit Säure ausgetriebenen und im Natronkalk-U-Röhrchen aufgefangenen Kohlendioxyd errechnet. Die übrigen Bestimmungen werden nach bekannten Methoden durchgeführt. Das freie Calciumoxyd wird durch Rechnung ermittelt. Calcium kann auch mit Komplexon gegen Murexid titriert werden (s. Kapitel Magnesium, S. 456).

Anwendungsbereich und Bedeutung. Der Analysengang kann auch zur Untersuchung von Kalkstein, Schlacke und bei sinngemäßer Abänderung auch von Dolomit dienen.

Ausführung. Das Untersuchungsverfahren ist im Kapitel Calcium, S. 263, ausführlich beschrieben und dort einzusehen.

V. Die Untersuchung der Schmelzen

Die Schmelzen enthalten Natriumhydroxyd, Natriumchlorid und Calciumchlorid.

Grundlage. Die aus Ätznatron bestehenden Schmelzen (CASTNER-Verfahren) werden nach dem für Ätznatron angegebenen Analysenverfahren untersucht. In den DOWNS-Schmelzen bestimmt man Calciumchlorid, Natriumchlorid, Calciumoxyd und gegebenenfalls auch Bariumchlorid und Natriumsulfat. Hierzu ermittelt man das Gesamtcalcium durch Fällung mit einer gemessenen Menge einer genau eingestellten n/2-Ammoniumoxalatlösung und Rücktitration des überschüssigen Ammoniumoxalats in einem abgemessenen Anteil des Filtrats mit Kaliumpermanganatlösung. Ferner bestimmt man das Gesamtchlor durch Titration mit Silbernitratlösung nach VOLHARD sowie das Calciumoxyd durch Titration mit Salzsäure und Methlyorange als Indicator. Aus den erhaltenen Werten wird der Gehalt an Calcium- und Natriumchlorid errechnet.

Anwendungsbereich und Bedeutung. Die beschriebene Methode zur Bestimmung des Gesamtcalciums ist auf die für die Betriebszwecke erforderliche Schnelligkeit abgestellt und genügt den gestellten Anforderungen. Es wird dabei vorausgesetzt, daß der Calciumchloridgehalt der Schmelzen nur etwa zwischen 48 und 52% schwankt.

Genauigkeit. 2.

Dauer. Bei der Untersuchung der CASTNER-Schmelze dauert die Bestimmung von Gesamt-NaOH, freiem NaOH, Na_2CO_3 (maßanalytisch), NaCl 1 Std.; bei der der DOWNS-Schmelze die Bestimmung von $CaCl_2$, NaCl, CaO $1^1/_2$ Std.; einschließlich der Bestimmung von $BaCl_2$ und Na_2SO_4 8 Std.

Ausführung.

1. Die Bestimmung des Gesamtcalciumoxyds

Man wägt etwa 10 g der Schmelze in einem Wägegläschen, löst sie in einem 1 l-Meßkolben mit wenig heißem Wasser und füllt die Lösung nach dem Abkühlen bis zur Marke auf (Urlösung). Von der klar abgesetzten, erforderlichenfalls filtrierten Lösung werden 200 ml (= 2 g Einwaage) abpipettiert und in einen 500 ml-Meßkolben gegeben. Die Lösung macht man schwach ammoniakalisch und läßt aus einer Pipette 50 ml n/2-Ammoniumoxalatlösung zufließen. Nach kräftigem Durchschütteln kocht man die Flüssigkeit auf, kühlt sie wieder ab und füllt sie bis zur Marke auf. Nun filtriert man durch ein doppeltes, trockenes Faltenfilter (20 cm Durchmesser, mit gehärteter Spitze) in ein trockenes Gefäß und benutzt 200 ml des klaren Filtrats zur Titration des Ammoniumoxalatüberschusses. Zu diesem Zweck wird mit heißer verdünnter Schwefelsäure angesäuert, auf etwa 70° erwärmt und mit Kaliumpermanganatlösung (etwa n/4) bis zur bleibenden Rosafärbung titriert. Der Gehalt an Gesamtcalciumoxyd ergibt sich dann nach folgender Rechnung:

$$\frac{3{,}505 - (\text{verbrauchte ml Permanganatlsg.} \cdot \text{Faktor f. CaO} \cdot 12{,}5) \cdot 100}{\text{angewandte Substanz der Gesamtlösung (10 g)}} = \%\ \text{Gesamtcalciumoxyd}$$

2. Die Bestimmung des Gesamtchlors

10 ml der im 1 l-Meßkolben befindlichen Urlösung werden mit verdünnter Salpetersäure schwach angesäuert und mit n/10-Silbernitratlösung im Überschuß versetzt. Diesen Überschuß titriert man nach Zugeben von 20 Tropfen Eisen(III)-ammoniumsulfatlösung in bekannter Weise (s. Fehlerquellen im Kapitel Calcium, S. 267) mit n/10-Kaliumthiocyanatlösung zurück.

$$\frac{\text{Verbrauchte ml n/10-Silbernitratlösung} \cdot 0{,}0035457 \cdot 10000}{\text{angewandte Substanz der Gesamtlösung}} = \%\ \text{Gesamtchlor}$$

3. Die Bestimmung des freien Calciumoxyds (Alkalität)

50 g der Schmelze werden in etwa 300 ml Wasser gelöst; diese Lösung wird mit n/10-Salzsäure und Methylorange als Indicator titriert.

$$\text{Verbrauchte ml n/10-Salzsäure} \cdot 0{,}002804 \cdot 2 = \%\ \text{CaO}$$

Berechnung.

$$(\text{Gesamt-CaO} - \text{CaO berechnet aus Alkalität}) \cdot 1{,}979 = \%\ CaCl_2$$
$$(\text{Gesamt-Cl} - CaCl_2 \cdot 0{,}6389) \cdot 1{,}649 = \%\ NaCl$$

Calcium kann auch mit Komplexon gegen Murexid titriert werden (s. Kapitel Magnesium, S. 456).

4. Die Bestimmung des Bariumchlorids

20 g Schmelze und 10 g Ammoniumchlorid werden mit 300 ml Wasser und 100 ml verdünnter Salzsäure gelöst. Die Lösung wird filtriert und das Filter ausgewaschen. Das Filtrat soll ungefähr 600 ml betragen. Es wird zum Sieden erhitzt und das Barium mit 3 ml verdünnter Schwefelsäure, die auf ungefähr 50 ml verdünnt und zum Kochen gebracht sind, als Bariumsulfat gefällt. Nach dem Absitzen wird der Niederschlag auf ein gehärtetes Filter gebracht und so lange ausgewaschen, bis im Filtrat weder Calcium noch Schwefelsäure nachweisbar sind. Dann wird das Filter samt dem Niederschlag im gewogenen Platintiegel verascht, geglüht und gewogen.

$$\text{Auswaage} \cdot 0{,}8923 \cdot 5 = \%\ BaCl_2$$

5. Die Bestimmung des Natriumsulfats

50 g Schmelze werden in etwa 500 ml Wasser gelöst. Die Lösung wird mit Salzsäure schwach angesäuert, zum Sieden erhitzt und darin das Sulfat mit kochender Bariumchloridlösung gefällt. Den Niederschlag läßt man 2 bis 3 Std. in der Wärme absitzen, filtriert ihn ab, wäscht ihn chlorfrei aus, glüht und wägt ihn.

$$\text{Auswaage} \cdot 0{,}6086 \cdot 2 = \%\ Na_2SO_4$$

VI. Die Untersuchung der Nebenerzeugnisse

Beim CASTNER-Verfahren entwickelt sich an der Kathode infolge Zersetzung des dort entstehenden Wassers immer auch Wasserstoff, der aber gewöhnlich nicht aufgefangen wird und meist verbrennt. Beim CIBA- und DOWNS-Verfahren entweicht an der Anode Chlor, welches aufgefangen und verflüssigt oder zu Chlorkalk verarbeitet wird.

1. Elektrolytchlor

Grundlage. Das Elektrolytchlor wird auf seinen Gehalt an Chlor, Kohlendioxyd, Sauerstoff, Kohlenmonoxyd und Stickstoff untersucht. Ferner wird sein Gehalt an Wasser und Siliciumtetrachlorid festgestellt. Zur Bestimmung seines Chlorgehaltes wird das Elektrolytchlor entweder mit Kaliumjodid umgesetzt und das in Freiheit gesetzte Jod mit Natriumthiosulfat titriert, oder es wird nach einem Schnellverfahren in einem Apparat, der nach dem Prinzip des ORSAT-Apparates ausgebildet und mit mehreren Gasabsorptionspipetten versehen ist, in Natronlauge absorbiert und durch Ermittlung des Restgasvolumens bestimmt. Hierbei wird Kohlendioxyd mitbestimmt. Das Restgas untersucht man dann gasanalytisch weiter auf Sauerstoff, Kohlenmonoxyd und Stickstoff. Das Chlor wird auf seinen Wassergehalt geprüft, indem es über Phosphorpentoxyd geleitet und die zur Anwendung gekommene Chlormenge in Natronlauge aufgefangen und jodometrisch bestimmt wird. Die Bestimmung des Siliciumtetrachlorids erfolgt durch Hindurchleiten des Chlorgases durch Wasser, in dem dann die durch die Zersetzung des Siliciumtetrachlorids entstandene Siliciumdioxydmenge ermittelt wird, und ferner durch Ermitteln der durch die Versuchsapparatur gegangenen Chlormenge.

Anwendungsbereich und Bedeutung. Die Methoden können auch bei der Untersuchung von flüssigem Chlor angewandt werden.

Genauigkeit. 2.

Dauer. Die Bestimmung des Chlors und die Untersuchung des Restgases erfordern 1 Std., die des Wassergehaltes 2 Std. und die Feststellung des Siliciumtetrachloridgehaltes 6 Std.

Ausführung.

a) Die Bestimmung des Chlorgehaltes

Das vom DOWNS-Tiegel kommende warme Chlorgas wird durch eine mit Eis-Kochsalz-Mischung gekühlte Bleirohrspirale in ein ebenso gekühltes Gassammelrohr (Gaspipette) gesaugt. Das Gassammelrohr bringt man dann in den Gasanalysenraum und läßt es während $^1/_2$ Std. Raumtemperatur annehmen. Dadurch erwärmt sich der Gasinhalt, und es entsteht ein Überdruck, der durch kurzes Öffnen des einen Pipettenhahnes ausgeglichen werden muß. Dann wird der Inhalt des Gassammelrohres vorsichtig und langsam mittels gesättigter Kochsalzlösung quantitativ durch eine Kaliumjodidlösung (5 g KJ/150 ml Wasser) gedrückt und das ausgeschiedene Jod in einem abgemessenen Anteil der Absorptionslösung mit Natriumthiosulfatlösung und Stärkelösung als Indicator titriert. Die Volumenberechnung der gefundenen Gewichtsmenge Chlor geschieht in der üblichen Weise unter Berücksichtigung des herrschenden Luftdruckes und der Temperatur.

Wesentlich einfacher und schneller läßt sich die Chlorbestimmung mit der nachstehend beschriebenen, nach dem Prinzip des ORSAT-Apparates ausgebildeten Apparatur durchführen. Der Apparat hat zwei Büretten mit Wassermantel zur Aufnahme des Gases, eine mit einem Fassungsraum von 100 ml, unterteilt in 0,2 ml, die andere mit einem Fassungsraum von 400 ml. Um ein genaues Ablesen zu ermöglichen, ist der untere Teil der letzteren verjüngt und hat auf 30 ml eine Teilung in 0,5 ml, während der obere Teil in 2 ml unterteilt ist. Außer diesen beiden Büretten sind in einem Holzkasten noch 3 Absorptionspipetten angebracht, die je

400 ml fassen. Zwei von ihnen sind mit Natronlauge (250 g/l) gefüllt, die dritte mit Kaliumjodidlösung. Absorptionspipetten und Büretten sind durch Capillaren miteinander verbunden. An jede Bürette ist eine Niveauflasche von entsprechender Größe angeschlossen, gefüllt mit gesättigter Kochsalzlösung als Sperrflüssigkeit. Zur Untersuchung des Downs-Chlors wird das aus dem Tiegel kommende Gas mit einer möglichst kurzen Gummischlauchverbindung in der üblichen Weise mittels einer Niveauflasche in die 400 ml-Bürette gesaugt. Um die Luft aus den Schlauchleitungen und Capillaren zu entfernen, wird das Gas mehrere Male herausgedrückt und jeweils neues Gas wieder angesaugt. Die angesaugte Gasmenge muß mehr als 400 ml betragen. Wenn das Gas zu warm ist, muß einige Minuten gewartet werden, ehe mittels der Niveauflasche die Gasmenge in der Bürette unter Öffnen des Hahnes auf die Nullmarke eingestellt werden kann. Dann drückt man das Gas in die Natronlauge enthaltenden Absorptionspipetten. Um festzustellen, ob sämtliches Chlor von der Natronlauge absorbiert ist, wird zum Schluß das Restgas noch in die mit Kaliumjodidlösung gefüllte Pipette geführt. Bei richtiger Ausführung der Bestimmung darf die Kaliumjodidlösung nicht braun werden. Das Restgas wird nun in die kleine, 100 ml fassende Glasbürette übergeführt, in der, da sie eine 0,2 ml-Teilung besitzt, eine genauere Ablesung als in der großen Bürette möglich ist.

$$\frac{(400 - \text{Restgasvolumen in ml}) \cdot 100}{400} = \text{Vol.-\% } Cl_2 + CO_2$$

Bei der Untersuchung des Chlor-Luft-Gemisches am Chlorkalkapparat, dessen Chlorgehalt gering ist, wird die kleine, 100 ml fassende Gasbürette verwendet. Im übrigen ist sinngemäß, wie oben beschrieben, zu verfahren.

$$100 - \text{Restgasvolumen in ml} = \text{Vol.-\% } Cl_2 + CO_2$$

Bemerkung. Es ist zu berücksichtigen, daß bei Absorption in Natronlauge das Kohlendioxyd miterfaßt wird. Will man nur den Chlorgehalt ermitteln, so muß die Absorption in Kaliumjodidlösungen erfolgen.

b) Die Bestimmung der Zusammensetzung des Restgases

Das bei der Chlorbestimmung im Elektrolytchlor (oder in dem Chlor-Luft-Gemisch vom Chlorkalkapparat) verbliebene Restgas wird in einen Orsat-Apparat übergeführt. Darin erfolgt nach den üblichen Methoden der Gasanalyse die Bestimmung des *Sauerstoffs*, *Kohlenmonoxyds* und *Stickstoffs*.

c) Die Bestimmung des Wassergehaltes

Die Wasserbestimmung im Chlor wird in der Weise ausgeführt, daß das Gas durch U-Röhrchen geleitet wird, die mit in Phosphorpentoxyd gewälzten Glasperlen gefüllt sind. Gleichzeitig wird die durch die Apparatur gegangene Chlormenge in Natronlauge absorbiert und bestimmt. Aus der festgestellten Wasser- und Chlormenge wird der Wassergehalt errechnet und in Gewichtsprozenten angegeben.

Versuchsanordnung. Nacheinander werden geschaltet:

1 U-Rohr, mit Glaswolle gefüllt,
3 U-Rohre, mit in Phosphorpentoxyd gewälzten Glasperlen gefüllt,
1 Woulffsche Flasche von 1 l Inhalt (leer),
3 Woulffsche Flaschen von 1 l Inhalt, halb mit Natronlauge (250 g/l) gefüllt,
1 Waschflasche von 300 ml Inhalt, halb mit Kaliumjodidlösung (100 g/l) gefüllt.

Das mit Glaswolle gefüllte U-Rohr dient zum Auffangen des Flugstaubes. Es ist unmittelbar an die Chlorleitung anzuschließen. Durch die Phosphorpentoxyd-U-Röhrchen wird vor ihrer Verwendung trockenes Chlor geleitet, das durch trokkene Luft verdrängt wird. Dieses Verfahren wird bis zur Gewichtskonstanz der

Röhrchen wiederholt. Die leere WOULFFsche Flasche ist als Sicherheitsflasche eingeschaltet, um ein Übersteigen der Natronlauge in die Phosphorpentoxydröhrchen zu verhindern. Die mit Natronlauge gefüllten WOULFFschen Flaschen dienen zur Aufnahme des Chlors. Die Zuleitungsröhren müssen möglichst weit gehalten sein, um ein Verstopfen durch die Salze, welche bei der Umsetzung des Chlors mit der Natronlauge entstehen, zu verhindern. Die Waschflasche mit Kaliumjodidlösung soll die Erschöpfung der Natronlauge anzeigen. Sobald sich die Kaliumjodidlösung braun färbt, ist die Natronlauge auszuwechseln. Die Flasche mit Kaliumjodidlösung wird an die Vakuumleitung angeschlossen, mittels der man das Chlorgas durch die Apparatur saugt. Die Verbindungen zwischen den einzelnen Flaschen und Röhren sind möglichst kurz zu halten; es muß unter der Schlauchverbindung Glas an Glas stoßen.

Aus den Phosphorpentoxydröhrchen wird nach dem Versuch das Chlor wieder durch trockene Luft verdrängt. Das Durchleiten der Luft wird so lange fortgesetzt, bis Gewichtskonstanz erreicht ist. Die dann festgestellte Gewichtszunahme entspricht dem in der angewandten Chlormenge vorhandenen Wasser.

Um die angewandte *Chlormenge* zu ermitteln, wird ein abgemessener Anteil der verwendeten Natronlauge nach starkem Verdünnen mit Natriumsulfit und Schwefelsäure versetzt und gekocht. Nach dem Vertreiben der schwefligen Säure wird mit Natronlauge abgestumpft, mit Salpetersäure schwach angesäuert und mit n/10-Silbernitratlösung nach VOLHARD titriert. Aus dem Verbrauch an Silbernitratlösung läßt sich die Gewichtsmenge des durchgeleiteten Chlors berechnen. Ist a die gewogene Menge Wasser in g und b die in der gesamten Natronlauge festgestellte Menge Chlor in g, so ist $\frac{a}{b} \cdot 100 =$ Gewichtsprozente Wasser im Chlor.

d) Die Bestimmung des Siliciumtetrachlorids

Versuchsanordnung. Nacheinander werden geschaltet:

1 leere Waschflasche von 300 ml Inhalt,
3 Waschflaschen von 300 ml Inhalt, zur Hälfte mit Wasser gefüllt,
1 WOULFFsche Flasche von 1 l Inhalt (leer),
3 WOULFFsche Flaschen von 1 l Inhalt, halb mit Natronlauge (250 g/l) gefüllt,
1 Waschflasche, halb mit Kaliumjodidlösung (100 g/l) gefüllt.

Die leere Waschflasche dient als Sicherheitsflasche. Sie soll ein Übersteigen von Wasser in die Chlorleitung verhindern. Die drei mit Wasser gefüllten Waschflaschen haben die Aufgabe, das im Chlorgas vorhandene Siliciumtetrachlorid zu Siliciumdioxyd umzusetzen. Die dann folgende leere WOULFFsche Flasche, ferner die drei mit Natronlauge (250 g/l) gefüllten WOULFFschen Flaschen und die Waschflasche mit Kaliumjodidlösung haben denselben Zweck wie bei der Bestimmung des Wassers im Chlor zu erfüllen. Für den Betrieb der Apparatur und die Bestimmung der durchgeleiteten Chlormenge gilt dasselbe, was an der gleichen Stelle (s. S. 529) bereits erwähnt wurde. Zur Ermittlung des vorhandenen Siliciumtetrachlorids wird das Wasser aus den drei Waschflaschen nach Zusatz von Salzsäure zur Trockne gedampft und das Siliciumdioxyd in dem bei 140° getrockneten Rückstand in bekannter Weise bestimmt.

$$\text{Auswaage} \cdot 2{,}8286 = \text{g } SiCl_4$$

$$\frac{\text{gefundenes } SiCl_4 \text{ in g} \cdot 100}{\text{gefundenes Chlor in g}} = \text{Gewichtsprozent } SiCl_4 \text{ im Chlor}$$

Fehlerquellen. Das bei der Bestimmung des Siliciumtetrachlorids abgeschiedene Siliciumdioxyd muß nach dem Aufnehmen mit Wasser und Salzsäure möglichst sofort abfiltriert werden.

Literatur. Betriebsmethode eines Werklaboratoriums.

2. Chlorkalk

In dem als Nebenprodukt anfallenden Chlorkalk wird gewöhnlich nur der Gehalt an „aktivem“ Chlor bestimmt. Nur in seltenen Fällen wird eine Gesamtanalyse durchgeführt. Diese erstreckt sich dann auf die Bestimmung von Wasser, Siliciumdioxyd, Eisen- und Aluminiumoxyd, Gesamtcalciumoxyd, Magnesiumchlorid, Calciumsulfat, Calciumcarbonat, Calciumchlorat, Calciumchlorid und freiem Calciumoxyd.

Grundlage. Von den zahlreichen Methoden zur Bestimmung des aktiven oder bleichenden Chlors ist die von PENOT weitaus am gebräuchlichsten. Man versetzt hierzu einen abgemessenen Anteil des sorgfältig angeriebenen Chlorkalkbreies so lange mit einer Arsen(III)-oxydlösung, bis man beim Tüpfeln auf feuchtem Kaliumjodidstärkepapier keine Blaufärbung mehr wahrnimmt, d. h. bis das gesamte aktive Chlor gebunden ist. — Zur Bestimmung des Wassergehaltes wird der Chlorkalk im elektrischen Ofen erhitzt und das ausgetriebene Wasser über Phosphorpentoxyd aufgefangen. Siliciumdioxyd, Eisen- und Aluminiumoxyd, Gesamtcalciumoxyd, Magnesiumchlorid, Calciumsulfat und Calciumcarbonat werden nach bekannten Methoden bestimmt. Das Calciumchlorat wird im klaren Filtrat des Chlorkalkbreies durch Feststellung des Oxydationswertes gegenüber Eisen(II)-sulfatlösung und Rücktitration des Eisen(II)-sulfatüberschusses mit Kaliumpermanganat ermittelt. Calciumchlorid und freies Calciumoxyd werden nach der Bestimmung des Gesamtchlors bzw. Gesamtcalciumoxyds durch Subtraktion der äquivalenten Anteile Chlor bzw. Calciumoxyd der in Betracht kommenden Komponenten errechnet.

Anwendungsbereich und Bedeutung. Die beschriebenen Methoden können unter Berücksichtigung der veränderten Konzentrationsverhältnisse auch zur Untersuchung von Bleichlaugen dienen.

Genauigkeit. 2.

Dauer. Die Bestimmung des Aktivchlors: 1 Std.; eine Gesamtanalyse: 2 Tage.

Ausführung.

a) Die Bestimmung des aktiven Chlors

Nach LUNGE verfährt man dabei folgendermaßen: Man wägt 7,092 g der gut gemischten Chlorkalkprobe ab, zerreibt diese Menge in einem Porzellanmörser, dessen Ausguß unten etwas eingefettet ist, mit wenig Wasser zu einem völlig gleichmäßigen, dünnen Brei, verdünnt mit mehr Wasser, spült das Ganze in einen 1 l-Meßkolben, füllt zur Marke auf und pipettiert nach gutem Umschütteln des Kolbens 50 ml (= 0,3546 g Einwaage) in ein Becherglas. Bei einem an Calciumhydroxyd reichen Chlorkalk muß man dann so viel Natriumhydrogencarbonatlösung hinzugeben, bis der gesamte Kalk in Calciumcarbonat umgewandelt ist, weil sonst die spätere Titration nicht gelingt. Nun läßt man unter fortwährendem Umschwenken die n/10-Arsen(III)-oxydlösung hinzulaufen, bis man nicht mehr weit von der zu erwartenden Grädigkeit entfernt ist. Dann bringt man ein Tröpfchen des Gemisches auf ein Stück feuchtes Kaliumjodidstärkepapier. Je nach der Tiefe der entstehenden Blaufärbung (bei größerem Überschuß an Chlor wird der Fleck braun) setzt man wieder mehr oder weniger Arsen(III)-oxydlösung hinzu und wiederholt das Tüpfeln, bis das Reagenzpapier nur noch kaum merklich oder gar nicht gebläut wird. Jedes ml Arsen(III)-oxydlösung zeigt 1% bleichendes Chlor in englischen Graden an.

$$\text{Englische Grade} \cdot 0{,}3219 = \text{französische Grade}$$

b) Die Bestimmung des Wassergehaltes

In einer Einwaage von 1,5 bis 3 g wird das Wasser durch Ausglühen und Absorption mit Phosphorpentoxyd bestimmt.

c) Die Bestimmung des Siliciumdioxyds

Die Bestimmung des Siliciumdioxyds erfolgt mit 50 g Einwaage entsprechend der im Kapitel Calcium gegebenen Vorschrift (s. S. 269).

d) Die Bestimmung des Eisen- und Aluminiumoxyds

Sie wird im Filtrat des Siliciumdioxyds nach der bei der Kalkuntersuchung angegebenen Vorschrift ausgeführt (s. Kapitel Calcium, S. 244).

e) Die Bestimmung des Gesamtcalciumoxyds

Das Filtrat von der Eisen und Aluminiumbestimmung wird im Meßkolben auf 1 l aufgefüllt. In 2 Abmessungen von je 10 ml dieser Lösung (0,5 g Substanz) fällt man das Calcium in bekannter Weise als Calciumoxalat und wägt es als Calciumoxyd oder titriert es mit Kaliumpermanganatlösung.

$$\text{Auswaage} \cdot 200 = \%\ \text{Gesamt-CaO}$$

Calcium kann auch mit Komplexon gegen Murexid titriert werden.

f) Die Bestimmung des Magnesiumchlorids

In den vereinigten Filtraten der beiden Calciumfällungen (entsprechend 1 g Substanz) wird das Magnesium in üblicher Weise mit Dinatriumhydrogenphosphat gefällt und als Magnesiumpyrophosphat bestimmt.

$$\text{Auswaage} \cdot 0{,}8556 \cdot 100 = \%\ \text{MgCl}_2$$

g) Die Bestimmung des Calciumsulfats

Von dem im Meßkolben auf 1 l aufgefüllten Filtrat von der Eisen- und Aluminiumbestimmung werden 100 ml (= 5 g Einwaage) mit verdünnter Salzsäure bis zur schwach sauren Reaktion versetzt. In dieser Lösung fällt man das Sulfation in bekannter Weise mit Bariumchlorid und wägt es als Bariumsulfat aus.

$$\text{Auswaage} \cdot 0{,}5832 \cdot 20 = \%\ \text{CaSO}_4$$

h) Die Bestimmung des Calciumcarbonats

5 g Chlorkalk werden mit Wasser aufgeschlämmt, mit 0,2 g Nickelpulver versetzt und zur Zerstörung des aktiven Sauerstoffs gekocht. In der Aufschwemmung wird das Kohlendioxyd nach der im Kapitel Kalium, S. 345, beschriebenen Methode von FRESENIUS-CLASSEN bestimmt.

$$\text{Auswaage} \cdot 2{,}274 \cdot 20 = \%\ \text{CaCO}_3$$

i) Die Bestimmung des Calciumchlorats

Von dem nach der Bestimmung des aktiven Chlors anfallenden *klaren* Filtrat des Chlorkalkbreies entnimmt man 50 ml (= 0,3546 g Einwaage), versetzt sie in einem ERLENMEYER-Kolben mit 25 ml schwefelsaurer Eisen(II)-sulfatlösung [100 g kristallisiertes Eisen(II)-sulfat werden in 800 ml Wasser gelöst und mit 100 ml Schwefelsäure (1,84) versetzt. Die Lösung wird auf 1 l aufgefüllt], verschließt den Kolben mit einem Bunsenventil, leitet Kohlendioxyd ein und kocht etwa 10 min im Kohlendioxydstrom. Dann läßt man im Kohlendioxydstrom erkalten und titriert mit einer etwa n/4-Kaliumpermanganatlösung bis zur Rotfärbung. Der Verbrauch sei a ml. Gleichzeitig ermittelt man in der gleichen Weise durch einen Blindversuch den Verbrauch (T) an Kaliumpermanganatlösung für 25 ml Eisen(II)-sulfatlösung.

$$(T - a) \cdot \text{Faktor der KMnO}_4\text{-Lösung für Ca(ClO}_3)_2 \cdot 282{,}0 = \%\ \text{Ca(ClO}_3)_2$$

k) Die Bestimmung des Calciumchlorids

Die Lösung von der Titration des Calciumchlorats wird mit einem Tropfen 3proz. Wasserstoffperoxydlösung entfärbt und nach Zusatz von verdünnter Salpetersäure mit n/10-Silbernitratlösung nach VOLHARD titriert.

Verbrauchte ml n/10-Silbernitratlösung · 0,0035457 · 282 = % Gesamtchlor

Berechnung.

$$[\% \text{ Gesamt-}Cl_2 - \% \text{ aktives } Cl_2 - (\% \ Ca(ClO_3)_2 \cdot 0{,}3426)] \cdot 1{,}565 = \% \ CaCl_2$$

l) Die Bestimmung des freien Calciumoxyds

Der Gehalt an freiem Calciumoxyd wird rechnerisch ermittelt, indem man die durch Multiplikation mit nachstehenden Faktoren errechneten äquivalenten CaO-Anteile der aufgeführten Komponenten vom gefundenen Gesamtcalciumoxyd in Abzug bringt.

$$\% \ CaCl_2 \cdot 0{,}5052 = \% \ CaO$$
$$\% \ Ca(OCl)_2 \cdot 0{,}3921 = \% \ CaO$$
$$\% \ Ca(ClO_3)_2 \cdot 0{,}2709 = \% \ CaO$$
$$\% \ CaCO_3 \cdot 0{,}5603 = \% \ CaO$$
$$\% \ CaSO_4 \cdot 0{,}4119 = \% \ CaO$$

Fehlerquellen. Der auf rechnerischem Wege ermittelte Wert für den Gehalt an freiem Calciumoxyd ist relativ ungenau, da er mit allen den Analysenfehlern behaftet ist, die bei der Bestimmung der einzelnen für die Berechnung erforderlichen Komponenten auftreten können.

Literatur. J. prakt. Chem. 1851, S. 54 u. 59. — BERL-LUNGE: Chemisch-technische Untersuchungsmethoden, Bd. II/1, 8. Aufl., S. 806. Berlin: Springer 1932.

m) Absitzfähigkeit des Chlorkalkes

45 g Chlorkalk werden in einen 500 ml-Meßzylinder gegeben und dieser mit Wasser bis zur Marke aufgefüllt. Durch gleichmäßiges Hin- und Herneigen des geschlossenen Zylinders wird der Chlorkalk aufgeschlämmt. Das im etwa 2 Sekunden-Tempo erfolgende Hin- und Herneigen soll nur ein Fließen und nicht ein Durchschütteln bewirken. Nach 5 min wird der Meßzylinder aufrecht gestellt und die abgesetzte Chlorkalkmenge im Verlauf der ersten $^1/_2$ Std. alle 10 min, dann nach der ersten bis zur dritten vollen Stunde stündlich, letztmals nach 24 Std. in ml abgelesen.

Nach 24 Std. wird die gesamte Prüfung mit der gleichen Probe wiederholt, indem durch 5 min langes Hin- und Herneigen des Zylinders der Schlamm wieder suspendiert und das Absitzen in den gleichen Zeitabständen wie vorher abgelesen wird. Bei Differenzen zwischen der ersten und zweiten Beobachtung gilt die zweite als maßgebend.

VII. Die Untersuchung des Natriummetalls

Die Untersuchung des metallischen Natriums beschränkt man meist auf die Bestimmung der Verunreinigungen, da die direkte Bestimmung des Metallgehaltes durch Titration der Alkoholatlösung infolge der vorhandenen Verunreinigungen zu ungenau ist. Die gasanalytische Bestimmung des Metalls analog der Kaliummetallbestimmung (s. Kapitel Kalium, S. 347) hat sich aus dem gleichen Grunde ebenfalls nicht eingeführt. An Verunreinigungen kommen in Betracht: Chloride: Siliciumdioxyd, Eisen, Aluminium, Calcium, Magnesium und Kalium.

Grundlage. Das Metall wird als Alkoholat in Lösung gebracht. In dieser Lösung scheidet man zunächst in üblicher Weise das Siliciumdioxyd ab. Dann entfernt man im Filtrat den größten Teil des vorhandenen Kochsalzes durch Einleiten gasförmigen Chlorwasserstoffs und fällt nach bekannten Methoden Eisen und Aluminium als Oxydhydrate und im Filtrat davon das Calcium als Oxalat aus. Im Filtrat der Oxalatfällung schlägt man nach Verjagen der Ammoniumsalze das Magnesium zunächst mit Barytwasser nieder und führt es anschließend nach Entfernen des Bariums mit Schwefelsäure mittels Diammoniumhydrogenphosphat in Magnesiumammoniumphosphat über, das zu Magnesiumpyrophosphat verglüht wird. Das Kalium wird im Filtrat der Barytfällung nach der Perchloratmethode bestimmt. Zur Ermittlung des Gehaltes an Cl-Ionen wird in einer besonderen Einwaage die Alkoholatlösung nach Verkochen des Alkohols mit Salpetersäure angesäuert und mit Silbernitratlösung nach VOLHARD titriert. Den Gehalt an metallischem Calcium bestimmt man nach dem fraktionierten Lösen des Natriums in Butylalkohol gasanalytisch.

Anwendungsbereich und Bedeutung. Das Verfahren ist grundsätzlich auch anwendbar für die Untersuchung von Kalium.

Genauigkeit. 1.

Dauer. 2 Tage für alle genannten Verunreinigungen.

Ausführung.

1. Die Bestimmung des Siliciumdioxyds

Sofort nach der Probenahme werden 40 bis 50 g Natrium in Stücken in Größe von etwa 1 cm³ zerschnitten und rasch in einem gut verschließbaren Wägeglas abgewogen. In ein Becherglas von 1 l Inhalt gibt man 250 ml Methylalkohol und trägt das gesamte Natrium in einem Schwung in den Alkohol ein. Das Becherglas wird sofort mit einem Uhrglas bedeckt.

Zu dieser Operation gehört einige Übung und Erfahrung, es muß daher mit der nötigen Vorsicht vorgegangen werden. Die Benutzung einer guten Schutzbrille ist unerläßlich. Auch muß stets ein Kübel mit Sand bereitstehen, da es gelegentlich vorkommt, daß sich infolge der sofort einsetzenden, sehr lebhaften und stark exothermen Reaktion der entweichende Wasserstoff bzw. die Alkoholdämpfe entzünden. Meist wird dies durch das Bedecken mit einem Uhrglas verhindert. Sollte es dennoch zur Entzündung kommen, so genügt gewöhnlich das Bedecken des Glases mit einem feuchten Tuch, um die Flamme zu löschen. Das schnelle Lösen ohne Kühlen ist zwar mit einer gewissen Gefahr verbunden, aber es setzt die für den Lösevorgang benötigte Zeitdauer doch ganz erheblich herab. In den Betriebslaboratorien sind bisher irgendwelche Unfälle dabei nicht vorgekommen. Die sonst übliche Methode des Eintragens der einzelnen Stückchen Natrium in Alkohol ist für die Ausführung von Serienanalysen, wie sie im Betriebslaboratorium ständig erforderlich sind, völlig unmöglich.

Wenn die Reaktion träger wird, gibt man vorsichtig in kleinen Anteilen so lange Wasser hinzu, bis der Lösevorgang beendet ist. Die Lösung ist selten ganz klar, meist ist sie opalisierend getrübt durch kleine Mengen von Petroleum, Paraffinöl oder sonstigen Verunreinigungen. Nach dem Abkühlen wird sie mit Salzsäure vorsichtig angesäuert und zur Trockne gedampft. Den Rückstand erhitzt man etwa 2 Std. bei 140°. Nach dem Aufnehmen mit Salzsäure (1,19) und dem Verdünnen der Lösung mit heißem Wasser wird das abgeschiedene Siliciumdioxyd auf ein Filter gebracht, mit heißem Wasser chlorfrei ausgewaschen, geglüht und gewogen. Der Glührückstand wird anschließend mit Flußsäure und Schwefelsäure behandelt, dann wägt man wieder.

$$\frac{\text{Gewichtsdifferenz zwischen 1. und 2. Wägung} \cdot 100}{\text{Einwaage}} = \%\ SiO_2$$

2. Die Bestimmung des Eisens und Aluminiums

Ein bei der Siliciumdioxydbestimmung nach dem Abrauchen mit Flußsäure etwa verbliebener Rückstand wird in Salzsäure gelöst oder, falls er darin unlöslich ist, mit Natriumcarbonat aufgeschlossen und die Lösung der Schmelze zum Filtrat gegeben. In diesem Filtrat wird, wie unter Natriumsulfat bei der Analyse des Kochsalzes (s. S. 523) angegeben, durch Einleiten von Chlorwasserstoff die Hauptmenge des vorhandenen Natriumchlorids entfernt und nach Verkochen des größten Teiles der Salzsäure das Eisen und Aluminium mit Ammoniak gefällt, nachdem vor der Fällung mit Wasserstoffperoxydlösung oxydiert wurde. Den Niederschlag von Eisen- und Aluminiumhydroxyd filtriert man ab, wäscht ihn chlorfrei aus und glüht ihn im gewogenen Platintiegel.

$$\frac{\text{Auswaage} \cdot 100}{\text{Einwaage}} = \% Fe_2O_3 + Al_2O_3$$

Zur weiteren Untersuchung werden die Oxyde in Salzsäure gelöst; in dieser Lösung bestimmt man dann in bekannter Weise den Eisengehalt auf photometrischem Wege (s. Kapitel Magnesium, S. 464). Durch Subtraktion des gefundenen Eisenoxyds von der Summe der Oxyde ergibt sich die Menge des Aluminiumoxyds.

3. Die Bestimmung des Gesamtcalciums

Im Filtrat der Ammoniakfällung wird das Gesamtcalcium nach Zugeben von etwas festem Ammoniumchlorid in der Siedehitze mit Ammoniumoxalat gefällt. Nach mehrstündigem Stehen in der Wärme wird der Niederschlag abfiltriert und mit warmem, 2% Ammoniumoxalat enthaltendem Wasser bis zum Verschwinden der Chlorreaktion ausgewaschen. Dann glüht man den Niederschlag im Platintiegel und wägt das entstandene Calciumoxyd. Will man ihn maßanalytisch mit Kaliumpermanganat bestimmen, so muß er mit reinem Wasser ausgewaschen werden (s. Kapitel Calcium, S. 265).

$$\frac{\text{Auswaage} \cdot 100}{\text{Einwaage}} = \% \, CaO$$

4. Die Bestimmung des metallischen Calciums

Etwa 10 g Natrium werden in einem Rundkolben von 500 ml Inhalt allmählich in 250 ml Butylalkohol (Kahlbaum) eingetragen. Der Kolben ist an einen Rückflußkühler angeschlossen und wird zunächst gekühlt. Sobald der größte Teil des Natriums gelöst ist, wird auf dem Wasserbade bis zum Aufhören der Wasserstoffentwicklung erwärmt, wobei darauf zu achten ist, daß das Erwärmen nicht zu lange ausgedehnt wird. Butylalkohol löst Natrium sehr schnell, Calcium dagegen äußerst langsam. Der Rundkolben wird dann an die Gasbürette der im Kapitel Kalium abgebildeten Gasentwicklungsapparatur (S. 347) angeschlossen, worauf man durch den Tropftrichter Wasser in den Kolben einführt unter gleichzeitigem Öffnen des Bürettenhahnes und Tiefstellen der Niveauflasche. Nach dem Nachlassen der Gasentwicklung wird der Kolben erwärmt, um die letzten Gasreste auszutreiben, und nach dem Abkühlen mit so viel Wasser durch den Tropftrichter hindurch versetzt, daß die Flüssigkeit durch den Rückflußkühler bis an den Bürettenhahn steigt. Darauf wird das Gasvolumen in der Bürette unter Atmosphärendruck (durch Einstellen der Niveauflasche) abgelesen und das Gesamtvolumen der Flüssigkeit in Kolben, Rückflußkühler und Bürettenrohr (bis zum Bürettenhahn) gemessen. Die von dem vorhandenen Calciummetall entwickelte Wasserstoffmenge V in Litern ergibt sich, wenn man von dem abgelesenen Gasvolumen in der Bürette (ausgedrückt in Litern) die gemessene Flüssigkeitsmenge in Litern, vermindert um das Volumen des angewandten Butylalkohols (= 0,250 l), subtrahiert.

Berechnung.

$$\frac{V \cdot p \cdot 273 \cdot 1{,}7863 \cdot 100}{760 \cdot T \cdot \text{Einwaage}} = \%\ \text{metallisches Calcium}$$

V = entwickelte Wasserstoffmenge in Litern,
p = korrigierter Luftdruck — Tension der gesättigten Kochsalzlösung (in mm Hg),
T = absolute Temperatur (273° + Lufttemperatur).

5. Die Bestimmung des Magnesiums

Das Filtrat von der Fällung des Gesamtcalciums wird zur Trockne gedampft. Die Ammoniumsalze werden im Luftbad vertrieben. Den Rückstand löst man mit wenig Wasser und fällt das Magnesium mit Barytwasser. Der Niederschlag wird abfiltriert und in Salzsäure gelöst. In dieser Lösung wird zunächst das Barium mittels Schwefelsäure ausgefällt. Dann bestimmt man im Filtrat vom Bariumsulfat das Magnesium nach bekannter Vorschrift als Magnesiumpyrophosphat.

$$\frac{\text{Auswaage} \cdot 0{,}3623 \cdot 100}{\text{Einwaage}} = \%\ \text{MgO}$$

6. Die Bestimmung des Kaliums

Das Filtrat der Magnesiumfällung mit Barytwasser wird mit Ammoniumcarbonat versetzt und die Fällung von Bariumcarbonat abfiltriert. Das Filtrat dampft man zur Trockne, verjagt die Ammoniumsalze und behandelt den Rückstand mit Perchlorsäure nach den Anweisungen im Kapitel Kalium unter Kaliumchlorid, S. 340.

$$\frac{\text{Auswaage} \cdot 0{,}3399 \cdot 100}{\text{Einwaage}} = \%\ K_2O$$

7. Die Bestimmung des Chlorions

Etwa 4 bis 5 g Natrium werden in Methylalkohol gelöst. Nach dem Lösen wird der Alkohol verkocht. Dann säuert man die Lösung nach dem Abkühlen mit Salpetersäure an, versetzt mit einem Überschuß an n/10-Silbernitratlösung und titriert den Überschuß nach Zugeben von 20 Tropfen Eisen(III)-ammoniumsulfatlösung als Indicator mit n/10-Kaliumthiocyanatlösung zurück.

$$\frac{\text{Verbrauchte ml n/10-Silbernitratlösung} \cdot 0{,}0035457 \cdot 100}{\text{Einwaage}} = \%\ \text{Cl}$$

Fehlerquellen. Bei der Bestimmung der meist nur in Spuren vorhandenen Verunreinigungen ist besonders genau auf die Reinheit der verwendeten Reagenzien zu achten. Die Analysen sind, besonders bei sehr reinen Metallen, erst dann exakt, wenn die Verunreinigungen der Reagenzien durch entsprechende Blindversuche ermittelt werden.

Literatur. Verfahren aus einem Betriebe.

VIII. Die Untersuchung der Natriumlegierungen

1. Bleinatrium

Es dient zur Härtung von Blei, das mit den Alkalimetallen eine große Anzahl von Verbindungen bildet.

Grundlage. Die Legierung wird in Salzsäure (1 + 2) gelöst und das abgeschiedene Bleichlorid abfiltriert. Im Filtrat wird der Rest Blei mit Schwefelwasserstoff ausgefällt. Das Natrium wird schließlich als Sulfat bestimmt.

Anwendungsbereich und Bedeutung. Die Methode ist nur für die Untersuchung von Bleinatrium anwendbar.

Genauigkeit. 2.

Dauer. 6 Std.

Ausführung. 1 g Legierung (krustenfrei) wird in einem 500 ml-Becherglas vorsichtig (Schutzbrille) mit 20 ml Salzsäure (1 + 2) zersetzt. Wenn die Heftigkeit der Reaktion nachgelassen hat, erwärmt man auf dem Wasserbad weiter, bis das Bleichlorid vollständig gelöst ist. Man läßt abkühlen und filtriert. Das Bleichlorid wird erneut mit wenig heißem Wasser gelöst. Man läßt wiederum erkalten und filtriert. In die vereinigten Filtrate leitet man dann Schwefelwasserstoff ein, um den Rest Blei als Sulfid auszufällen. Man filtriert es ab und bestimmt im Filtrat das Natrium als Na_2SO_4.

$$\text{Auswaage} \cdot 0{,}3238 = \text{g Na}$$

Fehlerquellen. Das ausgewogene Alkalisulfat muß sich in Wasser klar lösen; gegebenenfalls ist vom Umgelösten abzufiltrieren und dessen Gehalt in Abzug zu bringen.

Literatur. BERL-LUNGE: Chemisch-technische Untersuchungsmethoden, Bd. II, 2, 8. Aufl., S. 1520. Berlin: Springer 1932.

2. Bleilagermetalle

Neben Lithium und Calcium findet auch Natrium für die Herstellung von Bleilagermetallen Verwendung, deren Analyse im Kapitel Blei, S. 193, beschrieben ist.

3. Natrium-Kalium-Legierungen

Die Analyse der Natrium-Kalium-Legierungen ist im Kapitel Kalium, S. 348, beschrieben.

Kapitel 24

Nickel*

Inhalt

---

*	1. Auflage	2. Auflage
Bearbeiter:	**Ahrens**	**Ahrens**
Mitarbeiter:	**Ipawitz, Müller, Schaarwächter, Vogt, Waehlert, Wagenmann**	**Borkenstein, Engelhardt, Hesse, Ipawitz, Masuch, Müller, Vogt**

A. Vorkommen

Die bedeutendsten Nickelerzvorkommen der Welt sind die von Ontario in Kanada (Sudburry District), die Vorkommen in Französisch-Neukaledonien und die Lagerstätten in der Sowjetunion: auf der Halbinsel Kola bei Petsamo (Petschenga), im Südural und am unteren Jenissei. Die europäischen Lager sind nahezu erschöpft. In Deutschland befinden sich geringfügige Nickelvorkommen in Schlesien, im sächsischen Erzgebirge und bei Callenberg in Sachsen.

Von den ausgesprochenen Nickelmineralien sind die Sulfide, Antimonide und Oxyde am häufigsten, so z. B. *Nickelkies* (NiS) mit 64,5% Ni, *Kupfer-* und *Eisennickelkies* [(CuFeNi)S] mit 1 bis 5% Ni, wohl das wichtigste Nickelerz, *Antimonnickel* (NiSb) mit 32% Ni, *Antimonnickelglanz* (NiSbS) mit 27 bis 35% Ni, *Rowdanskit* und *Garnierit*, wasserhaltige *Magnesiumnickelsilicate* mit 4 bis 10% Ni und deren tonige Zersetzungsprodukte mit 1 bis 3% Ni. Arsenidische Nickelerze treten in isomorpher Vertretung als ständige Begleitmineralien anderer Erze, wie z. B. Kobalt-, Kupfer- und Bleierze, auf; zu nennen wäre der *Arsennickelglanz* (NiAsS) mit 35,2% Ni, der *Rotnickelkies* (NiAs) mit 43,5% Ni und der *Weißnickelkies* ($NiAs_2$) mit etwa 28% Ni.

B. Qualitativer Nachweis

Alkalihydroxyde fällen aus einer nickelhaltigen Lösung einen apfelgrünen Niederschlag von Nickelhydroxyd [$Ni(OH)_2$]; Kaliumcyanid fällt grünliches $Ni(CN)_2$, das sich im Überschuß des Fällungsmittels leicht zu komplexem Nickelcyanid löst: Die gelbe Lösung ergibt mit Laugen keine Abscheidung von Nickelhydroxyd [$Ni(OH)_2$]; durch starke Bromlauge (Brom, eingetragen in Kalilauge) aber wird schwarzes $Ni(OH)_3$ abgeschieden, während der entsprechende Kobaltcyanidkomplex durch Bromlauge nicht zersetzt wird.

Eine 1proz. alkoholische Lösung von Diacetyldioxim erzeugt in einer neutralen, schwach essigsauren oder schwach ammoniakalischen, nickelhaltigen Lösung einen scharlachroten Niederschlag von Nickelacetyldioxim. Reagiert die zu prüfende Lösung sauer, so wird sie vorher mit Alkalilauge neutralisiert oder mit Ammoniak oder Natriumacetat im Überschuß versetzt. Liegen sehr kleine Mengen von Nickel vor, so wird die mit dem Fällungsmittel versetzte Lösung kurze Zeit erhitzt; sie nimmt dabei eine gelbstichige Färbung an und scheidet sodann beim Erkalten und Umschütteln den roten Nickelniederschlag ab. Kobalt dagegen bildet mit Diacetyldioxim eine wasserlösliche braun gefärbte Verbindung. Um Nickel neben Kobalt zu erkennen, kann letzteres mit Kaliumnitrit oder α-Nitroso-β-Naphthol ausgefällt werden; die auf Nickel zu prüfende Lösung versetzt man mit Ammoniak im Überschuß und fällt das Nickel mit Diacetyldioxim.

C. Analysenverfahren bei der Gewinnung des Handelsnickels

Die Verfahren zur Gewinnung des metallischen Nickels sind je nach den Ausgangsprodukten sehr verschieden. Meist reichert man das Nickel in einem „Stein“ oder einer „Speise“ an und gewinnt hieraus nach einer Reihe weiterer hüttenmännischer Prozesse entweder Würfelnickel, Elektrolytnickel oder Carbonyl- bzw. Mondnickel. Ein großer Teil der bei der Anreicherung anfallenden, reichen Zwischenprodukte wird auf reine Nickelsalze, vor allem auf Nickelsulfat verarbeitet.

I. Nickelführende Erze

Nur selten werden den Betrieben reine Nickelerze, wie sie eingangs genannt sind, zur Verhüttung zur Verfügung stehen. Meist wird es sich um Erze handeln, bei denen das Nickel in wechselnden Mengen als Begleiter anderer Metalle auftritt oder die das Nickel, stark verunreinigt mit toniger oder silicatischer Gangart, in geringen Mengen führen.

Man wird daher bei der Analyse dafür Sorge tragen müssen, das Nickel durch geeignete Aufschlußverfahren zunächst restlos in Lösung zu bringen und dann die Lösung von den Elementen zu befreien, die bei der Nickelbestimmung stören könnten.

1. Aufschluß

Am raschesten und sichersten führt der *Schmelzaufschluß* mit Ätznatron oder Natriumperoxyd im Porzellantiegel zum Ziel. Nach dem Filtrieren der alkalischen Schmelzlösung löst man den Niederschlag in verdünnter Salzsäure, behandelt die Lösung zur Abscheidung der Metalle der Schwefelwasserstoffgruppe in üblicher Weise mit Schwefelwasserstoff und fällt Eisen, Aluminium, Mangan mit Brom und Ammoniak. In einem abgemessenen Anteil des Filtrats wird dann das Nickel mit Diacetyldioxim gefällt. Bei Abwesenheit von Zink ist auch die Elektrolyse anwendbar, die gleichzeitig den Kobaltgehalt mitliefert. Die Fällung mit Diacetyldioxim kann auch in Gegenwart des Eisens, Mangans, Chroms und Aluminiums aus ammoniakalischer, *tartrathaltiger* Lösung erfolgen. Der Aufschluß *mit Königswasser* ist langwieriger und macht gegebenenfalls eine Nachbehandlung eines unlöslichen Rückstandes nötig.

Für arme arsenidische und oxydische Erze ohne nennenswerten Gehalt an störendem Kupfer, Wismut, Zinn usw. empfiehlt sich besonders die PLATTNERsche Probiermethode.

Die *Vorarbeiten* für die Nickelbestimmung gehen wie folgt vor sich: 1 g Erz wird in einem Porzellantiegel mit etwa 4 bis 5 g Natriumperoxyd unter Zugeben eines haselnußgroßen Stückes Natriumhydroxyd rasch geschmolzen; die Schmelze wird nach etwa 3 min abgekühlt und mit Wasser im bedeckten Becherglas zersetzt. Dann filtriert man die alkalische Lösung und löst den auf dem Filter befindlichen Niederschlag in Salzsäure. Will man das Erz in Königswasser aufschließen, so röstet man die Probe bei hohem Arsen- und Schwefelgehalt erst vorsichtig ab und erhitzt dann das Röstprodukt mit 20 ml Königswasser. Darauf dampft man die Lösung zur Trockne, nimmt den Eindampfrückstand mit Salzsäure auf, verdünnt mit Wasser und filtriert das Ungelöste ab. Besteht der Rückstand nicht aus reinweißem Siliciumdioxyd, so schmilzt man ihn mit Kaliumnatriumcarbonat, löst die Schmelze in Wasser und filtriert den Niederschlag ab. Er wird mit Salzsäure vom Filter gelöst und die Lösung zum Hauptfiltrat zugegeben.

In die salzsaure Lösung beider Aufschlüsse leitet man nun, gegebenenfalls nach Abstumpfen eines Säureüberschusses mit Ammoniak, in der Wärme Schwefelwasserstoff ein. Man filtriert die Sulfide ab und wäscht sie mit Schwefelwasserstoffwasser, das etwa 4% Salzsäure enthält, aus. Im Filtrat wird der Schwefelwasserstoff verkocht und das Eisen mit Salpetersäure oxydiert. Nach Zusatz von Weinsäure kann man dann das Nickel maßanalytisch bestimmen (s. weiter unten). Die Oxydation kann auch durch Brom oder Wasserstoffperoxyd erfolgen; die Lösung wird ammoniakalisch gemacht und der Niederschlag von Eisen, Aluminium und Mangan abfiltriert. Diese Fällung der Hydroxyde ist stets zu wiederholen, damit die Trennung vollständig ist. Im Filtrat bestimmt man das Nickel gewichtsanalytisch oder maßanalytisch. Ist kein Zink vorhanden, so kann man die vereinigten Filtrate der doppelten Eisenfällung mit Schwefelsäure eindampfen, mit Wasser aufnehmen und das Nickel (+ Kobalt) elektrolytisch abscheiden. Die elektrolytische Abscheidung ist auch in Verbindung mit der Diacetyldioximfällung anwendbar. Diese dient dann dazu, das Nickel von den anderen Metallen zu trennen. Der Niederschlag wird mit Salpetersäure und Schwefelsäure zersetzt, die Lösung abgeraucht und nach dem Aufnehmen mit Wasser der Elektrolyse unterworfen.

2. Methoden zur Bestimmung des Nickels

a) Gewichtsanalytisch mit Diacetyldioxim

Grundlage. Diacetyldioxim bildet mit Nickel eine Komplexverbindung, die sich in ammoniakalischer oder essigsaurer Lösung als roter, flockiger Niederschlag von genau definierter Zusammensetzung quantitativ ausscheidet:

$$NiCl_2 + 2\,[(CH_3)_2C_2(NOH)_2] = (CH_3)_2C_2(NO)_2Ni(CH_3)_2C_2(NOH)_2 + 2\,HCl$$

Der Niederschlag enthält 20,32% Ni.

Anwendungsbereich und Bedeutung. Diese Methode von O. BRUNCK liefert einwandfreie Resultate und eignet sich wegen ihrer Unempfindlichkeit gegenüber vielen anderen Elementen sehr gut als Betriebsmethode.

Genauigkeit. 1.

Dauer. 6 bis 8 Std.

Ausführung.

α) *In essigsaurer Lösung (auch bei Gegenwart von Zink, Mangan und viel Kobalt)*

Die mit Ammoniak oder Sodalösung abgestumpfte, noch schwach saure Lösung versetzt man bei ungefähr 30°, bei kleinen Mengen bei Zimmertemperatur, mit einer 1proz. Lösung von Diacetyldioxim in Äthyl- oder Methylalkohol. Man rechnet auf 10 mg Nickel rund 5 ml Fällungslösung. Bei größeren Kobaltgehalten erhöht sich die Menge der zuzusetzenden Lösung, da das Nickel nur quantitativ fällt, nachdem sich auch das gesamte Kobalt mit Diacetyldioxim umgesetzt hat. Hierauf gibt man so viel Natriumacetat hinzu, bis sich der Niederschlag bei weiterem Zugeben nicht mehr vermehrt, und fügt dann noch mindestens 1 g Natriumacetat im Überschuß hinzu. Man erwärmt unter Rühren auf 60 bis 70°, bis sich die Fällung zusammengeballt hat, läßt abkühlen und sammelt den Niederschlag in einen breiten Glasfiltertiegel. Nach erfolgtem Auswaschen mit warmem Wasser trocknet man den Tiegelinhalt bei 120°. Umrechnungsfaktor auf Nickel = 0,2032. Bei Gegenwart großer Mengen von Fremdmetallen ist die Fällung zu wiederholen.

β) In ammoniakalischer Lösung (auch bei Gegenwart von Chrom, 3wertigem Eisen und Aluminium)

Man fügt zunächst zur schwach sauren Lösung etwa 5 g Weinsäure, dann bei ungefähr 30°, wie oben, alkoholische Diacetyldioximlösung und schließlich unter Umrühren Ammoniak in geringem Überschuß hinzu. Man erwärmt auf 60 bis 70°, bis sich die Fällung zusammengeballt hat. Bei Gegenwart von *viel* Eisen löst man den abgesaugten Niederschlag in Salzsäure, oxydiert die Lösung mit einigen Tropfen Wasserstoffperoxydlösung oder Salpetersäure und fällt nochmals unter den gleichen Bedingungen. Der Niederschlag wird wie bei α) getrocknet und gewogen. Umrechnungsfaktor auf Nickel = 0,2032.

Fehlerquellen. Die Auswaage soll nicht mehr als 150 mg betragen; bei höheren Auswaagen liegen die Ergebnisse im allgemeinen etwas zu hoch. Bei Anwendung zu großer Mengen des Reagenzes entsteht eine so hohe Alkoholkonzentration, daß die Abscheidung des Niederschlages unvollständig ist; außerdem kann auch eine Ausscheidung von nicht umgesetztem Diacetyldioxim eintreten. Viel Ammoniak verzögert die Bildung des Niederschlages, ebenso viel 2wertiges Kobalt. Das Waschwasser darf höchstens 50 bis 60° heiß sein, da bei höherer Temperatur schon merkliche Mengen des Niederschlages löslich sind. Bei Anwesenheit von Eisen(II)-salzen ist das Filtrat des Nickelniederschlages bordeauxrot gefärbt.

Literatur. Brunck, O.: Z. angew. Chem. Bd. 20 (1907) S. 1844; Bd. 27 (1914) S. 315 — Chemiker-Ztg. Bd. 33 (1909) S. 649. Die elektrolytische Bestimmung des Nickels im Nickeldiacetyldioxim s. Wagenmann, K.: Ferrum XII (1914/15) H. 9.

b) Maßanalytisch mit Diacetyldioxim

Grundlage. Das Nickel wird in ammoniakalischer, tartrathaltiger oder in essigsaurer Lösung mit 1proz. alkoholischer oder wäßriger Diacetyldioximlösung titriert. Der Endpunkt wird durch Tüpfeln auf Filtrierpapier, das mit Diacetyldioxim getränkt ist, erkannt.

Anwendungsbereich und Bedeutung. (Siehe unter a)

Genauigkeit. 2.

Dauer. 4 bis 6 Std. — Titration mit Titerstellung 15 min.

Ausführung. Nach der Abscheidung der Schwermetalle mit Schwefelwasserstoff als Sulfide verkocht man den Schwefelwasserstoff und oxydiert das 2wertige Eisen mit Salpetersäure. Dann fügt man 5 g Weinsäure hinzu, macht die Lösung ammoniakalisch und titriert heiß, bei kleinen Nickelmengen kalt, mit 1proz. alkoholischer Lösung von Diacetyldioxim oder einer wäßrigen des Natriumsalzes. Gegen Ende der Titration tüpfelt man auf mit Diacetyldioximlösung getränkte Filterpapierscheibchen.

Der Titer der Diacetyldioximlösung wird bei jeder Verwendung unter gleichen Bedingungen mit einer Nickelsulfatlösung bekannten Gehaltes ermittelt.

Bei Abwesenheit von Eisen, Aluminium und Mangan kann der Zusatz von Weinsäure unterbleiben. Es kann dann auch in schwach essigsaurer Lösung titriert werden.

Lösungen. 10 g Diacetyldioxim werden in einem 1 l-Meßkolben in 900 ml Alkohol unter Erwärmen gelöst. Die Lösung wird sodann auf 20° abgekühlt und mit Alkohol von derselben Temperatur zur Marke aufgefüllt. Sie wird in einer Glasstopfenflasche im Dunkeln aufbewahrt. 1 ml dieser Lösung entspricht theoretisch 0,002528 g Nickel.

Das *Tüpfelpapier* wird durch Tränken von Filtrierpapier mit 1proz. alkoholischer Diacetyldioximlösung hergestellt.

Zur Herstellung einer *wäßrigen* Lösung mischt man 10 g Diacetyldioxim in der Kälte mit 10 g Natriumperoxyd, löst die Mischung in Wasser, entfernt die sich etwa bildende schwache Trübung durch Filtrieren und füllt das Filtrat auf 1 l auf. Die wäßrige alkalische Lösung ist titerbeständiger als die alkoholische.

Fehlerquellen. Bei Gegenwart von viel Eisen erhält man dunkel gefärbte Lösungen, die das Erkennen des Endpunktes erschweren. In diesen Fällen ist es ratsam, das Eisen vor der Titration zu entfernen.

Literatur. Block, E., G. Gad u. W. Krüger: Metall u. Erz Bd. 37 (1940) S. 495.

c) Photometrisch mit Diacetyldioxim

Grundlage. Das Nickel wird als Nickel(II)-Diacetyldioxim mit Chloroform ausgeschüttelt und anschließend die in wäßriger alkalischer Lösung in Gegenwart eines Oxydationsmittels sich bildende rote Komplexverbindung zwischen Nickel und Diacetyldioxim photometrisch ausgewertet.

Anwendungsbereich und Bedeutung. Das Verfahren ist zur Bestimmung von Nickelgehalten von 0,001 bis 1% in Erzen und Zwischenprodukten geeignet.

Genauigkeit. 1.

Dauer. 2 Std.

Ausführung. 1 g der Probe wird in einem 200 ml-Erlenmeyer-Kolben in 25 ml Salzsäure (1,19) und einigen Tropfen Flußsäure gelöst, mit 10 ml Salpetersäure (1,4) versetzt und zur Trockne gedampft. Der Eindampfrückstand wird mit 5 ml Salzsäure (1,19) aufgenommen und mit warmem Wasser in einen zylindrischen Scheidetrichter übergeführt, der mit einem Rührer versehen ist. Die Lösung, die ungefähr 150 ml betragen soll, wird unter Rühren mit 5 g festem Zinkoxyd versetzt und einige Minuten weitergerührt, bis der Niederschlag eine hellbraune Färbung angenommen hat. Dann werden Lösung und Niederschlag in einen 200 ml-Meßkolben abgelassen und der Scheidetrichter mit heißem Wasser gut nachgespült. Man temperiert, füllt mit Wasser bis zur Marke auf, schüttelt kräftig durch und filtriert. Je nach dem Nickelgehalt werden 5 bis 50 ml des klaren Filtrats in einen zylindrischen Scheidetrichter mit Glockenrührer pipettiert und mit den folgenden Reagenzien in der angegebenen Reihenfolge unter ständigem Rühren versetzt:

10 ml Natriumzitratlösung, 200 g $C_6H_5Na_3O_7 \cdot 5^1/_2H_2O$/l,
5 ml Hydroxylaminlösung (100 g/l),
2 ml Natriumdiacetyldioximlösung, 3,5 g in 100 ml n-NaOH,
3 Tropfen Phenolphthaleinlösung.

Dann macht man ammoniakalisch und setzt 2 bis 3 Tropfen Ammoniak (0,91) im Überschuß hinzu.

Nun wird 2mal mit je 20 ml Chloroform unter Rühren extrahiert. Die Chloroformphasen werden in einen zweiten Scheidetrichter abgezogen. Man wäscht 2mal mit je 25 ml verdünntem Ammoniak (1 + 100) unter Rühren die Chloroformauszüge aus.

Die gereinigten Chloroformauszüge werden im Scheidetrichter unter Rühren mit den folgenden Reagenzien versetzt:

4 ml Natriumdiacetyldioximlösung (3,5 g in 100 ml n-Natronlauge),
4 ml 10 n-Natronlauge,
4 ml Natriumperoxydisulfatlösung (100 g/l).

Nach 5 min Rühren ist der Nickelkomplex in die wäßrige Phase übergegangen und hat seine höchste Farbintensität erreicht. Man trennt von der Chloroformphase und füllt die wäßrige Lösung in einem 50 ml-Meßkolben mit Wasser bis zur Marke auf.

Es wird in einer entsprechenden Küvette gegen eine Reagenzienblindprobe bei einer Wellenlänge von 470 mμ photometriert. Die Eichkurven werden unter gleichen Bedingungen mit bekannten Mengen Nickel aufgestellt.

Literatur. Sandell, E. B., u. Perlich: Ind. Engng. Chem. analyt. Edit. Bd. 11 (1939) S. 11. — Oehlschläger, W.: Z. analyt. Chem. Bd. 146 (1955) S. 339 u. 346.

d) Auf elektrolytischem Wege

Grundlage. Nach dem Abtrennen der Elemente der Schwefelwasserstoffgruppe und der übrigen Elemente der Schwefelammoniumgruppe sowie dem Entfernen der störenden Salpeter- und Salzsäure wird das Nickel elektrolytisch aus ammoniakalischer Lösung auf einer Platinkathode als Metall niedergeschlagen. Auch anwesendes Kobalt wird hierbei quantitativ abgeschieden.

Anwendungsbereich und Bedeutung. Das Verfahren ist bei allen üblichen Gehalten anwendbar. Es ist besonders als Schnellanalyse für Betriebsproben geeignet.

Genauigkeit. 1 bis 2.

Dauer. 1 Std. (bei Schnellelektrolyse) für Abscheidung von 0,5 g Nickel.

Ausführung. Die elektrolytische Abscheidung des Nickels auf einer Platinnetzkathode erfolgt aus einem Volumen von etwa 200 ml; die Lösung enthält neben einem Überschuß von etwa 50 ml Ammoniak (0,91) 10 g Ammoniumsulfat. Die Abscheidung wird durch schwaches Erwärmen und Rühren des Elektrolyten beschleunigt. Man kann einen Strom bis zu 5 A anwenden; auf diese Weise läßt sich die Dauer der Abscheidung von 0,5 g Nickel bis auf 1 Std. abkürzen.

Der Elektrolyt darf keine leicht reduzierbaren Anionen oder Kationen enthalten, er muß also frei sein von Nitraten, Nitriten, Chromaten, Molybdaten, ferner von Mangan, Zink, Blei, Kupfer und Kobalt. Das Beseitigen störender flüchtiger Säuren geschieht durch Abrauchen mit Schwefelsäure, die Abscheidung der Fremdmetalle auf übliche Weise durch Schwefelwasserstoff- bzw. Ammoniakfällung. Die Abscheidung ist bei größeren Mengen zu wiederholen. Welche Mengen als „störend“ gelten, hängt von den Ansprüchen an die Genauigkeit und Schnelligkeit der Analyse ab. Man verzichtet häufig auf das Entfernen größerer Mengen von Eisen und Aluminiumhydroxyd aus dem Elektrolyten, da durch die Elektrolyse auch die eingeschlossenen Nickelhydroxydmengen weitgehend erfaßt werden. Wenn aber mehr als 100 mg Eisen und Aluminium vorhanden sind, müssen sie abgetrennt werden. Ist gleichzeitig Kobalt zu bestimmen, so teilt man die Nickelkobaltlösung vor der Elektrolyse und fällt in dem einen Teil entweder das Nickel mit Diacetyldioxim oder das Kobalt mit Kaliumnitrit und bestimmt im anderen Teil die Summe von Kobalt plus Nickel elektrolytisch.

Fehlerquellen. Calciumsalze können einen Niederschlag auf der Kathode verursachen. — Bei zu geringem Ammoniumgehalt des Elektrolyten kann sich ein kleiner Anteil des Nickels auch auf der Anode abscheiden. — Man vermeide eine zu lange Dauer der Elektrolyse, weil sich sonst das Platin anodisch merklich löst und mit in den Nickelniederschlag geht, vor allem bei Anwesenheit von Chlorionen. — Das verwendete Ammoniak muß pyridinfrei sein.

Literatur. Fresenius u. Bergmann: Z. analyt. Chem. Bd. 19 (1880) S. 329.

e) Maßanalytisch mit Kaliumcyanidlösung

Grundlage. Das durch Ammoniakzusatz zu einer Nickellösung gebildete Nickelamminsalz wird durch Zugabe einer Kaliumcyanidlösung in das beständigere Komplexsalz $[Ni(CN)_4]K_2$ übergeführt. Der Endpunkt der Titration kann sowohl potentiometrisch als auch visuell ermittelt werden.

Anwendungsbereich und Bedeutung. Das Verfahren eignet sich besonders für Reihenuntersuchungen.

Genauigkeit. 1, visuell 1.

Dauer. 1 Std.

Ausführung.

α) Mit potentiometrischer Endpunktbestimmung

Die Einwaage wird so gewählt, daß in der Lösung 0,03 bis 0,07 g Nickel enthalten sind. Die abgewogene Probe wird in einem Porzellantiegel geröstet, darauf in einen ERLENMEYER-Kolben gepinselt und mit Königswasser gelöst. Man dampft zur Trockne, nimmt den Eindampfrückstand mit Salzsäure auf, verdünnt mit Wasser und filtriert das Ungelöste ab. Besteht der Rückstand nicht aus reinweißem Siliciumdioxyd, so schließt man ihn mit Kaliumnatriumcarbonat auf, löst die Schmelze in Wasser und filtriert. Der Niederschlag wird mit Salzsäure vom Filter gelöst und die Lösung zum Hauptfiltrat gegeben. In die salzsaure Lösung leitet man nun, gegebenenfalls nach Abstumpfen eines Säureüberschusses mit Ammoniak, in der Wärme Schwefelwasserstoff ein. Man filtriert die Sulfide ab und wäscht sie mit Schwefelwasserstoffwasser, das etwa 40 ml/l Salzsäure (1,19) enthält, aus. Im Filtrat wird der Schwefelwasserstoff verkocht und das Eisen mit Salpetersäure oxydiert. Dann gibt man zur abgekühlten Lösung 4 g Weinsäure hinzu, verdünnt sie auf 100 ml und macht sie ammoniakalisch; sie darf bis zu 10 ml freies Ammoniak (0,91) enthalten. Bei einer Einwaage von mehr als 1 g sind die Mengen der Zusätze entsprechend zu erhöhen. In der so vorbereiteten Lösung titriert man nun das Nickel unter Benutzung eines Röhrenvoltmeters und eines Silbersulfid-Kalomel-Elektrodenpaares mit einer eingestellten Kaliumcyanidlösung bis zum größten Potentialsprung.

Das Potential der in die ammoniakalische Nickellösung tauchenden Silbersulfidelektrode gegen eine Normalelektrode ändert sich beim Zugeben von Kaliumcyanid nur wenig, solange noch Nickelionen zur Bildung des Komplexsalzes vorhanden sind. Beim Auftreten der ersten freien Cyanionen aber ändert sich das Potential sprunghaft und läßt so den Endpunkt der Titration scharf erkennen.

Kaliumcyanidlösung. Man löst 4,5 g Kaliumcyanid in Wasser und füllt die Lösung zu 1 l auf.

Zur Titerherstellung löst man 0,250 g reinstes Nickel in Salpetersäure und verdünnt die Lösung zu 500 ml. 20 ml dieser Lösung entsprechen 10 mg Nickel. Die Abmessung wird wie die Erzprobe behandelt und ebenso titriert.

β) Mit visueller Endpunkterkennung

Für die zu wählende Einwaage gilt das unter α) angeführte. Der Aufschluß der Probe und das Abtrennen der störenden Elemente erfolgt in gleicher Weise, wie bei α) beschrieben. Zur oxydierten, abgekühlten Lösung gibt man 4 g Weinsäure, neutralisiert mit Ammoniak und fügt 4 ml Ammoniak (0,91) im Überschuß hinzu. Um genaue Analysenresultate zu bekommen, ist es notwendig, eine bestimmte Ammoniakkonzentration genau einzuhalten. Bei Gegenwart von viel Eisen ist es vorteilhafter, statt Weinsäure Zitronensäure zu verwenden, da die Lösung dann heller bleibt. Die Flüssigkeitsmenge soll bei der Titration etwa 100 bis 200 ml betragen. Vorher fügt man noch 5 ml Kaliumjodidlösung (100 g/l) hinzu und läßt dann aus einer Bürette 1,5 bis 2,5 ml Silbernitratlösung (5 g/l) zufließen. Danach gibt man aus einer Bürette in kleinen Anteilen unter ständigem Schütteln Kaliumcyanidlösung (s. unten) so lange hinzu, bis sich das aus dem Silbernitrat gebildete Silberjodid im ersten Überschuß des Kaliumcyanids klar gelöst hat, fügt nun noch einen Überschuß von 0,5 ml Kaliumcyanidlösung hinzu und läßt vorsichtig wieder Silbernitratlösung hinzutropfen, bis sich eine ganz schwache Trübung von Silberjodid zeigt. Der Gesamtverbrauch an Kaliumcyanid- und Silbernitratlösung wird notiert. Ist der Endpunkt der Titration richtig erkannt worden, so muß mit weiteren 2 bis 3 Tropfen Silbernitratlösung eine deutliche Trübung von Silberjodid entstehen. Man prüft entsprechend, gibt hierauf aus der Bürette 0,5 bis 1 ml Kaliumcyanidlösung hinzu und titriert ein zweites Mal vorsichtig mit Silbernitratlösung zurück, bis, wie vorher beschrieben, eine ganz schwache Trübung erscheint. Darauf liest man wieder den ganzen Verbrauch an beiden Lösungen ab. Der Mittelwert aus beiden Endpunktbestimmungen der Titration gewährleistet eine große Genauigkeit bei der Nickelbestimmung.

Der *Wirkungswert* der Kaliumcyanidlösung *gegenüber der Silbernitratlösung* wird vorher bestimmt, indem man in einen 300 ml-ERLENMEYER-Kolben 100 ml Wasser sowie 5 ml Weinsäurelösung (200 g/l) gibt, die Lösung mit Ammoniak neutralisiert und einen Überschuß von 4 ml Ammoniak hinzusetzt. Vor der Titerstellung werden noch 5 ml Kaliumjodidlösung (100 g/l) hinzugefügt. Nun läßt man etwa 4 ml Kaliumcyanidlösung aus der Bürette zufließen und setzt darauf so lange Silbernitratlösung hinzu, bis eine ganz schwache Trübung von Silberjodid entsteht. Die verbrauchten Mengen an Kaliumcyanid- und Silbernitratlösung werden notiert. Danach wiederholt man, wie oben angegeben, die Titration durch weiteren Zusatz von 1 ml Kaliumcyanidlösung und Zufügen von Silbernitratlösung bis zur erneuten Trübung. Den Wirkungswert der Silbernitratlösung erhält man durch Division der verbrauchten ml Kaliumcyanidlösung durch die verbrauchten ml Silbernitratlösung.

Der *Wirkungswert* der Kaliumcyanidlösung *Nickel gegenüber* wird, wie oben bei der Nickeltitration beschrieben, mit einer Nickelprobe bekannten Gehaltes bestimmt.

Der Titer der Kaliumcyanidlösung wird, besonders bei höherer Temperatur im Sommer, durch Zersetzung des Kaliumcyanids allmählich schwächer. Er muß daher nach 1 bis 2 Tagen neu ermittelt werden.

Berechnung. Es seien:

a = verbrauchte ml Kaliumcyanidlösung,
b = umgerechnete ml Kaliumcyanidlösung aus den verbrauchten ml Silbernitratlösung,
F = Faktor der Kaliumcyanidlösung; dann ist

$$\frac{(a - b) \cdot F \cdot 100}{\text{Einwaage}} = \%\ \text{Ni}$$

Kaliumcyanidlösung. 15 g Kaliumcyanid und 5 g Kaliumhydroxyd werden in 1 l Wasser gelöst.

Fehlerquellen. Zink darf nicht anwesend sein, da es durch Komplexbildung Kaliumcyanid verbraucht. Kobalt und Kupfer in kleinen Mengen (etwa 0,5%) werden mittitriert. Größere Mengen müssen vorher abgeschieden werden, da das Kupfer in einem anderen stöchiometrischen Verhältnis an Kaliumcyanid komplex gebunden wird als Nickel. Bei Gegenwart größerer Mengen von Mangan (mehr als $^1/_{10}$ des Nickelgehaltes) ist es zweckmäßig, 10 ml kalt gesättigte Kalium- oder Natriumpyrophosphatlösung hinzuzusetzen, da hierdurch die Lösung eine hellere Farbe behält.

Literatur. MOORE, T.: Chem. News Bd. 72 (1895) S. 92 — Handbuch für das Eisenhüttenlaboratorium, Bd. I (1939) S. 79/80 u. Bd. II (1941) S. 97/99. Düsseldorf: Verlag Stahleisen.

f) Durch die trockene Probe nach Plattner

Grundlage. Es wird zunächst ein arsenidischer Eisen-Kobalt-Nickel-Regulus erschmolzen, der anschließend durch stufenweises, oxydierendes Schmelzen mit Borax erst in eine Co_2As-Ni_2As-Verbindung und dann in reines Ni_2As übergeführt wird.

Anwendungsbereich und Bedeutung. Die trockene Kobaltnickelprobe bewährt sich bei schwer aufschließbarem Material, wie kobaltnickelarmen Schlacken, nickelarmen Kobaltoxyden und fremdmetallarmen oxydischen und arsenidischen Nickelerzen und -rückständen. Sie liefert hier bei Reihenuntersuchungen in kürzester Zeit brauchbare Ergebnisse.

Genauigkeit. 3; bei Gehalten zwischen 0,2 und 2,0% Kobalt + Nickel = 10% des Befundes.

Dauer. 2 bis 3 Std. für etwa 10 Bestimmungen.

Ausführung. Handelt es sich bei dem Probematerial um kobaltnickelarme Schlacke, so wägt man 6,1 g des auf 0,2 mm aufgeriebenen Probegutes ein, vermengt die Einwaage mit 3 g metallischem Arsen, 1 g Eisenfeilspänen, 10 g Fluß (bestehend aus 3 Teilen calcinierter Soda oder Pottasche und 1 Teil Mehl) sowie 2 g Borax und gibt alles in eine „Probiertute". Obenauf kommt eine Kochsalzdecke und ein Würfel Holzkohle. 8 bis 10 solcher Tuten werden im PLATTNERschen Probierofen bei langsam steigender Temperatur innerhalb 30 min auf Hellrotglut erhitzt, wobei die Muffel außerdem mit Holzkohle vollgepackt ist. Nach dem raschen Abkühlen und Zerschlagen der Tute trennt man den metallhaltigen, sehr spröden Regulus von der schwarz oder grün gefärbten Schlacke. Inzwischen hat man mehrere Garscherben an der heißesten Stelle der wieder mit Holzkohle gefüllten und auf hohe Temperatur gebrachten Muffel mit etwa 2 g Boraxglas beschickt. In den geschmolzenen Borax bringt man den Regulus rasch ein, öffnet die Muffeltür zeitweise und beobachtet die jetzt beginnende Verschlackung des Eisens. Diese ist beendet, wenn der Regulus „blickt", d. h. wenn sich auf seiner Oberfläche keine grünlichen Schuppen mehr bilden. Bei viel Eisen setzt man ihn mehrmals auf frische Boraxschlacke. Nach dem Blicken wird der Regulus mit der Pinzette rasch aus der noch weichen Schmelze gehoben und in Wasser abgeschreckt. Das Verschlacken des Eisens ist beendet, wenn sich die Boraxschlacke vom beginnenden Verschlacken des Kobalts bereits schwach blau gefärbt hat. Man kann den Regulus jetzt nochmals kurze Zeit auf einem trockenen Garscherben, mit Holzkohlenpulver bedeckt, in die Muffel setzen, um einen etwaigen Arsenüberschuß abzudampfen. Im allgemeinen ist dies jedoch nicht notwendig. Aus dem Gewicht der Auswaage, multipliziert mit dem Faktor 0,611, läßt sich der Kobaltnickelgehalt des Probematerials errechnen. Da die Einwaage 6,1 g beträgt, ergibt das Gewicht des Regulus mit 10 multipliziert, unmittelbar den Prozentgehalt der Probe an Kobalt + Nickel.

Zur Abtrennung des Kobalts wird die oxydierende Boraxschmelze auf einem frischen Scherben fortgesetzt, bis die während der Kobaltverschlackung blank bleibende Oberfläche des Kornes plötzlich matt wird. Wegen der beginnenden Verschlackung des Nickels bilden sich dann wieder Schüppchen auf dem Regulus, und eine frische Boraxschlacke zeigt keine Blaufärbung mehr. Die Auswaage des nur noch aus Ni_2As bestehenden Regulus ergibt den Nickelgehalt des Probematerials, die Differenz zwischen beiden Auswaagen den Kobaltgehalt.

Zur raschen Untersuchung von *Kobaltoxydbetriebsproben* verfährt man ähnlich. 1 g der Probe wird mit 0,5 g metallischem Arsen, 1 g Eisenfeilspänen und 5 g Fluß (s. oben) unter einer Kochsalzdecke und mit einem Stück Holzkohle in der Tute bei mindestens 1200° eingeschmolzen. Den sorgfältig gesäuberten Regulus behandelt man, wie oben beschrieben, auf dem Garscherben weiter bis zur Auswaage des reinen Ni_2As-Kornes. Aus dieser kann man dann den Nickelgehalt des Kobaltoxyds errechnen.

Fehlerquellen. Zu hohe Gehalte ergeben sich bei der Anwesenheit von Silber, Wismut, Blei, Zinn und besonders Kupfer sowie bei unvollständigem Verschlacken des Eisens bzw. Kobalts. Zu niedrige Befunde sind möglich, wenn das Verschlacken zu weit getrieben wird oder durch unvorsichtiges Behandeln des sehr spröden Regulus mechanische Verluste eingetreten sind.

Literatur. SCHIFFNER, C.: Einführung in die Probierkunde. Halle: W. Knapp 1925.

3. Die Bestimmung des Kobalts

Grundlage. Der blau gefärbte Kobaltthiocyanatkomplex wird durch Extraktion mit Methyl-iso-butylketon von allen störenden Bestandteilen getrennt und der Kobaltgehalt photometrisch ermittelt.

Anwendungsbereich und Bedeutung. Das Verfahren eignet sich zur Bestimmung kleiner Kobaltgehalte neben großen Mengen störender Elemente, wie Nickel, Eisen und Kupfer, in Erzen und Metallen. Der günstigste Meßbereich liegt zwischen 0,05 bis 0,50 mg in 20 ml Lösung bei Verwendung einer 10 mm-Küvette.

Genauigkeit. 1.

Dauer. 2 Std.

Ausführung. Je nach dem Kobaltgehalt werden 0,5 bis 2,5 g Erz eingewogen und in einem 300 ml-ERLENMEYER-Kolben mit 30 bis 50 ml Königswasser und einigen Tropfen Flußsäure in Lösung gebracht. Nach dem Lösen setzt man 20 ml Schwefelsäure (1 + 1) hinzu und raucht ab. Der Rückstand wird mit Wasser aufgenommen, die überschüssige Säure mit Ammoniak abgestumpft und die schwachsaure Lösung in einen 200 ml-Meßkolben gespült. Man entnimmt einen aliquoten Teil in einen 150 ml-Scheidetrichter und versetzt mit so viel Ammoniak, daß sich ein geringer bleibender Niederschlag bildet, den man mit festem Ammoniumhydrogenfluorid wieder in Lösung bringt. Wenn Kupfer zugegen ist, fügt man gesättigte Thioharnstofflösung hinzu, bis die blaue Kupfertetraminfarbe verschwunden ist. Dann versetzt man mit 20 ml Ammoniumthiocyanatlösung (300 g/l) und extrahiert den Kobaltkomplex 2mal mit je 10 ml Methyl-iso-butylketon. Man sammelt die Extrakte in einem Meßkolben, füllt mit Keton auf und photometriert gegen Wasser bei 625 mμ in einer entsprechenden Küvette.

Die Eichkurve erstellt man mit Hilfe einer Kobaltlösung bekannten Gehaltes, die in gleicher Weise behandelt wird.

Literatur. KINNUNEN, J., B. MERIKANTO u. B. WENNERSTRAND: Chemist-Analyst Bd. 43 (1954) S. 21.

4. Die Bestimmung des Siliciumdioxyds

1 g des feingepulverten Erzes wird mit Königswasser gelöst, die Lösung 2mal mit Salzsäure zur Trockne gedampft, der Rückstand mit verdünnter heißer Salzsäure aufgenommen und das Ungelöste abfiltriert.

Nach dem Veraschen des Filters wird der Rückstand durch Schmelzen mit Kaliumnatriumcarbonat aufgeschlossen, die Schmelze in Wasser gelöst, die Lösung nach dem Ansäuern mit Salzsäure zur Trockne gedampft und das Siliciumdioxyd wie üblich abgeschieden. Man prüft sie durch Abrauchen mit Schwefel- und Flußsäure auf Reinheit.

5. Die Bestimmung von Kupfer, Blei, Eisen, Aluminium (Mangan), Calcium und Magnesium

In die vereinigten Filtrate von der Siliciumdioxydbestimmung leitet man nach Abstumpfen der großen Säuremenge, weil sonst Blei nicht vollständig ausfällt, Schwefelwasserstoff bis zur Sättigung ein, filtriert die Sulfide ab und behandelt sie mit Natriumsulfidlösung. Die ungelösten Sulfide werden in Salpetersäure gelöst. Die auf ein Volumen von 250 ml etwa 20 ml freie Salpetersäure (1 + 1) enthaltende Kupfer-Blei-Lösung wird bei etwa 60° der Elektrolyse mit einer Stromstärke von 2 bis 3 A und einer Spannung von etwa 3 V unterworfen. Als Anode kann eine mattierte Netz-, Blech- oder Schalenelektrode aus Platin dienen. Nach Beendigung der Elektrolyse wird ohne Stromunterbrechung ausgewaschen.

Das *Blei(IV)-oxyd* wird bei 180° getrocknet. Die Platinkathode mit dem *Kupferniederschlag* wird mit Alkohol gewaschen und mit dem Fön oder im Trockenschrank bei 100° getrocknet.

Aus dem Filtrat der Schwefelwasserstoffällung wird der Schwefelwasserstoff verkocht; Eisen wird mit Bromwasser oxydiert. Dann fällt man in der heißen bromhaltigen Lösung Eisen, Aluminium und etwa vorhandenes Mangan mit Ammoniak, filtriert und wäscht den Niederschlag aus. Er wird in Salzsäure unter Zusatz von etwas H_2O_2 gelöst und die Fällung wiederholt. Sollte viel *Mangan* zu erkennen sein, so wird man zweckmäßig für die Bestimmung desselben nach den Vorschriften im Kapitel Blei, Schachtofenschlacke, S. 178, verfahren. Sonst wird der Niederschlag geglüht und gewogen ($Fe_2O_3 + Al_2O_3$). Man schließt ihn mit Kaliumhydrogensulfat auf und titriert schließlich das *Eisen* nach ZIMMERMANN-REINHARDT (s. Kapitel Aluminium, S. 13). Der *Aluminiumgehalt* ergibt sich aus der Differenz. Bei Anwesenheit von Mangan wird Aluminium zweckmäßig in Gegenwart von Thioglykolsäure isoliert und bestimmt (s. S. 559).

In den vereinigten Filtraten von der Hydroxydfällung bestimmt man das *Calcium* durch Fällen mit Ammoniumoxalat und Glühen des abfiltrierten Niederschlages zu Calciumoxyd oder durch Titration; das *Magnesium* im Filtrat der Calciumfällung als Phosphat bzw. Pyrophosphat.

6. Die Bestimmung des Zinks

Zink kommt in Nickelerzen selten in größeren Mengen vor. Zu seiner Bestimmung verkocht man in den vereinigten Filtraten der Eisen- und Aluminiumfällung das überschüssige Ammoniak, säuert dann die Lösung mit Ameisensäure (oder Monochloressigsäure) eben an, gibt einen Überschuß an Säure von 3 bis 4% hinzu und fällt das Zink mit Schwefelwasserstoff. Nachdem sich das Zinksulfid abgesetzt hat, wird der Niederschlag abfiltriert, mit Schwefelwasserstoffwasser ausgewaschen und zu Zinkoxyd geglüht. Ist dieses gefärbt, so wird es in Königswasser gelöst, die Lösung mit einigen Tropfen Schwefelsäure abgeraucht und die Fällung des Zinks wiederholt.

7. Die Bestimmung des Arsens

Je nach dem Arsengehalt zersetzt man 2 bis 5 g Erz durch Kochen mit Salpetersäure (1,40) und beseitigt die Salpetersäure durch doppeltes Abrauchen der Lösung mit Schwefelsäure. Dann spült man die Sulfate samt dem Rückstand in den Kolben eines Arsendestillierapparates über, setzt Salzsäure und Reduktionslösung hinzu und verfährt weiter, wie im Kapitel Arsen, S. 122 bis 124, angegeben.

8. Die Bestimmung des Antimons und Zinns

Je nach dem Gehalt an Antimon und Zinn schließt man 2 bis 5 g Erz durch Schmelzen mit Natriumperoxyd im Eisen- oder Porzellantiegel auf, löst die Schmelze in Salzsäure, verkocht das Chlor und leitet in die Lösung Schwefelwasserstoff bis zur Sättigung ein. Die Sulfide werden abfiltriert, mit Schwefelwasserstoffwasser ausgewaschen und mit Natriumsulfidlösung behandelt. Nach dem Abfiltrieren der unlöslichen Sulfide wird die Schwefelnatriumlösung mit verdünnter Schwefelsäure (1 + 4) schwach angesäuert und etwa 10 min mit Schwefelwasserstoff gesättigt, um die Sulfide von Arsen, Antimon und Zinn wieder vollständig auszufällen. Diese werden abfiltriert in Salpeter- und Schwefelsäure naß verbrannt, wobei schließlich bis auf 2 bis 3 ml abgeraucht wird. Nach dem Erkalten wird mit 20 ml Wasser und 40 ml Salzsäure (1,19) aufgenommen und in diese Lösung zur Abtrennung des Arsens Schwefelwasserstoff eingeleitet. Im Filtrat des Arsensulfids wird der Säureüberschuß mit Ammoniak abgestumpft und wieder Schwefelwasserstoff eingeleitet. Die Sulfide des Zinns und Antimons werden abfiltriert und durch Kochen mit Schwefelsäure (1,84) in Lösung gebracht. Die stark abgerauchte Lösung nimmt man mit 200 ml Wasser auf, setzt nach dem Abkühlen 30 ml Salzsäure (1 + 1) hinzu, erhitzt die Lösung zum Sieden und titriert das Antimon mit n/10-Kaliumbromatlösung und Methylorange als Indicator bis zur Entfärbung.

Nach der Titration versetzt man die Lösung der Reihe nach mit 10 g Natriumchlorid, 25 g gekörntem Blei und 20 ml Salzsäure (1,19). Man kocht $^1/_2$ Std., wobei die verdampfende Salzsäure zu ersetzen ist, läßt die Lösung im Kohlendioxydstrom abkühlen und titriert das *Zinn* unter Zusatz von Stärkelösung mit n/10-Jodlösung.

9. Die Bestimmung der Edelmetalle

Sie erfolgt nach den Angaben im Kapitel Silber und Gold, S. II/748, nach der kombinierten Methode (naß-trockenen).

II. Zwischenprodukte

In allen Zwischenprodukten bei der Verhüttung nickelführender Erze ist auch eine mehr oder weniger große Menge Kobalt enthalten. Da sie wie Nickel bewertet wird, bestimmt man Nickel und Kobalt zunächst zusammen elektrolytisch und dann erst im Niederschlag erforderlichenfalls das Nickel für sich durch Fällung mit Diacetyldioxim. Der Kobaltgehalt ergibt sich sodann aus der Differenz. Nur bei sehr geringen Kobaltgehalten oder bei entscheidend wichtigen Proben wird der Kobaltgehalt unmittelbar nach den im Kapitel Kobalt, S. 353ff., angeführten Methoden festgestellt.

1. Nickelstein und Nickelspeise

Wie bereits eingangs gesagt, vollzieht sich die Anreicherung des Nickels und Kobalts über „Steine" und „Speisen". Auch beim Verhütten anderer Erze, z. B. Kupfer- und Bleierze, sammelt sich das als Verunreinigung auftretende Nickel (und Kobalt) in bisweilen recht beachtlichen Mengen im Kupferbleistein und besonders in der Speise an. In den betreffenden Kapiteln ist die Untersuchung dieser Produkte beschrieben worden, so daß hier nur darauf verwiesen zu werden braucht.

Bei der Untersuchung von Nickelstein und -speisen verfährt man in der gleichen Weise wie bei den Erzen; die häufige Anwesenheit von Zink ist zu beachten.

2. Nickelschlacke

Diese fällt beim Stein- und Speiseerschmelzen sowie bei der Konzentrationsarbeit im Konverter an.

Die Untersuchung der Schlacken folgt dem allgemeinen Untersuchungsgang; weiteres ist aus der Analyse der Schachtofenschlacken im Kapitel Blei, S. 176, zu ersehen. Man nimmt Einwaagen von 2 bis 5 g, löst sie mit Königswasser, reinigt das abfiltrierte Siliciumdioxyd durch Aufschließen mit Kaliumnatriumcarbonat unter Zusatz von etwas Salpeter und fährt mit der Untersuchung der vereinigten Lösungen in bekannter Weise fort. Auch hier ist auf die Anwesenheit von Zink zu achten.

3. Nickelkrätzen

Sie sind naturgemäß in der Zusammensetzung außerordentlich verschieden. Es müssen daher dementsprechend 5, 10 oder 20 g Einwaage, im Verhältnis der metallischen und nichtmetallischen Anteile zusammengesetzt, zur Untersuchung verwendet werden. Ein in Königswasser unlöslicher Rückstand wird entweder unmittelbar oder nach der Verflüchtigung des Siliciumdioxyds aufgeschlossen. Dies geschieht, wie bei den Schlacken, durch einen Schmelzaufschluß. Die Lösungen werden dann vereinigt und zu 1 l aufgefüllt. Darauf entnimmt man der Lösung je 1 g Einwaage entsprechende Anteile und untersucht diese Abmessungen, wie bei den Erzen angegeben. Da die Nickelkrätzen häufig Zink enthalten, das z. B. aus dem Einschmelzen von Neusilber (s. S. 561) stammt, ist darauf besondere Rücksicht zu nehmen.

4. Nickellauge

Beim Lösen der totgerösteten Nickelfeinsteine und Nickelfeinspeisen mit Schwefelsäure (bisweilen mit Salzsäure) erhält man die Rohnickellaugen. Ein Teil dieser Laugen wird auch durch Auflösen des bei der Aufarbeitung der Endlaugen von der Kupferelektrolyse anfallenden Rohnickelsulfats erhalten.

Die Untersuchung der *Rohlaugen* erfolgt in abgemessenen Anteilen nach den Vorschriften für nickelführende Erze (s. S. 541). Die Rohlaugen werden im Betrieb unter Anwendung chemischer Verfahren gereinigt und ergeben schließlich die Reinlaugen, die zur elektrolytischen Herstellung des Reinnickels (Elektrolytnickels) und zur Gewinnung von Nickelsalzen dienen. Unter diesen ist besonders das Nickelsulfat (s. S. 563) von großer wirtschaftlicher Bedeutung. Es soll daher im folgenden eine Reihe von Methoden angeführt werden, die teils qualitativ, teils quantitativ zur Kontrolle für die Laugen zur Herstellung von Reinnickelsulfat aus dem Rohnickelsalz der Kupferelektrolyse dienen.

a) Prüfung auf Eisen

10 ml der filtrierten neutralen Lauge werden im Reagenzglas mit einigen Tropfen verdünnter Salpetersäure und mit Ammoniumthiocyanatlösung versetzt. Zeigt sich Rotfärbung, so ist Eisen vorhanden. Ist die Rotfärbung schwach und infolge der grünen Farbe der Lösung kaum zu erkennen, so gibt man einige ml Äther hinzu und schüttelt das Gemisch. Beim Erscheinen eines roten Ringes kann man auf Spuren von Eisen schließen, die dann im erzeugten Reinnickelsulfat etwa 0,001 bis 0,005% Eisen betragen könnten.

Genauigkeit. 3.

Dauer. 5 min.

b) Prüfung auf Kupfer

Eine Abmessung von etwa 100 ml Nickelsulfatlauge wird filtriert, das Filtrat mit Schwefelsäure angesäuert und mit Schwefelwasserstoff gesättigt. Färbt sich die Lauge dabei nicht mehr dunkel, so ist die Kupferfällung im Betriebe als beendet anzusehen.

(Nachweismöglichkeit: über 0,008 g Kupfer/l; *Dauer*: etwa 12 min). Wird die Fällung im Betrieb dann abgebrochen, so enthält die Lauge also maximal 0,008 g Kupfer im Liter; dies entspricht einem Kupfergehalt im erzeugten Reinnickelsulfat von 0,002% Kupfer, einer Menge, die noch als zulässig anzusehen ist.

c) Prüfung auf Mangan

30 ml der filtrierten, neutralen sowie kupfer- und eisenfreien Lauge werden mit Salpetersäure (1 + 1) angesäuert. Dann wird die Lösung stark ammoniakalisch gemacht und mit 100 ml 3proz. Wasserstoffperoxydlösung oder Bromwasser versetzt. Nach kurzem Aufkochen wird die Lösung durch ein Faltenfilter filtriert. Nun breitet man das Faltenfilter aus und schätzt nach der Menge des dunkelbraunen Niederschlages die zur Manganfällung in der Betriebslauge notwendige Zugabe an Kaliumpermanganat. Dies ist bei einiger Übung durchaus möglich.

Genauigkeit. 3.

Dauer. Etwa 12 min.

Gehalte von 0,03 bis 0,04 g Mangan/l lassen sich noch als schwacher, brauner Schein auf dem Faltenfilter nachweisen. Das erzeugte Reinnickelsulfat enthält dann noch eine zulässige Menge von etwa 0,01% Mangan.

d) Die Bestimmung des Zinks

Die neutrale sowie kupfer-, mangan- und eisenfreie Lauge, welche als Hauptverunreinigung noch Calcium- und Magnesiumsulfat enthält, wird wie folgt auf Zinkgehalt untersucht:

100 ml der filtrierten Lauge werden mit etwa 3 Tropfen verdünnter Schwefelsäure oder mit 5 ml Ameisensäure angesäuert, so daß Kongopapier gerade die saure Reaktion anzeigt. In die heiße Lösung wird ungefähr 15 min Schwefelwasserstoff eingeleitet. Nach dem Absitzen wird der Zinksulfidniederschlag abfiltriert und mit heißem, ganz schwach schwefelsaurem Wasser ausgewaschen. Darauf löst man ihn mit heißer Schwefelsäure [40 ml Wasser + 10 ml Schwefelsäure (1 + 3)] vom Filter, verkocht in der Lösung den Schwefelwasserstoff, oxydiert mit 3 Tropfen verdünnter Salpetersäure und läßt abkühlen. Dann wird die Lösung ammoniakalisch gemacht und nach dem Erkalten das Zink mit Natriumsulfidlösung (23 g $Na_2S \cdot 9\,H_2O$/l) (SCHAFFNERsche Methode, s. Kapitel Zink, S. II/908) titriert. Aus dem gefundenen Wert errechnet man den Zinkgehalt des Fällbehälterinhaltes und gibt die entsprechende Menge Natriumsulfid bzw. je nach der Verwitterung des technisch reinen Salzes das 1,5- bis 2fache der Menge hinzu. Nach 2stündigem Rühren wird der Zinkgehalt der Betriebslauge nochmals bestimmt.

Genauigkeit. 2.

Dauer. 45 min.

Es können Zinkgehalte in der Lauge bis zu 0,01 g Zink im Liter herab mit dieser Methode bestimmt werden. Das würde einem Zinkgehalt im erzeugten Reinnickelsulfat von 0,002 bis 0,003% entsprechen. Dieser Gehalt ist zulässig, da in der galvanischen Industrie erst Zinkgehalte über 0,01% störend wirken.

III. Nickelmetall

Das metallische Nickel findet infolge seiner Widerstandsfähigkeit gegenüber der Luftfeuchtigkeit und anderen korrodierenden Einflüssen, wegen seines hohen Schmelzpunktes und nicht zum wenigsten wegen seines metallischen Glanzes eine vielseitige Verwendung sowohl für Haushaltgeschirre aller Art als auch für Geräte in der chemischen und elektrotechnischen Industrie oder in der Medizin. In noch höherem Maße als Reinmetall findet das Nickel in Form von Legierungen Anwendung.

Von der Art der Herstellung hängt die Qualität des Handelsnickels ab. Aus der folgenden Tabelle sind die Hauptsorten mit ihren Gehalten an Nickel und Verunreinigungen zu ersehen. Vgl. auch das Kapitel „Genormte Metalle".

Das Kobalt gilt im allgemeinen nicht als Verunreinigung und wird zum Nickel hinzugerechnet.

Den Reingehalt des Nickelmetalls bestimmt man bei den reineren Sorten nicht unmittelbar, sondern als Differenz zu der Summe der ermittelten Verunreinigungen.

1. Die Bestimmung des Kobalts

a) Gewichtsanalytisch

3 g Bohrspäne werden in einem 300 ml-ERLENMEYER-Kolben mit 40 ml Salpetersäure (1 + 1) gelöst. Man engt die Lösung auf etwa 20 ml ein, neutralisiert sie dann mit Kalilauge (300 g/l) bis zum Auftreten eines deutlichen Niederschlages von Nickelhydroxyd, den man mit 10 ml Eisessig wieder in Lösung bringt, versetzt die Lösung mit 70 ml Kaliumnitritlösung (500 g/l), schüttelt einige Male um und läßt den Niederschlag über Nacht absitzen. Darauf wird er abfiltriert, mit einer neutralen Kaliumnitritlösung (10 bis 20 g/l) 4- bis 5mal ausgewaschen und mit heißer

Handelsnickel: Gehalt an Nickel und Verunreinigungen

Kurzzeichen	Legierungsbestandteile: Ni + Co % mindestens	Legierungsbestandteile: davon Co % höchstens	Zulässige Beimengungen in %: Cu	Fe	Pb	Mn	Zn	C	S	Sonstige	Lieferart	Herstellungsverfahren	Bisherige handelsübliche Benennung
C-Ni 98,5[1]	98,5	0,0	0,0	0,70		0,0		0,50	0,01	kein As, P, Sn, Sb	Pulver, mittlere Korngröße 10 μ	Hochdruck Carbonylverfahren	Carbonylnickel
C-Ni 99,5[1]	99,50	0,0	0,0	0,15		0,0		0,13	0,001				
C-Ni 99,8[2]	99,80	0,00	0,00	0,05		0,00		0,08	0,0005		Pulver, größte Korngröße 5 μ		
M-Ni 99,5[3]	99,50			0,20	0,005			0,10	0,02	Sb 0,005 Bi 0,005 weitere insges. 0,15	Kugeln $d < 10$ mm	Niederdruck Carbonylverfahren	Mondnickel
E-Ni 99,5[3]	99,50	0,8	0,05	0,05	0,05	0,05	0,05	0,10	0,02		Kathoden, zerschnitt., Größtmaße: 20 mm × 100 mm × 100 mm	Elektrolyse	Elektrolytnickel
E-Ni 99,8	99,80	0,8	0,05	0,05	0,005	0,05	0,02	0,10	0,01				
W-Ni 99	99,0	1,4	0,10	0,25	0,02	0,05	0,05	0,10	0,015	0,6 Nichtmetallisches:[4]	Würfel oder Rondellen	durch Reduktion technischer Nickeloxyde	Würfelnickel

[1]) Für Einschmelzzwecke [2]) Für Sinterzwecke

[3]) Übereinstimmend mit der British Standard 375:1930 (zu beziehen durch den Deutschen Normenausschuß, Berlin W 15 oder Köln). Auf Wunsch kann auch mit einem Nickelgehalt bis 99,8 % geliefert werden.

[4]) SiO_2 0,15 %; Al_2O_3 0,08 %; CaO 0,06 %; Alkali 0,20 %; Glühverlust 0,10 %

Salzsäure (1,19) vom Filter gelöst. Die nötigenfalls eingeengte Lösung wird mit Kalilauge (300 g/l) neutralisiert und mit Eisessig angesäuert. Die Fällung wird sodann in der angegebenen Weise wiederholt. Nun läßt man sie 3 bis 4 Std. stehen, filtriert den Niederschlag ab und wäscht ihn wie oben aus. Er wird mit heißer Schwefelsäure (1 + 4) vom Filter gelöst und die Lösung nach dem Auswaschen des Filters mit heißem Wasser zur Vertreibung der nitrosen Gase etwa 10 min gekocht. Danach läßt man sie abkühlen, füllt sie in ein 250 ml-Becherglas um, macht sie ammoniakalisch, versetzt sie mit 0,5 g Natriumhydrogensulfit und scheidet das Kobalt bei einer Stromstärke von etwa 2 A und einer Spannung von etwa 3 V auf einer Netzelektrode ab; Auswaage: Co.

Genauigkeit. 1.

Dauer. 24 Std.

Bemerkungen. Man kann auch den Niederschlag vom Filter mit heißer Schwefelsäure (1 + 4), der man eine gemessene Menge eingestellter Eisen(II)-ammoniumsulfatlösung zugesetzt hat, lösen und den Überschuß an Eisensalz mit Kaliumpermanganatlösung zurücktitrieren. Nach der Gleichung

$$2[Co(NO_2)_6]K_3 + 14FeSO_4 + 12H_2SO_4 = 2CoSO_4 + 7Fe_2(SO_4)_3 + 3K_2SO_4 + 12NO + 12H_2O$$

entsprechen 7 Fe = 1 Co.

b) Photometrisch

Der Kobaltgehalt im Nickelmetall kann auch photometrisch mit Ammoniumthiocyanat, wie auf S. 549 für die Bestimmung in Erzen beschrieben ist, bestimmt werden.

Man löst 2,5 g Metall mit Salzsäure oder Salpetersäure-Schwefelsäure, raucht ab und verfährt dann weiter, wie auf S. 549 angegeben.

2. Die Bestimmung des Kohlenstoffs

Das Metall wird mit Kupferoxyd und Zinn als Zuschlag bei 1200 bis 1300° im Sauerstoffstrom erhitzt, wobei sich der Kohlenstoff zu CO_2 oxydiert. Das etwa entstandene Schwefeldi- und -trioxyd absorbiert man mit Chromschwefelsäure oder festem Chromsäureanhydrid. Das Kohlendioxyd wird entweder im Natronkalkrohr aufgefangen und gewichtsanalytisch oder aber gasvolumetrisch bestimmt. Die Ausführung der Bestimmung erfolgt nach der Vorschrift im Kapitel Chrom, S. 300.

Genauigkeit. 1.

Dauer. 60 min bei gewichtsanalytischer, 5 min bei gasvolumetrischer Durchführung.

3. Die Bestimmung des Sauerstoffs

Die Probe wird in einem Quarzschiffchen und Quarzrohr unter Überleiten von Wasserstoff auf 1400° erhitzt. Das entweichende Wasser wird in einem mit Phosphorpentoxyd gefüllten U-Rohr aufgefangen und zur Wägung gebracht. Näheres s. Kapitel Sauerstoffgehalt in Metallen.

4. Die Bestimmung des Siliciums

Ausführungsart a. 10 bis 25 g Metall werden mit 100 bis 150 ml Salpetersäure (1,40) unter Zusatz von 10 bis 20 ml Salzsäure (1,19) gelöst. Die Lösung wird mehrmals mit Salzsäure zur Trockne gedampft und der Eindampfrückstand schließlich zur Entwässerung des Siliciumdioxyds $^1/_2$ Std. auf 130° erhitzt. Danach wird er mit Salzsäure aufgenommen, das Nickelchlorid und die anderen Salze werden durch längeres Erwärmen mit Wasser in Lösung gebracht, das Siliciumdioxyd wird abfiltriert und mit schwach salzsäurehaltigem Wasser sorgfältig ausgewaschen.

Nach dem Glühen bis zur Gewichtskonstanz prüft man sie durch Abrauchen mit Fluß- und Schwefelsäure auf Reinheit.

Genauigkeit. 1, bei 2maliger Abscheidung, sonst 2.

Dauer. 2 Std.

Ausführungsart b. 5 bis 10 g Metall werden mit verdünnter Salpetersäure (2 + 1) gelöst. Die Lösung wird auf 60° erwärmt und mit 0,1 g Gelatine unter Rühren versetzt. Nach 1stündigem Absitzenlassen wird der Niederschlag abfiltriert, zuerst mit salzsäurehaltigem, dann mit reinem Wasser ausgewaschen, im Platintiegel geglüht und wie oben weiterbehandelt.

Genauigkeit. 1.

Dauer. 2 Std.

5. Die Bestimmung des Mangans

Ausführungsform a. Man löst je nach dem Mangangehalt bis zu 10 g Metall mit 50 bis 100 ml Salpetersäure (1 + 1). Ein etwa verbleibender Rückstand wird durch Zugabe von 10 ml Salzsäure (1,19) in Lösung gebracht. Die auf etwa 250 ml verdünnte Lösung versetzt man mit Bromwasser oder Ammoniumperoxydisulfat und macht sie dann stark ammoniakalisch.

Nach längerem Stehenlassen in der Wärme wird der Niederschlag abfiltriert, mit ammoniakhaltigem, warmem Wasser ausgewaschen und mit etwa 20 ml Schwefelsäure (1 + 5) und etwas Natriumhydrogensulfit gelöst. Nach dem Verkochen der schwefligen Säure bestimmt man das Mangan nach PROCTER SMITH oder photometrisch, wie im Kapitel Mangan, S. 487 bis 497, angegeben.

Ausführungsform b. In einer stark salpetersauren Nickelnitratlösung wird das Mangan durch anteilweise Zugabe von Kaliumchlorat in der Hitze als Mangan(IV)-hydroxyd gefällt. Man verdünnt mit Wasser, filtriert den Niederschlag ab, wäscht ihn mit heißem Wasser sorgfältig aus und bringt ihn mit einer abgemessenen Menge einer eingestellten schwefelsauren Oxalsäure- oder Eisen(II)-sulfatlösung in Lösung. Den Überschuß des Lösungsmittels titriert man mit einer Kaliumpermanganatlösung bekannten Wirkungswertes zurück. Diese Methode nach HAMPE findet Anwendung bei Mangangehalten von 0,1 bis 2%.

Genauigkeit. 2.

Dauer. 1 Std.

6. Die Bestimmung des Schwefels

a) Das Lösungsverfahren

10 g Nickelmetall werden mit 100 ml Salpetersäure (1,4) unter Zugeben von 20 ml Salzsäure (1,19) und 0,5 g Kaliumnitrat gelöst. Die Lösung wird mehrmals mit Salzsäure zur Trockne gedampft, damit die Salpetersäure restlos entfernt wird. Nach dem Erkalten löst man den Eindampfrückstand mit 50 ml Salzsäure (3 + 2), verdünnt mit Wasser und filtriert das Siliciumdioxyd ab. Im Filtrat stumpft man die freie Säure mit Ammoniak weitgehend ab und fällt den Sulfatschwefel in einem Volumen von etwa 400 ml in der Siedehitze mit einer heißen Bariumchloridlösung. Man läßt den Niederschlag absitzen, filtriert ihn dann ab und glüht ihn. Eine Blindprobe ist erforderlich.

Bemerkung. Dieses Verfahren ist nur für Schwefelgehalte über 0,01% anwendbar.

b) Das Verbrennungsverfahren

1 g des fein zerkleinerten Probematerials wird zusammen mit 1 g Zinn und 1 g Kupferoxyd als Zuschlag im Porzellanschiffchen eines Verbrennungsofens im Sauerstoffstrom verbrannt. Die entstehenden Gase werden in eine schwach schwefelsaure Wasserstoffperoxydlösung von bestimmtem p_H-Wert eingeleitet, wodurch die schweflige Säure zu Schwefelsäure oxydiert wird. Darauf titriert man mit

eingestellter ungefähr n/160-Natronlauge die gebildete Schwefelsäure auf den Ausgangs-p_H-Wert potentiometrisch zurück und errechnet aus den verbrauchten ml den Schwefelgehalt der Probe. Die Titereinstellung erfolgt mit einer Analysenkontrollprobe und muß laufend überprüft werden.

Über die notwendige Apparatur und die Art der Ausführung der Bestimmung s. Kapitel Chrom, S. 302.

Genauigkeit. 1.

Dauer. 15 min.

Bemerkung. Das *Entwicklungsverfahren* nach W. SCHULTE, bei dem der Sulfidschwefel durch Zersetzen der Probe mit Salzsäure, besser mit Bromwasserstoffsäure ausgetrieben und gewichtsanalytisch oder maßanalytisch bestimmt wird, führt trotz der Schwerlöslichkeit des Nickelmetalls in diesen Säuren auch zu brauchbaren Schwefelwerten.

7. Die Bestimmung des Kupfers

Das Kupfer wird entweder aus der salpetersauren Lösung der Metallprobe (z. B. aus einer Einwaage von 5 g) nach Zusatz von einigen ml Schwefelsäure elektrolytisch niedergeschlagen, oder es wird im Filtrat der Siliciumbestimmung mit Schwefelwasserstoff ausgefällt und dann photometrisch oder elektrolytisch bestimmt.

8. Die Bestimmung des Arsens

10 bis 20 g Nickelmetall werden mit 100 bis 150 ml Salpetersäure (1 + 1) gelöst; die Lösung wird mit Schwefelsäure gründlich abgeraucht. Nach dem Erkalten nimmt man die Sulfate mit Salzsäure (1 + 1) auf, spült die Lösung in den Kolben eines Arsendestillierapparates über und führt die Bestimmung nach den Angaben im Kapitel Arsen, S. 122 bis 124, weiter durch. (Siehe auch die photometrische As-Bestimmung Kapitel Blei, S. 181.)

9. Die Bestimmung des Zinks

a) Abtrennen mit Schwefelwasserstoff und gewichtsanalytische Bestimmung

Im Filtrat des nach Ausführungsart 4a, S. 555, abgeschiedenen Siliciums werden Kupfer und Zink gemeinsam in einer 3proz. ameisensauren Lösung mit Schwefelwasserstoff gefällt. Der Niederschlag wird nach dem Absitzen abfiltriert und in Salpetersäure gelöst. Man raucht die Lösung mit einer entsprechenden Menge Schwefelsäure ab, trennt das Kupfer mit Schwefelwasserstoff ab und fällt dann das Zink nochmals in einer 3proz. ameisensauren Lösung mit Schwefelwasserstoff. Der Niederschlag wird abfiltriert, ausgewaschen, verascht und geglüht und das Zinkoxyd ausgewogen.

b) Abtrennen durch Verdampfen im Wasserstoffstrom und polarographische Bestimmung

Grundlage. In einem einseitig zur Kapillare ausgezogenen Quarzrohr werden Nickelmetallspäne oder -pulver im Wasserstoffstrom auf ungefähr 1100° erhitzt, wobei das Zink verdampft und in der Kapillare als Metallspiegel abgeschieden wird. In der Säurelösung des Spiegels wird das Zink nach Abtrennung geringer Mengen Nickel polarographisch bestimmt.

Anwendungsbereich. Das Verfahren ist allgemein anwendbar, wenn geringe Zinkmengen (0,001 bis 0,5%) neben großen Mengen im Wasserstoffstrom bei 1100° nichtflüchtiger Metalle erfaßt werden sollen.

Genauigkeit.

Bei Gehalten zwischen 0,1	und 0,5 %	= ± 5%
Bei Gehalten zwischen 0,01	und 0,1 %	= ± 10%
Bei Gehalten zwischen 0,001	und 0,01%	= ± 20%

Geräte. Ein Röhrenofen, der über einen Regeltransformator mit Netzstrom betrieben wird und der eine Temperatur von 1200° zu erreichen gestattet (Abb. 27).

Ein Quarzrohr von 1 mm Wandstärke, 20 mm lichter Weite und 200 mm Länge. Auf der Eingangsseite ist es mit einem Normalschliff versehen, in den ein Pyrexglas-Hohlstopfen mit Schlauchansatz paßt. Auf der Ausgangsseite geht es in eine 150 bis 200 mm lange Kapillare über, die am Ansatz 3 bis 4 mm weit ist und sich gleichmäßig nach dem Ende zu auf 1,5 bis 2 mm verjüngt (Abb. 28).

Abb. 27. Quarzrohr mit Schiffchen für Zinkbestimmung

Ein Schiffchen aus unglasiertem Porzellan, Länge 100 mm, Breite 15 bis 17 mm, Höhe 10 mm. Das Schiffchen muß vorher 2 Std. im Wasserstoffstrom ausgeglüht werden.

Ein Strömungskörper aus einem beiderseitig zugeschmolzenen Quarzrohr von 50 bis 80 mm Länge, dessen äußerer Durchmesser höchstens 1 bis 2 mm geringer ist als die lichte Weite des Quarzrohres (Abb. 27 u. 28).

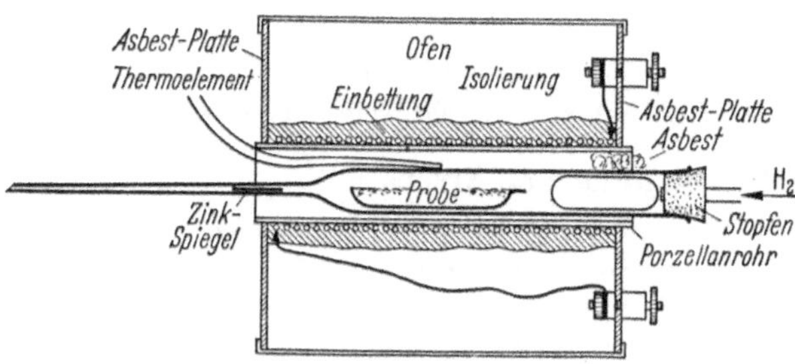

Abb. 28. Ofen für Zinkbestimmung

Die unbedingt erforderliche Temperaturkontrolle erfolgt durch ein Thermoelement, das zwischen Ofenwand und Quarzrohr so eingeschoben ist, daß die Lötstelle in Höhe der Schiffchenmitte liegt.

Der benötigte Wasserstoff wird einer Bombe über ein Reduzierventil entnommen, ohne weitere Reinigung verwandt und nur durch ein mit konzentrierter Schwefelsäure beschicktes, als Blasenzähler dienendes Waschgefäß geleitet. Die Strömungsgeschwindigkeit soll so sein, daß je Stunde 6 l Gas durch das Rohr streichen.

Reagenzien.

1. Bidestilliertes Wasser.
2. Salzsäure (1,19) p. a.
3. Schwefelsäure (1,83) p. a.
4. Salpetersäure (1,4) p. a.
5. Hydrazindihydrochloridlösung: 30 g Salz p. a. in 100 ml Wasser, bidestilliert.
6. Zinktestlösung: Eine aus Reinstzink und Salzsäure p. a. hergestellte Zinklösung mit 10 mg Zink im ml wird nach Bedarf mit bidestilliertem Wasser auf 10 bis 100 µg Zink im ml verdünnt.
7. Polarographische Grundlösung: 100 g Ammoniumchlorid p. a. + 1 l Ammoniak p. a. + 2 g Perlleim.
8. α-Nitroso-β-Naphthollösung: 2 g Salz p. a. in 100 ml Methanol.

Ausführung.

Das Schiffchen (Abb. 27) mit der Probe, deren Menge je nach dem zu erwartenden Zinkgehalt von 0,1 bis 2 g schwankt, wird in das Quarzrohr übergeführt, der Strömungskörper eingesetzt und das Rohr mit Wasserstoff gefüllt, so daß die Luft restlos vertrieben ist. Dann führt man das Rohr in den bereits auf 700° vorgewärmten Ofen (Abb. 28), wobei darauf zu achten ist, daß das Schiffchen in den mittleren, gleichmäßig heißen Ofenteil gelangt. Während ein Wasserstoffstrom von 2 bis 3 Blasen je sek das Rohr durchstreicht, wird die Temperatur auf 1100° gebracht und das Schiffchen etwa 2 Std. auf dieser Temperatur gehalten. Danach schaltet man den Ofen ab, zieht das Rohr heraus und läßt es im Wasserstoffstrom erkalten.

Nach dem Erkalten des Rohres werden zunächst Strömungskörper und Schiffchen sowie etwaige aus dem Schiffchen herausgefallene Metallspäne entfernt. Aus dem senkrecht gestellten Rohr löst man sodann den Metallspiegel in ein Quarzschälchen, indem man mit Hilfe einer Kapillarpipette 3mal je 1 ml heiße Salzsäure (1 + 1) und 1 ml Wasserstoffsuperoxyd (3proz.) in die Kapillare über den Spiegel tropfen läßt und mit je 1 ml Wasser 3mal nachspült. Lösung und Waschwasser werden auf dem Wasserbade vorsichtig zur Trockne gedampft und der Trockenrückstand mit 2 Tropfen Salzsäure (1 + 1) und 3 bis 4 ml Wasser wieder in Lösung gebracht.

Zu der warmen Zinklösung im Quarzschälchen setzt man 0,25 ml Diacetyldioximlösung (1 g in 100 ml Methanol) und 0,25 ml Ammoniak (0,91) zum Ausfällen etwa mitgerissenen Nickels und läßt das Schälchen zum Absitzen des Niederschlages mit einem Quarzuhrglas bedeckt 30 min auf dem Wasserbade stehen. Dann wird über ein 3 cm-Hartfilter in ein Quarzgläschen filtriert und mit 2 bis 3 ml Wasser nachgewaschen. Zum Filtrat fügt man 1 ml Salpetersäure (1,4) und 0,5 ml Schwefelsäure (1,84) hinzu und dampft erst auf dem Wasserbade und dann auf der Heizplatte zur Trockne.

Der Trockenrückstand wird mit genau 5 ml Grundlösung und 2 Tropfen Hydrazindihydrochloridlösung aufgenommen und die Lösung nach mehrmaligem Umschütteln in ein 10 ml-Polarographengläschen übergeführt. Man polarographiert im Spannungsbereich von 0,8 bis 1,5 V mit entsprechender Empfindlichkeit. Die Auswertung der Kurve erfolgt mit Hilfe entsprechend hergestellter Zinktestlösungen, die ebenfalls vor Zugabe der polarographischen Grundlösung mit 1 ml Salpetersäure und 0,5 ml Schwefelsäure zur Trockne gedampft werden.

Literatur. GEILMANN, W., u. R. NEEB: Z. angew. Chem. Bd. 67 (1955) S. 26. — GEILMANN, W., R. NEEB u. H. ESCHHAUER: Z. analyt. Chem. Bd. 154 (1957) S. 418.

10. Die Bestimmung des Eisens

1 g Metall wird in 20 ml Salpetersäure (3 + 1) gelöst, mit 20 ml Schwefelsäure (1 + 1) abgeraucht und die Schwefelsäure möglichst weit abgedampft. Man nimmt mit 50 ml Salzsäure (1 + 1) auf, kocht bis zur vollständigen Lösung, spült mit Salzsäure (1 + 1) in einen Scheidetrichter über und extrahiert mit 20 ml Dimethylisobutylketon. Das Eisen geht vollständig in die Ketonschicht. Nach Ablassen der Lösung wird die Ketonphase mit 20 ml Salzsäure (1 + 1) nochmals geschüttelt; hierbei gehen die letzten Reste der Metallphase in die Salzsäure. Nachdem die Salzsäure abgelassen worden ist, wird die Ketonphase mit 50 ml Wasser geschüttelt. Das Eisen geht in die wäßrige Phase. Diese wird in ein Becherglas abgelassen, zur Trockne gedampft, mit 1 ml Salzsäure (1,19) aufgenommen, in einen 50 ml-Meßkolben gespült und nacheinander mit

2 ml Hydrochinonlösung (2,5 g werden in Wasser gelöst, mit 1 ml Schwefelsäure (1,84) versetzt und auf 100 ml aufgefüllt),

2 ml Natriumsulfitlösung (40 g $Na_2SO_3 \cdot 7H_2O$/100 ml),

1 ml Phenanthrolinlösung [0,5 g in 100 ml Äthanol (96proz.)]

versetzt. Nach 2 min gibt man 10 ml Ammoniumacetatlösung (200 g/l) hinzu und füllt auf.

Man photometriert mit Hilfe eines Filters mit Schwerpunkt 490 mμ in einer entsprechenden Küvette gegen Wasser.

Eine Reagenzienblindprobe muß durchgeführt und in Anrechnung gebracht werden.

11. Die Bestimmung des Aluminiums

10 g Nickel werden in Salpetersäure (3 + 1) gelöst, die Lösung mit Ammoniak neutralisiert, ein kleiner Niederschlag mit Salzsäure eben wieder in Lösung gebracht und die Lösung mit 10 g Natriumacetat versetzt. Man verdünnt ungefähr

auf 500 ml und kocht auf. Nach dem Absitzen filtriert man den Niederschlag ab, wäscht mit heißem Wasser aus und löst ihn in wenig Salzsäure wieder auf. In die heiße Lösung leitet man zum Entfernen der mitgefallenen Metalle der Schwefelwasserstoffgruppe Schwefelwasserstoff ein, schreckt mit kaltem Wasser ab, damit auch das Blei vollständig ausfällt, filtriert und verkocht im Filtrat den Schwefelwasserstoff.

Nun fügt man 20 Tropfen Thioglykollsäure hinzu und Ammoniak bis zum Umschlag des zugegebenen Methylrots und kocht auf. Der Niederschlag wird filtriert, mit heißem Wasser ausgewaschen, in Salzsäure gelöst und die Fällung in gleicher Weise wiederholt. Der Niederschlag wird auf ein Weißbandfilter gesammelt, mit heißem Wasser gewaschen, verascht und 15 min in der elektrischen Muffel bei 900° geglüht. Auswaage Al_2O_3.

12. Die Bestimmung des Calciums und Magnesiums

5 bis 10 g Nickel werden mit 50 bis 100 ml Salpetersäure (1,40) gelöst. Die Lösung wird mit 50 ml Schwefelsäure (1 + 1) versetzt und bis zum starken Rauchen der Schwefelsäure eingedampft. Den Eindampfrückstand nimmt man mit 50 ml Wasser auf und dampft nochmals bis zum Rauchen der Schwefelsäure ein. Dann nimmt man mit verdünnter Schwefelsäure (1 + 9) auf, erwärmt, bis sich alle Salze gelöst haben, und filtriert nach kurzem Absitzen das abgeschiedene Siliciumdioxyd ab. Dieses Siliciumdioxyd kann Calciumsulfat enthalten und muß umgelöst werden. Das Filtrat macht man stark ammoniakalisch und scheidet Nickel, Kobalt und Kupfer zusammen elektrolytisch ab. Nach beendeter Elektrolyse werden die Elektroden abgespült. Darauf versetzt man das Elektrolysat mit Ammoniumperoxydisulfat, erhitzt es zum Sieden, filtriert den Niederschlag ab und wäscht ihn mit heißem Wasser aus. Er wird in Salzsäure gelöst und nochmals ausgefällt. Die vereinigten Filtrate werden nach dem Einengen in eine Platinschale übergespült und zur Trockne gedampft. Der trockene Rückstand wird zum Vertreiben der Ammoniumsalze schwach geglüht. Dann löst man den Glührückstand in Salzsäure und bestimmt das Calcium in der ammoniakalisch gemachten Lösung durch Fällen mit Ammoniumoxalat und im Filtrat davon das Magnesium als Pyrophosphat.

Genauigkeit. 2.

Dauer. 24 Std.

13. Die Bestimmung des Zinns

Den Zinngehalt des Nickels ermittelt man nach dem Verfahren von H. BLUMENTHAL, das im Kapitel Kupfer, S. 388, eingehend behandelt ist.

14. Die Bestimmung des Phosphors

Wie im Kapitel Kupfer angegeben: S. 415, unter 11.

15. Die Bestimmung des Bleies

50 g Nickelmetall werden mit 250 ml Salpetersäure (1,4) p. a. und etwas Wasser in einem 800 ml-Jenaer-Becherglas gelöst, die Lösung auf 600 ml mit Wasser verdünnt und mit Ammoniak auf p_H 3 abgestumpft. Nun leitet man in der Kälte 20 bis 30 min Schwefelwasserstoff ein. Die Sulfide von Kupfer und Blei und etwa mitgefallenes Nickelsulfid werden abfiltriert, mit kaltem H_2S-haltigem Wasser gewaschen und mit heißer Salpetersäure (1 + 1) vom Filter gelöst. Man engt die Lösung auf 30 ml ein, filtriert vom abgeschiedenen Schwefel in ein 250 ml-Becherglas ab und versetzt mit 0,1 g bleifreiem Elektrolytkupfer, das man in Salpetersäure p. a. gelöst hat. Man stumpft die Säure mit Ammoniak ab, versetzt dann mit 10 ml Salpetersäure (1+1), verdünnt auf 100 ml mit Wasser und scheidet das Blei auf einer Platinnetzanode schnellelektrolytisch mit etwa 0,5 A ab. Zur besseren Abscheidung versetzt man den Elektrolyten mit 5 ml Schwefelsäure (1 + 4).

D. Die Untersuchung der Nickellegierungen

Von der großen Anzahl wirtschaftlich wichtiger Nickellegierungen interessieren vor allem die Nickel-Kupfer-Legierungen. Von diesen kann man 2 Gruppen unterscheiden: die eine ist praktisch *zinkfrei*, die andere *enthält Zink* in wechselnden Mengen. Außerdem weisen fast alle diese Legierungen kleinere Mengen an Eisen, Mangan, Blei, Zinn, Kobalt, Arsen und Schwefel auf.

I. Nickelkupferlegierungen (zinkfreie)

Zinkfreie Legierungen von Nickel und Kupfer in verschiedenen Mengenverhältnissen sind unter anderen: Monelmetall, Münzlegierung, Konstantan und zinkfreies Nickelin.

1. Die Bestimmung von Kupfer, Nickel und Eisen

Man löst 10 g der zerkleinerten und entölten, trockenen Bohr- oder Abschlagprobe in 80 bis 100 ml Salpetersäure (1,40) und 100 ml Wasser, kocht die Lösung zum Vertreiben der nitrosen Gase und bringt sie nach dem Abfiltrieren von gegebenenfalls ausgeschiedener Zinnsäure auf 1 l. Man entnimmt 100 ml (= 1 g Einwaage) und bestimmt darin das *Kupfer* elektrolytisch nach Zugeben von 5 g Ammoniumnitrat. Etwa vorhandenes *Blei* geht dabei als Bleidioxyd an die Anode; es wird aber wegen der Unzuverlässigkeit der elektrolytischen Bleibestimmung in Gegenwart von Mangan, das in solchen Legierungen selten fehlt, in dieser Form nicht gewogen, sondern besser in einem anderen Teil (250 ml) der Einwaage als Sulfat abgeschieden und bestimmt.

Die entkupferte und entbleite Lösung füllt man im 500 ml-Meßkolben zur Marke auf und fällt das *Nickel* — je nach dem Nickelgehalt — in einer Abmessung von 50 bis 100 ml nach Zusatz von Weinsäure mittels Diacetyldioxim und Ammoniak in bekannter Weise.

In einem dritten Teil (250 ml) der Hauptlösung fällt man das *Eisen* nach Zusatz von Ammoniumsalz doppelt mit Ammoniak; die Bestimmung erfolgt maßanalytisch.

2. Die Bestimmung des Mangans

Man führt sie nach dem Verfahren von PROCTER SMITH durch, wie beim Nickelmetall, S. 556, angegeben.

3. Die Bestimmung des Kobalts

5 g Späne werden mit 20 ml Salpetersäure (1,40) gelöst; die Lösung wird stark eingeengt. Dann verdünnt man sie mit Wasser, verkocht die nitrosen Gase und filtriert etwa ausgeschiedene Zinnsäure ab. Das Kupfer entfernt man in bekannter Weise schnellelektrolytisch; im entkupferten Elektrolysat fällt man das Kobalt entweder wie beim Nickelmetall (s. S. 553) mit *Kaliumnitrit* oder nach dem Abrauchen der Lösung mit Schwefelsäure mit α-Nitroso-β-Naphthol, wie im Kapitel Kobalt, S. 356, beschrieben, oder man bestimmt es photometrisch, wie auf S. 549 angegeben.

4. Die Bestimmung des Phosphors

Sie erfolgt nach der im Kapitel Kupfer, S. 415, gegebenen Vorschrift.

II. Nickelkupferlegierungen (zinkhaltige)

Diese Legierungen wechselnder Zusammensetzung werden zusammenfassend als *Neusilber* bezeichnet und führen im Handel verschiedene Namen wie Argentan, Pakfong und, wenn sie versilbert werden, Alfenide- oder Alpakasilber usw.

Die Untersuchung auf *Kupfer*, *Nickel*, *Eisen*, *Mangan* und *Kobalt* kann in der gleichen Weise wie im vorhergehenden Abschnitt Nickel-Kupfer-Legierungen (zinkfreie) vorgenommen werden. Die Bestimmungen von *Schwefel* und *Arsen* werden wie beim Nickelmetall, S. 556/57, von *Phosphor* wie bei Kupfer, S. 415, ausgeführt.

Die Gesamtanalyse

kann nach Berl-Lunge, 8. Aufl., Bd. II (1932) S. 1492, auch folgendermaßen ausgeführt werden:

1 g Bohrspäne wird in einem 300 ml-Erlenmeyer-Kolben mit 10 ml Salpetersäure (1 + 1) gelöst und die Lösung mit 10 ml Schwefelsäure (1 + 4) bis zum Auftreten von Schwefelsäuredämpfen erhitzt. Man nimmt die Sulfate mit etwas Wasser und 5 ml Schwefelsäure (1 + 4) unter Erwärmen auf, verdünnt dann die Lösung auf 150 ml und fällt das Kupfer in der Siedehitze mit Schwefelwasserstoff aus. Der Niederschlag, der sich schnell zu Boden setzt, wird auf ein 12,5 cm-Filter abfiltriert und mit heißem Wasser säurefrei ausgewaschen. Dann gibt man ihn samt dem Filter in den Erlenmeyer-Kolben zurück, setzt 20 ml Salpetersäure (1,40) hinzu und erwärmt, bis alles Kupfer gelöst ist. Hierauf filtriert man in ein 400 ml-Becherglas, wäscht die abfiltrierten Filterreste mit heißem Wasser aus und bestimmt das Kupfer schnellelektrolytisch. Das Filter mit dem Niederschlag kann auch mit Schwefelsäure (1,84) + Salpetersäure (1,40) zersetzt werden.

Das Filtrat vom Kupfersulfid, in dem sich das gesamte Nickel und Zink befinden, kocht man nun zum Vertreiben des Schwefelwasserstoffes bis auf etwa 50 ml ein, spült es in ein 250 ml-Jenaer-Becherglas und versetzt es nach dem Erkalten mit etwa 2 g Dicyandiamidinsulfat. Dann macht man die Lösung ammoniakalisch und gibt so lange Kalilauge (1 + 3) unter Umrühren hinzu, bis ein gelber Niederschlag von Nickeldicyandiamidin ausfällt. Das gesamte Zink bleibt in Lösung. Der Niederschlag wird abfiltriert, mit kaltem Wasser, dem man einige Tropfen Ammoniak hinzugegeben hat, ausgewaschen und mit heißer Schwefelsäure (1 + 4) in das Becherglas zurückgelöst. Die Lösung macht man ammoniakalisch, versetzt sie mit 1 g Ammoniumperoxydisulfat und läßt sie aufkochen. Etwa vorhandenes Eisen und Mangan filtriert man ab, wäscht den Niederschlag mit heißem Wasser aus und löst ihn in Schwefelsäure. Die Fällung wird wiederholt und das Nickel aus den vereinigten Filtraten schnellelektrolytisch mit 3 bis 4 A niedergeschlagen (Platinkathode).

Das auf dem Filter befindliche Eisen und Mangan kann nach bekannten Verfahren bestimmt werden.

Das alkalische Filtrat der Nickelfällung versetzt man mit 10 bis 20 ml Natronlauge (1 + 3) und schlägt nach dem Verkochen des Ammoniaks das Zink auf einer *verkupferten* Kathode mit einer Stromstärke von 2 A schnellelektrolytisch als Metall nieder.

Genauigkeit. 1.

Dauer. 7 bis 8 Std.

Bemerkung. Bei besonders eiligen Betriebsanalysen kann man das Kupfer schnellelektrolytisch, das Nickel in der entkupferten Lösung maßanalytisch mit Diacetyldioxim bestimmen und das Zink als Rest betrachten.

III. Ferronickel

Das Ferronickel mit einem Nickelgehalt von etwa 50 bis 55% wird hauptsächlich auf elektrothermischem Wege hergestellt. Man benutzt es für die Erzeugung von Nickelstählen aller Art.

Die Bestimmung des Nickels

0,5 g Späne werden in einem 300 ml-ERLENMEYER-Kolben mit 15 ml Salpetersäure (1 + 1) und 5 ml Salzsäure (2 + 1) unter Erwärmen in etwa 20 min in Lösung gebracht. Die Lösung wird mit Wasser auf 50 ml verdünnt, in einen 300 ml-Kolben filtriert und etwa ausgeschiedener Graphit heiß ausgewaschen. Im Filtrat wird der Nickelgehalt maßanalytisch mit Kaliumcyanidlösung nach S. 545 bestimmt.

Genauigkeit. 1 (s. S. 546).

Dauer. 20 min.

E. Die Untersuchung der Oxyde und Salze

I. Nickeloxyde

Die Nickeloxyde dienen zur Herstellung der Nickelsalze und des Ferronickels. Das reine Nickeloxyd ist das Ausgangsmaterial für die Gewinnung des Würfelnickels. Man teigt es mit 1% Mehl oder Dextrin an, formt die Paste zu Würfeln oder Rondellen, bettet diese in Schamottetiegeln in Holzkohlenpulver und reduziert das Oxyd bei 1100 bis 1200° zu Würfel- oder Rondellennickel. Für die Untersuchung der Nickeloxyde gilt das über Kobaltoxyde (s. S. 368) Gesagte. Die Summe des Nickel- und Kobaltgehaltes wird elektrolytisch festgestellt; in der Lösung des Nickelniederschlages bestimmt man dann das Kobalt durch Fällung mit α-Nitroso-β-Naphthol (s. Kapitel Kobalt, S. 356) oder photometrisch mit Ammoniumthiocyanat, wie auf S. 549 für die Bestimmung in Erzen beschrieben ist. Die Bestimmung der Verunreinigungen erfolgt nach den beim Nickelmetall (s. S. 553ff.) gegebenen Vorschriften.

II. Nickelsalze

Die gangbarsten Salze sind das *Nickelsulfat*, $NiSO_4 \cdot 7H_2O$ mit 20,9% Ni, das an der Luft zu $NiSO_4 \cdot 6H_2O$ verwittert, das *Nickelammoniumsulfat*, $NiSO_4$ — $(NH_4)_2SO_4 \cdot 6H_2O$ mit 14,9% Ni, das *Nickelformiat*, wasserfrei $Ni(HCO_2)_2$, mit 39,6% Ni und eine Reihe von *Vernickelungssalzen*, zumeist Nickelsulfat mit Zusätzen von Nickelchlorid, Natriumchlorid, Natriumsulfat, Magnesiumsulfat, Borsäure, Zitronensäure usw.

Da das Nickelsulfat das wirtschaftlich bedeutendste unter den Nickelsalzen ist, soll eine Untersuchung im folgenden kurz beschrieben werden. Für die Untersuchung galvanischer Nickelbäder sei auf das Buch von KENNETH E. LANGFORD, ins Deutsche übertragen von R. SPRINGER: Die Analyse galvanischer Bäder, Saulgen/Wttbg.: E. G. Leuze Verlag 1957, verwiesen.

Nickelsulfat

Für die Untersuchung werden 100 g einer guten Durchschnittsprobe in einer Porzellanschale zerrieben. Reinheitsgrad und Verunreinigungen werden aus verschiedenen Einwaagen bestimmt.

a) Die Bestimmung des Reingehaltes

3 g Probematerial werden mit 200 ml Wasser unter Zusatz von 5 ml Schwefelsäure (1,84) gelöst. Zur Lösung gibt man 5 g Ammoniumsulfat und so viel Ammoniak (0,91), daß der Überschuß etwa 25 ml beträgt, und elektrolysiert. Die Auswaage enthält das in der Probe vorhandene Nickel, Kobalt, Kupfer und gegebenenfalls Zink. Hat man in einer Sondereinwaage den Gehalt an Kupfer und Zink festgestellt und von obiger Summe abgesetzt, so verbleibt als Differenz der Reingehalt an Nickel + Kobalt.

b) Die Bestimmung des Kobalts

10 g der Probe werden mit 100 ml heißem Wasser gelöst. Die Lösung wird mit 5 ml Salzsäure (1,19) versetzt und das Kobalt, wie im Kapitel Kobalt, S. 356, angegeben, mit α-Nitroso-β-Naphthol gefällt. Man glüht den Niederschlag, löst den Rückstand in Salzsäure, raucht die Lösung nach Zusatz von Schwefelsäure ab und bestimmt dann das Kobalt elektrolytisch in bekannter Weise.

Auch durch Abscheiden mit Kaliumnitrit, wie unter III. 1., S. 553, beschrieben, läßt sich die Kobaltbestimmung durchführen oder photometrisch nach I, 3, S. 549.

c) Die Bestimmung des Kupfers, Eisens und Zinks

20 g der Probe werden mit 400 ml Wasser unter Erwärmen gelöst. Nach Zugeben von 5 ml Schwefelsäure (1,84) wird in die heiße Lösung Schwefelwasserstoff eingeleitet. Darauf filtriert man das Kupfersulfid ab, löst es mit Salpetersäure und bestimmt in der Lösung das *Kupfer* elektrolytisch oder photometrisch.

Aus dem Filtrat des Kupfersulfids verjagt man den Schwefelwasserstoff durch Kochen, oxydiert das *Eisen* mit Bromwasser und fällt es 2mal mit Ammoniak. Es wird entweder photometrisch oder bei größeren Mengen maßanalytisch bestimmt. In den vereinigten ammoniakalischen Filtraten wird nach dem Abstumpfen der Lösung mit Schwefelsäure und nach Zugabe von Monochloressigsäure (4%) das *Zink* durch Schwefelwasserstoff in der Wärme gefällt und in bekannter Weise als ZnO zur Wägung gebracht. Man prüft es nach dem Wägen auf Reinheit.

d) Die Bestimmung des Calciums

10 g Nickelsulfat werden mit etwa 1 l heißem Wasser gelöst; die Lösung wird filtriert. Nach sorgfältigem Auswaschen kocht man den Rückstand, der Calciumsulfat enthalten kann, samt dem Filter mit konz. Kaliumcarbonatlösung aus, filtriert und wäscht das Filter gut aus. Das gebildete Calciumcarbonat wird in Salzsäure gelöst und die Lösung mit dem ersten Filtrat vereinigt. Die vereinigten Lösungen macht man stark ammoniakalisch, scheidet Nickel, Kobalt und Kupfer elektrolytisch ab, filtriert im Elektrolysat das Eisenhydroxyd ab, löst es in Salzsäure und wiederholt die Fällung mit Ammoniak. Nach dem Einengen der Filtrate dampft man sie in einer Platinschale zur Trockne und verjagt die Ammoniumsalze durch schwaches Glühen des Rückstandes. Darauf löst man den Inhalt der Schale in Salzsäure und fällt in der ammoniakalisch gemachten Lösung das Calcium mit Ammoniumoxalat. Man wägt es schließlich als Oxyd oder titriert das Oxalat nach dem Lösen in Schwefelsäure mit Kaliumpermanganat.

e) Die Bestimmung der freien Schwefelsäure

Man schüttelt 10 g grobgepulvertes Salz mit wenig Alkohol, filtriert und titriert im Filtrat die freie Schwefelsäure mit n/10-Kalilauge.

Kapitel 25

Niob und Tantal*

Inhalt

A. Vorkommen

Niob und Tantal kommen gemeinsam in nordamerikanischen *Niobiten* oder *Columbiten* und in australischen *Tantaliten*, und zwar meistens an Eisen gebunden, vor. Bei den Tantaliten überwiegt der Tantalgehalt (bis zu 70% Ta_2O_5) erheblich, bei den Columbiten der Niobgehalt. Ein Columbit kann z. B. etwa folgende Zusammensetzung haben: Nb_2O_5 56%, Ta_2O_5 5%, TiO_2 6%, SnO_2 6%, FeO 19%, MnO 2%, CaO 1%, SiO_2 4%, Al_2O_3 1%; das Eisen ist bisweilen durch Mangan ersetzt. Das Verhältnis von Nb_2O_5 zu Ta_2O_5 ist sehr wechselnd; es kommen Columbite vor, welche etwa die gleichen Mengen von Nb_2O_5 und Ta_2O_5 enthalten.

Außer den obigen Erzen werden für die Herstellung von Ferrolegierungen auch niobtantalhaltige Zinnerze aus Südwestafrika und dem Kongo herangezogen, welche 10 bis 30% $Ta_2O_5 + Nb_2O_5$, 40 bis 60% Zinnstein, 10% Siliciumdioxyd und 6% Tonerde neben den Oxyden von Eisen, Mangan, Titan, Wolfram u. a. m. aufweisen. In Kamerun, Norwegen und Grönland werden gleichfalls Tantalite und Columbite als tantal- oder niobsaure Eisenverbindungen gefunden.

B. Qualitativer Nachweis

Für die Prüfung auf Anwesenheit der beiden Elemente allein und nebeneinander in einer Legierung ist die Fällung mit Tannin die eindeutigste. Eine reine Tantalfällung mit Tannin ist quittengelb, eine reine Niobfällung hat eine intensiv rote Färbung. Bei gleichzeitiger Anwesenheit von Tantal und Niob erhält man mit Tannin bei einem p_H-Wert der Lösung von 1,7 bis 1,9 eine reine Tantalfällung, stumpft man jedoch die Lösung durch tropfenweisen Zusatz von Ammoniak ab, so tritt allmählich neben der gelben Tantalfällung die rote Niobfällung auf, so daß eine Mischfärbung von Gelb und Rot entsteht. Zur Ausführung dieser Prüfung schließt man die durch ein Analysenverfahren gewonnenen Erdsäuren mittels einer Schmelze mit etwas Kaliumpyrosulfat in einem Porzellantiegel auf und löst die Schmelze in 100 ml warmer

---

*	1. Auflage	2. Auflage
Bearbeiter:	**Wirtz**	**Wirtz**
Mitarbeiter:	**Koch (VDEh), Müller, Ploum (VDEh), Winterstein**	**Koch (VDEh), Müller**

Ammoniumoxalatlösung (40 g/l) unter Zusatz von 2 bis 4 ml Schwefelsäure (1 + 1) in einem Becherglas auf. Dann wird die Lösung mit Wasser auf 400 ml verdünnt und mit so viel Ammoniak versetzt, daß ein p_H-Wert von etwa 1,7 bis 1,9 festzustellen ist. Darauf setzt man 10 g Ammoniumchlorid hinzu und fällt in der Siedehitze mit 2proz. Tanninlösung zunächst die Tantalsäure, die sich durch eine gelbe Fällung anzeigt. Nun setzt man aus einer Tropfflasche langsam Ammoniak hinzu. Ist Niobsäure anwesend, so tritt schon bei einem p_H-Wert von etwa 2,5 an der Einfallstelle des Ammoniaks eine rote Färbung auf. Hat man so viel Ammoniak zugesetzt, daß ein p_H-Wert von ungefähr 4 vorliegt, so ist auch die Fällung der Niobsäure beendet.

Als weitere Prüfungsmethode ist noch das für die quantitative Analyse benutzte Wasserstoffreduktionsverfahren (s. auch S. 570) zu nennen. Es beruht auf der Eigenschaft des Niobpentoxyds, bei 900° durch Wasserstoff zu schwarzem Niobtetroxyd reduziert zu werden, während Tantalpentoxyd dabei unverändert bleibt.

In der Eisenindustrie bedient man sich des Verfahrens von I. P. Alimarin u. J. B. Frid, die den Nachweis von Tantal und Niob im Stahl mittels einer gesättigten, wäßrigen Phenylarsinsäurelösung führen. (Siehe Handbuch für das Eisenhüttenlaboratorium, Bd. II, S. 512 bis 533. Düsseldorf: Verlag Stahleisen 1941.)

Abschließend sei der sichere Nachweis von Tantal und Niob allein und neben anderen Elementen durch die spektralanalytische Untersuchung genannt.

C. Analysenvorschriften bei der Gewinnung niobtantalhaltiger Erzeugnisse

I. Allgemeines

Die Literatur bringt ausgesprochene Betriebsverfahren für die Untersuchung von Niobtantalerzen und den daraus gewonnenen Erzeugnissen infolge der Schwierigkeit solcher Analysen bisher fast nicht. Man arbeitete auch in den Betriebslaboratorien nach den Vorschriften, wie sie in Bd. I, Schiedsverfahren, 2. Aufl., S. 320 bis 339, niedergelegt sind. Aber auf Grund der Erfahrungen, die man nach gründlicher Erkenntnis der Analysenmethoden gewonnen hat, lassen sich unter Berücksichtigung der Zusammensetzung der Erze oder Erzeugnisse bzw. des Vorhandenseins schädlicher Beimengungen sowie unter Wahrung der Ansprüche, die der Betrieb an die Genauigkeit der Analyse stellt, bei manchen Verfahren doch gewisse Vereinfachungen vornehmen, die eine Verkürzung der sonst langwierigeren Arbeitsgänge zur Folge haben. So kann man diese z. B. schon durch eine Verringerung der Einwaage, durch die Wahl des zweckmäßigsten Aufschlusses oder durch Weglassen öfters zu wiederholender Trennungsgänge erreichen. Natürlich wird die quantitative Abscheidung der reinen Erdsäuren die Hauptaufgabe bei der Analyse der tantalniobhaltigen Erze und Materialien bleiben. Aus ihrer Summe sind dann die Mengen der einzelnen Komponenten zu bestimmen. Den einfachsten Weg für diese Bestimmung bieten einmal das *Reduktionsverfahren* mittels Wasserstoff, dann das photometrische und das chromatographische Verfahren; sie werden weiter unten (S. 570 u. 571) angeführt. Die für das Reduktionsverfahren benötigte Apparatur ist einfach und kann in jedem Laboratorium zusammengestellt werden. Bei Niobiten oder einem Ferroniobtantal dürfte die Genauigkeit des Verfahrens, die mit $\pm 2\%$ angegeben ist, für orientierende Betriebsanalysen zufriedenstellend sein. Bedeutend bessere Ergebnisse erreicht man jedoch nach dem photometrischen Verfahren, besonders in Verbindung mit der Tanninfällung des Tantals.

Literatur. Münchow, P.: Die Methode der Trennung und Bestimmung von Niob und Tantal. Chem. Ztg. Bd. 84 (1960) S. 490 bis 494 und 527 bis 532.

II. Niobtantalerze

Manche Erze lassen sich mit Kaliumpyrosulfat im Porzellantiegel oder mit Kaliumcarbonat und Borax im Platintiegel aufschließen. In jedem Falle gelingt durch Schmelzen mit Natriumperoxyd im Nickel- oder Alsinttiegel ein vollständiger

Aufschluß. Die Abscheidung der Erdsäuren erfolgt dann zuerst durch Hydrolyse mit schwefliger Säure und anschließend ihre Reinigung mit Salzsäure und Wasserstoffperoxyd. Diese Arbeit ist ausführlich im Bd. I, 2. Aufl., S. 320/21 (bis Zeile 7) und S. 323/24 beschrieben. Dort ist auch ein Arbeitsgang für zinnreiche Erze angegeben.

1. Die Abscheidung der Erdsäuren[1]

Nachdem man das Erz (0,5 bis 1 g) mit Kaliumpyrosulfat im Porzellantiegel aufgeschlossen hat, löst man die Schmelze in einem 1 l-Becherglas mit 100 ml Salzsäure (1 + 1) und 20 ml 30proz. Wasserstoffperoxyd, verdünnt die Lösung mit Wasser auf 500 ml und kocht sie 30 min (das verdampfende Wasser muß dauernd ersetzt werden). Sobald der Niederschlag sich abgesetzt hat, wird er auf ein doppeltes Weißbandfilter abfiltriert, mit heißem Wasser ausgewaschen und in einer Platinschale samt dem Rückstand vom veraschten Filter mit je 10 ml Schwefelsäure (1 + 1) und 40proz. Flußsäure versetzt. Dann raucht man die Säuren bis fast zur Trockne ab, schmilzt den Schaleninhalt nochmals mit Kaliumpyrosulfat und wiederholt die Fällung. Nun wird der abfiltrierte Niederschlag bei 1000° bis zum gleichbleibenden Gewicht geglüht.

2. Die getrennte Bestimmung der Erdsäuren

Sie erfolgt, wie bereits S. 566 erwähnt, nach dem Reduktions-, photometrischen oder chromatographischen Verfahren. Diese werden bei der Analyse des Ferrotantalniobs, s. unten, beschrieben.

3. Die Bestimmung des Zinns

Man schmilzt 1,25 g des Erzes mit Natriumperoxyd im Nickeltiegel, zersetzt die Schmelze in Wasser, gibt genügend Weinsäure hinzu und säuert die Lösung mit Salzsäure schwach an. Dann wird das Zinn durch Einleiten von Schwefelwasserstoff als Sulfid gefällt. Man filtriert ab, wäscht mit schwach weinsäurehaltigem Schwefelwasserstoffwasser aus, löst in Bromsalzsäure, verdünnt die Lösung und verkocht das Brom. Nach Zusatz von etwas Weinsäure wird die Fällung mit Schwefelwasserstoff wiederholt. Die Weiterbehandlung der abfiltrierten Sulfide erfolgt nach den Vorschriften im Kapitel Zinn, S. II/981 (s. auch C. IV. 4).

III. Das Tantalmetall

Das metallische Tantal kommt je nach dem Verwendungszweck in einer Reinheit von etwa 99,5 bis 99,9% Ta in den Handel [s. R. W. Harrison: Metallbörse Bd. 24 (1934) S. 533/34; Siemens: Tantal und seine Verwendung in der Industrie. Siemens & Halske AG (1939)].

Es sei hier auf die Veröffentlichung von P. Klinger, E. Stengel und H. Wirtz: Beitrag zur Analyse des Tantalmetalls. Metall u. Erz Bd. 38 (1941) S. 124 verwiesen, die auch in Bd. I, Schiedsverfahren, 2. Aufl., S. 333—339, wiedergegeben ist.

IV. Das Ferroniobtantal und Ferrotantalniob

Man unterscheidet Ferroniob, Ferrotantal, Ferroniobtantal und Ferrotantalniob, je nach dem Element benannt, das neben dem Eisen vorwiegend vorhanden ist.

[1] Siehe auch Analyse des Ferroniobtantals.

Die heute in Deutschland erschmolzene Legierung ist ein Ferroniobtantal mit ungefähr folgender Zusammensetzung:

50% Nb, 15% Ta, 1% Ti, 0,6% Sn, 0,5% Al, 1,5% Si, 1 bis 4% Mn, 0,01% S, max. 0,1% Cu, je 0,1% C, W und P, Rest Eisen.

Die Ferrolegierungen von Niob und Tantal sind meist in Salpetersäure unter Zusatz von Flußsäure löslich. Man schlämmt erst die Legierung in einer Platinschale mit einigen ml Wasser an, fügt Salpetersäure (1,40) hinzu und läßt dann vorsichtig Flußsäure hinzutropfen. Hierbei tritt leicht ein Verlust durch Versprühen ein. Auch durch Schmelzen mit Kaliumpyrosulfat in einem Porzellantiegel von hoher Form sowie mit Natriumperoxyd bzw. Natriumperoxyd + Natriumcarbonat oder aber mit Natriumhydroxyd im Nickel- oder Eisentiegel läßt sich ein Aufschluß erreichen.

1. Die Bestimmung der Summe der Erdsäuren

Grundlage. Eine Ferrolegierung oben genannten Typs schließt man durch Schmelzen mit Kaliumpyrosulfat im Porzellantiegel auf. Man fällt die Erdsäuren durch Kochen der Schmelzlösung mit Salzsäure aus, befreit sie vom Siliciumdioxyd durch Behandeln mit Fluß- und Schwefelsäure, wiederholt das Schmelzen und die Fällung mit Salzsäure, filtriert den Niederschlag ab und erhält nach dem Glühen die Summe von Nb_2O_5 und Ta_2O_5.

Anwendungsbereich und Bedeutung. Das Verfahren findet Anwendung bei Ferrolegierungen, aber auch bei Erzen und Schlacken.

Genauigkeit. 2.

Dauer. 6 Std.

Ausführung. 0,5 g Material werden im Porzellantiegel (hohe Form) mit Kaliumpyrosulfat aufgeschlossen. Man schmilzt vorsichtig erst mit kleiner Flamme und steigert dann die Temperatur langsam unter öfterem Umschwenken des Tiegels, bis der Aufschluß beendet ist. Nach dem Erkalten wird die Schmelze in einem 1 l-Becherglas mit 100 ml Salzsäure (1 + 1) und 20 ml 30proz. Wasserstoffperoxyd gelöst, die Lösung mit Wasser auf 500 ml verdünnt und 30 min unter ständigem Ersatz des verdampften Wassers gekocht. Man läßt den Niederschlag eben absitzen, filtriert ihn auf ein doppeltes Weißbandfilter ab und wäscht ihn mit heißem Wasser aus. Zur Entfernung des Siliciumdioxyds wird er nach dem Veraschen und Glühen in einer Platinschale mit 10 ml Schwefelsäure (1 + 1) und 10 ml 40proz. Flußsäure versetzt. Man raucht den Schaleninhalt ab und wiederholt den Aufschluß und das Kochen mit Salzsäure. Darauf werden die Erdsäuren abfiltriert, bei etwa 1000° geglüht und gewogen.

Fehlerquellen. Bei diesem Verfahren verliert man etwa 0,5% der Erdsäuren, und zwar hauptsächlich Niob, hat aber dafür bei der Auswaage Verunreinigungen, besonders an Zinn- und Titanoxyd, ungefähr in der gleichen Gewichtsmenge. Will man jedoch den Verlust an Erdsäuren, der hin und wieder unerwartet höher ausfallen könnte, nicht in Kauf nehmen, so vereinigt man die salzsauren Filtrate der beiden Fällungen und fällt mit Ammoniak Eisen und die restlichen Erdsäuren. Der Niederschlag wird abfiltriert und mit heißem Wasser vom Filter in das vorher benutzte Becherglas gespült. Nunmehr löst man ihn mit 50 ml Salzsäure (1 + 1) klar auf (wird die Lösung nicht ganz klar, so gibt man etwas Wasserstoffperoxyd hinzu), verdünnt wieder auf 500 ml, kocht und fährt, wie oben beschrieben, zur Gewinnung der Erdsäuren fort. Die zusätzlich gewonnenen Erdsäuren werden der Hauptmenge zugeschlagen.

P und W stören durch Komplexbildung die Tantal- und Niobbestimmung. Im allgemeinen enthalten jedoch die Ferrolegierungen nicht mehr als die oben genannten Werte für P und W. Bei Betriebsanalysen sind sie daher nicht von Bedeutung und können vernachlässigt werden.

Literatur. Brüning, K., K. Meier u. H. Wirtz: Metall u. Erz Bd. 36 (1939) S. 552.

2. Die Bestimmung der Summe der Erdsäuren bei Gegenwart größerer Mengen von Phosphor und Wolfram

Grundlage. Ein alkalischer Aufschluß wird zentrifugiert. Die Hydroxyde der Elemente Niob, Tantal, Eisen, Mangan usw. haften fest am Boden des Zentrifugenglases, so daß die klare alkalische Lösung, die Phosphor, Zinn, Wolfram, Aluminium und den größten Teil des Siliciumdioxyds enthält, abgegossen werden kann.

Anwendungsbereich und Bedeutung. Das Verfahren eignet sich für die Bestimmung der Erdsäuren in Ferrolegierungen, Erzen und Schlacken.

Genauigkeit. 1.

Dauer. 6 Std. reine Arbeitszeit.

Ausführung. 1 g der Probe wird im Alsinttiegel mit 18 g Natriumperoxyd aufgeschlossen. Nach beendigtem Aufschluß gibt man weitere 10 g Peroxyd hinzu und bringt die Schmelze nochmals kurz in Fluß. Die erkaltete Schmelze wird mit 75 ml einer halbgesättigten Kochsalzlösung gelöst und der Tiegel mit derselben Lösung gereinigt. Den Becherglasinhalt spült man mit der erwärmten Kochsalzlösung in ein 225 ml-Zentrifugenglas über. Das Flüssigkeitsvolumen soll 150 ml nicht überschreiten. Die Lösung läßt man über Nacht stehen. Dann zentrifugiert man bei 3600 U/min 20 min lang; die Hydroxyde der Elemente Niob, Tantal, Titan, Zirkon, Eisen und Mangan haften so fest am Boden des Zentrifugenglases, daß sie durch einfaches Abgießen der alkalischen Lösung, die Phosphor, Wolfram, Zinn, Aluminium und den größten Teil des Siliciumdioxyds enthält, isoliert werden können. Ein Nachspülen mit einer gesättigten Kochsalzlösung kann erfolgen, ist aber nicht unbedingt erforderlich. Der im Glas verbliebene Rückstand wird mit Wasser aufgewirbelt und in ein 1 l-Becherglas übergespült. Der zum Aufschluß benutzte Alsinttiegel wird in der Wärme mit 60 ml Salzsäure (1 + 1) und 10 ml Perhydrol behandelt. Die Lösung wird dem Inhalt des 1 l-Becherglases zugegeben. Nun fügt man 20 ml Salzsäure (1,19) und 10 ml Perhydrol hinzu und erwärmt 5 min schwach. Man verdünnt die Lösung auf 500 ml, stellt mit einer Sodalösung (100 g/l) einen p_H-Wert von 4 ein, erhitzt zum Sieden und kocht nach Zugabe einer 6proz. Lösung von schwefliger Säure eine halbe Std. Nach dem Absitzen wird filtriert und der Niederschlag in einem Platintiegel verascht und geglüht. Man entfernt das restliche Siliciumdioxyd durch Abrauchen mit Fluß-Schwefelsäure, schließt den Rückstand mit Kaliumpyrosulfat auf und bestimmt die Summe der Erdsäuren, wie unter 1. beschrieben. Nähere Einzelheiten s. Bd. I, 2. Aufl., S. 320, und Metall u. Erz Bd. 11 (1958) S. 465; Bd. 12 (1959) S. 612.

3. Die Fällung von Niob, Tantal und Titan mit Kupferron

Grundlage. Der Aufschluß erfolgt durch Schmelzen mit Kaliumpyrosulfat. Das Zinn wird durch Fällung mit Schwefelwasserstoff in weinsaurer-schwefelsaurer Lösung von Niob und Tantal abgetrennt. Im ammoniakalisch gemachten Filtrat fällt man Eisen, Mangan usw. mit Schwefelwasserstoff, spült das Ganze in einen Meßkolben über, filtriert nach dem Auffüllen zur Marke einen Anteil der Lösung ab, macht die Abmessung schwefelsauer und fällt Niob, Tantal und Titan mit Kupferronlösung.

Anwendungsbereich und Bedeutung. Das Verfahren kann bei Ferrolegierungen, Erzen und Schlacken angewandt werden.

Genauigkeit. 2.

Dauer. 8 Std., einschließlich der photometrischen Bestimmung.

Ausführung. 0,5 g Material werden mit Kaliumpyrosulfat aufgeschlossen. Die Schmelze wird mit einem 1 l-Becherglas mit etwa 50 ml Weinsäurelösung (150 g/l) unter Zusatz von 20 ml Schwefelsäure (1 + 1) bei mäßiger Erwärmung gelöst. Zinn- und Siliciumdioxyd können die Lösung trüben. Ohne darauf Rücksicht zu nehmen, macht man sie ammoniakalisch, säuert mit verdünnter Schwefelsäure wieder schwach an, kocht eben auf und leitet zur Fällung von Zinn, Kupfer usw. Schwefelwasserstoff ein. Nach dem Absitzen werden die Sulfide abfiltriert und mit weinsäure- und schwefelsäurehaltigem Schwefelwasserstoffwasser ausgewaschen. Sollte dieser Niederschlag beträchtlich sein, so könnte er Niob und Tantal einschließen. Will man diese rückgewinnen, so behandelt man den Niederschlag mit warmer Ammoniumsulfidlösung, verascht das Filter, glüht den Rückstand und verjagt das Siliciumdioxyd durch Abrauchen mit Fluß- und Schwefelsäure. Dann schmilzt man den verbliebenen Rückstand mit Kaliumpyrosulfat, löst die Schmelze in möglichst wenig Weinsäurelösung und Schwefelsäure und wiederholt die Fällung mit Schwefelwasserstoff. Der Niederschlag wird abfiltriert und das Filtrat mit dem Hauptfiltrat vereinigt.

Darauf macht man die vereinigten Lösungen schwach ammoniakalisch (5 ml Ammoniak im Überschuß), erwärmt und sättigt sie mit Schwefelwasserstoff. Das Ganze wird nun in einen 1 l-Meßkolben übergespült, zur Marke aufgefüllt und filtriert. Dem Filtrat entnimmt man 500 ml, versetzt die Abmessung mit so viel Schwefelsäure (1 + 1), daß 10% dieser Säure im Überschuß vorliegen, verjagt den Schwefelwasserstoff durch Kochen und kühlt die Lösung unter 15° ab. Es wird dann unter Rühren Kupferronlösung (6 g in 100 ml) hinzugefügt, bis die Fällung des Niobs, Tantals und Titans vollständig ist. Man läßt den Niederschlag absitzen, filtriert ihn auf ein Doppelfilter ab und wäscht ihn mit kaltem, salzsäurehaltigem Wasser (1 + 9) sulfatfrei aus. Nach dem Veraschen des Filters glüht man den Niederschlag im Porzellantiegel bei 1000° bis zur Gewichtskonstanz. Er besteht aus $Nb_2O_5 + Ta_2O_5 + TiO_2$.

Zur Bestimmung der Komponenten des Oxydgemisches ist das photometrische Verfahren das zweckmäßigste.

Literatur. WEIHRICH, R.: Die chemische Analyse in der Stahlindustrie, 2. Aufl., von J. KASSLER, S. 162—167. Stuttgart: Ferdinand Encke 1930. — CUNNINGHAM, TH. R.: Determination of Columbium and Tantalum in Stainless Steel. Ind. Engng. Chem. analyt. Edit. 10 (1939), S. 233—235. — METZGER, F. D., u. O. E. TAYLOR: Eine neue maßanalytische Methode zur Bestimmung von Niob bei Gegenwart von Tantal und ihre Anwendung zur Analyse von Niobmineralien. Z. anorg. allg. Chem. Bd. 62 (1909) S. 383—394. — ALIMARIN, J. P., u. B. J. FRID: Ein neues Verfahren zum Nachweis geringer Mengen Niob und Tantal in Mineralien, Gesteinen und Metallen. Mikrochem. Bd. 23 (1937) S. 17—23. — SCHOELLER, W. R.: The Analytical Chem. of Tantalum and Niobium. London 1937. — SCHÄFER, H.: Z. Naturforsch. Bd. 36 (1948) S. 376. — SCHÄFER, H., u. E. PIETRUCK: Z. anorg. allg. Chem. Bd. 267 (1951) S. 174. — BRÜNNING, K., K. MEIER u. H. WIRTZ: Metall u. Erz (1939) S. 351. — KNOWLES, H. B., u. G. E. F. LUNDALL: Det. of Research Bd. 42 (1949) S. 405. — KLINGER, P., u. W. KOCH: Arch. Eisenhüttenwes. Bd. 13 (1939/40) S. 127 u. 134. — WEISS, L., u. M. LANDECKER: Z. anorg. allg. Chem. Bd. 64 (1909) .

4. Die Bestimmung des Niobs und Tantals im Gemisch ihrer Oxyde

a) Durch das Reduktionsverfahren

Grundlage. Im Gemisch der Erdsäuren wird zunächst das Nb_2O_5 im Wasserstoffstrom bei 900 bis 950° zu Nb_2O_4 reduziert. Hierbei bleibt das Tantalpentoxyd unverändert. Durch Glühen an der Luft oxydiert man dann das Niobtetroxyd wieder zu Niobpentoxyd und errechnet aus der Gewichtszunahme den Niobgehalt der Mischung.

Anwendungsbereich und Bedeutung. Das Verfahren ist nur anwendbar bei Tantalnioboxyden mit mindestens 10% Niobpentoxyd.

Genauigkeit. 2.

Dauer. 6 Std.

Ausführung. 0,3 bis 0,4 g der erhaltenen, feinst zerriebenen Oxyde, die vor der Einwaage nochmals zu glühen sind, bringt man in ein ausgeglühtes, gewogenes Schiffchen aus Quarz, Platin oder Porzellan (glasiert), schiebt es in das Quarzrohr eines Röhrenofens und leitet, zunächst ohne zu erhitzen, etwa $^1/_2$ Std. trockenen Wasserstoff durch die Apparatur, bis alle Luft verdrängt ist. Dann schaltet man den Strom ein, erhitzt auf 900 bis 950° und läßt den Wasserstoff 1 Std. bei dieser Temperatur einwirken. Darauf wird der Strom abgeschaltet, der Ofen aufgeklappt, aber der Wasserstoffstrom nicht unterbrochen. Ist die Temperatur unter 100° gesunken, so zieht man das Schiffchen vorsichtig heraus, läßt es im Exsiccator vollständig erkalten und wägt. Die vorher weißen oder gelblichen Oxyde zeigen jetzt, je nach dem Niobgehalt, eine graue oder schwarze Farbe. Nun wird die Reduktion in gleicher Weise bis zur Gewichtskonstanz der Oxyde wiederholt. Sodann überführt man das reduzierte Gemisch in einen ausgeglühten, gewogenen Platintiegel, wägt Tiegel plus Substanz und glüht zunächst vorsichtig, später mit voller Flamme des Bunsenbrenners. Man kann auch die Oxydation unmittelbar im Schiffchen vornehmen. Sie vollzieht sich rasch. Nach beendeter Oxydation und Abkühlung im Exsiccator wird erneut gewogen.

Die Gewichtsdifferenz zeigt den aufgenommenen Sauerstoff an. 1 mg Sauerstoff entspricht 16,61 mg Nb_2O_5; man kann hieraus die Menge des vorhandenen Niobpentoxyds errechnen. Setzt man sein Gewicht vom Gesamtgewicht der im Platintiegel befindlichen Oxyde ab, so erhält man als Differenz das Gewicht des Tantalpentoxyds.

Die *Apparatur* besteht aus: einem elektrisch beheizten, möglichst aufklappbaren *Röhrenofen*, einem *Quarzrohr* von 400 mm Länge und einem Innendurchmesser von 14 mm, einem möglichst flachen *Schiffchen*, einem *Kippschen Apparat* zur Erzeugung von Wasserstoff, einer *Waschflasche* mit Schwefelsäure, zwei mit Calciumchlorid gefüllten *U-Röhrchen.*

Fehlerquellen. Des recht ungünstigen Umrechnungsfaktors wegen ist die Genauigkeit dieses Reduktionsverfahrens nur gering. Im übrigen sind gegen dieses Verfahren auch Bedenken grundsätzlicher Art geäußert worden [H. Schäfer u. Ch. Pietruck: Z. anorg. allg. Chem. Bd. 264 (1951) H. 1]. — TiO_2 wird ebenfalls reduziert, und zwar zu Ti_2O_3. Es ist daher empfehlenswert, zu dieser Bestimmung ein Oxydgemisch zu benutzen, bei dem das Titan bereits vollständig oder zum größten Teil abgetrennt wurde, wie es das beschriebene Verfahren vorsieht. Gegebenenfalls bleibt eine Prüfung des Oxydgemisches auf einen Gehalt an Titan erforderlich, um daraus berechnen zu können, wieviel Sauerstoff zu seiner Wiederoxydation nötig ist (1 mg Sauerstoff entspricht 10,0 mg TiO_2).

Literatur. Ruff, O., u. F. Thomas: Z. anorg. allg. Chem. Bd. 156 (1939) S. 213. — Schäfer, H., u. G. Broich: Z. anorg. allg. Chem. Bd. 267 (1952) S. 265.

b) Durch das photometrische Verfahren

Grundlage. Eine Lösung von Niobpentoxyd in Schwefelsäure (1,84) wird durch Wasserstoffperoxyd gelb gefärbt; dagegen tritt keine Färbung in einer 10proz. bis 20proz. schwefelsauren Lösung auf. Titan aber zeigt in letzter Säurekonzentration die intensivste Gelbfärbung. Tantal bleibt in konzentrierter und auch in verdünnter Schwefelsäurelösung farblos.

Die Gelbfärbung von Titan in konzentrierter Schwefelsäurelösung beeinflußt die Messung des Niobs. Da jedoch die gewonnenen Erdsäuren nach mehrmaliger Abscheidung mit Salzsäure fast titanfrei anfallen, kann der vorgenannte Fehler bei einer Analyse für betriebliche Zwecke vernachlässigt werden.

Sind jedoch nennenswerte Mengen Titan vorhanden, so wird es ebenfalls photometrisch ermittelt und der gefundene Wert bei den Erdsäuren berücksichtigt.

Anwendungsbereich und Bedeutung. Die zur Anwendung kommende Lösung darf nicht mehr als höchstens 0,04 g Nb_2O_5 in 100 ml enthalten.

Genauigkeit. 2.

Dauer. 3 Std.

Ausführung. Angenommen, man hätte die Summe der Erdsäuren aus einem Ferroniobtantal der auf S. 568 genannten Zusammensetzung (s. S. 568) gewonnen, so würde sich diese etwa aus 0,32 g Nb_2O_5 und 0,09 g Ta_2O_5 zusammensetzen. Um nun keine zu starke Niobfärbung zu erhalten, nimmt man für die unmittelbare photometrische Bestimmung des Niobs 10% der Auswaage, hier also 0,041 g der Gesamtoxyde, und schmelzt sie mit ungefähr der 10fachen Menge Kaliumpyrosulfat. Die Schmelze wird in 40 ml Schwefelsäure (1 + 1) gelöst und die Lösung so lange erhitzt, bis sie nach starker Entwicklung von Schwefelsäuredämpfen klar geworden ist. Da für die photometrische Niobbestimmung mit dem dafür am besten geeigneten Quecksilberlichtfilter Hg 436 nur eine Lösung von höchstens 0,04 g Nb_2O_5 in 100 ml Schwefelsäure (1,84) zur Anwendung kommen darf, füllt man obige klare Lösung nach Zusatz von 0,5 ml 30proz. Wasserstoffperoxydlösung in einem 100 ml-Meßkolben (eingeschliffener Glasstopfen) mit Schwefelsäure (1,84) zur Marke auf und photometriert in der 20 mm-Küvette. Der gefundene Niobgehalt wird auf Nb_2O_5 umgerechnet und sein Gewicht von dem der Gesamtauswaage abgesetzt. Die Differenz entspricht dann dem Gewicht des Tantalpentoxyds.

Die Summe der Oxyde enthält meist keine nennenswerte Menge an TiO_2. Will man jedoch auf Titan prüfen, so muß es ebenfalls photometrisch geschehen. Dazu schließt man die restliche Menge der Gesamtoxyde (hier etwa 0,37 g) mit dem 10fachen Gewicht an Kaliumpyrosulfat auf, löst die Schmelze in einer gemessenen Menge Schwefelsäure (1 + 1) auf und erhitzt die Lösung bis zum Auftreten von Schwefelsäuredämpfen und Klarwerden. Darauf wird das Titan in einer 10- bis 20proz. schwefelsauren Lösung, die man durch entsprechende Verdünnung der Aufschlußlösung hergestellt hat, unter Zugeben von 10 ml 3proz. H_2O_2 und unter Verwendung einer 20 mm-Küvette photometrisch bestimmt. Der Befund an TiO_2 ist dann vom Gewicht der Gesamtoxyde abzusetzen.

Hat man bei der vorbeschriebenen photometrischen Titanbestimmung festgestellt, daß wesentliche Mengen Titan vorhanden sind, so muß die abgelesene Niobextinktion noch um die zu ermittelnde Extinktion des gleichzeitig mitphotometrierten Titans in 100proz. schwefelsaurer Lösung in Abzug gebracht werden. Hierzu schließt man die Titanmenge (man nimmt zweckmäßig TiO_2 hierzu) entsprechend der Erdsäureneinwaage zur Niobphotometrie mit etwas Kaliumhydrogensulfat auf und fährt in der Analyse, wie oben beschrieben, fort.

Fehlerquellen. Die eben beschriebene photometrische Bestimmung des Gesamtniobs kann infolge der geringen Einwaage fehlerhaft werden. Um dies zu vermeiden, ist es zweckmäßig, die Gesamtoxyde mit Kaliumpyrosulfat zu schmelzen und in der Lösung der Schmelze mittels des Tanninverfahrens (s. Bd. I, 2. Aufl., S. 326) das Tantal auszufällen, das dann höchstens 10% des vorhandenen Niobs einschließt. Bei sorgfältiger Durchführung des Verfahrens läßt sich die Niobbeimengung noch bedeutend herabsetzen. Diese kleinere Menge Niob kann man photometrisch mit hoher Genauigkeit bestimmen. Den im Filtrat der Tanninfällung verbliebenen Anteil an Niob errechnet man durch Abzug der mit Tannin gefällten Menge an Oxyden vom Einsatzgewicht.

Literatur. Klinger, P., u. W. Koch: Techn. Mitt. Krupp, Sept. 1939, H. 14. — Handbuch für das Eisenhüttenlaboratorium, Bd. II, S. 174—177. Düsseldorf: Verlag Stahleisen 1941.

c) Durch das chromatographische Verfahren (Bestimmung von Tantal)

Grundlage. Verwendet man Methyläthylketon als Elutionsmittel, so zeigen je nach dem Flußsäuregehalt des Ketons an Cellulose adsorbierte komplexe Tantalniobfluoride eine stark differenzierte Eluierbarkeit. Dieses Verhalten bietet eine Trennungsmöglichkeit des Tantals vom Niob. Das Eluat des Tantals wird eingedampft und zu Ta_2O_5 geglüht.

Anwendungsbereich und Bedeutung. Die Methode ist bei Erdsäuren auch eine Gegenwart von WO_3 und P_2O_5 anwendbar, da P und W nicht mit Tantal eluiert werden.

Genauigkeit. 1 bis 2.

Dauer. 4 Std.

Ausführung. Von den erhaltenen Erdsäuren werden etwa 250 mg in einer Platinschale mit Flußsäure gelöst und auf dem Wasserbad zur Trockne eingedampft. Alsdann nimmt man mit 8 ml Flußsäure (1 + 3) auf, gibt 1 g Ammonfluorid hinzu und teigt die klare Lösung mit etwas Cellulosepulver an. In ein Polyäthylenrohr, in dem sich bereits eine Cellulosepulversäule befindet, die mit Methyläthylketon durchfeuchtet ist, trägt man den Cellulosebrei mit der Analysensubstanz ein und läßt durch die Cellulosesäule 250 ml mit Wasser gesättigtes Methyläthylketon durchtropfen. Das Eluat wird in einem Polyäthylenbecher aufgenommen, das organische Lösungsmittel auf dem Wasserbad so weit eingedampft, bis die restliche Lösung in eine Platinschale übergespült werden kann. Man dampft den Schaleninhalt unter dem Infrarotstrahler ein, gibt eine Filterschleimtablette hinzu, die den letzten feuchten Anteil aufsaugt, und verascht vorsichtig den Rückstand. Der gewogene Schaleninhalt ist Ta_2O_5. Aus der Summe der Oxyde von $Ta_2O_5 + Nb_2O_5$ ist durch Abzug von Ta_2O_5 der Rest Nb_2O_5 zu errechnen.

Literatur. Burstall, Swain, Williams u. Wood: A Study on the Separation of Tantalum from Niobium and Application to Quantitative Analysis. J. chem. Soc. (1952) S. 1497—1504, 3155—3163, 3399—3403. — Mercer u. Wells: Analyst Bd. 79 (1954) S. 339—345.

Kapitel 26

Platinmetalle*

Inhalt

---

*	1. Auflage	2. Auflage
Bearbeiter:	**Grube, Pickhart**	**Grube**
Mitarbeiter:	**Borkenstein, Ockhardt, Proske, Raub, Ruthardt**	**Borkenstein**

A. Vorkommen

Platinvorkommen von wirtschaftlicher Bedeutung finden sich im Ural, in Columbien, Kanada und Südafrika. Allen Platinlagerstätten gemeinsam ist der magmatische Ursprung. Das Platin findet sich, vergesellschaftet mit den übrigen Metallen der Platingruppe (Palladium, Rhodium, Ruthenium, Iridium und Osmium, den sogenannten „Begleitmetallen"), in gediegenem Zustand als Rohplatin. Dieses enthält außer 70 bis 85% Platin die verschiedenen Platinbegleitmetalle in wechselnden Mengen und daneben stets Eisen und meist auch etwas Kupfer. Eigentlich sind zwei verschiedene Rohlegierungen zu unterscheiden, nämlich das Rohplatin mit Platin als Hauptbestandteil und das seltenere Osmiridium, dessen wesentlichste Bestandteile Osmium und Iridium sind. Beide Legierungen werden überwiegend auf sekundären Lagerstätten, Schutthalden und Seifen basischer Grundgesteine, insbesondere Olivinen und Pyroxenen, ausgebeutet. Von Platinverbindungen sei noch der *Sperrylith* ($PtAs_2$) genannt, der vielfach als Begleiter von Nickelmagnetkies auftritt. Das Palladium kommt als einziges Metall der Gruppe auch ohne die anderen Platinmetalle als Begleiter des Goldes vor.

Außer durch Förderung aus den Lagerstätten werden die Platinmetalle auch durch die Aufarbeitung der Rückstände des Mondnickelverfahrens, der Anodenschlämme, der Silber- und Goldelektrolyse und der Abfälle und Gekrätze der platinverarbeitenden Industrie gewonnen.

Da es in Deutschland keine abbauwürdigen Platinerzvorkommen gibt und da ferner z. Z. keine ausländischen Platinerze bzw. -konzentrate mehr zur Verarbeitung eingeführt werden, können nur die aus der chemischen Industrie (Platin-Rhodium-Netze der Ammoniakverbrennung, Katalysatoren auf den verschiedensten Trägermassen, wie z. B. Tonerde, Silicagel, Aktivkohle, Asbest usw., ausgebrauchte Spinndüsen u. a. m.) und aus dem Juweliergewerbe anfallenden Platinmetalle aufgearbeitet werden. Diese Aufarbeitung besteht nun keineswegs in einem Zusammenschmelzen der anfallenden Legierungen; es wird vielmehr grundsätzlich stets eine Scheidung in die reinen Platinmetalle durchgeführt.

B. Qualitativer Nachweis

Da der Aufschluß der Platinmetalle gewisse Schwierigkeiten bietet, zumal Osmium und Ruthenium als Oxyde leicht flüchtig sind, ist für den qualitativen Nachweis die Spektralanalyse allen naßchemischen Methoden weit überlegen. Doch seien im folgenden einige Nachweisreaktionen der Platinmetalle angegeben:

Platin. Zinn(II)-chlorid färbt salzsaure Platinlösungen gelb bis rot. Die Färbung läßt sich mit Äther ausschütteln. Da Gold, Palladium, Iridium und Rhodium ähnliche Reaktionen zeigen, wird diese Methode nur angewandt, um festzustellen, ob eine Lösung überhaupt noch Edelmetall enthält.

Salzsaure Platin(IV)-lösungen geben, mit Kalium- und auch Ammoniumchlorid eigelbe Fällungen der Hexachloroplatinate(IV). Verunreinigungen durch Iridium, Rhodium, Ruthenium, gegebenenfalls auch Palladium verfärben den gelben Niederschlag. Eine grünliche Verfärbung deutet auf Rhodium hin, während Iridium, Ruthenium oder Palladium der Fällung einen bräunlichen Farbton verleihen.

Palladium. Diacetyldioximlösung reagiert mit Palladium in schwach salzsaurer Lösung unter Bildung eines kanariengelben Niederschlages. Ist 2wertiges Platin zugegen, so hat die Fällung einen grünlichen Farbton.

Oxydiert man das Filtrat einer Ammonium- oder Kaliumchloroplatinatfällung mit Chlor oder Wasserstoffperoxyd, so fällt das Palladium als leuchtend rotes Ammonium- oder Kaliumchloropalladat aus.

Rhodium und Iridium. Für Rhodium gibt es keine spezifische Reaktion. Der Analytiker erkennt es an der Rotfärbung der Lösungen nach der Abtrennung der übrigen Platinmetalle. Auch die rote Farbe des durch Chlorieren des Metallschwammes bei 700° entstandenen, in Königswasser unlöslichen Rhodiumchlorids ist ein Kennzeichen dieses Metalls. Aus dem im Verlaufe des Analysenganges zurückbleibenden Rhodium-Iridium-Gemisch kann man das Rhodium durch eine Hydrogensulfat- oder Wismutschmelze herauslösen. Beim Kochen mit Zinn(II)-chlorid färben sich stark salzsaure Rhodiumlösungen zunächst gelb bis braun. Diese Farbe schlägt nach dem Abkühlen in Himbeerrot um.

Iridium wird durch Erhitzen der Lösung mit konz. Schwefelsäure bis zum Auftreten von Schwefelsäuredämpfen, Erkaltenlassen und Zugabe von Ammoniumnitrat nachgewiesen. Erwärmt man die Lösung dann wieder und versetzt sie nötigenfalls mit weiterem Ammoniumnitrat, so zeigt eine kräftige Blaufärbung die Anwesenheit von Iridium an.

Osmium und Ruthenium. Ruthenium reagiert mit Thioharnstoff in salzsaurer Lösung unter Blaufärbung. Da Osmium in salzsaurer Lösung mit Thioharnstoff eine Rotfärbung zeigt, muß es vor der Prüfung auf Ruthenium durch oxydierende Verflüchtigung als Tetroxyd (s. S. 581) entfernt werden. Man weist es dann im Destillat mit Thioharnstoff nach, kann es aber auch an dem stechenden Geruch des Osmiumtetroxyds deutlich erkennen.

Eine sehr empfindliche Tüpfelreaktion läßt sich mit einer essigsauren Benzidinlösung durchführen, die mit Osmium(VIII)-salzen unter Violettfärbung reagiert.

Mit Rubeanwasserstoff (Dithiooxamid) entsteht beim Kochen einer stark salzsauren, Ruthenium enthaltenden Lösung eine tiefblaue Färbung, die für Ruthenium eindeutig ist und deshalb seinen Nachweis neben sämtlichen anderen Platinmetallen gestattet. Diese Reaktion ist besonders im Hinblick auf die Unterscheidung der einander sehr ähnlichen Metalle Ruthenium und Osmium sehr wertvoll.

Literatur. Fresenius-Jander in: Handbuch der analytischen Chemie, 2. Teil, 8b, β. — Bauer, G.: Platinmetalle. Berlin/Göttingen/Heidelberg: Springer 1951.

C. Untersuchungen für den Betrieb

Für die Gewinnung der Platinmetalle aus den Platinerzen wendet man grundsätzlich zwei Verfahren an, nämlich den trockenen und den nassen Weg. Das trokkene Verfahren hat heute nur noch historische Bedeutung: das Erz wurde hierbei mit Blei oder mit Kalk verschmolzen. Die Scheidung in reine Platinmetalle gelingt jedoch nur auf nassem Wege, also nicht durch hüttenmännische Schmelzprozesse, sondern durch Lösungsverfahren, die den bei der Analyse benutzten entsprechen. Die platinreiche Legierung wird durch Erwärmen mit Königswasser in Lösung gebracht; Osmiridium und der größte Teil der Begleitmetalle bleiben dabei ungelöst. Der Löseprozeß erfolgt in Porzellangefäßen; die entweichenden Säuredämpfe werden in Vorlagen aufgefangen, um das etwa darin vorhandene Osmiumtetroxyd zu gewinnen. Die Salpetersäure wird nun durch Eindampfen entfernt und aus der salzsauren Lösung das Platin mit festem Ammoniumchlorid als Ammoniumchloroplatinat(IV), $(NH_4)_2PtCl_6$, ausgefällt. Der Niederschlag wird abfiltriert, ausgewaschen, getrocknet, geglüht und zur Entfernung des Siliciumdioxyds mit Flußsäure behandelt. Das hierbei als sog. Platinschwamm erhaltene Platin ist jedoch nicht rein, es enthält noch andere Platinmetalle.

Der in Königswasser unlösliche Rückstand, hauptsächlich Osmiridium, wird mit Zink geschmolzen. Beim Auflösen dieser Schmelze mit Salzsäure bleiben die Platinmetalle in fein verteilter Form ungelöst und werden nach dem Abfiltrieren durch Schmelzen mit Ätznatron und Natriumperoxyd aufgeschlossen. Osmium und Ruthenium gehen beim Lösen dieser Schmelze in Lösung und werden nacheinander durch Destillieren als Tetroxyde verflüchtigt und aufgefangen. Die Aufarbeitung des Rückstandes der alkalischen Schmelze (hauptsächlich Platin und Iridium) erfolgt entsprechend den im weiteren beschriebenen analytischen Verfahren.

Es sei noch erwähnt, daß in der Refinery der Mond Nickel Comp. zu Acton ein abweichendes Aufarbeitungsverfahren entwickelt wurde, das den canadischen Konzentraten angepaßt ist.

I. Die Bestimmung des Platins in technisch reinem Metall

1. Gewichtsanalytisch

Grundlage. Die Probe wird in Königswasser gelöst, die Lösung in nitratfreie Platinchlorwasserstoffsäure übergeführt und das Platin als Ammoniumchloroplatinat(IV) ausgefällt. Der Niederschlag wird zu metallischem Platin verglüht. Das Filtrat der Ammoniumchloridfällung wird mit Schwefelwasserstoff gesättigt, der ausgefallene Niederschlag geglüht, mit Wasserstoff reduziert und mit Flußsäure abgeraucht. Das Platin im Filtrat der Ammoniumchloridfällung kann auch spektralphotometrisch bestimmt werden (s. Abschnitt II).

Anwendungsbereich und Bedeutung. Die Methode dient zur Prüfung des bei der Scheidung gewonnenen Platins und des angekauften Altplatins. Das chemische Verfahren kann durch die Spektralanalyse ersetzt werden.

Genauigkeit. 1.

Dauer. 2 Tage.

Ausführung. Das dünn ausgewalzte Probematerial im Gewicht von 1 g wird in Königswasser gelöst, die Lösung 2mal fast zur Trockne gedampft und der Rückstand mit Salzsäure aufgenommen. Sodann verdünnt man mit wenig Wasser und versetzt die Lösung mit einer kalt gesättigten, heißen Ammoniumchloridlösung. Das Platin fällt dabei als kanariengelber Niederschlag aus. Man läßt den Niederschlag zweckmäßig über Nacht absitzen und filtriert ihn dann über ein hartes Filter unter Verwendung eines Platinconus ab. Man wäscht mit kalt gesättigter Ammoniumchloridlösung aus. Das vor dem Trocknen zusammengefaltete Filter wird im bedeckten Porzellantiegel erst sehr vorsichtig zum Vertreiben des Ammoniumchlorids erhitzt, dann ebenso vorsichtig verascht und sein Inhalt schließlich bei Luftzutritt stark geglüht.

Das Filtrat der Ammoniumchloridfällung säuert man schwach an, erhitzt und sättigt es mit Schwefelwasserstoff, bis es erkaltet ist. Darauf erhitzt man die Fällung auf dem Wasserbad, bis kein Schwefelwasserstoffgeruch mehr wahrzunehmen ist. Die Flüssigkeit wird dabei wasserhell, während das ausgeschiedene Platinsulfid braun bis schwarz gefärbt ist. Der Niederschlag, der auch das in der Legierung etwa vorhandene Kupfer enthält, wird abfiltriert, geglüht und im Wasserstoffstrom reduziert. Zur Entfernung des gegebenenfalls anwesenden Kupfers wird er mit Salpetersäure $(1 + 4)$ ausgezogen, dann erneut geglüht, reduziert und zur Auswaage gebracht. Das ausgewogene Platin gibt man zur Hauptmenge. War in der Probe auch Eisen vorhanden, so kann dieses im Filtrat nach der Oxydation mit Wasserstoffperoxyd mit Ammoniak gefällt, abfiltriert und zu Oxyd geglüht werden. Das durch Ausziehen mit Salpetersäure gelöste Kupfer kann man elektrolytisch oder photometrisch bestimmen (s. Kapitel Kupfer, S. 376 u. 383).

Fehlerquellen. Alle Platinmetalle sind mehr oder weniger katalytisch aktiv und vermögen Wasserstoff-Luft-Gemische bereits bei Zimmertemperatur zu zünden. Wenn also im Laufe eines Analysenganges Sulfide oder andere Verbindungen dieser Metalle mit Wasserstoff reduziert werden, so muß stets zunächst der Wasserstoff aus dem Rose-Tiegel oder Reduktionsrohr durch Kohlendioxyd oder Stickstoff verdrängt werden, ehe die Apparatur geöffnet werden darf. — Geringe Mengen Iridium oder Rhodium werden bei der chemischen Analyse des technischen Platins nicht berücksichtigt.

Literatur. Vgl. Angaben über dieses Verfahren u. a. bei A. Wogrinz: Analytische Chemie der Edelmetalle. S. 107/08. Stuttgart: Ferd. Encke 1936.

2. Spektralphotometrisch

Grundlage. Die Probe wird wie unter 1. gelöst und in nitratfreie Platinchlorwasserstoffsäure übergeführt. Das 4wertige Platin bildet mit Zinn(II)-chlorid in salzsaurer Lösung einen gelben Komplex. Die Intensität der Gelbfärbung wird mittels eines Spektralphotometers bei 403 mμ gemessen.

Anwendungsbereich und Bedeutung. Wie unter 1. Ferner dient das Verfahren zur Kontrolle von Mutterlaugen und Filtraten in Scheidung und Analyse und wird bei der Herstellung und Aufarbeitung von Platinkatalysatoren verwendet.

Genauigkeit. 2. (Der relative Fehler liegt bei etwa $\pm 1\%$.)

Dauer. 1 Tag. Liegt die Probe bereits gelöst und abgeraucht vor, so beträgt die Dauer etwa 3 Std.

Ausführung. Das Probematerial im Gewicht von 0,7 bis 0,75 g wird in Königswasser gelöst. Die Lösung wird 5mal mit Salzsäure (1,19) bis zur Sirupdicke abgedampft und dann in einen 1 l-Meßkolben *A* übergeführt, in den vorher 50 ml Salzsäure (1,19) gegeben wurden. Der Kolben wird mit Wasser bis zur Marke aufgefüllt und durchgeschüttelt. Von dieser Lösung pipettiert man 100 ml ab und überführt sie in einen weiteren 1 l-Meßkolben *B*, in den ebenfalls vorher 50 ml Salzsäure (1,19) gegeben wurden. Man füllt den Kolben mit Wasser bis zur Marke auf und schüttelt durch. Vor dem Auffüllen des ersten und zweiten Kolbens ist die Lösungstemperatur auf 20° zu bringen. Vom Meßkolben *B* nimmt man 5mal je 20 ml mit der Pipette ab und überführt sie in 100 ml-Meßkolben, in die vorher 10 ml Salzsäure (1,19) eingefüllt wurden. Dann setzt man jedem Meßkolben 20 ml einer Zinn(II)-chloridlösung zu. [23 g Zinn(II)-chlorid-Dihydrat p. a. in 35 ml Salzsäure (1,19) unter Erwärmen lösen und mit 65 ml Wasser verdünnen.] Es bildet sich der gelbe Komplex. Die Kolben werden mit Wasser bis zur Marke gefüllt und 1 bis 2 Std. bei 20° stehengelassen. Danach werden sie gegen einen Vergleich gemessen, der in gleicher Weise aus den verwendeten Reagenzien hergestellt wurde. Die Messung erfolgt in 1 cm-Küvetten bei 403 mμ. Als Spektralphotometer verwende man das Zeiss-Spektralphotometer PMQ II oder ein gleichwertiges Instrument, etwa das von Beckman, Modell DU. Den Platingehalt liest man aus einer Eichkurve ab, die man aus einer Reihe bekannter Platingehalte (0 bis 1,8 mg Pt/100 ml) aufgestellt hat. Man kann ihn auch mit dem Steigungsmaß dieser Eichkurve errechnen:

$$\frac{\text{Extinktion} \cdot \frac{1}{\operatorname{tg} \alpha} \cdot 500 = \%\ \text{Pt}}{\text{Einwaage}}$$

Das arithmetische Mittel der Werte aus den 5 Messungen wird als Platingehalt angegeben. Gegebenenfalls kann man nach einer Fehlerrechnung den wahrscheinlichen Fehler des Analysenwertes angeben.

Fehlerquellen. Die anderen Platinmetalle, besonders Rhodium, stören durch Bildung von gefärbten Komplexen mit Zinn(II)-chlorid bzw. durch ihre Eigenfarbe ebenso wie Gold und gewisse gefärbte Schwermetallionen. Toleranzen für Pt-Metalle: Rh 1 ppm, Ru 1 ppm, Pd 2 ppm, Os 8 ppm, Ir 450 ppm, Au 5 ppm. Durch die Verdünnung liegen diese störenden Komponenten bei technisch reinem Pt aber weit unter der Toleranzgrenze. Sulfationen in Konzentrationen über 1 Gew.-% stören die Bestimmung. Das Platin soll in 4wertigem Zustand vorliegen. Nitrat, Platin-Nitrosyl-Verbindungen und freies Chlor stören die Bestimmung ebenfalls. Sie müssen durch mehrfaches Abdampfen mit Salzsäure zerstört werden.

Literatur. Vgl. u. a. Ayres u. Meyer jr.: Analytic. Chem. Bd. 23 (1951) S. 299. — Milner u. Shipman: Analytic. Chem. Bd. 27 (1955) S. 1476. — Ayres, Tuffly u. Forrester: Analytic. Chem. Bd. 27 (1955) S. 1742. — Wagner, F.: Z. analyt. Chem. Bd. 147 (1955) S. 18.

II. Die Bestimmung von Rhodium in Platin-Rhodium-Legierungen

Grundlage. Platin und Rhodium werden zunächst gemeinsam durch Fällen mit Ammoniumchlorid und zusätzlich mit Schwefelwasserstoff bestimmt. Die vereinigten, geglühten Metalle reduziert man mit Wasserstoff, behandelt sie mit Flußsäure, glüht sie wieder und wägt.

Eine zweite Probe wird durch eine Zinkschmelze unter Wasserstoff und Herauslösen des Zinks mit Salzsäure (1 + 1) aufgelockert. Das Platin dieses porösen Schwammes wird durch Chlorierung bei 600 bis 700° größtenteils als Platinchlorid verflüchtitg. Das zurückbleibende Rhodiumchlorid und die Reste von Platinchlorid behandelt man mit verdünntem Königswasser, wobei das Platin in Lösung geht, während das Rhodiumchlorid zurückbleibt. Dieses wird reduziert und gewogen. Vorhandenes Iridium bleibt quantitativ beim Rhodium.

Anwendungsbereich und Bedeutung. Die Methode eignet sich zur Untersuchung von Thermoplatin und Netzmaterial für die katalytische Ammoniakverbrennung. Bei geringem Rhodiumgehalt kann die Bestimmung auch spektralanalytisch (s. Kapitel Spektralanalyse) durchgeführt werden. Ist Iridium anwesend, so wird es auf diese Weise mit dem Rhodium vom Platin getrennt und geht in den Rhodiumwert mit ein.

Genauigkeit. 1.

Dauer. 2 Tage.

Ausführung. 1 g des dünn ausgewalzten Materials wird in Königswasser gelöst. In der Lösung fällt man die Platinmetalle mit Ammoniumchlorid (s. nächsten Abschnitt III). In das schwach saure, bis zum Sieden erhitzte Filtrat von der Ammoniumchloridfällung wird unter Druck Schwefelwasserstoff bis zum Erkalten der Lösung eingeleitet und die Fällung auf dem Wasserbad bis zum Farbloswerden der Flüssigkeit erwärmt. Der schwarze Niederschlag wird abfiltriert, mit heißem Wasser ausgewaschen, über dem Bunsenbrenner geglüht, im Wasserstoffstrom reduziert und gewogen. Die Summe aus dieser und der durch Glühen des Ammoniumchloridniederschlages erzielten Auswaage ergibt die Menge des vorhandenen Platins + Rhodiums.

(Im Filtrat der Schwefelwasserstoffällung befindet sich das etwa in der Legierung vorhandene Eisen, das nach einer der üblichen Methoden bestimmt werden kann.)

Zur Rhodiumbestimmung schmilzt man den Platin-Rhodium-Schwamm in einem Porzellanschiffchen mit der 20fachen Menge Zink im Wasserstoffstrom (Schmelzdauer 1 bis 2 Std.). Nach dem Erkalten wird das Schmelzprodukt mit Salzsäure (1 + 1) behandelt, wobei Platin und Rhodium als fein verteiltes Pulver zurückbleiben. Man filtriert über ein nicht gehärtetes Filter, wäscht den Filterinhalt mit salzsäurehaltigem Wasser aus und glüht ihn. Das so erhaltene Platin-Rhodium-Pulver bringt man in ein Quarzschiffchen und chloriert im Chlorstrom 1 bis 2 Std. bei etwa 600 bis 700°. Nach dem Erkalten verdrängt man das Chlor durch Luft und nimmt das Schiffchen mit dem Rhodiumchlorid, das noch etwas Platinchlorid enthält, aus der Apparatur. Der Inhalt des Schiffchens wird in ein Becherglas übergespült und mit verdünntem Königswasser (1 + 3) längere Zeit in der Wärme behandelt. Das Platinchlorid geht dabei restlos in Lösung, während das Rhodiumchlorid quantitativ zurückbleibt. Nach dem Abfiltrieren wäscht man es mit salzsäurehaltigem Wasser aus, glüht es, reduziert im Wasserstoffstrom, raucht mit Flußsäure ab, reduziert wieder und wägt das metallische Rhodium aus.

Zweckmäßig überzeugt man sich durch eine nochmalige Chlorierung von der Reinheit des Rhodiums; bei richtigem Arbeiten ergeben sich jedoch nur geringe Abweichungen vom ersten Resultat. Abrauchen mit Flußsäure ist in jedem Fall notwendig. Aus der Differenz der Gesamtauswaage (Platin + Rhodium) und der erhaltenen Rhodiummenge ergibt sich das Gewicht des vorhandenen Platins.

Fehlerquellen. Chlorieren bei Temperaturen über 700° führt zu Rhodiumverlusten. — Nicht genügend durchchlorierte Metalle und ein ungenügendes Ausziehen der Chloride mit verdünntem Königswasser verursachen zu hohe Rhodiumauswaagen. — Das zum Ausziehen verwendete Königswasser muß im Verhältnis 1 + 3 mit Wasser verdünnt sein; bei stärkerer Konzentration gehen Spuren von Rhodium in Lösung. Dadurch werden zu niedrige Rhodiumgehalte gefunden. — Es empfiehlt sich, die Chlorierung 1- bis 2mal zu wiederholen, bis das Rhodiumchlorid keine Gewichtsabnahme mehr zeigt.

Literatur. Betriebserfahrungen der Degussa und W. C. Heraeus, Hanau; eine weitere zuverlässige Trennung s. L. Moser u. H. Hackhofer: Mh. Math. Phys. Bd. 59 I (1932) S. 44—72.

III. Die Bestimmung des Iridiums in Platin-Iridium-Legierungen

Grundlage. Platin und Iridium werden zunächst gemeinsam durch Fällen mit Ammoniumchlorid und Behandeln des Filtrats mit Zink und Salzsäure abgeschieden. Die vereinigten Niederschläge werden geglüht, im Wasserstoffstrom reduziert, mit Flußsäure abgeraucht und ausgewogen. Eine zweite Probe wird mittels einer Bleischmelze und Herauslösen des Bleies aus dem Schmelzprodukt mit Salpetersäure (1 + 7) fein aufgelockert. Das Platin wird sodann mit heißem, verdünntem Königswasser gelöst; das zurückbleibende Iridium kommt nach dem Glühen zur Auswaage. Der Platingehalt ergibt sich aus der Differenz beider Werte.

Anwendungsbereich und Bedeutung. Die Methode eignet sich zur Analyse von Elektrodenmaterial und Kontaktlegierungen. Bei geringen Iridiumgehalten kann die chemische Analyse durch eine Untersuchung auf spektralanalytischem Wege ersetzt werden.

Genauigkeit. 1.

Dauer. 2 Tage.

Ausführung. 1 g des dünn ausgewalzten Materials wird mit Königswasser gelöst und die Lösung mehrmals mit Salzsäure (1,19) abgedampft. Dann nimmt man die Salze mit wenig heißem Wasser auf und führt die Fällung mit heißer, kalt gesättigter Ammoniumchloridlösung durch. Nach längerem Stehen wird der Niederschlag über ein Filter mit Platinconus abfiltriert und in einem gewogenen Tiegel geglüht (s. unter I, S. 577). Das Filtrat behandelt man mit Zink unter Zusatz von Salzsäure (1,19), wobei sich das restliche, noch in Lösung befindliche Platin und Iridium abscheidet. Der Niederschlag wird abfiltriert, geglüht und mit Salpetersäure (1 + 3) behandelt, um etwa vorhandene unedle Metalle und das dem Niederschlag anhaftende Zinkoxyd zu entfernen. Nach dem Abfiltrieren wird der Rückstand wiederum geglüht, ebenso die Hauptmenge im Wasserstoffstrom reduziert und mit Flußsäure abgeraucht.

Auswaage: Platin + Iridium

Die Bestimmung des Iridiums erfolgt über eine Bleischmelze. Zu diesem Zweck wird eine gesonderte Einwaage von 1 g der dünn gewalzten Probe oder die Auswaage der vorhergehenden Summenbestimmung mit ungefähr 20 g Blei im Kohletiegel im elektrisch beheizten Ofen bei etwa 1000° geschmolzen. Nach dem Erkalten der Schmelze wird der Metallregulus mit 200 ml Salpetersäure (1 + 7) erwärmt, wobei das Blei in Lösung geht, während das Platin + Iridium als fein verteiltes Pulver zurückbleibt. Man gießt die Bleinitratlösung durch ein Filter ab und wäscht das metallische Pulver durch Dekantieren so lange mit heißem Wasser aus, bis im letzten Filtrat kein Blei mehr nachzuweisen ist. Das bleifreie Filter wird nun verascht und der Rückstand in das Becherglas, in dem sich die Hauptmenge des Niederschlages befindet, übergeführt. Darauf versetzt man das Metallpulver, um das Platin in Lösung zu bringen, mit verdünntem Königswasser (1 + 5) und läßt das Ganze so lange auf dem Wasserbad stehen, bis sich am Boden des Becherglases nur noch ein Satz von fein verteiltem, grauem Metall zeigt. Dieser wird auf einem gehärteten Filter gesammelt, zur Beseitigung der Platinsalze mit heißer Salzsäure (1 + 9) ausgewaschen und dann im gewogenen Tiegel verascht. Nach erfolgter Behandlung im Wasserstoffstrom, Flußsäureabrauchung und erneuter Reduktion wird das Iridium ausgewogen.

Die Differenz aus dem Summenwert (Platin + Iridium) und dem ermittelten Iridiumwert ergibt die in der Legierung enthaltene Platinmenge.

Fehlerquellen. Das durch Zink auszementierte Edelmetall muß mit Salpetersäure sehr sorgfältig ausgekocht werden, da die mit Zink reduzierten Platinmetalle dazu neigen, das Zink legierungsartig festzuhalten. Man würde sonst zu hohe Edelmetallwerte erhalten.

Literatur. SAINTE-CLAIRE DEVILLE, H., u. J. S. STAS: Comité internat. Poids & Mesures, Procès verb., Séances (1877) S. 162/63. — BANNISTER, C. O., u. E. A. DU VERGIER: Analyst Bd. 39 (1914) S. 345.

Bemerkung. Eine andere zuverlässige Methode, die insbesondere für die Abtrennung sehr geringer Mengen von Iridium (und Rhodium) von Platin anwendbar ist, ist die von MOSER u. HACKHOFER: Mh. Math. Phys. Bd. 59, I (1932) S. 44—72.

IV. Die Bestimmung des Palladiums in technisch reinem Palladium bzw. in Platin-Palladium-Legierungen

Grundlage. Das Palladium wird mit Diacetyldioxim aus verdünnten Königswasserlösungen (1 + 20) ausgefällt, während das Platin in Lösung bleibt. Im Filtrat werden nach Zerstörung des Diacetyldioxims das Platin und andere Begleitmetalle in bekannter Weise bestimmt.

Anwendungsbereich und Bedeutung. Die Methode eignet sich zur Untersuchung des technischen Palladiums und palladiumhaltiger Legierungen, insbesondere Dentallegierungen.

Genauigkeit. 1.

Dauer. $^1/_2$ Tag.

Ausführung. Die Einwaage, die so bemessen wird, daß die Auswaage an Palladium nicht mehr als 0,2 g beträgt, löst man in Königswasser. Bei Legierungen ist es zweckmäßig, zuerst die Palladiumabscheidung durchzuführen. Dafür verdünnt man die Lösung auf etwa 500 ml — gegebenenfalls mehr —, fügt dann bei möglichst niedriger Temperatur (Kühlung mit Eis oder fließendem Wasser) eine Diacetyldioximlösung (10g/l Äthanol) hinzu und rührt kräftig um (0,1 g Palladium werden von etwa 30 ml dieser Lösung gefällt). Der entstandene Niederschlag ist kanariengelb und sehr voluminös; er ballt sich nach längerem Stehen zum größten Teil an der Oberfläche der Lösung zusammen. Erscheint die Lösung klar und durchsichtig, so ist die Fällung beendet. Das Platin wird bei genauer Einhaltung dieser Vorschrift nicht mitgefällt. Man filtriert dann den Niederschlag auf ein Filter ab, wäscht ihn mit kaltem und erst zum Schluß mit heißem Wasser aus und verascht das Filter samt dem Inhalt unter einer Ammoniumchloriddecke in einem Platintiegel recht vorsichtig. Darauf wird geglüht, im Wasserstoffstrom reduziert und das Palladium gewogen. Im Filtrat befinden sich alle übrigen in der Legierung enthaltenen Metalle. Platin, Kupfer und Eisen werden, wie bei der Platinbestimmung, S. 577, angegeben, bestimmt, nachdem die diacetyldioximhaltige Lösung zur Trockne eingedampft und das Fällungsmittel zerstört worden ist.

Fehlerquellen. Bei höherer Temperatur und Abwesenheit von Salpetersäure wird das Platin durch die alkoholische Diacetyldioximlösung teilweise zur 2wertigen Stufe reduziert und dann ebenfalls durch Diacetyldioxim gefällt, was an der grünlichen Färbung des Palladiumniederschlages zu erkennen ist. — Das Veraschen der Dioximfällung muß mit besonderer Vorsicht erfolgen, da sonst leicht Verluste entstehen können.

Literatur. GRAUMANN, A.: Berl-Lunge, 8. Aufl., 1932, Bd. 2, Teil 2, S. 1541.

V. Die Bestimmung des Osmiums

1. Durch trockene Destillation im Sauerstoffstrom

Grundlage. Bei 1000° wird Osmium im Sauerstoffstrom als Osmiumtetroxyd verflüchtigt, in Natronlauge absorbiert, mit Schwefelwasserstoff gefällt, im Wasserstoffstrom reduziert und gewogen.

Anwendungsbereich und Bedeutung. Das Verfahren ist bei der Untersuchung von technischem Osmium, aber nur bei Abwesenheit von Ruthenium anwendbar. Aus osmiumarmen Legierungen, besonders aus solchen, die stabile Oxyde bildende Metalle, wie Wolfram oder Tantal, enthalten, läßt sich das Osmium nicht quantitativ abdestillieren.

Genauigkeit. 1 bis 2.

Dauer. $1^1/_2$ Tage.

Ausführung. In einem Verbrennungsrohr aus Quarzglas oder einem keramischen Material wird die Einwaage von 1 g im Sauerstoffstrom während 1 bis 2 Std. auf 1000° erhitzt. Das entweichende Gas fängt man mindestens in zwei hintereinandergeschalteten Vorlagen auf, die mit Natronlauge (250 g/l) beschickt sind. Nach Beendigung der Destillation wird der Inhalt der Vorlagen vereinigt und das in der alkalischen Lösung befindliche Osmium durch Einleiten von Schwefelwasserstoff als Osmiumsulfid gefällt. Man filtriert und wäscht den Niederschlag nacheinander mit verdünnter Essigsäure und Wasser aus. Dann wird mit etwas Alkohol gewaschen und trocken gesaugt. Der trockene Niederschlag wird mehrmals nacheinander mit Schwefelkohlenstoff und Alkohol gewaschen, um den mit dem Osmiumsulfid mitgefällten freien Schwefel zu extrahieren. Zum Schluß wird wiederum trocken gesaugt und im Wasserstoffstrom bei 500° reduziert. Man läßt im Wasserstoffstrom erkalten, verdrängt den Wasserstoff durch Kohlendioxyd und wägt das Osmium aus.

Fehlerquellen. Sollte nach dem Oxydieren im Sauerstoffstrom ein größerer Rückstand verbleiben, so kann dieser noch Osmium enthalten. Er muß deshalb mit Wasserstoff reduziert und nochmals der Oxydation mit Sauerstoff unterzogen werden.

Literatur. Wöhler, L.: Z. anorg. Chem. Bd. 149 (1925) S. 297.

2. Durch alkalischen, oxydierenden Schmelzaufschluß mit nachfolgender Destillation

Grundlage. Das Osmium wird durch eine oxydierende Alkalischmelze aufgeschlossen. Aus der wäßrigen Lösung dieser Schmelze setzt Salpetersäure das flüchtige Osmiumtetroxyd in Freiheit, das im Luftstrom in eine mit Natronlauge beschickte Vorlage überdestilliert und dort absorbiert wird. In der alkalischen Lösung fällt man dann das Osmium als Sulfid, das abfiltriert, zu Metall reduziert und gewogen wird.

Anwendungsbereich und Bedeutung. Das Verfahren wird bei der Untersuchung von Gekrätz, Scheidungsrückständen, Speziallegierungen sowie in allen Fällen angewandt, in denen die Methode 1 versagt. Bei Anwesenheit von Ruthenium darf der Gehalt an Salpetersäure (1,4) im Destillationsgefäß nicht mehr als 40 Vol.-% betragen.

Genauigkeit. 1.

Dauer. $1^1/_2$ Tage.

Ausführung. 1 g des fein verteilten Probegutes schmilzt man im Nickeltiegel mit Kaliumhydroxyd unter Zusatz von Kaliumnitrat bei schwacher Rotglut und löst die erkaltete Schmelze in einer Retorte in Wasser. Dann gibt man Salpetersäure bis zur sauren Reaktion hinzu und destilliert die frei werdende Überosmiumsäure im Luft- oder Sauerstoffstrom in eine mit Natronlauge beschickte Vorlage über, in der sie absorbiert wird. Das Destillat wird mit Schwefelwasserstoff gesättigt und dadurch das Osmium als Sulfid ausgefällt. Der in einem gewogenen Porzellanfiltertiegel gesammelte Niederschlag wird, wie bei 1. beschrieben, im Wasserstoffstrom reduziert und ausgewogen.

Literatur. Betriebsmethoden der Degussa und der W. C. Heraeus G.m.b.H., beide in Hanau; L. WÖHLER: Z. anorg. allg. Chem. Bd. 149 (1925) S. 297. — GILCHRIST, R.: Chem. Reviews Bd. 32 (1943) S. 320.

Bemerkung. Man kann das Osmiumtetroxyd auch in 6 n-Salzsäure, die mit schwefliger Säure gesättigt ist, auffangen. Nach der Absorption muß die Lösung mit Natriumhydrogencarbonat auf den p_H-Wert 6 abgestumpft werden, wobei das Osmium als Osmiumdioxydhydrat ausfällt.

VI. Die Bestimmung des Rutheniums

Grundlage. Das Metall wird durch eine Alkalischmelze unter Zusatz von Kaliumnitrat aufgeschlossen. Aus der wäßrigen Kaliumruthenat- bzw. -perruthenatlösung wird das Ruthenium durch Einleiten von Chlor in Vorlagen, die mit alkoholischer Salzsäure beschickt sind, als Tetroxyd überdestilliert. Nach Eindampfen des Destillates und reduzierendem Glühen des Eindampfrückstandes wird das Ruthenium als Metall erhalten.

Da auch das Osmium durch Chlor als Osmiumtetroxyd verflüchtigt wird, muß es, wenn vorhanden, vor der Rutheniumbestimmung nach der bei der Osmiumbestimmung unter 2, S. 582, angegebenen Methode abgetrennt werden.

Anwendungsbereich und Bedeutung. Das Verfahren eignet sich zur Untersuchung von Gekrätz, Scheidungsrückständen und Speziallegierungen.

Genauigkeit. 1.

Dauer. 2 Tage.

Ausführung. Das fein verteilte Material (1 g Einwaage) wird im Nickeltiegel mit Kaliumhydroxyd und Kaliumnitrat bei schwacher Rotglut geschmolzen und die Schmelze nach dem Erkalten in einer Retorte oder einem geeigneten Destillierapparat mit Wasser gelöst. In der Vorlage befindet sich ein Gemisch von Salzsäure (1 + 1) und reinem Alkohol. Durch Einleiten von Chlor unter gleichzeitiger Erwärmung wird das Ruthenium verflüchtigt. Das Destillat dampft man in einer gewogenen Platinschale zur Trockne, glüht die Salze anschließend bei niedriger Temperatur, reduziert im Wasserstoffstrom, raucht mit Flußsäure ab und wägt das metallische Ruthenium.

Literatur. SAINTE-CLAIRE DEVILLE, H., u. J. S. STAS: Comité internat. Poids & Mesures, Procès verb. Séances (1877) S. 192. — Betriebsmethoden der Degussa und W. C. Heraeus, Hanau.

VII. Einige ergänzende Hinweise für die Bestimmung und Trennung der Platinmetalle

1. Zur Platinbestimmung

Falls nur Platin als einziges Edelmetall anwesend ist, löst man es in Königswasser und raucht die Lösung mehrfach mit Salzsäure ab. Anschließend verfährt man weiter, wie bei der Platinbestimmung, S. 576, angegeben ist.

2. Zur Palladiumbestimmung

Bei Mengen von höchstens 0,2 g Palladium wird wie bei IV, S. 581, verfahren. Sind größere Mengen Palladium abzutrennen, so wird nach dem Lösen in Königswasser die Lösung mehrmals mit Salzsäure zur Trockne gedampft und schließlich das Salzgemisch mit Wasser aufgenommen. Dann gibt man Ammoniak hinzu, bis der anfänglich ausflockende, rosa gefärbte Niederschlag wieder in Lösung gegangen ist. Etwa ausgefallenes Eisenhydroxyd muß abfiltriert werden. Das kalte Filtrat wird darauf mit verdünnter Salzsäure schwach angesäuert, wobei gelbes Palladium(II)-diamminchlorid $[Pd(NH_3)_2Cl_2]$ ausfällt. Nach längerem Stehenlassen der Fällung wird filtriert und das im Filtrat noch gelöst gebliebene Palladium mit Diacetyldioximlösung, wie S. 581 beschrieben, ausgefällt. Beide Niederschläge werden dann zusammen verascht und zur Auswaage gebracht.

Handelt es sich um Palladium-Platin-Legierungen, so erfolgt die Analyse nach der Vorschrift unter IV, S. 581.

3. Zur Osmium- und Rutheniumbestimmung

Die Osmium- und Rutheniumlegierungen werden, wie schon bei der Rhodiumbestimmung unter Abschnitt II, S. 578 beschrieben, durch Schmelzen mit Zink und Lösen des Schmelzproduktes in Salzsäure aufgelockert. Der beim Lösen zurückbleibende, fein verteilte Rückstand wird mit Kaliumhydroxyd und Kaliumnitrat geschmolzen. Man destilliert dann aus der Osmiat- und Ruthenatlösung zunächst das Osmium nach Zugabe von Salpetersäure ab, wie es unter V. 2., S. 582, angegeben ist.

In dem zurückgebliebenen Kolbeninhalt wird das Ruthenium durch Zink wieder ausgefällt und mit dem bei der alkalischen Schmelze ungelösten Anteil vereinigt. Man glüht und wiederholt das Schmelzen. Die wäßrige Lösung dieser alkalischen Schmelze wird durch Einleiten von Chlor oxydiert und im Chlorstrom zum Sieden erhitzt. Das flüchtige Rutheniumtetroxyd fängt man in alkoholischer Salzsäure auf. Näheres s. unter VI, S. 583. Wenn das Ruthenium nur in geringen Mengen, z. B. als Verunreinigung des Platins, zugegen ist, wird es nicht bei Beginn der Analyse abgetrennt, sondern bleibt bei der Iridium-Rhodium-Gruppe und wird vor der Iridium-Rhodium-Trennung durch Destillation abgetrennt (s. S. 586).

4. Die Trennung des Osmiums von Tellur und Ruthenium

a) Durch Verflüchtigen des Osmiumtetroxyds nach der Oxydation mit saurer Kaliumpermanganatlösung

Das Osmium wird durch angesäuerte Kaliumpermanganatlösung zu Tetroxyd oxydiert, das verflüchtigt werden kann, während das Tellur dabei als nichtflüchtige Tellursäure zurückbleibt. Nach der Reduktion des überschüssigen Kaliumpermanganats und des entstandenen Mangandioxyds durch Oxalsäure kann das Tellur durch Hydrazinhydrat gefällt und dann gewichtsanalytisch bestimmt werden.

Die Destillation führt man in einer Lösung aus, die 15 g Kaliumpermanganat in 50 ml 2 n-Schwefelsäure enthält; es wird bei 120° unter langsamem Durchleiten von Luft destilliert. Das verflüchtigte Osmiumtetroxyd (OsO_4) wird in Kalilauge (12 Teile Kaliumhydroxyd, 84 Teile Wasser und 4 Teile Äthanol) absorbiert. Nach 1 Std. ist die Destillation bei kleinen Mengen von Osmium vollständig. Das in der Vorlage aufgefangene Osmium wird bestimmt, indem man das gebildete Kaliumosmiat (K_2OsO_4) mit Äthanol unter Erwärmen zu unlöslichem Dioxydhydrat reduziert, dieses abfiltriert, mit verdünnter Schwefelsäure auswäscht und nach dem Trocknen mittels Wasserstoff zu Metall reduziert. Dieses wird gewogen.

b) Durch Verflüchtigen des Osmiumtetroxyds im Stickstoffdioxydstrom

Man kann die Verflüchtigung des Osmiums als Tetroxyd auch im Stickstoffdioxydstrom bei 275° vornehmen. Dabei bleibt das Tellur als nicht flüchtiges Dioxyd zurück; auch das Ruthenium ist bei Temperaturen unter 600° nicht flüchtig; es wird bei 275° kaum oxydiert. Ebensowenig beeinträchtigt die Trennungsmethode im Nitrosegas Beimengungen von Iridium und Platin, die in technischen Gemengen öfter vorkommen. Die Verflüchtigung des Osmiums bei 275° kann lediglich durch die Gegenwart von Sulfiden verzögert werden. Man muß daher den Schwefel zunächst zu Schwefeldioxyd oxydieren, wenn die restlose Verflüchtigung des Osmiums gelingen soll.

5. Die Trennung der Edelmetalle in Legierungen, die Platin, Palladium und Iridium enthalten

Die Einwaage wird mit der 10- bis 20fachen Menge Blei bei 1000° geschmolzen. Aus dem Regulus lassen sich Blei und vorhandenes Silber sowie unedle Metalle mit verdünnter Salpetersäure (1 + 6) herauslösen. Hierbei kann etwas Palladium, bei hohen Silbergehalten auch etwas Platin in Lösung gehen. Ist dies der Fall, so führt man in der Lösung eine Bleisulfatfällung und nach dem Abfiltrieren des Bleisulfats eine Zinkfällung im Filtrat durch. Die vereinigten Sulfat- und Zinkfällungen werden in der Muffel abgetrieben. Das platin- und palladiumhaltige Silberkorn wird mit Salpetersäure (1 + 6) gelöst. Man fällt Silberchlorid mit Salzsäure und gibt das Filtrat dieser Fällung zum später anfallenden königswassersauren Filtrat des Iridiums. Der Rückstand, der die Platinmetalle und etwa vorhandenes Gold enthält, wird mit verdünntem Königswasser (1 + 5) behandelt. Das Iridium bleibt zurück, während Platin, Palladium und Gold in Lösung gehen. Näheres über die Bestimmung des Iridiums s. bei III., S. 580.

Es muß beachtet werden, daß bei der Behandlung des Rückstandes mit verdünntem Königswasser etwa vorhandenes Ruthenium beim Iridium bleibt, während das Rhodium zum größten Teil, aber nicht quantitativ, mit dem Platin in Lösung geht.

6. Die Trennung von Rhodium und Iridium

Rhodium und Iridium zeigen in ihrem chemischen Verhalten weitgehende Ähnlichkeit. Aus diesem Grunde bietet ihre analytische Trennung und betriebsmäßige Scheidung erhebliche Schwierigkeiten, die praktische Erfahrung voraussetzen.

a) In Rhodiumlegierungen (nach älteren Verfahren)

α) *Salmiakverfahren*

Die Probe wird zunächst wie beschrieben durch Schmelzen mit Zink (s. unter II., S. 578) und Herauslösen des Zinks mit Salzsäure in einen fein verteilten Zustand gebracht. Dann chloriert man das verbliebene Metallpulver im Quarzschiffchen bei 600 bis 700° durch Überleiten eines trockenen Chlorstroms und behandelt das Chlorierungsprodukt auf dem Wasserbad 8 Std. mit verdünntem Königswasser (1 + 3). Der verbliebene Rückstand wird auf ein Filter abfiltriert, ausgewaschen und nach dem Veraschen des Filters bei niedriger Temperatur nochmals chloriert. Sind Ruthenium und Osmium vorhanden, so müssen sie, wie bei den Abschnitten V und VI angegeben, mittels Ätzkalischmelze und Destillation entfernt werden. Der Retorteninhalt wird darauf in ein Becherglas übergeführt, mit Salzsäure (1,19) abgedampft, das Salzgemisch mit Salzsäure (1 + 3) aufgenommen und die Lösung mit Zink reduziert. Dabei fällt das gesamte Rhodium, gegebenenfalls zusammen mit dem Iridium, aus. Dieser sorgfältig mit Salzsäure (1 + 2) ausgewaschene Niederschlag wird geglüht, im Wasserstoffstrom reduziert und mit der gleichen Menge Natriumchlorid im Schiffchen unter Überleiten von Chlor erhitzt. Die entstandenen Natriumdoppelchloride werden in Wasser gelöst; ein etwa verbleibender Rückstand ist nochmals mit Chlor und Natriumchlorid aufzuschließen, bis er restlos in Lösung geht. Die Lösung wird mit Perhydrol versetzt und erwärmt. Dann fällt man das Iridium mit heißer Ammoniumchloridlösung, läßt längere Zeit absitzen und filtriert. Das Filtrat wird mit Zink reduziert, das abgeschiedene Rhodium mit Salzsäure (1 + 1) dekantiert, anschließend auf ein Filter gebracht, geglüht und zuletzt im Wasserstoffstrom reduziert.

β) *Wismutschmelze*

Sind größere Mengen Iridium zugegen oder soll der Rhodiumgehalt von Iridium bestimmt werden, so ist das Schmelzen mit Wismut angezeigt. Dafür wird die Einwaage mit der 20fachen Menge Wismut im Kohletiegel bei etwa 1000° 1 Std. geschmolzen. Man löst dann den Regulus in Salpetersäure (1 + 1) und filtriert. Im Filtrat befindet sich das gesamte Rhodium, daneben jedoch auch eine geringe Menge von Iridium. Man dampft ein, verdünnt dann mit 1 l Wasser, um das Wismut als Oxychlorid abzuscheiden, und filtriert dieses ab. Das Filtrat wird wieder eingedampft, erneut mit 1 l Wasser verdünnt und das Wismutoxychlorid nochmals abfiltriert. Die nun erhaltene Lösung reduziert man mit Zink und schmilzt das auszementierte Metall wiederum mit Wismut. Der weitere Verlauf spielt sich wie eben beschrieben ab. Das zum Schluß mit Zink reduzierte Rhodium ist frei von Iridium und wird nach dem Abfiltrieren ausgewaschen, geglüht und im Wasserstoffstrom reduziert. Man chloriert es im Chlorstrom und behandelt das Chlorierungsprodukt mit verdünntem Königswasser. Hierauf bringt man das Rhodiumchlorid auf ein Filter, wäscht es aus, glüht es, behandelt es mit Flußsäure und reduziert es im Wasserstoffstrom.

b) In Ruthenium, Rhodium und Iridium enthaltenden Rückständen (Verfahren nach Gilchrist und Wichers)

Grundlage. Die Rückstände werden durch eine alkalische Schmelze unter Zusatz von Kaliumnitrat aufgeschlossen. Aus der wäßrigen Lösung des Aufschlusses wird das Ruthenium im Chlorstrom als Rutheniumtetroxyd verflüchtigt. In der nun rutheniumfreien Lösung scheidet man das Rhodium und Iridium durch Zementieren mit Zink aus. Die beiden Metalle werden dann mit Natriumchlorid im Chlorstrom erhitzt und somit in Natriumrhodium- und Natriumiridiumchlorid übergeführt. Die wäßrige Lösung dieser Doppelchloride erhitzt man nach Zusatz von Schwefelsäure bis zum Rauchen der Säure, verdünnt mit Wasser und fällt das Rhodium durch Zugeben von Titan(III)-chlorid in metallischer Form quantitativ aus, während das Iridium in Lösung bleibt. Der Iridiumgehalt wird aus der Differenz berechnet oder nach Entfernung des Titans direkt bestimmt. Zu diesem Zweck muß das Titan durch Chlorierung unter Zusatz von Kohlenoxyd oder mittels Kupferron nach Gilchrist und Wichers vom Iridium getrennt werden.

Anwendungsbereich und Bedeutung. Das Verfahren eignet sich zur Untersuchung von Löserückständen der Probieranalyse und des Scheidebetriebes.

Genauigkeit. 1.

Dauer. 4 Tage; bei rutheniumfreien Rückständen 3 Tage.

Ausführung. Die Rückstände, die aus der Schwefelsäureabscheidung oder aus sonstigen Trennungsprozessen zurückbleiben, werden vor Beginn der Analyse mit Königswasser ausgekocht, geglüht, mit Flußsäure behandelt und gewogen (Ru + Rh + Ir). Der Aufschluß erfolgt durch eine Kaliumhydroxyd-Kaliumnitrat-Schmelze im Nickeltiegel, wie bei der Osmium- und Rutheniumbestimmung beschrieben. Das *Ruthenium* wird wie bei der Rutheniumbestimmung, S. 583, aus der Ruthenatlösung des Aufschlusses durch Verflüchtigen mit Chlor abgetrennt und bestimmt.

Die rutheniumfreie Lösung säuert man dann zur Zerstörung des Hypochlorits stark mit Salzsäure an und kocht, bis kein freies Chlor mehr entweicht. Anschließend werden Iridium und Rhodium in bekannter Weise durch Zink ausgefällt. Der Metallschwamm wird abfiltriert und mit Salpetersäure (1 + 1) ausgekocht. Der abfiltrierte und ausgewaschene Niederschlag wird geglüht, mit Flußsäure behandelt, reduziert und gewogen: *Rhodium* + *Iridium.* Falls die Rückstände Platin enthalten, wird das Rhodium-Iridium-Pulver vor der Flußsäurebehandlung bei 600 bis 700° chloriert und mit verdünntem Königswasser (1 + 3) in der Wärme ausgezogen (s. Abschnitt II, S. 579). Nach der Reduktion und dem Flußsäureabrauchen erhält man reines Rhodium + Iridium zur Auswaage.

Das Metallgemisch vermengt man mit reichlich der gleichen Menge von geglühtem Natriumchlorid recht innig und überdeckt es in einem Quarzglasschiffchen mit einer Schicht Natriumchlorid. Die Mischung wird bei 800 bis 900° im Chlorstrom bis zur Bildung einer klaren Schmelze aufgeschlossen; diese löst man in Wasser. Ein gegebenenfalls nicht löslicher, unaufgeschlossener Rückstand muß durch Wiederholen der chlorierenden Natriumchloridschmelze in Lösung gebracht werden. Die wäßrige Lösung versetzt man in einem 500 ml-Quarzglas-ERLENMEYER-Kolben mit 10 ml Schwefelsäure (1,84). Stammte die Iridium-Rhodium-Lösung aus einem Trennungsgang, bei dem organische Substanzen (Diacetyldioxim od. dgl.) verwendet wurden, so müssen außerdem noch 2 bis 3 ml Salpetersäure (1,40) hinzugegeben werden. Darauf wird die Lösung bis zum Auftreten von Schwefelsäuredämpfen erhitzt und noch einige Zeit über freier Flamme abgeraucht, wobei sie ständig in Bewegung zu halten ist. Nach dem Erkalten fügt man 20 ml Wasser hinzu und wiederholt das Eindampfen und Abrauchen. Dann wird die erkaltete Lösung in einem Becherglas auf 200 ml verdünnt und tropfenweise mit 15proz. Titan(III)-chloridlösung versetzt, bis bei weiterer Zugabe kein Rhodium mehr ausfällt. Der entstandene schwarze Rhodiumschlamm ballt sich rasch zusammen; er wird 2 min in der Lösung gekocht und sodann abfiltriert. Filter und Niederschlag werden mit kalter, verdünnter Schwefelsäure (2,5 + 97,5 ml) gründlich ausgewaschen, in einen 500 ml-Quarzglas-ERLENMEYER-Kolben gebracht und mit 10 ml Schwefelsäure (1,84) erwärmt. Sobald das Filter restlos zerfallen ist, gibt man 5 ml Salpetersäure (1,40) hinzu, hält den Kolbeninhalt einige Zeit auf einer Heizplatte mäßig warm und vervollständigt schließlich das Lösen des Rhodiums durch Erhitzen des Kolbens über freier Flamme und kräftiges Abrauchen der Schwefelsäure. Die Filtersubstanz muß jetzt restlos zerstört sein; es dürfen keine schwarzen Kohleteilchen mehr zu erkennen sein.

Nach dem Erkalten werden 20 ml Wasser hinzugegeben und Eindampfen und Abrauchen wie oben wiederholt, um die letzten Reste von Stickoxydverbindungen zu entfernen. Dann verdünnt man die erkaltete Lösung wieder auf 200 ml, führt die Fällung mit Titan(III)-chlorid erneut durch und wiederholt die Behandlung von Filter und Niederschlag bis zur Erzielung einer reinen stickoxydfreien Rhodiumsulfatlösung. Diese wird nun nach Zugabe von 20 ml Wasser und 10 ml Salzsäure (1,19) etwa 15 min gekocht, bis ihre Färbung von Gelb nach Rosa umgeschlagen ist. Dann verdünnt man sie auf 400 bis 500 ml und leitet in der Siedehitze bis zum Erkalten Schwefelwasserstoff ein. Das Sulfid wird abfiltriert, zunächst mit verdünnter Schwefelsäure (1 + 60), dann mit Salzsäure (1 + 99) ausgewaschen, getrocknet und nach vorsichtigem Veraschen des Filters kräftig geglüht. Das Abrauchen mit Flußsäure und die Reduktion im Wasserstoffstrom beenden den Arbeitsgang wie üblich. Auswaage: *Rhodium.*

Die Menge des *Iridiums* kann aus der Differenz der beiden Wägungen errechnet werden. Diese Methode ist bei ungünstiger Verteilung recht ungenau. Zur Iridiumbestimmung werden Filtrate und Waschwässer der beiden Rhodiumfällungen schwach ammoniakalisch gemacht. Das ausfallende Titandioxydhydrat reißt den größten Teil des Iridiums mit. Man filtriert, wäscht aus und engt das Filtrat ein. Dieses wird angesäuert und mit Zink ausreduziert. Die abfiltrierte Zinkfällung wird gemeinsam mit der Titandioxydhydratfällung getrocknet und verascht. Man erhitzt im Chlorstrom unter Zusatz von Kohlenoxyd auf 400° und hält einige Zeit auf dieser Temperatur, dann wird weiter erhitzt und noch einige Zeit auf 600 bis 700° gehalten. Im Verlauf der Chlorierung verflüchtigt sich das Titan bis auf geringe Reste. Nun wird das Iridiumchlorid mit Kochsalz chlorierend aufgeschlossen und anschließend in etwa 800 ml Wasser gelöst. In die auf 60° erwärmte Lösung gibt man 2 g kristallisiertes Natriumbromat. Nach dem Auflösen versetzt man mit 40 ml einer filtrierten Natriumbromidlösung (100 g/l) und kocht die Probe 1 Std. lang.

Dann werden beide Reagenzien nochmals in etwa gleicher Menge zugegeben. Man hält 1 bis 2 Std. auf Siedetemperatur und läßt absitzen. Das Iridiumhydroxyd wird abfiltriert und mit 1proz. Ammoniumnitratlösung gewaschen. Anschließende Chlorierung und Reduktion ergeben das Iridium, das man vor der Auswaage noch einmal mit Flußsäure abraucht.

Fehlerquellen und Bemerkungen. Bei Schiedsanalysen empfiehlt sich eine Kontrolle des Iridiumwertes durch Bestimmung des Iridiums, das in den vereinigten Filtraten der wiederholten Rhodiumfällung enthalten ist. Sehr zeitraubend ist die Entfernung des Titans mittels Kupferron nach Gilchrist und Wichers. Da diese Titanfällung meist etwas Iridium zurückhält, muß sie wiederholt werden. Das Iridium wird nach der Zerstörung des überschüssigen Kupferrons durch Natriumbromat gefällt. (Es muß hier auf die Originalarbeiten von Gilchrist und Wichers verwiesen werden, da diese Methode sich bei Betriebsanalysen erübrigt.)

Die Trennung von Rhodium und Iridium durch das Titan(III)-chloridverfahren ist genauer als die älteren Methoden, nach denen über die Ammoniumdoppelchloride oder die Hydrogensulfatschmelze bzw. Wismutschmelze gearbeitet wird.

Literatur. Gilchrist, R., u. E. Wichers: J. Amer. Soc. Bd. 57 (1935) S. 2565—2573. — Betriebsmethode der W. C. Heraeus GmbH., Hanau.

VIII. Die Bestimmung des Platins und der Begleitmetalle in Legierungen, die Gold und Silber enthalten

1. Gold-Platin-Legierungen

Grundlage. Aus der nitratfreien, salzsauren Lösung wird zunächst das Gold durch Oxalsäure (oder schweflige Säure) ausgefällt. Nach der Abtrennung des Goldes wird die überschüssige Oxalsäure durch Oxydationsmittel zerstört, die Lösung mit Salzsäure abgedampft, das Platin mit Ammoniumchlorid gefällt und der im Filtrat befindliche Rest nach den Vorschriften unter I, S. 577, gewonnen.

Anwendungsbereich und Bedeutung. Das Verfahren wird bei der Untersuchung von Bijouterie-, Dental- und Gerätelegierungen, Spinndüsen usw. angewendet. Das Platin kann auch auf dokimastischem Wege vom Gold getrennt werden (s. Kapitel Silber und Gold, S. II/753).

Genauigkeit. 1.

Dauer. $1^1/_2$ Tage.

Ausführung. 1 g der Probe wird in Königswasser gelöst. Dann dampft man die Lösung 2- bis 3mal mit Salzsäure bis zur Sirupdicke ein, nimmt das Gemisch der Chloride mit Wasser auf und verdünnt die Lösung auf 100 bis 150 ml. Zur Fällung des Goldes gibt man nun etwa 20 ml gesättigte Oxalsäurelösung hinzu und erwärmt längere Zeit, zweckmäßig über Nacht, auf dem Wasserbad. Das abgeschiedene *Gold* wird abfiltriert, zur Entfernung mitgefällten Kupfers mit Ammoniak ausgewaschen, sodann geglüht und gewogen.

Das Filtrat von der Goldfällung wird zur Zerstörung der Oxalsäure mit Salpetersäure und 30proz. Wasserstoffperoxyd abgedampft. Dann gibt man Salzsäure hinzu, dampft die Lösung zur Trockne, wiederholt dies, nimmt die Chloride schließlich mit wenig Wasser auf und versetzt die Lösung zur Fällung des Platins mit ungefähr 100 ml heißer, kaltgesättigter Ammoniumchloridlösung. Die Weiterbehandlung der Ammoniumchloridfällung und des Filtrats davon ist bei I und II, S. 576 u. 578, ausführlich beschrieben.

Literatur. Hoffmann, L., u. G. Krüss: Liebigs Ann. Chem. Bd. 238 (1887) S. 70. — Eigene Erfahrungen der Degussa und der W. C. Heraeus GmbH., Hanau.

2. Legierungen, die Gold, Silber und sämtliche 6 Platinmetalle enthalten

Grundlage. Der Analysengang stellt eine Kombination der einzelnen Trennungsmethoden dar; doch muß er je nach dem Verhältnis der einzelnen Legierungspartner variiert werden. Grundsätzlich sind Osmium und Ruthenium wegen der Flüchtigkeit ihrer Tetroxyde nacheinander abzutrennen, bevor der Analysengang zur Durchführung kommt. Anschließend wird das Silber als Chlorid oder Metall bestimmt. Es folgt die Abscheidung des Goldes mit Oxalsäure, schwefliger Säure oder Eisen(II)-sulfat. Auf die Bestimmung der unedlen Metalle wird hier ebensowenig wie in den bisher angeführten Vorschriften eingegangen, da Platin mit zuviel verschiedenen Metallen und metallischen Werkstoffen legiert und doubliert zur Verwendung kommt.

Anwendungsbereich und Bedeutung. Das Verfahren ist anwendbar bei der Untersuchung von Legierungen, Altmaterial und Rückständen aus dem Scheidebetrieb, bei welchem die Spektralanalyse nicht zum Ziele führt.

Genauigkeit. 1.

Dauer. 12 Tage, und zwar bei Anwesenheit aller Platinmetalle sowie von Gold und Silber.

Ausführung.

a) Methode I

Man schmilzt eine Einwaage von 1 g mit der 10fachen Menge Zink, löst den Regulus in Salzsäure (1 + 3), dekantiert den metallischen Rückstand mit Salzsäure (1 + 1) und trocknet ihn unter Belassen im Becherglas, das für das Lösen benutzt wurde. Die Einzelheiten dieser Operation sind bei der Beschreibung der Einzelbestimmungen mitgeteilt worden. Dann wird das getrocknete Metallpulver in ein Schiffchen gebracht und im trockenen Sauerstoffstrom bis zu 1000° erhitzt. Das verwendete Verbrennungsrohr mündet in eine Vorlage, die mit Kalilauge beschickt ist, hier wird das zu Tetroxyd oxydierte *Osmium* absorbiert und kann nach den Ausführungen unter V., S. 582, bestimmt werden. Den im Schiffchen verbliebenen Anteil des Metallpulvers gibt man in ein Becherglas und behandelt ihn zunächst in der Wärme mit Salpetersäure (1 + 3), um das Silber herauszulösen. Darauf wird die Lösung verdünnt, filtriert und das *Silber* im Filtrat nach einer der bekannten Methoden bestimmt (s. Kapitel Silber und Gold, S. II/750).

Nach dem Veraschen des Filters wird sein Inhalt mit verdünntem Königswasser (1 + 3) in der Wärme behandelt. Man läßt die Säuremischung 6 Std. auf dem Wasserbade einwirken und bringt dadurch Platin, Palladium und Gold in Lösung. Es wird filtriert und das Filtrat mit Salzsäure 2mal abgedampft. Ein beim Aufnehmen des Salzgemisches gegebenenfalls ausgefallener Rest von Silberchlorid wird der Hauptmenge des Silbers beigefügt.

Den beim Ausziehen mit Königswasser verbliebenen Rückstand schmilzt man nach dem Veraschen des Filters mit Ätzkali und Kaliumnitrat und destilliert das *Ruthenium* im Chlorstrom ab (s. unter VI., S. 583). Der Retorteninhalt wird mit Salzsäure abgedampft, die Lösung mit Zink reduziert und in dem auszementierten Metallschwamm das *Iridium* vom Rhodium nach VII. 6., S. 585, getrennt. Zu dem erhaltenen *Rhodium* kommen noch die später bei der Platinbestimmung gewonnenen Rhodiumreste. Ist in der Legierung sehr viel Iridium neben wenig Rhodium vorhanden, so ist die Wismutschmelze (s. S. 585) anzuwenden.

Das obige salzsaure, von den Resten an Silberchlorid befreite Filtrat wird mit Oxalsäure versetzt, in der Wärme stehengelassen und darauf das abgeschiedene *Gold* abfiltriert. Man wäscht es auf dem Filter mit Salzsäure aus und bringt es nach dem Veraschen des Filters zur Wägung.

Das Filtrat wird mit etwas Königswasser (1 + 3) versetzt und das *Palladium* in der Kälte mit Diacetyldioxim gefällt. Nachdem man es abfiltriert, geglüht und gewogen hat, dampft man das Filtrat ein, raucht nach Zusatz von etwas Königswasser ab, nimmt das Salz mit Salzsäure auf und reduziert die Lösung mit Zink. Dann wird das Filter mit dem abfiltrierten Metallschwamm, der neben Platin noch geringe Reste von Rhodium enthält, verascht und sein Inhalt chloriert. Das Chlorierungsprodukt wird, wie beim Rhodium beschrieben, mit Königswasser ausgezogen, im Filtrat das *Platin* in bekannter Weise mit Ammoniumchlorid gefällt und bestimmt, und der Rest an Rhodium mit der Hauptmenge vereinigt.

b) Methode II

Man bringt die Legierung durch Schmelzen mit Zink und Lösen des Regulus in Salzsäure in feinverteilte Form, filtriert und unterwirft den abfiltrierten Metallschwamm einer Alkali-Kaliumnitrat-Schmelze. Der Schmelzkuchen wird in Wasser gelöst und das Osmium aus der mit Salpetersäure angesäuerten Lösung als Tetroxyd im Luftstrom abdestilliert (s. S. 582). Die osmiumfreie Lösung wird mit Salzsäure abgedampft, das Salzgemisch mit Salzsäure aufgenommen und die Lösung mit Zink behandelt. Den abfiltrierten und geglühten Metallschwamm schmilzt man erneut mit Alkali und Kaliumnitrat bis zum klaren Fluß und destilliert nun aus der wäßrigen Lösung des Schmelzkuchens das *Ruthenium* im Chlorstrom als Tetroxyd ab (s. S. 583 unter VI.).

Die zurückbleibende Lösung wird wiederum wie vorher einer Behandlung mit Zink unterworfen (s. unter C. VII. 3., S. 584). Aus dem abfiltrierten Metallgemisch wird das *Silber* mit Salpetersäure (1 + 1) herausgelöst, als Chlorid gefällt und bestimmt. Das Filtrat der Silberchloridlösung muß, falls eine Gelbfärbung auf mit in Lösung gegangenes Palladium schließen läßt, aufbewahrt werden.

Den Rückstand des Salpetersäureauszuges behandelt man in der Wärme mit Königswasser (1 + 5), wobei Palladium, Gold und Platin quantitativ in Lösung gehen. Iridium und Rhodium bleiben ungelöst und werden abfiltriert. Falls Palladium im obigen Filtrat der Silberfällung vorhanden war, wird dieses Filtrat jetzt mit der Königswasserlösung vereinigt. Man dampft die vereinigten Lösungen unter Zusatz von Salzsäure (1,19) 2mal zur Trockne, nimmt das Salzgemisch schließlich mit Wasser auf und filtriert etwa noch ausgefallene Silberchloridreste ab; sie werden der Hauptmenge zugegeben. Das Filtrat wird, wie bei der Gold-Platin-Trennung, S. 588, beschrieben, mit Oxalsäurelösung (200 g/l) versetzt und in der Wärme stehengelassen; danach wird vom ausgeschiedenen *Gold* abfiltriert. Anschließend fügt man zum Filtrat einige ml Salpetersäure (1,40) hinzu und fällt das *Palladium* in der Kälte mit Diacetyldioxim (s. unter IV., S. 581).

Das Filtrat von der Palladiumfällung enthält alles Platin sowie gegebenenfalls noch geringe Mengen von Rhodium und Iridium. Man dampft mit Königswasser ein, versetzt mit Salzsäure (1,19), verdünnt und behandelt mit Zink. In dem ausgeschiedenen Metallgemisch können Iridium und Rhodium nun entweder durch Chlorierung, wie bei der Platin-Rhodium-Trennung, S. 578, beschrieben, in unlösliche Chloride übergeführt werden — Platinchlorid ist in verdünntem Königswasser (1 + 3) löslich —, oder sie werden aus der Lösung nach der Bromatmethode von Moser und Hackhofer abgetrennt. Das Filtrat der Chloride bzw. der Oxydhydratfällung ist in bekannter Weise für die Salmiakfällung vorzubereiten, worauf das *Platin* nach der Vorschrift unter I., S. 576, bestimmt wird.

Das als Chlorid bzw. Oxydhydrat abgeschiedene Iridium + Rhodium wird mit dem Iridium- und Rhodiumrückstand des Königswasserauszuges, der im Laufe dieses Analysenganges angefallen ist, vereinigt und in üblicher Weise durch Glühen, Abrauchen mit Flußsäure und Wasserstoffreduktion zur Auswaage gebracht. Falls eine Rhodium-Iridiumtrennung erforderlich ist, wird diese nach Gilchrist und Wichers (s. S. 586) durchgeführt.

Fehlerquellen. Je nach dem Verhältnis der Komponenten zueinander müssen einzelne Fällungen wiederholt werden. — Die Löslichkeit der einzelnen Platinmetalle in feinverteilter Form ist je nach der Zusammensetzung und Vorbehandlung sehr verschieden. — Der aus der Fällung mit Zink, aus der Zink-, Blei- oder Wismutschmelze usw. gewonnene Edelmetallschwamm unterscheidet sich beträchtlich in seiner Löslichkeit. Vgl. auch die Angaben bei den Fehlerquellen der Einzelbestimmungen.

Literatur. Siehe sämtliche bei den Einzelbestimmungen und Trennungen angeführten Literaturhinweise; Betriebsverfahren der W. C. Heraeus GmbH., Hanau, und Degussa, Hanau. Eine kritische Übersicht über Methoden zur Isolierung und Trennung der sechs Platinmetalle bringt F. E. Beamish in Talanta, Bd. 5 (1960) S. 1—35.

IX. Häufigste „Platingifte"

Die häufigsten „Platingifte" sind *Phosphor* und *Arsen.* Ihre Bestimmung ist von großer Wichtigkeit, da diese Schädlinge, wenn sie im Platin auftreten, die Platingeräte, wie z. B. Tiegel, Schalen, Netze und Kontaktsterne, schnell unbrauchbar machen.

1. Die Bestimmung des Phosphors in einer Platin-Rhodium-Legierung mit 5 % Rhodium

10 g dünn ausgewalztes Material werden in einer kleinen Löseapparatur, die mit etwa 120 ml Salzsäure (1,19) beschickt ist, unter Einleiten von Chlor und unter Erwärmen gelöst; die Lösedauer beträgt ungefähr 6 Std. Dann engt man die Lösung auf etwa 20 ml ein, verdünnt sie mit Wasser auf 800 ml und fällt die Edelmetalle durch Einleiten von Schwefelwasserstoff aus. Nach dem Verjagen des überschüssigen Schwefelwasserstoffs durch Erwärmen der Fällung auf dem Wasserbad werden die Sulfide abgesaugt; das Filtrat wird auf 100 ml eingeengt. Darauf neutralisiert man es mit Ammoniak, versetzt zur Oxydation des Phosphors mit 10 ml Salpetersäure (1,40), gibt 5 g Ammoniumnitrat hinzu und fällt den Phosphor in der auf 70° erwärmten Lösung mit 10 ml Ammoniummolybdatlösung (s. Kapitel Mangan, S. 490). Die Fällung bleibt einige Stunden zum Absitzen des Niederschlages auf dem Wasserbad stehen. Dieser wird nach 24 Std. auf einen gewogenen Porzellanfiltertiegel (A 2) abfiltriert, mit schwacher, ammoniumnitrathaltiger Salpetersäure (25 g Ammoniumnitrat werden in Wasser gelöst; die Lösung wird nach Zugeben von 10 ml Salpetersäure (1,40) auf 250 ml verdünnt) ausgewaschen und 1 Std. bei 120° getrocknet. Die Auswaage besteht aus Ammoniumphosphormolybdat.

Genauigkeit. 1.

Dauer. 2 Tage.

2. Halbmikrochemische Verfahren zur Bestimmung geringer Mengen Phosphor und Arsen im Platin

Falls nur wenig Probematerial zur Verfügung steht, sind zur Bestimmung des Phosphors und Arsens halbmikrochemische Verfahren entwickelt worden. Diese haben gegenüber den Bestimmungen auf spektralanalytischem Wege den Vorzug eines wesentlich geringeren Aufwandes und stehen jenen im vorliegenden Falle an Empfindlichkeit nicht nach.

a) Phosphor

Zum Nachweis des Phosphors dient die Fällung als Ammoniumphosphormolybdat nach der Entfernung des Platins durch Reduktion.

Man löst in einem Reagenzglas (40 ml Inhalt) 0,1 bis 0,2 g Platin in 8 ml Königswasser bei Wasserbadtemperatur (Dauer: 8 bis 12 Std.) und dampft die Lösung nach Zugabe von 0,1 g Natriumcarbonat 3mal mit Salzsäure bis fast zur Trockne ein, um die Salpetersäure zu entfernen. Dann nimmt man mit 3 ml Wasser auf, versetzt die Lösung mit ungefähr 0,3 g Hydrazinchlorid und kocht sie auf. Die beginnende Reduktion ist an der Dunkelfärbung der Lösung zu erkennen. Zur Vervollständigung der Reduktion kocht man den Inhalt des Reagenzglases noch einmal auf; dabei ballt sich das Platin zusammen und die überstehende Flüssigkeit wird bei genügendem Zusatz des Reduktionsmittels farblos und klar. Sie kann nun ohne Verwendung eines Filters in ein gleich großes Reagenzglas abgegossen und der Rückstand mit wenig Wasser ausgewaschen werden. Man gibt 1 ml Salpetersäure (1,40) zu und dampft fast bis zur Trockne ein. Das Eindampfen muß nach Aufnehmen mit je 4 Tropfen Salpetersäure 2mal wiederholt werden. Der Rückstand darf keinesfalls geglüht werden, da sonst unter Feuererscheinung Zersetzung des Nitrats erfolgen kann, wodurch Phosphatverluste entstehen. Der Rückstand wird mit 2 bis 3 Tropfen Wasser aufgenommen und die durch Zentrifugieren völlig geklärte Lösung im Mikroreagenzglas (2,5 ml Inhalt) mit 2 bis 3 Tropfen 7,5proz. ammoniumnitrathaltiger, salpetersaurer Ammoniummolybdatlösung versetzt. Beim Erwärmen auf 40° tritt bei größeren Phosphormengen (über 5 µg) sofort eine Gelbfärbung und dann eine gelbe Fällung auf. Bei geringeren Phosphormengen bildet sich der gelbe Niederschlag erst nach mehrstündigem Stehen.

Aus dem Volumen des Niederschlages läßt sich die Phosphormenge durch Vergleichen mit Niederschlägen, die durch Fällen aus Lösungen bekannten Phosphorgehaltes unter den gleichen Bedingungen erhalten wurden, annähernd schätzen. Es kann nach diesem Verfahren noch 1 µg Phosphor in 0,1 g Geräteplatin erfaßt werden.

b) Arsen

Zum Nachweis von Arsenspuren hat sich die Gutzeitsche Arsenprobe nach dem Ausfällen des Platins als Platinsalmiak und dessen Reduktion zu Metall als sehr brauchbar erwiesen.

Die von K. Uhl vorgeschlagene Ausführungsform der Arsenprobe hat sich gut bewährt. Unterwirft man allerdings die Lösung des Platins in Königswasser nach dem Entfernen der Salpetersäure durch Eindampfen mit Salzsäure (s. oben) ohne weiteres der Destillation, so erhält man erst bei Anwesenheit von mehr als 5 µg Arsen ein positives Ergebnis, weil das Platinsalz dadurch, daß es den Arsenwasserstoff oxydiert, seine Bildung verhindert. Fällt man aber zunächst das Platin aus der Lösung mit Ammoniak in geringem Überschuß (0,5 bis 1 ml) als Platinsalmiak aus, reduziert diesen mit 0,3 g Hydrazinchlorid und bringt die warme Lösung mit Niederschlag in das Gutzeitsche Entwicklungsgefäß, so läßt sich die Nachweisempfindlichkeit dadurch etwa verzehnfachen.

Die Arsenmenge wird durch Vergleich der Färbung des Quecksilberbromidpapiers mit einer Vergleichsskala (s. Kapitel Arsen, S. 125) abgeschätzt. Es ist aber zu beachten, daß zur vollständigen Verflüchtigung des Arsens unter den hier vorliegenden Versuchsbedingungen nicht 2, sondern etwa 8 Std. erforderlich sind.

Literatur. Uhl, K.: Z. angew. Chem. Bd. 50 (1937) S. 164. — Fischer, J.: Die chemische Fabrik, 11. Jahrg., S. 408.

Kapitel 27

Quecksilber*

Inhalt

A. Vorkommen

Das wichtigste Quecksilbererz ist der Zinnober (HgS). Auch Quecksilberchlorid und metallisches Quecksilber kommen manchmal in der Natur in gewinnbaren Mengen vor. Bisweilen sind auch Fahlerze und Zinkblenden quecksilberhaltig.

Als hauptsächlichste Lagerstätten in Europa sind zu nennen: Monte Amiata und Idria in Italien, Almaden in Spanien, Jekaterinoslaw in Rußland, Kotterbach in der Zips (oberungarisches Erzgebirge); amerikanische Quecksilbervorkommen befinden sich in Mexiko, Kalifornien und Texas.

B. Qualitativer Nachweis

Bemerkenswert gegenüber anderen Metallen ist, daß das Quecksilber einen Schmelzpunkt von etwa $-39°$ und einen Siedepunkt bei 760 mm Druck von etwa $357°$ hat. Viele seiner Verbindungen zersetzen sich beim Erhitzen. Das hierbei frei werdende Metall verflüchtigt sich und kann nach seiner Kondensation nachgewiesen werden. Hierauf beruht die empfindliche Nach-

*	1. Auflage	2. Auflage
Bearbeiter:	**Roesner**	**Dreyer, Roesner**
Mitarbeiter:	**Blumenthal, Klockmann**	

weismethode in Gesteinen von ESCHKA, bei welcher der Probe zur Reduktion Eisenfeilspäne beigemengt werden und das verdampfte Quecksilber nach der Kondensation auf Goldblech als Goldamalgam festgehalten wird. Dieses Verfahren eignet sich insbesondere für Zinnober enthaltende Mineralien; bei Anwesenheit von Quecksilberverbindungen, die sich unzersetzt verflüchtigen, muß man die Substanz z. B. mit Calciumoxyd erhitzen, um metallisches Quecksilber entstehen zu lassen. Dieses wird anschließend in Salpetersäure gelöst und kann in der Lösung z. B. durch Fällen mit Kaliumjodid als rotes, im Überschuß des Fällungsmittels lösliches Quecksilber(II)-jodid nachgewiesen werden.

C. Untersuchungen bei der Gewinnung des Quecksilbers

Bei der Quecksilbergewinnung handelt es sich im wesentlichen um folgende 3 Umsetzungen:

1. $HgS + O_2 = Hg + SO_2$
2. $4HgS + 4CaO = 4Hg + 3CaS + CaSO_4$
3. $HgS + Fe = Hg + FeS$

Alle diese Reaktionen verlaufen bei Temperaturen, die über dem Siedepunkt des Quecksilbers liegen, so daß zunächst Quecksilberdampf anfällt, der kondensiert werden muß. Quecksilber ist somit ein Metall, das man — abgesehen von kleinen Mengen, die durch Elektrolyse gewonnen werden — praktisch nur durch einen Destillationsprozeß erhält.

I. Erze, Schlämme und Zwischenprodukte

1. Erze und Schlämme

Für die quantitative Quecksilberbestimmung wurde in den Hüttenbetrieben bis vor nicht langer Zeit fast nur das Verfahren von ESCHKA verwendet, nach dem das verflüchtigte Quecksilber auf einem Golddeckel niedergeschlagen wird. Das Verfahren wird auch heute noch angewendet, doch haften ihm gewisse Mängel an, so daß für genaue Analysen andere Verfahren zur Verwendung kommen.

Zur Bestimmung kleiner und kleinster Quecksilbermengen ist die ESCHKA-Methode weniger genau, weil einmal leicht Verluste entstehen können und zweitens sich bisweilen Cadmium mit dem Quecksilber zusammen am Golddeckel niederschlägt. Auch kommt es vor, daß Flotationsöl aus den flotierten Erzen gekrackt und mit niedergeschlagen wird.

Eine von H. FISCHER und G. LEOPOLDI veröffentlichte maßanalytische Methode mit Dithizon eignet sich für geringe Quecksilbergehalte ausgezeichnet, während für größere Gehalte gewichtsanalytische Verfahren zur Verfügung stehen.

Vor Anwendung dieser Methoden wird eine Destillation des Quecksilbers als Quecksilber(II)-chlorid durchgeführt, wodurch eine vollkommene Abtrennung des Quecksilbers von den übrigen Metallen mit Ausnahme des Germaniums und geringer Mengen Arsen und Antimon erreicht wird. Diese letzteren Elemente stören aber weder bei der maßanalytischen noch bei der gewichtsanalytischen Bestimmung.

a) Destillation des Quecksilbers

Grundlage. Das in der Lösung als Quecksilber(II)-sulfat vorhandene Quecksilber wird aus einer konz. Schwefelsäure durch Zutropfen von Salzsäure als Hg(II)-chlorid verflüchtigt, das in einer Vorlage aufgefangen wird.

Anwendungsbereich. Die Methode ist für alle quecksilberhaltigen Produkte anwendbar.

Geräte und Reagenzien. Destillationsapparatur nach Abb. 29.

Lösesäure: 5 Vol. Salzsäure (1,19) + 1 Vol. Salpetersäure (1,40).

Ausführung. Die Einwaage — 1 bis 10 g —, je nach den zu erwartenden Quecksilbermengen, wird mit Wasser eben angeschlämmt und bei 1 g mit 15 ml, bei 10 g mit 60 ml der Lösesäure versetzt und durch Erhitzen auf dem Wasserbad gelöst; hierbei werden die Stickoxyde weitgehend verflüchtigt. Die Lösung samt einem meist vorhandenen Niederschlag spült man mit möglichst wenig Wasser in den Destillationskolben der Apparatur (s. Abb. 29) über, gibt durch den Tropftrichter vorsichtig — Aufschäumen! — bei 1 g 20 ml, bei 10 g Einwaage 40 ml Schwefelsäure (1,84) hinzu und erhitzt bis zum Rauchen. Anschließend setzt man bei der weiteren Destillation 25 ml Salzsäure (1 + 1) und 0,5 ml Salpetersäure (1,40) tropfenweise so langsam hinzu, daß die Zugabe etwa 45 bis 50 min dauert. Hierbei soll die Temperatur im Kolbenhals 110 bis 130° betragen. Nach beendeter Destillation werden Kühler und Vorstoß mit Wasser ausgespült, das Destillat auf 250 ml aufgefüllt und gegebenenfalls filtriert.

Bemerkungen. Das Destillat muß während der Destillation stets gelb gefärbt bleiben. Farblose Destillate sind zu verwerfen. Beim Lösen und Destillieren ist darauf zu achten, daß keine störenden Stoffe durch Stoßen aus dem Destillationskolben in das Destillat gelangen.

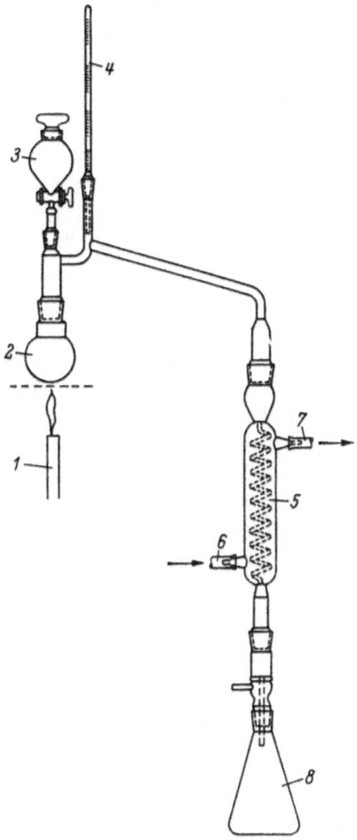

Abb. 29. Destillationsapparatur zur Abtrennung von Quecksilber

1 Gasbrenner; *2* Destillationskolben, 100 ml; *3* Hahntrichter, 2 mm, Nachgeben von Salzsäure; *4* Thermometer 0 bis 150°; *5* Kühler; *6* u. *7* Kühlwasser; *8* Vorlage, 300 ml

b) Maßanalytische Bestimmung des Quecksilbers mit Dithizon

Grundlage. In dem Destillat wird das Quecksilber mit Dithizon titriert.

Anwendungsbereich und Bedeutung. Quecksilber kann nach dieser Methode in Blenden, Röstblenden, anderen quecksilberhaltigen Erzen, Flugstäuben, Schlämmen und Destillationsrückständen bestimmt werden.

Erprobter Bereich: 0,005 bis 50 mg Quecksilber/Einwaage.

Zur Titration sollen 0,005 bis 5 mg gelangen.

Reagenzien. Salzsäure (1 + 1): 500 ml Salzsäure (1,19) auf 1 l mit Wasser verdünnen und mit etwa 1 g Hydroxylaminhydrochlorid versetzen.

Titrierlösung. Bei Mengen von 0,005 bis 0,5 mg Quecksilber wird eine Dithizonlösung von 40 mg Dithizon/l angewandt, während bei größeren Mengen eine solche von 400 mg Dithizon/l eingesetzt wird.

a) 40 mg Dithizon werden in etwa 200 ml Kohlenstofftetrachlorid gelöst, die Lösung wird auf 1 l aufgefüllt und in eine braune Flasche filtriert. Sie soll im Dunkeln aufbewahrt werden; 1 ml davon entspricht etwa 0,01 mg Quecksilber.

b) 400 mg Dithizon werden wie vorstehend behandelt; 1 ml entspricht etwa 0,1 mg Quecksilber.

Ausführung. Die ganze Lösung oder eine bestimmte Menge der bei der Destillation erhaltenen Lösung (vgl. Anwendungsbereich) wird abgenommen, in einen 250- bzw. 500 ml-Scheidetrichter gegeben und mit Ammoniak (0,91) abgestumpft — hierfür genügen im allgemeinen für 100 ml der Abnahme 8 ml; auf jeden Fall muß die Lösung noch schwach sauer reagieren. Nachdem sich die Lösung auf Zimmertemperatur abgekühlt hat, setzt man etwa 10 g Harnstoff, später nach Beendigung der Gasentwicklung noch 0,1 bis 0,2 g Hydroxylaminhydrochlorid hinzu, läßt 1 bis 2 min einwirken und schüttelt mit etwa 5 ml Kohlenstofftetrachlorid aus. Die Tetraschicht wird abgelassen und verworfen. Nun wird unter anteilweiser Zugabe von eingestellter Dithizonlösung bis zur bleibenden Grünfärbung extrahiert. Die gesammelten Extrakte werden in einem 250 ml-Scheidetrichter mit 15 ml verdünnter Salzsäure (1 + 1) ausgeschüttelt, wobei das Quecksilber in die wäßrige Phase geht und die Tetraschicht wieder grün wird; letztere wird abgelassen. Man verdünnt den wäßrigen Auszug mit Wasser auf 100 ml und titriert mit der Dithizonlösung von Orange nach Grün.

Titration. Es wird so lange Dithizonlösung anteilweise zugegeben und ausgeschüttelt, bis die Dithizonlösung ihre reine grüne Farbe nicht mehr verändert. Die orange gefärbten Zwischenextrakte werden jeweils abgelassen. Der Zusatz der letzten Anteile an Dithizonlösung muß in immer kleiner werdenden Mengen — zuletzt nur noch jeweils zu 0,1 ml — erfolgen.

Einstellung des Titers. 0,5399 g Quecksilber(II)-oxyd p. a. werden mit 10 ml Salzsäure (1 + 1) angeschlämmt, gelöst und die Lösung nach Zugabe von 10 ml Säure auf 1 l aufgefüllt. Hiervon werden 20 ml wiederum auf ein Volumen von 1 l gebracht, so daß 1 ml dieser Lösung 0,01 mg Quecksilber entspricht. 20 ml dieser Lösung, entsprechend 0,2 mg Quecksilber, werden in einen 250 ml-Scheidetrichter gegeben, mit 15 ml verdünnter Salzsäure (1 + 1) versetzt und nach dem Verdünnen auf 100 ml, wie beschrieben, mit Dithizonlösung sofort titriert.

Die Titerstellung der Dithizonlösung soll mindestens 2mal durchgeführt werden. Außerdem muß der Titer täglich überprüft werden.

Bemerkungen und Fehlerquellen. Zu jeder Probe oder Probenserie gehört ein Blindansatz der verwendeten Chemikalien. Der Blindansatz ist genau wie die Probe zu behandeln.

Die Vorreinigung des zur Titration gelangenden Destillates mit Kohlenstofftetrachlorid verhindert einen übermäßigen Verbrauch an Dithizonlösung bei der Vortitration.

Literatur. Dreyer, H., u. O. Lessmann: Erzmetall Bd. VIII (1955) S. 5 u. 236—240. — Ensslin. F., H. Dreyer u. O. Lessmann: Z. analyt. Chem. Bd. 149 (1956) S. 25—29. — Fischer, H., u. G. Leopoldi: Metall u. Erz Bd. 35 (1938) S. 86—88; Bd. 38 (1941) S. 119—121 u. 154—157.

c) Gewichtsanalytische Bestimmung

Verfahren 1

Grundlage. In natronalkalischer Lösung wird durch einen Überschuß von Natriumsulfid das entstehende Quecksilbersulfid zu Natriumdithiomercurat(II) gelöst. Dieses wird durch Ammoniumnitrat zu Quecksilbersulfid und Natriumnitrat umgesetzt.

Anwendungsbereich und Bedeutung. Die Methode eignet sich zur Bestimmung höherer Quecksilbergehalte, vorzugsweise über 1%.

Genauigkeit. 1.

Dauer. 4 bis 5 Std.

Ausführung. Das salzsaure Destillat versetzt man mit Natriumhydroxydlösung (100 g/l) bis zur alkalischen Reaktion, p_H-Wert 8 bis 10. Durch Zugabe von 10 g kristallisiertem Natriumsulfid entsteht Quecksilbersulfid, welches sich im Überschuß von Natriumsulfid zu Natriumdithiomercurat(II) wieder löst. Etwa bei der Destillation mit übergegangenes Arsen, Antimon und Germanium gehen ebenfalls als Natriumthiosalze in Lösung. Die so vorbereitete Lösung ist klar und farblos, wenn die Destillation richtig geleitet war. Diese Lösung wird mit so viel Ammoniumnitrat versetzt, bis der Überschuß an Natriumhydroxyd in Ammoniak und Natriumnitrat und das gesamte Natriumsulfid in Ammoniumsulfid und Natriumnitrat verwandelt ist. In dieser Mischung ist das Quecksilbersulfid unlöslich. Im allgemeinen genügen hierfür etwa 30 g Ammoniumnitrat. Die Lösung wird auf 80° erwärmt und das ausgefallene Quecksilbersulfid sofort über einen Filtertiegel abfiltriert, mit warmem Wasser und anschließend mit Alkohol und Schwefelkohlenstoff gewaschen, danach bei 100° oder im Vakuumexsiccator getrocknet und gewogen. Der Umrechnungsfaktor von HgS auf Hg beträgt 0,8622. Arsen, Antimon und Germanium bleiben bei dieser Behandlung als Ammoniumsulfosalze in Lösung.

Verfahren 2

Grundlage. Das Quecksilber wird aus Salzsäurelösung mit Schwefelwasserstoff ausgefällt und als Quecksilber(II)-sulfid bestimmt.

Ausführung. Zur Zerstörung der salpetrigen Säure wird die bei der Destillation erhaltene Quecksilberlösung mit 5 g Harnstoff versetzt und in die abgekühlte salzsaure Lösung so lange Schwefelwasserstoff eingeleitet, bis sich der Niederschlag gut abgesetzt hat und keine weitere Färbung mehr erscheint. Das ausgefällte Quecksilber(II)-sulfid wird über einen Filtertiegel abfiltriert, mit heißem Wasser, anschließend mit Alkohol und Schwefelkohlenstoff zur Entfernung etwa mitausgefallenen Schwefels ausgewaschen und bei 100° getrocknet und gewogen.

d) Methode nach Eschka

Grundlage. Die mit Eisen- oder Kupferpulver gemischte und mit Zinkoxyd abgedeckte Probe wird in einem Porzellantiegel geglüht (Abb. 30). Das entweichende Quecksilber schlägt sich als Amalgam auf einem durch Wasser gekühlten, auf dem Tiegel liegenden gewogenen Golddeckel nieder. Die Gewichtszunahme des Golddeckels entspricht dem Quecksilbergehalt der Probe.

Anwendungsbereich und Bedeutung. Die Methode eignet sich zur Bestimmung des Quecksilbers in Erzen, Schlämmen und sonstigen Zwischenprodukten. Sie ist auch für den qualitativen Nachweis des Quecksilbers anwendbar.

Genauigkeit. 3.

Dauer. 1 Std.

Ausführung. Die Einwaage richtet sich nach dem Quecksilbergehalt der Probe. Sie beträgt bei einem Gehalt

bis zu 1%	Quecksilber	10 g
über 1%	bis zu 10%	1 g
über 10%	bis zu 20%	0,5 g
über 20%		0,25 g

Sie muß so gewählt werden, daß das Quecksilberamalgam noch gut am Deckel haftet. Wird zuviel Quecksilber im Verhältnis zur Größe des Deckels amalgamiert, so können Verluste entstehen. Die Probe wird mit Eisen- oder Kupferpulver sorgfältig gemischt — der Zusatz an Metallpulver beträgt etwa die Hälfte des Einwaagegewichtes — und die Mischung mit einer Schicht von Zinkoxyd abgedeckt. Dann stellt man den Tiegel so tief in das Loch einer Asbestplatte, daß sich die Beschickung unterhalb der Asbestplatte befindet, legt den gewogenen Golddeckel auf und prüft, ob er gut und dicht aufliegt; anderenfalls drückt man ihn sorgfältig mit dem Finger an die Tiegeloberkante an. Sein vertiefter Teil wird darauf mit kaltem Wasser gefüllt. Man erhitzt den Tiegel langsam mit dem Bunsenbrenner, so daß der Tiegelboden nach etwa 10 min schwach rotglühend wird, und setzt das Erhitzen weitere 20 min fort, wobei nur der untere Teil des Tiegels glühend werden darf. Das aus der Vertiefung des Golddeckels verdunstende Wasser ist ständig zu ersetzen.

Abb. 30. Tiegel für die Quecksilberbestimmung nach ESCHKA
a Golddeckel, *b* Asbestplatte, *c* Zinkoxyd, *d* Beschickung

Nach etwa 30 min ist die Reaktion beendet. Man läßt erkalten, nimmt den Deckel vorsichtig ab, wäscht ihn mit Alkohol und Äther und trocknet ihn im Exsiccator. Aus der Gewichtszunahme errechnet man den Quecksilbergehalt. Zum Entfernen des Amalgams wird der Golddeckel, um ihn nicht zu zerstören, erst vorsichtig mit kleiner Flamme erhitzt und schließlich unter dem Abzug geglüht.

Fehlerquellen. Das Kühlwasser darf nicht vollständig verdunsten, zweckmäßig wird es fortlaufend erneuert. Arsen und Cadmium bilden auch flüchtige Amalgame. Die Werte werden hierbei zu hoch.

Literatur. Österr. Z. Berg- u. Hüttenwesen Bd. 20 (1872) S. 67.

2. Zwischenprodukte, Schlämme usw.

Bestimmung der Bindungsform des Quecksilbers

Das Quecksilber kommt im Flugstaub und anderen Zwischenprodukten als Oxyd, Sulfid oder als Metall vor, wie nachstehendes Beispiel aus einer Quecksilberhütte es zeigt.

	Flugstaub aus der Gasleitung % Hg	Flugstaub beim Endventilator % Hg	Stupp aus der Hütte % Hg
Die Bestimmung des Gesamt-Hg ergab	14,38	69,42	38,83
Es lag vor:			
als Hg_2O	3,18	0,42	0,27
als HgS	6,52	15,30	18,88
als HgO	2,57	27,21	3,60
als Hg-Metall	1,93	26,40	16 48
Summe der Einzelbestimmungen	14,20	69,33	39,23

Um die Bindungsform festzustellen, verfährt man wie folgt:

Die Probe wird mit kalter konz. Essigsäure 20 Std. ausgelaugt. Dabei geht das *Quecksilber(I)-oxyd* in Lösung. Man filtriert und laugt den Rückstand mit kalter Salzsäure (1,19). Dadurch wird das *Quecksilber(II)-oxyd* in Lösung gebracht. Der zurückbleibende Rest der Probe wird mit kalter Alkalisulfidlösung behandelt; es löst sich das *Quecksilbersulfid*. Der ungelöst gebliebene Rückstand wird schließlich mit Salpetersäure (1 + 1) gekocht, wobei das *metallische Quecksilber* in Lösung geht.

In den einzelnen Lösungen fällt man nach einer der unter 1. c) angegebenen Methoden das Quecksilber als Sulfid und bestimmt darin den Quecksilbergehalt nach einem der unter 1. angegebenen Verfahren.

II. Metallisches Quecksilber

Reines Quecksilber muß eine glänzende Oberfläche haben, die auch beim Schütteln in reiner Luft nicht verlorengeht. Die Prüfung des Metalls auf Reinheit erstreckt sich auf die Feststellung nichtflüchtiger Verbindungen, der in Salpetersäure unlöslichen Anteile und der Fremdmetalle, insbesondere des Eisens.

Zur Bestimmung der *nichtflüchtigen Verbindungen* werden 50 g Quecksilber in einem Porzellantiegel (unter dem Abzug) verdampft.

Die in Salpetersäure *unlöslichen Anteile* werden aus 50 g Metall durch Auflösen in 150 ml Salpetersäure (1 + 2) auf dem Wasserbad abgeschieden, auf einem Filtertiegel gesammelt, mit salpetersäurehaltigem Wasser gewaschen und nach dem Trocknen bei 105° gewogen.

Die *Fremdmetalle* sind in dem durch Verdampfen von 50 g Metall sich ergebenden Rückstand enthalten und können darin ermittelt werden: Blei wird photometrisch aus der Verfärbung der essigsauren Lösung mit Schwefelwasserstoff, Eisen aus salpetersaurer Lösung photometrisch mit Ammoniumthiocyanat bestimmt. (Näheres s. E. MERCK: Prüfung der chemischen Reagenzien auf Reinheit, 5. Aufl., S. 513.)

III. Abgase

Die Bestimmung des Quecksilbers

Die Probenahme der Gase ist schwierig, da ja nicht nur das dampfförmige, sondern auch das in Form feinsten Staubes von den Gasen mitgerissene Quecksilber erfaßt werden soll. Man muß daher bei der Entnahme von Gasproben darauf achten, daß das Saugrohr bis etwa in die Mitte der Gasleitung reicht, da an den Rändern ganz andere Verhältnisse herrschen als in der Mitte der Rohrleitung. Die Öffnung des Saugrohres muß senkrecht zum Gasstrom stehen und die Entnahme der Probe mit derselben Geschwindigkeit vorgenommen werden, wie sie die Abgasleitung aufweist.

Die Gase werden durch ein Asbestfilter und anschließend durch Waschflaschen mit Salpetersäure (1 + 1) gesaugt. Das Filter hält das metallische (kondensierte) Quecksilber sowie das in Form von Verbindungen anwesende Quecksilber zurück, während die Salpetersäure das dampfförmige Quecksilber aufnimmt. Die Gasmenge wird mit einer Gasuhr gemessen. Das vom Asbestfilter zurückgehaltene Quecksilber wird nach ESCHKA oder mit Dithizon bestimmt.

Aus der salpetersauren Lösung, die das dampfförmige Quecksilber aufgenommen hat, wird dieses nach einer der oben angegebenen Methoden bestimmt.

IV. Abwässer

Die Bestimmung des Quecksilbers

Die Abwässer der Kondensationsanlagen, der Berieselungstürme usw. enthalten oft wesentliche Mengen von Quecksilber. Dieses kann entweder als lösliche Verbindung oder als mitgerissener, feiner Staub im Wasser suspendiert sein.

Je nach dem Gehalt an Quecksilber werden 10 l oder mehr filtriert. Man bestimmt das auf dem Filter gesammelte, ungelöste Quecksilber nach ESCHKA oder mit Dithizon und fällt im Filtrat das gelöste Quecksilber nach einer der unter I. 1. c) beschriebenen Methoden als Sulfid.

D. Quecksilberlegierungen

Die Quecksilberlegierungen (Amalgame) können auf ihren Quecksilbergehalt ebenfalls nach dem geschilderten Verfahren von ESCHKA untersucht werden. Auch aus der Gewichtsabnahme nach dem Erhitzen kann auf den Quecksilbergehalt geschlossen werden (mit Ausnahme von cadmium- und zinkhaltigen Amalgamen).

E. Quecksilbersalze

Die in der Technik und Pharmazie gebräuchlichsten Verbindungen des Quecksilbers sind die Quecksilberchloride, Quecksilberjodid, Quecksilbernitrat und das Quecksilberoxyd.

1. Die Bestimmung des Quecksilbers

In seinen Verbindungen wird das Quecksilber vorzugsweise maßanalytisch bestimmt. Die gewichtsanalytischen Verfahren sind langwierig, aber sehr genau.

a) Maßanalytisch

α) Titration mit Ammoniumthiocyanat

Das Verfahren ist nicht anwendbar für halogenhaltige Quecksilberverbindungen; es kommt daher nur für Quecksilber(II)-nitrat und Quecksilber(II)-sulfat oder für solche Quecksilberverbindungen, die sich wie z. B. Quecksilberoxyd leicht in Nitrat überführen lassen, in Betracht. Quecksilber(I)-salze müssen zuvor in die 2wertige Stufe übergeführt werden.

Grundlage. Das Quecksilber(II)-ion wird unter Zugabe von Eisen(III)-ammoniumsulfat als Indicator durch Ammoniumthiocyanat als weißes Quecksilber(II)-rhodanid abgeschieden. Der erste überschüssige Tropfen der Ammoniumthiocyanatlösung erzeugt mit dem Indicator einen rötlichen Farbton.

Genauigkeit. 2.

Dauer. 1 Std.

Ausführung. Die etwa 100 mg Quecksilber enthaltende Probe wird in 100 ml Wasser gelöst, mit Salpetersäure angesäuert, mit etwa 5 ml gesättigter Eisen(III)-ammoniumsulfatlösung versetzt und mit n/10-Ammoniumthiocyanatlösung bis zum Umschlag nach Rot titriert. 1 ml n/10-Ammoniumthiocyanatlösung entspricht 10,03 mg Quecksilber.

Bemerkung. Man kann auch einen Überschuß der Ammoniumthiocyanatlösung hinzugeben und diesen wieder mit Quecksilbersalzlösung zurücktitrieren. Diese Titration ergibt allerdings um etwa 0,25 bis 0,3% niedrigere Werte. Bei Zugrundelegung einer genauen Vergleichslösung für den Farbstich des Umschlages werden jedoch auch mit diesen Titrationsverfahren gute Werte erhalten.

Liegt das Quecksilber als Quecksilber(I)-salz, z. B. als Quecksilber(I)-nitrat, vor, so verfährt man wie folgt: 1 g des Salzes wird in einem Meßkolben von 100 ml Inhalt in 25 ml Salpetersäure (1 + 2) gelöst und die Lösung mit 0,1 n-Kaliumpermanganatlösung so lange versetzt, bis eine mehrere Minuten bestehenbleibende Rotfärbung oder eine Abscheidung von braunen Flocken auftritt. Man entfärbt durch Zugeben von etwas Eisen(II)-sulfat und füllt die Lösung mit Wasser zur Marke auf. Für die Titration mit Ammoniumthiocyanat verwendet man 20 ml der Lösung und verfährt, wie oben beschrieben.

β) Titration mit Jodid

Grundlage. Diese von Carnot vorgeschlagene Bestimmung beruht auf der Unlöslichkeit von Quecksilber(II)-jodid in salpetersaurer, alkalijodidfreier Lösung. Das Verfahren eignet sich für die Quecksilbermengen von 2 bis 100 mg.

Genauigkeit. 3.

Dauer. 1 Std.

Ausführung. 100 bis 150 ml der wäßrigen Quecksilbersalzlösung werden mit etwa 10 ml Salpetersäure (1,4) und etwas Stärke versetzt. Unter Umrühren läßt man dann aus einer Bürette 0,1 n-Kaliumjodidlösung hinzufließen, bis das Quecksilber vollständig als Jodid abgeschieden und Bläuung der Lösung eingetreten ist.

Fehlerquellen. Die Anwesenheit freier Salzsäure oder beträchtlicher Mengen von Alkalichloriden führt zu falschen Ergebnissen, so daß diese Titration in solchen Fällen nicht anwendbar ist.

Bemerkungen. Es empfiehlt sich, den Quecksilbergehalt durch einen Vorversuch annähernd festzustellen und im Hauptversuch möglichst die gesamte

Kaliumjodidlösung auf einmal zuzugeben; die Stärke ist erst dann hinzuzufügen und darauf bis zur Blaufärbung zu Ende zu titrieren.

Die zum Ansäuern zu verwendende Salpetersäure muß, damit sich aus dem überschüssigen Kaliumjodid freies Jod bilden kann, etwas salpetrige Säure enthalten; sie ist zu diesem Zweck einige Zeit dem Licht auszusetzen.

An Stelle der Endpunktserkennung mittels Stärkebläuung liefert auch die potentiometrische Indication mit einer Silber- oder Quecksilberelektrode verläßliche Ergebnisse.

Literatur. KORENMANN, J. M.: Mikrochemie Bd. 14 (1933/34) S. 181. — DENIGÈS, G.: Bl. Soc. Pharm. Bordeaux Bd. 72 (1934) S. 5. — HÖLTNER, W., u. W. GÖTTEL: Z. analyt. Chem. Bd. 101 (1935) S. 28. — KOLTHOFF, J. M., u. E. J. A. H. VERZYL: Recueil Trav. chim. Pays-Bas 42 (1923) S. 1055.

γ) Titration mit Jod

Grundlage. Die Bestimmung beruht auf der Oxydation von Quecksilber(I)-chlorid durch Jod in Gegenwart von Kaliumjodid entsprechend der Gleichung:

$$2\,HgCl + 6\,KJ + J_2 = 2\,K_2(HgJ_4) + 2\,KCl$$

Wendet man demnach bekannte Mengen Jodlösung im Überschuß an, so kann der nicht verbrauchte Anteil der Jodlösung mit Natriumthiosulfat zurückgemessen werden.

Quecksilber(II)-salze lassen sich gleichfalls nach diesem Verfahren bestimmen; sie müssen jedoch zunächst durch Jodid allein in das Komplexsalz übergeführt und dieses durch Formaldehyd zu metallischem Quecksilber reduziert werden. Letzteres kann in gleicher Weise wie Quecksilber(I)-ionen mit Jod/Jodid titriert werden.

Für die Bestimmung von gefälltem Quecksilber(II)-sulfid ist ein besonderes Verfahren anzuwenden (s. unten).

Genauigkeit. 2.

Dauer. 1 Std.

Ausführung.

Quecksilber(I)-salze (HgCl, HgJ). 0,2 bis 0,25 g Quecksilber(I)-chlorid (Kalomel) bzw. 0,3 bis 0,35 g Quecksilber(I)-jodid werden in einem ERLENMEYER-Kolben mit 1 g Kaliumjodid und 50 ml n/10-Jodlösung so lange geschüttelt, bis der Niederschlag gelöst und eine klare gelbe Lösung entstanden ist. Der Überschuß der zugegebenen Jodlösung wird mit n/10-Natriumthiosulfatlösung zurücktitriert. 1 ml n/10-Jodlösung zeigt 13,58 mg $HgCl_2$ bzw. 10,03 mg Hg an.

Quecksilber(II)-salze ($HgCl_2$). Eine etwa 0,2 g Quecksilber(II)-chlorid enthaltende Lösung wird in einer Weithalsflasche mit eingeschliffenem Glasstopfen mit 1 bis 2 g Kaliumjodid versetzt und so lange umgeschwenkt, bis eine klare, gelbe Lösung entstanden ist. Nach dem Verdünnen mit etwa 30 ml Wasser und Zugeben von 20 ml 2 n-Natronlauge wird ein Gemisch von 3 ml reiner 40proz. Formaldehydlösung und 10 ml Wasser unter ständigem Umschwenken in die alkalische Lösung eingegossen. Man verschließt darauf die Flasche und schüttelt 2 bis 3 min lang ununterbrochen kräftig durch. Dann säuert man mit 20 ml Eisessig an und gibt 30 ml n/10-Jodlösung hinzu, worauf man wieder so lange schüttelt, bis alles Quecksilber in Lösung gegangen ist. Den Überschuß der Jodlösung titriert man mit Natriumthiosulfatlösung zurück.

Gefälltes Quecksilbersulfid. Das Quecksilbersulfid wird in einer Stöpselflasche mit etwas Schwefelkohlenstoff übergossen und mit überschüssiger n/10-Jodlösung geschüttelt. Die Reaktion verläuft nach der Gleichung

$$HgS + J_2 + 2\,KJ = K_2(HgJ_4) + S$$

Der Schwefelkohlenstoff dient zum Lösen des ausgeschiedenen Schwefels, um Einschlüsse von Quecksilber im Schwefel und damit eine unvollständige Umsetzung des Sulfids zu verhindern. Der Überschuß der Jodlösung wird mit n/10-Natriumthiosulfatlösung zurücktitriert.

1 ml n/10-Jodlösung zeigt 11,63 mg HgS bzw. 10,03 mg Hg an.

δ) *Cyanid-Lauge-Verfahren*

Grundlage. Die Methode kann zur bequemen Titration von *reinem* Quecksilber(II)-chlorid Verwendung finden; dieses zeigt, wie Cyanwasserstoff in wäßriger Lösung, gegen Methylorange keine saure Reaktion. Mischt man aber beide Stoffe, so bildet sich in Lösung sehr schwach dissoziiertes Quecksilber(II)-cyanid, wobei nach der Gleichung

$$HgCl_2 + 2\,HCN = Hg(CN)_2 + 2\,HCl$$

eine äquivalente Menge freier Salzsäure entsteht, die mit eingestellter Lauge titriert werden kann.

Genauigkeit. 1.

Dauer. 1 Std.

Ausführung. 0,2 g Kaliumcyanid werden in 30 ml Wasser gelöst, mit 3 Tropfen Methylrotlösung oder Dimethylgelb versetzt und mit n/10-Salzsäure neutralisiert. Hierzu werden dann 10 ml einer Mischung von 2 g Quecksilberchlorid und 2 g Natriumchlorid in je 100 ml Wasser gegeben, wobei die Flüssigkeit deutlich nach Blausäure riechen muß (Abzug!). Man titriert dann die freie Salzsäure mit n/10-Kali- oder Natronlauge und überzeugt sich durch nochmaliges Zugeben von Kaliumcyanid von der Vollständigkeit der Umsetzung.

1 ml n/10-Kali- oder Natronlauge entspricht 13,58 mg $HgCl_2$ bzw. 10,03 mg Hg.

Fehlerquellen. Das zur Cyanwasserstoffbereitung dienende Kaliumcyanid muß frei von Cyanat sein.

Die Quecksilber(II)-chloridlösung muß in Anwesenheit von überschüssigem Natriumchlorid gegen Methylorange neutral reagieren.

b) Gewichtsanalytisch

Das Quecksilber läßt sich aus seinen Salzen mit Schwefelwasserstoff als Sulfid ausfällen und dieses nach den unter I. 1. c) angegebenen Verfahren bestimmen. Über die Bestimmung durch *elektrolytische* Abscheidung als Metall wird auf Bd. I, Schiedsverfahren, S. 277, verwiesen.

2. Bestimmung der Verunreinigungen

Auf Verunreinigungen untersucht man die Quecksilbersalze nach den ausführlichen Prüfungsvorschriften von MERCK, Prüfung der chemischen Reagenzien auf Reinheit, 5. Aufl., S. 514 bis 520. Auch das Deutsche Arzneibuch, 6. Aufl. (1947), und das Ergänzungsbuch zum Deutschen Arzneibuch geben für pharmazeutisch wichtige Quecksilberverbindungen Reinheitsprüfungen an. Es erübrigt sich daher, hier weitere Prüfungsverfahren aufzuführen.

Kapitel 28

Rhenium*

Inhalt

A. Vorkommen

Rhenium ist ein sehr seltenes Element. Es findet sich in sehr geringen Mengen in manchen sulfidischen Mineralien. Verhältnismäßig reich an Rhenium ist der Molybdänglanz, der deshalb im Ausland das alleinige Ausgangsmaterial für die technische Gewinnung kleiner Mengen metallischen Rheniums und seiner Salze bildet. In Deutschland wurden bisher größere Mengen des Metalls nur aus Mansfelder Eisensauen und neuerdings aus bleienthaltendem Flugstaub hergestellt, die beim Schmelzen des Kupferschiefers auf Rohstein anfallen.

B. Qualitativer Nachweis

Schwefelwasserstoff fällt aus stark sauren Perrhenatlösungen schwarzes Rhenium(VII)-sulfid (Re_2S_7) aus. Mit Alkalisulfiden erfolgt keine Fällung; bei Verwendung von Ammoniumsulfid tritt jedoch nach mehrtägigem Stehen der Lösung eine teilweise Ausfällung des Sulfids ein. Aus schwach sauren Perrhenatlösungen scheidet sich auf Zusatz von Nitronacetat ein weißer Niederschlag von Nitronmetaperrhenat ($C_{20}H_{16}N_4ReO_4$) ab. Kaliumthiocyanat erzeugt bei Gegenwart von Zinn(II)-chlorid in sauren rheniumhaltigen Lösungen eine rostgelbe Färbung, die beim Ausschütteln mit Äther in diesen übergeht (Molybdän gibt unter diesen Bedingungen eine blutrote Färbung).

C. Einige Analysenverfahren bei der Gewinnung des Rheniummetalls

Neben der bereits erwähnten, ausländischen Gewinnung des Rheniums aus Molybdänglanz interessiert hier vor allem die Erzeugung aus den schwach molybdänhaltigen Mansfelder Kupferschiefern. Bei deren Verarbeitung reichert sich das

*	1. Auflage	2. Auflage
Bearbeiter:	**Müller, Wagenmann**	**Müller**

Rhenium in zwei Zwischenprodukten an, einmal in den Eisensauen, aus denen es W. FEIT zuerst gewann, und dann in dem Flugstaub der Schachtöfen, aus dem es zur Zeit in größeren Mengen erzeugt wird. Bei der Verarbeitung dieses Flugstaubes entsteht ein Bleioxydflugstaub, der das Rhenium größtenteils in wasserlöslicher Form enthält. Der Flugstaub wird gelaugt, die Lauge gereinigt und konzentriert und das Rhenium zunächst als Sulfid, aus diesem schließlich als Kaliumperrhenat gefällt. Aus dem reinen Salz stellt man durch Glühen im Wasserstoffstrom das metallische Rhenium als schweres, grauschwarzes, feines Pulver her.

I. Die Untersuchung molybdänreicher und molybdänarmer Stoffe auf Rhenium

1. Molybdänglanz

Grundlage. Das Rhenium wird als Chlorid durch Destillation im Chlorwasserstoffstrom bei 180° vom Molybdän getrennt und dann photometrisch bestimmt.

Anwendungsbereich und Bedeutung. Das Verfahren ist für Stoffe mit hohem Molybdängehalt geeignet.

Genauigkeit. 1.

Dauer. 8 Std.

Ausführung. 5 g Molybdänglanz werden durch Schmelzen mit einem Gemisch von Natriumperoxyd und etwas Natriumkaliumcarbonat im Eisentiegel aufgeschlossen. Die Schmelze wird in einem 800 ml-Becherglas mit 200 ml Wasser zersetzt und dann durch Zugeben von Salzsäure (1,19) in Lösung gebracht. Zu dieser Lösung fügt man noch so viel Salzsäure (1,19) hinzu, daß auf 100 ml Flüssigkeit mindestens 30 ml freie Säure vorhanden sind, und leitet nun 1 Std. Schwefelwasserstoff ein. Darauf wird die Lösung mit heißem Wasser auf das Doppelte verdünnt und das Einleiten von Schwefelwasserstoff mindestens 30 min lang fortgesetzt. Man filtriert dann den Niederschlag ab, wäscht ihn mit schwefelwasserstoffhaltigem Wasser aus und löst ihn mit *möglichst wenig* (wichtig!) Natronlauge, der man 3proz. Wasserstoffperoxydlösung zugesetzt hat. Die Lösung wird in den Destillierkolben *A* (s. Abb. 31) übergespült, mit Schwefelsäure angesäuert und mit einem Überschuß von 60 ml Schwefelsäure (1,84) versetzt. In den Kolben *B* gibt man 250 ml Salzsäure (1,19) und in die Vorlage etwas Wasser. Nun leitet man Kohlendioxyd durch die Apparatur und erhitzt die Molybdän-Rhenium-Lösung auf 180°. Diese Temperatur muß unbedingt eingehalten werden. Sodann erhitzt man die Salzsäure im Kolben *B* zum Sieden und leitet zusätzlich noch Chlorwasserstoffgas ein. Ist nach etwa $1^1/_2$ Std. die Salzsäure aus dem Kolben *B* abdestilliert, so füllt man noch 250 ml Säure nach und fährt mit dem Destillieren fort.

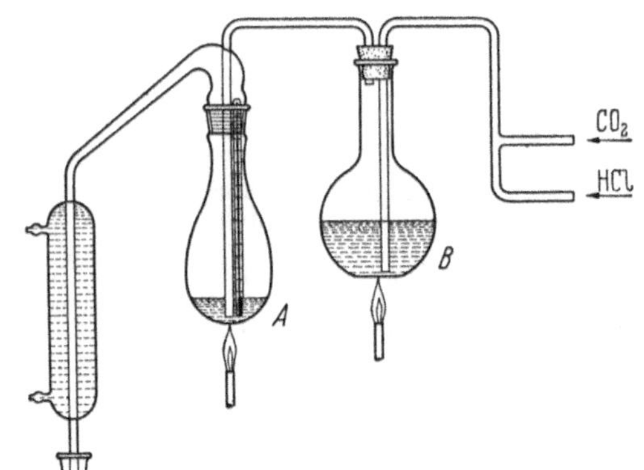

Abb. 31
Apparatur zur Destillation von Rhenium nach W. GEILMANN und F. WEIBKE

Nach Beendigung der Destillation wird das Rhenium in der Vorlage mit Schwefelwasserstoff, wie eingangs beschrieben, ausgefällt, abfiltriert und mit möglichst wenig Natronlauge und Wasserstoffperoxyd gelöst.

Zur photometrischen Bestimmung des Rheniums verkocht man zunächst das überschüssige Peroxyd, kühlt die Lösung ab und gibt tropfenweise Salzsäure hinzu, bis zugesetztes Phenolphthalein eben nach Farblos umschlägt. Nach abermaligem Abkühlen auf 20° wird die Lösung (etwa 25 ml) in einen 100 ml-Scheidetrichter übergespült, mit 5 ml Salzsäure (1 + 1) sowie 1 ml Kaliumthiocyanatlösung (100 g/l) versetzt und durchgeschüttelt. Darauf gibt man 5 ml Zinn(II)-chloridlösung (s. unten) hinzu und schüttelt abermals durch. Nach 10 min setzt man 15 ml Äther hinzu, schüttelt um und läßt absitzen. Ist die Trennung der Schichten eingetreten, so wird der Extrakt abgezogen und die wäßrige Lösung noch 2mal ausgeäthert.

Man füllt die Extrakte in einem 25 ml-Meßkolben mit Äther auf und mißt die Extinktion in einer entsprechenden Küvette bei 432 mμ.

Die Eichkurve wird unter den gleichen Bedingungen mit bekannten Rheniummengen aufgestellt.

Lösungen und Reagenzien. *Zinn(II)-chloridlösung.* 5 g $SnCl_2 \cdot 2H_2O$ werden nach Zugeben von einigen Körnchen Zinn in 50 ml Salzsäure (1,19) unter Erwärmen gelöst. Vom ungelösten Zinn wird abgegossen. Nach dem Abkühlen verdünnt man die Lösung mit ausgekochtem Wasser auf 250 ml und bewahrt sie in einer dicht verschlossenen Flasche auf.

Äther. Reiner Äther wird zur Entfernung etwa gebildeten Peroxyds mit einer gesättigten, wäßrigen Eisen(II)-sulfatlösung gut durchgeschüttelt und dann destilliert. Das Destillat darf mit Titanlösung keine Peroxydreaktion zeigen. Kurz vor dem Gebrauch werden 500 ml Äther mit 24 ml obiger Zinn(II)-chloridlösung, 5 ml Kaliumthiocyanatlösung (100 g/l) und 20 ml Salzsäure (1 + 1) kräftig geschüttelt. Benutzter Äther wird abdestilliert und nach dem Durchschütteln mit obigem Reagenzgemisch wieder verwandt.

Fehlerquellen. Ein höherer Gehalt an Salzen ergibt zu niedrige Resultate. Es ist deshalb nötig, das Rheniumsulfid in möglichst wenig Natronlauge zu lösen.

Bemerkung. Nach Meyer u. Rulfs [Z. analyt. Chem. Bd. 151 (1956) S. 444] kann die Abtrennung des Rheniums von Molybdän durch Extraktion des Molybdäns mit Chloroform erfolgen.

Literatur. Geilmann, W., u. F. Weibke: Z. anorg. allg. Chem. Bd. 199 (1931) S. 120 bis 128. — Geilmann, W., u. H. Bode: Z. analyt. Chem. Bd. 128 (1948) S. 490—495; Bd. 133 (1951) S. 177—192. — Sandell, E. B.: Colorimetric Determination of Traces of Metals. 3. Edit., New York, N. Y.: Intersc. Publ. Inc 1959.

2. Rhenium-Zwischenprodukte (unter 1% Mo)

Grundlage. Die bei der photometrischen Bestimmung des Rheniums störenden Elemente, besonders das Molybdän, werden durch Bariumhydroxyd abgetrennt.

Anwendungsbereich und Bedeutung. Das Verfahren wird bei Stoffen mit Molybdängehalten unter 1% angewandt.

Genauigkeit. 1.

Dauer. 1 Std.

Ausführung. 1 g der feingeriebenen Probe wird in einem 100 ml-Becherglas mit 7 bis 10 ml Salzsäure (1 + 1) versetzt. Dann gibt man bei aufgelegtem Uhrglas tropfenweise 1 ml 30proz. Wasserstoffperoxydlösung hinzu und, sobald die lebhafte Gasentwicklung aufgehört hat, weitere Tropfen des Oxydationsmittels, bis die Probe gelöst ist und nur noch unzersetzliche Silicate usw. zurückbleiben. Nach dem Verkochen des überschüssigen Wasserstoffperoxyds wird die Lösung unter Rühren mit kleinen Anteilen von gepulvertem Bariumhydroxyd versetzt, bis hinzugesetztes Phenolphthalein sich bleibend rot gefärbt hat. Nun fügt man wiederum einige Tropfen 30proz. Wasserstoffperoxydlösung hinzu und kocht 5 bis 10 min lang unter Ersatz des verdampfenden Wassers. Nach dem Abkühlen füllt man die Lösung im Meßkölbchen zu 50 oder 100 ml auf, filtriert, entnimmt dem Filtrat 20 ml und bestimmt das Rhenium photometrisch, wie bei 1. angegeben.

Fehlerquellen. Größere Mengen von Alkalisalzen verhindern die vollständige Ausfällung des Molybdäns. Eine Abtrennung des in Lösung verbliebenen Molybdäns mit Xanthogenat ist dann notwendig.

Literatur. Geilmann, W., u. H. Bode: Z. analyt. Chem. Bd. 128 (1948) S. 495—507.

3. Mansfelder Bleioxydflugstaub

Aus dem Flugstaub der Rohhütten wird durch geeignete Maßnahmen ein Bleioxydstaub erzeugt, der das Rhenium praktisch vollständig in wasserlöslicher Form enthält. Man laugt es mit heißem Wasser aus und bestimmt es wie folgt:

Grundlage. Die von den anderen Metallen befreite Lösung wird auf ein kleines Volumen eingeengt. Das Rhenium wird danach mit Kaliumchlorid als schwerlösliches Kaliumperrhenat gefällt und als solches gewogen.

Anwendungsbereich und Bedeutung. Es wird nur das wasserlösliche Rhenium erfaßt, wie es in dem Flugstaub vorliegt. Die festgestellten Gehalte gelten als „gewinnbares Rhenium".

Genauigkeit. Da das Kaliumperrhenat nicht vollständig unlöslich ist, geht stets mit dem Filtrat ein gewisser Anteil verloren und wird bei der Auswaage nicht mit erfaßt. Erfahrungsgemäß erhält man jedoch recht genaue Werte, wenn man die Auswaage an Kaliumperrhenat bei einer Einwaage von 2 kg Flugstaub um 0,005 g erhöht.

Dauer. 2 bis $2^1/_2$ Tage.

Ausführung. 2 kg Probegut werden in einem Emailtopf mit 3 l heißem Wasser (von etwa 80°) 30 min kräftig durchgerührt. Danach filtriert man über eine Porzellannutsche und wäscht den Rückstand mit etwa 500 ml heißem Wasser aus. Er wird nochmals mit 1 l heißem Wasser aufgeschlämmt, durchgerührt, erneut abfiltriert und ausgewaschen. Die vereinigten Filtrate samt den Waschwässern engt man dann auf 1 l ein und säuert sie mit 5 ml Schwefelsäure (1,84) an. In die heiße Lösung wird Schwefelwasserstoff so lange eingeleitet, bis Kupfer, Cadmium und Arsen als Sulfide ausgefällt sind. Von der Vollständigkeit der Ausfällung überzeugt man sich an einer kleinen Probe. Man filtriert sofort ab und wäscht den Niederschlag mit schwefelwasserstoffhaltigem Wasser aus. Wartet man länger als 1 Std. mit der Filtration, so besteht die Gefahr, daß bereits etwas Rhenium mit ausfällt. Das etwa 1100 ml betragende Filtrat wird mit 85 ml Schwefelsäure (1,84) angesäuert und wieder mit Schwefelwasserstoff gesättigt. Die hohe Säurekonzentration ist durch folgende Reaktionen bedingt.

$$2\,HReO_4 \rightleftharpoons Re_2O_7 + H_2O$$

In wäßriger Lösung besteht Gleichgewichtszustand.

$$Re_2O_7 + 7\,H_2SO_4 \rightarrow Re_2(SO_4)_7 + 7\,H_2O$$

Er wird in saurer Lösung nach rechts verschoben,

$$Re_2(SO_4)_7 + 7\,H_2S \rightarrow Re_2S_7 + 7\,H_2SO_4$$

so daß dann alles Re mit H_2S ausfällt.

Die Schwefelwasserstoffällung läßt man zweckmäßig über Nacht stehen, wobei sich das Rhenium(VII)-sulfid völlig absetzt, so daß es gut abfiltriert werden kann. Das Abfiltrieren und Auswaschen des Niederschlages mit schwefelsaurem und mit Schwefelwasserstoff gesättigtem Wasser erfolgt vorteilhaft auf einer kleinen Porzellannutsche von 3 cm Durchmesser. Nun wird das noch feuchte Sulfid samt dem Filter in ein 100 ml-Becherglas gebracht und mit 10 ml Wasser, etwa 0,5 bis 1 g festem Kaliumhydroxyd sowie nach und nach mit 5 ml 30proz. Wasserstoffperoxydlösung in kleinen Anteilen versetzt. Unter Erwärmen löst sich das Sulfid sehr bald zu Kaliumperrhenat auf. Man verdünnt die Lösung mit Wasser auf

70 ml, verkocht das überschüssige Peroxyd und fällt mit einigen Tropfen Natriumsulfidlösung (100 g $Na_2S \cdot 9H_2O$/l) Thallium und Spuren von Zink aus. Das Filtrat wird auf 2 ml eingeengt und abgekühlt, so daß das Kaliumperrhenat auskristallisiert. Dieses nutscht man auf einem Glasfiltertiegel (1 G 4) ab, wäscht es mit 2 ml kaltem Wasser aus, trocknet und wägt es.

Durch die hohe Kaliumionenkonzentration wird die Löslichkeit des Kaliumperrhenats so stark herabgesetzt, daß in den 4 ml Mutterlauge + Waschwasser höchstens 0,005 g Kaliumperrhenat gelöst bleiben. Diese Menge wurde durch eine Fällung mit Nitronacetat (s. bei Rheniummetall) ermittelt und wird als Erfahrungswert der Auswaage zugeschlagen. Die Auswaagen liegen in der Größenordnung von 0,15 bis 0,20 g. Faktor zur Umrechnung auf Re ist 0,6412.

Das Rhenium kann auch nach der Fällung mit Nitronacetat als Nitronmetaperrhenat bestimmt werden (s. S. 608).

Fehlerquellen. Ungenaue Einhaltung der vorgeschriebenen Säurekonzentrationen, die Löslichkeit des Kaliumperrhenats sowie hohe Gehalte an wasserlöslichem Molybdän im Ausgangsmaterial können zu Minderbefunden führen.

Literatur. Betriebsmethode des Mansfeld-Kombinates Eisleben.

Bemerkung. Will man den Gehalt an wasserlöslichem Rhenium im Laugereirückstand bestimmen, so wählt man eine Einwaage von 10 kg dieses Rückstandes, die dann, wie oben beschrieben, behandelt werden.

4. Rheniumlaugen

Die durch Laugen des Flugstaubes mit heißem Wasser erhaltenen Rheniumlösungen werden unter anderem auch von Cadmium und Thallium gereinigt. Dies geschieht durch Einrühren von Zinkstaub. Seine Verwendung muß aber mengenmäßig begrenzt bleiben, weil bei einem Überschuß leicht Rhenium(IV)-oxyd ausfallen kann. Man prüft daher den Grad des Auszementierens nach jedem anteilweisen Zusatz von Zinkstaub durch Eintauchen eines blanken Zinkblechstreifens in die Lösung. Ist er nach 20 sek langem Eintauchen nur noch leicht geschwärzt, so wird das Zugeben von Zinkstaub abgebrochen.

Die *Bestimmung des Rheniums* in der Lauge erfolgt wie oben als Kaliumperrhenat oder als Nitronmetaperrhenat.

II. Die Prüfung des Kaliumperrhenats auf Reinheit

Das Kaliumperrhenat ist das erste Enderzeugnis beim Gewinnungsprozeß des Rheniums. Da es zur Herstellung des Metalls und auch als Ausgangsprodukt für andere Rheniumverbindungen dient, muß es frei von Schwermetallen und Calcium sein. Man prüft auf diese Verunreinigungen bzw. bestimmt sie wie folgt:

1. Schwermetalle

5 g Perrhenat löst man in 100 ml heißem Wasser, säuert die Lösung mit Salzsäure schwach an und leitet Schwefelwasserstoff bis zur Sättigung ein. Nach einstündigem Stehen wird der ausgefallene Niederschlag von Metallen der Schwefelwasserstoffgruppe abfiltriert. Diese bestimmt man nach bekannten Trennungsverfahren. Das Filtrat wird mit Natronlauge schwach alkalisch gemacht. Nach längerem Stehen darf kein Niederschlag (Metalle der Schwefelammoniumgruppe) entstehen.

2. Calcium

20 g Kaliumperrhenat werden in 300 ml heißem Wasser gelöst. Die Lösung wird ammoniakalisch gemacht und das Calcium mit Ammoniumoxalat auf bekannte Weise gefällt.

III. Die Untersuchung des Rheniummetalls

Nach K. Wagenmann: Z. Erzmetall Bd. 4 (1951) S. 162, ist das Rhenium im wesentlichen charakterisiert durch hohes spezifisches Gewicht (20,5, d. h. zwischen Gold und Platin), sehr hohen Schmelzpunkt ($> 2700°$) und in kompaktem Zustand durch seine platinähnliche Farbe. Es wird verwendet für Legierungszwecke (z. B. mit Platin) für galvanische Überzüge, für optische Spiegel und als katalytische Substanz.

1. Die Bestimmung des Rheniumoxyds, Eisens und Kaliums

Man kocht 10 g Rheniumpulver mit 100 ml Salzsäure (1 + 6), die auf metallisches Rhenium ohne Einwirkung ist, aus und filtriert. In der einen Hälfte des Filtrats wird die Menge *Rhenium*, die als Oxyd vorlag, photometrisch (s. I. 1., S. 604ff.) bestimmt, in der anderen Hälfte fällt man das *Eisen* mit Ammoniak aus und bestimmt es, je nach der Menge, maßanalytisch oder photometrisch. Sind Zink und Calcium nicht vorhanden, so dampft man das eisenfreie Filtrat zur Trockne und bringt das *Kalium* als Chlorid zur Auswaage.

2. Die Bestimmung des Gesamtrheniums, Molybdäns, Siliciums, Eisens, Zinks und Calciums

Man löst 0,5 g Rheniummetall in 20 ml Schwefelsäure (1 + 1) unter Zusatz von Wasserstoffperoxyd. Die Lösung wird zur Beseitigung des Überschusses des Oxydationsmittels einige Zeit auf dem Wasserbad erhitzt und danach mit Wasser auf 100 ml verdünnt. Das abgeschiedene *Siliciumdioxyd* filtriert man ab, glüht, wägt und prüft es durch Abrauchen mit Fluß- und Schwefelsäure auf Reinheit.

Das Filtrat macht man eben ammoniakalisch, säuert es mit Salzsäure wieder an und gibt noch so viel Salzsäure (1 + 80) hinzu, daß auf 100 ml Volumen mindestens 30 ml freie Säure vorhanden sind. Nun wird in die Lösung 1 Std. Schwefelwasserstoff eingeleitet, das Volumen mit Wasser auf das Doppelte erhöht und das Einleiten noch $^1/_2$ Std. fortgesetzt. Die ausgefallenen Sulfide des Rheniums und Molybdäns filtriert man ab und wäscht sie mit schwefelwasserstoffhaltigem Wasser sorgfältig aus. Danach löst man sie in Natronlauge unter Zugeben von Wasserstoffperoxyd, neutralisiert die Lösung genau mit verdünnter Schwefelsäure (Methylrot als Indicator) und säuert sie mit einigen Tropfen Schwefelsäure (1 + 80) an. Darauf wird sie mit 5 ml 2 n-Ammoniumacetatlösung versetzt und auf 50 bis 100 ml verdünnt. Man erhitzt sie zum Sieden und fällt das *Molybdän* mit Oxychinolinlösung (5 g Oxychinolin werden in 100 ml 4 n-Essigsäure gelöst) in geringem Überschuß aus. Nachdem man die Fällung noch 3 min unter Rühren in mäßigem Sieden gehalten hat, wird der gelbe Niederschlag sofort auf einen Filtertiegel (1 G 4) abfiltriert und mit kochendem Wasser so lange ausgewaschen, bis das Waschwasser farblos abläuft. Nach dem Trocknen bei 130° wird das Molybdänoxychinolat gewogen.

$$\text{Auswaage} \cdot 0{,}2307 = \text{Mo}$$

Das Filtrat von der Molybdänfällung füllt man im Meßkolben zu 500 ml auf, bringt 100 ml davon (= 0,1 g Einwaage) in ein Becherglas, neutralisiert die Abmessung mit n-Natronlauge und säuert sie mit 1 ml 2 n-Schwefelsäure an. Nun wird die Lösung auf 80° erwärmt und das *Rhenium* durch Zugeben von 5proz. Nitronacetatlösung ausgefällt. Man kühlt auf Raumtemperatur ab, dann weiter auf 0° und läßt die Fällung 2 Std. in Eiswasser stehen. Der Niederschlag wird auf einen gewogenen Filtertiegel (A 2) abfiltriert und mit 0,3proz. eiskalter Nitronacetatlösung sorgfältig ausgewaschen. Man trocknet das Nitronmetaperrhenat bei 110°.

$$\text{Auswaage} \cdot 0{,}3306 = \text{Re}$$

Im Filtrat von der Schwefelwasserstoffällung wird zunächst der Schwefelwasserstoff verkocht. Dann fällt man das *Eisen* nach der Oxydation mittels Wasserstoffperoxyd mit Ammoniak. Je nach der Menge wird es maßanalytisch oder photometrisch bestimmt. Nachdem man im Filtrat das *Zink* als Sulfid abgeschieden hat, fällt man im Filtrat davon das *Calcium* als Oxalat.

Literatur. GEILMANN, W., u. A. VOIGT: Z. anorg. allg. Chem. Bd. 193 (1930) S. 311 bis 315. — GEILMANN, W., u. F. WEIBKE: Z. anorg. allg. Chem. Bd. 199 (1931) S. 348—351.

Bemerkung. Um qualitativ zu prüfen, ob überhaupt oder in welchen Mengen das *Molybdän* etwa vorhanden ist, stellt man eine neutrale Lösung des Rheniums (seiner Salze oder Laugen) her, versetzt sie mit einigen Körnchen Kaliumxanthogenat und säuert mit Salz- oder Schwefelsäure schwach an. Violettfärbung der Lösung oder bei größeren Molybdänmengen ein zunächst violetter, rasch mehr oder weniger schwarz werdender Niederschlag zeigt Molybdän an. Der Nachweis kann versagen, wenn man zuviel Reagenz zusetzt oder die Lösung zu stark sauer ist. Wolfram stört; Thallium bildet einen weißen Niederschlag.

Kapitel 29

Rubidium*

Inhalt

A. Vorkommen

Das Rubidium kommt wie das Caesium immer nur in Begleitung der anderen Alkalimetalle, und zwar in nur sehr geringen Mengen vor, ist aber in niedrigen Konzentrationen weit verbreitet. So findet man es mit Gehalten bis über 1% im *Lepidolith* und mit etwa 0,015% neben Spuren von Caesium im *Carnallit.* (Die Kieseritregion der Abraumsalze von Aschersleben weist einen Rubidiumchloridgehalt von 0,036%, die Carnallitzone einen von 0,024 bis 0,035% auf.)

B. Qualitativer Nachweis

Das Flammenspektrum, mit einem Handspektroskop betrachtet, zeigt zwei charakteristische Linien im Rot. Rubidiumsalze sind auf Grund von Fällungsreaktionen schwer von Kaliumsalzen zu unterscheiden; man wird sich deshalb zu ihrem Nachweis stets des

*	1. Auflage	2. Auflage
Bearbeiter:	**Sieger**	**Fischer**
Mitarbeiter:	**Wernet**	**Kraft**

Spektroskops bedienen müssen. Ein Unterscheidungsmerkmal zwischen Rubidium- und Kaliumsalzen ist die verschiedene Löslichkeit beider; so ist z. B. das Rubidiumchloroplatinat erheblich schwerer löslich als das entsprechende Kaliumsalz. Man benutzt die Löslichkeitsunterschiede auch zum Nachweis und zur Trennung; hauptsächlich sind es dabei das Rubidiumperchlorat, das bereits erwähnte Rubidiumchloroplatinat, das Rubidiumsilicofluorid und namentlich das Rubidiumborofluorid, welche in Wasser noch schwerer löslich sind als die entsprechenden Salze des Kaliums. Zu erwähnen wäre noch, daß der Rubidiumalaun leichter löslich ist als der Caesiumalaun.

C. Die analytischen Untersuchungen bei der Gewinnung des Rubidiums

entsprechen praktisch denen bei der Caesiumgewinnung (s. S. 275). Bei der Trennung von Rubidium- und Caesiumcarbonat mit Äthanol bleibt schließlich das Rubidiumcarbonat ungelöst. Ein anderes Trennungsverfahren beruht auf der Fällung von Rubidiumsilicomolybdat und der Isolierung von Rubidiumchlorid aus diesem Niederschlag nach Behandeln mit Salzsäure und Äthanol[1]. Aus dem Filtrat der Rubidiumchloridlösung kann dann das Caesium mit Antimon(III)-chlorid ausgefällt werden.

Für die Bestimmung des Rubidiums, vor allem neben anderen Alkalimetallen, bedient man sich mit Vorteil der Flammenspektrometrie (s. Kapitel Spektrochemische Analyse).

Es interessieren hier hauptsächlich die Analysen von Rubidiumchlorid und -hydroxyd sowie von Rubidiummetall.

Für die Untersuchung der *Hilfsstoffe* gelten die gleichen Ausführungen bzw. Hinweise wie beim Caesium, S. 277.

I. Die Untersuchung des Rubidiumchlorids

Grundlage. Die Untersuchung erstreckt sich auf die Bestimmung des Chlorions, der Gesamtalkalien und der Verunreinigungen. Letztere können zahlreich sein; in der Regel ist zu untersuchen auf: Sulfate, Siliciumdioxyd, Schwermetalle, Aluminium, Erdalkalien, Magnesium und besonders Kalium, Natrium und Caesium.

Man berücksichtigt bei den Bestimmungen die Zusammensetzung des Salzes, wie es sich bei dem Gewinnungsprozeß aus Carnallit nach den alten Verfahren der Magnesiumchloridlaugerei und der weiteren Reinigung auch nach neueren Methoden ergibt.

Anwendungsbereich und Bedeutung. Das Verfahren ist auf sämtliche Rubidiumchloride anwendbar und ermöglicht bei geringem Aufwand eine Aussage über die Reinheit der Salze.

Genauigkeit. 2.

Dauer. 2 Tage, mit Bestimmung der Verunreinigungen 4 Tage.

Ausführung.

1. Die Bestimmung des Chlorions

erfolgt, wie beim Caesiumchlorid, S. 275, angegeben. Auch eine Titration in neutraler Lösung nach Mohr mit Silbernitrat und Chromat als Indicator ist möglich.

1 ml n/10-Silbernitratlösung = 0,003546 g Cl entsprechend 0,012094 g Rubidiumchlorid.

---

[1] Das Reagenz wird gewonnen, indem man Molybdäntrioxyd in Natronlauge löst, die Lösung mit Salpetersäure ansäuert und Natriumsilicat hinzufügt.

2. Die Bestimmung der Gesamtalkalien

Man löst 10 g des Salzes mit 100 ml Wasser, versetzt die Lösung mit Salzsäure und dampft sie in einer Porzellanschale zur Trockne. Dann wiederholt man nach Zusatz von Salzsäure das Eindampfen, röstet den Schaleninhalt etwa 1 Std. bei 135°, nimmt ihn mit etwas Salzsäure und Wasser unter Erwärmen auf und filtriert. Im Rückstand kann das *Siliciumdioxyd* in bekannter Weise bestimmt werden. Das salzsaure Filtrat wird im 500 ml-Meßkolben bis zur Marke aufgefüllt und eine Abmessung von 10 ml (= 0,2 g) in einer kleinen Platinschale mit Schwefelsäure abgeraucht. Man glüht die Sulfate schwach, wägt sie nach dem Erkalten und prüft sie auf die nachstehend angegebenen Verunreinigungen.

3. Die Bestimmung der Verunreinigungen

Das *Siliciumdioxyd* wird aus der Lösung einer Einwaage von 50 g des Salzes, wie oben erwähnt, abgeschieden. Nach dem zweiten Eindampfen übergießt man die Salzmasse mit ungefähr 100 ml Salzsäure (1,19) und 700 ml Wasser, filtriert und leitet in das erwärmte, salzsaure Filtrat Schwefelwasserstoff ein. Der Niederschlag wird nach längerem Absitzenlassen abfiltriert und mit schwefelwasserstoffhaltigem Wasser ausgewaschen. Dann behandelt man ihn samt dem Filter in einem gewogenen Porzellantiegel mit rauchender Salpetersäure, dampft die Lösung zur Trockne, glüht den Tiegel mit dem Inhalt vorsichtig bei etwa 400° und wägt.

Auswaage · 2 = % an *Schwermetalloxyden* der Schwefelwasserstoffgruppe

Das Filtrat von der Schwefelwasserstoffällung wird in einem Erlenmeyer-Kolben mit Ammoniak neutralisiert (Lackmuspapier), mit 2 bis 3 ml Ammoniak je 100 ml Flüssigkeitsvolumen versetzt und mit Schwefelwasserstoff gesättigt. Nach Hinzufügen der gleichen Menge überschüssigen Ammoniaks wie vorhin füllt man den Kolben mit Wasser bis zum Hals, verschließt ihn und läßt die Fällung 12, zweckmäßiger 24 Std. stehen. Darauf wird durch ein kleines Filter filtriert und der Niederschlag mit Wasser, das etwas Ammoniumchlorid und Ammoniumsulfid enthält, ausgewaschen. Man zieht ihn nun mit einer Mischung von 1 Teil Salzsäure (1,19) und 3 Teilen Schwefelwasserstoffwasser aus und bringt somit die Sulfide von *Eisen, Mangan und Zink* sowie das *Aluminiumhydroxyd* in Lösung, während *Kobalt- und Nickelsulfid* sowie Reste von *Molybdänsulfid* ungelöst bleiben.

Das ammoniumsulfidhaltige Filtrat wird, ohne das Ammoniumsulfid zu zerstören, zur Fällung des *Calciums* in der Siedehitze mit Ammoniumoxalat versetzt, das ausgefallene Calciumoxalat abfiltriert, mit ammoniumhaltigem Wasser ausgewaschen, geglüht und gewogen.

Sodann dampft man das Filtrat der Calciumfällung zur Trockne ein und verjagt die Ammoniumsalze. Eine dunkle, sulfidische Ausscheidung während des Eindampfens wird gegebenenfalls abfiltriert, in Ammoniumsulfid gelöst, die Lösung mit Schwefelsäure angesäuert und der Niederschlag nach dem Abfiltrieren in einem gewogenen Porzellantiegel schwach geglüht und gewogen. Das entstandene Oxyd des *restlichen Molybdäns* wird den eben erhaltenen Oxyden der Schwefelwasserstoffgruppe hinzugerechnet. Den von den Ammoniumsalzen befreiten Rückstand löst man in Wasser und füllt die Lösung zu 1 l auf.

Man entnimmt ihr eine Abmessung von 200 ml (= 10 g Einwaage), erhitzt zum Sieden, versetzt mit Barytwasser und filtriert das ausgefallene Bariumsulfat mit etwa vorhandenem Magnesium ab. Der Niederschlag wird mit Salzsäure (1 + 1) behandelt, die salzsaure Lösung vom Rückstand durch Filtrieren abgetrennt und in ihr das *Magnesium* nach dem Fällen mit Diammoniumhydrogenphosphat bestimmt.

Im Filtrat vom Bariumsulfat und Magnesiumhydroxyd sind Rubidium, Caesium, Kalium und Natrium als Hydroxyde verblieben. Man führt sie in einer dunkel glasierten Porzellanschale durch Eindampfen mit reinem Ammoniumcarbonat in die Carbonate über und extrahiert dann das *Caesiumcarbonat* mit siedendem Äthanol. Die in Äthanol unlöslichen Carbonate werden in wenig Wasser gelöst; die Lösung wird erneut eingedampft (auf dem Wasserbad), das Salzgemisch erneut in Carbonate übergeführt und nochmals mit Äthanol ausgezogen. Die Äthanolauszüge dampft man in einer kleinen, gewogenen Platinschale auf dem Wasserbad ein, verwandelt das Carbonat durch Zusatz einiger Tropfen Schwefelsäure in das Sulfat, glüht dieses schwach und wägt es.

Auswaage · 0,9305 = g Caesiumchlorid

Die ungelöst gebliebenen Carbonate von Rubidium, Kalium und Natrium löst man in wenig Wasser, neutralisiert die Lösung mit n/10-Schwefelsäure (Methylorange oder Methylrot als Indicator), versetzt sie tropfenweise unter Umrühren mit gesättigter Ammoniumsulfat-Aluminiumsulfat-Lösung, bis keine Fällung mehr entsteht, und engt das Ganze noch etwas auf dem Wasserbad ein. Man läßt den Niederschlag von Rubidiumalaun etwa 12 Std. absitzen, filtriert ihn dann auf einen kleinen Filtertiegel ab, wäscht mit wenig eiskaltem Wasser aus, trocknet bei 50° und wägt ihn.

Auswaage $[RbAl(SO_4)_2 \cdot 12 H_2O] \cdot 0{,}232$ = g *Rubidiumchlorid*

Im Filtrat der Alaunfällung werden schließlich nach der Entfernung des überschüssigen Aluminiums und der Ammoniumsalze das *Kalium* und das *Natrium* bestimmt (s. Kapitel Kalium, S. 340/41).

Bemerkungen. Die Reinheit der einzelnen Fraktionen ist bei der Trennung der Alkalimetalle durch die Beobachtung der Spektrallinien in der Flammenfärbung mit Hilfe eines Taschenspektroskops zu kontrollieren, da infolge der Isomorphie der Salze von Kalium, Rubidium und Caesium eine exakte Trennung schwierig ist. Die ersten Fällungen sind nie rein, und eine Vereinfachung der Trennungsmethoden durch nur einmalige Ausführung ist nicht durchführbar. Im allgemeinen sind eher zu hohe als zu niedrige Werte zu erwarten. Der flammenspektrometrischen Bestimmung der Alkalien ist deshalb der Vorzug zu geben.

Literatur. Gmelin: Handbuch der anorganischen Chemie Bd. 24, 8. Aufl., S. 15. — Spektraltafeln sind z. B. als Anhang zu K. A. Hoffmann: Lehrbuch der anorganischen Experimentalchemie. Braunschweig: Fr. Vieweg u. Sohn 1918, zu finden. — Eine praktische, nicht farbige Spektrallinienübersicht bietet Remy: Lehrbuch der anorganischen Chemie. Leipzig: Akademische Verlagsgesellschaft 1951.

II. Die Untersuchung des Rubidiumhydroxyds

Grundlage. Unter die notwendigen Bestimmungen fallen: Feuchtigkeit, Hydroxyd- und Carbonatgehalt und Verunreinigungen wie Siliciumdioxyd, Barium, Calcium, Natrium, Kalium, Caesium und Chlorid- und Sulfationen.

Anwendungsbereich und Bedeutung. Die Analyse unterscheidet sich von der allgemeinen Untersuchung eines anderen Alkalihydroxyds (z. B. der im Kapitel Natrium, S. 518) nur durch die notwendige Berücksichtigung zahlreicherer Verunreinigungen.

Genauigkeit. 2.

Dauer. 3 Tage.

Ausführung.

1. Die Bestimmung der Feuchtigkeit

erfolgt, wie im Kapitel Natrium, S. 520, beschrieben, durch Austreiben des Wassers beim Erhitzen der Probe im Feingold- oder Platinschiffchen — hier allerdings schon bei 300 bis 350° — und Auffangen in U-Röhrchen, die mit Phosphorpentoxyd beschickt sind. Die Titration mit Jod-Schwefeldioxyd-Lösung in Pyridin und Methanol nach KARL FISCHER unter Verwendung elektrischer Endpunktsindikation ist gleichfalls möglich (s. Kapitel Schwefel, S. 719).

2. Die Bestimmung des Hydroxyd- und Carbonatgehaltes

Die Bestimmung erfolgt maßanalytisch nach der modifizierten Methode von CL. WINKLER (s. Kapitel Natrium, S. 519).

3. Die Bestimmung des Siliciumdioxyds

20 g Hydroxyd werden in einem geschlossenen Wägegläschen abgewogen und in einer Porzellanschale vorsichtig (Schutzbrille!) in 200 ml Wasser unter Kühlung gelöst. Dann versetzt man die Lösung mit Salzsäure (1,19) bis zur sauren Reaktion, dampft sie 2mal zur Trockne, röstet den Schaleninhalt bei 135° und nimmt ihn danach mit Salzsäure und Wasser auf. Das *Siliciumdioxyd* wird abfiltriert, geglüht, gewogen, mit Flußsäure verflüchtigt und ein verbleibender Rückstand wieder gewogen. Die Gewichtsdifferenz entspricht dem Gewicht des Siliciumdioxyds.

4. Die Bestimmung des Sulfations

Im Filtrat der Siliciumdioxydbestimmung wird das Sulfat in schwach salzsaurer Lösung als Bariumsulfat in der Siedehitze gefällt. Nach dem Abfiltrieren wird das Bariumsulfat geglüht und gewogen.

$$\text{Auswaage} \cdot 1{,}14 = \text{g Rubidiumsulfat}$$

5. Die Bestimmung des Natriumhydroxyds

Das Filtrat von der Sulfatfällung dampft man in einer schwarzglasierten Porzellanschale auf dem Wasserbad zur Trockne und extrahiert das Chlorid mit 95proz. Äthanol. Eine Trübung bzw. ein unlöslicher Rückstand wird auf einem kleinen Filter abfiltriert, dann mit wenig Wasser aufgenommen und in der gleichen Schale erneut zur Trockne gebracht. Das Extrahieren mit Äthanol wird gegebenenfalls wiederholt, bis der Rückstand spektroskopisch keine Rubidiumlinie mehr zeigt. Man löst ihn in Wasser und fällt zunächst das überschüssige Bariumchlorid mit Schwefelsäure aus. Das Filtrat dampft man bis fast zur Trockne und führt es dann in eine kleine, gewogene Platinschale über, in der das Natrium nach dem Glühen als Natriumsulfat ausgewogen wird.

$$\text{Auswaage} \cdot 0{,}56 = \text{g Natriumhydroxyd}$$

6. Die Bestimmung des Bariumoxyds

50 g Rubidiumhydroxyd werden in etwa 750 ml Wasser vorsichtig gelöst (Schutzbrille!); die Lösung versetzt man mit Salzsäure, bis sie schwach sauer ist, filtriert sie und bestimmt im Filtrat das Barium in bekannter Weise als Sulfat.

$$\text{Auswaage} \cdot 0{,}6570 \cdot 2 = \%\ \text{Bariumoxyd}$$

7. Die Bestimmung des Eisen- und Aluminiumoxyds

Das Filtrat von der Bariumbestimmung wird mit einigen Tropfen 3proz. Wasserstoffperoxydlösung gekocht; dann fällt man das Eisen und Aluminium mit Ammoniak als Hydroxyde, filtriert sie ab, glüht und wägt die Summe der beiden Oxyde. Nach der maßanalytischen oder photometrischen Bestimmung des Eisens errechnet man die Menge des Eisen(III)-oxyds, setzt diese von obiger Gesamtauswaage ab und erhält das Gewicht der Tonerde als Differenz.

8. Die Bestimmung des Calcium- und Magnesiumoxyds

Im Filtrat der Eisen- und Aluminiumfällung wird das *Calcium* mit Ammoniumoxalat in der Siedehitze als Oxalat abgeschieden. Man filtriert es ab, glüht es und wägt das entstandene CaO.

Das Filtrat der Calciumfällung dampft man zur Trockne, verjagt auf dem FINKNER-Turm die Ammoniumsalze, nimmt den Rückstand mit wenig Wasser auf und fällt das Magnesium mit Bariumhydroxyd. Die Fällung wird in Salzsäure gelöst, das Barium mit der eben ausreichenden Menge Schwefelsäure ausgefällt und abfiltriert. Im Filtrat schlägt man das *Magnesium* mit Dinatriumhydrogenphosphat und Ammoniak als Magnesiumammoniumphosphat nieder, läßt den Niederschlag über Nacht absitzen, filtriert ihn dann ab und glüht nach dem Auswaschen zu $Mg_2P_2O_7$. (Umrechnungsfaktor auf MgO = 0,3623.)

9. Die Bestimmung des Caesiumhydroxyds

Die Bestimmung erfolgt im Filtrat der Magnesiumhydroxydfällung mittels Bariumhydroxyd (s. Abschnitt 8), nachdem man das überschüssige Bariumhydroxyd mit 2 n-Schwefelsäure gefällt und das Bariumsulfat abfiltriert hat. Das Filtrat wird tropfenweise mit einer gesättigten Ammoniumalaunlösung bis zum Auftreten einer Trübung und anschließend mit einigen weiteren ml Alaunlösung versetzt und mindestens 24 Std. zum Absitzen des Caesiumniederschlages beiseite gestellt. Darauf filtriert man diesen ab, löst ihn in Wasser und wiederholt die Fällung. Schließlich wird der Caesiumalaun auf einen gewogenen Filtertiegel abfiltriert, bei einer 60° nicht übersteigenden Temperatur getrocknet und gewogen.

$$\text{Auswaage } [CsAl(SO_4)_2 \cdot 12\,H_2O] \cdot 0{,}2638 \cdot 2 = \%\ CsOH$$

10. Die Bestimmung des Kaliumhydroxyds

Zunächst muß auch das Rubidium als Alaun durch weiteren Zusatz von Ammoniumalaun in einer Abmessung des Filtrats der Caesiumfällung, etwa 10 g Einwaage entsprechend, restlos ausgefällt werden. Nach 24 Std. filtriert man den Niederschlag ab, entfernt im Filtrat die Tonerde des Alauns durch Fällen in der Siedehitze mit Ammoniak und nachfolgendem Abfiltrieren des Hydroxyds und dampft das Filtrat zur Trockne. Nach dem Verjagen der Ammoniumsalze wird der verbliebene Rückstand in Wasser gelöst, die Lösung in einer kleinen Platinschale nach Zusatz einiger Tropfen verdünnter Schwefelsäure zur Trockne abgeraucht, das Kaliumsulfat schwach geglüht und gewogen.

$$\text{Auswaage} \cdot 0{,}644 = \text{g KOH}$$

Um es von gegebenenfalls mitgewogenem Natriumsulfat zu trennen, löst man die Auswaage in Wasser und fällt das Kalium mit Tetraphenylbornatrium (s. Kapitel Kalium, S. 338).

Fehlerquellen und Literatur. Siehe beides beim Abschnitt Rubidiumchlorid.

III. Die Untersuchung des Rubidiummetalls

Da der elektrolytische Weg der Darstellung des metallischen Rubidiums keine besonderen Vorteile bietet, gewinnt man das Element auf chemischem Wege (vgl. auch das Kapitel Caesium, S. 275).

1. Die Bestimmung des Rubidiumgehaltes

Grundlage. Das Rubidiummetall wird unter besonderen Vorsichtsmaßregeln (in einer Atmosphäre von sorgfältig gereinigtem Stickstoff) in absolutem Äthanol gelöst und wie das Kalium (s. S. 347) gasanalytisch bestimmt. In der Äthanollösung kann dann auch die Bestimmung der Verunreinigungen vorgenommen werden.

Anwendungsbereich und Bedeutung. Die Untersuchung kann für die Beurteilung der Reinheit des Metalls als ausreichend bezeichnet werden.

Genauigkeit. 1.

Dauer. $1^1/_2$ Arbeitstage ohne die Bestimmung der Verunreinigungen, andernfalls 3 bis 4 Tage.

a) Auf gasvolumetrischem Wege

Das *gasanalytische Verfahren* zur Bestimmung des Gehaltes an metallischem Rubidium ist das gleiche, wie es im Kapitel Kalium, S. 347, beschrieben wurde. Nur ist das Rubidiummetall noch empfindlicher gegen Sauerstoff als Kalium; daher muß auf die Reinheit des Stickstoffs besonders geachtet werden.

b) Auf maßanalytischem Wege

Die Bestimmung des metallischen *Rubidiums* auf *maßanalytischem Wege* erfolgt in einer Abmessung der Äthanollösung, entsprechend etwa 1 g Einwaage. Es wird mit n/2-Salzsäure unter Verwendung von Methylorange oder Methylrot als Indicator titriert.

1 ml n/2-Salzsäure entspricht 0,04274 g Rb

c) Durch Wägen als Rubidiumsulfat

Eine weitere Abmessung der Äthanollösung, entsprechend etwa 0,5 g Einwaage, gibt man in eine kleine, gewogene Platinschale, säuert sie mit Schwefelsäure (1 + 1) an und führt das Rubidium, wie bekannt, in das Sulfat über. Das *Rubidiumsulfat* wird gewogen. Umrechnungsfaktor auf Rb = 0,6402.

Die so erhaltenen Werte bedürfen einer Korrektur, wenn die folgende Untersuchung auf Verunreinigungen die Anwesenheit von Caesium, Kalium und Natrium ergibt.

2. Bestimmung der Verunreinigungen

wie Caesium, Kalium und Spuren von Natrium, erfolgt in einer weiteren Abmessung der Äthanollösung, entsprechend 1 bis 1,5 g Einwaage, oder in der eben titrierten Lösung; sie wird gemäß den Vorschriften bei II., S. 613 bis 615, vorzugsweise aber flammenspektrometrisch ausgeführt.

Fehlerquellen. Sie betreffen hauptsächlich die Art der Einwaage und die gewissen Unsicherheiten bei der Bestimmung der Verunreinigungen, über die das Nähere schon gesagt wurde.

Literatur. Vgl. die Angaben bei I., S. 613.

Kapitel 30

Schwefel*

Inhalt

---

*	1. Auflage	2. Auflage
Bearbeiter:	**Milde, Becker, Eberius**	**Ahrens, Eberius, Milde Becker**
Mitarbeiter:	**Ahrens, Baronowsky, Ensslin, Janssen, Meyer**	

A. Vorkommen

Der Schwefel ist in der Natur weit verbreitet. Mächtige Lagerstätten elementaren Schwefels, die meist vulkanischen Ursprungs sind, findet man an verschiedenen Stellen der Erde, z. B. in den Vereinigten Staaten von Nordamerika an der Küste des Golfes von Mexiko, in Japan, auf den Sundainseln und in Europa, hier hauptsächlich auf Sizilien. Neben dem natürlichen Schwefel hat in steigendem Maße der technisch erzeugte elementare Schwefel wirtschaftliche Bedeutung gewonnen. Man gewinnt ihn durch Reduktion der Röstofengase sulfidischer Erze oder aus dem Schwefelwasserstoff der Koksofengase, macht also dadurch einen beträchtlichen Teil des in unseren Kohlenschätzen enthaltenen Schwefels nutzbar. Ein anderes bei Kokereien und Gasanstalten anfallendes Schwefelprodukt ist die sog. ausgebrauchte Gasreinigungsmasse mit einem Gehalt von 30 bis 60% elementarem Schwefel, die bei der Reinigung der Kohlendestillationsgase anfällt. Aus ihr wird der Schwefel durch Extrahieren mittels Schwefelkohlenstoff gewonnen, oder sie wird in den Säurefabriken abgeröstet. Neuerdings hat die Gewinnung von Schwefel aus Erdgas und Erdöl außerordentlich zugenommen.

In gebundener Form ist der Schwefel Bestandteil vieler sulfidischer Erze, von denen dem Schwefelkies (Pyrit) und seinen kupferhaltigen Arten die größte Bedeutung zukommt. Auch Zinkblende, Bleiglanz und Kupferkies sind wichtige Rohstoffe für die Hüttenindustrie. Der Schwefelgehalt wird mehr oder weniger zwangsläufig genutzt, da die Gewinnung der Metalle im Vordergrund steht. Technische Verwertung erfährt ferner das in den Kohlenaufbereitungen gewonnene pyrithaltige Produkt, der sog. Kohlenkies, der den Schwefelsäurefabriken zugeführt wird.

B. Qualitativer Nachweis

Alle Schwefelverbindungen ergeben beim Erhitzen mit Soda auf Kohle Natriumsulfid. Bringt man die Schmelze auf ein blankes Silberblech und befeuchtet sie mit Wasser, so entsteht ein schwarzer Fleck von Silbersulfid („Heparreaktion"). Beim Tüpfeln mit dem Schmelzauszug auf Bleiacetatpapier färbt sich die getüpfelte Stelle des Papiers gleichfalls schwarz. Prüft man den wäßrigen Auszug der Schmelze mit einer Lösung von Nitroprussidnatrium, so erhält man eine intensiv violette Färbung. Besonders empfindlich ist die Umsetzung zu Methylenblau. Man versetzt die zu prüfende Flüssigkeit mit $^1/_{10}$ ihres Volumens an Salzsäure (1,19) und gibt etwas Dimethylparaphenylendiaminsulfat hinzu. Nachdem sich das Salz beim Umrühren gelöst hat, werden 1 bis 2 Tropfen einer verdünnten Eisen(III)-chloridlösung hinzugefügt. Es entsteht dann bei Anwesenheit von Schwefelwasserstoffverbindungen eine deutliche Blaufärbung (Methylenblaureaktion).

Man kann auch die zu prüfende Substanz im Glühröhrchen mit metallischem Natrium oder Kalium erhitzen und den wäßrigen Auszug wie oben behandeln.

Zum Nachweis von *pyritisch gebundenem Schwefel* kocht man die feinstgepulverte Substanz vorsichtig mit Salzsäure (1 + 1). Schwefelkies (FeS_2) ist selbst in Salzsäure (1,19) so gut wie unzersetzlich, während alle Monosulfide gelöst werden. Man filtriert, wäscht den Rückstand sorgfältig aus, identifiziert den Pyrit mit der Lupe nach seiner Kristallform oder löst ihn in Königswasser und prüft die Lösung mit Bariumchlorid auf entstandenes Sulfation.

Behandelt man *zersetzliche Sulfide* mit Salzsäure, so entwickelt sich Schwefelwasserstoff, der entweder am Geruch oder durch Verfärbung von Bleiacetatpapier erkannt werden kann. Mitunter muß man die Zersetzung unter Erwärmen vornehmen. Leitet man die entstandenen Dämpfe in essigsaure Cadmiumlösung, so fällt ein gelber Niederschlag von Cadmiumsulfid aus.

Zum Nachweis von *Sulfaten* kocht man die zu prüfende Substanz mit Natriumcarbonatlösung (100 g/l) aus, filtriert und versetzt das mit Salzsäure angesäuerte Filtrat mit Bariumchloridlösung. Sulfationen erzeugen einen Niederschlag von Bariumsulfat.

Sulfite sind daran zu erkennen, daß ihre wäßrigen Lösungen zugesetzte Lösungen von Jod oder Kaliumpermanganat nach dem Ansäuern entfärben; beim Ansäuern entwickeln sie Schwefeldioxyd, erkennbar an seinem stechenden Geruch.

C. Untersuchungen bei der Gewinnung von elementarem Schwefel

Aus natürlichen Vorkommen wird der Schwefel entweder durch Ausschmelzen des geförderten Schwefelbruches in Spezialöfen oder selbstgängigen Schwefelmeilern oder aus der Lagerstätte selbst durch Behandeln mit überhitztem Wasserdampf und Hochpumpen des verflüssigten Rohschwefels gewonnen. Aus dem Rohschwefel werden die Handelssorten durch Raffination erhalten. Elementarer Schwefel kann auch künstlich nach verschiedenen Verfahren gewonnen werden, wie bereits unter A. erwähnt.

Die analytische Methodik auf dem Schwefelgebiet ist vielfältig und sehr umfangreich. Hier sowie im gesamten Kapitel sind daher nur die Verfahren aufgenommen, die sich im Betrieb bewährt haben.

I. Untersuchung des elementaren Schwefels (Roh- und Handelsschwefel)

1. Die Bestimmung des Feinheitsgrades

An die Beschaffenheit der Handelssorten werden je nach dem Verwendungszweck verschiedene Ansprüche gestellt. So ist z. B. der Feinheitsgrad des raffinierten, sublimierten und gemahlenen Schwefels ausschlaggebend für die Eignung des Materials als Pflanzenschutzmittel. Er wird entweder durch Sieben oder durch Behandeln im Sulfurimeter nach Chancel ermittelt.

a) Siebfeinheit

α) Trockensiebung

50 g der Probe werden in der Siebmaschine durch Gewebe nach DIN 1171 von 0,20 bis 0,06 mm lichte Maschenweite gesiebt. Die hierfür benötigten 7 Rahmen werden übereinander eingespannt. Nach dem Wägen der Siebrückstände wird das prozentuale Gewichtsverhältnis der Fraktionen ermittelt.

Dauer. $1^1/_2$ bis 2 Std.

β) Naßsiebung

In die Siebbombe wird der Haltering mit dem entsprechenden, gewogenen Siebgewebe eingelegt. 10 g der Schwefelprobe werden in die Bombe gegeben und mittels einer mehrstrahligen Wasserbrause bei einem Druck von 2 atü vor der

Brause und einem Durchgang von 3 l Wasser je min 5 min lang gespült. Dann wird das Sieb nebst Rückstand vorsichtig herausgenommen, bei etwa 90° getrocknet und gewogen.

$$\text{Rückwaage} \cdot 10 = \%\,\text{Rückstand}$$

b) Chancel-Probe

Das Sulfurimeter nach CHANCEL (Abb. 32) ist ein zylindrisches, mit einem Glasstopfen versehenes Gefäß von 230 mm Länge und 15 mm Weite. Vom Boden beginnend ist es in 100 Grade zu je 0,25 ml eingeteilt. Die Graduierung ist 100 mm lang. 100 Grade entsprechen 25 ml bei 17,5°.

Vor dem Einfüllen werden die über 1 mm großen Teile des Schwefelpulvers abgesiebt. Dann werden 5 g der gut durchmischten Probe mit einem Kartenblatt und einem Pinsel in das Sulfurimeter gebracht. Nach dem Einfüllen von wasserfreiem Äther von möglichst 17,5° bis zur halben Höhe wird die Luft aus dem Gemisch durch gelindes Klopfen entfernt und durch kräftiges Durchschütteln die Masse gleichmäßig verteilt. Der Äther wird bis auf 1 cm über der Hundertmarke aufgefüllt. Das waagerecht gehaltene Sulfurimeter wird abermals kräftig geschüttelt und dann nochmals 30 sek lang in senkrechter Haltung. Dann wird das Sulfurimeter senkrecht eingespannt und in ein mit Wasser von 17,5° gefülltes Becherglas so gesenkt, daß sich die Gefäßwandungen nicht berühren. 2 Grad Temperaturerhöhung über 17,5° erhöhen die Anzeige des Meßinstrumentes um ungefähr 1 Grad Chancel.

Der Stand an der Skala wird abgelesen, wenn sich die Höhe der abgesetzten Schwefelschicht nicht mehr ändert. Dann wird wieder in der beschriebenen Weise 4 mal je 30 sek geschüttelt und abgelesen. Das Mittel aus den letzten 4 Ablesungen gilt als endgültiger Feinheitsgrad des Schwefelpulvers in Graden Chancel. Statthaft ist ein Spielraum von 5 Chancelgraden. Die Feinheitsgrade des Reinschwefels liegen zwischen 55 bis 95 Grad Chancel in Abstufungen von 10 zu 10 Grad. Die Werte werden durch Verunreinigungen wie Tannin, Seife, Bitumen u. dgl. beeinflußt.[1]

Abb. 32. Sulfurimeter nach CHANCEL

Die in den verschiedenen Ländern gebräuchlichen Sulfurimeter sind nicht aufeinander abgestimmt, daher ist noch kein allgemeingültiges Maß der Feinheit gegeben.

2. Prüfung auf gemahlenen und sublimierten Schwefel und Bestimmung der Asche

Unter dem Mikroskop ist der gemahlene Schwefel an den scharfkantigen Bruchstücken, der sublimierte Schwefel an der Kugelform zu erkennen.

In Schwefelkohlenstoff ist gemahlener Schwefel leichter löslich als sublimierter Schwefel. Schüttelt man Schwefelpulver in einem Sulfurimeter nach CHANCEL bei Zimmertemperatur mit Schwefelkohlenstoff, so löst sich der gemahlene Schwefel größtenteils, während der sublimierte vorwiegend ungelöst zurückbleibt. Der Anteil des Ungelösten kann an der CHANCEL-Skala abgelesen werden.

Zur genaueren Prüfung einschließlich der Ermittlung der Asche werden 20 g der lufttrockenen Probe, deren Feuchtigkeit in Rechnung zu stellen ist, in einem 300 ml-ERLENMEYER-Kolben 3 Std. mit 100 ml Schwefelkohlenstoff unter häufigem Umschütteln behandelt. Die Lösung wird durch ein vorher getrocknetes und gewogenes Rundfilter in einen gewogenen 500 ml-Destillierkolben filtriert. Der auf dem Filter verbliebene Rückstand wird mehrmals mit frischem Schwefelkohlenstoff nachgewaschen. Das Filter mit Inhalt wird nach dem Ausdunsten und

[1] Näheres s. BERL-LUNGE, 8. Aufl., Bd. II, 1 (1932) S. 455.

Trocknen zurückgewogen. Die Gewichtsdifferenz des Filters ohne und mit Inhalt entspricht dem in Schwefelkohlenstoff unlöslichen Rückstand.

Filter nebst Rückstand werden in einem gewogenen Porzellantiegel verascht. Die Auswaage entspricht dem Aschengehalt der Schwefelprobe.

Aus dem 500 ml-Destillierkolben wird der Schwefelkohlenstoff abdestilliert und zur weiteren Verwendung beiseite gestellt. Der Kolben wird unter Durchblasen von Luft bei etwa 80° bis zur Gewichtskonstanz getrocknet. Die Differenz zwischen den Auswaagen ohne und mit Inhalt entspricht dem löslichen bzw. gemahlenen Schwefel.

3. Die Bestimmung der Feuchtigkeit

100 g der grob zerkleinerten Probe werden in einer gewogenen Porzellanschale im Trockenschrank bei 70 bis 80° bis zur Gewichtskonstanz getrocknet.

$$\text{g Gewichtsverlust} = \text{\% Feuchtigkeit}$$

4. Die Bestimmung des Abbrandes

10 g Schwefel werden in einer gewogenen Porzellanschale bis zur Entzündung erhitzt. Wenn der Schwefel gut brennt, wird der Brenner entfernt und man läßt den Schwefel selbsttätig bis zum Erlöschen der Flamme abbrennen. Nach dem Erkalten im Exsiccator wird zurückgewogen.

$$\text{Rückstand} \cdot 10 = \text{\% Abbrandrückstand}$$

5. Die Bestimmung des in Schwefelkohlenstoff löslichen Schwefels

10 bis 20 g der lufttrockenen Probe werden in einem Soxhlet-Apparat mit reinem Schwefelkohlenstoff etwa 4 bis 5 Std. extrahiert. Dann wird der Schwefelkohlenstoff abdestilliert, der Kolben bei etwa 80° zum Schluß unter Durchblasen von Luft bis zur Gewichtskonstanz getrocknet und aus der Gewichtsdifferenz zum leeren Kolben das Gewicht des löslichen Schwefels ermittelt.

6. Die Bestimmung des Reinschwefels im Rohschwefel (Natriumsulfid-Unlösliches)

Verfahren 1

5 g der feingemörserten Probe werden in einem 250 ml-Erlenmeyer-Kolben mit 100 ml kalt gesättigter, klarer Natriumsulfidlösung auf dem Wasserbad erwärmt, bis der Schwefel in Lösung gegangen ist. Die Lösung wird durch einen gewogenen Porzellanfiltertiegel abfiltriert. Kolben und Filtertiegel werden mit Natriumsulfidlösung (50 g/l), dann mit Wasser ausgewaschen. Der Tiegel wird bei 105° zur Konstanz getrocknet und gewogen.

Verfahren 2

Grundlage. Der Schwefel wird mit Natriumsulfid zu Polysulfid gelöst und nach Zusatz von Natronlauge mit Perhydrol zu Schwefelsäure oxydiert, die eine entsprechende Menge Natronlauge bindet, deren Überschuß mit Schwefelsäure zurücktitriert wird. Das überschüssige Natriumsulfid wird zu Natriumsulfat oxydiert und wirkt bei der Titration nicht mit.

Anwendung und Bedeutung. Das Verfahren ist auf sämtliche hochprozentigen Schwefelsorten einschließlich des teer- und bitumenhaltigen Extraktionsschwefels aus ausgebrauchten Gasreinigungsmassen anwendbar.

Genauigkeit. 1.

Dauer. 8 Std.

Ausführung. 0,5 g Schwefel werden in 25 ml Natriumsulfidlösung (200 g $Na_2S \cdot 9H_2O$, p. a. im l) auf dem Wasserbad bei 80° unter öfterem Umschütteln des 150 ml-Becherglases gelöst. Da bei einem mehr als zweistündigem Verweilen durch Inlösunggehen von Glas Fehler entstehen können, wird nach Ablauf dieser Frist die Lösung rasch auf Zimmertemperatur abgekühlt. Von einem etwa verbleibenden Rückstand wird sorgfältig abfiltriert. Das Filter wird mit Wasser ausgewaschen. Filtrat nebst Waschwasser werden quantitativ in einen mit 100 ml n/2-Natronlauge und mit 20 ml Perhydrol beschickten 750 ml-ERLENMEYER-Kolben gegeben, der zum Vermeiden des Überschäumens ständig gekühlt werden muß. Nach dem Verkochen des überschüssigen Wasserstoffperoxyds, wobei in den Kolbenhals ein kleiner Trichter als Tropfenfänger eingehängt wird, wird abgekühlt. Der Überschuß an Natronlauge wird mit n/2-Schwefelsäure und mit Methylorange als Indicator zurücktitriert.

1 ml n/2-Natronlauge = 0,008 g Schwefel

Die Titer der Natronlauge und der Schwefelsäure werden mit gereinigtem Schwefel gestellt. Reinster Handelsschwefel, aber keine Schwefelblüte, wird in Schwefelkohlenstoff gelöst. Vom Rückstand wird abfiltriert. Das Filtrat wird nacheinander mit 20proz. Oleum, Natriumcarbonatlösung (50 g/l) und mit Wasser behandelt. Nach vollständiger Klärung wird der untere Teil der Schwefelkohlenstoffschicht abgelassen, daraus das Lösungsmittel abdestilliert und der auf diese Weise gereinigte Schwefel bei 80° bis zur Gewichtskonstanz getrocknet.

Literatur. Verfahren der Ruhrgas A. G.

7. Die Bestimmung des Sulfatschwefels

5 g der feingepulverten, bei 80° getrockneten Probe werden mit 200 ml Natriumcarbonatlösung (20 g/l) gekocht. Nach dem Filtrieren wird der Rückstand nochmals mit frischer Natriumcarbonatlösung behandelt. In den vereinigten Filtraten wird das Sulfation nach dem Ansäuern mit Salzsäure (2 + 3) mit Bariumchlorid in bekannter Weise gefällt.

Auswaage: Bariumsulfat. Umrechnung auf SO_3: Auswaage · 0,343.

Genauigkeit. 2.

Dauer. 4 Std.

8. Die Bestimmung der freien Schwefelsäure und der schwefligen Säure

a) Qualitative Prüfung

Die feingepulverte Probe wird mit kaltem Wasser gelaugt. Das Filtrat wird mit Methylorange auf freie Säure geprüft. Schweflige Säure wird am Entfärben verdünnter Jodlösung erkannt.

b) Gesamtsäure

50 g der Probe werden mit kaltem Wasser extrahiert. Das Filtrat wird mit neutraler 3proz. Wasserstoffperoxydlösung versetzt. Dann wird die Säure mit n/10-Natronlauge titriert (Indicator Methylorange). Die Summe der Säuren wird als Schwefelsäure angegeben. 1 ml n/10-Natronlauge = 0,0049 g H_2SO_4.

c) Schweflige Säure

Der wäßrige Auszug einer Probe von 50 g wird zu einer schwach salzsauren Abmessung einer n/10-Jodlösung gegeben. Nach der Reaktion muß noch freies Jod vorhanden sein, das mit n/10-Natriumthiosulfatlösung zurücktitriert wird. Der Jodverbrauch des wäßrigen Auszuges ist dem Gehalt an schwefliger Säure äquivalent. 1 ml n/10-Jodlösung = 0,0032 g SO_2.

Der Gehalt der Probe an freier Schwefelsäure ergibt sich als Differenz des Wertes aus b) und des mit dem Faktor 1,531 auf Schwefelsäure umgerechneten Wertes aus c).

Bei sehr geringen Säuregehalten sind n/100-Lösungen zu verwenden.

9. Die Bestimmung der bituminösen Substanz und des Verbrennungsrückstandes

Hierzu dient ein Luftbad nach Abb. 33. Auf einer elektrischen Heizplatte befindet sich ein durch eine Sicke gehaltener Blechmantel. Auf einer zweiten Sicke liegt ein Drahtnetz mit einer Maschenweite von 5 mm. Durch die seitlichen Öffnungen des Blechmantels von etwa 8 mm Durchmesser strömt die durch den Auftrieb angesaugte Luft und umspült die auf dem Drahtnetz stehenden Tiegel.

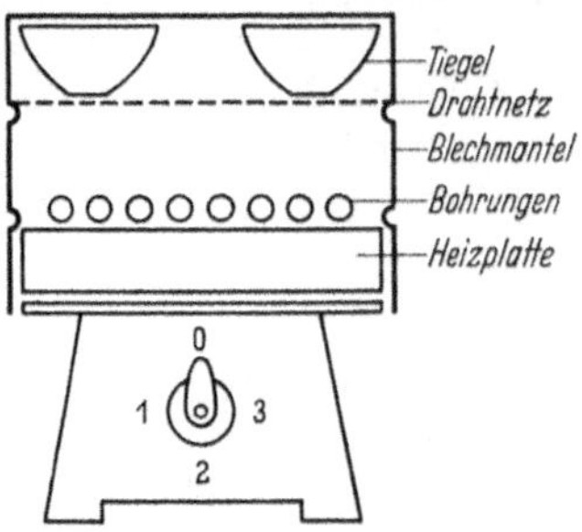

Abb. 33. Gerät zur Bestimmung bituminöser Stoffe im Schwefel

Ausführung. 10 g Schwefel werden in einem gewogenen Tiegel von etwa 65 mm Durchmesser und 40 mm Höhe bei mittlerer Einstellung der Heizplatte geschmolzen und im Laufe von 10 bis 12 Std. unter unbedingtem Vermeiden des Abbrennens verdampft. Am oberen Tiegelrande angesetzte Kondensate werden durch kurzzeitiges stärkeres Erhitzen entfernt. Nach dem Abkühlen im Exsiccator wird gewogen (Auswaage a). Nach dem Glühen des Tiegels wird wieder gewogen (Auswaage b). Bituminöse Substanz $= a - b$. Verbrennungsrückstand $= b -$ Leergewicht des Tiegels. Diese Methode ergibt nur bei Abwesenheit von Erdalkalicarbonaten und Magnesiumcarbonat brauchbare Werte. Bezüglich eines allgemein gültigen Analysenverfahrens siehe unter „C-Bestimmung in Schwefelkies" nach J. Fischer und W. Schmidt, S. 663.

10. Die Bestimmung des Mineralöls

50 g der feingepulverten Probe werden mit rückstandfreiem Äther ausgeschüttelt. Nach dem sorgfältigen Dekantieren in eine flache Schale wird der Äther verdampft. Der Rückstand wird mit wenig konz. Natriumsulfidlösung aufgenommen. Die Lösung wird mit Äther ausgeschüttelt. Der bei 60° getrocknete Verdampfungsrückstand des Äthers entspricht dem Gehalt der Probe an Mineralöl.

11. Die Bestimmung des Arsens

a) Qualitative Prüfung

1 g der feingepulverten Probe wird mit 0,5 ml Ammoniak (0,91) und 2 ml Wasser geschüttelt. Nach etwa 30 min wird filtriert.

Nachweis α. In das mit 2 ml Salzsäure (1 + 1,5) und 1 ml einer konz. Oxalsäurelösung versetzte Filtrat wird ein Streifen blanken Messingbleches gegeben. Bei Gegenwart von Arsen färbt sich der Streifen beim Erhitzen der Lösung auf 60 bis 100° grau bis schwarz.

Nachweis β. Der ammoniakalische Auszug wird mit Salzsäure angesäuert. Beim Einleiten von Schwefelwasserstoff wird die Flüssigkeit bei Vorhandensein von Arsen durch ausfallendes Arsensulfid gelblich trübe.

Nachweis γ. Der ammoniakalische Auszug wird unter Zusatz einiger Tropfen Salpetersäure (1 + 1) zur Trockne gedampft. Der Rückstand wird mit 10 ml arsenfreier Schwefelsäure (2 + 3) aufgenommen. Der Lösung werden in einem Reagenzglas einige Stückchen arsenfreien Zinks zugesetzt. Das Reagenzglas wird mit etwas Glaswatte verschlossen. Auf seine Mündung wird ein mit einem Tropfen Silbernitratlösung (50 g/l) getränktes Blättchen Filtrierpapier gelegt. Färbt sich dieses zitronengelb und schlägt die Farbe nach Anfeuchten mit Wasser nach Schwarz um, deutet der Befund auf Arsen. Zu beachten ist, daß Antimon- und Phosphorwasserstoff die gleiche Reaktion hervorrufen.

b) Quantitative Bestimmung

Methode 1. 50 g feingepulverter Schwefel werden 3 mal mit je 50 ml Ammoniak (2 + 3) unter Umrühren bei 70 bis 80° 5 min extrahiert. Nach dem Abnutschen wird der Rückstand 2 mal mit warmem, schwach ammoniakalischem Wasser nachgewaschen. Das meist klare Filtrat wird mit 25 ml Natriumhypobromitlösung (100 g Natriumhydroxyd in 250 ml Wasser und Zusatz von 40 bis 50 ml Brom) versetzt und gekocht. Dann wird die abgekühlte Lösung vorsichtig mit Schwefelsäure (2 + 3) angesäuert. Das frei gewordene Brom wird verkocht. Nach Zugabe von 20 ml Schwefelsäure (2 + 3) und 20 ml Kaliumjodidlösung (250 g/l) wird weitergekocht und dann abgekühlt.

Nach Zugabe von etwas Stärkelösung als Indicator wird mit n/10-Natriumthiosulfatlösung eben entfärbt, mit Natronlauge (Indicator Phenolphthalein) schwach alkalisch gemacht und mit Schwefelsäure gerade wieder angesäuert. Es wird erneut Stärkelösung zugegeben; 5 g Natriumhydrogencarbonat zugesetzt und das Arsen(III) mit n/10-Jodlösung titriert.

1 ml n/10-Jodlösung = 0,00375 g As

Methode 2. In einem 750 ml-Erlenmeyer-Kolben werden zu 200 ml heißer rauchender Salpetersäure 10 g des feingepulverten Schwefels in kleinen Anteilen vorsichtig eingetragen. Bei jeder Zugabe muß gewartet werden, bis die zuvor hinzugegebene Portion gelöst ist. Die schließlich aus der gesamten Einwaage erhaltene klare Lösung wird bis zum Auftreten starker Schwefelsäuredämpfe erhitzt und nach dem Abkühlen in den Kolben eines Arsendestillierapparates (s. Abb. 8, S. 122) gebracht. Die Weiterverarbeitung erfolgt, wie bei der Arsenbestimmung in Schwefelsäure D. V. 3. i) β) 1. Verf. Destillationsmethode, S. 702, angegeben.

12. Die Bestimmung des Selens

10 g feingepulverter Schwefel werden anteilsweise und vorsichtig in 200 ml heiße, rauchende Salpetersäure (1,4) in einem 750 ml-Erlenmeyer-Kolben eingetragen. Nach jeder Zugabe muß bis zum vollständigen Lösen gewartet werden. Die klare Lösung wird bis zum Auftreten dichter Schwefelsäuredämpfe eingeraucht. Nach dem Abkühlen wird mit 100 ml Wasser aufgenommen, mit 50 ml Salzsäure (1,19) und 50 ml Hydrazinsulfatlösung (30 g/l) versetzt und zum Sieden erhitzt. Nun wird Schwefeldioxyd eingeleitet, unter allmählichem Abkühlen das rote Selen, absitzen gelassen, wieder erhitzt und nochmals Schwefeldioxyd eingeleitet. Das Selen wird auf einen Porzellanfiltertiegel abgesaugt und gemäß Kapitel Selen, I/730, weiterbehandelt.

13. Die Bestimmung von Eisen, Kalk und anderen Verunreinigungen

Sie erfolgt nach dem Verbrennen des Schwefels im Rückstand nach den bekannten Verfahren [s. auch unter V. 3. l)].

II. Die Untersuchung der ausgebrauchten Gasreinigungsmasse (Gasschwefel)

Probenahme. Eine einwandfreie Probenahme der Gasreinigungsmasse ist wegen ihrer chemischen und physikalischen Ungleichmäßigkeit sehr schwierig. Die feinkörnige Grundmasse ist meist mit zahlreichen Klumpen durchsetzt, die sich mehr oder weniger schwer zerkleinern lassen. Neben verhältnismäßig trockenen, sandigen Massen mit 2% Feuchtigkeit finden sich auch solche, die stark durchnäßt, faserig, lehmig-schmierig und sogar schlammig sind und über 50% Wasser enthalten.

Der Schwefel kann sehr ungleichmäßig verteilt sein. Daher ist die Probenahme vom Lagerhaufen grundsätzlich abzulehnen und nur beim Be- und Entladen der Waggons vorzunehmen. Die Vorbedingung für eine wahre Durchschnittsprobe besteht im sorgfältigen Aufarbeiten einer großen Probemenge.

1. Die Bestimmung der Feuchtigkeit

Ungefähr 300 g des bis auf etwa Erbsengröße zerkleinerten Probegutes werden für die Nässebestimmung eingewogen. Das Material wird im Trockenschrank bei 70 bis 80° bis zur angenäherten Gewichtskonstanz getrocknet, die nach etwa 48 Std. erreicht ist. Für das Trocknen haben sich Schalen aus Aluminiumblech von 10 × 10 cm oder10 × 20 cm Bodenfläche und 5 cm Randhöhe bewährt. Nach dem Erkalten, d. h. etwa $1^1/_2$ Std. nach dem Herausnehmen aus dem Trockenschrank, wird die Probe gewogen. Der Gewichtsverlust entspricht der Gesamtfeuchtigkeit.

Das getrocknete Probegut ist schwach hygroskopisch. Es wird durch ein Sieb von 1 mm Maschenweite getrieben und in einer dicht verschlossenen Flasche oder Blechschachtel aufbewahrt. Die zur Analyse benötigte Menge wird fein aufgemahlen.

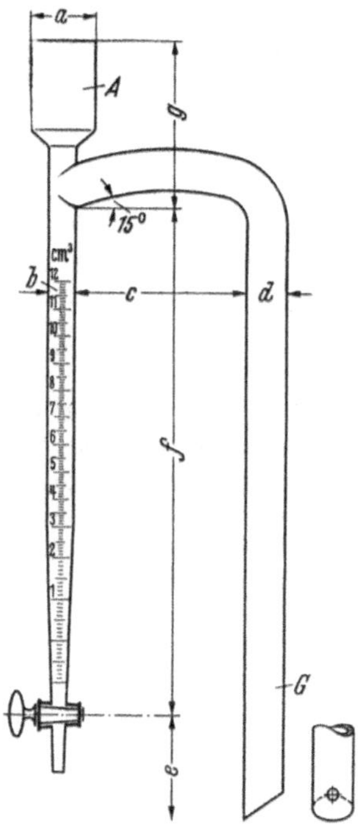

Abb. 34. Prüfgerät für Wasserbestimmung mit Xylol

Obgleich die Analysenwerte meist auf feuchtes Material (Original) bezogen werden, ist es doch zweckmäßig, den Feuchtigkeitsgehalt möglichst genau anzugeben. Da sich die Feuchtigkeitswerte beim Transport der Gasreinigungsmasse vom Lieferanten zum Verbraucher oder auch beim längeren Lagern stark verändern können, ist es nur bei Kenntnis der ursprünglichen Feuchtigkeit bzw. beim Beziehen der Analysenwerte auf getrocknetes Material möglich, etwaige Analysendifferenzen richtig zu beurteilen oder zeitlich auseinanderliegende Analysen aufeinander abzustimmen.

Für sehr genaue Untersuchungen wird die Feuchtigkeit zunächst durch Trocknen bestimmt und dann die Restfeuchtigkeit nach der Xylolmethode DIN DVM 3656 (Prüfung von Schmiermitteln: Wassergehalt) erfaßt. In einem 500 ml-Kurzhalsrundkolben mit aufgelegtem Rand (DENOG 5) werden 50 g der getrockneten Gasmasse eingewogen und mit 100 ml Xylol gemischt. Das Xylol wird vorher durch Schütteln mit Wasser an Feuchtigkeit gesättigt und durch Filtrieren oder Absitzenlassen wieder geklärt. Bei einer größeren Probemenge als der angegebenen muß entsprechend mehr Xylol verwendet werden. Um das Schäumen zu verhindern, werden 1 bis 2 g Olein zugesetzt.

Der Rundkolben wird mit einem dichten Stopfen verschlossen, durch den das Glasrohr *G* geführt wird (Abb. 34), das mit einem in $^1/_{10}$ ml graduierten Meßgefäß fest verbunden ist. Das Meßgefäß wird bei *A* mit einem zweiten Stopfen an einen Liebig-Kühler angeschlossen (Größe A oder B 400 DENOG 31). Dann wird der Kolbeninhalt langsam zum Sieden erhitzt. Das vom Kühler abtropfende Xylol-Wasser-Gemisch sammelt sich im Meßgefäß. Sind die Xyloltropfen nicht mehr durch Wasser getrübt (frühestens nach 15 min langem Sieden), so läßt man die Apparatur abkühlen. An den Wänden des Meßgefäßes haftende Wassertropfen werden mit einer Federfahne unter Nachspülen des Kühlers mit Xylol mit der Hauptmenge des Wassers vereinigt. Die vom Xylol scharf getrennte Wassermenge wird abgelesen. Die Reproduzierbarkeit beträgt ± 0,1%.

2. Die Bestimmung des Gehaltes an elementarem Schwefel

Hierfür stehen 3 Methoden zur Verfügung:

a) die Heißextraktion mit Schwefelkohlenstoff,
b) die Kaltextraktion mit Schwefelkohlenstoff,
c) die Heißextraktion mit Natriumsulfitlösung.

Grundlage. Bei den Verfahren a) und b) wird die Probe in einem SOXHLET-Apparat mit Schwefelkohlenstoff unter Erwärmen bzw. in einem Standzylinder bei Zimmertemperatur extrahiert. Aus dem Extrakt wird das Lösungsmittel abdestilliert und der zurückgebliebene Schwefel gewogen. Enthält er Teer, so wird der Schwefel zu Schwefelsäure oxydiert und über die Fällung als Bariumsulfat bestimmt. Beim Verfahren c) wird der elementare Schwefel durch Kochen mit Natriumsulfitlösung in Thiosulfat übergeführt und dieses mit Jodlösung titriert.

Anwendungsbereich und Bedeutung. Diese Methoden können auf sämtliche Gasmassequalitäten angewandt werden. Zu beachten ist: Bei a) wird der elementare Schwefel, ein Teil des organisch gebundenen Schwefels und des Teeres erfaßt, während Sulfid- und Sulfatschwefel unangegriffen bleiben. Bei b) verhält es sich ähnlich, doch sind die hier gefundenen Werte etwa $^1/_2$ bis 1% niedriger als bei a). Verfahren c) erfaßt nur den elementaren Schwefel. Daher sind die Werte nach c) niedriger als die nach a) und b) gefundenen.

Während die Methoden nach a) und b) nur für getrocknete Proben brauchbar sind, kann c) auch für ungetrocknete Massen verwendet werden. Die Methode a) ist das sicherste und meist angewandte Verfahren.

Ausführung der Verfahren.

a) Heißextraktion mit Schwefelkohlenstoff

In Anlehnung an die Methode nach DREHSCHMIDT: J. Gasbel. 1892, S. 269, werden 10 g der bei 80° getrockneten Masse in eine Filterhülse, z. B. Schleicher u. Schüll Nr. 603, 28 × 80, eingewogen. Die Hülse wird mit einem Bausch Zellwolle verschlossen und zugefaltet, um ein Herausschlämmen von Teilen der Einwaage beim Extrahieren zu verhindern. Die gefüllte Hülse wird in den Extraktor des mit Glasschliffen verbundenen SOXHLET-Apparates eingesetzt.

In den getrockneten und gewogenen, etwa 250 ml fassenden Siedekolben des Apparates gibt man ungefähr 150 ml reinen, frisch destillierten Schwefelkohlenstoff und extrahiert je nach der Siedeintensität (Wasserbad oder elektrische Heizplatte) 4 bis 6 Std., einem 20maligen Füllungswechsel des Extraktors entsprechend.

Nach der Extraktion wird der Schwefelkohlenstoff abdestilliert und rein zurückgewonnen. Der verbliebene Schwefel wird nach Abdunstenlassen unter Durchleiten von Luft im Trockenschrank bei etwa 80° getrocknet. Sieht der Schwefel rein gelb aus, so kann das Gewicht des Kolbeninhaltes als Reinschwefelgewicht angesehen werden. Ist er dagegen braun oder schwarz, so enthält er teerige Bestandteile, die einen zu hohen Schwefelgehalt vortäuschen. In diesem Falle werden etwa 0,2 g des analysenfeingeriebenen Rückstandes durch Kochen mit rauchender Salpetersäure in Schwefelsäure übergeführt. In bekannter Weise wird mit Bariumchlorid gefällt und das Bariumsulfat über den Faktor 0,1374 auf Schwefel umgerechnet [vgl. ferner J. D'ANS: Chem.-techn. Untersuchungsmethoden, Ergänzungswerk für die 8. Aufl., Teil II (1939) S. 318].

Zur Umrechnung des Schwefelgehaltes auf die feuchte Originalmasse wird der gefundene Wert mit $\cdot\frac{100 - \%\,\text{Wasser}}{100}$ multipliziert.

Genauigkeit. 1.

Dauer. 5 Std. ohne, 10 Std. mit Oxydation.

b) Kaltextraktion mit Schwefelkohlenstoff

10 g der getrockneten und gemahlenen Probe werden in einem mit Glasstopfen versehenen Mischzylinder, der bei 100 und 105 ml Marken aufweist, mit 75 ml reinem, frisch destilliertem Schwefelkohlenstoff mehrmals kräftig geschüttelt. Dann läßt man die Mischung einige Std. stehen, füllt sie bis zur oberen Marke auf und entnimmt der durch Absitzenlassen oder Filtrieren geklärten Lösung 50 ml. Diese Abmessung — die Flüssigkeit sieht hellgelb bis dunkelbraun aus — überführt man in einen gewogenen 150 ml-Kolben, der einige Siedesteinchen enthält, destilliert den Schwefelkohlenstoff vorsichtig ab, verjagt dessen letzte Reste durch Einblasen von Luft, trocknet den Rückstand bei etwa 80° und wägt. Sollte seine Farbe nicht rein schwefelgelb sein, so muß man wie unter a) weiterverfahren.

Genauigkeit. 2.

Dauer. 5 Std. ohne, 10 Std. mit Oxydation.

c) Heißextraktion mit Natriumsulfitlösung

2 g der feingepulverten, ungetrockneten oder getrockneten ausgebrauchten Gasreinigungsmasse werden in einem 250 ml-Kurzhalsrundkolben mit 100 ml Natriumsulfitlösung (200 g $Na_2SO_3 \cdot 7\,H_2O$/l) aufgeschlämmt und 1 Std. am Rückflußkühler gekocht. Nach dem Erkalten, Abfiltrieren des Rückstandes und Auswaschen mit heißem Wasser wird das Filtrat zu 500 ml aufgefüllt. Dann pipettiert man 25 ml ab, bindet das überschüssige Sulfit mit 10 ml 35- bis 40proz. Formaldehydlösung sowie 20 ml 2 n-Essigsäure und verdünnt mit Wasser auf 250 ml. Darauf wird das aus dem Schwefel durch Umsetzen mit Natriumsulfit gebildete Thiosulfat durch Titrieren mit n/10-Jodlösung unter Verwendung von Stärkelösung als Indicator bestimmt. Die Methode arbeitet nur dann befriedigend, wenn die Substanz keine oder nur geringe (unter 0,5%) Gehalte an teerigen oder bituminösen Bestandteilen besitzt.

1 ml n/10-Jodlösung entspricht 3,206 mg Schwefel.

Literatur. Boot, H. L. G., u. H. Ward: J. Soc. chem. Ind. Bd. 54 (1935) S. 116 T; modifiziert von H. Brückner: Brennst.-Chemie Bd. 17 (1936) S. 23.

Genauigkeit. 3.

Dauer. $1^1/_2$ Std.

3. Die Bestimmung der Abröstbarkeit bzw. des Aschegehaltes

Neben der Ermittlung des verbrennbaren Schwefels ist auch die Kenntnis der Menge und Beschaffenheit des aus einer unbekannten Gasreinigungsmasse zu erwartenden Abbrandes im voraus erforderlich, wenn Verdacht auf schwefelbindende Stoffe, wie Soda oder Kalk, besteht. Zur Klarstellung dient ein Röstversuch im kleinen: Man röstet in einem Muffelofen 10 g der feingepulverten, getrockneten Masse bei 850° oder einer den jeweiligen Betriebsverhältnissen angepaßten Temperatur ab und glüht den Rückstand 2 Std. Die nach dem Erkalten ermittelte Auswaage gilt als Maß für die zu erwartende Abbrandmenge. Falls erforderlich, kann zur weiteren Charakterisierung des Rückstandes die Bestimmung der Gehalte an Gesamtschwefel, Sulfatschwefel und Eisen angeschlossen werden. Sand, Tonerde, Kalk, Magnesia und Alkalien werden nach bekannten Vorschriften ermittelt.

4. Die Bestimmung der teerigen Bestandteile

Der bei der Heißextraktion mit Natriumsulfitlösung verbliebene Rückstand wird im Trockenschrank 2 Std. bei 80° getrocknet, dann mit Äther im Soxhlet-Apparat extrahiert; aus dem ätherischen Extrakt verdunstet man das Lösungsmittel und erhält so das Bitumen bzw. den Teer. Nach dem Trocknen bei 80° wird ausgewogen.

Anschließend kann noch der Gehalt der Masse an Harzen durch Extrahieren mit Aceton bestimmt werden.

5. Die Bestimmung der Cyanverbindungen (des sog. Blaugehaltes)

Die Ermittlung des sog. Blaugehaltes erfolgt nicht nur wegen seiner Nutzbarmachung; sie ist auch bei der Schwefelsäurefabrikation von Bedeutung, weil beim Rösten unter Umständen Blausäure austreten kann und in Kammer- sowie Turmanlagen ein höherer Salpetersäureverbrauch verursacht wird. Im allgemeinen sind zwei Analysenverfahren gebräuchlich. Für Schwefelsäurefabriken verdient aus Gründen der Betriebssicherheit die Arbeitsweise nach FELD den Vorzug, weil sie etwas höhere Befunde ergibt. Einen Gesamtüberblick kann man aus BERL-LUNGE, 8. Aufl., Bd. IV (1933) S. 218ff., gewinnen.

a) Die Methode nach Knublauch

(Verfahrensweise der Ruhrgas AG.)

10 g der im Mörser zerkleinerten Originalmasse bzw. des an der Luft getrockneten Materials werden mit 50 ml Kalilauge (120 g/l) im 250 ml-Meßkolben unter häufigem Umschütteln bei Zimmertemperatur 12 bis 14 Std. (zweckmäßig über Nacht) stehengelassen. Man setzt dann zur Fällung des Schwefels Bleicarbonat im Überschuß hinzu (etwa 1 bis 2 g), schüttelt kräftig durch, füllt den Kolbeninhalt zur Marke auf und filtriert nach sorgfältigem Durchmischen. Das Filtrat soll frei von sulfidischem Schwefel sein (Kontrolle mit einem Körnchen Nitroprussidnatrium). Anderenfalls muß noch etwas Bleicarbonat zugegeben werden. Eine Abmessung von 100 ml des Filtrats läßt man dann in 500 ml einer auf 70° erwärmten Eisen(III)-chloridlösung einlaufen, die 60 g Eisen(III)-chlorid und 200 ml Salzsäure (1,19) im Liter enthält, erhitzt einige Minuten auf dem Drahtnetz, filtriert heiß durch ein 12,5 cm-Faltenfilter und wäscht Filter und Rückstand mit heißem Wasser thiocyanatfrei aus. Beide werden in das Becherglas zurückgebracht, mit 20 ml Kalilauge (120 g/l) übergossen, dann wird gerührt und etwas Wasser hinzugegeben. Nach dem Zerfasern des Filters erhitzt man den Inhalt des Becherglases zum Sieden, spült den gleichmäßig zerrührten Brei in einen 250 ml-Meßkolben, füllt zur Marke auf und filtriert. Dann titriert man 100 ml des Filtrats in einem Becherglas mit einer Kupfersulfatlösung, die 12 bis 13 g kristallwasserhaltiges Salz in 1 l enthält. Den Endpunkt ermittelt man durch Tüpfeln auf Filtrierpapier, z. B .Nr. 598 von Schleicher & Schüll, dessen geringer Eisengehalt genügt, um eine Blaufärbung hervorzurufen, solange das Kaliumhexacyanoferrat(II)-Salz noch nicht vollständig ausgefällt ist. Die Titration wird zunächst als Vorprobe ausgeführt, indem man von 0,5 zu 0,5 ml Zugabe einen Tropfen der zu titrierenden Flüssigkeit auf das Filtrierpapier bringt und das Verschwinden der Blaufärbung beobachtet; dann erfolgt in einer zweiten Abmessung die genaue Titration. Man kann auch auf das Filtrierpapier in einiger Entfernung vom aufgesetzten Tropfen einen Tropfen Eisen(III)-chloridlösung bringen und bis zum Verschwinden der Blaufärbung in der Berührungszone titrieren.

Die Kupfersulfatlösung wird mit Kaliumhexacyanoferrat(II)-lösung eingestellt, die in 1 l 10,01 g des Salzes enthält. Davon verwendet man 50 ml zur Titration [0,5 g Kaliumhexacyanoferrat(II) = 0,338 g Berliner Blau].

Dem Volumen der eingewogenen Reinigungsmasse trägt man Rechnung durch Erhöhen des Umrechnungsfaktors von 1,6 auf 1,62.

Zur Umrechnung auf Trockensubstanz ist nebenher eine Nässebestimmung durchzuführen.

b) Die Methode nach Feld

(Abgeänderte Verfahrensweise der Ruhr-Schwefelsäure G. m. b. H.)

Grundlage. Sämtliche Cyanverbindungen der Masse werden nach einer vorbereitenden Behandlung mit Magnesiumchlorid bzw. Eisen(II)-sulfat durch Kochen mit Quecksilber(II)-chloridlösung in Quecksilbercyanid übergeführt. Aus diesem setzt man mittels Schwefelsäure den Cyanwasserstoff in Freiheit, destilliert ihn ab, bindet ihn durch vorgelegte Natronlauge und titriert in der Lösung das gebildete Natriumcyanid mit n/10-Silbernitratlösung.

Anwendungsbereich und Bedeutung. Wie bereits zu Beginn des Abschnittes erwähnt, ist das Verfahren, weil es etwas höhere Werte als die Methode unter a) ergibt, zur Bestimmung des Blaugehaltes im Hinblick auf die Betriebssicherheit beim Abrösten und für die Beurteilung des Salpetersäureverbrauches bei der Schwefelsäuregewinnung zu empfehlen.

Genauigkeit. 2.

Dauer. 1 Std.

Ausführung. Von der luftgetrockneten oder feuchten Originalmasse werden je nach dem Cyangehalt 0,5 bis 2 g mit 1 ml etwa 2 n-Eisen(II)-sulfatlösung (280 g $FeSO_4 \cdot 7 H_2O$ im Liter) und mit 5 ml etwa 8 n-Natronlauge (320 g NaOH im Liter) in einer glasierten Porzellanschale mit glasiertem Pistill 5 min lang verrieben und dann mit 10 ml einer etwa 3 n-Magnesiumchloridlösung (305 g $MgCl_2 \cdot 6 H_2O$ im Liter) zum homogenen Brei verrührt. Das Ganze wird mit heißem Wasser in einen Destillierkolben (750 ml Inhalt) übergespült, 20 ml Magnesiumchloridlösung und so viel Wasser zugesetzt, daß das Gesamtvolumen etwa 200 ml beträgt. Nun kocht man etwa 5 bis 8 min, um den durch hydrolytische Spaltung entstandenen Schwefelwasserstoff zu verjagen, gibt anschließend in der Siedehitze 100 ml kochende, etwa n/10-Quecksilber(II)-chloridlösung (13,6 g $HgCl_2$ im Liter) hinzu und zersetzt dadurch das Cyanoferrat(II)-salz zu Quecksilbercyanid und Eisen(III)-hydroxyd. Nach etwa 10 min währendem Kochen wird der Kolben mit dem Destillieraufsatz verbunden. Man läßt durch den Tropftrichter 30 ml etwa 4 n-Schwefelsäure zutropfen und fängt die übergehende Cyanwasserstoffsäure in einer mit 20 ml etwa 2 n-Natronlauge beschickten Vorlage [Zehnkugelrohr oder Erlenmeyer-Kolben (250 ml Inhalt)] auf. Eine Trübung des Destillates, die jedoch nur selten vorkommt, kann durch Ausschütteln mit 1 bis 2 g Bleicarbonat und Filtrieren beseitigt werden. Das Natriumcyanid wird mit n/10-Silbernitratlösung nach Zusatz von 5 ml n/4-Kaliumjodidlösung (42 g KJ im Liter) bis zum Auftreten einer gelblichen Trübung titriert. 1 ml n/10-Silbernitratlösung = 0,00955 g Berliner Blau. Zur Umrechnung auf Trockensubstanz ist nebenher eine Nässebestimmung erforderlich.

Für betriebliche Belange kann man auch von der bei 70 bis 80° getrockneten Probe ausgehen, wie sie bei der Feuchtigkeitsbestimmung Ziffer 1, S. 628, erhalten wird, vorausgesetzt, daß die zu ermittelnden Cyanverbindungen erfaßbar bleiben.

6. Die Bestimmung des Eisengehaltes

5 g der extrahierten Probe werden in einem bedeckten Becherglas mit 150 ml Salzsäure (2 + 3) 1 Std. gekocht. Der gesamte Inhalt des Becherglases wird in einen 500 ml-Meßkolben übergeführt. Nach dem Abkühlen und Auffüllen zur Marke wird durch ein trockenes Faltenfilter filtriert.

100 ml des Filtrats werden mit 20 ml 3 proz. Wasserstoffperoxyd oxydiert. Nach dem Verkochen des überschüssigen Peroxyds (Prüfung mit Jodkaliumstärke-Papier) wird aus der siedenden Lösung das Eisen mit Ammoniak (0,91) als Hydroxyd gefällt. Der Niederschlag wird abfiltriert, mit heißem Wasser gewaschen und in einem 300 ml-Erlenmeyer-Kolben in etwa 50 ml Salzsäure (2 + 3) gelöst.

Nach dem Erkalten wird das Eisen entweder jodometrisch [s. V. 3. m) α) S. 708] oder mit n/10-Titan(III)-chloridlösung (s. Kapitel Aluminium, S. 64) und Ammoniumthiocyanat als Indicator ermittelt. Das Eisen wird als Fe_2O_3-Gehalt des Extraktionsrückstandes oder der getrockneten Gasreinigungsmasse oder der Originalmasse angegeben.

7. Die Bestimmung der Sulfide

In der ausgebrauchten Gasreinigungsmasse liegt der anorganisch gebundene Schwefel als Thiocyanat, als Sulfat und in Form der Sulfide FeS und FeS_2 vor.

a) Bestimmung des FeS

In 1 g der durch Extraktion vom elementaren Schwefel befreiten Masse wird der Sulfidschwefel nach den auf S. 651 beschriebenen Methoden ermittelt und auf FeS umgerechnet.

b) Bestimmung des FeS_2

1 g der durch Extraktion vom elementaren Schwefel befreiten Masse wird über Nacht mit 100 ml 2 n-Salzsäure stehengelassen. Nach dem Abfiltrieren und Auswaschen wird das Filter nebst Inhalt getrocknet und zum Entfernen noch etwa vorhandener geringer Reste elementaren Schwefels mit reinem Schwefelkohlenstoff behandelt. Filter nebst Rückstand werden zunächst mit Salpetersäure (1 + 1) gekocht, dann mit Salpetersäure abgeraucht. Mit Salzsäure (2 + 3) wird aufgenommen, das Eisen in bekannter Weise mit Ammoniak (0,91) gefällt und der Niederschlag nebst Rückstand abfiltriert. Im Filtrat nebst Waschwasser wird das Sulfation mit Bariumchlorid gefällt. $2 BaSO_4$ entsprechen $1 FeS_2$. Auswaage an $BaSO_4$ in $g \cdot 0{,}218 = g\ FeS_2$.

8. Die Bestimmung anderer Bestandteile

Arsen, Selen und andere Bestandteile können nach den bei der Untersuchung des elementaren Schwefels beschriebenen Verfahren bestimmt werden.

D. Untersuchungsverfahren bei der Gewinnung von Schwefel-Sauerstoff-Verbindungen

Die für die Gewinnung der Schwefel-Sauerstoff-Verbindungen, hauptsächlich der Schwefelsäure und schwefligen Säure, technisch verwertbaren Stoffe sind außer Gasreinigungsmasse und Schwefelbruch vor allem sulfidische Erze, wie Schwefelkies, sog. Kohlenkies, Kupferkies, Zinkblende, Bleiglanz u. a. Diese werden in Röstanlagen verschiedener Konstruktion abgeröstet. Der Schwefel verbrennt zu gasförmigem Schwefeldioxyd, und das abgeröstete Gut wird metallurgisch weiterverarbeitet. Die Röstgase werden zunächst von Flugstaub und schädlichen Bestandteilen, z. B. von Arsen und Fluor, gereinigt. Auf Schwefelsäure werden sie entweder nach dem Bleikammer- und Turmverfahren oder nach dem Kontaktverfahren verarbeitet. Bei ersterem wird eine technisch reine Säure von etwa 60° Bé (78% H_2SO_4) erzeugt, bei dem Kontaktverfahren eine Säure von 95 bis 98% H_2SO_4 bzw. rauchende Schwefelsäure mit einem Gehalt an freiem Schwefeltrioxyd. Die Röstgase sind ferner Ausgangsstoff zur Herstellung von verflüssigtem Schwefeldioxyd, welches z. B. mit Hilfe des Wasserdruck- oder des Sulfidinverfahrens isoliert und dann komprimiert wird. Man benutzt bei letzterem die Fähigkeit aromatischer Amine, z. B. des Toluidins bzw. des Xylidins, in einem Gemisch mit Wasser ein Vielfaches ihres Volumens an Schwefeldioxyd aufzunehmen und es beim Erhitzen wieder abzugeben. Um das bei einer Nebenreaktion entstehende Sulfat und Thiosulfat zu binden, wird in alkalischem Medium gearbeitet.

I. Die Bestimmung des Schwefels in sulfidischen Erzen und Abbränden

Nach der Probenahme bestimmt man die *Feuchtigkeit* in dem auf mindestens Erbsengröße zerkleinerten Material durch Trocknen von 100 bis 1000 g im Trockenschrank bei 100 bis maximal 105° bis zur Gewichtskonstanz. Je nach der Beschaffenheit der Erze und der Größe der Einwaage trocknet man einige Std. oder über Nacht.

Die Schwefelbestimmung kann nach einem Säureaufschluß oder oxydierenden Schmelzaufschluß gewichtsanalytisch oder nach Sintern oder Verbrennen maßanalytisch ausgeführt werden.

1. Verfahren durch Säureaufschluß

a) Schwefelkies

Grundlage. Bei den nachstehend genannten drei Bestimmungsverfahren erfolgt der Aufschluß des Probegutes durch Behandeln mit umgekehrtem Königswasser. Aus der Lösung wird bei dem Verfahren α) nach LUNGE-HINTZ-WEBER das Eisen durch Fällen mit Ammoniak abgetrennt und im Filtrat das Sulfation gewichtsanalytisch bestimmt. Im Analysengang β) nach GYZANDER und γ) nach der Benzidinmethode wird das Eisen nicht abgetrennt, sondern durch Hydroxylamin in die 2wertige Stufe übergeführt. Die Fällung des Sulfations wird durch Eisen(II)-salze nicht gestört.

Anwendungsbereich und Bedeutung. Bei allen drei Verfahren wird der Gesamtschwefel, auch der Gipsschwefel, mit Ausnahme des Barytschwefels erfaßt. Die Methode α) nach LUNGE, HINTZ und WEBER gilt als Schiedsverfahren.

Bemerkung. Neben der Schwefelbestimmung wird die Feuchtigkeit der analysenfeinen Probe durch 3stündiges Trocknen von 5 g bei 105° gesondert ermittelt und der Schwefelbefund auf trockenes Material umgerechnet. Ferner ist bei jedem Verfahren ein sog. Blindversuch mit allen im Analysengang vorkommenden Reagenzien unerläßlich. Das hierbei ermittelte Gewicht an Bariumsulfat muß abgezogen werden.

Genauigkeit. Bei α): 1; bei β): 1; bei γ): 2.

Dauer. Bei α): 2 bis 3 Tage; bei β): 1 bis 2 Tage; bei γ): 1 Tag.

α) *Gewichtsanalytische Bestimmung nach Lunge, Hintz, Weber Ausführungsart nach Fresenius*

Das Probematerial wird nach der für die Nässeermittlung erforderlichen Trocknung (105°) analysenfein gemahlen und ohne Nachtrocknen eingewogen. Für die Schwefelbestimmung wird eine gesonderte Feuchtigkeitsermittlung durchgeführt. Hierzu werden 5 g der Analysenprobe 3 Std. bei 100 bis maximal 105° in einem Wägegläschen getrocknet und danach im Exsiccator 20 min zur Abkühlung belassen. Dabei ist das Wägegläschen geschlossen zu halten. In gleicher Weise muß vorher bei der Ermittlung des Taragewichtes verfahren werden. Der Schwefelbefund wird auf getrocknete Substanz umgerechnet.

Zur Schwefelbestimmung werden 0,5 bzw. höchstens 0,55 g der nicht nachgetrockneten Substanz in einem trockenen Kölbchen ohne Umschütteln mit einer

Mischung von 5 ml Salzsäure (1,19) und 15 ml Salpetersäure (1,40) übergossen; beim Eintreten einer stärkeren Reaktion stellt man das Kölbchen in kaltes Wasser. Man läßt das Säuregemisch über Nacht bei Zimmertemperatur einwirken, erwärmt dann den Kolbeninhalt 1 Std. auf dem Wasserbad (einhängen!), spült ihn danach in eine Porzellanschale über und dampft ihn auf dem Wasserbad zur Trockne. Nach Zugeben von 5 ml Salzsäure (1,19) und etwas Wasser wird das Eindampfen wiederholt, dann das Salzgemisch sofort mit 1 ml Salzsäure (1,19) mittels einer Pipette befeuchtet und nach 5 min mit 80 ml heißem Wasser aufgenommen. Nach 30 min filtriert man die Lösung durch ein kleines Filter in das Aufschlußkölbchen und wäscht den Rückstand erst mit kaltem, dann mit heißem Wasser aus, bis das Filtrat ein Volumen von etwa 150 ml erreicht hat. Nach dem Erwärmen auf 70° wird das Filtrat mit 20 ml verdünntem Ammoniak (1 + 2) versetzt und 15 min auf einer warmen Eisenplatte unter öfterem Umschütteln bei 70° stehengelassen. Darauf filtriert man den Niederschlag ab, wäscht ihn mit heißem Wasser bis zu einem Filtratvolumen von 450 ml aus, neutralisiert das Filtrat mit Salzsäure (1,19) (Methylorange), gibt mit der Pipette 1 ml dieser Säure im Überschuß hinzu, erhitzt zum Sieden und versetzt mit kochender Bariumchloridlösung *in einem Guß* unter kräftigem Rühren. Die Bariumchloridlösung enthält 10 g wasserfreies Bariumchlorid (entsprechend 11,7 g $BaCl_2 \cdot 2H_2O$) in 100 ml Lösung; hiervon werden 24 ml mit Wasser auf 100 ml für die Fällung verdünnt. Nach der Fällung rührt man noch 1 bis 2 min kräftig um und läßt den Niederschlag über Nacht absitzen.

Der mit Ammoniak gefällte Eisenhydroxydniederschlag wird vom Filter in das Fällungsgefäß zurückgespritzt, in 3 ml Salzsäure (1,19) gelöst und nach dem Wiederausfällen mit Ammoniak, wie oben beschrieben, erneut abfiltriert. Das etwa 250 ml betragende Filtrat säuert man mit Salzsäure (1,19) schwach an und fällt darin wie oben die Reste an Sulfat mit 10 ml der verdünnten, oben genannten Bariumchloridlösung.

Der Bariumsulfatniederschlag wird 3mal mit jeweils 100 bis 150 ml heißem Wasser dekantiert und sodann ausgewaschen, bis Chlorid nicht mehr nachweisbar ist. Beim Abfiltrieren kommen beide Niederschläge auf das gleiche Filter, und zwar zuerst der Hauptniederschlag und dann die Nachfällung. Man verascht das Filter vorsichtig im Platintiegel und glüht den Niederschlag bei etwas gelüftetem Tiegeldeckel anfangs nur schwach, darauf stärker (schwache Dunkelrotglut). Nach Abkühlen im Exsiccator (20 min) wird ausgewogen.

β) *Gewichtsanalytische Bestimmung nach Gyzander*

0,5 g der in einem Achatmörser feingeriebenen und bei 100 bis maximal 105° getrockneten Probe werden in einer Porzellanschale mit 20 ml einer Mischung von 15 ml Salpetersäure (1,40) und 5 ml Salzsäure (1,19) übergossen. Nach Auflegen eines Uhrglases läßt man das Ganze über Nacht bei Zimmertemperatur stehen. Am nächsten Tag wird die Schale auf dem Wasserbad erwärmt, nach $^1/_4$ Std. das Uhrglas abgespritzt, entfernt und die Lösung zur Trockne gedampft. Nach dem Befeuchten der Salze mit je 5 ml Salzsäure (1,19) wiederholt man das Eindampfen 2mal, nimmt dann den Abdampfrückstand mit 1 ml Salzsäure (1,19) und 100 ml heißem Wasser auf und filtriert die Lösung durch ein doppeltes, quantitatives Filter in ein 500 ml-Becherglas; der Rückstand wird chlorfrei ausgewaschen.

Das auf 500 ml verdünnte Filtrat vom unlöslichen Rückstand wird nach Zusatz von 0,5 g schwefelfreiem Hydroxylaminchlorhydrat (auf Schwefelfreiheit zu prüfen) und 1,5 ml Methylorangelösung (0,1 g/100 ml) langsam zum Sieden erhitzt. Man fällt das Sulfation aus der zum Kochen erhitzten Lösung unter kräftigem Rühren in einem Guß mit siedendheißer Bariumchloridlösung [24 ml Bariumchloridlösung (s. unter α) mit Wasser auf 100 ml verdünnt]. Vgl. weiter Verfahren α).

γ) Maßanalytische Bestimmungsmethode mit Benzidin

0,5 g der Probe werden, wie bei α und β angegeben, mit sog. „umgekehrtem Königswasser“ aufgeschlossen. Man dampft die Lösung in einer Porzellanschale ab und wiederholt nach dem Befeuchten der Salze mit Salzsäure das Eindampfen noch 2mal. Schließlich nimmt man den Eindampfrückstand mit 1 ml Salzsäure (1,19) und 50 ml heißem Wasser auf und spült die Lösung, ohne sie zu filtrieren, in einen 750 ml-ERLENMEYER-Kolben über. Nach Zusatz von 10 ml Hydroxylaminchlorhydratlösung (200 g/l) wird sie erwärmt, bis sie farblos geworden ist, abgekühlt und auf ungefähr 400 ml verdünnt. Nun fällt man das Sulfation mit 100 ml einer nach F. RASCHIG hergestellten Benzidinlösung [40 g Benzidinbase werden in einer Reibschale mit wenig Wasser angeteigt und unter Zusatz von 50 ml Salzsäure (1,19) zum Liter aufgefüllt]. Man läßt die im Meßzylinder abgemessene Benzidinlösung mittels eines Tropftrichters oder einer Bürette im Zeitraum von 6 bis 7 min eintropfen, beginnt dann sofort auf einen mit einem Weißband- und darüber mit einem Blaubandfilter (Schleicher & Schüll) belegten BÜCHNER-Trichter von 8 cm Durchmesser abzufiltrieren und spült die Reste des Niederschlages unter Benutzung des Filtrates quantitativ auf das Filter. Nach kräftigem Absaugen wäscht man den Niederschlag 3mal mit je 3 bis 4 ml Wasser nach und saugt dabei jedesmal stark ab. Das Filter wird nun durch Einblasen von Luft etwas gelockert, mit einem Nickelspatel zusammengerollt und in einen 500 ml-ERLENMEYER-Kolben gebracht; den Trichter wischt man mit einem Stückchen feuchten Filterpapiers aus und gibt dieses ebenfalls in den Kolben. Der Kolbeninhalt wird mit 10 ml Wasser versetzt und nach dem Verschließen des Kolbens durch einen Gummistopfen zur gleichmäßigen Verteilung des Niederschlages kräftig geschüttelt. Darauf fügt man 250 ml kochendes Wasser sowie 3 bis 5 Tropfen Phenolphthaleinlösung hinzu und titriert mit n/2-Natronlauge bis zum Auftreten einer bleibenden Rotfärbung, wobei man zum Schluß nochmals zum Sieden erhitzt. (1 ml n/2-NaOH = 24,52 mg H_2SO_4 bzw. 8 mg S.)

Literatur. RASCHIG, F.: Z. angew. Chem. Bd. 16 (1903) S. 617 u. 818. — TREADWELL, F. P.: 11. Aufl., Bd. II (1946) S. 622. — GYZANDER: Chem. News Bd. 93 (1906) S. 213.

b) Kiesabbrand

Das nachstehende Verfahren dient zur Bestimmung des Gesamtschwefels, sofern keine Bariumverbindungen vorhanden sind. Kalksalze können unter Umständen ebenfalls zu Minderbefunden führen.

1 g des feingepulverten Abbrandes wird in einem 300 ml-ERLENMEYER-Kolben mit ungefähr 2 g gepulvertem Kaliumchlorat sowie mit 15 ml Salpetersäure (1,40) versetzt. Man läßt bei Raumtemperatur stehen, bis die erste heftige Reaktion vorüber ist, gibt dann 5 ml Salzsäure (1,19) hinzu und stellt den Kolben unter Auflegen eines Uhrglases für 1 Std. auf das Wasserbad. Darauf wird der Kolbeninhalt mit warmem Wasser in eine Porzellanschale (Durchmesser 150 mm) gespült und in etwa $1^1/_2$ Std. zur Trockne gedampft. Nach dem Durchfeuchten des Rückstandes mit 5 ml Salzsäure (1,19) und 20 ml Wasser wird das Eindampfen wiederholt. Dann werden die Salze mit 3 ml Salzsäure (1,19) sowie mit 50 bis 60 ml Wasser unter Erwärmen aufgenommen und die klar gewordene Lösung in ein 600 ml-Becherglas (hohe Form) filtriert. Der Rückstand wird mit heißem Wasser sorgfältig ausgewaschen und das 300 bis 400 ml betragende Filtrat zum Sieden erhitzt. Man fällt dann das Sulfat mit 10 ml Bariumchloridlösung (s. a. α), die man mit 30 ml Wasser verdünnt und zum Kochen gebracht hat, läßt die Fällung noch 15 min sieden und stellt sie dann beiseite. Nach etwa $^1/_2$ Std. wird der Niederschlag auf ein mit Filterschleim gedichtetes mittelweiches Filter abfiltriert. Zunächst

wird die überstehende Flüssigkeit durch das Filter gegossen, der Niederschlag mit 5 ml Salzsäure (1,19) durchgeschüttelt, 10 bis 15 ml heißes Wasser hinzugefügt und abermals geschüttelt. Man läßt das Bariumsulfat absitzen und bringt es nach dem Abgießen der Flüssigkeit mit heißem Wasser auf das Filter. Hier wird es mit etwa Salzsäure (1 + 3) und schließlich mit heißem Wasser ausgewaschen, bis es chloridfrei ist. Zum Veraschen und Glühen benutzt man zweckmäßig einen Quarztiegel.

Genauigkeit. 2.

Dauer. 6 Std.

c) Zinkerz und Röstblende

0,5 g sehr fein gepulverte Blende übergießt man in einem trockenen Gefäß mit einer Mischung von 5 ml Salzsäure (1,19) und 15 ml Salpetersäure (1,40), gibt einige Tropfen Brom oder etwas Kaliumchlorat hinzu und läßt das Ganze etwa 15 min bei Zimmertemperatur stehen. Zeigt sich nicht angegriffener Schwefel auf der Oberfläche der Lösung, so setzt man noch etwas rauchende Salpetersäure hinzu und erwärmt gelinde bis zur vollständigen Oxydation des Schwefels. Darauf wird die Lösung auf dem Wasserbad zur Trockne gedampft und das Eindampfen nach Zugabe von Salzsäure (1,19) wiederholt. Nach dem Aufnehmen mit 1 ml Salzsäure (1,19) und 100 ml heißem Wasser wird der Rückstand abfiltriert, mit heißem, salzsäurehaltigem Wasser ausgewaschen und das Filtrat ammoniakalisch gemacht. Die ausgefallenen Hydroxyde fällt man um, wäscht sie sorgfältig mit heißem Wasser aus, bringt das Filtrat durch Eindampfen bzw. Verdünnen auf ein Volumen von etwa 400 ml, neutralisiert es mit Salzsäure und gibt 1 ml Salzsäure (1,19) im Überschuß hinzu. Darauf wird das Sulfation in bekannter Weise als Bariumsulfat bestimmt. Der an Barium gebundene Schwefel wird bei dieser Methode nicht mitbestimmt.

(Bei Abwesenheit von Barium ist die *Genauigkeit:* 1; *Dauer:* 5 Std.)

Eine *raschere Bestimmung* in Röstblenden läßt sich *ohne Eisenfällung*, wie nachstehend beschrieben, ausführen. Dabei wird die Einwaage so gewählt, daß die Auswaage an Bariumsulfat durch Multiplizieren mit 10 den Prozentgehalt an Schwefel ergibt. — Der Eisengehalt darf nur niedrig sein.

1,373 g Röstblende werden in einem trockenen Kölbchen mit 25 ml einer Mischung von 20 ml Salpetersäure (1,40) und 5 ml Salzsäure (1,19) unter Zusatz von etwas Brom anfangs in der Kälte, später unter allmählichem Erwärmen bis zum völligen Aufschluß behandelt. Man gibt dann etwas Natriumchlorid hinzu und dampft die Lösung auf dem Sandbad zur Trockne. Nach 2maligem Eindampfen mit Salzsäure nimmt man den trockenen Rückstand mit 5 ml Salzsäure (1,19) und 100 ml heißem Wasser auf, läßt die Lösung kurz aufkochen, filtriert sie sofort und wäscht das Ungelöste mit salzsäurehaltigem, heißem Wasser aus. Das 300 bis 400 ml betragende Filtrat wird aufgekocht und mit einer kochend heißen Bariumchloridlösung [10 ml Bariumchloridlösung (s. a. α) + 90 ml Wasser] versetzt. Weitere Behandlung nach D. I. 1.α).

0,1 g Bariumsulfat entsprechen dann 1% Schwefel. Ein Blindversuch ist nötig.

Genauigkeit. 2.

Dauer. 3 bis 4 Std. für die Einzelbestimmung, etwa 5 Std. für eine Reihe von 10 Bestimmungen.

d) Bleierz

Bei Bleikonzentraten und sonstigen stark bleihaltigen Produkten ist für die Schwefelbestimmung ein Aufschluß mit Säuren nicht angebracht; man verwendet daher einen alkalischen Schmelzaufschluß (s. weiter unten bei 2d, S. 640).

2. Oxydierender Schmelzaufschluß

Durch Schmelzen der Probe mit einem Gemisch von Natriumcarbonat und Natriumperoxyd werden sämtliche Schwefelverbindungen in Natriumsulfat übergeführt. Beim Aufnehmen der Schmelze mit Wasser geht dieses in Lösung und kann im Filtrat durch Ausfällen mit Bariumchlorid bestimmt werden. Das Verfahren, bei dem im übrigen auch der als Baryt und Gips gebundene Schwefel erfaßt wird, kann bei Erzen, Kiesen, Abbränden und sonstigen Röstprodukten zur Anwendung kommen.

a) Schwefelkies und Kiesabbrand (gewichtsanalytisch)

Die Einwaage beträgt bei Kiesen 0,625 g, bei Abbränden 1,25 g. Man schmilzt die feingepulverte Probe in einem Nickel- oder Eisentiegel mit der 5fachen Menge eines Gemisches, das zur Hälfte aus Natriumcarbonat, zur anderen aus Natriumperoxyd besteht, bis zum ruhigen Fluß und zersetzt die abgekühlte Schmelze mit etwa 200 ml Wasser. Nach dem Entfernen des sorgfältig abgespritzten Tiegels wird das Ganze in einen 250 ml-Meßkolben übergespült und der Kolbeninhalt mit Wasser zur Marke aufgefüllt. Man filtriert, entnimmt dem Filtrat 200 ml (= 0,5 bzw. 1 g Einwaage), säuert die Abmessung mit Salzsäure an und fällt das Sulfation in bekannter Weise mit Bariumchloridlösung [s. D. I. 1. a) α)]. Es empfiehlt sich, bei siliciumdioxydreichen Erzen das erhaltene Bariumsulfat zum Entfernen von etwa mitausgefallenem Siliciumdioxyd mit Fluß- und Schwefelsäure abzurauchen.

Eine *andere Ausführungsform* der Bestimmung, die hauptsächlich bei Abbränden zur Anwendung kommt, ist folgende:

Man mischt sorgfältig in einem schmiedeeisernen Tiegel (sog. Dillinger Tiegel) 1 g Abbrand mit etwa 5 bis 6 g Natriumperoxyd, bedeckt das Gemisch mit einer dünnen Schicht des Peroxyds, erwärmt den Tiegelinhalt zunächst über kleiner Flamme, erhitzt dann stärker und bringt ihn unter Umschwenken in gleichmäßigen Fluß. Nach dem Abkühlen wird die Schmelze in einem mit 100 ml kaltem Wasser beschickten 600 ml-Becherglas unter Auflegen eines Uhrglases zersetzt, der Tiegel mit Salzsäure und Wasser gereinigt, dann entfernt und die Schmelzlösung mit 30 ml Salzsäure (1,19) versetzt. Dann bringt man die Lösung in einen 500 ml-Meßkolben, gibt 50 ml Ammoniak (0,91) hinzu, füllt nach dem Abkühlen den Kolbeninhalt zur Marke auf, filtriert davon 250 ml durch ein Faltenfilter in einen Meßkolben gleichen Inhaltes ab und gießt die Abmessung unter Nachspülen des Kolbens in ein 600 ml-Becherglas. Man neutralisiert sie nunmehr mit Salzsäure (Methylorange), setzt 1 ml Salzsäure (1,19) im Überschuß hinzu und fällt in der Lösung das Sulfation mit Bariumchloridlösung [s. D. I. 1. a) α)].

Von etwa mit abgeschiedenem Siliciumdioxyd muß der Niederschlag durch Abrauchen mit Fluß- und Schwefelsäure befreit werden.

Genauigkeit. 2.

Dauer. Etwa 3 Std.

b) Zinkerz und Röstblende (gewichtsanalytisch)

1 g Material wird in einem Eisentiegel mit 2,5 g Natriumcarbonat (wasserfrei) und 2,5 g Natriumperoxyd gemischt; die Mischung wird erst vorsichtig erhitzt und nach der Oxydation des Schwefels mit voller Flamme geschmolzen. Dann laugt man die Schmelze mit Wasser aus und spült nach der Reinigung und dem Entfernen des Tiegels das Ganze in einen 500 ml-Meßkolben über. Enthält das Erz nennenswerte Mengen von Blei, so leitet man kurze Zeit Kohlendioxyd in die Aufschlußlösung. Darauf kühlt man den Kolbeninhalt ab, füllt zur Marke auf und filtriert durch ein Faltenfilter. 250 ml des Filtrats werden in ein Becherglas gebracht, vorsichtig mit Salzsäure angesäuert und gekocht. Von ausgeflocktem

Siliciumdioxyd muß abfiltriert werden. Sodann fällt man in der heißen Lösung das Sulfation mit Bariumchloridlösung [s. D. I. 1. a) α)].

Genauigkeit. 2.

Dauer. 2 bis 3 Std.

Fehlerquellen. Da nach diesem Verfahren das Siliciumdioxyd vorher nicht quantitativ abgeschieden wird, können sich kleine Mengen beim Bariumsulfat befinden. Man raucht daher das Bariumsulfat vor der Wägung zur Sicherheit noch mit Fluß- und Schwefelsäure ab und wägt dann aus.

c) Maßanalytische Schnellbestimmung in Schwefelkiesen, Kiesabbränden, Röstblenden und Flugaschen nach E. Eberius und E. Jahn

Grundlage. Die Probe wird mit Natriumperoxyd im Schmelzfluß aufgeschlossen. Nach Auflösen der Schmelze in Wasser wird das Sulfat mit Hydroxylamin enthaltender Benzidinhydrochloridlösung gefällt. Der Niederschlag wird mit 30proz. Methanol gewaschen und mit n/10-Natronlauge titriert.

Ausführung. a) *Kiese.* 0,5 g der analysenfein gemahlenen Probe werden in einem Eisentiegel von 35 mm Durchmesser und 35 mm Höhe sorgfältig mit 15 g Natriumperoxyd gemischt. Das Gemisch wird mit 5 g Natriumperoxyd bedeckt, allmählich geschmolzen und vorsichtig auf helle Rotglut gebracht. Nach dem Abschrecken wird der Tiegelinhalt in einem 500 ml-Becherglas in 200 ml Wasser gelöst, wobei das Becherglas wegen des lebhaften Kochens der Flüssigkeit mit einem Uhrglas bedeckt wird. Nach dem Abklingen der Reaktion wird der Tiegel herausgenommen und nebst dem Uhrglas in das Becherglas abgespritzt. Die Lösung wird in einem 500 ml-Meßkolben auf Zimmertemperatur abgekühlt, zur Marke aufgefüllt und gut durchgeschüttelt. Nach dem rasch erfolgenden Absitzen des Eisen(III)-hydroxyds werden von der überstehenden, nur noch schwach getrübten Flüssigkeit 100 ml = 0,1 g Einwaage in einen 300 ml-Erlenmeyer-Kolben abpipettiert. Wahlweise kann man auch die Lösung durch ein trockenes Faltenfilter in einen trockenen Kolben filtrieren und dem Filtrat 100 ml entnehmen. Beide Operationen benötigen etwa die gleiche Zeit.

Nach Zugabe von 2 Tropfen Phenolphthaleinlösung (0,1 g/100 ml) wird bis zum Verschwinden der Rotfärbung vorsichtig Salzsäure (2 + 3) zugegeben. Dann läßt man 50 ml der unten angegebenen Benzidinlösung zulaufen, schüttelt gut durch und läßt 10 min stehen, währenddem das Benzidinsulfat ausfällt und sich absetzt. Der Niederschlag wird durch ein glattes Filter dekantiert, quantitativ mit 30proz. Methanol auf das Filter gebracht, 2mal unter Aufwirbeln mit obigem Methanol gewaschen und dann vom Filter mit wenig Methanol in den Fällungskolben zurückgespritzt. Mit Wasser wird auf 150 ml verdünnt, dann zum beginnenden Sieden erhitzt, 5 Tropfen Phenolphthaleinlösung zugegeben und heiß mit n/10-Natronlauge titriert. 1 ml n/10-Natronlauge entspricht 1,603 mg Schwefel.

b) *Abbrände, Röstblenden, Flugstäube.* Die Ausführung ist im Prinzip die gleiche wie unter a). Die Einwaage beträgt 2,5 g, von der Gesamtauffüllung auf 500 ml werden 100 ml (= 0,5 g Einwaage) abgenommen. Wegen des geringeren Schwefelgehaltes werden nur 25 ml Benzidinlösung zugegeben.

Die Analysendauer beträgt 60 min für eine Analyse, 90 bis 120 min für eine Serie von 6 Analysen.

Genauigkeit. Die Werte sind maximal um etwa $\pm 0{,}4$ mg Schwefel unsicher.

Herstellen der Benzidinlösung. a) *Aus Benzidin.* 18,4 g Benzidin p. a. werden in einem 750 ml-Erlenmeyer-Kolben in 500 ml Wasser aufgeschlämmt und mit 50 ml Salzsäure (2 + 3) unter gelindem Erwärmen gelöst. Ferner löst man 10 g Hydroxylaminhydrochlorid in 200 ml Wasser. Sollten die Lösungen getrübt sein, so filtriert man sie nacheinander durch das gleiche Faltenfilter in einen 1 l-Meßkolben, füllt bis zur Marke auf und schüttelt gut durch. Die Lösung ist sofort gebrauchsfertig und in einer braunen Flasche etwa 1 Monat haltbar.

b) *Aus wiedergewonnenem Benzidinhydrochlorid.* 25,7 g Benzidinhydrochlorid werden in einem 750 ml-ERLENMEYER-Kolben mit 500 ml Wasser aufgeschlämmt und mit 10 ml Salzsäure (2 + 3) gelöst. Dieser Lösung werden 10 g Hydroxylaminhydrochlorid in 200 ml Wasser zugesetzt. Man verfährt weiter wie unter a).

Sammeln und Aufarbeiten der Benzidinrückstände: Beschreibung dieser das Verfahren verbilligenden Manipulation in der Literatur.

Literatur. EBERIUS, E., u. E. JAHN: Z. analyt. Chem. 145 (1955) S. 81.

d) Bleierz

1,5 oder 2 g Probematerial werden in einem Nickel- oder Eisentiegel mit etwa der 5fachen Menge einer Mischung gleicher Teile Natriumcarbonat und Natriumperoxyd geschmolzen. Die Schmelze laugt man mit 250 ml Wasser aus und leitet in die Lösung Kohlendioxyd ein, um das Blei und Zink als Carbonat abzuscheiden. Nach dem Abspritzen des Tiegels mit Wasser werden Lösung und Rückstand in einen 500 ml-Meßkolben übergespült. Nachdem man den Kolbeninhalt mit Wasser zur Marke aufgefüllt hat, filtriert man, entnimmt dem Filtrat 400 ml, säuert die Abmessung mit Salzsäure an, kocht sie zum Vertreiben des Kohlendioxyds einige Zeit und dampft dann auf ein Volumen von ungefähr 200 ml ein. Darauf wird mit Ammoniak neutralisiert, mit 1 bis 2 ml Salzsäure (1,19) angesäuert und kochend mit siedendheißer Bariumchloridlösung versetzt [vgl. D. I. 1. a) α)].

Da das Bariumsulfat noch Blei und Siliciumdioxyd enthalten kann, wird es in einem Nickel- oder Eisentiegel mit Natrium-Kaliumcarbonat geschmolzen und die Schmelze nach Abschrecken mit Wasser ausgelaugt. Man filtriert den Carbonatniederschlag ab, säuert das Filtrat mit Salzsäure an, verjagt das Kohlendioxyd durch Kochen, neutralisiert die Lösung mit Ammoniak, säuert sie mit 1 bis 2 ml Salzsäure (1,19) wieder an und fällt das Sulfation erneut mit Bariumchloridlösung. Bei stark siliciumdioxydhaltigen Erzen empfiehlt es sich, das ausgewogene Bariumsulfat mit Fluß- und Schwefelsäure zu behandeln, um etwa vorhandenes Siliciumdioxyd zu entfernen.

3. Verfahren durch Sintern mit Natriumhydrogencarbonat

Grundlage. Die feingepulverte Probe wird unter Zugabe von Kaliumchlorat mit einer genau gewogenen Menge Natriumhydrogencarbonat maßanalytisch bekannten Gehaltes gemischt und mäßig bis zum Sintern, jedoch nicht Schmelzen der Masse — sie muß porös bleiben — erhitzt. Dabei wird der Schwefel zu Sulfat oxydiert und eine seinem Gehalt entsprechende Menge des Hydrogencarbonats verbraucht. Den noch verbliebenen Rest des letzteren stellt man durch Titrieren mit 1 n-Salzsäure fest und kann dann die Menge des vorhandenen Schwefels berechnen.

Anwendungsbereich und Bedeutung. Die Methode ist vornehmlich für die rasche Schwefelbestimmung in zinkhaltigen Abbränden in Gebrauch und besonders für Reihenbestimmungen geeignet. Bis zu Gehalten von 8% Schwefel werden zuverlässige Werte erhalten, darüber hinaus ist eine Änderung der Mischung erforderlich (s. unten: Bemerkung). Auch kupferhaltige Abbrände lassen sich nach diesem Verfahren analysieren. Auf Materialien, bei denen ein Teil des Gesamtschwefels als Alkalisulfat vorliegt, wie dies z. B. bei Abbränden von Gasreinigungsmassen möglich ist, kann das Verfahren nicht angewandt werden, desgleichen nicht bei Proben mit einem Gehalt an Alkalisulfiden. Für die Analyse von Schwefelkies und Zinkblende ist der Sinteraufschluß unter gewissen Bedingungen zwar durchführbar, aber nicht gebräuchlich; dies gilt auch für Röstblende.

Genauigkeit. 2.

Dauer. $1^1/_2$ Std. für die Einzelbestimmung, 3 Std. für eine Reihe von 10 Bestimmungen.

Ausführung. Um zuverlässige Werte zu erhalten, ist neben der genauesten Einhaltung der Vorschrift die Verwendung gleich großer Eisentiegel erforderlich. Bewährt haben sich Tiegel von 45 mm Höhe, 50 mm äußerem, oberen, 42 mm äußerem, unteren Durchmesser und 2 mm Wandstärke. Man mischt in diesem Eisentiegel genau 2 g Natriumhydrogencarbonat von maßanalytisch mit 1 n-Salzsäure ermitteltem Gehalt mit Hilfe eines vorn abgeplatteten Glasstabes innigst mit 1,603 g Abbrand und mit etwa 2 g im Porzellanmörser fein zerriebenem Kaliumchlorat, erhitzt die Mischung 30 min über einer 3 bis 4 cm hohen Flamme, deren Spitze noch 2 bis 3 cm vom Tiegelboden entfernt ist, bis die Schmelze trocken geworden ist, darauf weitere 20 min mit größerer Flamme, deren Spitze bis eben zum Boden des Tiegels reicht, und schließlich 10 min mit stärkerer Flamme, so daß der Tiegelboden deutlich rotglühend wird, der Tiegelinhalt jedoch nicht schmilzt, sondern nur sintert. Der Tiegel muß während des Erhitzens bedeckt sein, es darf nicht umgerührt werden, da sonst das entweichende Kohlendioxyd zu Verlusten durch Verstäubung führen könnte. Dann wird der Tiegelinhalt mit heißem Wasser in ein Becherglas gespült. Man wäscht mit Wasser nach, kocht die Lösung 10 min, filtriert das Ungelöste auf ein Filter, z. B. Nr. 590 von Schleicher & Schüll, ab und wäscht es mit Wasser bis zum Verschwinden der alkalischen Reaktion aus. Sollte zu befürchten sein, daß beim Filtrieren etwas Eisenoxyd durch das Filter läuft, so kann man dies dadurch verhindern, daß man vor dem Aufkochen 25 ml konz. neutrale, magnesiumchloridfreie Natriumchloridlösung hinzusetzt und mit kochsalzhaltigem Wasser auswäscht. Das Filtrat wird abgekühlt und mit 1 n-Salzsäure unter Anwendung von Methylorange als Indicator titriert.

1 ml 1 n-Salzsäure entspricht 0,01603 g = 1% Schwefel.

Angenommen, die verwendeten 2 g Natriumhydrogencarbonat entsprächen einem Verbrauch von 23,81 ml 1 n-Salzsäure und es würden bei der Rücktitration 20 ml 1 n-Salzsäure verbraucht werden, so würde der Gehalt der Probe an Schwefel 3,81% betragen.

Bemerkung. Bei *hochschwefelhaltigen Abbränden* (über 8%) wird, falls sich bei der geschilderten Ausführung Schwierigkeiten ergeben sollten, eine Mischung von 1,603 g Abbrand, 2,0 g Natriumhydrogencarbonat, 4 g Kaliumchlorat und 2 g schwefelfreiem Eisen(III)-oxyd angesetzt, um vollständige Oxydation zu erzielen und ein Schmelzen zu verhüten; im übrigen verfährt man, wie oben beschrieben.

Auch bei der Analyse von *Zinkblende* gibt das Verfahren hinreichend genaue Werte, falls der Schwefel vollkommen oxydiert wird. Man wählt dafür folgende Zusammensetzung der Mischung: 0,3206 g Blende, 2,0 g Natriumhydrogencarbonat, 2 g Kaliumchlorat, 2 g schwefelfreies Eisen(III)-oxyd; es wird unter den gleichen Bedingungen wie oben erhitzt. Ebenso kann man bei *Schwefelkies* verfahren.

Fehlerquellen. Die Werte liegen meist um etwa 0,2% tiefer als die beim oxydierenden Schmelzaufschluß mit Alkali ermittelten.

Literatur. Lunge, G., u. R. Stierlin: Z. angew. Chem. Bd. 19 (1906) S. 21. — Watson: J. Soc. chem. Ind. Bd. 7 (1888) S. 305. — Lunge, G.: Z. angew. Chem. Bd. 5 (1892) S. 447.

4. Verbrennungsverfahren

Für die Ermittlung des Schwefelgehaltes durch Verbrennen sind im Schrifttum zahlreiche Anregungen, Vorschläge und Vorschriften zu finden (vgl. die Literaturzusammenstellung am Schluß des Abschnittes, S. 651). Der Vorteil der Verbrennungsverfahren besteht darin, daß man in viel kürzerer Zeit als bei den nassen Methoden zum Ziel gelangt, da das Verbrennen rasch vonstatten geht und der Schwefel in der Vorlage maßanalytisch bestimmt werden kann. Aus der Vielzahl der entwickelten Verfahren haben sich hauptsächlich 2 Ausführungsformen herausgebildet: einmal das Verbrennen im Quarzrohr in Anlehnung an die von W. GROTE und H. KREKELER für organische Substanzen entwickelten Methoden und zweitens die Verfahrenstechnik nach C. HOLTHAUS und A. SEUTHE, ausgehend von der Schwefelbestimmung im Eisen und Stahl unter Verwendung eines Porzellanrohres.

Grundlage. Allen Verfahren gemeinsam ist das Verbrennen der Substanz im Sauerstoff- bzw. Luftstrom. Die den Schwefel hauptsächlich als Dioxyd und nur unbeträchtlich als Trioxyd mit sich führenden Verbrennungsgase werden durch eine alkalische, meist aber durch eine neutrale 1proz. Wasserstoffperoxydlösung geleitet. Die Absorptionsgefäße sind aus den Abbildungen zu ersehen. Das Gas wird entweder mittels einer Wasserstrahlpumpe bei bestimmter Geschwindigkeit in die Vorlage gesaugt oder durch komprimierten Sauerstoff hineingedrückt. Das Titrieren der gebildeten Schwefelsäure erfolgt acidimetrisch mit Farbindicator oder durch elektrometrische Indication mit eingestellter Natronlauge (s. Literatur-Nr. 7), neuerdings auch amperometrisch (s. Literatur-Nr. 20). Bei fluorhaltigen Produkten läßt sich die Bestimmung nur jodometrisch durchführen (s. Literatur-Nr. 7).

Zum Erfassen des Gesamtschwefels, z. B. in Schwefelkiesen oder Zinkerzen, werden mitunter sehr hohe Temperaturen benötigt (1250 bis 1400°). In besonderen Fällen sind Zuschläge von Elektrolyteisen dabei dienlich. Die völlige Zersetzung von Erdalkali- und Alkalisulfaten kann durch Zumischen von Eisen(III)-phosphat im Verhältnis von 1:4 und Bedecken der Mischung mit einer Phosphatschicht erreicht werden (s. Literatur-Nr. 16). Führt man die Verbrennung bei Temperaturen von 1150 bis 1250° durch, so erhält man Werte, die im allgemeinen denen der nassen Konventionsmethode nach LUNGE, HINTZ, WEBER entsprechen (vgl. S. 634 und Literatur-Nr. 13). Es wird dabei der Gesamtschwefel mit Ausnahme des Barytschwefels erfaßt; dagegen zersetzt sich Calciumsulfat bei diesen Temperaturen; Zuschläge sind nicht erforderlich. Für die Ermittlung des sog. abröstbaren, d. h. verwertbaren Schwefels genügt ein Verbrennen im Luftstrom bei einer meist angewandten Temperatur von 950° oder einer den Betriebsverhältnissen entsprechend angepaßten, z. B. 800 bis 900° wie in Etagenröstöfen. Baryt- und Gipsschwefel bleiben dabei im allgemeinen unzersetzt, während der als Sulfid sowie der an Eisen, Aluminium, Kupfer, Mangan, Zink und größtenteils auch an Blei als Sulfat gebundene Schwefel erfaßt wird. Bei Abwesenheit von Baryt- und Gipsschwefel oder solcher Stoffe, bei denen sich beim Verbrennen Sulfate bilden können, ist auch nach dieser Methode eine gute Übereinstimmung mit dem erwähnten Konventionsverfahren erreichbar.

Anwendungsbereich und Bedeutung. Die Kenntnis des Gehaltes an Gesamtschwefel in hochprozentigen sulfidischen Erzen, besonders in Schwefelkiesen, ist für die Säureindustrie von nur geringem Belang, so daß Analysen durch Verbrennen bei 1300 bis 1400° kaum benötigt werden. Dagegen ist die Verbrennung bei 1150 bis 1250° um so wichtiger, weil die gute Übereinstimmung ihrer Ergebnisse mit denen der nassen Konventionsmethode nach LUNGE, HINTZ, WEBER rasche Betriebskontrollen ermöglicht. Von diesem Verfahren wird in der Erzaufbereitung Gebrauch gemacht, wenn es gilt, eine Vielzahl von Produkten mit recht unterschiedlichen Schwefelgehalten in rascher Folge zu analysieren. So hat z. B. die Sachtleben AG., Meggen (Lenne), dieses Verfahren mit der Abwandlung eingeführt, daß sie die Verbrennungstemperatur auf 1000° herabsetzt und die dadurch eintretenden Minderbefunde mit Hilfe eines Umrechnungsfaktors ausgleicht. Dieser ergibt sich durch Verbrennen von Kiesen mit einem nach der Konventionsmethode ermittelten Schwefelgehalt und entsprechender Titerberechnung der zum Titrieren benutzten Lauge. Ein weiteres Anwendungsgebiet hat ferner die Verbrennung bei 1200° für die Bestimmung des Schwefelgehaltes in Kiesabbränden und sonstigen

Röstprodukten. Hier gelang es, ausgehend vom SEUTHE-Verfahren, eine sehr brauchbare Schnellmethode zu entwickeln.

Die Bestimmung des sog. abröstbaren Schwefels bei 950° ist ebenfalls von größter Wichtigkeit, gibt sie doch leicht und schnell zuverlässigen Aufschluß, welche Schwefelmenge nutzbar gemacht werden kann. Der abröstbare Schwefel läßt sich zweckmäßig nach SENF-SCHÖBERL unter Verwendung einer vereinfachten GROTE-KREKELER-Apparatur bestimmen; doch kann man auch im Porzellanrohr nach A. SEUTHE in der für Kiesabbrände abgewandelten Form verbrennen, indem man die Glühtemperatur von 1200 auf 950° bzw. auf die in dem zu untersuchenden Röstofen herrschende Temperatur herabsetzt.

Genauigkeit. 2 bei sämtlichen Methoden.

Dauer. Sie beträgt je nach der Ausführungsart 10 min bis 1 Std.

Ausführung.

a) Verbrennen bei 1150 bis 1250°

α) *In der Grote-Krekeler-Apparatur nach B. Wurzschmitt und W. Zimmermann* (s. Literatur-Nr. 8 und 13)

Das Verfahren findet Anwendung bei Materialien mit beliebigem Schwefelgehalt. Man benutzt dabei die von W. GROTE und H. KREKELER entwickelte, in den angegebenen Literaturstellen eingehend beschriebene Apparatur. Sie besteht aus einem 500 mm langen und im Lichten 17 mm weiten Quarzrohr, das mit drei eingeschmolzenen Einsätzen versehen ist, einer durchlochten Klarquarzplatte und 2 Quarzfilterplatten. Die mit einer Schliffverbindung anzuschließende Absorptionsvorlage enthält eine dicke, feinporige Glasfilterplatte; unter ihr ist der Raum kugelförmig erweitert, zum Teil mit Glaskugeln gefüllt und besitzt unten einen Ablaßhahn; der Raum darüber ist zylindrisch und zu etwa 2 Dritteln mit Kugeln gefüllt. Am Gasaustritt wird mittels Schliffverbindung ein Tropfenfänger aufgesetzt und daran die Wasserstrahlpumpe angeschlossen. Für Substanzen mit hohem Schwefelgehalt, z. B. für Schwefelkiese, wird eine Absorptionsvorlage aus Quarz mit einer Füllung von kurzen Quarzstäbchen empfohlen, die 7 bis 8 mm lang und 6 bis 7 mm dick sind; bei niedrigen Schwefelgehalten genügt Duranglas.

Etwa 1 bis 1,5 g feinstgepulverter Schwefelkies oder bis zu 5 g Abbrand werden in ein Porzellanschiffchen eingewogen und mit ihm in das Verbrennungsrohr gebracht. In die Quarzglasvorlage gibt man 50 ml 1n-Natronlauge sowie 10 ml 20proz., gegen Methylorange neutralisierte Wasserstoffperoxydlösung unter Verteilung des Gemisches etwa je zur Hälfte in den oberen und unteren Teil. Sobald die Apparatur zusammengesetzt ist, erhitzt man unter langsamem Durchleiten von Sauerstoff zuerst die Verbrennungszone und dann die Probe, indem man ein schon vorher zur Rotglut erhitztes zweites Röhrenöfchen im Laufe von etwa 20 min über das Schiffchen mit der Probe schiebt (Temperatur 1100 bis 1250°). Zum Schluß vertreibt man die noch in der Apparatur zwischen der Klarquarzplatte und der ersten Frittenplatte und vor allem zwischen den beiden Frittenplatten und dem Schliff an der Quarzoberfläche befindliche Schwefelsäurehaut durch Fächeln mit einer kräftigen Brennerflamme oder Überschieben des Röhrenofens, was bei dem nur mit Wasser gedichteten Quarzschliff gefahrlos geschehen kann. Der Sauerstoff aus der Bombe wird mittels Durchleiten durch eine Waschflasche mit Kalilauge (550 g/l) und eine trockne, mit Glaswolle gefüllte Waschflasche gereinigt. Die Rücktitration der vorgelegten 1n-Natronlauge erfolgt mit 1n-Salzsäure bei Verwendung von Methylorange als Indicator.

Wie aus dem veröffentlichten Zahlenmaterial hervorgeht, stört Arsen nicht, da nur Spuren davon in die Absorptionsflüssigkeit übergehen; sollten in seltenen Fällen doch größere Mengen vorhanden sein, so wird man die Schwefelsäure zweckmäßig gewichtsanalytisch bestimmen. Im übrigen entsprechen die durch Verbrennung erhaltenen Werte denen nach der Konventionsmethode Lunge-Hintz-Weber. Man kann mit gleich guten Ergebnissen die Verbrennungsdämpfe anstatt in alkalischem Medium auch in verdünnter Wasserstoffperoxydlösung absorbieren und die entstandene Schwefelsäure mit 1n-Natronlauge titrieren.

β) In der Seuthe-Apparatur in Anlehnung an A. Seuthe

Schwefelkiese (Literatur-Nr. 11 und 12): Die Versuchseinrichtung besteht im wesentlichen aus einer Sauerstoffflasche mit Reduzierventil, einer Waschflasche mit Schwefelsäure (1,84), einem etwa 22 cm langen, elektrisch beheizten Ofen mit Porzellanrohr und einem Absorptionsgefäß von 175 ml Inhalt mit einem Aufsatz, 40 ml fassend (s. Abb. 35, 36). Zur Temperaturkontrolle dient ein Platin-Platinrhodium-Thermoelement, das mit einem Millivoltmeter verbunden ist. Die Temperatureinstellung erfolgt mittels eines Regulierwiderstandes. An Stelle des üblichen geraden Porzellanrohres von 18 mm lichter Weite und 500 mm Länge wird für Proben mit höheren Schwefelgehalten ein Sonderrohr gleicher Abmessung mit Spülstützen und geneigtem Rohrende verwendet (vgl. Abb. 37). Dadurch ist die Möglichkeit gegeben, das Rohrende zu spülen, ohne daß nach jeder Verbrennung das Absorptionsgefäß abgenommen werden muß. Die Verbindung von Rohr und Absorptionsgefäß erfolgt in der Weise, daß das Gaszuleitungsrohr erweitert und über beide Teile ein Stück Gummischlauch, dicht sitzend, gezogen wird. Der Spülstutzen wird mit einem vollen, das andere Ende des Porzellanrohres mit einem einfach durchbohrten Gummistopfen verschlossen, der die aus der Abbildung ersichtliche Schiffcheneinführung trägt. Diese besteht im wesentlichen aus einem T-Stück, dessen senkrechter Schenkel über die Waschflaschen mit der Sauerstoffbombe verbunden ist, während durch den waagerechten ein beiderseits zugeschmolzenes Quarzrohr von etwa 5 mm Durchmesser und 320 mm Länge eingeführt ist; das innerhalb des Ofens befindliche Ende ist abgeplattet. Gegen das T-Stück ist der Quarzstab durch ein übergezogenes Stück Gummischlauch gut abgedichtet, aber trotzdem leicht beweglich. Das Absorptionsgefäß wird mit 50 ml und der Aufsatz mit 20 ml 1proz. Wasserstoffperoxydlösung (aus Perhydrol verdünnt) beschickt.

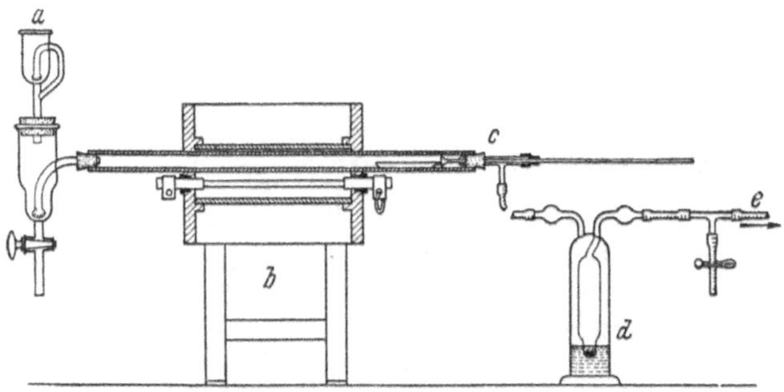

Abb. 35. Seuthe-Apparatur für die Schwefelbestimmung

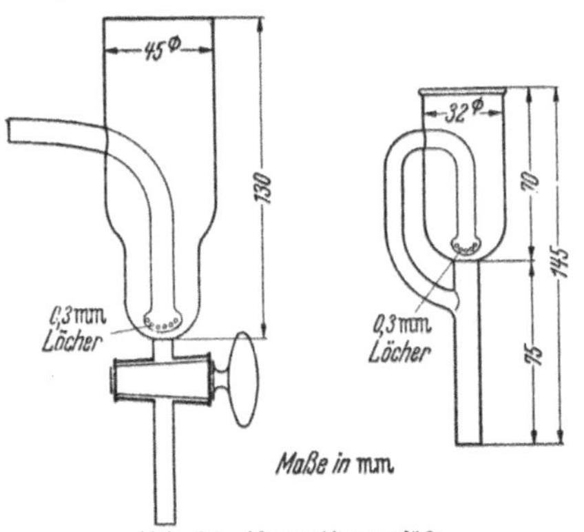

Abb. 36. Absorptionsgefäße

Dann bringt man das Verbrennungsschiffchen mit 0,2 g der Probe in den kalten, äußeren Teil des in der Glühzone auf 1200° aufgeheizten Porzellanrohres, schiebt es nach dem Aufsetzen der Verschlußeinrichtung etwa 5 bis 6 cm tief ein und leitet einen lebhaften Sauerstoffstrom durch die Apparatur. Sobald die in der Vorlage auftretenden Nebel verschwunden sind, wird das Schiffchen um 5 cm vorgeschoben, nach dem Verschwinden der neuerdings entstehenden Nebel in die Glühzone gerückt und dort 10 bis 15 min belassen. Tritt in der Vorlage nur noch klares

Gas auf, so ist das Verbrennen beendet. Darauf titriert man unter weiterem Durchleiten von Sauerstoff zunächst den Inhalt des Aufsatzes und anschließend den des Absorptionsgefäßes mit n/10-Natronlauge unter Zusatz einiger Tropfen Methylrot (0,15 g in 100 ml Äthanol). Ist der Umschlagspunkt erreicht, so entfernt man, ohne den Sauerstoffstrom abzustellen, den Gummistopfen vom Spülstutzen des Porzellanrohres, wäscht das Rohrende mit kohlendioxydfreiem, Wasser aus und titriert nach dem Verschließen des Spülstutzens die Lösung zu Ende.

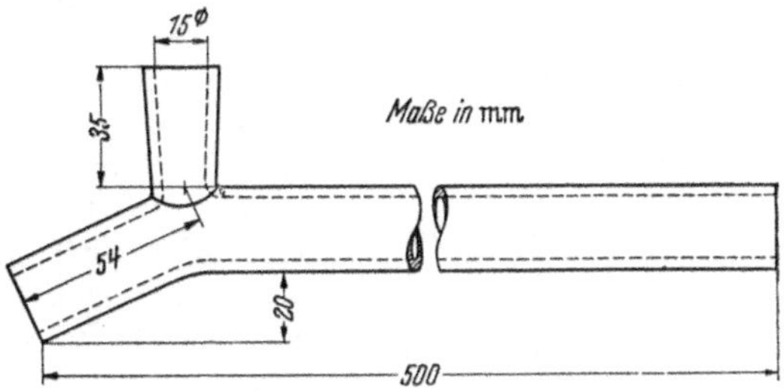

Abb. 37. Sonderrohr mit Spülstutzen

Kiesabbrand und andere Röstprodukte (Schnellmethode): Man kann dabei *2 Verfahren* anwenden, von denen das eine mit Sauerstoff, das andere mit Luft arbeitet. Bei *ersterem* (s. Literatur-Nr. 11 und 12) wird dieselbe Apparatur benutzt wie oben, jedoch unter Verwendung eines geraden, am Austrittsende ebenfalls mit einem einfach durchbohrten Gummistopfen verschlossenen Porzellanrohres, durch den das Gaszuleitungsrohr der Vorlage in das Verbrennungsrohr eingeführt ist. Der Sicherheitsaufsatz kann bei geringen Schwefelgehalten wegfallen (s. Abb. 38).

Der Ofen wird auf 1200° angeheizt. Man bringt in das bereits angeschlossene Absorptionsgefäß 30 ml 1proz. Wasserstoffperoxydlösung, führt das mit 0,5 oder 1 g der Probe versehene Schiffchen in den kalten Teil des Rohres ein, verschließt ihn mit dem Gummistopfen und stellt den Sauerstoffstrom an. Darauf schiebt man das Schiffchen sofort in die Glühzone. Es setzt alsbald die Verbrennung ein, die am Auftreten weißer Nebel erkennbar ist. Nach längstens 10 min ist sie beendet und der Nebel verschwunden. Dann titriert man die Flüssigkeit in der Vorlage mit n/10-Natronlauge unter Verwendung von Methylorange oder TASHIRO-Indicator; dieser besteht aus einer Mischung von 100 ml einer alkoholischen Methylrotlösung (0,3 g/l) mit 15 ml einer wäßrigen Methylenblaulösung (1 g/l).

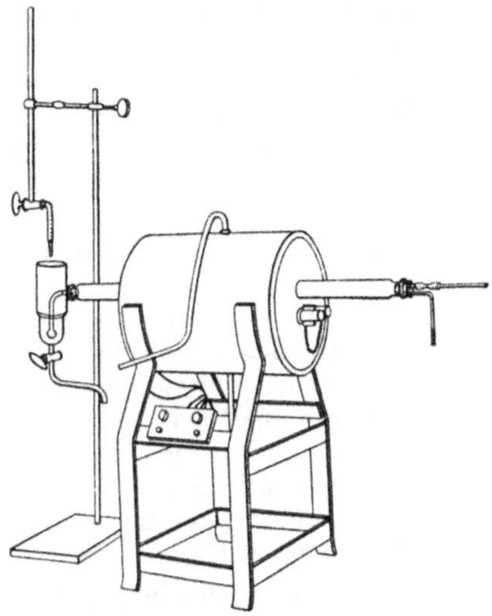
Abb. 38. Einrichtung zur Schwefelbestimmung durch Verbrennung im Sauerstoffstrom

1 ml n/10-Natronlauge = 0,32% S bei 0,5 g Einwaage.

Man kann die Berechnung noch vereinfachen, wenn man Einwaagen von 0,8 oder 0,4 g wählt; dann entspricht 1 ml n/10-Natronlauge 0,2 bzw. 0,4% S; verwendet man n/4-Natronlauge, so entspricht 1 ml davon 1% S bei 0,4 g Einwaage.

Dadurch, daß beim Einsetzen des Verbrennungsschiffchens die Absorptionsflüssigkeit ein wenig in das Gaszuführungsrohr zurücksteigt, ist es erforderlich, nach Beendigung der Titration etwas Absorptionsflüssigkeit durch Lüften der Einschiebevorrichtung eindringen zu lassen, sie dann durch den Sauerstoffstrom wieder herauszudrücken und dies einige Male zu wiederholen. Man spült auf diese Weise alle Säurereste heraus, so daß sie mittitriert werden.

Nach dem Ablassen der zum Titrieren bestimmten Lösung wird das Absorptionsgefäß ausgespült und neu beschickt. Man nimmt das Porzellanrohr dabei weder aus dem Ofen heraus noch spült man es aus, ersetzt nur das Schiffchen und kann mit einer weiteren Bestimmung beginnen.

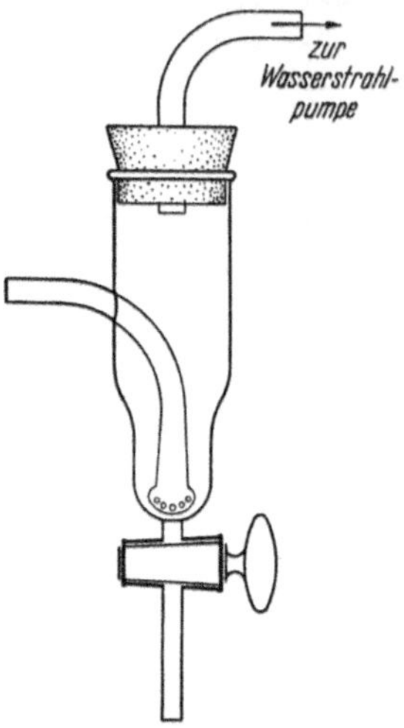

Abb. 39. Vorlagegefäß für die Absorption

Für Serienanalysen und zur Beschleunigung der Bestimmungen kann man sich noch einiger Verbesserungen an Einrichtungen und an der hier nur kurz beschriebenen Verbrennungsapparatur bedienen, dergestalt, daß man automatische Büretten mit Nullpunkteinstellung und Überlauf, eine Vorratsflasche für die Titerlösung mit Zulauf zur Bürette und eine solche für die Wasserstoffperoxydlösung mit Zulauf zum Absorptionsgefäß vorsieht; dabei muß der Ablaßhahn des letzteren noch eine Bohrung mehr erhalten, um das rasche Auffüllen mit frischer Lösung zu ermöglichen.

Beim *zweiten Verfahren* (nach E. Milde, Ruhr-Schwefelsäure G. m. b.H.) verbrennt man die Probe bei 1200° im Luftstrom. Dafür setzt man auf das Vorlagegefäß einen Gummistopfenverschluß (s. Abb. 39), durch den die Verbindung mit einer Wasserstrahlpumpe unter Zwischenschaltung einer leeren Flasche hergestellt wird (zweckmäßig einer Woulffschen Flasche); sie muß über einen Regulierhahn mit der Außenluft verbunden werden können. Dadurch wird es möglich, die gewünschte Strömungsgeschwindigkeit in der Verbrennungsapparatur einzustellen. Die angesaugte Luft strömt in die frei gelassene Öffnung des Porzellanrohres ein und braucht in der Regel nicht gereinigt oder getrocknet zu werden. Auf Kondensat am Gasaustrittsrohr zur Absorptionsvorlage ist sehr genau zu achten; falls sich dort Wassertröpfchen oder Nebel niederschlagen, muß die Luft in üblicher Weise getrocknet werden. Das Durchsaugeverfahren hat den Vorteil, daß unbemerkt gebliebene Undichtigkeiten in der Apparatur nicht zu Minderbefunden führen. Im übrigen gilt für die Arbeitsweise das beim ersten Verfahren bereits Gesagte.

Vor dem Titrieren wird der Gummistopfen von der Vorlage entfernt und ein Stopfen auf das freie Ende des Porzellanrohres aufgesetzt, durch den ein Glasröhrchen führt. Durch Betätigung eines kleinen, an dieses Röhrchen angeschlossenen Gummiballes läßt sich die Flüssigkeit im Absorptionsgefäß während des Titrierens in Bewegung halten. Durch mehrfaches Steigen- und Fallenlassen der Absorptionsflüssigkeit wie bei den vorher beschriebenen Ausführungsarten wird das Einleitungsrohr ausgespült.

Bemerkung. Vor der Benutzung dieser Methode, z. B. als Betriebskontrolle für die Röstöfen, ist zu prüfen, ob sie auch für das jeweils vorliegende Probenmaterial geeignet ist; dies geschieht durch eine vergleichende Bestimmung nach dem alkalischen Schmelzaufschluß. Im Normalfall liegt die Übereinstimmung innerhalb 0,25%.

Hoch- und niedrigprozentige Erze und Abbrände (Verfahren nach F. Grote, Literatur-Nr. 14 und 15): Diese Methode eignet sich besonders für hochprozentige, sulfidische Erze, wie Schwefelkiese und Zinkblenden, unter den eingangs des Abschnittes 4 angegebenen Voraussetzungen, aber ebenso auch für Abbrände und anderes abgeröstetes Gut. Die Grundlage bildet die bereits geschilderte Verbrennungsapparatur nach A. Seuthe, jedoch mit der Abänderung, daß in das Porzellanrohr ein trichterförmig erweitertes Quarzrohr bis nahe an die Glühzone eingeführt und mit einem Gummistopfen abgedichtet wird (s. Abb. 40). Die Schiebeeinrichtung für das Verbrennungsschiffchen ist die gleiche, wie auf S. 644 beschrieben und abgebildet. Sie ist hier nicht eingezeichnet. Die Absorption erfolgt in 2 Frittenwaschflaschen, die untereinander und mit dem Quarzrohr verbunden sind. An die zweite Flasche, deren Ausmündungsrohr zweckmäßig noch einen Abstellhahn besitzt, wird ein geringes Vakuum angelegt. In der Leitung zwischen Sauerstoffflasche und Verbrennungsrohr ist außer der üblichen Einrichtung zur Gastrocknung ein Quecksilbervakuummeter zweckmäßig in Nebenschluß gelegt. Im ganzen System hält man während der Verbrennung trotz Zuleitung eines lebhaften Sauerstoffstromes

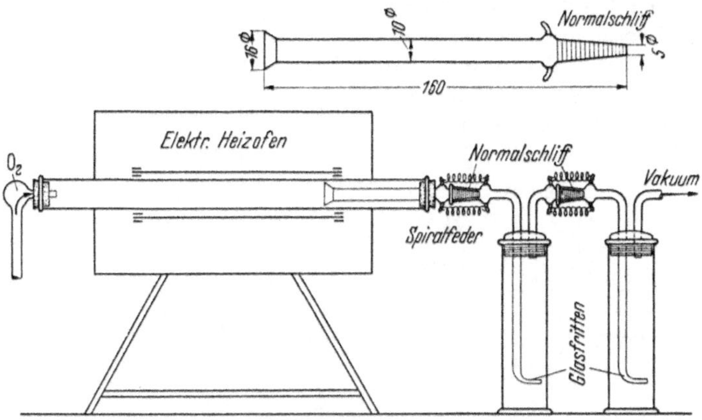

Abb. 40. Verbrennungsapparatur nach F. GROTE

einige Millimeter Unterdruck. Die beiden Frittenflaschen werden mit je 50 ml 1proz. Wasserstoffperoxydlösung beschickt, die vor dem Einfüllen zu neutralisieren sind.

Das Schiffchen mit 0,4 g der zu untersuchenden Probe wird nun in das vordere Ende des Prozellanrohres gestellt und dann unter ständigem Durchleiten von Sauerstoff zunächst etwa 5 cm weitergeschoben. Nachdem die in der ersten Frittenflasche auftretenden Nebel verschwunden sind (nach 5 bis 8 min), schiebt man das Schiffchen nochmals 5 cm weiter, wartet erneut die Absorption der gebildeten Nebel ab, rückt das Schiffchen in die Glühzone und beläßt es dort 10 bis 12 min. Die Verbrennung ist beendet, sobald sich in den Waschflaschen kein getrübtes Gas mehr zeigt. Sodann vereinigt man den Inhalt der beiden Waschflaschen in einem 500 ml-Weithals-ERLENMEYER-Kolben, spült die Flaschen sorgfältig nach, zieht das Absaugequarzrohr heraus, spült es gleichfalls aus und titriert schließlich die vereinigten Flüssigkeiten mit n/4-Natronlauge unter Benutzung von TASHIRO-Indicator [4a), β), S. 645].

1 ml n/4-Natronlauge entspricht bei 0,4 g Einwaage 1% S.

b) Verbrennen bei 1000°

Schnellverfahren der Sachtleben AG., Meggen/Lenne

Das Verfahren wird zur Schwefelbestimmung in den sulfidischen Erzen des Meggener Schwefelkiesvorkommens verwandt; die Abweichungen seiner Ergebnisse gegenüber denen der nassen Methode nach LUNGE, HINTZ, WEBER betragen dabei höchstens 0,2%. Das Verfahren ist für die Analyse von Schwefelkiesen und Zinkblenden, aber auch von Kiesabbränden, Röstblenden u. dgl. geeignet. Die Anordnung der Apparatur kann aus der Abb. 41 ersehen werden. Die Verbrennung erfolgt im Sauerstoffstrom bei 1000° unter Benützung des schon S. 644 beschriebenen elektrisch beheizten Silitstabofens (Marsofen), durch dessen Öffnungen ein gerades Porzellanrohr hindurchgeführt ist. An seinem Ende wird ein Winkelrohr aus Glas angeschlossen, dessen einer Schenkel derart erweitert ist, daß er über das Verbrennungsrohr geschoben und mit Hilfe eines übergezogenen Stückes Gummischlauch gasdicht befestigt werden kann. Nun folgt, um etwa mitgerissenes Eisenoxyd zurückzuhalten, ein kleines Glaswollefilter, von dem eine Schlauchverbindung zu einem Spezialhahn führt, der außer einer Durchgangs- und einer Schwanzbohrung noch einen kleinen Ringnutkanal besitzt. Dadurch kann der Ofen von der Sauerstoffleitung abgeschaltet werden, wenn das Schiffchen mit der Probe eingeführt bzw. herausgenommen wird, ohne daß eine Unterbrechung des Sauerstoffstromes eintritt; dieser nimmt dann seinen Weg durch die Ringkanalverbindung des Spezialhahnes (s. Abb. 42). Der Vorteil dieser Einrichtung liegt darin, daß das Gasleitungsrohr der Vorlage ständig trocken bleibt, kein Schwefeldioxyd darin zurückgehalten wird und somit die Schwefelsäure ohne weitere Maßnahmen maßanalytisch bestimmt werden kann. Beim Verbrennungsprozeß selbst stellt man den Spezialhahn so ein, daß der Sauerstoff in der erforderlichen Menge durch das Porzellanrohr strömen kann.

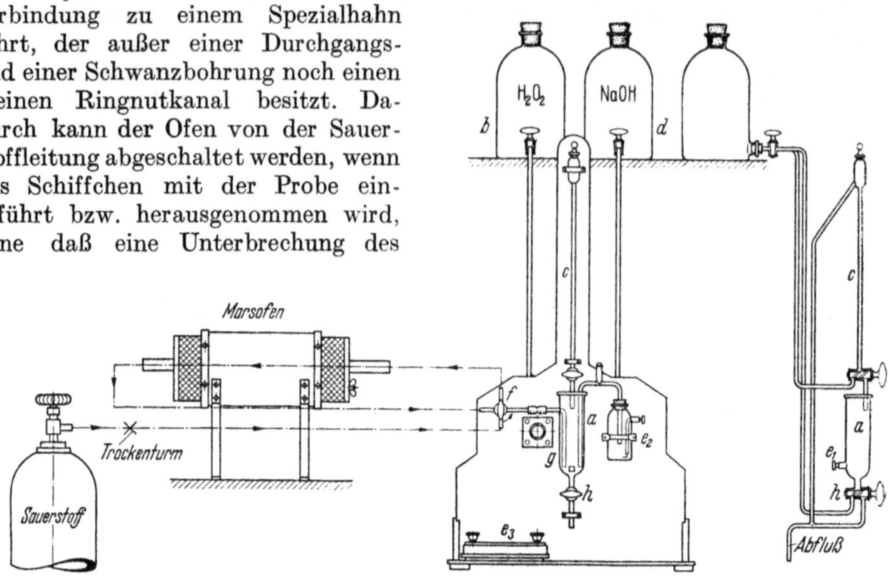

Abb. 41. Apparatur zur Schwefelbestimmung nach dem Verfahren der Sachtleben AG.

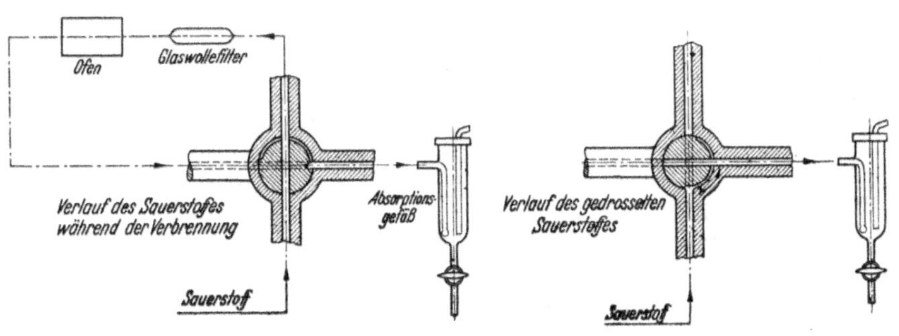

Abb. 42. Bedienung des Spezialhahnes

Man darf nur kohlendioxydfreien und völlig trockenen Sauerstoff verwenden; deshalb wird er aus der Bombe zuerst durch ein mit Calciumchlorid gefülltes U-Rohr, dann durch zwei mit Schwefelsäure (1,84) beschickte Waschflaschen und schließlich noch durch einen Trockenturm geleitet, der im unteren Teil Natronkalk, im oberen Calciumchlorid enthält.

Die Absorptionsvorlage ist als Titriergefäß ausgebildet, besitzt Inhaltsmarken von 25, 50, 75 und 100 ml und kann mittels eines Zweiwegehahnes im Ablaufstutzen sowohl entleert als auch wieder mit frischer Wasserstoffperoxydlösung aus der Vorratsflasche gefüllt werden. Das Gaseinleitungsrohr hat ein kugelförmiges Ende mit mehreren feinen Öffnungen, aus denen das Gas in die Absorptionsflüssigkeit eintreten kann. Die Einrichtung zur potentiometrischen Endpunkterkennung beim Titrieren besteht aus einer eingeschmolzenen Platinindicatorelektrode, einer Quecksilbervergleichselektrode (einer mit Quecksilber und Quecksilberacetat gefüllten Umschlagelektrode) mit elektrolytischem Stromschlüssel und einem Zeigergalvanometer mit Regulierwiderstand (s. Abb. 43). Man titriert mit n/5-Natronlauge aus einer Präzisionsmikrobürette mit selbständiger Nullpunkteinstellung, die mit einer 5 l-Vorratsflasche in Verbindung steht. Füllung und Entleerung der Bürette erfolgen mittels eines angeschmolzenen Spezialhahnes, der 2 Bohrungen besitzt. Die Mikrobürette hat einen Inhalt von 4 ml, eine Feinteilung von 0,01 ml und ist mit einem SCHELLBACH-Streifen ausgestattet.

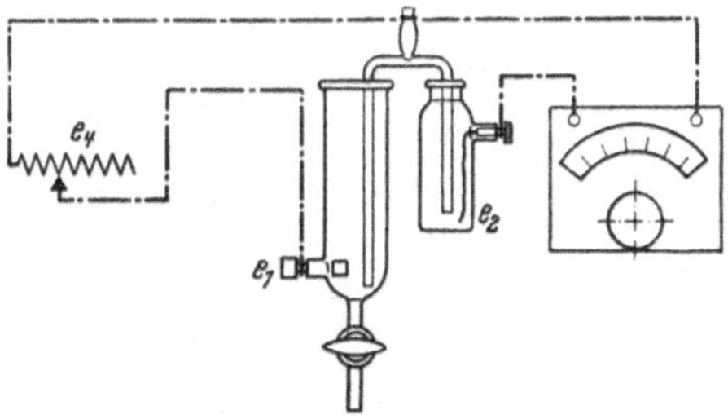

Abb. 43. Schaltung der potentiometrischen Einrichtung

Die Analysenprobe muß durch Mahlen in einer geschlossenen Kugelmühle so weitgehend gepulvert werden, daß sie ein Sieb nach DIN 1171 von 0,06 mm lichter Maschenweite ohne Rückstand passieren kann. Davon wägt man 0,1 g in ein Porzellanschiffchen ein und schiebt dieses sogleich in die Glühzone des auf 1000° angeheizten Marsofens. Anschließend wird der schon vorher eingeschaltete, durch die Vorlage streichende Sauerstoffstrom durch eine entsprechende Drehung des Spezialhahnes auf Durchgang zum Verbrennungsrohr umgeschaltet. Ist nach etwa 6 min die Verbrennung beendet, so wird der Sauerstoffstrom durch Rückstellen des Spezialhahnes wieder auf den Durchgang durch das Absorptionsgefäß beschränkt. Dann kann man mit dem Titrieren beginnen. Man läßt so lange Maßlösung zutropfen, bis der Zeiger des Galvanometers den Nullpunkt erreicht hat. Zur Kontrolle kann man der Probelösung 1 Tropfen Methylrot-Indicator zusetzen. Das Bewegen der Flüssigkeit während der Titration bewirkt der einströmende Sauerstoff. Bei einem höheren Bitumen- und Carbonatgehalt muß unbedingt vor Beginn der Titration das von der Absorptionsflüssigkeit noch festgehaltene Kohlendioxyd durch ein genügend langes Durchleiten von Sauerstoff ausgetrieben werden. Die Werte fallen sonst zu hoch aus.

Der *Zeitbedarf* für die Bestimmung beträgt einschließlich des Einwägens 15 min. Es kann fortlaufend verbrannt werden, ohne daß das Porzellanrohr zu erkalten braucht oder ausgespült werden muß; ebenso erübrigt sich das zeitraubende Nachspülen des Einleitungsrohres.

Zur *Herstellung der Absorptionsflüssigkeit* mischt man 250 ml 30proz. Perhydrol, 100 ml Kaliumsulfatlösung (60 g/l) und 1 ml Schwefelsäure (1,84) und gibt die Mischung in 5 l kohlendioxydfreies Wasser. Da die Lösung der besseren Haltbarkeit wegen schwach sauer ist, muß der in das Absorptionsgefäß abgelassene Anteil mit Maßlösung neutralisiert werden.

Der *Titer der Maßlösung*, die 40 g Natriumhydroxyd in 5 l ausgekochtem Wasser enthält, wird durch Verbrennen einer Schwefelkiesprobe auf den nach LUNGE, HINTZ, WEBER ermittelten Schwefelgehalt derart eingestellt, daß 12 ml Lauge etwa 40% S entsprechen. Die zur Aufbewahrung dienende Vorratsflasche trägt im Verschlußstopfen als Schutz vor Luftkohlendioxyd ein mit Natronkalk gefülltes Glasrohr. Kontrollen des Titers in der beschriebenen Art sind von Zeit zu Zeit mit jeweils frischem Material unerläßlich. Dabei müssen für Proben mit verschieden hohen Schwefelgehalten (z. B. bei Konzentraten oder Mittelprodukten oder Bergen) entsprechende Kontrollsubstanzen gewählt werden. Bei Proben mit niedrigen Schwefelgehalten kann die gleiche Absorptionslösung mehrmals benutzt werden.

c) Verbrennen bei 950°

Bestimmung des abröstbaren Schwefels nach H. Senf und A. Schöberl (Lit.-Nr. 9)

Die Verbrennung erfolgt nach WURZSCHMITT und ZIMMERMANN, S. 643, jedoch unter Verwendung eines Luftstromes und Innehalten einer Temperatur von 950 bis 960°. Das Quarzrohr enthält nicht die drei eingeschmolzenen Platten; die Absorptionsvorlage und die nur im unteren Teil befindlichen Perlen bestehen aus Duranglas. Die Verbindung mit dem Quarzrohr wird an Stelle eines Schliffes mittels Korkstopfen hergestellt, durch den das an diesem Ende verengte Quarzrohr hindurchgesteckt wird. Als Vorlageflüssigkeit verwendet man 3proz. Wasserstoffperoxydlösung. Die benötigte Apparatur wird in Abb. 44 veranschaulicht und ist unter der Bezeichnung „Apparat nach GROTE und KREKELER zur Schwefelbestimmung" vom Jenaer Glaswerk in Mainz zu beziehen.

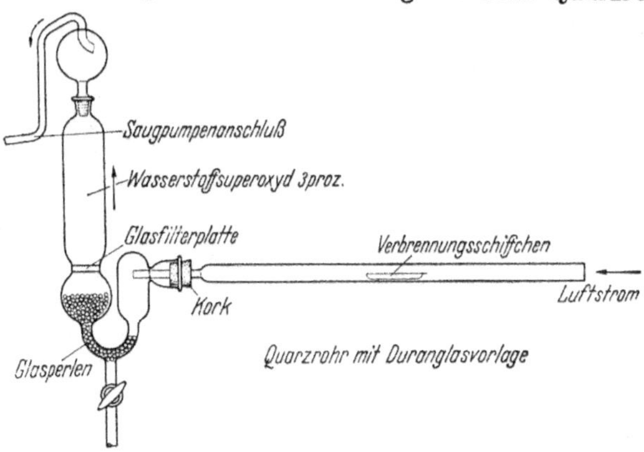

Abb. 44. Apparat von GROTE und KREKELER zur Schwefelbestimmung nach SENF und SCHÖBERL

Man wägt 0,5 g Schwefelkies oder 1 g Kiesabbrand in ein Porzellanschiffchen ein, schiebt dieses in die Mitte des Quarzrohres vor und saugt mittels einer Wasserstrahlpumpe Luft, die durch eine mit Kalilauge (400 g/l) und anschließend durch eine mit Schwefelsäure (1,84) beschickte Waschflasche sowie einen Calciumchloridturm gereinigt und getrocknet ist, durch die Apparatur. In der Vorlage befinden sich 100 bis 200 ml 3proz., neutralisierte Wasserstoffperoxydlösung. Die Saugpumpe wird am Tropfenfänger angeschlossen. Man verbrennt bei 950 bis 960°, die mit Hilfe eines Gasgebläses ohne weiteres erreicht werden kann, und setzt gegen Ende der Verbrennung zwecks Temperaturerhöhung eine Haube über die Verbrennungsstelle. Vorteilhafter aber wird man sich eines elektrisch beheizten Röhrenofens mit Temperaturregulierung bedienen. Die Geschwindigkeit des Erhitzens ist abhängig von der Beschaffenheit der Probe. So lassen sich z. B. sulfathaltige Abbrände sehr rasch verbrennen, sulfidische Erze dürfen aber nur ganz langsam und ganz vorsichtig erhitzt werden.

Während des Röstvorganges treten in der Vorlage und auch im Quarzrohr dichte Nebel auf; sind diese verschwunden, so wird das Schiffchen noch 5 min stark geglüht. Die Röstdauer beträgt bei Abbränden etwa 5 min, bei Kiesen ungefähr 40 bis 50 min. Nach beendetem Abrösten wird der Luftstrom abgestellt und die Vorlage vom Verbrennungsrohr getrennt. Nachdem man die Vorlage 3 mal mit Hilfe eines kleinen Gummigebläses und das Quarzrohr nach dem Erkalten gut ausgespült hat, titriert man die vereinigten Lösungen mit n/10-Natronlauge unter Verwendung von Methylorange- oder TASHIRO-Indicator [s. 4a), β), S. 645].

1 ml n/10-Natronlauge = 0,0016 g S.

Auch hier läßt sich die Berechnung durch Verwendung von n/4-Natronlauge und einer Einwaage von 0,4 g vereinfachen, da dann 1 ml Lauge 1% S entspricht.

Die Rösttemperatur von 950° ist nicht streng geboten; man kann sich mit der Temperatur auch nach den Arbeitsbedingungen des jeweiligen Röstbetriebes richten.

Literatur. Zur näheren Orientierung über die Entwicklung, Art und Durchführung der Verbrennungsmethoden sei auf folgende Literatur hingewiesen:

1. Schmitz, Fr.: Stahl u. Eisen 1919, S. 412.
2. Vita, A.: Stahl u. Eisen 1920, S. 933—935.
3. Holthaus, C.: Stahl u. Eisen 1924, S. 1514—1519.
4. Gabiersch, K.: Stahl u. Eisen 1930, S. 453.
5. Holthaus, C.: Arch. Eisenhüttenwes. 1931/32, S. 95—100.
6. Seuthe, A.: Stahl u. Eisen 1932, S. 445/446.
7. Thanheiser, G., u. P. Dickens: Mitt. Kaiser-Wilhelm-Inst. f. Eisenforsch. 1933, S. 255 bis 262.
8. Grote, W., u. H. Krekeler: Z. angew. Chem. Bd. 46 (1933) S. 106 — Z. analyt. Chem. Bd. 98 (1934) S. 463.
9. Senf, H., u. A. Schöberl: Z. angew. Chem. Bd. 50 (1937) S. 338.
10. Senf, H., u. A. Schöberl: Z. analyt. Chem. Bd. 112 (1938) S. 171 u. Bd. 114 (1938) S. 218.
11. Seuthe, A.: Arch. Eisenhüttenwes. Bd. 11 (1937/38) S. 343/344.
12. Seuthe, A.: Glückauf 1939, S. 409.
13. Wurzschmitt, B., u. W. Zimmermann: Z. analyt. Chem. Bd. 114 (1938) S. 321ff.
14. Grote, F.: Glückauf 1941, S. 253.
15. Grote, F.: Glückauf 1941, S. 513.
16. Lange, W.: Glückauf 1942, S. 651.
17. Biltz, H., u. W. Biltz: Ausführung quantitativer Analysen, 5. Aufl. 1947, S. 312.
18. Dennstedt, M.: Anleitung zur vereinfachten Elementaranalyse nach der Makro- und Mikromethode, 6. Aufl. 1947, S. 74—76.
19. Schuh, R., u. F. Fleischer: Berg- u. hüttenmänn. Mh. Bd. 93 (1948) S. 71—77.
20. Oelsen, W.: Stahl u. Eisen 1949, S. 33—40.
21. Swoboda, K.: Z. analyt. Chem. Bd. 77 (1929) S. 267.

II. Die Bestimmung des Sulfidschwefels in Kiesabbränden und Röstblenden

1. Verfahren (nach E. Eberius)

Grundlage. Der als Sulfid gebundene Schwefel wird durch Behandeln der Probe mit Zinn(II)-chlorid und Salzsäure ausgetrieben und in einer mit Thymolsulfophthalein versetzten Zinkacetatlösung aufgefangen. Das ausgeschiedene Zinksulfid wird mit n/10-Jodlösung umgesetzt und der Überschuß an Jodlösung mit n/10-Natriumthiosulfatlösung zurücktitriert.

Anwendungsbereich und Bedeutung. Das Verfahren eignet sich zur Bestimmung des Sulfidschwefels in säurelöslichen Sulfiden, Kiesabbränden, Röstprodukten und Gasmassenabbränden.

Genauigkeit. 1.

Dauer. 20 bis 30 min, je nach dem Material.

Ausführung. Über das absteigende Rohr mit 5 mm lichtem Durchmesser des Zersetzungskolbens wird eine Kugelvorlage mit 7 Kugeln (s. Abb. 45) geschoben, die 50 ml Absorptionslösung enthält (100 g kristallisiertes Zinkacetat und 200 g Natriumacetat in 1 l Wasser gelöst); ferner wird 1 ml einer Lösung von Thymolsulfophthalein (0,1 g in 100 ml Methanol) hinzugesetzt (Umschlag von Gelb nach Rot bei p_H-Wert von 1,2 bis 1,8). Man schlämmt nun im Zersetzungskolben 0,2 bis 0,5 g der fein geriebenen Probe mit 20 ml Wasser an und leitet zum Verdrängen der Luft Kohlendioxyd durch die Apparatur. Dann läßt man 80 ml Zersetzungslösung hinzufließen [750 ml Salzsäure (1,19), 40 g Zinn(II)-chlorid und 250 ml Wasser] und erhitzt den Kolbeninhalt unter ständigem Durchleiten von Kohlendioxyd langsam zum Sieden. Hierbei werden der gesamte Schwefelwasserstoff und schließlich auch Salzsäure übergetrieben. Die Zersetzung ist beendet, sobald sich der Inhalt der untersten Kugel zu röten beginnt. Die durch Zinksulfid getrübte Absorptionslösung wird unter Nachspülen des Einleitungsrohres in 20 bis 50 ml n/10-Jodlösung gebracht, mit 10 ml Salzsäure (1 + 1) versetzt und mit n/10-Natriumthiosulfatlösung titriert. Die Differenz zwischen den vorgelegten ml Jodlösung und den beim Zurücktitiieren verbrauchten ml Natriumthiosulfatlösung, multipliziert mit 1,6 ergibt den Gehalt der Probe an Sulfidschwefel in mg.

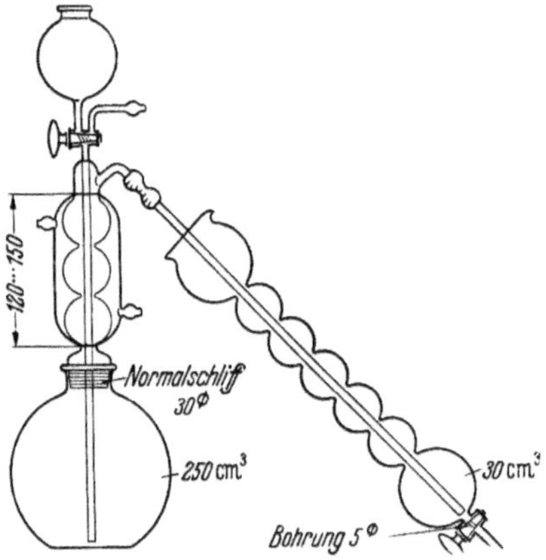

Abb. 45. Apparat für die Sulfidbestimmung nach EBERIUS

Fehlerquellen. Die Verwendung von metallischem Zinn an Stelle von Zinn(II)-chlorid kann zu Fehlern führen, da der nascierende Wasserstoff mit vorhandenen Sulfationen unter Bildung von Schwefeldioxyd oder Schwefelwasserstoff reagiert. — Ist in der Probe Schwefel als Sulfit vorhanden, so wird er teilweise mitbestimmt. — Bei Kiesabbränden muß durch Zinn(II)-chlorid das Eisen(III) sofort reduziert werden, da durch Oxydation elementarer Schwefel entstehen und das Ergebnis dadurch zu niedrig ausfallen kann.

Literatur. EBERIUS, E.: Erzmetall Bd. IV (1951) S. 460.

2. Verfahren

Auch dieses Verfahren findet hauptsächlich bei Röstblenden Anwendung. Als Absorptionsflüssigkeit für den in Freiheit gesetzten Schwefelwasserstoff dient hier n/10-Jodlösung mit Nachschaltung von n/10-Natriumthiosulfatlösung.

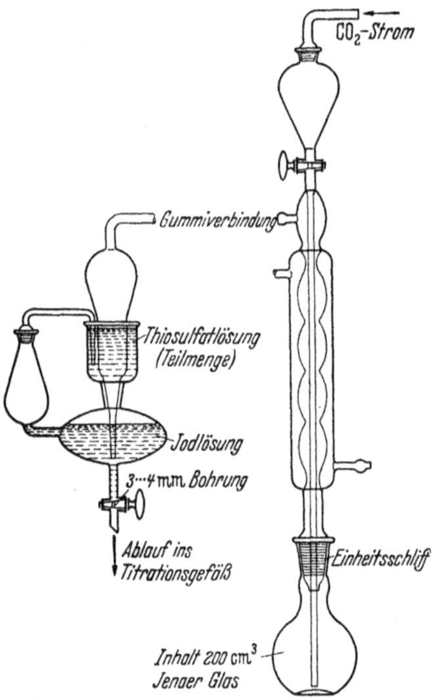

Abb. 46. Apparat zur Bestimmung des Sulfidschwefels

1 g Röstblende wird in einem geeigneten Apparat mit 100 ml einer Lösung, welche im Liter 40 g Zinn(II)-chlorid und 750 ml Salzsäure (1,19) enthält, gekocht. Der Apparat ist (s. Abb. 46) vorher mittels Kohlendioxyd luftfrei zu machen, auch während des Erhitzens muß Kohlendioxyd hindurchgeleitet werden. Die schwefelwasserstoffhaltigen Gase streichen durch einen aufrecht stehenden Kühler, werden durch eine Vorlage geführt, die mit n/10-Jodlösung (20 ml genügen meistens) beschickt ist, und passieren schließlich ein 2 ml n/10-Natriumthiosulfatlösung und einige ml Wasser enthaltendes Gefäß. Nach 20 min währendem Kochen stellt man die Flamme ab, setzt das Durchleiten von Kohlendioxyd aber noch 10 min fort. Die vorgelegten Flüssigkeiten werden vereinigt, das unverbrauchte Jod wird zurücktitriert. Ein Blindversuch ist anzustellen. Etwa vorhandene Sulfite

werden nach diesem Verfahren mitbestimmt. Bei Anwesenheit von Arsen tritt wie bei Verfahren 1 durch übergegangenes Arsen(III)-chlorid ein zusätzlicher Jodverbrauch ein; daher muß gegebenenfalls nach der Titration das im Destillat befindliche Arsen bestimmt und der entsprechende Jodanteil abgesetzt werden.

Genauigkeit. 1.

Dauer. 30 bis 40 min.

III. Die Bestimmung der Bindungsart des Schwefels im Kiesabbrand und in anderen Röstprodukten

Für betriebliche Zwecke ist häufig neben der Bestimmung des Gesamtschwefels auch die des Sulfid- und des Sulfatschwefels erforderlich. Dafür stehen 2 Verfahren je nach der Art des zu untersuchenden Materials zur Verfügung.

Grundlage. Das *1. Verfahren* ist allgemein, also auch auf *barythaltige* Röstprodukte anwendbar. Es besteht darin, daß durch einen oxydierenden Schmelzaufschluß der Gesamtschwefel ermittelt, der Sulfidschwefel durch Zersetzen der Probe mit Salzsäure in Gegenwart von Zinn(II)-chlorid sowie Titrieren des in einer Cadmiumacetatlösung aufgefangenen Schwefelwasserstoffes mit Jod- und Natriumthiosulfatlösung bestimmt und dann der Sulfatschwefel aus der Differenz der beiden erhaltenen Werte errechnet wird. Das *2. Verfahren* ist nur für barytfreie oder barytarme Röstprodukte geeignet. Man bestimmt hier den Gesamtschwefel, wie vorhin angegeben, bringt aber den Sulfatschwefel durch Behandeln der Probe mit Natriumcarbonatlösung in Lösung und fällt ihn dann mit Bariumchlorid. Der Sulfidschwefel ergibt sich rechnerisch aus der Differenz. Die obige Einschränkung der Anwendbarkeit des Verfahrens hat ihren Grund darin, daß sich das Bariumsulfat beim Kochen mit Sodalösung nicht vollständig, sondern nur zu etwa zwei Dritteln in Natriumsulfat umsetzt. Bei einem Gehalt an Bariumoxyd von 1% sind daran etwa 0,2% Schwefel gebunden. In der Regel liegen die Gehalte an Bariumoxyd in Kiesabbränden und Röstblenden aber nicht so hoch. Den bei dem zweiten Verfahren nach dem Auskochen mit Sodalösung im Rückstand verbliebenen Schwefel kann man durch Verbrennen im Porzellanrohr bei 1200° erfassen und dann den Gesamtschwefel aus der Summe von Sulfid- und Sulfatschwefel berechnen.

Anwendungsbereich und Bedeutung. Die beiden Verfahren lassen sich bei der Untersuchung von Kiesabbränden, Röstblenden und ähnlichen Röstprodukten mit Schwefelgehalten bis zu 10% anwenden.

Genauigkeit. 2 für Gesamt- und Sulfatschwefel, 1 für Sulfidschwefel.

Dauer. 3 Std. für Gesamtschwefel bzw. 15 min bei Verbrennungsanalysen 2 Std. für Sulfat- und 20 bis 30 min für Sulfidschwefelbestimmung.

Ausführung.

1. Verfahren

Die Bestimmung des Gesamtschwefels erfolgt, wie bei I. 2a) bis c), S. 638/39, oder 4a), α), S. 643ff., beschrieben; den Sulfidschwefel bestimmt man nach II. 1. oder 2., S. 651ff., und berechnet aus der Differenz der beiden Bestimmungen den Gehalt der Probe an Sulfatschwefel.

2. Verfahren

Der *Gesamtschwefel* wird, wie vorstehend angegeben, ermittelt oder durch Addieren des Sulfat- und Sulfidschwefels errechnet.

Den *Sulfatschwefel* kann man in barytfreiem oder -armem Material wie folgt bestimmen: Man kocht in einem 250 ml-Meßkolben 5 g Abbrand mit 100 ml Natriumcarbonatlösung (50 g/l) 5 min, füllt den Kolbeninhalt nach dem Erkalten zur Marke auf und filtriert durch ein trockenes Filter. Dann wird in 200 ml des

Filtrats nach dem Ansäuern mit Salzsäure das Kohlendioxyd und der Schwefelwasserstoff verkocht und das Sulfation mit Bariumchlorid gefällt und als Bariumsulfat ausgewogen.

Bei einer *anderen Art der Ausführung* wird der nach dem Auskochen mit Sodalösung im Rückstand verbliebene Schwefel berücksichtigt. 3 g der Probe werden nach Zusatz von ungefähr 5 g Natriumcarbonat mit 250 ml Wasser 5 min gekocht. Dann saugt man die heiße Lösung über einen BÜCHNER-Trichter durch zwei Hartfilter ab, wäscht den Rückstand mit heißem Wasser und 2mal mit Äthanol und Äther aus, säuert das Filtrat schwach mit Salzsäure an, verkocht das Kohlendioxyd, das Äthanol und den Äther und fällt nun das Sulfation mit Bariumchlorid als Bariumsulfat.

Der obige Rückstand wird mit den beiden Filtern auf einem Uhrglas im Trockenschrank 15 min bei 100° getrocknet, darauf sorgfältig vom Filter in ein Porzellanschiffchen gepinselt und in einem Röhrenofen bei 1200° im Sauerstoffstrom verbrannt. Die in der Vorlage gebildete Schwefelsäure titriert man mit eingestellter Natronlauge (s. S. 645ff.).

Man erhält dadurch den Wert für *Sulfidschwefel*, kann diesen aber auch nach der Bestimmung des Gesamt- und Sulfatschwefels (s. oben) aus der Differenz ermitteln.

Fehlerquellen. Siehe die Angaben bei den angeführten Verfahren.

IV. Die Bestimmung der anderen Hauptbestandteile von Kiesen und Abbränden

Es werden hier nur die bei den Röstbetrieben üblichen Verfahren angeführt. Sonderverfahren sind in den einschlägigen Kapiteln, besonders im Kapitel Kupfer und Zink, behandelt.

1. Eisen

a) Im Schwefelkies

0,5 g feingepulvertes Erz werden nach LUNGE (s. S. 634) mit sog. „umgekehrtem Königswasser" aufgeschlossen. Nach dem Fällen mit Ammoniak löst man den erhaltenen Hydroxydniederschlag in verdünnter Salzsäure und bestimmt das Eisen nach ZIMMERMANN-REINHARDT durch Titrieren mit n/10-Kaliumpermanganatlösung (s. Kapitel Aluminium, S. 13).

Eine *andere Ausführungsform*, die Umsetzung des Eisen(III)-chlorids mit Kaliumjodid und Titrieren des ausgeschiedenen Jods mit Natriumthiosulfatlösung nach K. MOHR, ist zwar auch schnell durchführbar, kommt jedoch wegen des beachtlichen Jodverbrauches praktisch nur bei Einzelanalysen in Frage: Man oxydiert die durch Lösen des Hydroxydniederschlages in Salzsäure erhaltene Lösung mit Wasserstoffperoxyd oder Bromwasser, verkocht das überschüssige Oxydationsmittel, bis sich beim Tüpfeln Methylorangepapier nicht mehr entfärbt, spült dann das Papier ab, verdünnt das Ganze in einem 300 ml-ERLENMEYER-Kolben mit kaltem Wasser auf 150 bis 200 ml, setzt 5 g Kaliumjodid sowie 2 bis 3 g Natriumhydrogencarbonat hinzu und titriert das ausgeschiedene Jod mit n/10-Natriumthiosulfatlösung (Stärke als Indicator). Bei Benutzung einer Glasstöpselflasche wird die Luft vorher durch Einleiten von Kohlendioxyd verdrängt [s. V. 3m), α), S. 708].

b) Im Abbrand

0,5 g der feingepulverten Probe werden im Porzellantiegel etwa 10 min geglüht und nach dem Erkalten in einem Becherglas mit 20 ml Wasser und 20 ml Salzsäure (1,19) unter gelindem Erwärmen gelöst. Nach Zusatz von Bromsalzsäure (Salzsäure 1 + 1) hält man die Lösung noch einige Zeit in der Wärme, verkocht dann den Überschuß an Brom und bestimmt das Eisen nach einer der beiden vorgenannten Methoden.

Zur raschen Bestimmung des Eisens kann bei kupferfreien Abbränden auf die Fällung mit Ammoniak verzichtet werden, falls die sonstigen Bestandteile der Probe dies gestatten. Man löst dann 0,5 bis 1 g Material im 500 ml-ERLENMEYER-Kolben mit 20 ml Wasser und 20 ml Salzsäure bei gelinder Wärme und bestimmt das Eisen wie oben angegeben.

Bei der Analyse von Abbrand mit einem Gehalt von mehr als 1% Kupfer ist die Abtrennung des Kupfers durch Ammoniakfällung des Eisens anzuraten, da sonst fehlerhafte Eisenwerte gefunden werden. Das gilt auch für die Analyse kupferhaltiger Schwefelkiese.

Genauigkeit. 1.

Dauer. 5 Std. in Kiesen, 3 Std. in Abbränden.

2. Mangan

Will man das Mangan nach PR. SMITH bestimmen (s. Kapitel Mangan, S. 487), so löst man *bei Kiesen* 2 g der Probe im 500 ml-ERLENMEYER-Kolben in Salpetersäure (s. später bei Kupfer), vervollständigt den Aufschluß durch Zugeben von Salzsäure sowie gegebenenfalls einiger Tropfen Flußsäure, gibt 10 ml Schwefelsäure (1,84) hinzu und erhitzt die Lösung vorsichtig zum starken Rauchen, bis die Salzsäure vollkommen vertrieben ist. Von *Abbränden* werden 2 g mit 80 ml Salzsäure (1 + 1) unter Zusatz einiger Tropfen Flußsäure gelöst. Man oxydiert die Lösung mit 5 ml Salpetersäure (1,40), versetzt sie dann mit 10 ml Schwefelsäure (1,84) und erhitzt sie bis zum starken Rauchen. Nach dem Erkalten wird der Sulfatbrei mit 50 ml Salpetersäure (1 + 3) aufgenommen und die Lösung filtriert. Zum Filtrat gibt man 25 ml Silbernitratlösung (3 bis 4 g/l) sowie 2 ml Ammoniumperoxydisulfatlösung (500 g/l), erwärmt etwa 5 min auf 60° (nicht kochen!) und kühlt die Lösung unter fließendem Wasser rasch ab. Der weitere Verlauf der Bestimmung ist im Kapitel Mangan, S. 487/88, beschrieben.

Die Übermangansäurefärbung kann auch zur *photometrischen* Bestimmung des Mangans dienen.

Genauigkeit. 1.

Dauer. 2 Std.

Bemerkung. Bei manganreichen Kiesabbränden läßt sich das Mangan auch nach VOLHARD maßanalytisch bestimmen.

3. Aluminium

a) Differenzbestimmung

Durch Glühen des bei der Eisenbestimmung gewonnenen Niederschlages der Hydroxyde stellt man die Summe der Oxyde fest, löst dann die Auswaage in verdünnter Salzsäure, bestimmt das Eisen maßanalytisch und zieht den auf Oxyd umgerechneten Gehalt von der Summe der Oxyde ab. Die Differenz wird als Aluminiumoxyd betrachtet.

Diese Aluminiumbestimmung genügt zumeist in ihrer Genauigkeit für Betriebszwecke.

b) Phosphatverfahren

Man löst die Probe, wie im nächsten Abschnitt Kupfer beschrieben, scheidet das Siliciumdioxyd durch Abdampfen der Lösung mit Salzsäure ab, filtriert, glüht und verflüchtigt sie durch Erhitzen mit Fluß- und Schwefelsäure, schmilzt einen etwa verbliebenen Rückstand mit Natriumcarbonat und gibt die salzsaure Lösung der Schmelze zum Hauptfiltrat. Dieses wird darauf auf ungefähr 300 ml verdünnt, auf 70° erwärmt und etwa $^1/_2$ Std. mit Schwefelwasserstoff behandelt. Sodann filtriert man den Niederschlag auf ein schnellaufendes Filter ab, wäscht ihn mit schwefelwasserstoffhaltigem Wasser aus und verkocht im Filtrat den Schwefelwasserstoff. Es wird nun mit Ammoniak (1 + 3) gegen Methylrot neutralisiert, nach Zugabe von 4 ml Salzsäure (1 + 1) auf 400 ml verdünnt, mit 15 ml 80proz. Essigsäure sowie zur vollständigen Reduktion des Eisens mit 50 ml Ammoniumthiosulfatlösung (300 g/l) versetzt und aufgekocht. In der siedenden Lösung fällt man das Aluminium mit 10 ml Diammoniumhydrogenphosphatlösung (100 g/l) und kocht unter ständigem Rühren 15 min. Man filtriert und wäscht den Niederschlag 3mal mit kochendem Wasser aus. Der Niederschlag wird vom Filter in das Becherglas zurückgespült und das Filter mit heißer Salzsäure (1 + 3) ausgewaschen. Man fügt 20 ml Salzsäure (1,19) hinzu und kocht die salzsaure Lösung, bis sie, abgesehen vom Schwefel, vollständig klar und durchsichtig ist. Nach Abkühlen der Lösung wird in gleicher Weise ein zweites Mal gefällt, nur erfolgt hierbei der Phosphatzusatz vor dem Aufkochen, unmittelbar nach dem Thiosulfatzusatz. Der Niederschlag wird mit kochendem Wasser dekantiert und nach dem Filtrieren 6mal mit kochendem Wasser ausgewaschen. Darauf bringt man ihn samt dem Filter in einen gewogenen Porzellanfiltertiegel, läßt ihn langsam trocknen, verascht vorsichtig, glüht $^1/_2$ Std. bei 1100° und steigert die Temperatur für $1^1/_2$ Std. auf 1200°. Man wäscht aus und prüft durch Nachglühen bei 1200°, ob das Gewicht konstant bleibt.

Die Auswaage besteht aus $AlPO_4$, Faktor für Al = 0,2211. Zu beachten ist, daß vorhandenes Titan mitgefällt wird. Es wird, wenn erforderlich, im geglühten Niederschlag nach Aufschluß mit Kaliumhydrogensulfat photometrisch nach S. 13 bestimmt. Zink stört bis zur 20fachen Menge des vorhandenen Aluminiums nicht. Chrom ist nur in Spuren vorhanden und hat deshalb keinen Einfluß auf das Ergebnis.

Literatur. Siehe Kapitel Aluminium, S. 7.

c) Oxychinolinverfahren

Das Eisen wird aus kochender Lösung mit Natronlauge ausgefällt, der abfiltrierte, mit heißem Wasser ausgewaschene Niederschlag in verdünnter Salzsäure gelöst und in der Lösung das Fällen mit Natronlauge wiederholt. Man versetzt dann die vereinigten Filtrate mit Weinsäure und etwas Natriumsulfidlösung, filtriert etwa ausgefallenes Zinksulfid ab, säuert das Filtrat mit Salzsäure an und gibt nach dem Verkochen des Schwefelwasserstoffes 20 ml Oxychinolinlösung (25 g „Oxin", gelöst in 500 ml 96proz. Äthanol) sowie 10 g Ammoniumacetat hinzu. Näheres über den weiteren Verlauf der Bestimmung s. im Kapitel Aluminium, S. 8.

4. Kupfer

Mittels des nachstehenden Verfahrens kann man das Kupfer in Kiesen, Abbränden, Flugstäuben und ähnlichen Produkten bestimmen:

Man versetzt je nach dem Kupfergehalt bei *Kiesen* 1 bis 3 g der feingepulverten Probe in einem bedeckten 400 ml-Becherglas mit 40 ml Salpetersäure (1 + 1), gibt nach beendeter Reaktion noch 5 ml Salpetersäure (1,40) hinzu und erhitzt die Lösung, bis keine braunen Dämpfe mehr entweichen. Zur Vervollständigung des Aufschlusses kann man gegebenenfalls noch 15 ml Salzsäure (1,19) hinzufügen. Dann wird nach Zugabe von 20 bis 25 ml Schwefelsäure (1 + 1) bis zum Auftreten starker Schwefelsäuredämpfe eingedampft. Bei *Abbränden* empfiehlt es sich, von vornherein mit 40 ml sog. umgekehrtem Königswasser aufzuschließen und dann die Lösung mit Schwefelsäure abzurauchen.

Die nun salpetersäurefreie Mischung der Sulfate nimmt man mit 100 ml heißem Wasser auf, kocht, filtriert den Rückstand nach dem Erkalten ab und wäscht ihn gut aus. Das Filtrat wird zum Sieden erhitzt, vorsichtig mit 20 ml Natriumthiosulfatlösung (100 g $Na_2S_2O_3 \cdot 5H_2O$/l) versetzt und weitergekocht, bis der Kupfersulfidniederschlag sich zusammenballt und die Flüssigkeit klar geworden ist. Darauf wird filtriert und mit heißem Wasser sorgfältig ausgewaschen. Niederschlag und Filter werden in einem Porzellantiegel vorgetrocknet, verascht und geglüht. Das erhaltene Kupferoxyd kann man nun entweder in Salpetersäure lösen und das Kupfer aus der Lösung elektrolytisch abscheiden; man kann aber auch, vor allem bei niedrigem Kupfergehalt, die salpetersaure Lösung mit Ammoniak übersättigen und nach Hinzufügen von etwas Ammoniumcarbonat das Kupfer im Filtrat von etwa vorhandenem Blei und Wismut photometrisch bestimmen (s. Kapitel Kupfer, S. 383/84), sofern man es nach dem Ansäuern nicht wieder mit Schwefelwasserstoff ausfällen, sodann das Sulfid zu Oxyd veraschen und als solches wägen will. Sehr geringe Kupfermengen lassen sich zweckmäßig mit Natriumdiäthyldithiocarbaminat ermitteln (s. Kapitel Kupfer, S. 383).

Bei der *Duisburger Kupferhütte* wird wie folgt gearbeitet:

Man behandelt 5 g fein geriebenen und getrockneten Kies in einem schräggestellten ERLENMEYER-Kolben mit 50 ml Salpetersäure (1 + 1), verdampft die Lösung, erhitzt, bis Schwefelsäuredämpfe entweichen, und nimmt den Rückstand mit 50 ml verdünnter Salzsäure (1 + 1) auf. Zur Reduktion des Eisenchlorids und zum Entfernen des Arsens werden 2 g Natriumhypophosphit ($NaH_2PO_2 \cdot H_2O$), gelöst in etwa 5 ml Wasser, hinzugegeben und die Flüssigkeit zur Trockne gebracht. Nach Zusatz von 7 ml Schwefelsäure (1,84) und etwas Salpetersäure wird bis zum Entweichen von Schwefelsäuredämpfen erhitzt.

Abbrände werden nach Anschlämmen mit etwas Wasser direkt in Salzsäure (1,19) gelöst; die Lösung wird wie vorstehend eingedampft und in gleicher Weise mit Natriumhypophosphit reduziert.

Die trockne Salzmasse wird nun mit heißem Wasser aufgenommen, das Bleisulfat mit dem säureunlöslichen Rückstande nach dem Erkalten abfiltriert und der Filterrückstand mit schwefelsäurehaltigem Wasser ausgewaschen. Zum Filtrat gibt man eine Lösung von 1 g Zitronensäure und 2 g Ammoniumnitrat, verdünnt auf etwa 200 ml und schlägt das Kupfer elektrolytisch auf einem Platinzylinder (Kathode) mit etwa 200 cm^2 Oberfläche bei 2,8 V und 0,3 bis 0,4 A nieder. Bei stärkerem Strom kann sich Stickoxydgas bilden, so daß die vollständige Fällung des Kupfers verhindert wird. Blei scheidet sich teilweise anodisch als Dioxyd ab. Von einer nochmaligen Fällung des Kupfers kann bei Betriebsanalysen in der Regel abgesehen werden. Das niedergeschlagene Kupfer wird in verdünnter heißer Salpetersäure gelöst, die erkaltete Lösung mit etwas Schwefelsäure versetzt und das Kupfer mit einem Strom von 0,25 A erneut ausgeschieden, wodurch es rein erhalten wird. Silber, Wismut, Antimon, Zinn, Selen u. a. sind meist in vernachlässigbaren Mengen vorhanden.

Arsen- und bleifreie Kiese (5 g Einwaage) löst man unmittelbar mit 50 ml Salpetersäure (1 + 1) und 20 ml Schwefelsäure (1 + 1), dampft die Lösung zur Trockne, nimmt mit Wasser auf, filtriert und braucht nach Zusatz von Zitronensäure und Ammoniumnitrat nur einmal zu elektrolysieren. Das gleiche gilt sinngemäß für arsen- und bleifreie Abbrände.

Genauigkeit. 1.

5. Blei, Kupfer und Zink

Man löst 1 bis 5 g der feingepulverten Probe, wie vorher bei der Bestimmung des Kupfers beschrieben, nimmt nach dem Abrauchen mit Schwefelsäure die Sulfate mit 5 Vol.-% Schwefelsäure auf, filtriert das Bleisulfat ab und bestimmt darin das *Blei* nach den Angaben im Kapitel Blei, S. 164ff. Im Filtrat fällt man das *Kupfer* durch Einleiten von Schwefelwasserstoff (bei 70 bis 80°) und bestimmt es nach den Vorschriften im vorhergehenden Abschnitt 4. Im Filtrat wird das *Zink*, wie im Kapitel Zink, S. II/909, beschrieben (s. auch Bd. I, 2. Aufl., Schiedsverfahren, S. 209), bestimmt.

6. Siliciumdioxyd, Barium, Calcium und Magnesium

Man löst 2 bis 5 g der Probe, wie in Abschnitt 4, jedoch ohne Schwefelsäure zuzusetzen, dampft die Lösung zur Trockne, befeuchtet die Salze mit 10 ml Salzsäure (1,19), wiederholt das Eindampfen und nimmt schließlich die Chloride mit 10 ml Salzsäure (1,19) und 50 ml heißem Wasser auf. Nach dem Aufkochen wird der Rückstand abfiltriert und abwechselnd mit heißer verdünnter Salzsäure und heißem Wasser eisenfrei, schließlich mit heißem Wasser chlorfrei ausgewaschen. Nach dem Veraschen des Filters glüht man ihn im Platintiegel, wägt, verflüchtigt das Siliciumdioxyd durch Abrauchen mit Fluß- und Schwefelsäure, glüht und wägt wieder. Die Gewichtsdifferenz entspricht dem Gewicht des vorhandenen *Siliciumdioxyds*. Der im Tiegel verbliebene Rückstand wird mit Soda geschmolzen, die Schmelze mit Wasser ausgelaugt, der unlösliche Anteil nach dem Abfiltrieren mit Salzsäure gelöst und diese Lösung dem Filtrat vom Siliciumdioxyd beigegeben. Nun fällt man in den vereinigten Lösungen nach dem Erhitzen zum Sieden das *Barium* durch Zugeben von 10 ml Schwefelsäure (1 + 3). Der Niederschlag wird nach mehrstündigem Absitzenlassen abfiltriert, mit schwefelsaurem Wasser ausgewaschen, bei 400 bis 450° geglüht und dann gewogen (*Bariumsulfat*).

Das Bariumsulfat kann noch mit Blei verunreinigt sein. Man schmilzt es daher mit Natriumkaliumcarbonat, behandelt die Schmelze mit Wasser, filtriert die Carbonate ab, löst sie in wenig verdünnter Salzsäure und fällt in der Lösung das Blei mit Schwefelwasserstoff. Im Filtrat vom Bleisulfid wird nach dem Verkochen des Schwefelwasserstoffes das Barium wieder als Sulfat gefällt.

Das Filtrat der ersten Bariumsulfatfällung wird in einem 1 l-Meßkolben mit 5 bis 10 g Ammoniumchlorid versetzt und mit kohlendioxydfreiem Ammoniak übersättigt. Nach etwa $^1/_2$stündigem Einleiten von Schwefelwasserstoff füllt man den Kolbeninhalt zur Marke auf, schüttelt ihn durch und filtriert ihn durch ein trockenes Faltenfilter. Dem Filtrat entnimmt man 500 ml, engt auf etwa die Hälfte ein und säuert mit Salzsäure an. Dann wird filtriert, das Filtrat schwach ammoniakalisch gemacht und das *Calcium* durch Zugeben von 20 ml heißer Ammoniumoxalatlösung [40 g $(NH_4)_2C_2O_4 \cdot H_2O$/l] unter Kochen gefällt. Nach dem Abfiltrieren wird der Niederschlag mit heißem Wasser oxalatfrei gewaschen, samt dem Filter in das Fällungsgefäß zurückgegeben, mit heißer, verdünnter Schwefelsäure (1 + 4) gelöst und die 70° warme Lösung mit n/5- oder n/10-Kaliumpermanganatlösung titriert.

1 ml n/5-Kaliumpermanganatlösung entspricht 0,0056 g CaO.

Das Filtrat vom Calciumoxalat versetzt man mit $^1/_5$ seines Volumens an Ammoniak (0,91), erwärmt es auf 60° und gibt unter kräftigem Rühren 20 ml Ammoniumhydrogenphosphatlösung (200 g/l) hinzu. Der Niederschlag bleibt 24 Std. stehen, dann wird auf einen Porzellanfiltertiegel abfiltriert, mit ammoniakhaltigem Wasser ausgewaschen und bei 1000° bis zum gleichbleibenden Gewicht geglüht ($Mg_2P_2O_7$ mal 0,3623 = MgO).

7. Alkalien

4 g *Abbrand* werden in 100 ml verdünnter Salzsäure (1 + 1) gelöst; die Lösung wird nach dem Verdünnen mit 100 ml Wasser in einen 1 l-Meßkolben filtriert und der Rückstand mit heißer verdünnter Salzsäure, zuletzt mit heißem Wasser

ausgewaschen. Von *Schwefelkiesen* röstet man im Eisentiegel 6 bis 8 g bei 800° zunächst ab und löst dann von dem geglühten Material 4 g in Salzsäure.

Der ausgewaschene Rückstand wird nach dem Veraschen des Filters im Platintiegel mit einigen Tropfen Salzsäure befeuchtet und das Siliciumdioxyd mit Flußsäure durch allmähliches Erhitzen verflüchtigt. Dann löst man den Tiegelinhalt mit wenig Salzsäure und vereinigt die Lösung mit dem Filtrat im Meßkolben. Der Kolbeninhalt wird darauf auf etwa 70° erwärmt und mit so viel klarer, heiß gesättigter Bariumhydroxydlösung versetzt, bis sich die gefällten Hydroxyde klar absetzen (zugesetzte Phenolphthaleinlösung muß eine deutliche Rotfärbung erzeugen). Man füllt dann den Kolben mit Wasser zur Marke auf, filtriert, entnimmt dem Filtrat 500 ml (= 2 g Einwaage), gibt die Abmessung in einen anderen 1 l-Meßkolben, fügt Ammoniumcarbonatlösung (250 g/l) im Überschuß hinzu, etwa 30 ml, und erwärmt, um den Niederschlag in kristalline Form zu bringen, auf 70°. Nach dem Abkühlen wird der Kolbeninhalt zur Marke aufgefüllt, filtriert und dem Filtrat eine Abmessung von 500 ml (= 1 g Einwaage) entnommen. Diese dampft man in einem Becherglas bis auf 30 ml ein, säuert sie mit 1 ml Schwefelsäure (1,84) an, bringt sie in eine Platinschale und dampft sie vorsichtig zur Trockne. Durch allmählich gesteigerte Temperatur werden die Ammoniumsalze verflüchtigt. Dann nimmt man den verbliebenen Rückstand mit Wasser auf, kocht die Lösung einige Minuten, filtriert die Verunreinigungen ab, dampft das klare Filtrat in einer gewogenen Platinschale zur Trockne und glüht die Salze. Zur Verhinderung einer Bildung von Hydrogensulfaten setzt man etwas festes Ammoniumcarbonat hinzu und wiederholt das Glühen bis zur Gewichtskonstanz. (Auswaage: $Na_2SO_4 + K_2SO_4$.)

8. Edelmetalle

Die Bestimmung der Edelmetalle ist bei Schwefelkiesen und Abbränden unter Umständen von erheblicher Bedeutung; ihre Ausführung ist aus dem Kapitel Silber und Gold, S. II/748, zu ersehen.

9. Nickel und Kobalt

Über die Art der Durchführung ihrer Bestimmung s. in den entsprechenden Kapiteln und im Kapitel Zink, S. II/914.

10. Phosphor

Die Ermittlung des Phosphorgehaltes ist bei den Kiesabbränden von Belang, die in Hochöfen verhüttet werden. Man bestimmt die Phosphorsäure nach dem Lösen der Probe in Salz- und Salpetersäure als Phosphorammoniummolybdat, Kapitel Mangan, S. 490. Falls der Phosphor in Schwefelkiesen bestimmt werden soll, ist ein Aufschluß der Probe mit „umgekehrtem Königswasser“ zweckmäßig.

11. Arsen

Nach den Angaben im Kapitel Arsen, S. 122, löst man die Kiesproben mit Salpetersäure, bei Kiesabbrand und Flugstaub mit einem Gemisch von 3 Vol Salzsäure (1,19) und 2 Vol Salpetersäure (1,4), fügt Schwefelsäure hinzu, erhitzt die Lösung bis zum Auftreten starker Schwefelsäuredämpfe, spült das Ganze in einen Destillierkolben über, setzt Reduktionslösung sowie Salzsäure (1,19) hinzu und destilliert das Arsentrichlorid in eine mit Wasser beschickte Vorlage über.

Bei *Schwefelkiesen* z. B. verfährt man folgendermaßen: Je nach dem Arsengehalt werden in einem 600 ml-Becherglas (hohe Form) 2 bis 10 g Probematerial mit 10 bis 50 ml Salpetersäure (1,40) in kleinen Anteilen versetzt, bis die anfangs stürmische Reaktion nachgelassen hat. Sind nach schwachem Erwärmen die

Stickoxyde restlos beseitigt, so gibt man 10 bis 25 ml Schwefelsäure (1 + 1) hinzu und erhitzt die Lösung bis zum starken Rauchen der letzteren. Der erkaltete Inhalt des Becherglases wird dann in einen Destillierkolben übergespült, mit 50 ml Reduktionslösung (Kaliumbromid + Hydrazinsulfat) und 100 ml Salzsäure (1,19) versetzt und bis auf ein Volumen von 75 ml abdestilliert. Als gutes Reduktionsmittel hat sich auch eine Lösung von 80 g Eisen(II)-sulfat ($FeSO_4 \cdot 7\,H_2O$) + 500 ml Salzsäure (1,19) in 500 ml Wasser bewährt. Als Vorlage dient ein mit Wasser beschicktes Gefäß (s. Abb. 8, S. 122). Die Bestimmung des Arsens im Destillat kann nun, wie im Kapitel Arsen, S. 122ff., ausgeführt, maßanalytisch mit Jod-, Chloramin- oder Kaliumbromatlösung, gewichtsanalytisch als Sulfid und bei kleinen Mengen colorimetrisch oder photometrisch erfolgen.

12. Selen und Tellur

Vorschriften für die Selen- und Tellurbestimmung sind in den betreffenden Kapiteln zu finden.

13. Chlor

Je 5 g der Schwefelkiesprobe werden in einem ERLENMEYER-Kolben mit etwas Wasser angefeuchtet, je 3 bis 4 ml Silbernitratlösung (3 g/l) versetzt und mit Salpetersäure (1,40) unter Kühlen langsam aufgeschlossen. Dann verdünnt man die Lösung mit Wasser, gibt etwas Bleiacetatlösung hinzu, läßt den Niederschlag 6 Std. absitzen, filtriert ihn ab, wäscht ihn mit kaltem Wasser sorgfältig aus und trocknet ihn. Nach vorsichtigem Veraschen des Filters auf einem Ansiedescherben wird sein Inhalt mit 40 g Kornblei und etwas Borax überdeckt und bei mäßiger Hitze verschlackt. Der weitere Verlauf dieser dokimastischen Bestimmung ist im Kapitel Silber und Gold, S. II/743, beschrieben. Schließlich wird das erhaltene Silberkorn ausgewogen.

Bemerkung. Die Chlorbestimmung in anderen sulfidischen Erzen ist in den entsprechenden Kapiteln beschrieben. — Für Betriebszwecke genügt bei Schwefelkies meist ein $^1/_2$stündiges Kochen von 10 g Probematerial mit 200 ml Natriumcarbonatlösung (50 g/l) unter Ersatz des verdampften Wassers, Filtrieren, Oxydieren des Filtrats mit Wasserstoffperoxyd, Ansäuern mit Salpetersäure, Fällen mit Silbernitrat, Trocknen des abfiltrierten und ausgewaschenen Silberchlorids und Wägen. Sollte der Niederschlag durch Silbersulfid verfärbt sein, so löst man ihn in verdünntem Ammoniak, filtriert die Lösung und fällt im Filtrat das Silberchlorid durch Ansäuern mit Salpetersäure wieder aus.

14. Fluor

Über die Fluorbestimmung s. unter Zinkerzen im Kapitel Zink, S. II/916ff. Die Untersuchung von Gasmasse ist mit dem Rückstand der Schwefelkohlenstoff-Extraktion auszuführen.

15. Kohlenstoff

a) Carbonatkohlenstoff nach dem Entwicklungsverfahren

Nach der Vorschrift im Handbuch für das Eisenhüttenlaboratorium Bd. I (1939) S. 13, wird das Kohlendioxyd aus den in den Kiesen vorhandenen Carbonaten in einem Zersetzungskolben mit Schwefelsäure ausgetrieben und in einer mit Natronkalk oder Kalilauge beschickten Vorlage absorbiert. Die dafür benötigte Apparatur setzt sich wie folgt zusammen:

Ein Kolben nach CORLEIS oder von ähnlicher Ausführung, dem ein mit Kalilauge (1 + 2) und Natronkalk gefüllter Absorptionsturm vorgeschaltet ist; an den Zersetzungskolben sind der Reihe nach angeschlossen: ein Röhrchen mit Chromsäure, eine Waschflasche mit Schwefelsäure (1,84), ein Röhrchen mit Phosphorpentoxyd, zwei mit Natronkalk und Phosphorpentoxyd gefüllte U-Röhrchen oder 2 Vorlagen mit Kalilauge zur Aufnahme und Wägung des Kohlendioxyds, dann zum Abschluß ein Röhrchen mit Natronkalk und ein Blasenzähler mit Schwefelsäure (1,84).

Das Röhrchen mit Chromsäure kann wegfallen, wenn man zum Lösungsmittel Quecksilber(II)-chlorid hinzufügt.

Zu Beginn der Bestimmung werden 1 bis 5 g des feinst gepulverten Materials mittels eines Eimerchens in den Kolben gebracht und 100 ml kohlendioxydfreies Wasser hinzugefügt, so daß das Einleitungsrohr eintaucht. Dann setzt man den mit einer Schliffverbindung versehenen Kühler auf und leitet langsam während etwa $^1/_2$ Std. einen kohlendioxydfreien Luftstrom durch die Apparatur, um die darin befindliche kohlendioxydhaltige Atmosphäre zu verdrängen. Darauf werden die Absorptionsgefäße angeschaltet und langsam 50 ml Schwefelsäure $(1 + 2)$ in den Kolben eingebracht; der Schliff ist mit etwas Schwefelsäure (1,84) abgedichtet. Sobald der durch die Gasentwicklung entstandene Überdruck nachläßt, leitet man einen gleichmäßigen Luftstrom (3 bis 4 Blasen je Sekunde) durch die Apparatur, erhitzt den Kolben vorsichtig und läßt schließlich die Flüssigkeit 30 min kochen.

Die Gewichtszunahme der beiden Absorptionsgefäße entspricht dem Gehalt des eingewogenen Erzes an Kohlendioxyd.

Die Apparatur für die Kohlendioxyd-Bestimmung ist in dem Kapitel Feste Brennstoffe abgebildet (S. II/1157). Vgl. auch die Bestimmung des Kohlenstoffes nach J. Fischer und W. Schmidt unter b), γ).

b) Gesamtkohlenstoff nach dem Verbrennungsverfahren

Der Kohlenstoffgehalt von Schwefelkiesen und anderen sulfidischen Erzen ist meist sehr gering und daher für die Verarbeitung ohne nennenswerte Bedeutung. Dagegen sind die Pyritprodukte, die bei der Kohlenaufbereitung anfallen, mit Kohle durchsetzt, so daß sich bei der Röstung und Schwefelsäurefabrikation mannigfache Erschwernisse ergeben.

Man hat zwischen anorganisch und organisch gebundenem Kohlenstoff zu unterscheiden. Der erstere läßt sich nach vorstehender Ziffer IV. 15 a gut bestimmen. Für die Bestimmung des Gesamtkohlenstoffes, aus dem sich durch Differenzbildung mit dem anorganisch gebundenen der organische Kohlenstoff berechnen läßt, werden im folgenden einige Verfahren angegeben:

α) *Gewichtsanalytisch nach DIN 51721*

ist im Kapitel Feste Brennstoffe, S. II/1157, beschrieben.

β) *Gasvolumetrisch*

Grundlage. Die Methode beruht auf der Verbrennung des Kohlenkieses im Sauerstoffstrom und der gasvolumetrischen Erfassung des gebildeten Kohlendioxyds in einer Meßbürette. Die entstandene schweflige Säure wird durch drei kleine Waschflaschen, die mit einer Mischung von Chromsäure und Schwefelsäure gefüllt sind, zurückgehalten.

Anwendungsbereich. Die Methode wird angewendet zur Bestimmung des Kohlenstoffes in Kohlenkiesen mit einem Kohlenstoffgehalt bis zu etwa 10%, wobei mit steigendem C-Gehalt die Einwaage zu vermindern ist.

Dauer. Etwa 10 min für eine Bestimmung (nachdem der Ofen die Verbrennungstemperatur erreicht hat).

Genauigkeit. 2 bis 3.

Ausführung. Der für die gasvolumetrische Bestimmung benutzte Apparat zur Bestimmung des Kohlenstoffes in Stählen ist aus Abb. 47 (s. S. 662) zu ersehen. Die Einwaage beträgt 1,0 g Kohlenkies bei etwa 4% C, 0,50 g Kohlenkies bei etwa 8% C.

Die Einwaage des feinstgepulverten Kohlenkieses wird in einem Verbrennungsschiffchen (Porzellan) in das Verbrennungsrohr bis zur Mitte der Heizzone des Ofens geschoben. Dann wird der Ofen über die zwischengeschalteten drei kleinen, mit Chromschwefelsäure gefüllten Waschflaschen mit dem Volumeter verbunden. Das zu Beginn hochgestellte Niveaugefäß wird mit fortschreitender Verbrennung immer tiefer gehalten und gleichzeitig der Sauerstoffstrom so geregelt, daß im Meßgefäß immer ein leichter Unterdruck herrscht. Das Verbrennungsgas mit dem gebildeten Kohlendioxyd sammelt sich dabei quantitativ im Meßgefäß. Für die Verbrennung genügt eine Temperatur von 1000°. Die Waschflaschen für die Oxydation der gebildeten schwefligen Säure haben ein Fassungsvermögen von etwa 25 ml und sind zur Hälfte mit Chromschwefelsäurelösung beschickt. Nach der Ver-

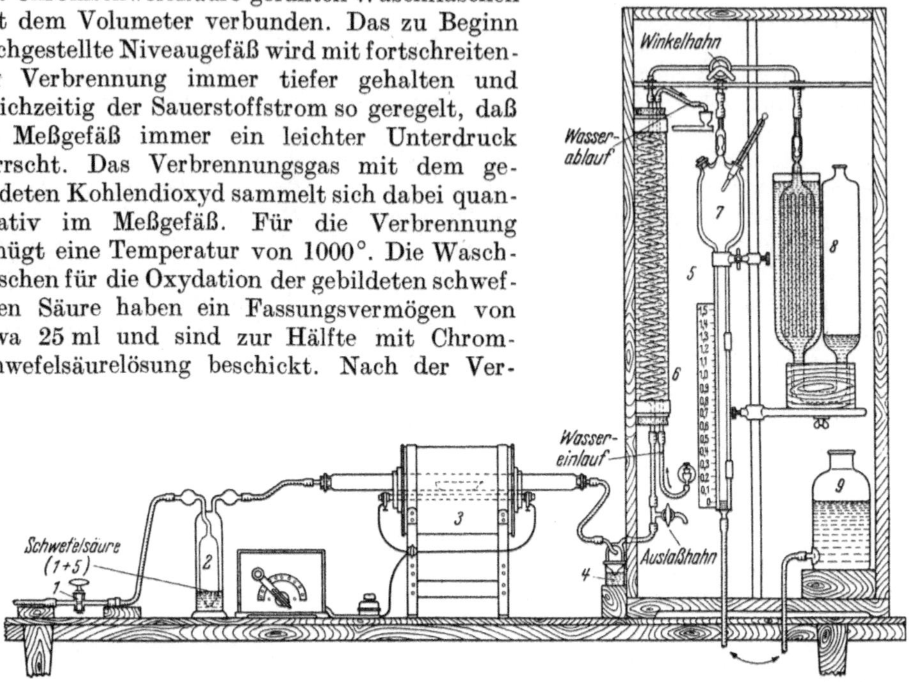

Abb. 47. Apparatur für die gasvolumetrische Kohlenstoffbestimmung durch Verbrennen im Sauerstoffstrom
1 Absperrhahn für die Sauerstoffzuführung; *2* Waschflasche; *3* Verbrennungsofen; *4* Chromschwefelsäure-Vorlage; *5* Volumeter; *6* Kühler; *7* Meßbürette mit Kühlmantel; *8* Absorptionspipette; *9* Niveaugefäß

brennung erfolgt das Einstellen und Ablesen des Flüssigkeitsspiegels, indem man die Flüssigkeitsspiegel in der Meßröhre und im Niveaugefäß auf gleiche Höhe bringt, stellt man die Verbindung zwischen Absorptions- und Meßgefäß her, drückt durch Heben der Niveauflasche das Gas hinüber, saugt es wieder zurück und leitet es nochmals in das mit Kalilauge gefüllte Absorptionsgefäß. Zweimaliges Einleiten in die KOH-Pipette ist zur vollständigen Absorption des Kohlendioxyds notwendig. Das Meßgefäß wird nun abgesperrt, das verbliebene Sauerstoffvolumen gemessen und der Sauerstoff hinausgedrückt. Die Volumenverminderung entspricht dem Volumen des absorbierten Kohlendioxyds und kann auf der Skala bei der Einwaage von 1 g als Prozentgehalt direkt abgelesen werden. Diese Angabe muß jedoch noch auf die Eichtemperatur und den Normalbarometerstand bezogen werden.

Erforderliche Lösungen:

1. *Chromschwefelsäuremischung:* 40 g CrO_3, gelöst in 150 ml H_2O + 500 ml H_2SO_4 (1,84).

2. *Kalilauge:* 500 g KOH reinst, gelöst in 1 l H_2O.

3. *Sperrflüssigkeit für die Meßbürette:* 200 g NaCl werden in 1 l H_2O gelöst und mit 1 ml H_2SO_4 (1,84) versetzt. Der Flüssigkeit wird ein Indicator zugesetzt, um gegebenenfalls das Übertreten von KOH in das Meßgefäß anzuzeigen und das Ablesen zu erleichtern.

Fehlerquellen. Vor jeder Bestimmung muß die Chromschwefelsäurefüllung erneuert werden.

γ) Potentiometrisch nach J. Fischer und W. Schmidt

Grundlage. Die Probe Schwefel oder Schwefelerz wird im vorgereinigten und getrockneten Sauerstoffstrom bei 800 bis 900° im elektrisch beheizten Porzellanrohr verbrannt. Die Verbrennungsgase werden mit 3proz. H_2O_2 (zur Oxydation des SO_2 zu H_2SO_4) und Chromschwefelsäure gewaschen und in etwas H_2O_2 und Äthanol enthaltende Barytlauge vom p_H 9,9 eingeleitet. Der p_H-Wert wird potentiometrisch mit dem System Platin—Kalomelelektrode auf ± 1 mV genau eingestellt. Die Fällung des CO_2 als $BaCO_3$ führt zu einer p_H-Abnahme, die durch laufende Zugabe von etwa n/60-Barytlauge wieder ausgeglichen wird. Der Laugeverbrauch ist das Maß für den Kohlenstoffgehalt der Proben.

Durch geeignete Änderung kann der Gesamtkohlenstoffgehalt neben dem Carbonatkohlenstoff und damit auch die Differenz (organisch gebundener Kohlenstoff, z. B. Bitumen) bestimmt werden.

Anwendungsbereich. Die Methode gestattet die Bestimmung des Kohlenstoffs (Bitumen) in Schwefel und Schwefelerzen durch Variation der Einwaage — normalerweise 1 g — und der Konzentration der Titrierlauge zwischen 0,0001 und mehr als 1% C, doch ist sie besonders für die Bestimmung kleiner Gehalte geeignet. Die Arbeitsbedingungen erlauben ferner die Bestimmung des Carbonatkohlenstoffs neben organisch gebundenem Kohlenstoff.

Genauigkeit. 1.

Erfassungsgrenze. 1 μg C.

Dauer. 4 Bestimmungen je Std.

Ausführung. 1 g Schwefel oder Erz (bei Gehalten über 0,05% C entsprechend weniger) wird in vorgeglühte Pythagoras-Schiffchen eingewogen und in den kalten Teil des Verbrennungsrohres eingesetzt. Nach Durchspülen der Apparatur mit Sauerstoff (etwa 0,25 l/min Sauerstoff, Druck etwa 200 Torr) und Einstellen des p_H-Wertes wird das Schiffchen mit der Schiebevorrichtung in die Verbrennungszone geschoben. Alsbald beobachtet man die Absorption von SO_2 in der Waschflasche mit H_2O_2 und eine p_H-Abnahme in der Barytlauge (Ansteigen des Potentials von dem Normalwert 100 mV $= 9{,}9\, p_H$), die durch sofortiges Nachgeben von $Ba(OH)_2$ ausgeglichen wird. Das Ende der Verbrennung (7 bis 10 min) ist durch ein Konstantbleiben des Potentials erkennbar. Es ist darauf zu achten, daß die Lösung niemals saurer als p_H 9,5 $= +130$ mV wird. Durch entsprechende Drehung des Karlsruher Hahns kann der Überdruck von dem Verbrennungsrohr genommen und dieses neu beschickt werden, ohne daß dabei die Absorptionslösung zurückgesaugt wird. Bei höherem C-Gehalt der Proben als 1% kann mit einer 10fach stärkeren Lauge titriert werden, wobei etwa drei Viertel der benötigten Laugemenge vorgelegt werden und zur vollständigen Absorption zusätzlich im Absorptionsgefäß gerührt wird.

Der Titer der Lauge wird zweckmäßigerweise direkt im Absorptionsgefäß unter Durchleiten von Sauerstoff gegen vorgelegte Oxalsäure gleicher Konzentration (etwa n/60) gestellt; er soll bei etwa 100 μg C für 1 ml Lauge liegen. Die Lauge wird aus $BaCl_2$-Lösung unter Zugabe der entsprechenden Menge NaOH in CO_2-freiem Wasser hergestellt. Etwa als Bodensatz ausgefallenes $BaCO_3$ stört nicht. Die Absorptionslösung besteht aus 10 g $BaCl_2 \cdot 2\,H_2O$, 5 ml 96proz. Äthanol und 0,6 ml 30proz. H_2O_2 im Liter (100 ml für eine Füllung des Absorptionsgefäßes). Sie bedarf nur bei Vorliegen eines starken Satzes $BaCO_3$ der Erneuerung. Das Absorptionsgefäß wird, wenn die Glasfritte anfängt sich zuzusetzen, durch Spülen mit Salzsäure gereinigt.

Ist im Analysenprodukt auch Carbonat vorhanden, so kann dieses zusätzlich allein bestimmt werden, indem an Stelle des Ofens ein Gasentwicklungsgefäß geschaltet wird, in dem aus der Probe mit Salzsäure (1 + 3) bei 60° das Kohlendioxyd aus und — wie oben beschrieben — in das Absorptionsgefäß übergetrieben wird. Bei hohem Carbonatgehalt und niedrigem Restkohlenstoffgehalt wird der im Entwicklungsgefäß verbleibende unlösliche Rückstand über Asbest abfiltriert und der trocken gesaugte Asbestkuchen — der den unlöslichen Kohlenstoff, auch das Bitumen enthält — in der Verbrennungsapparatur auf Kohlenstoff analysiert.

Fehlerquellen. Bei sorgfältigem Arbeiten sind die Blindwerte der Verbrennungsschiffchen und des mit Säure behandelten und bei 900° geglühten Asbests für GOOCH-Tiegel sehr klein und so konstant, daß sie leicht berücksichtigt werden können und die Genauigkeit nicht beeinträchtigen.

Literatur. FISCHER, I., u. W. SCHMIDT: Z. angew. Chem. Bd. 68 (1956) S. 701.

δ) Maßanalytisch nach G. Stamm bei gleichzeitiger Bestimmung des Schwefelgehaltes

Grundlage. Die Verbrennung erfolgt im Sauerstoffstrom bei 1200° im elektrisch beheizten Porzellanrohr (Marsofen). Mit Hilfe einer Wasserstrahlpumpe wird in der gesamten Apparatur ein ständiger Unterdruck aufrechterhalten und das aus einer Bombe entnommene Sauerstoffgas zuerst durch die üblichen Reinigungs- und Trocknungseinrichtungen, sodann durch den mit der Analysensubstanz beschickten Verbrennungsofen und schließlich durch die Absorptionsgefäße hindurchgesaugt.

Das gebildete Schwefeldioxyd wird in 1proz. neutraler Wasserstoffperoxydlösung aufgefangen und die entstandene freie Schwefelsäure mit n/5-Natronlauge titriert. Das Kohlendioxyd wird anschließend in 1n-Kalilauge absorbiert und mit n/2-Schwefelsäure maßanalytisch bestimmt.

Verbrennungsgerät. Die Verbrennungseinrichtung ist die gleiche, wie beim Verfahren nach F. GROTE, S. 647, zur Bestimmung des Schwefels beschrieben und abgebildet. An die beiden Frittenflaschen für die Absorption des Schwefeldioxyds werden zwei weitere zur Aufnahme des Kohlendioxyds angeschlossen. Das Ausmünderohr der letzten Waschflasche besitzt anstelle eines Schliffes einen eingeschliffenen Durchgangshahn. Dieser ermöglicht es, jederzeit das Absaugen, falls erforderlich, zu unterbrechen oder zu drosseln bzw. nach Beendigung der Analyse die Apparatur von der Saugpumpe abzuschalten, so daß die Verbindungen zwischen den Absorptionsflaschen leichter gelöst werden können. In die Sauerstoffzuführung sind nacheinander ein Blasenzähler, ein T-Stück und die Reinigungsflaschen geschaltet. Der freie Schenkel des T-Stückes ist über eine Leerflasche mit einem Quecksilbermanometer verbunden. Die Reinigungsvorrichtung für das Sauerstoffgas besteht aus sechs hintereinandergeschalteten Gaswaschflaschen, von denen — im Sinne des Gasstromes — die erste, dritte und fünfte leer sind, während die zweite mit Chromschwefelsäure, die vierte mit Kalilauge (400 g/l) und die sechste mit Schwefelsäure (1,84) beschickt sind, und außerdem aus zwei nachgeschalteten Natronkalktürmen.

Auf der anderen Seite des Verbrennungsofens wird zwischen der letzten Absorptionsflasche und der Wasserstrahlpumpe eine Weithalsflasche als Leerraum für einen Wasserrückschlag eingeschaltet. Der Gummistopfenverschluß dieser Flasche besitzt noch eine dritte Bohrung, durch die ein Glasrohr mit einfachem Durchgangshahn gesteckt ist. Dieser Hahn dient der Regulierung der Gasgeschwindigkeit und der Einstellung eines geringen Unterdrucks in der Apparatur.

Beschickung der Absorptionsvorlagen. 1. und 2. Frittenflasche G_2: je 50 ml 1proz. neutrale Wasserstoffperoxydlösung; 3. und 4. Frittenflasche G_3: je 50 ml 1n-Kaliumhydroxydlösung.

Genauigkeit. Kohlenstoff: 2; Schwefel: 2.

Dauer. 45 min bei Serienbestimmungen, 60 min bei Einzelbestimmungen.

Ausführung. 0,6 g der feingepulverten, trockenen Probe werden in ein Porzellanschiffchen (73 × 13 mm) eingewogen. Der Ofen wird auf 1200° erhitzt und das Porzellanschiffchen unter kurzem Lüften des Gummistopfens in den Anfang des Verbrennungsrohres rasch hineingeschoben. Nun stellt man den Sauerstoffstrom auf die erforderliche Geschwindigkeit ein (lebhaftes Durchperlen am Blasenzähler) und reguliert das Saugen mit Hilfe des Hahnes an der Weithalsflasche so, daß das Quecksilbermanometer einen geringen Unterdruck anzeigt. Nach etwa 5 min wird das Schiffchen mit der Schubeinrichtung 5 cm weiter in das Rohr hineingeschoben. Wenn nach weiteren 5 bis 8 min die in der 1. Frittenflasche auftretenden weißen Nebel verschwunden sind, wird das Schiffchen nochmals 5 cm vorgeschoben, worauf neue Nebel entstehen. Sobald sich keine Nebel mehr zeigen, wird das Schiffchen in die Glühzone gerückt und dort 10 bis 15 min belassen. Die Verbrennung ist beendet, wenn in den Frittenflaschen keine Nebel mehr zu erkennen sind. Der Rundstab zum Schieben des Schiffchens wird jedesmal *sofort* in die Ausgangsstellung zurückgebracht.

Schwefelbestimmung. Der Inhalt der beiden Wasserstoffperoxydflaschen wird in einem ERLENMEYER-Kolben (500 ml Inhalt) zusammengegossen. Die Frittenflaschen und das Absaugequarzrohr werden mit Wasser ausgespült. Die gebildete Schwefelsäure wird mit n/5-Natriumhydroxydlösung titriert (Methylorange).

Umrechnungsfaktor auf % S bei 0,6 g Einwaage: 0,5344.

Kohlenstoffbestimmung. Man vereinigt den Inhalt der beiden Kalilaugeflaschen in einem ERLENMEYER-Kolben (750 ml Inhalt) und spült die Frittenflaschen mit CO_2-freiem Wasser gut aus. Die Titration erfolgt mit n/2-Schwefelsäure in 2 Phasen. Zuerst titriert man gegen Phenolphthalein (3 Tropfen einer 1proz. Lösung) bis zum Umschlag nach Farblos. Dabei ist zu beachten, daß der Farbstoff verblaßt und daß es u. U. notwendig ist, für die Endpunktbestimmung mehrmals Phenolphthaleinlösung zuzutropfen. Der Endpunkt ist dann genau erfaßbar (P-Wert). Der farblos gewordenen Lösung werden dann 3 Tropfen Methylorangelösung zugesetzt, worauf mit der n/2-Schwefelsäure bis zum Umschlag nach Zwiebelrot weitertitriert wird (M-Wert).

Beispiel:

Vorgelegt: 100 ml 1n-Kalilauge,
P-Wert = 191,8 ml n/2-Schwefelsäure,
M-Wert = 199,7 ml n/2-Schwefelsäure,
$M - P$ = 7,9 ml n/2-Schwefelsäure,

Blindwert ($M - P$) von 100 ml der verwendeten 1n-Kalilauge, z. B. 1,1 ml n/2-H_2SO_4,

% C = 7,9 − 1,1 = 6,8, da bei 0,6 g Einwaage 1 ml n/2-H_2SO_4 = 1% C entspricht.

Sind in der Probe anorganische Carbonate vorhanden, so sind diese gesondert zu bestimmen, die Werte auf % C umzurechnen und abzuziehen.

Bemerkung. Bei der Ruhr-Schwefelsäure G. m. b. H. wird folgendermaßen verfahren:

Schwefelbestimmung. Die in der Wasserstoffperoxydlösung nach der Verbrennung vorhandene Schwefelsäure wird mit 1n-Natriumhydroxydlösung titriert (TASHIRO-Indicator: Mischung von 100 ml einer 0,03proz. alkoholischen Lösung von Methylrot mit 15 ml einer 0,1proz. wäßrigen Lösung von Methylenblau). Man verwendet eine Bürette von 25 ml Inhalt mit $^1/_{20}$ ml-Teilung und automatischer Nullpunktseinstellung. Die Auslaufspitze des Bürettenhahnes muß möglichst eng sein: 1 Tropfen = 0,05 ml.

% S = ml 1n-Natronlauge mal 2,6722 (bei 0,6 g Einwaage).

Kohlenstoffbestimmung. Die beiden Frittenflaschen zur Kohlendioxydabsorption werden mit je 25 ml 1n-Kalilauge beschickt. Titriert wird mit 1n-Schwefelsäure aus einer automatischen Bürette mit Nullpunktseinstellung, $^1/_{20}$-Teilung und 25 ml Inhalt. Die Berechnung erfolgt gemäß nachstehendem Beispiel:

Vorgelegt: 50 ml 1n-Kalilauge,
P-Wert = 46,80 ml 1n-Schwefelsäure,
M-Wert = 49,90 ml 1n-Schwefelsäure,
$M - P$ = 3,10 ml 1n-Schwefelsäure.

Blindwert $M - P$ von 50 ml der vorgelegten 1n-Kalilauge, z. B. 0,15 ml 1n-Schwefelsäure.

% C = (3,10 − 0,15) · 2 = 5,90%.

V. Untersuchungen im Schwefelsäurebetrieb

In den nachfolgenden Abschnitten sind die in den Laboratorien der Schwefelsäurebetriebe gebräuchlichsten analytischen Untersuchungsverfahren zusammengefaßt. Für die Betriebsüberwachung in Röstanlagen und Schwefelsäurefabriken sind auch automatisch arbeitende Instrumente in Gebrauch, die z. B. die Zug- und Druckverhältnisse messen, den Schwefeldioxydgehalt der Gase kontrollieren, die Stärke der Säure angeben usw. Diese anzeigenden und schreibenden Geräte sind, entsprechend dem gewählten Meßprinzip, so vielgestaltig, daß von einer Beschreibung abgesehen werden muß.

1. Schwefelsäuregewinnung nach dem Kammer- und Turmverfahren

Die bei der Abröstung sulfidischer Erze entstandenen, Schwefeldioxyd enthaltenden Gase werden vom Staub gereinigt und gewaschen. Schließlich wird daraus unter Verwendung von Salpetersäure eine etwa 78proz. Schwefelsäure gewonnen.

a) Messen der Zug- und Druckverhältnisse (an den Röstöfen und im Säuresystem)

Bewährte Instrumente für eine sehr genaue Erfassung geringster Druckunterschiede sind Differentialmanometer, von denen es verschiedene Konstruktionen gibt, so z. B. die nach König oder nach H. Rabe. Bei diesen besteht das Differential darin, daß die beiden oberen Enden des U-förmig gebogenen Manometerrohres zylindrisch erweitert sind und die Querschnitte des weiten und engen Teiles in einem bestimmten Verhältnis zueinander stehen, z. B. 10 : 1. Das Manometer wird mit zwei nicht miteinander mischbaren Stoffen von annähernd gleicher Dichte, z. B. Wasser und angefärbtem flüssigem Phenol, gefüllt. Die Trennschicht der beiden Flüssigkeiten verlegt man in den engen Teil des einen Schenkels derart, daß hier der Nullpunkt der verschiebbar angeordneten Skala zu liegen kommt. Wenn sich unter dem Einfluß der Zug- und Druckverhältnisse das Flüssigkeitsniveau um 1 mm hebt oder senkt, so verschiebt sich die Trennschicht im engen Rohr um den zehnfachen Betrag. Es können somit sehr kleine Unterschiede, etwa wie 0,1 mm WS, noch sehr genau abgelesen werden.

Diese Differentialmanometer haben sich bei der Messung der manometrischen Verhältnisse an Röstöfen bewährt. Da ihr Meßbereich bis zu 100 oder 200 mm WS reicht, können sie auch zum Durchmessen des gesamten Systems verwendet werden. Im übrigen genügt im hinteren Teil der Systeme ein gewöhnliches Flüssigkeitsmanometer mit Wasserfüllung.

b) Die Bestimmung des Gehaltes an Schwefeldioxyd und Sauerstoff im Röstgas und in den Betriebsgasen eines Schwefelsäuresystems (Orsat-Analyse)

Zur laufenden, schnellen Kontrolle der relativen Veränderungen in der Gaszusammensetzung ist ein kleiner ORSAT-Apparat geeignet, mit dem man an Ort und Stelle die Messungen durchführen kann. Dieser Apparat braucht z. B. nur aus einer Meßbürette, einer mit Kali- oder Natronlauge (200 g/l) gefüllten Absorptionspipette und 2 Phosphorpipetten zu bestehen. Dabei ist zu berücksichtigen, daß durch die Lauge nicht nur SO_2, sondern auch SO_3, H_2SO_4, CO_2 und sonstige saure Bestandteile des Gases absorbiert werden, somit bei Messungen innerhalb des Systems auch nitrose Verbindungen. Trotzdem sind die ermittelten Werte für betriebliche Belange sehr wertvoll, zumal ihre Bestimmung leicht und rasch vonstatten geht.

Bei der Absorption mit Phosphor darf die Temperatur nicht zu tief absinken, weil sich sonst die Umsetzung stark verlangsamt. Am zweckmäßigsten arbeitet man zwischen 15 und 25°.

In nitrosen Gasen reagiert der Sauerstoff mitunter sehr träge oder gar nicht. Man kann sich dadurch helfen, daß die Phosphorpipetten zur Reaktivierung der Phosphoroberfläche zwischendurch mehrmals mit atmosphärischer Luft gefüllt werden. An Stelle von Phosphor empfiehlt es sich, zur Untersuchung nitroser Gase Absorptionsflüssigkeiten mit Pyrogallol oder Multirapid zu verwenden. (Letzteres zu beziehen bei der Union-Apparatebau-Gesellschaft, Karlsruhe.)

c) Die Beurteilung der Dichtigkeit eines Schwefelsäuresystems oder einzelner Teile davon aus der Sauerstoffzunahme

Diese kann aus dem Gehalt an SO_2 und O_2 am Gasein- und -austritt ersehen werden. Setzt man a = Vol.-% SO_2 beim Gaseintritt,
b = Vol.-% O_2 beim Gaseintritt,
c = Vol.-% SO_2 beim Gasaustritt,
d = Vol.-% O_2 beim Gasaustritt, so ist

$$d - \left(b - \frac{a-c}{2}\right) = \%\ \text{der Sauerstoffzunahme.}$$

Derartige Berechnungen ergeben zwar keine absoluten Zahlenwerte, vermitteln jedoch für die Beurteilung der Dichtigkeit der Apparatur bzw. für das Eindringen von Fremdluft brauchbare Anhaltspunkte.

Eine *zweite* Rechnung, um den Betrag der im Endgas enthaltenen Fremdluft A zu ermitteln, geht ebenfalls von der Zusammensetzung des Röstgases beim Eintritt in das System aus. Bedeuten a = % SO_2 und b = % O_2 im Eintrittsgas, so ergibt sich der Sauerstoffgehalt p des Endgases wie folgt: $[100 - (a + 0{,}5a)] : (b - 0{,}5a) = 100 : p$ oder

$$p = \frac{100 \cdot (b - 0{,}5a)}{100 - 1{,}5a}$$

Würde jedoch an Stelle von p% Sauerstoff ein größerer Gehalt, z. B. q%, gefunden werden, so ermittelt man den Betrag der im Endgas enthaltenen Fremdluft A aus: $100 \cdot q = (100 - A) \cdot p + 20{,}8 \cdot A$ oder

$$A = \frac{100 \cdot (q - p)}{20{,}8 - p}$$

Eine *dritte* Rechnung geht von der produzierten Schwefelsäuremenge Q sowie von der Zusammensetzung des Ein- und Austrittsgases aus und gestattet ebenfalls, die Menge an Röstgas, Endgas und Fremdluft mit ausreichender Genauigkeit zu erfassen. Hierbei wird berücksichtigt, daß ein bestimmter Teil des im Röstgas vorhandenen Sauerstoffgehaltes für die Erzeugung der Säure verbraucht wird und aus dem Gas verschwindet. Man rechnet (dabei ist Q die Produktionsmenge in Tonnen Schwefelsäure 60°Bé je 24 Std., während die übrigen Buchstaben den in den vorstehenden Berechnungen gebrauchten Bedeutungen entsprechen) wie folgt:

$$\text{Volumen Röstgas (m}^3\text{ bei } 27°) = \frac{191{,}6 \cdot Q}{a} \qquad (1)$$

$$\text{Volumen Endgas (m}^3\text{ bei } 27°) = \frac{191{,}6 \cdot Q}{a} \cdot \frac{2080 + 18{,}8 \cdot a - 100 \cdot b}{20{,}8 - d} \qquad (2)$$

$$\text{Volumen Fremdluft (m}^3\text{ bei } 27°) = \frac{191{,}6 \cdot Q}{a} \cdot \frac{100 \cdot (d - b) + 50 \cdot a - 1{,}5 \cdot d \cdot a}{20{,}8 - d} \qquad (3)$$

Das Röstgasvolumen läßt sich schließlich aus dem Kiesdurchsatz und der Abbrandmenge unter Zugrundelegen der Schwefelgehalte berechnen. Ein Beispiel dafür s. später unter Staubbestimmung, S. 682. Wenn anschließend das Endgas- und Fremdluftvolumen nach den Formeln 2 und 3 ermittelt werden soll, ist vorher eine Umrechnung des Röstgasvolumens auf 27° vorzunehmen.

d) Die Bestimmung des SO_2-Gehaltes im Röstgas nach F. Reich

Die Methode ermöglicht die Ermittlung des wirklichen Gehaltes an Schwefeldioxyd; sie beruht auf der Oxydation des Schwefeldioxyds durch Jod nach der Gleichung: $SO_2 + J_2 + 2H_2O = 2HJ + H_2SO_4$; als Indicator dient Stärkelösung.

Ausführungsart a. Das zu untersuchende Röstgas wird mittels eines Aspirators so lange durch eine mit Stärke angefärbte n/10-Jodlösung gesaugt, bis die Blaufärbung gerade verschwunden ist. Zur Ermittlung des Gasvolumens fängt man das vom Aspirator ausfließende Wasser in einem Meßzylinder auf (V). Das ursprüngliche Gasvolumen (V_1) ist um das in der Jodlösung absorbierte SO_2-Volumen größer, und zwar bei 10 ml n/10-Jodlösung um 10,95 ml (0°, 760 Torr); also ist das Röstgasvolumen $V_1 = V + 10{,}95$ ml und

$$\text{Vol.-\% } SO_2 = \frac{10{,}95 \cdot 100}{V + 10{,}95} \qquad (1)$$

Für genauere Bestimmungen ist die Umrechnung auf Normalbedingungen vorzunehmen. Es ist dann

$$V_1 = \frac{V \cdot (B - W) \cdot 273}{760 \cdot (273 + t)} + 10{,}95 \quad \text{und} \quad \text{Vol.-\% } SO_2 = \frac{10{,}95 \cdot 100}{V_1} \qquad (2)$$

Hierin bedeuten B = Barometerstand, W = Dampfdruck des Wassers in mm Hg-Säule bei der entsprechenden Temperatur.

Die vollständige Gleichung für besonders genaue Untersuchungen lautet wie folgt:

$$\text{Vol.-\% } SO_2 = \frac{100 \cdot 10{,}95 \cdot 760 \cdot T}{V \cdot (B - b - W) \cdot 273 + 10{,}95 \cdot 760 \cdot T}, \qquad (3)$$

berechnet auf trockenes Röstgas unter Normalbedingungen (0°, 760 mm).

Es bedeuten dabei:

V = ausgelaufene Wassermenge bzw. gemessenes Gasvolumen,
T = absolute Temperatur in Grad K,
B = Barometerstand in mm Quecksilbersäule,
b = Reduktionskorrektur für B auf 0°,
W = Dampfdruck des Wassers in mm Hg-Säule bei T° K.

Die Rechnung vereinfacht sich, wenn statt der n/10-Jodlösung eine gasnormale verwendet wird, die so eingestellt ist, daß 1 ml = 1 ml SO_2 entspricht. Zur Herstellung von 1 l dieser Lösung benötigt man 11,332 g Jod und verfährt sonst in bekannter Weise. Die Einstellung der gasnormalen Jodlösung wird mit einer gasnormalen Natriumthiosulfatlösung vorgenommen; diese enthält in 1 l 22,163 g $Na_2S_2O_3 \cdot 5H_2O$. Die Vereinfachung besteht dann darin, daß in allen vorgenannten Gleichungen für die Zahl 10,95 die Zahl 10 eingesetzt werden kann, falls man 10 ml der gasnormalen Jodlösung vorgelegt hat.

Die Form der mit der Jodlösung beschickten Waschflasche kann verschieden sein; zweckmäßig arbeitet man mit einer WOULFFschen Flasche mit dreifachem Tubus (250 bis 300 ml Inhalt), deren mittlere Öffnung zum Einbringen der Jodlösung bestimmt ist (s. Abb. 48). Die praktische und bewährte Apparatur nach REICH-RABE, die, mit einem Tragbügel versehen, leicht zu allen Meßstellen gebracht werden kann, zeigt Abb. 49. Der Aspirator A ist über den Schlauch B mit der bereits genannten Waschflasche C, die unter Zusatz von etwas Stärkelösung etwa zur Hälfte mit Wasser und mit 10 ml n/10-Jodlösung gefüllt ist, verbunden; das Gasleitungsrohr D besitzt einen Zweiweghahn. Das zu untersuchende Gas wird zunächst — nötigenfalls mittels eines Saug- und Druckballes aus Gummi — durch die Schlauchleitung G bis zum Einleitungsrohr heran und über E ins Freie geführt. Während die Gasleitung vollständig mit frischem Gas gefüllt wird, öffnet man den Ablaufhahn F des mit Wasser bis oben hin gefüllten Aspirators, um den Ausgleich mit der Atmosphäre herzustellen; dieser ist erreicht, sobald kein Wasser mehr abtropft. Nun stellt man den Zweiweghahn D so, daß das Gas durch die Jodlösung perlen kann, schließt ihn mit Eintritt der Entfärbung und wartet, bis aus der Ausflußleitung des Aspirators kein Wasser mehr austritt. Man mißt das ausgelaufene Wasser und nimmt die Berechnung, wie oben angegeben, vor. Während der Bestimmung wird die Waschflasche mittels der Aufhängestange H ständig geschüttelt. Eine vorteilhafte, hier nicht gezeichnete Schaltung besteht darin, daß man die Schlauchleitung E mit dem Aspirator A mittels eines in das Schlauchstück B eingebauten Zweiweghahnes verbindet. Der Gummiball in der Schlauchleitung G kommt dann in Fortfall. Man saugt mit dem Aspirator so viel des zu untersuchenden Gases ab, bis die Schläuche G und E vollkommen damit gefüllt sind. Dann stellt man den Hahn so, daß die Verbindung von A mit C hergestellt ist und wartet, bis aus dem Ablaufhahn F kein Wasser mehr ausfließt. Jetzt beginnt die eigentliche Messung. Man stellt den Zweiweghahn so, daß das zu untersuchende Gas durch die Flasche C gesaugt wird und verfährt im übrigen, wie bereits beschrieben.

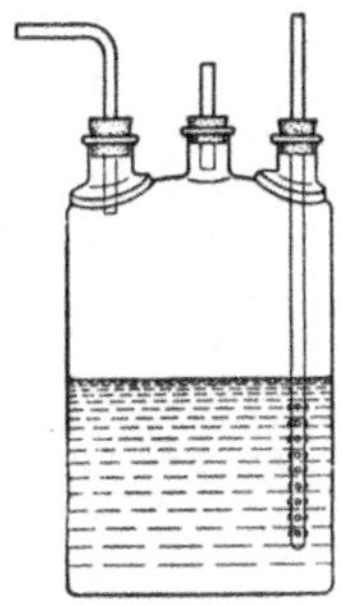

Abb. 48
Waschflasche

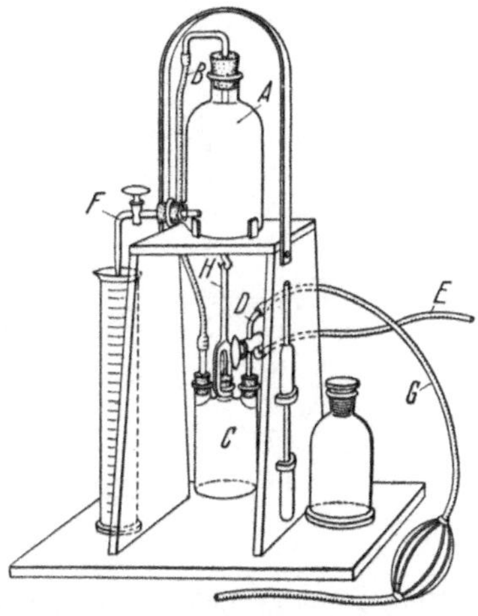

Abb. 49. Apparatur nach REICH-RABE

Ausführungsart β. Die REICHsche Methode läßt sich auch auf eine andere Art mit Hilfe einer aus Abb. 50 zu ersehenden Apparatur durchführen. Dabei wird als Reaktionsgefäß ein 1 l-Stehkolben benutzt, den man zur Hälfte mit Wasser füllt und dann in der gleichen Weise, wie oben beschrieben, mit Stärke- und Jodlösung beschickt. An Stelle des Aspirators verwendet man einen 2 l-Scheidetrichter, dessen Ablaufrohr mit einem graduierten Niveaugefäß verbunden ist. Dieses wird zu Beginn der Analyse hochgestellt und so nivelliert, daß die Wasserfüllung bis an die Nullmarke reicht, während der Scheidetrichter bis zum Rande gefüllt ist. Darauf verbindet man ihn durch einen Gummischlauch mit dem Reaktionsgefäß. Durch langsames Senken des Niveaugefäßes wird im Scheidetrichter ein Unterdruck erzeugt, der sich auf den Reaktionskolben überträgt, so daß das zu untersuchende Gas durch die Jodlösung perlen kann. Man saugt nun unter Schütteln des Kolbens allmählich so viel Röstgas hindurch, bis die blaue Färbung der Lösung gerade verschwindet; dabei sammelt sich das aus dem Scheidetrichter ablaufende Wasser in dem Niveaugefäß. Dieses wird nach Beendigung der Bestimmung so weit gehoben, daß die Sperrflüssigkeit in beiden Behältern gleich hoch steht. Die Höhe der im Niveaugefäß über der Nullmarke befindlichen Wassersäule wird abgelesen; sie zeigt das Volumen V des nach der SO_2-Absorption verbliebenen Restgases an.

Sodann erfolgt die Berechnung nach den Gleichungen 1 bis 3 auf S. 668.

Ausführungsart γ_1. Diese Art der Ausführung eignet sich vorzugsweise zur SO_2-Bestimmung in Gasen mit 4% und weniger Schwefeldioxyd. Man verwendet dabei als Aspirator eine graduierte Meßbürette e mit einem Inhalt von 1 l (s. Abb. 51). Durch einen seitlich angebrachten Hahn c wird sie vom Niveaugefäß d aus bis zum oberen Hahn b mit Absperrflüssigkeit gefüllt und dann geschlossen. Die Waschflasche g mit der Jodlösung ist auf der einen Seite mit der Meßstelle, auf der anderen mit der Bürette e verbunden. Zur Gasentnahme öffnet man den Hahn b vollständig und den Hahn a nur so weit, daß der Gasstrom die gewünschte Geschwindigkeit erhält; der Hahn c bleibt geschlossen. Die Absperrflüssigkeit läuft nun aus der Bürette in das untergestellte Auffanggefäß f und saugt eine bestimmte

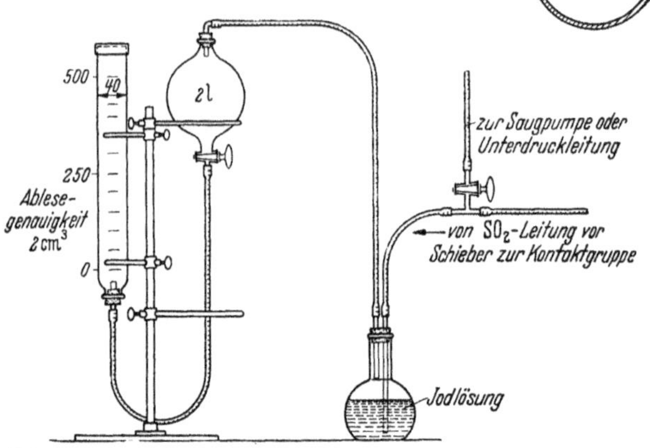

Abb. 50. Apparat zur Bestimmung von schwefliger Säure. Ausführungsart β

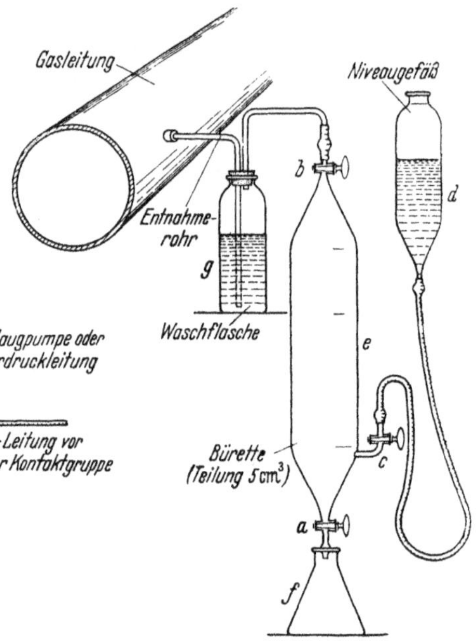

Abb. 51. Apparatur zur Bestimmung von schwefliger Säure. Ausführungsart γ_1

Menge Gas durch die Jodlösung. Hat sich diese eben entfärbt, so werden die Hähne a und b geschlossen. Der Hahn c wird geöffnet und der Ausgleich mit dem äußeren Luftdruck dadurch geschaffen, daß man die Flüssigkeitsspiegel in der Bürette und im Niveaugefäß auf gleiche Höhe bringt. Die Bürette e hat ihren Nullpunkt oben und trägt Teilstriche bei je 5 ml. Die abgelesene Gasmenge entspricht dem Volumen V. Die Berechnung ist, wie bereits angegeben, durchzuführen.

Ausführungsart γ_2. (Ruhr-Schwefelsäure G. m. b. H.) Das Verfahren stellt apparativ eine Weiterbildung der Ausführungsart γ_1 dar. Das Reaktionsgefäß für die Umsetzung des Schwefeldioxyds mit der Jodlösung ist eine Umgehungswaschflasche mit 3 Hähnen, während die Meßbürette mit dem Niveaugefäß den Aspirator ersetzt.

Zur Vorbereitung der Messung wird die Waschflasche nicht ganz zur Hälfte mit Wasser sowie mit 10 ml $n/_{10}$-Jodlösung beschickt; dazu wird noch etwas Stärkelösung gegeben. Die Meßbürette ist bis zum Hahn *d* mit Wasser gefüllt. Durch Öffnen dieses Hahnes und Senken der Niveauflasche wird Röstgas angesaugt, wobei die Hähne *b* und *c* der Waschflasche geschlossen sind und die Hahnbrücke geöffnet ist. Dann wird das eingesogene Gas durch Heben der Niveauflasche und entsprechende Hahnstellung bei *d* in die freie Atmosphäre gedrückt. Dieser Vorgang des Einsaugens und Abdrückens wird mehrmals wiederholt, bis frisches Röstgas bei der Waschflasche ansteht. Nun wird der Hahn *a* geschlossen; die Hähne *b* und *c* werden geöffnet; das Gas wird langsam durch die Jodlösung gesogen, bis eben Entfärbung eingetreten ist. Der vom SO_2 befreite Restteil des Gases sammelt sich in der Meßbürette. Die Bestimmung seines Volumens und die Berechnung des SO_2-Gehaltes erfolgen in üblicher Weise nach S. 668 mit den angegebenen Gleichungen.

Ausführungsart d. Der SO_2-Gehalt, namentlich bei Gasen mit stark wechselnden Gehalten, wie z. B. aus Sinterapparaten nach Dwight-Lloyd, wird rasch ermittelt, indem man überschüssige Jodlösung vorlegt, das Durchsaugen des Gases noch vor der Entfärbung beendet und dann den noch verbliebenen Teil der Jodlösung mit Natriumthiosulfatlösung zurücktitriert. Das Absaugen des Gases erfolgt mit einer evakuierten Flasche von z. B. 1 l Inhalt und bestimmtem Unterdruck. Als Absorptionsgefäß benutzt man eine Intensivwaschflasche, die auf der einen Seite an die Vakuumflasche angeschlossen ist. Aus Gasmenge und Jodverbrauch läßt sich der Gehalt an Schwefeldioxyd in der eben geschilderten Weise berechnen.

Genauigkeit. 2.

Dauer. Wenige min.

Bemerkung. Die Reichsche Methode liefert nur bei Abwesenheit von Stickstoffsäuren (Nitrose) einwandfreie Werte; die Befunde sind aber noch einigermaßen genau, sofern ein großer Überschuß an Schwefeldioxyd gegenüber den nitrosen Gasen vorhanden ist. Anderenfalls reagieren diese mit der Kaliumjodidlösung, wobei Jod frei wird. Der störende Einfluß der Nitrose läßt sich nach Raschig durch Zugeben von Natriumacetat zu der absorbierenden Lösung fast verhindern. Auch bei verhältnismäßig hohen Nitrosegehalten kann man kleine Mengen von SO_2 bestimmen, wenn man mit evakuiertem Kolben, wie oben beschrieben, arbeitet und eine reichliche Absorptions-Flüssigkeitsmenge von etwa 750 ml mit etwa 30 g Natriumacetat vorlegt.

Über eine Ergänzung zur Methode Raschig vgl. die Verfahrensweise der Metallwerke Unterweser, Nordenham, Ziffer f 1.

Will man an Stelle von Jodlösung eine Lösung von *Chloramin* verwenden, so löst man 15 g Chloramin (Heyden) in 1 l Wasser und stellt diese Lösung mit n/10-Natriumthiosulfatlösung unter Zusatz von etwas Kaliumjodidlösung und Stärke als Indicator ein. Das Chloramin reagiert mit dem Kaliumjodid unter Bildung von freiem Jod; dieses wird sodann durch Schwefeldioxyd reduziert, bis das gesamte Chloramin verbraucht ist. Die Chloraminlösung muß in einer dunklen Flasche aufbewahrt werden; es muß mit hinreichend verdünnten Lösungen gearbeitet werden.

Literatur. Berl-Lunge: Bd. II/1 (1932) S. 527 ff.

e) Die Bestimmung der Gehalte an SO_2 und SO_3 im Röstgas

α) *Evakuierungsmethode* (*Ruhr-Schwefelsäure G. m. b. H.*)

Grundlage. Die Röstgasprobe wird in eine reichlich mit Wasser beschickte und zur Aufnahme eines bestimmten Gasvolumens entsprechend evakuierte Absorptionsflasche eingesaugt und die Anteile an SO_2 und SO_3 darauf zur Lösung gebracht.

Durch Titration mit n/10-Chloraminlösung wird die schweflige Säure zu Schwefelsäure oxydiert und dabei bestimmt. Anschließend wird die gesamte Schwefelsäureacidität durch Titration mit n/10-Natronlauge festgestellt. Die Differenz aus den verbrauchten ml n/10-Natronlauge und den ml n/10-Chloraminlösung ergibt den SO_3-Gehalt des Röstgases. (Vol.-% SO_3 berechnet als SO_2.) Als relatives Prozent SO_3 gilt das prozentuale Verhältnis von SO_3 zur Summe der Schwefeloxyde SO_2 und SO_3 (alles berechnet als SO_2).

Das Wasser in der Evakuierungsflasche muß reichlich bemessen sein, weil die Umsetzung einer Lösung von SO_2 zu SO_3 bei der Titration mit Chloramin (dsgl. mit Jod) nur dann quantitativ verläuft, wenn die Lösung höchstens 0,04 Gew.-% SO_2 enthält.

Apparatur. Zur Entnahme der Röstgasprobe dient eine Glassonde von 6 mm innerem Durchmesser und einer den örtlichen Betriebsverhältnissen angepaßten Länge. Das freie Ende ist gegen den Gasstrom gebogen und enthält einen lockeren Pfropfen aus Glaswolle (Merck), um das Eindringen von Flugstaub zu verhindern. Als Evakuierungs- und zugleich Absorptionsgefäß wird eine Enghalsflasche mit Normalschliff von etwa 1,5 l-Inhalt verwendet; sie trägt einen Aufsatz mit gleichem Normalschliff, an den ein Glashahn zum Öffnen und Schließen der Flasche angesetzt ist. Für die Durchführung der Probenahme werden die genannten Teile miteinander verbunden. Die Schliffe müssen ohne Fett vakuumdicht sein. Eine Dichtung darf nur durch Wasser erfolgen. Fett ist zu vermeiden. Die genaue Inhaltsbestimmung der Flasche erfolgt durch Auswägen mit Wasser, wobei die Wasserfüllung bis an den Hahn des Evakuierungsaufsatzes reichen muß. Ist z. B. das Gesamtvolumen 1430 ml, so beträgt das in der Flasche verbliebene Restvolumen (der Gasraum) „G" nach dem Einfüllen des für die Absorption benötigten Wassers (700 ml) noch 730 ml.

Vorbereitung. Die Evakuierung der Flasche wird auf die Entnahme eines Röstgasvolumens von beispielsweise 250 ml abgestellt, wobei das Volumen der Sonde (z. B. 10 ml) hinzuzuzählen ist, also bis zum Druckausgleich insgesamt 260 ml Gas einzusaugen sind.

Zu diesem Zweck wird aus der mit 700 ml Wasser beschickten Absorptionsflasche bei eingestecktem Evakuierungsaufsatz die Luft so weit abgepumpt, bis an einem dazugeschalteten Barometer ein entsprechender vorher berechneter Unterdruck (Restdruck) „Q" erreicht ist. Dieser läßt sich gemäß der nachfolgenden mathematischen Ableitung für jedes beliebige Volumen nach der Gleichung: $R = B\left(1 - \frac{V}{G}\right)$ ermitteln. Vgl. F. SPECHT: Quantitative Analyse in der Technik (1953) S. 175/176.

Zur Entwicklung dieser Zusammenhänge dienen folgende Rechnungsunterlagen:

Einzusaugendes Gasvolumen

- Vakuumzahl (Maß für die Druckverminderung) $B - R$ . . . . . . Z
- Restvolumen (Gasraum) in der Absorptionsflasche nach Einfüllen der Wasservorlage (700 ml) . . . . G
- Barometerstand . . . . B
- Restdruck in der Absorptionsflasche nach der Evakuierung . . . . R

Nun ist:

$$V = \frac{Z G}{B}$$

somit:

$$Z = \frac{V B}{G} \qquad (1)$$

Ferner:

$$Z = B - R \qquad (2)$$

Daraus folgt:

$$B - R = \frac{V B}{G} \quad \text{und} \quad R = B - \frac{V B}{G}$$

Schließlich

$$R = B\left(1 - \frac{V}{G}\right)$$

Der Ausdruck $1 - \frac{V}{G}$ ist für jede Flasche eine konstante Größe, die ein für allemal ausgerechnet und als „Flaschenfaktor" notiert wird. Der bei der Evakuierung der Flasche einzustellende Restdruck ergibt sich also aus dem Barometerstand multipliziert mit dem „Flaschenfaktor". Bei $V = 260$ ml, $G = 730$ ml und $B = 755$ mg ist der Flaschenfaktor" = 0,644 und der einzustellende Restdruck „R" = 486,2 mm Hg. Ein Unterdruck in den Röstgasleitungen ist in mm Hg vom Barometerstand abzuziehen.

Ausführung. Die Sonde wird unter guter Abdichtung der Röstgasleitung gegen die Außenluft mittels Asbest bis etwa in ihre Mitte eingeführt. Zur Vermeidung einer SO_3-Kondensation im Glaswollefilter wird zwecks Temperaturangleichung einige Minuten gewartet. Dann wird der Hahn zur angeschlossenen Absorptionsflasche, die mit 700 ml Wasser beschickt und entsprechend evakuiert ist, geöffnet. Das Gas strömt nun bis zum Druckausgleich ein (etwa 15 sek). Bei Anwesenheit von SO_3 tritt sofort starke Nebelbildung im Gasraum der Flasche auf. Nach Schließen des Hahnes wird die Sonde entfernt und die Flasche kräftig geschüttelt, bis das Gas in der Flasche vollständig klar und beim kurzen Öffnen des Hahnes kein Zischen mehr zu hören ist. Nach Ausspülen des Evakuierungsaufsatzes werden 1 ml KJ-Lösung (100 g/l) und 1 ml Stärkelösung zugegeben. Mit einer gegen eine n/10-Thiosulfatlösung eingestellter Chloraminlösung wird in der Flasche selbst bis zur Blaufärbung titriert. (Verbrauch = a ml). Die Färbung wird mit 1 Tropfen n/10-Natriumthiosulfatlösung zurückgenommen, die Flüssigkeit mit Mischindicator Nr. 6, Tabelle der Mischindicatoren, S. 1445 versetzt und mit n/10-Natronlauge auf Grün titriert. (Verbrauch = b ml.)

Ausrechnung und Beispiel hierfür:

1,095 = Faktor zur Umrechnung der Werte von a und b ml in ml SO_2.
0,438 = Faktor zur Umrechnung der Werte von a und b ml in ml Vol.-% SO_2 bei Anwendung von 250 ml Röstgas für die Analyse.

Beispiel: $a = 24{,}8$ ml $\quad b = 25{,}9$ ml

Vol.-% $SO_2 = 24{,}8 \cdot 0{,}438 = 10{,}86$

Vol. % SO_3 (ber. als SO_2) $= (25{,}9 - 24{,}8) \cdot 0{,}438 = 0{,}48$

Relative % SO_3 (ber. als SO_2) $= \frac{100 \cdot 0{,}48}{10{,}86 + 0{,}48} = 4{,}23$

Bemerkung. An Stelle von Chloramin kann auch mit n/10-Jodlösung gearbeitet werden, wobei zu berücksichtigen ist, daß bei dieser Reaktion eine äquivalente Menge HJ entsteht und demnach der doppelte Jodverbrauch vom Verbrauch an n/10-Natronlauge abzuziehen ist. Da nach F. P. Treadwell, Lehrbuch der analytischen Chemie, Bd. II (1937), S. 596/97, Komplikationen auftreten können, ist die Titration mit Chloramin vorzuziehen.

Die Herstellung der Chloraminlösung erfolgt nach S. 1440, wobei das Äquivalentgewicht mit 14,082 g/l einzusetzen ist.

β) Nach der Wasserstoffperoxydmethode

Das zu untersuchende Gas wird durch eine mit 3proz. Wasserstoffperoxydlösung beschickte Intensivwaschflasche gesaugt. Dann bestimmt man die darin gebildete Schwefelsäure durch Titrieren mit eingestellter Natronlauge unter Verwendung von Methylorange als Indicator und erhält den Gesamtgehalt an Oxyden des Schwefels, $SO_2 + SO_3$, ausgedrückt in ml oder g je m^3 Gas bzw. in Vol.-% SO_2.

Der Anteil an SO_2 ergibt sich aus den Bestimmungen nach REICH. Durch Differenzbildung erhält man den Gehalt an SO_3, ausgedrückt z. B. in Vol.-% SO_2.

1 ml n/10-Natronlauge entspricht 0,0032 g bzw. 1,09 ml SO_2.

f) Die Bestimmung des Gehaltes an SO_2 in nitrosehaltigen Gasen (Kammer- und Turmgase)

Die Erfassung des wahren Schwefeldioxydgehaltes wird in starkem Maße beeinträchtigt oder dadurch unmöglich, daß bereits auf dem Zuleitungsweg von der Meßstelle bis zur Bestimmungsapparatur eine weitgehende Oxydation zu Schwefelsäure eintreten kann. Geringe SO_2-Gehalte können z. B. völlig verschwinden. Daher muß im Einzelfalle immer geprüft werden, ob der in Aussicht genommene Weg unter den gegebenen Betriebsverhältnissen zum Ziele führt.

Arbeitsweise 1. Bei den Metallwerken Unterweser ist die Methode nach REICH-RASCHIG (s. oben) dahin abgeändert, daß das zu untersuchende Gas möglichst schnell, gegebenenfalls auch mit evakuiertem Kolben, jedoch unter Einhaltung voller Absorption, durch ein großes Flüssigkeitsvolumen mit reichlichem Zusatz an Natriumacetat gesaugt wird. Man verwendet hierbei vorteilhaft eine Frittenflasche sowie ein Kapillarrohr für die Gasentnahme und -zuleitung. Vorgelegt werden etwa 650 ml Wasser mit 50 ml gesättigter Natriumacetatlösung und 1 bis 2 g Natriumhydrogencarbonat. An Stelle von Jodlösung benutzt man n/10-Chloraminlösung (vgl. S. 671).

Arbeitsweise 2. Nach P. M. MÜLLER läßt sich nach dem auf S. 677 angegebenen Verfahren das Schwefeldioxyd genau bestimmen, wenn im Gas an nitrosen Stoffen (N_2O_3) nicht mehr als 30 g/m³, berechnet als HNO_3 36° Bé, vorhanden sind.

Arbeitsweise 3. Nach E. WOISIN: Z. angew. Chem. Bd. 43 (1930) S. 293. Hierbei wird die Summe von $SO_2 + SO_3$ ermittelt. Man arbeitet wie folgt: Eine genau tarierte 10 l-Flasche trägt einen Gummistopfen mit 2 Bohrungen. Durch diese sind Glasrohre geführt, deren äußere Enden durch kurz gehaltene Gummischläuche mit Durchgangshähnen beweglich verbunden sind. Die gut ausgetrocknete Apparatur wird auf die Hälfte des Atmosphärendrucks evakuiert. Dann saugt man durch den einen Hahn an der Entnahmestelle das zu untersuchende Gas über ein Glaswollefilter bis zum Druckausgleich (etwa 2 min) an, gibt durch den anderen Hahn eine Lösung von 2 bis 5 ml 30proz. Wasserstoffperoxyd (Perhydrol) in 20 ml Wasser hinzu und schüttelt das Ganze mehrmals um. Dabei werden Schwefeldioxyd und die nitrosen Gase zu Schwefel- und Salpetersäure oxydiert. Nach 2 bis 3 Std. ist diese Reaktion beendet und die Nebel sind verschwunden. Darauf spült man den Inhalt der Flasche in einen 200 ml-Meßkolben über und füllt bis zur Marke auf. In einer Abmessung von 50 ml wird die Schwefelsäure durch Fällung mit Bariumchloridlösung bestimmt.

Auswaage ($BaSO_4$) mal 0,2745 = Gewichtsmenge in Gramm SO_2,
Auswaage ($BaSO_4$) mal 0,0938 = Volumen in Litern SO_2.

Unter Berücksichtigung der entnommenen Gasmenge ergibt sich der Gehalt an $SO_2 + SO_3$, berechnet als Schwefeldioxyd, in g/m³ oder in Vol.-%.

Arbeitsweise 4. Durch Absorption des Gases in Natronlauge und Fällen des gebildeten Sulfates mit Bariumchloridlösung läßt sich gewichtsanalytisch ebenfalls der im Gas vorhandene Gesamtschwefel bzw. die Summe von $SO_2 + SO_3$, einschließlich etwa vorhandener H_2SO_4-Nebel, bestimmen, die, auf SO_2 umgerechnet, Anhaltspunkte für den jeweiligen Betriebszustand bietet. Es ist dabei zu beachten, daß die Absorptionsflüssigkeit immer ausreichend alkalisch bleibt.

Man kann auch in Anlehnung an die unter h, S. 675, beschriebene Verfahrensweise arbeiten, wobei gleichzeitig der N_2O_3-Gehalt durch Reduktion zu Ammoniak erfaßt werden kann.

g) Die Bestimmung des Nitrosegehaltes im Kammer- und Turmgas

Die Durchführung erfolgt, wie vorher bei der SO_2-Bestimmung unter f 3 beschrieben. Zur Bestimmung des Nitrosegehaltes entnimmt man weitere 50 ml der auf 200 ml aufgefüllten Lösung, zerstört in der Abmessung das überschüssige Wasserstoffperoxyd durch Kochen und bestimmt nach dem Erkalten den Gesamtsäuregehalt durch Titrieren mit n/10-Natronlauge unter Verwendung von Methylorange als Indicator.

Der Verbrauch an n/10-Natronlauge für das Schwefeldioxyd ergibt sich aus der Auswaage an Bariumsulfat, aus der man, wenn man sie mit 85,682 multipliziert, den zugehörigen Verbrauch an ml n/10-Natronlauge errechnet. Man subtrahiert die erhaltene Zahl vom Gesamtverbrauch an Natronlauge und erhält so den auf die vorhandene Nitrose entfallenden Anteil. Der Gehalt an Nitrose wird in Salpetersäure von 36° Bé ausgedrückt und unter Berücksichtigung der für die Untersuchung entnommenen Gasmenge auf g/m³ umgerechnet. Nach dem Vertreiben des überschüssigen Wasserstoffperoxyds können die Stickstoffverbindungen auch nach Ziffer h, S. 675, durch Reduktion mittels Zinkstaub oder DEVARDA-Legierung in alkalischer Lösung zu Ammoniak ermittelt werden.

Es besteht auch die Möglichkeit, nach f 4 zu arbeiten und die Nitrosegehalte aus der Destillation mittels Zinkstaub oder DEVARDA-Legierung zu ermitteln (vgl. unter h).

h) Die Untersuchung des Endgases sowie von Turm- und Kammergasen auf Oxydverbindungen des Schwefels und Stickstoffs (nach P. M. Müller, Ruhr-Schwefelsäure G. m. b. H.)

Grundlage. Die Untersuchung umfaßt die Ermittlung der Gesamtacidität, d. h. des Gehaltes an Oxyden des Schwefels, berechnet als SO_3, der Stickstoffoxyde NO_2 und N_2O_3, berechnet als HNO_3 von 36° Bé, und schließlich des freien NO, ebenfalls als HNO_3 von 36° Bé berechnet. Das Gas wird in gemessener Menge durch vier hintereinandergeschaltete Waschflaschen gesaugt, von denen die beiden ersten mit 1 n-Natronlauge zur Absorption der sauren Schwefel- und Stickstoffoxyde und die beiden letzten zum Auffangen des Stickstoffmonoxydes (NO) mit n/2-Kaliumpermanganatlösung beschickt sind.

Anwendungsbereich und Bedeutung. Das Verfahren dient zur Untersuchung der Austrittsgase von Kammer- und Turmsystemen sowie auch der Betriebsgase innerhalb der Systeme. Bei letzteren ist die Methode bezüglich Gasmenge und Stärke der Absorptionsmittel den jeweiligen Betriebsverhältnissen anzupassen. Die entnommene Gasmenge zwischen den Türmen beträgt z.B. 10 bis 20 l im Verlauf von 1 bis 2 Std. Als Verbindungsstück zwischen Meßstelle und Bestimmungsapparaten verwendet man in diesem Falle ein Kapillarrohr, um die Gasgeschwindigkeit zu erhöhen und die Einwirkung der Nitrose auf das Schwefeldioxyd möglichst auszuschalten.

Genauigkeit. 2.

Dauer. Etwa 30 min (dazu 8 Std. für die Gasentnahme).

Ausführung. Man saugt von dem zu analysierenden Gas mittels einer Wasserstrahlpumpe kontinuierlich in 8 Std. 110 bis 130 l (ungefähr 15 l stündlich) ab. Das Gasvolumen wird mittels einer Gasuhr gemessen, nachdem das Gas durch 4 Absorptionsflaschen gesaugt wurde, von denen die beiden ersten je 50 ml 1 n-Natronlauge, die beiden folgenden je 25 ml n/2-Kaliumpermanganatlösung und 1 ml Schwefelsäure (1 + 4) enthalten. Die Flüssigkeitshöhe in den Absorptionsflaschen wird durch Wasser auf etwa 60 mm gebracht. Nach dem Durchsaugen des Gases bestimmt man in der vorgelegten Natronlauge der beiden ersten Absorptionsflaschen die *Gesamtacidität* und die *Stickstoffsäuren*, errechnet aus den beiden Ergebnissen die *Schwefeloxyde* $SO_2 + SO_3$ und stellt in der Kaliumpermanganatlösung der letzten beiden Flaschen den Gehalt des Gases an *Stickstoffmonoxyd* (NO) fest.

Gesamtacidität. Der Inhalt der beiden mit 1 n-Natronlauge beschickten Flaschen wird in einem 250 ml-Meßkolben vereinigt und mit Wasser zur Marke aufgefüllt. Man entnimmt dem Kolben 50 ml (= $^1/_5$ der Lösung), versetzt die Abmessung mit einigen Tropfen einer Lösung von Methylorange bzw. eines Mischindicators Nr. 5 oder 6 der Tabelle 2, Mischindicatoren, S. 1445. Dann titriert man mit 1 n-Schwefelsäure die durch den Säuregehalt von $^1/_5$ des Gases nicht verbrauchte Menge an Natronlauge zurück. Aus dem Ergebnis und dem abgesaugten Gasvolumen in Litern berechnet man die Gesamtacidität als g SO_3 im m^3. Sie ist gleich:

$$\frac{\text{Verbrauchte ml } 1\,\text{n-NaOH} \cdot 5 \cdot 0{,}04 \cdot 1000}{\text{Gasmenge in l}} = \text{g/m}^3\ SO_3$$

Stickstoffsäuren. Eine weitere Abmessung von 50 ml (= $^1/_5$ der Lösung) wird in einem 500 ml-ERLENMEYER-Kolben mit 50 ml Natronlauge (216 g/l) versetzt. Dann gibt man noch etwa 4 g stickstofffreies Zinkpulver hinzu und verbindet den Kolben sofort mit einem Destillieraufsatz. Nach Einleiten der Reduktion durch gelindes Erwärmen wird erst langsam destilliert. Dann wird so lange lebhaft gekocht, bis die Hälfte der im Reduktionskolben vorhandenen Flüssigkeit in die mit 10 ml n/10-Schwefelsäure und 100 ml Wasser beschickte Vorlage überdestilliert ist. Zurücktitriert wird mit n/10-Natronlauge unter Benutzung eines Mischindicators, bestehend aus 1,5 g Methylrot und 0,8 g Methylenblau auf 1 l. Aus den durch das entstandene Ammoniak für $^1/_5$ der Gasmenge verbrauchten ml n/10-Schwefelsäure und dem abgesaugten Gasvolumen in Litern berechnet man die Stickstoffsäuren in der vorgelegten Natronlauge als g HNO_3, 36° Bé im m^3, wie folgt:

$$\frac{\text{Verbrauchte ml n/10-}H_2SO_4 \cdot 0{,}01198 \cdot 5 \cdot 1000}{\text{Gasmenge in l}} = \text{g/m}^3\ HNO_3,\ 36°\ \text{Bé}$$

Durch einen blinden Versuch muß man sich von der Reinheit der Reagenzien überzeugen und gegebenenfalls einen Korrekturfaktor ermitteln. Zur Reduktion geeigneter ist die reaktionsfähige DEWARDA-Legierung; doch genügt für Betriebsanalysen auch ein einwandfreier Zinkstaub.

Oxyde des Schwefels. Von der als g SO_3 im m^3 berechneten Gesamtacidität werden die in der Natronlauge gefundenen Stickstoffsäuren — umgerechnet von g HNO_3, 36° Bé im m^3, mit dem Faktor 0,34 in g SO_3 im m^3 — abgezogen. Die Differenz gibt den Gehalt an $SO_2 + SO_3$, berechnet als g SO_3 im m^3. Zur Prüfung des rechnerisch ermittelten Befundes empfiehlt es sich, weitere 50 ml der aufgefüllten Absorptionslösung mit 3proz. Wasserstoffperoxydlösung zu oxydieren, die gebildete Schwefelsäure aus schwach salzsaurer Lösung als Bariumsulfat auszufällen und die Auswaage auf SO_3 umzurechnen (Faktor: 0,3430).

Stickstoffmonoxyd (NO): In jede der beiden mit 25 ml n/2-Kaliumpermanganatlösung beschickten Flaschen gibt man 25 ml n/2-Eisen(II)-sulfatlösung (150 g des kristallisierten Salzes mit 150 ml Schwefelsäure (1,84) im Liter), vereinigt nach dem Lösen des gebildeten Braunsteins den Inhalt der Flaschen und titriert den Überschuß an Eisen(II)-sulfatlösung mit n/2-Kaliumpermanganatlösung zurück (a ml). Der Kaliumpermanganatverbrauch (b ml) für 50 ml Eisen(II)-sulfatlösung wird laufend kontrolliert. Die durch NO verbrauchten ml n/2-Kaliumpermanganatlösung sind dann $50 + a - b$. Hieraus und aus dem durchgesaugten Gasvolumen ergibt sich der NO-Gehalt des Gases:

$$\text{g/m}^3\ HNO_3\ (36\ \text{Bé}) = \frac{\text{Verbrauchte ml n/2 } KMnO_4 \cdot 19{,}9}{\text{Gasmenge in l}}$$

Bei dieser Verfahrensweise wird die gesamte vorgelegte Kaliumpermanganatlösung aufgebraucht und es verbleibt kein Flüssigkeitsrest für eine Wiederholung der Titration. Da eine solche mitunter wünschenswert ist, vereinigt man die beiden Lösungen nach Zugeben der vorgeschriebenen Menge n/2-Eisen(II)-sulfatlösung und Auflösen des Braunsteins in einem 500 ml-Meßkolben, spült die Flaschen sorgfältig aus und füllt den Kolbeninhalt mit Wasser zur Marke auf. In Abmessungen von je 100 ml wird dann das überschüssige Eisen(II)-sulfat mit n/10-Kaliumpermanganatlösung zurücktitriert.

Zur *Bestimmung des Faktors* versetzt man in einem 500 ml-Meßkolben 50 ml n/2-Kaliumpermanganatlösung mit 50 ml n/2-Eisen(II)-sulfatlösung und füllt das Ganze zur Marke auf. Nach gutem Durchmischen werden 100 ml abpipettiert und mit n/10-Kaliumpermanganatlösung zurücktitriert. Die erforderliche n/10-Kaliumpermanganatlösung wird aus der halbnormalen durch Verdünnen hergestellt.

Berechnung. NO-Gehalt des Gases, ausgedrückt als g HNO_3, 36° Bé im m^3

$$\frac{\text{Verbrauchte ml n/10 } KMnO_4 \cdot 19{,}9}{\text{Gasmenge in l}}$$

Fehlerquellen. Die Absorptionsapparatur ist ständig genau auf Dichtigkeit zu prüfen. — Die angegebene Durchsaugegeschwindigkeit muß unbedingt eingehalten werden. — Es empfiehlt sich, den Wirkungswert des Zinkstaubes öfters durch einen Blindversuch zu kontrollieren.

i) Die Bestimmung geringer Mengen von Schwefeldioxyd im Endgas Zinn(II)-chloridmethode nach P. M. Müller (Ruhr-Schwefelsäure G. m. b. H.)

Grundlage. Zinn(II)-chlorid in salzsaurer Lösung reduziert das im Gas vorhandene Schwefeldioxyd zu Schwefelwasserstoff, ohne daß Schwefeltrioxyd und Schwefelsäure mitreagieren. N_2O_4 und N_2O_3 stören nicht, da auch sie reduziert werden und auf den entstandenen Schwefelwasserstoff nicht mehr einwirken. Dieser wird wie üblich in Cadmiumlösung aufgefangen und maßanalytisch bestimmt.

Anwendungsbereich und Bedeutung. Die Methode ist vielseitig anwendbar und ermöglicht z. B. auch die Bestimmung des Gehaltes an SO_2 in der atmosphärischen sowie in der Luft von Röst- und Fabrikräumen und in Industrie- und Rauchgasen. In Gegenwart hoher Nitrosegehalte [über 30 g HNO_3 (36° Bé) im m^3] kann sie jedoch nicht angewandt werden, da dann das Schwefeldioxyd schon in den Gaszuleitungsrohren oxydiert wird, bevor es die Vorlagen erreicht. Bei niedrigen Nitrosegehalten bis zu 5 g HNO_3 (36° Bé) im m^3, verläuft die Oxydation von SO_2 zu SO_3 so langsam, daß die Bestimmung des Schwefeldioxydgehaltes ohne weiteres möglich ist.

Das Verfahren ist sehr empfindlich, weil selbst Spuren von SO_2 an der Gelbfärbung der Cadmiumacetatlösung erkannt und bestimmt werden können.

Genauigkeit. 2.

Dauer. 30 min für die Aufarbeitung des Inhaltes der Absorptionsflaschen.

Ausführung. Man saugt das zu untersuchende Gas in einer Menge von 40 bis 80 l (Gasuhr oder Aspirator) bei einer Geschwindigkeit von 12 l je Std. durch 4 Gaswaschflaschen von je 100 ml Inhalt hindurch. Die ersten 2 Flaschen sind mit je 80 ml salzsaurer Zinn(II)-chloridlösung, die 3. und 4. Flasche mit je 50 ml Cadmium-Zinkacetat-Lösung sowie mit je 10 ml Ammoniak (0,91) beschickt. Nach Beendigung des Versuches (Ablesen der durchgesaugten Gasmenge) wird noch während $^1/_2$ Std. Luft durch die Apparatur gesaugt, um die letzten Spuren des in den ersten beiden Flaschen gebildeten Schwefelwasserstoffs in die Cadmium-Zinkacetat-Lösung hinüberzutreiben. Sollte die Luft SO_2-haltig sein, so muß sie vorher durch Hindurchleiten durch eine mit Natronlauge (120 g/l) beschickte Waschflasche gereinigt werden. Es empfiehlt sich, bei der Prüfung der Abgase immer eine Leerflasche vorzuschalten.

In Flasche 3 scheidet sich bei Anwesenheit von Schwefeldioxyd im Gas ein seiner Menge entsprechender gelber Niederschlag von Cadmiumsulfid aus. Dieser wird auf einem weichen, schnellaufenden Filter gesammelt und mit Ammoniak (1 + 3) sorgfältig ausgewaschen. Darauf gibt man das Filter samt Niederschlag in eine Schüttelflasche, in der sich 50 ml Salzsäure (1 + 1) sowie 10 ml n/10-Jodlösung befinden, zerfasert es durch kräftiges Schütteln und prüft, ob danach noch überschüssige Jodlösung vorhanden ist; dies muß unbedingt der Fall sein. Nun wird der Inhalt der Schüttelflasche mit etwa 300 ml Wasser in eine große Porzellanschale übergespült und das überschüssige Jod mit n/10-Natriumthiosulfatlösung unter Zusatz von Stärkelösung zurücktitriert.

$$\frac{\text{Verbrauchte ml n/10 Jodlösung} \cdot 3{,}2}{\text{Gasmenge in l}} = \text{g/m}^3\ SO_2$$

Multipliziert man anstatt mit 3,2 mit 4,0, so ergibt sich die dem Gehalt an Schwefeldioxyd entsprechende Menge g SO_3 im m^3.

Lösungen. Zur Herstellung der *Zinn(II)-chloridlösung* trägt man 200 g Zinn(II)-chlorid ($SnCl_2 \cdot 2H_2O$) in 500 ml reinste Salzsäure (1,19) ein und verdünnt die Lösung mit Wasser zu 1 l.

Die *Cadmium-Zinkacetat-Lösung* wird bereitet durch Lösen von je 10 g Cadmium- und Zinkacetat in Wasser und Verdünnen der Lösung auf 1 l. Eine leichte Trübung läßt sich gegebenenfalls durch Zusatz einiger Tropfen Essigsäure beseitigen.

Fehlerquellen. Bei Einhalten der Vorschrift ist das Verfahren fehlerfrei.

Literatur. MÜLLER, P. M.: Z. angew. Chem. Bd. 54 (1941) S. 537.

k) Die Bestimmung der Gesamtacidität des Kamingases

Das zu untersuchende Gas wird in einer Menge von genau 20 l und bei einer Geschwindigkeit von 10 l je Stunde mittels eines Aspirators durch zwei hintereinandergeschaltete Frittenflaschen von je 100 ml Inhalt geleitet, von denen jede mit 10 ml n/10-Natronlauge sowie 10 ml 1proz. Wasserstoffperoxydlösung, mit Wasser auf je 60 ml verdünnt, beschickt ist. Nach Beendigung des Durchsaugens wird der Inhalt der beiden Waschflaschen vereinigt. Der Überschuß an Wasserstoffperoxyd wird verkocht und die überschüssige Natronlauge mit n/10-Salz- oder Schwefelsäure unter Verwendung von Methylorange, Bromkresolgrün oder Tashiromischung [s. D. I. 4a), β), S. 645] als Indicator zurücktitriert. Die Gesamtacidität wird entweder in g SO_3 oder SO_2 im m^3 ausgedrückt und bei der Untersuchung von 20 l Gas wie folgt berechnet:

g SO_3 im m^3 = verbrauchte ml n/10-Natronlauge $\cdot$ 0,2; g SO_3 im $m^3 \cdot 0{,}8$ = g SO_2 im m^3.

Falls größere Gasmengen über längere Zeit hindurchgesaugt werden müssen, so ist dies bei der Bemessung des Natronlaugevolumens sowie bei dem Faktor 0,2 zu berücksichtigen. — Nach Beendigung der Gasentnahme muß genügend Natronlauge im Überschuß vorhanden sein.

l) Die Bestimmung von Kohlenwasserstoffen im Röstgas

Beim Abrösten von Gasmassen oder Flotationskonzentraten besteht die Gefahr, daß sich unverbrannte Kohlenwasserstoffe schädlich auswirken. In Kammer- und Turmanlagen haben die unverbrannten Kohlenwasserstoffe stets einen höheren Salpeterverbrauch zur Folge und verursachen eine Dunkelfärbung der Schwefelsäure. In Kontaktanlagen werden sie zu Kohlendioxyd und Wasserdampf oxydiert, so daß bei der Kühlung des SO_3-Gases ein saures Kondensat entsteht, das die Kühlerrohre korrodiert. Außerdem bilden sich Säurenebel, die nur schwer zu absorbieren sind.

Die Entnahme der Probe erfolgt bei Kontaktanlagen am Austritt des Gases aus dem Trockenturm, bei Kammer- und Turmsystemen vor Eintritt in den Gloverturm. Der Gehalt an brennbaren Bestandteilen wird durch katalytische Verbrennung und Wägen des gebildeten Wassers und des Kohlendioxydes bestimmt.

200 bis 400 l des zu untersuchenden Gases werden durch ein in die Gasleitung hineinreichendes Glasrohr angesaugt. Sie durchströmen zuerst eine Frittenwaschflasche, die mit kaltgesättigter Kaliumdichromatlösung zum Entfernen des Schwefeldioxyds beschickt ist. Dann wird das Gas mit Calciumchlorid und Phosphorpentoxyd sorgfältig getrocknet. Ist Kohlendioxyd im Gas vorhanden, so muß dieses noch durch Absorption in Kalilauge entfernt werden. Das so vorbereitete Gas wird darauf in einem elektrisch beheizten Röhrenofen über Kupferoxyd geleitet. Dabei verbrennen die im Gas enthaltenen Kohlenwasserstoffe zu Wasser und Kohlendioxyd. Zur Absorption der Verbrennungsprodukte dienen die bei der Elementaranalyse organischer Substanzen gebräuchlichen Phosphorpentoxyd- und Natronkalkröhrchen, deren Gewichte vor und nach der Verbrennung festgestellt werden. Aus der Zunahme errechnet sich der Gehalt an Kohlenwasserstoffen. Sie werden auf Wasserstoff und Kohlenstoff berechnet.

Genauigkeit. 2.

Dauer. 4 bis 5 Std.

m) Die Bestimmung des Kohlendioxydgehaltes im Röstgas

Ausführungsart α. Durch Absorption in der Kalilaugepipette eines Orsat-Apparates wird die Summe aller sauren Gasbestandteile einschließlich des Kohlendioxyds ermittelt. Parallel hierzu bestimmt man die Gehalte an SO_2 und SO_3 nach S. 671. Die Differenz beider Befunde ergibt den Gehalt an Kohlendioxyd.

Voraussetzung für die Richtigkeit der Ergebnisse ist, daß beide Untersuchungen möglichst zu gleicher Zeit oder schnell hintereinander durchgeführt werden, um Fehler, die infolge ungleichmäßiger Zusammensetzung des Röstgases entstehen können, auszuschalten. Bei stark schwankenden Gehalten, wie sie z. B. beim Abrösten von Gasmassen auftreten können, ist von dieser Ausführungsart abzusehen.

Ausführungsart β. Das Gas wird durch zwei hintereinandergeschaltete, geräumige, mit 1 n-Natronlauge beschickte Frittenflaschen gesaugt. Die Menge der Natronlauge muß auf den SO_2-Gehalt abgestimmt sein, so daß die Flüssigkeit bis zum Schluß alkalisch bleibt. Die Gasmenge richtet sich dabei nach dem vermutlichen Kohlendioxydgehalt. Bei geringem Gehalt werden im allgemeinen 10 l Gas erforderlich und 200 ml 1 n-Natronlauge ausreichend sein. Man verteilt sie auf beide Frittenflaschen und fügt zu jeder noch 50 ml 3proz. Wasserstoffperoxydlösung hinzu.

Nach dem Durchsaugen wird die Natronlauge in einen Zersetzungsapparat, z. B. nach Corleis, übergespült und das Kohlendioxyd durch Zugeben von verdünnter Schwefelsäure ausgetrieben; schließlich wird die Flüssigkeit einige Zeit lang gekocht. Man leitet ständig einen kohlendioxydfreien Luftstrom durch die Apparatur, damit das ausgetriebene Kohlendioxyd vollständig in die gewogenen Absorptionsvorlagen gelangt. Diese bestehen aus einem U-Röhrchen, gefüllt mit Calciumchlorid und Phosphorpentoxyd zum Trocknen, und einem Natronkalkturm bzw. Kaliapparat zur Aufnahme des Kohlendioxyds. Den Schluß bildet ein Trockenröhrchen mit Calciumchlorid und als Blasenzählrohr eine Waschflasche mit konz. Schwefelsäure. Aus der Gewichtszunahme des Natronkalkturmes bzw. Kaliapparates und dem Volumen der abgesaugten Gasmenge errechnet sich der Gehalt an Kohlendioxyd in g im m^3.

Zur Umrechnung auf Vol.-% multipliziert man die gefundenen g CO_2 mit $\frac{1}{1{,}9768} = 0{,}5059$ und erhält das Volumen des Kohlendioxyds in Litern. Hat man 10 l Röstgas durchgesaugt, so ergibt sich aus dem gefundenen Volumen an CO_2 mal 10 = Vol.-% CO_2.

Bei der Bestimmung des Kohlendioxydgehaltes im Endgas kann auch von der unter h, S. 675, erhaltenen natronalkalischen Absorptionslösung ausgegangen werden. Man entnimmt der auf 250 ml aufgefüllten Flüssigkeit eine Abmessung von 50 oder 100 ml und bringt sie zur Kohlendioxydbestimmung in den CORLEIS-Apparat. Es berechnet sich dann:

$$\frac{\text{Auswaage an } CO_2 \cdot 5 \cdot 1000}{\text{Abgesaugte Gasmenge in l}} = \text{g/m}^3\ CO_2$$

$$\frac{\text{g/m}^3\ CO_2 \cdot 0{,}5059}{10} = \text{Vol-\%}\ CO_2$$

Ausführungsart γ. (Absorption in ammoniakalischer Bariumchloridlösung): Man kann dieses Verfahren bei Röst- und Endgasen anwenden. Vom *Röstgas* werden 5 bis 10 l mit mäßiger Geschwindigkeit durch drei hintereinandergeschaltete Frittenflaschen gesaugt. Die erste ist zur Absorption des Schwefeldioxyds mit 3 proz. Wasserstoffperoxydlösung beschickt, deren Menge so zu bemessen ist, daß sie zur Absorption des SO_2 voll ausreicht (etwa 50 ml), die zweite ist zur Absorption des Kohlendioxyds mit 50 ml 3 proz. Bariumchloridlösung gefüllt, die 5 ml Ammoniak (0,91) und 10 ml 1 proz. Wasserstoffperoxydlösung enthält, letzteres deshalb, damit Anteile von Schwefeldioxyd, die etwa in der ersten Flasche nicht absorbiert wurden, zurückgehalten werden. Die dritte Frittenflasche enthält wieder 55 ml derselben ammoniakalischen Bariumchloridlösung, damit das Kohlendioxyd vollständig absorbiert wird.

Nach beendetem Gasdurchgang wird die erste Frittenflasche, ohne die Verbindung mit den beiden anderen zu lösen, in ein Becherglas mit nahezu siedendem Wasser gesetzt und in langsamem Strom Luft durch die 3 Flaschen gesaugt, um das in der ersten Waschflüssigkeit gelöste Kohlendioxyd in die nächste Flasche überzutreiben. Der Luftstrom ist durch eine vorgeschaltete, mit Kalilauge beschickte Waschflasche zu reinigen. In der ersten mit Bariumchloridlösung beschickten Waschflasche scheidet sich Bariumcarbonat und unter Umständen auch etwas Bariumsulfat ab, während der Inhalt der zweiten, mit Bariumchloridlösung beschickten Flasche meistens klar bleibt oder höchstens eine leichte Trübung aufweist. Man vereinigt nun den Inhalt beider Flaschen, kocht das Ganze kurz auf, filtriert den Niederschlag ab und wäscht ihn mit heißem Wasser aus, bis die ablaufende Flüssigkeit, auf Phenolphthaleinpapier getüpfelt, keine Rotfärbung mehr hervorruft. Darauf wird das Filter samt dem Niederschlag im 300 ml-ERLENMEYER-Kolben durch Schütteln mit 50 ml Wasser zerfasert. Dann setzt man aus einer Bürette so viel n/5- bzw. n/10-Salzsäure hinzu, bis die mit Methylorange angefärbte Flüssigkeit deutlich rot bleibt und das Bariumcarbonat restlos gelöst ist. Die Lösung wird etwa 5 min gekocht, dann abgekühlt. Nun titriert man die freie Säure mit n/5- bzw. n/10-Natronlauge zurück.

1 ml n/10-Salzsäure = 2,2 mg = 1,113 ml CO_2,
1 ml n/5-Salzsäure = 4,4 mg = 2,226 ml CO_2.

Aus dem Verbrauch an Salzsäure und der Litermenge des abgesaugten Gases ergibt sich der Gehalt an Kohlendioxyd in g je m³ bzw. in Vol.-%. Für genaue Bestimmungen ist die Umrechnung auf den Normalzustand (0°, 760 Torr) durchzuführen.

Die Kohlendioxydbestimmung im *Endgas* wird in gleicher Weise ausgeführt, jedoch kann hier die erste Frittenflasche mit der Wasserstoffperoxydlösung fortfallen. Zur Sicherheit setzt man aber der zweiten, mit der ammoniakalischen Bariumchloridlösung beschickten Waschflasche ebenfalls 10 ml 1proz. Wasserstoffperoxydlösung hinzu. Der schließlich ausgefallene Niederschlag ist ein Gemenge von Bariumsulfat und Bariumcarbonat. Die Flüssigkeiten der beiden Waschflaschen werden vereinigt und, wie oben beschrieben, weiter verarbeitet.

Bemerkung. In beiden Fällen muß das Fällen und Filtrieren unter Luftabschluß geschehen. Darüber vgl. P. BARDENHEUER und P. DICKENS: Stahl u. Eisen Bd. 47 (1927) S. 762.

n) Die Bestimmung des Arsengehaltes im Röstgas

Für die Bestimmung *größerer Mengen* von Arsen werden 200 bis 300 l Gas durch zwei mit Schwefelsäure (1 + 7) beschickte Waschflaschen geleitet, von denen die erste eine Fritte besitzt. Die vereinigten sauren Lösungen befreit man vom Schwefeldioxyd durch Erhitzen und Einleiten von Kohlendioxyd und neutralisiert sie dann nahezu mit Natronlauge. Nach Zugabe von Natriumhydrogencarbonat im Überschuß titriert man die arsenige Säure mit n/10-Jodlösung bis zur Blaufärbung. Indicator: Stärkelösung.

1 ml n/10-Jodlösung = 0,00375 g As bzw. 0,0049 g As_2O_3.

Sehr geringe Mengen von Arsen(III)-oxyd werden mit Hilfe der Methode nach C. R. SANGER und O. F. BLACK nachgewiesen. Man leitet 500 l Gas durch zwei mit Schwefelsäure (1 + 7) beschickte Waschflaschen (s. oben), engt die vereinigten Lösungen ein und bringt sie mit der gleichen Menge Wasser in eine ungefähr 100 ml fassende Pulverflasche. Nach Zusatz einiger Körner reinsten Zinks und einiger Tropfen Kupfersulfatlösung wird das Arsen in der gleichen Weise, wie später beim entarsenisierten Röstgas, S. 690, oder bei Schwefelsäure, S. 702, beschrieben, bestimmt (s. auch TREADWELL, Bd. II (1937), S. 171 bis 173). Man kann das Arsen auch photometrisch nach E. B. SANDELL (s. Kapitel Arsen, S. 126) bestimmen. Siehe auch S. 125, Verfahren nach GUTZEIT.

o) Die Bestimmung des Gehaltes an Chlorwasserstoff im Röst- und Endgas

Man saugt das zu untersuchende Gas durch zwei hintereinandergeschaltete Frittenwaschflaschen, die mit chloridfreier Natronlauge (120 g/l) und ferner zur Oxydation des Schwefeldioxyds mit 3proz. Wasserstoffperoxydlösung beschickt sind. Die Gasmenge ist so zu bemessen, daß etwa 100 mg Chlorwasserstoff zur Bestimmung gelangen; das Absaugen ist mit mäßiger Geschwindigkeit vorzunehmen. Nach Beendigung der Gasentnahme wird die Absorptionsflüssigkeit mit Salpetersäure schwach angesäuert und der vorhandene Chlorwasserstoff mit Silbernitratlösung gewichtsanalytisch oder maßanalytisch nach VOLHARD bestimmt. 1 ml n/10-Silbernitratlösung entspricht 3,647 mg Chlorwasserstoff.

p) Die Bestimmung des Fluorgehaltes im Röstgas

Grundlage. Nach E. EBERIUS wird das Röstgas zur Absorption des Fluors in eine Natriumaluminatlösung eingeleitet, wobei der Aluminiumzusatz zur Bindung des Fluors dient. Dann entnimmt man der im Meßkolben aufgefüllten Lösung einen abgemessenen Anteil, säuert die Abmessung mit Überchlorsäure an und destilliert. Das überdestillierte Fluor wirkt ausbleichend auf den roten Aluminium-Aurintricarbonsäure-Komplex. Das Maß der Ausbleichung wird photometrisch festgestellt.

Anwendungsbereich und Bedeutung. Die Methode ist erprobt für Gehalte von 0,5 bis 5,0 mg Fluor je m^3 Röstgas.

Genauigkeit. 1.

Dauer. 3 Std., davon 2 Std. für das Durchleiten von 100 l Gas und 1 Std. für die Fluorbestimmung.

Ausführung. Eine Umgehungswaschflasche (s. Abb. 52) wird mit 200 ml Natronlauge (500 g/l) (p. a.), die im Liter 5 g Aluminiumkaliumsulfat enthält, sowie zur Oxydation des Schwefeldioxyds mit 50 ml Perhydrol beschickt. Dann werden im Verlauf von etwa 2 Std. 100 l Röstgas bei möglichst gleichmäßiger Strömungsgeschwindigkeit hindurchgesaugt. Die Gasmenge wird mit einem Rotamesser, einem Staudruckströmungsmesser oder einer Gasuhr gemessen. Das Absaugen geschieht durch einen Aspirator, eine Wasserstrahlpumpe oder eine kleine, elektrisch betriebene Pumpe; auch ein Staubsauger ist gut geeignet. Bei Verwendung empfindlicher Meßgeräte und Saugapparate wird zwischen diese und die bereits genannte Gaswaschflasche noch eine 1 l-Frittenflasche mit Natronlauge (250 g/l) geschaltet, damit das Schwefeldioxyd auch dann absorbiert werden kann, wenn das Gas nicht durch die erste Flasche, sondern nur durch ihre Umgehungsleitung strömt.

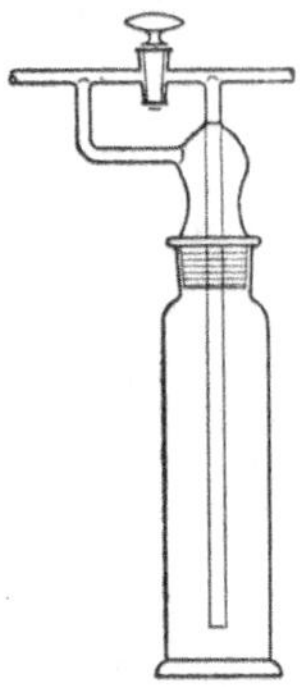

Abb. 52 Umgehungswaschflasche

Nach beendigtem Durchleiten wird der Inhalt der Umgehungswaschflasche in einen 500 ml-Meßkolben gespült und mit Wasser zur Marke aufgefüllt. Man pipettiert davon 50 ml in den Kolben der Destilliervorrichtung (s. Abb. 74, S. II/917) und neutralisiert mit Schwefelsäure (1 + 3) gegen Methylorange. Nach Zugeben von Siedesteinchen werden unter Durchperlen von Luft 20 bis 25 ml Wasser abdestilliert; dabei wird auch das überschüssige Wasserstoffperoxyd zerstört. Das Destillat wird verworfen. Die weitere Destillation mit Überchlorsäure und die photometrische Bestimmung der Farbtiefe des Aluminium-Aurintricarbonsäure-Komplexes erfolgt gemäß den Angaben im Kapitel Zink, S. II/917. Daselbst sind auch Fehlerquellen und Literatur angeführt.

q) Die Bestimmung des Staubgehaltes im Röstgas vor bzw. nach der Gasreinigung (Verfahren der Lurgi Apparatebaugesellschaft)

Die Bestimmung des Staubgehaltes in SO_2-haltigen Gasen erfordert folgende Messungen, Feststellungen bzw. Berechnungen:

1. Berechnung oder Messung der Gasmenge an der Meßstelle.

2. Absaugen einer bestimmten Gasmenge und Filterung mittels Glaswollefilters.

3. Vorbereitung, Trocknung und Wägung der Filter und Umrechnung des Staubgehaltes auf 1 m³ Gas vom Betriebszustand bzw. auf 1 Nm³.

Zu 1. Die Gasmenge und Gasgeschwindigkeit kann durch Berechnung oder durch Geschwindigkeitsmessung festgestellt werden.

Für die *Gasberechnung* müssen der Kiesdurchsatz, die anfallende Abbrandmenge, die S-Gehalte des Kieses und des Abbrandes, der Wassergehalt des Kieses, der SO_2-Gehalt der Gase und deren Temperatur bekannt sein.

Die *Gasmessungen* werden mit Staurohr und Mikromanometer durchgeführt. Zu beachten ist dabei, daß sie möglichst in einer geraden Leitung (Kanal), also nicht in der Nähe von Krümmungen und Querschnittsänderungen vorgenommen werden. In kreisförmigen Leitungen ist der Querschnitt in flächengleiche Ringflächen und einen Kreisflächenkern gleicher Größe zu unterteilen. Auf zwei zueinander senkrecht stehenden Durchmessern sind die im jeweiligen Schnittpunkt mit der Schwerlinie festgestellten Geschwindigkeiten arithmetisch zu mitteln. Dies ergibt die mittlere Strömungsgeschwindigkeit. Die Geschwindigkeit an der Meßstelle soll nach Möglichkeit nicht unter 3 m/sek betragen. Wegen unvermeidlicher Staubansätze an den Wänden sind Messungen in deren unmittelbarer Nähe zu vermeiden.

Kanäle mit rechteckigem Querschnitt sind in flächengleiche Teilquerschnitte zu unterteilen. Die Einteilung der Meßquerschnitte richtet sich nach der Größe des Gesamtquerschnittes und der Gleichmäßigkeit der Strömung an den Meßstellen (s. VDI-Richtlinien, 2. Ausgabe 1949, Teil E. I) (s. Abb. 53).

Zu 2. Zum Absaugen der Gase durch ein Filter wird ein Absaugekopf nach Abb. 54 verwandt. Der Filterkopf hat $^3/_8''$-Rohrgewinde für ein $^3/_8''$-Absaugerohr, dessen Länge ein Abtasten des unter 1. beschriebenen Kanalquerschnittes ge-

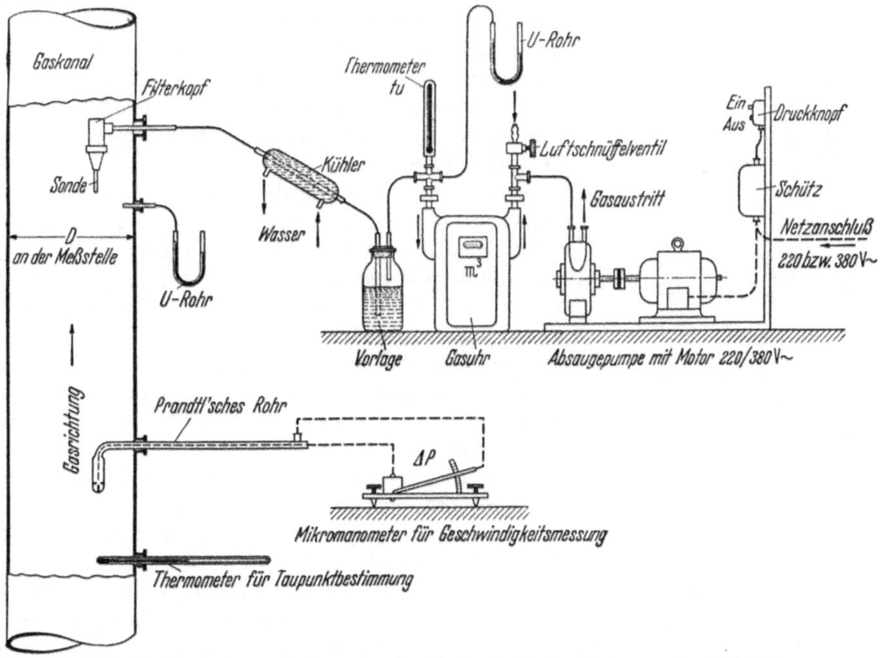

Abb. 53. Apparat zur Bestimmung des Staubgehaltes in Röstgasen (nach LURGI)

statten soll. Auswechselbare Sonden (z. B. 8, 10 und 12 mm Durchmesser) bieten die Möglichkeit, bei verschiedenen Geschwindigkeiten Teilgasströme von etwa 4 bis 6 m³/h abzusaugen.

Das in den Filterkopf einzusetzende, mit Glaswolle gefüllte Glasfilter ist, wie aus der Abb. 54 ersichtlich, mit Asbestscheiben gut abzudichten und das Absaugekopfoberteil fest aufzuschrauben.

Bei kleineren Leitungen, etwa 100 bis 200 mm Durchmesser, kann der Filterkopf mit genügender Genauigkeit an einem Punkt mittlerer Geschwindigkeit angesetzt werden. Bei größeren Leitungen muß auf den festgelegten Meßpunkten (s. Abschnitt 1) über gleichmäßige Zeiträume abgesaugt werden.

Die Gasuhr ist zweckmäßig für eine maximale Gasmenge von 6 m³/h bemessen. Die Gastemperatur soll in der Uhr nach Möglichkeit 55°, der Unterdruck etwa 150 mm Hg nicht überschreiten. Die Gasuhr soll gegen Feuchtigkeit durch Kondensation und gegen Angriffe durch Säure durch Vorschalten eines Kühlers bzw. einer NaOH-Vorlage geschützt werden.

Am Gaseintritt in die Gasuhr müssen Temperatur und Unterdruck (U-Rohr mit Hg-Füllung) gemessen werden.

Das am Gasaustritt angebrachte Schnüffelventil gestattet durch Einsaugen von Luft eine gute Regulierung der abzusaugenden Teilgasmenge. Die Absaugepumpe wird über eine Kupplung direkt von einem Motor angetrieben. Es ist darauf zu achten, daß kein Staub oder Schmutz in die Pumpe gelangt, da sonst ein Festfressen des Rotors eintritt. Daher ist der Pumpe ein Watte- oder Glaswollefilter vorzuschalten.

Die Anordnung der vorbeschriebenen Meßeinrichtungen ist aus Abb. 53 zu ersehen. Zur besseren Veranschaulichung sind die einzelnen Meßinstrumente mit den zugehörigen Vorrichtungen einzeln in den Gaskanal gezeichnet. Die Messungen selbst werden jedoch nicht nebeneinander, sondern hintereinander durchgeführt. Am Gaskanal ist in Wirklichkeit nur eine Meßstelle angebracht, durch die die Instrumente nacheinander in der auf S. 684/85 angegebenen Reihenfolge eingeführt werden. Die Apparateteile werden miteinander durch Druckschlauch verbunden, um ein Zusammenfallen bei Unterdruck zu verhindern.

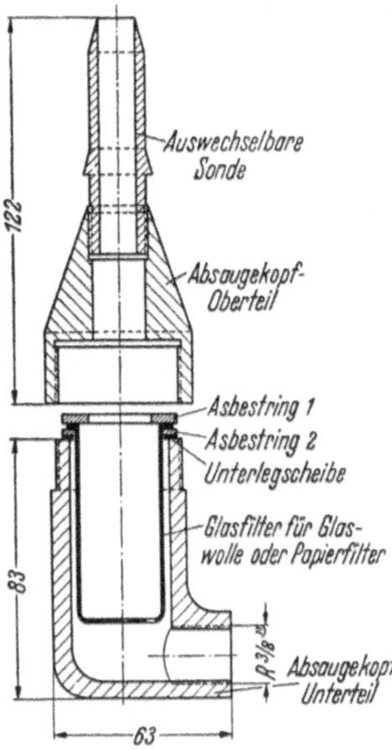

Abb. 54. Filterkopf (nach LURGI)

Die Messung des Staubgehaltes in einem strömenden Gas muß bei geschwindigkeitsgleicher Absaugung eines Teilgasstromes aus dem Hauptgasstrom erfolgen. Das heißt, die Gasgeschwindigkeit in der Absaugesonde muß gleich derjenigen an der Meßstelle im Kanal sein. Abweichungen fälschen den Staubgehalt und den Kornaufbau des Staubes.

Bevor abgesaugt wird, ist das Absaugerohr mit dem eingesetzten Filter mit Öffnung in Richtung des Gasstromes (nicht entgegen diesem) etwa 10 min einzubringen. Der anschließende Schlauch wird solange abgequetscht. Mit Beginn des Saugens ist das Rohr mit der Öffnung gegen den Gasstrom zu drehen. Durch das Filter müssen zur Staubbestimmung im gereinigten Gas etwa 200 bis 300 l gesaugt werden. Für Messungen im Rohgas genügt eine geringere Menge. Rohgasstaubgehalte lassen sich am genauesten durch Wägen der im Entstauber abgeschiedenen Staubmengen und Hinzuzählen der Reingasstaubmengen bestimmen.

Beim Absaugen kann sich in der Meßeinrichtung Kondensat niederschlagen. Es darf vernachlässigt und deshalb in der Berechnung weggelassen werden, wenn der Taupunkt des Gases niedrig liegt. Anderenfalls muß es bei der Berechnung der Dichte des feuchten Gases berücksichtigt werden.

Zu 3. Das Filtergläschen wird bis zu 15 mm unterhalb der Oberkante mit Glaswolle gefüllt, vor der Probenahme in einem Wägeglas 2 Std. bei 120° getrocknet und nach dem Erkalten in einem Exsiccator auf einer analytischen Waage genau ausgewogen. Nach der Probenahme wird es zur Austreibung der eingeschlossenen H_2SO_4 ohne Wägegläschen bei 300° getrocknet, noch heiß in ein Wägeglas gebracht und nach dem Erkalten im Exsiccator mit dem Wägeglas gewogen.

Aus der Gewichtsdifferenz und der abgesaugten Gasmenge wird der Staubgehalt errechnet.

Als Beispiel sei eine Staubbestimmung im Rein- und Rohgas an einem Röstofen, dem ein Elektrofilter nachgeschaltet ist, durchgerechnet.

Der eigentlichen Staubgehaltsmessung müssen folgende Bestimmungen vorausgehen:

a) des Querschnittes des Kanals an der Meßstelle in m²,

b) des Barometerstandes zur Zeit der Messung in mm Hg,

c) der Temperatur des Gases im Kanal in °C,

d) des statischen Druckes im Kanal (Rohr) in mm WS (U-Rohr mit Wasserfüllung),

e) des Taupunktes in °C bzw. des Wassergehaltes des Gases in g H_2O/Nm^3 (Kondensatmessung und Säurebestimmung),

f) der Dichte des Gases an der Meßstelle in kg/m^3 (Gasanalyse z. B. im ORSAT-Apparat),

g) der Gasgeschwindigkeit (Netzmessung) im Kanal (Rohr) mit Staurohr und Mikromanometer oder Berechnung der Gasmenge und Geschwindigkeit, wie unter Ziffer 1 beschrieben.

Es ist zweckmäßig, vor jeder Versuchsreihe einen Vorversuch durchzuführen, damit die zu erwartenden Temperaturen und Drücke an der Gasuhr sowie die in der Gasuhr zu messenden Gasmengen größenordnungsmäßig bekannt sind.

Beispiel: Die unter a) bis f) aufgeführten Werte seien wie folgt gemessen worden:

zu a) Kanalquerschnitt: 1,03 mal 1,185 = 1,22 m² (F),
zu b) Barometerstand: 759 mm QS (b),
zu c) Temperatur im Kanal: 370° C = 643° K (tk),
zu d) statischer Druck im Kanal: minus 5,6 mm WS = minus 0,4 mm QS (ps), statischer Druck, Entstaubereintritt: minus 0,4 mm WS = minus 0,03 mm QS,
zu e) bleibt unberücksichtigt (niedriger Taupunkt, Kiese und Blenden meist vorher getrocknet),
zu f) Dichte des Gases γ°

$$\begin{array}{lrl} SO_2 & 7{,}5\ \% & = 0{,}075 \cdot 2{,}926 = 0{,}2195 \\ O_2 & 7{,}83\% & = 0{,}0783 \cdot 1{,}429 = 0{,}1119 \\ CO_2 & 0{,}53\% & = 0{,}0053 \cdot 1{,}977 = 0{,}0105 \\ N_2 & 84{,}14\% & = 0{,}8414 \cdot 1{,}250 = 1{,}0517 \\ \hline & & \gamma^\circ\ 1{,}3936\ kg/Nm^3 \end{array}$$

Berechnungen

A. Berechnung der Gasmenge über den Kiesdurchsatz:

Durchsatz (trockener Kies)	56 t/24 h
S-Gehalt des Kieses (trocken)	38,7%
S-Gehalt im Abbrand (z. B. aus der Abröstung von Meggener Feinkies in Etagenöfen)	6,5%
Verhältnis von Abbrand zu Kies	75 zu 100
SO_2-Gehalt im Röstgas an der Meßstelle	7,5%
(Litergewicht des reinen SO_2-Gases = 2,93 g bei 0°, 760 mm QS)	
Temperatur am Entstaubereintritt	520°
Temperatur im Kanal an der Meßstelle	370° K

56 mal 0,387 = 21,672 t Schwefel/24 h stehen zur Verfügung. Je nach dem Feuchtigkeitsgehalt in der Kiesaufgabe und im Trockengut beim Eintritt in die oberste Ofenetage muß eine entsprechende Korrektur im Durchsatzgewicht des Schwefels angebracht werden.

Im Abbrand verbleiben $56 \cdot \frac{75}{100} \cdot \frac{6{,}5}{100} = 2{,}730$ t Schwefel/24 h.

$$\begin{array}{lrl} \text{Ins Gas gehen somit} & 21{,}672\ \text{t} & \text{Schwefel/24 h} \\ & -\ 2{,}730\ \text{t} & \text{Schwefel/24 h} \\ \hline & 18{,}942\ \text{t} & = 18942\ \text{kg Schwefel/24 h} \end{array}$$

über, das sind 37884 kg SO_2 in 24 h,
oder, auf Röstgas (7,5% SO_2) umgerechnet,

$$\frac{37884 \cdot 100}{2{,}93 \cdot 7{,}5} = 172395\ Nm^3/24\ h = 7183\ Nm^3/h.$$

Auf die Entstaubereintrittstemperatur von 520° umgerechnet, ergibt dies eine Gasmenge von

$$\frac{172395 \cdot (273 + 520)}{273} = 500760 \text{ m}^3/24 \text{ h } 520°$$
$$= 20865 \text{ m}^3/\text{h } 520°, 758,97 \text{ mm QS}.$$

Bezogen auf den Gaszustand an der Meßstelle im Kanal unter Berücksichtigung von Temperatur und Druck, ergibt sich eine Gasmenge von

$$\frac{20865 \cdot (273 + 370) \cdot (759 - 0,03)}{(273 + 520) \cdot (759 - 0,4)} = 16926 \text{ m}^3/\text{h}, 370°, 758,6 \text{ mm QS}$$

B. Messung der Gasmenge mit Staurohr und Mikromanometer:

Mikromanometerneigung 1 : 25, Füllung mit Methanol, Dichte · 0,8.

Faktor bei dieser Neigung $= \frac{1 \cdot 0,8}{25} = 0,032$.

Ablesung auf der Kapillare am Mikromanometer 14 mm Methanol, das sind 14 mal 0,032 = 0,448 mm WS (Δh).

$\Delta h = 0,448$ mm WS; tk = 370°C = 643°K; ps = minus 5,6 mm WS = minus 0,4 mm QS.

$g = 9,81 \text{ m} \cdot \text{s}^{-2}$ (Fallbeschleunigung).

$b_0 = 759$ mm QS; $b_{abs} = 758,6$ mm QS.

$\gamma_0 = 1,3936 \text{ kg/Nm}^3$.

$\gamma' = \gamma_0 \cdot \frac{t_0}{p_0} \cdot \frac{p'}{t'} \text{ kg/m}^3$.

$\gamma' = 1,3936 \cdot \frac{273}{760} \cdot \frac{758,6}{643} = 0,5906 \text{ kg/m}^3 \; 370°\text{C}$.

Die Feuchtigkeit bleibt hierbei unberücksichtigt.

Die Gasgeschwindigkeit an der Meßstelle im Gaskanal (v_k) beträgt

$$v_k = \sqrt{\frac{2 \cdot g \cdot \Delta h}{\gamma'}} = \sqrt{\frac{2 \cdot 9,81 \cdot 0,448}{0,5906}}$$

$$v_k = \frac{4,43 \cdot 0,6693}{0,7686} = 3,85 \text{ m/sek}$$

Die Gasmenge (Q_k) an der Meßstelle im Gaskanal beträgt bei einem Querschnitt von $F = 1,22 \text{ m}^2$

$$Q_k = 3,85 \cdot 1,22 = 4,70 \text{ m}^3/\text{s} = 16920 \text{ m}^3/\text{h } 370°\text{C}.$$

C. Bestimmung des Staubgehaltes im Rein- und Rohgas:

Gasgeschwindigkeit an der Meßstelle	$v = 3,85$ m/s = 38,5 dm/s
Gastemperatur an der Meßstelle . .	370°
Temperatur an der Gasuhr	45°
Unterdruck an der Gasuhr	80 mm QS
Durchmesser der Absaugesonde . .	12 mm Durchm., Querschn. 0,0113 dm².

Die abzusaugende Reingasmenge soll 300 Liter (an der Gasuhr bei 45° gemessen) betragen, um gut wägbare Staubmengen im Filter zu erhalten. Temperatur und Unterdruck an der Gasuhr sind durch einen Vorversuch zu ermitteln.

Rechnung:

38,5 · 0,0113 · 60 = 26,6 Liter/min müssen mit der Sonde des Absaugekopfes im Kanal abgesaugt werden. Das sind:

$$26,60 \cdot \frac{273 + 45}{273 + 370} \cdot \frac{759 - 0,4}{759 - 80 - 71,88} = 16,4 \text{ Liter/min (Gasuhr)}$$

Hierbei ist angenommen, daß infolge der Abkühlung durch die Vorlage das Gas nach Austritt aus derselben mit Wasserdampf gesättigt ist. Es muß demnach der Dampfteildruck, welcher hier bei 45° = 71,88 mm QS angenommen ist, berücksichtigt werden.

Infolge der SO_2-Absorption in der Vorlage erniedrigt sich die abzusaugende Gasmenge um 7,5%; an der Gasuhr ist somit eine Gasmenge von 15,2 Liter/min 45° einzustellen.

Absaugezeit für die angesetzten 300 Liter an der Gasuhr $= \frac{300}{152} =$ 19 min 44 sek.

Auf den Zustaud an der Absaugesonde im Kanal bezogen, wird in dieser Zeit eine Gasmenge von $\frac{26{,}60 \cdot 300}{16{,}4} =$ 485 Liter, 370° abgesaugt.

Bei einem Filtergewicht nach der Messung (getrocknet bei 300°) von 54,6003 g
und einem Filtergewicht vor der Messung (getrocknet bei 120°) von 54,5802 g
ergibt sich ein Staubgewicht von . . . . 0,0201 g
für die abgesaugte Gasmenge von 485 Liter = 0,485 m^3.

Bezogen auf 1 m^3, entspricht dies einem Staubgehalt im Reingas von $\frac{0{,}0201 \cdot 1{,}000}{0{,}485} = 0{,}0414$ g/m^3 370°.

Die Reingas-Staubmenge beträgt somit $0{,}0414 \cdot 16920 = 0{,}701$ kg/h.

Der im Entstauber abgeschiedene Staub wird über eine längere Zeit gesammelt, gewogen und das Gewicht je 24 Std. bzw. je Stunde festgestellt,

z. B. 1910 kg/24 h = 79,58 kg/h Staub.

Es ergibt sich somit ein Rohgas-Staubgehalt von 0,701 + 79,58 = 80,281 kg/h.

Das sind, bezogen auf 1 Betriebs-m^3: $\frac{80281}{20865} = 3{,}848$ g/m^3, 520°

Auf Nm^3 bezogen, ergeben sich folgende Staubgehalte:

Rohgasstaubgehalt = 11,17 g/Nm^3,
Reingasstaubgehalt = 0,097 g/Nm^3.

Der Wirkungsgrad des Entstaubers wird berechnet, indem man das Gewicht des im Entstauber abgeschiedenen Staubes je Stunde (79,58 kg) zu dem Gewicht des Rohgasstaubes je Stunde (80,281 kg) ins Prozentverhältnis setzt:

$$\frac{100 \cdot 79{,}58}{80{,}281}\ 99{,}12\,\%$$

Weiteres über Staubbestimmungen s. im Kapitel Industrielle Gase, S. 1205.

2. Schwefelsäuregewinnung in Kontaktanlagen

Die einschlägigen Untersuchungen des Röst- und Endgases entsprechen denen beim Kammerverfahren und sind in den vorhergehenden Abschnitten ausführlich dargelegt worden. Es sollen daher im Nachstehenden nur noch einige von den Analysenmethoden geschildert werden, welche für Kontaktanlagen besondere Bedeutung haben.

a) Die Bestimmung des Schwefeldioxydgehaltes im Gas hinter den Kontaktkesseln

Die Bestimmung wird nach Reich, wie S. 668 beschrieben, durchgeführt, jedoch werden vor die mit der Jodlösung beschickten Kolben 2 Waschflaschen mit 98proz. Schwefelsäure vorgeschaltet, die dazu dienen, SO_3 zurückzuhalten. Für die Analyse des im Vorkontakt bzw. Mittelkontakt teilweise umgesetzten Gases legt man 10 ml n/100-Jodlösung vor.

b) Die Bestimmung des Schwefeldioxydgehaltes im Endgas

Die Durchführung erfolgt, wie oben angegeben; es werden jedoch nur 5 ml n/100-Jodlösung vorgelegt.

In den *Abgasen* kann man den SO_2-Gehalt durch Benutzung folgender einfacher Apparatur ermitteln:

Man gibt in eine Waschflasche 10 ml n/10-Jodlösung sowie 50 ml Wasser und in eine nachgeschaltete Waschflasche 5 ml n/10-Natriumthiosulfatlösung mit

50 ml Wasser. Durch diese Lösungen saugt man nun ein bestimmtes größeres Gasvolumen, welches mit Hilfe eines Aspirators oder einer Gasuhr gemessen wird, hindurch und gibt dann nach Beendigung des Durchsaugens weitere 5 ml n/10-Jodlösung in die erste Waschflasche, damit später bei der Vereinigung der beiden Lösungen jedenfalls ein Überschuß an Jod vorhanden ist. Dieser wird mit eingestellter Natriumthiosulfatlösung unter Stärkezusatz zurücktitriert.

Das Nachschalten der mit Natriumthiosulfatlösung beschickten Waschflasche ist hier unbedingt notwendig, da das Jod einen nicht unbeträchtlichen Dampfdruck besitzt, so daß beim Durchsaugen größerer Gasmengen sonst Jodverluste auftreten.

c) Die Bestimmung des SO_3-Gehaltes

α) *SO_3-Bestimmung im Endgas von Kontaktanlagen*

Grundlage. Das zu untersuchende Gas wird durch 2 Gaswaschflaschen mit Glasfritten (G 2 der Fa. Schott und Gen.; Porenweite 40 bis 90 μ), die mit 80proz. Isopropylalkohol beschickt sind, mit einer Geschwindigkeit von etwa 100 l je Stunde geleitet. Das SO_3 wird vollständig absorbiert und nach Entfernung des gelösten Schwefeldioxyds mit n/10-NaOH titriert. Bei den niedrigen SO_2-Gehalten im Endgas der Kontaktanlagen tritt in der 80proz. Isopropylalkohollösung keine Oxydation des anwesenden SO_2 zu SO_3 ein.

Ausführung. 200 l Endgas werden durch 2 Gaswaschflaschen mit Glasfritten (s. oben), die mit je 100 ml 80proz. Isopropylalkohol beschickt sind, mit einer Geschwindigkeit von 100 l je Std. gesaugt. Nach Beendigung des Versuchs wird der Inhalt der beiden Waschflaschen quantitativ mit Wasser in ein Becherglas übergespült und auf etwa 100 ml eingedampft. Hierbei wird der Isopropylalkohol verflüchtigt. In der auf Raumtemperatur abgekühlten Lösung wird das SO_3 in bekannter Weise mit n/10-NaOH-Lösung titriert.

β) *SO_3-Bestimmung in Röstgasen*

Grundlage. Bei den hohen SO_2-Gehalten in Röstgasen kann in neutraler 80proz. Isopropylalkohollösung SO_2 zu SO_3 oxydiert werden. In salzsaurer Isopropylalkohollösung wird das SO_2 praktisch nicht oxydiert. Das SO_3 wird vollständig absorbiert und durch Fällung mit Bariumchlorid gewichtsanalytisch bestimmt.

Ausführung. 100 l Röstgas werden durch 2 Gaswaschflaschen mit Glasfritten (G 2 der Fa. Schott und Gen.; Porenweite 40 bis 90 μ), die mit je 100 ml salzsaurer 80proz. Isopropylalkohollösung (9 Teile 80proz. Isopropylalkohol und 1 Teil Salzsäure, 1,19) beschickt sind, mit einer Geschwindigkeit von etwa 100 l je Stunde gesaugt. Dann wird der Inhalt der beiden Waschflaschen quantitativ mit Wasser in ein Becherglas übergespült und bis auf etwa 100 ml eingedampft. Anschließend wird das Sulfat wie üblich mit $BaCl_2$-Lösung gefällt, abfiltriert, gewogen und auf SO_3 umgerechnet. Um den in den Röstgasen vorhandenen Staub zurückzuhalten, muß das Gas bei einer Temperatur von 350° durch ein geeignetes Filter gesaugt werden.

d) Die Bestimmung geringer Mengen SO_2 neben SO_3 im Endgas

α) *Das Kolbenverfahren*

Grundlage. Das zu untersuchende Gas wird in einen vorher evakuierten Rundkolben gebracht; sodann wird Natronlauge eingesaugt. Das gebildete Sulfat und Sulfit bestimmt man gewichtsanalytisch bzw. maßanalytisch.

Anwendungsbereich und Bedeutung. Das Verfahren eignet sich für die Bestimmung von Gehalten unter 2% SO_2 neben beliebigen Mengen von SO_3 in nitrosefreien Gasen.

Genauigkeit. 3.

Dauer. 2 bis 3 Std.

Ausführung. Ein 5 l-Rundkolben wird bis zu einem bestimmten Unterdruck evakuiert und dann mit dem zu untersuchenden Gas gefüllt. Dabei müssen Temperatur und Druck gemessen werden, um das Normalvolumen des angesaugten Gases berechnen zu können. Dann wird im Kolben durch Kühlen mit Wasser wieder ein geringer Unterdruck erzeugt, so daß 10 ml Natronlauge (120 g/l) eingesaugt werden können. Nun bleibt der Kolben so lange stehen, bis alle Nebel absorbiert sind. Darauf spült man seinen Inhalt in einen Meßkolben über, füllt diesen bis zur Marke auf und entnimmt der Lösung gemessene Anteile. In der einen Abmessung wird das Sulfit mit Jodlösung titriert, indem man die Sulfitlösung nach VOLHARD in eine mit Schwefelsäure ausreichend angesäuerte n/10-Jodlösung einfließen läßt und den verbliebenen Jodüberschuß mit n/10-Natriumthiosulfatlösung zurücktitriert. Die Jodlösung muß hierbei sauer bleiben. 1 ml n/10-Jodlösung = 1,6 mg S bzw. 3,2 mg SO_2. In einer anderen Abmessung wird der Gesamtschwefel nach der Oxydation mit Wasserstoffperoxyd (Perhydrol) durch Fällen als Bariumsulfat bestimmt. Die Differenz von Gesamtschwefel und Sulfitschwefel ergibt den Gehalt an SO_3-Schwefel; durch Multiplikation mit 2,497 erhält man die Menge an SO_3.

Fehlerquellen. In Gegenwart von nitrosen Gasen ist eine getrennte Bestimmung von SO_2 und SO_3 nicht möglich.

Bemerkung. Der Gehalt an SO_2 läßt sich auch nach der Zinn(II)-chlorid-Methode (V. 1 i) bestimmen und die Summe von SO_2 und SO_3 nach der Vorschrift für die Bestimmung der Gesamtacidität unter V. 1 k. Der SO_3-Gehalt ergibt sich dann aus der Differenz der beiden Werte.

β) Die Berechnung des Umsatzes von SO_2 zu SO_3

Der Umsetzungsgrad von SO_2 zu SO_3 wird ausgedrückt in Prozenten des im Röstgas enthaltenen SO_2 und aus den Analysenergebnissen des Röst- und Endgases folgendermaßen berechnet:

Es seien m der Prozentgehalt an SO_2 im Röstgas und n der Prozentgehalt an SO_2 im Endgas, dann ist die Umsetzung

$$U = \frac{(m - n) \cdot 20000}{m \cdot (200 - 3n)}$$

Wenn z. B. der ermittelte Prozentgehalt an SO_2 im Röstgas 10% (m) und der Prozentgehalt an SO_2 im Endgas 2% (n) ist, so ergeben sich als Vollständigkeit des Umsatzes von SO_2 zu SO_3:

$$\frac{(10 - 2) \cdot 20000}{10 \cdot (200 - 6)} = \frac{160000}{1940} = 82{,}5\%$$

[s. BERL-LUNGE: 8. Aufl., Bd. II, 1 (1932) S. 538].

e) Die Bestimmung des Sauerstoffgehaltes eines SO_3-haltigen Gases

Die Bestimmung wird nach der unter 1b, S. 667, gegebenen Vorschrift durchgeführt. Es ist jedoch erforderlich, daß nach der Absorption in Natronlauge die noch vorhandenen SO_3-Nebel in einer Pipette mit 98proz. Schwefelsäure entfernt werden.

f) Die Bestimmung des Wasserdampfgehaltes im Röstgas nach der Trocknung

α) Qualitative Trockenkontrolle

Zur laufenden Überwachung des Trocknens von SO_2-haltigen Gasen werden an die Entnahmeleitung 2 Waschflaschen angeschlossen. Die erste Flasche ist mit Oleum beschickt, deren Einleitungsrohr über dem Flüssigkeitsspiegel endet; die zweite Flasche enthält Wasser. Falls im Gas noch Wasserdampf vorhanden ist, bilden sich über dem Oleum Nebel, anderenfalls nicht. Die zweite Flasche dient nur zur Geschwindigkeitskontrolle des Gasstromes; sie zeigt immer Nebelbildung.

β) Quantitative Bestimmung des Wasserdampfes im getrockneten Röstgas

Die in Abb. 55 dargestellte Apparatur muß möglichst nahe der Gasentnahmestelle am Austritt des Gases aus dem Trockenturm aufgestellt und mittels eines Glasrohres, das in den Gasstrom hineinreicht, angeschlossen werden. Man leitet 200 bis 400 l Gas im langsamen Strom (250 ml/min) durch vier hintereinandergeschaltete U-Rohre, von denen die ersten drei mit Phosphorpentoxyd, das vierte mit Calciumchlorid gefüllt sind. Das aufgenommene Wasser wird durch Auswägen der Phosphorpentoxydröhrchen bestimmt, nachdem zuvor eine Zeitlang getrock-

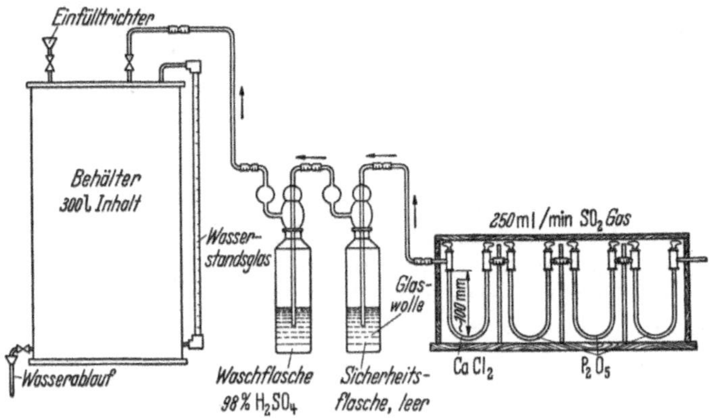

Abb. 55. Apparatur zur Wasserbestimmung im Röstgas

nete Luft zur Verdrängung des Schwefeldioxyds durchgeleitet worden war. Da im m^3 Gas weniger als 0,1 g Wasser enthalten sein soll, beträgt die Gewichtszunahme nur wenige mg. Es ist daher besonders darauf zu achten, daß die U-Röhrchen vor und nach der Bestimmung bei gleicher Temperatur sehr genau gewogen werden. Um zu vermeiden, daß aus dem Ansaugegefäß Wasser in die U-Röhrchen gelangt, werden eine Waschflasche mit Schwefelsäure (1,84) und eine leere Flasche dazwischengeschaltet.

Es empfiehlt sich, vor jedem Versuch die Apparatur auf Dichtigkeit zu prüfen, damit nicht feuchte Fremdluft angesaugt wird. Nach Beendigung der Bestimmung ist der Druck im Ansaugegefäß zu kontrollieren.

g) Prüfung des entarsenierten Röstgases auf Arsenrückhalt

Bei der Herstellung der Kontaktschwefelsäure ist es wichtig, daß die Gase, welche den Kontaktkesseln zugeführt werden, frei von Arsenverbindungen sind. Die Prüfung auf Arsen kann nach der MARSHschen oder nach der GUTZEITschen Probe erfolgen.

α) Nach der Marshschen Probe

Durch zwei mit Schwefelsäure (1 + 4) gefüllte Waschflaschen mit Glasfrittenfilter saugt man das zu untersuchende Gas (200 bis 300 l) im langsamen Strom hindurch, oxydiert dann die vereinigten Waschflüssigkeiten auf dem Wasserbad durch Zugeben von 10 ml 3proz. Wasserstoffperoxydlösung und engt sie auf etwa 100 ml ein. Inzwischen wird ein 250 ml-ERLENMEYER-Kolben mit einem 3fach durchbohrten Stopfen bereitgestellt. Durch die eine Bohrung führt das Rohr eines Tropftrichters, durch die zweite ein Sicherheitsrohr, welches bei der

Reaktion 10 mm in die Flüssigkeit eintaucht, während in die dritte ein Calciumchloridrohr zur Trocknung des entstehenden Gases eingeführt wird. Dieses Trockenrohr steht mit einem Rohr aus schwer schmelzbarem Glas in Verbindung, das in der Mitte auf etwa 2 bis 3 mm Durchmesser verengt und am Ende zu einer Spitze ausgezogen ist. Man bringt nun in den ERLENMEYER-Kolben 5 bis 10 g reinstes, arsenfreies, granuliertes Zink nebst einigen Tropfen Quecksilber sowie 25 ml Wasser und verschließt ihn. Darauf läßt man durch den Tropftrichter 20 ml Schwefelsäure (1 + 5) hinzufließen; dabei entwickelt sich Wasserstoff, der die Luft aus der Apparatur verdrängt (Prüfung mit einem Reagenzglas an der ausgezogenen Spitze). Ist kein Knallgas mehr nachzuweisen, so läßt man die wie oben vorbereitete Absorptionsflüssigkeit durch den Tropftrichter hinzufließen, entzündet den an der Spitze ausströmenden Wasserstoff und erhitzt das Glasrohr etwa 2 cm vor der verengten Stelle durch einen Brenner. Entsteht nach 20 bis 30 min kein deutlicher Arsenspiegel, so ist das zu prüfende Röstgas arsenfrei.

β) Nach der Gutzeitschen Probe

Die Absorption des Arsens in den Waschflaschen wird, wie vorstehend beschrieben, durchgeführt. Auch die für die Arsenwasserstoffentwicklung benötigte Apparatur ist die gleiche, nur tritt an Stelle des schwer schmelzbaren Glasrohres ein Rohr aus gewöhnlichem Glas, das einen Streifen Quecksilber(II)-bromidpapier enthält. Weiteres im Kapitel Arsen, S. 125. Vgl. S. 703, Verfahren nach SANGER-BLACK.

Sämtliche für die Prüfungen verwendeten Reagenzien müssen vollkommen arsenfrei sein.

3. Die gebräuchlichsten Verfahren bei der Untersuchung der technischen Schwefelsäure

Laboratoriumsvorschriften für Probenahme und Untersuchungen von technischer Schwefelsäure werden vom Chemikerausschuß des Steinkohlenbergbau-Vereins, Essen, herausgegeben und erscheinen im Verlag Glückauf G. m. b. H., Essen.

Die nachstehend mit einem Sternchen * versehenen Analysenvorschriften sind Methoden der Ruhr-Schwefelsäure G. m. b. H.

a) Bestimmung der Grädigkeit (Dichte und Schwefelsäuregehalt) *

Im Kammer- und Turmverfahren wird eine Schwefelsäure von etwa 78% H_2SO_4 gleich 100% H_2SO_4 (60° Bé) hergestellt. Die Konzentration der hierbei anfallenden Betriebs- und Handelssäure wird ausschließlich mit Aräometern nach BAUMÉ (Bé) ermittelt. Je nach den Erfordernissen besitzen diese einen entsprechend ausgewählten Meßbereich (z. B. 55 bis 61° Bé, Temperatur 15°, bei Handelssäuren), sie sind mit einem Thermometer (−4 bis +40°) ausgerüstet.

Die gut durchgemischte Säureprobe wird in einen Spindelzylinder gegossen, der oben eine kropfartige Erweiterung besitzt. Das verwendete Aräometer darf weder fettig noch schmutzig oder naß sein. Beim Einlassen darf es nicht an der Wandung des Spindelzylinders hängenbleiben. Sobald das Aräometer schwimmt und keine Gasblasen aufsteigen, wird von unten in Höhe des Flüssigkeitsspiegels abgelesen.

Gespindelt wird bei 15°. Wird bei einer anderen Temperatur gespindelt, so ist der abgelesene Wert zu korrigieren; für je 1° über oder unter 15° wird der Spindelwert um 0,05 °Bé erhöht bzw. vermindert. Dies gilt für alle Säuren zwischen 45 und 65 °Bé.

Die Ablesegenauigkeit beträgt bei einem guten Aräometer (z. B. mit 20 mm Abstand zwischen den ganzen Graden) 0,05° Bé. Der gefundene Wert wird nach einer Temperaturkorrektur, auf eine Stelle nach dem Komma gerundet, angegeben.

Die Dichte (d_{15}) und der Schwefelsäuregehalt sind aus den Tabellen nach Lunge, Isler, Naef, Domke, Bein zu entnehmen.

Vgl. B. Waeser, Handbuch der Schwefelsäurefabrikation, Bd. I (1930) S. 545ff., und G. Lunge, Handbuch der Schwefelsäurefabrikation und ihrer Nebenzweige, Bd. I (1916) S. 329ff.

Zur Eichung des Aräometers nach Baumé werden aus Schwefelsäure (1,84) und Wasser 3 Säuren verschiedener Grädigkeit hergestellt. Diese Vergleichssäuren werden auf genau 20° temperiert und ihre Dichte entweder mit einer amtlich geeichten Dichtespindel, Temperatur 20°, oder mit einer Mohr-Westphalschen Waage bestimmt. Nun wird die zu prüfende Baumé-Spindel in die auf 20° temperierte Vergleichssäure eingesenkt. Der bei 20° abgelesene Wert erhält zur Umrechnung auf 15° einen Korrekturzuschlag von 0,25° Bé. Stimmt dieser korrigierte Wert mit der Baumé-Zahl überein, die sich aus der Dichtespindelung berechnet (vgl. nachstehende Tabelle), so ist die Baumé-Spindel in Ordnung. Zulässige Abweichung ± 0,05° Bé.

Tabelle zur Eichung des Aräometers nach Baumé

$d_{20°}$	°$Bé_{15°}$	$d_{20°}$	°$Bé_{15°}$
1,6104	55,0	1,6769	58,5
1,6129	55,1	1,6786	58,6
1,6154	55,2	1,6802	58,7
1,6170	55,3	1,6827	58,8
1,6186	55,4	1,6851	58,9
1,6203	55,5	1,6868	59,0
1,6220	55,6	1,6885	59,1
1,6237	55,7	1,6901	59,2
1,6253	55,8	1,6918	59,3
1,6278	55,9	1,6935	59,4
1,6303	56,0	1,6951	59,5
1,6320	56,1	1,6976	59,6
1,6337	56,2	1,7000	59,7
1,6353	56,3	1,7017	59,8
1,6370	56,4	1,7034	59,9
1,6387	56,5	1,7050	60,0
1,6403	56,6	1,7075	60,1
1,6420	56,7	1,7100	60,2
1,6437	56,8	1,7125	60,3
1,6453	56,9	1,7149	60,4
1,6478	57,0	1,7174	60,5
1,6503	57,1	1,7199	60,6
1,6520	57,2	1,7216	60,7
1,6536	57,3	1,7232	60,8
1,6552	57,4	1,7248	60,9
1,6569	57,5	1,7273	61,0
1,6586	57,6	1,7298	61,1
1,6602	57,7	1,7315	61,2
1,6627	57,8	1,7223	61,3
1,6652	57,9	1,7348	61,4
1,6669	58,0	1,7373	61,5
1,6686	58,1	1,7398	61,6
1,6702	58,2	1,7423	61,7
1,6727	58,3	1,7448	61,8
1,6752	58,4	1,7465	61,9
		1,7482	62,0

b) Die Maßanalytische Bestimmung des Schwefelsäuregehaltes *

α) In nichtrauchenden Schwefelsäuren bis $d_{15} = 1,84$

Verwendet werden amtlich geeichte Meßkolben und Büretten. Nach ausreichender Verdünnung mit Wasser wird mit genau eingestellter n/2-Natronlauge titriert unter Verwendung eines Indicators mit folgender Zusammensetzung:

a) Methylrot, wasserlöslich, Merck, 6 g auf 1 l Wasser.
b) Methylenblau, 1 g auf 1 l Wasser.
a) und b) werden im Verhältnis 1 + 4 gemischt.

25 ml der gut gemischten Säureprobe werden mit einer Pipette entnommen, im Wägegläschen (Durchmesser 40 mm, Höhe 80 mm) auf 0,1 mg genau ausgewogen, dann in einen Meßkolben (1 l Inhalt) mit Wasser übergespült und fast zur Marke aufgefüllt. Nach guter Durchmischung wird bei 20° mit Wasser bis zur Marke nachgefüllt und nochmals gemischt. 25 ml hiervon werden unter Verwendung einer Bürette von 50 ml Inhalt, Teilung 0,1 ml, Schellbachstreifen, in einen ERLENMEYER-Kolben (300 ml Inhalt) abgelassen. Nach einer Wartezeit von 1 min (sehr wichtig!) wird der Bürettennachlauf dazugegeben. Dann wird mit Wasser auf ein Volumen von 100 ml verdünnt und nach Zusatz von 3 Tropfen des Mischindicators mit n/2-Natronlauge bis zum Farbumschlag von Violett auf Grün titriert. Es wird 1 min gewartet und dann abgelesen. Die Titerstellung der Natronlauge gegen eingestellte Säure erfolgt in der gleichen Weise.

1 ml n/2-Natronlauge entspricht 0,024521 g H_2SO_4. Der Umrechnungsfaktor auf Säure von 60 °Bé beträgt 1,28139.

Der gefundene Wert wird auf 2 Stellen nach dem Komma gerundet angegeben. Es ist eine Genauigkeit von 0,1% H_2SO_4 erzielbar.

β) In rauchenden Schwefelsäuren

Zur verlustlosen Wägung der Säure werden kleine, dünnwandige und mit einem offenen Kapillarröhrchen versehene Glaskugeln mit einem Durchmesser von 10 bis 15 mm benutzt. Durch schwaches Erwärmen der Glaskugel erzeugt man im Innern einen Unterdruck, so daß beim Eintauchen der Kapillare in die zu untersuchende Säure diese in die Kugel gesaugt wird. Dann wird die Kapillare zugeschmolzen und das Gewicht (etwa 0,5 bis 0,8 g) festgestellt. Bei Proben von Oleum, die mehr oder weniger erstarrt sind, hat man zuvor durch mäßiges Erwärmen dafür zu sorgen, daß sie eine einheitliche Beschaffenheit annehmen und angesaugt werden können [bei Sonderfällen vgl. BERL-LUNGE: 8. Aufl., Bd. II, 1 (1932) S. 656ff.].

Das gefüllte und gewogene Glaskügelchen bringt man in eine mit etwa 100 ml Wasser beschickte Pulverflasche, die einige massive Glaskugeln enthält, verschließt die Flasche und zertrümmert das gefüllte Glaskügelchen durch kräftiges Schütteln und Zerdrücken mit einem abgeplatteten Glasstab zu Glasstaub; dabei hat man besonders darauf zu achten, daß keine mit Säure gefüllten Kapillarteile unzerstört bleiben. Nun wird mit n/2-Natronlauge in Gegenwart des bei α) genannten Mischindicators titriert.

1 ml n/2-Natronlauge entspricht 0,024521 g H_2SO_4.

c) Die Bestimmung der schwefligen Säure

Die meist in der Schwefelsäure nur in geringer Menge vorhandene schweflige Säure wird jodometrisch bestimmt. Diese Bestimmung kann bei allen Schwefelsäuresorten des Handels sowie auch bei Oleum angewandt werden, nicht aber bei Säuren, die oxydierbare Stoffe, wie arsenige Säure, Eisen(II)-sulfat, Nitrose usw., enthalten.

Man beschickt einen 750 ml-ERLENMEYER-Kolben mit 250 ml Wasser, gibt etwas Stärkelösung hinzu und bläut mit Jodlösung schwach an. Dann läßt man aus einer Pipette 50 ml Säure langsam hinzulaufen; dabei muß die Pipettenspitze bis auf den Boden des Kolbens eingeführt und das Gefäß gut gekühlt werden. Durch Neigen des Kolbens werden beide Flüssigkeiten vermischt. Nach dem Abkühlen der Mischung auf Zimmertemperatur titriert man mit n/100-Jodlösung auf den ursprünglichen Farbton zurück.

$$\frac{\text{Verbrauchte ml n/100 Jodlösung} \cdot 0{,}00032 \cdot 2}{\text{Dichte}} = \%\ SO_2$$

Genauigkeit. 1.

Dauer. 20 min.

Bemerkungen. Bei größeren Gehalten an SO_2 legt man von vornherein z. B. 5 ml n/100-Jodlösung vor und titriert, je nachdem, ob die zugesetzten 50 ml Säure eine Entfärbung bewirkt haben oder nicht, entweder mit n/100-Jodlösung zu Ende oder mit n/100-Natriumthiosulfatlösung den verbliebenen Jodüberschuß zurück.

In Gegenwart der erwähnten oxydierbaren Substanzen, z. B. in Säuren aus dem Kammer- und Turmverfahren, kann die schweflige Säure aus einer Abmessung von z. B. 100 ml unter Zusatz von Salzsäure (2 + 1) abdestilliert und in der mit Wasserstoffperoxyd versetzten Wasservorlage als Schwefelsäure mit Bariumchlorid gefällt und als Bariumsulfat bestimmt werden.

d) Die Bestimmung des Nitrose(N_2O_3)-Gehaltes

α) Bei größeren Mengen in Betriebssäuren von Kammer- und Turmsystemen

Bei der Bestimmung spielt sich folgende Reaktion ab:

$$5\,N_2O_3 + 4\,KMnO_4 + 6\,H_2SO_4 = 10\,HNO_3 + 2\,K_2SO_4 + 4\,MnSO_4 + H_2O$$

1 ml n/2-Kaliumpermanganatlösung zeigt 0,009502 g N_2O_3 an. Diese Menge entspricht 0,01575 g HNO_3 oder 0,02983 g HNO_3 von 36° Bé.

Man benutzt das Verfahren zur ständigen Überwachung der Kammer- und Berieselungssäuren, die laufend in bestimmten Zeiträumen, z. B. alle 2 Std., analysiert werden müssen, kann es jedoch nicht auf Gloversäure anwenden, wenn diese noch schweflige Säure enthält. Dennoch läßt sich der Kaliumpermanganatverbrauch ganz allgemein zur Beurteilung der Vorgänge im Gloverturm heranziehen, auch wenn die Säure nitrosearm ist und schwefeldioxydhaltig abläuft.

Man bringt die zu untersuchende Säure in eine Glashahnbürette und läßt sie in eine abgemessene, mit etwa 200 ml warmem (30 bis 40°) Wasser verdünnte Menge n/2-Kaliumpermanganatlösung (bei hohen Nitrosegehalten beispielsweise 30 ml, bei niedrigeren 5 ml und weniger) unter kräftigem Schütteln einlaufen, bis die Färbung eben verschwunden ist. Dabei soll die Temperatur 40° nicht übersteigen, da sonst eine Ausscheidung von Mangandioxyd eintreten könnte, so daß der Endpunkt schwer erkennbar ist.

Bezeichnet man die vorgelegten ml n/2-Kaliumpermanganatlösung mit a und die verbrauchten ml der zu untersuchenden Säure mit b, so ist der Nitrosegehalt der Säure, berechnet in g je Liter, $= \frac{9{,}5025 \cdot a}{b}\ N_2O_3$ oder $\frac{29{,}83 \cdot a}{b}$, ausgedrückt in HNO_3 von 36° Bé.

Für die laufenden Betriebsuntersuchungen empfiehlt es sich, Tabellen zu verwenden, aus denen die gesuchten Werte z. B. für 5 oder 10 ml n/2-Kaliumpermanganatlösung hervorgehen. Zur Umrechnung auf Gewichtsprozente multipliziert man den erhaltenen Wert(g/l) mit $\frac{1}{10 \cdot \text{Dichte der Säure}}$.

Genauigkeit. 2.

Dauer. Etwa 10 min.

Ausführung. Bei kleineren Nitrosegehalten nimmt man zweckmäßig eine verdünntere, z. B. eine n/10-Kaliumpermanganatlösung und rechnet die Ergebnisse auf n/2-Lösung um.

β) Bei geringeren Mengen in Versandsäuren der Kammer- und Turmbetriebe

Neben salpetriger Säure können die Versandsäuren freie Salpetersäure, in der Regel aber nur so geringe Mengen enthalten, daß bei der Prüfung auf salpetrige Säure im allgemeinen nicht darauf Rücksicht genommen zu werden braucht. Will man trotzdem den Gehalt an Salpetersäure ermitteln, so bedient man sich hierzu der auf S. 696ff. angegebenen Reaktionen.

Nachweis von salpetriger Säure:

Eisen(II)-sulfat. Einige ml einer frisch bereiteten, wäßrigen Eisen(II)-sulfatlösung (150 g/l) werden in einem Reagenzglas mit der zu untersuchenden Säure vorsichtig unterschichtet. Bei Vorhandensein von salpetriger Säure bildet sich an der Grenzschicht eine mehr oder weniger starke, braune Zone.

Salpetersäure führt zu der gleichen Reaktion. Man kann sie verhindern, wenn man die zu untersuchende Säure vorher mit mindestens dem gleichen Volumen Wasser verdünnt. — Selen führt zu einer roten bzw. grauen Verfärbung oder Fällung.

Diphenylamin. In einem Reagenzglas überschichtet man 1 bis 2 ml einer Diphenylaminlösung (0,5 g, gelöst in 100 ml reinster Schwefelsäure (1,84) + 20 ml Wasser) mit der zu untersuchenden Säure. An der Berührungsstelle entsteht bei Anwesenheit von salpetriger Säure eine kornblumenblaue Färbung.

Die Reaktion ist sehr empfindlich, aber nicht spezifisch, da sie auch bei Anwesenheit geringster Mengen von Salpetersäure sowie anderer Oxydationsmittel, z. B. Selensäure, Eisen(III)-salzen usw., eintritt.

Soll hochprozentiges Oleum geprüft werden, so muß es vorher mit reiner Schwefelsäure (1,84) auf weniger als 20% SO_3 verdünnt werden.

Jodreaktion. Etwa 2 ml der zu prüfenden Säure werden mit der gleichen Menge Wasser verdünnt und abgekühlt. Man läßt sie zu 2 ml Kaliumjodidlösung (100 g/l) fließen. Ist salpetrige Säure vorhanden, so tritt nach kurzer Zeit Gelbfärbung, auf Zusatz von Stärkelösung Blaufärbung ein. Man kann diese Reaktion auch in der Wasservorlage nach einer Destillation der mit Wasser verdünnten Säureprobe ausführen.

α-Naphthylaminsulfanilsäure (nach P. GRIESS). Die Reaktion beruht auf der Bildung eines roten Azofarbstoffes. 0,1 g α-Naphthylamin (p. a.) wird in 5 ml verdünnter Schwefelsäure (1 + 1) unter Erwärmen gelöst. Diese Lösung wird in 80 ml Wasser gegossen und mit Wasser auf 100 ml aufgefüllt.

1 g Sulfanilsäure (p. a.) wird in 100 ml Wasser gelöst.

In einem Becherglas werden 5 g festes Natriumacetat in 100 ml Wasser von 50 bis 60° gelöst. Zu dieser Lösung werden 4 ml der Sulfanilsäurelösung und 5 ml der Naphthylaminlösung, sodann nach guter Durchmischung 1 ml der zu untersuchenden Säure gegeben. Tritt nach erneutem Durchmischen eine Rosa- bis Rotfärbung auf, so ist salpetrige Säure vorhanden. Die Methode dient speziell zum Nachweis geringster Mengen. Salpetersäure stört nicht.

Die *quantitative Bestimmung* des N_2O_3-Gehaltes kann nach der bereits auf S. 694 angegebenen Permanganatmethode durchgeführt werden, wenn der Gehalt nicht zu niedrig und die Säure praktisch frei von arseniger Säure und Eisen(II)-sulfat ist. Anderenfalls bestimmt man geringe und geringste Mengen mit Vorteil colorimetrisch bzw. photometrisch nach der unter γ) angegebenen Methode.

Oft handelt es sich darum, festzustellen, ob der Nitrosegehalt nicht eine bestimmte, festgelegte Grenze (z. B. 0,02% N_2O_3) überschreitet. Hierfür ist die Bestimmung mit dem Nitrometer gebräuchlich [s. unter f), S. 699]. Mit der Nitrometermethode werden aber die gesamten Stickstoffsäuren erfaßt.

γ) Bei geringsten Mengen an N_2O_3, z. B. in Kontaktsäuren

In einem 200 ml-Meßkolben werden 4 g Zitronensäure in 50 ml Wasser gelöst und mit 38,0 ml 1 n-Natronlauge versetzt. Danach werden 4 ml Sulfanilsäurelösung (s. oben) und 5 ml Naphthylaminlösung (s. oben) hinzugefügt. Nach Zugabe der Reagenzien wird der Kolben etwa 5 min in ein auf 30 bis 40° erwärmtes Wasserbad gestellt. Nun wird von der Säureprobe 1 ml aus einer Pipette (mit 2 Marken, z. B. Hellige 3051 D-1) auf den Boden des Kolbens eingeführt. Die Flüssigkeit wird gut gemischt und wieder in das auf 30 bis 40° erwärmte Wasserbad gestellt. Nach 10 min (bei größeren Gehalten bereits nach 5 min) ist die Färbung voll entwickelt. Man vergleicht mit entsprechend behandelten Standardlösungen bzw. mit einer passenden Farbscheibe (z. B. Hellige Neo-Komparator F 9 Nr. 3060/62a) oder photometriert, Filterschwerpunkt 530 mμ, und wertet mit Hilfe einer Eichkurve aus.

Die angegebenen Zeiten und Mengen sind genau einzuhalten.

e) Nachweis und Bestimmung von Salpetersäure *

α) Qualitative Prüfung

Nachweis mit Brucin. Salpetersäure gibt mit Brucin eine Rotfärbung, die schnell in Orange und dann allmählich in Gelb übergeht. Die Reaktion ist sehr empfindlich und für Salpetersäure spezifisch, sie spricht auf salpetrige Säure nicht an, wenn die vorgeschriebene Konzentration an Schwefelsäure eingehalten wird.

Ausführung. 1 ml der zu untersuchenden Säureprobe wird in einem Reagenzglas mit etwa 5 ml Schwefelsäure (1,84) gemischt und dann mit etwa 0,05 g Brucin (fest) versetzt. Nach gutem Durchmischen und Erwärmen auf 70 bis 80° tritt bei Anwesenheit von Salpetersäure zunächst eine rote Färbung auf, die schnell nach Orange umschlägt und allmählich in Gelb übergeht. Säuren, deren Dichte über 1,7 liegt, können unmittelbar geprüft werden; schwächere Säuren müssen durch Zumischen von Schwefelsäure (1,84) oder Oleum zuvor auf die Dichte 1,7 gebracht werden. Die Zusatzsäure muß frei von Salpetersäure sein und darf keine Gelbfärbung hervorrufen, wenn 10 ml Wasser mit etwa 0,05 g Brucin im Erlenmeyer-Kölbchen mit 20 ml der zu prüfenden Säure unterschichtet und dann nach vorsichtigem Umschwenken gemischt werden.

β) Quantitative Bestimmung

*1. Bei Abwesenheit von nitroser Säure *. Verfahren 1.* 10 ml der Säureprobe werden in einem Meßkolben (50 ml Inhalt) mit Wasser bis zur Marke verdünnt und gemischt; davon werden 10 ml in einen Enghals-Erlenmeyer-Kolben (100 ml Inhalt) mit etwa 0,05 g Brucin in fester Form versetzt und mit 20 ml salpetersäurefreier Schwefelsäure (1,84) unterschichtet. Das Ganze wird vorsichtig umgeschwenkt, bis sich alles vermischt hat. Die bei Anwesenheit von Salpetersäure gelb gewordene Lösung bleibt 10 min stehen und wird dann unter der Wasserleitung auf Zimmertemperatur abgekühlt.

Man vergleicht mit entsprechend behandelten Standardlösungen bzw. mit einer passenden Farbscheibe (z. B. Hellige Neo-Komparator Nr. 3060/60a) oder photometriert, Filterschwerpunkt 440 mμ, und wertet mit Hilfe einer Eichkurve aus.

Verfahren 2. Als Vergleichslösung benutzt man eine Lösung von 0,072 g Kaliumnitrat in 100 ml Wasser. 10 ml dieser Lösung werden mit 90 ml reinster Schwefelsäure (1,84) gemischt. Davon zeigt 1 ml 0,00001 Salpetersäurestickstoff an oder 0,000045 g HNO_3 oder 0,000085 g HNO_3 von 36° Bé.

Zur Bestimmung benutzt man enge Glaszylinder oder Hehner-Zylinder mit Ablaßhahn. 1 ml der Vergleichslösung und etwa 0,05 g Brucin in fester

Form werden mit Schwefelsäure (1,84) auf 50 ml aufgefüllt. Die Mischung wird dann in einen Kolben gegossen und auf 70 bis 80° erwärmt. Dabei geht die Farbtönung in Schwefelgelb über. Nach Abkühlung bringt man die Flüssigkeit in einen Colorimeterzylinder. In gleicher Weise verfährt man mit der zu untersuchenden Säure. Bei Anwesenheit von Salpetersäure tritt eine ihrem Gehalt entsprechende Gelbfärbung auf. Durch Ablassen der stärker gefärbten Lösung wird Farbgleichheit hergestellt und aus dem Unterschied der Schichthöhen der Gehalt an Salpetersäure berechnet.

Die Methode ist nur brauchbar bei Abwesenheit von nitroser Säure, da diese beim Erwärmen z. T. in Salpetersäure übergeht, von der selbst geringe Mengen genügen, um das Untersuchungsergebnis zu verfälschen.

*2. In Gegenwart von nitroser Säure *. Verfahren 1.* Vor dem Colorimetrieren bzw. Photometrieren wird die störende salpetrige Säure durch Veresterung mit Methanol in gasförmiges Methylnitrit übergeführt und durch einen Kohlendioxydstrom aus der zu untersuchenden Säure entfernt. Salpetersäure wird unter den vorgeschriebenen Temperaturbedingungen nicht ausgetrieben. Hierzu wird die in Abb. 56 skizzierte Apparatur verwendet. Sie besteht aus folgenden Teilen:

Weithals-Stehkolben, 100 ml Inhalt, Tropftrichter nach WALTER, 50 bis 100 ml Inhalt, Porzellanschale als Wasserbad, Thermometer.

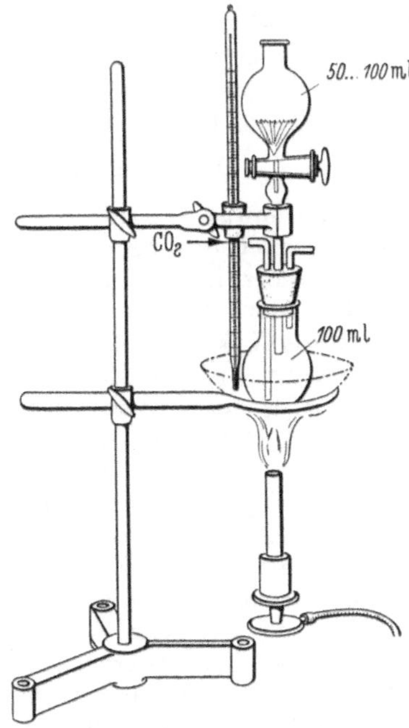

Abb. 56. Apparatur zur Entfernung der salpetrigen Säure

Ausführung. Der Weithals-Stehkolben wird mit 10 ml eines Gemisches aus 1 Vol. Methanol, 8 Vol. Wasser und 1 Vol. Schwefelsäure (1,84), die frei von Salpetersäure sein muß, beschickt. Dann wird er in das noch nicht angeheizte Wasserbad eingetaucht und mit dem aus der Abbildung ersichtlichen Aufsatz verschlossen. Durch die Apparatur wird ein lebhafter Strom von Kohlendioxyd geleitet. Das Gaszuführungsrohr muß in die Flüssigkeit eintauchen, damit beim nachfolgenden Zufließen von Schwefelsäure keine Unterschichtung eintritt. Nach etwa 10 min ist die Luft aus der Apparatur verdrängt. In dieser Zeit wird das Wasserbad auf 28° eingestellt. Unter ständigem Durchleiten von Kohlendioxyd werden durch den Tropftrichter, dessen Ablaufrohr über dem Flüssigkeitsspiegel enden muß, langsam — 1 Tropfen in 2 sek — 10 ml der zu untersuchenden Säure zugegeben. Dabei ist darauf zu achten, daß die Temperatur des Wasserbades auf keinen Fall über 30° ansteigt. Nach beendeter Säurezugabe werden durch den Tropftrichter 10 ml des Methanol-Wasser-Säure-Gemisches — 2 Tropfen in 1 sek — zugegeben. Die Durchspülung mit Kohlendioxyd bei 28 bis 30° wird noch 15 min fortgesetzt. Der Inhalt des Weithalskolbens wird in einen 50 ml-Meßkolben übergespült und mit Wasser bis zur Marke aufgefüllt. In dieser Flüssigkeit wird die vorhandene Salpetersäure colorimetrisch oder photometrisch bestimmt.

Zuvor muß geprüft werden, ob die salpetrige Säure vollständig entfernt ist. Hierzu werden 10 ml der Auffüllung in einen 100 ml-Mischzylinder mit Ammoniaklösung (1 + 1) gegen Kongopapier neutralisiert und mit Wasser auf 90 ml verdünnt. Nach Zugabe von 4 ml Sulfanilsäurelösung und 5 ml α-Naphthylaminreagenz (vgl. unter d, Nachweis von N_2O_3) wird die Lösung gemischt. Nach 15 min darf höchstens eine schwache Rosafärbung eintreten; andernfalls muß die Veresterung mit einer neuen Einwaage wiederholt werden.

Ist die salpetrige Säure vollkommen entfernt, so werden 10 ml der Auffüllung in einen ERLENMEYER-Kolben, 100 ml Inhalt, mit etwa 0,05 g Brucin in fester Form versetzt und mit 20 ml salpetersäurefreier Schwefelsäure vorsichtig unterschichtet. Das Ganze wird vorsichtig umgeschwenkt, bis sich alles gemischt hat und die Bestimmung wie bei Verfahren 1 im vorigen Abschnitt durchgeführt.

Verfahren 2 (nach L. SZEBELLEDY)

Grundlage. Freie Salpetersäure läßt sich in starker Schwefelsäure mit Eisen(II)-sulfatlösung zu Nitrosylschwefelsäure reduzieren: Sobald das Eisen(II)-sulfat durch die aus der Bürette zulaufende Probensäure völlig oxydiert ist, reagiert die nunmehr auftretende Salpetersäure mit dem Brucinindicator.

$$HNO_3 + 2FeSO_4 + 2H_2SO_4 = Fe_2(SO_4)_3 + H(NO)SO_4 + 2H_2O$$

Anwendungsbereich und Bedeutung. Die Methode wird in Kammer- und Turmbetrieben dazu verwendet, die unerwünschte und schädliche freie Salpetersäure, die z. B. in den Berieselungs- und Turmschiffsäuren auftreten kann, auch in kleinsten Mengen zu ermitteln.

Genauigkeit. 2.

Dauer. Etwa 10 min.

Ausführung. Nach der Arbeitsweise der Ruhr-Schwefelsäure G. m. b. H., (P. M. MÜLLER und R. HUBOLD), gibt man in einen 500 ml-ERLENMEYER-Kolben zu 200 ml reinster Schwefelsäure (1,84) eine gemessene Menge n/10-Eisen(II)-sulfatlösung, 2 ml Brucinlösung und zum Entfernen der Luft unter Umschütteln ein wenig Natriumhydrogencarbonat. Nach Beendigung der starken Kohlendioxydentwicklung läßt man die zu untersuchende Säure aus einer Bürette in die so vorbereitete Lösung eintropfen. Diese färbt sich anfangs durch Reaktion des neben der Nitrose zunächst im Überschuß vorhandenen Eisen(II)-sulfats carminrot; bei weiterem Zugeben hellt sich die Färbung auf und schlägt nach Gelb um. Von nun an titriert man langsamer, aber ohne Unterbrechung, da sonst die Umschlagsfarbe nicht auftritt. Der Endpunkt ist erreicht, wenn eine deutliche Orangefärbung der Lösung bestehenbleibt.

Die Eisen(II)-sulfatlösung ist so zu bemessen, daß etwa 12 bis 15 ml (bei ganz heller Säure auch mehr) der zu untersuchenden Säure verbraucht werden. Man ermittelt in einem Vorversuch mit 1 ml Eisen(II)-sulfatlösung den annähernden Verbrauch und richtet danach die anzuwendende Menge.

Bei einem sehr geringen Salpetersäuregehalt wende man zunächst kein Eisensalz an, sondern versuche, ob die Probe genügend freie Salpetersäure enthält, um einen Umschlag des Indicators herbeizuführen. Hierzu sind etwa 0,1 bis 0,16 mg HNO_3 (100proz.) erforderlich.

1 ml n/10-Eisen(II)-sulfatlösung entspricht 3,15 mg 100proz. HNO_3 oder 5,97 mg HNO_3 (36° Bé). Bezeichnet man die vorgelegten ml n/10-Eisen(II)-sulfatlösung mit *a* und die verbrauchten ml der zu untersuchenden Säure mit *b*, so ergibt sich:

$$\frac{a \cdot 5{,}97}{b} \text{ g/l } HNO_3 \text{ von 36 Bé}$$

Die n/10-Eisen(II)-sulfatlösung wird hergestellt durch Lösen von 27,8 g $FeSO_4 \cdot 7H_2O$ in Schwefelsäure (1 + 2) zu 1 l.

Den *Brucinindicator* bereitet man durch Auflösen von 0,5 g Brucin in 100 ml reiner Schwefelsäure (1,84).

Zur Titerstellung löst man 8,5 g chemisch reines Natriumnitrat bzw. die entsprechende Menge Kaliumnitrat in möglichst wenig Wasser und füllt mit Schwefelsäure (1,84) zum Liter auf. 1 ml entspricht 6,3 mg Salpetersäure (HNO_3) bzw. 11,932 mg Salpetersäure 36° Bé.

Die Titration wird in gleicher Weise vorgenommen wie bei der Probe. Nach Zugabe des Natriumhydrogencarbonats erscheint die Indicatorflüssigkeit zuerst farblos, später gelblichgrün. Die Übergangsfarbe ist lachsrosa. Werden einige Zehntel ml im Überschuß angewendet, so geht die Farbe in Carminrot über.

Fehlerquellen. Der Endpunkt wird bei abnehmendem Salpetersäuregehalt der Säureprobe sowie bei stärker gefärbten Säuren und beim Titrieren bei zu hoher Temperatur unscharf. — Chlor, Brom und Jodionen stören, können aber durch Silbersulfat unschädlich gemacht werden; ferner stören Chlorat und Jodat. Die Bestimmung ist bei gutem Tageslicht auszuführen.

Bemerkung. Die Methode ist geeignet, geringste Mengen freier Salpetersäure zu erkennen und zu bestimmen. Sie erfordert Aufmerksamkeit und Übung.

f) Die Bestimmung der Gesamtmenge an Stickstoffsäuren

Verfahren 1 mit dem Nitrometer

Grundlage. Bringt man Salpetersäure, salpetrige Säure oder deren Salze neben sehr viel überschüssiger Schwefelsäure in innige Berührung mit Quecksilber, so wird der gesamte Stickstoff in NO übergeführt, das volumetrisch bestimmt werden kann. Das Gleiche gilt für Nitrosylschwefelsäure. Dabei vollzieht sich folgende Umsetzung:

$$2\,HNO_3 + 3\,H_2SO_4 + 6\,Hg = 2\,NO + 3\,Hg_2SO_4 + 4\,H_2O$$

oder

$$2\,HNO_2 + H_2SO_4 + 2\,Hg = 2\,NO + Hg_2SO_4 + 2\,H_2O$$

oder

$$2\,HSO_3 \cdot 6\,NO + 2\,Hg = 2\,NO + Hg_2SO_4 + H_2SO_4$$

Geeignete Geräte zur Durchführung dieser Bestimmung sind das Lungesche Nitrometer (s. Abb. 57) und das Gasvolumeter. Im Prinzip besteht das erstere aus einem etwa 80 cm langen, graduierten Glasrohr. Die Teilung in $^1/_{10}$ ml beginnt unmittelbar unterhalb des Patenthahnes, der das Rohr oben abschließt und zwei schräge Bohrungen besitzt. Durch diese kann das Rohr sowohl mit dem Füllstutzen wie mit dem Auslaßröhrchen in Verbindung gebracht werden. Am anderen Ende ist es durch einen dickwandigen Gummischlauch mit einem etwa 80 cm langen Niveaurohr verbunden. Zum Gebrauch wird das Gerät mit Quecksilber gefüllt, bis dieses im Meßrohr bis an den Hahn heranreicht. Alle Luftbläschen werden restlos entfernt, und das Niveaurohr wird in entsprechender Höhe eingestellt.

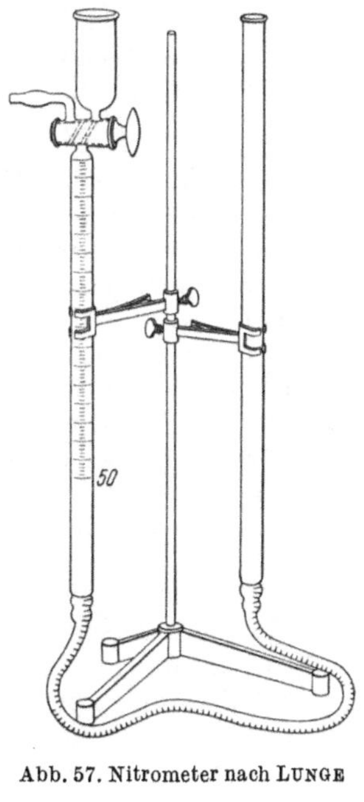

Abb. 57. Nitrometer nach Lunge

Eine Vervollkommnung des einfachen Nitrometers ist das Gasvolumeter nach Lunge. Mit diesem erhält man die bei gasanalytischen Arbeiten erforderliche Reduktion auf den Normalzustand ohne Temperatur- und Druckbeobachtungen und ohne irgendwelche Berechnungen durch Betätigung eines weiteren, mit dem Meßrohr und Niveaurohr verbundenen Reduktionsrohres.

Anwendungsbereich und Bedeutung. Das Verfahren dient allgemein zur Untersuchung von Betriebs- und Handelssäuren.

Genauigkeit. 1 bis 2.

Dauer. 30 min.

Ausführung. Je nach dem zu erwartenden Nitrosegehalt bringt man 0,5 bis 10 ml der zu untersuchenden Säure über das Einlaßgefäß in das Nitrometer und spült mehrmals mit 2 bis 3 ml reiner Schwefelsäure (1,84) nach. Dabei darf keine Luft eindringen. Durch mehrfaches Neigen des Meßrohres und vorsichtiges Schütteln werden Säure und Quecksilber in innige Berührung gebracht. Nach beendeter Gasentwicklung wird das Meßrohr senkrecht gestellt und gewartet, bis sich die Schichten getrennt haben. Der Quecksilberspiegel im Niveaurohr wird so eingestellt, daß das Gewicht der Säureschicht über dem Quecksilber im Meßrohr ausgeglichen wird. Nach einiger Zeit liest man, falls man mit einem einfachen Nitrometer gearbeitet hat, das Gasvolumen, Temperatur und Barometerstand ab.

Das abgelesene Gasvolumen wird wie üblich auf den Normalzustand reduziert. Hierzu dient, da das Gas trocken gemessen wird, folgende Formel:

$$v_0 = \frac{v \cdot 273 \cdot b}{(273 + t) \cdot 760}$$

Darin bedeuten v das abgelesene Volumen, b den zugehörigen Barometerstand und t die zugehörige Temperatur.

Zur Umrechnung auf Gewichtsprozente ist die Kenntnis der Dichte der zu untersuchenden Säure erforderlich. Es ergibt sich dann:

$$\frac{\text{ml NO} \cdot F \cdot 100}{\text{g Einwaage}} = \%$$

des gesuchten Stoffes in der Säure. Der Faktor F bedeutet jeweils: 1 ml NO (bei 0° und 760 mm Hg-Säule) zeigt an: 0,6256 mg N, 1,3402 mg NO, 1,6974 mg N_2O_3, 2,8143 mg HNO_3, 5,3333 mg HNO_3 von 36° Bé.

Fehlerquellen. NO ist in sehr Schwefelsäure (1,84) merklich löslich. Derartige Säure muß zuvor auf etwa 85% H_2SO_4 verdünnt werden. — Enthält die Säure neben N_2O_3 noch merkliche Mengen an SO_2, so gibt man einige mg Kaliumpermanganat hinzu; ein größerer Überschuß stört die Umsetzung im Nitrometer. Auf absolute Dichtigkeit des Nitrometers ist besonders zu achten. Eisen in der Säure kann bei geringen N_2O_3-Gehalten zu Minderbefunden führen. Es bilden sich zwischen Fe und NO Komplexverbindungen, die beim Schütteln mit Quecksilber nicht zersetzt werden.

Literatur. Berl-Lunge: 8. Aufl., Bd. 1 (1931) S. 607 ff. u. Bd. II, 1 (1932) S. 602.

Verfahren 2, durch modifizierte Destillation nach Devarda

Grundlage. Die Sticksoff-Sauerstoff-Verbindungen der Schwefelsäure werden in natronalkalischer Lösung mit Devarda-Legierung vollständig zu Ammoniak reduziert. Dieses wird in eine mit n/10-Salzsäure beschickte Wasservorlage destilliert und der nicht verbrauchte Anteil der Salzsäure mit n/10-Natronlauge zurücktitriert.

Ausführung. In einem 1 l Erlenmeyer-Kolben werden 150 ml etwa 40proz. Natronlauge mit 200 ml Wasser vermengt und bei Zimmertemperatur 50 ml der zu untersuchenden Säure aus einem Tropftrichter im Laufe von 20 bis 30 min zugetropft. Dabei muß das Ablaufrohr des Tropftrichters in die Flüssigkeit eintauchen und der Erlenmeyer-Kolben ständig geschwenkt sowie unter der Wasserleitung gut gekühlt werden. Die Flüssigkeit muß zum Schluß noch stark alkalisch sein.

Nach Zugabe von 5 g Devarda-Legierung wird der Kolben mit dem Destillationsaufsatz versehen. Zur Absorption der Ammoniakdämpfe dient ein Weithals-Erlenmeyer-Kolben, 500 ml Inhalt, der mit etwa 50 ml Wasser und 20 ml n/10-Salzsäure beschickt ist. Die Salzsäuremenge muß dem zu erwartenden N_2O_3-Gehalt der Säureprobe angepaßt und nach Beendigung der Destillation noch im Überschuß vorhanden sein.

Das Destillationsgemisch läßt man etwa 15 min bei Zimmertemperatur reagieren und erwärmt es dann mit kleiner Flamme. Nach weiteren 15 min verstärkt man das Erhitzen allmählich bis zum Kochen und destilliert ungefähr 50% des Flüssigkeitsvolumens in längstens 90 min ab.

In der Destillationsvorlage wird die im Überschuß verbliebene Salzsäure mit n/10-Natronlauge zurücktitriert. Indicator: Nr. 6, S. 1445.

1 ml n/10-HCl = 3,79 mg N_2O_3.

Etwa 40proz. Natronlauge: $d_{15} = 1{,}430$ (580 g Ätznatron und 850 g Wasser).

g) Die Bestimmung der Salzsäure

25 bzw. 50 ml der Schwefelsäureprobe werden mit etwa 250 ml Wasser verdünnt und abgekühlt. Von einem Niederschlag wird abfiltriert. Das klare Filtrat versetzt man mit 10 ml Silbernitratlösung (20 g/l), kocht auf und filtriert den Silberchloridniederschlag nach dem Absitzen in einen gewogenen Filtertiegel ab. Er wird ausgewaschen, bei 105° getrocknet und gewogen.

Bei unsauberen oder dunkel gefärbten Säuren treibt man die Salzsäure aus einer Abmessung von 50 ml Schwefelsäure, mit Wasser auf 150 ml verdünnt, in einem Destillierapparat üblicher Art aus, fängt das Kondensat in vorgelegtem Wasser auf und fällt das Chlorion aus schwach salpetersaurer Lösung mit Silbernitratlösung.

h) Die Bestimmung des Fluors

α) *Ätzmethode nach H. Spielhaczek*

In einem 30 bis 50 ml fassenden Platintiegel werden 5 bis 10 ml Säure durch vorsichtiges Zugeben von fluorfreier Schwefelsäure (1,84) oder von Oleum auf eine Konzentration von 85 bis 90% H_2SO_4 gebracht. Der Platintiegel, der in einem kreisrunden Ausschnitt einer Asbestplatte hängt, wird mit einer Glasplatte bedeckt und vorsichtig mit einer 2 bis 3 cm hohen Flamme 25 min lang erhitzt. Die Flamme soll etwa 5 cm vom Drahtnetz entfernt sein. Dann erhitzt man den Tiegel 5 min mit voller Flamme und nimmt nach weiteren 5 min das Deckglas ab.

Bei Anwesenheit von Fluor ist die Glasplatte mehr oder weniger angeätzt. Man vergleicht sie mit Ätzungen aus Säureproben mit abgestuften Mengen von Natriumfluorid (entsprechend z. B. 10, 5, 1, 0,5 usw. mg F). Die Grenze des Nachweises liegt bei 0,1 mg Fluor.

Oleum vermischt man mit 30- bis 50proz. Schwefelsäure, setzt eine Messerspitze chemisch reinen Schwefel hinzu und verfährt dann, wie vorstehend beschrieben. Das Erhitzen wird bis zum Entweichen von SO_3-Dämpfen gesteigert.

Literatur. Spielhaczek, H.: Z. analyt. Chemie Bd. 100 (1935) S. 184—187 u. D'Ans: Chem. techn. Untersuchungsmethoden, Erg.-W. z. 8. Aufl. Bd. II., S. 314.

β) *Destillationsmethode*

Grundlage. Das Fluor wird zunächst durch Wasserdampfdestillation als Siliciumfluorwasserstoffsäure von der Schwefelsäure getrennt. Das Destillat macht man alkalisch, dampft es auf etwa 400 ml ein, füllt es im Meßkolben zur Marke auf, entnimmt davon einen gemessenen Anteil, säuert ihn mit Salpetersäure eben an und fällt darin das Fluor als Bleichlorofluorid. Der Chlorgehalt dieses Niederschlages wird nach dem Zersetzen durch Salpetersäure mit Silbernitratlösung titriert und hieraus der Fluorgehalt berechnet.

Anwendungsbereich und Bedeutung. Das Verfahren kann bei Fluorgehalten über 0,05 g/l Anwendung finden. Es wird, entsprechend abgewandelt, auch zur Fluorbestimmung in Blenden, Kiesen, Abbränden usw. benutzt.

Genauigkeit. 2.

Dauer. Etwa 8 Std.

Ausführung. 100 ml Schwefelsäure werden in einem 1 l-Rundkolben vorsichtig und zur Vermeidung von Fluorverlusten unter starker Kühlung mit so viel Wasser gemischt, daß eine etwa 50proz. Säure entsteht. Nach Zusatz von 10 g fluorfreiem, fein gepulvertem Quarzsand zur Bildung von Siliciumfluorwasserstoffsäure destilliert man unter Einleiten von Wasserdampf, bis ein Siedepunkt von etwa 150° (entsprechend einer 65proz. Schwefelsäure) und ein Endvolumen von etwa 200 ml erreicht ist. Das Volumen des Destillates muß etwa 600 bis 800 ml betragen. Nach dem Ausspülen des Kühlers wird das Destillat mit einigen Tropfen Natronlauge alkalisch gemacht, auf 400 bis 500 ml eingeengt, in einen 500 ml-Meßkolben übergeführt und zur Marke aufgefüllt. Je nach dem Fluorgehalt werden 50 ml oder mehr für die Bleichlorofluoridfällung abgemessen. Der weitere Verlauf der Bestimmung ist aus der Vorschrift im Kapitel Kalium, S. II/343, zu ersehen.

Fehlerquellen. Die angewandte Menge Schwefelsäure darf nicht mehr als etwa 250 mg Fluor enthalten. — Eine SO_2-haltige Probe muß vorher mit Kaliumpermanganatlösung oxydiert und das überschüssige Kaliumpermanganat mit Wasserstoffperoxyd zersetzt werden.

Literatur. WILLARD, H. H., u. O. B. WINTER: J. Ind. Engng. chem. anal. Edit. Bd. 25 (1933) S. 5. — FISCHER, J., u. H. PEISKER: Z. anal. Chem. Bd. 95 (1933) S. 225—235.

i) Die Bestimmung des Arsens

α) *Qualitative Vorproben*

Nach MARSH-LIEBIG wird die zu untersuchende Säure mit Wasser im Verhältnis 1:5 verdünnt und in einem Entwicklungsgefäß mit Feinzink in Pulverform (arsenfrei) versetzt. Das sich entwickelnde Gas wird mit Calciumchlorid getrocknet, durch ein Glühröhrchen geleitet und schließlich an der zu einer Kapillare ausgezogenen Mündung des Röhrchens verbrannt. Erhitzt man das Glühröhrchen kurz vor der verengten Stelle, so entsteht an dieser bei Vorhandensein von Arsen ein braunschwarzer Belag (Arsenspiegel). Er ist in einer frisch bereiteten Lösung von Natriumhypochlorit löslich (Unterschied vom Antimonspiegel).

Der Arsenspiegel läßt sich auch zur quantitativen Bestimmung verwenden, indem man das Arsen in Jodmonochlorid löst und in der Lösung das ausgeschiedene Jod titriert (vgl. J. D'ANS: Chem.-techn. Untersuchungsmethoden, Ergänzungswerk zur 8. Aufl., Teil II, S. 308).

Nach GUTZEIT wird mit der zu untersuchenden Säure wie oben Wasserstoff entwickelt, der dann über einen mit Silbernitrat- oder Quecksilberbromidlösung getränkten Papierstreifen streicht. Arsenwasserstoff ist an einer mehr oder weniger starken Gelbfärbung erkennbar.

[Der Nachweis läßt sich auch zur quantitativen Bestimmung verwenden (s. C. BOY: Metall u. Erz Bd. 37 (1940) S. 303)].

β) *Quantitative Bestimmungen*

Verfahren 1. Destillationsmethode *.

Grundlage. Das 3- oder 5wertige Arsen wird nach Reduktion als Arsen(III)-chlorid abdestilliert und mit Schwefelwasserstoff gefällt.

Ausführung. 100 g der gut durchgeschüttelten Säureprobe werden nach vorsichtigem Mischen mit 150 ml Wasser (Becherglas von 400 ml Inhalt) in einen Destillationskolben (vgl. als Beispiel Abb. 8, S. 122), mit 500 ml Inhalt, gebracht. Durch den Einfülltrichter werden 100 ml Salzsäure (1,19) und 50 ml Reduktionslösung zugefügt. Diese besteht aus 20 g Kaliumbromid (p. a.) und 10 g Hydrazinsulfat (p. a.) mit 1 l Wasser gelöst. Die Flüssigkeit wird bis auf ein Restvolumen von etwa 100 ml abdestilliert. Die im Schlangenkühler niedergeschlagenen Dämpfe werden in einer mit 100 ml Wasser beschickten Vorlage (ERLENMEYER-Kolben) aufgefangen, wobei das Kühlerende in das Wasser eintauchen muß. Nach Abkühlen des Destillationskolbens wird nochmals mit 50 ml Salzsäure (1,19) in die gleiche Vorlage nachdestilliert.

In das kalte Destillat wird 1 Std. lang Schwefelwasserstoff eingeleitet. Eine flockige hellgelbe Fällung zeigt Arsen an. Ergibt die Schätzung nach dem Absetzen des Niederschlages einen Arsengehalt von weniger als 0,01%, so wird er sofort in einen Porzellanfiltertiegel (1 A 2) filtriert und zuerst einige Male mit kalter Salzsäure (1 + 10) und dann mit Methanol ausgewaschen. Durch mehrmaliges Übergießen mit Schwefelkohlenstoff wird ausgeschiedener Schwefel weggelöst. Anschließend wird der Niederschlag trockengesaugt und nochmals mit Methanol nachgewaschen. Der Tiegel mit Inhalt wird bei max. 100° bis zur Gewichtskonstanz getrocknet (Auswaage *a*).

Das Sulfid wird im Tiegel durch Übergießen mit einer heißen Mischung aus 10 ml Ammoniumcarbonatlösung (200 g/l) und 1 ml Ammoniaklösung (1 + 25) gelöst. Nach kurzer Einwirkung wird abgesaugt und der Lösevorgang bis zur quantitativen Entfernung des Arsens wiederholt. Dann wird der Tiegel mit heißem Wasser mehrmals ausgewaschen und bei 100° bis zur Gewichtskonstanz getrocknet (Auswaage *b*).

$$\text{Gew.-\% As} = (a - b) \cdot 0{,}6090$$

Der gefundene Wert wird auf 3 Stellen nach dem Komma abgerundet.

Zur maßanalytischen Bestimmung wird ebenfalls eine Einwaage von 100 g Säure vorbereitet und destilliert.

Durch das auf Zimmertemperatur abgekühlte Destillat wird etwa 20 min lang ein lebhafter Strom von Luft oder Kohlendioxyd geleitet, um etwaiges Schwefeldioxyd zu entfernen. Dann wird nach Zugabe von Stärkelösung tropfenweise n/10-Jodlösung bis zur schwachen Blaufärbung zugesetzt. Mit Ammoniaklösung (0,91) wird nun gegen Kongopapier fast neutralisiert. Nach dem Abkühlen wird mit festem Natriumhydrogencarbonat übersättigt, bis ein Bodensatz dieses Salzes vorhanden ist und mit n/10-Jodlösung titriert. Blindversuch erforderlich.

Der gefundene Wert wird auf 3 Stellen nach dem Komma angegeben.

$$\text{Gew.-\% As} = \text{ml n/10-Jodlösung} \cdot 0{,}00375$$

Verfahren 2. Photometrische Methode nach E. B. SANDELL (modifiziert von E. EBERIUS).

Die Säureprobe wird Wasser verdünnt, z. B. reine Schwefelsäure: 10 g auf 25 ml; Abfall- und Waschsäuren 20 g auf 200 ml in einem entsprechenden Meßkolben. Man entnimmt entsprechend 1 g Einwaage. Weiteres s. im Kapitel Arsen, S. 126.

Verfahren 3. Colorimetrische Methode nach GUTZEIT bzw. SANGER-BLACK. Es wird die durch Arsenwasserstoff auf Quecksilber(II)-chlorid bzw. -bromid erzeugte Gelb- bis Braunfärbung als Maßstab für den Gehalt an Arsen verwendet.

Siehe ferner F. P. TREADWELL: Lehrbuch der analyt. Chemie (1937) Bd. II, S. 171/73, Kapitel Arsen, S. 125/26.

k) Die Bestimmung des Selens *

Grundlage. Selen liegt in der nach dem Kammer- und Turmverfahren erzeugten Schwefelsäure von etwa 60° Bé teils elementar als roter Schlamm und als rotes Kolloid, teils als selenige Säure vor. Das gesamte Selen wird mit Hydrazinsulfat ausgefällt. Dabei wird auch Tellur teilweise reduziert und niedergeschlagen. Der Niederschlag wird gelöst und das Selen durch ein spezifisches Fällungsmittel [Eisen(II)-sulfat] in reiner Form abgeschieden.

Genauigkeit. 1.

Dauer. 2 Tage.

Ausführung. 100 g der gut durchgeschüttelten Schwefelsäureprobe werden im Becherglas von 800 ml Inhalt mit 400 ml Wasser verdünnt, mit 25 ml Salzsäure (1,19) versetzt und mit einem Uhrglas bedeckt. Die Flüssigkeit wird auf dem Wasserbad auf etwa 80° erwärmt. Dann wird nach und nach 1 g Hydrazinsulfat hinzugefügt. Bei Anwesenheit von Selen bildet sich — bei sehr kleinen Mengen erst nach 24 Std. — ein Niederschlag, der anfangs rot ist und allmählich schwarzgrau wird. Das Reaktionsgemisch bleibt bei etwa 80° auf dem Wasserbad bedeckt stehen, bis sich der Niederschlag abgesetzt hat. Danach wird das ausgeschiedene Rohselen durch ein Blaubandfilterchen, das mit einem Korkbohrer passend ausgestochen und in einen GOOCH-Tiegel eingelegt ist, abfiltriert. Dieses Rohselen wird zunächst mit verdünnter Salzsäure (1 + 100), dann mit heißem Wasser ausgewaschen. Dann wird es mit dem Filter in einer Abdampfschale (90 ml Inhalt) mit 5 ml Salpetersäure (1,4) gelöst. Die Lösung wird auf dem Wasserbad zur Trockne eingedampft. Den Rückstand nimmt man mit 25 ml Salzsäure (1 + 1) auf und filtriert ihn auf ein Filter z. B. 597 (Schleicher & Schüll) ab. Ist er weiß oder grau, so enthält er kein Selen und wird verworfen; ist er rot bis schwarz, so wird er nochmals in Salpetersäure (1,4) gelöst. Die Lösung wird eingedampft, der Rückstand mit Salzsäure aufgenommen und abfiltriert. Die Filtrate werden vereinigt.

Die salzsaure Lösung wird im Becherglas von 250 ml Inhalt auf dem Wasserbad auf etwa 90° erwärmt. Mit Eisen(II)-sulfat wird das Selen in elementarer Form ausgefällt. Nach mehrstündigem Stehen wird der Niederschlag auf einen gewogenen Porzellanfiltertiegel (z. B. Berlin 1 A 2 oder Haldenwanger 84, 1 P 2) abfiltriert, zunächst mit heißer verdünnter Salzsäure (1 + 100) und dann mit heißem Wasser ausgewaschen. Das Waschwasser wird durch Äthanol oder Aceton verdrängt. Nach dem Trocknen bei höchstens 105° bis zur Gewichtskonstanz wird das Selen ausgewogen.

Zur Prüfung auf Reinheit wird das Selen im Filtertiegel verglüht, Endtemperatur 720°. Ein ausnahmsweise verbleibender Rückstand wird von der Auswaage abgezogen.

Der gefundene Wert wird auf 3 Stellen nach dem Komma angegeben.

Bemerkung. Tellur fällt unter den gegebenen Bedingungen mit Hydrazinsulfat nicht quantitativ aus, da die Lösung gekocht werden müßte, was wegen der Flüchtigkeit des Selens nicht zulässig ist. Zur Bestimmung des Tellurs nach den Angaben im Kapitel Tellur, Bd. II, S. 788, ist eine getrennte Einwaage erforderlich.

Wegen der Flüchtigkeit des Selens dürfen salzsäurehaltige Lösungen nur in hohen, bis etwa zur Hälfte gefüllten, bedeckten Bechergläsern auf dem Wasserbad erhitzt werden. Das Eindampfen darf nur in salpetersaurer Lösung erfolgen.

l) Die Bestimmung von Siliciumdioxyd, Blei Kupfer, Cadmium, Zink, Eisen, Aluminium, Mangan, Calcium und Magnesium

Verfahren 1. 100 oder 200 g Säure werden in einer Porzellanschale über kleiner Flamme unter Zugeben von 20 bis 30 ml Salzsäure (1,19) zur Trockne abgeraucht. Den Rückstand nimmt man mit 5 ml Königswasser auf und dampft zur Trockne. Nach dem Aufnehmen mit 5 ml Salzsäure (1,19) und kurzem Erwärmen wird unter Zugeben von 50 ml Wasser aufgekocht und heiß filtriert. Das Filter wird mit heißem, schwach salzsaurem Wasser ausgewaschen und verascht; der Rückstand wird gewogen und fluoriert (*Siliciumdioxyd*). Das Filtrat versetzt man mit Ammoniak (0,91) bis zur schwach alkalischen Reaktion und sättigt es mit Schwefelwasserstoff. Die abfiltrierten Sulfide werden mit ammoniumnitrathaltigem Wasser ausgewaschen und in heißer Salpetersäure (1 + 3) gelöst. Nach Zusatz von 10 ml Schwefelsäure (1 + 1) wird die Lösung bis zum starken Rauchen eingedampft, nach dem Abkühlen mit 100 ml Wasser verdünnt, aufgekocht und das ausgeschiedene Bleisulfat abfiltriert. Man löst es in warmer Ammoniumacetatlösung, filtriert die Lösung durch dasselbe Filter und wäscht dieses mehrmals mit heißem Wasser aus. Das Filtrat versetzt man mit 3 ml 80proz. Essigsäure, erhitzt zum Sieden und fällt das *Blei* mit heißer Kaliumbichromatlösung (100 g/l) als Chromat (Auswaage mal 0,6401 = g Blei).

Das Filtrat des Sulfidniederschlages wird mit Salzsäure (1 + 1) schwach angesäuert und nach dem Verkochen des Schwefelwasserstoffs mit Bromsalzsäure oxydiert. Nach dem Verkochen des Broms wird mit Ammoniak übersättigt und das *Calcium* mit gesättigter Ammoniumoxalatlösung unter Kochen gefällt. Das Calcium wird in bekannter Weise durch Titrieren des mit Schwefelsäure gelösten Oxalatniederschlages mit n/10-, bei geringen Gehalten mit n/100-Kaliumpermanganatlösung bestimmt. Im Filtrat der Kalkfällung wird das *Magnesium* als Magnesiumammoniumphosphat gefällt, auf einen Filtertiegel abfiltriert und nach dem Glühen als Magnesiumpyrophosphat gewogen.

Das Filtrat vom Bleisulfatniederschlag kann Kupfer, Cadmium, Zink, Eisen, Aluminium und Mangan enthalten. Es wird nach dem Oxydieren mit Bromwasser ammoniakalisch gemacht, aufgekocht und filtriert. Die Hydroxyde werden umgefällt und die vereinigten Filtrate zur Bestimmung des *Kupfers*, *Cadmiums* und *Zinks* nach den in den betreffenden Kapiteln enthaltenen Vorschriften behandelt.

Den Hydroxydniederschlag löst man in Salzsäure (1 + 1), stumpft die Lösung mit Ammoniak bis zur schwachen Opaleszenz ab, gibt Ammoniumacetat sowie 300 bis 400 ml siedend heißes Wasser hinzu und kocht kurz auf. Die abgeschiedenen basischen Acetate des Eisens und Aluminiums werden abfiltriert und mit heißem Wasser sorgfältig ausgewaschen; das Filtrat dient zur *Mangan*bestimmung. Der Niederschlag von Eisen und Aluminium wird getrocknet, geglüht und gewogen (Auswaage = g Fe_2O_3 + Al_2O_3). Man reibt die Oxyde im Porzellantiegel möglichst fein und behandelt sie dann mit Salzsäure (1 + 1). Das *Eisen* kann je nach seiner Menge maßanalytisch oder photometrisch bestimmt werden. Man rechnet den gefundenen Wert auf Oxyd um, subtrahiert dieses von der ausgewogenen Summe der Oxyde und erhält als Rest das Gewicht des *Aluminiumoxyds.*

Verfahren 2. (ohne Siliciumdioxyd, Mangan, Calcium und Magnesium). *

100 g der gut durchgeschüttelten Schwefelsäureprobe (s. Abb. 58) werden in einem breiten Becherglas (400 ml Inhalt) mit 20 ml Salzsäure (1,19) und 20 ml Hydrazinsulfatlösung (vgl. Arsen, Verfahren 1, Destillationsmethode) versetzt und unter Absaugen der Säuredämpfe (vgl. Eisen, Verfahren 1, maßanalytisch) bis zur Trockne eingedampft, um Arsen und Selen zu entfernen. Durch wiederholtes Abrauchen mit 10 ml Schwefelsäure (1 + 1) wird etwaiges Siliciumdioxyd unlöslich gemacht. Nach dem Erkalten werden 50 ml verdünnte Schwefelsäure [16 ml Schwefelsäure (1,84) mit 100 ml Wasser verdünnt] hinzugefügt. Der nach dem Erwärmen verbliebene Rückstand wird abfiltriert und mit kalter verdünnter Schwefelsäure [30 ml Schwefelsäure (1,84) auf 1 l Wasser) ausgewaschen. Er enthält das Siliciumdioxyd und sonstige ungelöst gebliebene Verbindungen, insbesondere das Bleisulfat. Im Filtrat befinden sich die Salze von Kupfer, Cadmium, Eisen, Aluminium und Zink sowie der Erdalkalien [*Filtrat* (*1*)]. Es wird später mit *Filtrat* (*6*) vereinigt.

Das Filter mit dem Rückstand wird mit 15 ml Salpetersäure + Schwefelsäure (2 + 1) zersetzt. Nach dem Abrauchen zur Trockne wird der Rückstand mit 10 ml Salzsäure (1,19) aufgenommen und nach Zusatz von 20 ml Wasser bis zur Lösung des Bleisulfates gekocht. Die kochend heiße Lösung wird filtriert und der Rückstand auf dem Filter mit heißem Wasser bleifrei ausgewaschen [*Filtrat* (*2*)]. Es dient mit dem später gewonnenen *Filtrat* (*4*) zur Bleibestimmung.

Der Rückstand wird nach dem Veraschen des Filters durch Schmelzen im Platintiegel mit wasserfreier Soda aufgeschlossen und die Schmelze mit 10 ml Wasser heiß

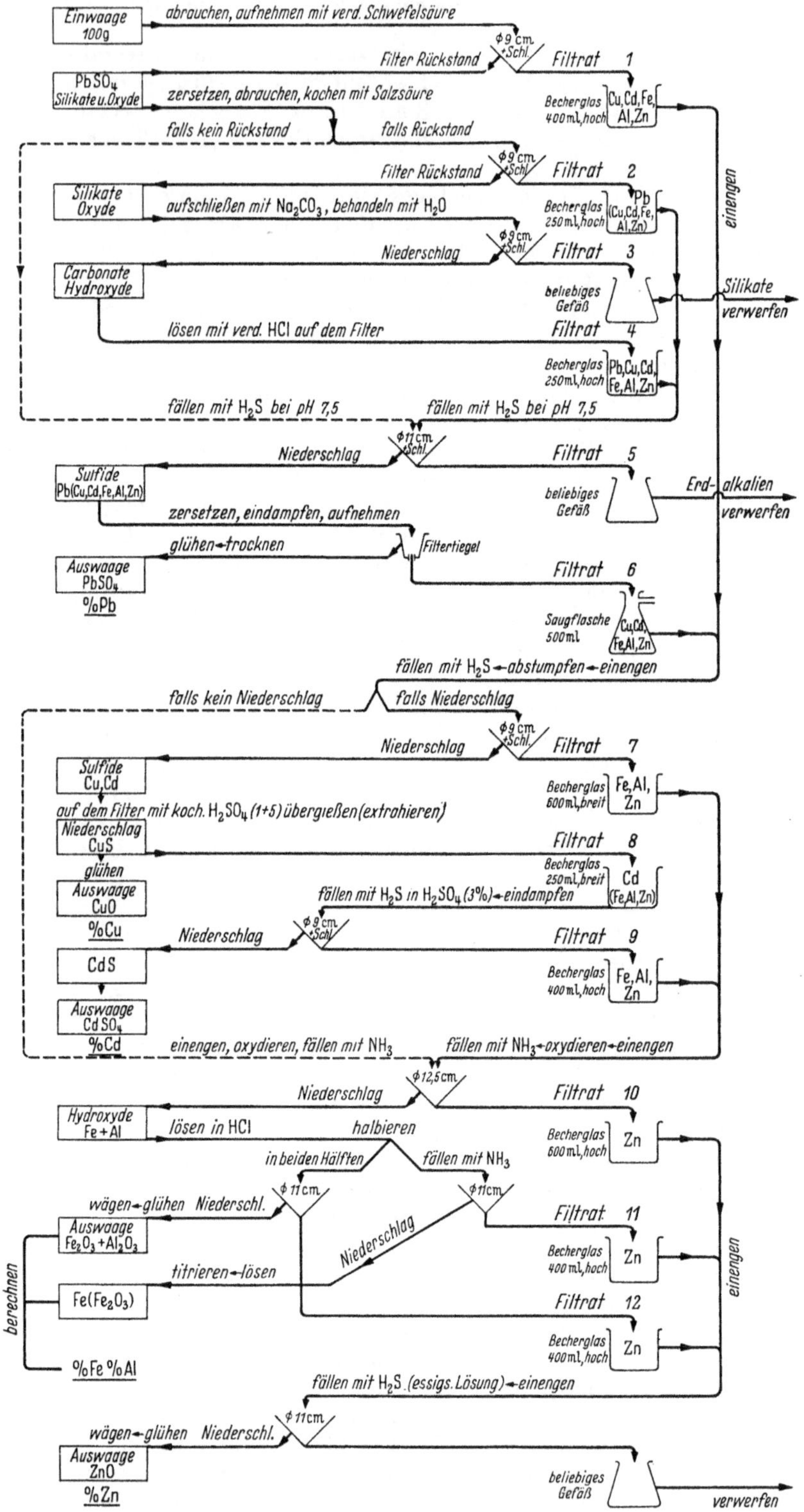

Abb. 58. Schema zur Analysenvorschrift

gelaugt. Im *Filtrat* (*3*) befindet sich das Siliciumdioxyd. Der wasserunlösliche Rückstand wird auf dem Filter in verdünnter Salzsäure (1 + 2) gelöst. Das erhaltene *Filtrat* (*4*) wird mit *Filtrat* (*2*) zur Bleibestimmung vereinigt.

Die vereinigten Filtrate (2) und (4) werden mit Ammoniaklösung (0,91) gegen Bromthymolblau neutralisiert (p_H 7 bis 7,5). Durch Einleiten von Schwefelwasserstoff wird das Blei mit noch vorhandenen Resten der übrigen Schwermetalle gefällt. In der Lösung bleiben die Erdalkalien und Magnesium [*Filtrat* (*5*)], deren Bestimmung in diesem Analysengang nicht vorgesehen ist, weil der Sulfidniederschlag wegen der Gefahr des Durchlaufens nicht ausgewaschen wird.

Blei. Sobald die Flüssigkeit gut abgetropft ist, wird der Sulfidniederschlag nebst Filter mit Salpeter-Schwefelsäure zersetzt. Nach dem Eindampfen mit Schwefelsäure wird das Blei als Sulfat abgetrennt und bestimmt. Das *Filtrat* (*6*) wird mit *Filtrat* (*1*) zur Bestimmung von Kupfer, Cadmium, Eisen, Aluminium und Zink vereinigt.

Die Lösung wird auf 100 ml eingedampft, mit Ammoniaklösung (1 + 1) gegen Kongopapier bis zur Mischfarbe abgestumpft und mit 3,0 ml Schwefelsäure (1,84) versetzt. Aus der heißen Lösung werden Kupfer und Cadmium mit Schwefelwasserstoff gefällt. In Lösung bleiben Eisen, Aluminium und Zink und werden im *Filtrat* (*7*), das mit dem später anfallenden *Filtrat* (*9*) vereinigt wird, bestimmt.

Der auf dem Filter verbliebene Sulfidniederschlag wird mit kochender Schwefelsäure (1 + 5) behandelt. Kupfersulfid bleibt zurück und wird mit kalt gesättigtem Schwefelwasserstoffwasser säurefrei ausgewaschen. Das Cadmium geht ins *Filtrat* (*8*).

Das Kupfer wird durch Veraschen und Glühen als Kupferoxyd (CuO) bestimmt; das Cadmium als Sulfat aus dem *Filtrat* (*8*). Hierzu wird dieses fast zur Trockne abgeraucht und mit schwefelsaurem Wasser von 3,0 Vol.-% H_2SO_4 aufgenommen. In die heiße Lösung wird bis zum Erkalten Schwefelwasserstoff eingeleitet. Nach dem Absitzen wird das Cadmiumsulfid abfiltriert und mit kaltem gesättigtem Schwefelwasserstoffwasser, das auf 100 ml 3 ml Schwefelsäure (1,84) enthält, ausgewaschen. Das Filtrat mit dem Waschwasser (*Filtrat 9*) wird wegen der darin enthaltenen Restmengen an Eisen, Aluminium und Zink mit *Filtrat* (*7*) vereinigt. Das Cadmiumsulfid wird mit verdünnter heißer Salpetersäure (1 + 2) auf dem Filter gelöst und in einem gewogenen Porzellantiegel unter Zusatz von 1 ml Schwefelsäure zur Trockne geraucht. Dann wird bei 450° bis zur Gewichtskonstanz erhitzt. Das Salz muß rein weiß sein, anderenfalls muß nochmals mit Salpeter-Schwefelsäure oxydiert werden.

Zur Bestimmung von Eisen und Aluminium wird aus den *Filtraten* (*7* + *9*) bzw. bei Abwesenheit von Kupfer und Cadmium aus den *Filtraten* (*1* + *6*) der Schwefelwasserstoff verkocht. Dann werden zur Oxydation des Eisens 5 ml Wasserstoffperoxydlösung (10 Gew.-%) zugesetzt. Nach Verkochen des Überschusses wird mit verdünnter Ammoniaklösung (1 + 3) neutralisiert, bis Methylrot von Violettrot auf Gelborange gerade umschlägt. Eine Tüpfelprobe auf Phenolphthaleinpapier darf keine Rotfärbung ergeben. Nach kurzem Aufkochen wird heiß filtriert. Der Niederschlag wird mit heißer Ammoniumnitratlösung ausgewaschen. Hierzu benutzt man eine Lösung von 20 g dieses Salzes in 1 l Wasser, die nach Zusatz von Methylrotlösung mit verdünnter Ammoniaklösung (1 + 1) bis zur Gelbfärbung versetzt worden ist. Das erhaltene *Filtrat* (*10*) dient zusammen mit den später gewonnenen *Filtraten* (*11* + *12*) zur Bestimmung von Zink.

Der Hydroxydniederschlag wird mit heißer Salzsäure (1 + 2) durch das Filter in einen Meßkolben (200 ml Inhalt) gelöst. Nach Auffüllen zur Marke wird die Lösung halbiert und in den beiden Hälften die Ammoniakfällung wiederholt [*Filtrate* (*11* + *12*)]. Der eine Niederschlag wird zur Summe der Oxyde (Fe_2O_3 + Al_2O_3) verglüht, in dem anderen wird das Eisen nach Lösen in Salzsäure (1 + 2) maßanalytisch nach Mohr bestimmt, wie unter m) angegeben. Aus der gewichtsanalytisch ermittelten Summe der Oxyde und dem maßanalytisch bestimmten Gehalt an Eisen wird der Gehalt an Aluminium errechnet.

Zur Bestimmung des Zinks werden die vereinigten *Filtrate* (*10, 11 und 12*) auf etwa 300 ml eingedampft und dann mit 2 ml Essigsäure (10proz.) versetzt. In der Kälte wird Schwefelwasserstoff eingeleitet. Bei Vorhandensein von Zink entsteht ein weißer Niederschlag, der durch Einrühren von 1 ml Quecksilber (II)-chloridlösung (50 g/l) zum schnellen Absitzen gebracht wird. Nach längerem Stehen wird abfiltriert. Der Niederschlag wird getrocknet und vorsichtig im Abzug verascht. Dann wird nach Zusatz von etwas Ammoniumcarbonat bei 950° bis zur Gewichtskonstanz geglüht und das Zinkoxyd ausgewogen.

m) Schnellbestimmung des Eisens

α) *Maßanalytisch* *

Grundlage. Die Schwefelsäure wird abgeraucht, der Rückstand mit Salzsäure aufgenommen und in der Lösung das Eisen jodometrisch bestimmt.

Stickstoffoxyde, Arsen und Kupfer stören die jodometrische Bestimmung. Stickstoffoxyde und Arsenverbindungen werden durch Salzsäure und Hydrazinsulfat beim Abrauchen quantitativ entfernt. Kupfer wird durch Fällen des Eisens mit Ammoniak abgetrennt.

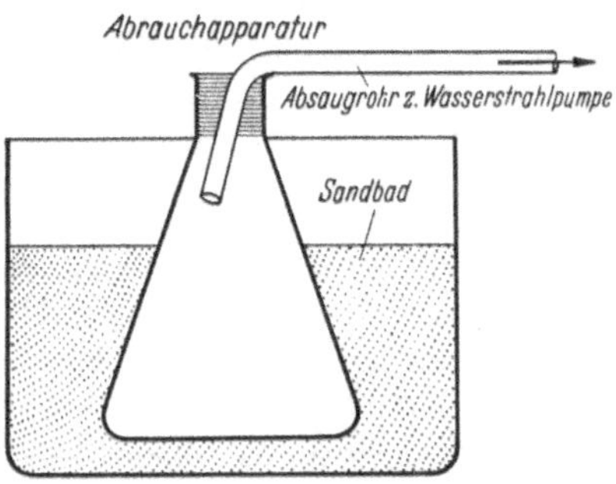

Abb. 59. Abrauchapparatur

Ausführung. 100 g der gut durchgeschüttelten Säureprobe werden in einem Erlenmeyer-Kolben von 300 ml Inhalt mit Normalschliff 29/32 mit 20 ml Salzsäure (1,19) sowie 20 ml Hydrazinsulfatlösung [10 g Hydrazinsulfat (p. a.) und 20 g Kaliumbromid (p. a.) mit 1 l Wasser gelöst] versetzt. Der Kolben wird mindestens zur Hälfte in ein Sandbad eingebettet und unter Absaugen der entweichenden Dämpfe (vgl. Abb. 59) bis zum Verschwinden der Säurenebel erhitzt. Der Rückstand im Kolben wird mit 5 ml Ammoniaklösung (1 + 1) befeuchtet. Eine Blaufärbung zeigt die Anwesenheit von Kupfer an. Dann wird der Rückstand mit 10 ml Salzsäure (1,19) aufgenommen, mit 10 ml Wasser verdünnt und bis zur klaren Lösung erhitzt.

Verbleibt hierbei ein unlöslicher Rückstand, so wird mit weiteren 20 ml Wasser verdünnt, der Rückstand abfiltriert (Filter 9 cm mit Filterschleim), mit Wasser ausgewaschen und nach dem Veraschen des Filters im Platintiegel mit etwa 2 g Kaliumpyrosulfat aufgeschlossen. Die erkaltete Schmelze wird mit 10 ml Salzsäure (1,19) aufgenommen, mit 10 ml Wasser versetzt und bis zur klaren Lösung erhitzt. Diese Lösung wird mit dem Filtrat (einschließlich Waschwasser) im Erlenmeyer-Kolben vereinigt und auf etwa 20 ml eingeengt.

Bei Abwesenheit von Kupfer wird die salzsaure Lösung mit Natronlauge neutralisiert und die im Kolben befindliche Luft durch Kohlendioxyd verdrängt. Anschließend werden 10 ml verdünnte Salzsäure und etwa 3 g Kaliumjodid zugegeben. Der Kolben wird sofort mit einem Schliffstopfen NS 29/32 verschlossen und nach kurzem Umschütteln 15 min bei Raumtemperatur stehengelassen. Hierauf wird mit Wasser auf etwa 200 ml verdünnt. Das ausgeschiedene Jod wird mit n/100-Natriumthiosulfatlösung zunächst bis zur schwachen Gelbfärbung, dann nach Zugabe von 1 ml Stärkelösung auf Farblos titriert.

Bei Anwesenheit von Kupfer wird die salzsaure Lösung nicht mit Natronlauge neutralisiert, sondern mit Ammoniaklösung übersättigt und auf etwa 45° erwärmt.

Das ausgeschiedene Eisen(III)-hydroxyd wird abfiltriert (Filter 11 cm), mit heißem Wasser ausgewaschen und mit 30 ml heißer verdünnter Salzsäure (1 + 2) quantitativ gelöst. Diese Lösung wird in dem ERLENMEYER-Kolben von 300 ml Inhalt auf 20 ml eingeengt, mit Natronlauge neutralisiert und, wie im vorigen Absatz beschrieben, weiterbehandelt.

Gew.-% Fe = verbrauchte ml n/100-Natriumthiosulfatlösung mal 0,00056. Der gefundene Wert wird, auf 3 Stellen nach dem Komma gerundet, angegeben.

Genauigkeit. 1.

β) *Photometrisch*

1. Mit Thiocyanat *

Grundlage. Lösungen, die 3wertiges Eisen enthalten, geben mit Ammoniumthiocyanat eine Rotfärbung. Die Lösung wird photometriert. Unlösliche Anteile werden durch Schmelzen mit Kaliumpyrosulfat aufgeschlossen.

Ausführung. 10 ml der gut durchgeschüttelten Säureprobe werden in einem 500 ml-Meßkolben mit 50 ml Wasser und 10 ml Salpetersäure (1,4) versetzt und erwärmt, bis die Lösung klar geworden ist.

Verbleibt ein unlöslicher Rückstand, so wird der Ansatz verworfen und eine neue Abmessung von 10 ml der Säureprobe in einer Platinschale bis zur Trockne abgeraucht. Der Trockenrückstand wird durch Schmelzen mit etwa 2 g Kaliumpyrosulfat aufgeschlossen. Die erkaltete Schmelze wird in 10 ml Salzsäure (1,19) unter Erwärmen gelöst. Diese Lösung wird quantitativ in einen 500 ml-Meßkolben gebracht und mit 50 ml verdünnter Salpetersäure (1 + 4) versetzt.

Der Meßkolben wird mit Wasser zur Marke aufgefüllt. Von dieser Auffüllung werden 50 ml (= 1 ml Originalsäure) etwa 5 min gekocht und bei 20° in einem Meßkolben (100 ml Inhalt) mit Wasser bis zur Marke aufgefüllt. Hiervon werden 50 ml im Becherglas (100 ml Inhalt) mit 5 ml Ammoniumthiocyanatlösung [25 g *weißes* Ammoniumthiocyanat (p. a.) und 75 ml Wasser] versetzt und gut durchgemischt. Die Lösung wird in bekannter Weise gegen eine Blindprobe photometriert, Filter 480 mμ (s. Kapitel Mangan, S. 496).

Genauigkeit. 1.

Dauer. 30 min.

2. Mit Sulfosalicylsäure

Grundlage. Die entsprechend verdünnte Schwefelsäure wird mit Sulfosalicylsäure und Ammoniak im Überschuß versetzt. Die Extinktion der gelb gefärbten Lösung wird unter Einschalten eines Blaufilters mit einem Photometer gemessen und der Eisengehalt einer Eichkurve entnommen.

Anwendungsbereich und Bedeutung. Die Methode ist erprobt für Eisengehalte in der Schwefelsäure von 0,0002 bis 2%.

Genauigkeit. 1.

Dauer. 5 bis 10 min für die Einzelbestimmung, 35 bis 60 min für eine Reihe von 10 Bestimmungen.

Ausführung. Je nach dem zu erwartenden Eisengehalt werden 2 bis 5 g Schwefelsäure in einen 50 ml-ERLENMEYER-Kolben eingewogen, auf etwa 30 ml verdünnt und rasch abgekühlt. Unreine, trübe oder dunkle Säure wird in einem 100 ml-Langhalsrundkolben unter tropfenweisem Zugeben von Wasserstoffperoxyd bis zur Entfärbung erhitzt, abgekühlt, verdünnt und wieder abgekühlt. Dann gibt man in die kalte, verdünnte Säure mittels einer Kipp-Pipette 5 ml Sulfosalicylsäurelösung (200 g/l) und spült die Mischung in einen 100 ml-Meßkolben über. Unter Kühlen wird sodann Ammoniak (0,91) bis zum Umschlag von Rot nach Gelb zugegeben und nach Zusatz weiterer 10 ml Ammoniak rasch abgekühlt. Darauf füllt man zur Marke auf und photometriert. Die Auswertung erfolgt durch Eichkurven, die, den gegebenen Fällen angepaßt, mit Blaufilter (hohe Empfindlichkeit: 20 bis 50 γ Eisen/100 ml) oder mit Blaugrünfilter (geringere Empfindlichkeit: 300 bis 1500 γ Eisen/100 ml) und verschiedenen Schichtdicken aufgenommen werden. Die von der Reinheit der Reagenzien abhängigen Blindwerte sind abzusetzen.

Fehlerquellen. Die Sulfosalicylsäure darf nur in die *kalte* verdünnte Schwefelsäure gegeben werden; warme Schwefelsäure verursacht Eigenfärbungen. — Die angegebenen Mengen an Sulfosalicylsäure und Ammoniak brauchen nicht peinlich genau eingehalten zu werden. Unterschreitungen um etwa 30% geben zu niedrige Eisenwerte, während Überschreitungen ohne Belang sind.

n) Die Bestimmung des Glührückstandes (zugleich auch des Bleies)

Man verdampft je nach Herkunft und Aussehen der Probe 100 bis 250 ml Schwefelsäure in einer gewogenen Platinschale langsam über kleiner Flamme oder auf dem Sandbad, glüht den Rückstand schwach und wägt ihn nach dem Erkaltenlassen im Exsiccator.

Zur Bestimmung des Bleies wird der Rückstand mit Ammoniumacetatlösung in der Wärme behandelt. Man filtriert den Auszug und verfährt weiter, wie im Kapitel Blei, S. 165, beschrieben.

o) Bestimmung der Trübung *

1 l der gut aufgerührten oder durchgeschüttelten Säureprobe wird in ein Spitzglas (Sedimentiergefäß nach IMHOFF) eingefüllt und ruhig stehengelassen. Gasblasen an der Glaswand werden vorsichtig mit einem Gummiwischer entfernt. Nach 24 Std. wird das Volumen der in der Spitze des Gefäßes abgesetzten Feststoffe an der Graduierung abgelesen.

Zur gewichtsmäßigen Erfassung der Trübungsbestandteile wird die überstehende geklärte Säure mit einem Heber aus dem Spitzglas abgezogen. Der Rest mit dem aufgewirbelten Bodensatz wird — unter Verwendung des Säurefiltrates als Spülflüssigkeit — auf einen gewogenen Glasfiltertiegel (1 G 3) abgesaugt. Der Filterrückstand wird scharf abgenutscht und mit Äthanol schwefelsäurefrei gewaschen. Sodann wird der Tiegel mit dem Rückstand bei 105° bis zur Gewichtskonstanz getrocknet und nach Abkühlen im Exsiccator gewogen.

Genauigkeit. 3.

Die Bestimmung ist im analytischen Sinne nicht als exakt anzusprechen; sie gibt aber die Möglichkeit, für technische Zwecke die Trübung mit ausreichender Genauigkeit zahlenmäßig zu beurteilen.

Die gesamte, im Spitzglas befindliche Säure muß filtriert werden, wenn die feinen, noch in der Schwebe befindlichen Teilchen mitbestimmt werden sollen.

p) Die Bestimmung der oxydablen organischen Substanz (Gesamtmenge)

Einen Anhaltspunkt für den organischen Anteil der mechanischen Verunreinigungen gewinnt man, wenn man z. B. 100 ml Säure mit Wasser auf 1 l verdünnt. Dabei gehen die wasserlöslichen Salze des Bodensatzes in Lösung, und die organischen Stoffe flocken allmählich aus. Man filtriert sie nach mehrtägigem Absitzenlassen auf einen Porzellanfiltertiegel ab, wäscht mit kaltem Wasser sorgfältig aus, befreit sie durch Ausziehen mit essigsaurer Ammoniumacetatlösung vom Bleisulfat, wäscht nochmals mit Wasser nach, trocknet den Rückstand und wägt ihn. Darauf wird geglüht und wiederum gewogen. Den Glühverlust betrachtet man als Gehalt an organischer Substanz.

Die Methode ergibt nur angenäherte Werte.

Bei Abfall- und Mischsäuren kann es erforderlich werden, die organische Substanz, soweit sie oxydabel ist, genauer zu bestimmen. 5 g Säure werden mit Wasser auf ungefähr 200 ml verdünnt, mit 3 bis 5 g chloridfreiem Ammoniumsulfat zum

Sieden erhitzt und etwa 10 min gekocht. Darauf fügt man eine abgemessene Menge n/2-Kaliumpermanganatlösung hinzu, kocht weitere 5 min, läßt auf Zimmertemperatur abkühlen und titriert den Permanganatüberschuß nach Zusatz von Kaliumjodid mit Natriumthiosulfatlösung nach VOLHARD zurück. Bei geringen Gehalten arbeitet man mit n/10-Lösungen.

Das Ergebnis wird als Verbrauch von x ml n/2-Kaliumpermanganatlösung für 1 g Säure ausgedrückt.

Literatur. BERL, E., u. W. v. BOLTENSTERN: Z. angew. Chem. Bd. 34 (1921) S. 19. — BERL-LUNGE: Taschenbuch für die anorganische chemische Großindustrie, 7. Aufl. (1930) S. 284.

4. Die Untersuchung chemisch reiner Schwefelsäure

Man richtet sich dabei zweckmäßig nach den Vorschriften der Firma E. Merck, Darmstadt, in dem Handbuch: Prüfung der chemischen Reagenzien auf Reinheit, 5. Aufl. (1939) S. 542—551. Es werden dort behandelt: Schwefelsäuren 1,110 bis 1,140, 1,84, rauchende, rauchende reinste Schwefelsäure und Schwefelsäureanhydrid.

5. Die Untersuchung der Akkumulatorensäure

Für die Verwendung von Schwefelsäure in elektrischen Sammlern bestehen folgende besondere Gütebedingungen und Untersuchungsvorschriften:

Allgemeine Bedingungen

(Fassung vom 1. Oktober 1945)

betreffend Lieferung von konzentrierter und verdünnter Schwefelsäure für Akkumulatoren

I.

Die Konzentration der zu liefernden Säure soll möglichst genau der jeweiligen Bestellung entsprechen. Die Abweichung vom Sollwert darf bei den verdünnten, durch ihre Dichten gekennzeichneten Säuren (den sogenannten „Füllsäuren" der Dichten 1,18 oder 1,20 oder 1,24 oder 1,26 oder 1,285 g/ml bei 20°) höchstens $\pm 0{,}003$ im Dichtewert, bei konz. Säure höchstens $\pm 1\%$ des Monohydratgehaltes (H_2SO_4) betragen.

II.

Hinsichtlich ihrer Reinheit muß die zu liefernde Säure den Reinheitsvorschriften gemäß § 12 VDE 0510 „Vorschriften und Regeln für Akkumulatoren" entsprechen. Diese lauten:

Die zum *Füllen* und *Nachfüllen* von Bleiakkumulatoren zu verwendende *verdünnte Schwefelsäure* soll klar, farblos und von möglichster Reinheit sein. Von den im nachfolgenden angeführten Verunreinigungen darf sie, *bezogen auf eine Dichte von* 1,20 g/ml *bei* 20°, höchstens enthalten:

		mg/l
Platinmetalle	zusammen	0,05
Kupfer		0,5
Sonstige Metalle der Schwefelwasserstoffgruppe (abgesehen von Blei)	einzeln	1
Metalle der Schwefelwasserstoffgruppe (abgesehen von Blei)	insgesamt	2
Mangan, Chrom, Titan	einzeln	0,2
Eisen		30
Sonstige Metalle der Ammoniumsulfidgruppe (abgesehen von Aluminium und Zink)	einzeln	1
Metalle der Ammoniumsulfidgruppe (abgesehen von Eisen, Aluminium und Zink)	insgesamt	2
Chlor (und andere Halogene)	zusammen	5
Stickstoff in Form von Ammoniak		50
Stickstoff in anderer Form		10
Schwefeldioxyd oder Schwefelwasserstoff		20
Flüchtige organische Säuren (berechnet als Essigsäure)		20
Oxydierbare organische Substanzen		Äquivalent von 1 m Mol $KMnO_4$/l

Beim Eindampfen darf die Säure höchstens einen Rückstand von 250 mg/l hinterlassen. Für die Säuren anderer Dichten bzw. Konzentrationen ergeben sich die maximal zulässigen Verunreinigungen durch Umrechnung, entsprechend ihrem Inhalt an Schwefelsäuremonohydrat (H_2SO_4).

Die nachstehend im Wortlaut wiedergegebenen Prüfungsmethoden stammen von der Akkumulatorenfabrik AG, Zentralverwaltung Frankfurt a/M.

a) Schwefelsäure

α) *Prüfung von konz. Säure auf Chlorid (Salzsäure)*

250 ml der farblosen Säure werden mit einwandfreiem destilliertem Wasser so weit verdünnt, daß das spezifische Gewicht 1,18 erreicht wird. 6 ml dieser verdünnten Säure sollen dann im Reagenzglas nach Zusatz von 5 Tropfen mit reiner chlorfreier Salpetersäure angesäuerter Silbernitratlösung (0,5 g/100 ml) klar bleiben; jedenfalls aber soll der Gehalt an Chlor in der Säure nicht mehr als 0,002%, berechnet auf wasserfreie Schwefelsäure (H_2SO_4), betragen.

Falls eine quantitative Bestimmung notwendig wird, werden 100 bis 200 ml der verdünnten Säure mit Silbernitrat versetzt. Der Niederschlag wird am nächsten Tage abfiltriert und durch Glühen direkt in metallisches Silber verwandelt, aus dem sich der Chlorgehalt berechnen läßt. Auswaage mal 0,3287 = Cl. — Die mit Silbernitrat zu versetzende Säuremenge ist nur so groß zu wählen, daß bei der Fällung nicht mehr als 30 mg Silberchlorid erhalten werden, da größere Mengen nicht mehr quantitativ durch die Kohle des Filters reduziert werden.

β) *Prüfung von Füllsäure auf Chlorid (Salzsäure)*

Bei Abwesenheit von Schwefelwasserstoff erfolgt die Prüfung dieser Säure genau in der gleichen Weise, wie vorstehend angegeben. Bei Anwesenheit von Schwefelwasserstoff wird die Probe gekocht, bis der Geruch nach Schwefelwasserstoff verschwunden ist, darauf nach Zusatz von 2 Tropfen reiner, chlorfreier Salpetersäure wiederum eine Zeitlang gekocht und erst dann mit 5 Tropfen Silbernitratlösung versetzt.

γ) *Prüfung von konz. Schwefelsäure auf Eisen*

Zur qualitativen Prüfung wird eine Probe (6 ml im Reagenzglas) der auf 1,18 verdünnten Säure mit Kaliumpermanganatlösung (1 g/100 ml) rosa gefärbt, wozu meistens schon ein Zusatz von einem Tropfen genügt, und mit 10 bis 15 Tropfen Kaliumthiocyanatlösung (20 g/100 ml) versetzt; die Säure darf höchstens einen blaßroten Schimmer zeigen. Bei starker Rotfärbung ist eine quantitative Untersuchung erforderlich. Diese ist wie folgt auszuführen: 50 ml der konz. Säure werden mit 200 ml destilliertem Wasser verdünnt. Nach dem Auskochen der etwa vorhandenen schwefligen Säure reduziert man in einem Kölbchen mit Bunsenventil mit eisenfreiem, metallischem Zink und titriert nach Auflösung des Zinks mit einer Kaliumpermanganatlösung, die so eingestellt ist, daß 1 ml etwa 0,001 g Eisen entspricht.

In zweifelhaften Fällen wird das Eisen zweckmäßig vor der Reduktion mit Zink nach vorheriger Oxydation mit Bromwasser durch Ammoniak gefällt, abfiltriert, ausgewaschen und in verdünnter reiner, eisenfreier Schwefelsäure wieder gelöst.

Der Eisengehalt soll in der Säure nicht mehr als 0,01%, berechnet auf wasserfreie Schwefelsäure (H_2SO_4), betragen. Es ist dabei gleichgültig, ob bei der quantitativen Ausführung der Analyse zusammen mit diesem Eisengehalt etwas organische Substanz mitbestimmt wird.

δ) *Prüfung von Füllsäure auf Eisen*

Die qualitative Prüfung auf Eisen erfolgt, wie vorstehend angegeben. Die quantitative Untersuchung wird in der Weise ausgeführt, daß eine vorher gekochte Probe von 100 ml in einem Kölbchen mit Bunsenventil mit eisenfreiem metallischem Zink reduziert und nach Auflösen des Zinks mit Kaliumpermanganatlösung, von der 1 ml 0,001 g Eisen entspricht, titriert wird. Wenn die Säure noch Schwefelwasserstoff enthält, so ist dieser, wie unter β) angegeben, vorher durch Kochen zu beseitigen.

ε) *Prüfung von konz. Schwefelsäure und verdünnter Füllsäure auf Mangan*

Nach 10 min währendem Kochen von 50 ml der auf 1,18 eingestellten Säure mit etwa 0,5 g manganfreiem Bleidioxyd und 10 ml reiner Salpetersäure (1,40) darf nach dem Absitzenlassen des Bleidioxyds *keine* Rosafärbung eintreten; die Säure muß vollkommen farblos bleiben. Es ist zweckmäßig, das Kochen der Flüssigkeit in einem 100 ml-Meßkölbchen vorzunehmen und letzteres unbedingt sofort nach dem Kochen mit einer Glashaube oder einem Uhrglas abzudecken, um die Manganreaktion nicht durch etwa von außen hinzutretenden Staub zu beeinträchtigen. Werden kleine Bechergläser zur Ausführung der Prüfung verwendet, so sind auch diese nach beendetem Kochen der Säure mit einem Uhrglas abzudecken.

ζ) *Prüfung von konz. Schwefelsäure auf organische Substanzen*

Wenn bei der Prüfung auf Eisen nicht mehr als 0,01% Eisen gefunden werden, so genügt nachstehende Prüfung auf organische Substanz: Eine Probe von 3 ml der konz. Säure darf sich beim Erhitzen bis zum Aufsteigen weißer Dämpfe nicht schwärzen (nichtflüchtige Substanzen). Auf flüchtige organische Säuren wird durch Destillation der auf 1,18 verdünnten Säure geprüft, indem 500 ml dieser Säure auf die Hälfte abdestilliert werden. Das Destillat wird mit n/10-Natronlauge titriert (Phenolphthalein als Indicator). Die Säure wird als Essigsäure berechnet. 1 ml n/10-Natronlauge entspricht 0,006 g Essigsäure. Ehe jedoch in einem solchen Falle die übergegangene, flüchtige Säure als organische Säure angenommen wird, ist das Destillat auf Salzsäure, Schwefelsäure und nach Neutralisation mit Natronlauge auf Überchlorsäure zu prüfen. Eine Probe des zur Trockne eingedampften, mit Natronlauge neutralisierten Destillates muß, falls organische Säure vorhanden, mit Schwefelsäure (1,84) und Äthanol die Essigätherreaktion oder mit arseniger Säure die Kakodylreaktion zeigen.

η) *Prüfung von Füllsäure auf organische Substanzen*

Eine Probe (6 ml im Reagenzglas) der Füllsäure darf sich beim Eindampfen bzw. beim Wegkochen des Wassers bis zum Auftreten weißer Dämpfe (Schwefelsäuredämpfe) nicht schwärzen (nichtflüchtige Substanzen). Die Prüfung auf flüchtige organische Substanzen wird in derselben Weise ausgeführt, wie unter ζ) angegeben.

ϑ) *Prüfung von konz. Säure und Füllsäure auf Ammoniak*

Eine Probe (6 ml im Reagenzglas) der auf das spez. Gewicht 1,18 verdünnten Säure, mit 5 ml Natronlauge (400 g/l) neutralisiert, soll auf Zusatz von 5 bis 10 Tropfen Nesslers Reagenz keinen flockigen, braunen, sondern höchstens einen geringen gelben Niederschlag zeigen.

ι) *Prüfung von konz. Säure und Füllsäure auf Salpetersäure*

Eine Probe (5 ml im Reagenzglas) der auf das spezifische Gewicht 1,18 verdünnten Säure, mit einem gleichen Volumen reiner Schwefelsäure (1,84) vermischt und mit 2 ml einer gesättigten Lösung von Eisen(II)-sulfat überschichtet, soll an der Berührungsstelle keinen rotbraunen Ring zeigen.

κ) Prüfung von konz. Säure und Füllsäure auf Metalle der Schwefelwasserstoffgruppe

Eine Probe von mindestens 1 l der auf das spezifische Gewicht 1,18 verdünnten Säure darf nach dem Einleiten von Schwefelwasserstoff bis zur Sättigung *keine* Färbung ergeben. Bei Eintritt einer auch nur ganz geringen Fällung, die meist erst nach dem Filtrieren auf dem Filter zu bemerken ist, sind meistens schädliche Metalle in der Säure anzunehmen. Außer Kupfer kommen hauptsächlich noch in Betracht: Antimon, Arsen und Platin. Die Verunreinigungen sind aber in den meisten Fällen schon an der eigenartigen Färbung (wie braunrot, orangerot, gelb und bräunlich) erkennbar, die beim Einleiten von Schwefelwasserstoff in die Säure zu beobachten ist. Die Prüfung auf Kupfer ist *in jedem Falle* folgendermaßen auszuführen:

In mindestens 800 ml der auf 70° angewärmten Säure wird wenigstens 1 Std. lang, jedenfalls aber bis zur völligen Sättigung, Schwefelwasserstoff eingeleitet; die Säure muß nach Schwefelwasserstoff riechen. Nach halbstündigem Stehenlassen wird die Säure durch ein aschefreies Filter filtriert. Das Filter wird mit schwefelwasserstoffhaltigem Wasser ausgewaschen, in einem Porzellantiegel verascht und der Rückstand geglüht. Man löst ihn dann in 5 Tropfen Salpetersäure (1,20) in der Wärme und versetzt die Lösung nach dem Filtrieren in einem Reagenzglas nach dem Einengen auf 3 ml mit 20 Tropfen Ammoniak (0,91). Schädliche Mengen Kupfer machen sich hierbei durch eine *Blau*färbung bemerkbar, die bei Betrachtung der Lösung von oben durch das Reagenzglas auf weißem Untergrund zu beobachten ist. Tritt diese ein, so ist die Säure unbrauchbar.

Für die Prüfung auf *Arsen* dient die folgende Methode: Ein Reagenzglas wird zu $^1/_3$ mit der zu prüfenden, SO_2-freien verdünnten Schwefelsäure gefüllt und dazu ein Körnchen arsenfreies Zink gegeben. Über die Mündung des Reagenzglases legt man ein Stück Quecksilberchloridpapier. Ist Arsen zugegen, so färbt sich das Papier zuerst gelb; bei längerer Einwirkung des sich bildenden Arsenwasserstoffs geht die Färbung in Braun über.

b) Destilliertes Wasser

α) Prüfung auf Chlorid

Eine Probe des Wassers wird mit 5 Tropfen mit reiner Salpetersäure schwach angesäuerter Silbernitratlösung (0,5 g/100 ml) versetzt. Nach wenigstens 5 min soll sie noch vollständig klar sein.

β) Prüfung auf Eisen

Eine Probe (8 ml im Reagenzglas) des destillierten Wassers wird zunächst mit 3 Tropfen eisenfreier verdünnter Schwefelsäure angesäuert, dann mit 1 Tropfen Kaliumpermanganatlösung (1 g/100 ml) rosa gefärbt und schließlich mit 5 Tropfen einer Kaliumthiocyanatlösung (20 g/100 ml) versetzt. Die Flüssigkeit soll vollkommen *farblos* bleiben.

γ) Prüfung auf Metalle der Schwefelwasserstoffgruppe, besonders auf Kupfer

In einer Probe von mindestens 800 ml Wasser, die vorher mit 10 Tropfen reiner verdünnter Schwefelsäure angesäuert wurde, wird Schwefelwasserstoff bis zur Sättigung eingeleitet. Nach halbstündigem Stehen wird das Wasser durch ein aschefreies Filter filtriert und der Niederschlag mit schwefelwasserstoffhaltigem Wasser ausgewaschen. Dann verascht man es in einem Porzellantiegel und glüht den Rückstand. Er wird darauf mit 5 Tropfen verdünnter Salpetersäure (1,20) unter Erwärmen gelöst, die Lösung filtriert und das Filtrat in einem Reagenzglas auf 3 ml eingedampft und mit 20 Tropfen Ammoniak (0,91) versetzt. Tritt hierbei Blaufärbung ein, so ist das Wasser kupferhaltig und ungeeignet.

Abgesehen von geringen Mengen Blei dürfen sonst keine schädlichen Bestandteile, wie Öl, organische Substanzen usw., vorhanden sein. Für Deac-Zwecke muß das Wasser auch bleifrei sein.

δ) Prüfung auf organische Substanzen

10 ml destilliertes Wasser, mit 5 Tropfen Schwefelsäure (1,84) vermischt, dürfen beim Eindampfen bis zum Auftreten von Schwefelsäuredämpfen keine dunkle Färbung geben.

Außerdem sollen 100 ml Wasser nach Zusatz von 10 Tropfen SO_2-freier verdünnter Schwefelsäure beim Aufkochen mit 3 Tropfen Kaliumpermanganatlösung (1 + 1000) rosa gefärbt bleiben.

VI. Betriebsuntersuchungen bei dem Sulfidin-Verfahren[1]

Zur Erzeugung verflüssigter schwefliger Säure aus den Röstgasen wird das Schwefeldioxyd vor dem Komprimieren u. a. mit Hilfe des Sulfidinverfahrens abgetrennt. Aromatische Amine, z. B. Toluidin bzw. Xylidin nehmen in einem Gemisch mit Wasser ein Vielfaches ihres Volumens an gasförmigem Schwefeldioxyd auf, das sie beim Auskochen wieder abgeben. Um das in einer Nebenreaktion entstehende Sulfat oder Thiosulfat zu binden, wird mit alkalischen Lösungen gearbeitet.

1. Die Bestimmung des Aufladungsgrades des Absorbens

Von dem gut durchgeschüttelten Absorbens läßt man 1 ml Originallösung in 50 bis 60 ml n/10-Jodlösung einlaufen. Dann säuert man mit Schwefelsäure schwach an und titriert mit n/10-Natriumthiosulfatlösung zurück.

Verbrauchte ml n/10-Jodlösung mal 0,0032 mal 1000 = g SO_2/l.

2. Die Bestimmung von Schwefel im ausgekochten Absorbens

100 ml der ausgekochten Absorptionsflüssigkeit werden gekühlt und im Scheidetrichter in wäßrige Lösung (a) und Xylidin (b) getrennt.

a) In der wäßrigen Lösung

α) SO_4-Schwefel

50 ml der wäßrigen Lösung (a) werden im Meßkolben auf 250 ml aufgefüllt. Davon werden 25 ml abpipettiert, mit 75 ml Wasser auf 100 ml aufgefüllt und mit 30 ml Salzsäure (1,19) und etwa 0,1 g granuliertem Zink versetzt. Man kocht, bis die wäßrige Lösung klar geworden ist, verdünnt diese auf 400 ml und neutralisiert sie mit Ammoniak (Methylorange). Darauf säuert man mit 2 ml Salzsäure (1,19) an, fällt das Sulfat siedend heiß mit Bariumchloridlösung und ermittelt das Bariumsulfat.

$$\frac{\text{Auswaage} \cdot 0{,}1374 \cdot 1000}{5} = \text{g } SO_4\text{-Schwefel/l}$$

β) S_2O_3-Schwefel

5 ml der wäßrigen Lösung (a) werden mit 200 ml Wasser und mit Natronlauge bis zur schwach alkalischen Reaktion gegen Phenolphthalein versetzt. Dann säuert man durch tropfenweisen Zusatz von Essigsäure an und gibt 25 ml 35- bis 40proz. Formalinlösung hinzu. Nach dem Umschütteln und Hinzufügen von 5 bis 10 ml Essigsäure wird mit n/10-Jodlösung und Stärkelösung als Indicator titriert.

$$\frac{\text{Verbrauchte ml n/10-Jodlösung} \cdot 0{,}0064 \cdot 1000}{5} = \text{g } S_2O_3\text{-Schwefel/l}$$

[1] Arbeitsweise der Lurgi-Gesellschaft für Chemie und Hüttenwesen mbH., Frankfurt a. M.

γ) SO_2-Schwefel

1. Ausführung. 1 ml der wäßrigen Lösung (a) wird mit 200 ml Wasser verdünnt, mit Essigsäure angesäuert und unter Stärkezusatz mit n/10-Jodlösung titriert.

Verbrauchte ml n/10-Jodlösung bei γ) minus $^1/_5$ der verbrauchten ml n/10-Jodlösung bei β) mal 0,0016 mal 1000 = g SO_2-Schwefel.

2. Ausführung. 1 ml des gut durchgeschüttelten Absorbens läßt man in 50 ml n/10-Jodlösung einlaufen. Nach dem Ansäuren mit Schwefelsäure (1 + 9) wird das überschüssige Jod mit n/10-Natriumthiosulfatlösung zurücktitriert.

Verbrauchte ml n/10-Jodlöusng · 0,0032 · 1000 = g SO_2/l.

b) Im Xylidin

α) SO_4-Schwefel

20 ml der Xylidinphase (b) werden in einem Scheidetrichter 3mal mit je 20 ml Natronlauge (200 g/l) ausgeschüttelt. Die wäßrigen Auszüge füllt man im 100 ml-Meßkolben zur Marke auf und entnimmt davon 50 ml [= 10 ml des Xylidins (b)]. Diese werden, wie unter a) beschrieben, weiterbehandelt.

β) S_2O_3-Schwefel

Eine Abmessung von 10 ml, die man obiger aufgefüllten Lösung entnommen hat [= 1 ml des Xylidins (b)], wird mit 200 ml Wasser verdünnt und mit Essigsäure gegen Phenolphthalein angesäuert. Der weitere Verlauf der Bestimmung entspricht der Vorschrift unter a).

γ) SO_2-Schwefel

Eine weitere Abmessung von 10 ml der aufgefüllten Lösung = 1 ml des Xylidins (b) wird mit 100 ml Wasser verdünnt, mit Essigsäure angesäuert und wie bei a) mit n/10-Jodlösung titriert.

3. Die Bestimmung des Xylidins

a) Im Abwasser

5 ml des Abwassers werden im KJELDAHL-Kolben nach Zusatz von etwa 20 mg Selen und 10 ml Schwefelsäure (1 + 1) erhitzt, bis die Lösung wasserhell ist. Dann destilliert man das gebildete Ammoniak nach Übersättigen mit Natronlauge ab und fängt es in einer genügenden Menge von n/10-Schwefelsäure auf. Den Überschuß titriert man mit n/10-Natronlauge zurück.

1 ml n/10-Schwefelsäure = 0,0014 g N = 0,0121 g Xylidin.

Man kann gegebenenfalls anstatt 5 ml Abwasser auch 50 ml anwenden, die nach Zusatz von Selen mit 25 ml Schwefelsäure (1 + 1) zu erhitzen sind.

b) In der Waschlösung (etwa 3proz. Schwefelsäure)

Schnellmethode. 100 ml Waschlösung werden in einem ERLENMEYER-Kolben auf etwa 70° erwärmt und mit Natriumcarbonat neutralisiert, bis Lackmuspapier schwach gebläut wird. Man erhitzt die Lösung rasch zum Sieden, spült sie nach dem Abkühlen in einen Scheidetrichter und läßt das Wasser ab. Die zurückgebliebene Xylidinmenge mißt man in einem kleinen Meßzylinder.

ml Xylidin · 10 · 6 (Löslichkeitsfaktor) = g Xylidin/l.

c) Im Endgas

Eine größere Menge des Endgases wird durch mehrere hintereinandergeschaltete Waschflaschen geleitet, die mit 25proz. Schwefelsäure beschickt sind. Die Weiterbehandlung erfolgt nach der KJELDAHL-Methode, wie unter 3a) angegeben.

4. Die Bestimmung der freien und gebundenen Schwefelsäure in der Waschlösung

Da die freie Schwefelsäure infolge der Eigenfärbung des Xylidins durch Titration gegen Methylorange schlecht zu bestimmen ist, titriert man zweckmäßig 5 ml der Waschlösung gegen Phenolphthalein mit n/10-Natronlauge und erhält so die Gesamtschwefelsäure. Dann bestimmt man den Gehalt an Xylidin nach der Schnellmethode unter 3b), multipliziert diesen Befund mit dem Faktor 4,05 und erhält somit die gebundene Schwefelsäure. Die Differenz zwischen Gesamt- und gebundener Säure ergibt den Gehalt an freier Schwefelsäure.

VII. Untersuchung des verflüssigten Schwefeldioxyds

Das verflüssigte Schwefeldioxyd wird vorzugsweise als Kältemittel verwendet. Die Bestimmung geringer Abweichungen der physikalischen Eigenschaften von den Normalwerten als Folge von Verunreinigungen setzt eine eindeutige Festlegung der Prüfbedingungen voraus. Die Grenzgehalte der zulässigen Verunreinigungen sind meist so niedrig, daß eine ausreichende Übereinstimmung der Ergebnisse (Wiederhol-Streubereich bei der Bestimmung durch einen Beobachter hintereinander mit den gleichen Geräten und Vergleich-Streubereich bei Bestimmungen durch verschiedene Beobachter mit verschiedenen Geräten) nur bei genauer Festlegung der Arbeitsverfahren und ihrer Arbeitsgänge möglich ist. Die Untersuchungsverfahren sind in DIN-Normblatt 8961: Prüfverfahren für Kältemittel, niedergelegt.

1. Probenahme

Die Entnahme des verflüssigten Schwefeldioxyds erfolgt unter Expansion und Abkühlung auf den normalen Siedepunkt in der Weise, daß durch das Behälterventil die Flüssigkeit über ein zwischengeschaltetes Regulierventil abgelassen wird. Behälter mit nur einem Ventil sind so schräg zu lagern, daß das Ventil nach unten zeigt und der Ausfluß des Behälters vollkommen von der Flüssigkeit bedeckt ist. Bei Behältern mit 2 Ventilen ist eines für die flüssige Entnahme mit einem Steigrohr versehen, das bis auf den Boden reicht und durch welches das Kältemittel unter dem Innendruck ausfließt. Alle Anschlußleitungen sind vor der Probenahme je nach den Erfordernissen mit dem flüssigen oder gasförmigen Schwefeldioxyd zu spülen.

2. Prüfung der Veränderung des Siedepunktes

In ein gereinigtes und getrocknetes Siedegefäß von 100 ml Inhalt nach Abb. 60 wird eine Probe von 100 ml flüssigem Schwefeldioxyd abgefüllt; in den unteren Ansatz von 3 ml wird ein geeichtes Thermometer mit dem erforderlichen Meßbereich (—45 bis +20°, $^1/_{10}$°-Teilung) so eingehängt, daß sein Ende sich in der Flüssigkeit befindet, die Wandung aber nicht berührt. Während der Verdampfung, die in 20 bis 30 min erfolgen soll, wird die Siedetemperatur bei 2 Marken nach dem Abdampfen von 5% und von 97% der Probe abgelesen. Um einen Siedeverzug zu vermeiden, werden vor Beginn der Ablesung einige Carborundstückchen in die Flüssigkeit gegeben.

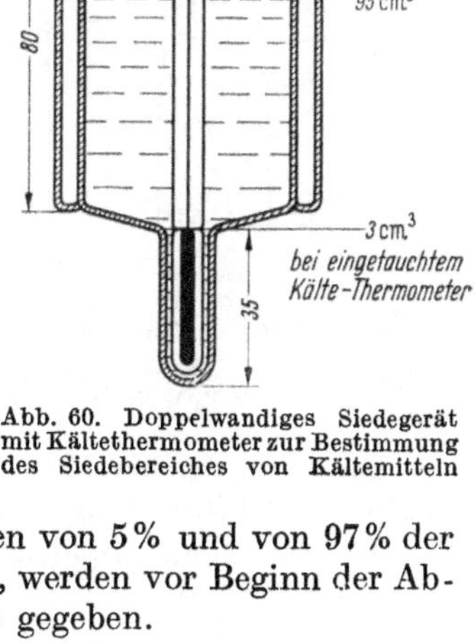

Abb. 60. Doppelwandiges Siedegerät mit Kältethermometer zur Bestimmung des Siedebereiches von Kältemitteln

Die Siedetemperatur darf sich nach DIN 8960 beim Abdampfen zwischen 5 und 97% der Probe (wobei zum Schluß nur noch der untere Ansatz des Siedegefäßes mit 3 ml Inhalt gefüllt ist) nicht um mehr als 0,5° verändert haben.

3. Bestimmung des Rückstandes

In eine getrocknete und auf mg gewogene Abdampfschale werden, je nach dem zu erwartenden Rückstand, 100 bis 200 g flüssiges Schwefeldioxyd eingewogen. Die Flüssigkeit wird so langsam abgedampft, daß ein Verspritzen vermieden wird. Um Siedeverzüge zu vermeiden, sind einige Carborundstückchen in die Abdampfschale zu legen; sie werden mitgewogen. Nach dem Abdampfen wird der Rückstand in der Schale $^1/_2$ Std. auf 105° erwärmt und nach dem Erkalten im Exsiccator gewogen. Er wird in mg/kg oder in % der Einwaage angegeben.

Auf diese Weise wird der flüssige und feste, im flüssigen Schwefeldioxyd gelöste Rückstand zusammen mit den unlöslichen Verunreinigungen erfaßt. Wasser bleibt nur insoweit im Rückstand, als es durch etwa vorhandene Schwefelsäure gebunden wird.

Der Rückstand darf nach DIN 8960 höchstens 50 mg/kg flüssiges Schwefeldioxyd betragen.

4. Bestimmung des Wassers

a) Nach der Phosphorpentoxyd-Methode

Die Prüfung erfolgt in dem Gerät zur Wasserbestimmung nach Abb. 61.

Ausführung. Sauerstoffarmer Stickstoff wird in einer Menge von 1 l/Std. in dem P_2O_5-Trockenturm *1* getrocknet und durch das doppelwandige Verdampfungsgefäß *2* geleitet (in Abb. 61 vergrößert dargestellt), in das später die Probe des flüssigen Schwefeldioxyds eingefüllt wird. Das Verdampfungsgefäß *2* ist mit Hilfe des Ofens *3* auf 60 ± 5° heizbar. Das gerade Chlorcalciumrohr *4* hält alle mitgerissenen flüssigen und festen Verunreinigungen zurück. Der Stickstoff strömt durch den Blasenzähler *6* mit Schwefelsäure (1,84) ab, die zugleich das Eindringen von Luftfeuchtigkeit verhindert. Zwischen dem Trockenturm *1*, dem Verdampfungsgefäß *2*, dem geraden Chlorcalciumrohr *4* und den U-Rohren *5* sind Schlauchverbindungen nur zum Verbinden aneinanderstoßender Glasrohre zu verwenden, um die Rohrverbindungen genügend beweglich zu machen. Das Verdampfungsgefäß *2* und die U-Rohre *5* sind mit leicht gefetteten Schliffverbindungen einzusetzen. Neue Geräte sind so lange mit Stickstoff zu spülen, bis die Gewichtszunahme der U-Rohre *5* innerhalb von 24 Std. 1 mg nicht mehr überschreitet.

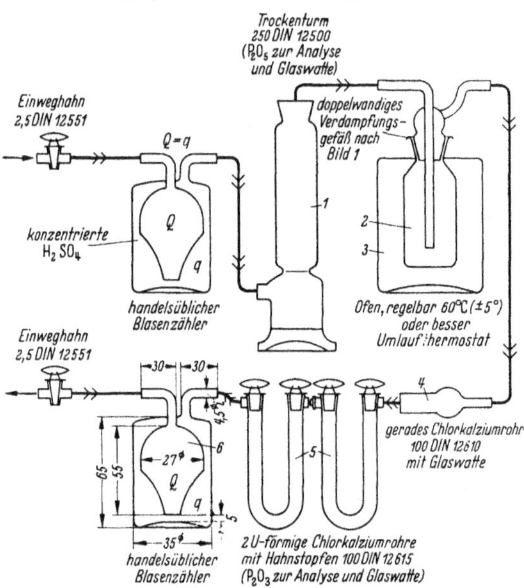

Abb. 61. Gerät zur Wasserbestimmung in Kältemitteln nach der P_2O_5-Methode (nach H. STEINLE)

In das durch Spülen mit Stickstoff vorgetrocknete, doppelwandige Verdampfungsgefäß werden unter Ausschluß der Luftfeuchtigkeit und nach Spülen der Anschlußleitungen mit Schwefeldioxyd 200 bis 300 g flüssiges Schwefeldioxyd mit einer Genauigkeit von ± 1 g unter Atmosphärendruck eingewogen. Das Kältemittel wird aus dem Vorratsbehälter oder der Druckflasche unter Expandieren am Behälterventil flüssig durch den Stutzen *E* eingeleitet. Dabei verdampft ein Teil des Schwefeldioxyds, und es stellt sich der normale Siedepunkt ein.

Vor Beginn jeder Bestimmung werden die U-Rohre im Gerät bei konstanter Temperatur bis zur Gewichtskonstanz mit trockenem Stickstoff gespült. Um das Gerät dauernd betriebsfähig zu halten, läßt man, auch während es nicht benutzt wird, 1 Stickstoffblase/sek durchperlen. Die U-Rohre *5* werden einzeln auf $^1/_{10}$ mg genau gewogen und das Verdampfungsgefäß mit dem Kältemittel sofort in die Apparatur eingesetzt, in der vorher der Stickstoffstrom einreguliert wurde. Das Schwefeldioxyd verdampft unter gleichzeitigem Durchleiten von Stickstoff in dem doppelwandigen Gefäß durch die U-Rohre *5*. Wenn es vollständig verdampft ist, wird die Ofenheizung *3* eingeschaltet. Dann werden noch 2 bis 3 Std. lang 4 bis 5 l Stickstoff/Std. durch das Verdampfungsgefäß und die U-Rohre geleitet, bis sich das Gewicht der U-Rohre nicht mehr ändert und somit in ihnen das gesamte Schwefeldioxyd durch Stickstoff ersetzt ist.

Aus der Gewichtszunahme des ersten U-Rohres, abzüglich der Gewichtszunahme des zweiten und aus der Einwaage in g, wird der Wassergehalt des flüssigen Schwefeldioxyds in mg/kg oder % berechnet.

Der Fehler dieser Methode liegt unter ± 1 mg/kg oder $\pm 0{,}0001$% Wasser.

Nach DIN 8960 darf der Wassergehalt höchstens 0,005% bzw. 50 mg/kg betragen.

b) Nach der Karl-Fischer-Methode

Die Methode beruht auf der Umsetzung des Wassers mit Schwefeldioxyd und Jod in Gegenwart von Pyridin unter Verwendung von Methanol als Lösungsmittel.

Sobald das Wasser der Probe durch die Bildung von Schwefel- und Jodwasserstoffsäure verbraucht ist, färbt das bei der Titration darüber hinaus zugegebene Jod die Lösung braun und zeigt so den Endpunkt der Titration an.

Die Karl-Fischer-Lösung (KFL) wird im Molverhältnis von 1 Jod zu 3 SO_2 zu 10 Pyridin angesetzt. Für 2,5 l Lösung nimmt man: 212 g Jod, 660 g Pyridin p. a., 160 g SO_2, das als Gas eingeleitet wird und 1668 g wasserfreies Methanol.

Tägliche Titerstellung ist wegen der Empfindlichkeit der KFL gegen Luftfeuchtigkeit erforderlich. Der Titer wird mit einer auf mg genau eingewogenen Wassermenge oder mit Methanol oder mit Hydraten bekannten Wassergehalts gestellt. Der Methanol-Titer wird in der Weise eingestellt, daß man von einem handelsüblichen Methanol mit etwa 0,2% Wasser 50 ml abpipettiert und mit KFL titriert. 1 l dieses Methanols werden genau 1000 mg Wasser zugewogen. Diesem präparierten Methanol werden wiederum 50 ml entnommen und titriert. Aus der Differenz der Titrationen wird der Gesamtwassergehalt der Methanol-Wasserlösung berechnet. Diese Methanol-Wasserlösung dient zur laufenden Titerstellung der KFL, indem jeweils 50 ml Methanol-Wasserlösung mit *W* mg H_2O mit der KFL bis zum Endpunkt titriert werden. Dazu sind *A* ml KFL erforderlich. Der Titer *F* der KFL ist dann

$$F = \frac{W}{A} \text{ in mg } H_2O/\text{ml KFL}$$

Die Titration erfolgt zweckmäßig in einem gegen Zutritt von Luftfeuchtigkeit geschützten Gefäß nach Abb. 62. Durch das trockene Titrationsgefäß aus Glas wird ein über P_2O_5 getrockneter Stickstoffstrom mindestens 30 min lang geleitet, um auch die an den Wänden adsorbierte Feuchtigkeit zu beseitigen. Das Gefäß wird auf 1 g genau gewogen.

Dann wird aus der zu untersuchenden Probe durch eine kurze Schlauchverbindung mit anschließendem Glasschliff so viel flüssiges Schwefeldioxyd in ein Becherglas abgelassen, wie zum Durchspülen des Ventils der Schlauchverbindung und des Glasschliffs erforderlich ist. Während das Schwefeldioxyd noch ausläuft, setzt man den Schliff auf den Stutzen *E* des Titrationsgefäßes und füllt ohne Kühlung etwa 150 bis 200 g Schwefeldioxyd in das Gefäß ein, wobei ein Teil verdampft.

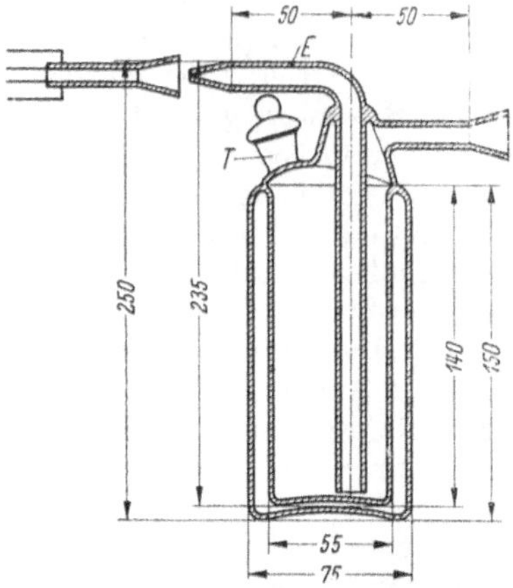

Abb. 62. Doppelwandiges Glasgefäß zum Verdampfen des Kältemittels bei der P_2O_5-Methode und zur Titration des Wassers in Kältemitteln nach der FISCHER-Methode (nach H. STEINLE)

Die eingefüllte Probemenge wird gewogen, der Schliffstopfen *T* abgenommen und die lange Spitze der Bürette mit der KFL durch diese Öffnung eingeführt. Dann wird möglichst schnell bis zum bleibenden Umschlag von Gelb nach Braun titriert.

Der Wassergehalt der Probe wird in Gew.-% berechnet; es ist

$$\% \; H_2O = \frac{\text{Verbrauchte ml KFL} \cdot F \cdot 100}{\text{Eingewogene Menge Schwefeldioxyd in g}}$$

Literatur. STEINLE, H.: Kältemaschinenöle. Berlin/Göttingen/Heidelberg: Springer 1950. — EBERIUS, E.: Wasserbestimmung mit KARL-FISCHER-Lösung. Monographie Nr. 65 zu „Angewandte Chemie" und „Chemie-Ingenieur-Technik", 2. Aufl. Weinheim/Bergstraße: Verlag Chemie GmbH 1958.

5. Bestimmung des Fremdgas-Gehaltes

Als Bestimmungsgerät eignet sich das Absorptionsgerät zur Fremdgasbestimmung nach POLLITZER (Abb. 63). Das Gerät ist zweiteilig. Teil *a* ist eine Glaskugel von etwa 400 ml Inhalt. Die Kugel ist oben offen, während an der unteren offenen Seite ein 100 ml fassendes, graduiertes Glasrohr *d* angesetzt ist. Teil *b* ist ein pfeifenförmig gebogenes, mit Hahn und Rückschlagventil *c* versehenes Einleitungsrohr. Das untere Ende ist kugelförmig erweitert und hat unten ein feines Loch. Zur Bestimmung füllt man zunächst unter Schräghalten des Absorptionsgefäßes etwa 300 ml der Absorptionsflüssigkeit so ein, daß das graduierte Rohr ganz gefüllt ist, und wägt das Rohr mit Füllung auf ±1 g genau.

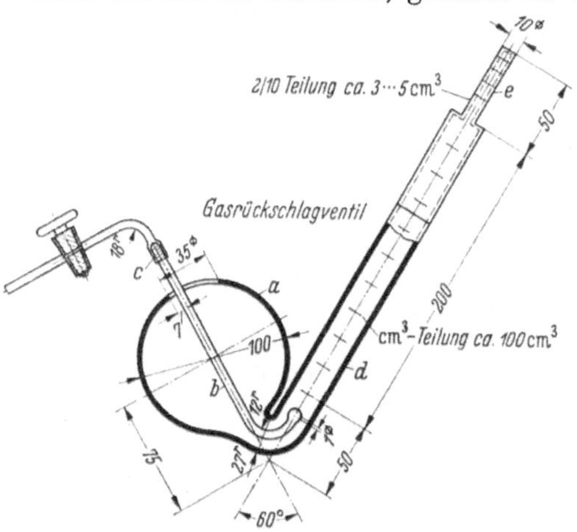

Abb. 63. Absorptionsgefäß zur Fremdgasbestimmung nach POLLITZER (nach D'ANS)

Als Absorptionsflüssigkeit für Schwefeldioxyd dient wäßrige Kaliumhydroxydlösung, 30proz., (1,297), oder Natriumdichromatlösung mit 0,3 kg $Na_2Cr_2O_7$/l H_2O. Von beiden Lösungen sind 8 l je kg SO_2 erforderlich.

Das Einleitungsrohr *b* verbindet man durch einen kurzen Schlauch mit dem Feinregulierventil des Kältemittelbehälters. Nach dem Öffnen des Hahnes am Einleitungsrohr wird das Behälterventil geöffnet und durch das ausströmende gasförmige Schwefeldioxyd die Luft aus dem Schlauch und dem Einleitungsrohr entfernt, das man dann nach Abb. 63 in das Ansatzrohr einführt.

Das Schwefeldioxyd reagiert mit der Absorptionsflüssigkeit. Das in ihm vorhandene Fremdgas steigt in dem schrägen Rohr aufwärts. Während des Einleitens rührt man die Flüssigkeit mit dem Einleitungsrohr öfters um. Die Bestimmung ist beendet, wenn nur noch ein kleiner Teil der Flüssigkeit absorbierend wirkt, d. h., wenn die Kältemittelblasen von der Kugel des Einleitungsrohres, ohne schnell gebunden zu werden, durch die Absorptionsflüssigkeit hindurchperlen.

Man schließt dann das Behälterventil, rührt mit dem Einleitungsrohr nochmals gründlich um und nimmt das Rohr heraus. Die Flüssigkeit läßt man in dem Gefäß zur Absorption des restlichen Schwefeldioxyds noch 1 Std. stehen. Nun wird das Gefäß mit der Flüssigkeit wieder gewogen, um das Gewicht des absorbierten Schwefeldioxyds aus der Gewichtszunahme zu bestimmen.

Das Volumen des nichtabsorbierten Anteils wird direkt am graduierten Rohr *e* abgelesen. Den Fremdgasgehalt in 100 ml flüssigem Schwefeldioxyd errechnet man aus

$$\frac{\text{ml Fremdgas}}{\text{100 ml Kältemittel}} = \frac{\text{ml Fremdgas} \cdot 100 \cdot d\ SO_2}{\text{g absorbiertes } SO_2}$$

Der Gehalt an nichtkondensierbaren Gasen (N_2, O_2, H_2) soll im flüssigen Schwefeldioxyd nicht mehr als 2 ml Gas in 100 ml Flüssigkeit betragen.

Literatur. D'Ans, J.: Chemisch-technische Untersuchungsmethoden. Ergänzungswerk zu Lunge-Berl, 2. Teil, S. 138.

6. Bestimmung des Mineralsäuregehaltes

Schwefelsäure und Schwefeltrioxyd, die in den Kältemaschinen die metallischen und nichtmetallischen Teile korrodieren, werden im flüssigen Schwefeldioxyd nach der von Steinle modifizierten Linde-Methode ermittelt. Dazu dient das Gerät nach Abb. 64 zur Aufnahme von 150 bis 200 g flüssigem Schwefeldioxyd.

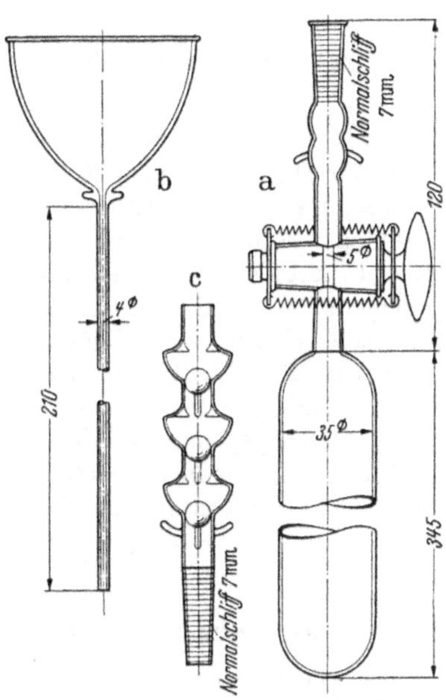

Abb. 64. Geräte zur Bestimmung von Schwefeltrioxyd und Schwefelsäure

Das Gerät besteht aus einem Druckgefäß *a* (etwa 300 ml Inhalt) aus dickwandigem Hartglas mit einem Schliffhahn mit einer Bohrung von 5 mm. Durch diesen Hahn kann der dünne Stengel des Trichters *b* zum Einbringen der Bariumchloridlösung eingeführt werden. Zum Verdampfen des Schwefeldioxyds wird der Spritzaufsatz *c* mit Normalschliff aufgesetzt, um das Herausschleudern von Flüssigkeit durch das SO_2 zu vermeiden. Hahnküken und Spritzaufsatz werden durch Zugfedern gegen Wegschleudern gesichert.

Zur Analyse wird das Druckgefäß *a* mit destilliertem Wasser gründlich gespült und mit der Wasserstrahlpumpe evakuiert. Trocknen ist nicht nötig, da mit wäßriger Lösung gearbeitet wird. Dann werden unter Kühlung mit Trockeneis etwa 150 bis 200 g des zu untersuchenden Schwefeldioxyds flüssig eingefüllt und gewogen. Anschließend führt man den Trichter *b* durch den Schliffhahn ein und gibt 50 ml einer Mischung von 2 Teilen einer Bariumchloridlösung (50 g/l) mit einem Teil konz. Formaldehydlösung zu, um das Schwefeldioxyd bzw. das entstehende Bariumsulfit vor Oxydation zu schützen.

Aus der Formaldehydlösung mit reinem Schwefeldioxyd wird auch bei längerem Stehen durch Bariumchlorid kein Bariumsulfat gefällt. Nach dem Schließen des Hahnes wird das Schwefeldioxyd nebst der Mischung langsam erwärmt. Die geschmolzene Mischung wird mit dem Schwefeldioxyd etwa 2 min lang gründlich geschüttelt. Dann wird der Spritzaufsatz *c* aufgesetzt und das Schwefeldioxyd unter leichtem Öffnen des Hahnes so langsam verdampft, daß die Temperatur 0° nicht unterschreitet und die wäßrige Lösung nicht einfriert.

Nach dem Verdampfen des gesamten Schwefeldioxyds wird die Lösung einschließlich des Bariumsulfat-Niederschlages in ein Becherglas übergespült und etwa 2 min gekocht. Anschließend wird der Niederschlag durch ein Blaubandfilter abfiltriert und verascht. Nach dem Konstantglühen wird das Bariumsulfat ausgewogen und aus diesem Wert der Schwefelsäuregehalt des eingewogenen Schwefeldioxyds ermittelt.

$$\text{mg } H_2SO_4 \text{ in einem kg } SO_2 = \frac{1000 \cdot 0{,}4202 \cdot \text{mg } BaSO_4}{\text{g Einwaage Schwefeldioxyd}}$$

Bei Gehalten unter 10 mg H_2SO_4/kg SO_2 beträgt der Fehler etwa 10% des Mittelwertes, bei höheren Gehalten weniger als 5%.

Dauer. 2 Std.

Der Mineralsäuregehalt flüssigen Schwefeldioxyds soll nach DIN 8960 10 mg H_2SO_4/kg SO_2 nicht überschreiten.

Literatur. Steinle, H.: Z. analyt. Chem. Bd. 129 (1949) S. 340.

E. Untersuchung einiger für die Säureerzeugung benötigten Materialien

I. Salpetersäure

1. Einige Analysenverfahren bei der Salpetersäuregewinnung durch Verbrennen von Ammoniak

a) Die Gehaltsbestimmung des Ammoniaks

Ein 100 ml fassendes Kölbchen mit eingeschliffenem Stopfen wird mit 20 ml Wasser, 2 Tropfen Methylorangelösung (0,1 g/100 ml) und 25 ml 1 n-Schwefelsäure beschickt. Man wägt dann das Ganze auf der analytischen Waage und gibt mit einer Pipette tropfenweise das zu untersuchende Ammoniakwasser bis zum Umschlag auf Gelb hinzu. Das Kölbchen wird nun in die Nähe der Waage gestellt und nach 15 min wieder gewogen. Darauf titriert man mit 1 n-Schwefelsäure von Gelb auf Zwiebelrot. Die vorgelegten ml, zuzüglich der jetzt verbrauchten ml Schwefelsäure, ergeben den Gesamtverbrauch (z. B. 25,95 ml). Die Differenz der Auswaagen entspricht der Menge des angewandten Ammoniakwassers, z. B. 1,7360 g. Da 1 ml 1 n-Schwefelsäure 0,017032 g NH_3 entspricht, betragen die Gewichtsprozente nach den angenommenen Werten:

$$\frac{0{,}017\,032 \cdot 25{,}95 \cdot 100}{1{,}7360} = 25{,}46\,\%$$

b) Die Umsatzbestimmung bei dem Verbrennen von Ammoniak zu Salpetersäure

Zur Gasentnahme vor und hinter dem Katalysator verwendet man 1- bis 2 l-Rundkolben. Sie sind mit einem Schliffstopfen versehen, der ein kurzes Rohr von 2 mm lichter Weite hat, und werden bis zu einem bestimmten Unterdruck evakuiert. Liegt die Gaskonzentration der Öfen über 9 Vol.-% Ammoniak, so pumpt man den Kolben für die NO-Bestimmung etwa auf 80 Torr, bei über 10 Vol.-% nur auf 160 Torr usw. aus, damit noch genügend Sauerstoff zur Oxydation vorhanden ist. Dann läßt man aus einer Niveauflasche Wasser von Raumtemperatur zufließen, bis die Flüssigkeitsspiegel gleich hoch stehen und das Gleichgewicht mit der Außenluft erreicht ist. Nun werden die Gewichte der so gefüllten, mit G_1 und G_2 (kg) bezeichneten Kolben ermittelt.

Für die Gasentnahme pumpt man die sorgfältig getrockneten Kolben auf das gleiche Vakuum wie bei der Gewichtsermittlung von G_1 und G_2 aus und verbindet sie Glas an Glas durch einen dichtsitzenden Gummischlauch mit einem engen Entnahmerohr, das zur Meßstelle vor bzw. hinter dem Katalysator führt. Darauf öffnet man langsam die Hähne und läßt das zu untersuchende Gas bis zum Druckausgleich einströmen. Die Kolben werden nun wieder abgeschaltet. Man läßt aus dem Niveaugefäß etwa 50 ml Wasser in sie eintreten und schüttelt von Zeit zu Zeit einige sek kräftig um. Nach $^1/_2$ Std. ist die Absorption beendet und der Ausgleich mit der Raumtemperatur eingetreten. Die im Kolben mit dem angesaugten Stickstoffmonoxyd anfänglich aufgetretenen Nebel müssen restlos verschwunden und das Gas muß vollkommen klar sein. Nach dem Zufließenlassen weiteren Wassers aus dem Niveaugefäß in die Kolben, bis der Druckausgleich des Restgases mit dem äußeren Luftdruck nahezu erreicht ist, wird nochmals kräftig umgeschüttelt und dann der vollständige Druckausgleich mit dem Niveaugefäß herbeigeführt. Jetzt wägt man die Kolben abermals; die Gewichte (kg) seien mit g_1 bzw. g_2 bezeichnet. Dann sind $G_1 - g_1$ bzw. $G_2 - g_2$ die Liter Restgas, welche, in üblicher Weise auf Normalbedingungen im trockenen Zustande umgerechnet, R_1 bzw. R_2 ergeben.

Die Flüssigkeit mit dem absorbierten Ammoniak wird unter Verwendung von Methylorange mit n/5-Schwefelsäure titriert, von der 1 ml = 4,48 ml NH_3 von 0° und 760 mm Hg-Säule anzeigt. Bei einem Verbrauch von c ml n/5-Schwefelsäure beträgt die gefundene Menge $NH_3 = c \cdot 4{,}48$ ml NH_3 bzw. $c \cdot 0{,}00448$ l. Die zur Untersuchung verwendete Gesamtgasmenge ist somit $R_1 + c \cdot 0{,}00448$ l. Daraus ergibt sich:

$$\frac{c \cdot 0{,}00448 \cdot 100}{R_1 + c \cdot 0{,}00448} = \text{Vol.-\% } NH_3 \qquad \text{(a)}$$

Die Flüssigkeit mit der aus den absorbierten Stickoxyden entstandenen Säure wird unter Verwendung von Methylorange mit n/5-Natronlauge im Überschuß versetzt. Man titriert mit n/5-Schwefelsäure zurück.

Bei 1 ml n/5-Natronlauge = 4,48 ml NO (0°, 760 Torr) und einem Verbrauch von d ml Natronlauge ist das NO-Volumen = $d \cdot 0{,}00448$ l.

Für die Berechnung der entnommenen Gesamtgasmenge ist in diesem Falle noch ein Kontraktionsfaktor einzusetzen, der erfahrungsgemäß mit 2,9 angenommen werden kann. Die Gesamtgasmenge in Liter (0°, 760 Torr) beträgt somit $R_2 + d \cdot 0{,}00448 \cdot 2{,}9$. Daraus ergibt sich:

$$\frac{d \cdot 0{,}00448 \cdot 100}{R_2 + d \cdot 0{,}00448 \cdot 2{,}9} = \text{Vol.-\% NO} \qquad \text{(b)}$$

Der Umsatz ist alsdann: $\frac{\text{Vol.-\% NO}}{\text{Vol.-\% } NH_3} \cdot 100 = \frac{b}{a} \cdot 100$ in %.

Soll der durch die falsche Verbrennung des Ammoniaks zu Stickstoff bedingte Fehler, der je nach Ammoniakkonzentration und Umsatz 0,5 bis 1,5% zu hohe Werte verursacht, berücksichtigt werden, so rechnet man nach der Formel:

$$\text{Umsatz} = \frac{b}{a} \cdot 100 \cdot \frac{1 - 0{,}0125 \cdot a}{1 - 0{,}0125 \cdot b} \text{ in \%}$$

Nach dieser Methode ist es möglich, den in einem bestimmten Zeitpunkt bestehenden Umsatz sehr rasch mit Schwankungen zwischen gleichzeitig parallel durchgeführten Analysen von höchstens 0,5% des Umsatzes zu ermitteln.

Genauigkeit. 2.

Näheres über dieses sowie weitere Verfahren s. BERL-LUNGE, 8. Aufl., Bd. II/1 (1932) S. 578.

2. Die Gehaltsermittlung von Salpetersäure

Beim Kammer- und Turmverfahren verwendet man zur Oxydation der Röstgase Salpetersäure von 36° Bé. Zur Einwaage benutzt man eine Kugelhahnpipette (s. Abb. 65). Man läßt von der eingesaugten und gewogenen, für mehrere Bestimmungen ausreichenden Menge (etwa 8 g) einen bestimmten Anteil (2 bis 2,5 g) in einen mit 60 bis 70 ml Wasser beschickten ERLENMEYER-Kolben einlaufen und titriert mit n/2-Natronlauge. Dabei wird der Indicator (Methylorange) erst gegen Ende der Titration zugesetzt, weil er sonst zerstört werden würde.

1 ml n/2-Natronlauge = 0,0315 g HNO_3.

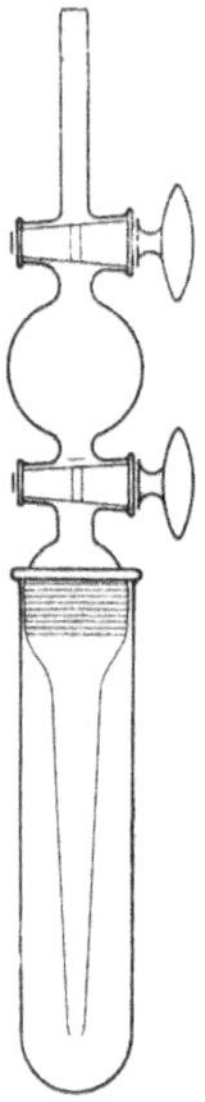

Abb. 65 Kugelhahnpipette

II. Mischsäuren

Zur Ermittlung der Gehalte an Schwefelsäure und Salpetersäure kann man für technische Belange die sog. *Griesheimer Abrauchmethode* benutzen, während für genauere Untersuchungen eine „*Vollanalyse*" erforderlich ist.

1. Die Griesheimer Abrauchmethode

Grundlage. Man ermittelt in einem Teil der Probe die Gesamtacidität durch Titrieren mit 1 n- oder n/2-Natronlauge unter Verwendung von Methylorange als Indicator. In einer zweiten Einwaage wird nur die Schwefelsäure titriert, nachdem man die Mischsäure mit Wasser verdünnt und die Salpetersäure auf dem Wasserbad verdampft hat.

Anwendungsbereich und Bedeutung. Das Verfahren eignet sich zur Untersuchung der Gemische von Schwefelsäure und Salpetersäure für Nitrierzwecke sowie der entstehenden Abfallsäuren.

Genauigkeit. 2.

Dauer. 3 Std.

Ausführung. Zur Ermittlung des Gehaltes an Schwefelsäure läßt man aus einer Kugelhahnpipette je nach der vorliegenden Schwefelsäuremenge 2 bis 8 g der Probe zu 25 bis 100 ml Wasser fließen, die sich in einer Porzellanschale befinden. Dann erhitzt man auf dem Wasserbad, bis die Stickstoffsäuren entfernt sind, was in 1 bis 2 Std. geschehen ist. Durch Ersetzen des verdampften Wassers, Umschwenken und Darüberblasen läßt sich das Vertreiben der Salpetersäure beschleunigen. Nach dem Erkalten wird die zurückgebliebene Schwefelsäure mit 1 n- oder n/2-Natronlauge und Methylorange als Indicator titriert. Andererseits bestimmt man die Gesamtacidität, indem man 1,5 bis 2,0 g Mischsäure aus der gewogenen Säurepipette in einen gemessenen Überschuß von 1 n-Natronlauge einlauf enläßt und mit 1 n-Schwefelsäure zurücktitriert (Methylorange). Aus der Differenz des Laugeverbrauchs der Gesamt- und der Schwefelsäureacidität wird der Gehalt an Salpetersäure errechnet.

Fehlerquellen. Je nach der Art des Abdampfens der Salpetersäure können mehr oder weniger große Verluste an Schwefelsäure entstehen. Das Abdampfen muß deshalb vorsichtig geschehen.

Literatur. LUNGE, G., u. E. BERL: Z. angew. Chem. Bd. 18 (1905) S. 1681 ff.

2. Vollanalyse

Nach BERL-LUNGE [l. c)] sind für genauere Untersuchungen folgende Bestimmungen erforderlich:

a) Die Gesamtacidität (maßanalytisch),

b) der Permanganatverbrauch bei Anwesenheit von Nitrosylschwefelsäure (maßanalytisch),

c) der Gehalt an Stickstoff-Sauerstoff-Verbindungen (im Nitrometer).

Es ergeben sich dann aus a) minus c) der Gehalt an Schwefelsäure und aus c) minus b) der Gehalt an Salpetersäure.

Ausführliche Angaben hierüber s. E. Berl und W. von Boltenstern: Z. angew. Chem. Bd. 34 (1921) S. 19, und Lunge-Berl: Taschenbuch für die anorganisch-chemische Großindustrie 1930, Teil 1, S. 283.

d) Wassergehalt s. E. Eberius: Wasserbestimmung mit Karl-Fischer-Lösung. Monographie Nr. 65 zu Angew. Chem. und Chemie-Ing.-Techn., 2. Aufl. Weinheim/Bergstr.: Verlag Chemie GmbH 1958.

III. Steinzeug und Tonwaren

Man prüft nach dem Verfahren des Chemischen Laboratoriums für Tonindustrie auf *Wasseraufnahmefähigkeit* und *Säurebeständigkeit*.

1. Wasseraufnahmefähigkeit

Ein Probestück im Gewicht von etwa 20 bis 50 g trocknet man bei 105°, läßt es im Exsiccator erkalten und wägt es. Dann wird es nach und nach unter Wasser gebracht und darin unter Kochen so lange belassen, bis keine weitere Gewichtszunahme mehr festzustellen ist. Vor dem jeweiligen Wägen muß die Oberfläche abgetupft werden, um die äußerlich anhaftende Feuchtigkeit zu entfernen.

2. Säurebeständigkeit

Verwendet wird eine Körnung, die ein Sieb gemäß 1,0 DIN 1171 passiert und auf einem Sieb von 0,6 DIN 1171 liegenbleibt. Die Körner werden durch Waschen mit destilliertem Wasser von anhaftendem Staub befreit und bis zum gleichbleibenden Gewicht bei 105° getrocknet. 100 g der so gewonnenen Körner werden in einer Porzellanschale mit 200 ml einer Mischung aus 25 Teilen Schwefelsäure (1,84), 10 Teilen Salpetersäure (1,40) und 65 Teilen Wasser übergossen. Dann erhitzt man den Inhalt der Schale so lange, bis das Wasser und die Salpetersäure völlig verdampft sind und starke Schwefelsäuredämpfe entweichen. Nach dem Erkalten gibt man unter Umrühren destilliertes Wasser und 10 ml Salpetersäure (1,40) hinzu, erhitzt den Schaleninhalt nochmals zum Kochen, gißt dann die saure Flüssigkeit ab und wäscht schließlich die Körner mit Wasser aus, bis keine Säure mehr nachweisbar ist.

Nach dem Trocknen bei 105° wird der Gewichtsverlust der Körner festgestellt. Etwa in den Körnern verbliebene Feuchtigkeit muß vor und nach der Säurebehandlung durch Glühen einer Durchschnittsprobe ermittelt und bei der Berechnung berücksichtigt werden.

IV. Koks

Die Untersuchung der Widerstandsfähigkeit gegen Mischsäure (nach P. M. Müller)

Die Methode wird bei der Auswahl einer Kokssorte als Füllmaterial für die Berieselungstürme angewandt. Als Maßstab für die Widerstandsfähigkeit dient die Reduktion der in Schwefelsäure, 60° Bé, enthaltenen Salpetersäure zu salpetriger Säure und die Art der Verfärbung der Säure.

Nach der Arbeitsweise der Ruhr-Schwefelsäure G. m. b. H. siebt man von dem zerkleinerten und getrockneten Koks zunächst die Korngrößen zwischen 1 und 2 mm aus und erwärmt in einem mit Uhrglas bedeckten 200 ml-Erlenmeyer-Kolben 10 g mit 100 ml Mischsäure (Salpeter-Schwefelsäure) die eine Grädigkeit von etwa 60° Bé besitzt und im Liter 100 g Salpetersäure 36° Bé enthält, 2 Std. bei 70° auf dem Wasserbad. Die Temperatur ist *genau* einzuregulieren (z. B. elektrisch beheiztes Wasserbad mit konstanter Temperatureinstellung). Diese Säure wird erhalten, indem in einem Meßkolben (1 l Inhalt) 100 g Salpetersäure $d = 1{,}333$ oder 75 ml davon mit Schwefelsäure $d = 1{,}730$ (60,9° Bé) zur Marke aufgefüllt werden. Nach dieser Vorbehandlung wird die Säure durch Glaswolle vom Koks abfiltriert. Man wäscht letzteren mit 50 ml frischer Mischsäure aus und beginnt nun mit der eigentlichen Untersuchung, indem man den Koks erneut mit 100 ml obiger Mischsäure 2 Std. bei 70° erwärmt. Diese Säure wird abgegossen und durch Titrieren mit n/2-Kaliumpermanganatlösung auf ihren Nitrosegehalt untersucht. Der Koks selbst wird abermals mit 50 ml frischer Mischsäure ausgewaschen und ein zweites Mal mit 1 l Mischsäure 2 Std. bei 70° behandelt. Auch diese Säure titriert man mit n/2-Kaliumpermanganatlösung. Nach 3maliger Behandlung darf die Säure nicht mehr dunkel gefärbt sein. Die Nitrosegehalte liegen bei gutem Koks unter 3 bis 4 g/l, berechnet als HNO_3 (36° Bé).

V. Kontaktmassen

Die Bestimmung des Vanadingehaltes

Nach der von W. KRIESEL verbesserten EDERschen Methode werden 2 g der Kontaktmasse mit Salpetersäure (1 + 1) unter Erwärmen gelöst. Nach beendetem Lösevorgang setzt man 20 ml Schwefelsäure (1 + 1) hinzu, raucht die Lösung auf der Asbestplatte bis auf etwa 7 ml ab, und nimmt nach dem Erkalten mit Wasser auf. Ist der Rückstand nicht rein weiß, so gibt man nach dem Abkühlen etwas Salzsäure (1,19) hinzu, um das Vanadin wieder in Lösung zu bringen, und wiederholt nach Zugeben von wenig Schwefelsäure das Abrauchen. Nach dem Aufnehmen mit Wasser wird das abgeschiedene Bleisulfat abfiltriert und mit verdünnter Schwefelsäure ausgewaschen. Das Filtrat wird in einen 1 l-ERLENMEYER-Kolben gespült und, falls erforderlich, mit Schwefelwasserstoff behandelt. Man filtriert den Niederschlag ab, versetzt das Filtrat mit 15 ml Salpetersäure (1,4) (abzüglich der bereits vorhandenen) und dampft es bis zum Auftreten von Schwefelsäuredämpfen und sodann noch weitere 10 min ein. Der erkaltete Kolbeninhalt wird mit 50 ml Wasser aufgenommen, bis zur völligen Lösung des Vanadins gekocht, wieder auf 20° abgekühlt, mit kaltem Wasser auf 400 ml verdünnt, zur Reduktion des Vanadins mit 20 ml Eisen(II)-sulfatlösung (184 g $FeSO_4 \cdot 7H_2O$ + 100 ml Schwefelsäure zu 2 l) versetzt und tüchtig durchgeschüttelt. Nach 2 min gibt man 5 ml Phosphorsäure (1,7) und 10 ml frisch angesetzte, Ammoniumperoxydisulfatlösung (200 g/l) hinzu, schüttelt um und titriert nach 1 min mit n/10-Kaliumpermanganatlösung bis zur bleibenden, deutlichen Rotfärbung. Der geringe Überschuß wird nach $^1/_2$ min mittels eingestellter Arsen(III)-oxydlösung tropfenweise zurücktitriert, bis ein weiterer Zusatz den reingelben Farbton nicht mehr ändert. Der Überschuß, der nicht mehr als 0,5 ml betragen darf, ist vom Kaliumpermanganatverbrauch abzusetzen.

Die *Arsen(III)-oxydlösung* wird hergestellt durch Lösen von 1,63 g getrocknetem, reinstem Arsen(III)-oxyd in Wasser unter Zusatz von 1 g Natriumhydroxyd und Erwärmen. Nach Zugabe von 1 ml Schwefelsäure (1,84) wird auf 1 l aufgefüllt. Man stellt sie gegen Kaliumpermanganat ein, indem man zu einer genau austitrierten Vanadinprobe nochmals 0,5 ml n/10-Kaliumpermanganatlösung hinzufließen läßt und dann mit der Arsen(III)-oxydlösung zurücktitriert. Die austitrierte Probenlösung kann zur Kontrolle wieder mit der Eisenlösung reduziert und, wie oben beschrieben, weiterbehandelt werden.

1 ml n/10-Kaliumpermanganatlösung entspricht 0,005095 V.

Weitere Verfahren für die Bestimmung des Vanadingehaltes s. Kapitel Vanadin.

GPSR Compliance

The European Union's (EU) General Product Safety Regulation (GPSR) is a set of rules that requires consumer products to be safe and our obligations to ensure this.

If you have any concerns about our products, you can contact us on ProductSafety@springernature.com

In case Publisher is established outside the EU, the EU authorized representative is:

Springer Nature Customer Service Center GmbH
Europaplatz 3
69115 Heidelberg, Germany

Batch number: 10704763

Printed by Printforce, the Netherlands